Fundamental-Konstanten der Atomphysik im internationalen Einheitensystem (SI)

Nach: Physikal. Blätter *43* (1987) 397

Induktionskonstante	μ_0	$= 4\pi \cdot 10^{-7}\,\mathrm{V\,s\,A^{-1}\,m^{-1}}$
		$= 1{,}256637\ldots \cdot 10^{-6}\,\mathrm{V\,s\,A^{-1}\,m^{-1}}$
Influenzkonstante	ε_0	$= (\mu_0 c^2)^{-1}$
		$= 8{,}8541878\ldots \cdot 10^{-12}\,\mathrm{V\,s\,A^{-1}\,m^{-1}}$
Lichtgeschwindigkeit	c	$= 2{,}99792458 \cdot 10^{8}\,\mathrm{m\,s^{-1}}$
Boltzmann-Konstante	k	$= 1{,}380658 \cdot 10^{-23}\,\mathrm{J\,K^{-1}}$
Faraday-Konstante	F	$= 9{,}6485309 \cdot 10^{4}\,\mathrm{C\,mol^{-1}}$
Elementarladung	e	$= 1{,}6021773 \cdot 10^{-19}\,\mathrm{C}$
Elektron-Ruhemasse	m_0	$= 9{,}1093897 \cdot 10^{-31}\,\mathrm{kg}$
Spez. Elektronenladung	$\frac{e}{m_0}$	$= 1{,}75881962 \cdot 10^{11}\,\mathrm{C\,kg^{-1}}$
Protonen-Ruhemasse	m_p	$= 1{,}6726231 \cdot 10^{-27}\,\mathrm{kg}$
Plancksche Konstante	h	$= 6{,}6260755 \cdot 10^{-34}\,\mathrm{J\,s}$
	$\hbar$	$= h/2\pi = 1{,}0545887 \cdot 10^{-34}\,\mathrm{J\,s}$
Rydberg-Konstante	R_∞	$= 1{,}0973731534 \cdot 10^{7}\,\mathrm{m^{-1}}$
Bohrscher Radius	a_0	$= 0{,}529177249 \cdot 10^{-10}\,\mathrm{m}$
Bohrsches Magneton	μ_B	$= 9{,}2740154 \cdot 10^{-24}\,\mathrm{A\,m^2}$
Kernmagneton	μ_K	$= 5{,}0507866 \cdot 10^{-27}\,\mathrm{A\,m^2}$
Compton-Wellenlänge des Elektrons	λ_e	$= 2{,}42631058 \cdot 10^{-12}\,\mathrm{m}$
Feinstruktur-Konstante	α	$= 7{,}29735308 \cdot 10^{-3}$
Avogadro-Konstante (Loschmidt-Zahl)	N_L	$= 6{,}022045 \cdot 10^{23}\,\mathrm{Mol^{-1}}$

Energie-Umrechnungstabelle s. hintere Einbandinnenseite

Springer-Lehrbuch

Moleküle als Sonden in der Biologie

Mit einem Fluorophor markierte Viren auf ihrem Infektionsweg in eine lebende Zelle, sichtbar gemacht mit Fluoreszenz-Einzelmolekül-Spektroskopie

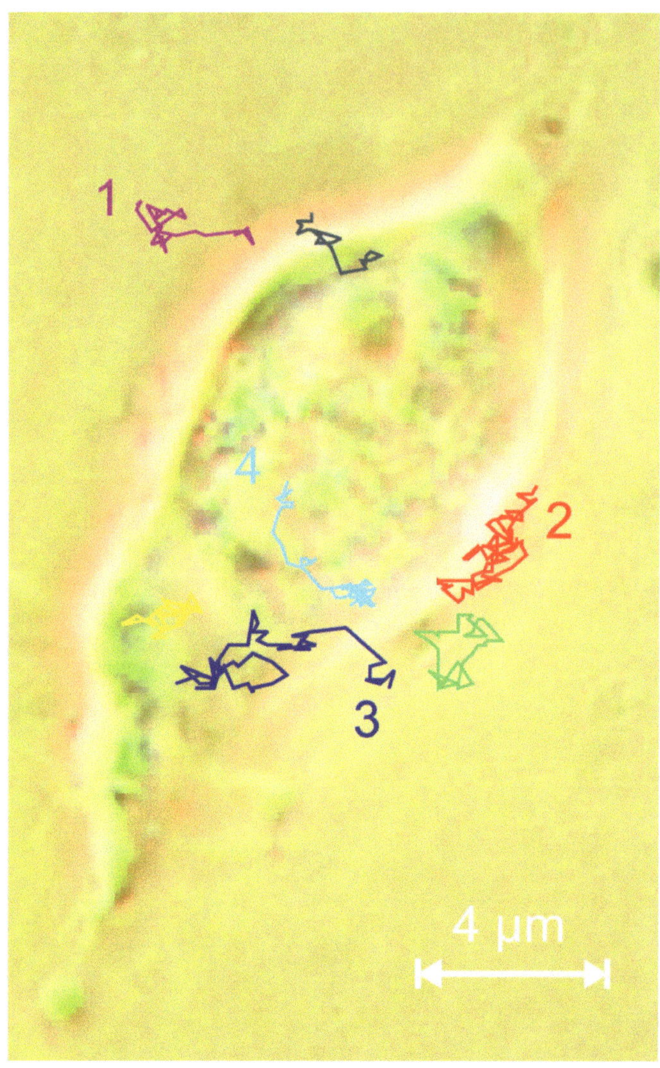

Vier Viren sind mit je einem fluoreszenzfähigen Farbstoffmolekül markiert. Dieses wirkt wie eine molekulare Lampe und erlaubt es, mit Hilfe der Einzelmolekülspektroskopie den Weg der markierten Viren mit hoher Ortsauflösung (40 nm) und hoher Zeitauflösung (10 ms) sichtbar zu machen. Spur 1: Ein Virus diffundiert in der Pufferlösung außerhalb der Zelle. Spur 2: Ein Virus diffundiert entlang der Zellwand und sucht dort vergeblich einen Rezeptor zum Eindringen in die Zelle. Spur 3: Ein Virus ist sofort beim Auftreffen auf die Zellwand in die Zelle eingedrungen. Spur 4: Ein Virus war bei Aufnahmebeginn bereits in der Zelle, diffundiert zum Zellkern und gelangt vermutlich durch den Kernporenkomplex in den Zellkern. Siehe auch Abschn. 21.4.3. Mehr dazu bei C. Bräuchle et al.: Science **294**, 1929 (2001). Mit freundlicher Genehmigung.

Hermann Haken Hans Christoph Wolf

Molekülphysik und Quantenchemie

Einführung in die experimentellen und theoretischen Grundlagen

Fünfte, völlig neubearbeitete und erweiterte Auflage

Mit 308 Abbildungen, 43 Tabellen und 133 Aufgaben
Vollständige Lösungen im Internet unter
www.springer.de → Buchkatalog → 3-540-30314-6

Professor Dr. Dr. h.c. Hermann Haken
Universität Stuttgart
Institut für Theoretische Physik
Pfaffenwaldring 57
70550 Stuttgart
Deutschland

Professor Dr. Hans Christoph Wolf
Universität Stuttgart
Physikalisches Institut
Pfaffenwaldring 57
70550 Stuttgart
Deutschland

Bibliographische Information der Deutschen Bibliothek.
Die Deutsche Bibliothek verzeichnet diese Publikation in der Deutschen Nationalbibliografie; detaillierte bibliografische Daten sind im Internet über <http://dnb.ddb.de> abrufbar.

ISBN-10 3-540-30314-6 5. Auflage Springer Berlin Heidelberg New York
ISBN-13 978-3-540-30314-5 5. Auflage Springer Berlin Heidelberg New York

ISBN 3-540-43551-4 4. Auflage Springer-Verlag Berlin Heidelberg New York

Springer ist ein Unternehmen von Springer Science+Business Media
springer.de

Satz und Herstellung: LE-TEX Jelonek, Schmidt & Vöckler GbR, Leipzig
Einbandgestaltung: *design & production* GmbH, Heidelberg

Gedruckt auf säurefreiem Papier
SPIN: 11547617 56/3111/YL - 5 4 3 2 1 0

Vorwort zur fünften Auflage

Wiederum wurde eine neue Auflage erforderlich. Wir haben dies genutzt, um den gesamten Text kritisch durchzuarbeiten. Außerdem haben wir neuen Entwicklungen Rechnung getragen. Die Untersuchung der spektroskopischen und elektrischen Eigenschaften einzelner Moleküle ist ein Gebiet, auf dem es weiterhin viele neue Ergebnisse gibt, z. B. auch in Anwendungen auf Probleme der Biologie. Entsprechend haben wir hier Neues aufgenommen (Kap. 21). Dasselbe gilt für das mit dem Oberbegriff Molekulare Elektronik gekennzeichnete Forschungsgebiet zur Anwendung organischer Materialien (Kap. 22). Des weiteren haben wir in mehreren Abschnitten die Grundzüge der Dichte-Funktional Theorie dargestellt, da diese in der modernen Quantenchemie immer mehr eine zentrale Rolle spielt. Hierzu trägt wesentlich ihre oft hervorragende Genauigkeit und Ökonomie bei den Berechnungen bei.

Frau Petra Mayer danken wir für das sorgfältige Schreiben unserer Ergänzungen und den Mitarbeitern des Springer-Verlags für die traditionell gute Zusammenarbeit.

Stuttgart, Oktober 2005 *H. Haken · H. C. Wolf*

Vorwort zur vierten Auflage

Das weiterhin große Interesse von Professoren und Studenten an diesem Lehrbuch ist Anlass für die vorliegende neue Auflage. Wir benutzen die Gelegenheit, um die aktuellen neuen Entwicklungen aufzunehmen. Besondere Fortschritte wurden bei den spektroskopischen und elektrischen Untersuchungen einzelner Moleküle gemacht. Deshalb wird diesem Gebiet ein neues Kapitel (Kap. 21) gewidmet. Auch auf dem Gebiet der Molekular-Elektronik und anderer Anwendungen gibt es wichtige Fortschritte. Daher musste das bisherige Kap. 21 als neues Kap. 22 stark überarbeitet und erweitert werden.

Um den Umfang des Buches nicht weiter anwachsen zu lassen, haben wir die Lösungen zu den Übungsaufgaben herausgenommen. Diese sind nun über www.springer.de/phys-de/lehrbuch/435514_ls.html zugänglich.

Den Herren C.-D. Bachem und Dr. H. J. Kölsch danken wir für die jederzeit sehr erfreuliche Zusammenarbeit.

Stuttgart, März 2002 *H. Haken · H. C. Wolf*

Vorwort zur zweiten Auflage

Dank der überaus günstigen Aufnahme, die die 1. Auflage dieses Buches bei Dozenten und Studenten fand, wurde bereits nach zwei Jahren eine Neuauflage erforderlich. Wir haben diese Gelegenheit genutzt, um unser Lehrbuch weiterhin auf dem neuesten Stand zu halten. Neben zahlreichen kleineren Verbesserungen haben wir die hochauflösende Zweiphotonenspektroskopie sowie die Ultrakurzzeitspektroskopie mit aufgenommen. Als weiteres wichtiges, sehr modernes Gebiet findet die hochauflösende Photoelektronenspektroskopie Berücksichtigung. Weiterhin stellen wir die optische Untersuchung einzelner Moleküle in kondensierter Phase dar, wo es in der Tat gelungen ist, einzelne Moleküle spektroskopisch zu untersuchen. Als weiteres neu aufgenommenes Gebiet sei die Elektrolumineszenz genannt, wo es vielversprechende mögliche Anwendungen für Leuchtdioden gibt.

Damit soll das Buch auch in Zukunft dem doppelten Zweck dienen, nämlich einerseits in die wohl etablierten Grundlagen des Gebietes einzuführen, andererseits aber auch an die neuesten Forschungsergebnisse heranzuführen.

Kollegen und Studenten danken wir für eine Reihe wertvoller Verbesserungsvorschläge. Insbesondere möchten wir an dieser Stelle all den Kollegen danken, die uns durch Bildvorlagen ihrer Forschungsergebnisse halfen, dieses Buch weiter zu verbessern. Der Leser sei hier ausdrücklich auf die Quellenverweise, die sich bei den jeweiligen Abbildungen befinden, verwiesen. Es sei noch angemerkt, daß das vorliegende Lehrbuch auf unser vorangegangenes Lehrbuch *Atom- und Quantenphysik* Bezug nimmt, das in diesem vorliegenden Buch stets als I zitiert wird.

Stuttgart, November 1993 *H. Haken · H. C. Wolf*

Vorwort zur ersten Auflage

Das vorliegende Lehrbuch wendet sich an Studenten der Physik, der Physikalischen Chemie und der Theoretischen Chemie. Dabei werden Grundkenntnisse der Atom- und Quantenphysik vorausgesetzt, wie sie etwa in den ersten Kapiteln unseres Buches „Atom- und Quantenphysik" vermittelt werden. Für den Physikstudenten wird der Stoff vermittelt, der zum Grundwissen eines jeden Physikstudenten gehören sollte. Der Student der Physik kann dabei auch ein Gefühl dafür bekommen, daß die Welt der Moleküle groß und vielfältig und ein faszinierendes Zukunftsgebiet physikalischer Forschung ist.

Für den Studenten der Chemie bedeuten die in diesem Buch vorgestellten Konzepte das theoretische Grundgerüst für sein Fachgebiet. Mit diesem Konzept wird es wenigstens grundsätzlich möglich, den ungeheuren Erfahrungsschatz der Chemie auf wenige Prinzipien, nämlich die der Quantentheorie, zurückzuführen. Weiterhin werden in der Chemie moderne physikalische Methoden, deren Grundlagen in diesem Buch dargelegt werden, immer wichtiger und stellen ein unverzichtbares Handwerkszeug dar. Als Beispiele seien besonders die Strukturaufklärung komplizierter organischer Verbindungen, die spektroskopische Untersuchung sehr schneller Reaktionsabläufe oder, aus der Praxis, die Fernanalyse von Schadstoff-Immissionen genannt.

Das vorliegende Lehrbuch widmet sich zwei untrennbar miteinander verknüpften Themenbereichen: der chemischen Bindung und den physikalischen Eigenschaften der Moleküle. Beide Fragenkomplexe sind erst durch die Quantentheorie, die bereits bei der Erklärung des Aufbaus von Atomen ihre Triumphe feiern konnte, grundsätzlich behandelbar geworden. Ist die Frage der chemischen Bindung vornehmlich mit dem Grundzustand der Elektronen und dessen Energie in Abhängigkeit von den Kernabständen verknüpft, so brauchen wir zur Erklärung der übrigen physikalischen Eigenschaften zumeist auch die Anregungszustände. Diese können sich sowohl auf die Elektronen- als auch auf die Kernbewegung beziehen.

Zu deren Untersuchung dienen theoretisch die Methoden der Quantentheorie, experimentell vornehmlich die der Spektroskopie, wobei elektromagnetische Wellen in einem großen Frequenzbereich als Sonden dienen. So wird es möglich, Aufschluß über den Aufbau eines Moleküls, seine Elektronen-Wellenfunktionen und seine Rotationen und Schwingungen zu erhalten. Hierzu gehört auch die theoretische und experimentelle Bestimmung der Bindungsenergie und der Energien angeregter Zustände. Bei der theoretischen Behandlung begegnen wir sowohl aus der Atomphysik bekannten als auch neuen Konzepten. Dazu zählen die Hartree-Fock-Näherung, die Born-Oppenheimer-Näherung, sowie die Ausnutzung von Symmetrie-Eigenschaften in der Gruppentheorie. Diese Ideen bilden dann auch die Grundlage der Quantentheorie des Festkörpers, die sich so nahtlos an die Molekülphysik anschließen läßt.

Trotz der zentralen Bedeutung, die die Molekülphysik und Quantenchemie in dieser Kombination haben, gab es bisher kein Lehrbuch mit der hier gebotenen Zielsetzung.

Dies und die äußerst positive Aufnahme, die unsere Einführung *Atom- und Quantenphysik* bei Studenten, Professoren und Rezensenten gefunden hat, haben uns bewogen, das vorliegende Lehrbuch zu schreiben. Dabei konnten wir uns auf Vorlesungen, die wir seit Jahren an der Universität Stuttgart halten, stützen. Wir haben uns auch diesmal bemüht, den Stoff in einfach verständlicher Form und systematisch darzulegen, die Fragen sowohl vom experimentellen als auch vom theoretischen Standpunkt aus anzugehen und die enge Verzahnung zwischen Theorie und Experiment aufzuzeigen.

Jeder, der sich mit Molekülphysik und Quantenchemie befaßt hat, weiß, daß es sich hier um schier unermeßliche Gebiete handelt. Eine wichtige, ja zentrale Aufgabe bestand daher für uns in der Auswahl des Stoffes. Dabei haben wir versucht, das Grundlegende und Typische herauszuarbeiten. Wir hoffen, daß es gelungen ist, dem Studenten einen Überblick über dieses so wichtige und reizvolle Gebiet zu vermitteln, der es ihm auch ermöglicht, tiefer in dieses Gebiet anhand der Fachliteratur einzudringen. Für denjenigen, der die große Vielfalt der Forschungsfelder näher kennenlernen will, werden Hinweise auf weiterführende Literatur am Ende des Buches gegeben. Hier findet der Leser auch Literatur über das Gebiet der Reaktionsdynamik, das sich in einer stürmischen Entwicklung befindet, wegen der inneren Geschlossenheit des Buches jedoch hier noch unberücksichtigt blieb. Darüber hinaus vermitteln wir einige Ausblicke auf ganz neue Entwicklungen, etwa die Erforschung der Photosynthese, die Physik supramolekularer Funktionseinheiten und die molekulare Mikroelektronik.

Die Zeichnungen wurden von Frau *Christa Müller* angefertigt. Die umfangreichen Schreibarbeiten führten Frau *Sylvia Fuchs* und Frau *Irmgard Möller* aus. Ihnen sei für ihre wertvolle Hilfe herzlich gedankt. Dem Springer-Verlag, insbesondere Herrn Dr. *Helmut K. V. Lotsch* und Frau *Ilona Kaiser*, danken wir für die stets ausgezeichnete Zusammenarbeit.

Stuttgart, Herbst 1991 *H. Haken · H. C. Wolf*

Inhaltsverzeichnis

Liste der wichtigsten verwendeten Symbole

a	Hyperfein-Kopplungskonstante (ESR)
	Einstein-Koeffizient
a_k^+, a_k	Erzeugungs- und Vernichtungsoperator für Fermi-Teilchen (7.50) f.
A	Eindimensionale irreduzible Darstellung
$\boldsymbol{A}$	Vektorpotential
b	Einstein-Koeffizient
b_k^+, b_k	Erzeugungs- und Vernichtungsoperator für Bose-Teilchen (7.47) f.
$\boldsymbol{B}$	Magnetische Feldstärke
	Magnetische Flußdichte
B	Rotationskonstante (9.13)
	Eindimensionale irreduzible Darstellung
B_k^+, B_k	Erzeugungs- und Vernichtungsoperator für Schwingungsquanten (11.131) ff.
c	Lichtgeschwindigkeit
c, C	Konzentration
c_i	Entwicklungskoeffizient
C, C_φ, C_n	(Drehung um $2\pi/n$) Drehoperatoren
$\bar{C}_n$	Schraubungsoperator
d	Elektronenzustand im Atom
D	Determinante
	Feinstrukturkonstante (19.35)
	Dehnungskonstante (9.25)
D, D_e, D_0	Dissoziationsenergie
e	Elementarladung
$\boldsymbol{e}$	Einheitsvektor
E	Feinstrukturkonstante (ESR)
	Energie
	Identitätsoperator
$\boldsymbol{E}$	Elektrische Feldstärke
$\bar{E}$	Erwartungswert der Energie
E_{el}	Elektronische Energie
E_{kin}, E_{pot}	Kinetische bzw. potentielle Energie
E_{rot}	Rotationsenergie
E_{vib}, E_V	Schwingungs-Energie
ΔE	Energiedifferenz
f	Oszillatorenstärke
	Zahl der Freiheitsgrade
	Elektronenzustand im Atom

F	Schwingungsterm
$F_{l,m}$	Kugelflächenfunktion
g	g-Faktor (magnetisch)
G	Rotationsterm
h	Ordnung einer Gruppe
$\hbar = h/2n$	Plancksche Konstante (h = Plancksches Wirkungsquantum)
H	Hamilton-Funktion, Hamilton-Operator
$H_{k,k}$	Matrixelement des Hamilton-Operators (7.16)
i	Imaginäre Einheit
i	Inversionsoperator
I	Intensität
$\boldsymbol{I}$	Kernspin
J	Rotations-Quantenzahl
	Spin-Spin-Kopplungskonstante (NMR)
k	Boltzmann-Konstante
	Federkonstante, Kraftkonstante
	Komponente eines Wellenvektors, ganze Zahl
$\boldsymbol{k}$	Wellenvektor
l	mittlere freie Weglänge
	Drehimpulsquantenzahl
$\boldsymbol{L}$	Drehimpuls
	Drehimpulsoperator
L_{l+m}	Laguerresches Polynom (4.33)
$L_{\pm}$	Erzeugungs- bzw. Vernichtungsoperator für die z-Komponente des Drehimpulses
m	Masse, magnetische Quantenzahl
$\boldsymbol{m}$	magnet. Moment
m_0	Ruhemasse des Elektrons
m_r	reduzierte Masse
M	magnetische Quantenzahl
	Molekulargewicht
n	Brechungsindex
	Hauptquantenzahl
n_i	Anzahl, mit der eine i-te irreduzible Darstellung in einer reduziblen Darstellung auftritt (6.47)
n_λ	Anzahl von Quanten im Zustand λ
N	Anzahl je Volumeneinheit
$\boldsymbol{N}$	Drehimpuls der Molekül-Rotation
N_A	Avogadro-Zahl
p	Druck
	Elektronenzustand im Atom
	Impuls, Impulsoperator
$\boldsymbol{p}$	elektr. Dipolmoment
	Impuls, Impulsoperator
$p_{\mu\kappa}$	Impuls-Matrixelement (16.113)
$\bar{p}$	Erwartungswert des Impulses
P	Impuls, Projektionsoperator (6.58)
$\boldsymbol{P}$	Impulsoperator

P_l^0	Kugelfunktion
P_l^m	($m \neq 0$) zugeordnete Kugelfunktion
Q	Klasse einer Gruppe
r	Abstand, bes. von Elektronen
$\boldsymbol{r}$	Abstandsvektor
R	Abstand von Kernen
	Gaskonstante
	allgemeine Gruppenoperation
$\hat{R}$	reduzible Darstellungsmatrix
R_e	Gleichgewichtsabstand
S	Überlappungsintegral (4.43)
	Spin-Quantenzahl
$\boldsymbol{S}$	Resultierender Spin (13.8)
	Spinoperator
S_m	Drehspiegelungsoperator
$S_m(j)$	($m = \pm 1/2$) Spinfunktion
S_+	Erhöhungsoperator für die z-Komponente des Gesamtspins (7.34)
T	Temperatur
	elektronischer Term
T_1, T_2	Relaxationszeiten
v	Geschwindigkeit
	Schwingungs-Quantenzahl
V	Potential
	Potentielle Energie
	Volumen
$w_{\mu\kappa}$	Übergangswahrscheinlichkeit pro Sekunde
W	Energie
	Gesamtübergangswahrscheinlichkeit
x_e	Anharmonizitätskonstante
$\bar{x}$	Erwartungswert des Ortes (4.16)
$\boldsymbol{Z}$	Kernladungszahl, Zahl der Anfangszustände
α	Absorptionskoeffizient
	Polarisierbarkeit
	Funktion von Trägheitsmomenten (11.72)
	Spinfunktion
	Winkel
β	Hyperpolarisierbarkeit
	Magnetische Polarisierbarkeit (3.36)
	Optische Polarisierbarkeit (3.14)
	Korrektur für Dehnungskonstante (10.24)
	Funktion von Trägheitsmomenten (11.72)
	zeitbezogene Entwicklungsfunktion
	Spinfunktion
γ	Gyromagnetisches Verhältnis
Γ	Darstellung einer Gruppe
	Linienbreite
δ	chemische Verschiebung (NMR)
$\delta(x)$	Diracsche Deltafunktion

δ_{ij}	Kronecker-Symbol
Δ	Laplace-Operator, Differenzsymbol
ε	Dielektrizitätszahl
	Extinktionskoeffizient
	Kleinheitsparameter
η	Quantenausbeute
ϑ	Sphärische Polarkoordinate
Θ	Trägheitstensor, Trägheitsmoment (11.52)
$\boldsymbol{\Theta}_{\mu\kappa}$	Übergangsdipolmoment (16.120) f.
λ	Quantenzahl für Bahndrehimpuls (13.2)
	Eigenwert einer Determinante; Index, der individuelle ebene Wellen mit dem Wellenvektor k_λ unterscheidet
$\boldsymbol{\Lambda}$	Gesamt-Bahndrehimpuls (13.4)
μ	Übergangs-Matrixelement (15.6)
	magnetisches Moment
	Permeabilitätskonstante
ξ_i	Auslenkung aus der Ruhelage
π	(-Orbital) Molekülorbital (Linearkombination, insbesondere aus p_z-Funktionen)
$\varrho(E)$	Energiedichte
ϱ	Dichte
	Spindichte (ESR)
σ	Spiegelungsoperator, Spinmatrizen
	Diamagnetische Abschirmung (NMR)
$\bar{\sigma}$	Gleitspiegelungsoperator
$\sum$	Summenzeichen
Σ	Molekül-Termsymbol (13.7)
φ	Wellenfunktion, sphärische Polarkoordinate
$\boldsymbol{\Phi}$	Wellenfunktion
χ	Wellenfunktion (insbesondere Oszillatorwellenfunktion)
$\chi(R)$, $\chi_1(R)$	Charakter von R in einer reduziblen bzw. irreduziblen Darstellung
ψ	Wellenfunktion
$\boldsymbol{\psi}$	Wellenfunktion von mehreren Elektronen
ω	Kreisfrequenz $2\pi v$
$\boldsymbol{\Omega}$	Elektronischer Gesamtdrehimpuls
Ω	Raumwinkel
∇	Nabla-Operator

1. Einleitung

1.1 Was ist ein Molekül?

Wenn sich zwei oder mehr Atome miteinander zu einer neuen Einheit verbinden, so nennt man das entstehende Teilchen ein *Molekül*. Der Name ist aus dem lateinischen Wort molecula, kleine Masse, abgeleitet. Ein Molekül ist die kleinste Einheit einer chemischen Verbindung, die noch deren Eigenschaften aufweist, ebenso wie wir das Atom als die kleinste Einheit eines chemischen Elementes kennengelernt haben. Ein Molekül läßt sich durch chemische Methoden in seine Bestandteile, in Atome, zerlegen. Die Vielgestaltigkeit unserer stofflichen Welt beruht auf der ungeheuren Vielfalt von Kombinationsmöglichkeiten beim Zusammenbau von Molekülen aus den relativ wenigen Atomsorten des Periodischen Systems der Elemente.

Die einfachsten Moleküle sind zweiatomig und homonuklear, also aus zwei gleichen Atomen aufgebaut, wie H_2, N_2, O_2. Hier hat man sich, wie in Abb. 1.1 (oben) angedeutet, die Elektronenverteilung so vorzustellen, daß es Elektronen gibt, die zu beiden Atomen gehören und so die chemische Bindung herstellen. Die nächst einfache Gruppe ist diejenige der aus zwei verschiedenen Atomen bestehenden, sogenannten heteronuklearen Moleküle, wie LiF, HCl, CuO, siehe Abb. 1.1 (unten). Bei diesen Molekülen wird außer einer Bindung durch gemeinsame Elektronen – der sogenannten homöopolaren oder kovalenten Bindung – auch ein anderer Bindungstyp wichtig: die heteropolare oder Ionenbindung.

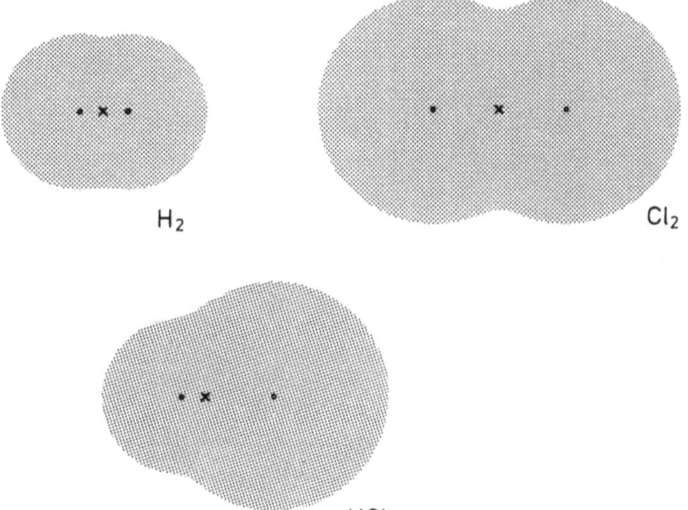

Abb. 1.1. Elektronenverteilung in den kleinen Molekülen H_2, Cl_2 und HCl, schematisch. Die Abstände der Kerne betragen 0,74 Å in H_2, 1,27 Å in HCl und 1,99 Å in Cl_2

Einige Grundbegriffe der Molekülphysik wollen wir bereits hier am Beispiel des NaCl-Moleküls (im Gaszustand) erläutern. In Abb. 1.2 ist die potentielle Energie des Systems Natrium und Chlor als Funktion des Abstandes der Atomkerne aufgetragen. Bei großen Abständen ist die Wechselwirkung zwischen einem neutralen Na- und einem Cl-Atom sehr klein, die potentielle Energie der Wechselwirkung also praktisch gleich Null. Nur über eine schwache gegenseitige Polarisation der Ladungswolken kann eine geringe anziehende Wechselwirkung erzeugt werden. Wenn wir die neutralen Atome sehr nahe zusammenbringen, tritt bei einem Abstand von ca. 0,6 nm Abstoßung ein. So kommt man zu einer Definition der Größe von Atomen, wie in I näher ausgeführt. – Mit I bezeichnen wir hier und im folgenden das Buch *H. Haken* und *H. C. Wolf, Einführung in die Atom- und Quantenphysik.* Wir setzen die Kenntnis der dort behandelten Atomphysik voraus und verweisen darauf.

Bei einem Abstand von ca. 1,2 nm wird jedoch ein Zustand energetisch günstiger, bei dem ein Elektron vom Na-Atom auf das Cl-Atom übergeht und so durch Ladungsübertragung ein System Na^+/Cl^- entsteht. Das Wechselwirkungspotential nähert sich bei weiter abnehmendem Abstand dem anziehenden Coulomb-Potential zwischen diesen Ionen. Ein Gleichgewichtsabstand von 0,25 nm ergibt sich schließlich aus der Konkurrenz dieser Anziehung mit der Abstoßung zwischen den Atomkernen und den abgeschlossenen Elektronenschalen der Ionen, die bei noch kleineren Abständen überwiegt. Dieser Gleichgewichtsabstand bestimmt mit der dazugehörenden Elektronenverteilung die Größe des Moleküls.

Von den mehratomigen Molekülen wie H_2O (Wasser), NH_3 (Ammoniak), C_6H_6 (Benzol), die aus 3, 4 oder 12 Atomen bestehen, geht es weiter zu großen Molekülen wie Chlorophyll oder Kronenether, zu Makromolekülen oder Polymeren wie Polyacetylen, deren Atom-Anzahl viele 1000 betragen kann und deren Abmessungen nicht mehr im Nanometer – sondern schon fast im Bereich von Mikrometern liegen können. Schließlich sind auch Biomoleküle wie die für die Vererbung verantwortlichen Riesenmoleküle der Desoxyribonucleinsäuren (DNS, englisch DNA), siehe dazu Abschn. 20.6, oder molekulare Funktionseinheiten wie der Proteinkomplex des Reaktionszentrums der bakteriellen Photosynthese Gegenstand der Molekülphysik, vergleiche hierzu die schematische Darstellung in Abb. 1.3. Diese Moleküle werden in späteren Abschnitten dieses Buches vorgestellt. Wir verweisen besonders auf Kap. 20.

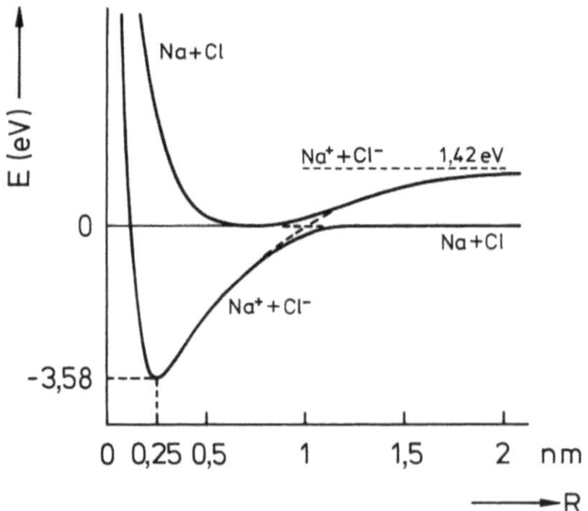

Abb. 1.2. Potentielle Energie E für NaCl und Na^+Cl^- als Funktion des internuklearen Abstandes R, im Gaszustand

Das letzte Beispiel gehört bereits zu den *supermolekularen* Strukturen, Übermolekülen oder Funktionseinheiten, deren eminente Bedeutung besonders für biologische Prozesse in den letzten Jahren immer klarer und verständlicher wird. Lagern sich Moleküle der gleichen Art oder auch verschiedene Moleküle zu größeren Einheiten zusammen, so entstehen schließlich die sogenannten Cluster und die Festkörper.

1.2 Ziele und Methoden

Warum gibt es das Molekül H_2, nicht jedoch (unter normalen Bedingungen) das Molekül H_3? Warum ist NH_3 tetraedrisch, Benzol flach gebaut? Welche Kräfte halten die

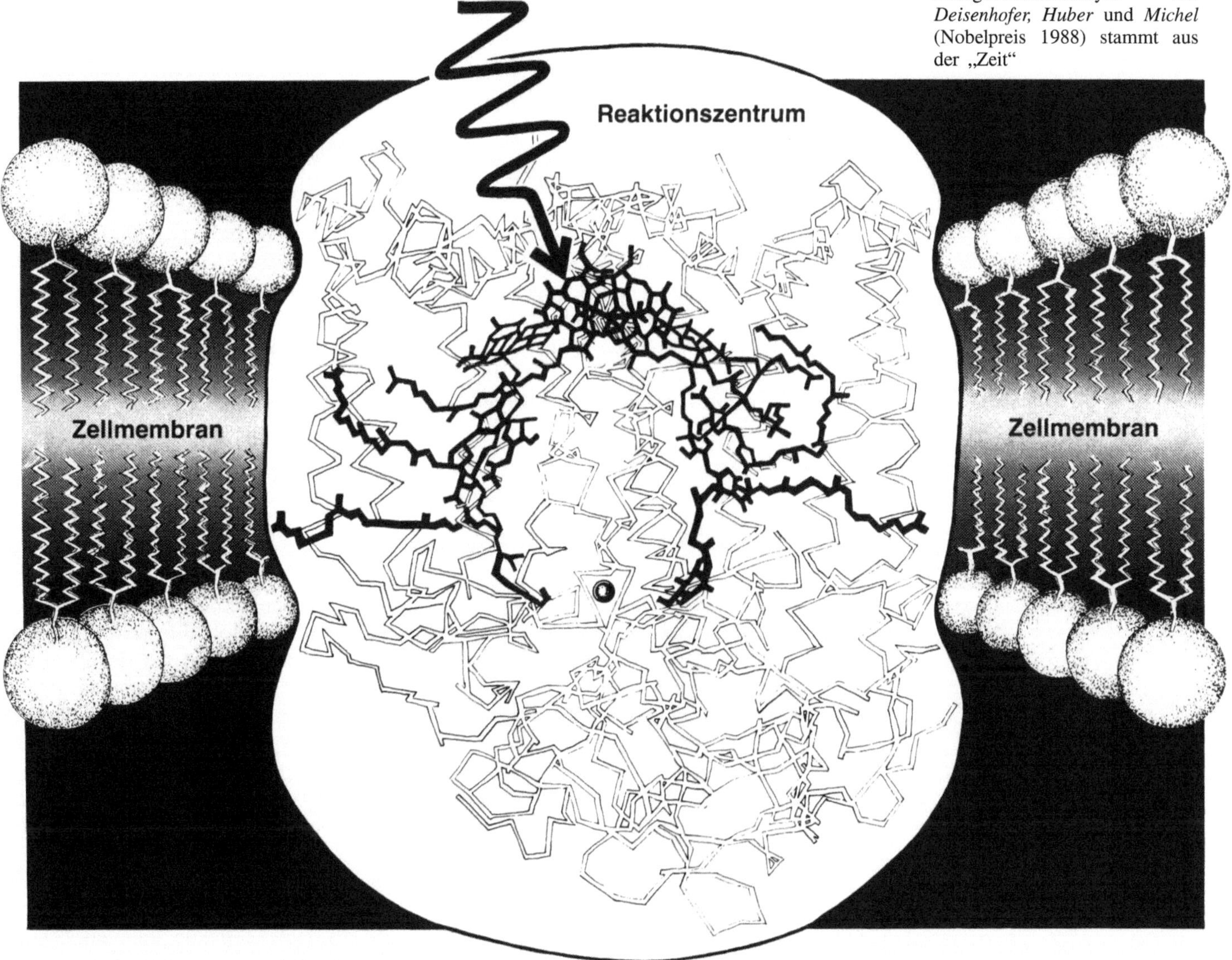

Abb. 1.3. Das Reaktionszentrum der Bakteriellen Photosynthese als molekulare Funktionseinheit. Die Schemazeichnung zeigt die photoaktiven Moleküle, die in eine größere Protein-Einheit eingebettet sind. Diese wiederum ist in eine Zellmembran eingebaut. Lichtabsorption durch ein zentrales Chlorophyll-Dimer ist der erste Schritt einer Ladungstrennung, die die chemischen Prozesse der Photosynthese einleitet. Mehr dazu in Abschn. 20.7. Das Bild nach der Röntgenstrukturanalyse von *Deisenhofer, Huber* und *Michel* (Nobelpreis 1988) stammt aus der „Zeit“

Moleküle zusammen? Wie groß sind Moleküle, und welche elektrischen und magnetischen Eigenschaften haben sie? Warum ist das optische Spektrum eines Moleküls um viele Größenordnungen linienreicher als das eines Atoms? – das sind einige der noch vergleichsweise einfach zu beantwortenden Fragen, wenn wir uns mit der Physik der Moleküle zu befassen beginnen.

Ziel der *Molekülphysik* ist es, die Struktur, die Bindungsverhältnisse und die physikalischen Eigenschaften der Moleküle in ihrer Vielfalt kennen zu lernen und zu verstehen. Daraus möchte man dann das Verständnis für Funktion, Reaktion und Wirkung in Physik, Chemie und Biologie ableiten.

Die ungleich größere Mannigfaltigkeit der Moleküle bringt es mit sich, daß man nicht wie bei den Atomen aus der Kenntnis des einfachsten, nämlich des Wasserstoffs, ein gutes Grundverständnis aller anderen Moleküle ableiten kann. Bei der physikalischen Untersuchung von Molekülen kommt ebenso wie bei den Atomen auch der Spektroskopie eine besondere Bedeutung zu. Man braucht aber ungleich mehr spektroskopische Methoden, besonders weil es im Unterschied zu den Atomen auch innere Freiheitsgrade wie Rotation und Schwingung gibt. Im folgenden wird deutlich werden, wie vielfältig und unterschiedlich die Untersuchungsmethoden sind, die uns in der Molekülphysik zur Verfügung stehen.

Wir werden sehen, wie wichtig Mikrowellen- und Infrarot-Spektroskopie sind, wie feine Details der Struktur man mit den Methoden der magnetischen Resonanz-Spektroskopie der Elektronen und der Kerne gewinnen kann. Uns steht aber auch der umfangreiche Erfahrungsschatz der Chemie zur Verfügung, die vielfältigen Rechenmethoden der Quantenchemie und viele weitere experimentelle Methoden, allen voran Struktur-Untersuchung mit Röntgen- oder Neutronenstrahlen, die Massenspektroskopie und die Spektroskopie der Photoelektronen.

Ziel der *Quantenchemie* ist es, das Rüstzeug bereitzustellen, mit dem man die Elektronenverteilung in Molekülen, ihre Bindungsverhältnisse und ihre Anregungszustände berechnen kann. Die Grenze zur Molekülphysik kann dabei natürlich nicht scharf definiert werden.

1.3 Historische Bemerkungen

Erste exaktere Vorstellungen über Moleküle entstammen der Beobachtung quantitativer Zusammenhänge bei chemischen Prozessen. Der Begriff des Moleküls wurde im Jahre 1811 von dem italienischen Physiker *Avogadro* im Zusammenhang mit der nach ihm benannten *Hypothese* eingeführt, wonach gleiche Volumina verschiedener idealer Gase bei gleicher Temperatur und gleichem Druck gleich viele Atome oder Moleküle enthalten sollen. Damit war ein einfaches Verständnis des *Gesetzes der konstanten und multiplen Proportionen* für die Gewichte und die Volumina gasförmiger Reaktionspartner bei chemischen Reaktionen möglich. Diese Gesetze und Hypothesen stehen ebenso auch am Anfang der Atomphysik. Sie sind im Abschn. 1.2 von I bereits behandelt und sollen hier nicht wiederholt werden.

Die Untersuchung des Verhaltens von Gasen als Funktion von Druck, Volumen und Temperatur im Laufe des 19. Jahrhunderts führte in der *kinetischen Gastheorie* zu einem theoretischen Modell, in dem die Moleküle als reale Teilchen die makroskopischen Eigenschaften der Gase und im weiteren Sinne der Materie zu erklären gestatten. *Loschmidt* errechnete so erstmalig im Jahre 1865 Zahlenwerte für die Größe von Molekülen, die im Rahmen der Fehlergrenzen auch heute noch gültig sind.

In der zweiten Hälfte des 19. Jahrhunderts versuchten viele Chemiker – genannt sei nur *Kékulé*, der Entdecker der Benzolstruktur – aus chemischen Reaktionen Aufschluß über den atomaren Aufbau und die räumliche Struktur von Molekülen zu gewinnen. Mit der modernen Atom- und Quantenphysik im 20. Jahrhundert beginnen auch die Versuche zum exakten Verständnis der *chemischen Bindung*. Nach den Pionierarbeiten von *Kossel* zur heteropolaren und von *Lewis* und *Langmuir* zur homöopolaren Bindung (1915–1920) waren es dann seit 1927 *Hund, Heitler, London* und andere, die die Grundlagen für eine quantitative Quantentheorie der chemischen Bindung und damit für die Quantenchemie formulierten. Seither wurde in zahlreichen Arbeiten von einer Vielzahl von Forschern an einer immer weiteren Verfeinerung dieser theoretischen Möglichkeiten gearbeitet.

Auf die zahllosen instrumentellen und experimentellen Fortschritte, die zu einer immer detaillierteren Analyse der physikalischen Eigenschaften unzähliger Moleküle geführt haben, soll in den Kapiteln dieses Buches eingegangen werden, die sich mit diesen Methoden im einzelnen befassen. Daß uns solche Meßmethoden vieles über den Bau von Molekülen zwar indirekt aber genau zeigen, wird am besten deutlich, wenn eine direkte Abbildung von Molekülen geschieht. Mit den Methoden der Röntgenstreuung und -interferenz ist dies mit hoher Genauigkeit dann möglich, wenn hinreichend große periodisch wiederkehrende Bausteine gleichzeitig untersucht werden können, also besonders in Einkristallen. Ein Beispiel dafür wird im nächsten Kapitel bei der Messung der Größe von Molekülen erläutert, vergleiche Abb. 2.2. – Eine Abbildung einzelner Moleküle ist mit den modernsten Methoden der Durchstrahlungs-Elektronenmikroskopie (Abb. 1.4) und besonders mit dem Rastertunnel-Mikroskop möglich (Abb. 1.5). Die Existenz von Molekülen und das Verständnis ihrer physikalischen Eigenschaften sind schon lange nicht mehr Hypothese, sondern eine fest fundierte Erfahrungstatsache und Grundlage unseres Verständnisses von vielen Strukturen und Prozessen nicht nur in der Chemie, sondern in vielen anderen Gebieten wie Biologie, Materialwissenschaft und Technik.

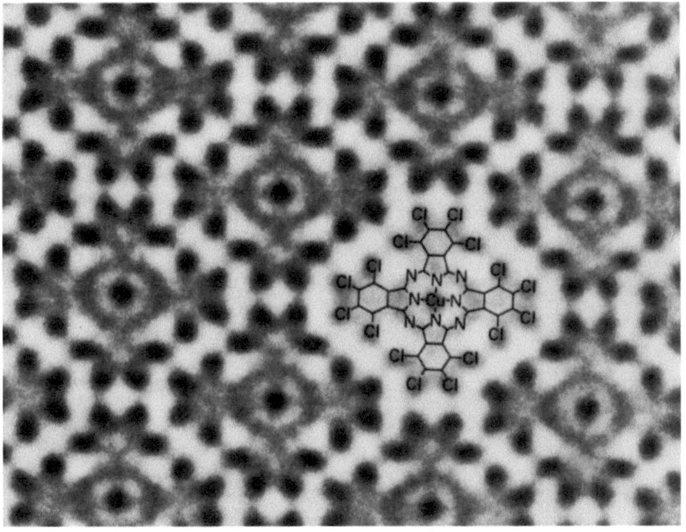

Abb. 1.4. Transmissions-Elektronenmikroskopisches Bild von Hexadekachlor-Kupfer-Phthalocyanin-Molekülen. Die Moleküle bilden eine dünne kristalline Aufwachs-Schicht auf einem Alkalihalogenid-Kristall als Träger. Die Aufnahme und Bildverarbeitung erfolgte mit einem 500 kV-Elektronenmikroskop höchster Auflösung und mit spezieller Auswerte-Technik. Man erkennt besonders deutlich das zentrale Kupfer-Atom und die 16 peripheren Chlor-Atome. (Die Aufnahme wurde von Prof. *N. Uyeda*, Kyoto-University, freundlicherweise zur Verfügung gestellt)

1.4 Bedeutung von Molekülphysik und Quantenchemie für andere Disziplinen

Die Molekülphysik und die Quantenchemie verbinden unser Wissen über Aufbau und Struktur der Atome mit unserem Bestreben, die belebte und unbelebte Welt zu verstehen. Sie schaffen die Grundlagen für ein Verständnis der Welt der Chemie, der zahllosen bekannten und möglichen Moleküle, ihrer physikalischen Eigenschaften und ihrer Wechselwirkungen. Sie führen uns zu einem Verständnis der Kräfte und Bindungsstrukturen, der elektrischen, magnetischen und mechanischen Eigenschaften von Kristallen, Materialien, Werkstoffen. Sie schaffen die Grundlagen für ein Verständnis der biologischen Welt. Wachstum, Vermehrung, Sinnesempfindungen wie Sehen und Riechen, Stoffwechselprozesse, pflanzliche Photosynthese und alle Grundprozesse des organischen Lebens, kurz, alles Lebendige wird nur verständlich, wenn man die zugrunde liegenden molekularen Strukturen versteht, die aktiv und passiv daran beteiligten Moleküle, ihre Wechselwirkungen und ihre Funktionen.

Kleine Moleküle wie H_2 oder HCl sind gut geeignet, um an ihnen viele wichtige Gedankengänge, theoretische Überlegungen und experimentelle Methoden kennen zu lernen. Die kleinen Moleküle werden deshalb wegen ihrer relativen Einfachheit und Überschaubarkeit in diesem Buch auch einen wichtigen Platz einnehmen. Wir werden im folgenden viele Methoden und viele Begriffsbildungen am Beispiel kleiner Moleküle in der Gasphase kennen lernen. Dabei darf man aber nie vergessen, wie vielgestaltig und dementsprechend kompliziert die Welt der Moleküle ist. Mehr als in der Physik der Atome wird man in der Molekülphysik sich der Vielfalt der Erscheinungen in unserer stofflichen Welt, den Details und nicht nur den Prinzipien, zuwenden müssen. Hiervon sollen die folgenden Kapitel auch eine Vorstellung geben.

Im Vordergrund steht das einzelne Molekül, das Molekül im Gas. Im Unterschied zu den Atomen gibt es bei Molekülen innere Freiheitsgrade der beteiligten Atomkerne, die zu Rotationen und Schwingungen Anlaß geben. Wenn wir wie bei der Atomphysik die Spektroskopie als wichtigste Methode zur Aufklärung der Molekülstruktur kennen ler-

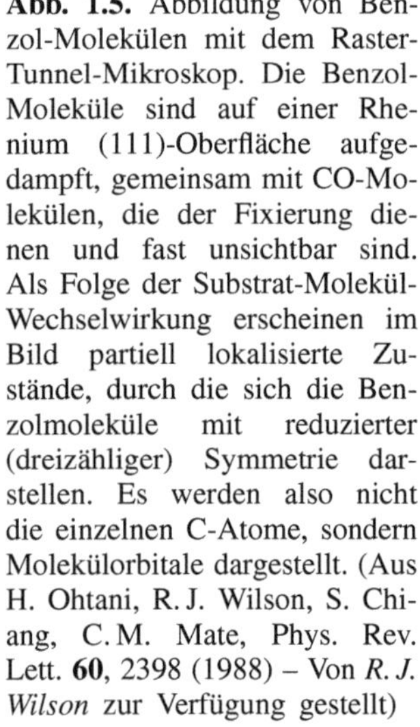

Abb. 1.5. Abbildung von Benzol-Molekülen mit dem Raster-Tunnel-Mikroskop. Die Benzol-Moleküle sind auf einer Rhenium (111)-Oberfläche aufgedampft, gemeinsam mit CO-Molekülen, die der Fixierung dienen und fast unsichtbar sind. Als Folge der Substrat-Molekül-Wechselwirkung erscheinen im Bild partiell lokalisierte Zustände, durch die sich die Benzolmoleküle mit reduzierter (dreizähliger) Symmetrie darstellen. Es werden also nicht die einzelnen C-Atome, sondern Molekülorbitale dargestellt. (Aus H. Ohtani, R.J. Wilson, S. Chiang, C.M. Mate, Phys. Rev. Lett. **60**, 2398 (1988) – Von *R.J. Wilson* zur Verfügung gestellt)

nen, dann müssen wir deshalb dem Bereich der Mikrowellen und des Infraroten, wo die Frequenzen der Rotationen und Schwingungen liegen, vermehrte Beachtung schenken.

Die Wechselwirkung der Moleküle untereinander und mit anderen Molekülen führt schließlich zur Physik der Flüssigkeiten, zur Festkörperphysik und zu den physikalischen und strukturellen Grundlagen der Biologie. Hier werden wir von diesen Gebieten nur so weit Gebrauch machen, wie wir sie zum Verständnis der Moleküle brauchen. Umgekehrt werden wir in noch viel größerem Maße Methoden und Tatsachen kennen lernen, die zum Verständnis der Vorgänge in den genannten Gebieten wesentlich sind. Unser Ziel wird es auch hier wie in I sein, vom Experiment und der Beobachtung auszugehen und die Grundprinzipien der Molekülphysik und Quantenchemie herauszuarbeiten. So soll das Buch kein Spezialwissen vermitteln, sondern den Zugang zur umfangreichen Spezialliteratur ebnen.

Eine wichtige Anwendung findet die Molekülphysik in der aktuellen *Umwelttechnik*. Die Untersuchung der molekularen Zusammensetzung unserer Atmosphäre, deren Änderung durch die Verbrennung von Holz, Kohle und Öl auf der Erde, durch Autoabgase und andere Produkte unserer modernen Industrietechniken sowie die Aufklärung der in der Atmosphäre durch Sonnenlicht verursachten photochemischen Prozesse sind für Untersuchungen mit dem Ziel eines Schutzes unserer Umwelt von elementarer Bedeutung. Es sei nur an das sogenannte Ozonloch und dessen dramatische Folgen für das menschliche Leben auf der Erde erinnert.

In der *Astrophysik* versucht man, Moleküle im Weltall zu identifizieren. Ziel solcher Untersuchungen ist das Auffinden kleiner Moleküle, die als Urbausteine für die Entstehung von Biomolekülen und damit des Lebens auf unserer Erde angesehen werden können.

2. Mechanische Eigenschaften von Molekülen, Größe, Masse

Moleküle kann man nur in günstigen Fällen und erst seit kurzem mit speziellen Mikroskopen direkt abbilden. Zur Bestimmung von Größe, Masse und Form von Molekülen gibt es jedoch viele weniger direkte, einfache und ältere Wege, auch aus dem Bereich der klassischen Physik. Dies ist Gegenstand der folgenden Abschnitte.

2.1 Größe

Wenn man unter Größe eines Moleküls nicht den Abstand der Atome im Molekül, sondern die räumliche Erstreckung seiner Elektronenhülle versteht, dann kann man zur Bestimmung der Größe eines kleinen, aus wenigen Atomen aufgebauten Moleküls mit einer einfachen Überlegung beginnen. Wir wissen nach *Avogadro*, daß 1 Mol eines idealen Gases unter Normalbedingungen ein Volumen von $22{,}4 \cdot 10^{-3}\,\mathrm{m}^3$ einnimmt und N_A Moleküle enthält. Dabei ist N_A die Avogadrosche Zahl, $6{,}02205 \cdot 10^{23}\,\mathrm{Mol}^{-1}$. Wenn wir das Gas zu einer Flüssigkeit oder einem Festkörper kondensieren, so nimmt dabei des Volumen um etwa den Faktor 1000 ab. Wenn wir nun weiter annehmen, daß sich in kondensierter Phase die Moleküle gegenseitig berühren, dann erhalten wir aus diesen Daten als Größenordnung der Molekülradien $10^{-10}\,\mathrm{m}$, also $0{,}1\,\mathrm{nm}$ oder $1\,\mathrm{Å}$. In ähnlicher Weise kann man aus der Dichte ϱ einer Flüssigkeit das vom einzelnen Baustein eingenommene Volumen errechnen, wenn man dichteste Kugelpackung der Moleküle annimmt oder aber die Packungsart, das heißt die räumliche Anordnung der Bausteine kennt.

Weitere und genauere Methoden zur Bestimmung der Molekülgrößen aus makroskopischen Meßgrößen sind die gleichen, die wir auch schon in der Atomphysik kennengelernt haben. Sie sollen hier nur kurz wiederholt werden:

– Aus Messungen der pV-Isothermen realer Gase erhält man mit Hilfe der Van der Waalsschen Zustandsgleichung für Druck p und Volumen V

$$\left(p + \frac{a}{V^2}\right)(V - b) = RT \tag{2.1}$$

(T = Temperatur, R = ideale Gaskonstante, p und V bezogen auf ein Mol).

Zahlenwerte für die Größe b, das Kovolumen. Es ist im Rahmen der kinetischen Theorie realer Gase gleich dem 4fachen Eigenvolumen der Moleküle. Die Van der Waalssche Zustandsgleichung tritt ja bekanntlich an die Stelle der idealen Gasgleichung $pV = RT$, wenn man Wechselwirkung der Teilchen untereinander (a/V^2) und Eigenvolumen der Teilchen (b) zuläßt. Tabelle 2.1 enthält Meßwerte von b und daraus errechnete Moleküldurchmesser für einige Gase.

Tabelle 2.1. Meßwerte für das Kovolumen b in der Van der Waalsschen Zustandsgleichung (2.1) in liter Mol^{-1} und daraus berechnete Durchmesser d in Å von einigen Gasmolekülen. Nach *Barrow*

Molekül	b	d
H_2	0,0266	2,76
H_2O	0,0237	2,66
NH_3	0,0371	3,09
CH_4	0,0428	3,24
O_2	0,0318	2,93
N_2	0,0391	3,14
CO	0,0399	3,16
CO_2	0,0427	3,24
C_6H_6	0,155	4,50

– Aus der Messung sogenannter Transportphänomene wie Diffusion (Transport von Masse), Viskosität (Transport von Impuls), Wärmeleitung (Transport von Energie) erhält man die mittlere freie Weglänge l von Molekülen[1] im Gas und daraus den Moleküldurchmesser in folgender Weise:

Es gilt für die Viskosität oder innere Reibungen eines Gases

$$\eta = \frac{1}{3} \varrho\, l \sqrt{\overline{v^2}} \tag{2.2}$$

ϱ = Dichte, $\overline{v^2}$ = mittleres Geschwindigkeitsquadrat der Moleküle, von denen wir wissen, daß sie keine einheitliche Geschwindigkeit besitzen, sondern daß für ihre Geschwindigkeiten die Maxwellsche Verteilungsfunktion gilt.

Mit der Gleichung

$$p = \frac{1}{3} \varrho\, \overline{v^2}$$

für den Gasdruck p kann man (2.2) in direkt meßbare Größen umformen. So kommt man zu

$$l = \eta \sqrt{\frac{3}{p\varrho}}\,. \tag{2.3}$$

Man kann also aus Messung von Druck, Dichte und innerer Reibung eines Gases die mittlere freie Weglänge errechnen. – Ein anderer Weg führt über die Wärmeleitzahl.

Für die Wärmeleitzahl λ gilt

$$\lambda = \frac{1}{3} N \frac{C_V}{N_A} l \sqrt{\overline{v^2}} \tag{2.4}$$

(N = Zahl der Moleküle je Volumeneinheit, C_V = spezifische Wärme bei konstantem Volumen, N_A = Avogadrosche Zahl).

Geringe Wärmeleitfähigkeit wird also mit schweren Molekülen erreicht, da dann $\overline{v^2}$ bei gegebener Temperatur klein ist.

Aus der mittleren freien Weglänge l erhält man den Wirkungsquerschnitt und damit die Größe von Molekülen, wie in Abschn. 2.4 von I gezeigt. Es gilt

$$l = \frac{1}{\sqrt{2}\pi N d^2} \tag{2.5}$$

(N = Zahl der Moleküle je Volumeneinheit, d = Durchmesser des Moleküls bei Annahme eines kreisförmigen Querschnittes). Einige so gewonnene Meßwerte enthält Tabelle 2.2.

Tabelle 2.2. Durchmesser d (in Å) einiger kleiner Moleküle aus gaskinetischen Wirkungsquerschnitten

Molekül	d
H_2	2,3
O_2	3,0
CO_2	3,4
C_2H_6	3,8

Für N_2 (Stickstoff) unter Normalbedingungen gilt $N = 2{,}7 \cdot 10^{25}\,\mathrm{m}^{-3}$, $l = 0{,}6 \cdot 10^{-7}\,\mathrm{m}$ und damit als Größe des Moleküls $d = 3{,}8 \cdot 10^{-10}\,\mathrm{m}$. Für die mittlere Zeit zwischen zwei Stößen ergibt sich mit

$$\tau \sqrt{\overline{v^2}} = l \quad \text{der Wert} \quad \tau = 1{,}2 \cdot 10^{-10}\,\mathrm{s}\,.$$

[1] In I wird die mittlere freie Weglänge mit λ bezeichnet

Bei allen genannten Methoden betrachtet man das Molekül in der einfachsten Näherung als Kugel. Zur Bestimmung der wirklichen Gestalt und Form der Moleküle sind anspruchsvollere physikalische Methoden erforderlich.

Die ebenfalls in I bereits erwähnten Interferenzmethoden der Streuung von Röntgen- oder Elektronenstrahlen erlauben eine Bestimmung der Molekülabstände im Festkörper, und damit auch der Molekülgröße unter Einschluß einer Anisotropie der Moleküle, das heißt bei Abweichung von der Kugelgestalt, siehe hierzu I, Abschn. 2.4. Allerdings benötigt man hierzu Kristalle oder wenigstens Festkörper mit einer gewissen Ordnung. Wenn die Moleküle sich in ungeordneter Umgebung befinden, zum Beispiel in einer Flüssigkeit oder in einem Glas, so erhält man nur weniger deutlich ausgeprägte Interferenzerscheinungen aufgrund einer eventuell auch im Glas oder in der Flüssigkeit vorhandenen Nahordnung der Moleküle. Eine Nahordnung bedeutet, daß bestimmte zwischenmolekulare Abstände besonders häufig auftreten.

Die Abstände von Atomen innerhalb eines Moleküls, das heißt zwischen den das Molekül aufbauenden Atomen, können aus der Beugung von Elektronenstrahlen an Molekülen bestimmt werden. Man muß dazu die Intensitätsverteilung im Elektronenbeugungsdiagramm ausmessen. Mit den Annahmen, daß die Atome als Zentren im Molekül unabhängig voneinander streuen und daß die zur Interferenz führenden Phasendifferenzen in der Streustrahlung nur vom Abstand der Streuzentren abhängen, erhält man Werte für charakteristische Kernabstände in Molekülen, wie in Abb. 2.1 gezeigt wird.

Wenn man aus Röntgeninterferenzen an Einkristallen mehr als nur die Kristallstruktur und die Abstände der Molekül-Schwerpunkte, nämlich auch die genaue Verteilung der Elektronendichte kennenlernen will, dann muß man die relativen Intensitäten der Interferenz-Maxima auswerten. Maßgeblich für die Streuung der Röntgenstrahlung am Kristall ist die dreidimensionale Ladungsverteilung seiner Elektronen. Diese kann man aus den gemessenen Reflexintensitäten mit Hilfe der sogenannten Fourier-Synthese rekonstruieren. Damit kommt man zu Karten der Elektronendichte-Verteilung in Molekülen wie in Abb. 2.2 dargestellt. Auf den Kristall geschossene Elektronen werden ebenfalls an der Elektronenhülle der Atome oder Moleküle gestreut und liefern so ebenfalls

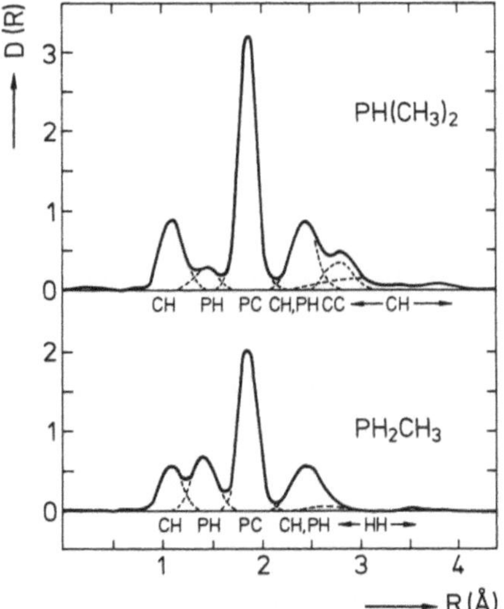

Abb. 2.1. Aus Elektronenbeugungs-Aufnahmen gewonnene radiale Verteilungsfunktion D der Elektronendichte als Funktion des Abstandes vom Kern R in den Molekülen $PH(CH_3)_2$ und PH_2CH_3. Die Maxima in der Verteilungsfunktion können den angegebenen Kernkonfigurationen zugeordnet werden. (Nach *Barteil, J.*, Chem. Phys. **32**, 832 (1960))

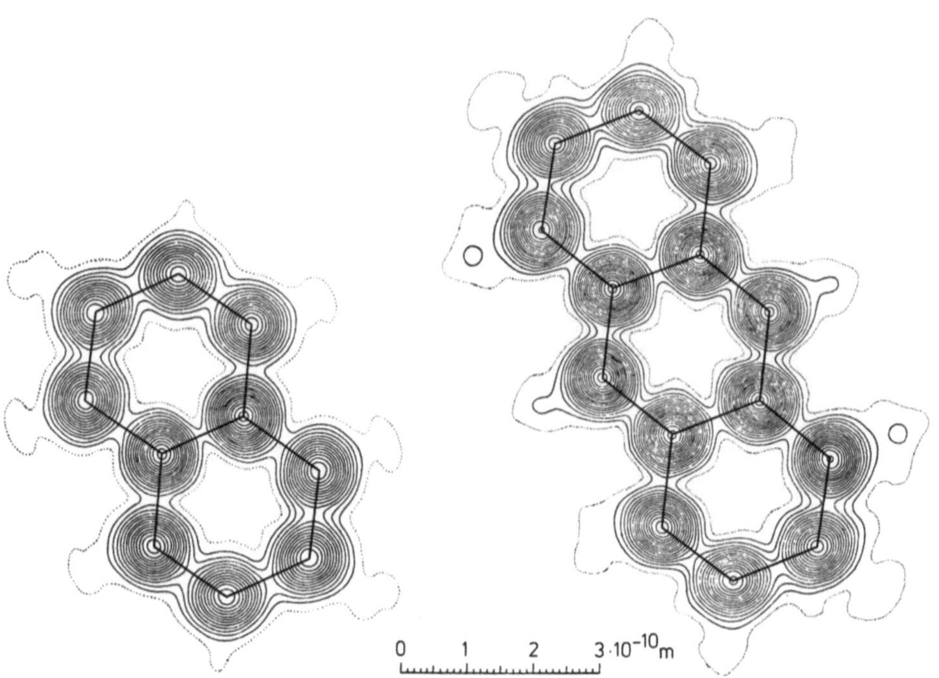

Abb. 2.2. Schnitt durch die Molekülebenen von Naphthalin (*links*) und Anthracen. Die Schichtlinien der Elektronendichte sind in Abständen von 1/2 Elektron je Å^3 gezeichnet, die äußerste, gestrichelte Linie entspricht gerade dieser Einheit. (Nach *Robertson, J. M.*, Organic Crystals and Molecules. Cornell University Press (1953))

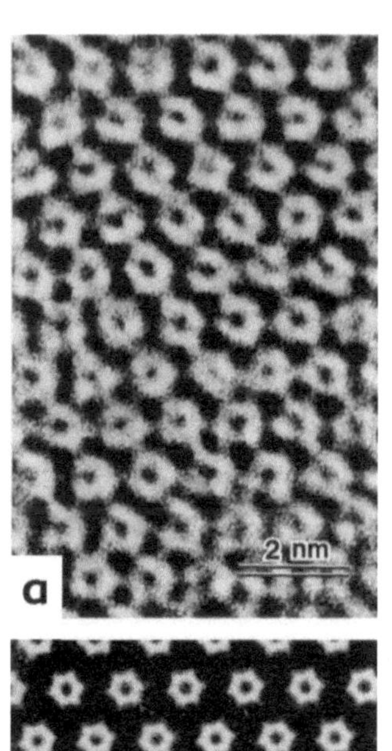

Abb. 2.3. (**a**) Transmissions-Elektronenmikroskopische Aufnahme eines dünnen C_{60}-Kristalls in (111) Richtung. Das strukturelle Auflösungsvermögen des Geräts betrug 0,17 nm. Das Bild wurde mit einer speziellen Aufnahmetechnik, der HREM (high resolution electron microscopy) und spezieller Bildverarbeitung aufgenommen. (**b**) Zum Vergleich: Berechnetes Bild für einen Kristall mit einer Dicke von 2 Einheitszellen (4,9 nm). Aus S. Wang und P.R. Busek, Chem. Phys. Lett. **182**, 1 (1991) mit freundlicher Erlaubnis der Autoren

Bilder der Elektronen-Dichteverteilung. Allerdings ist Elektronenbeugung als Untersuchungsmethode für Strukturen wegen der geringen Eindringtiefe von Elektronen nur an dünnen Schichten möglich. Anders ist es mit Neutronen. Da Streuung von Neutronen bevorzugt an den Kernen und, wenn vorhanden, an deren magnetischen Momenten erfolgt, lassen sich mit Neutronenbeugung die Strukturen der Kerngerüste von Molekülen untersuchen. Dagegen kann man mit Neutroneninterferenzen nur in beschränktem Umfang elektronische Strukturen von Molekülen untersuchen.

Eine mikroskopische Abbildung von Molekülen ist mit dem Elektronenmikroskop möglich. Das Auflösungsvermögen von Durchstrahlungs-Elektronenmikroskopen ist in den letzten Jahrzehnten so gut geworden, daß Strukturen im Bereich von 1 bis 2 Å sichtbar gemacht werden können. Ein Beispiel zeigt Abb. 1.4 in Kap. 1. Als weiteres Beispiel zeigt Abb. 2.3 die Aufnahme eines dünnen Fulleren-Kristalls (C_{60}) mit einem hochauflösenden Transmissions-Elektronen-Mikroskop. Man erkennt die kugelförmigen C_{60}-Moleküle (siehe dazu Abb. 4.18) in regelmäßiger dichter Packung. Während die Abbildung von Molekülen mit dem Feldemissions-Mikroskop (siehe Abb. 2.14 in I) bisher keine größere praktische Bedeutung hat, verspricht das seit 1982 entwickelte Raster-Tunnel-Mikroskop die Möglichkeit zum Identifizieren, zum Abbilden und eventuell auch zum elektrischen Ansteuern einzelner Moleküle.

Mit dem von *Binnig* und *Rohrer* erstmals vorgestellten und seither weiterentwickelten Raster-Tunnel-Mikroskop (RTM) ist es möglich, detaillierte Bilder von Oberflächen mit atomarer bzw. molekularer Auflösung zu erhalten. In der einfachsten und ältesten Version, im Betrieb bei konstantem Tunnelstrom, arbeitet das Gerät RTM wie in Abb. 2.4 schematisch angezeigt. Eine extrem dünne Spitze wird einer leitfähigen Oberfläche so stark genähert, daß bei einer kleinen Betriebsspannung (mV bis V) bereits ohne direkten Kontakt ein Strom, der auf dem Tunneleffekt beruht (vgl. I, Abschn. 23.3),

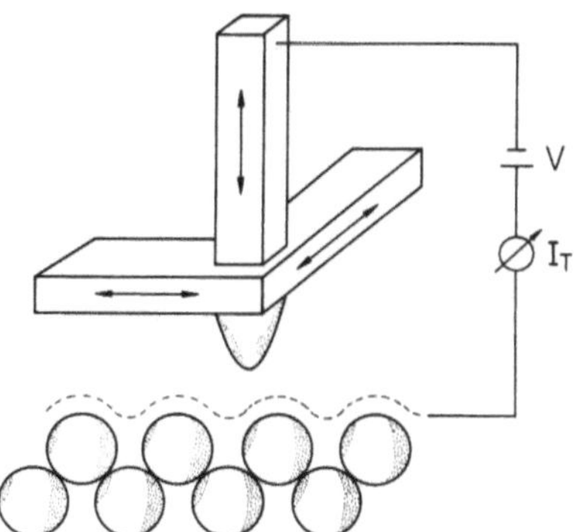

Abb. 2.4. Schematische Darstellung eines Raster-Tunnelmikroskops. Der Tunnelstrom I_T zwischen der abzubildenden Oberfläche und der als Spitze ausgebildeten Gegenelektrode wird als Funktion der 3 Raumkoordinaten x, y und dem Abstand z dargestellt

zwischen Spitze und Oberfläche meßbar wird. Dieser sogenannte Tunnelstrom ist sehr stark vom Abstand abhängig. Die Spitze wird nun über die zu messende Oberfläche hinweg bewegt. Dabei wird die Höhe z der Spitze durch eine Rückkopplungs-Schaltung so variiert, daß der an sich mit dem Abstand zwischen Spitze und Fläche stark variierende Tunnelstrom konstant bleibt. Ein Bild der Oberfläche entsteht, indem man die Höhe z als Funktion der Flächenkoordinaten x und y aufträgt. Dies ist im unteren Teil von Abb. 2.4 schematisch gezeigt. Mit diesem Mikroskop ist es auch möglich, einzelne Moleküle auf der Oberfläche zu sehen. Ein Meßbeispiel mit molekularer Auflösung zeigt Abb. 1.5. Mehr dazu und neue Entwicklungen werden in Abschn. 21.3 behandelt.

Eine Weiterentwicklung des Raster-Tunnel-Mikroskopes ist das Raster-Kraft-Mikroskop. Hier ist die Meßgröße nicht ein Tunnelstrom, sondern die von Ort zu Ort wechselnde Kraft zwischen Spitze und Unterlage. Es kann deshalb auch bei isolierenden Unterlagen angewandt werden. Mit solchen Raster-Mikroskopen lassen sich Strukturen von Molekülen und ihre Anordnung auf Oberflächen sichtbar machen. Man kann auch

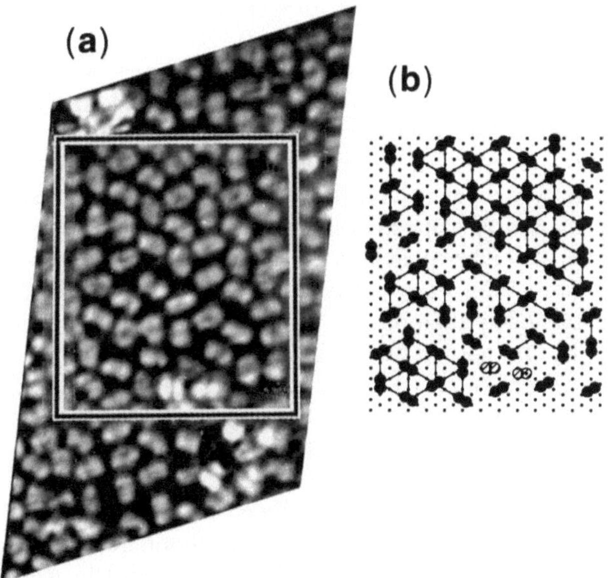

Abb. 2.5. (**a**) Rastertunnelmikroskopische Abbildung von Naphthalin-Molekülen auf einer Pt (111)-Unterlage. (**b**) Schematische Darstellung der Orientierung der Naphthalin-Moleküle auf der Pt (111)-Unterlage. Aus V.M. Hallmark, S. Chiang, J.K. Brown, Ch. Wöll, Phys. Rev. Lett. **66**, 48 (1991). Für eine Übersicht sei verwiesen auf J. Frommer, Angew. Chem. **104**, 1325 (1992)

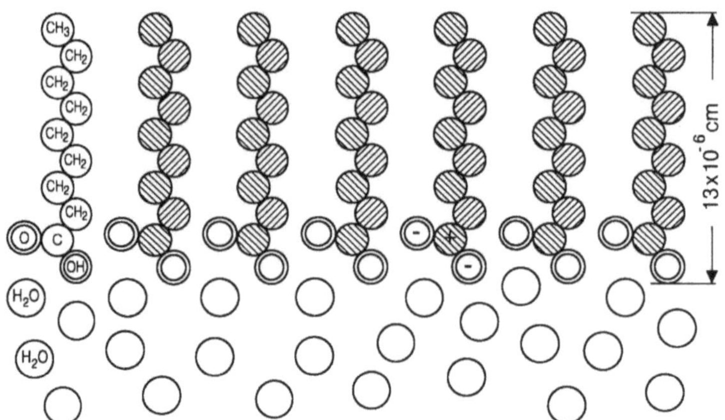

Abb. 2.6. Schema der Anordnung von Fettsäure-Molekülen auf einer Wasseroberfläche. Dabei bedeuten: ◯ Wassermoleküle, ◎ wasserlösliche (hydrophile) Sauerstoffatome bzw. Hydroxyl-Gruppen und ⊘ wasserunlösliche (hydrophobe) Kohlenstoffatome bzw. CH_2-Gruppen. Mehr dazu in Abschn. 20.7

Kristallisation von Molekülen auf Oberflächen im Zeitablauf verfolgen. Ein weiteres Beispiel für eine Molekülabbildung mit dem Raster-Mikroskop zeigt Abb. 2.5.

Eine gänzlich andere Methode zur Messung von Molekülgrößen ergibt sich an monomolekularen Schichten. Langgestreckte Kohlenwasserstoff-Moleküle, die an einem Ende eine wasserlösliche (hydrophile) Endgruppe tragen, während ihr anderes Ende hydrophob ist, können sich in monomolekularer Schicht auf einer Wasseroberfläche ausbreiten. Dies hat zuerst die Hausfrau und Amateurforscherin *Agnes Pockels* 1891 gezeigt. Die Technik wurde von *Lord Rayleigh*, dem sie das mitteilte, und dann besonders von *Langmuir*, weiterentwickelt. Er konnte zeigen, daß man die Moleküle bis auf einen wohldefinierten kleinsten Abstand auf der Wasseroberfläche zusammenschieben kann, so daß sie sich im Gleichgewichtsabstand gegenseitig berühren. Aus Molekulargewicht und Dichte kann man die Zahl der Moleküle bestimmen, die sich auf einer bestimmen Oberfläche, deren Flächenausdehnung man ausmessen kann, befinden. Daraus erhält man einen Zahlenwert für den Querschnitt der Moleküle. Natürlich läßt sich dieses Verfahren nur bei Molekülen mit einer sehr speziellen Struktur anwenden. Zur Erläuterung siehe dazu Abb. 2.6.

Es sei schon hier erwähnt, daß solche monomolekularen Schichten, sogenannte Langmuir-Blodgett-Schichten, in den letzten Jahren erneut großes Interesse gefunden haben. Man kann sie zum Beispiel auf Träger aufziehen, man kann verschiedene Schichten aufeinander aufbringen und man kann damit das Verhalten und die Wechselwirkung zwischen einzelnen Molekülen in niederdimensionalen Strukturen oder in exakt definierten Abständen voneinander und relativen Lagen zueinander studieren. Auch benutzt man solche Schichten als Modelle für biologische Membranen. Ein Ziel der modernen Forschung ist es, aus solchen geordneten Schichten künstliche molekulare Funktionseinheiten aufzubauen, vergleiche hierzu Abschn. 20.7.

Die aufgeführten Verfahren liefern schon in verhältnismäßig einfacher Weise recht genaue Angaben über die Größe von Molekülen. Wir werden in späteren Kapiteln sehen, daß es eine ganze Reihe spektroskopischer Verfahren gibt, mit denen man noch wesentlich genauere Einzelheiten über den Bau eines Moleküls, die räumliche Anordnung und die Erstreckung seiner Bestandteile, über das Kerngerüst und die Wirkungsradien der Elektronenhüllen gewinnen kann.

Jedenfalls muß man, wenn man von „Größe" spricht, definieren, um welche physikalische Eigenschaft es sich handelt. Das ist in Abb. 2.7 veranschaulicht. Wenn man zum

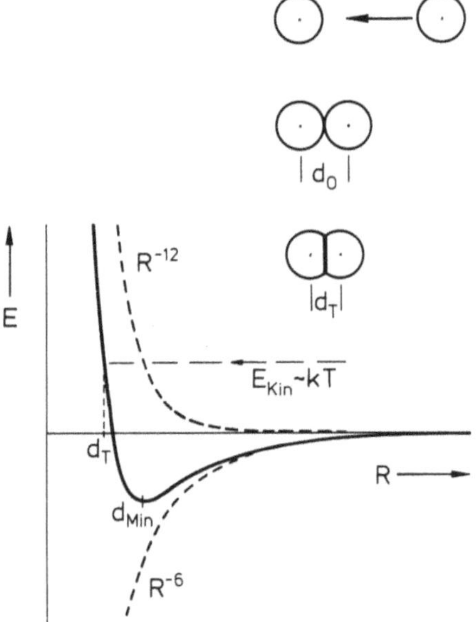

Abb. 2.7. Zur Definition der „Größe" eines Moleküls. Man kann unterscheiden zwischen d_0, dem Abstand, bei dem sich zwei stoßende Moleküle meßbar berühren, d_T als dem kleinsten Abstand, der beim Stoß mit einer kinetischen Energie kT der Stoßteilchen erreicht wird, und d_{Min}, das ist der Abstand, der dem Minimum eines Wechselwirkungs-Potentials entspricht. Hier handelt es sich um das Wechselwirkungs-Potential zweier neutraler Moleküle – nicht zu verwechseln mit dem innermolekularen Potential. Die Wechselwirkung verläuft typisch mit R^{-6} (anziehend) und R^{-12} (abstoßend)

Beispiel durch Messung von Stoßquerschnitten einen Moleküldurchmesser bestimmen will, so kann man den kleinsten Abstand, der beim Stoß erreicht wird (d_T), oder den Abstand, bei dem sich die Elektronenhüllen der stoßenden Moleküle gerade meßbar berühren (d_0), oder aber den Abstand d_{Min} als Molekülgröße definieren, bei dem die Wechselwirkungsenergie E ihre Minimum annimmt. Dabei ist auch noch zu berücksichtigen, daß die Moleküle nicht „hart", sondern beim Stoß mehr oder weniger stark deformierbar sind, wie in Abb. 2.7 bei der Definition des kleinsten Abstandes d_T angedeutet. T steht hier für Temperatur, weil ein Molekül seine mittlere Energie kT beim Stoß mitbringt. Auch sind die Elektronen-Wellenfunktionen nicht scharf begrenzt. Es ist deshalb auch nicht verwunderlich, wenn die erhaltenen Meßgrößen je nach Meßmethode verschieden sind. So findet man zum Beispiel beim H_2-Molekül als Zahlenwert für den Durchmesser (in Å) 2,47 aus der inneren Reibung, 2,81 aus der Van der Waals-Gleichung, und für den Gleichgewichtsabstand R_e der Schwerpunkte der beiden H-Atomkerne in H_2 findet man aus spektroskopischen Daten den Wert 0,74 Å.

2.2 Form der Moleküle

Moleküle sind nur in seltenen Fällen kugelförmig. Um ihre räumliche Struktur zu untersuchen, muß man sowohl die Struktur des Kerngerüstes wie auch die räumliche Erstreckung der Elektronenhülle messen. Dies wird in Abb. 2.8 an zwei einfachen Beispielen erläutert.

Das Kerngerüst, d. h. die Abstände der das Molekül aufbauenden Atomkerne und ihre relative Orientierung zueinander, kann man sehr genau bestimmen. Außer der Röntgen-, Elektronen- und Neutronenbeugung benötigt man dazu spektroskopische Methoden wie Infrarot-Spektroskopie und Magnetische Kernspin-Resonanz, die erst später im einzelnen behandelt werden.

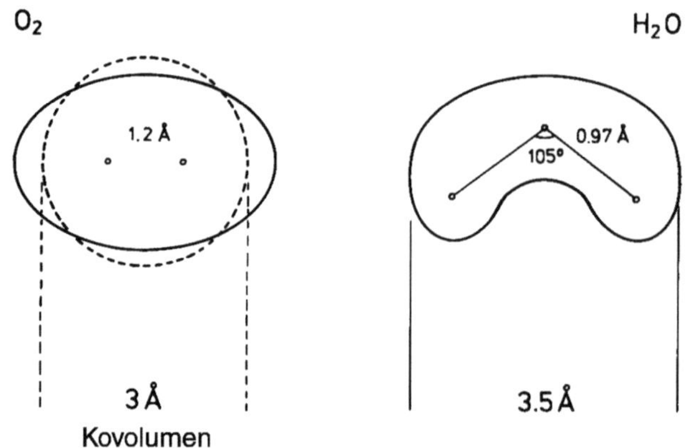

Abb. 2.8. Molekülkonturen weichen im allgemeinen von der Form einer Kugel ab. Als Beispiel hier die Moleküle O_2 und H_2O. Außer dem Abstand der Kerne und den Bindungswinkeln ist die räumliche Erstreckung der Molekül-Elektronen eine wichtige Meßgröße

Einige kleinere Moleküle seien schon hier als Beispiele aufgeführt:

2-atomig, homonuklear	H_2	H–H	Abstand 0,74 Å
	J_2	J–J	Abstand 2,66 Å
	O_2	O–O	Abstand 1,20 Å
2-atomig, heteronuklear	HCl	H–Cl	Abstand 1,28 Å
3-atomig, symmetrisch-linear	CO_2	O–C–O	Abstand 1,15 Å
3-atomig, gewinkelt	H_2O	O	Abstand 0,97 Å
		H H	∢ 105°
4-atomig, symmetrische Pyramide	NH_3	N	Abstand NH 1,01 Å
		H	
		H H	
5-atomiger Tetraeder	CH_4	H	Abstand CH 1,09 Å
		C	
		H H	
		H	
Mehratomige Kohlenwasserstoffe,	C_2H_6	H H	
Paraffine	Ethan	H–C–C–H	Abstand C–C 1,55 Å
		H H	Abstand C–H 1,09 Å
			∢ (H–C) = 109,5°
			∢ (HCH) = 111,5°
		H H	
		C C	
Aromaten	C_6H_6	H C C H	Abstand C–H 1,08 Å
	Benzol	C C	Abstand C–C 1,39 Å
		H H	
Biologische Makromoleküle	DNS	Doppelhelix	200 Å lang
		10^5–10^6 Atome	

Die Meßgenauigkeit, mit der man diese Daten aus einer Analyse der Elektronen- und Röntgenbeugung an geordneten Strukturen angeben kann, ist sehr groß. Abstände können sicher auf ±0,01 Å genau angegeben werden, Winkel auf ±1°. Zwar ist die Ausdehnung der Elektronenhülle von Molekülen wie bereits erläutert nicht genau definiert, da die Elektronendichte kontinuierlich nach außen hin abfällt. Man kann jedoch Flächen gleicher räumlicher Elektronendichte angeben und daraus Flächen minimaler Elektro-

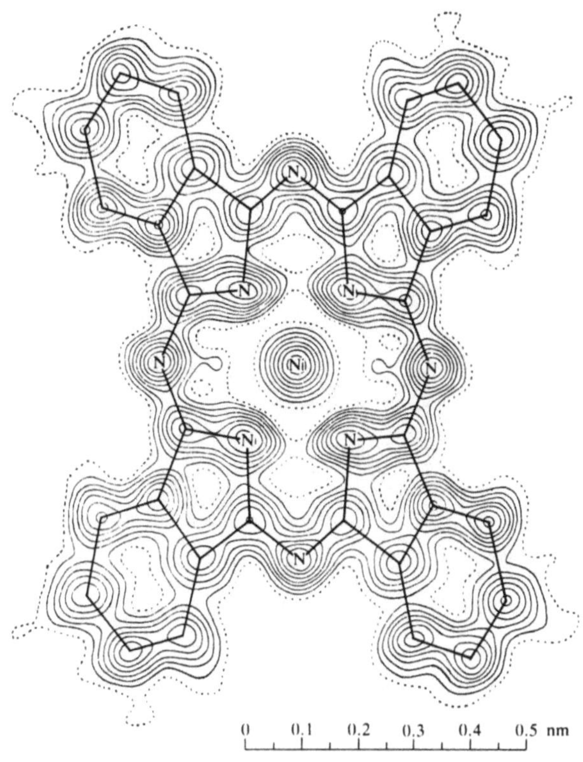

Abb. 2.9. Elektronendichte-Diagramm des Moleküls Nickel-Phthalocyanin. Ebenso wie in Abb. 2.2 sind die H-Atome nicht zu erkennen, weil sie durch Röntgen-Beugungs-Methoden neben Atomen mit größerer Elektronendichte schwer meßbar sind. Die Höhen-Konturlinien stellen die Elektronendichte dar. Sie verlaufen im Abstand von jeweils einem Elektron je Å^2, wobei die gestrichelten Linien der Dichte von 1 Elektron je Å^2 entsprechen. Um das zentrale Ni-Atom herum beträgt der Linienabstand 5 Elektronen je Å^2. Nach *Robertson*

nendichte herleiten, woraus sich die genauen Abstandsbestimmungen ergeben. Schneidet man Flächen gleicher räumlicher Elektronendichte mit einer Ebene, so erscheinen diese als Höhenlinien in der Zeichenebene. Wenn man dann noch die Struktur des Kerngerüstes kennt, kommt man zu Molekülbildern wie in Abb. 2.9.

2.3 Masse

Die *Masse* eines Moleküls erhält man am einfachsten wie bei den Atomen durch Wägung, 1 Mol einer Substanz, d. h. 22,4 l Gas unter Normalbedingungen enthalten $N_A = 6{,}022 \cdot 10^{23}$ Moleküle. Aus dem Gewicht eines Mols kann man also die Masse eines Moleküls bestimmen, indem man durch die Anzahl der Moleküle im Mol, die Avogadro-Zahl, teilt.

Eine besonders wichtige Methode zur Bestimmung von Molekülmassen ist die *Massenspektroskopie* mit Hilfe der Ablenkung von Strahlen ionisierter Moleküle in elektrischen und magnetischen Feldern. Die Grundlagen des Verfahrens sind in I, Abschn. 3.2 beschrieben. Während man die Massenspektroskopie in der Atomphysik zur genauen Bestimmung von Atommassen und zur Untersuchung der isotopischen Zusammensetzung einer Probe benutzt, wird sie in der Molekülphysik darüber hinaus zur Analytik und zur Bestimmung von Molekülstrukturen wichtig. Durch Beschuß mit Elektronen kann man viele Moleküle in Bruchstücke zerlegen. Aus der im Massenspektrometer bestimmten Natur der Bruchstücke kann man auf die Struktur des Ausgangsmoleküls

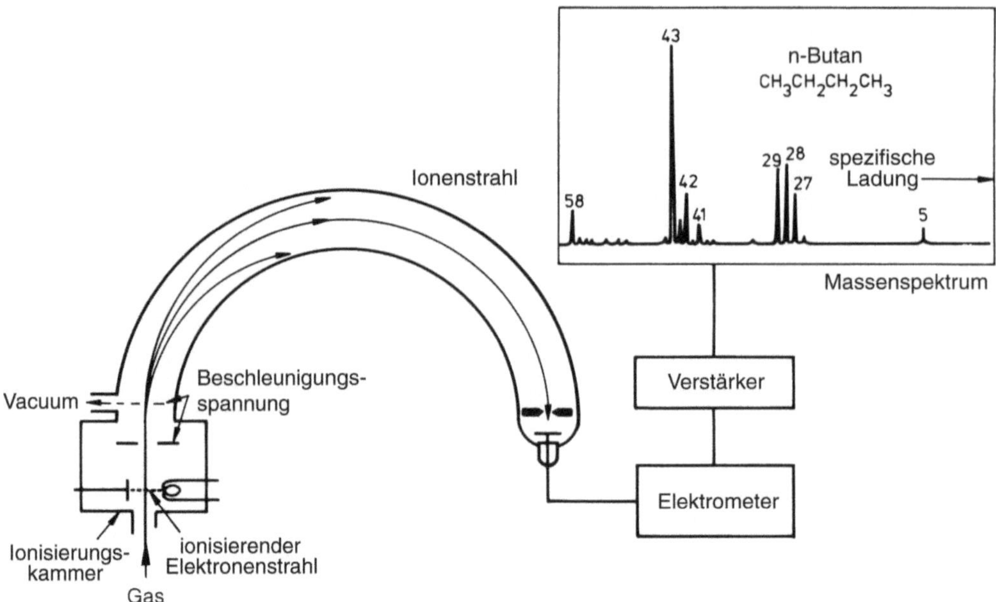

Abb. 2.10. Schematische Darstellung eines Massenspektrometers, das mit elektromagnetischer Ablenkung der ionisierten Molekülbruchstücke arbeitet. Als Beispiel Massenspektrum des Moleküls Butan. Man erkennt Maxima bei Fragmenten und Massenzahlen zwischen 5 und 58, die hier nicht im einzelnen zugeordnet werden. Nach *Barrow*

schließen, indem man gedanklich den Versuch macht, wie in einem Puzzle die Bruchstücke wieder zusammenzusetzen. Ein Beispiel zeigt Abb. 2.10.

Andere Methoden werden besonders bei biologischen Makromolekülen wichtig. Zum Beispiel kann man aus der Verteilung der Moleküle in radialer Richtung in einer Zentrifuge die Masse von Molekülen bestimmen. Wenn die Wellenlänge des Lichtes mit der Größe der streuenden Moleküle vergleichbar wird, dann kann auch aus der Winkelabhängigkeit der Intensität des an den Molekülen gestreuten Lichtes auf Größe und Form und damit indirekt auch auf seine Masse geschlossen werden. Es tritt Lichtstreuung an verschiedenen Teilen des Moleküls auf, und die dadurch mögliche Interferenz von Strahlung, die innerhalb eines Moleküls abgebeugt wurde, führt zu einer Winkelabhängigkeit der Streustrahlung, die nicht mehr der einfachen Rayleigh-Streuung entspricht. Das Prinzip zeigt Abb. 2.11.

Mit den Methoden der sogenannten Kleinwinkel-Streuung von Röntgenstrahlen und auch von Neutronen (SAXS, SANS für Small Angle X-Ray oder Neutron Scattering)

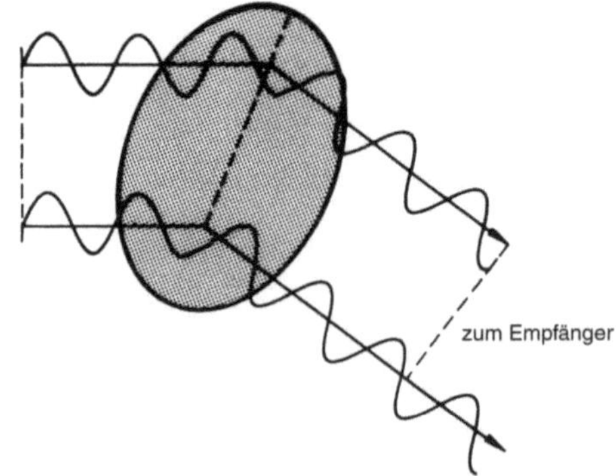

Abb. 2.11. Bei Molekülen größerer Ausdehnung kann Licht, das an verschiedenen Orten des Moleküls gestreut wird, interferieren. Dies führt zu einer geänderten Intensitäts-Verteilung der Rayleigh-Streuung und daraus zu Informationen über Größe und Form des Moleküls. Diese Methode ist nicht sehr spezifisch, aber experimentell verhältnismäßig einfach

ist insbesondere bei größeren Molekülen häufig eine Ausmessung oder wenigstens Abschätzung ihrer räumlichen Erstreckung möglich.

Bei Makromolekülen können die genannten Methoden aus mehreren Gründen versagen, besonders dann, wenn man die Form, Größe und Masse eines Moleküls in seiner natürlichen Umgebung untersuchen will, das heißt häufig in flüssiger Phase. Einerseits können sich Form und Größe von Molekülen mit der Umgebung ändern, andererseits beruhen die genannten Verfahren wenigstens zum Teil darauf, daß die Moleküle von ihrer Umgebung isoliert wurden. Hier verwendet man andere Methoden wie die Osmose durch Membranen, Gleichgewicht oder Geschwindigkeit von Sedimentation im Schwerefeld der Erde oder im Zentrifugalfeld einer Ultrazentrifuge, als Elektrophorese bezeichneter Transport unter der Wirkung eines elektrischen Feldes in Papier oder in einem Gel, Filtration durch Mikroporen. Auf diese auch bei biologisch wichtigen Molekülen angewandten Verfahren soll hier nicht näher eingegangen werden.

2.4 Spezifische Wärme, kinetische Energie

Impuls und *kinetische Energie* von Molekülen wurden bereits im 19. Jahrhundert bei der atomistischen Deutung thermodynamischer Meßgrößen von Gasen abgeleitet.

Die mittlere kinetische Energie von Molekülen im Gas ist durch den Ausdruck

$$\bar{E}_{\text{kin}} = \frac{m}{2}\overline{v^2}\,, \tag{2.6}$$

gegeben, wobei $\overline{v^2}$ wieder das Mittel der Geschwindigkeitsquadrate der Moleküle im Gas bedeutet. m ist die Masse.

Für den Druck p gilt, wie aus der elementaren Wärmelehre bekannt,

$$p = \frac{2}{3} N \bar{E}_{\text{kin}} \tag{2.7}$$

(N Teilchen/Volumeneinheit).

Wegen der als ideales Gasgesetz bekannten Gleichung

$$pV = nRT \tag{2.8}$$

(n = Zahl der Mole des untersuchten Gases, V = Volumen, R = Gaskonstante, T = Temperatur)
folgt dann für das einzelne Molekül

$$\bar{E}_{\text{kin}} = \frac{3}{2} kT\,, \tag{2.9}$$

($k = R/N_{\text{A}}$ = Boltzmann-Konstante); und da es 3 Freiheitsgrade der Translation gibt, gilt für die Energie je Freiheitsgrad f

$$\bar{E}_{\text{kin f}} = \frac{1}{2} kT\,. \tag{2.10}$$

Für die Energie eines Mols gilt dann

$$\bar{E}_{\text{Mol}} = \frac{3}{2} RT \tag{2.11}$$

und für die spezifische Wärme bei konstantem Volumen

$$C_V = \frac{dE}{dT} = \frac{3}{2} R \tag{2.12}$$

und bei konstantem Druck

$$C_P = C_V + R = \frac{5}{2} R \,.$$

Bei atomaren Gasen werden diese Werte tatsächlich gemessen. Bei molekularen Gasen mißt man dagegen höhere Werte. Dies liegt daran, daß Moleküle im Gegensatz zu Atomen noch weitere Freiheitsgrade haben, die mit Rotations- und Schwingungsbewegungen verknüpft sind, und daß diese inneren Bewegungen ebenfalls zur spezifischen Wärme beitragen. Die Freiheitsgrade der Rotation tragen zu C_V je $1/2kT$ bei. Im allgemeinen hat ein Molekül drei Rotationsfreiheitsgrade entsprechend der Rotation um die drei Hauptträgheitsachsen, das heißt die Achsen des Trägheitsellipsoides. Bei einem linearen Molekül liegen alle Massenpunkte auf einer Geraden, daher gibt es um diese Achse kein Trägheitsmoment. In diesem Falle gibt es nur zwei Freiheitsgrade der Rotation. Entsprechend wird die spezifische Wärme unter Einschluß der Rotation für zwei- bzw. für dreiatomige Moleküle, wenn wir zunächst von der Quantisierung absehen,

$$C_V = \frac{5}{2} R \quad \text{bzw.} \quad 3R \,, \qquad C_P = \frac{7}{2} R \quad \text{bzw.} \quad 4R \,. \tag{2.13}$$

Zusätzlich können noch innere Schwingungen der Moleküle angeregt werden. Dafür gibt es bei einem zweiatomigen Molekül einen Freiheitsgrad, beim 3-atomigen drei und beim n-atomigen Molekül $3n - 6$ Freiheitsgrade. Die Zahl dieser Freiheitsgrade und damit der Normalschwingungen (vergleiche Kap. 10) läßt sich in folgender Weise bestimmen. Jedes Atom bringt 3 Freiheitsgrade der Bewegung mit, bei n Atomen sind das $3n$ Freiheitsgrade. Hiervon gehen die 3 Freiheitsgrade der Translationsbewegung des Schwerpunktes und die 3 Freiheitsgrade der Rotation des Moleküls als Ganzes ab. Damit hat das n-atomige Molekül $3n - 6$ Schwingungs-Freiheitsgrade. Diese Formel gilt für $n \geq 3$. Bei einem zweiatomigen Molekül gibt es wegen der 2 Rotationsfreiheitsgrade genau einen Schwingungs-Freiheitsgrad.

Die mittlere thermische Energie je Freiheitsgrad ist doppelt so groß wie bei der Translation, da bei der Schwingung außer kinetischer auch potentielle Energie zu be-

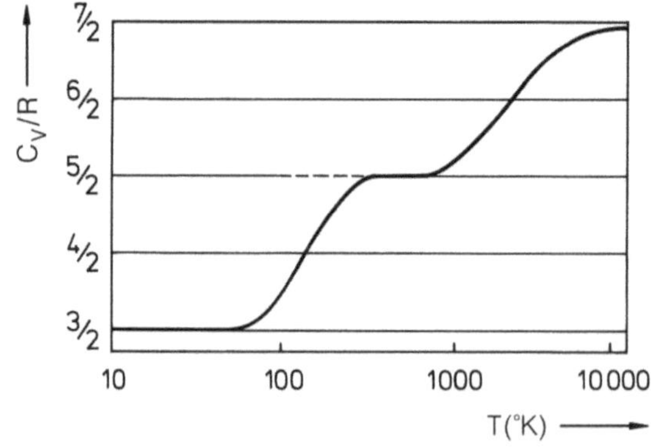

Abb. 2.12. Zur Temperaturabhängigkeit der spezifischen Wärme von Gasen. Die Kurve entspricht etwa dem Wasserstoff-Molekül H_2. Mit abnehmender Temperatur werden in zwei Schritten die Freiheitsgrade der Schwingung und der Rotation eingefroren

rücksichtigen ist. Entsprechend größer sind die spezifischen Wärmen mehratomiger Moleküle in Temperaturbereichen, in denen diese Schwingungen thermisch angeregt werden können.

Bei all diesen Überlegungen ist zu berücksichtigen, daß die Zustände der Schwingungen wie auch die der Rotationen gequantelt sind. Die Energie-Quanten sind verschieden groß, je nach Molekülstruktur, und generell für die Rotationen kleiner als für die Schwingungen. Sie werden thermisch nur angeregt, wenn die thermische Energie kT hinreichend groß im Vergleich zur Quantenenergie $h\nu$ ist. Insgesamt erhält man deshalb für Moleküle eine Temperaturabhängigkeit der spezifischen Wärmen C_V und C_P wie schematisch in Abb. 2.12 gezeigt. Bei ganz tiefen Temperaturen tragen nur die Translations-Freiheitsgrade zur spezifischen Wärme bei und man mißt deshalb den Wert $C_V = \frac{3}{2} R$. Mit zunehmender Temperatur werden zusätzlich die Freiheitsgrade der Rotation angeregt, und bei noch höheren Temperaturen mißt man mit C_V auch die thermische Anregung von Molekülschwingungen. Man kann also bereits aus Messungen der spezifischen Wärmen Rückschlüsse auf Anzahl und Bewegungszustände der Atome in Molekülen ziehen.

Aufgaben

2.1 Die *Potentialkurven von zweiatomigen Molekülen* lassen sich empirisch beschreiben. Für Ionenmoleküle eignet sich die Näherung:

$$P_i(r) = -\frac{e^2}{4\pi\varepsilon_0 r} + \beta \exp(-r/\varrho) + I_E .$$

Für Moleküle, die aus neutralen Atomen bestehen, verwendet man z. B.:

$$P_n(r) = -\frac{C}{r^6} + \beta \exp(-r/\varrho) .$$

Hierbei ist r der Abstand der Teilchen voneinander, ϱ etwa die Summe der Ionenradien und I_E die potentielle Energie eines unendlich weit getrennten Ionenpaares (Na^+ + Cl^-). Wie nah müßte man z. B. Natrium- und Chloratome zusammenführen, damit Na^+Cl^- entsteht?

Hinweis: vereinfachen Sie $C = 0$, und bedenken Sie, daß das abstoßende Potential $\beta \exp(-r/\varrho)$ erst für sehr kleine Abstände wirksam wird. $I_E = 1{,}42\,\text{eV}$.

2.2 Die Abbildung organischer Moleküle mit dem *Transmissionselektronenmikroskop* gelingt nur unter günstigen Bedingungen. Nach Freyer[2] gilt folgende Ungleichung für die Auflösung d_p eines Moleküls:

$$d_\text{p} \geq \frac{S/N}{C \cdot \sqrt{f \cdot N_\text{cr}}} .$$

Hierbei bedeuten:

d_p Punktauflösung in Å (1 Å = 10^{-10} m)
S/N gefordertes Signal-Rauschverhältnis (ca. 5)

[2] J. R. Freyer: Mol. Cryst. Liq. Cryst. **96**, 275 (1983)

C Kontrast (ca. 0,1 für eine Lage von Streuzentren)
f Elektronen-Nutzfaktor (ca. 25%, nur jedes 4. Elektron trägt bei)
N_{cr} Zerstörschwelle (in Elektronen pro Fläche ($\mathrm{Å}^{-2}$)).

Der Kontrast C ist proportional zu $\sqrt{n}$, wobei n die Zahl der hintereinanderliegenden Streuzentren (Atome) ist. Ein handelsübliches Mikroskop benötigt für 1 Å theoretische Auflösung (nur die wird natürlich im Prospekt angegeben) eine Dosis von ca. $100\,\mathrm{Å}^{-2}$, die nahe der Zerstörschwelle organischer Moleküle N_{cr} liegt.

Wieviele Moleküle müssen aufeinandergestapelt werden, damit $d_{\mathrm{p}} = 1\,\mathrm{Å}$ gilt? Mit 3,4 bis 3,8 Å dicken Hexadekachlor-Kupfer-Phthalocyanin-Molekülen erhalten Sie so typische Schichtdicken organischer Mikroskopproben.

2.3 Die Massen organischer Moleküle können so groß werden, daß die aus der Atomphysik bekannten einfach und doppelt fokussierenden Massenspektrometer sowie Quadrupolgeräte (Meßbereiche typisch 1–1000 u) versagen. Kritisch ist besonders die Ionisierung mit der damit verbundenen Bruchgefahr.

In einem speziellen *Flugzeitmassenspektrometer* sind große Moleküle in einer dünnen Schicht aus kleinen Lösungsmittelmolekülen auf einem Substrat S festgefroren. Das Substrat befinde sich auf dem Potential U_{s}. Ein Laserpuls (abgestimmt auf die Absorption der kleinen Moleküle) löst die Schicht an und befreit auch einige Großmoleküle, die in einem UV-Lichtstrahl ionisiert werden. Der Detektor habe das Potential U_{d} und sei in der Entfernung $d = 50\,\mathrm{cm}$ angebracht. Die Potentialdifferenz sei $|U_{\mathrm{s}} - U_{\mathrm{d}}| = 2000\,\mathrm{Volt}$. Wann erreicht ein einfach ionisiertes $m = 4000\,\mathrm{u}$ schweres Molekül den Detektor beim stoßfreien Flug im Vakuum? Skizzieren Sie den Stromverlauf am Detektor.

2.4 C_{60} wird in Benzol gelöst (Konzentrat in $1{,}297 \cdot 10^{-4}\,\mathrm{mol/l}$) und in einem Langmuir-Trog auf Wasser angebracht. C_{60} ist wasserunlöslich, hydrophob und bildet einen *Langmuir- oder Pockels-Langmuir-Film*, nachdem das Benzol verdampft ist.

Wie groß ist die Fläche pro Molekül, die ein C_{60}-Molekül ausfüllen kann, wenn die Oberfläche des Films $16{,}87\,\mathrm{cm}^2$ beträgt und 0,1 ml der obigen Lösung verwendet wurden?

Die van der Waals-Fläche von C_{60} ist nach Röntgenmessungen $78{,}5\,\mathrm{Å}^2$.[3] Was folgt daraus für den oben hergestellten Film?

2.5 Zur Bestimmung der Molmassen von Makromolekülen (Proteinen oder synthetischen Polymeren) verwendet man die Methode der *Osmometrie*. Die van't Hoffsche Gleichung für den osmotischen Druck π idealer, verdünnter Lösungen

$$\pi V = n N_{\mathrm{A}} k T$$

(n: Zahl der im Volumen V gelösten Moleküle in mol; k: Boltzmann-Konstante; N_{A}: Avogadro-Zahl) wird dabei auf nicht-ideale Lösungen erweitert, indem man sie in Form einer Virialentwicklung nach der molaren Teilchenkonzentration $c = n/V$ schreibt:

$$\frac{\pi}{c} = N_{\mathrm{A}} k T (1 + \alpha c + \ldots)\,.$$

Ähnlich wie das Kovolumen b in der van-der-Waals-Gleichung für nicht-ideale Gase, beschreibt der „osmotische Virialkoeffizient“ α das Eigenvolumen der gelösten Makro-

[3] P. Heiney et al.: Phys. Rev. Lett. **66**, 2911 (1991)

moleküle. Ist v_p das besetzte Volumen, um das ein Molekül den Bewegungsraum der anderen verringert, so gilt

$$\alpha = \frac{1}{2} N_\mathrm{A} v_\mathrm{p} \,.$$

Der osmotische Druck von Polysterol-Lösungen in Toluol wird bestimmt, indem man die Höhe h einer Lösung der Dichte $0{,}867\,\mathrm{g/cm^3}$ mißt, die den osmotischen Druck gerade kompensiert. In Abhängigkeit von der Gleichgewichtskonzentration c' erhält man bei 25 °C die folgenden Werte:

c' [mg/cm^3]	3,2	4,8	5,7	6,9	7,8
h [cm]	3,11	6,22	8,40	11,73	14,90

Berechnen Sie daraus die Molekülmasse des Polymeren. Welchen Radius ermittelt man, wenn man die Moleküle näherungsweise als Kugeln betrachtet?

2.6 Die *Schallgeschwindigkeit* in einem Gas ist bestimmt durch die spezifischen Wärmekapazitäten C_V und C_P entsprechend

$$c_S = \sqrt{\frac{\gamma R T}{M}}$$

mit $\gamma = C_P/C_V$ und dem Molekulargewicht M der Gasmoleküle. Leiten Sie die Schallgeschwindigkeit in einem perfekten Gas mit (a) zweiatomigen, (b) linearen dreiatomigen und (c) nichtlinearen dreiatomigen Molekülen bei hohen Temperaturen ab (T sei nicht hoch genug für die Besetzung von Schwingungsniveaus). Schätzen Sie die Schallgeschwindigkeit in Luft (bestehend aus N_2 und O_2) bei 25 °C ab.

3. Moleküle in elektrischen und magnetischen Feldern

Makroskopische Stoffgrößen wie Dielektrizitätskonstante ε und Permeabilität μ sind durch die elektrischen und magnetischen Eigenschaften der Bausteine der Materie bestimmt. In den Abschn. 3.1 bis 3.4 wird gezeigt, wie man aus der Messung von ε und Brechungsindex n die elektrischen Eigenschaften von Molekülen bestimmen kann. Die Abschn. 3.6 bis 3.8 liefern die entsprechenden Informationen über magnetische Momente und Polarisierbarkeiten aus Messungen der magnetischen Suszeptibilität.

3.1 Dielektrische Eigenschaften

Moleküle sind im allgemeinen elektrisch neutral. Sie können aber ein *elektrisches Dipolmoment* $\boldsymbol{p}$ (und auch höhere Momente wie ein Quadrupolmoment) besitzen, und ihre elektrische *Polarisierbarkeit* ist im allgemeinen anisotrop. In diesem Abschnitt soll gezeigt werden, welche Informationen über die elektrischen Eigenschaften von Molekülen man aus der Messung *makroskopischer Stoffgrößen*, insbesondere in elektrischen Feldern, erhält. Die hier am leichtesten zugängliche Meßgröße ist die Dielektrizitätskonstante oder besser *Dielektrizitätszahl* ε. Man erhält sie am einfachsten durch Messung der Kapazität eines Kondensators mit und ohne Dielektrikum. Das Verhältnis beider Meßwerte ist die Dielektrizitätszahl. Mit ihrer Definition und ihrer molekularen Erklärung befaßt sich dieser Abschnitt.

Zur quantitativen Beschreibung elektrischer Felder braucht man in der Elektrizitätslehre zwei Begriffe:

- Die elektrische *Feldstärke* $\boldsymbol{E}$. Sie wird abgeleitet aus der Kraft, die ein elektrisches Feld auf eine Probeladung ausübt.
- Die dielektrische *Verschiebung* $\boldsymbol{D}$. Sie ist definiert durch die auf Sonden in einem Feld influenzierte Oberflächenladungsdichte.

In einem Medium mit der Dielektrizitätskonstanten ε gilt für die Verschiebung $\boldsymbol{D}_m$

$$\boldsymbol{D}_m = \varepsilon\varepsilon_0 \boldsymbol{E} \tag{3.1}$$

mit

$$\varepsilon_0 = 8{,}85 \cdot 10^{-12}\,\frac{\mathrm{A\,s}}{\mathrm{V\,m}}\,.$$

(Man verwendet auch die Bezeichnung ε_r, mit r für relativ, für die hier mit ε bezeichnete Größe und bezeichnet dann das Produkt $\varepsilon_\mathrm{r}\varepsilon_0$ mit ε.)

Die dimensionslose Dielektrizitätszahl ε ist in isotropen Medien ein Skalar, in anisotropen Medien ein Tensor, ε ist in Materie stets größer als 1. Bei dielektrischen Stoffen weicht der Zahlenwert von ε nur wenig von 1 ab und ist von der Temperatur fast unabhängig. Bei parelektrischen Stoffen kann ε viel größer als 1 sein und nimmt mit steigender Temperatur ab. Wir werden im folgenden sehen, daß parelektrische Stoffe solche sind, bei denen die molekularen Bausteine ein permanentes elektrisches Dipolmoment besitzen. Bei dielektrischen Stoffen wird ein Dipolmoment erst im angelegten elektrischen Feld induziert.

Einige Zahlenwerte für ε von dielektrischen und von parelektrischen Stoffen gibt Tabelle 3.1.

Tabelle 3.1. *Zahlenwerte für* ε (unter Normalbedingungen). Die Stoffe in der linken Spalte sind dielektrisch, die anderen parelektrisch

He	1,00007	H_2O	78,54	LiF	9,27
H_2	1,00027	Ethanol	24,30	AgBr	31,1
N_2	1,00058	Benzol	2,27	NH_4Cl	6,96

Weiter wird auch die elektrische *Polarisation* $\boldsymbol{P}$ definiert, und zwar durch die Gleichung

$$\boldsymbol{P} = \boldsymbol{D}_m - \boldsymbol{D} \text{ oder } \boldsymbol{D}_m = \varepsilon_0 \boldsymbol{E} + \boldsymbol{P}\,, \tag{3.2}$$

wobei $\boldsymbol{D}_m$ die Verschiebung im Medium, $\boldsymbol{D}$ im Vakuum bedeutet.

$\boldsymbol{P}$ mißt den *Beitrag der Materie* zur dielektrischen Verschiebung und hat die Dimension und die anschauliche Bedeutung eines elektrischen Momentes je Volumeneinheit.

Aus (3.1) und (3.2) folgt

$$\boldsymbol{P} = (\varepsilon - 1)\varepsilon_0 \boldsymbol{E} = \chi\varepsilon_0 \boldsymbol{E}\,. \tag{3.3}$$

Die Größe $\varepsilon - 1$ bezeichnet man auch als dielektrische *Suszeptibilität* χ.

Die Polarisation läßt sich *molekular deuten*. Sie setzt sich additiv aus den Dipolmomenten $\boldsymbol{p}$ der N im Volumen V befindlichen Moleküle zusammen. Es gilt deshalb

$$\boldsymbol{P} = \frac{1}{V}\sum_{i=1}^{N} \boldsymbol{p}_i = \boldsymbol{p}'N\,, \tag{3.4}$$

wenn mit $\boldsymbol{p}'$ der Beitrag bezeichnet wird, der im räumlichen Mittel von jedem der molekularen Dipolmomente zu $\boldsymbol{P}$ geleistet wird. Bei vollkommener Ausrichtung der Dipolmomente in Feldrichtung gilt $\boldsymbol{P} = N\boldsymbol{p}$.

In (3.4) ist zu beachten, daß die Anzahldichte N (Zahl der Moleküle im Volumen) mit der Avogadro-Zahl N_A (Anzahl der Moleküle im Mol) durch die Beziehung $N = N_A(\varrho/M)$ zusammenhängt, wobei ϱ die Dichte und M die Molmasse der Substanz bedeuten. So ist nach (3.3) und (3.4) eine Beziehung zwischen der *makroskopischen Meßgröße* ε und der Moleküleigenschaft *Dipolmoment* $\boldsymbol{p}$ hergestellt.

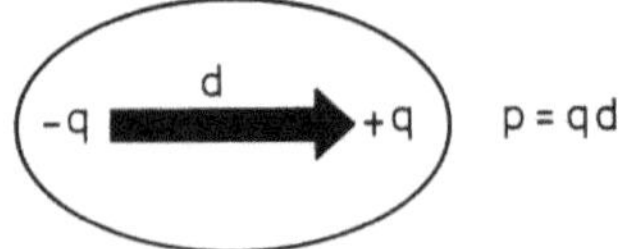

Abb. 3.1. Das elektrische Dipolmoment zweier Ladungen $+q$ und $-q$ im Abstand d beträgt $p = qd$, die Richtung geht von der negativen zur positiven Ladung

Von einem *elektrischen Dipolmoment* eines Moleküls spricht man dann, wenn die Schwerpunkte von positiver und negativer Ladung nicht zusammenfallen. Zum Beispiel haben zwei Punktladungen $+q$ und $-q$ im Abstand d (Abb. 3.1) das Dipolmoment

$$\boldsymbol{p} = q\boldsymbol{d}\ [\mathrm{A\,s\,m}]\,. \tag{3.5}$$

Der *Vektor* des Dipolmomentes ist von der negativen zur positiven Ladung gerichtet. Außer der Einheit [A s m] ist auch noch die Einheit *Debye* (D) üblich, $1\,\mathrm{D} = 3{,}336 \cdot 10^{-30}\,\mathrm{A\,s\,m}$. Zwei Elementarladungen im Abstand $1\,\text{Å} = 10^{-10}\,\mathrm{m}$ haben als Dipolmoment $1{,}6 \cdot 10^{-29}\,\mathrm{A\,s\,m} = 4{,}8\,\mathrm{D}$. Dies ist die Größenordnung molekularer Dipolmomente. Moleküle mit von Null verschiedenem Dipolmoment heißen polar. Polare Moleküle wie HCl, NaCl haben ein *permanentes Dipolmoment* $\boldsymbol{p}$, das sich im Falle überwiegend ionischer Bindung sogar als Produkt von Ladung mal Abstand der Atomkerne recht gut berechnen läßt. Das Dipolmoment von HCl beträgt 1,08 D, dasjenige von H_2O 1,85 D. Mehr über polare Moleküle folgt in Abschn. 3.3. Zunächst behandeln wir jedoch in Abschn. 3.2 unpolare Moleküle.

3.2 Unpolare Moleküle

Zentrosymmetrische Moleküle wie H_2, O_2, N_2, CCl_4, sind unpolar, d. h. sie haben kein permanentes, auch bei einem äußeren Feld $\boldsymbol{E} = 0$ bestehendes Dipolmoment, wohl aber ein *induziertes Dipolmoment* im Feld $\boldsymbol{E} \neq 0$. Für dieses, durch Polarisation im Feld induzierte, Dipolmoment $\boldsymbol{p}_{\mathrm{ind}}$ gilt

$$\begin{aligned} \boldsymbol{p}_{\mathrm{ind}} = \alpha \boldsymbol{E}_{\mathrm{loc}}\,, \quad & \alpha = \text{Polarisierbarkeit, Dimension } [\mathrm{A\,s\,m^2/V}]\,, \\ & \boldsymbol{E}_{\mathrm{loc}} = \text{Feldstärke am Ort des Moleküls}\,. \end{aligned} \tag{3.6}$$

Die *Polarisierbarkeit* α ist ein Maß für die Verschiebbarkeit von positiver relativ zu negativer Ladung im Molekül und damit eine wichtige Moleküleigenschaft. Die dadurch entstehende Polarisation nennt man *Verschiebungspolarisation.* Es empfiehlt sich, zwei Fälle zu unterscheiden:

- Wenn das induzierte Dipolmoment durch eine Verschiebung der Elektronenwolke relativ zu den schweren positiven Kernen entsteht, spricht man von *Elektronenpolarisation.*
- Wenn es dagegen durch eine Verschiebung von schweren positiven Ionen relativ zu schweren negativen Ionen entsteht, spricht man von *Ionenpolarisation.*

Die Polarisierbarkeit α ist deshalb die Summe aus einem elektronischen und einem ionischen Anteil, $\alpha = \alpha_{\mathrm{el}} + \alpha_{\mathrm{ion}}$. Anstelle der Polarisierbarkeit α gibt man häufig die Größe $\alpha' = \alpha/4\pi\varepsilon_0$ an. Sie heißt Polarisierbarkeitsvolumen.

Wenn man die Polarisierbarkeit mit α bezeichnet, dann meint man strenggenommen die über alle Richtungen im Molekül gemittelte Polarisierbarkeit $\bar{\alpha}$. In Wirklichkeit hängt α bei allen Molekülen außer bei solchen mit Kugelsymmetrie von der Richtung ab, in der $\boldsymbol{E}$ relativ zu den Molekülachsen wirkt, α ist also ein Tensor. Bei Kenntnis der Anisotropie der Polarisierbarkeit können aus ihr Rückschlüsse auf die Struktur des Moleküls gezogen werden. Die Anisotropie von α ist mit polarisiertem Licht meßbar, wenn man die Moleküle ausrichtet und die Dielektrizitätszahl ε in Richtung der Molekülachsen mißt. Eine solche Ausrichtung kann beispielsweise durch elektrische Felder erfolgen. Die als elektrooptischer Kerr-Effekt bezeichnete Doppelbrechung von manchen Gasen und Flüssigkeiten im elektrischen Feld beruht hierauf. Eine andere Möglichkeit, die Moleküle auszurichten und die Polarisierbarkeit in verschiedenen Molekülrichtungen zu messen, ergibt sich, wenn man sie in ein Kristallgitter einbaut. So mißt man zum Beispiel beim Molekül CO parallel zur Molekülachse eine dreifach größere Polarisierbarkeit als senkrecht dazu.

In *starken elektrischen Feldern*, wie sie zum Beispiel in Laserstrahlen bestehen, sind zusätzlich zu dem linearen Term in (3.6) auch *nichtlineare Polarisationsterme* zu berücksichtigen, die der zweiten, dritten oder auch höheren Potenzen von $\boldsymbol{E}_{\text{loc}}$ proportional sind. Am wichtigsten ist in der Praxis der Term proportional zu $\boldsymbol{E}_{\text{loc}}^2$. Den Koeffizienten β im Term $\beta \boldsymbol{E}_{\text{loc}}^2$ nennt man *Hyperpolarisierbarkeit.*

Die *Dimension* von α ist nach (3.6) $[\mathrm{A\,s\,m^2\,V^{-1}}]$. Einfacher ist die Dimension von α': Sie ist diejenige eines Volumens. Bei Molekülen mit axialer Symmetrie genügt die Angabe von zwei Werten des Polarisationstensors, nämlich parallel und senkrecht zur Hauptachse. Die Polarisierbarkeit gibt Auskunft darüber, wie stark die Elektronenverteilung durch ein angelegtes elektrisches Feld deformiert wird. Wenn das Molekül schwerere Atome enthält, bei denen Elektronen vom Kern weiter entfernt sind, dann ist die Elektronenverteilung relativ zu den Kernen weniger starr und die elektronische Polarisierbarkeit deshalb entsprechend größer.

Einige Zahlenwerte für Polarisierbarkeiten einfacher Moleküle gibt Tabelle 3.2.

Tabelle 3.2. Polarisierbarkeitsvolumina α', in $10^{-30}\,\mathrm{m}^3$

	$\bar{\alpha}'$	$\alpha'_{\perp}$	$\alpha'_{\parallel}$
H_2	0,79	0,61	0,85
O_2	1,60		
Cl_2		3,2	6,6
C_6H_6	10,3	6,7	12,8
H_2O	1,44		
CCl_4	10,5		

In *Gasen* bei nicht zu hohem Druck beeinflussen sich die Moleküle gegenseitig nicht. Die Gesamtpolarisation $\boldsymbol{P}$ des Meßvolumens ergibt sich deshalb nach (3.4) additiv als Summe der Polarisationen aller im Volumen enthaltenen Moleküle. Es gilt somit, wenn man nur induzierte Momente zu berücksichtigen hat, für die Polarisation von Molekülen mit einer Teilchenzahldichte N bei vollkommener Ausrichtung der induzierten Momente im Feld

$$\boldsymbol{P} = N\boldsymbol{p}_{\text{ind}} = N\alpha\boldsymbol{E}_{\text{loc}} \,. \tag{3.7}$$

Mit

$$N = \frac{N_{\text{A}}\varrho}{M} \tag{3.7a}$$

(ϱ = Dichte, M = Molekulargewicht)
erhält man für die Verschiebungspolarisation

$$\boldsymbol{P} = \frac{N_{\text{A}}\varrho}{M}\alpha\boldsymbol{E} \,. \tag{3.8}$$

Bei verdünnten Gasen ist das lokale Feld $\boldsymbol{E}_{\text{loc}}$ am Ort jedes Moleküls natürlich gleich dem angelegten Feld $\boldsymbol{E}$.

Aus (3.8) und (3.3) folgt

$$\varepsilon = 1 + \frac{N_A \varrho}{M \varepsilon_0} \alpha \,. \tag{3.9}$$

Damit erhält man durch Messung der Dielektrizitätskonstanten ε die *Polarisierbarkeit* α der Moleküle.

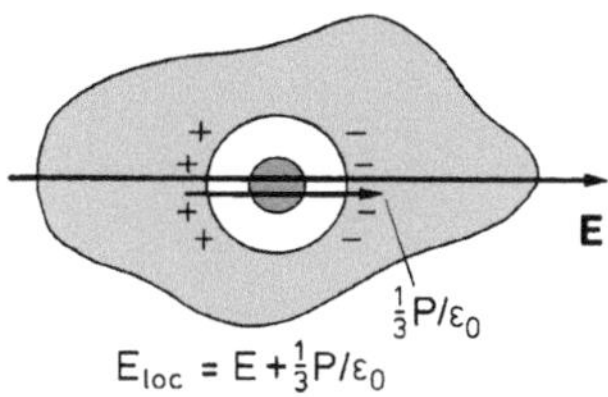

Abb. 3.2. Zur Definition des lokalen Feldes $\boldsymbol{E}_{loc}$. In einem Dielektrikum kommt zum angelegten Feld $\boldsymbol{E}$ das Feld der induzierten Oberflächenladungen hinzu. Nach Lorentz gilt für dieses Feld bei Annahme eines kugelförmigen Hohlraumes $P/3\varepsilon_0$

In einem Dielektrikum *höherer Dichte* muß man berücksichtigen, daß das lokale *Feld* $\boldsymbol{E}_{loc}$ nicht gleich dem angelegten Feld $\boldsymbol{E}$ ist. In der Nähe eines betrachteten Moleküls befinden sich nämlich andere Moleküle und ihre Ladungsverteilung gibt einen Beitrag zu dem lokalen Feld. Dies muß man rechnerisch berücksichtigen, vgl. Abb. 3.2. Für das lokale Feld gilt

$$\boldsymbol{E}_{loc} = \boldsymbol{E} + N \frac{\boldsymbol{P}}{\varepsilon_0} \,, \tag{3.10}$$

wobei nur hier N nicht die Teilchenzahldichte, sondern den Entelektrisierungsfaktor bedeutet.

Der so definierte *Entelektrisierungsfaktor* ist von der Probenform abhängig und kann für bestimmte Probenformen berechnet werden.

Nach Lorentz gilt bei der Berechnung des Feldes im Innern eines kugelförmigen Hohlraums im Dielektrikum für den Entelektrisierungsfaktor $N = 1/3$ und damit

$$\boldsymbol{E}_{loc} = \boldsymbol{E} + \frac{1}{3} \frac{\boldsymbol{P}}{\varepsilon_0} \,. \tag{3.11}$$

Damit folgt aus (3.7)

$$\boldsymbol{p}_{ind} = \frac{\boldsymbol{P}}{N} = \frac{\boldsymbol{P} M}{N_A \varrho} = \alpha \left(\boldsymbol{E} + \frac{1}{3} \frac{\boldsymbol{P}}{\varepsilon_0} \right) . \tag{3.12}$$

Mit (3.3) eliminieren wir $\boldsymbol{E}$ aus (3.12)

$$\frac{\boldsymbol{P} M}{N_A \varrho} = \alpha \left(\frac{\boldsymbol{P}}{\varepsilon_0 (\varepsilon - 1)} + \frac{1}{3} \frac{\boldsymbol{P}}{\varepsilon_0} \right) = \frac{\boldsymbol{P}(\varepsilon + 2)}{3 \varepsilon_0 (\varepsilon - 1)} \,.$$

und wir erhalten

$$\frac{\varepsilon - 1}{\varepsilon + 2} \frac{M}{\varrho} = \frac{1}{3} \frac{N_A}{\varepsilon_0} \alpha \equiv P_{Mol} \,. \tag{3.13}$$

Dies ist die *Clausius-Mosotti-Gleichung*. Sie definiert die auf ein Mol bezogene molare Polarisierbarkeit P_{Mol} und verknüpft die *makroskopischen Meßgrößen* ε, M, ϱ mit der *molekularen Größe* α.

Bisher haben wir uns nur mit der Polarisation im statischen $\boldsymbol{E}$-Feld beschäftigt. Nun noch einige Bemerkungen zum Verhalten im Wechselfeld, wozu insbesondere auch das Lichtfeld gehört. Hier schwingt das angelegte elektrische Feld mit der Frequenz v und versucht, die Materie mit der gleichen Frequenz umzupolarisieren. Bis in den Bereich der Infrarot-Frequenzen gelingt dies für die Verschiebungspolarisation im allgemeinen und es bleibt deshalb der Beitrag der Polarisierbarkeit zur Polarisation erhalten. Bei höheren Frequenzen muß man zwischen der Ionen- und der Elektronenpolarisation unterscheiden. Bei der Ionenpolarisation ist die für eine Umpolarisation eines Moleküls typische Zeit diejenige einer Molekül-Schwingung. Der ionische Anteil der Verschiebungspolarisation verschwindet deshalb, wenn die Frequenz des Lichtes bis ins Infrarote oder in das Sichtbare erhöht wird, d. h. wenn sie größer ist als diejenige der wichtigen Molekülschwingungen. Die Kerne mit ihrer Ladungsverteilung im Molekül sind bei höheren Frequenzen zu träge, um dem polarisierenden Lichtfeld folgen zu können. Bei den Frequenzen des sichtbaren Lichtes können nur noch die leichten Elektronen dem umpolarisierenden Wechselfeld folgen. Es bleibt damit in diesem Frequenzbereich nur noch der elektronische Anteil der Verschiebungspolarisation wirksam.

Aus der Maxwell-Beziehung $\varepsilon\mu = n^2$ (μ = Permeabilitätskonstante, n = Brechungsindex) folgt, da bei Molekülen in der Regel $\mu \simeq 1$ und deshalb $n = \sqrt{\varepsilon}$ ist, nach (3.13) die *Lorentz-Lorenz-Gleichung*

$$\frac{n^2-1}{n^2+2}\frac{M}{\varrho} = \frac{1}{3\varepsilon_0}N_{\mathrm{A}}\beta \equiv R_{\mathrm{M}}\,. \tag{3.14}$$

R_{M} ist die *Mol-Refraktion.* Die optische Polarisierbarkeit β (nicht zu verwechseln mit der oben eingeführten Hyperpolarisierbarkeit) ist die Polarisierbarkeit bei der Frequenz des (sichtbaren oder ultravioletten) Lichtes. Sie ist, wie oben erläutert, verschieden von der *statischen Polarisierbarkeit* α, und sie ist von der Frequenz des Lichtes abhängig. Diese Frequenzabhängigkeit nennt man *Dispersion.* Dazu ein Beispiel: der Brechungsindex n von Wasser bei 20 °C hat den Wert $n = 1{,}340$ bei $\lambda = 434\,\mathrm{nm}$ und $n = 1{,}331$ bei $\lambda = 656\,\mathrm{nm}$. Die Mol-Refraktion R_{M} eines Moleküls kann man in guter Näherung in die Beiträge einzelner Gruppen und Bindungen im Molekül aufteilen. Dies ist bei der Struktur-Aufklärung von Molekülen interessant.

3.3 Polare Moleküle

Während die bisher besprochene *Verschiebungspolarisation* und die durch sie bestimmten Werte von ε und P nur wenig oder gar nicht von der Temperatur abhängen, gibt es viele Stoffe, bei denen ε und P mit steigender Temperatur abnehmen. Zur Erklärung braucht man den Begriff der *Orientierungspolarisation*, der von dem Begriff Verschiebungspolarisation zu unterscheiden ist. Während letztere wie besprochen erst durch ein äußeres elektrisches Feld induziert wird, tritt Orientierungspolarisation dann auf, wenn die einzelnen Moleküle bereits ein permanentes elektrisches Dipolmoment $\boldsymbol{p}_{\mathrm{p}}$ besitzen (Debye 1912). Diese Moleküle heißen polar, die aus ihnen aufgebauten Stoffe parelektrisch. Die Orientierungspolarisation beruht auf der Ausrichtung der auch ohne Feld vorhandenen Dipole im von außen angelegten elektrischen Feld. Hierbei ist zu beachten, daß die permanenten Dipolmomente im allgemeinen viel größer sind als die induzierten. Einige *Zahlenwerte für permanente Dipolmomente* gibt Tabelle 3.3.

Zum *Vergleich* dazu berechnet man das induzierte Dipolmoment $\boldsymbol{p}_{\mathrm{ind}}$ im Feld $\boldsymbol{E} = 10^{-5}\,\mathrm{V/cm}$ bei einer für unpolare Moleküle typischen Polarisierbarkeit von

Tabelle 3.3. Permanente Dipolmomente $\boldsymbol{p}_{\mathrm{p}}$ in $10^{-30}\,\mathrm{A\,s\,m}$ ($1\,\mathrm{D} = 3{,}3356 \cdot 10^{-30}\,\mathrm{A\,s\,m}$)

HF	6,0	H_2	0	HCl	3,44
H_2O	6,17	HBr	2,64	CH_3OH	5,71
CO	0,4	KF	24,4	CO_2	0
KCl	34,7	NH_3	4,97	KBr	35,1
C_6H_6	0				

$\alpha' = 10^{-24}\,\text{cm}^3$, d. h. $\alpha\varepsilon_0 = 10^{-40}\,\text{A s m}^2/\text{V}$ zu $\boldsymbol{p}_{\text{ind}} = \alpha\varepsilon_0\boldsymbol{E} = 10^{-33}\,\text{A s m}$, also 3 Zehnerpotenzen kleiner als typische permanente Dipolmomente, wie Tabelle 3.3 zeigt.

Ein Blick auf Tabelle 3.3 zeigt schon, daß man aus der Messung von molekularen *permanenten Dipolmomenten* wichtige *Strukturdaten* ermitteln kann: Während man beispielsweise für das CO_2-Molekül das Dipolmoment 0 mißt und daraus auf eine lineare Anordnung O–C–O der Atome im Molekül schließt, ist das von Null verschiedene Dipolmoment des Wassermoleküls nur mit einer gewinkelten Struktur des Moleküls H_2O verträglich.

Während also die Verschiebungspolarisation, siehe (3.7)

$$\boldsymbol{P}_{\text{ind}} = \frac{\sum \boldsymbol{p}_{\text{ind}}}{V} \tag{3.15}$$

nicht oder nur wenig von der Temperatur abhängt, und wenigstens teilweise sogar bis zu hohen Frequenzen (UV!) wegen der geringen Trägheit der ausgelenkten Elektronen dem Feld folgt (und damit einen Beitrag zum Brechungsindex n leistet), ist die *Orientierungspolarisation*

$$\boldsymbol{P}_{\text{or}} = \frac{\sum \boldsymbol{p}_{\text{p}}}{V} = N\boldsymbol{p}'_{\text{p}} \tag{3.16}$$

von der Temperatur (und von der Frequenz) abhängig. Die Ausrichtung der permanenten Dipole $\boldsymbol{p}_{\text{p}}$ im elektrischen Feld $\boldsymbol{E}$ geschieht nämlich in Konkurrenz zwischen der Orientierungsenergie $W_{\text{or}} = -\boldsymbol{p}_{\text{p}} \cdot \boldsymbol{E}$, die eine völlige Ausrichtung der Dipole in Feldrichtung anstrebt, und der thermischen Energie $W_{\text{th}} \simeq kT$, die eine Gleichverteilung der Richtungen anstrebt. Jeder Dipol leistet im zeitlichen Mittel deshalb nur einen Beitrag $\boldsymbol{p}' < \boldsymbol{p}$ zur Gesamtpolarisation.

Dabei stellt sich ein Gleichgewicht ein, das annähernd einer Boltzmann-Verteilung entspricht. Die Rechnung (*Langevin 1900*) gibt für höhere Temperaturen, nämlich für $kT \gg \boldsymbol{p}_{\text{p}} \cdot \boldsymbol{E} = pE\cos\vartheta$, wenn ϑ der Winkel zwischen den Richtungen von $\boldsymbol{p}$ und $\boldsymbol{E}$ ist und unter der Voraussetzung einer zu vernachlässigenden Wechselwirkung zwischen den Dipolen, für den Mittelwert von $\cos\vartheta$

$$\overline{\cos\vartheta} = \frac{p_{\text{p}}E}{3kT} \quad \text{und} \quad \boldsymbol{P}_{\text{or}} = N\frac{p_{\text{p}}^2\boldsymbol{E}}{3kT}, \tag{3.17}$$

das *Curie-Gesetz*, das in dieser Form zuerst für den temperaturabhängigen Paramagnetismus abgeleitet wurde. Danach ist die Orientierungspolarisation der reziproken Temperatur proportional.

(Die genauere Rechnung ergibt für den Mittelwert von $\boldsymbol{p}$ die Gleichung

$$\boldsymbol{p}' = p\overline{\cos\vartheta} = pL\left(\frac{pE}{kT}\right)$$

mit der Langevin-Funktion

$$L(x) = \frac{\mathrm{e}^x + \mathrm{e}^{-x}}{\mathrm{e}^x - \mathrm{e}^{-x}} - \frac{1}{x} = \coth x - \frac{1}{x}\,.$$

Bei Zimmertemperatur ist $kT \simeq 5 \cdot 10^{-21}\,\text{W s}$, die Orientierungsenergie der Dipole im Feld W_{or} beträgt bei $E = 10^5\,\text{V/cm} \simeq 10^{-22}\,\text{W s}$. Die Bedingung $pE/kT \ll 1$ ist also erfüllt, man kann deshalb die Funktion L in einer Reihe entwickeln und nach dem 1. Glied abbrechen. So ergibt sich $p' = p^2 E/3kT$. Dies ist die sogenannte Hochtemperatur-Näherung.)

Nachdem wir nun den Beitrag der permanenten Dipole zur Polarisation kennen, wollen wir die Dielektrizitätskonstante in einem verdünnten System (mit $\varepsilon - 1 \ll 1$) angeben, indem wir die gesamte Polarisation additiv aus Verschiebungs- und Orientierungspolarisation zusammenfassen. Wir beziehen uns auf (3.3), (3.9) und (3.17) und erhalten so

$$\varepsilon = 1 + N\left(\frac{\alpha}{\varepsilon_0} + \frac{p_\mathrm{p}^2}{3\varepsilon_0 kT}\right) = 1 + \chi\,. \tag{3.18}$$

Wenn die Wechselwirkung der Dipole nicht mehr vernachlässigt werden darf, d. h. besonders in kondensierter Phase, gilt demnach anstatt der Clausius-Mosotti-Gleichung (3.13) nun die *Debye-Gleichung*

$$\frac{\varepsilon - 1}{\varepsilon + 2}\frac{M}{\varrho} = \frac{1}{3\varepsilon_0} N_\mathrm{A}\left(\alpha + \frac{p_\mathrm{p}^2}{3kT}\right) \equiv P_\mathrm{M}\,. \tag{3.19}$$

Experimentell bestimmt man α und $\boldsymbol{p}_\mathrm{p}$ aus der Messung von ε als Funktion der Temperatur. Wenn man die *Molpolarisation* P_M gegen $1/T$ aufträgt, ergibt sich nach (3.18) eine Gerade. Deren Steigung liefert p, ihr Achsenabschnitt α. Bei unpolaren Molekülen beträgt die Steigung Null. Meßbeispiele hierzu zeigt Abb. 3.3. Für Gase findet man $(\varepsilon - 1) = 1 \ldots 10 \cdot 10^{-3}$, für flüssiges H_2O bei Zimmertemperatur $\varepsilon = 78{,}5$.

Die mit der trägen Masse des ganzen Moleküls belastete Orientierungspolarisation kann schon bei geringeren Frequenzen als die Verschiebungspolarisation einem Wechselfeld nicht mehr folgen, weil nicht nur die äußeren Elektronenwolken relativ zu den Atomrümpfen, oder die Atomrümpfe im Molekül gegeneinander, sondern die ganzen

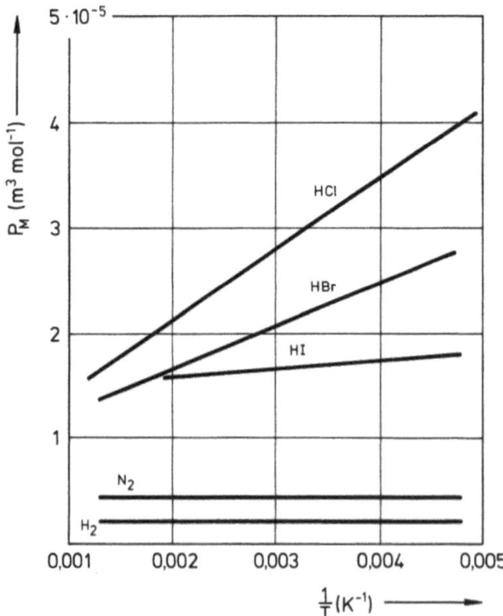

Abb. 3.3. Molpolarisation einiger Gase als Funktion der Temperatur, zur Bestimmung von Dipolmoment und Polarisierbarkeit aus Messung und Dielektrizitätszahl ε

Moleküle der umorientierenden Frequenz des Wechselfeldes folgen müssen. Wenn man annimmt, daß die typische Zeit für die Rotation eines Moleküls in einer Flüssigkeit etwa 10^{-12} s dauert, dann kommen die Moleküle bei Frequenzen oberhalb etwa $10^{11}\,s^{-1}$ (im Bereich der Mikrowellen) nicht mehr bei der Feldänderung mit. Die Debye-Gleichung (3.19) geht dann über in die Clausius-Mosotti-Gleichung (3.13) bzw. in die Lorentz-Lorenz-Gleichung (3.14).

3.4 Brechungsindex, Dispersion

In Wechselfeldern hoher Frequenzen, also zum Beispiel mit Licht, mißt man statt der Dielektrizitätskonstanten ε häufig einfacher den Brechungsindex n. Nach Maxwell gilt $n = \sqrt{\varepsilon\mu}$ (μ Permeabilität) und für $\mu = 1$ wird $n = \sqrt{\varepsilon}$.

Die Frequenzabhängigkeit von ε oder n spiegelt die verschiedenen Anteile der Polarisation, der Verschiebung und der Orientierung wider. Im Bereich der Frequenzen des sichtbaren Lichtes ist, wie erwähnt, nur noch die elektronische Verschiebungspolarisation wirksam.

Die Frequenzabhängigkeit von ε oder n im Bereich der Verschiebungspolarisation, die sogenannte Dispersion, läßt sich in einem einfachen Modell in guter Näherung berechnen, bei dem das Molekül als ein gedämpfter harmonischer Oszillator mit der Eigenfrequenz ω_0, der Masse m und der Dämpfungskonstante γ dargestellt wird. Die Auslenkung x multipliziert mit der Ladung e soll dann das Dipolmoment des Moleküls darstellen. Das $\boldsymbol{E}$-Feld des Lichtes schwinge mit der Kreisfrequenz ω. Damit gelangen wir zur Schwingungsgleichung

$$m\ddot{x} + \gamma\dot{x} + m\omega_0^2 x = eE_0 \mathrm{e}^{\mathrm{i}\omega t}\,. \tag{3.20}$$

Diese besitzt die stationäre Lösung

$$x(t) = X\mathrm{e}^{\mathrm{i}\omega t} \tag{3.21}$$

mit

$$X = \frac{\mathrm{e}E_0}{m\left(\omega_0^2 - \omega^2\right) + \mathrm{i}\gamma\omega}\,. \tag{3.22}$$

Dieser komplexe Ausdruck läßt sich umformen in einen reellen und einen imaginären Teil:

$$= \left(\frac{em\left(\omega_0^2 - \omega^2\right)}{m^2\left(\omega_0^2 - \omega^2\right)^2 + \gamma^2\omega^2} - \mathrm{i}\frac{\mathrm{e}\gamma\omega}{m^2\left(\omega_0^2 - \omega^2\right)^2 + \gamma^2\omega^2}\right) E_0 \tag{3.23}$$

oder

$$X = X' - \mathrm{i}X''\,. \tag{3.24}$$

Entsprechend gilt für das Dipolmoment $p = ex$ (Ladung e und Abstand x) und damit nach (3.9) und (3.7a)

$$\varepsilon = 1 + \frac{N}{\varepsilon_0}\alpha = 1 + \frac{N}{\varepsilon_0}\frac{\mathrm{e}x}{E_0} \tag{3.25}$$

$$\varepsilon = \varepsilon' - \mathrm{i}\varepsilon'' \tag{3.26}$$

d. h. man erhält eine komplexe Dielektrizitätszahl, wobei ε' und ε'' durch Real- und Imaginärteil der Klammer in (3.23) gegeben sind.

Die Real- und Imaginärteile von ε sind über die sogenannte Kramers-Kronig-Relation miteinander verknüpft, Verluste (Absorption, ε'') und Brechung (Dispersion, ε') hängen also zusammen. Es kann zum Beispiel keinen verlustfreien Stoff großer Dispersion geben. Da ε komplex ist, wird nach der Maxwell-Beziehung auch der Brechungsindex komplex, man erhält

$$\tilde{n} \equiv \sqrt{\varepsilon' - \mathrm{i}\varepsilon''} = n + \mathrm{i}k\,.$$

Die reellen Größen n und k sind in Abb. 3.4 dargestellt.

Wie sich zeigt, kann diese Modellbetrachtung weitgehend auch von der Quantenmechanik untermauert werden, wobei aber ein Molekül durch einen ganzen Satz von Oszillatoren beschrieben werden muß. Welcher der Oszillatoren bei gegebener Anregungsfrequenz zum Tragen kommt, hängt davon ab, ob die entsprechende Eigenfrequenz nahe bei der Frequenz des eingestrahlten Lichtfeldes liegt.

Die Dielektrizitätskonstante ε setzt sich aus den Beiträgen der Verschiebungs- und der Orientierungspolarisation zusammen. Es gilt

$$\varepsilon = 1 + \chi_{\mathrm{el}} + \chi_{\mathrm{ion}} + \chi_{\mathrm{or}}\,,$$

wenn mit χ_{or} der Beitrag der Orientierungspolarisation bezeichnet wird. Dieser Beitrag wird häufig auch mit χ_{dip} (für dipolar) bezeichnet. Die Frequenzabhängigkeit dieses Anteils wird nicht durch eine Resonanzgleichung wie bei χ_{el} und χ_{ion} beschrieben. Es handelt sich vielmehr um einen Relaxationsprozeß. χ_{or} nimmt mit wachsender Frequenz ab, weil für die Neuorientierung der Dipole im Wechselfeld eine bestimmte Zeitspanne, die Relaxationszeit benötigt wird. In Abb. 3.5 ist die gesamte Frequenzabhängigkeit von ε schematisch dargestellt. In Abb. 3.6 werden für ein spezielles Molekül, nämlich für H_2O, also Wasser, Meßwerte der Dielektrizitätskonstanten ε und des Absorptionskoeffizienten k im Bereich kleinerer Frequenzen wiedergegeben. Dies ist der Bereich der Orientierungspolarisation.

Vom statischen Wert $\varepsilon = 78{,}5$, der sich bis zu einer Frequenz von etwa 10^{10} Hz kaum ändert, kommt man bei zunehmender Frequenz in die Bereiche, in denen die Schwingungen und schließlich die Elektronenwolken der anregenden Frequenz nicht mehr folgen können, mit $n = 1{,}33 \mathrel{\widehat{=}} \varepsilon = 1{,}76$ für sichtbares Licht.

Wir haben gesehen, daß die Größe ε komplex ist und stark von der Meßfrequenz abhängen kann. Deshalb muß man zu ihrer Messung viele verschiedene Meßmethoden heranziehen außer der einfachsten, der Kapazitätsmessung eines Kondensators. An-

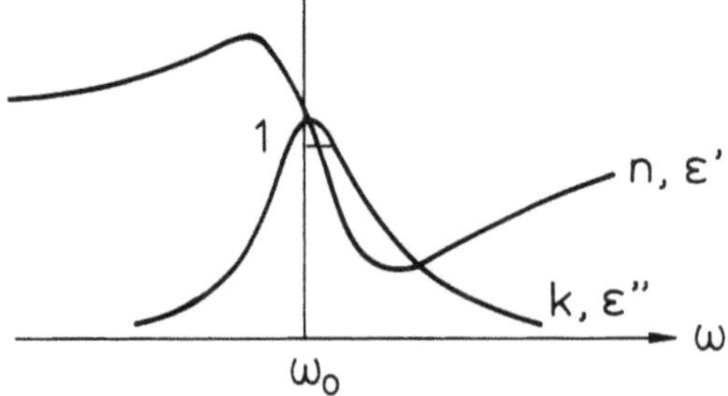

Abb. 3.4. Real- und Imaginärteil des Brechungsindex aufgrund der Verschiebungspolarisation in der Nähe der Resonanz, für einen gedämpften Oszillator

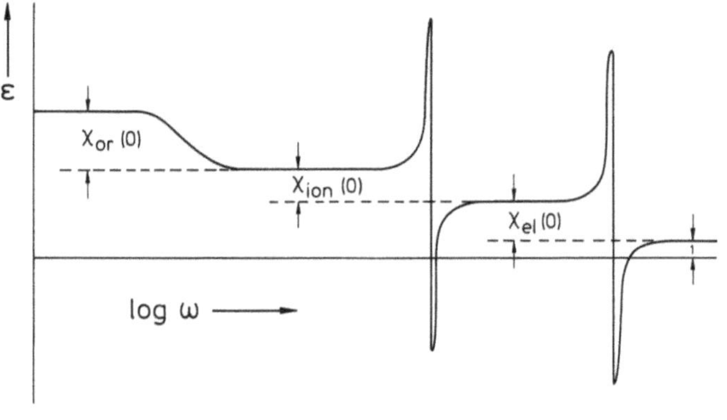

Abb. 3.5. Schematische Darstellung der Frequenzabhängigkeit der Dielektrizitätszahl ε für eine parelektrische Substanz. Mit $\chi_{or}(0)$, $\chi_{ion}(0)$ und $\chi_{el}(0)$ sind die Beiträge von Orientierungspolarisation, ionischer und elektronischer Verschiebungspolarisation bei der Frequenz 0, das heißt zum statischen Wert der Dielektrizitätszahl bezeichnet. Für die ionische und die elektronische Polarisation sind jeweils nur eine Resonanzfrequenz angenommen

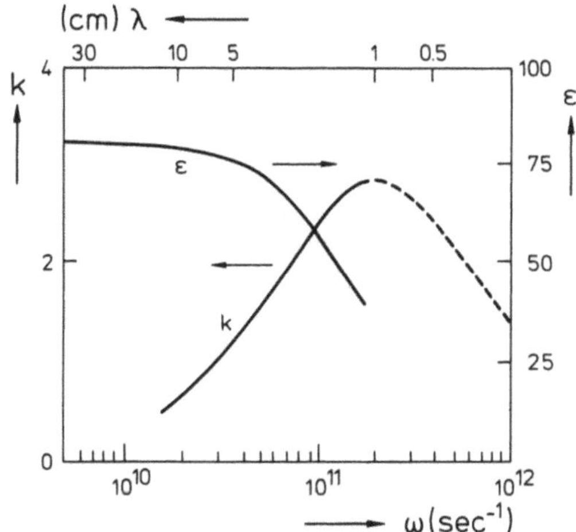

Abb. 3.6. Frequenzabhängigkeit der Dielektrizitätskonstante ε und des Absorptionskoefizienten k von Wasser. In dem hier gezeigten Bereich relativ niedriger Frequenzen ist die Dispersion durch die Orientierungspolarisation bestimmt. Mit zunehmender Frequenz können die Wasserdipole dem Felde nicht mehr folgen

dere Meßmethoden verwenden zum Beispiel den Brechungsindex für elektromagnetische Wellen, die Absorption und Reflexion in allen Spektralbereichen oder die Polarisation von Streustrahlung.

3.5 Die Anisotropie der Polarisierbarkeit

Zum Abschluß der Diskussion des Verhaltens von Molekülen im elektrischen Feld muß noch darauf hingewiesen werden, daß wir bisher zur Vereinfachung *Anisotropien* weitgehend außer acht gelassen haben. Nur kugelsymmetrische Moleküle wie zum Beispiel CCl_4 haben eine isotrope, das heißt für alle Winkel zwischen den Molekülachsen und dem elektrischen Feld gleich große Polarisierbarkeit. Im allgemeinen ist, wie bereits in Abschn. 3.2 erwähnt, die Polarisierbarkeit eines Moleküls jedoch anisotrop, das heißt, die Größen ε und n sind verschieden, je nachdem wie die Moleküle relativ zu einem Meßfeld – beispielsweise der Polarisationsrichtung des Lichts – orientiert sind. Aus einer Kenntnis der Anisotropie der Polarisierbarkeit kann man daher Informationen über die Form der Moleküle erhalten. In Gasen und Flüssigkeiten wird durch die rasche Molekülbewegung über alle möglichen Orientierungen des Moleküls relativ zum $\boldsymbol{E}$-Vektor des Lichtes gemittelt. Wenn man die Anisotropie direkt messen will, dann muß man die Moleküle orientieren, zum Beispiel durch Einbau in einem Molekülkristall. Man mißt dann an diesen Kristallen eine unter Umständen starke Anisotropie der Dielektrizitätszahl ε.

Eine andere Möglichkeit bietet der bereits 1875 entdeckte *elektrooptische Kerr-Effekt*. Als elektrooptischen Kerreffekt bezeichnet man die Beobachtung, daß viele molekulare Substanzen im starken elektrischen Feld doppelbrechend werden. Dies kommt in folgender Weise zustande. Im elektrischen Feld tritt eine bevorzugte Ausrichtung der Moleküle in der Weise ein, daß sie bestrebt sind, sich so zu lagern, daß ihr Dipolmoment in Feldrichtung fällt. Sind nun die Moleküle hinsichtlich α anisotrop, so hat das wegen des zwischen α und ε bzw. dem Brechungsexponent n bestehenden Zusammenhanges zur Folge, daß n für Licht mit elektrischem Feldvektor senkrecht zur Richtung des äußeren Feldes anders ist als für Licht, dessen Feldvektor parallel zur Richtung des äußeren Feldes schwingt.

Eine weitere wichtige Konsequenz anisotroper Polarisierbarkeit ist die *Depolarisation von an Molekülen gestreutem Licht* durch eine Anisotropie oder eine Bewegung der Moleküle. Abbildung 3.7 zeigt zur Erläuterung das Richtungsdiagramm der Streustrahlung eines kugelsymmetrischen Moleküls für unpolarisiertes und für polarisiertes Primärlicht. Dieses ist das Richtungsdiagramm eines Hertzschen Dipoloszillators. Wenn das Molekül nicht mehr kugelsymmetrisch ist, oder wenn es sich während des Streuprozesses bewegt, treten Abweichungen von dieser Richtungscharakteristik auf. Polarisiertes Primärlicht wird bei der Streuung um so stärker depolarisiert, je unsymmetrischer die Elektronenhülle der streuenden Moleküle ist. Sehr lange oder sehr flache Moleküle ergeben einen hohen Depolarisationsgrad. So kann man Information über Molekülbau und Molekülbewegung erhalten.

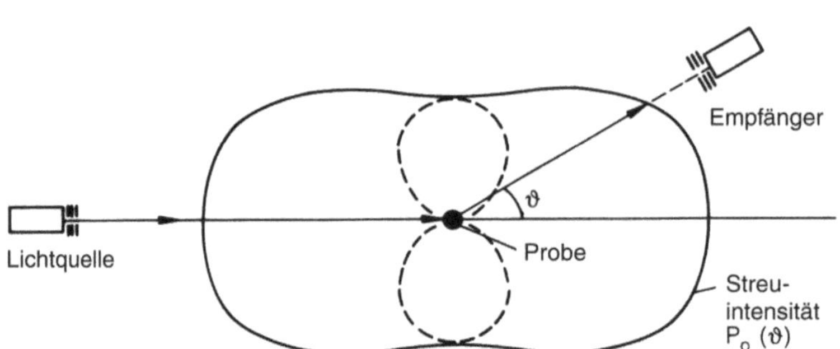

Abb. 3.7. Die Rayleigh-Streuung hängt in charakteristischer Weise vom Streuwinkel ϑ ab. Das Diagramm zeigt die räumliche Verteilung (in einer Ebene) der Lichtintensität, die an einer isotropen kugelförmigen Probe gestreut wurde. Die *ausgezogene Kurve* gilt für unpolarisiertes, die *gestrichelte Kurve* für polarisiertes Primärlicht. Das Strahlungsdiagramm gilt für ein kugelsymmetrisches Molekül. Es kann sich auch ändern, wenn die streuenden Teilchen sich bewegen. So kann man Bewegungsvorgänge von Molekülen oder Molekülteilchen untersuchen, indem man die Anisotropie der Rayleigh-Streuung mißt

Schließlich ist hier noch die optische Aktivität von manchen organischen Molekülen zu erwähnen. Darunter versteht man die Verschiedenheit des Brechungsindex für links- und rechtspolarisiertes Licht, den sogenannten *Zirkulardichroismus*. Er wird durch die asymmetrische Anordnung der Atome im Molekül bestimmt. Besonders in großen Molekülen lassen sich damit Rückschlüsse über die Unsymmetrie der Elektronenanordnung erhalten.

3.6 Moleküle im Magnetfeld, Grundbegriffe und Definitionen

Die makroskopischen magnetischen Eigenschaften der Materie werden pauschal durch die Stoffgröße Permeabilität μ gemessen. Es gilt

$$\mu = \frac{\text{Magnetische Flußdichte } \boldsymbol{B}_m \text{ mit Materie}}{\text{Magnetische Flußdichte } \boldsymbol{B} \text{ ohne Materie}} . \tag{3.27}$$

Eine abgeleitete Größe ist die den Beitrag der Materie messende magnetische Polarisation

$$\boldsymbol{J} = \boldsymbol{B}_m - \boldsymbol{B} = (\mu - 1)\mu_0 \boldsymbol{H} \tag{3.28}$$

($\boldsymbol{H}$ ist die magnetische Feldstärke).

$\boldsymbol{J}$ läßt sich auch definieren durch den Ausdruck

$$J = \frac{\text{magnetisches Moment } \boldsymbol{M}}{\text{Volumen}} . \tag{3.29}$$

μ_0 ist die sogenannte magnetische Feldkonstante, Zahlenwert $\mu_0 = 1{,}256 \cdot 10^{-6}\,\mathrm{V\,s\,A^{-1}\,m^{-1}}$, die durch die Proportionalität von Flußdichte und Feldstärke, $\boldsymbol{B} = \mu_0 \boldsymbol{H}$ im Vakuum bzw.

$$\boldsymbol{B}_m = \mu\mu_0 \boldsymbol{H} \tag{3.30}$$

in Materie definiert ist.

Man benutzt ferner die magnetische *Suszeptibilität*

$$\kappa = \mu - 1 \tag{3.31}$$

μ und κ sind Zahlen ohne Dimension.

Stoffe mit $\kappa < 0$, $\mu < 1$ heißen *diamagnetisch*. Bei ihnen haben die Bausteine kein permanentes magnetisches Moment. Stoffe mit $\kappa > 0$, $\mu > 1$ heißen *paramagnetisch*. Hier haben die Bausteine ein permanentes Moment, das sich im äußeren Feld ausrichtet.

Man kann die magnetische Suszeptibilität einer Probe zum Beispiel durch die Kraft messen, die die Probe in einem inhomogenen Magnetfeld erfährt (*Magnetische Waage*) (Abb. 3.8), oder aber durch Messung der Induktion einer mit der Probe gefüllten Spule. Eine moderne Methode für paramagnetische Stoffe ist die Elektronenspin-Resonanz (ESR), die wir in Kap. 19 besprechen werden. Einige Zahlenwerte gibt Tabelle 3.4.

Die makroskopischen Stoffgrößen μ bzw. κ lassen sich, ebenso wie das für die elektrischen Größen ε möglich war und ganz analog, molekular aus den Eigenschaften der beteiligten Moleküle erklären, messen und berechnen. Umgekehrt kann man aus den

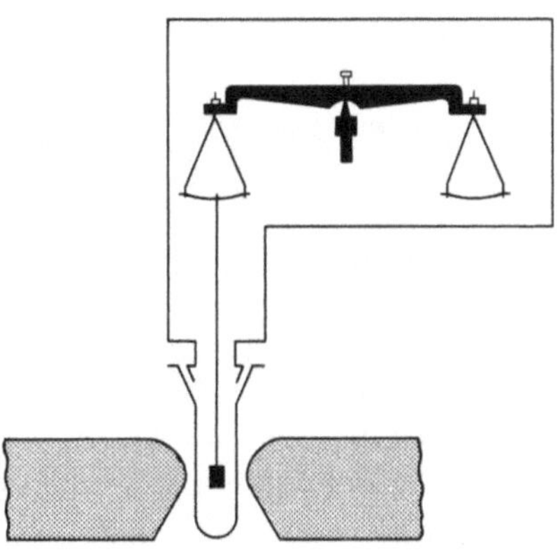

Abb. 3.8. Magnetische Waage. Auf einen paramagnetischen Stoff übt ein inhomogenes Magnetfeld eine anziehende Kraft aus, auf einen diamagnetischen eine abstoßende. Die Kraft ist dem magnetischen Moment der Probe und dem Feldgradienten proportional. So kann man magnetische Suszeptibilitäten messen

Tabelle 3.4. Magnetische Suszeptibilitäten κ, Raumtemperatur (nach R. W. Pohl)

Diamagnetische Stoffe		*Paramagnetische Stoffe*	
H_2	$-0{,}002 \cdot 10^{-6}$	O_2	$1{,}86 \cdot 10^{-6}$
H_2O	$-9{,}0 \cdot 10^{-6}$	O_2 flüssig	$3620 \cdot 10^{-6}$
NaCl	$-13{,}9 \cdot 10^{-6}$	$Dy_2(SO_4)_3 \cdot 8\,H_2O$	$632\,000 \cdot 10^{-6}$
Cu	$-7{,}4 \cdot 10^{-6}$	Al	$21{,}2 \cdot 10^{-6}$
Bi	$-153 \cdot 10^{-6}$	$CuSO_4 \cdot 5\,H_2O$	$176 \cdot 10^{-6}$

makroskopischen Meßgrößen die magnetischen Eigenschaften der Moleküle berechnen. Dies soll im folgenden gezeigt werden. Das Verständnis dieser Stoffeigenschaften ist wichtig für das Verständnis des Molekülbaus und für die Chemie.

Ein para- oder diamagnetischer Körper vom Volumen V erfährt im Magnetfeld $\boldsymbol{B}$ eine magnetische Polarisation oder Magnetisierung

$$\boldsymbol{J} = (\mu - 1)\boldsymbol{B}\,. \tag{3.32}$$

Er bekommt dadurch ein zur Magnetfeld-Richtung paralleles magnetisches Moment $\boldsymbol{M}$, es gilt für dieses Moment je Volumeneinheit

$$\boldsymbol{J} = \frac{\mu_0 \boldsymbol{M}}{V}\,. \tag{3.33}$$

Im molekularen Bild deutet man das Moment $\boldsymbol{M}$ als die Summe der zeitlich gemittelten Beiträge $\boldsymbol{m}'$ von n Molekülen, also

$$\boldsymbol{J} = \mu_0 \boldsymbol{m}' \frac{n}{V} = \mu_0 \boldsymbol{m}' N\,. \tag{3.34}$$

Aus (3.32) und (3.34) folgt für $\boldsymbol{m}'$

$$\boldsymbol{m}' = \frac{\boldsymbol{J}}{\mu_0 N} = \frac{\boldsymbol{B}(\mu - 1)}{\mu_0 N}\,. \tag{3.35}$$

Man definiert nun als Moleküleigenschaft eine molekulare *magnetische Polarisierbarkeit* β

$$\beta = \frac{\boldsymbol{m}}{\boldsymbol{B}} = \frac{\mu - 1}{\mu_0 N} = \frac{\kappa}{\mu_0 N}\,. \tag{3.36}$$

Dies ist sinnvoll, da experimentell μ unabhängig von $\boldsymbol{B}$ eine Stoffkonstante ist.

In kondensierter Materie ist die von außen angelegte magnetische Flußdichte eventuell verschieden von der in der Probe am Ort des Moleküls wirksamen Flußdichte. Dies muß entsprechend berücksichtigt werden.

β hat die Dimension $[\mathrm{A\,m^4/Vs}]$, das Produkt $\beta\mu_0$ die Dimension $[\mathrm{m^3}]$. Aus der Messung der Suszeptibilität κ erhält man also nach (3.31), (3.35) und (3.36) die molekulare Größe β.

3.7 Diamagnetische Moleküle

Die meisten Moleküle besitzen kein permanentes magnetisches Moment der Elektronenhülle. Sie besitzen eine gerade Anzahl von Elektronen mit zu Null abgesättigten Drehimpulsen und magnetischen Momenten. Sie sind also diamagnetisch. Diese Moleküle erhalten aber, wie alle Substanzen, im äußeren Feld $\boldsymbol{B}$ ein induziertes magnetisches Moment $\boldsymbol{m}_{\text{ind}}$, das nach der Lenzschen Regel dem Feld $\boldsymbol{B}$ entgegengerichtet, also negativ ist. Dieser diamagnetische Beitrag zur Magnetisierung ist wenig temperaturabhängig. Es gilt also nach (3.35)

$$\boldsymbol{m}'_{\text{ind}} = \frac{\boldsymbol{B}(\mu - 1)}{\mu_0 N} . \tag{3.37}$$

und

$$\beta = \frac{\boldsymbol{m}'_{\text{ind}}}{\boldsymbol{B}} . \tag{3.38}$$

Die Größe β heißt magnetische Polarisierbarkeit. Sie ist für diamagnetische Moleküle negativ und eine von der Temperatur weitgehend unabhängige Moleküleigenschaft.

Dazu ein Zahlenbeispiel. Für das diamagnetische H_2-Molekül berechnet man aus μ (Tabelle 3.4)

$$\mu_0\beta = -3 \cdot 10^{-36}\,\text{m}^3, \qquad \beta = -2{,}4 \cdot 10^{-30}\,\frac{\text{A}\,\text{m}^2}{\text{Vs}/\text{m}^2} .$$

Im Laborfeld $B = 1\,\text{Vs}/\text{m}^2$ wird damit das induzierte magnetische Moment eines Moleküls

$$\boldsymbol{m}_{\text{ind}} = -3 \cdot 10^{-30}\,\frac{\text{A}\,\text{m}^4}{\text{Vs}} \cdot 1\,\frac{\text{Vs}}{\text{m}^2} = -3 \cdot 10^{-30}\,\text{A}\,\text{m}^2 .$$

Dieser Zahlenwert ist klein gegenüber dem Bohrschen Magneton $\mu_\text{B} = 9{,}27 \cdot 10^{-24}\,\text{A}\,\text{m}^2$.

Induzierte magnetische Momente sind immer klein gegen das Bohrsche Magneton μ_B, die Einheit des atomaren Magnetismus, und damit klein gegen permanente magnetische Momente von Molekülen.

Die magnetische Polarisierbarkeit ist in nicht-kugelsymmetrischen Molekülen im allgemeinen anisotrop. Im Benzol-Molekül mißt man beispielsweise senkrecht und parallel zur Molekülebene

$$\mu_0\beta_\perp = -152 \cdot 10^{-36}\,\text{m}^3, \qquad \mu_0\beta_\| = -62 \cdot 10^{-36}\,\text{m}^3 .$$

Diese Anisotropie ist hier auch anschaulich verständlich: die π-Elektronen können einem induzierenden Magnetfeld leichter in der Molekülebene als senkrecht dazu folgen, indem sie einen Kreisstrom in der Molekülebene ermöglichen, siehe Abb. 3.9. Die Anisotropie der magnetischen Polarisierbarkeit im Benzol oder in anderen Molekülen mit aromatischen Ringsystemen ist ein wichtiger Hinweis auf die Delokalisierung der π-Elektronen längs konjugierter Doppelbindungen (vgl. dazu auch Abschn. 18.3). Der Diamagnetismus beruht ja auf der Erzeugung molekularer Wirbelströme durch den sich ändernden magnetischen Fluß. Die diamagnetische Suszeptibilität muß deshalb um so größer sein, je größer die Elektronenbeweglichkeit auf senkrecht zum Magnetfeld verlaufenden geschlossenen Bahnen für die Elektronen ist.

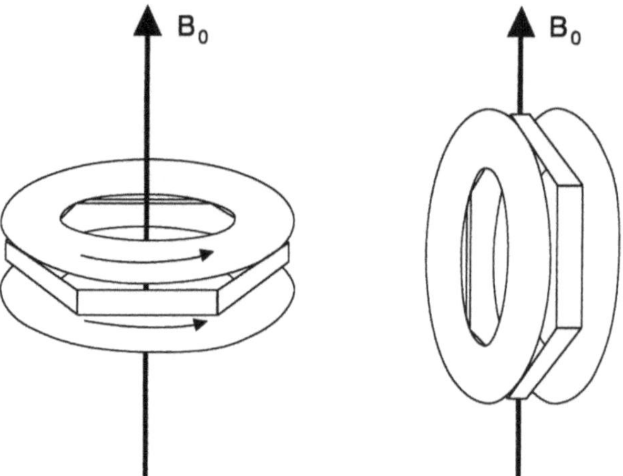

Abb. 3.9. Zur Anisotropie der magnetischen Polarisierbarkeit. Wenn $\boldsymbol{B}_0$ senkrecht zur Ringebene des Benzol-Moleküls gerichtet ist, ist sie wegen des im π-System induzierten Kreisstromes am größten

3.8 Paramagnetische Moleküle

Es gibt auch, wie bereits erwähnt, Moleküle mit einem *permanenten magnetischen Dipolmoment.* Dazu gehören zum Beispiel die Moleküle der Gase O_2 und S_2, mehr dazu in Abschn. 13.3. Ihr elektronischer Grundzustand ist ein *Triplett*-Zustand mit Gesamtspin $S = 1$. Dazu gehören ferner die sogenannten Radikale, das sind Moleküle mit unabgesättigten Elektronenspins ($S = 1/2$), oder organische Moleküle im metastabilen Triplett-Zustand ($S = 1$), vgl. dazu Abb. 15.1. Auf die Frage, wie sich der Paramagnetismus eines Moleküls aus den Spin- und Bahnfunktionen seiner Elektronen ergibt, werden wir erst in späteren Kapiteln dieses Buches eingehen können.

Bei paramagnetischen Molekülen beobachtet man eine im Vergleich zum Diamagnetismus große, positive Permeabilität. Sie nimmt mit abnehmender Temperatur zu. Experimentell findet man meistens eine Proportionalität zu $1/T$. Dieser Paramagnetismus läßt sich ganz analog wie die Orientierungspolarisation im elektrischen Fall aus einer Konkurenz zwischen der ausrichtenden Wirkung des angelegten Feldes $\boldsymbol{B}$ mit der Orientierungsenergie $W_{\mathrm{or}} = -\boldsymbol{m}_{\mathrm{p}} \cdot \boldsymbol{B}$ und der die Gleichverteilung anstrebenden Wärmebewegung mit der Energie $W_{\mathrm{th}} = kT$ verstehen.

Ohne Feld sind die Richtungen der permanenten Momente $\boldsymbol{m}_{\mathrm{p}}$ regellos verteilt, die Summe der Momente ergibt im zeitlichen und örtlichen Mittel wegen der Wärmebewegung den Wert Null. Bei angelegtem Feld existiert eine Vorzugsrichtung, jedes molekulare Moment liefert im zeitlichen Mittel einen Beitrag zur Magnetisierung $\boldsymbol{M}$.

Für den Beitrag $\boldsymbol{m}^*$ des einzelnen Moleküls mit dem permanenten Moment $\boldsymbol{m}_{\mathrm{p}}$ zum makroskopischen Moment $\boldsymbol{M}$ kann man schreiben

$$m^* = x m_{\mathrm{p}} , \tag{3.39}$$

wenn wir hier den Index p verwenden, um deutlich zu machen, daß von permanenten Momenten die Rede ist. Den (im allgemeinen kleinen) Faktor x kann man in Analogie zu den Überlegungen bei der elektrischen Orientierungspolarisation in Abschn. 3.3 leicht ausrechnen. In hinreichend verdünnten Systemen, bei denen man die Wechselwirkung zwischen den Molekülen vernachlässigen darf, findet man näherungsweise

$$x \simeq \frac{1}{3} \frac{\boldsymbol{m}_{\mathrm{p}} \cdot \boldsymbol{B}}{kT} . \tag{3.40}$$

Verwendet man die Beziehungen (3.35), (3.36), (3.39) und (3.40), so findet man nach leichten Umformungen für den paramagnetischen Beitrag zur magnetischen Polarisation

$$\boldsymbol{J} = \mu_0 \frac{\sum \boldsymbol{m}^*}{V} = \frac{1}{3} \frac{m_\mathrm{p}^2 \mu_0 N \boldsymbol{B}}{kT} , \tag{3.41}$$

und

$$\kappa = \frac{1}{3} \frac{\mu_0 m_\mathrm{p}^2 N}{kT} . \tag{3.42}$$

Dies ist das *Curiesche Gesetz*, das die Temperaturabhängigkeit des Paramagnetismus beschreibt.

Mit Hilfe der aus (3.41) und (3.36) folgenden Gleichung

$$m_\mathrm{p} = \sqrt{\beta 3kT} , \tag{3.43}$$

kann man also aus der mit Hilfe von (3.36) bestimmten magnetischen Polarisierbarkeit β das permanente magnetische Moment eines paramagnetischen Moleküls berechnen. Für O_2 erhält man aus dem Meßwert von κ in Tabelle 3.4

$$\beta = 5{,}5 \cdot 10^{-26} \, \frac{\mathrm{A\,m^4}}{\mathrm{Vs}} ,$$

und daraus bei $T = 300\,\mathrm{K}$ aus (3.43) den Zahlenwert

$$m_\mathrm{p} = 2{,}58 \cdot 10^{-23} \, \mathrm{A\,m^2} ,$$

für das magnetische Moment. Dieser Zahlenwert ist von der Größenordnung des Bohrschen Magnetons μ_B. Andere so gemessene magnetische Momente sind beispielsweise $1{,}70 \cdot 10^{-23}\,\mathrm{A\,m^2}$ für das NO-Molekül und $4{,}92 \cdot 10^{-23}\,\mathrm{A\,m^2}$ für das Eisen-Ion Fe^{+++}.

Hier wurde das magnetische Moment allerdings aus der klassischen Formel des Curieschen Gesetzes abgeleitet. Zur quantenmechanischen Formel kommt man, indem man in (3.42) das Quadrat des magnetischen Moments m_p^2 durch seinen quantenmechanischen Erwartungswert $g_\mathrm{F}^2 \mu_\mathrm{B}^2 F(F+1)$ ersetzt. Vgl. dazu I, insbesondere Abschn. 13.3.5 und 20.5. Für O_2 erhält man damit als magnetisches Moment $2\mu_\mathrm{B}$.

Die gesamte Suszeptibilität einer Substanz setzt sich additiv aus dem diamagnetischen und – falls vorhanden – dem paramagnetischen Anteil zusammen.

Es gilt

$$\begin{aligned} \mu &= 1 + \kappa_\mathrm{dia} + \kappa_\mathrm{para} \\ &= 1 + N \left(\mu_0 \beta_\mathrm{dia} + \frac{\mu_0 m_\mathrm{p}^2}{3kT} \right) = 1 + \kappa . \end{aligned} \tag{3.44}$$

Man bestimmt die molekularen Größen β_dia und $\boldsymbol{m}_\mathrm{p}$, indem man die makroskopischen Meßgrößen κ oder μ gegen $1/T$ aufträgt, wie wir das vorne im elektrischen Verhalten der Materie bereits gesehen haben, vergleiche Abb. 3.3.

Es gibt auch zahlreiche Moleküle, die im Grundzustand diamagnetisch sind, jedoch paramagnetische elektronische Anregungszustände besitzen. Besonders wichtig und interessant sind die Triplett-Zustände vieler organischer Moleküle. Mehr darüber folgt später, besonders in Abschn. 15.3 und in Kap. 19.

Bei tiefen Temperaturen kann es bei manchen Stoffen, bevorzugt in fester Phase, auch schon ohne äußeres Magnetfeld, das heißt spontan, zu einer bevorzugt parallelen oder antiparallelen Ordnung der Spins und damit verbunden der magnetischen Momente der Moleküle kommen. Man spricht dann von Ferro- oder Antiferro-Magnetismus. Im Bereich der Moleküle überwiegt die antiferromagnetische Ordnung, d. h. die paramagnetischen Moleküle ordnen sich mit ihren Spins bei tiefen Temperaturen so, daß diese paarweise abwechselnd antiparallel orientiert sind.

Nachdem wir in den bisherigen Kapiteln eine Reihe von wichtigen Grundgrößen der Molekülphysik vornehmlich vom experimentellen Standpunkt aus kennengelernt haben, wenden wir uns nun in den vier folgenden Kapiteln der Theorie der chemischen Bindung zu. Hierbei sind die Kap. 4 und 5 von allgemeinem Interesse, während die Kap. 6 und 7 weitergehende theoretische Ansätze bringen und bei einer ersten Lektüre auch ausgelassen werden können.

Aufgaben

3.1 a) Moleküle mit *permanentem elektrischem Dipolmoment* neigen in einem äußeren elektrischen Feld dazu, sich in Feldrichtung zu orientieren; dem wirkt die thermische Unordnung entgegen. Gemäß den Regeln der Statistischen Mechanik läßt sich die Wahrscheinlichkeit dafür angeben, daß sich ein molekularer Dipol $\boldsymbol{p}$ im Feld $\boldsymbol{E}$ vom Winkel ϑ zwischen Dipol- und Feldrichtung nach $\vartheta + \Delta\vartheta$ dreht. Versuchen Sie, daraus den thermischen Mittelwert $\overline{\cos\vartheta} = L(pE/kT)$ abzuleiten. Dabei ist $L(x)$ die *Langevin-Funktion*

$$L(x) = \coth x - \frac{1}{x} \,.$$

b) Wie groß muß die elektrische Feldstärke sein, um ein Wassermolekül ($p = 6{,}17 \cdot 10^{-30}\,\mathrm{A\,s\,cm}$) bei Raumtemperatur exakt in Feldrichtung zu orientieren?

c) Wasser sei in sehr niedriger Konzentration in (unpolarem) n-Hexan gelöst. Welche Feldstärke benötigt man, um bei Raumtemperatur 50% der theoretisch möglichen Orientierungspolarisation zu erhalten? (Überschlagsrechnung)

d) Welcher Orientierungsgrad läßt sich bei einer realistischen Feldstärke von $E = 10^5\,\mathrm{V/cm}$ bei Kühlung auf die Temperatur flüssigen Heliums ($T = 4{,}2\,\mathrm{K}$) erreichen?

3.2 Wie orientiert sich ein Wassermolekül (Dipolmoment $p = 1{,}85\,\mathrm{D}$) in der Nähe eines Anions? Welches *lokale elektrische Feld* erzeugt das Wassermolekül am Ort des Ions, wenn die Entfernung seines Zentrums vom Zentrum des Ions (a) 1,0 nm, (b) 0,3 nm, (c) 30 nm beträgt?

3.3 Wie groß ist das *induzierte Dipolmoment* $\boldsymbol{p}_{\mathrm{ind}}$ in Benzol (a) in einem elektrischen Feld, das der Durchschlagfestigkeit von Luft ($10^6\,\mathrm{V/m}$) entspricht; (b) im Fokus eines Lasers mit Leistung $P = 10^7\,\mathrm{W}$ und Fläche $A = 100\,\mu\mathrm{m}^2$?

3.4 NO-Moleküle sind *paramagnetisch* mit einem permanenten magnetischen Moment von $\mu_{\mathrm{p}} = 1{,}70 \cdot 10^{-23}\,\mathrm{A\,m^2}$. Wie groß muß ein Magnetfeld $\boldsymbol{B}$ sein, damit der paramagnetische Beitrag zur Magnetisierung einer NO-Probe bei Raumtemperatur 1% des theoretischen Maximalwertes, bei dem alle Moleküle parallel orientiert sind, erreicht?

3.5 Für die Kapazitäten C und C_0 eines Plattenkondensators mit und ohne Dielektriukum (relative Dielektrizitätskonstante ε_r) gilt die Relation

$$\frac{C}{C_0} = \frac{\varepsilon_0 \varepsilon_r}{\varepsilon_0} = \varepsilon_r \, .$$

Für eine Versuchsreihe an Campher bei verschiedenen Temperaturen wurde ein Kondensator mit $C_0 = 5{,}01$ pF verwendet; ermitteln Sie aus den folgenden Meßdaten das Dipolmoment und das Polarisierbarkeitsvolumen des Moleküls ($M = 152{,}23\,\text{g/cm}^3$).

T [°C]	0	20	40	60	80	100	120	140	160	200
ϱ [g/cm³]	0,99	0,99	0,99	0,99	0,99	0,99	0,97	0,96	0,95	0,91
C [pF]	62,6	57,1	54,1	50,1	47,6	44,6	40,6	38,1	35,6	31,1

Anmerkung: Die über $p_{\text{ind}} = \alpha E$ definierte Polarisierbarkeit besitzt die sehr unanschauliche Einheit $\text{A}^2\,\text{s}^2\,\text{m}^2/\text{J}$; daher wird sie oft durch das sog. *Polarisierbarkeitsvolumen* α' ersetzt:

$$\alpha' = \frac{\alpha}{4\pi\varepsilon_0}$$

in Einheiten von $10^{-30}\,\text{m}^3 = 1\,\text{Å}^3$. Der Wert von α' in SI-Einheiten $[10^{-30}\,\text{m}^3]$ entspricht dann exakt α in cgs-Einheiten $[10^{-24}\,\text{cm}^3]$.

3.6 Wie groß ist das Polarisierbarkeitsvolumen von Wasser für Licht der Wellenlänge 589 nm, wenn sein Brechungsindex bei 20 °C für 589 nm den Wert 1,3330 besitzt?

3.7 Nach einem einfachen Modell entsteht das Dipolmoment von Wasser ($p = 1{,}85$ D) durch die Addition der Dipole zweier Bindungen unter einem Winkel von 104,5°. Wie lautet dann die Funktion für das Dipolmoment von Wasserstoffperoxid H_2O_2 in Abhängigkeit vom Azimutwinkel zwischen den beiden OH-Gruppen, wenn der OOH-Winkel 90° ist? Welchen Winkel berechnen Sie aufgrund von Messungen, die ein Dipolmoment von 2,13 D ergeben?

3.8 Kann man Wasserdampf in der Luft durch Messung der Dielektrizitätszahl ε bestimmen? Beachten Sie, daß der Sättigungsdampfdruck von Wasser in Luft bei 40 °C 50 mbar beträgt und die Dielektrizitätskonstante von N_2 $\varepsilon = 1 + 5{,}8 \cdot 10^{-4}$. Bei welcher relativen Luftfeuchtigkeit liefert Wasserdampf denselben Beitrag zu $\varepsilon_{\text{Luft}}$ wie N_2?

3.9 Ermitteln Sie das Polarisierbarkeitsvolumen und das Dipolmoment des Chloroform-Moleküls $CHCl_3$, für das man in Abhängigkeit von der Temperatur die folgenden statischen *Dielektrizitätskonstanten* mißt (Schmelzpunkt −64 °C)?

T [°C]	−80	−70	−60	−40	−20	0	+20
ε_r	3,1	3,1	7,0	6,5	6,0	5,5	5,0
ϱ [g/cm³]	1,65	1,64	1,64	1,61	1,57	1,53	1,50

3.10 Berechnen Sie die *Dielektrizitätskonstante* von Chlorbenzol C_6H_5Cl bei 25 °C. Seine Dichte bei dieser Temperatur ist $1{,}107\,\mathrm{g/cm^3}$; für das Polarisierbarkeitsvolumen findet man einen Wert von $1{,}23 \cdot 10^{-29}\,\mathrm{m^3}$, für das Dipolmoment 1,57 D.

3.11 Den *anisotropen Diamagnetismus* in Benzol kann man in erster Näherung mit Ringströmen erklären (Pauling: J. Chem. Phys. **4**, 673 (1936)). Berechnen Sie den durch ein äußeres Magnetfeld hervorgerufenen Ringstrom ober- bzw. unterhalb der Molekülebene, indem Sie die Zentripetalkraft durch die Lorentzkraft auf ein freies Elektron ausdrücken. Berücksichtigen Sie, daß in Benzol $n = 6$ π-Elektronen beteiligt sind.

Die Anisotropie der diamagnetischen Suszeptibilität κ eines planaren Moleküls wird definiert durch:

$$\Delta\kappa = \kappa_3 - \frac{\kappa_1 + \kappa_2}{2}\,.$$

Die Suszeptibilitäten κ_1, κ_2 gelten für $\boldsymbol{B}$ parallel zur Molekülebene; κ_3 erhält man mit $\boldsymbol{B}$ senkrecht zur Ebene. In erster Näherung gilt für $i = 1, 2$ $\kappa_i = \sum_n k_n$, wobei k_n die (isotropen) diamagnetischen Beiträge der einzelnen Atome des Moleküls sind. Für $i = 3$ kommt noch der Beitrag des Ringstroms hinzu: $\kappa_3 = \sum_n k_n + \Delta\kappa$.

Die magnetische Polarisierbarkeit β ist die mikroskopische Größe, die der makroskopischen Suszeptibilität entspricht:

$$\beta = \frac{\kappa}{\mu_0 N}$$

(N: Teilchenzahldichte). Sie ist ebenfalls anisotrop; im Benzol-Molekül mißt man

$$\mu_0\beta_\perp = 152 \cdot 10^{-36}\,\mathrm{m^3} \qquad \text{und} \qquad \mu_0\beta_\parallel = 62 \cdot 10^{-36}\,\mathrm{m^3}\,.$$

Berechnen Sie daraus den effektiven Radius des Ringstroms in Benzol. (*Hinweis*: wie ist das magnetische Moment definiert?)

3.12 Ein Beispiel für die Dielektrizitätsfunktion geben NaCl-Moleküle im *Ionenkristall*. Im Infraroten gibt es longitudinale und transversale „optische" Gitterschwingungen mit den Frequenzen Ω_{LO} und Ω_{TO}, die zu folgender Beziehung für den Brechungsindex führen:

$$n^2 = \varepsilon(\omega) = \varepsilon(\infty) \cdot \frac{\Omega_{\mathrm{LO}}^2 - \omega^2}{\Omega_{\mathrm{TO}}^2 - \omega^2}$$

mit

$$\frac{\varepsilon(0)}{\varepsilon(\infty)} = \frac{\Omega_{\mathrm{LO}}^2}{\Omega_{\mathrm{TO}}^2} \qquad \text{(Lyddane-Sachs-Teller-Relation)}\,.$$

Skizzieren Sie die Funktion mit folgenden Parametern: $\varepsilon(0) = 5{,}62$, $\varepsilon(\infty) = 2{,}25$, $\Omega_{\mathrm{TO}} = 3{,}1 \cdot 10^{13}\,\mathrm{rad\,s^{-1}}$. Wie groß ist $\varepsilon(\omega)$ für $\Omega_{\mathrm{TO}} < \omega < \Omega_{\mathrm{LO}}$? Was sind Reststrahlen in diesem Zusammenhang?

4. Einführung in die Theorie der chemischen Bindung

In diesem Kapitel stellen wir als erstes die wichtigsten Konzepte der Quantenmechanik zusammen und erläutern dann den Unterschied zwischen heteropolarer und homöopolarer Bindung. Sodann behandeln wir das Wasserstoff-Molekülion und das Wasserstoff-Molekül, wobei wir am letzteren verschiedene wichtige Verfahren vorführen. Schließlich behandeln wir die vor allen Dingen für Kohlenstoffverbindungen wichtige Hybridisierung.

4.1 Eine Erinnerung an die Quantenmechanik

Bereits bei der Erklärung des Aufbaus der Atome versagte die klassische Physik. Denken wir etwa an das Wasserstoffatom, bei dem ein Elektron um den Atomkern kreist. Da das Elektron geladen ist, wirkt es wie ein schwingender elektrischer Dipol und müßte ständig Energie abstrahlen, so daß schließlich das Elektron in den Kern stürzen müßte. Außerdem ist das Auftreten diskreter Spektren hier nicht verständlich. Besondere Schwierigkeiten gibt es auch bei der Erklärung der chemischen Bindung, worauf wir im nächsten Abschnitt näher zu sprechen kommen werden. Zweifelsohne kommt die Molekülphysik ohne die quantenmechanische Behandlung nicht aus. Erinnern wir uns daher kurz an die Grundbegriffe der Quantenmechanik, wobei wir als konkretes Beispiel das Wasserstoffatom im Auge haben mögen. Bezüglich einer eingehenden Darstellung verweisen wir auf I, Kap. 9.

Den Kern nehmen wir als unendlich schwer an, so daß wir nur die Freiheitsgrade des Elektrons betrachten müssen. Dessen Energie ist durch

$$E = E_{\text{kin}} + E_{\text{pot}} \tag{4.1}$$

gegeben, wobei sich die kinetische Energie in der Form

$$E_{\text{kin}} = \frac{m_0}{2}\boldsymbol{v}^2 \tag{4.2}$$

schreiben läßt; m_0 ist dabei die Masse des Elektrons, $\boldsymbol{v}$ seine Geschwindigkeit. Um den richtigen Ausgangspunkt für die quantenmechanische Behandlung zu haben, geht man von der Geschwindigkeit $\boldsymbol{v}$ zum kanonisch konjugierten Impuls $\boldsymbol{p}$ gemäß

$$m_0\boldsymbol{v} = \boldsymbol{p} \tag{4.3}$$

über, so daß sich die kinetische Energie in der Form

$$E_{\text{kin}} = \frac{1}{2m_0}\boldsymbol{p}^2 \tag{4.4}$$

schreiben läßt. Die potentielle Energie können wir als ein vom Ort abhängiges Potential gemäß

$$E_{\text{pot}} = V(\boldsymbol{r}) \tag{4.5}$$

darstellen, wobei $\boldsymbol{r} = (x, y, z)$ ist. Der Energie-Ausdruck (4.1) läßt sich damit in die Hamilton-Funktion

$$H = \frac{1}{2m_0}\boldsymbol{p}^2 + V(\boldsymbol{r}) \tag{4.6}$$

umschreiben. Diese stellt den Ausgangspunkt für die Quantisierung dar. Gemäß der Jordanschen Regel haben wir den Impuls $\boldsymbol{p}$ durch den Impulsoperator gemäß

$$p_x = \frac{\hbar}{\mathrm{i}}\frac{\partial}{\partial x}, \quad p_y = \frac{\hbar}{\mathrm{i}}\frac{\partial}{\partial y}, \quad p_z = \frac{\hbar}{\mathrm{i}}\frac{\partial}{\partial z} \tag{4.7}$$

oder in vektorieller Schreibweise

$$\boldsymbol{p} = \frac{\hbar}{\mathrm{i}}\nabla \tag{4.8}$$

zu ersetzen. Damit wird die Hamilton-Funktion (4.6) zum Hamilton-Operator

$$H = \frac{1}{2m_0}\left(\frac{\hbar}{\mathrm{i}}\nabla\right)^2 + V(\boldsymbol{r}) \; . \tag{4.9}$$

Rechnen wir das Quadrat des Nabla-Operators ∇ aus, so erhalten wir den Laplace-Operator ∇ gemäß

$$\nabla^2 = \Delta \equiv \frac{\partial^2}{\partial x^2} + \frac{\partial^2}{\partial y^2} + \frac{\partial^2}{\partial z^2} \; . \tag{4.10}$$

Damit läßt sich abschließend der Hamilton-Operator in der Form

$$H = -\frac{\hbar^2}{2m_0}\Delta + V(\boldsymbol{r}) \tag{4.11}$$

schreiben. Mit Hilfe dieses Operators können wir die zeitabhängige Schrödinger-Gleichung formulieren. Diese bezieht sich auf eine orts- und zeitabhängige Wellenfunktion $\psi(\boldsymbol{r}, t)$

$$H\psi(\boldsymbol{r}, t) = \mathrm{i}\hbar\frac{\partial}{\partial t}\psi(\boldsymbol{r}, t) \; . \tag{4.12}$$

In vielen Fällen ist der Hamilton-Operator selbst nicht explizit von der Zeit abhängig. In einem solchen Fall kann man die zeitabhängige Schrödinger- Gleichung (4.12) vereinfachen, indem man den Ansatz

$$\psi(\boldsymbol{r}, t) = \exp\left(-\frac{\mathrm{i}}{\hbar}Et\right)\psi(\boldsymbol{r}) \tag{4.13}$$

macht, d. h. eine Zeitfunktion in Form der Exponentialfunktion von $\psi(\boldsymbol{r})$ abspaltet. Setzen wir (4.13) in (4.12) ein, führen die Differentiation nach der Zeit aus und dividieren durch die in (4.13) vorkommende Exponentialfunktion auf beiden Seiten, so erhalten wir die zeitunabhängige Schrödinger-Gleichung

$$H\psi = E\psi \; . \tag{4.14}$$

Sowohl bei der Lösung von (4.12) als auch (4.14) sind Randbedingungen für ψ in Abhängigkeit von dem Ortsvektor $\boldsymbol{r}$ zu beachten. Im allgemeinen lauten diese, daß ψ verschwindet, wenn der Ortsvektor $\boldsymbol{r}$ gegen unendlich geht. Wie nun ganz allgemein gezeigt werden kann, liefert die Schrödinger-Gleichung (4.14) gemeinsam mit den Randbedingungen einen Satz von sogenannten Eigenwerten E_v und Eigenfunktionen ψ_v, wobei v ein Index ist, der die sogenannten Quantenzahlen kennzeichnet. Wir können daher an Stelle von (4.14)

$$H\psi_v = E_v\psi_v \tag{4.15}$$

schreiben. Nach dem Grundpostulat der Quantenmechanik sind die bei einer Messung erhaltenen Werte gerade die, die als Eigenwerte in (4.15) auftreten. Bei Messungen, die sich nicht auf die Energie beziehen, können bei jeder einzelnen Messung jeweils verschiedene Werte auftreten. In einem solchen Fall kann die Theorie im allgemeinen nur Erwartungswerte, z. B. des Ortes, des Impulses, der kinetischen oder der potentiellen Energie voraussagen. Diese Erwartungswerte sind durch

$$\bar{x} = \int \psi^*(\boldsymbol{r}, t) x \psi(\boldsymbol{r}, t) dV \tag{4.16}$$

$$\bar{p}_x = \int \psi^*(\boldsymbol{r}, t) p_x \psi(\boldsymbol{r}, t) dV \tag{4.17}$$

$$E_{\text{kin}} = \int \psi^*(\boldsymbol{r}, t) \left(-\frac{\hbar^2}{2m} \Delta \right) \psi(\boldsymbol{r}, t) dV \tag{4.18}$$

$$E_{\text{pot}} = \int \psi^*(\boldsymbol{r}, t) V(\boldsymbol{r}) \psi(\boldsymbol{r}, t) dV \tag{4.19}$$

definiert. Die Größen $p_x, x, \ldots$ sind hierbei Operatoren geworden. Mit ihrer Hilfe lassen sich weitere Ausdrücke für Operatoren bilden, z. B. für den Drehimpulsoperator gemäß der Vorschrift

$$\boldsymbol{L} = [\boldsymbol{r}, \boldsymbol{p}] \quad \text{oder in anderer Schreibweise} \quad \boldsymbol{L} = \boldsymbol{r} \times \boldsymbol{p}$$

oder wenn wir (4.8) verwenden,

$$\boldsymbol{L} = \left[\boldsymbol{r}, \frac{\hbar}{\mathrm{i}} \nabla \right] \; . \tag{4.20}$$

Betrachten wir nun das Wasserstoffatom oder allgemeiner ein Atom, das die Kernladungszahl Z hat und um das nur noch ein Elektron kreist. Hier ist der Hamilton-Operator explizit durch

$$H = -\frac{\hbar^2}{2m_0} \Delta - \frac{1}{4\pi\varepsilon_0} \frac{Ze^2}{r} \tag{4.21}$$

gegeben. Da der Hamilton-Operator nur vom Abstand, nicht aber von dem Winkel in einem sphärischen Polarkoordinatensystem abhängt, ist es zweckmäßig, in (4.21) zu sphärischen Polarkoordinaten gemäß

$$\boldsymbol{r} \to r, \vartheta, \varphi \tag{4.22}$$

überzugehen. Wie sich zeigen läßt, kann dann die Wellenfunktion in der Form

$$\psi_{nlm}(\boldsymbol{r}) = R_{nl}(r) P_l^m(\cos\vartheta)\,\mathrm{e}^{\mathrm{i}\,m\,\varphi} \tag{4.23}$$

geschrieben werden, wobei die Indizes nlm die Bedeutung von Quantenzahlen haben, und zwar ist n die Hauptquantenzahl, l die Drehimpulsquantenzahl und m die magnetische Quantenzahl. Die Wellenfunktion läßt sich also in einen von r abhängigen Teil $\boldsymbol{R}$ und einen von den Winkeln abhängigen Teil $P_l^m\,\mathrm{e}^{\mathrm{i}\,m\,\varphi}$ aufspalten. Es soll hier nicht unsere Aufgabe sein, die Quantentheorie des Wasserstoffatoms im einzelnen zu entwickeln. Dies ist in I, Kap. 10, ausgeführt. Wir wollen vielmehr den Leser nur an einige Grundresultate erinnern. So ergibt sich die Energie zu

$$E_n = -\frac{m_0 Z^2 e^4}{2\hbar^2 (4\pi\varepsilon_0)^2}\frac{1}{n^2}\,. \tag{4.24}$$

Sie hängt also nur von der Hauptquantenzahl n ab, die die Werte $1, 2, 3, \ldots$ annehmen kann. Damit sind die gebundenen Zustände gekennzeichnet.

Für das Folgende ist noch die Winkelabhängigkeit von ψ von Interesse. Wir erinnern daher an die einfachsten Drehimpulszustände, Abb. 4.1. Für $l = 0$ ergibt sich ein Zustand, der nicht vom Winkel abhängt, d. h. also rotationssymmetrisch ist. Für $l = 1$ erhalten wir für den winkelabhängigen Faktor in (4.23), den wir mit

$$F_{l,m}(\vartheta, \varphi) \equiv P_l^m(\cos\varphi)\,\mathrm{e}^{\mathrm{i}\,m\,\varphi} \tag{4.25}$$

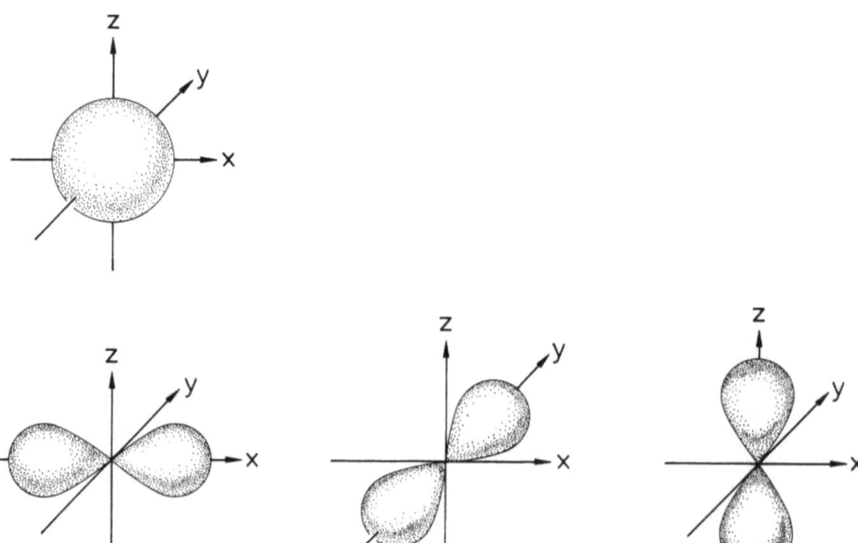

Abb. 4.1. Veranschaulichung der Drehimpulsfunktionen für den s-Zustand (kugelsymmetrisch) und die p-Funktion (reelle Darstellung)

bezeichnen wollen, die folgenden Ausdrücke

$$l = 0 \quad F_{0,0} = \frac{1}{\sqrt{4\pi}} \tag{4.26}$$

$$l = 1 \quad F_{1,0} = \sqrt{\frac{3}{4\pi}} \cos\vartheta = \sqrt{\frac{3}{4\pi}} \frac{z}{r} \tag{4.27}$$

$$F_{1,\pm 1} = \pm\sqrt{\frac{3}{8\pi}} \sin\vartheta \, \mathrm{e}^{\pm \mathrm{i}\varphi} = F\sqrt{\frac{3}{8\pi}} \frac{x \pm \mathrm{i}y}{r} , \tag{4.28}$$

wobei wir im letzten Teil dieser jeweiligen Gleichungen die Winkelabhängigkeit durch die kartesischen Koordinaten x, y, z ausgedrückt haben. Der in (4.23) auftretende Radialanteil $R_{n,l}$ hat die explizite Form

$$R_{n,l} = N_{n,l} \mathrm{e}^{-\kappa_n r} r^l L_{n+l}^{2l+1}(2\kappa_n r) , \tag{4.29}$$

wobei N für die Normierung sorgt, derart, daß

$$\int_0^\infty R^2 r^2 dr = 1 \tag{4.30}$$

gilt. Die Konstante κ_n ist durch

$$\kappa_n = \frac{1}{n} \frac{m_0 Z e^2}{\hbar^2 4\pi\varepsilon_0} \tag{4.31}$$

gegeben. Die Funktion L_{n+l}^{2l+1} ist dabei als Ableitung von den Laguerreschen Polynomen L_{n+l} gemäß

$$L_{n+l}^{2l+1}(\varrho) = d^{2l+1} L_{n+l} / d\varrho^{2l+1} \tag{4.32}$$

definiert, wobei die Laguerreschen Polynome selbst wieder mit Hilfe von Differentiationsvorschriften gemäß

$$L_{n+l}(\varrho) = \mathrm{e}^{\varrho} d^{n+l} (\mathrm{e}^{-\varrho} \varrho^{n+l}) / d\varrho^{n+l} \tag{4.33}$$

gewonnen werden können. Im einfachsten Fall $n = 1, l = 0$ erhalten wir

$$L_1(\varrho) = -\varrho + 1 \tag{4.34}$$

und daraus

$$L_1^1 = dL_1/d\varrho = -1 , \tag{4.35}$$

so daß $R_{1,0}$ durch

$$R_{1,0} = N \mathrm{e}^{-\kappa_1 r} \tag{4.36}$$

gegeben ist. Einige Beispiele für $R_{n,l}$ sind in Abb. 4.2 dargestellt.

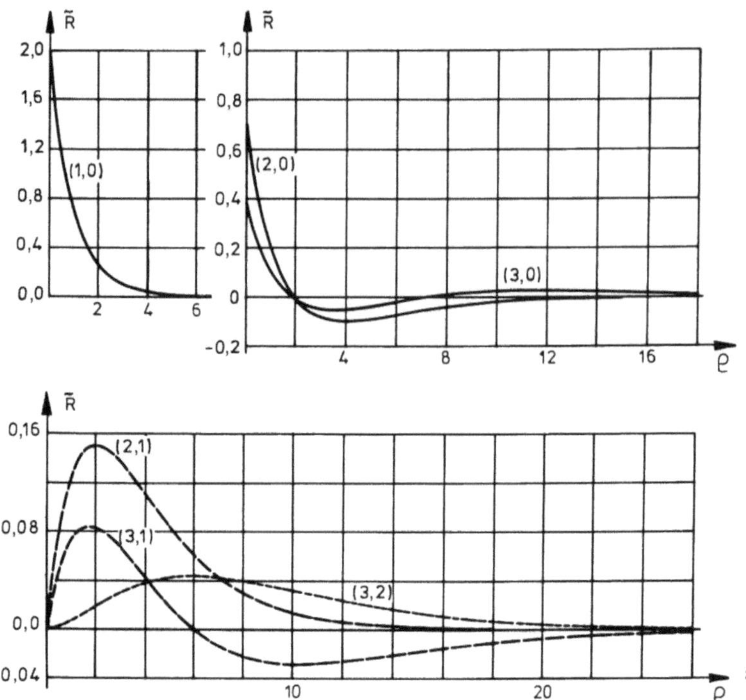

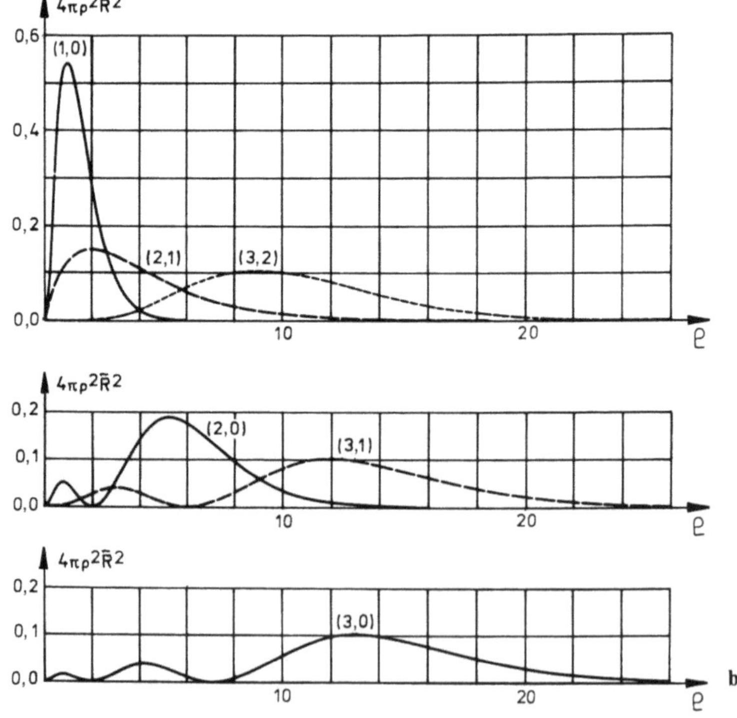

Abb. 4.2. (**a**) Die Wellenfunktion des Radialteils $\widetilde{R}(\varrho = 2\kappa r) \equiv R(r)$ (4.29) des H-Atoms ist gegenüber der dimensionslosen Koordinate ϱ aufgetragen. Die an den Kurven angegebenen Indizes (1,0),(2,1),...,usw. entsprechen (n,l), wobei n die Hauptquantenzahl und l die Drehimpulsquantenzahl ist. (**b**) Die entsprechenden Aufenthaltswahrscheinlichkeiten in radialer Richtung, d. h. $4\pi\varrho^2\widetilde{R}(\varrho)$, sind gegenüber der dimensionslosen Koordinate ϱ aufgetragen

4.2 Heteropolare und homöopolare Bindung

Eine Theorie der chemischen Bindung muß erklären können, warum es bestimmten Atomen möglich ist, ein bestimmtes Molekül zu bilden, und sie muß in der Lage sein, die Bindungsenergie zu berechnen. Vor der Schaffung der Quantentheorie schien ein Bindungstyp – die heteropolare Bindung – leicht erklärbar, der andere – die homöopolare – hingegen gar nicht. Ein Beispiel für die heteropolare Bindung (heteropolar = verschieden geladen) bietet das Kochsalz-Molekül NaCl (vgl. Abb. 1.2). Das Zustandekommen der Bindung kann man sich in zwei Schritten vollzogen denken: Vom Na-Atom geht ein Elektron zum Cl-Atom über. Zwischen dem nunmehr positiv geladenen Na^+-Ion und dem negativ geladenen Cl-Ion herrscht dann eine Coulombsche Anziehungskraft, die die ionische Bindung bewirkt. Genauer besehen handelt es sich hier um eine scheinbare Erklärung, da sie keine theoretische Rechtfertigung dafür liefert, warum das Elektron von Na zum Cl überging. Eine theoretische Begründung hierfür liefert erst die Quantentheorie, wo es für das Elektron energetisch günstiger ist, die offene Schale des Na zu verlassen und die Schale des Cl endgültig aufzufüllen. Selbst bei der heteropolaren Bindung brauchen wir also die Quantentheorie.

Noch dramatischer stellte sich die Frage nach einer Erklärung der homöopolaren Bindung. Wie sollte sich z. B. aus den beiden *neutralen* H-Atomen ein Wasserstoffmolekül H_2 bilden? Hier brachte erst die Quantentheorie den Durchbruch. Das grundlegend Neue läßt sich schon am Beispiel des H_2^+-Molekül-Ions erläutern, bei dem dem neutralen H_2 ein Elektron entrissen wurde. Das verbleibende Elektron muß die beiden Protonen zusammenhalten. Nach der Quantentheorie gelingt ihm dies, indem es, anschaulich gesprochen, zwischen beiden Protonen hin- und herspringt, wobei es mal bei dem einen, mal bei dem anderen Proton verweilt. Dabei wird seine Aufenthaltswahrscheinlichkeit zwischen den Protonen erhöht, es profitiert also von der Coulombschen Anziehungskraft beider Kerne und kann so die Coulombsche Abstoßungskraft zwischen den beiden Protonen kompensieren, solange sich diese nicht zu nahe kommen. In Abschn. 4.3 werden wir zeigen, wie sich diese Vorstellung durch die Wellenfunktion des H_2^+ präzise fassen läßt. Dabei werden wir sehen, wie die Wellennatur des Elektrons eine entscheidende Rolle spielt. Zwischen den Wellenfunktionen, die den Aufenthalt des Elektrons am einen oder anderen Proton beschreibt, kommt es zu einer positiven Interferenz, wodurch die Aufenthaltswahrscheinlichkeit des Elektrons zwischen den beiden Protonen erhöht wird und ein *bindender* Zustand entsteht. Ähnliche Verhältnisse ergeben sich auch beim H_2-Molekül (vgl. Abb. 1.1). Interessanterweise ist aber auch eine negative Interferenz möglich – die Aufenthaltswahrscheinlichkeit wird erniedrigt und sogar zu Null längs der Symmetrie-Ebene zwischen den Protonen – es kommt zum *lockernden* (oder „antibindenden") Zustand.

Wenden wir uns nun der quantenmechanischen Rechnung zu.

4.3 Das Wasserstoff-Molekülion H_2^+

In diesem Abschnitt beginnen wir nun, die Quantentheorie der chemischen Bindung zu entwickeln. Der wohl einfachste Fall einer chemischen Bindung liegt beim Wasserstoff-Molekülion H_2^+ vor. Dieses wird als gebundener Zustand bei Gasentladungen in einer Wasserstoff-Atmosphäre beobachtet. In einer solchen Gasentladung wird dem Wasserstoff-Molekül ein Elektron entrissen. Die mit der Dissoziationsenergie identische Bindungsenergie von H_2^+ wurde zu 2,65 eV bestimmt. Hier haben wir es also mit

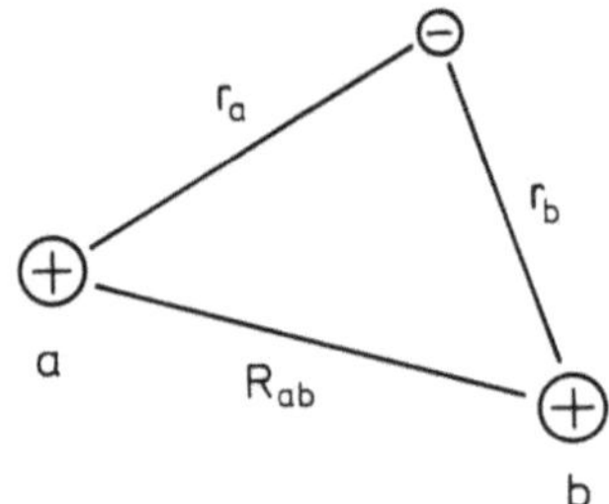

Abb. 4.3. Übersichtsskizze zum Wasserstoff-Molekülion. Die beiden Kerne sind mit a und b bezeichnet, ihr Abstand mit R_{ab}. r_a bzw. r_b geben den Abstand des Elektrons zum Kern a bzw. zum Kern b an

zwei Wasserstoffkernen, d. h. Protonen, aber nur einem Elektron zu tun. Die beiden Kerne unterscheiden wir durch die Indizes a und b (vgl. Abb. 4.3). Sind die Kerne sehr weit voneinander entfernt, so können wir uns vorstellen, daß das Elektron entweder um den einen oder um den anderen Kern herum lokalisiert ist. Die Wellenfunktionen sind dann die des Wasserstoffgrundzustandes. Im folgenden bezeichnen wir den Abstand des Elektrons vom Kern a bzw. b mit r_a bzw. r_b. Bezeichnen wir die Wellenfunktion des Wasserstoffgrundzustandes, die zum Kern a gehört, mit φ_a, so genügt diese der Schrödinger-Gleichung

$$\underbrace{\left(-\frac{\hbar^2}{2m_0}\Delta - \frac{e^2}{4\pi\varepsilon_0 r_a}\right)}_{H_a}\varphi_a(r_a) = E_a^0\varphi_a(r_a)\ , \tag{4.37}$$

und das Entsprechende gilt für die Wellenfunktion φ_b, wobei die Energien E_a^0 und E_b^0 einander gleich sind:

$$E_a^0 = E_b^0 = E^0\ . \tag{4.38}$$

Nähern wir nun die Kerne einander, so wird das Elektron, das z. B. zunächst am Kern a saß, die Coulombsche Anziehungskraft des Kerns b spüren. Entsprechend wird ein Elektron, das am Kern b saß, die Coulombsche Anziehungskraft des Kern a spüren. Wir müssen daher eine Schrödinger-Gleichung aufstellen, die das Coulomb-Potential beider Kerne enthält (Abb. 4.4). Außerdem müssen wir, um die Gesamtenergie zu berechnen, die Coulombsche Abstoßung zwischen beiden Kernen berücksichtigen. Bezeichnen wir den Abstand zwischen den beiden Kernen mit R_{ab}, so lautet diese Zusatzenergie $e^2/4\pi\varepsilon_0 R_{ab}$.

Da sich diese Zusatzenergie nicht auf die Energie der Elektronen bezieht, bedeutet sie lediglich eine Verschiebung des Energieeigenwerts E um einen konstanten Betrag. Wir werden daher diese Konstante zunächst weglassen, um sie dann erst am Schluß zu berücksichtigen.

Dies führt uns auf die Schrödinger-Gleichung

$$\left(-\frac{\hbar^2}{2m_0}\Delta - \frac{e^2}{4\pi\varepsilon_0 r_a} - \frac{e^2}{4\pi\varepsilon_0 r_b}\right)\psi = E\psi\ , \tag{4.39}$$

in der die Wellenfunktion ψ und die zugehörige Energie noch zu berechnen sind.

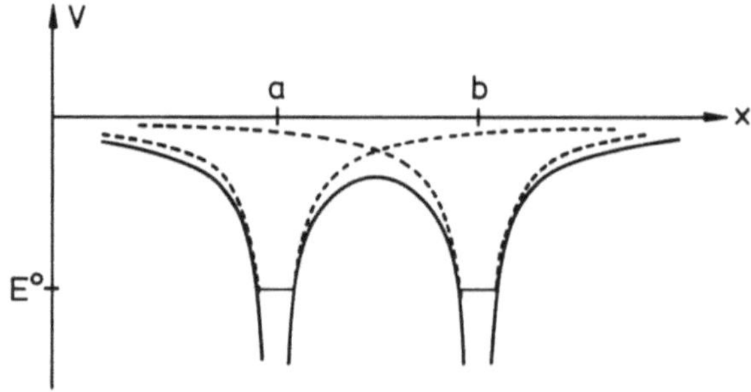

Abb. 4.4. Zum Wasserstoff-Molekülion. Aufgetragen ist die potentielle Energie V, die das Elektron aufgrund der Anziehungskraft der Kerne a und b vorfindet. Die *gestrichelten Kurven* geben die potentielle Energie des Elektrons wieder, die von einem Kern a bzw. b herrührt. Die *ausgezogene Kurve* ist die gesamte potentielle Energie. Nach rechts ist die Ortskoordinate x aufgetragen. Ferner ist die Bindungsenergie E^0 des Elektrons im Feld eines einzelnen Kerns eingezeichnet

Wir wollen nun die Wellenfunktion ψ genähert bestimmen. Dabei lassen wir uns von einer Idee leiten, die der Störungstheorie mit Entartung entlehnt ist. Im Prinzip könnte ja das Elektron in der Nähe des Kerns a oder des Kerns b sitzen (vgl. Abb. 4.5), wobei jeweils die Energie die gleiche wäre, vgl. (4.37) und (4.38). Diese beiden Zustände φ_a und φ_b sind also miteinander entartet. Nun wirkt aber jeweils der andere Kern, an dem das Elektron gerade nicht sitzt, mit einer Störung auf das Elektron ein. Wir werden also erwarten, daß durch diesen Effekt die Entartung aufgehoben wird. Genau wie bei der Störungstheorie mit Entartung bilden wir zur Lösung von (4.39) eine Linearkombination in der Form

$$\psi = c_1\varphi_a + c_2\varphi_b \,, \tag{4.40}$$

wobei die beiden Koeffizienten c_1 und c_2 noch zu bestimmen sind. Zu deren Festlegung verfahren wir in der üblichen Weise. Wir setzen als erstes den Ansatz (4.40) in die Gl. (4.39) ein und erhalten

$$\begin{aligned}&\Bigg(\underbrace{-\frac{\hbar^2}{2m_0}\Delta - \frac{e^2}{4\pi\varepsilon_0 r_a}}_{H_a} - \frac{e^2}{4\pi\varepsilon_0 r_b}\Bigg)c_1\varphi_a \\ &\quad + \Bigg(\underbrace{-\frac{\hbar^2}{2m_0}\Delta - \frac{e^2}{4\pi\varepsilon_0 r_b}}_{H_b} - \frac{e^2}{4\pi\varepsilon_0 r_b}\Bigg)c_2\varphi_b = E(c_1\varphi_a + c_2\varphi_b) \,.\end{aligned} \tag{4.41}$$

In den einzelnen Klammern in (4.41) haben wir die Glieder so zusammengefaßt, daß jeweils der Operator H_a auf φ_a und der Operator H_b auf φ_b wirken. Wir können dann sofort mit Hilfe von (4.37) und der entsprechenden Gleichung mit H_b die entsprechenden Ausdrücke vereinfachen, indem wir z. B. an Stelle von $H_a\varphi_a$ den Ausdruck $E_a^0\varphi_a$ benutzen.

Wenn wir noch die rechte Seite von (4.41) auf die linke hinüberbringen, erhalten wir

$$\Bigg(\underbrace{E^0 - E}_{\Delta E} - \frac{e^2}{4\pi\varepsilon_0 r_b}\Bigg)c_1\varphi_a + \Bigg(\underbrace{E^0 - E}_{\Delta E} - \frac{e^2}{4\pi\varepsilon_0 r_a}\Bigg)c_2\varphi_b = 0 \,. \tag{4.42}$$

Während φ_a und φ_b Funktionen des Ortes sind, sollen die Koeffizienten c_1 und c_2 ortsunabhängig sein. Um eine ortsunabhängige Gleichung für die c's zu finden, multiplizie-

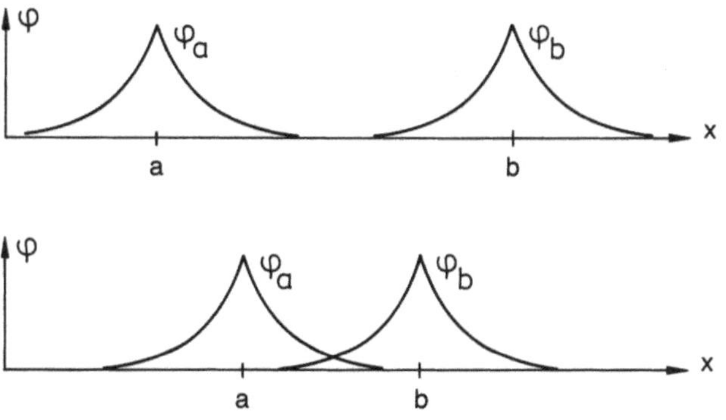

Abb. 4.5. (*Oben*) Die Wellenfunktion φ_a des Elektrons, das sich im Feld des Kerns a bewegt, sowie die entsprechende Wellenfunktion φ_b des Elektrons in der Nähe des Kerns b. (*Unten*) Wird der Abstand zwischen den Kernen a und b verkleinert, so überschneiden sich, oder in der Fachsprache, überlappen die beiden Wellenfunktionen φ_a und φ_b

ren wir, wie wir es ja von der Störungstheorie her kennen, Gl. (4.42) mit φ_a^* bzw. φ_b^* und integrieren über die Elektronenkoordinate. Wir nehmen dazu im folgenden an, daß die Funktionen φ_a und φ_b reell sind, wie das bei der Funktion des Wasserstoffgrundzustandes der Fall ist. Im folgenden müssen wir berücksichtigen, daß die Funktionen φ_a und φ_b nicht zueinander orthogonal sind, d. h. daß das Integral

$$\int \varphi_a \varphi_b dV = S \tag{4.43}$$

nicht verschwindet. Wenn wir (4.42) mit φ_a multiplizieren und dann über die Elektronenkoordinate integrieren, so erhalten wir Ausdrücke, die die Gestalt von Matrixelementen haben, nämlich die Integrale

$$\int \varphi_a(r_a) \left(-\frac{e^2}{4\pi\varepsilon_0 r_b} \right) \varphi_a(r_a) dV = C \, , \tag{4.44}$$

$$\int \varphi_a(r_a) \left(-\frac{e^2}{4\pi\varepsilon_0 r_a} \right) \varphi_b(r_b) dV = D \, , \tag{4.45}$$

die wir mit den Buchstaben C und D abgekürzt haben. Die Bedeutung des ersten Integrals erhellt sich sofort, wenn wir uns daran erinnern, daß $-e\varphi_a^2$ die Bedeutung einer Ladungsdichte des Elektrons hat. Gleichung (4.44) ist dann nichts anderes als die *Coulombsche Wechselwirkungsenergie* zwischen der Elektronenladungsdichte und der Kernladung e (vgl. Abb. 4.6). Im Integral (4.45) hingegen tritt statt der Elektronenladungsdichte der Ausdruck $-e\varphi_a\varphi_b$ auf. Dies bedeutet, daß das Elektron sich gewissermaßen teilweise im Zustand φ_a, teilweise aber im Zustand φ_b aufhält oder, mit anderen Worten, ein Austausch zwischen diesen beiden Zuständen vorkommt. Man bezeichnet daher $\varphi_a\varphi_b$ auch als Austauschdichte und Integrale, in denen solche Austauschdichten $\varphi_a\varphi_b$ auftreten, als *Austauschintegrale* (vgl. Abb. 4.7). Diese stellen einen ganz spezifisch quantentheoretischen Effekt dar. Multiplizieren wir (4.42) mit φ_b statt mit φ_a und integrieren, so werden wir auf ganz ähnliche Ausdrücke wie (4.44) und (4.45) geführt, wobei lediglich die Indizes a und b vertauscht sind. Da

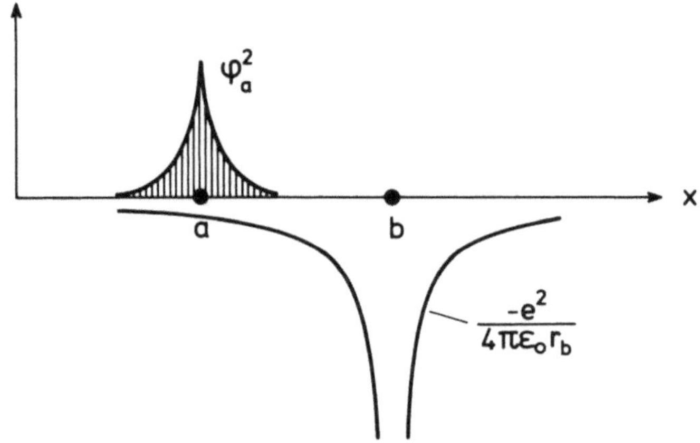

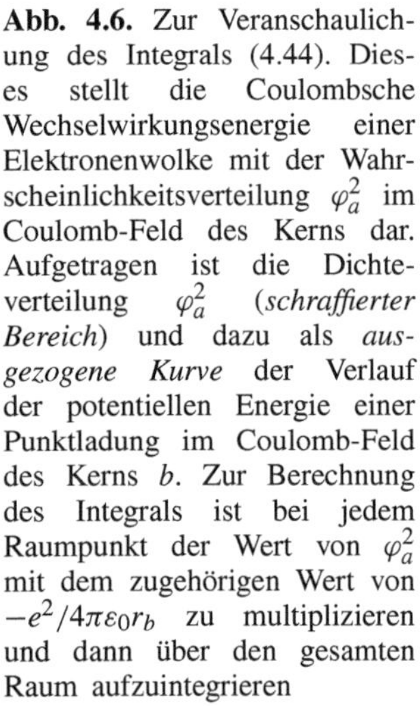
Abb. 4.6. Zur Veranschaulichung des Integrals (4.44). Dieses stellt die Coulombsche Wechselwirkungsenergie einer Elektronenwolke mit der Wahrscheinlichkeitsverteilung φ_a^2 im Coulomb-Feld des Kerns dar. Aufgetragen ist die Dichteverteilung φ_a^2 (*schraffierter Bereich*) und dazu als *ausgezogene Kurve* der Verlauf der potentiellen Energie einer Punktladung im Coulomb-Feld des Kerns b. Zur Berechnung des Integrals ist bei jedem Raumpunkt der Wert von φ_a^2 mit dem zugehörigen Wert von $-e^2/4\pi\varepsilon_0 r_b$ zu multiplizieren und dann über den gesamten Raum aufzuintegrieren

das Problem aber völlig symmetrisch bezüglich der Indizes a und b ist, haben die neuen Integrale die gleichen Werte wie die alten. Fassen wir alle Glieder, die wir bei der Multiplikation und Integration mit φ_a erhalten, zusammen, so geht (4.42) in die Gleichung

$$(\Delta E + C)c_1 + (\Delta ES + D)c_2 = 0 \tag{4.46}$$

über, und entsprechend erhalten wir nach Multiplikation von (4.42) mit φ_b und Integration die Gleichung

$$(\Delta ES + D)c_1 + (\Delta E + C)c_2 = 0\,. \tag{4.47}$$

Dies sind zwei ganz einfache algebraische Gleichungen für die unbekannten Koeffizienten c_1 und c_2. Damit die Gleichungen eine nichttriviale Lösung ergeben, muß die Determinante verschwinden, d. h.

$$(\Delta E + C)^2 - (\Delta ES + D)^2 = 0\,. \tag{4.48}$$

Dies ist eine quadratische Gleichung für die Energieverschiebung ΔE, die wir im vorliegenden Falle besonders einfach auflösen können, indem wir das 2. Glied in (4.48) auf die rechte Seite bringen und beiderseits die Wurzel ziehen

$$(\Delta E + C) = \pm(\Delta ES + D)\,. \tag{4.49}$$

Dabei ergeben sich durch das Wurzelziehen die beiden Vorzeichen $\pm$. Verwenden wir (4.49) in (4.46) oder (4.47), so erhalten wir sofort beim oberen Vorzeichen

$$c_2 = -c_1 \equiv -c\,. \tag{4.50}$$

In diesem Falle erhält man also die Gesamtwellenfunktion

$$\psi = c(\varphi_a - \varphi_b)\,. \tag{4.51}$$

Die Konstante c ist noch durch die Normierung der Gesamtwellenfunktion ψ festzulegen. Die zugehörige Wellenfunktion ist in Abb. 4.8 dargestellt. Gilt in (4.49) das

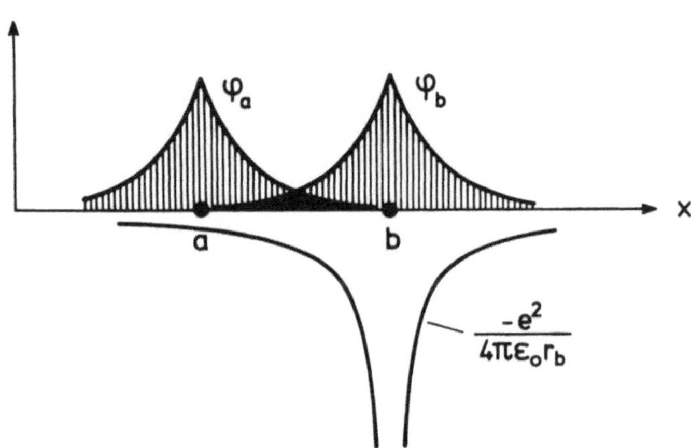

Abb. 4.7. Zur Veranschaulichung des Integrals (4.45). Aufgetragen sind die drei darin auftretenden Funktionen φ_a, φ_b und $-e^2/4\pi\varepsilon_0 r_b$. Da das Produkt dieser drei Funktionen auftritt, sind nur dann nicht verschwindende Beiträge möglich, wenn die Wellenfunktionen φ_a und φ_b überlappen, wie das durch den stark schraffierten Bereich dargestellt wird. Das Integral wird erhalten, indem an jeder Stelle des Raums die Funktionswerte von φ_a, φ_b und $-e^2/4\pi\varepsilon_0 r_b$ miteinander multipliziert werden und dann über den ganzen Raum aufintegriert wird

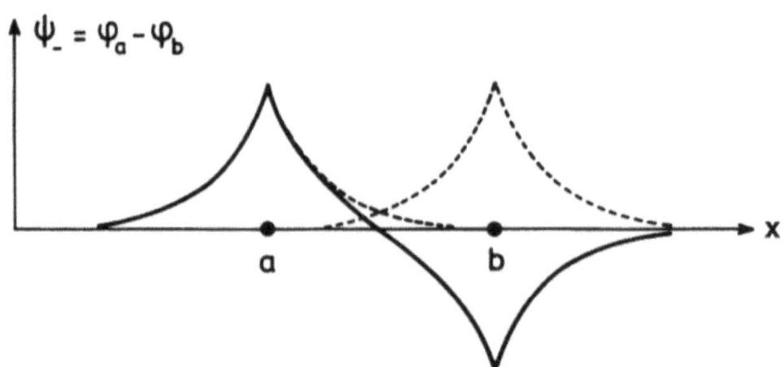

Abb. 4.8. Die antisymmetrische Wellenfunktion ψ_- entsteht aus der Differenz von φ_a und φ_b. Ersichtlich ist die Aufenthaltswahrscheinlichkeit in der Symmetrieebene zwischen den beiden Kernen gleich Null

untere Vorzeichen, so erhalten wir für die Koeffizienten: $c_2 = c_1 = c$ und somit als Gesamtwellenfunktion

$$\psi = c(\varphi_a + \varphi_b) \tag{4.52}$$

(vgl. Abb. 4.9). Berechnen wir aus (4.49) die zu (4.51) und (4.52) gehörigen Energien, wobei $E = E^0 - \Delta E$.

Zur *antisymmetrischen* Wellenfunktion gehört also die Energie des Elektrons

$$E = E^0 + \frac{C - D}{1 - S} \tag{4.53a}$$

und zur *symmetrischen* Wellenfunktion die Energie des Elektrons

$$E = E^0 + \frac{C + D}{1 + S} \,. \tag{4.53b}$$

Wie man sich anhand der Abb. 4.6 und 4.7 veranschaulichen kann, hängen die Größen S, C und D vom Abstand der beiden Kerne ab, wobei $0 < S \le 1$ und $C, D < 0$ sind. Nähert man die beiden Kerne einander, so spaltet die Elektronenenergie E gemäß (4.53a), (4.53b) auf. Um zu entscheiden, ob eine Bindung zwischen den beiden Protonen auf dem Weg über das Elektron zustandekommt, müssen wir zu (4.53a) bzw. (4.53b) noch die Coulombsche Abstoßungsenergie zwischen den Protonen $e^2/4\pi\varepsilon_0 R_{ab}$ hinzufügen. Ferner müssen wir die Energie bei endlichem Abstand mit der bei unendlichem Abstand, wo C und D Null sind, vergleichen. Wir haben also

$$E_{\text{Bindung}} = \frac{C \pm D}{1 \pm S} + e^2/4\pi\varepsilon_0 R_{ab} \tag{4.54}$$

zu untersuchen. Wie die numerische Rechnung zeigt, ändert das Überlappungsintegral S nichts an dem Ergebnis, ob es zur Bindung kommt oder nicht, so daß wir es bei unserer Diskussion weglassen.

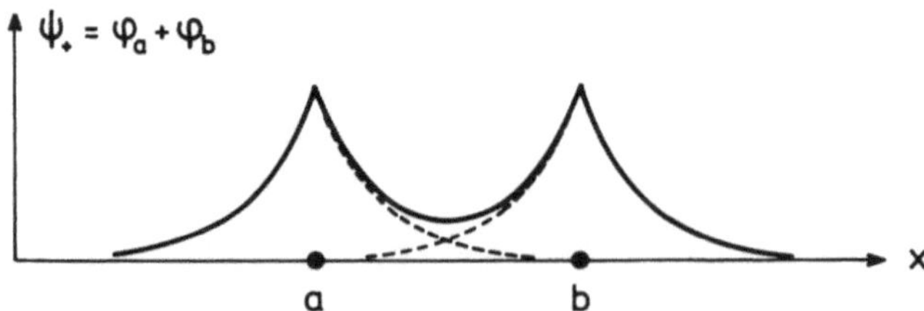

Abb. 4.9. Die symmetrische Wellenfunktion ψ_+ entsteht durch eine Superposition der Wellenfunktionen φ_a und φ_b. Aufgrund der Überlappung von φ_a und φ_b wird die Aufenthaltswahrscheinlichkeit zwischen den beiden Kernen erhöht

Betrachten wir als erstes das Verhalten von C in seiner Abhängigkeit vom Abstand R_{ab}. Ist R_{ab} groß gegenüber der Erstreckung der Wellenfunktion φ_a (oder φ_b), so ist C praktisch gleich der potentiellen Energie E_{pot} einer punktförmigen Ladung im Potentialfeld des anderen Kernes, also gleich $-e^2/4\pi\varepsilon_0 R_{ab}$. Für große Abstände R_{ab} kompensieren sich also C und das letzte Glied in (4.54). Während aber für kleine Abstände $R_{ab} \to 0$ das letzte Glied in (4.54) gegen unendlich geht, strebt C einem endlichen (negativen) Wert zu. Man kann dies direkt aus (4.44) entnehmen, da für $R_{ab} \to 0$ der Abstand r_b in r_a übergeht und (4.44) dann identisch wird mit dem Erwartungswert der potentiellen Energie des Elektrons im Wasserstoffatom, der bekanntlich endlich ist. Die Summe $C + e^2/4\pi\varepsilon_0 R_{ab}$ ist also positiv und es ergibt sich keine Bindung.

Das Zünglein an der Waage in der Frage einer Bindung bildet also D (4.45), das die Austauschdichte enthält. Für $R_{ab} \to 0$ geht φ_b in φ_a über, so daß dann D mit C übereinstimmt und somit den Beitrag von $e^2/4\pi\varepsilon_0 R_{ab}$ nicht kompensieren kann. Wächst nun R_{ab} an, so nehmen sowohl $e^2/4\pi\varepsilon_0 R_{ab}$ als auch D, die entgegengesetzte Vorzeichen haben, dem Betrage nach ab. Dabei zeigt die numerische Rechnung, daß dabei in einem bestimmten Bereich $E_{\text{Bindung}} < 0$ wird (vgl. Abb. 4.10). Der zugehörige Zustand (4.52) wird als bindender Zustand bezeichnet. Umgekehrt tritt keine Bindung für den Zustand (4.51) ein; dieser Zustand heißt daher lockernder oder „antibindender" Zustand.

Wie unsere Diskussion erhellt, beruht der Bindungseffekt ganz entscheidend auf dem Auftreten der Austauschdichte $\varphi_a\varphi_b$ in D. Die Bindung des Wasserstoff-Molekülions ist also ein typisch quantenmechanischer Effekt. Trotzdem kann man sich den Bindungs- und Lockerungseffekt anschaulich verdeutlichen.

Wie aus der Abb. 4.9 ersichtlich, ist bei dem gebundenen Zustand die Aufenthaltswahrscheinlichkeit des Elektrons zwischen den beiden Kernen relativ groß. Es kann also, energetisch gesehen, von der Coulombschen Anziehungsenergie beider Kerne profitieren, wodurch die potentielle Energie des Gesamtsystems abgesenkt wird. Im lockernden Zustand (Abb. 4.8) ist die Aufenthaltswahrscheinlichkeit des Elektrons zwischen den beiden Kernen klein, in der Mitte sogar 0, was bedeutet, daß das Elektron fast nur die Anziehungskraft jeweils eines Kerns spürt.

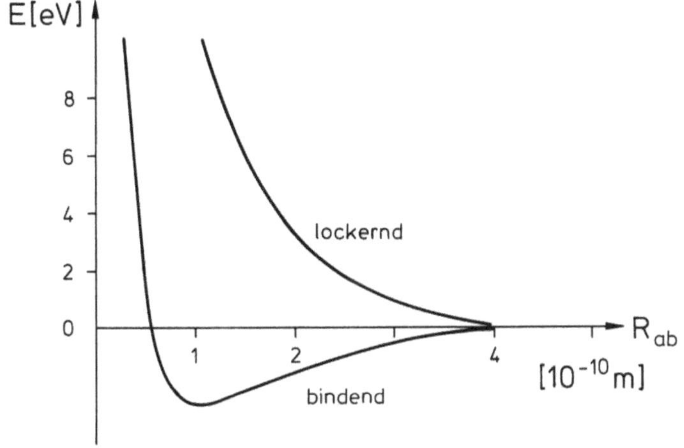

Abb. 4.10. Die Energie E des Wasserstoff-Molekülions unter Berücksichtigung der Coulombschen Abstoßung zwischen den beiden Kernen. Aufgetragen sind die Energiekurven E in Abhängigkeit vom Kernabstand R_{ab} für den bindenden bzw. lockernden Zustand

Für die Energie-Erniedrigung beim Wasserstoffmolekülion gegenüber dem H-Atom ergibt die hier dargestellte Rechnung

$$1{,}7\,\mathrm{eV}$$

gegenüber dem experimentellen Wert von

$$2{,}6\,\mathrm{eV}\,.$$

Der Wellenfunktionsansatz ergibt zwar eine Bindung, die aber zahlenmäßig schlecht ausfällt. Eine erste Verbesserung ergibt sich durch den Ansatz

$$\psi = c(\mathrm{e}^{-\alpha r_a/a_0} + \mathrm{e}^{-\alpha r_b/a_0})\,,$$

wobei a_0 der Bohrsche Radius und α ein Variationsparameter sind. Für das Energieminimum ergibt sich $\alpha = 1{,}24$, d. h. der effektive Bohrsche Radius a_0/α wird entsprechend verkleinert. Dies hat zur Folge, daß die Elektronenwolke senkrecht zur Verbindungslinie zwischen den Kernen zusammengedrückt wird. Dadurch kommt die Coulombsche Wechselwirkung zwischen dem Elektron und den Atomkernen noch stärker zur Wirkung. Diese Interpretation wird durch die genaue numerische Lösung von (4.39) bestätigt.

4.4 Das Wasserstoff-Molekül H_2

4.4.1 Das Variationsprinzip

Wir wenden uns nunmehr dem Problem der chemischen Bindung zu, wenn mehrere Elektronen beteiligt sind. Bevor wir uns aber konkret mit dem einfachsten Beispiel, nämlich dem H_2-Molekül, befassen, machen wir noch eine allgemeine Vorbemerkung, die von grundsätzlicher Bedeutung auch für andere Probleme der Quantentheorie ist.

Unsere Aufgabe ist es immer wieder, eine Schrödinger-Gleichung der allgemeinen Gestalt

$$H\Psi = E\Psi \tag{4.55}$$

zu lösen, was aber oft gar nicht in geschlossener Form möglich ist. Neben der bisher besprochenen Lösungsmethode der Störungstheorie gibt es noch eine grundsätzlich andere, sehr wichtige, die sich auf ein Variationsprinzip stützt. Um diese zu erläutern, denken wir uns die Schrödinger-Gleichung (4.55) mit Ψ^* multipliziert und über alle Koordinaten, von denen Ψ abhängt, integriert. Wir erhalten dann

$$E = \frac{\int \Psi^* H \Psi dV_1 \ldots dV_n}{\int \Psi^* \Psi dV_1 \ldots dV_n}\,. \tag{4.56}$$

n ist die Zahl der Elektronen, während dV_j, $j = 1, \ldots, n$ das Volumenelement bzgl. des Elektrons j bei der Integration über dessen Koordinaten darstellt.

Da der Hamilton-Operator H der Operator ist, der zur Gesamtenergie gehört, steht hier nichts anderes als der Erwartungswert der Energie, der im vorliegenden Fall mit dem Energie-Eigenwert der Schrödinger-Gleichung identisch ist. Was passiert aber, wenn wir für Ψ nicht die Lösung der Schrödinger-Gleichung verwenden, sondern eine andere Funktion? Dann hat der Ausdruck (4.56) wieder die Dimension einer Energie, muß aber nicht mit dem richtigen Eigenwert der Schrödinger-Gleichung, den wir ja eigentlich suchen, übereinstimmen. In der Mathematik wird nun eine äußerst wichtige Beziehung bewiesen. Wenn wir nämlich nicht die richtige Eigenfunktion Ψ für den Grundzustand verwenden, sondern eine andere, so liegt deren zugehöriger Energie-Erwartungswert stets höher als der Eigenwert der Lösung von (4.55). In diesem Sinn können wir also ein Kriterium angeben, wie gut genähert Wellenfunktionen sind. Sie sind um so besser, je tiefer der zugehörige Energiewert liegt.

Wir werden an späterer Stelle dieses Kriterium mehrmals heranziehen. Jetzt wollen wir uns aber auf den Weg machen, die Wellenfunktion und die Energie des Wasserstoff-Moleküls im Grundzustand wenigstens näherungsweise zu bestimmen. Bei der Auswahl einer geeigneten, genäherten Wellenfunktion spielt die physikalische Intuition eine wesentliche Rolle. Je nachdem, welchen Gesichtspunkt man dabei besonders beachtet, gelangt man zu bestimmten Ansätzen, die nach Namen ihrer Urheber benannt sind, nämlich Heitler-London bzw. Hund-Mulliken-Bloch. Neben diesen Ansätzen werden wir noch Verbesserungen kennenlernen, wie die sog. kovalent-ionische Resonanz (Abschn. 4.4.3) sowie eine Wellenfunktion, die alle genannten als Spezialfall enthält und so einen ersten Weg zu einer allgemeinen Behandlung des Mehrelektronenproblems bei Molekülen weist (Abschn. 4.4.5).

4.4.2 Die Methode von Heitler-London

Die beiden Atomkerne (Protonen) unterscheiden wir durch die Indizes a und b, die beiden Elektronen durch Indizes 1 und 2. Da zwischen allen vier Teilchen die Coulombsche Wechselwirkungskraft wirkt, müssen wir die entsprechenden Abstände einführen, die aus Abb. 4.11 ersichtlich werden. Um den Hamilton-Operator aufzustellen, erinnern wir uns wieder an die Energiebilanz der klassischen Physik. Wir haben es hier mit der kinetischen Energie von Elektron 1 und Elektron 2 zu tun sowie mit den verschiedenen Beiträgen der Coulombschen Wechselwirkungsenergie. Übersetzen wir als erstes den Ausdruck der klassischen Physik für die kinetische Energie in die Quantenmechanik! Sind $\boldsymbol{p}_1$ und $\boldsymbol{p}_2$ die Impulse der Elektronen 1 bzw. 2, so lautet die kinetische Energie (klassisch)

$$E_{\text{kin}} = \frac{1}{2m_0}\boldsymbol{p}_1^2 + \frac{1}{2m_0}\boldsymbol{p}_2^2 . \tag{4.57}$$

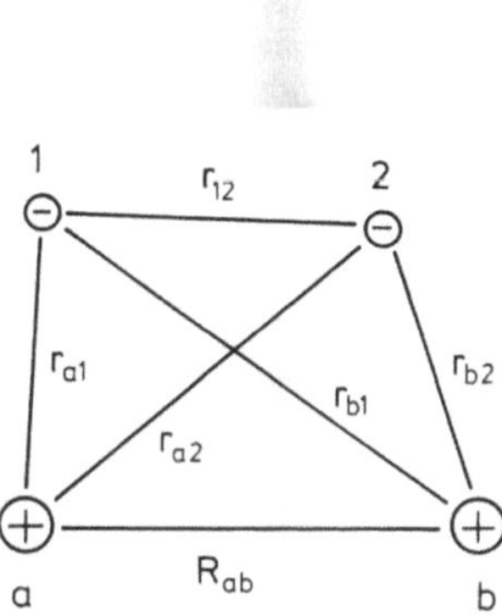

Abb. 4.11. Übersichtsskizze zum Wasserstoff-Molekül. Die beiden Kerne sind mit den Indizes a bzw. b, die beiden Elektronen mit den Indizes *1* bzw. *2* gekennzeichnet. Die Abstände zwischen den Kernen, zwischen den Elektronen und zwischen Kernen und Elektronen sind aus der Abbildung mit ihrer Bezeichnungsweise leicht ersichtlich

Wir müssen nun $\boldsymbol{p}_1$ und $\boldsymbol{p}_2$ zu quantenmechanischen Operatoren gemäß der Regel (4.7) machen. Dabei haben wir die Indizes 1 bzw. 2 an die Ortskoordinaten zu hängen. Damit erhalten wir

$$p_{x1} = \frac{\hbar}{\mathrm{i}}\frac{\partial}{\partial x_1} , \quad p_{y1} = \frac{\hbar}{\mathrm{i}}\frac{\partial}{\partial y_1} , \quad p_{z1} = \frac{\hbar}{\mathrm{i}}\frac{\partial}{\partial z_1} , \tag{4.58}$$

$$p_{x2} = \frac{\hbar}{\mathrm{i}}\frac{\partial}{\partial x_2} , \quad p_{y2} = \frac{\hbar}{\mathrm{i}}\frac{\partial}{\partial y_2} , \quad p_{z2} = \frac{\hbar}{\mathrm{i}}\frac{\partial}{\partial z_2} \tag{4.59}$$

oder unter Verwendung des Nabla-Operators

$$\boldsymbol{p}_1 = \frac{\hbar}{\mathrm{i}}\nabla_1 , \quad \boldsymbol{p}_2 = \frac{\hbar}{\mathrm{i}}\nabla_2 . \tag{4.60}$$

Für den Operator der kinetischen Energie erhalten wir dann

$$H_{\text{kin}} = -\frac{\hbar^2}{2m_0}\nabla_1^2 - \frac{\hbar^2}{2m_0}\nabla_2^2 \,. \tag{4.61}$$

Das Quadrat des Nabla-Operators drücken wir wieder durch den Laplace-Operator aus

$$\nabla_1^2 = \Delta_1 \equiv \frac{\partial^2}{\partial x_1^2} + \frac{\partial^2}{\partial y_1^2} + \frac{\partial^2}{\partial z_1^2} \tag{4.62}$$

und entsprechend für den Index 2. Fügen wir zum Operator der kinetischen Energie (4.61) noch die verschiedenen Beiträge zur Coulombschen Wechselwirkungsenergie hinzu, so erhalten wir als Hamilton-Operator den Ausdruck

$$\begin{aligned} H = &\underbrace{-\frac{\hbar^2}{2m_0}\Delta_1 - \frac{e^2}{4\pi\varepsilon_0 r_{a1}}}_{H_1} \underbrace{-\frac{\hbar^2}{2m_0}\Delta_2 - \frac{e^2}{4\pi\varepsilon_0 r_{b2}}}_{H_2} \\ &- \frac{e^2}{4\pi\varepsilon_0 r_{b1}} - \frac{e^2}{4\pi\varepsilon_0 r_{a2}} + \frac{e^2}{4\pi\varepsilon_0 R_{ab}} + \frac{e^2}{4\pi\varepsilon_0 r_{12}} \,. \end{aligned} \tag{4.63}$$

Wiederum nehmen wir an, daß die Kerne selbst unendlich schwer sind. Unsere Aufgabe ist es, die Schrödinger-Gleichung

$$H\Psi(\boldsymbol{r}_1, \boldsymbol{r}_2) = E\Psi(\boldsymbol{r}_1, \boldsymbol{r}_2) \tag{4.64}$$

mit dem Hamilton-Operator (4.63) zu lösen. Wären die Kerne unendlich weit voneinander entfernt, so würde es genügen, diese für sich zu betrachten, d. h. die Gleichungen

$$\left(-\frac{\hbar^2}{2m_0}\Delta_1 - \frac{e^2}{4\pi\varepsilon_0 r_{a1}}\right)\varphi_a(\boldsymbol{r}_1) = E_0\varphi_a(\boldsymbol{r}_1) \,, \tag{4.65}$$

$$\left(-\frac{\hbar^2}{2m_0}\Delta_2 - \frac{e^2}{4\pi\varepsilon_0 r_{b2}}\right)\varphi_b(\boldsymbol{r}_2) = E_0\varphi_b(\boldsymbol{r}_2) \tag{4.66}$$

zu lösen. Da wir es hier mit einem Zwei-Elektronen-Problem zu tun haben, müssen wir das Pauli-Prinzip berücksichtigen, d. h. wir müssen insbesondere der Tatsache Rechnung tragen, daß die Elektronen einen Spin besitzen. Würden sich die beiden Wasserstoff-Atome nicht gegenseitig beeinflussen, so ließe sich mit Hilfe der in (4.65) und (4.66) auftretenden Wellenfunktionen φ_a und φ_b sofort die gesamte Wellenfunktion niederschreiben. Wie man sich durch Einsetzen in eine Schrödinger-Gleichung mit $H = H_1 + H_2$ überzeugt, wäre

$$\varphi_a(\boldsymbol{r}_1)\varphi_b(\boldsymbol{r}_2) \tag{4.67}$$

eine Lösung.

Um die Existenz des Spins zu berücksichtigen, müssen wir diese Lösung noch mit Spinfunktionen multiplizieren. Der Leser, der nicht mit dem Spinformalismus vertraut ist, braucht sich hieran nicht zu stoßen, da wir nur einige ganz wenige Eigenschaften dieser Spinfunktionen brauchen und dann im weiteren Verlauf unserer Rechnung auf sie völlig verzichten können.

Wir bezeichnen die Funktion, die ein Elektron mit dem Spin nach oben darstellt, mit α. Eine solche Spinwellenfunktion wurde in I, Abschn. 14.2.2 mit $\varphi_\uparrow$ bezeichnet. Handelt es sich um das Elektron 1, so nennen wir diese Funktion $\alpha(1)$. Zeigen beide Spins in die gleiche Richtung nach oben, so lautet jetzt unsere Wellenfunktion

$$\varphi_a(\boldsymbol{r}_1)\varphi_b(\boldsymbol{r}_2)\alpha(1)\alpha(2) . \tag{4.68}$$

Diese genügt aber nicht dem Pauli-Prinzip. Dieses besagt nämlich in seiner mathematischen Fassung, daß eine Wellenfunktion in allen Koordinaten (d. h. Orts- und Spinkoordinaten) der Elektronen antisymmetrisch sein muß, d. h. mit anderen Worten, daß die Wellenfunktion ihre Vorzeichen umkehrt, wenn wir überall die Indizes 1 mit den Indizes 2 vertauschen. Das tut aber die Wellenfunktion (4.68) nicht. Dies wird hingegen von der Wellenfunktion

$$\Psi = \varphi_a(\boldsymbol{r}_1)\alpha(1)\varphi_b(\boldsymbol{r}_2)\alpha(2) - \varphi_a(\boldsymbol{r}_2)\alpha(2)\varphi_b(\boldsymbol{r}_1)\alpha(1) \tag{4.69}$$

erreicht. Indem wir $\alpha(1)$ und $\alpha(2)$ ausklammern, reduziert sich die Wellenfunktion auf die einfache Gestalt

$$\Psi = \alpha(1)\alpha(2)\underbrace{[\varphi_a(\boldsymbol{r}_1)\varphi_b(\boldsymbol{r}_2) - \varphi_a(\boldsymbol{r}_2)\varphi_b(\boldsymbol{r}_1)]}_{\Psi_\mathrm{u}} , \tag{4.70}$$

also einem Produkt aus einer Spinfunktion und einer Wellenfunktion, die sich nur auf den Ortsanteil bezieht. [In der Quantentheorie bezeichnet man Wellenfunktionen, die gegenüber der Vertauschung der Elektronen-Ortskoordinaten symmetrisch sind, als gerade („g“), solche, die antisymmetrisch sind, als ungerade („u“).]

Im Hinblick auf einen wichtigen allgemeinen Ansatz für die Wellenfunktionen bei mehreren Elektronen, den wir später brauchen werden, schreiben wir (4.69) noch in einer anderen Form. Gleichung (4.69) läßt sich nämlich als die Determinante

$$D = \begin{vmatrix} \varphi_a(\boldsymbol{r}_1)\alpha(1) & \varphi_a(\boldsymbol{r}_2)\alpha(2) \\ \varphi_b(\boldsymbol{r}_1)\alpha(1) & \varphi_b(\boldsymbol{r}_2)\alpha(2) \end{vmatrix} \tag{4.71}$$

darstellen. Rechnet man diese nach der Regel aus:

$$D = \text{Produkt der Hauptdiagonale} - \text{Produkt der Nebendiagonale} ,$$

so erhalten wir gerade (4.69). Die Determinante hat einen sehr übersichtlichen Aufbau. Die Zeilen beziehen sich auf die Zustände a bzw. b, während sich die Spalten auf die Numerierung $1, 2$ der beiden Elektronen beziehen.

Während sich (4.70) auf zwei Elektronen bezieht, deren Spins *parallel* sind und nach oben zeigen, lassen sich auch Wellenfunktionen für *parallele* Spins konstruieren, die nach *unten* zeigen. Bezeichnen wir die Spinfunktion eines einzelnen Elektrons, dessen Spin nach unten zeigt, mit β, so lautet die Gesamtwellenfunktion

$$\Psi = \beta(1)\beta(2)\Psi_\mathrm{u} . \tag{4.72}$$

Der Vollständigkeit halber geben wir noch die dritte Wellenfunktion an, die zu dem „Triplett“ gehört, bei dem die Spins parallel sind. Diese hat die z-Komponente des Gesamtspins $= 0$ und lautet

$$\Psi = \frac{1}{\sqrt{2}}[\alpha(1)\beta(2) + \alpha(2)\beta(1)]\Psi_{\mathrm{u}} \, . \tag{4.73}$$

Wie die nachfolgende Rechnung zeigt, stellt die Wellenfunktion Ψ nicht den energetisch tiefsten Zustand dar, da hier die Spins parallel stehen. Wir müssen uns vielmehr eine Wellenfunktion überlegen, bei der die Spins antiparallel sind, in der also ein Elektron durch eine „Spin nach oben“-Funktion α und das andere Elektron durch eine „Spin nach unten“-Funktion β beschrieben wird. Hier gibt es nun ganz verschiedene Möglichkeiten in Erweiterung von (4.68). Eine solche wäre

$$\varphi_a(\boldsymbol{r}_1)\varphi_b(\boldsymbol{r}_2)\alpha(1)\beta(2) \, . \tag{4.74}$$

Andere Ansätze gehen aus (4.74) hervor, indem wir die Koordinaten $\boldsymbol{r}_1$ und $\boldsymbol{r}_2$ oder die Argumente von α bzw. β, nämlich 1, 2 miteinander vertauschen oder alles miteinander vertauschen. Keine dieser Kombinationen für sich ist selbst antisymmetrisch. Wir versuchen nun, eine Kombination aus (4.74) und ähnlichen eben besprochenen Funktionsansätzen zu finden, die antisymmetrisch ist und die es gestattet, die Wellenfunktion wieder in einen Spinanteil und einen reinen Ortsanteil [ähnlich wie (4.70)] aufzuspalten. Dies ist in der Tat, wie man nach einigem Probieren findet, möglich, und es ergibt sich als Wellenfunktion der Ansatz

$$\Psi = \underbrace{[\varphi_a(\boldsymbol{r}_1)\varphi_b(\boldsymbol{r}_2) + \varphi_a(\boldsymbol{r}_2)\varphi_b(\boldsymbol{r}_1)]}_{\Psi_{\mathrm{g}}}[\alpha(1)\beta(2) - \alpha(2)\beta(1)] \, . \tag{4.75}$$

Die Spinfunktion ist hier ersichtlich antisymmetrisch, während der Ortsanteil symmetrisch ist. Wenn wir alle Orts- und Spinkoordinaten der beiden Elektronen gleichzeitig vertauschen, kommt im Einklang mit dem Pauli-Prinzip wieder eine antisymmetrische Wellenfunktion zustande.

Die Spinfunktionen waren uns eben nur ein Hilfsmittel, um die eben genannte Symmetrieeigenschaft der Gesamtwellenfunktion sicherzustellen. Nachdem aber in dem Hamilton-Operator der Schrödinger-Gleichung (4.64) keine Operatoren vorkommen, die in irgendeiner Weise auf den Spin wirken, können wir beim Einsetzen von (4.70) oder (4.75) in diese Gleichung die Spinfunktionen wie eine Zahl behandeln, durch die wir beide Seiten der Schrödinger-Gleichung dividieren dürfen. Die sich so ergebende Gleichung bezieht sich also lediglich auf Ψ_{g} bzw. Ψ_{u}. Dies bedeutet, daß in der hier gerechneten Näherung die Wechselwirkung der Spins untereinander (Spin-Spin-Wechselwirkung) und der Spins mit der Ortsfunktion (Spin-Bahn-Wechselwirkung) nicht berücksichtigt werden. Wir befassen uns daher von nun an nur noch mit den Wellenfunktionen Ψ_{u} und Ψ_{g} und berechnen den zu diesen Wellenfunktionen gehörigen Energie-Erwartungswert.

Nach der grundlegenden Idee von Heitler und London denken wir uns also diese Wellenfunktionen Ψ_{g} bzw. Ψ_{u} als genäherte Lösungen der Schrödinger-Gleichung mit dem Hamilton-Operator (4.63), der alle Coulombschen Wechselwirkungen zwischen Elektronen und Protonen enthält, und stellen uns vor, daß durch sie im Sinne des Variationsprinzips die exakte Energie mit Hilfe von (4.56) angenähert wird.

Wir stehen daher vor der Aufgabe, den Energie-Erwartungswert für diese Wellenfunktion zu berechnen. Diese Rechnung ist nicht schwierig, erfordert aber etwas Geduld.

Als Vorübung zur Ausrechnung dieses Erwartungswerts betrachten wir das im Nenner von (4.56) auftretende Normierungsintegral. Dieses hat die Gestalt

$$\begin{aligned} &\iint |\Psi(\boldsymbol{r}_1, \boldsymbol{r}_2)|^2 dV_1 dV_2 \\ &\quad = \iint [\varphi_a(\boldsymbol{r}_1)\varphi_b(\boldsymbol{r}_2) \pm \varphi_a(\boldsymbol{r}_2)\varphi_b(\boldsymbol{r}_1)]^* \\ &\qquad \cdot [\varphi_a(\boldsymbol{r}_1)\varphi_b(\boldsymbol{r}_2) \pm \varphi_a(\boldsymbol{r}_2)\varphi_b(\boldsymbol{r}_1)] dV_1 dV_2 \; . \end{aligned} \tag{4.76}$$

Nach Ausmultiplikation erhalten wir (wobei wir annehmen, daß φ_a und φ_b reell sind)

$$\begin{aligned} &\int \varphi_a^2 dV_1 \int \varphi_b^2 dV_2 + \int \varphi_a^2 dV_2 \int \varphi_b^2 dV_1 \\ &\quad \pm \int \varphi_a(\boldsymbol{r}_1)\varphi_b(\boldsymbol{r}_1) dV_1 \int \varphi_a(\boldsymbol{r}_2)\varphi_b(\boldsymbol{r}_2) dV_2 \\ &\quad \pm \int \varphi_a(\boldsymbol{r}_2)\varphi_b(\boldsymbol{r}_2) dV_2 \int \varphi_b(\boldsymbol{r}_1)\varphi_a(\boldsymbol{r}_1) dV_1 \; . \end{aligned} \tag{4.77}$$

Die ersten beiden Ausdrücke reduzieren sich wegen der Normierung der Wellenfunktionen φ_a und φ_b auf

$$\int \varphi_a^2 dV_1 = \int \varphi_b^2 dV_2 = 1 \; , \tag{4.78}$$

während die übrigen beiden Ausdrücke Quadrate des Überlappungsintegrals

$$\int \varphi_a(\boldsymbol{r}_1)\varphi_b(\boldsymbol{r}_1) dV = S \tag{4.79}$$

sind. Damit läßt sich das Normierungsintegral (4.76) in der einfachen Form

$$2(1 \pm S^2) \tag{4.80}$$

schreiben.

Bei der Auswertung des Zählers des Energie-Erwartungswertes (4.56) stoßen wir in Analogie zu (4.77) auf insgesamt vier Ausdrücke, von denen je zwei einander gleich sind.

Wir beginnen mit dem Ausdruck

$$\begin{aligned} &\iint \varphi_a(\boldsymbol{r}_1)\varphi_b(\boldsymbol{r}_2) \left\{ H_1 + H_2 - \frac{e^2}{4\pi\varepsilon_0 r_{b1}} - \frac{e^2}{4\pi\varepsilon_0 r_{a2}} + \frac{e^2}{4\pi\varepsilon_0 R_{ab}} + \frac{e^2}{4\pi\varepsilon_0 r_{12}} \right\} \\ &\qquad \cdot \varphi_a(\boldsymbol{r}_1)\varphi_b(\boldsymbol{r}_2) dV_1 dV_2 \; . \end{aligned} \tag{4.81}$$

Da der Hamilton-Operator H_1 in (4.81) nur auf φ_a wirkt, können wir zur weiteren Auswertung die Tatsache benutzen, daß φ_a der Schrödinger-Gleichung (4.65) genügt. Verfahren wir entsprechend mit H_2, so können wir (4.81) zu dem Ausdruck

$$\iint \varphi_a(\boldsymbol{r}_1)^2 \varphi_b(\boldsymbol{r}_2)^2 \cdot \Bigg\{ \underbrace{2E_0}_{1)} - \underbrace{\frac{e^2}{4\pi\varepsilon_0 r_{b1}}}_{2)} - \underbrace{\frac{e^2}{4\pi\varepsilon_0 r_{a2}}}_{3)} + \underbrace{\frac{e^2}{4\pi\varepsilon_0 R_{ab}}}_{4)} + \underbrace{\frac{e^2}{4\pi\varepsilon_0 r_{12}}}_{5)} \Bigg\} dV_1 dV_2 \tag{4.82}$$

vereinfachen. Für das Folgende ist es zweckmäßig, die Bedeutung der einzelnen Glieder gesondert zu untersuchen.

1) Wegen der Normierung der Wellenfunktionen φ_a und φ_b reduziert sich der Ausdruck

$$\iint \varphi_a(\boldsymbol{r}_1)^2 \varphi_b(\boldsymbol{r}_2)^2 2E_0 dV_1 dV_2$$

auf

$$2E_0 \,, \tag{4.83}$$

d. h. die Energie der unendlich weit getrennten Wasserstoff-Atome.

2) Der Ausdruck

$$\int \varphi_a(\boldsymbol{r}_1)^2 \left(-\frac{e^2}{4\pi\varepsilon_0 r_{b1}} \right) dV_1 = C < 0 \tag{4.84}$$

stellt die Coulombsche Wechselwirkungsenergie des Elektrons 1 im Zustand a mit dem Kern b dar.

3) Das Integral

$$\int \varphi_b(\boldsymbol{r}_2)^2 \left(-\frac{e^2}{4\pi\varepsilon_0 r_{a2}} \right) dV_2 = C < 0 \tag{4.85}$$

stellt die Coulombsche Wechselwirkungsenergie des Elektrons 2 im Zustand b im Feld des Kerns a dar. Aus der Symmetrie des Problems folgt, daß die beiden Integrale 2) und 3) einander gleich sind.

4) Wegen der Normierung der Wellenfunktionen φ_a und φ_b reduziert sich der Ausdruck

$$\iint \varphi_a(\boldsymbol{r}_1)^2 \varphi_b(\boldsymbol{r}_2)^2 \frac{e^2}{4\pi\varepsilon_0 R_{ab}} dV_1 dV_2$$

auf

$$\frac{e^2}{4\pi\varepsilon_0 R_{ab}} \,. \tag{4.86}$$

Dies ist die Coulombsche Abstoßungsenergie zwischen den beiden Kernen.

5) Das Integral

$$\iint \varphi_a(\boldsymbol{r}_1)^2 \varphi_b(\boldsymbol{r}_2)^2 \frac{e^2}{4\pi\varepsilon_0 r_{12}} dV_1 dV_2 = E_{\mathrm{WW}} \tag{4.87}$$

stellt die abstoßende Coulombsche Wechselwirkungsenergie zwischen den beiden Elektronenwolken dar.

Fassen wir die Beiträge (4.83) bis (4.87) zusammen, so erhalten wir als Beitrag zum Energie-Erwartungswert von (4.81) (den wir mit $\hat{E}$ abkürzen)

$$\hat{E} = 2E_0 + 2C + E_{\mathrm{WW}} + \frac{e^2}{4\pi\varepsilon_0 R_{ab}} \,. \tag{4.88}$$

Dies ist allerdings noch nicht das Gesamtergebnis, da ja beim Einsetzen von Ψ_{g} bzw. Ψ_{u} in den Energie-Erwartungswert (4.56) auch Austauschglieder der Gestalt

$$\pm \iint \varphi_b(\boldsymbol{r}_1)\varphi_a(\boldsymbol{r}_2)\{\ldots\}\varphi_b(\boldsymbol{r}_2)\varphi_a(\boldsymbol{r}_1) dV_1 dV_2 \tag{4.89}$$

vorkommen, wobei der Klammerausdruck $\{\ldots\}$ der gleiche wie in (4.81) ist. Explizit lautet also (4.89)

$$\pm \iint \varphi_b(\boldsymbol{r}_1)\varphi_a(\boldsymbol{r}_2)\varphi_a(\boldsymbol{r}_1)\varphi_b(\boldsymbol{r}_2) \cdot \Bigg\{ \underbrace{2E_0}_{1)} - \underbrace{\frac{e^2}{4\pi\varepsilon_0 r_{b1}}}_{2)} - \underbrace{\frac{e^2}{4\pi\varepsilon_0 r_{a2}}}_{3)} + \underbrace{\frac{e^2}{4\pi\varepsilon_0 R_{ab}}}_{4)} + \underbrace{\frac{e^2}{4\pi\varepsilon_0 r_{12}}}_{5)} \Bigg\} dV_1 dV_2 \,. \tag{4.90}$$

Die Beiträge haben folgende Gestalt und Bedeutung:

1) Der Ausdruck

$$\iint \varphi_b(\boldsymbol{r}_1)\varphi_a(\boldsymbol{r}_2)(\pm 2E_0)\varphi_a(\boldsymbol{r}_1)\varphi_b(\boldsymbol{r}_2) dV_1 dV_2$$

reduziert sich mit Hilfe der Definition des Überlappungsintegrals S (4.79) auf

$$\pm 2E_0 S^2 \,. \tag{4.91}$$

Dies ist die Energie der beiden getrennten Wasserstoff-Atome multipliziert mit dem Quadrat des Überlappungsintegrals S.

2) Das Austauschintegral

$$\underbrace{\pm \int \varphi_a(\boldsymbol{r}_2)\varphi_b(\boldsymbol{r}_2) dV_2}_{S} \underbrace{\int \varphi_b(\boldsymbol{r}_1)\left(-\frac{e^2}{4\pi\varepsilon_0 r_{b1}}\right)\varphi_a(\boldsymbol{r}_1) dV_1}_{D} \tag{4.92}$$

ist ein Produkt aus dem Überlappungsintegral S und dem Einelektronenaustauschintegral D (vgl. 4.45).

3) Das Austauschintegral

$$\pm \iint \varphi_b(\boldsymbol{r}_1)\varphi_a(\boldsymbol{r}_2)\left(-\frac{e^2}{4\pi\varepsilon_0 r_{a2}}\right)\varphi_a(\boldsymbol{r}_1)\varphi_b(\boldsymbol{r}_2)dV_1dV_2$$

reduziert sich in völliger Analogie zu (4.92) auf

$$\pm SD\,. \tag{4.93}$$

4) Das Austauschintegral

$$\pm \iint \varphi_b(\boldsymbol{r}_1)\varphi_a(\boldsymbol{r}_2)\left(\frac{e^2}{4\pi\varepsilon_0 R_{ab}}\right)\varphi_a(\boldsymbol{r}_1)\varphi_b(\boldsymbol{r}_2)dV_1dV_2$$

reduziert sich unmittelbar auf

$$\pm S^2\frac{e^2}{4\pi\varepsilon_0 R_{ab}}\,, \tag{4.94}$$

d. h. auf das Überlappungsintegral S im Quadrat multipliziert mit der Coulombschen Wechselwirkungsenergie zwischen beiden Atomkernen.

5) Das Austauschintegral

$$\pm \iint \varphi_b(\boldsymbol{r}_1)\varphi_a(\boldsymbol{r}_2)\frac{e^2}{4\pi\varepsilon_0 r_{12}}\varphi_a(\boldsymbol{r}_1)\varphi_b(\boldsymbol{r}_2)dV_1dV_2 = \pm E_{\mathrm{AW}} \tag{4.95}$$

stellt die Coulombsche Wechselwirkung zwischen den beiden Elektronen dar, wobei aber nicht die normale Ladungsdichte auftritt, sondern die Austauschdichte. Man spricht daher bei diesem Integral auch von der Coulombschen Austausch-Wechselwirkung.

Der von (4.91) – (4.95) herrührende Gesamtbeitrag, (den wir mit $\widetilde{E}$ abkürzen) lautet somit

$$\widetilde{E} = \pm 2E_0S^2 \pm 2DS \pm E_{\mathrm{AW}} \pm \frac{e^2}{4\pi\varepsilon_0 R_{ab}}S^2\,. \tag{4.96}$$

Wir erinnern uns jetzt an unsere eigentliche Aufgabe, nämlich den Zähler von (4.56) zu berechnen, und zwar mit Hilfe der Wellenfunktionen Ψ_{g} bzw. Ψ_{u}. Multiplizieren wir alle Funktionen, die in Ψ_{g} bzw. Ψ_{u} stehen, miteinander aus, so erhalten wir, wie schon bemerkt, zweimal Beiträge der Gestalt (4.81) und zweimal Beiträge der Gestalt (4.89). Schließlich müssen wir noch das Ergebnis durch das Normierungsintegral dividieren. Somit erhalten wir für die Gesamtenergie des Wasserstoff-Moleküls

$$E_{\mathrm{g,u}} = 2\frac{\hat{E} \pm \widetilde{E}}{\iint |\Psi|^2 dV_1dV_2}\,, \tag{4.97}$$

wobei je nach Wellenfunktion Ψ_g bzw. Ψ_u das obere bzw. untere Vorzeichen zu wählen ist:

$$E_{\mathrm{g}} = 2E_0 + \frac{2C + E_{\mathrm{WW}}}{1+S^2} + \frac{2DS + E_{\mathrm{AW}}}{1+S^2} + \frac{e^2}{4\pi\varepsilon_0 R_{ab}}\,, \tag{4.98}$$

$$E_{\mathrm{u}} = 2E_0 + \frac{2C + E_{\mathrm{WW}}}{1-S^2} - \frac{2DS + E_{\mathrm{AW}}}{1-S^2} + \frac{e^2}{4\pi\varepsilon_0 R_{ab}}\,. \tag{4.99}$$

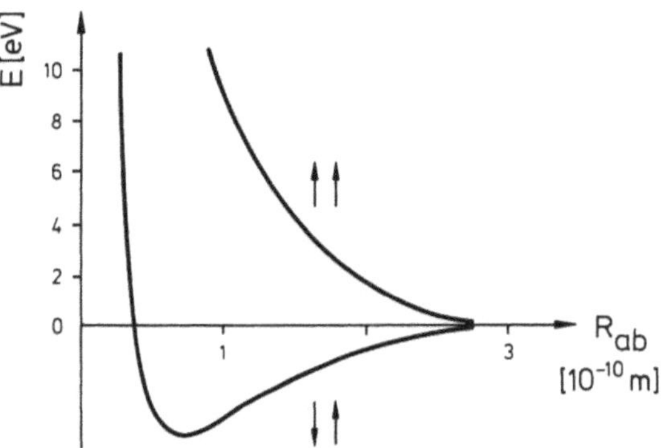

Abb. 4.12. Die Bindungsenergie des Wasserstoff-Moleküls in Abhängigkeit vom Kernabstand R_{ab} unter Berücksichtigung der abstoßenden Coulombenergie zwischen den Kernen. (*Untere Kurve*) Die Elektronenspins sind antiparallel. (*Obere Kurve*) Die Elektronenspins sind parallel

Um festzustellen, ob es zu einer chemischen Bindung kommt, müssen wir prüfen, ob E_g (bzw. E_u) gegenüber der Energie der unendlich weit entfernten H-Atome, die durch $2E_0$ gegeben ist, niedriger liegt. Verschiedene Effekte liegen hier im Widerstreit, wie wir einer näheren Betrachtung der einzelnen Glieder z. B. von (4.98) entnehmen können. So ist C als potentielle Energie eines Elektrons im Felde des jeweiligen anderen Protons negativ (vgl. (4.84)), während die Coulombsche Wechselwirkungsenergie zwischen den Elektronen, d. h. E_{WW}, positiv ist. Ferner ist das letzte Glied in (4.98), das die Coulombsche Abstoßung der Protonen beschreibt, positiv. Daneben treten als typische quantenmechanische Effekte auch noch die Austauschwechselwirkungen, die wir durch

$$K = 2DS + E_{AW} \tag{4.100}$$

zusammenfassen, auf. Während DS negativ ist, ergibt sich die Coulombsche Austauschwechselwirkung zwischen den Elektronen, E_{AW}, als eine positive Größe. Ob es also schließlich zu einer Bindung kommt, hängt von der numerischen Größe der einzel nen Integrale ab.

Es soll hier nicht unsere Aufgabe sein, die numerische Auswertung vorzunehmen. Wie sich zeigt, geben die hier vorliegenden Austauschintegrale (4.100) einen negativen Beitrag. Das führt dazu, daß die gerade Wellenfunktion energetisch tiefer liegt als die ungerade. Ferner zeigt sich, daß bei der geraden Wellenfunktion Ψ_g als Netto-Effekt der verschiedenen Coulombschen Wechselwirkungen die Energie insgesamt gegenüber der Energie freier Wasserstoff-Atome abgesenkt wird. Diesen Zustand bezeichnet man daher auch als den bindenden. Diese Absenkung kommt neben den Austauscheffekten (4.100) dadurch zustande, daß die Elektronen, wie auch schon beim H_2^+, Abschn. 4.3, sich gleichzeitig zwischen den beiden Kernen aufhalten können und so von dem Coulombschen Anziehungspotential beider Kerne profitieren, und zwar in einer Weise, die die Coulombsche Abstoßung der Elektronen untereinander und der Kerne untereinander noch kompensiert. Diese Energie-Absenkung hängt vom Abstand zwischen den beiden Kernen ab. Bei sehr kleinen Abständen R_{ab} überwiegt schließlich dann doch die positive Abstoßungsenergie der beiden Kerne. Dadurch kommt ein Energie-Minimum bei einem ganz bestimmten Kernabstand zustande (Abb. 4.12). Wie aus dieser Abbildung hervorgeht, kommt es bei der ungeraden Wellenfunktion Ψ_u zu keiner Energie-Absenkung. Deshalb bezeichnet man diesen Zustand wiederum als antibindend (oder lockernd).

Die Dissoziationsenergie, die sich als Differenz zwischen der minimalen Energie beim Gleichgewichtsabstand und der Energie beim Abstand $R_{ab} = \infty$ ergibt, beträgt nach der Rechnung, die auf der oben benutzten Wellenfunktion basiert, 3,14 eV. Die beobachtete Bindungsenergie, die gleich der Dissoziations-Energie ist, ist hingegen 4,48 eV, wobei aber noch zu berücksichtigen ist, daß die Kerne selbst auch noch einen Beitrag durch ihre kinetische Energie liefern. Zieht man diesen Beitrag, den wir hier nicht berechnen, ab, so wäre die Bindungsenergie sogar 4,75 eV. Wie wir sehen, ist also noch eine erhebliche Diskrepanz zwischen der berechneten und der tatsächlichen Bindungsenergie vorhanden. Dies bedeutet, daß die Wellenfunktionen des Heitler-London-Modells noch relativ grob sind. Während sie uns zeigen, daß die Bindung des Wasserstoff-Moleküls theoretisch verstanden werden kann, können sie den exakten Verlauf der Wellenfunktion nur genähert wiedergeben. Zur Verbesserung der Wellenfunktion sind noch einige weitere Effekte genauer zu berücksichtigen, von denen wir hier einen besonders typischen besprechen, der als kovalent-ionische Resonanz bezeichnet wird.

4.4.3 Kovalent-ionische Resonanz

Im vorigen Abschnitt hatten wir eine Wellenfunktion für die beiden Elektronen herangezogen, in der das eine Elektron jeweils gerade am anderen Kernort ist als das andere. In diesem als „kovalent" bezeichneten Fall lautete also die Wellenfunktion

$$\Psi_{\text{cov}} = N[\varphi_a(\boldsymbol{r}_1)\varphi_b(\boldsymbol{r}_2) + \varphi_a(\boldsymbol{r}_2)\varphi_b(\boldsymbol{r}_1)] \;, \tag{4.101}$$

wobei N noch ein Normierungsfaktor ist.

Es ist natürlich möglich, daß zumindest mit einer bestimmten Wahrscheinlichkeit ein Elektron gleichzeitig mit dem anderen am gleichen Atom sitzt, die Wellenfunktion dann also durch

$$\varphi_a(\boldsymbol{r}_1)\varphi_a(\boldsymbol{r}_2) \tag{4.102}$$

gegeben wäre. Da die beiden Atomkerne gleichberechtigt sind, können beide Elektronen genausogut auch am Kernort b sitzen, was durch die Wellenfunktion

$$\varphi_b(\boldsymbol{r}_1)\varphi_b(\boldsymbol{r}_2) \tag{4.103}$$

beschrieben wird. Durch (4.102) und (4.103) werden Zustände beschrieben, bei denen ein negativ geladenes Wasserstoff-Ion vorliegt. Daher bezeichnet man derartige Zustände als „ionisch". Da die Zustände (4.102) und (4.103) energetisch miteinander entartet sind, müssen wir eine Linearkombination aus ihnen bilden, die wir in der symmetrischen Form

$$\Psi_{\text{ion}} = N'[\varphi_a(\boldsymbol{r}_1)\varphi_a(\boldsymbol{r}_2) + \varphi_b(\boldsymbol{r}_1)\varphi_b(\boldsymbol{r}_2)] \tag{4.104}$$

vornehmen, so daß (4.104) die gleiche Symmetrie wie (4.101) erhält. Nun werden wir erwarten müssen, daß in der Natur weder die Wellenfunktionen (4.101) noch die Wellenfunktionen (4.104) für sich allein realisiert werden, da ja die Elektronen teilweise einander ausweichen, teilweise aber doch auch am gleichen Kern sitzen können. Da wir beide Möglichkeiten antreffen, müssen wir nach den Grundregeln der Quantenmechanik die der Wirklichkeit am besten angepaßten Wellenfunktionen als eine Linearkombination aus (4.101) und (4.104) aufbauen

$$\Psi = \Psi_{\text{cov}} + c\Psi_{\text{ion}} \;, \tag{4.105}$$

wobei die Konstante c noch ein Parameter ist, der so zu bestimmen ist, daß der zu (4.105) gehörige Erwartungswert der Energie minimal wird.

4.4.4 Die Wasserstoffbindung nach Hund-Mulliken-Bloch

Neben der Heitler-London-Methode, die wir oben besprochen haben, wird in der Molekülphysik oft noch ein zweites Verfahren verwendet, das zwar i. allg. bezüglich der Gesamtbindungsenergie nicht so gute Resultate wie das Heitler-London-Verfahren liefert, bei dem sich aber besser der Aufenthalt der einzelnen Elektronen verfolgen läßt. Dies ist insbesondere für spektroskopische Untersuchungen von Molekülen von Interesse, da sich hier meist jeweils nur ein einziger Elektronenzustand ändert und man gerade diese Änderung theoretisch behandeln will.

Bei diesem Verfahren sieht man zunächst davon ab, daß gleichzeitig zwei Elektronen vorhanden sind. Wir betrachten vielmehr die Bewegung eines einzelnen Elektrons im Feld der Atomkerne oder, mit anderen Worten, wir gehen von der Lösung des Problems des Wasserstoff-Molekülions aus. Die Lösung hatten wir in Abschn. 4.3 hergeleitet. Sie hatte die Gestalt

$$\psi_g(\boldsymbol{r}) = N[\varphi_a(\boldsymbol{r}) + \varphi_b(\boldsymbol{r})] \,. \tag{4.106}$$

Die Idee besteht nun darin, nacheinander die beiden Elektronen des Wasserstoff-Moleküls in diesen Zustand (4.106) hineinzusetzen. Zur Lösung der Schrödinger-Gleichung mit dem Hamilton-Operator (4.63) für die beiden Elektronen machen wir daher den Ansatz

$$\Psi(\boldsymbol{R}_1, \boldsymbol{R}_2) = \psi_g(\boldsymbol{r}_1)\psi_g(\boldsymbol{r}_2) \cdot \text{Spinfunktion} \,, \tag{4.107}$$

wobei $\boldsymbol{R}_1$, $\boldsymbol{R}_2$ die Ortsvariablen $\boldsymbol{r}_1$, $\boldsymbol{r}_2$ und die Spinvariablen umfaßt. Wir konzentrieren uns hier auf den Fall, daß die Spins antiparallel sind, die Spinfunktion also antisymmetrisch ist und somit die Form

$$\text{Spinfunktion} = \frac{1}{\sqrt{2}}[\alpha(1)\beta(2) - \alpha(2)\beta(1)] \tag{4.108}$$

hat. Die Gesamwellenfunktion (4.107) ist ersichtlich antisymmetrisch bezüglich der Elektronen und Spinvariablen. Mit dem Ansatz (4.107) läßt sich wieder der Erwartungswert der Gesamtenergie ausrechnen. Er ergibt sich als energetisch höher gelegen, also als nicht ganz so günstig wie bei der Heitler-London-Methode. Das hier geschilderte Verfahren wird als das der *Linearkombination von atomaren Wellenfunktionen* oder auf Englisch „Linear combination of atomic Orbitals" bezeichnet und mit LCAO abgekürzt. Eine solche Linearkombination, wie z. B. (4.106), stellt die Wellenfunktion eines einzelnen Elektrons im Molekül dar und wird daher auch als *Molekülorbital* (MO) bezeichnet.

Dieses Verfahren läßt sich auch auf andere komplizierte Moleküle ausdehnen, worauf wir später noch zurückkommen werden. Es bedarf allerdings bei einer Reihe von Molekülen noch Änderungen, von denen wir einige der wichtigsten und markantesten aufführen.

4.4.5 Vergleich der Wellenfunktionen

In späteren Kapiteln wird es sich darum handeln, geeignete Ansätze für Wellenfunktionen zu finden, wenn die Moleküle mehr als zwei Elektronen haben. Wir betrachten dazu die sich nach den jeweiligen Ansätzen ergebenden Wellenfunktionen des H_2-Moleküls

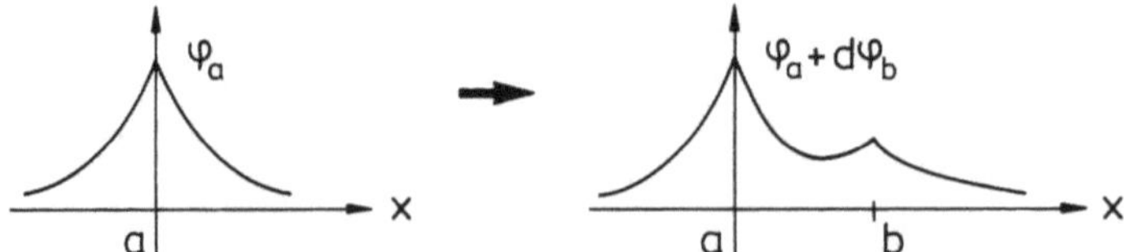

Abb. 4.13. Veranschaulichung der Ersetzung (4.112)

im Grundzustand, wobei die Spins antiparallel sind. Der Übersichtlichkeit halber lassen wir bei der Angabe der Wellenfunktion Ψ_g den Normierungsfaktor auf der rechten Seite der nachfolgenden Gleichungen weg, da es uns ja nur auf die Struktur der Wellenfunktion ankommt. Die Ansätze lauten dann im einzelnen

Heitler-London

$$\Psi_g = \varphi_a(1)\varphi_b(2) + \varphi_a(2)\varphi_b(1) \tag{4.109}$$

Heitler-London + ionisch

$$\Psi_g = \varphi_a(1)\varphi_b(2) + \varphi_a(2)\varphi_b(1) + c[\varphi_a(1)\varphi_a(2) + \varphi_b(1)\varphi_b(2)] \tag{4.110}$$

Hund-Mulliken-Bloch

$$\Psi_g = [\varphi_a(1) + \varphi_b(1)][\varphi_a(2) + \varphi_b(2)]\ . \tag{4.111}$$

Wir zeigen nun, daß alle diese verschiedenen Ansätze (4.109) – (4.111) als Spezialfälle in einer Wellenfunktion enthalten sind, die wir wie folgt konstruieren. Dabei versehen wir die Wellenfunktion, die sich ursprünglich auf das Atom a bezog noch mit einem Anteil, der von der Wellenfunktion des Atoms b herrührt, und das gleiche tun wir in symmetrischer Weise für die Wellenfunktion des ursprünglich am Ort b lokalisierten Elektrons. Wir machen also die Ersetzung (Abb. 4.13).

$$\varphi_a \to \varphi_a + d\varphi_b\ , \quad \varphi_b \to \varphi_b + d\varphi_a\ , \tag{4.112}$$

wobei d ein konstanter Koeffizient mit $d < 1$ ist.

Damit definieren wir eine neue Wellenfunktion gemäß

$$\begin{aligned}\Psi_g(1,2) = {} & [\varphi_a(1) + d\varphi_b(1)][\varphi_b(2) + d\varphi_a(2)] \\ & + [\varphi_a(2) + d\varphi_b(2)][\varphi_b(1) + d\varphi_a(1)]\ .\end{aligned} \tag{4.113}$$

Diese läßt sich in einfacher Weise zu

$$\begin{aligned}\Psi_g(1,2) = {} & (1 + d^2)[\varphi_a(1)\varphi_b(2) + \varphi_a(2)\varphi_b(1)] \\ & + 2d[\varphi_a(1)\varphi_a(2) + \varphi_b(1)\varphi_b(2)]\end{aligned} \tag{4.114}$$

umrechnen. Setzen wir $d = 0$, so ergibt sich der Ansatz (4.109) nach Heitler-London. Setzen wir $d = 1$, so ergibt sich der Ansatz von Hund-Mulliken-Bloch (4.111). Klammern wir auf der rechten Seite von (4.114) $1 + d^2$ aus, was in den gemeinsamen Normierungsfaktor hineingeht, so liefert der Vergleich zwischen (4.114) und (4.110) die Beziehung

$$\frac{2d}{1 + d^2} = c\ . \tag{4.115}$$

Mit anderen Worten, der Ansatz (4.110), bei dem der Ansatz von Heitler-London durch den ionischen Teil verbessert worden ist, ist ebenfalls in dem Ansatz (4.113) enthalten. Der Ansatz (4.112) und (4.113) kann noch weiter verbessert werden, wenn man auch noch angeregte Atomzustände in (4.112) in die dort angegebenen Linearkombinationen mit hineinnimmt. Damit ist schon ein erster wichtiger Weg für die Formulierung von Wellenfunktionen von Molekülen mit mehreren Elektronen gewiesen.

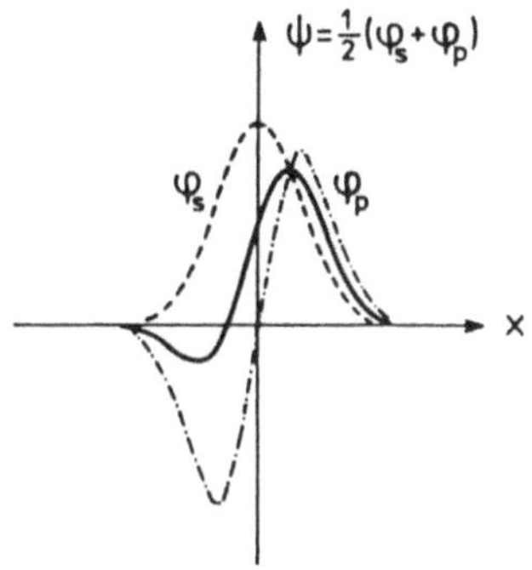

Abb. 4.14. Verlauf der Wellenfunktion bei der digonalen Hybridisierung. Aufgetragen sind die s-Funktion φ_s *(gestrichelte Linie)*, die p-Funktion φ_p *(strichpunktierte Linie)*, sowie die durch deren Überlagerung zustandekommende Kurve, die *ausgezogen* ist. Die Abbildung macht deutlich, wie durch Überlagerung der beiden Wellenfunktionen φ_s und φ_p der Schwerpunkt nach rechts verschoben wird

4.5 Die Hybridisierung

Ein wichtiger Fall, der von besonderem Interesse für die organische Chemie ist, ist die Hybridisierung. Hierbei kommen wir zugleich zu Atomen mit mehreren Elektronen. Bei der Bindung zu Molekülen werden die Elektronen der abgeschlossenen inneren Schalen wenig beeinflußt. Die chemische Bindung kommt durch die äußeren Elektronen, die schwächer an den Kern gebunden sind (Valenzelektronen), zustande. Beim Kohlenstoff-Atom sind von dessen sechs Elektronen zwei im $1s$-Zustand, zwei im $2s$-Zustand und die zwei letzten auf zwei der drei Zustände $2p_x$, $2p_y$, $2p_z$ verteilt. Die uns vom Wasserstoff-Atom her geläufige l-Entartung des Zustands mit der Hauptquantenzahl $n = 2$ ist hier aufgehoben. Allerdings ist die Aufspaltungsenergie zwischen dem $2s$- und dem $2p$-Zustand mit 4 Elektronenvolt nicht allzu groß, und es gibt tatsächlich beim Kohlenstoff-Atom einen angeregten Zustand, bei dem ein Elektron aus dem $2s$-Zustand in einen $2p$-Zustand übergegangen ist. Damit sind also die Zustände $2s$, $2p_x$, $2p_y$, $2p_z$ besetzt. Betrachten wir nun diese Zustände, die einem einzelnen Elektron zur Verfügung stehen, genauer, wenn wir äußere Kräfte auf ein Elektron einwirken lassen, etwa indem wir Wasserstoff-Atome in die Nähe bringen. Dann kann die zwischen den $2s$- und $2p$-Zuständen noch bestehende Energieaufspaltung durch die von außen wirkenden Kräfte gewissermaßen kompensiert werden, so daß der $2s$- und die $2p$-Zustände praktisch wieder miteinander entartet sind.

Wie man vom Beispiel der Störungstheorie mit Entartung her weiß, müssen in einem solchen Fall bestimmte Linearkombinationen aus den alten miteinander entarteten Funktionen gebildet werden. Zum Beispiel lassen sich anstelle der $2s$- und $2p_x$-Funktionen zwei neue Wellenfunktionen der Gestalt

$$\begin{aligned} \psi_+ &= \psi_s + \psi_{p_x} \\ \psi_- &= \psi_s - \psi_{p_x} \end{aligned} \tag{4.116}$$

aufbauen. Derartige Linearkombinationen bedeuten, daß der Ladungsschwerpunkt gegenüber der s-Funktion verschoben ist (Abb. 4.14). Genau ein solches Phänomen tritt nun aber bei der sog. Hybridisierung auf.

Besprechen wir einige Arten solcher Hybridisierungen und beginnen mit dem wohl bekanntesten Fall, dem Methan, CH_4, bei dem das Kohlenstoff-Atom von vier Wasserstoff-Atomen umgeben ist. Vom Experiment her weiß man, daß das Kohlenstoff-Atom im Zentrum eines Tetraeders sitzt, an dessen Ecken sich die vier Wasserstoff-Atome befinden (Abb. 4.15). Interessanterweise lassen sich aus den vier miteinander entarteten Wellenfunktionen der Hauptquantenzahl $n = 2$ des Kohlenstoff-Atoms vier neue Linearkombinationen bilden, deren Schwerpunkte in Richtung dieser vier Ecken verschoben sind. Erinnert man sich daran, daß die Wellenfunktion des p-Zustands die Gestalt $f(r)x$, $f(r)y$, $f(r)z$ haben, so kann man sich in elementarer Weise klarmachen,

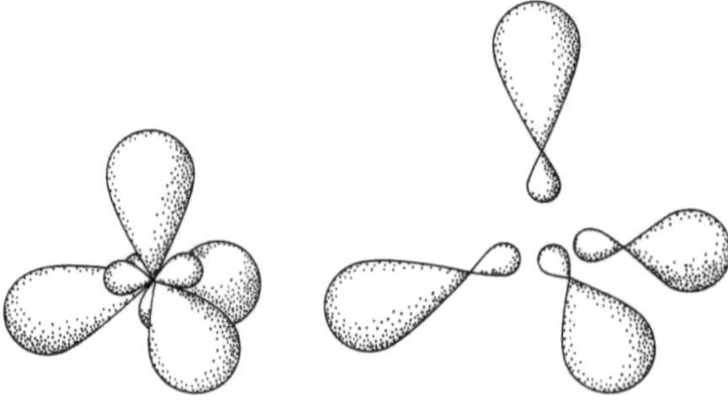

Abb. 4.15. (*Links*) Die Dichteverteilung der vier Elektronen bei der tetragonalen Hybridisierung des Kohlenstoffs. (*Rechts*) Explosionsdarstellung

daß die folgenden Linearkombinationen die besprochene Schwerpunktsverschiebung bewirken (tetragonale Konfiguration)

$$\begin{aligned}\psi_1 &= \frac{1}{2}(\psi_s + \psi_{p_x} + \psi_{p_y} + \psi_{p_z})\\ \psi_2 &= \frac{1}{2}(\psi_s + \psi_{p_x} - \psi_{p_y} - \psi_{p_z})\\ \psi_3 &= \frac{1}{2}(\psi_s - \psi_{p_x} + \psi_{p_y} - \psi_{p_z})\\ \psi_4 &= \frac{1}{2}(\psi_s - \psi_{p_x} - \psi_{p_y} + \psi_{p_z})\end{aligned} \tag{4.117}$$

Diese Wellenfunktionen sind untereinander im *Sinne der Quantenmechanik* orthogonal, wie man leicht nachprüft, wenn man die ψ_j, $j = 1, \dots, 4$ in $\int \psi_j^*(\boldsymbol{r})\psi_k(\boldsymbol{r})dV$ einsetzt und die Orthogonalität von ψ_s, ψ_{p_x}, ψ_{p_y}, ψ_{p_z} verwendet. Diese Art der Orthogonalität ist nicht zu verwechseln mit der räumlichen Orientierung! Mit diesen neuen Linearkombinationen (4.117) werden die Elektronen des Kohlenstoffs auf die tetragonale Umgebung „eingestimmt". Jede einzelne der vier Wellenfunktionen (4.117) kann nun zur Bindung mit dem entsprechenden Wasserstoff-Atom Anlaß geben (Abb. 4.15). Greifen wir als Beispiel die Richtung bzw. Ecke 1 heraus und bezeichnen die Wellenfunktion ψ_1 von (4.117) des Kohlenstoffs genauer mit ψ_{C1} und die des Wasserstoff-Atoms in dieser Ecke mit ψ_{H1}. Ähnlich wie beim Wasserstoff-Molekül ist nun nach der LCAO-Methode eine Wellenfunktion für jedes der beiden an der Bindung teilnehmenden Elektronen in folgender Form anzusetzen:

$$\psi(\boldsymbol{r}) = \psi_{\mathrm{C1}}(\boldsymbol{r}) + c\psi_{\mathrm{H1}}(\boldsymbol{r}) \; . \tag{4.118}$$

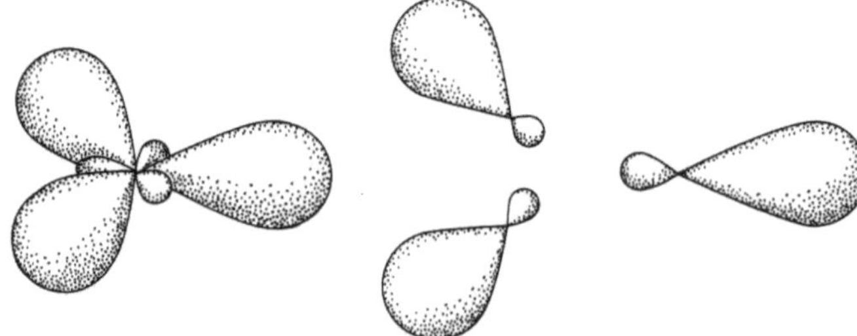

Abb. 4.16. (*Links*) Die Dichteverteilung der drei Elektronen bei der trigonalen Hybridisierung des Kohlenstoffs. (*Rechts*) Explosionsdarstellung

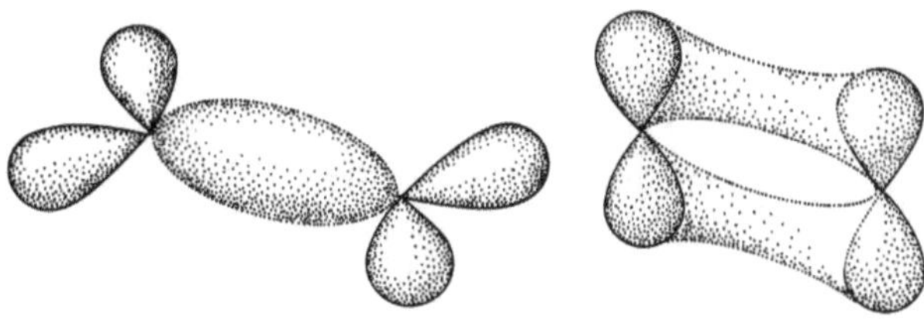

Abb. 4.17. Dichteverteilung der hybridisierten Elektronen des Kohlenstoffs beim Aethylen C_2H_4. (*Links*) Die beiden Kohlenstoff-Atome sitzen an den beiden eingezeichneten Knotenpunkten und bilden gemeinsam mit den jeweils zugehörigen Wasserstoff-Atomen eine trigonale Konfiguration. (*Rechts*) Durch die senkrecht orientierten p_z-Funktionen der beiden Kohlenstoff-Atome kommt eine weitere Kohlenstoffbrücke zustande

Da das Kohlenstoff-Atom und das Wasserstoff-Atom verschieden sind, wird der konstante Koeffizient $c \neq 1$ sein (im Gegensatz zum Wasserstoff-Molekül) und muß durch ein Variationsverfahren bestimmt werden.

Im vorliegenden Fall haben wir uns bei unseren Überlegungen an dem experimentellen Befund orientiert, nach dem die vier Wasserstoff-Atome an den Spitzen des Tetraeders sitzen. Man könnte nun versucht sein, bei einer theoretischen Behandlung dieses Problems die Frage zu stellen, ob zunächst die Wellenfunktionen (4.117) primär vorgegeben sind und sich dann die Wasserstoff-Atome gerade an die Spitzen des Tetraeders setzen oder ob umgekehrt die Wasserstoff-Atome erst an den Spitzen eines Tetraeders sitzen und sich dann die Kohlenstoff-Wellenfunktionen entsprechend anordnen. Vom Standpunkt der Quantentheorie aus sind derartige Überlegungen müßig. Die Lage der Wasserstoff-Atome und die Orientierung der Wellenfunktionen bedingen sich gegenseitig. Die Gesamtkonfiguration wählt das einzelne Molekül CH_4 so, daß die Gesamtenergie minimal wird.

Die eben besprochene tetragonale (oder genauer: tetraedrische) Hybridisierung, d. h. Anordnung der Wellenfunktionen in der Symmetrie des Tetraeders, ist nicht die einzige Art der Hybridisierung, die beim Kohlenstoff möglich ist. Eine weitere haben wir eigentlich schon vorweggenommen, nämlich die *digonale* Hybridisierung, die in den Wellenfunktionen (4.116) zum Ausdruck kommt (Abb. 4.14).

Beim Kohlenstoff ist noch eine andere Hybridisierung möglich, nämlich die *trigonale*, bei der die Wellenfunktionen vom s- und p_x- und p_y-Typ drei Vorzugsrichtungen in einer Ebene durch geeignete Linearkombinationen bilden können. Damit der Leser einen Eindruck bekommt, wie solche Linearkombinationen aussehen, geben wir diese explizit an (Abb. 4.16):

$$\begin{aligned}
\psi_1 &= \sqrt{\frac{1}{3}}\left(\psi_s + \sqrt{2}\psi_{p_x}\right) \\
\psi_2 &= \sqrt{\frac{1}{3}}\left(\psi_s + \sqrt{\frac{3}{2}}\psi_{p_y} - \sqrt{\frac{1}{2}}\psi_{p_x}\right) \\
\psi_3 &= \sqrt{\frac{1}{3}}\left(\psi_s - \sqrt{\frac{3}{2}}\psi_{p_y} - \sqrt{\frac{1}{2}}\psi_{p_x}\right) .
\end{aligned} \tag{4.119}$$

Auch diese Wellenfunktionen sind im Sinne der Quantenmechanik aufeinander orthogonal.

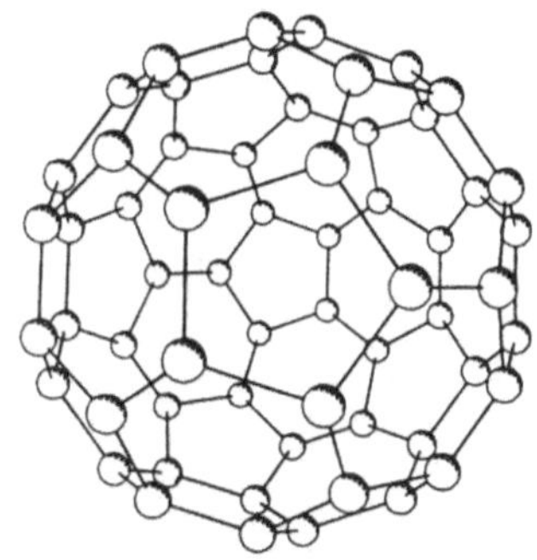

Abb. 4.18. Struktur des Moleküls C_{60} „Buckminster-Fulleren", entdeckt im Molekülstrahl. (Nach Kroto, H.W., Heath, J.R., O'Brien, S.C., Curl, R.F., Smalley, R.E., Nature **318**, 162 (1985)) Durch Verdampfen von Graphit in einer Helium-Atmosphäre kann es ebenfalls gewonnen werden. (Nach Krätschmer, W., Fostiropoulos, K., Hoffmann, D.R., Chem. Phys. Lett. **170**, 167 (1990))

Offensichtlich wird bei diesen drei Wellenfunktionen nicht von der ursprünglichen vierten Wellenfunktion, nämlich p_z, Gebrauch gemacht. Diese spielt dann noch eine zusätzliche Rolle bei der Bindung, wie wir sogleich sehen werden. Dazu betrachten wir den Fall des *Ethylens*, C_2H_4. Hier befinden sich die beiden Kohlenstoff-Atome gemeinsam mit den jeweils zugehörigen Wasserstoff-Atomen in einer trigonalen Konfiguration.

Die Wasserstoff-Kohlenstoff-Brücken werden wieder durch die Wellenfunktion der Gestalt (4.118) wiedergegeben, wobei für ψ_{C1}, z. B. jetzt ψ_2 (4.119) zu wählen ist. Eine Kohlenstoff-Kohlenstoff-Brücke wird durch die erste der Wellenfunktionen wiedergegeben, wobei jedes der Kohlenstoff-Atome ein Elektron beisteuert. Dabei bleiben aber die Elektronen, die in dem p_z-Zustand sitzen, noch übrig. Hier lassen sich nun, ganz in Analogie zum Wasserstoff-Molekül, nach der Hund-Mulliken-Bloch-Methode Linearkombinationen bilden, die zu einem zusätzlichen Bindungseffekt zwischen den beiden Kohlenstoff-Atomen Anlaß geben. Wir haben es also im Endeffekt mit einer Doppelbindung zu tun (Abb. 4.17).

Ein besonders schönes Beispiel für sp^2-Hybridbindung stellt das 1985 entdeckte Molekül C_{60} „Buckminster-Fulleren", kurz auch „Fulleren" genannt, dar. Dieses Molekül hat wegen seiner in vieler Hinsicht ungewöhnlichen Eigenschaften großes Aufsehen erregt. Es besteht aus 12 Fünfecken und 20 Sechsecken, insgesamt also aus 32 Ringen und hat die Form eines Fußballs mit einem Durchmesser von ca. 7 Å. Siehe dazu Abb. 4.18. Wie im Benzol sind die im vorliegenden Falle aus der Kugeloberfläche herausragenden p-Elektronen nicht lokalisiert und können sich wie π-Elektronen über das Molekül hinweg bewegen. C_{60} kann verschiedene Verbindungen bilden, wie z. B. $C_{60}H_{60}$. Neben C_{60} werden noch weitere ähnliche Moleküle C_n gefunden, wobei n von 32 bis zu mehreren hundert gehen kann. Diese Moleküle wirken auch wie ein Käfig, in denen Atome eingeschlossen werden können oder sie schließen sich selbst (wie russische Puppen) schalenförmig ein.

Aufgaben

4.1 Betrachten Sie ein Teilchen der Masse m, das sich in einer Dimension im Potential

$$V(x) = \begin{cases} V_0 & \text{für} \quad x < -a \qquad \text{(Bereich I)} \\ 0 & \text{für} \quad |x| \le a \qquad \text{(Bereich II)} \\ V_0 & \text{für} \quad x > a \qquad \text{(Bereich III)} \end{cases} \qquad \text{Kastenpotential}$$

mit $V_0 > 0$ bewegt.

Untersuchen Sie die möglichen Energieeigenwerte für den Fall $0 < E < V_0$, indem Sie die eindimensionale zeitunabhängige Schrödingergleichung lösen.

a) Machen Sie für die Wellenfunktion in den einzelnen Bereichen den Ansatz:

$$\begin{aligned} \text{I:} \quad & \psi^{(1)}(x) = A^{(1)}\,\mathrm{e}^{\kappa x} + B^{(1)}\,\mathrm{e}^{-\kappa x} \\ \text{II:} \quad & \psi^{(2)}(x) = A^{(2)}\,\mathrm{e}^{\mathrm{i}kx} + B^{(2)}\,\mathrm{e}^{-\mathrm{i}kx} \\ \text{III:} \quad & \psi^{(3)}(x) = A^{(3)}\,\mathrm{e}^{\kappa x} + B^{(3)}\,\mathrm{e}^{-\kappa x}\,. \end{aligned}$$

Wie hängen k und κ mit der Energie E zusammen? Zeigen Sie, daß k und κ die Beziehung

$$k^2 + \kappa^2 = C^2 \tag{1}$$

erfüllen und geben Sie die von E unabhängige Konstante C an.

b) Die sechs Koeffizienten $A^{(j)}$, $B^{(j)} (j = 1, 2, 3)$ lassen sich durch folgende Überlegungen bestimmen:
1) Randbedingungen: Wegen der Normierbarkeit der Wellenfunktion müssen Sie fordern, daß diese für $x \to \pm\infty$ verschwindet. Was folgt daraus für $B^{(1)}$ und $A^{(3)}$?
2) Anschlußbedingungen: Aus der Forderung, daß die Wellenfunktion und deren Ableitung an den beiden Anschlußstellen stetig sind, erhalten Sie ein homogenes lineares Gleichungssystem für die Koeffizienten $A^{(1)}$, $A^{(2)}$, $B^{(2)}$ und $B^{(3)}$. Zeigen Sie, daß nichttriviale Lösungen nur dann vorliegen, wenn entweder

$$\kappa = +k \cdot \tan ka \quad \text{oder} \quad \kappa = -k \cdot \cot ka \tag{2}$$

erfüllt ist. Bestimmen Sie in beiden Fällen die nichtrivialen Lösungen des homogenen linearen Gleichungssystems. Diskutieren Sie die Symmetrie der Wellenfunktionen anhand einer Skizze.
3) Normierungsbedingung: Berechnen Sie den noch verbleibenden Koeffizienten aus der Normierungsbedingung für die Wellenfunktion.

c) Die erlaubten Energieeigenwerte lassen sich graphisch durch den Schnitt der beiden Kurven (1) und (2) konstruieren. Wieviele Energieeigenwerte gibt es mindestens? Welche Symmetrie besitzen die dazugehörigen Wellenfunktionen?

d) Im Grenzfall $V_0 \to \infty$ erhalten Sie den unendlich hohen eindimensionalen Potentialtopf. Geben Sie für diesen Spezialfall die erlaubten Eigenfunktionen $\psi_n(x)$ und Eigenwerte E_n an. Wie lauten die Matrixelemente $A_{mn} = \int \psi_m^*(x) A \psi_n(x) dx$ für die Operatoren $A = x, x^2$ und $p = \frac{\hbar}{i} \frac{d}{dx}$ (es gelte $E_n > E_m$ für $n > m$ und $n = 1$ sei der Grundzustand)?

e) Das System befinde sich zur Zeit $t = 0$ im Zustand $\psi(x, 0) = (1/\sqrt{2})[\psi_1(x) + \psi_2(x)]$. Wie lautet die zeitabhängige Lösung $\psi(x, t)$? Berechnen Sie die dazugehörigen zeitabhängigen Erwartungswerte $\langle x \rangle$, $\langle x^2 \rangle$ und $\langle p \rangle$. Berechnen Sie ferner dieselben Erwartungswerte für den Zustand, der zur Zeit $t = 0$ durch $\psi(x, 0) = (1/\sqrt{2})[\psi_1(x) + \psi_3(x)]$ gegeben ist.

4.2 Berechnung von Mittelwerten am Beispiel des H-Atoms. Gehen Sie für die folgenden Rechnungen von der Grundzustandswellenfunktion

$$\Psi_{100}(\boldsymbol{r}) = R_{10}(\boldsymbol{r}) Y_{00}(\phi, \varphi) = 2a_0^{-3/2} \exp\left\{-\frac{r}{a_0}\right\} \frac{1}{\sqrt{4\pi}}$$

aus; a_0 bezeichnet dabei den Bohrschen Radius.

a) Zeigen Sie, daß die Orts- und Impulsmittelwerte:

$$\langle x \rangle, \langle p_x \rangle, \langle y \rangle, \langle p_y \rangle, \langle z \rangle, \langle p_z \rangle$$

identisch verschwinden.

b) Geben Sie nun die Mittelwerte für die Quadrate:

$$\langle x^2 \rangle, \langle p_x^2 \rangle, \langle y^2 \rangle, \langle p_y^2 \rangle, \langle z^2 \rangle, \langle p_z^2 \rangle$$

an und weisen Sie die Gültigkeit der Unschärferelation nach. Welche Mittelwerte ergeben sich für die kinetische und die potentielle Energie?

Hinweis: Benutzen Sie sphärische Polarkoordinaten. Die folgenden unbestimmten Integrale lassen sich durch partielle Integration leicht bestimmen. Wählen Sie zur Berechnung der Erwartungswerte (a), (b) die Grenzen $r = 0, \infty$.

$$\int dr\, r\,\mathrm{e}^{\lambda r} = \left(\frac{r}{\lambda} - \frac{1}{\lambda^2}\right)\mathrm{e}^{\lambda r}$$

$$\int dr\, r^2\mathrm{e}^{\lambda r} = \left(\frac{r^2}{\lambda} - \frac{2r}{\lambda^2} + \frac{2}{\lambda^3}\right)\mathrm{e}^{\lambda r}$$

$$\int dr\, r^3\mathrm{e}^{\lambda r} = \left(\frac{r^3}{\lambda} - \frac{3r^2}{\lambda^2} + \frac{6r}{\lambda^3} - \frac{6}{\lambda^4}\right)\mathrm{e}^{\lambda r}$$

$$\int dr\, r^4\mathrm{e}^{\lambda r} = \left(\frac{r^4}{\lambda} - \frac{4r^3}{\lambda^2} + \frac{12r^2}{\lambda^3} - \frac{24r}{\lambda^4} + \frac{24}{\lambda^5}\right)\mathrm{e}^{\lambda r} .$$

Die Integrale über die Winkel sind ebenfalls elementar zu bestimmen.

c) Ausgehend von einem allgemeinen Wasserstoff-Eigenzustand Ψ_{nlm} berechne man die Mittelwerte für die Drehimpulsoperatoren $\boldsymbol{L}^2$, L_x, L_y, L_z.

Hinweis:

- Die Eigenwertgleichungen von $\boldsymbol{L}^2$ bzw. L_z sind bekannt.
- Es gilt die Vertauschungsrelation:

$$\boldsymbol{L} \times \boldsymbol{L} = \mathrm{i}\hbar \boldsymbol{L} .$$

- Verwenden Sie die Operatoren $L_\pm = L_x \pm \mathrm{i}L_y$ und bestimmen Sie die Vertauschungsrelationen $[L_\pm, L_z]$.
- Die Komponenten des Drehimpulsoperators sind hermitesch.

4.3 Die Wellenfunktion ψ des Wasserstoff-Molekülions kann durch Linearkombination zweier Wasserstoff-Grundzustandswellenfunktionen φ_a, φ_b näherungsweise beschrieben werden. Verwenden Sie zunächst den Ansatz:

$$\psi_+ = c(\varphi_a + \varphi_b)$$
$$\psi_- = c(\varphi_a - \varphi_b) . \tag{3}$$

a) Berechnen Sie den Normierungsfaktor c aus (3), indem Sie diesen durch das Überlappintegral S (vgl. Teilaufgabe d) ausdrücken. Die Wellenfunktionen φ_a, φ_b seien normiert.

b) Bestimmen Sie mit Hilfe der normierten Wellenfunktionen $\psi_{+/-}$ den Erwartungswert des Hamiltonoperators:

$$H = \left(-\frac{\hbar^2}{2m_0}\Delta - \frac{e^2}{4\pi\varepsilon_0 r_a} - \frac{e^2}{4\pi\varepsilon_0 r_b}\right) ,$$

und vergleichen Sie das Ergebnis mit der Gleichung:

$$E = E^0 + \frac{C \pm D}{1 \pm S} . \tag{4}$$

c) Motivieren Sie den gewählten Ansatz (3) durch Variation des Erwartungswerts des Hamiltonoperators unter Zuhilfenahme der allgemeineren Form:

$$\psi = c_1\varphi_a + c_2\varphi_b .$$

Welche Normierung ergibt sich und welche Energie $\widetilde{E}$ folgt? Variieren Sie $\widetilde{E}$ nach den Parametern c_1 und c_2.

d) Bestimmen Sie nun die Energie des Elektrons im Wasserstoff-Molekülion als Funktion des Kernabstands R_{ab}, indem Sie die in Gleichung (4) auftretenden Integrale S, C, D und E^0 berechnen. Die Integrale können in prolatelliptischen Koordinaten (ξ, η, φ) berechnet werden (vgl. Skizze bei den Lösungen). Verwenden Sie folgende Transformation:

$$\xi = \frac{r_a + r_b}{R_{ab}}$$

$$\eta = \frac{r_a - r_b}{R_{ab}} .$$

φ bezeichnet wie im Falle gewöhnlicher Kugelkoordinaten den Drehwinkel um die z-Achse.

Geben Sie den Wertebereich der neuen Koordinaten ξ, η und φ an, und berechnen Sie das Volumenelement dV im neuen Koordinatensystem. Gehen Sie hierbei von Kugelkoordinaten aus.

Wählen Sie als Wellenfunktionsansatz für die weiteren Rechnungen folgenden Wasserstoff-Grundzustand:

$$\varphi(r;\alpha) = \frac{1}{\sqrt{\pi}}\left(\frac{\alpha}{a_0}\right)^{3/2} \exp\left\{-\frac{\alpha r}{a_0}\right\} .$$

Dabei bezeichnet $\alpha > 0$ einen Variationsparameter für den Bohrschen Radius $a_0 = 4\pi\varepsilon_0\hbar^2/me^2$.

– Berechnen Sie zunächst das Überlapp-Integral S:

$$S(\alpha) = \int \varphi_a(r_a;\alpha)\varphi_b(r_b;\alpha)dV .$$

– Was ergibt sich für die Coulombsche Wechselwirkungsenergie C?

$$C(\alpha) = \int \varphi_a(r_a;\alpha)\left(\frac{-e^2}{4\pi\varepsilon_0 r_b}\right)\varphi_a(r_a;\alpha)dV .$$

– Berechnen Sie das Austauschintegral D:

$$D(\alpha) = \int \varphi_a(r_a;\alpha)\left(\frac{-e^2}{4\pi\varepsilon_0 r_a}\right)\varphi_b(r_b;\alpha)dV$$

– und die „generalisierte“ Grundzustandsenergie $E^0(a)$:

$$E^0(\alpha) = \int \varphi_a(r_a;\alpha)\left(-\frac{\hbar^2}{2m_0}\Delta - \frac{e^2}{4\pi\varepsilon_0 r_a}\right)\varphi_a(r_a;\alpha)dV .$$

e) Geben Sie nun den expliziten Ausdruck für die Gesamtenergie an (E zzgl. der Coulomb-Abstoßung der beiden Kerne) und skizzieren Sie diese als Funktion des Kernabstands R_{ab} *für den Wert* $\alpha = 1$ und als Funktion des Variationsparameters α bei festem Abstand $R_{ab} \approx 1$Å, wobei jeweils das Integral S als konstant angenommen werden kann.

f) Berechnen Sie in den Fällen ψ_+ sowie ψ_- die Erwartungswerte von Ort und Impuls $(\langle x\rangle, \langle p\rangle)$.

Hinweis:

- Stammfunktionen: vgl. Aufgabe 4.2
- Prolatelliptische Koordinaten:

$$x = \frac{R_{ab}}{2}\sqrt{(\xi^2-1)(1-\eta^2)}\cos\varphi$$
$$y = \frac{R_{ab}}{2}\sqrt{(\xi^2-1)(1-\eta^2)}\sin\varphi$$
$$z = -\frac{R_{ab}}{2}\xi\eta \ .$$

4.4 Man beweise das Variationsprinzip der Quantenmechanik:

$$\frac{\int \Psi^* H\Psi dV_1 \dots dV_n}{\int \Psi^*\Psi dV_1 \dots dV_n} \geq E \ ,$$

wobei die Schrödingergleichung

$$H\Phi = E\Phi \tag{5}$$

gilt und E der tiefste Eigenwert von (5) ist. Ψ sei dabei eine Funktion, die nicht notwendig Eigenfunktion von (5) ist, aber den gleichen Randbedingungen wie diese genügt.

Hinweis: Man entwickle Ψ nach den Eigenlösungen der Schrödingergleichung (5).

4.5 Zeigen Sie, daß sich die allgemeine Lösung Ψ der Mehrteilchen-Schrödingergleichung $H\Psi = E\Psi$ als Produkt von Einteilchenwellenfunktionen φ, $\Psi = \Pi_i\varphi_i$ schreiben läßt, wenn der Hamiltonoperator H als Summe von Einteilchen-Hamiltonoperatoren H_i dargestellt werden kann, d. h. es gelte $H = \Sigma_i H_i$ mit $H_i\varphi_i = E_i\varphi_i$, und wenn $[H_i, \varphi_i] = 0$ für $i \neq j$. Wie bestimmt sich E als Funktion der E_i?

4.6 Unter der Voraussetzung, daß die Spinwellenfunktionen eines nach oben gerichteten Spins des Teilchens j mit $\alpha(j)$ und die eines nach unten gerichteten mit $\beta(j)$ bezeichnet werden, zeige man, daß die Wellenfunktionen

$$\frac{1}{\sqrt{2}}[\alpha(1)\beta(2) + \beta(1)\alpha(2)]\Psi_\mathrm{u} \quad \text{und} \quad \frac{1}{\sqrt{2}}[\alpha(1)\beta(2) - \beta(1)\alpha(2)]\Psi_\mathrm{g}$$

zum Gesamtspin 1 (mit verschwindender z-Komponente) beziehungsweise zum Gesamtspin 0 gehören. $\Psi_{\mathrm{u/g}}$ ist dabei die (un)gerade Superposition der Produkte zweier Einteilchenwellenfunktionen beim H_2-Molekül.

Hinweis: Für die Komponenten des Gesamtspins gilt $S_z = S_{1z} + S_{2z}$ (y, z-Komponenten analog). Bestimmen Sie die Matrixelemente von $\boldsymbol{S}^2 = S_x^2 + S_y^2 + S_z^2$ bzgl. der Basis $\{|\alpha(1)\alpha(2)\rangle, |\alpha(1)\beta(2)\rangle, |\beta(1)\alpha(2)\rangle, |\beta(1)\beta(2)\rangle\}$. Benutzen Sie dazu die Stufenoperatoren:

$$S_{1\pm} = S_{1x} \pm \mathrm{i}S_{1y} \quad \text{und} \quad S_{2\pm} = S_{2x} \pm \mathrm{i}S_{2y}$$

mit

$$S_{1+}|\alpha(1)\rangle = S_{1-}|\beta(1)\rangle = 0$$
$$S_{1-}|\alpha(1)\rangle = \hbar|\beta(1)\rangle$$
$$S_{1+}|\beta(1)\rangle = \hbar|\alpha(1)\rangle \ .$$

4.7 Vor allem im Fall organischer Moleküle werden Bindungen häufig durch Hybridisierungen beschrieben. Zu diesem Zweck werden alle entarteten Orbitale von Valenzelektronen der an der Bindung beteiligten Atome linear kombiniert. Im folgenden gehe man von wasserstoffähnlichen Wellenfunktionen ψ zur Hauptquantenzahl $n = 2$, also von $2s$- und $2p$-Zuständen aus.

a) Bestimmen Sie die Punkte maximaler (Ladungs-)Dichte bei diagonal oder sp hybridisierten Elektronen. Gehen Sie von Wellenfunktionen der Form

$$\psi_{1/2} \equiv \psi_{\pm} = \frac{1}{\sqrt{2}}(\psi_s \pm \psi_{pi})$$

aus, mit $\psi_s \propto (1 - \gamma r)\exp\{-\gamma r\}$ sowie $\psi_{pi}, \propto \gamma x_i \exp\{-\gamma r\}$, $(x_i = x, y, z)$, und maximieren Sie die Aufenthaltswahrscheinlichkeitsdichte als Funktion des Ortes.

b) Vergleichen Sie das Ergebnis aus (a) mit den jeweiligen Ladungsschwerpunkten. Um die Schwerpunkte bzw. die Ortmittelwerte zu bestimmen, muß die Wellenfunktion inklusive der Normierungsfaktoren integriert werden:

$$\psi_s = \frac{1}{\sqrt{8\pi\alpha^3}}\left(1 - \frac{r}{2\alpha}\right)\exp\left\{-\frac{r}{2\alpha}\right\}$$

$$\psi_{px} = \frac{1}{\sqrt{8\pi\alpha^3}}\frac{x}{2\alpha}\exp\left\{-\frac{r}{2\alpha}\right\} .$$

c) Man zeige, daß die Wellenfunktionen der tetragonalen Hybridisierung (sp^3) (4.117) maximale Ladungsdichten in den Ecken eines Tetraeders haben (vgl. Aufgabe a).

d) Prüfen Sie, ob die Wellenfunktionen aus den Teilaufgaben (a) und (c) im Sinne der Quantenmechanik orthonormal sind, also daß

$$\int \psi_j^* \psi_k dV = \delta_{jk}$$

gilt.

5. Symmetrien und Symmetrieoperationen. Ein erster Einblick

In diesem Kapitel vermitteln wir erste Grundbegriffe und Ansätze, mit Hilfe derer wir unter anderem die Wellenfunktionen und Energien der π-Elektronen des Benzols bestimmen. Ein weiteres Beispiel bezieht sich auf das Ethylen.

5.1 Einige Grundbegriffe

Mehr noch als in der Quantentheorie des Atoms spielen in der Molekülphysik Symmetrien und Symmetrieoperationen eine fundamentale Rolle. In diesem Abschnitt wollen wir einen ersten Blick auf dieses Gebiet werfen, um dann einige der gewonnenen Erkenntnisse direkt anzuwenden. Schließlich werden wir in Kap. 6 die Frage der Symmetrien und Symmetrieoperationen nochmals systematisch behandeln.

In der Molekülphysik kommt es im allgemeinen darauf an, daß wir die Geometrie des Moleküls schon vom Experiment her kennen. Es wird dann unsere Aufgabe sein, die Wellenfunktionen der Elektronen oder auch die möglichen Schwingungen der Atomkerne unter Berücksichtigung dieser vorhandenen Symmetrie zu berechnen. Als Ausgangspunkt unserer Betrachtungen können wir das Beispiel des Benzolmoleküls heranziehen (Abb. 5.1a). Es ist planar und bildet ein gleichmäßiges Sechseck, d. h. wenn wir das Molekül um einen Winkel von 60° um eine Achse senkrecht zu seiner Ebene drehen, so geht das Molekül in sich über. Ein anderes Beispiel liefert das H_2O, das bei einer Drehung um eine Achse (vgl. Abb. 5.2) um 180° in sich übergeht. NH_3 geht bei einer Drehung um 120° in sich selbst über (Abb. 5.3). Das Ion JCl_4^- ist planar und geht bei einer Drehung um 90° in sich über (Abb. 5.4), während alle linearen Moleküle, wie etwa HCN (Abb. 5.5), bei einer Drehung um die gemeinsame Verbindungslinie um einen beliebigen Winkel φ in sich übergehen.

Anhand dieser Beispiele erläutern wir genauer, was Symmetrie und Symmetrieoperationen bedeuten. Dazu müssen wir ein kleines Gedankenexperiment machen. Wir denken uns z. B. beim H_2O die zunächst völlig gleichartigen Wasserstoffkerne als unterschieden, drehen dann das Wassermolekül so, daß die beiden Protonen ihren Platz

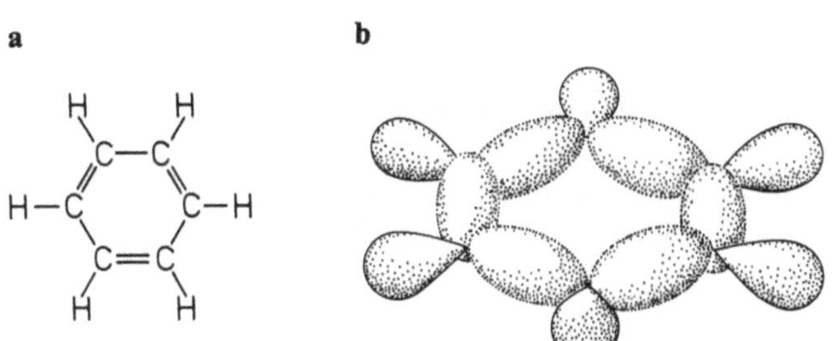

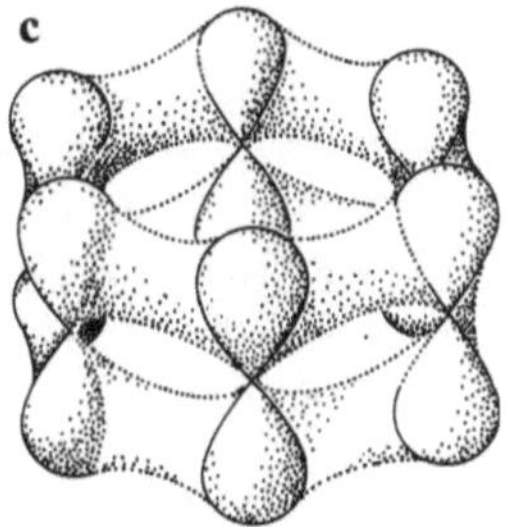

Abb. 5.1a–c. Benzol, C_6H_6. (**a**) Struktur, (**b**) Ladungsdichten der σ-Elektronen, (**c**) Ladungsdichten der π-Elektronen

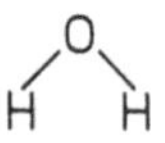

Abb. 5.2. H_2O

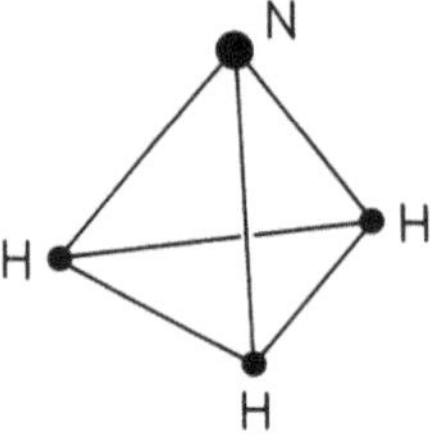

Abb. 5.3. NH_3

Cl
|
Cl – I – Cl
|
Cl

Abb. 5.4. JCl_4^-

H – C – N

Abb. 5.5. HCN

getauscht haben, und machen dann die beiden Protonen wieder ununterscheidbar. Man kann es also nach Ausführung der Drehung dem Wasserstoffmolekül gewissermaßen nicht mehr ansehen, daß es gedreht worden ist. Bei einer solchen Drehung um einen Winkel φ werden natürlich die Koordinaten der Atomorte gedreht. In Übereinstimmung mit der bei Molekülen üblichen Notation bezeichnen wir die Drehoperation mit C. Um dabei anzugeben, um welchen Winkel φ die Drehoperation erfolgt, können wir φ als Index an C anhängen: C_φ. Dies werden wir in diesem Abschnitt gelegentlich tun. Üblicher aber ist es, diejenige Zahl n an C als Index anzufügen, die angibt, wie viele Drehungen n man ausführen muß, um den alten Zustand wieder zu erreichen. Das heißt nichts anderes als $n\varphi = 2\pi$. Ist also z. B. $\varphi = 60°$ oder im Winkelmaß $\varphi = \pi/3$, so ergibt sich $n = 6$. Beim Benzolmolekül (Abb. 5.1a) läßt sich also die Drehsymmetrie durch C_6 beschreiben.

Betrachten wir nun die Auswirkung einer Drehung auf die Kartesischen Koordinaten. Die Koordinaten kürzen wir durch den Koordinatenvektor

$$\boldsymbol{r} = \begin{pmatrix} x \\ y \\ z \end{pmatrix} \tag{5.1}$$

ab. Durch die Drehung um den Winkel φ entsteht ein neuer Koordinatenvektor $\boldsymbol{r}'$. Der Zusammenhang zwischen $\boldsymbol{r}$ und $\boldsymbol{r}'$ lautet dann

$$\boldsymbol{r}' = C_\varphi \boldsymbol{r} \, , \tag{5.2}$$

wobei C_φ also bedeutet: führe eine Drehung von $\boldsymbol{r}$ um den Winkel φ aus. Wie wir aus der Schulmathematik her wissen, ist das gestrichene und das ungestrichene Koordinatensystem durch die Beziehungen

$$\begin{aligned} x' &= x\cos\varphi + y\sin\varphi \\ y' &= -x\sin\varphi + y\cos\varphi \\ z' &= z \end{aligned} \tag{5.3}$$

miteinander verknüpft. Um die Bezeichnungsweise nicht zu sehr zu beladen, lassen wir im folgenden den Drehwinkel φ oder die Zahl n am C weg

$$C_\varphi \to C \, . \tag{5.4}$$

Da bei einer Drehung der Abstand vom Ursprung erhalten bleibt, finden wir sofort die Relationen

$$C\boldsymbol{r}^2 \equiv (C\boldsymbol{r})^2 = \boldsymbol{r}'^2 = \boldsymbol{r}^2 \tag{5.5}$$

als gültig, d. h. wir können auch

$$\boldsymbol{r}' = \boldsymbol{r} \tag{5.6}$$

schreiben. Die Drehoperation können wir nun auf die Koordinaten aller möglicher Teilchen anwenden, also nicht nur auf die Protonen im Wasserstoff, sondern auch z. B. auf ein Elektron im Wasserstoffatom. Die Anwendung des Drehoperators C auf die Wellenfunktion des Wasserstoffatoms $\psi(\boldsymbol{r})$ bedeutet dann, einfach die Koordinate r zu drehen, d. h. es soll

$$C\psi(\boldsymbol{r}) = \psi(C\boldsymbol{r}) = \psi(\boldsymbol{r}') \tag{5.7}$$

gelten. Betrachten wir, wie sich die Wellenfunktion unter der Drehung C gemäß (5.7) transformiert. Fangen wir mit der $1\,s$-Funktion des Wasserstoffs an, die ja die Form

$$\psi(\boldsymbol{r}) = N\,\mathrm{e}^{-r/r_0} \tag{5.8}$$

hat (vgl. Abb. 4.1), wobei N der Normierungsfaktor ist. Gemäß der Definition (5.7) und unter Berücksichtigung der Beziehung (5.6) erhalten wir dann

$$C\psi/(\boldsymbol{r}) = N\,\mathrm{e}^{-r'/r_0} = N\,\mathrm{e}^{-r/r_0}\ . \tag{5.9}$$

Unter der Drehung bleibt also die Wellenfunktion des Wasserstoffatoms im $1\,s$-Zustand ungeändert, oder mit anderen Worten, die $1\,s$-Funktion ist *invariant gegenüber der Drehung* C.

Sehen wir uns als Vorbereitung für später an, was mit den p-Funktionen passiert, für die wir ja eine reelle oder komplexe Darstellung verwenden können. Beginnen wir mit der reellen Darstellung, wobei wir mit der in x-Richtung liegenden Hantel die Wellenfunktion (vgl. Abb. 4.1)

$$\psi_{p_x} = x f(r) \tag{5.10}$$

verknüpfen. Die lediglich vom Abstand abhängige Funktion $f(r)$ können wir etwa in der Form

$$f(r) = N\,\mathrm{e}^{-r/r_0} \tag{5.11}$$

annehmen, aber jede andere abstandsabhängige Funktion, etwa für höhere Hauptquantenzahlen, genügt auch den Voraussetzungen, die wir im folgenden brauchen. Die anderen beiden Hanteln sind durch

$$\psi_{p_y} = y f(r) \tag{5.12}$$

und

$$\psi_{p_z} = z f(r) \tag{5.13}$$

gegeben.

Betrachten wir was passiert, wenn wir die Drehoperation C auf diese Wellenfunktionen gemäß der allgemeinen Definition (5.7) ausüben. Hierbei erhalten wir

$$\begin{aligned} C\psi_{p_x} &= x' f(r') = \cos\varphi x f(r) + \sin\varphi y f(r) = \cos\varphi\psi_{p_x} + \sin\varphi\psi_{p_y} \\ C\psi_{p_y} &= y' f(r') = -\sin\varphi x f(r) + \cos\varphi y f(r) = -\sin\varphi\psi_{p_x} + \cos\varphi\psi_{p_y} \\ C\psi_{p_z} &= \psi_{p_z}\ . \end{aligned} \tag{5.14}$$

In den Gln. (5.14) erfolgte (von links nach rechts) der erste Schritt gemäß (5.7), der zweite gemäß (5.3); beim dritten verwenden wir die Definitionen (5.10) und (5.12). Die Anwendung der Drehoperation C transformiert also die Wellenfunktionen $\psi_{p_x}, \psi_{p_y}, \psi_{p_z}$ unter sich. Damit haben wir bereits einen Zipfel einer Wahrheit vor uns, die uns in einem viel umfassenderen Zusammenhang später wieder begegnen wird. Dazu bemerken wir als Voraussetzung, daß beim Wasserstoffatom die genannten p-Funktionen die gleiche Energie besitzen. Wie wir später allgemein zeigen werden, werden Wellenfunktionen, die zur gleichen Energie gehören, durch Symmetrieoperationen in Linearkombinationen des gleichen Satzes von Wellenfunktionen übergeführt. Dabei wird die Frage auch auftauchen, ob es nicht auch den einfachen Fall gibt, wo die Wellenfunktionen schon in sich selbst übergehen, wenn auf sie eine Symmetrieoperation angewendet wird. Im vorliegenden Fall ist es tatsächlich so, wenn wir als Ausgangspunkt nicht die reellen Wellenfunktionen des p-Zustandes wählen, sondern Linearkombinationen. Diese sind dann komplex und Eigenfunktionen des Drehimpulsoperators in der z-Richtung. Diese Wellenfunktionen sind durch

$$\psi_{\pm} = \psi_{p_x} \pm \mathrm{i}\psi_{p_y} = N(x \pm \mathrm{i}y)\,\mathrm{e}^{-r/r_0} \tag{5.15}$$

gegeben, wobei N wieder ein Normierungsfaktor ist. $x + \mathrm{i}y$ können wir als komplexe Variable in der komplexen Ebene auffassen und die hierfür üblichen Polarkoordinaten gemäß

$$x + \mathrm{i}y = r\,\mathrm{e}^{\mathrm{i}\varphi} \tag{5.16}$$

einführen. Damit geht (5.15) in

$$\psi_{\pm} = Nr\,\mathrm{e}^{-r/r_0}\,\mathrm{e}^{\pm\mathrm{i}\varphi} \tag{5.17}$$

über. In der komplexen Ebene bedeutet die Drehung um einen Winkel φ_0, daß der ursprüngliche Winkel φ durch $\varphi + \varphi_0$ ersetzt wird. Daher erhalten wir

$$C_{\varphi_0}\,\mathrm{e}^{\mathrm{i}\varphi} = \mathrm{e}^{\mathrm{i}(\varphi+\varphi_0)} \tag{5.18}$$

und somit

$$C_{\varphi_0}\psi_+ = \mathrm{e}^{\mathrm{i}\varphi_0}\psi_+ \,, \tag{5.19}$$

sowie ganz entsprechend

$$C_{\varphi_0}\psi_- = \mathrm{e}^{-\mathrm{i}\varphi_0}\psi_- \,. \tag{5.20}$$

Die Beziehungen (5.19) und (5.20) bedeuten natürlich, daß die Anwendung des Drehoperators die Funktionen ψ_+ und ψ_- bis auf einen konstanten Zahlenfaktor, $\mathrm{e}^{\mathrm{i}\varphi_0}$ bzw. $\mathrm{e}^{-\mathrm{i}\varphi_0}$, so unverändert läßt.

5.2 Anwendung auf das Benzol: Die Wellenfunktion der π-Elektronen nach der Hückel-Methode

Wie vom Experiment bekannt ist, ist das Benzol C_6H_6 eben. Die H-Atome liegen in der gleichen Ebene wie die im Sechser-Ring vereinigten C-Atome (vgl. Abb. 5.1a). Greifen wir ein einzelnes Kohlenstoff-Atom heraus, so ergibt sich wieder eine trigonale Anordnung für die Bindung zu den beiden benachbarten C-Atomen und dem seitlich herausragenden Wasserstoffatom. Ganz ähnlich wie beim Ethylen (vgl. Abschn. 4.4) stellen wir fest, daß jeweils pro Kohlenstoff-Atom ein p_z-Zustand mit einem Elektron übrig bleibt. Alle derartigen p_z-Zustände in den 6 verschiedenen Kohlenstoff-Atomen sind energetisch gleichberechtigt. Ein Elektron kann also im Prinzip in jedem dieser Zustände sitzen. Erinnern wir uns nun an den Grundgedanken der LCAO-Methode, d. h. der Methode der Linearkombinationen atomarer Orbitale (vgl. Abschn. 4.4.4). Hiernach suchen wir zunächst für ein einzelnes Elektron die Wellenfunktion im Feld aller Atomkerne, hier also insbesondere im Feld aller 6 Kohlenstoffkerne. Im Prinzip haben wir es dann mit einer Verallgemeinerung des Wasserstoffmoleküls zu tun, wobei aber das Elektron jetzt nicht auf zwei, sondern auf sechs Plätze verteilt sein kann.

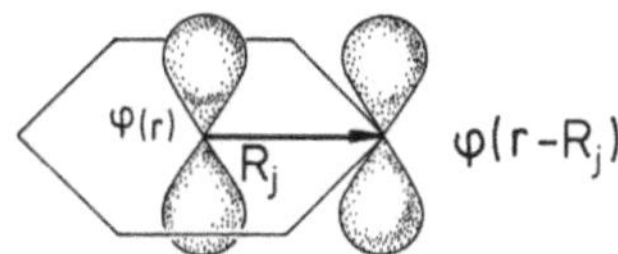

Abb. 5.6. Die p_z-Funktion $\varphi(\boldsymbol{r})$ geht durch Verschiebung um den Vektor $\boldsymbol{R}_j$ in $\varphi(\boldsymbol{r}-\boldsymbol{R}_j)$ über

Wir stellen uns also vor, daß alle Wellenfunktionen (Orbitale) des Kohlenstoffs, die in der Ebene des Benzolrings liegen, also die Orbitale $1s$ und die Hybrid-Orbitale aus $2s, 2p_x, 2p_y$, mit Elektronen von niederen Energien an aufgefüllt worden sind. Die Hybrid-Orbitale aus $2s, 2p_x, 2p_y$ heißen beim Benzol σ-Orbitale (Abb. 5.1b). (Näheres zur Orbital-Bezeichnung wird in Kap. 13 ausgeführt.) Es bleiben dann, ähnlich wie beim Ethylen, noch Elektronenwellenfunktionen übrig, die von den $2p_z$-Zuständen herrühren, die also noch senkrecht aus der Benzolebene herausragen und an den einzelnen Kohlenstoffatomen lokalisiert sind. Wir nehmen an, daß diese Elektronen, die vom Kohlenstoffatom zur Verfügung gestellt werden, sich unabhängig voneinander im Felde der Atomrümpfe und der schon besetzten σ-Elektronenzustände bewegen. Wir werden diese Annahme später noch näher rechtfertigen. Für den Moment handelt es sich also darum, die Wellenfunktion eines Elektrons in einem Felde, das symmetrisch gegenüber Drehungen um 60° um die zur Ebene des Moleküls senkrechte Achse ist, zu bestimmen. Dabei wollen wir ganz in Anlehnung an das Wasserstoffmolekül nach der Methode von Hund, Mulliken und Bloch vorgehen. Wir stellen also die gesuchte Wellenfunktion als Linearkombination von an den Kohlenstoffatomen lokalisierten Wellenfunktionen, und zwar genauer der $2p_z$-Funktionen, dar. Diese sich so ergebenden Molekülorbitale heißen π-Orbitale. Um unsere Symmetriebetrachtungen anwenden zu können, untersuchen wir zunächst das Verhalten einer solchen Funktion, die zum Kohlenstoff mit dem Index j gehört. Gemäß Abb. 5.6 können wir diese Funktion als

$$\varphi_j(\boldsymbol{r}) = \varphi(\boldsymbol{r} - \boldsymbol{R}_j) \tag{5.21}$$

darstellen, wobei wir konkret an eine Darstellung der Funktion (5.13) denken wollen. Üben wir eine Drehung um 60° aus (Abb. 5.7), so erhalten wir die Beziehungen

$$C_6\varphi_j(\boldsymbol{r}) = \varphi_j(C_6\boldsymbol{r}) = \varphi(C_6\boldsymbol{r} - \boldsymbol{R}_j)\ , \tag{5.22}$$

wobei wir die Definition (5.21) benutzt haben. Wegen der Symmetrie des Problems kann der Vektor $\boldsymbol{R}_j$, der vom Mittelpunkt des Moleküls zum Kernort j weist, auch als ein gedrehter Vektor aufgefaßt werden, der aus dem Vektor $\boldsymbol{R}_{j-1}$ durch eine Drehung um 60° hervorgegangen ist (Abb. 5.7):

$$C_6\boldsymbol{R}_{j-1} = \boldsymbol{R}_j\ . \tag{5.23}$$

Daher können wir statt (5.22) auch

$$C_6\varphi_j(\boldsymbol{r}) = \varphi(C_6\boldsymbol{r} - C_6\boldsymbol{R}_{j-1}) \tag{5.24}$$

schreiben.

Von der in (5.24) stehenden Differenz können wir aber die Operationsvorschrift C_6 ausklammern, so daß wir statt (5.24)

$$C_6\varphi_j(\boldsymbol{r}) = \varphi[C_6(\boldsymbol{r} - \boldsymbol{R}_{j-1})] \tag{5.25}$$

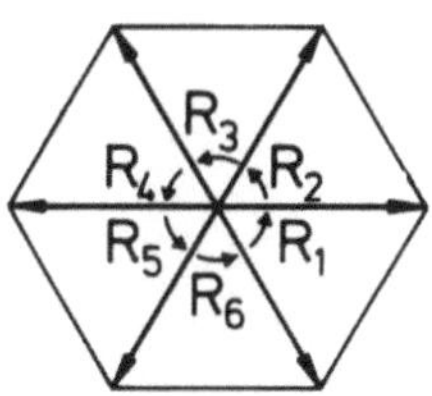

Abb. 5.7. Bei einer Rotation um 60° (*kleine Pfeile*) gehen die Vektoren $\boldsymbol{R}_j$ ineinander über

schreiben. Nun wird aber die z-Richtung von der Drehung um die z-Achse überhaupt nicht beeinflußt und außerdem bleibt der Abstand $\boldsymbol{r} - \boldsymbol{R}_{j-1}$ bei einer Drehung erhalten. Daher geht (5.25) in

$$C_6\varphi_j(\boldsymbol{r}) = \varphi(\boldsymbol{r} - \boldsymbol{R}_{j-1}) \tag{5.26}$$

über und mit Hilfe dieser mathematischen Umformungen erhalten wir die Aussage, daß eine p_z-Wellenfunktion bei der Drehung um 60° innerhalb des Moleküls gerade in die entsprechende Wellenfunktion an einem anderen Kohlenstoffatom übergeht

$$C_6\varphi_j(\boldsymbol{r}) = \varphi_{j-1}(\boldsymbol{r}) \; . \tag{5.27}$$

Nach diesen elementaren Vorbereitungen können wir nun zeigen, wie hilfreich Symmetriebetrachtungen in der Molekülphysik sein können. Dazu betrachten wir die schon angekündigte Wellenfunktion $\psi(\boldsymbol{r})$ des Elektrons, das sich im oben beschriebenen Felde des Gesamtmoleküls, des Benzols also, bewegt. Die zugehörige Schrödinger-Gleichung lautet

$$H(\boldsymbol{r})\psi(\boldsymbol{r}) = E\psi(\boldsymbol{r}) \; , \tag{5.28}$$

wobei der Hamilton-Operator H die kinetische Energie des Elektrons und dessen potentielle Energie im genannten Felde enthält. Die Drehung C um den Winkel 60° läßt den Hamilton-Operator unverändert, d. h. wir erhalten die Relation

$$CH(\boldsymbol{r}) = H(\boldsymbol{r}') = H(\boldsymbol{r}) \; . \tag{5.29}$$

Wenden wir nun die Drehoperation C auf beide Seiten von (5.28) an, d. h.

$$CH(\boldsymbol{r})\psi(\boldsymbol{r}) = CE\psi(\boldsymbol{r}) \; . \tag{5.30}$$

Wegen (5.29) wirkt die Operation C noch auf die dahinterstehende Wellenfunktion

$$H(\boldsymbol{r})C\psi(\boldsymbol{r}) = EC\psi(\boldsymbol{r}) \; . \tag{5.31}$$

Vergleichen wir die linken Seiten von (5.30) und (5.31) und berücksichtigen, daß diese für alle beliebigen $\psi(\boldsymbol{r})$ einander gleich sind, so können wir durch Subtraktion beider Seiten voneinander auch die Operatorrelation

$$CH - HC = 0 \tag{5.32}$$

gewinnen. Die Drehoperation C und der Hamilton-Operator vertauschen also. Dies ist ein anderer Ausdruck dafür, daß der Hamilton-Operator H invariant unter der Drehoperation C ist. Aus (5.31) folgt, daß nicht nur $\psi(\boldsymbol{r})$ eine Lösung der Schrödinger-Gleichung ist, sondern auch $C\psi(\boldsymbol{r})$ eine ebensolche.

Nehmen wir nun fürs erste an, daß zur Energie E nur eine einzige Wellenfunktion gehört, d. h. daß die Energie nicht entartet ist. Wenn in einem solchen Falle zwei scheinbar verschiedene Wellenfunktionen zur gleichen Energie gehören, so stellt dies einen Widerspruch dar, wenn nicht sich die Wellenfunktionen lediglich um einen konstanten Zahlenfaktor, den wir λ nennen wollen, unterscheiden. Wir erhalten somit die Relation

$$C\psi(\boldsymbol{r}) = \lambda\psi(\boldsymbol{r}) \; . \tag{5.33}$$

Mathematisch läßt sich ganz allgemein zeigen, daß bei Drehoperationen die Relation (5.33) immer gefordert werden darf. Dies hängt damit zusammen, daß es bei Drehoperationen immer eine Zahl M gibt, so daß nach M-maliger Anwendung der Drehoperation auf die Wellenfunktion ψ diese völlig in sich übergeht. Dies bedeutet formal

$$C^M = 1 . \tag{5.34}$$

Wir benutzen die Relation (5.33), um die Koeffizienten der LCAO-Wellenfunktion in einfacher Weise zu bestimmen. Wir stellen also ψ als Linearkombination aus den atomaren Wellenfunktionen φ_j gemäß

$$\psi(\boldsymbol{r}) = c_1\varphi_1 + c_2\varphi_2 + \ldots + c_6\varphi_6 \tag{5.35}$$

dar. Setzen wir (5.35) in (5.33) ein, so erhalten wir

$$\begin{aligned} &c_1 C\varphi_1(\boldsymbol{r}) + c_2 C\varphi_2(\boldsymbol{r}) + \ldots + c_6 C\varphi_6(\boldsymbol{r}) \\ &\qquad = \lambda[c_1\varphi_1(\boldsymbol{r}) + c_2\varphi_2(\boldsymbol{r}) + \ldots + c_6\varphi_6(\boldsymbol{r})] . \end{aligned} \tag{5.36}$$

Die Anwendung einer Drehung auf die Wellenfunktion φ_j bedeutet aber, wie wir schon oben gesehen haben, einfach eine Vertauschung der zugehörigen Indizes des „Heimat"-Kohlenstoffatoms. Damit geht (5.36) über in

$$c_1\varphi_6(\boldsymbol{r}) + c_2\varphi_1(\boldsymbol{r}) + \ldots + c_6\varphi_5(\boldsymbol{r}) = \lambda[c_1\varphi_1(\boldsymbol{r}) + \ldots + c_6\varphi_6(\boldsymbol{r})] . \tag{5.37}$$

Da aber die einzelnen Wellenfunktionen φ_j voneinander linear unabhängig sind, kann die Relation (5.37) nur gelten, wenn die Koeffizienten jeweils gleicher Funktionen φ_j auf der linken und auf der rechten Seite miteinander übereinstimmen. Das führt sofort auf die Gleichungen

$$\begin{aligned} c_1 &= \lambda c_6 \\ c_2 &= \lambda c_1 \\ c_3 &= \lambda c_2 \\ &\vdots \\ c_6 &= \lambda c_5 . \end{aligned} \tag{5.38}$$

Zu deren Lösung machen wir den Ansatz

$$c_j = \lambda^j c_0 , \tag{5.39}$$

wobei c_0 noch eine Normierungskonstante ist. Wenden wir die Drehoperation in unserem Fall des Benzols sechsmal an, so geht das Molekül in seinen identischen Zustand über. Daraus folgt

$$\lambda^6 = 1 . \tag{5.40}$$

Die Gl. (5.40) besitzt nach Grundregeln der komplexen Zahlen die Lösung

$$\lambda = \mathrm{e}^{2\pi k\mathrm{i}/6} , \tag{5.41}$$

wobei k als ganze Zahl gemäß

$$k = 0, 1, 2, \ldots, 5$$

oder

$$k = 0, \pm 1, \pm 2, +3 \tag{5.42}$$

gewählt werden muß. Setzen wir das Resultat (5.39) mit (5.41) und (5.42) in (5.35) ein, so erhalten wir die explizite Form der Wellenfunktion, nämlich

$$\psi = c_0 \sum_{j=1}^{6} \mathrm{e}^{2\pi k \mathrm{i} j/6} \varphi_j(\boldsymbol{r}) \, . \tag{5.43}$$

Dies ist die Wellenfunktion der π-Elektronen des Benzols (vgl. Abb. 5.1c). Damit ist es uns gelungen, die Schrödinger-Gleichung zu lösen, ohne daß wir irgendwelche Rechnungen mit Hilfe des Hamilton-Operators haben durchführen müssen. Die Symmetrie allein genügte, um die Koeffizienten eindeutig festzulegen, wobei lediglich der Normierungsfaktor c_0 noch zu bestimmen ist.

5.3 Nochmals das Hückel-Verfahren. Die Energie der π-Elektronen

Wie wir wissen, besitzt das Kohlenstoffatom zwei Elektronen in der $1s$ Schale und bringt ferner 4 Elektronen aus der Schale $n = 2$ mit. Diese Elektronen nehmen an der Bindung mit anderen Atomen teil und heißen daher Valenzelektronen. Wie wir gesehen haben, unterscheidet man bei der Einbindung des Kohlenstoffs in das Benzol zwischen den σ- und π-Elektronen. Die Wellenfunktionen der σ-Elektronen sind in der Ebene des Gesamtmoleküls orientiert, während die π-Elektronen, die aus den p_z-Wellenfunktionen hervorgehen, senkrecht zur Ebene des Moleküls orientiert sind. Für sie ist die Molekülebene eine Knotenebene.

Wir greifen wie oben eines dieser π-Elektronen heraus und nehmen an, daß es sich im Felde der vorgegebenen Kerne, der σ-Elektronen und aller übrigen π-Elektronen, bewegt. Die direkte Wechselwirkung der Elektronen untereinander ist damit durch ein effektives Potential ersetzt. Wie wir später sehen werden und es auch schon von der Atomphysik her kennen (vgl. I), kann ein solches Vorgehen im Rahmen der Hartree-Fock-Näherung gerechtfertigt werden. Der Hamilton-Operator, der sich auf die π-Elektronen bezieht, lautet also

$$H_\pi^{\text{Hückel}} = \sum_\mu \left(-\frac{\hbar^2}{2m_0} \Delta_\mu + V(\boldsymbol{r}_\mu) \right) , \tag{5.44}$$

wobei sich die Summe über n von 1–6 gemäß den sechs π-Elektronen, die die Kohlenstoffatome mitbringen, erstreckt. Ersichtlich besteht (5.44) aus einer Summe von Hamilton-Operatoren, von denen sich jeder nur auf ein *einzelnes* Elektron bezieht. Daher kann die zu (5.44) gehörige Schrödinger-Gleichung gelöst werden, wenn wir die Wellenfunktionen der *Einzelelektronen* gemäß der Schrödinger-Gleichung

$$\left(-\frac{\hbar^2}{2m_0} \Delta + V(\boldsymbol{r}) \right) \psi(\boldsymbol{r}) = E\psi(\boldsymbol{r}) \tag{5.45}$$

bestimmen. Hierin gilt die Zerlegung des Potentials gemäß

$$V(\boldsymbol{r}) = V(\boldsymbol{r}_j) + V^{\mathrm{S}}(\boldsymbol{r}_j) \tag{5.46}$$

in eines, das von den Kernen, nämlich $V(\boldsymbol{r}_j)$, und eines, das von den $1\,s$-Elektronen und den σ- und π-Elektronen, nämlich $V^{\mathrm{S}}(\boldsymbol{r}_j)$, herrührt. Im Sinne des Verfahrens von Hund, Mulliken und Bloch stellen wir die gesuchte Wellenfunktion des einzelnen Elektrons als eine Linearkombination aus den atomaren Wellenfunktionen und zwar aus den $2p_z$-Wellenfunktionen des Kohlenstoffs in der Form

$$\psi = \sum_{j=1}^{N} c_j \varphi_j(\boldsymbol{r}) \tag{5.47}$$

dar. Die Koeffizienten c_j sind darin noch unbekannt und können mit Hilfe des Variationsprinzips bestimmt werden, nach dem die linke Seite von

$$\frac{\int \psi^* H \psi dV}{\int \psi^* \psi dV} = E \tag{5.48}$$

durch geeignete Wahl der Koeffizienten zu minimalisieren ist. Setzen wir (5.47) in den Zähler von (5.48) ein, so erhalten wir

$$\sum_{jj'} c_j^* c_{j'} \underbrace{\int \varphi_j H \varphi_{j'} dV}_{H_{jj'}} \,, \tag{5.49}$$

wobei wir die dort eingeführte Abkürzung verwenden wollen. Entsprechend ergibt sich für den Nenner von (5.48)

$$\sum_{jj'} c_j^* c_{j'} \underbrace{\int \varphi_j \varphi_{j'} dV}_{S_{jj'}} \,. \tag{5.50}$$

Die Energie auf der rechten Seite ist eine Funktion der Koeffizienten, so daß wir schreiben

$$E = E\left(c_1, c_1^*, c_2, c_2^*, \ldots\right) \,. \tag{5.51}$$

Eine notwendige Bedingung für das Erreichen eines Minimums von E ist, daß die Ableitungen nach den Koeffizienten c_j und c_j^* verschwinden:

$$\frac{\partial E}{\partial c_j} = \frac{\partial E}{\partial c_j^*} = 0 \,. \tag{5.52}$$

Aus rechnerischen Gründen ist es praktischer, wenn wir die Gleichung (5.48) mit dem Nenner auf beiden Seiten multiplizieren und daher den Ausdruck

$$\sum_{jj'} c_j^* c_{j'} H_{jj'} = E \sum_{jj'} c_j^* c_{j'} S_{jj'} \,. \tag{5.53}$$

betrachten. Von diesem bilden wir die Ableitung nach c_j^*, wodurch wir

$$\sum_{j'} H_{jj'} c_{j'} = E \sum_{j'} c_{j'} S_{jj'} \tag{5.54}$$

erhalten. Die Ableitungen von E nach c_j^* haben wir wegen (5.52) dabei bereits gleich Null gesetzt. Gleichung (5.54) ist ein Gleichungssystem für die Koeffizienten $c_{j'}$, das wir nochmals explizit in der Form

$$\begin{aligned}
&(H_{11} - S_{11}E)c_1 &&+ (H_{12} - S_{12}E)c_2 + \ldots + (H_{1N} - S_{1N}E)c_N &&= 0 \\
&(H_{21} - S_{21}E)c_1 &&+ (H_{22} - S_{22}E)c_2 + \ldots + (H_{2N} - S_{2N}E)c_N &&= 0 \\
&\quad\vdots && \qquad\qquad\qquad\qquad\qquad\qquad\vdots && \\
&(H_{N1} - S_{N1}E)c_1 + \ldots && \qquad\qquad\qquad + (H_{NN} - S_{NN}E)c_N &&= 0
\end{aligned} \tag{5.55}$$

hinschreiben. Da dieses ein homogenes Gleichungssystem ist, muß natürlich die Determinante

$$\begin{vmatrix}
H_{11} - ES_{11} & H_{12} - ES_{12} \ldots & H_{1N} - ES_{1N} \\
\vdots & \vdots & \vdots \\
H_{N1} - ES_{N1} & \ldots & H_{NN} - ES_{NN}
\end{vmatrix} = 0 \tag{5.56}$$

verschwinden, wenn wir eine nichttriviale Lösung erhalten wollen. Dies ist ersichtlich kein einfaches Problem, weil es sich hier bereits um eine $6 \cdot 6$ Determinante handelt.

Mit Hilfe von Symmetriebetrachtungen kann man aber das Problem äußerst einfach lösen! Wir haben ja bereits im vorangegangenen Abschnitt gesehen, daß die Koeffizienten bekannt sind (vgl. 5.43). Damit erübrigt es sich, die Determinante (5.56) zu bestimmen; wir können anstelle dessen direkt in das Gleichungssystem (5.55) mit den uns bekannten Koeffizienten eingehen. Damit können wir die Energie E für das allgemeine System (5.55) explizit bestimmen. Um aber das Wesentliche hervortreten zu lassen, nehmen wir die Vereinfachungen

$$\begin{aligned}
&S_{jj} = 1\,, \quad S_{jj'} = 0 \\
&H_{jj} = A\,, \quad H_{j,j\pm1} = B\,, \qquad \text{sonst} = 0
\end{aligned} \tag{5.57}$$

an. Diese bedeuten, daß die Überlappung zwischen den Wellenfunktionen vernachlässigt werden kann, und daß Wechselwirkungsenergien nur am gleichen Atom und mit den nächsten Nachbaratomen bestehen. Setzen wir die Vereinfachung (5.57) und die Form der Koeffizienten c_j gemäß

$$c_j = c_0 \mathrm{e}^{2\pi \mathrm{i} jk/6} \tag{5.58}$$

z. B. in die erste Zeile von (5.55) ein, so erhalten wir

$$\mathrm{e}^{2\pi \mathrm{i}k/6}(A - E) + \mathrm{e}^{2\pi \mathrm{i}2k/6} B + \mathrm{e}^{2\pi \mathrm{i}k6/6} B = 0\,, \tag{5.59}$$

was sich sofort nach E in der Form

$$E = A + B(\mathrm{e}^{2\pi \mathrm{i}k/6} + \mathrm{e}^{-2\pi \mathrm{i}k/6}) \tag{5.60}$$

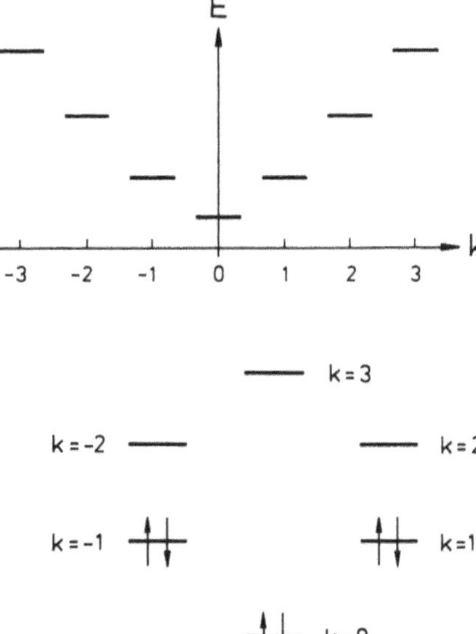

Abb. 5.8. Termschema des Benzols für die π-Elektronen

Abb. 5.9. Die von den π-Elektronen des Benzols besetzten Zustände. [Man beachte, daß $E(-k) = E(k)$]

auflösen läßt. Alle übrigen Zeilen von (5.55) ergeben dasselbe Resultat. In reeller Schreibweise lautet (5.60)

$$E = A + 2B\cos\left(\frac{2\pi k}{6}\right) . \tag{5.61}$$

Hierin darf k die Werte gemäß (5.42), d. h.

$$k = 0, \pm 1, \pm 2, +3 \tag{5.62}$$

annehmen. Berücksichtigen wir noch, daß das Austauschintegral B negativ ist,

$$B < 0 , \tag{5.63}$$

so erhalten wir das in Abb. 5.8 angegebene Termschema der π-Elektronen des Benzols. Dieses kann unter Beachtung des Pauli-Prinzips von unten her mit einzelnen Elektronen, die von den Kohlenstoffatomen mitgebracht werden, angefüllt werden. Es ergeben sich dann die in Abb. 5.9 gezeigten Energien. Das unterste unbesetzte Molekülorbital (Englisch: *l*owest *u*noccupied *m*olecular *o*rbital) wird in der Literatur als LUMO bezeichnet, das oberste besetzte Molekülorbital (Englisch: *h*ighest *o*ccupied *m*olecular *o*rbital) mit HOMO.

Die Anwendung der Symmetriebetrachtung hat eine wesentliche Vereinfachung gegenüber der herkömmlichen Methode gebracht. Wir haben nämlich von vorneherein die Koeffizienten explizit bestimmen können, ohne das Gleichungssystem (5.55) zu lösen. Wir brauchten insbesondere auch nicht die Determinante (5.56) zu berechnen und deren Eigenwerte zu bestimmen, was natürlich explizit sonst gar nicht möglich wäre. Ersichtlich bietet unsere Methodik mit Hilfe des Hückel-Verfahrens den Vorteil, daß wir auch Anregungszustände gemäß dem Termschema von Abb. 5.8 berechnen können, da ja hier die Energien gemäß (5.60) bereits vorgegeben sind.

5.4 Slater-Determinanten

Kehren wir zur Lösung des Mehrelektronenproblems, etwa beim Benzol, zurück. Hierzu benutzen wir zwei Erfahrungen, die wir schon früher gemacht haben. Besteht nämlich der Hamilton-Operator aus einer Summe von Operatoren, so läßt sich – in Verallgemeinerung des Ansatzes beim Wasserstoffmolekül – die Wellenfunktion aller Elektronen als ein Produkt aus Wellenfunktionen der einzelnen Elektronen ansetzen. Hierbei ist es wichtig, daß der jeweilige Spin durch die Wellenfunktionen α (Spin nach oben) und β (Spin nach unten) berücksichtigt wird. Damit aber die gesamte Wellenfunktion nach dem Pauli-Prinzip in Orts- *und* Spin-Koordinaten der Elektronen antisymmetrisch wird, setzen wir für die Wellenfunktion des Grundzustands in Verallgemeinerung des Ansatzes von (4.71) eine Determinante an. In einer solchen Determinante treten als Index für die Zeilen der jeweilige Index eines Elektrons und als Index für die Spalten die jeweilige Quantenzahl des von einem Elektron besetzten Zustands auf. Eine solche Determinante lautet also:

$$\Psi(1,2,\ldots,6) = \begin{vmatrix} \psi_1(\boldsymbol{r}_1)\alpha(1) & \psi_1(\boldsymbol{r}_1)\beta(1) & \psi_2(\boldsymbol{r}_1)\alpha(1) & \psi_2(\boldsymbol{r}_1)\beta(1) & \ldots \\ \psi_1(\boldsymbol{r}_2)\alpha(2) & \psi_1(\boldsymbol{r}_2)\beta(2) & \ldots & & \\ \vdots & & & & \\ \psi_1(\boldsymbol{r}_6)\alpha(6) & \ldots & & \psi_2(\boldsymbol{r}_6)\beta(6) & \ldots \end{vmatrix} . \tag{5.64}$$

Diese Determinante wird als Slater-Determinante bezeichnet. Ersichtlich bedeutet diese Determinante einen großen Schreibaufwand. Deshalb kürzt man sie oft in der Form

$$\Psi(1,2,\ldots,6) = \left|\psi_1\bar{\psi}_1\psi_2\bar{\psi}_2\ldots\psi_3\bar{\psi}_3\right| \tag{5.65}$$

ab, wobei sich die Argumente von ψ auf die Elektronen und die Indizes der Wellenfunktionen ψ auf die einzelnen Zustände beziehen, und wir davon ausgehen, daß die Wellenfunktionen mit jeweils zwei Elektronen und zueinander antiparallelem Spin besetzt sind. Aus (5.65) entsteht also die Determinante (5.64), wenn wir die Ersetzung

$$\psi_j \to \psi_j\alpha\,, \quad \bar{\psi}_j \to \psi_j\beta \tag{5.66}$$

vornehmen, wobei ein ψ ohne Querstrich eine Wellenfunktion mit Spin nach oben, ein ψ mit Querstrich eine Wellenfunktion mit Spin nach unten bezeichnen sollen.

5.5 Die Wellenfunktion beim Ethylen. Parität

Als ein weiteres Beispiel für die Nützlichkeit von Symmetriebetrachtungen behandeln wir das Ethylen (Abb. 5.10). Ersichtlich besitzt dieses Molekül im Mittelpunkt der Verbindungslinie seiner beiden C-Atome ein Inversionszentrum, d. h. wenn wir alle Koordinaten in ihr Negatives verwandeln, also x, y, z in $-x, -y, -z$ überführen, so bleibt das ganze Molekül erhalten. Unterwerfen wir die Wellenfunktion eines einzelnen Elektrons ψ dieser Spiegelung, und nehmen wir wieder an, daß die Wellenfunktionen nicht entartet sind, so erhalten wir $\psi(-\boldsymbol{r}) = \lambda\psi(\boldsymbol{r})$. Spiegeln wir aber noch einmal und wenden die eben genannte Regel an, so erhalten wir $\psi(\boldsymbol{r}) = \lambda^2\psi(\boldsymbol{r})$. Das heißt, λ kann nur die Werte + oder -1 annehmen. Damit erhalten wir

$$H_2C{=}CH_2$$

Abb. 5.10. Ethylen

$$\psi(-\boldsymbol{r}) = \pm\psi(\boldsymbol{r})\,, \tag{5.67}$$

oder wie man auch sagt, ψ hat *gerade Parität* (oberes Vorzeichen) oder *ungerade Parität* (unteres Vorzeichen).

Die Wellenfunktion der einzelnen π-Elektronen setzen wir wie beim Wasserstoff-Molekülion als Linearkombination aus den 2_{p_z}-Wellenfunktionen der beiden Kohlenstoff-Atome an (vgl. Abb. 5.11)

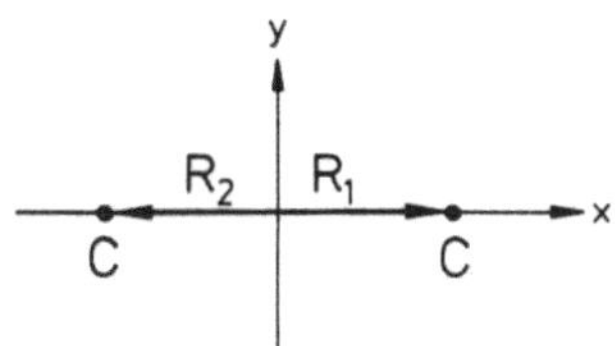

Abb. 5.11. Schemazeichnung zur Definition von $\boldsymbol{R}_1$, $\boldsymbol{R}_2$

$$\begin{aligned} \varphi_1(\boldsymbol{r}) &= \varphi(\boldsymbol{r} - \boldsymbol{R}_1) , \quad \varphi_2(\boldsymbol{r}) = \varphi(\boldsymbol{r} - \boldsymbol{R}_2) \\ \psi(\boldsymbol{r}) &= c_1\varphi_1(\boldsymbol{r}) + c_2\varphi_2(\boldsymbol{r}) . \end{aligned} \tag{5.68}$$

Für die atomaren Wellenfunktionen bestehen dabei die Symmetrieeigenschaften

$$\varphi_1(-\boldsymbol{r}) = -\varphi_2(\boldsymbol{r}) \tag{5.69}$$

und

$$\varphi_2(-\boldsymbol{r}) = -\varphi_1(\boldsymbol{r}) , \tag{5.70}$$

wie man sich anhand der expliziten Darstellung von φ gemäß

$$\varphi = Nz\,\mathrm{e}^{-r/r_0} \tag{5.71}$$

leicht klarmacht. Setzen wir (5.68) in (5.67) ein und nützen die Eigenschaften (5.69) und (5.70), so erhalten wir

$$c_1\varphi_1(-\boldsymbol{r}) + c_2\varphi_2(-\boldsymbol{r}) = -c_1\varphi_2(\boldsymbol{r}) + c_2\varphi_1(\boldsymbol{r}) = \pm c_1\varphi_1(\boldsymbol{r}) \pm c_2\varphi_2(\boldsymbol{r}) . \tag{5.72}$$

Durch Vergleich der Koeffizienten gleicher Wellenfunktionen auf der linken und rechten Seite ergeben sich die Beziehungen

$$c_1 = \pm c_2 . \tag{5.73}$$

Hiermit können wir, ganz in Analogie zum Benzol, in die linearen Gln. (5.54) für die Koeffizienten eingehen, die sich jetzt nur auf zwei Koeffizienten beziehen. In völliger Analogie zu unserer Rechnung beim Benzol erhalten wir

$$E = A \pm B , \tag{5.74}$$

wobei

$$B < 0 \tag{5.75}$$

gilt. Wir erkennen somit, daß $c_1 = c_2$ zu einem bindenden Zustand und $c_1 = -c_2$ zu einem lockeren Zustand führt. Das sich so ergebende Termschema ist in Abb. 5.12 dargestellt.

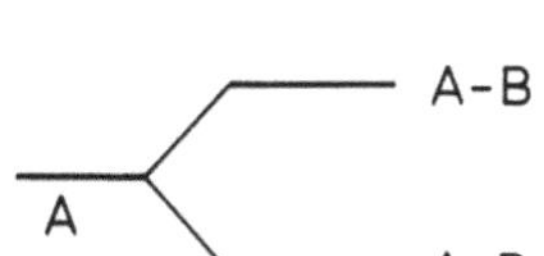

Abb. 5.12. Termschema des Ethylens

5.6 Zusammenfassung

In den Kap. 4 und 5 haben wir anhand von konkreten Beispielen grundlegende Konzepte kennengelernt, um die Elektronenwellenfunktionen von Molekülen, d. h. die Molekülorbitale, zumindest näherungsweise, zu berechnen. Ziehen wir das Fazit, so ergeben sich die folgenden Grundideen:

1) Die Wellenfunktion *aller* Elektronen eines Moleküls wird durch ein Produkt oder eine Determinante aus den Wellenfunktionen von *einzelnen* Elektronen angenähert.
2) Die Einzelwellenfunktion (Molekülorbital) wird als Linearkombination aus atomaren Wellenfunktionen aufgebaut (LCAO-Methode).
3) Die Koeffizienten der LCAO-Wellenfunktion werden durch Symmetriebetrachtungen bestimmt, wobei sich eine erhebliche Reduzierung des Rechenaufwandes ergibt.

An die Punkte 1)–3) schließen sich offensichtlich einige wichtige Fragen an:

1) Warum darf man die Näherung 1) vornehmen? Dies führt uns zum Hartree-Fock-Verfahren und Erweiterungen, die wir in Kap. 7 behandeln.
2) und 3) Wie lassen sich die Symmetrie-Betrachtungen verallgemeinern? Dies werden wir in Kap. 6 vornehmen, wo wir Molekülsymmetrien ganz allgemein behandeln werden.

Mit den Kap. 6 und 7 erhält der Leser somit eine umfassende Einführung in die moderne Elektronentheorie der Moleküle, die es ihm ermöglicht, in die Fachliteratur einzudringen.

Aufgaben

5.1 Untersuchen Sie das π-Elektronensystem der Polyene (vgl. Skizze bei den Lösungen). Gehen Sie hierzu von einem festen σ-Bindungsgerüst mit vorgegebenen Bindungslängen d aus, während sich die π-Elektronen quasi frei zwischen den Kohlenstoffatomen bewegen können. (Die σ-Elektronen stammen aus den sp^2-hybridisierten Kohlenstofforbitalen, die π-Elektronen aus den nicht hybridisierten $2p$-Orbitalen.) Das heißt in unserem Modell entspricht die Bewegung der π-Elektronen entlang der Bindungsachsen der Bewegung in einem Quantendraht. Als Bewegungsgleichung ergibt sich:

$$\frac{\hbar^2}{2m}\frac{d^2}{dx^2}\phi(x) + (E - V_{ab})\phi(x) = 0 \,.$$

Dabei ist V_{ab} ein konstantes Potential entlang der Bindung $a - b$. $\phi(x)$ ist die Molekülorbitalwellenfunktion für ein π-Elektron.

a) Welche Randbedingungen ergeben sich bei einer einfachen Verknüpfung (vgl. Skizze)?

b) Welchen Randbedingungen muß die Wellenfunktion des π-Elektrons am Molekülende genügen?

c) Betrachten Sie nun explizit das Butadien-Molekül, das zwei Doppelbindungen und somit 4π-Elektronen besitzt. Der effektive Hamiltonoperator lautet:

$$H_{\text{eff}} = \frac{\hbar^2}{2m}\frac{d^2}{dx^2} + V(x)$$

mit

$$V(x) = \begin{cases} 0 & \text{für} \quad 0 \le x \le 5d \\ \infty & \text{sonst} \end{cases} \,.$$

Bestimmen Sie die Energieeigenwerte und die Molekülorbitalwellenfunktionen.

5.2 Wie in Kap. 5 gezeigt wird, sind von den jeweils 4 Elektronen der Kohlenstoffatome im Benzolring je 3 zu trigonal hybridisierten Wellenfunktionen kombiniert, so daß alle 6 p_z-Zustände energetisch gleichberechtigt bleiben, über die gesamte Ringstruktur delokalisiert werden und sogenannte π-Orbitale bilden. Ausgehend von der LCAO-Methode gewinnt man unter Ausnutzung der zyklischen Symmetrie als Ansatz für die Wellenfunktionen dieser π-Elektronen:

$$\psi = c_0 \sum_{j=1}^{6} \mathrm{e}^{2\pi k \mathrm{i} j/6} \varphi_j(\boldsymbol{r}) \quad (k = 0, \pm 1, \pm 2, 3) \ . \tag{1}$$

Mit Hilfe des Variationsprinzips

$$\frac{\int \psi^* H \psi dV}{\int \psi^* \psi dV} \stackrel{!}{=} \min \geq E$$

bestimme man die Energieeigenwerte unter den Voraussetzungen, daß

1) die Wellenfunktionen φ_j normiert sind und nur mit den nächsten Nachbarn überlappen, d. h. es gilt:

$$\int \varphi_j \varphi_{j'} dV = S_{jj'} = \begin{cases} 1 & \text{für} \quad j' = j \\ \sigma & \text{für} \quad j' = j \pm 1 \\ 0 & \text{sonst} \end{cases}$$

2) und die Matrixelemente des Hamiltonoperators H sich zu

$$\int \varphi_j H \varphi_{j'} dV = H_{jj'} = \begin{cases} A & \text{für} \quad j' = j \\ B & \text{für} \quad j' = j \pm 1 \\ 0 & \text{sonst} \end{cases}$$

ergeben.

Hinweis: Die Energien lassen sich aus der Gleichung

$$\sum_{j'} H_{jj'} c_{j'} = E \sum_{j'} c_{j'} S_{jj'}$$

unter Zuhilfenahme des Ansatzes (1) direkt bestimmen.

6. Symmetrien und Symmetrieoperationen. Ein systematischer Zugang*

Dieses Kapitel vermittelt einen systematischen Zugang zur Anwendung der Gruppentheorie auf die Bestimmung von Wellenfunktionen von Molekülen. Wir besprechen molekulare Punktgruppen, die Auswirkung von Symmetrieoperationen auf Wellenfunktionen und behandeln dann die Grundbegriffe der Darstellungstheorie der Gruppen. Die Methode wird explizit am H_2O-Molekül erläutert.

6.1 Grundbegriffe

Im vorigen Kapitel hatten wir gesehen, wie wir die π-Elektronenorbitale des Benzols in sehr eleganter Weise bestimmen konnten, indem wir die Drehsymmetrie des Moleküls ausnützten. Hier wollen wir uns nun systematisch mit Symmetrien und Symmetrieoperationen befassen. Dabei haben wir jeweils ganz konkrete Moleküle im Auge. Die Symmetrieeigenschaften eines Moleküls sind durch die möglichen Symmetrieoperationen, z. B. eben die Drehung, gekennzeichnet. Bei einer solchen Symmetrieoperation wird jeder Punkt des Raums in einen anderen Punkt übergeführt, wobei die Länge jeder Strecke unverändert bleibt, und wir das Objekt vor und nach der Abbildung nicht unterscheiden können.

Wir wählen als Beispiel das NH_3-Molekül, das sich als trigonale Pyramide darstellen läßt (Abb. 6.1). Die drei Wasserstoffatome sitzen an den Ecken des gleichseitigen Basisdreiecks, das Stickstoffatom senkrecht über dem Schwerpunkt des Dreiecks. Dreht man das Molekül um eine durch N und den Schwerpunkt gehende Achse um 120° im mathematisch positiven Sinn (d. h. entgegen dem Uhrzeigersinn), so wechseln die H-Atome folgendermaßen ihre Plätze: $H_3 \rightarrow H_1$, $H_1 \rightarrow H_2$, $H_2 \rightarrow H_3$ (vgl. Abb. 6.2). Das N-Atom behält seine Lage bei. Der nach jeder Drehung erreichte Zustand ist vom Anfangszustand nicht zu unterscheiden, da die drei H-Atome gleichberechtigt sind. Bei dieser Operation werden weder Längen noch Winkel innerhalb des Moleküls verändert; die Operation kann daher als eine Symmetrieoperation aufgefaßt werden. Analoge Betrachtungen gelten für die in Abb. 6.3 skizzierten Spiegelungen. Die Spiegelebenen stehen senkrecht zu dem Basisdreieck und enthalten jeweils eine Winkelhalbierende des Dreiecks. So wechseln bei der Spiegelung an der Ebene σ_1 die Atome H_2 und H_3 ihre Plätze, während H_1 und N unverändert bleiben.

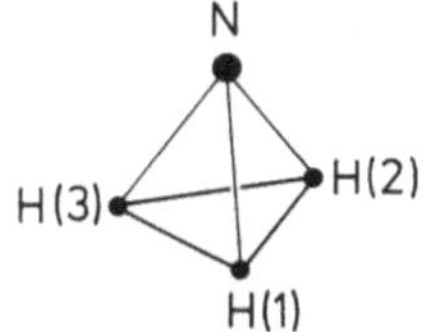

Abb. 6.1. NH_3-Molekül. Die Zahlen 1, 2, 3 dienen der Bezeichnung der Plätze

Symmetrieoperationen dürfen nicht mit den sogenannten Symmetrieelementen verwechselt werden. Beim obigen Beispiel des NH_3-Moleküls gibt die Symmetrieoperation C_3 die Vorschrift an, nach der eine Drehung um 120° durchgeführt wird. Die Menge der Punkte, die bei dieser Symmetrieoperation ihre Lage im Raum nicht ändern, bilden das Symmetrieelement „Drehachse", das ebenfalls mit C_3 bezeichnet wird. Bei den Spiegelungen an σ_1, σ_2 und σ_3 ist das jeweilige Symmetrieelement die Spiegelebene. Allgemein gilt: Ein Symmetrieelement ist die Menge der Punkte, an der die Symmetrie-

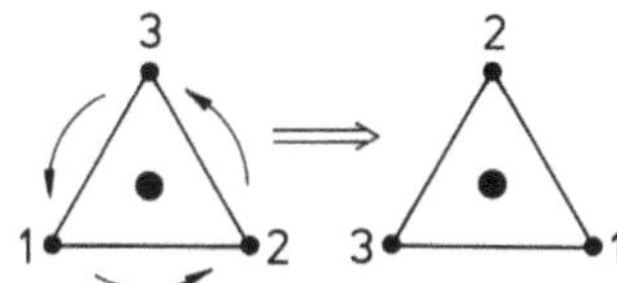

Abb. 6.2. Wirkung der Symmetrieoperation C_3, d. h. Rotation um senkrechte Achse um 120°

Tabelle 6.1. Elementare und zusammengesetzte Symmetrieoperationen mit den zugehörigen Symmetrieelementen

Symbol	Symmetrieoperation	Symmetrieelement
E	„Identitätsoperatoren"	Identität
C_n	Drehung um $2\pi/n$	n-zählige Drehachse
σ	Spiegelung	Spiegelebene
i	Inversion (Spiegelung am Inversionszentrum)	Inversionszentrum
S_n	Drehung um $2\pi/n$ mit anschließender Spiegelung an zur Drehachse senkrechter Ebene	n-zählige Drehspiegelachse
$\bar{\sigma}$	Gleitspiegelung (Translation mit anschließender Spiegelung)	Gleitspiegelebene
$\bar{C}_n$	Schraubung (Translation mit anschließender Drehung um $2\pi/n$)	Schraubenachse

operation durchgeführt wird. Bei den nicht zusammengesetzten Symmetrieoperationen (Tabelle 6.1) ist das Symmetrieelement gleichbedeutend mit der Menge der Punkte, die beim Durchführen der Symmetrieoperation raumfest bleiben. Bleibt bei der Durchführung einer Abbildung mindestens ein Punkt invariant (bei höheren Symmetrien: Gerade, Fläche), so nennt man diese Operation eine Punktsymmetrieoperation. Eine solche ist die Inversion i, bei der der Koordinatenursprung das Symmetrieelement ist und bei der der Koordinatenvektor $\boldsymbol{r}$ in $-\boldsymbol{r}$ übergeführt wird. Ferner ist es aus mathematischen Gründen zweckmäßig, formal als Symmetrieoperation auch die Identität E zuzulassen. Bei ihr bleiben alle Punkte eines räumlichen Objekts ungeändert. Bei Polymeren mit einer regulären Kettenkonformation oder bei Kristallgittern können zwei weitere Symmetrie-

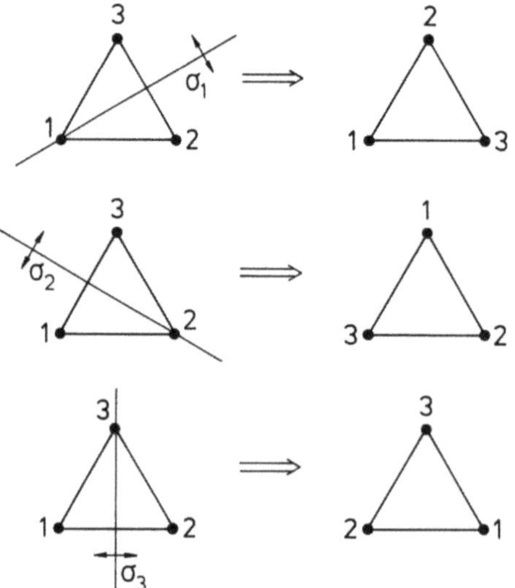

Abb. 6.3. Wirkung der Symmetrieoperationen σ_1, σ_2, σ_3, d. h. der angegebenen Spiegelungen

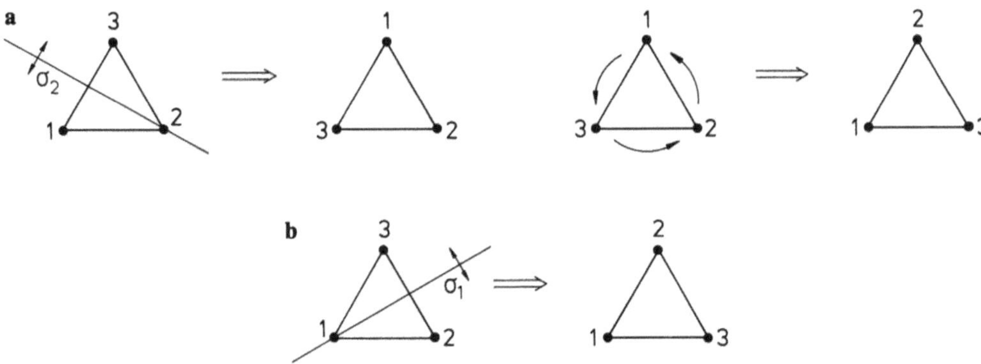

Abb. 6.4. (**a**) Wirkung der Symmetrieoperation σ_2 und anschließend C_3. (**b**) Die gleiche Wirkung wie in (**a**) wird durch σ_1 erzielt

operationen auftreten, die der Periodizität der Molekülkette oder des Gitters Rechnung tragen: die Schraubung (Translation + Drehung) und die Gleitspiegelung (Translation + Spiegelung). In Tabelle 6.1 sind zunächst die vier einfachen Punktsymmetrieoperationen Identität E, Spiegelung σ, Drehung C, und Inversion i sowie die zusammengesetzten Punktsymmetrieoperationen Drehspiegelung S, Gleitspiegelung $\bar{\sigma}$ und Schraubung $\bar{C}_n$ mit den zugehörigen Symmetrieelementen aufgeführt.

Die einzelnen Symmetrieoperationen können wir uns nochmals veranschaulichen, indem wir ein gleichseitiges Dreieck gemäß Abb. 6.2 bis 6.4 betrachten. Die Symmetrieoperationen wirken sich hier in einer bestimmten Vertauschung der Zahlen, wie in den Abbildungen angegeben, aus. Wir wollen an einigen Beispielen zeigen, wie durch Hintereinanderschalten von zwei Symmetrieoperationen eine neue Symmetrieoperation entsteht, die im vorliegenden Falle der Abb. 6.4 sogar wieder durch eine bereits bekannte ausgedrückt werden kann. Betrachten wir dazu Abb. 6.4a, wobei wir zuerst die Spiegelung σ_2 vornehmen und sodann die Drehung C_3. Das rechts angegebene Endprodukt können wir aber auch so erreichen, daß wir das Dreieck, von dem wir ursprünglich ausgegangen sind, gemäß σ_1 spiegeln (Abb. 6.4b). Wir erhalten damit die Relation $C_3\,\sigma_2 = \sigma_1$. Man beachte dabei, daß auf der linken Seite dieser Gleichung die Faktoren von rechts nach links gelesen werden! Was passiert nun, wenn wir die Reihenfolge von Spiegelung und Drehung vertauschen, d. h. erst eine Drehung und dann eine Spiegelung gemäß Abb. 6.5a vornehmen? Das sich ergebende Dreieck kann auch so entstanden ge-

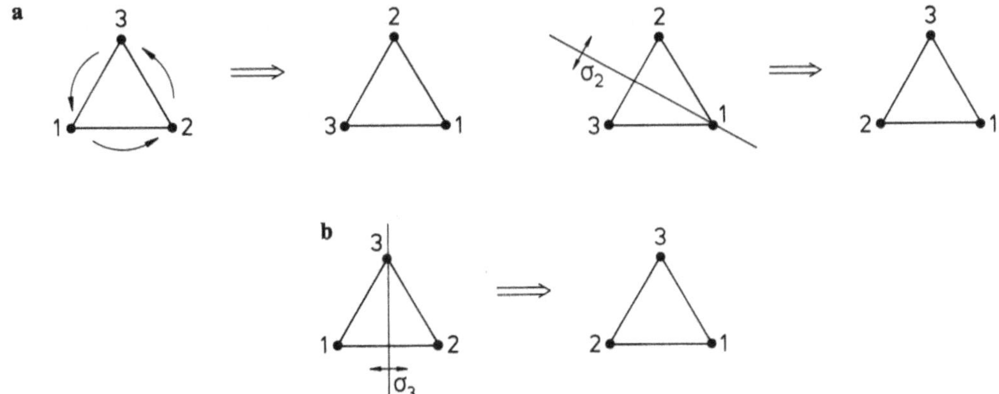

Abb. 6.5. (**a**) Wirkung der Symmetrieoperation C_3 und anschließend σ_2. (**b**) Die gleiche Wirkung wie in (**a**) wird durch σ_3 erzielt

dacht werden, daß wir in dem ursprünglichen Dreieck eine Spiegelung an der Ebene σ_3 vorgenommen haben (Abb. 6.5b). Wir erhalten damit die Relation $\sigma_2 C_3 = \sigma_3$. Vergleichen wir das Resultat von Abb. 6.4a mit dem jetzigen, Abb. 6.5a, so erkennen wir, daß die Endergebnisse von der Reihenfolge der Ausführung von Drehung und Spiegelung abhängen. Mit anderen Worten, die Symmetrieoperationen sind im vorliegenden Falle nicht miteinander vertauschbar. Ganz allgemein kann man sich davon überzeugen, daß das Produkt aus zwei Drehungen wieder durch eine Drehung, eine Spiegelung mit anschließender Drehung durch eine Spiegelung und eine Drehung mit anschließender Spiegelung durch eine Spiegelung wiedergegeben werden können. Zwei aufeinanderfolgende Spiegelungen können durch eine Drehung ersetzt werden. Fassen wir alle diese Resultate zusammen, so ergibt sich eine sog. Gruppentafel, die wir in Tabelle 6.2 dargestellt haben.

Tabelle 6.2. Multiplikationstafel für die Symmetriegruppe C_{3v}. Die Multiplikation BA führt jeweils zu dem in der Tafel angegebenen neuen Element

	Operation A						
	C_{3v}	E	C_3	C_3^2	σ_1	σ_2	σ_3
Operation B	E	E	C_3	C_3^2	σ_1	σ_2	σ_3
	C_3	C_3	C_3^2	E	σ_3	σ_1	σ_2
	C_3^2	C_3^2	E	C_3	σ_2	σ_3	σ_1
	σ_1	σ_1	σ_2	σ_3	E	C_3	C_3^2
	σ_2	σ_2	σ_3	σ_1	C_3^2	E	C_3
	σ_3	σ_3	σ_1	σ_2	C_3	C_3^2	E

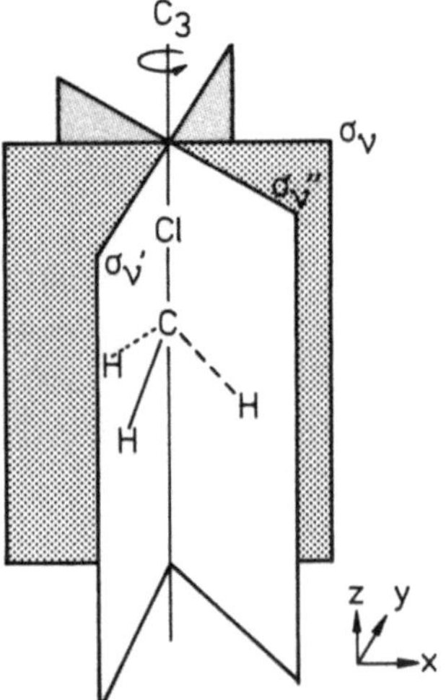

Abb. 6.6. Symmetrieelemente der Punktgruppe C_{3v}. Beispiel: Methylchlorid

Damit kommen wir zu dem Begriff einer *Gruppe*. Eine Gruppe besteht aus einem Satz einzelner Operationen mit folgenden Eigenschaften. Durch Verknüpfung von zwei Operationen A und B ergibt sich eine neue Operation, die ebenfalls der Gruppe angehört gemäß $AB = C$. Der Satz von Symmetrieoperationen enthält eine Identitätsoperation E derart, daß $EA = AE = A$ ist. Zu jeder Operation A gehört eine inverse Operation A^{-1}, so daß $AA^{-1} = E$ ist. Es läßt sich dann zeigen, daß auch $A^{-1}A = E$ ist. Für die Operation A, B und C gilt das assoziative Gesetz $(AB)C = A(BC)$.

Sofern die Operationen alle miteinander vertauschen, d. h. $AB = BA$ gilt, spricht man von einer Abelschen Gruppe. Anhand der Gruppentafel kann man leicht nachprüfen, daß die Symmetrieoperationen $E, C_3, C_3^2, \sigma_1, \sigma_2, \sigma_3$ eine Gruppe bilden. Gemäß einer Bezeichnungsweise, die wir weiter unten systematisch darstellen werden, heißt diese Gruppe C_{3v}. Aus den eine Gruppe darstellenden Symmetrieoperationen eines Moleküls können wir oft bestimmte Operationen auswählen, die ihrerseits die Bedingungen einer Gruppe erfüllen. Diese Symmetrieoperationen werden in einer Untergruppe der ursprünglichen Gruppe zusammengefaßt. Der Multiplikationstafel der Tabelle 6.2 können wir entnehmen, daß die Operationen E, C_3 und C_3^2 eine Untergruppe von C_{3v} bilden. Neben NH_3 ist ein weiteres Beispiel für die Punktgruppe C_{3v} das Molekül Methylchlorid. Dies ist, zusammen mit den Symmetrieelementen der Punktgruppe C_{3v}, in Abb. 6.6 dargestellt.

6.2 Molekulare Punktgruppen

Für die Einteilung der molekularen Punktgruppen benutzen wir eine von *Schönflies* stammende Symbolik. (Eine andere, von Kristallographen bevorzugte, Symbolik ist die nach *Hermann-Mauguin*.) Im folgenden werden sämtliche Punktgruppen von Molekülen zusammengestellt. Dabei beginnen wir mit Molekülen, die neben der in allen Punktgruppen möglichen Identitätsoperation die geringste Zahl von Symmetrieoperationen ermöglichen. Anschließend werden wir Moleküle mit höherer Symmetrie betrachten. Beispiele finden sich in Abb. 6.7.

Moleküle ohne Drehachse gehören zu den *Punktgruppen*

C_1: Diese Punktgruppe enthält neben der Identität E keine weiteren Symmetrieelemente. Beispiel: NHFCl.

C_s: Einziges Symmetrieelement ist eine Spiegelebene. Beispiel: NOCl in Abb. 6.7, 1. Zeile, links.

C_i: Einziges Symmetrieelement ist das Inversionszentrum i.
Beispiel: ClBrHC–CHClBr in der trans-Konformation.

Alle weiteren Punktgruppen beziehen sich auf Moleküle mit Drehachsen (Rotationsgruppen).

C_n: Moleküle mit einer n-zähligen ($n \neq 1$) Drehachse als einziges Symmetrieelement. Beispiele: H_2O_2 (C_2) und $Cl_3C–CH_3$ (C_3). Lineare Moleküle ohne Inversionszentrum gehören der Rotationsgruppe C_∞ an; sie besitzen außerdem unendlich viele Spiegelebenen, die sich in der Molekülachse schneiden ($C_{\infty v}$).

S_n: Moleküle, die als Symmetrieelement lediglich eine Drehspiegelachse mit gerader Zähligkeit ($n = 2m$, beginnend mit $m = 2$) besitzen. (Für ein Beispiel vgl. Abb. 6.7.) Die Punktgruppe S_2 enthält neben der Identitätsoperation E nur die Inversion i; es ist daher $S_2 \equiv C_i$.

C_{nh}: Moleküle mit einer Drehachse der Zähligkeit $n > 1$ ($C_{1h} \equiv C_s$) und einer (horizontalen) Spiegelebene senkrecht dazu. (Die Bezeichnung „horizontal" ergibt sich dadurch, daß die Drehachse senkrecht stehend gedacht wird.) Die $2n$ Symmetrieoperationen ergeben sich aus denen der Rotationsgruppe C_n und deren Verknüpfung mit der Spiegelung σ_h; $S_n = \sigma_h C_n$. Ist n geradzahlig, so enthält das Molekül wegen $S_2 = i$ ein Inversionszentrum. Beispiel: Butadien in der ebenen trans-Konformation, C_{2h}. An diesen Molekülen können die folgenden einfachen Symmetrieoperationen durchgeführt werden: Identitätsoperation E, Drehung um 180° um eine Achse, die senkrecht zur Papierebene steht und durch den Schwerpunkt des Moleküls geht, Spiegelung an der Ebene, die senkrecht zu dieser Achse steht und in der alle Atome des Moleküls liegen, und schließlich Inversion am Schwerpunkt des Moleküls, der zugleich Inversionszentrum ist.

C_{nv}: Moleküle mit einer Drehachse und n Spiegelebene(n), durch die zugleich die Drehachse läuft. Die Spiegelebene ist „vertikal", da sie zugleich die Drehachse enthält; sie wird mit σ_v bezeichnet. Für den Fall $n > 2$ werden durch die Symmetrieoperation C_n weitere äquivalente, vertikale Spiegelebenen erzeugt. Die Symmetrieoperationen der Punktgruppe C_{nv} sind die Drehungen um die n-zählige Drehachse und die n Spiegelungen an den vertikalen Ebenen. Ist n geradzahlig, so wird zwischen zwei verschiedenen Klassen von Spiegelebenen unterschieden; jede zweite Spiegelebene wird mit σ_v, die restlichen Spiegelebenen werden mit σ_d (diedrisch) bezeichnet. Beispiele: H_2CCl_2 (C_{2v}), NH_3 (C_{3v}). Zur Gruppe

$C_{\infty v}$ gehören lineare Moleküle ohne Spiegelebene senkrecht zur Molekülachse (z. B. OCS); die Symmetrieoperationen sind unendlich viele Drehungen um diese Achse und ebenso viele Spiegelungen an Ebenen, in denen die Molekülachse liegt.

D_n: Moleküle mit einer n-zähligen Drehachse (C_n, $n \geq 2$) und einer zweizähligen Drehachse senkrecht zur Hauptachse. Beispiel für D_3: $H_3C–CH_3$, wenn die CH_3-

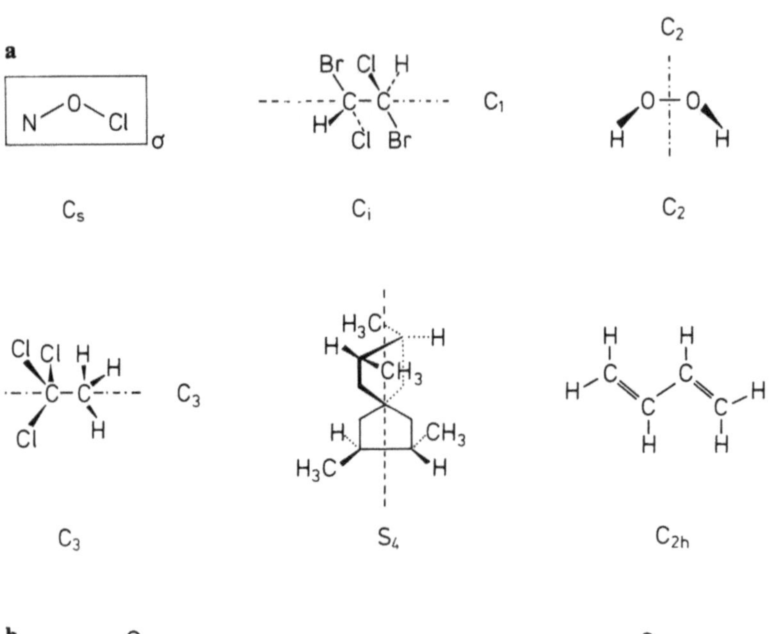

Abb. 6.7. Einige Beispiele für Punktgruppen, (**a**) *1. Zeile, links*: NOCl, Punktgruppe C_s, *Mitte*: ClBrHC–CHClBr in trans-Konformation, Punktgruppe C_i, *rechts*: H_2O_2, Punktgruppe C_2. *2. Zeile, links*: $Cl_3C–CH_3$, Punktgruppe C_3, *Mitte*: Punktgruppe S_4, *rechts*: Butadien in der ebenen trans-Konformation, Punktgruppe C_{2h}. (**b**) *1. Zeile, links*: H_2CCl_2, Punktgruppe C_{2v}, *Mitte*: $H_3C–CH_3$, Seitenansicht, *rechts*: dito, aber Ansicht längs der C–C-Molekülachse. CH_3-Gruppen liegen zueinander unter Winkel, der *nicht* Vielfaches von $\pi/3$ ist, Punktgruppe D_3. *2. Zeile, links*: $H_2C–CH_2$, Punktgruppe D_{2h}, *Mitte* und *rechts*: wie bei *1. Zeile Mitte*, aber die CH_3-Gruppen bilden Winkel von $\pi/3$, d. h. sie stehen genau auf Lücke

Gruppen unter einem Winkel, der kein Vielfaches von $\pi/3$ sein darf, zueinander gestaffelt sind.

D_{nh}: Diese Punktgruppe enthält zusätzlich zu den Symmetrieelementen der Punktgruppe D_n eine Ebene σ_h senkrecht zur Hauptachse (horizontal). Durch Verknüpfung der Drehoperationen der Rotationsgruppe D_n mit den Spiegelungen σ_h ergeben sich n Drehspiegeloperationen S_n ($S_n = \sigma_h C_n$) und n Spiegelungen σ_v ($\sigma_v = C_2\sigma_h$) zusätzlich zu den Operationen von D_n. Ist n gradzahlig, so werden die n Spiegelebenen in $n/2$ Ebenen σ_v (enthalten eine C_2-Achse senkrecht zur Hauptachse) und in $n/2$ Ebenen σ_d (enthalten die Winkelhalbierenden zwischen zwei C_2-Achsen senkrecht zur Hauptachse) unterteilt. Auch hier liegt bei geradem n wegen $S_2 \equiv i$ ein Inversionszentrum vor. Weiterhin sind hier die linearen Moleküle mit Symmetriezentrum ($D_{\infty h}$) zu nennen.

D_{nd}: Diese Punktgruppe enthält neben den Symmetrieoperationen der Gruppe D_n n Spiegelungen σ_d an Ebenen, welche die C_n-Achse enthalten und den Winkel zwischen zwei benachbarten C_2-Achsen halbieren. Durch Verknüpfung von $C_2\sigma_d = \sigma_n C_{2n} = S_{2n}(C_2 - C_n)$ werden zusätzlich noch n Drehspiegelungen S_{2n}^k ($k = 1, 3 \ldots 2n - 1$) erzeugt. Bei dieser Punktgruppe liegt ein Inversionszentrum vor, wenn n eine ungerade Zahl ist. Beispiel für die Punktgruppe D_{3d}: H_3C–CH_3, wenn die H-Atome der beiden CH_3-Gruppen zueinander auf Lücke stehen.

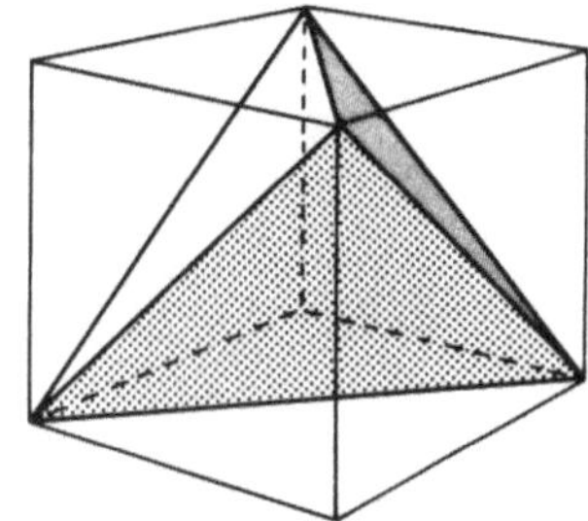

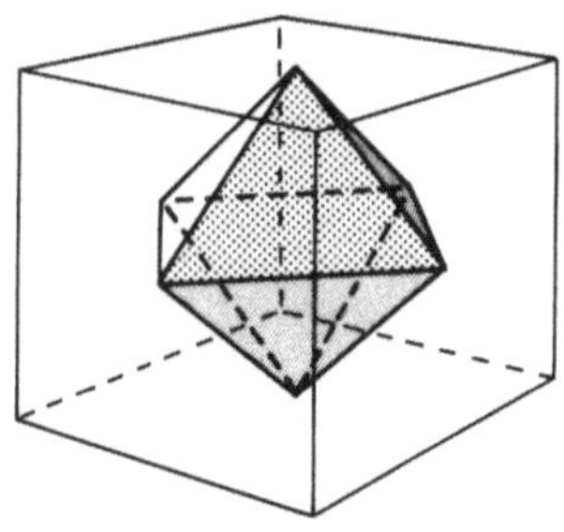

Abb. 6.8. *Oben*: gleichseitiger Tetraeder in einem Würfel, *unten*: regulärer Oktaeder in einem Würfel

Als nächstes betrachten wir Moleküle, die mehr als eine Symmetrieachse mit einer Zähligkeit von $n > 2$ besitzen. Die wichtigsten dieser Punktgruppen sind jene, die sich vom gleichseitigen Tetraeder und vom regulären Oktaeder ableiten (Abb. 6.8). Ihre reinen Rotationsgruppen – dies sind Gruppen von Operationen, die nur in Drehungen um Symmetrieachsen bestehen – werden mit T und O bezeichnet. Die Gruppe des regulären Oktaeders ist zugleich die des Würfels, da letzterer dieselben Symmetrieelemente besitzt. Außerdem kann ein regulärer Oktaeder so in einen Würfel eingezeichnet werden, daß Flächen und Ecken des Würfels in bezug auf den Oktaeder äquivalent sind. O ist also die reine Rotationsgruppe des Würfels. Auch ein gleichseitiger Tetraeder kann in einen Würfel eingezeichnet werden. Die Ecken des Würfels sind nun jedoch nicht mehr äquivalent (vier Würfelecken sind zugleich Ecken des Tetraeders). Der gleichseitige Tetraeder hat also eine niedrigere Symmetrie als der Würfel; T muß eine Untergruppe von O sein. Abbildung 6.9 zeigt die zu den Gruppen T und O gehörigen Drehachsen.

T: Symmetrieelemente sind die 4 dreizähligen und 3 zweizähligen Achsen des regulären Tetraeders, die 12 Drehsymmetrieoperationen erlauben. Die 4 C_3-Achsen dieser Rotationsgruppe gehen durch den Schwerpunkt und jeweils eine Ecke des Tetraeders. Die C_2-Achsen laufen durch die Mitten der gegenüberliegenden Kanten des Tetraeders.

O: Die 3 vierzähligen, die 4 dreizähligen und die 6 zweizähligen Drehachsen bilden die Symmetrieelemente der Rotationsgruppe des regulären Oktaeders und ermöglichen 24 Drehsymmetrieoperationen. Die C_4-Achsen laufen durch die gegenüberliegenden Ecken, die C_3-Achsen durch die Schwerpunkte der gegenüberliegenden Flächen und die C_2-Achsen durch die Mitten der gegenüberliegenden Kanten des Oktaeders.

T_d: Die vollständige Symmetriegruppe des gleichseitigenTetraeders besteht aus den Rotationselementen der Gruppe T sowie aus 6 Spiegelungen an σ_d und 6 vierzäh-

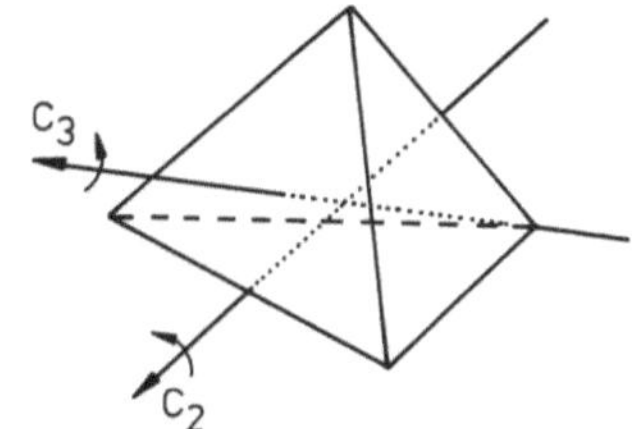

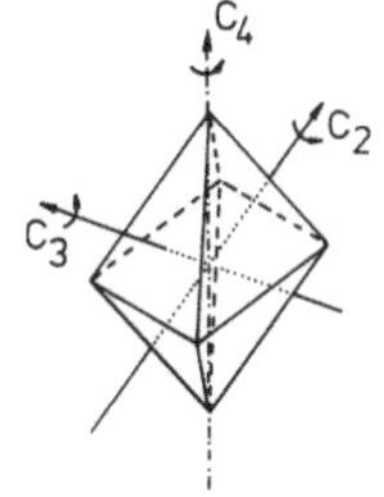

Abb. 6.9. Beispiele für Drehachsen des gleichseitigen Tetraeders (Rotationsgruppe T) (*oben*) und des regulären Oktaeders (Rotationsgruppe O) (*unten*)

ligen Drehspiegelachsen S_4. Zu dieser Punktgruppe gehören CH_4, P_4, CCl_4 und eine Anzahl von tetraedrisch gebauten komplexen Ionen.

O_h: Wenn wir der reinen Rotationsgruppe O alle 9 Spiegelebenen des Würfels hinzufügen, erhalten wir die wichtige Gruppe O_h. Beispiele hierfür sind die Moleküle SF_6, das Ion $(PtCl_6)^{2-}$ und zahlreiche oktaedrische Koordinationsverbindungen. Die zur Gruppe O_h gehörenden Spiegelebenen $(3\sigma_h, 6\sigma_d)$ bedingen die zusätzlichen Symmetrieoperationen $6S_4$, $8S_6$ und i.

Schließlich seien noch die Ikosaedergruppen genannt, die durch C_{60} aktuell geworden sind.

6.3 Die Auswirkung von Symmetrieoperationen auf Wellenfunktionen

In Abschn. 5.2 haben wir am Beispiel des Benzols gesehen, wie durch eine Drehung des Koordinatensystems eine Transformation der Wellenfunktionen bewirkt wird. Wir wollen jetzt das damals Gelernte in mehrfacher Hinsicht erweitern:

1) Es kann sich nunmehr auch um beliebige Symmetrieoperationen handeln, also nicht nur Drehungen.
2) Die Wellenfunktionen können sich auf nicht nur ein Elektron beziehen, sondern auch auf mehrere.

Um die Auswirkung von Symmetrieoperationen zu untersuchen, nehmen wir an, daß zu einem Energie-Eigenwert der Schrödinger-Gleichung ein Satz von miteinander entarteten Wellenfunktionen

$$\Psi_1, \Psi_2, \ldots, \Psi_M \tag{6.1}$$

gehört.

Betrachten wir zunächst nur eine einzige Symmetrieoperation, die wir mit A bezeichnen. Da der Hamilton-Operator invariant gegenüber der Transformation A sein soll, ist er mit A vertauschbar. Dies bedeutet aber, daß nicht nur etwa ψ_1, sondern auch A angewendet auf ψ_1 eine neue Wellenfunktion darstellt, die die gleiche Energie wie der Satz (6.1) besitzt (vgl. 5.29–5.32). Da (6.1) die einzigen Wellenfunktionen sein sollen, die zu dieser Energie gehören, muß sich $A\psi_1$ notwendigerweise als eine Linearkombination aus diesen Wellenfunktionen in der Form

$$A\Psi_1 = \sum_{m=1}^{M} a_{1m}\Psi_m \tag{6.2}$$

darstellen lassen. Dabei sind die Koeffizienten a_{1m} Konstante, während natürlich die Wellenfunktionen von den Elektronen-Koordinaten abhängen. Eine Relation der Form (6.2) gilt nicht nur für Ψ_1, sondern für jede beliebige aus dem Satz (6.1), so daß wir

$$A\Psi_j = \sum_{m=1}^{M} a_{jm}\Psi_m \tag{6.3}$$

erhalten. Hierbei hängen die Koeffizienten a_{jm} einerseits von den Indizes der Wellenfunktionen, die links auftreten, ab, andererseits von den Indizes der dahinter stehenden

Wellenfunktionen Ψ_m: In diesem Sinne können wir sagen, daß der Einfluß des Operators A auf Ψ die Multiplikation des Vektors (6.1), der dann als Spaltenvektor zu schreiben ist, mit einer Matrix (a_{jm})

$$A \to (a_{jm}) \tag{6.4}$$

entspricht. Die Identitätsoperation, bei der also der Vektor (6.1) unverändert bleibt. bezeichnen wir mit E.

Sehen wir uns an, was passiert, wenn wir erst die Operation A und dann die Operation B auf Ψ_j anwenden. Wir untersuchen also, was das Produkt BA, angewendet auf Ψ_j, bewirkt, wobei wir in Analogie zu (6.3) annehmen dürfen, daß

$$B\Psi_j = \sum_{l=1}^{M} b_{jl}\Psi_l \tag{6.5}$$

gilt.

Setzen wir in $BA\Psi_j \equiv B(A\Psi_j)$ zuerst die rechte Seite von (6.3) ein, was

$$BA\Psi_j = B(A\Psi_j) = B\left(\sum_{m=1}^{M} a_{jm}\Psi_m\right) \tag{6.6}$$

ergibt. Da aber B nichts mit den Koeffizienten zu tun hat, sondern nur auf die Funktion Ψ, die dahinter steht, wirkt, können wir rechts in (6.6) schreiben:

$$\sum_{m=1}^{M} a_{jm} B\Psi_m \tag{6.7}$$

und dann (6.5) verwenden:

$$\sum_{m=1}^{M} a_{jm} \sum_{l=1}^{M} b_{ml}\Psi_l \,. \tag{6.8}$$

Die beiden Summationen über l und m können wir schließlich vertauschen und erhalten damit anstelle der Gl. (6.6)

$$BA\Psi_j = \sum_{l=1}^{M} \underbrace{\left(\sum_{m=1}^{M} a_{jm}b_{ml}\right)}_{c_{jl}} \Psi_l \,. \tag{6.9}$$

Die Anwendung des Produktes BA auf Ψ_j ergibt also wieder eine Linearkombination aus Ψ_j wobei aber neue Koeffizienten c_{jl} auftreten. Wir können also dem Produkt BA der Operatoren eine Matrix gemäß

$$BA \to (c_{jl}) = C \tag{6.10}$$

zuordnen, wobei gemäß (6.9) die Koeffizienten c_{jl} mit den Koeffizienten a_{jm} und b_{ml} durch

$$c_{jl} = \sum_{m=1}^{M} a_{jm}b_{ml} \tag{6.11}$$

verknüpft sind. Dies ist aber die Produktregel für die Matrizen $A' = (a_{jm})$, $B' = (b_{ml})$, $C' = (c_{jl})$, wobei $A'B' = C'$ ist. Damit gelangen wir zu der grundlegenden Erkenntnis, daß die Operatoren $A, B, \ldots$ einschließlich der Produktregeln durch Matrizen dargestellt werden können, wobei dem Produkt der Operation BA das Matrizenprodukt $A'B'$, also in umgekehrter Reihenfolge, entspricht.

Sehen wir uns nun an, was die Inverse von A bewirkt. Dazu bilden wir zunächst

$$A^{-1}A\Psi_j(\boldsymbol{r}) = A^{-1}\left(\sum_{m=1}^{M} a_{jm}\Psi_m\right) \tag{6.12}$$

und machen für $A^{-1}\Psi_m$ auf der rechten Seite von (6.12) den Ansatz

$$A^{-1}\Psi_m(\boldsymbol{r}) = \sum_{l=1}^{M} f_{ml}\psi_l\,. \tag{6.13}$$

Anhand der einfach zu übersehenden Schritte

$$\Psi_j(\boldsymbol{r}) = \sum_{m=1}^{M} a_{jm}A^{-1}\Psi_m \tag{6.14}$$

$$= \sum_{m=1}^{M} a_{jm}\sum_{l=1}^{M} f_{ml}\Psi_l \tag{6.15}$$

$$= \sum_{l=1}^{M}\sum_{m=1}^{M} a_{jm}f_{ml}\Psi_l \tag{6.16}$$

erhalten wir

$$\sum_{m=1}^{M} a_{jm}f_{ml} = \delta_{jl}\,, \tag{6.17}$$

oder wenn wir a_{jm} und f_{ml} jeweils zu Matrizen $A' = (a_{jm})$ und $F' = (f_{ml})$ zusammenfassen, die Matrixrelation

$$A'F' = E'\,. \tag{6.18}$$

Diese bedeutet aber, daß F' nichts anderes als die Inverse der Matrix A' ist

$$F' = A'^{-1}\,. \tag{6.19}$$

Damit wird dem Operator A^{-1} die Matrix A'^{-1} zugeordnet.

Fassen wir zusammen: Wie wir in Abschn. 6.1 sahen, bilden die Symmetrieoperationen, die wir jetzt mit $A, B, C, \ldots$ bezeichnet haben, eine Gruppe. Zu jeder Anwendung eines Gruppenelements $A, \ldots$ auf den Satz der Wellenfunktionen gehört eine Matrix $A', \ldots$, die die Wellenfunktionen untereinander transformiert. Dem Produkt zweier Gruppenelemente entspricht ein Matrizenprodukt gemäß

$$BA \to A'B'\,, \tag{6.20}$$

wobei man nur darauf achten muß, daß sich die Reihenfolge der entsprechenden Matrizen umkehrt. Der Inversen der Operation A, d. h. A^{-1}, entspricht die Inverse der Matrix A', d. h. A'^{-1}. Ferner entspricht natürlich der Identitätsoperation E die Einheitsmatrix E'. Schließlich ist aus der Algebra bekannt, daß Matrizen das assoziative Gesetz erfüllen, d. h. $(A'B')C' = A'(B'C')$. Wir erkennen somit, daß sich alle Eigenschaften der Operationen der ursprünglichen Gruppe A, B, C in den Eigenschaften der zugeordneten Matrizen $A', B', C', \ldots$ wiederfinden. Die Matrizen $A', B', C', \ldots$ bilden selbst eine Gruppe. Man bezeichnet die Gruppe der Matrizen $A', B', C', \ldots$ als eine *Darstellung* der (abstrakten) Gruppe mit den Elementen $A, B, C, \ldots$.

6.4 Ähnlichkeitstransformationen und Reduktion der Matrizen

Wir erinnern uns an eine Erfahrung, die wir bei den Drehungen gemacht hatten. Wir haben gesehen, daß es eine reelle Darstellung gibt, bei der die Drehung eine Überführung der p-Wellenfunktionen in eine Linearkombination bewirkt (vgl. 5.14) und eine komplexe Darstellung, wo die Drehung lediglich die Multiplikation der jeweiligen Wellenfunktion mit einem konstanten Faktor bewirkt (vgl. 5.19). Dies führt uns zu der allgemeinen Frage, ob wir nicht auch im vorliegenden komplizierteren Fall eine Basis von Wellenfunktionen finden können, so daß möglichst wenige Wellenfunktionen an einer Transformation A beteiligt sind. Dies führt uns ein klein wenig in die Mathematik. Wie der Leser sogleich sehen wird, wollen wir auf eine Ähnlichkeitstransformation hinaus. Dazu denken wir uns eine Matrix $C' = (c_{kj})$, die eine Inverse besitzt und deren Indizes k und j gerade über den Satz der Indizes der Wellenfunktionen $1, \ldots, M$ laufen. Wir führen einen Satz von neuen Wellenfunktionen χ_k gemäß

$$\chi_k = \sum_{j=1}^{M} (C'^{-1})_{kj} \Psi_j \tag{6.21}$$

ein. Die Umkehrung von (6.21) lautet natürlich

$$\Psi_j = \sum_{k=1}^{M} C'_{jk} \chi_k \,. \tag{6.22}$$

Wir wenden nun die Symmetrieoperation A auf χ_k an, was in elementarer Weise zu

$$A\chi_k = \sum_{l=1}^{M} (C'^{-1})_{kl} A\Psi_l = \sum_{l=1}^{M} (C'^{-1})_{kl} \sum_{m=1}^{M} a_{lm} \Psi_m \tag{6.23}$$

führt. Hierin drücken wir auf der rechten Seite Ψ_m nochmals durch χ_k gemäß (6.22) aus

$$A\chi_k = \sum_{l=1}^{M} (C'^{-1})_{kl} \sum_{m=1}^{M} a_{lm} \sum_{j=1}^{M} c_{mj} \chi_j \,. \tag{6.24}$$

Eine Umordnung der Summen führt zu

$$A\chi_k = \sum_{j=1}^{M} \underbrace{\left(\sum_{l=1}^{M} (C'^{-1})_{kl} \sum_{m=1}^{M} a_{lm} c_{mj} \right)}_{b_{kj}} \chi_j \,. \tag{6.25}$$

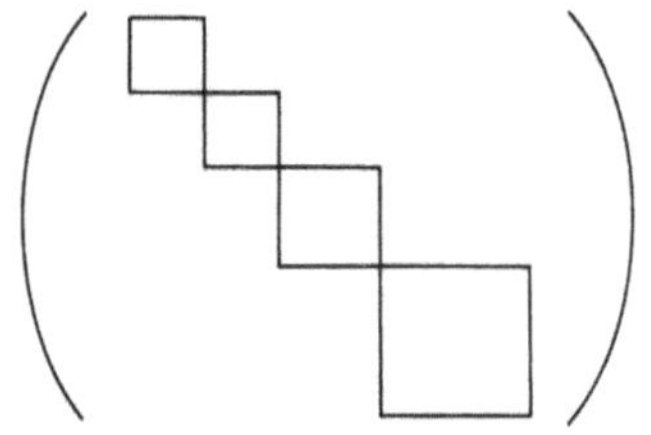

Abb. 6.10. Typischer Aufbau einer ausreduzierten Matrix. Außerhalb der Kästchen stehen Nullen

Darin haben wir die Abkürzung b_{kj} gemäß

$$b_{kj} = \sum_{l=1}^{M} (C'^{-1})_{kl} \sum_{m=1}^{M} a_{lm} c_{mj} \tag{6.26}$$

eingeführt. Der mit Matrizen vertraute Leser wird erkennen, daß auf der rechten Seite nichts anderes als eine Multiplikation von Matrizen ausgeführt wird. Fassen wir nämlich b_{kj} zu einer Matrix $\widetilde{A}'$ mit den Elementen b_{kj} zusammen, so läßt sich (6.26) in die Form

$$\widetilde{A}' = C'^{-1} A' C' \tag{6.27}$$

umschreiben. In der Sprache der Mathematik geht $\widetilde{A}'$ aus der Matrix A' durch eine *Ähnlichkeitstransformation* hervor. Hierbei bleibt die Gruppeneigenschaft erhalten, da sich bei Ausmultiplizierung der Elemente (6.27) jeweils $C'^{-1}C'$ heraushebt. Nun weiß man aus der Mathematik, daß durch eine Ähnlichkeitstransformation eine Matrix A' in eine einfachere Form gebracht werden kann, wobei nur in der Hauptdiagonale und deren anschließenden Seiten einzelne Kästchen gemäß Abb. 6.10 stehen. Diese Form wird als Jordansche Normalform bezeichnet. Ergeben die Potenzen von A' immer wieder endliche Matrizen, ist also A'^n, $n \to \infty$, beschränkt, so läßt sich A' sogar auf Diagonalform bringen. Man könnte somit glauben, daß wir immer annehmen dürfen, daß die Matrix A' diagonal ist.

Leider tritt hier aber eine Schwierigkeit auf, wenn nämlich die allgemeine Zuordnung

$$\begin{aligned} A &\to C'^{-1} A' C' = \widetilde{A}' \\ B &\to C'^{-1} B' C' = \widetilde{B}' \end{aligned} \tag{6.28}$$

gilt. Dann können bei Gruppenelementen, die nicht vertauschen, Fälle eintreten, wo wir C' nicht so wählen können, daß alle Matrizen $\widetilde{A}', \widetilde{B}', \ldots$ gleichzeitig diagonal werden.

Es gibt nun aber einen sehr wichtigen Zweig der Mathematik, nämlich die *Darstellungstheorie der Gruppen*, in der gezeigt wird, daß eine Minimaldarstellung von $A', B', \ldots$ mit Hilfe der Ähnlichkeitstransformation (6.28) erreicht werden kann. Was bedeutet eine solche Darstellung? Sie bedeutet, daß man eine Basis der Wellenfunktionen χ_k so wählen kann, daß bei Anwendung *aller* Symmetrieoperationen der Gruppe *nur ein bestimmter Teilsatz* der χ_k in sich transformiert wird. Mit anderen Worten, die Basis der χ_k zerfällt in einzelne Teile. Diese Teile haben natürlich im allgemeinen ein viel einfacheres Transformationsverhalten als die ursprünglichen Ψ_j. Und nun kommt eigentlich die wunderbarste Erkenntnis aus der Verknüpfung von Quantentheorie und Gruppentheorie. Unseren Überlegungen hatten wir ja eine Basis Ψ_j bzw. χ_k zugrundegelegt. Das Transformationsverhalten der χ_k hängt aber überhaupt nicht mehr von dem konkreten quantenmechanischen Problem ab, sondern nur von der zugrundeliegenden Symmetriegruppe.

Statt also die Wellenfunktionen direkt aus der Lösung von Schrödinger-Gleichungen, die auch sehr kompliziert sein können, zu bestimmen, genügt es oft, in der Gruppentheorie nachzusehen, welches Transformationsverhalten die Basisvektoren in ihren Darstellungen haben. Dieses Symmetrieverhalten können wir dann auch den gesuchten Wellenfunktionen auferlegen, genauso wie wir das schon im Falle des Ethylens oder Benzols getan haben (vgl. Kap. 5). Damals ließen sich ja bei einer Darstellung von ψ aus atomaren Wellenfunktionen die Koeffizienten eindeutig bestimmen. Dies wird im allgemeinen Fall nicht immer so sein, aber auf jeden Fall läßt sich die Zahl der unbekannten Koeffizienten durch die Gruppeneigenschaften drastisch reduzieren. Das Transformationsverhalten von Basisfunktionen unter bestimmten Symmetriegruppen ist in der Literatur tabelliert. Dieses hier im einzelnen zu behandeln, würde bei weitem den Rahmen dieses Buches sprengen; insbesondere wäre das auch nur eine lexikonartige Aufzählung, mit deren Hilfe man keine großartigen physikalischen Einblicke erhält. Wir wollen deshalb nur beispielhaft einige solche Symmetrieeigenschaften und deren Bezeichnungen besprechen.

6.5 Grundbegriffe der Darstellungstheorie der Gruppen

6.5.1 Der Begriff der Klasse

Für unsere späteren Anwendungen eignen wir uns einige Grundbegriffe aus dieser Theorie an. Die Zahl der Elemente einer Gruppe heißt die *Ordnung* der Gruppe und wird oft mit dem Buchstaben h bezeichnet. So ist $h = 4$ für C_{2v} und $h = 6$ für C_{3v}. Zwei Elemente A, B einer Gruppe heißen zueinander konjugiert, falls es ein Element C gibt, so daß

$$B = C^{-1}AC \tag{6.29}$$

gilt. Wenn wir die Gruppenoperationen durch Matrizen darstellen, so bedeutet (6.29) nichts anderes als eine Ähnlichkeitstransformation. Deshalb spricht man auch bei abstrakten Gruppenbeziehungen bei (6.29) von einer Ähnlichkeitstransformation. Multiplizieren wir (6.29) von links mit C und von rechts mit C^{-1}, so erhalten wir

$$A = CBC^{-1}\,, \tag{6.30}$$

was nichts anderes bedeutet, als daß die Beziehung des Konjungiertseins reziprok ist. Unter einer *Klasse* verstehen wir einen vollständigen Satz von Elementen der Gruppe, die zueinander konjungiert sind. Um nachzuprüfen, welche Operationen zur gleichen Klasse gehören, muß man alle Ähnlichkeitstransformationen untersuchen. Betrachten wir als Beispiel die Gruppe C_{3v}, wählen E fest und gehen die Transformationen C durch, so erhalten wir

$$E^{-1}EE = E\,, \tag{6.31}$$

$$C_3^{-1}EC_3 = E \tag{6.32}$$

und entsprechende Beziehungen, bei denen jedesmal auf der rechten Seite wieder E erscheint, da E multipliziert mit einem Element der Gruppe das Element der Gruppe ergibt. Aus diesen Beziehungen folgt aber, daß E eine Klasse für sich selbst ist. Greifen wir als zweites Beispiel σ_v heraus und sehen nach, welche Elemente in der gleichen Klasse wie σ_v sind. Dazu bilden wir

$$E^{-1}(\sigma_v E) = \sigma_v\,, \tag{6.33}$$

was wegen der Eigenschaft von E sofort die rechte Seite ergibt. Um das nächste Beispiel in der Gleichung

$$C_3^{-1}\sigma_v C_3 = C_3^{-1}\sigma_{v'} = C_3^2\sigma_{v'} = \sigma_{v''} \tag{6.34}$$

zu verifizieren, ziehen wir die Gruppentafel der Gruppe C_{3v} zu Hilfe (Tabelle 6.2) und erhalten zunächst das an der zweiten Stelle stehende Resultat in den Gleichungen. Da $C_3^3 = E$ ist, und wir die linke Seite als $C_3 C_3^2$ schreiben können, ergibt sich $C_3^{-1} = C_3^2$. Schließlich ziehen wir wieder die Gruppentafel zu Hilfe. Damit können wir das Resultat der Gl. (6.34) nachvollziehen. In ganz ähnlicher Weise erhalten wir die Resultate

$$\left(C_3^2\right)^{-1}\left(\sigma_v C_3^2\right) = \sigma_{v'} , \tag{6.35}$$

$$\sigma_v^{-1}(\sigma_v \sigma_v) = \sigma_v , \tag{6.36}$$

$$\sigma_v'^{-1} \sigma_v \sigma_{v'} = \sigma_{v''} , \tag{6.37}$$

$$\sigma_v''^{-1} \sigma_v \sigma_{v''} = \sigma_{v'} . \tag{6.38}$$

Offensichtlich gehören die Elemente $\sigma_v, \sigma_{v'}$ und $\sigma_{v''}$ in die gleiche Klasse. Gehen wir anstelle von σ_v etwa von $\sigma_{v'}$ aus, so können wir, indem wir C_3 umkehren, zu σ_v gelangen und von da aus zu dem anderen Klassenelement $\sigma_{v''}$. So überzeugt man sich leicht, daß man aus der Klasse nicht herauskommt. In ganz ähnlicher Weise kann man zeigen, daß C_3 und C_3^2 zur gleichen Klasse gehören. Als Ordnung einer Klasse bezeichnet man die Zahl der Elemente. So gehören zu der Klasse $\sigma_v, \sigma_{v'}, \sigma_{v''}$ in C_{3v} drei Elemente, die Ordnung ist also gleich 3, während die Ordnung der Klasse, zu der C_3, C_3^2 gehören, gleich 2 ist.

6.5.2 Charakter einer Darstellung

Ein zentrales Werkzeug in der Darstellungstheorie der Gruppen ist der „Charakter". Wie wir gesehen haben, können wir jedem Element der Gruppe eine Matrix zuordnen. Als Charakter bezeichnet man die Spur, oder mit anderen Worten, die Summe der Diagonalelemente, die zu dieser entsprechenden Matrix gehört.

Bei der Matrix

$$\begin{pmatrix} a_{11} & a_{12} & \dots \\ a_{21} & a_{22} & \dots \\ \dots & \dots & a_{kk} \end{pmatrix} \tag{6.39}$$

gilt also

$$\text{Charakter} = \text{Spur} = \sum_{l=1}^{k} a_{ll} . \tag{6.40}$$

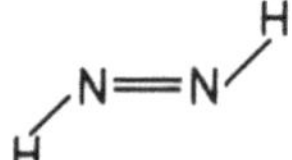

Abb. 6.11. N_2H_2

Betrachten wir, wie man den Charakter einer Darstellung, die zunächst durchaus reduzibel sein kann, bestimmt. Als Beispiel diene das N_2H_2 Molekül, das in seiner geometrischen Anordnung in Abb. 6.11 wiedergegeben ist. Man macht sich leicht klar, daß die Symmetrieoperationen der Gruppe C_{2h} (vgl. Abschn. 6.2) dieses Molekül invariant lassen. Dies sind die folgenden Operationen (Abb. 6.12): Identitätsoperation E, Drehung um 180° um eine Achse, die senkrecht zur Papierebene steht und durch den Schwerpunkt des Moleküls geht, Spiegelung an der Ebene, die senkrecht zu dieser Achse steht und in der Atome des Moleküls liegen, und schließlich Inversion am Schwerpunkt des Moleküls, der zugleich Inversionszentrum ist. Die Gruppentafel ist in Tabelle 6.3 wiedergegeben.

Tabelle 6.3. Gruppentafel

C_{2h}	E	C_2	σ	i
E	E	C_2	σ	i
C_2	C_2	E	i	σ
σ	σ	i	E	C_2
i	i	σ	C_2	E

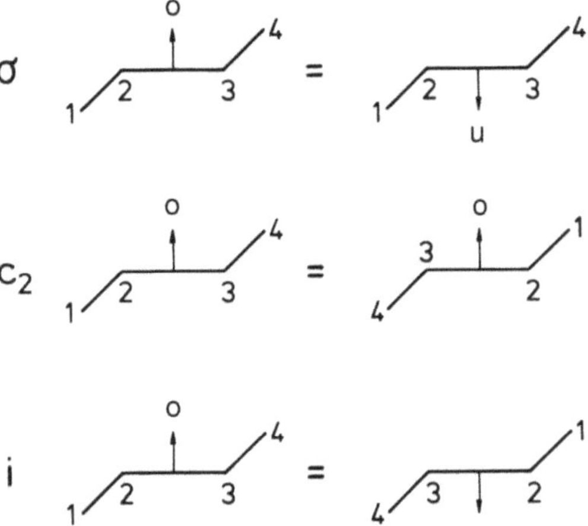

Abb. 6.12. Wirkung der Symmetrieoperationen σ, C_2, i auf N_2H_2. Die *Pfeile* mit o und u bezeichnen „oben" und „unten"

Wir suchen nun eine spezielle Darstellung, indem wir die Längen der Verbindungslinien N/H in den jeweiligen Lagen betrachten und mit ΔR_1 bzw. ΔR_2 bezeichnen (vgl. Abb. 6.13). Dieses Beispiel macht zugleich deutlich, daß die Objekte, auf die sich die Symmetrieoperationen beziehen, nicht nur Wellenfunktionen (vgl. 6.1) sein können, sondern z. B. auch geometrische Gebilde. Bei der Einheitsoperation E ändert sich nichts am Molekül, so daß wir sofort die Darstellung

$$E\begin{pmatrix}\Delta R_1\\ \Delta R_2\end{pmatrix} = \begin{pmatrix}1 & 0\\ 0 & 1\end{pmatrix}\begin{pmatrix}\Delta R_1\\ \Delta R_2\end{pmatrix} \tag{6.41}$$

erhalten. Bei der Drehung um eine zur Buchebene senkrechten Achse durch den Mittelpunkt der beiden N-Atome, geht ΔR_1 in ΔR_2 und ΔR_2 in ΔR_1 über. Wir erhalten somit

$$C_2\begin{pmatrix}\Delta R_1\\ \Delta R_2\end{pmatrix} = \begin{pmatrix}0 & 1\\ 1 & 0\end{pmatrix}\begin{pmatrix}\Delta R_1\\ \Delta R_2\end{pmatrix} . \tag{6.42}$$

Abb. 6.13. Abstände ΔR_1 und ΔR_2 im N_2H_2

In ähnlicher Weise lautet das Resultat bei der Inversion

$$i\begin{pmatrix}\Delta R_1\\ \Delta R_2\end{pmatrix} = \begin{pmatrix}0 & 1\\ 1 & 0\end{pmatrix}\begin{pmatrix}\Delta R_1\\ \Delta R_2\end{pmatrix} . \tag{6.43}$$

Schließlich geht das Molekül bei einer Spiegelung, die an der Ebene, die mit der Ebene dieser Buchseite übereinstimmt, stattfindet, in sich über. Somit erhalten wir

$$\sigma_h\begin{pmatrix}\Delta R_1\\ \Delta R_2\end{pmatrix} = \begin{pmatrix}1 & 0\\ 0 & 1\end{pmatrix}\begin{pmatrix}\Delta R_1\\ \Delta R_2\end{pmatrix} . \tag{6.44}$$

Die in ((6.41)–(6.44)) auftretenden Matrizen sind bereits die von uns gesuchten speziellen Darstellungsmatrizen, zu denen wir auch sofort die Summe der Hauptdiagonale als den Charakter jeweils angeben können. Wir erhalten so die Tabelle 6.4.

Tabelle 6.4. Ganz links in der Spalte stehen die Symmetrieoperationen, sodann die jeweiligen Darstellungsmatrizen und schließlich die zugehörigen Charaktere

C_{2h}	Charakter
$E = \begin{pmatrix}1 & 0\\ 0 & 1\end{pmatrix}$	2
$C_2 = \begin{pmatrix}0 & 1\\ 1 & 0\end{pmatrix}$	0
$i = \begin{pmatrix}0 & 1\\ 1 & 0\end{pmatrix}$	0
$\sigma_h = \begin{pmatrix}1 & 0\\ 0 & 1\end{pmatrix}$	2

Wie wir weiter unten zeigen werden, ist die Darstellung, die durch die Matrizen in Tabelle 6.4 gegeben ist, noch reduzibel. In der Mathematik gelingt es systematisch, die irreduziblen Darstellungen aufzufinden und durch Charaktertafeln zu charakterisieren. Hierbei zeigt es sich, daß zu dem jeweiligen Satz der Elemente einer Gruppe nicht nur

Tabelle 6.5. Charaktertafel für C_{2h}

C_{2h}	E	C_2	i	σ_h
Vorläuf. Name				
Γ_1	1	1	1	1
Γ_2	1	−1	1	−1
Γ_3	1	1	−1	−1
Γ_4	1	−1	−1	1

ein Satz von Darstellungsmatrizen gehört, sondern daß man die Gruppe in verschiedener Weise, d. h. durch verschiedene Sätze von Darstellungsmatrizen, realisieren kann. Diese verschiedenen Darstellungsmöglichkeiten unterscheidet man formal durch Buchstaben Γ_1, Γ_2, usw. Wir erhalten so die folgende Charaktertafel (Tabelle 6.5):

In der linken oberen Ecke dieser Tafel steht die Symmetriegruppe, im vorliegenden Fall also C_{2h}. Rechts schließen sich dann in der gleichen Zeile die Symbole für die Gruppenoperationen an, also die Einheitsoperation E, die Drehung um die zweizählige C_2-Achse, die Inversion i und die Spiegelung an der horizontalen Ebene σ_h. In der nächsten Zeile stehen dann die Charaktere, die zu der Darstellung Γ_1, und zu den jeweiligen Gruppenoperationen gehören. Genauso ist es dann mit den nächstfolgenden Zeilen für $\Gamma_2, \ldots$.

Wie groß ist nun die Zahl der irreduziblen Darstellungen einer Gruppe? Diese ist, wie in der Mathematik gezeigt wird, gleich der Zahl der Klassen in dieser Gruppe. Greifen wir eine irreduzible Darstellung heraus, so ist der Charakter für alle Operationen der gleiche in der gleichen Klasse. Dies ist leicht verständlich, da sich die Elemente der gleichen Klasse ja nur durch eine Ähnlichkeitstransformation unterscheiden. Bei einer Ähnlichkeitstransformation bleibt aber die Spur der Matrizen erhalten, d. h. aber die Charaktere bleiben unverändert. Wie man bei der Gruppe C_{2h} zeigen kann, bilden alle 4 Elemente je für sich eine Klasse. Es gibt also 4 Klassen, von denen jede nur ein einzelnes Element enthält.

Betrachten wir noch ein weiteres Beispiel, nämlich die Charaktertafel für die Punktgruppe C_{3v}. Diese ist durch Tabelle 6.6 gegeben. Wie wir aber oben gesehen haben, bilden C_3 und C_3^2 eine Klasse für sich, ebenso $\sigma_v, \sigma_{v'}, \sigma_{v''}$. Dies bedeutet natürlich nach dem eben über die Charaktere und Klassen Gesagten, daß die Charaktere von C_3^2 für alle Darstellungen $\Gamma_1, \Gamma_2, \Gamma_3$ mit denen von C_3 übereinstimmen, wie wir das aus der Charaktertafel 6.6 entnehmen können. Das gleiche gilt auch für die $\sigma_v, \sigma_{v'}, \sigma_{v''}$. Insofern

Tabelle 6.6. Charaktertafel für C_{3v}

C_{3v}	E	C_3	C_3^2	σ_v	$\sigma_{v'}$	$\sigma_{v''}$
Γ_1	1	1	1	1	1	1
Γ_2	1	1	1	−1	−1	−1
Γ_3	2	−1	−1	0	0	0

Tabelle 6.7. Charaktertafel für C_{3v}

C_{3v}	E	$2C_3$	$3\sigma_v$
Γ_1	1	1	1
Γ_2	1	1	−1
Γ_3	2	−1	0

enthält die Tafel 6.6 zu viel Information; man kann diese in der folgenden Gruppentafel, Tabelle 6.7, kondensieren.

Hierbei zeigen die Zahlen 2 und 3 vor C_3 bzw. σ_v an, wie viele Operationen es in der jeweils gegebenen Klasse gibt. Wir bemerken noch, daß E und i immer jeweils eine Klasse für sich bilden.

Wir lernen hier noch einen weiteren Begriff kennen, nämlich den der *Dimension einer irreduziblen Darstellung*. Diese ist gerade gleich der Dimension von irgendeiner ihrer Matrizen. Da der Charakter von E gerade die Zahl der Elemente in der Hauptdiagonale ist und damit auch gleich der Dimension der zugehörigen irreduziblen Darstellung, ersehen wir, daß der Charakter von E gerade die Dimension der zugehörigen irreduziblen Darstellung ist. In der Literatur wird zurückgehend auf Mulliken noch eine etwas andere Schreibweise der Charaktertafel verwendet, die wir für die Gruppe C_{3v} wie folgt angeben.

Tabelle 6.8. Vollständige Charaktertafel für C_{3v}

C_{3v}	E	$2C_3$	$3\sigma_v$	Operation	
A_1	1	1	1	z	x^2+y^2, z^2
A_2	1	1	-1	R_z	
E	2	-1	0	$(x, y)(R_x, R_y)$	$(x^2-y^2, xy)(xz, yz)$

Die erste Zeile beginnt mit C_{3v} und die Bezeichnungen für die Gruppenoperation sind uns geläufig, ebenso der unter diesen Gruppenoperationen stehende Block der Charaktere. Neu sind die Bezeichnungen A_1, A_2, E für die irreduziblen Darstellungen. Dabei darf das hier auftretende E für die irreduzible Darstellung nicht mit dem in der ersten Zeile auftretenden E für die Gruppenoperation verwechselt werden. Die Buchstaben A und E beziehen sich auf bestimmtes Symmetrieverhalten, das wir gleich diskutieren werden. Die dritte Spalte, die z, R_z enthält, zeigt an, welche Koordinaten (z) oder (R_z) das Symmetrieverhalten aufweisen, das in der gleichen Zeile durch $A_1, \ldots$ gekennzeichnet ist. So macht man sich leicht klar, daß die z-Koordinate in einem kartesischen System bei den Operationen von A_1 unverändert bleibt, also jeweils die Transformationsmatrix sich auf den Faktor 1 reduziert, der dann zugleich identisch mit dem Charakter der Darstellung der jeweiligen Symmetrieoperationen ist. In der letzten Zeile dienen dann etwa x und y als eine Basis. In der letzten Spalte der Tabelle 6.8 werden schließlich Basiselemente angegeben, die sich aus Quadraten oder quadratischen oder bilinearen Ausdrücken aus x, y, z ergeben.

6.5.3 Die Bezeichnungen für irreduzible Darstellungen

Betrachten wir nun, was es mit dem Wechsel der Bezeichnungsweise von Γ zu A_1, A_2, usw. auf sich hat. Der Zweck ist, daß man durch die Bezeichnung der entsprechenden Darstellung bereits zum Ausdruck bringen möchte, ob die irreduzible Darstellung ein- oder mehrdimensional ist und welche speziellen Symmetrieeigenschaften sie hat. So beziehen sich die Buchstaben A und B auf eindimensionale irreduzible Darstellungen, wobei in A die Darstellung symmetrisch bezüglich der Rotation um die höchst-

Tabelle 6.9. Bezeichnungen für irreduzible Darstellungen

Dimension der Darstellung	Charaktere unter der Operation E	C_n	i	σ_h	C_2* oder σ_v	Symbole
1	1	1				A
	1	−1				B
2	2					E
3	3					T
			1			$A_g B_g E_g T_g$
			−1			$A_u B_u E_u T_u$
				1		$A' B'$
				−1		$A'' B''$
					1	$A_1 B_1$
					−1	$A_2 B_2$

* C_2-Achse senkrecht zur Hauptachse

zählige Drehachse ist, B hingegen antisymmetrisch. Der Charakter der symmetrischen Darstellung ist $+1$, der der antisymmetrischen -1. Die Buchstaben E und F (oder T) bezeichnen zwei- bzw. dreidimensionale Darstellungen. Man hängt die Indizes g und u an A und B an, wenn die Darstellung gerade (g), bzw. ungerade (u) bezüglich Inversion ist. Ein Apostroph bzw. zwei Apostrophen werden angehängt bei symmetrischem bzw. antisymmetrischem Verhalten bezüglich der horizontalen Spiegelebene. Bei A und B werden die Indizes 1 und 2 zugefügt, wenn die entsprechende Darstellung symmetrisch (1) bzw. antisymmetrisch (2) zur C-Achse ist, wobei die C_2-Achse senkrecht zur Hauptachse steht, oder falls C_2 nicht vorhanden ist, zu einer senkrechten Spiegelebene. Die Indizes 1, 2 bei E und F sind kompliziert und sollen hier nicht diskutiert werden. Die so eingeführten Bezeichnungen sind in der Tabelle 6.9 zusammengefaßt.

Um dem Leser ein Beispiel für das Auftreten der neuen Bezeichnungen A_g usw. zu geben, führen wir noch die Charaktertafel der Gruppe C_{2h} an (Tabelle 6.10):

Tabelle 6.10. Charaktertafel von C_{2h}

C_{2h}	E	C_2	i	σ_h		
A_g	1	1	1	1	R_z	x^2, y^2, z^2, xy
B_g	1	−1	1	−1	R_x, R_y	xz, yz
A_u	1	1	−1	−1	z	
B_u	1	−1	−1	1	x, y	

6.5.4 Die Reduktion einer Darstellung

Eine wichtige Frage ist natürlich, wie wir eine reduzible Darstellung reduzieren können, und wie wir wissen, welche irreduziblen Darstellungen in ihr stecken. Dazu helfen uns die Charaktere. Betrachten wir etwa die in Abb. 6.10 angegebene Matrix A, so können wir von dieser einerseits den Charakter angeben, indem wir die Summe aller Hauptdiagonalelemente bilden. Andererseits besteht diese Matrix aber auch aus den Matrizen der einzelnen irreduziblen Darstellungen, die selbst ihre Gruppencharaktere haben, und wir sehen sofort, daß der Charakter der reduziblen Darstellung gleich der Summe der Charaktere der in ihr auftretenden irreduziblen Darstellungen ist. Dies gilt natürlich für jedes Element der Gruppe, denen die Matrizen zugeordnet sind.

Tabelle 6.11. Zerlegung der Charaktere einer reduziblen Darstellung

	E	C_2	i	σ_h
A_g	1	1	1	1
B_u	1	−1	−1	1
Summe				
$A_g + B_u$	2	0	0	2

Betrachten wir die Charaktere, die in dem Beispiel der Symmetrieoperationen anhand der Längen $\Delta R_1, \Delta R_2$ am N_2H_2-Molekül auftraten. Diese Charaktere sind gemäß Tabelle 6.4 durch $2, 0, 0, 2$ gegeben. Die Frage ist, wie wir diese Charaktere aus den in der Tafel 6.5 angegebenen Charakteren der irreduziblen Darstellungen wiederfinden können. Dies bedeutet, daß für jede Gruppenoperation, E, C_2, i, σ_h eine passende Summe aus den Charakteren der Darstellungen gefunden werden muß. So finden wir Tabelle 6.11, d.h. gerade die gewünschte Kombination $(2, 0, 0, 2)$.

Wie in der Gruppentheorie gezeigt wird, und was wir unten auch gleich nachvollziehen werden, ist die Zerlegung eindeutig. Neben dem Ausprobieren, durch welche Kombinationen aus den einzelnen irreduziblen Darstellungen man die gegebene reduzierbare Darstellung aufbauen kann, kann man aber auch systematisch vorgehen. Wie wir eben schon sagten, ist für jede Gruppenoperation der Charakter ihrer (reduziblen) Darstellung gleich der Summe der Charaktere der in ihr enthaltenen irreduziblen Darstellungen. Dies kann durch die folgende Formel ausgedrückt werden:

$$\chi(R) = \sum_i n_i \chi_i(R) . \tag{6.45}$$

Hierbei ist χ der Charakter der im allgemeinen reduziblen Darstellung, die zu der Gruppenoperation R gehört, wobei R irgendeine der Symmetrieoperationen ist. Auf der rechten Seite wird über die verschiedenen irreduziblen Darstellungen, die durch den Index i unterschieden werden, auf summiert, wobei n_i die Zahl der jeweils gleichen irreduziblen Darstellungen ist, also die Zahl der jeweils gleichen Kästchen in der Matrix (Abb. 6.14).

Die Gl. (6.45) hat eine gewisse formale Ähnlichkeit mit Beziehungen etwa aus der Quantenmechanik, wo ja eine beliebige Wellenfunktion ψ in eine Linearkombination aus den Wellenfunktionen ψ_i zerlegt werden kann. In der Tat gilt auch hier eine Orthogonalitätsrelation von der Form

$$\frac{1}{h} \sum_R \chi_j(R^{-1}) \chi_i(R) = \delta_{ij} , \tag{6.46}$$

wobei die Summation über alle Symmetrieoperationen R auszuführen ist. An die Stelle der komplex konjugierten Wellenfunktion ψ_j^* in der Quantenmechanik ist jetzt χ_j mit dem Argument R^{-1} getreten. Bezüglich der Herleitung der Relation (6.46) verweisen wir auf die Aufgaben am Schluß dieses Kapitels. In völliger Analogie zur Quantenmechanik können wir mit Hilfe von (6.45) und (6.46) herleiten, wie oft eine irreduzible Darstellung i in der reduziblen Darstellung enthalten ist. Dazu multiplizieren wir (6.45) mit $\chi_i(R^{-1})$ und summieren über die einzelnen Elemente der Gruppe auf. Wir erhalten dann

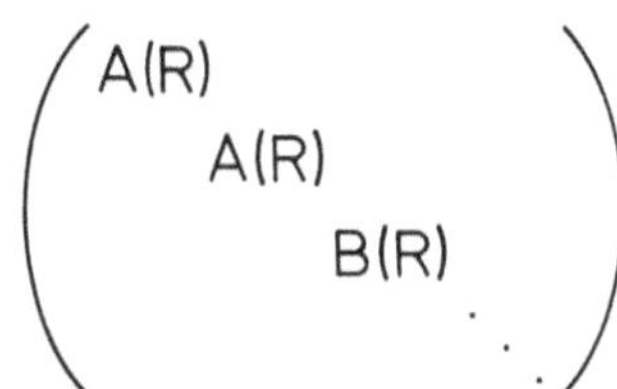

Abb. 6.14. Beispiel für die Ausreduktion einer Matrix mit zwei gleichen irreduziblen Darstellungen

$$n_i = \frac{1}{h} \sum_R \chi_i(R^{-1}) \chi(R) . \tag{6.47}$$

Tabelle 6.12. Bedeutung der in (6.48) auftretenden Größen

n_i:	Anzahl, mit der die i-te irreduzible Darstellung in der reduziblen Darstellung vorkommt
h:	Ordnung der Gruppe
Q:	Klasse der Gruppe
N:	Zahl der Operationen in der Klasse Q
R:	Gruppenoperation
$\chi(R)$:	Charakter von R in der reduziblen Darstellung
$\chi_i(R)$:	Charakter von R in der irreduziblen Darstellung

Wir haben oben gesehen, daß die Charaktere der irreduziblen Darstellungen gleich sind, wenn diese zu den Elementen einer Gruppe gehören, die der gleichen Klasse angehören. Aus diesem Grunde genügt es, wenn wir nicht über alle Elemente aufsummieren, sondern nur über Elemente, die verschiedenen Klassen angehören, und dann angeben, wie viele Elemente jeweils in der betreffenden Klasse sind. Wir kommen damit auf die Formel

$$n_i = \frac{1}{h} \sum_Q N\chi(R)\chi_i(R^{-1})\,. \tag{6.48}$$

Hierbei ist also die Summation über alle Klassen auszuführen. Die Bedeutung der einzelnen Größen ist in der Tabelle 6.12 zusammengefaßt.

Betrachten wir nochmals das Beispiel der Gruppe C_{2h} (Tabelle 6.10) und betrachten wir die Darstellung Γ_1, die die Charaktere 2, 0, 0, 2 besitzt. Die Ordnung der Gruppe ist $h = 4$. Durch Anwendung der Formel (6.48) erhalten wir die folgenden Beziehungen

$$n_{A_\mathrm{g}} = \frac{1}{4}\left[1 \cdot \underset{E}{2} \cdot 1 + 1 \cdot \underset{C_2}{0} \cdot 1 + 1 \cdot \underset{i}{0} \cdot 1 + 1 \cdot \underset{\sigma_h}{2} \cdot 1\right] = 1 \tag{6.49}$$

und

$$n_{B_\mathrm{g}} = \frac{1}{4}\{1 \cdot 2 \cdot 1 + 1 \cdot 0 \cdot (-1) + 1 \cdot 0 \cdot 1 + [1 \cdot 2 \cdot (-1)]\} = 0\,, \tag{6.50}$$

die leicht nachzuvollziehen sind. In entsprechender Weise ergibt sich

$$n_{A_\mathrm{u}} = 0 \tag{6.51}$$

$$n_{B_\mathrm{u}} = 1\,. \tag{6.52}$$

Wir erhalten somit das Resultat, daß die Darstellung Γ_1 in die Darstellungen A_g und B_u zerlegt werden kann. Wir können aber noch einen wesentlichen Schritt weitergehen. Letztlich ist unser Ziel ja, entweder Elektronenwellenfunktionen (oder Molekülschwingungen) zu konstruieren, die einer irreduziblen Darstellung entsprechen. Das ist dann der kleinste Satz von miteinander entarteten Funktionen, die also zur gleichen Energie gehören.

6.6 Zusammenfassung

Die Methode, die wir in diesem Kapitel kennengelernt haben, läßt sich wie folgt zusammenfassen:

Viele Moleküle weisen Symmetrien auf. Bei einer Symmetrieoperation geht das Molekül in sich über. Die Symmetrieoperationen bilden eine Gruppe, wobei das Produkt zweier Operationen durch die Gruppentafel dargestellt wird. Wendet man die Symmetrieoperationen auf einen Satz miteinander entarteter Wellenfunktionen an, so erfahren diese eine lineare Transformation unter sich. Die Transformationskoeffizienten bilden eine Matrix, und die Gruppe der Symmetrieoperationen kann durch Matrizen dargestellt werden. Durch eine geeignete Wahl der Basis von Wellenfunktionen können die Matrizen auf eine einfachste Form gebracht werden: die Darstellung wird in ihre irreduziblen Darstellungen zerlegt. Dabei sind die Charaktere (= Spur jeder Matrix) ein wichtiges Hilfsmittel.

Wollen wir diese Methode auf die exakte oder zumeist genäherte Berechnung von Elektronenwellenfunktionen eines bestimmten Moleküls anwenden, so genügt die folgende Quintessenz: Es genügt, solche Wellenfunktionen zu berechnen, die jeweils zu einer bestimmten irreduziblen Darstellung der Symmetrie-Gruppe des betreffenden Moleküls gehören. Damit gelingt es z. B. bei der LCAO-Methode, die unbekannten Koeffizienten ganz zu bestimmen oder zumindest deren Zahl drastisch zu vermindern. Dies werden wir am Beispiel des H_2O erläutern.

6.7 Ein Beispiel: das H_2O-Molekül

In diesem Abschnitt wollen wir die Einelektronenwellenfunktionen des H_2O-Moleküls bestimmen. Wir verwenden dazu das Verfahren der Molekülorbitale, bei denen wir die Orbitale ψ aus Atomwellenfunktionen φ_j in Form einer Linearkombination darstellen

$$\psi = \sum_j c_j \varphi_j \,. \tag{6.53}$$

Die Koeffizienten c_j sind dabei mit Hilfe eines Extremalprinzips, das wir schon in Abschn. 5.3 kennengelernt haben, zu bestimmen, wobei wir den Leser an die Formel

$$\frac{\int \psi^* H \psi dV}{\int \psi^* \psi dV} = \text{Extremal!} \tag{6.54}$$

erinnern. Setzen wir (6.53) in (6.54) ein und nehmen an, daß die Atomorbitale praktisch aufeinander orthogonal sind, so erhalten wir das uns schon geläufige Resultat

$$\sum_j (H_{ij} - E_\alpha \delta_{ij}) c_j^{(\alpha)} = 0 \,. \tag{6.55}$$

Wie wir wissen, handelt es sich hier um einen Satz linearer homogener Gleichungen, die nur dann lösbar sind, wenn die Determinante der Koeffizientenmatrix verschwindet. Damit wird ein Satz von Eigenwerten, die identisch mit den Energiewerten E sind, und den jeweils zugehörigen Wellenfunktionen festgelegt.

Wir knüpfen nun an den Grundgedanken von Abschn. 5.2 an, wo wir sahen, daß die Koeffizienten c_j ganz oder teilweise mit Hilfe von gruppentheoretischen Überlegungen

Abb. 6.15. H_2O mit seinen Symmetrieelementen

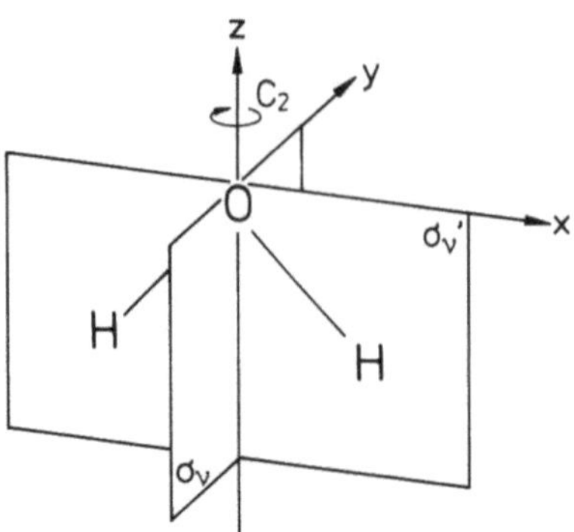

festgelegt werden können, ohne daß wir die im allgemeinen ja komplizierten Gln. (6.55) zu lösen haben. Als konkretes Beispiel greifen wir das H_2O-Molekül heraus. Unser Ziel ist es, die Molekülorbitale ψ so zu bestimmen, daß sie zu den irreduziblen Darstellungen der Symmetrieoperationen des Moleküls, in unserem Falle des H_2O, gehören. Dazu gehen wir in mehreren Schritten vor:

1) Wir bestimmen die Symmetriegruppe des Moleküls.
2) Wir treffen eine Auswahl der Atomorbitale, aus denen die Molekülorbitale gemäß (6.53) aufgebaut werden sollen.
3) Die Atomorbitale sollen als Basis dienen, aus denen die Darstellung der Symmetriegruppe erzeugt wird. Wie dies im einzelnen geht, werden wir unten explizit sehen.
4) Die so gewonnene Darstellung wird nun in irreduzible Darstellungen zerlegt. Damit erhalten wir dann die möglichen Linearkombinationen der Atomorbitale, die zur Bildung von Molekülorbitalen benützt werden können.

Das H_2O-Molekül ist in Abb. 6.15 dargestellt, wo auch die verschiedenen Symmetrieelemente eingezeichnet sind. Das Molekül können wir ersichtlich in ein kartesisches Koordinatensystem einbetten, so daß die H-Atome in die von der x- und z-Achse aufgespannte Ebene zu liegen kommen. Die xz-Ebene stellt eine Symmetrieebene dar, an der die Spiegeloperation $\sigma_{v'}$ ausgeführt werden kann. Die zur xz-Ebene senkrechte yz-Ebene ist ebenfalls eine Symmetrieebene, an der die mit σ_v bezeichnete Spiegelung durchgeführt wird. Daneben gibt es noch als Symmetrieelement die z-Achse, um die herum eine zweizählige Drehung, die die H-Atome ineinander überführt, ausgeführt werden kann. Insgesamt stellen diese Symmetrieoperationen die Symmetriegruppe C_{2v} dar. Die Multiplikationstafel ist durch die Tabelle 6.13 dargestellt.

Aus dieser Multiplikationstafel lassen sich leicht die folgenden Eigenschaften herleiten: Die Gruppe ist eine kommutative Gruppe, d. h. für je 2 Elemente A, B gilt die Multiplikationsregel $AB = BA$. Aus der Kommutativität folgt sofort, daß jedes Element eine Klasse bildet, und da es 4 Elemente gibt, gibt es auch 4 Klassen. Diesen 4 Klassen entsprechen 4 irreduzible, und zwar inäquivalente, Darstellungen. Dann ergibt sich, daß jede irreduzible Darstellung eindimensional ist. Die in der Mathematik hergeleitete zugehörige Charaktertafel ist durch Tabelle 6.14 wiedergegeben.

Wir müssen uns nun überlegen, welche Atomorbitale wir zugrundelegen. Da vor der Bindung die Wasserstoffatome im Grundzustand sind und es einer sehr großen Anregungsenergie bedürfte, um zum ersten angeregten Zustand mit der Hauptquantenzahl $n = 2$ zu kommen, liegt es nahe, für die Wellenfunktionen, die von den Wasserstoff-

Tabelle 6.13. Gruppentafel von C_{2v}

C_{2v}	E	C_2	σ_v	$\sigma_{v'}$
E	E	C_2	σ_v	$\sigma_{v'}$
C_2	C_2	E	$\sigma_{v'}$	σ_v
σ_v	σ_v	$\sigma_{v'}$	E	C_2
$\sigma_{v'}$	$\sigma_{v'}$	σ_v	C_2	E

Tabelle 6.14. Charaktertafel von C_{2v}

C_{2v}	E	C_2	σ_v	$\sigma_{v'}$		
A_1	1	1	1	1	z	x^2, y^2, z
A_2	1	1	-1	-1	R_z	xy
B_1	1	-1	1	-1	x, R_y	xz
B_2	1	-1	-1	1	y, R_x	yz

atomen eingebracht werden, deren $1s$-Orbitale zu verwenden. Beim Sauerstoffatom bilden die $1s$-Funktionen eine *abgeschlossene* Schale, die für die Bindung praktisch nicht in Frage kommt. Aus diesen Gründen nehmen wir die Wellenfunktionen der nächsten Schale her, das sind das $2s$-Orbital und die $2p$-Orbitale. Damit bieten sich für die Atomorbitale φ_j die folgenden Wellenfunktionen als Basis an: $s_1, s_2, 2s, 2p_x, 2p_y, 2p_z$ (vgl. Abb. 6.16). (Genauer müßten wir hier z. B. statt s_1 schreiben: φ_{s_1}, etc.) An sich müßte man nun die Zerlegung der Darstellungsmatrizen gemäß der Basis aus diesen sechs Wellenfunktionen vornehmen. Wie sich aber bei der Rechnung ergibt, genügt es, die Wellenfunktionen s_1 und s_2, die von den beiden H-Atomen eingebracht werden, und die Wellenfunktionen, die vom Sauerstoffatom stammen, nämlich $2s, 2p_x, 2p_y, 2p_z$ getrennt zu betrachten. Es läßt sich also zeigen, daß die Darstellungsmatrizen in zwei Teile mit den entsprechenden Kästchen H und O (vgl. Abb. 6.17) zerfallen.

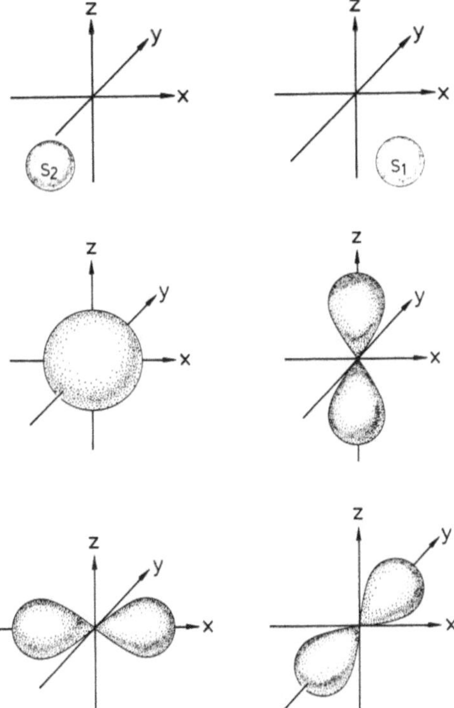

Abb. 6.16. Die Basiswellenfunktionen für H_2O (schematisch), *obere Zeile*: Die $1s$-Funktionen der beiden Wasserstoffatome 1, 2, *mittlere* und *untere Zeile*: Die $2s$- und $2p$-Funktionen des Sauerstoffs

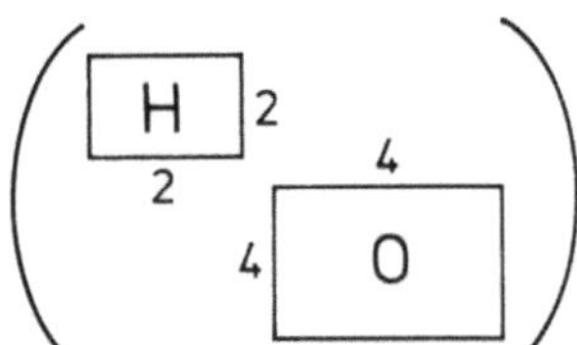

Abb. 6.17. Darstellungsmatrix für die Basis 6.16. Die zu H bzw. O gehörigen Funktionen werden unter sich transformiert

Betrachten wir das Verhalten der Wellenfunktionen der H-Atome genauer. Diese bilden also eine Basis s_1, s_2. Dabei handelt es sich, ganz so wie wir es schon beim Wasserstoff-Molekülion gelernt haben, um zwei Funktionen, die um die Protonen herum lokalisiert sind und ansonsten den s-Funktionen des Wasserstoffatoms entsprechen (vgl. Abschn. 4.3). Wir sehen uns an, wie diese Wellenfunktionen unter den Symmetrieoperationen transformiert werden. Zum Beispiel geht bei der Operation E die Wellenfunktion s_1 in sich über und ebenso die Wellenfunktion s_2. Anders ist es z. B. bei einer Spiegelung an der σ_v-Ebene, wo die beiden Wasserstoffatome ihre Plätze vertauschen und somit auch die beiden Wellenfunktionen s_1 und s_2 ineinander übergeführt werden. Führen wir diesen Gedankengang auch für die anderen Symmetrieoperationen durch, so erhalten wir rasch die Relationen

$$E\begin{pmatrix}s_1\\s_2\end{pmatrix}=\begin{pmatrix}1&0\\0&1\end{pmatrix}\begin{pmatrix}s_1\\s_2\end{pmatrix}\quad C_2\begin{pmatrix}s_1\\s_2\end{pmatrix}=\begin{pmatrix}0&1\\1&0\end{pmatrix}\begin{pmatrix}s_1\\s_2\end{pmatrix}$$

$$\sigma_v\begin{pmatrix}s_1\\s_2\end{pmatrix}=\begin{pmatrix}0&1\\1&0\end{pmatrix}\begin{pmatrix}s_1\\s_2\end{pmatrix}\quad \sigma_{v'}\begin{pmatrix}s_1\\s_2\end{pmatrix}=\begin{pmatrix}1&0\\0&1\end{pmatrix}\begin{pmatrix}s_1\\s_2\end{pmatrix}, \tag{6.56}$$

aus denen also die Matrizen der reduziblen Darstellung sofort abgelesen werden können. Bilden wir die jeweiligen Spuren der Matrizen, so erhalten wir die Charaktere, die in Tabelle 6.15 angegeben sind.

Tabelle 6.15. Die Charaktere der in (6.56) angegebenen Darstellung

C_{2v}	E	C_2	σ_v	$\sigma_{v'}$
2H(1s)	2	0	0	2

Ähnlich wie im vorigen Abschnitt zerlegen wir die in (6.56) auftretenden reduziblen Darstellungen in irreduzible, wobei wir in zweierlei Weise vorgehen können, nämlich mit Hilfe der uns schon bekannten Formel (6.47), d. h.

$$n_i = \frac{1}{h}\sum_R \chi(R)\chi_i(R^{-1}) \tag{6.57}$$

oder durch direkten Vergleich mit der Charaktertafel. Wir überlassen beides dem Leser als Übungsaufgabe, da dieses im vorigen Abschnitt im Detail vorgeführt worden ist, und geben hier nur das Resultat in Tabelle 6.16 an.

Tabelle 6.16. Charaktere von A_1 und B_2 und deren Summe, die jeweils die Charaktere von 2H(1s) ergeben

C_{2v}	E	C_2	σ_v	$\sigma_{v'}$
A_1	1	1	1	1
B_2	1	−1	−1	1
2H(1s) = $A_1 + B_2$	2	0	0	2

Damit ist klar, daß die reduzible Darstellung in (6.56) in die irreduziblen Darstellungen A_1 und B_2 zerfällt.

Wie kann man aber den Satz von Matrizen, die zu einer reduziblen Darstellung gehören, explizit in einen Satz von Matrizen, die zur irreduziblen Darstellung gehören, transformieren? Dazu erinnern wir uns daran, daß wir uns in Abschn. 6.4 überlegt haben, daß wir eine Matrix auf eine Art Diagonalform, bei der nur noch Kästchen auftreten, überführen können, indem wir eine Ähnlichkeitstransformation ausführen. Eine Ähnlichkeitstransformation bedeutet aber nichts anderes, als daß wir zu einer neuen Basis übergehen. Der Übergang von der Basis der reduziblen zur Basis der irreduziblen Darstellungen ist natürlich eine im allgemeinen komplizierte Aufgabe. Glücklicherweise gibt es aber hier eine ganz allgemeine Formel, wie man eine irreduzible Darstellung aus einer gegebenen Basis erzeugt. Dazu benutzt man einen sogenannten Projektionsoperator P_i. Dieser projiziert, anschaulich gesprochen, die Basis der reduziblen Darstellung auf eine Basis der irreduziblen Darstellung. Die Herleitung dieser folgenden wichtigen Formel behandeln wir in einer Aufgabe am Schluß dieses Kapitels und der zugehörigen Lösung. Hier geben wir sie nur an und erläutern ihre Wirkungsweise dann an einem Beispiel. Die Formel lautet

$$P_i = \frac{1}{h}\sum_R \chi_i(R^{-1})\hat{R}\,. \tag{6.58}$$

Hierbei ist P_i der Projektionsoperator, der also die ursprüngliche Basis, nämlich in unserem Falle $\begin{pmatrix} s_1 \\ s_2 \end{pmatrix}$, auf eine neue Basis projiziert, die zur irreduziblen Darstellung, die mit dem Index i bezeichnet wird, gehört. Wie dies „funktioniert", werden wir sogleich sehen, h ist wieder die Ordnung der Gruppe, R sind die Gruppenoperationen, χ_i ist der Charakter, der zu der Darstellung i der Gruppenoperation R^{-1} gehört. $\hat{R}$ ist die im allgemeinen reduzible Darstellungsmatrix, die zu der Gruppenoperation R gehört. Betrachten wir zunächst die irreduzible Darstellung, A_1. Der Index i in (6.58) bedeutet also „Darstellung A_1". Setzen wir für R die Operationen E, C_2, σ_v und $\sigma_{v'}$ ein, benutzen die Charaktere gemäß der Tafel 6.14, und bezeichnen die zu $E, C_2, \sigma_v, \sigma_{v'}$ gehörigen Matrizen mit $\hat{E}, \hat{C}_2, \hat{\sigma}_v, \hat{\sigma}_{v'}$ so erhalten wir

$$P_{A_1} = \frac{1}{4}\left[1 \cdot \hat{E} + 1 \cdot \hat{C}_2 + 1 \cdot \hat{\sigma}_v + 1 \cdot \hat{\sigma}_{v'}\right] . \tag{6.59}$$

Setzen wir hierin gemäß (6.56) die Matrizen ein, so ergibt sich,

$$P_{A_1} = \frac{1}{4}\left\{1 \cdot \begin{pmatrix} 1 & 0 \\ 0 & 1 \end{pmatrix} + 1 \cdot \begin{pmatrix} 0 & 1 \\ 1 & 0 \end{pmatrix} + 1 \cdot \begin{pmatrix} 0 & 1 \\ 1 & 0 \end{pmatrix} + 1 \cdot \begin{pmatrix} 1 & 0 \\ 0 & 1 \end{pmatrix}\right\} \tag{6.60}$$

d. h.

$$P_{A_1} = \frac{1}{2}\begin{pmatrix} 1 & 1 \\ 1 & 1 \end{pmatrix} . \tag{6.61}$$

Entsprechend erhalten wir für die irreduzible Darstellung B_2 das Resultat

$$P_{B_2} = \frac{1}{4}\left\{\hat{E} - \hat{C}_2 - \hat{\sigma}_v + \hat{\sigma}_{v'}\right\} = \frac{1}{2}\begin{pmatrix} 1 & -1 \\ -1 & 1 \end{pmatrix} . \tag{6.62}$$

Was bedeutet das Resultat (6.61) bzw. (6.62) für die Basis? Dazu wenden wir P_{A_1} auf die ursprüngliche Basis $\begin{pmatrix} s_1 \\ s_2 \end{pmatrix}$ an. Wir erhalten dann das Resultat

$$P_{A_1}\begin{pmatrix} s_1 \\ s_2 \end{pmatrix} = \frac{1}{2}\begin{pmatrix} 1 & 1 \\ 1 & 1 \end{pmatrix}\begin{pmatrix} s_1 \\ s_2 \end{pmatrix} = \frac{1}{2}\begin{pmatrix} s_1 + s_2 \\ s_1 + s_2 \end{pmatrix} . \tag{6.63}$$

Wir erhalten, von welcher Wellenfunktion wir auch ausgehen, d. h. von s_1 oder s_2, immer die Projektion auf eine bestimmte neue Linearkombination, nämlich s_1+s_2. Wenden wir hingegen P_{B_2} an, so wird das Pluszeichen in (6.63) durch ein Minuszeichen ersetzt:

$$P_{B_2}\begin{pmatrix} s_1 \\ s_2 \end{pmatrix} = \frac{1}{2}\begin{pmatrix} 1 & -1 \\ -1 & 1 \end{pmatrix}\begin{pmatrix} s_1 \\ s_2 \end{pmatrix} = \frac{1}{2}\begin{pmatrix} s_1 - s_2 \\ -s_1 + s_2 \end{pmatrix} . \tag{6.64}$$

Hieraus lesen wir ab, daß die Basiswellenfunktionen für die irreduziblen Darstellungen A_1 und B_2 durch

$$\begin{aligned} A_1 &: \psi_1 = \frac{1}{2}(s_1 + s_2) \\ B_2 &: \psi_2 = \frac{1}{2}(s_1 - s_2) \end{aligned} \tag{6.65}$$

gegeben sind. Wie man ferner feststellt, ergeben die Projektionsoperatoren, die zu A_2 oder B_1 gehören, Null, d. h. (6.65) sind die eigentlichen Basisfunktionen für die irreduziblen Darstellungen, die zu der Gruppe C_{2v} gehören und aus s_1, s_2 hervorgehen. Das Ergebnis (6.65) ist natürlich für uns überhaupt nicht neu und überraschend. Erinnern wir uns an das Wasserstoff-Molekülion, bei dem ja ganz ähnliche Symmetrieverhältnisse herrschten, so hatten wir auch da die zwei Wellenfunktionen gefunden, nämlich symmetrisch und antisymmetrisch; dort allerdings nicht unter Verwendung der Gruppentheorie, sondern durch direkte Lösung der Gleichungen für die Koeffizienten.

Wenden wir uns dem etwas komplizierteren Falle der Basiswellenfunktionen beim Sauerstoffatom zu. Die Basis besteht hier, wie erinnerlich, aus $2s, 2p_x, 2p_y, 2p_z$. Wir haben so zunächst eine 4-dimensionale reduzible Darstellung vor uns. Betrachten wir die Auswirkung der Symmetrieoperationen im einzelnen. Hierbei gehen wir wieder davon aus, daß das Sauerstoffatom im Ursprung des kartesischen Koordinatensystems liegt. Die Anwendung der Einheitsoperation E ergibt natürlich die Einheitsmatrix. Bei der Anwendung der Drehung um die z-Achse um 180°, müssen wir berücksichtigen, daß p_x und p_y bei einer solchen Drehung ihr Vorzeichen ändern, während die s-Funktion und die p_z-Funktion bei einer solchen Drehung nicht verändert werden. Bei einer Spiegelung an der σ_v-Ebene ändert lediglich p_x das Vorzeichen, während bei der Spiegelung an der $\sigma_{v'}$-Ebene p_y sein Vorzeichen ändert, alle anderen Funktionen hingegen unverändert bleiben. Die Darstellungsmatrizen lassen sich somit sofort niederschreiben. Wir fassen dies in den Formeln (6.66) zusammen.

$$E \begin{pmatrix} 2s \\ 2p_x \\ 2p_y \\ 2p_z \end{pmatrix} = \begin{pmatrix} 1 & 0 & 0 & 0 \\ 0 & 1 & 0 & 0 \\ 0 & 0 & 1 & 0 \\ 0 & 0 & 0 & 1 \end{pmatrix} \begin{pmatrix} 2s \\ 2p_x \\ 2p_y \\ 2p_z \end{pmatrix}$$

$$C_2 \begin{pmatrix} 2s \\ 2p_x \\ 2p_y \\ 2p_z \end{pmatrix} = \begin{pmatrix} 1 & 0 & 0 & 0 \\ 0 & -1 & 0 & 0 \\ 0 & 0 & -1 & 0 \\ 0 & 0 & 0 & 1 \end{pmatrix} \begin{pmatrix} 2s \\ 2p_x \\ 2p_y \\ 2p_z \end{pmatrix}$$

$$\sigma_v \begin{pmatrix} 2s \\ 2p_x \\ 2p_y \\ 2p_z \end{pmatrix} = \begin{pmatrix} 1 & 0 & 0 & 0 \\ 0 & -1 & 0 & 0 \\ 0 & 0 & 1 & 0 \\ 0 & 0 & 0 & 1 \end{pmatrix} \begin{pmatrix} 2s \\ 2p_x \\ 2p_y \\ 2p_z \end{pmatrix}$$

$$\sigma_{v'} \begin{pmatrix} 2s \\ 2p_x \\ 2p_y \\ 2p_z \end{pmatrix} = \begin{pmatrix} 1 & 0 & 0 & 0 \\ 0 & 1 & 0 & 0 \\ 0 & 0 & -1 & 0 \\ 0 & 0 & 0 & 1 \end{pmatrix} \begin{pmatrix} 2s \\ 2p_x \\ 2p_y \\ 2p_z \end{pmatrix} \tag{6.66}$$

Es ist nun wieder ein leichtes, die Charaktertafel der in (6.66) wiedergegebenen reduziblen Darstellungen aufzustellen und zum Beispiel durch Probieren zu versuchen, die irreduziblen Darstellungen, die in dieser reduziblen Darstellung enthalten sind, ausfindig zu machen. Oder wir können, wie schon früher, die Formel (6.57) anwenden, was wir hier dem Leser wieder als Übungsaufgabe überlassen können. Als Resultat ergibt sich, daß die Darstellung (6.66) in die Darstellungen $2A_1 + B_1 + B_2$ zerlegt werden kann. Durch Anwendung des Projektionsoperators (6.58) können wir auch die Basis angeben, die jeweils zu den irreduziblen Darstellungen gehört. Wir erhalten dann das folgende Schema:

$$A_1 : 2s, 2p_z$$
$$A_2 : -$$
$$B_1 : 2p_y$$
$$B_2 : 2p_x \,. \tag{6.67}$$

Der leergebliebene Platz bei A_2 zeigt, daß es keine Wellenfunktion gibt, die sich aus der ursprünglichen Basis aufbauen läßt, und die sich gemäß den Symmetrieoperationen in der Darstellung A_2 verhält.

Fassen wir unsere Resultate bezüglich der neuen Basisfunktionen der Molekülorbitale sowohl beim Sauerstoff als auch beim Wasserstoff zusammen, so finden wir die nebenstehende Tabelle 6.17.

Aus den 6 ursprünglichen Atomorbitalen ist eine Basis von 6 neuen Molekülorbitalen entstanden.

Was leistet nun die Gruppentheorie und was nicht? In Tabelle 6.17 haben wir solche Wellenfunktionen zusammengestellt, die jeweils das gleiche Symmetrieverhalten haben. So hat bei der irreduziblen Darstellung B_1 nur die Wellenfunktion, die zum Zustand $2p_y$ gehört, das entsprechende Symmetrieverhalten (Abb. 6.18). Im Falle der irreduziblen Darstellung B_2 haben dagegen die beiden Wellenfunktionen $2p_x$ und ψ_2 das gleiche Symmetrieverhalten (Abb. 6.19). Der Vorteil besteht nun darin, daß wir bei der Auswahl der Wellenfunktionen, die jetzt als Basis in der Formel (6.53) einzusetzen sind, nur diejenigen zu berücksichtigen brauchen, die zur gleichen irreduziblen Darstellung gehören; d. h. im Falle von B_1 reduziert sich das gesamte Molekülorbital ψ auf die Wellenfunktion, die vom Sauerstoff im $2p_y$-Zustand herrührt, d. h. $\psi = \varphi_{2p_y}$. Es handelt sich hier ganz ersichtlich um ein nichtbindendes Molekülorbital. Im Falle der Darstellung B_2 müssen wir aber immer noch eine Linearkombination aus den beiden Wellenfunktionen $2p_x$ und ψ_2 in Betracht ziehen; d. h. $\psi = c_1(2p_x) + c_2\psi_2$. Setzen wir diese Wellenfunktion in das Extremalprinzip (6.54) ein, so ergeben sich 2 Gleichungen für die unbekann-

Tabelle 6.17. Basisfunktionen für die irreduziblen Darstellungen

	O-Orbitale	H-Orbitale
A_1	$2s, 2p_z$	$\psi_1 = \frac{1}{2}(s_1 + s_2)$
A_2		
B_1	$2p_y$	
B_2	$2p_x$	$\psi_2 = \frac{1}{2}(s_1 - s_2)$

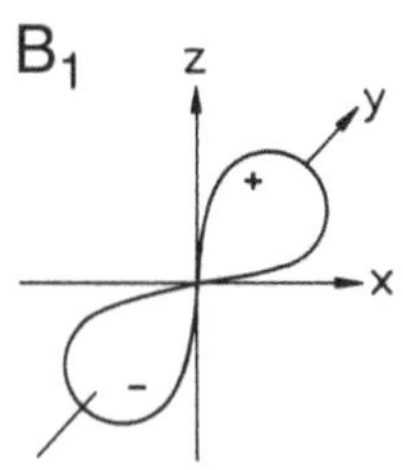

Abb. 6.18. Die zur Darstellung B_1 gehörende $2p_y$-Funktion des Sauerstoffs

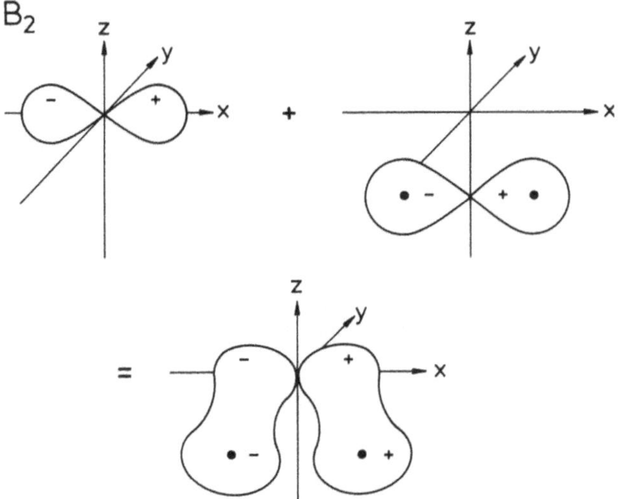

Abb. 6.19. Die zur Darstellung B_2 gehörende Funktion $2p_x$ des Sauerstoffs bildet zusammen mit dem ψ_2-Zustand der Wasserstoffe einen bindenden Zustand. (Bzgl. des lockernden Zustands vgl. Abb. 6.21.)

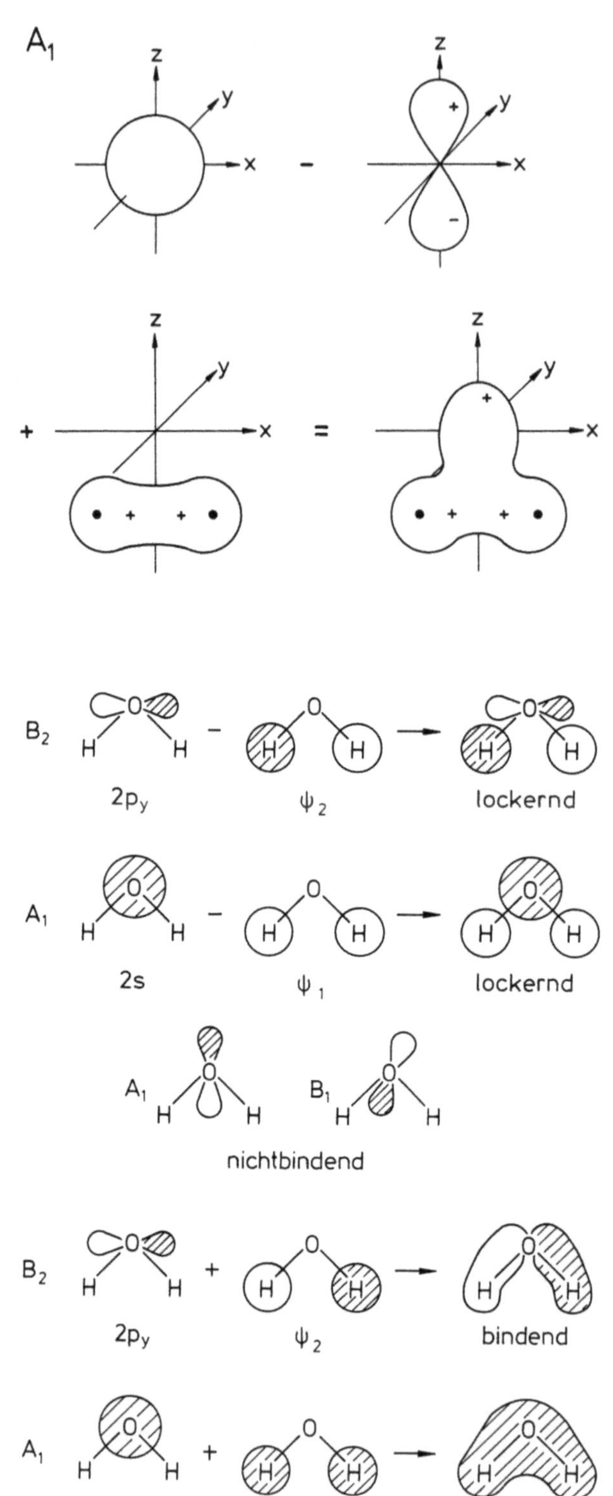

Abb. 6.20. Die zur Darstellung A_1 gehörenden Funktionen des Sauerstoffs (*oben*) und der Wasserstoffe (*unten links*) ergeben im Falle der Bindung die *unten rechts* gezeigte Wellenfunktion. Die Funktion $2p_z$ spielt dabei keine große Rolle. (Bzgl. des lockernden Zustands vgl. Abb. 6.21. Da die Wellenfunktion $2p_z$ wenig Einfluß hat, ist sie dort nicht aufgeführt)

Abb. 6.21. Übersicht über die sich ergebenden H_2O Wellenfunktionen. Ihre Anordnung entspricht dem Energie-Diagramm 6.22

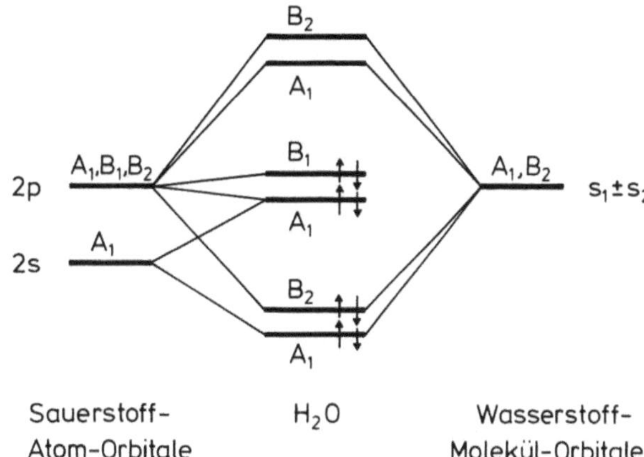

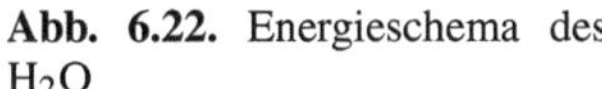
Abb. 6.22. Energieschema des H_2O

ten Koeffizienten c_1 und c_2. Die Nullsetzung der Koeffizientendeterminante liefert zwei Energiewerte. Hierbei ist ein Zustand bindend, der andere antibindend. Für die irreduzible Darstellung A_2 haben wir hier keine Realisierungsmöglichkeit, während bei A_1 uns gleich drei Wellenfunktionen zur Verfügung stehen (Abb. 6.20). Die Wellenfunktion für das Molekülorbital hat daher die Form $\psi = c_1(2s) + c_2(2p_x) + c_3\psi_1$. In diesem Falle gibt es dann nach Auflösung der Säkulargleichung drei Wellenfunktionen mit drei Energiewerten. Das Resultat ist in Abb. 6.20 für den bindenden Zustand dargestellt.

Eine schematische Übersicht über alle sich ergebenden Wellenfunktionen gibt Abb. 6.21. Ein qualitatives Energieschema, wie man es durch Lösung der Säkulardeterminante bekommt, ist in Abb. 6.22 wiedergegeben. Beginnen wir mit den tiefsten Energiewerten: Ersichtlich gibt es zwei bindende Orbitale (Symmetrien A_1, B_2), die mit insgesamt vier Elektronen besetzt werden. Dann gibt es (in der Mitte des Diagramms) zwei nichtbindende Zustände (Symmetrie A_1, B_1), die mit ebenfalls vier Elektronen besetzt sind; diese rühren von den Zuständen $2p_x$, $2p_y$ des Sauerstoffs her. Schließlich gibt es noch die lockernden Zustände (Symmetrie B_2, A_1), die unbesetzt bleiben. Wir überlassen es dem Leser als Übungsaufgabe, entsprechend die Wellenfunktionen des Ammoniaks aufzustellen.

Aufgaben

6.1 a) Welche Symmetrie-Operationen lassen

1) ein gleichseitiges Dreieck,
2) ein Quadrat,
3) drei kolineare äquidistante Punkte ($\sim$ Gerade)

invariant? Betrachten Sie hier alle Objekte zweidimensional. Unter der Voraussetzung, daß die Schwerpunkte von Quadrat und Dreieck (Gerade) zusammenfallen, bestimme man die Orientierung vom Dreieck (Gerade) relativ zum Quadrat, bei der die Zahl gemeinsamer Symmetrie-Operationen maximal ist.

b) In allen unter (a) genannten Fällen zeige man, daß die Symmetrie-Operationen jeweils eine Gruppe bilden.

c) Die Eckpunkte bzw. die Punkte auf der Geraden stellen Atome dar, zwischen denen Wechselwirkungspotentiale V_{jk} herrschen, die invariant gegenüber obigen Symmetrie-Operationen sein sollen.

Wie groß ist jeweils abhängig von der Lage des Dreiecks (der Geraden) im Quadrat die Minimalzahl verschiedener V_{jk}, durch die sich das Gesamtpotential $V := \sum_{jk} V_{jk}$ ausdrücken läßt?

d) Wie lauten die Bedingungen für energetisch ausgezeichnete Lagen? Bestimmen Sie dazu die Gesamtpotentiale V in den vier Fällen maximaler Symmetrie explizit und vergleichen Sie die Ergebnisse numerisch für $V_{jk} \propto \exp(-\alpha \boldsymbol{r}_{jk})$ sowie $V_{jk} \propto \boldsymbol{r}_{jk}^2$. Die auftretenden Parameter (α und die Bindungslängen in den drei Objekten) sollen geeignet gewählt werden. Bei welcher Anordnung wird die potentielle Energie minimal?

6.2 Beweisen Sie die Orthogonalitätsrelation für Charaktere (6.46):
Hinweis: Wir gehen aus von dem folgenden Satz (basierend auf Schurs Lemma).

I) Sind $R \to U(R)$, $R \to V(R)$ zwei inäquivalente irreduzible Darstellungen einer Gruppe, so kann die Gleichung

$$U(R)A = AV(R) \tag{1}$$

durch keine von R unabhängige Matrix A erfüllt werden, außer durch $A = 0$.

II) Eine Matrix A, die unabhängig von R ist und welche die Gleichung

$$U(R)A = AU(R) \tag{2}$$

erfüllt, ist notwendigerweise ein Vielfaches der Einheitsmatrix.

II) kann auch so formuliert werden: Vertauscht A mit allen Matrixen einer irreduziblen Darstellung, so ist A notwendigerweise ein Vielfaches der Einheitsmatrix.

Wir geben noch einige Zwischenschritte an: Seien $R \to U(R)$, g-dimensional, $R \to V(R)$, g'-dimensional, zwei inäquivalente, irreduzible Darstellungen der endlichen Gruppe. Wir drücken die Matrizen U, V durch ihre Elemente aus:

$$U(R) = u_{ik}(R)\,, \tag{3}$$

$$V(R) = v_{lm}(R) \tag{4}$$

und schreiben

$$V^{-1}(R) = \hat{v}_{lm}(R)\,. \tag{5}$$

Sei C eine beliebige Matrix mit g Zeilen und g' Spalten. Wir bilden

$$\sum_R U(R)CV^{-1}(R) = A\,, \tag{6}$$

wobei über alle Elemente R der Gruppe summiert wird. Dann bleibt A unter der folgenden Transformation unverändert:

$$U(R_0)AV^{-1}(R_0) = A\,, \tag{7}$$

wobei R_0 ein beliebiges Element der Gruppe ist. *Beweis?*

Aus I) des allgemeinen Theorems folgt das wichtige Zwischenergebnis, daß die Matrix $A = 0$, d. h.

$$\sum_R \sum_{kl} u_{ik}(R)c_{kl}\hat{v}_{lm}(R) = 0\,. \tag{8}$$

Was folgt hieraus, wenn c_{kl} willkürlich gewählt wird (z. B. nur ein $c_{kl} \neq 0$)? In ähnlicher Weise verfahren wir mit Teil II des Theorems und erhalten so das erste Hauptresultat:

$$\frac{1}{h}\sum_R u_{ik}(R)\hat{u}_{lm}(R) = \begin{cases} \frac{1}{g} & \text{für} \quad i = m, k = l \\ 0 & \text{sonst} \end{cases} \tag{9}$$

für jede irreduzible Darstellung $R \to U(R)$ und

$$\frac{1}{h}\sum_R u_{ik}(R)\hat{v}_{lm}(R) = 0 \tag{10}$$

für zwei beliebige irreduzible Darstellungen $R \to U(R)$, $R \to V(R)$. Mit Hilfe der Definition der Charaktere

$$\sum_i u_{ii}(R) = \chi(R) \tag{11}$$

und

$$\sum_l \hat{u}_{ll}(R) = \hat{\chi}(R) \tag{12}$$

bzw.

$$\sum_l \hat{v}_{ll}(R) = \hat{\chi}'(R) \tag{13}$$

erhalten wir

$$\frac{1}{h}\sum_R \chi(R)\hat{\chi}(R) = 1\,. \tag{14}$$

Für irgendzwei inäquivalente irreduzible Darstellungen gilt entsprechend

$$\frac{1}{h}\sum_R \chi(R)\hat{\chi}'(R) = 0\,. \tag{15}$$

Den Ausdrücken $\hat{\chi}(R)$ bzw. $\hat{\chi}'(R)$ kann noch eine andere Form gegeben werden. Sind die Darstellungsmatrizen unitär, so gilt $\hat{u}_{lm} = u^*_{ml}$ und es folgt $\hat{\chi} = \chi^*$, wobei der Stern die konjugiert komplexe Größe bezeichnet. Ferner gilt $U^{-1}(R) = U(R^{-1})$ und damit

$$\hat{u}_{lm} = u_{lm}(R^{-1})\,. \tag{16}$$

Somit folgt auch

$$\hat{\chi}(R) = \chi(R^{-1})\,. \tag{17}$$

Unterscheiden wir die irreduziblen Darstellungen durch Indizes i, j, so können wir die Gleichungen (14), (15) zu einer einzigen Orthogonalitätsrelation zusammenfassen. Wie lautet diese?

6.3 Als Vorbereitung zur Aufgabe 6.4 behandeln wir den Begriff des Projektionsoperators. Wir benutzen dabei Diracs bra- und ket-Schreibweise (vgl. Band I). Ein Vektorraum sei durch die Vektoren $|k, m\rangle$, $k = 1, \dots, K$, $m = 1, \dots, M_K$ „aufgespannt“, d. h.

jeder beliebige Vektor $|\boldsymbol{v}\rangle$ in diesem Raum läßt sich als Linearkombination von $|k,m\rangle$ wiedergeben. Die $|k,m\rangle$ seien orthonormiert im folgenden Sinne

$$\langle km|ln\rangle = \delta_{kl}\delta_{mn} \,, \tag{18}$$

wobei die δ's die Kroneckersymbole sind. Zeigen Sie, daß

$$\sum_m |km\rangle\langle km| \tag{19}$$

ein Projektionsoperator ist, der auf den Unterraum k, der von den Vektoren $|km\rangle$, k fest, aufgespannt wird.

Veranschaulichen Sie sich diesen Sachverhalt, indem Sie $|km\rangle$ mit den Vektoren $\boldsymbol{v}_{k,m}$ eines euklidschen Raumes identifizieren.

Hinweis: Stellen Sie $|\boldsymbol{v}\rangle$ als Linearkombination von $|k,m\rangle$ dar und benutzen Sie (18) und (19).

6.4 Beweisen Sie, daß der Projektionsoperator (6.58) die dort behauptete Eigenschaft hat

$$P_j = \frac{1}{h}\sum_R \hat{\chi}_j(R)\hat{R} \,, \tag{20}$$

wobei $\hat{\chi}_j(R) = \chi_j(R^{-1})$. Für $\hat{R}$ kann dabei die Matrixdarstellung des Symmetrieoperators R mit Hilfe einer beliebigen, aber vorgegebenen Basis benutzt werden.

Hinweis: Führen Sie neue Basisvektoren $|k,m\rangle$ ein, in denen die Matrixdarstellung vollständig ausreduziert ist (Kästchendarstellung von Abb. 6.14, und k die Nummer des Kästchens und m der Index der Basisvektoren in diesem Kästchen). Setzen Sie nun den Einheitsoperator

$$I = \sum_{k,m} |k,m\rangle\langle k,m| \tag{21}$$

im Projektionsoperator vor und hinter $\hat{R}$ ein und benutzen die Form der ausreduzierten Matrix von $\hat{R}$. Benutzen Sie $\hat{\chi}_j(R)$ in der Form

$$\hat{\chi}_j(R) = \sum_{\mu\nu} \delta_{\mu\nu}\hat{u}^j_{\mu\nu} \tag{22}$$

und die Beziehung (1) von Aufgabe 6.2 sowie

$$\langle k,m|R|l,n\rangle = \delta_{kl}u^k_{mn} \,. \tag{23}$$

Das Endresultat lautet

$$P_j = \frac{1}{g}\sum_n |j,n\rangle\langle j,n| = \frac{1}{g}I_j \,. \tag{24}$$

Warum zeigt dieses Resultat die behauptete Eigenschaft von P_j?

Beachten Sie auch weitere Schlußfolgerungen am Ende der Lösung am Schluß des Buches!

6.5 Zeigen Sie mit Hilfe der Formel (6.57), daß die Darstellung (6.66) in die Darstellungen $2A_1 + B_1 + B_2$ zerlegt werden kann. Leiten Sie mit Hilfe von (6.58) die Basis her, die jeweils zu den irreduziblen Darstellungen gehört.

7. Das Mehrelektronenproblem der Molekülphysik und Quantenchemie

In diesem Kapitel lernen wir mehrere Ansätze zur Behandlung des Mehrelektronenproblems der Molekülphysik und Quantenchemie kennen. Hierzu gehört der Ansatz der Slater-Determinante und die daraus resultierenden Hartree-Fock-Gleichungen, die wir sowohl für abgeschlossene als auch offene Schalen diskutieren werden. Ein wichtiges Konzept ist die Korrelationsenergie zwischen Elektronen, zu deren Behandlung allgemeine Ansätze vorgestellt werden.

7.1 Problemstellung und Übersicht

7.1.1 Hamilton-Operator und Schrödinger-Gleichung

In diesem Kapitel knüpfen wir an die früheren Kap. 4 und 5 an, in denen wir anhand einfacher Moleküle bereits wichtige Lösungsansätze kennengelernt haben. Wir befassen uns nun mit Ansätzen für die Elektronenwellenfunktionen eines beliebigen, auch komplexen, Moleküls. Hierbei sollen sich N Elektronen mit den Koordinaten $\boldsymbol{r}_j$, $j = 1, \ldots, N$, im Coulombfeld der M Kerne mit den Koordinaten $\boldsymbol{R}_K$, $K = 1, \ldots, M$, und den Kernladungszahlen Z_K bewegen und untereinander durch die Coulombsche Wechselwirkung gekoppelt sein. Die Kerne denken wir uns an ihren Gleichgewichtslagen $\boldsymbol{R}_K$, die sie in dem betrachteten Molekül einnehmen, festgehalten. Für das Elektron mit der Koordinate $\boldsymbol{r}_j$ ergibt sich somit ein Gesamtpotential

$$V(\boldsymbol{r}_j) = \sum_K V_K(\boldsymbol{r}_j)\,, \tag{7.1}$$

wobei die einzelnen Bestandteile aus der Coulombschen Wechselwirkungsenergie zwischen dem Elektron j und dem Kern K bestehen

$$V_K(\boldsymbol{r}_j) = -\frac{Z_K e^2}{4\pi\varepsilon_0 |\boldsymbol{R}_K - \boldsymbol{r}_j|}\,. \tag{7.2}$$

Der Hamilton-Operator für das Elektron mit dem Index j besteht dann aus dem Operator der kinetischen und dem der potentiellen Energie, so daß wir

$$H(\boldsymbol{r}_j) \equiv H(j) = -\frac{\hbar^2}{2m_0}\Delta_j + V(\boldsymbol{r}_j) \tag{7.3}$$

erhalten. (Bei einer genaueren Behandlung müßte man auch z. B. Spin-Bahn-Wechselwirkungen berücksichtigen, die wir aber hier außer acht lassen wollen.) Zwischen dem Elektron mit dem Index j und einem mit dem Index l besteht weiterhin die Coulombsche Wechselwirkung, deren potentielle Energie durch

$$W_{jl} = \frac{e^2}{4\pi\varepsilon_0 |\boldsymbol{r}_j - \boldsymbol{r}_l|} \tag{7.4}$$

dargestellt ist. Die Wechselwirkungsenergie aller Elektronen läßt sich dann durch

$$H_{\mathrm{WW}} = \frac{1}{2} \sum_{j \neq l} \frac{e^2}{4\pi\varepsilon_0 |\boldsymbol{r}_j - \boldsymbol{r}_l|} \tag{7.5}$$

darstellen. Dabei sorgt der Faktor $(1/2)$ dafür, daß die Coulombsche Wechselwirkungsenergie zwischen einem Paar von Elektronen nicht doppelt gezählt wird, weil die Indizes j und l unabhängig voneinander laufen dürfen mit der einzigen Maßgabe, daß das Elektron nicht auf sich selbst wirkt, d. h. $j \neq l$.

Nach diesen Vorbereitungen können wir den Hamilton-Operator des Gesamtsystems in der Form

$$H = \sum_{j=1}^{N} H(j) + H_{\mathrm{WW}} \tag{7.6}$$

angeben. Die Schrödinger-Gleichung lautet

$$H\Psi(\boldsymbol{r}_1, \ldots, \boldsymbol{r}_N) = E\Psi(\boldsymbol{r}_1, \ldots, \boldsymbol{r}_N)\,, \tag{7.7}$$

wobei die Wellenfunktion Ψ von allen Elektronenkoordinaten abhängt. Obwohl der Hamilton-Operator H den Spin der Elektronen nicht explizit enthält, ist es dennoch wichtig, die Wellenfunktion Ψ auch von den Spins abhängen zu lassen, damit wir das Pauli-Prinzip in angemessener Weise berücksichtigen können, wie wir das schon in Abschn. 4.4 gesehen haben. Während es im Prinzip möglich ist, die Schrödinger-Gleichung für ein einzelnes Elektron, die zu dem Hamilton-Operator (7.3) gehört, durch geeignete Näherungsverfahren oder numerisch zu lösen, stellt sich bei der Lösung des durch (7.6) und (7.7) gekennzeichneten Mehrelektronenproblems eine erhebliche Schwierigkeit in den Weg, da die Elektronen untereinander noch eine Wechselwirkung aufweisen. Selbst bei nur 2 Elektronen, die sich in einem vorgegebenen Potentialfeld (7.1) bewegen, konnte das Problem nicht exakt behandelt werden. Wir müssen uns daher nach geeigneten Näherungsansätzen, die auch durch die physikalische Intuition unterstützt werden, umsehen.

7.1.2 Slater-Determinante und Energie-Erwartungswerte

Ein solcher Näherungsansatz bietet sich in Form der Slater-Determinante, die wir schon in Abschn. 4.4 kennengelernt hatten. Für jedes einzelne Elektron stehen Wellenfunktionen ψ zur Verfügung, die wir durch Quantenzahlen, die wir allgemein q nennen wollen, unterscheiden. Daneben kann ein Elektron entweder in einem Spin-nach-oben-Zustand α, oder in einem Spin-nach-unten-Zustand β sitzen. Dem Elektron mit dem Index j stehen also Zustände der Form

$$\psi_q(\boldsymbol{r}_j)\alpha(j) \tag{7.8}$$

oder

$$\psi_q(\boldsymbol{r}_j)\beta(j) \tag{7.9}$$

zur Verfügung. Für das Folgende ist es zweckmäßig, eine einheitliche Bezeichnung für die Wellenfunktion mit Spin nach oben und Spin nach unten einzuführen. Wir nennen diese s_m und vereinbaren die Relation

$$\begin{aligned} s_{1/2} &= \alpha \\ s_{-1/2} &= \beta\,. \end{aligned} \tag{7.10}$$

Der Index $m = 1/2$ bedeutet ersichtlich Spin nach oben, der Index $m = -1/2$ Spin nach unten. Damit lassen sich (7.8) und (7.9) in der Form

$$\chi_k(j) = \psi_q(\boldsymbol{r}_j) s_m(j) \tag{7.11}$$

zusammenfassen. Die hier stehende rechte Seite der Gl. (7.11) haben wir mit der Wellenfunktion $\chi_k(j)$ abgekürzt. k ist dabei eine Quantenzahl, die die Quantenzahlen

$$k = (q, m) \tag{7.12}$$

umfaßt.

Um die Bezeichnungsweise unseres Vorgehens nicht zu sehr zu überladen, wollen wir vereinbaren, daß der Index k die Werte $1, \dots, N$ annehmen darf. Dies genügt völlig zur Unterscheidung der verschiedenen Quantenzustände und kann durch eine geeignete Umnumerierung zu (7.12) in Verbindung gesetzt werden, wobei wir uns aber mit dieser rein formalen Zuordnung nicht näher befassen wollen. Mit Hilfe der Wellenfunktionen χ_k läßt sich die Slater-Determinante in der einfachen Form

$$\Psi = \frac{1}{\sqrt{N!}} \begin{vmatrix} \chi_1(1) & \dots & \chi_N(1) \\ \chi_1(2) & \dots & \chi_N(2) \\ \vdots & & \\ \chi_1(N) & \dots & \chi_N(N) \end{vmatrix} \tag{7.13}$$

schreiben. Wie wir früher schon in einzelnen Beispielen in Abschn. 4.4 gesehen haben, berücksichtigt die Slater-Determinante die Coulombsche Wechselwirkung der Elektronen untereinander in einer pauschalen Weise. Dies wollen wir nun ganz allgemein nachweisen. Dazu bilden wir zunächst mit Hilfe des Hamilton-Operators (7.6) und der Determinante (7.13) den Erwartungswert für die Energie

$$\bar{E} = \left\langle \int \Psi^* H \Psi dV_1, \dots, dV_N \right\rangle , \tag{7.14}$$

wobei die eckige Klammer sich auf die Spinfunktionen bezieht. Die Auswertung der Integrale auf der rechten Seite stellt eine langwierige Aufgabe dar, die wir daher in den Anhang A1 verlegen. Wir begnügen uns, hier das Endresultat anzugeben:

$$\bar{E} = \sum_k H_{k,k} + \frac{1}{2} \sum_{k,k'} (V_{kk',kk'} - V_{kk',k'k}) \,. \tag{7.15}$$

Darin stellt

$$H_{k,k} = \left\langle \int \chi_k^* H(r) \chi_k dV \right\rangle \tag{7.16}$$

den Erwartungswert des Hamilton-Operators (7.3) eines einzelnen Elektrons im Quantenzustand k dar. Die eckige Klammer deutet dabei, wie schon bemerkt, den Erwartungswert bezüglich der Spinfunktionen an, während sich das Integral über dV auf die Ortskoordinate des Elektrons bezieht. Wegen des Produktansatzes (7.11) und wegen (7.12) vereinfacht sich (7.16) zu

$$H_{qq} = \int \psi_q^*(r) H(r) \psi_q(r) dV \,. \tag{7.16a}$$

Die Größen $V_{kk',kk'}$ und $V_{kk',k'k}$ sind uns bereits in Spezialfällen in früheren Abschnitten begegnet.

$$V_{kk',kk'} = \left\langle \iint \chi_k^*(1)\chi_{k'}^*(2) \frac{e^2}{4\pi\varepsilon_0 |\boldsymbol{r}_1 - \boldsymbol{r}_2|} \chi_k(1)\chi_{k'}(2) dV_1 dV_2 \right\rangle \tag{7.17}$$

stellt die Wechselwirkung der Ladungsdichte des Elektrons (1) im Zustande k mit der Ladungsdichte des Elektrons (2) im Zustand k' dar. Es handelt sich also um eine Coulombsche Wechselwirkungsenergie, die sofort klassisch interpretierbar ist. Daneben erhalten wir den Ausdruck

$$V_{kk',k'k} = \left\langle \iint \chi_k^*(1)\chi_{k'}^*(2) \frac{e^2}{4\pi\varepsilon_0 |\boldsymbol{r}_1 - \boldsymbol{r}_2|} \chi_{k'}(1)\chi_k(2) dV_1 dV_2 \right\rangle , \tag{7.18}$$

der in Verallgemeinerung früherer Resultate als Coulombsche Austauschwechselwirkungsenergie bezeichnet werden kann.

Gleichung (7.15) stellt bereits das wichtigste Resultat dieses Kapitels dar. Wie wir von Abschn. 4.4 her wissen, gilt für die Quantenmechanik ein Variationsprinzip, wobei die Energie $\bar{E}$, die hier genähert in (7.15) berechnet wird, immer größer, höchstens gleich, der exakten Energie ist. Das Bestreben, durch eine geeignete Wahl der Wellenfunktionen ψ_q die Energie $\bar{E}$ zu minimalisieren, führt auf die sogenannten Hartree-Fock-Gleichungen, die wir unten für verschiedene wichtige Spezialfälle angeben werden. Bei der Lösung dieser Hartree-Fock-Gleichungen werden wir auf das sogenannte „self-consistent field"-Verfahren stoßen.

7.2 Die Hartree-Fock-Gleichung. Die „Self-Consistent-Field" (SCF)-Methode

Je nachdem, wie die einzelnen Elektronenzustände mit Elektronen parallelen und antiparallelen Spins aufgefüllt werden, nimmt (7.15) verschiedene explizitere Formen an. Dabei werden wir auf Ausdrücke für die sogenannte geschlossene Schale und für offene Schalen stoßen. Schließlich werden wir in den Abschn. 7.5 bis 7.7 Grenzen des hier vorgestellten Hartree-Fock-Verfahrens aufzeigen und angeben, welche Lösungsansätze man machen muß, um das Hartree-Fock-Verfahren zu verbessern. Wie der Leser sehen wird, ist hier noch ein weites Betätigungsfeld, um auch Höchstleistungsrechner für die Berechnung der Energiewerte und der Wellenfunktionen sinnvoll einzusetzen.

Versuchen wir als erstes, die Ausdrücke V in (7.17) und (7.18) zu vereinfachen, wobei wir auf den Produktansatz für die einzelnen Wellenfunktionen (7.8) und (7.9) zurückgreifen. Setzen wir diesen in (7.17) ein, so läßt sich der Ausdruck auf der rechten

Seite in ein Integral über die Ortsfunktionen und ein Matrix-Element bzgl. der Spinfunktionen aufspalten;

$$V_{kk',kk'} \equiv V_{qq',qq'} \langle s_m(1)s_m(1)\rangle \langle s_{m'}(2)s_{m'}(2)\rangle\,,$$

wobei

$$V_{qq',qq'} = \int \psi_q^*(\boldsymbol{r}_1)\psi_{q'}^*(\boldsymbol{r}_2)\frac{e^2}{4\pi\varepsilon_0|\boldsymbol{r}_1-\boldsymbol{r}_2|}\psi_q(\boldsymbol{r}_1)\psi_{q'}(\boldsymbol{r}_2)dV_1dV_2\,. \tag{7.19}$$

Da die Spinfunktionen normiert sind, ergibt sich sofort

$$\langle s_m s_m\rangle = 1\,. \tag{7.20}$$

Für die Austauschwechselwirkungen erhalten wir

$$V_{kk',k'k} = V_{qq',q'q} \langle s_m(1)s_{m'}(1)\rangle \langle s_m(2)s_{m'}(2)\rangle\,,$$

wobei

$$V_{qq',q'q} = \int \psi_q^*(\boldsymbol{r}_1)\psi_{q'}^*(\boldsymbol{r}_2)\frac{e^2}{4\pi\varepsilon_0|\boldsymbol{r}_1-\boldsymbol{r}_2|}\psi_{q'}(\boldsymbol{r}_1)\psi_q(\boldsymbol{r}_2)dV_1dV_2\,. \tag{7.21}$$

Aber jetzt gilt

$$\langle s_m s_{m'}\rangle \neq 0 \quad \text{nur für} \quad m = m'\,. \tag{7.22}$$

Die Austauschwechselwirkung tritt also nur zwischen Elektronen mit gleichem Spin auf.

7.3 Das Hartree-Fock-Verfahren bei einer abgeschlossenen Schale

Im folgenden wollen wir, wie schon angekündigt, einige Spezialfälle des allgemeinen Energieausdrucks (7.15) untersuchen und dabei auch das Hartree-Fock-Verfahren kennenlernen. Wir befassen uns zunächst mit dem Problem sogenannter abgeschlossener Schalen. Hierbei handelt es sich darum, daß die Elektronenniveaus, die durch die Quantenzahlen q gekennzeichnet sind, jeweils paarweise mit Elektronen antiparalleler Spins aufgefüllt werden. Es gibt also $N/2$ Elektronen mit Spin nach oben, $N/2$ Elektronen mit Spin nach unten. Betrachten wir unter diesem Aspekt die Energieausdrücke in (7.15) genauer. Der Energieausdruck (7.16) kommt zweimal mit der gleichen Quantenzahl q vor, da er sich ja einmal auf den Spin nach oben und einmal auf den Spin nach unten bezieht. Statt der Summe über alle Quantenzahlen k können wir daher in (7.15) die erste Summe durch Quantenzahlen über q ersetzen, wenn wir die Summe mit dem Faktor 2 multiplizieren. Da es sich bei der Coulombschen Wechselwirkung (7.19) um Elektronen mit Spin nach oben oder Spin nach unten handeln kann, gibt die *doppelte* Summe $\sum\limits_{kk'}$ in (7.15) den Faktor 4. Bei der Austauschwechselwirkung (7.21), die in (7.15) mit dem negativen Vorzeichen auftritt, müssen aber die Spinquantenzahlen, die zu k und k' gehören, jeweils gleich sein, so daß sich wegen einmal „Spin nach oben", einmal „Spin nach unten", hier nur der Faktor 2 ergibt. Diese Überlegungen machen es verständlich, daß sich im Falle einer abgeschlossenen Schale der Energieausdruck (7.15) auf

$$\bar{E} = 2\sum_{q} H_{qq} + \sum_{qq'}(2V_{qq',qq'} - V_{qq',q'q}) \tag{7.23}$$

reduziert.

Der Ausdruck (7.23) kann zum Ausgangspunkt eines Variationsverfahrens genommen werden, wobei wir (7.23) minimalisieren unter der Nebenbedingung, daß die einzelnen Elektronenwellenfunktionen normiert sind. Die Nebenbedingung, daß diese auch untereinander orthogonal sind, braucht nicht extra getroffen zu werden, da man zeigen kann, daß innerhalb einer Determinante die Wellenfunktionen selbst immer orthogonal gewählt werden können. Dies folgt daraus, daß man Zeilen oder Spalten zueinander addieren darf, ohne den Wert der Determinante zu ändern, und man kann sich dann mit Hilfe etwa des Schmidtschen Orthogonalisierungsverfahrens überlegen, daß die Wellenfunktionen immer aufeinander orthogonal gewählt werden können, sofern sie von vorneherein linear unabhängig waren. Wir fordern also

$$\left\langle \Psi^* \middle| H_{\mathrm{ges}} \middle| \Psi \right\rangle = \mathrm{Min!} \tag{7.24}$$

und wählen als Nebenbedingung

$$\int \psi_q^* \psi_q dV = 1\,, \quad q = 1, \ldots, N\,, \tag{7.25}$$

woraus natürlich auch die Normierung der Gesamtwellenfunktion

$$\left\langle \Psi^* \middle| \Psi \right\rangle = 1 \tag{7.26}$$

folgt. Variation nach einer Wellenfunktion ψ_q bedeutet, daß wir einfach den Energieausdruck auf der rechten Seite (7.23) formal nach ψ_q differenzieren und dabei die Integration über die zugehörige Elektronenkoordinate fallenlassen. Mit dieser Methodik erhalten wir sofort die Relation

$$\begin{aligned} H(1)\psi_q(1) &+ 2\sum_{q'} \int \left|\psi_{q'}(2)\right|^2 \frac{e^2}{4\pi\varepsilon_0 r_{12}} dV_2 \psi_q(1) \\ &- \sum_{q'} \int \psi_{q'}^*(2)\psi_q(2) \frac{e^2}{4\pi\varepsilon_0 r_{12}} dV_2 \psi_{q'}(1) = \varepsilon_q \psi_q(1)\,, \end{aligned} \tag{7.27}$$

wobei ε_q Lagrange-Parameter sind, die von den Nebenbedingungen (7.25) herrühren.

Die sich so für ψ_q ergebende Gleichung kann als eine Art Schrödinger-Gleichung aufgefaßt werden. Der erste Summand in (7.27) stellt den Operator der kinetischen und potentiellen Energie der Wellenfunktion ψ_q im Felde der vorgegebenen Atomkerne dar. Der zweite Ausdruck läßt sich einfach deuten, wenn wir uns daran erinnern, daß

$$e\left|\psi_{q'}(2)\right|^2 \tag{7.28}$$

die Ladungsdichte des Elektrons 2 im Zustande q' darstellt. Ersichtlich stellt die Summe die Coulombsche Wechselwirkungsenergie dar, die das Elektron 1 im Felde der Ladungsdichten (7.28) erfährt. Dieser Ausdruck ist in einer klassischen Interpretation zu verstehen. Wichtig und neu hingegen ist der Ausdruck (7.27), der die Coulombsche Austauschwechselwirkung wiedergibt. Hier befindet sich das Elektron 1 in einer Wellenfunktion ψ_q, und ist in dieser Wellenfunktion der Austauschdichte des Elektrons 2 ausgesetzt, wobei die Austauschdichte durch

$$e\psi_{q'}^*(2)\psi_q(2) \tag{7.29}$$

gegeben ist. Aus der physikalischen Bedeutung der eben diskutierten Ausdrücke auf der linken Seite von (7.27) folgt, daß ε_q in (7.27) als die Energie eines Elektrons im Quantenzustand q anzusehen ist. Die Gln. (7.27) unterscheiden sich von einer herkömmlichen Schrödinger-Gleichung durch die in $\psi_q, \psi_{q'}$ nichtlinearen Ausdrücke.

Die Gln. (7.27) werden nach einer Methode, die als „self-consistent field"-Methode bezeichnet wird, gelöst. Hierbei nimmt man in einem ersten Schritt an, daß man die Wellenfunktionen ψ_q bereits, zumindest näherungsweise, kennt. Im nächsten Schritt setzt man dann diese so angenommenen Wellenfunktionen in die Ladungsdichte (7.28) und in die Austauschdichte (7.29) ein, während die Wellenfunktionen, die hinter H und hinter den Integralen stehen, noch als neu zu bestimmend angesehen werden. Man löst nun den damit linearisierten Satz von Gln. (7.27) nach den ψ_q und gewinnt damit verbesserte Ladungsdichten (7.28) und (7.29). Dieses Verfahren wird so lange, wenigstens im Prinzip, fortgesetzt, bis die neu gewonnenen Wellenfunktionen sich von den Wellenfunktionen des vorangegangenen Schritts praktisch nicht mehr unterscheiden. Damit ist also das Verfahren selbstkonsistent geworden, was der englische Ausdruck „self-consistent field"-Methode erhellt.

7.4 Die unbeschränkte SCF-Methode für offene Schalen

Liegen, wie im vorangegangenen Abschnitt angenommen, geschlossene Schalen vor, so werden bei dem Hartree-Fock Ansatz die einzelnen Elektronenzustände jeweils mit zwei Elektronen mit zueinander antiparallelem Spin besetzt. Bei dem Problem der offenen Schale können nun die Elektronenzustände, die sich auf die Bahnbewegung beziehen und die zu einem Spinpaar nach oben und unten gehören, verschieden sein. Für die Slater-Determinante machen wir daher, unter Verwendung der Bezeichnungsweise (5.65), den Ansatz

$$\Psi = \left|\psi_1\psi_2\ldots\psi_M\bar{\psi}_{M+1}\bar{\psi}_{M+2}\ldots\bar{\psi}_{M+N}\right| , \tag{7.30}$$

wobei sich die Funktionen $\psi_1 \ldots \psi_M$ auf Elektronen mit Spin nach oben, die Funktionen $\bar{\psi}_{M+1} \ldots \bar{\psi}_{M+N}$ auf Elektronen mit Spin nach unten beziehen. Im folgenden werden wir auch zulassen, daß Wellenfunktionen, die zu verschiedenen Spins gehören, die gleiche Ortsabhängigkeit besitzen. Wir lassen also auch den Fall zu, daß einige der Bahnquantenzahlen aus der Gruppe $M+1, \ldots, M+N$ mit solchen der Gruppe $1, \ldots, M$ übereinstimmen. Da die Spins verschieden sind, verschwindet die Determinante (7.30) auch dann nicht. Der Normierungsfaktor vor der Determinante ist durch

$$\{(M+N)!\}^{-1/2} \tag{7.31}$$

gegeben.

Durch geeignete Wahl der ψ's soll der Erwartungswert der Energie des Hamilton-Operators des Moleküls minimalisiert werden. Wir nehmen an, daß die Wellenfunktionen in (7.30) aufeinander orthogonal sind. Dieser Erwartungswert kann direkt aus (7.15) durch Spezialisierung ähnlich zu Abschn. 7.2 gewonnen werden, so daß wir gleich das Resultat angeben. Es lautet

$$\bar{E} = \langle \Psi | \, H \, | \Psi \rangle = \sum_{j=1}^{M+N} H_{jj} + \frac{1}{2} \sum_{i=1}^{M+N} \sum_{j=1}^{M+N} V_{ij,ij}$$
$$- \frac{1}{2} \left(\underbrace{\sum_{i=1}^{M} \sum_{j=1}^{M} V_{ij,ji}}_{\uparrow\text{-Spins}} + \underbrace{\sum_{i=M+1}^{M+N} \sum_{j=M+1}^{M+N} V_{ij,ji}}_{\downarrow\text{-Spins}} \right) . \tag{7.32}$$

Betrachten wir hierin die einzelnen Glieder. Die in der ersten Summe stehenden H_{jj} sind durch (7.16a) definiert. Es handelt sich hier, wie erinnerlich, um den Erwartungswert der Energie eines einzelnen Elektrons im Zustand j, wobei die Energie aus der kinetischen Energie des Elektrons und seiner potentiellen Energie im Felde der Atomkerne besteht. In der darauffolgenden Doppelsumme stellen die Größen $V_{ij,ij}$ die Coulombsche Wechselwirkungsenergie zwischen den Ladungsdichten der Elektronen im Zustand i bzw. j dar. Dieser Energiebeitrag kommt sowohl durch die Wechselwirkung von Elektronen gleichen als auch antiparallelen Spins zustande. Die nächsten beiden Summen stellen Ausdrücke für die Austauschwechselwirkung dar. Diese tritt nur zwischen Elektronen jeweils gleichen Spins auf. Variieren wir die Energie $\bar{E}$ (7.32), indem man eine Wellenfunktion ψ_j oder $\bar{\psi}_j$ variiert, wobei die Normierungsbedingung (7.25) zu beachten ist, so erhalten wir die entsprechenden Hartree-Fock-Gleichungen.

7.5 Die eingeschränkte SCF-Methode für offene Schalen

Im vorangegangenen Abschnitt hatten wir die sogenannte uneingeschränkte offene-Schalen-SCF-Methode kennengelernt. Hierbei hatten wir die Wellenfunktion des Mehrelektronenproblems in Form einer einfach zu handhabenden Slater-Determinante angesetzt. Allerdings ist diese Wellenfunktion nicht notwendigerweise Eigenfunktion zum Gesamtspin. Wir wollen nun einen Ansatz für die Wellenfunktion kennenlernen, die bereits Eigenfunktion zum Operator des Gesamtspins ist. Dieses Verfahren wird deshalb „eingeschränktes offenes Schalenverfahren" genannt. Dabei behandeln wir die Triplett-Wellenfunktion, deren Ansatz vornehmlich auf Roothaan zurückgeht. Wir nehmen an, daß von einer aufgefüllten Schale, wo also die Elektronenzustände je mit einem Spin nach oben und nach unten besetzt sind, ein Elektron aus dem Zustand m in einen Zustand n gebracht wird, wobei gleichzeitig sein Spin umgeklappt wird (Abb. 7.1). Damit entsteht also eine Wellenfunktion, deren z-Komponente des Gesamtspins $= -1 \cdot \hbar$ ist. Diese Wellenfunktion schreiben wir in der Form ${}_{-1}^{3}\Psi_m^n$. Die Indizes m und n deuten an, daß das Elektron aus dem Zustand m in den Zustand n gebracht wurde. Die Zahl 3 oben links bedeutet, daß die Wellenfunktion zu einem Triplett-Zustand gehört, der un-

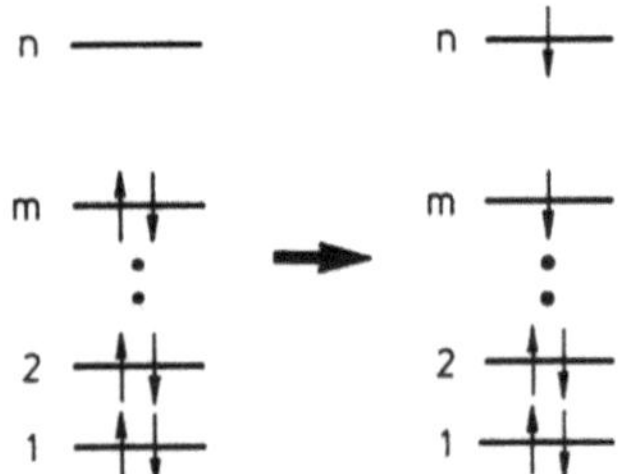

Abb. 7.1. Anregung eines Elektrons aus dem Zustand m in den Zustand n mit Umklappen des Spins

tere Index -1 zeigt an, daß die z-Komponente des Gesamtspins die Quantenzahl $= -1$ hat. Diese Wellenfunktion läßt sich als Determinante in der abgekürzten Form

$$ {}_{-1}^{3}\Psi_m^n = \left|\psi_1\bar{\psi}_1 \ldots \psi_g\bar{\psi}_g\bar{\psi}_m\bar{\psi}_n\right| \tag{7.33} $$

schreiben, wobei noch der Normierungsfaktor hinzuzufügen wäre. Um von diesem Zustand auf einen mit der z-Komponente des Gesamtspins $S_z = 0$ zu kommen, brauchen wir lediglich den Erhöhungsoperator für die z-Komponente des Gesamtspins anzuwenden, der durch

$$ S_+ = \sum_j [\sigma_x(j) + \mathrm{i}\,\sigma_y(j)] \tag{7.34} $$

gegeben ist. Hierin sind σ_x und σ_y die üblichen Spinmatrizen, wobei die Argumente j die Elektronen numerieren, auf deren Spinwellenfunktionen die Spinmatrizen einwirken. Eine elementare aber längere Rechnung ergibt dann (bis auf den Normierungsfaktor) die Wellenfunktion

$$ {}_{0}^{3}\Psi_m^n = \left\{\left|\psi_1\bar{\psi}_1 \ldots \psi_g\bar{\psi}_g\psi_m\bar{\psi}_n\right| - \left|\psi_1\bar{\psi}_1 \ldots \psi_g\bar{\psi}_g\psi_n\bar{\psi}_m\right|\right\} , \tag{7.35} $$

die zum Gesamtspin $S = 1$ und zur z-Komponente $S_z = 0$ gehört. Wenden wir den Erhöhungsoperator für die z-Komponente des Spins nochmals an, so erhalten wir die Wellenfunktion

$$ {}_{1}^{3}\Psi_m^n = \left|\psi_1\bar{\psi}_1 \ldots \psi_g\bar{\psi}_g\psi_m\psi_n\right| . \tag{7.36} $$

Wie schon beim uneingeschränkten offenen Schalenmodell können wir auch hier die Energie unschwer ausrechnen. Wir erhalten dann den folgenden Ausdruck

$$ \begin{aligned} {}^3\bar{E} = & \underbrace{2\sum_{k=1}^{g} H_{kk} + \sum_{k=1}^{g}\sum_{l=1}^{g}\{2V_{kl,kl} - V_{kl,lk}\}}_{\text{geschlossene Schale}} \\ & \underbrace{+H_{mm} + H_{nn} + V_{mn,mn} - V_{mn,nm}}_{\text{offene Schale}} \\ & \underbrace{+\sum_{k=1}^{g}\{2V_{km,km} - V_{km,mk}\} + \sum_{k=1}^{g}\{2V_{kn,kn} - V_{kn,nk}\}}_{\text{Wechselwirkung offene-geschlossene Schale}} , \end{aligned} \tag{7.37} $$

der die Wechselwirkungsenergien innerhalb der geschlossenen Schale, die Wechselwirkungsenergie zwischen den beiden Elektronen in der nun gewissermaßen offenen Schale und die Wechselwirkungsenergie zwischen den beiden genannten Schalen wiedergibt. Die in (7.37) auftretenden Größen sind die gleichen wie im vorangegangenen Abschnitt. Durch Variation der Energie $\bar{E}$ nach den einzelnen Wellenfunktionen können nun wieder die Hartree-Fock-Gleichungen hergeleitet werden. Wie die Beispiele der Abschn. 7.2–7.4 zeigen, lassen die Energie-Erwartungswerte, die wir mit Hilfe der Slater-Determinante ausrechnen, eine sehr einfache Deutung zu. Dies darf aber nicht darüber hinwegtäuschen, daß es sich hier nur um eine Näherung handelt.

7.6 Korrelationsenergie

Das Hartree-Fock-Verfahren, das zum Ausgangspunkt die Slater-Determinante hat, ist wohl das am meisten verwendete Verfahren in der Atom- und Molekülphysik. Durch es können die Wechselwirkungseffekte der einzelnen Elektronen mit den Atomkernen exakt und die Wechselwirkungseffekte der Elektronen untereinander pauschal genähert erfaßt werden. Wie man sich leicht klarmacht, wird die Energie aber noch weiter abgesenkt, wenn man es den Elektronen gestattet, sich gegenseitig auszuweichen, und zwar nicht nur pauschal mit Hilfe des Pauli-Prinzips, bei dem die Aufenthaltswahrscheinlichkeit für zwei Elektronen mit parallelen Spins am gleichen Ort verschwindet. Auch Elektronen mit antiparallelen Spins spüren ja ihre Coulombsche Abstoßung und werden, um die Energie zu minimieren, sich auszuweichen versuchen. Gegenüber der Hartree-Fock-Energie, bei der durch die Slater-Determinante das Pauli-Prinzip berücksichtigt wurde, gibt es also bei der exakten Rechnung noch einen weiteren Energiebeitrag, der negativ ist, und der von der Berücksichtigung der Korrelation, d. h. dem gegenseitigen Ausweichen der Elektronen, herrührt. Die Definition der Korrelationsenergie lautet somit

$$\text{Korrelationsenergie} = \text{exakte nichtrelativistische Energie} - \text{Hartree-Fock-Energie}\,.$$

7.7 Koopman's Theorem

Hat man bei einem Molekül mit geschlossener Schale die Elektronenwellenfunktionen und zugehörigen Energien nach dem SCF-Verfahren berechnet, so läßt sich, zumindest genähert, auch die Ionisierung des Moleküls behandeln. Dies geschieht nach Koopman's Theorem, das eigentlich besser Koopman's Näherung heißen müßte. Dieses lautet: Die Ionisierung durch Entfernen eines Elektrons aus einem Molekül mit geschlossener Schale kann dargestellt werden als die Entnahme eines Elektrons aus einem gegebenen self-consistent field Orbital, wobei die anderen Elektronen unbeeinflußt bleiben. Dies stellt im allgemeinen eine gute Näherung dar, obwohl Koopman's Näherung folgende Effekte vernachlässigt:

1) die Reorganisationsenergie der Elektronen im Ion
2) die Differenz zwischen der Korrelationsenergie des neutralen Moleküls und der des Ions.

Der zweite Punkt ist klar, da bei dem Hartree-Fock-Verfahren die Korrelationsenergie vernachlässigt wird. Der erste Punkt ergibt sich daraus, daß die Ladungsverteilung der Elektronen zu einem effektiven Potential für ein herausgegriffenes Elektron Anlaß gibt. Wird nun ein Elektron weggenommen, so ändert sich natürlich damit auch dieses effektive Potential. Koopman's Theorem besagt nun, daß diese Änderung im allgemeinen klein ist.

7.8 Konfigurationswechselwirkung

Wie wir oben bemerkt haben, läßt das Hartree-Fock-Verfahren einen wichtigen Effekt außer acht, indem es die Korrelationseffekte zwischen den Elektronen nicht berücksichtigt. Aus diesem Grunde sind Verfahren entwickelt worden, um diesen Effekt zumindest teilweise zu berücksichtigen. Dabei gehen wir aus von einer einzelnen Slater-Determinante

$$\Psi_{k_1,\ldots,k_N} = \frac{1}{\sqrt{N!}} \left|\chi_{k_1}(\boldsymbol{r}_1)\chi_{k_2}(\boldsymbol{r}_2)\ldots\chi_{k_N}(\boldsymbol{r}_N)\right| , \tag{7.38}$$

wobei wir im Gegensatz zum Hartree-Fock-Verfahren annehmen wollen, daß die Wellenfunktionen χ_k bereits vorgegeben sind. Die Indizes k kennzeichnen natürlich die Quantenzahlen der einzelnen Elektronen. Der Einfachheit halber repräsentieren wir diese Quantenzahlen durch jeweils eine einzige Zahl, was aber keine Beschränkung der Methodik ist. Da die Wellenfunktionen Ψ gleich bleiben (eventuell bis auf einen Faktor, -1), wenn wir die Indizes k_j permutieren, dürfen wir annehmen, daß die Quantenzahlen k schon in einer bestimmten Weise geordnet sind, z. B. in der Form

$$k_1 < k_2 < \ldots < k_N . \tag{7.39}$$

Bilden die Wellenfunktionen χ_k der einzelnen Elektronen im mathematischen Sinne einen vollständigen Satz, so bilden die Determinanten (7.38) einen vollständigen Satz für jede antisymmetrische Wellenfunktion Ψ von N Elektronen. Dies bedeutet, daß wir jede beliebige Wellenfunktion Ψ, auch des Mehrelektronenproblems, durch eine Überlagerung von Determinanten (7.38) darstellen können. Wenn wir also den Ansatz

$$\Psi = \sum_{k_1<k_2<\ldots<k_N} C_{k_1k_2\ldots k_N}\Psi_{k_1,\ldots k_N} \tag{7.40}$$

machen, dann läßt sich die gesuchte Wellenfunktion bestimmen, wenn die Koeffizienten $C_{k_1,k_2\ldots}$ festgelegt sind. Im Prinzip unterscheidet sich das Lösungsverfahren beim Mehrelektronenproblem von dem beim Einelektronenproblem, bei dem wir eine gesuchte Wellenfunktion als Überlagerung von bekannten Wellenfunktionen darstellen, überhaupt nicht, nur daß eben jetzt die Indexkombinationen etwas komplizierter werden. Wir setzen (7.40) in die Schrödinger-Gleichung

$$H\Psi = E\Psi \tag{7.41}$$

ein, wobei H der Hamilton-Operator für die kinetische Energie der Elektronen und deren potentiellen Energie im Felde der Atomkerne und untereinander ist (vgl. 7.6). Dabei versehen wir die Indizes k in (7.40) mit Strichen, multiplizieren dann die sich so ergebende Gleichung mit $\Psi^*_{k_1\ldots k_N}$, integrieren über alle Elektronenkoordinaten und nehmen die Erwartungswerte bezüglich der Spinvariablen. Dabei erhalten wir Ausdrücke der Form

$$\left\langle \int \Psi^*_{k_1,\ldots,k_N} H\Psi_{k'_1,\ldots,k'_N} dV_1\ldots dV_N \right\rangle , \tag{7.42}$$

wobei die eckigen Klammern die Bildung des Erwartungswertes bezüglich der Spinvariablen darstellen. Die Auswertung von (7.42) ist in Anhang A für den Spezialfall dargestellt, daß der Satz von Quantenzahlen $k'_1, \ldots , k'_N$ mit dem Satz $k_1, \ldots , k_N$ übereinstimmt. Es ist nicht schwer, die derartige Auswertung auf den Fall (7.42) zu verallgemeinern, so daß wir sogleich das Endresultat angeben.

$$\sum_{j=1}^{N}\sum_{k'_j} H_{k_jk'_j} C_{k_1\ldots k'_j\ldots k_N} + \sum_{ij=1}^{N}\sum_{k'_jk''_j} V_{k_ik_jk'_jk''_j} C_{k_1\ldots k'_i\ldots k''_j\ldots k_N} = EC_{k_1\ldots k_N}\,. \tag{7.43}$$

Die Größen $H_{kk'}$ und $V_{kk'k''k'''}$ stellen Verallgemeinerungen der früheren Ausdrücke (7.16), (7.16a), (7.17) und 7.18) dar, nämlich

$$H_{kk'} = \int \psi_k^*(\boldsymbol{r})\left(-\frac{\hbar^2}{2m_0}\Delta + V(\boldsymbol{r})\right)\psi_{k'}(\boldsymbol{r})dV\,\langle s_k|s_{k'}\rangle\,. \tag{7.44}$$

Die eckige Klammer kennzeichnet die Orthogonalitätsbeziehungen zwischen den Spinwellenfunktionen $s_k, s_{k'}$, die Spin nach oben ($s_k \equiv \alpha$) oder Spin nach unten ($s_k \equiv \beta$) darstellen können. $V_{kk',k''k'''}$ rührt von der Coulombschen Wechselwirkungsenergie zwischen den Elektronen her:

$$V_{kk',k''k'''} = \int \psi_k^*(\boldsymbol{r}_1)\psi_{k'}^*(\boldsymbol{r}_2)\frac{e^2}{4\pi\varepsilon_0 r_{12}} \cdot \psi_{k''}(\boldsymbol{r}_1)\psi_{k'''}(\boldsymbol{r}_2)dV_1dV_2\,\langle s_k|s_{k''}\rangle\,\langle s_{k'}|s_{k'''}\rangle\,. \tag{7.45}$$

Die Summen über k'_j und k''_j laufen in (7.43) über alle Quantenzahlen. Um in Übereinstimmung mit dem Ansatz (7.40) zu bleiben, müssen wir allerdings noch folgende Verabredungen treffen. Die Koeffizienten C in (7.40) sind ja nur für Quantenzahlen, die der Bedingung (7.39) genügen, definiert. Wir vereinbaren nun:

1) Koeffizienten, die in (7.43) auftreten, verschwinden, wenn mindestens zwei Quantenzahlen, die als Indizes auftreten, übereinstimmen.
2) Wenn die Regel (7.39) verletzt ist, werden die Indizes des Koeffizienten so umgeordnet, daß die Regel (7.39) wieder gilt, wobei noch je nach gerader oder ungerader Permutation das Vorzeichen zu ändern ist.

Die Gln. (7.43) stellen ein System linearer homogener Gleichungen dar, das heutzutage auf Computern nach Standardverfahren gelöst werden kann, sofern man die Zahl der Koeffizienten beschränkt und nicht bis ins Unendliche laufen läßt. Oft wird dabei dieses Verfahren noch mit einem LCAO-Verfahren gekoppelt. Hierbei werden die Matrixelemente $H_{kk'}$ und $V_{kk',k''k'''}$ ausgewertet, indem man für die Wellenfunktion ψ_k der Elektronen eine Linearkombination aus Atomorbitalen φ_j mit noch freien Koeffizienten ansetzt. Diese Koeffizienten können dann z. B. in einem ersten Schritt durch die Lösung der Hartree-Fock-Gleichungen festgelegt werden. Die Matrixelemente $H_{kk'}$ und $V_{kk',k''k'''}$ lassen sich dann als bestimmte Linearkombinationen von Integralen über Atomorbitale φ_j darstellen. Bei der numerischen Lösung des Mehrelektronenproblems durch Supercomputer ergeben sich dann die folgenden Schritte:

1) Auswertung von Integralen der Form

$$\int \varphi_j^* H \varphi_{j'} dV ,$$

$$\int \varphi_j^*(1)\varphi_{j'}^*(2)\frac{e^2}{4\pi\varepsilon_0 r_{12}}\varphi_{j''}(1)\varphi_{j'''}(2)dV_1 dV_2 . \tag{7.46}$$

Bei den letzteren handelt es sich um die sogenannten Mehrzentrenintegrale.

2) Lösung der linearen Gleichungen, d. h. Berechnung der Koeffizienten $C_{k_1,\dots,k_N}$ und der zugehörigen Energiewerte.

7.9 Die 2. Quantisierung*

Die im vorangegangenen Abschnitt gemachten Überlegungen lassen sich noch wesentlich eleganter fassen, wenn wir die sog. 2. Quantisierung benutzen. Wie wir schon in I gesehen haben, können wir das Lichtfeld quantisieren. Dazu ordneten wir jeder Lichtwelle mit einem bestimmten Wellenzahlvektor $\boldsymbol{k}$ (und einer Polarisationsrichtung) einen harmonischen Oszillator zu, der die Energie dieser Welle beschreibt. Der Energie-Ausdruck läßt sich in Hamiltonscher Form schreiben und gibt so zu einem Hamilton-Operator H_L Anlaß, der durch Erzeugungs- und Vernichtungsoperatoren $b_{\boldsymbol{k}}^+, b_{\boldsymbol{k}}$ für Lichtquanten ausgedrückt werden kann: $H_\mathrm{L} = \sum_k \hbar\omega_{\boldsymbol{k}} b_{\boldsymbol{k}}^+ b_{\boldsymbol{k}}$. Ausgehend von klassischen Wellen können wir also die Erzeugung und Vernichtung von Lichtteilchen, den Photonen, beschreiben. Dabei genügen die Operatoren $b_{\boldsymbol{k}}, b_{\boldsymbol{k}}^+$ den folgenden Vertauschungsrelationen

$$b_{\boldsymbol{k}}^+ b_{\boldsymbol{k}'}^+ - b_{\boldsymbol{k}'}^+ b_{\boldsymbol{k}}^+ = 0 \tag{7.47}$$

$$b_{\boldsymbol{k}} b_{\boldsymbol{k}'} - b_{\boldsymbol{k}'} b_{\boldsymbol{k}} = 0 \tag{7.48}$$

$$b_{\boldsymbol{k}} b_{\boldsymbol{k}'}^+ - b_{\boldsymbol{k}'}^+ b_{\boldsymbol{k}} = \delta_{kk'} . \tag{7.49}$$

Nun wissen wir aber, daß Elektronen eine Wellennatur besitzen, die durch die Schrödinger-Gleichung wiedergegeben ist. Quantisiert man dieses Elektronen-Wellenfeld, so kommt man hier zum Teilchencharakter der Elektronen. So wie vorher beim Lichtfeld die Erzeugungs- und Vernichtungsoperatoren die Erzeugung bzw. die Vernichtung eines Lichtteilchens beschrieben, beschreiben nun Erzeugungs- und Vernichtungsoperatoren die Erzeugung bzw. Vernichtung von Elektronen. Bezeichnen wir den Elektronenzustand durch eine Quantenzahl, z. B. k oder j, so postulieren wir nun die folgenden Vertauschungsrelationen

$$a_k^+ a_j^+ + a_j^+ a_k^+ = 0 \tag{7.50}$$

$$a_k a_j + a_j a_k = 0 \tag{7.51}$$

$$a_k^+ a_j + a_j a_k^+ = \delta_{jk} . \tag{7.52}$$

Diese unterscheiden sich von den für Photonen durch das $+$ Zeichen in der Mitte, was daher rührt, daß im Gegensatz zu Photonen zwei Elektronen nicht im gleichen Zustand sitzen dürfen. Gleichung (7.50) trägt dieser Forderung Rechnung; ist nämlich $j = k$, so folgt aus (7.50)

$$a_k^+ a_k^+ = 0 . \tag{7.53}$$

Wollen wir also zwei Elektronen im gleichen Zustand erzeugen, so ergibt die doppelte Erzeugung, auf welchen Zustand wir auch diese Operationen anwenden, immer 0. Die anderen Vertauschungsrelationen mit dem + Zeichen folgen dann aus Selbstkonsistenzgründen, auf die wir aber hier nicht näher eingehen können. Das Verfahren ist nun wie folgt: Die Schrödinger-Gleichung

$$H\Psi = E\Psi \tag{7.54}$$

besitzt in der 2. Quantisierung die Form

$$H = \sum_{ij} a_i^+ a_j H_{ij} + \frac{1}{2} \sum_{ijkl} a_i^+ a_j^+ a_k a_l V_{ijkl} , \tag{7.55}$$

wobei die Matrixelemente durch (7.44) und (7.45) gegeben sind. Die Form (7.55) hat den Vorteil, daß diese für beliebig viele Elektronen gilt. Hat man ein spezielles Problem, bei dem eine feste Zahl von Elektronen N vorliegt, so läßt sich die Schrödinger-Gleichung, zumindest im Prinzip, lösen, indem man Ψ als eine Linearkombination aus allen möglichen Funktionen aufbaut, in denen genau N Elektronen vorhanden sind. Bezeichnen wir den Vakuumzustand mit Φ_0, der durch die Beziehung

$$a_j \Phi_0 = 0 \tag{7.56}$$

gekennzeichnet ist, so läßt sich ein Zustand mit N Elektronen mit den Quantenzahlen $k_1 \dots k_N$ durch N-fache Anwendung der Erzeugungsoperatoren auf Φ_0 darstellen

$$\Psi_{k_1 \dots k_N} = a_{k_1}^+ \dots a_{k_N}^+ \Phi_0 . \tag{7.57}$$

Der vollständige Ansatz für die Wellenfunktion ist dann durch eine Linearkombination über die Funktionen (7.57) gegeben

$$\Psi = \sum C_{k_1 \dots k_N} a_{k_1}^+ a_{k_2}^+ \dots a_{k_N}^+ \Phi_0 . \tag{7.58}$$

Darin sind die Koeffizienten C noch unbekannte Größen, die z. B. durch ein Minimalproblem für den Erwartungswert von E zu bestimmen sind. In dem Ansatz (7.58) darf über die einzelnen Quantenzahlen k unabhängig voneinander aufsummiert werden. Wenn zwei Quantenzahlen übereinstimmen, so verschwindet die Wellenfunktion (7.58) wegen (7.53) automatisch. Sind außerdem Sätze von Quantenzahlen einander gleich, so kann man diese durch Umstellung der Operatoren a^+ immer in eine spezielle Form, z. B. gemäß (7.39) bringen, wobei je nach gerader oder ungerader Zahl von Permutationen das Vorzeichen bleibt oder wechselt.

Schließlich behandeln wir noch die Berechnung von Matrixelementen in der 2. Quantisierung. Hierzu bedienen wir uns der bra und kets nach Dirac. Ist Ω ein Operator, der, wie z. B. (7.55), durch Erzeugungs- und Vernichtungsoperatoren ausgedrückt werden kann, so lautet das Matrixelement bezüglich der Wellenfunktionen $\Psi_{k_1,\dots,k_N}$ (7.57) und $\Psi_{k'_1,\dots,k'_N}$

$$\Omega_{k'_1,\dots,k'_N;k_1,\dots,k_N} = \left\langle \Psi_{k'_1,\dots,k'_N} \middle| \Omega \middle| \Psi_{k_1,\dots,k_N} \right\rangle . \tag{7.59}$$

Dabei ist es zweckmäßig, $\langle \Psi_{k'_1,\dots,k'_N} |$ in der Form

$$\left\langle \Phi_0 a_{k'_N} \dots a_{k'_1} \right| \tag{7.60}$$

zu schreiben, wobei die Vernichtungsoperatoren nach rechts wirken (vgl. hierzu auch die Aufgabe 7.5).

Wie man durch einen Vergleich der Methode der 2. Quantisierung mit dem Verfahren in Abschn. 7.8 sieht, sind beide Verfahren äquivalent, aber das Verfahren der 2. Quantisierung hat eine größere Eleganz, weil man die sich durch Einsetzen von (7.58) in (7.54) ergebenden Gleichungen sehr einfach bestimmen kann, und es von Anfang an klar ist, welche Quantenzahlen man mitzunehmen wünscht. Die 2. Quantisierung erlaubt darüber hinaus neuartige explizite Lösungsansätze.

Weiterhin lassen sich ganz neue Konzepte wie der Dichte-Funktional-Formalismus entwickeln, den wir sogleich besprechen werden. Als Grundlage hierfür stellen wir den in (7.54) auftretenden Hamilton-Operator (7.55) in einer anderen Form dar. So wie die Operatoren a_k^+, a_k die Erzeugung bzw. Vernichtung eines Elektrons im *Zustand* k beschreiben, so können wir auch Operatoren einführen, die deren Erzeugung bzw. Vernichtung am *Orte* $\boldsymbol{r}$ beschreiben. Wir nennen diese Operatoren

$\psi^+(\boldsymbol{r})$ (Erzeugung am Orte $\boldsymbol{r}$)

und

$\psi(\boldsymbol{r})$ (Vernichtung am Orte $\boldsymbol{r}$).

Ist $\varphi_k(\boldsymbol{r})$ die übliche Ortswellenfunktion eines Elektrons im Zustand k, so ist der Zusammenhang zwischen den Operatoren a_k^+, a_k und $\psi^+(\boldsymbol{r})$, $\psi(\boldsymbol{r})$ durch die Überlagerungen

$$\psi(\boldsymbol{r}) = \sum_k a_k \varphi_k(\boldsymbol{r}) , \tag{7.61}$$

$$\psi^+(\boldsymbol{r}) = \sum_k a_k^+ \varphi_k^*(\boldsymbol{r}) \tag{7.62}$$

gegeben. In diesen Formalismus lassen sich die Spinzustände einbeziehen, wenn sich die Quantenzahlen k und die Wellenfunktionen φ_k auch auf die Spinzustände beziehen.

Um die Eleganz der Methodik zu zeigen, formulieren wir den Hamiltonoperator

$$H = T + V + U \tag{7.63}$$

mit Hilfe von $\psi^+(\boldsymbol{r})$, $\psi(\boldsymbol{r})$ als Summe aus der kinetischen Energie

$$T = -\frac{\hbar^2}{2m} \int \psi^+(\boldsymbol{r}) \Delta \psi(\boldsymbol{r}) dr , \tag{7.64}$$

der potentiellen Energie der Elektronen im Potentialfeld der Atomkerne

$$V = \int v(\boldsymbol{r})\psi^+(\boldsymbol{r})\psi(\boldsymbol{r})d\boldsymbol{r} \tag{7.65}$$

und der Coulombschen Wechselwirkungsenergie zwischen den Elektronen

$$U = \frac{1}{2}\iint \frac{e^2}{4\pi\varepsilon_0|\boldsymbol{r}-\boldsymbol{r}'|}\psi^+(\boldsymbol{r})\psi^+(\boldsymbol{r}')\psi(\boldsymbol{r}')\psi(\boldsymbol{r})d\boldsymbol{r}d\boldsymbol{r}' \,. \tag{7.66}$$

Hierin bezeichnen $d\boldsymbol{r}, d\boldsymbol{r}'$ Volumenelemente. Setzen wir in (7.64)–(7.66) die Überlagerungen (7.61), (7.62) ein, so erhalten wir tatsächlich (7.55), wobei wir die Zuordnung der einzelnen Glieder dem Leser als kleine Übungsaufgabe überlassen. Das Schöne an (7.64)–(7.66) ist, daß diese Ausdrücke formal nichts anderes sind als die entsprechenden Erwartungswerte in der ursprünglichen Schrödingerschen Theorie und so eine einfache anschauliche Deutung zulassen. So ist in (7.65) $\psi^+(\boldsymbol{r})\psi(\boldsymbol{r})$ nichts anderes als die Teilchendichte und (7.66) beschreibt (formal!) nichts anderes als die Wechselwirkungsenergie zweier Ladungsdichten der Form

$$e\rho(\underset{\sim}{\boldsymbol{r}}) = e\psi^+(\underset{\sim}{\boldsymbol{r}})\psi(\boldsymbol{r})\,, \tag{7.67}$$

wobei ρ die Teilchendichte ist. Diese Interpretation inspiriert Lösungsansätze – man darf sich aber hier nicht darüber hinwegtäuschen, dass ψ^+, ψ Operatoren sind, wobei deren Reihenfolge wegen ihrer Nichtvertauschbarkeit essentiell ist (vgl. Aufgabe 7.7). Die Lösung der Schrödingergleichung (7.54) mit (7.63) besteht wiederum in der Bestimmung von Ψ, wobei die feste Anzahl der Elektronen als Nebenbedingung auftritt.

7.10 Dichte-Funktionale

Was ist ein Funktional?

Der Begriff einer Funktion ist uns gut geläufig. Zum Beispiel ordnet die Funktion $f(x) = x^2$ jeder Zahl x eine andere Zahl – hier den Quadratwert – zu, was zu einer Parabel führt. Bei einem Funktional $F(f(x))$ wird einer ganzen Funktion $f(x)$ ein Zahlenwert zugeordnet. Zum Beispiel ist $F(f(x)) = \int_a^b f(x)dx$ ein Funktional, aber auch $F(f(x)) = \int_a^b\int_a^b f(x)f(x')g(x,x')dxdx'$ ist ein Funktional von $f(x)$, wobei $g(x,x')$ noch eine bestimmte, vorgegebene Funktion ist. Viel kompliziertere Ausdrücke sind ebenfalls denkbar.

7.11 Die Elektronendichte als grundlegende Variable

Sehen wir uns den Hamiltonoperator (7.63), der ja die Energie bestimmt, an, so fällt ins Auge, daß dieser mit den Anteilen (7.65), (7.66) von der Teilchendichte, genauer von dem Teilchendichte-Operator $\psi^+(\boldsymbol{r})\psi(\boldsymbol{r})$, abhängt. Bei der kinetischen Energie (7.64) ist dies allerdings nicht so evident. Könnte es dennoch sein, daß $\psi^+(\boldsymbol{r})\psi(\boldsymbol{r})$ oder dessen Erwartungswert, die Teilchendichte, also

$$\rho(\boldsymbol{r}) = \left\langle \Psi^{+} \middle| \psi^{+}(\boldsymbol{r})\psi(\boldsymbol{r}) \middle| \Psi \right\rangle \tag{7.68}$$

(in Diracs bra- und ket-Schreibweise), die entscheidende Variable ist (wobei wir zunächst noch offenlassen, was diese Variable alles bestimmt)? Dies ist die grundlegende Einsicht von Hohenberg und Kohn, zunächst bezüglich der Energie des Grundzustand des durch (7.63)–(7.66) beschriebenen Systems. Wir folgen nun dem Gedankengang dieser Autoren und nehmen an, daß der Grundzustand nicht entartet sei. Da die Schrödingergleichung das Glied (7.65) enthält, in dem wir $v(\boldsymbol{r})$ als eine frei veränderbare Funktion ansehen, muß auch die Wellenfunktion Ψ und damit $\rho(r)$ von diesem $v(\boldsymbol{r})$ abhängen, und zwar, da $v(\boldsymbol{r})$ eine *Funktion* ist, in Form eines *Funktionals* (das wir allerdings nicht explizit kennen). Umgekehrt wird nun gezeigt, daß $v(\boldsymbol{r})$ ein *eindeutiges* Funktional von $\rho(\boldsymbol{r})$ ist, abgesehen von einer additiven Konstante. Dies bedeutet insbesondere, daß es keine weiteren Variablen gibt, von denen ψ abhängt.

Der Beweis benutzt die Methode des mathematischen Widerspruchs. Nehmen wir hierzu an, daß ein *anderes* Potential $v'(\boldsymbol{r})$ mit dem Grundzustand Ψ' gibt, das zur *gleichen* Dichte $\rho(\boldsymbol{r})$ führt.

Sofern nicht $v'(\boldsymbol{r}) - v(\boldsymbol{r}) = \text{const.}$, müssen Ψ' und Ψ verschiedenen Schrödingergleichungen genügen und können daher nicht gleich sein. Seien die zu Ψ, Ψ' gehörigen Hamilton-Operatoren und Grundzustandsenergien H, H' und E, E', so gilt wegen des uns in der Quantentheorie geläufigen Variationsprinzips

$$E' = \left\langle \Psi' \middle| H'\Psi' \right\rangle < \left\langle \Psi \middle| H'\Psi \right\rangle = \left\langle \Psi \middle| (H + V' - V)\Psi \right\rangle , \tag{7.69}$$

so daß

$$E' < E + \int (v'(\boldsymbol{r}) - v(\boldsymbol{r}))\rho(\boldsymbol{r})d\boldsymbol{r}\,. \tag{7.70}$$

Vertauschen wir die gestrichenen und die ungestrichenen Größen, so ergibt sich analog

$$E < E' + \int (v(\boldsymbol{r}) - v'(\boldsymbol{r}))\rho(\boldsymbol{r})d\boldsymbol{r}\,. \tag{7.71}$$

Durch Addition von (7.70) und (7.71) ergibt sich der Widerspruch

$$E + E' < E + E'\,. \tag{7.72}$$

Daher ist $v(\boldsymbol{r})$ (bis auf eine additive Konstante) ein *eindeutiges* Funktional von $\rho(\boldsymbol{r})$. Da, umgekehrt, $v(\boldsymbol{r})$ den Hamiltonoperator H festlegt, ist der Grundzustand Ψ ein eindeutiges Funktional von $\rho(\boldsymbol{r})$ (Theorem I von Hohenberg und Kohn). Wir legen nun das Theorem II, das Variationsprinzip, von Hohenberg und Kohn dar. Da Ψ ein Funktional von $\rho(\boldsymbol{r})$ ist, müssen dies auch die Erwartungswerte der kinetischen und Coulombschen Wechselwirkungsenergie sein. Daher wird der Ausdruck

$$F(\rho(\boldsymbol{r})) \equiv \langle \Psi | (T + V)\Psi \rangle \tag{7.73}$$

eingeführt, der ein universelles Funktional ist, der für eine beliebige Teilchenzahl und ein beliebiges äußeres Potential gilt. Die Form des Hamilton-Operators (7.63) mit (7.64), (7.66) legt es nahe, bei gegebenem $v(\boldsymbol{r})$, das Energie-Funktional

$$E_v[\rho] \equiv \int v(\boldsymbol{r})n(\boldsymbol{r})d\boldsymbol{r} + F[\rho] \tag{7.74}$$

einzuführen. Für das richtige $\rho(\boldsymbol{r})$ ist $E_v[\rho]$ gerade die Energie des Grundzustands. Es läßt sich leicht zeigen, daß $E_v[\rho]$ seinen Minimalwert für das richtige $\rho(\boldsymbol{r})$ annimmt, wenn die zulässigen Funktionen der Nebenbedingung

$$\int \rho(\boldsymbol{r})d\boldsymbol{r} = N \tag{7.75}$$

genügen, wobei N die vorgegebne Teilchenzahl ist. Damit gelangen wir zum Kernpunkt von Hohenberg und Kohn:

Falls $F[\rho]$ ein bekanntes und genügend einfaches Funktional der Dichte ρ wäre, wäre die Lösung des Problems der Bestimmung der Energie des Grundzustands und Dichte in einem gegebenen äußeren Potential ziemlich einfach, da es lediglich die Minimierung eines Funktionals der Dichtefunktion erfordert.

7.12 Die Kohn-Sham Gleichungen

Die Bestimmung von $F(\rho)$ ist das zentrale Problem der Forschung zur Dichte-Funktional Methode und noch keineswegs endgültig gelöst, sondern weiterhin Gegenstand intensiver Forschung.

Im Rahmen dieses Buches legen wir die ersten Schritte dar. Sehen wir uns zu diesem Zweck die Erwartungswerte von (7.66), (7.64) daraufhin an, inwieweit sie sich als Funktional der Dichte ρ schreiben lassen oder schreiben lassen könnten. Betrachten wir als erstes die Coulombsche Wechselwirkung zwischen den Elektronen

$$E_{\text{Coul.}} = \left\langle \Psi \middle| \frac{e^2}{4\pi\varepsilon_0} \iint \psi^+(\boldsymbol{r}_1)\psi^+(\boldsymbol{r}_2)\frac{1}{r_{12}}\psi(\boldsymbol{r}_2)\psi(\boldsymbol{r}_1)d\boldsymbol{r}_1 d\boldsymbol{r}_2 \Psi \right\rangle . \tag{7.76}$$

Wie wir von Abschn. 7.3, in dem (7.76) näherungsweise mit Hilfe einer Slater-Determinante in der herkömmlichen Weise ausgewertet wurde, her wissen, enthält (7.76) nicht nur die Wechselwirkungsenergie zwischen zwei Ladungsdichten $\rho(r_1)$, $\rho(r_2)$, sondern auch die Austauschwechselwirkung. Darüber hinaus enthält (7.76) auch Korrelationseffekte (vgl. Abschn. 7.8), die auf der gegenseitigen Bewegung der Elektronen beruhen sowie eine Selbstwechselwirkung einer Ladung mit sich (vgl. Aufgabe 7.8). Wenn wir daher das exakte $E_{\text{Coul.}}$ durch

$$J(\rho) = \frac{e^2}{4\pi\varepsilon_0} \iint \rho(\boldsymbol{r}_1)\rho(\boldsymbol{r}_2)\frac{1}{r_{12}}d\boldsymbol{r}_1 d\boldsymbol{r}_2 \tag{7.77}$$

ersetzen, so machen wir einen Fehler

$$E'_{XC} = E_{\text{Coul.}} - J(\rho) . \tag{7.78}$$

Der Übergang von (7.76) zu (7.77) bedeutet insbesondere, daß wir den Erwartungswert eines Produkts durch ein Produkt von zwei Erwartungswerten (7.68) ersetzen.

Kommen wir nun zum Kohn-Sham Ansatz, dessen zentrales Ziel es ist, die kinetische Energie gut zu approximieren. Dazu gehen wir, diesen Autoren folgend, in folgenden Schritten vor.

1. Wir führen eine Art Ersatz-System aus N Teilchen ohne gegenseitige Wechselwirkung ein, das wegen der Wechselwirkungsfreiheit durch eine Slaterdeterminante Θ_S in der Form

$$\Theta_S = \frac{1}{\sqrt{N!}} \begin{vmatrix} \varphi_1(\boldsymbol{r}_1) & \varphi_2(\boldsymbol{r}_1) & \dots & \varphi_N(\boldsymbol{r}_1) \\ \varphi_1(\boldsymbol{r}_2) & \varphi_2(\boldsymbol{r}_2) & \dots & \varphi_N(\boldsymbol{r}_2) \\ \vdots & & \dots & \\ \varphi_1(\boldsymbol{r}_N) & \varphi_2(\boldsymbol{r}_N) & \dots & \varphi_N(\boldsymbol{r}_N) \end{vmatrix} \tag{7.79}$$

beschrieben wird. Um die Darstellung nicht zu überladen, sehen wir von der Mitnahme der Spinvarablen ab (vgl. aber Aufgabe 7.9). Die Einzelwellenfunktionen φ_j sollen dabei den Schrödingergleichungen

$$\left(-\frac{\hbar^2}{2m}\Delta + V_S(\boldsymbol{r})\right)\varphi_j = \varepsilon_j \varphi_j\,, \tag{7.80}$$

und zwar mit der Nebenbedingung

$$\langle \varphi_j | \varphi_k \rangle = \delta_{jk}\,, \tag{7.81}$$

genügen. Durch das weitere Verfahren (s. w. u.) wird dann das effektive Potential V_S so berechnet, daß die durch

$$\rho_S(\boldsymbol{r}) = \sum_{i=1}^{N} |\varphi_i(\boldsymbol{r})|^2 \tag{7.82}$$

definierte Dichte exakt mit der Grundzustandsdichte $\rho_0(\boldsymbol{r})$ unseres ursprünglichen Systems übereinstimmt, d. h.

$$\rho_S(\boldsymbol{r}) \stackrel{!}{=} \rho_0(\boldsymbol{r})\,. \tag{7.83}$$

2. Mit Hilfe der wechselwirkungsfreien Einzelelektronen-Wellenfunktionen φ_j werden nun die Erwartungswerte der kinetischen Energie

$$T_S = -\frac{\hbar^2}{2m} \sum_{j=1}^{N} \int \varphi_j^* \Delta \varphi_j d\boldsymbol{r} \tag{7.84}$$

und der potentiellen Energie im Feld der Atomkerne V_{Ne}

$$E_{Ne} = \int V_{Ne}(\boldsymbol{r}) \sum_j |\varphi_j(\boldsymbol{r})|^2 d\boldsymbol{r} \tag{7.85}$$

berechnet sowie die klassische Coulombsche Abstoßenergie der Elektronen $J(\rho)$ gemäß (7.77) hinzugefügt. Gegenüber der eigentlich zu berechnenden, exakten Energie des Grundzustands E ergibt sich ein Fehler, den wir mit E_{XC} bezeichnen und dessen wichtigsten Anteil (neben dem Fehler durch die nur genäherte kinetische Energie (7.84)) wir schon in (7.78) aufgeführt hatten. Der Kohn-Sham Ausdruck für die Energie lautet also

$$E(\rho) = T_S + J + E_{Ne} + E_{XC} \tag{7.86}$$

mit den Beiträgen (7.84), (7.77), (7.85). Dabei ist jeder dieser Ausdrücke entweder als Funktion der φ_j, aber auch – in anderer Interpretation – von $\rho(\boldsymbol{r})$ aufzufassen. Um aus (7.86) Bestimmungsgleichungen für die φ_j zu erhalten, benutzen wir das Variationsprinzip mit der Nebenbedingung (7.81) und erhalten, so wie wir das auch von der Herleitung der Hartree-Fock Gleichungen her kennen,

$$\left\{-\frac{\hbar^2}{2m}\Delta + \left[\frac{e^2}{4\pi\varepsilon_0}\int \frac{\rho(\boldsymbol{r}')}{|\boldsymbol{r}-\boldsymbol{r}'|}d\boldsymbol{r}' + V_{Ne}(\boldsymbol{r}) + V_{XC}(\boldsymbol{r})\right]\varphi_j(\boldsymbol{r})\right\} = \varepsilon_j\varphi_j(\boldsymbol{r})\,. \tag{7.87}$$

Diese Gleichung hat genau die Struktur, wie wir sie für die $\varphi_j(\boldsymbol{r})$ in (7.80) postuliert hatten, so daß wir durch Vergleich erhalten:

$$V_S(\boldsymbol{r}) = \frac{e^2}{4\pi\varepsilon_0}\int \frac{\rho(\boldsymbol{r}')}{|\boldsymbol{r}-\boldsymbol{r}'|}d\boldsymbol{r}' + V_{Ne}(\boldsymbol{r}) + V_{XC}(\boldsymbol{r}')\,. \tag{7.88}$$

3. Als nächstes sind die Gleichungen (7.87) zu lösen. Da das Potential V_S die Dichte ρ und damit wegen (7.82) die Wellenfunktionen φ_j enthält, haben die Gleichungen den Charakter von Selbstkonsistenzgleichungen und können nur iterativ gelöst werden. Zugleich zeigt das Auftreten von ρ in (7.87), daß die φ_j als Funktional von ρ verstanden werden können! Damit werden auch alle von φ_j abhängenden Ausdrücke zu Funktionalen von ρ.
4. So weit, so gut. Das verbleibende Problem bei dem ganzen Verfahren ist offensichtlich, daß wir E_{XC} oder das daraus (im Prinzip) abgeleitete V_{XC} nicht kennen. Die neuere Forschung befaßt sich daher mit der Einführung geeigneter Näherungen für dieses „Austausch-Korrelations"-Potential genannte V_{XC}. Weiterhin wird eine Debatte darüber geführt, ob bzw. welche anschauliche Bedeutung die Kohn-Sham-Funktionen, etwa als Orbitale, haben. Schließlich wird der Frage nachgegangen, inwieweit sich miteinander entartete Zustände sowie angeregte Zustände mit der Dichte-Funktional Methode behandeln lassen. Die Darlegung all dieser hochinteressanten Forschungen sprengt leider den Rahmen dieses Lehrbuches, so daß wir auf das Literaturverzeichnis verweisen.

7.13 Zusammenfassung der Resultate der Kapitel 4–7

In den Kap. 4–7 haben wir uns eine Übersicht über die Methoden zur Bestimmung der Elektronenwellenfunktionen und deren Energien verschafft. Kapitel 4 war insbesondere der LCAO-Methode, d. h. dem Aufbau von Molekülorbitalen des einzelnen Elektrons in Form von Linearkombinationen aus Atom-Orbitalen, gewidmet, wobei wir einfache Beispiele (H_2^+ und H_2) behandelten. Ferner lernten wir die Hybridisierung der Wellenfunktionen des Kohlenstoffs kennen. Kapitel 5 vermittelte einen ersten Einblick, wie die Koeffizientenberechnung bei der LCAO-Methode ganz (oder teilweise) entfallen kann, wenn wir die Symmetrie-Eigenschaften der Moleküle verwenden, was wir am Benzol und Ethylen demonstrierten. In Kap. 6 lernten wir systematisch Symmetrien und

Symmetrie-Operationen sowie die wichtigen Begriffe und Methoden der Darstellungstheorie der Gruppen kennen. Diese Methodik wurde schließlich an den Wellenfunktionen von H_2O ausführlich erläutert. Wie sich zeigt, gelingt es dabei, die Zahl der Bestimmungsgleichungen für die LCAO-Ansätze wesentlich zu reduzieren. Das Kap. 7 schließlich stellte eine Reihe von Methoden vor, wie das Mehrelektronenproblem behandelt werden kann. Einfache Ansätze stützen sich auf die Slater-Determinante und das damit verknüpfte Hartree-Fock-Verfahren. Um Korrelationseffekte der Elektronen zu berücksichtigen, müssen Linearkombinationen von Slater-Determinanten verwendet werden. Eine damit äquivalente, aber sehr elegante Methode, besteht in der sog. zweiten Quantisierung, die wir ebenfalls kennenlernten. Schließlich eröffnet die Dichte-Funktional-Methode, die in ihren Grundzügen dargelegt wurde, neue Perspektiven zur Lösung des Mehrelektronenproblems.

In den anschließenden Kap. 8–10 wenden wir uns experimentellen Befunden bei einfachen, kleinen Molekülen zu.

Aufgaben

7.1 a) Warum erfüllt die Slater-Determinante als Ansatz für die Produktwellenfunktion $|\Psi\rangle$ automatisch das Pauli-Prinzip und die Schrödingergleichung, wenn sich der Hamiltonoperator als Summe von Einteilchenoperatoren schreiben läßt? Es gilt also

$$\Psi = \frac{1}{\sqrt{N!}} \operatorname{Det}(\chi) \quad \text{und} \quad H = \sum_{j=1}^{N} H(j)\,.$$

b) Erwartungswerte der Wellenfunktion Ψ bezüglich eines Operators Ω ergeben sich nunmehr zu

$$\bar{\Omega} = \frac{1}{N!} \langle \int \operatorname{Det}(\chi^*) \Omega \operatorname{Det}(\chi) dV_1 \ldots dV_N \rangle\,.$$

Drücken Sie diesen Mittelwert im Fall der Coulomb-Wechselwirkung

$$\Omega = V(l,m) = \frac{e^2}{4\pi\varepsilon_0 |r_l - r_m|} = \frac{e^2}{4\pi\varepsilon_0 r_{lm}}$$

durch Matrixelemente $V_{kk',k''k'''}$ aus, wenn die Einteilchen-Wellenfunktionen $\chi_{k_j}(j)$ paarweise orthonormal sind. Zeigen Sie ferner, daß sich schließlich

$$\overline{\frac{1}{2} \sum_{\substack{l,m \\ l \neq m}} V(l,m)} = \frac{1}{2} \sum_{\substack{k,k' \\ k \neq k'}} (V_{kk',kk'} - V_{kk',k'k})$$

ergibt.

7.2 Beim Hartree-Fock-Verfahren handelt es sich um ein iteratives Variationsverfahren zur approximativen Bestimmung der Gesamtwellenfunktion Ψ, so daß

$$\delta\left[\frac{\langle\Psi|H_{\text{ges}}|\Psi\rangle}{\langle\Psi|\Psi\rangle}\right]=0\,. \tag{1}$$

Man verwendet als Näherung an Ψ eine Slater-Determinante aus N zu bestimmenden orthonormierten Einteilchenzuständen $|\psi_k\rangle$, $k=1,\ldots,N$ und $k=(q,m)$, wobei sich die Quantenzahlen q auf den Ortsanteil und m auf den Spinanteil des Elektrons beziehen.

Betrachten Sie für die weiteren Rechnungen abgeschlossene Schalen. Der Hamiltonoperator H aus (1) ist eine Summe aus den Einteilchen-Hamiltonoperatoren $H(i)$ der N Elektronen ($i=1,\ldots,N$) und enthält außerdem die Zweiteilchenoperatoren der Coulomb-Wechselwirkung und Austauschwechselwirkung. Da die Orthogonalität der $|\psi_q\rangle$ gefordert wird, ist (1) unter der folgenden Nebenbedingung zu variieren:

$$\int \psi_q^*\psi_q dV = 1\,. \tag{2}$$

Zeigen Sie, daß die Durchführung der Variation bei abgeschlossenen Schalen auf folgende Hartree-Fock-Gleichungen führt:

$$\begin{aligned}H(1)\psi_q(1) &+ 2\sum_{q'}\int |\psi_{q'}(2)|^2\frac{e^2}{4\pi\varepsilon_0 r_{12}}dV_2\psi_q(1)\\ &-\sum_{q'}\int \psi_{q'}^*(2)\psi_q(2)\frac{e^2}{4\pi\varepsilon_0 r_{12}}dV_2\psi_{q'}(1)=\varepsilon_q\psi_q(1)\,.\end{aligned} \tag{3}$$

Hinweis: Es genügt, von den Ergebnissen der Aufgabe 7.1b auszugehen und nach ψ_q^* zu variieren.

Zur Lösung von (3) berechnet man mit Hilfe der Testfunktionen $\psi_q^{(0)}$ die Ladungsdichte $e|\psi_{q'}^{(0)}(2)|^2$ sowie die Austauschdichte $e\psi_{q'}^{*(0)}(2)\psi_q^{(0)}(2)$. Setzt man anschließend diese Ausdrücke in die jeweiligen Integrale der Gleichung (3) ein und ersetzt $\psi_q(1)$ durch $\psi_q^{(1)}(1)$, so erhält man eine Bestimmungsgleichung für die erste Approximation $\psi_q^{(1)}(1)$. Deren Lösung ist dann die erste Verbesserung an ψ_q und Ausgangspunkt für den nächsten Iterationsschritt. Der Iterationsprozeß wird so lange durchgeführt, bis die Approximationen konvergieren. Zeigen Sie, daß das Verfahren selbstkonsistent ist. Das heißt, was ergibt sich für $\psi_q^{(n+1)}$, wenn $\psi_q^{(n-1)}=\psi_q^{(n)}$ gilt?

7.3 Formulieren Sie Roothaans Wellenfunktionen für den Triplett-Zustand mit Hilfe der 2. Quantisierung (Abschn. 7.9).

Hinweis: Ersetzen Sie die dortigen Indizes k etc. durch $k\uparrow$ bzw. $k\downarrow$, wobei sich jetzt k auf die Quantenzahlen des Ortsanteils der Wellenfunktion und die Pfeile auf den Spinzustand beziehen. Schreiben Sie die Wellenfunktion der aufgefüllten Schale in der Form

$$\prod_{k=1}^{g} a_{k\uparrow}^+ a_{k\downarrow}^+ \Phi_0\,,\qquad \Phi_0\text{: Vakuumzustand}\,.$$

Welche Operatoren a^+, a müssen Sie anwenden, um hieraus die Wellenfunktionen ${}_{-1}^{3}\Psi_m^n$, ${}_{0}^{3}\Psi_m^n$, ${}_{1}^{3}\Psi_m^n$ zu gewinnen?

Hinweis: Gehen Sie davon aus, daß gemäß Abb. 7.1 ein Elektron mit Spin ↑ im Zustand m vernichtet wird (Vernichtungsoperator) und anschließend im Zustand n ↓ neu geschaffen wird (Erzeugungsoperator). Dem Spinerhöhungsoperator (7.34) entspricht

$$\sum_j a^+_{j\uparrow} a_{j\downarrow} \,.$$

(Warum?) Benutzen Sie die Vertauschungsrelationen (7.50) und (7.51) sowie (7.56).

7.4 Wie lauten in der 2. Quantisierung die Lösungen und Energie-Eigenwerte der Schrödinger-Gleichung $H\Psi = E\Psi$ mit $H = \sum_{k=1}^{\infty} E_k a_k^+ a_k$ für Wellenfunktionen Ψ mit jeweils N Elektronen?

7.5 Berechnen Sie im Rahmen der 2. Quantifizierung die folgenden Matrixelemente

$$\left\langle \Psi_{k_1'} \middle| \Omega \middle| \Psi_{k_1} \right\rangle , \quad \left\langle \Psi_{k_1' k_2'} \middle| \Omega \middle| \Psi_{k_1 k_2} \right\rangle$$

mit

$$\Omega = E_k a_k^+ a_k \,, \quad \Omega = \sum_k E_k a_k^+ a_k \,, \quad \Omega = a^+_{j_1'} a^+_{j_2'} V_{j_1' j_2'; j_1 j_2} a_{j_1} a_{j_2} \,.$$

E_k und $V_{j_1' j_2'; j_1 j_2}$ sind vorgegebene Zahlenwerte („c-Zahlen").

Hinweis: Bringen Sie alle Vernichtungsoperatoren unter Beachtung der Vertauschungsrelationen nach rechts und benutzen Sie (7.56).

7.6 Berechnen Sie (7.37) mit Hilfe der 2. Quantisierung.

Hinweis: Führen Sie wie in Aufgabe 7.2 im Hamiltonoperator (7.55) die entsprechenden Indizes ein und machen für Ψ die Ansätze von Aufgabe 7.3.

7.7 Beweisen Sie die Vertauschungsrelationen

$$\psi^+(\boldsymbol{r})\psi^+(\boldsymbol{r}') + \psi^+(\boldsymbol{r})\psi^+(\boldsymbol{r}) = 0$$
$$\psi(\boldsymbol{r})\psi(\boldsymbol{r}') + \psi(\boldsymbol{r}')\psi(\boldsymbol{r}) = 0$$
$$\psi^+(\boldsymbol{r})\psi(\boldsymbol{r}') + \psi(\boldsymbol{r}')\psi^+(\boldsymbol{r}) = \delta(\boldsymbol{r} - \boldsymbol{r}') \,,$$

wobei δ die Dirac-Funktion ist und die Wellenfunktionen $\varphi_k(\boldsymbol{r})$ ein vollständiges System mit

$$\sum_k \varphi_k^*(\boldsymbol{r})\varphi_k(\boldsymbol{r}') = \delta(\boldsymbol{r} - \boldsymbol{r}')$$

bilden.

7.8 Formen Sie das Coulombglied in (7.76) so um, daß die Operatoren der Teilchendichte in der Anordnung

$$\psi^+(\boldsymbol{r}_1)\psi(\boldsymbol{r}_1)\psi^+(\boldsymbol{r}_2)\psi(\boldsymbol{r}_2)$$

entstehen. Welches Zusatzglied entsteht?

7.9 Formulieren Sie die Ausdrücke von Abschn. 7.12, falls auch die Spin-Variablen berücksichtigt werden.

8. Methoden der Molekülspektroskopie, Übersicht

Spektroskopie mit elektromagnetischer Strahlung in allen Wellenlängenbereichen, im Gebiet der Radiofrequenzen, der Mikrowellen, im Infraroten, im Spektralbereich des Sichtbaren und des Ultravioletten bis hin zur kurzwelligen Gamma-Strahlung ist das wichtigste und aussagekräftigste Hilfsmittel der Molekülphysik. In diesem und den folgenden Kapiteln dieses Buches wird davon ausführlich die Rede sein. Dort werden auch die experimentellen Methoden, soweit nötig, im einzelnen erklärt werden. Nach den jeweils nötigen Meßmethoden erfolgt auch die Einteilung in Spektralbereiche. Diese wird als Einführung zu den Kap. 9–14 in den Abschn. 8.1 und 8.2 erläutert. In Abschn. 8.3 wird auf weitere Methoden hingewiesen, nämlich auf Laserspektroskopie, Photoelektronenspektroskopie und magnetische Resonanz, die in den späteren Kapiteln 15, 18, 19 behandelt werden.

8.1 Spektralbereiche

Hier soll zunächst ein Überblick über die Spektralbereiche gegeben werden, vergleiche dazu Abb. 8.1.

Man kann die Spektralgebiete, beginnend bei kleinen Energien, in der im folgenden beschriebenen Weise einteilen und kennzeichnen, wobei zu bemerken ist, daß diese Grenzen nicht scharf definiert werden können. Sie sind auch durch die zu Erzeugung, Fortleitung und Nachweis der Strahlung in den verschiedenen Bereichen verwendeten unterschiedlichen Geräte und Methoden und durch Konvention bestimmt.

- Im Gebiet der *Radiofrequenzen*, d. h. im Bereich von kHz bis einige 100 MHz, liegen die Kernspin-Resonanz-Übergänge.
- Als *Mikrowellen* bezeichnet man elektromagnetische Wellen im Frequenzbereich von etwa 1 bis 100 GHz. Dies ist der Bereich der Elektronenspin-Resonanz-Spektroskopie, zugleich aber auch der Bereich der Rotationsspektroskopie, besonders an kleinen Molekülen in der Gasphase. Hier beginnt auch schon der Spektralbereich des Ferninfraroten.
- Der *infrarote* Spektralbereich erstreckt sich vom Gebiet der Mikrowellen bis an die Grenze des sichtbaren Spektralbereiches, bei 800 nm. Während der langwellige Be-

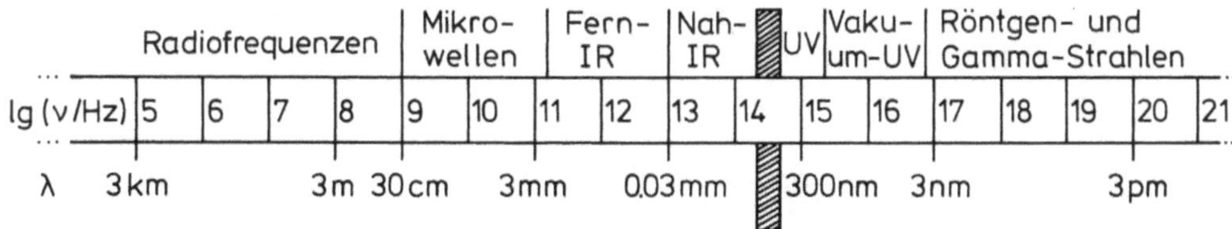

Abb. 8.1. Das Spektrum der elektromagnetischen Strahlung von den Radiofrequenzen bis zu den Gammastrahlen in Einheiten der Frequenz und der Wellenlänge. Der Bereich des Sichtbaren ist schraffiert

reich, das *Ferninfrarot* ($\lambda = 0{,}1 - 1$ mm), der Bereich der Rotationsspektren ist, ist die Mitte und das kurzwellige Ende des Infrarot (das *Nahinfrarot*, $\lambda = 10^{-3} - 10^{-1}$ mm) der Bereich, in dem die charakteristischen Schwingungsspektren der Moleküle beobachtet werden, die sogenannten Rotations-Schwingungs-Spektren.

- Die elektronischen Übergänge der Valenzelektronen beginnen bereits im Infrarot. Sie liegen jedoch überwiegend im Bereich des *Sichtbaren* und des *UV*. Diese geben Anlaß zu den Bandenspektren der Moleküle im engeren Sinne, das heißt zu Spektren, die aus Elektronenübergängen und überlagerten Änderungen der Rotations- und der Schwingungsniveaus bestehen.
- Jenseits des kurzwelligen Ultravioletten und dieses überlappend beginnt das Gebiet der *Röntgen-* und der *γ-Strahlung*. Mit Strahlung derart hoher Quantenenergie untersucht man Übergänge und Zustände der inneren Elektronen in inneren Schalen, besonders auch in der *Photoelektronen-Spektroskopie*.

In verschiedenen Bereichen der Spektroskopie und auch in unterschiedlichen Bereichen der Naturwissenschaften sind teils aus sachlichen, teils aus historischen Gründen unterschiedliche Einheiten zur Messung der Frequenzen oder Wellenlängen der Strahlung üblich. Einige wichtige Umrechnungsfaktoren für Einheiten, in denen Energien gemessen werden, lauten:

$$1\,\mathrm{cm}^{-1} \mathrel{\widehat{=}} 29{,}979\,\mathrm{GHz} \mathrel{\widehat{=}} 1{,}2398 \cdot 10^{-4}\,\mathrm{eV} \tag{8.1}$$

$$1\,\frac{\mathrm{kcal}}{\mathrm{kmol}} \mathrel{\widehat{=}} 0{,}349\,\mathrm{cm}^{-1} \,. \tag{8.2}$$

Wenn man Energien in [cm^{-1}] oder in [s^{-1}] mißt, dann ist das eine zwar vielfach übliche und bequeme, aber unkorrekte Ausdrucksweise. Die Einheit $\bar{\nu}$, Wellenzahl, ist definiert durch die Beziehung

$$\bar{\nu} = \frac{1}{\lambda} = \frac{\nu}{c} = \frac{\text{Energie}}{hc}\ [\mathrm{cm}^{-1}] \,. \tag{8.3}$$

Für die Einheit Frequenz gilt

$$\nu = \frac{c}{\lambda} = \frac{\text{Energie}}{h}\ [\mathrm{s}^{-1}] \,. \tag{8.4}$$

Die Energie wird auch durch $\hbar\omega$, das heißt $(h/2\pi)2\pi\nu$, ausgedrückt.

8.2 Übersicht über die optischen Molekülspektren

Wir können die gesamte Anregungsenergie E eines Moleküls in guter Näherung als Summe der eben genannten Einzelanregungen darstellen, insbesondere als Summe der Teilanregungen, die zu Rotation, Schwingung und Elektronenanregung gehören. Es gilt also

$$E = E_{\mathrm{el}} + E_{\mathrm{vib}} + E_{\mathrm{rot}} \tag{8.5}$$

wenn el, vib und rot die Abkürzungen für Elektronen-Anregung, Schwingung und Rotation sind.

In Abb. 8.2 sind die Schwingungs- und Rotationsniveaus in zwei verschiedenen elektronischen Anregungszuständen I und II eines Moleküls sowie die verschiedenen Arten von Übergängen schematisch dargestellt. Dementsprechend kann man drei Arten von optischen Spektren unterscheiden, und wir werden das im folgenden auch tun:

- *Rotationsspektren* sind Übergänge zwischen den Rotationsniveaus eines gegebenen Schwingungsniveaus in einem bestimmten Elektronenzustand. Es ändert sich dabei nur die Quantenzahl der Rotation, die wir mit J bezeichnen. Diese Spektren liegen im Gebiet der Mikrowellen bzw. des Ferninfrarot. Von ihnen handelt das folgende Kap. 9. Sie bestehen typischerweise aus einer größeren Zahl eng benachbarter, nahezu äquidistanter Linien. Rotationsspektren lassen sich auch mit der Raman-Spektroskopie beobachten, Kap. 12.
- *Rotationsschwingungsspektren* bestehen aus den Übergängen von den Rotationsniveaus eines bestimmten Schwingungsniveaus zu den Rotationsniveaus eines anderen Schwingungsniveaus im gleichen Elektronenzustand. Der elektronische Anregungszustand bleibt also erhalten. Es ändern sich die Quantenzahlen J und v, wobei wir mit v die quantisierten Schwingungsniveaus kennzeichnen. Diese Spektren liegen im Infraroten. Die Rotationsschwingungsspektren sind Gegenstand von Kap. 10. Rotationsschwingungsspektren bestehen aus einer Vielzahl von „*Banden*“, das sind Gruppen von eng beieinander liegenden Linien, den sogenannten Bandenlinien. Auch diese Spektren lassen sich außer mit der Infrarot-Spektroskopie auch mit der Raman-Spektroskopie untersuchen.
- *Elektronenspektren* sind Übergänge zwischen den Rotationsniveaus der verschiedenen Schwingungsniveaus eines Elektronenzustandes und den Rotations- und Schwingungsniveaus eines anderen Elektronenzustandes. Man nennt dies ein *Bandensystem*.

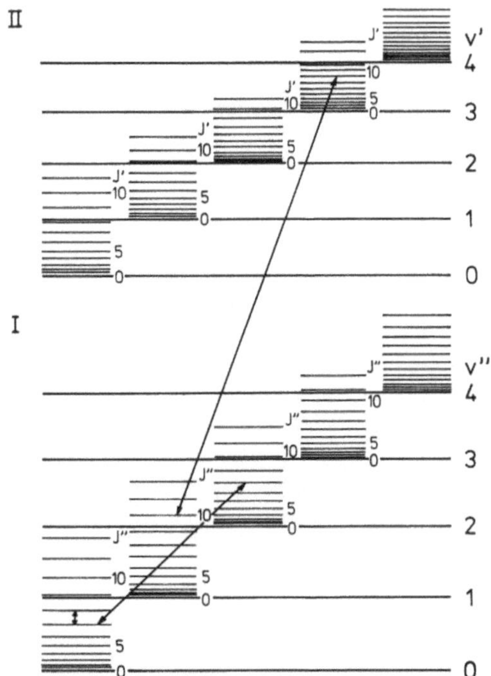

Abb. 8.2. Schwingungsniveaus (Quantenzahlen v) und Rotationsniveaus (Quantenzahlen J) von zwei elektronischen Anregungszuständen I und II eines Moleküls. Die drei eingezeichneten Pfeile bedeuten (*von links nach rechts*) Übergänge im Rotations-, im Rotations-Schwingungs- und im Elektronen-Spektrum des Moleküls

Es enthält alle Schwingungsbanden des betreffenden Elektronenüberganges, jede mit ihrer Rotationsstruktur. Es ändern sich dabei im allgemeinen alle 3 Quantenzahlen, nämlich J, v und diejenige, die den Elektronenzustand kennzeichnet. Die Spektren liegen im Nahinfraroten oder im Sichtbaren oder im Ultravioletten. Elektronenübergänge in Molekülen werden in Kap. 13 besprochen. Die Bandensysteme aller erlaubten Elektronenübergänge eines Moleküls bilden gemeinsam das eigentliche *Bandenspektrum* dieses Moleküls.

In der Molekülspektroskopie ist es weitgehend üblich, bei der Bezeichnung von Übergängen zwischen zwei Termen zuerst den energetisch höheren Term, dann den tieferen zu nennen. Die Richtung des Überganges, also Absorption oder Emission, kann man durch einen Pfeil zwischen den beiden Termsymbolen kennzeichnen. Wenn man die verschiedenen Terme in einer Termfolge nicht durchnumeriert, ist es häufig üblich, den oberen Term mit einem Strich, also J' oder v', den unteren Term mit zwei Strichen, also J'' oder v'', zu bezeichnen.

Die Spektrallinien in Molekülspektren als Übergänge zwischen je zwei Termen lassen sich also in folgender Weise beschreiben:

Es gilt

$$\begin{aligned} \bar{\nu}hc &= E'_{\mathrm{el}} - E''_{\mathrm{el}} + E'_{\mathrm{vib}} - E''_{\mathrm{vib}} + E'_{\mathrm{rot}} - E''_{\mathrm{rot}} \text{ [Joule]} \\ &= \Delta E_{\mathrm{el}} + \Delta E_{\mathrm{vib}} + \Delta E_{\mathrm{rot}} , \end{aligned} \tag{8.6}$$

wenn mit el, vib und rot die elektronische, die Schwingungs- und die Rotationsenergie bezeichnet werden. Im allgemeinen gilt

$$\Delta E_{\mathrm{el}} \gg \Delta E_{\mathrm{vib}} \gg \Delta E_{\mathrm{rot}} . \tag{8.7}$$

Für Rotationsspektren gilt $\Delta E_{\mathrm{el}} = \Delta E_{\mathrm{vib}} = 0$, es ändert sich beim Übergang nur der Rotationsterm, also

$$\bar{\nu}hc = E'_{\mathrm{rot}} - E''_{\mathrm{rot}} . \tag{8.8}$$

Rotationsschwingungsspektren entstehen bei Übergängen mit $\Delta E_{\mathrm{el}} = 0$, beim Übergang ändern sich die Terme der Schwingung und der Rotation. Es gilt also

$$\bar{\nu}hc = E'_{\mathrm{vib}} - E''_{\mathrm{vib}} + E'_{\mathrm{rot}} - E''_{\mathrm{rot}} . \tag{8.9}$$

Eine Rotations-Schwingungs*bande* ist die Gesamtheit der Bandenlinien ΔE_{rot}, die zu einem bestimmten Termübergang ΔE_{vib} gehören. Ändert sich schließlich auch die Elektronenenergie, dann ändern sich beim Übergang alle drei Terme in (8.6) und es ergibt sich das *Bandensystem* dieses Elektronenüberganges ΔE_{el}. Dieses enthält alle Schwingungs-*Banden* (ΔE_{vib}) mit ihren jeweiligen Rotationsstrukturen. Als *Bandenspektrum* (im weiteren Sinne) eines Moleküls bezeichnet man die Bandensysteme der möglichen Elektronenübergänge.

Die Lage der drei Arten von Spektren im Spektrum der elektromagnetischen Strahlung zeigt für ein kleines Molekül Abb. 8.3.

In der Molekülspektroskopie ist es weitgehend üblich, für die (in Wellenzahlen gemessen) *Terme* E/hc die folgenden Bezeichnungen zu verwenden:

Für Rotationsterme

$$\frac{E_{\mathrm{rot}}(J)}{hc} \equiv F(J) . \tag{8.10}$$

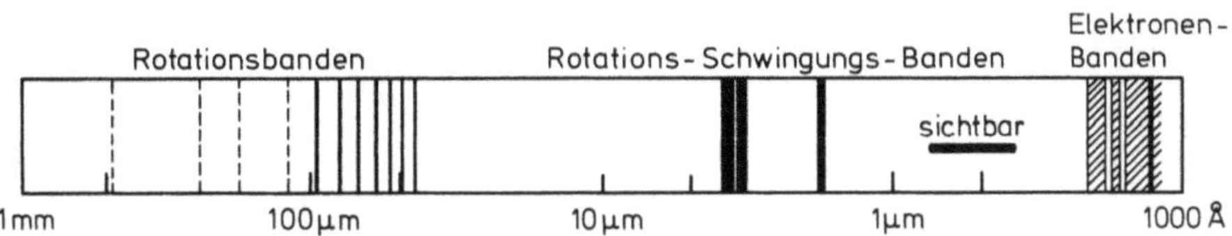

Abb. 8.3. Übersicht über die spektrale Lage der Absorptionsspektren eines kleinen Moleküls. Die Zahlenwerte gelten ungefähr für HCl

Für Schwingungsterme

$$\frac{E_{\text{vib}}(J)}{hc} \equiv G(v) \ . \tag{8.11}$$

Für elektronische Terme

$$\frac{E_{\text{el}}(J)}{hc} \equiv T^{\text{el}} \ . \tag{8.12}$$

Ein gesamter Term eines Moleküls läßt sich damit schreiben als

$$E_{\text{ges}}/hc \equiv T \equiv T^{\text{el}} + G(v) + F(v, J) \ . \tag{8.13}$$

Spektrallinien lassen sich dann bezeichnen durch

$$\bar{\nu} = \Delta T^{\text{el}} + \Delta G + \Delta F \ [\text{cm}^{-1}] \ . \tag{8.14}$$

8.3 Weitere experimentelle Methoden

Schon hier sei darauf hingewiesen, daß es außer der Rotations-, der Schwingungs- und der elektronischen Bandenspektroskopie noch weitere Untersuchungsmethoden gibt, die uns Einblick in Struktur und Dynamik von Molekülen geben.

Die *Laserspektroskopie* eröffnet die Untersuchung von Molekülen mit einer spektralen Auflösung, wie sie früher nicht erreichbar war. Sie macht auch eine zeitliche Auflösung von Molekülspektren bis in den Bereich von Femtosekunden und damit die Untersuchung der Dynamik molekularer Zustände und Prozesse möglich. Eine wichtige Ergänzung liefern *Photoelektronenspektren*, besonders wenn es um die Analyse der Energiezustände innerer Elektronen geht. Über beides folgt mehr in Kap. 15.

Die *magnetische Resonanz* von Kernen und Elektronen – Kap. 18 und 19 – liefert insbesondere detaillierte Struktur-Informationen, die mit anderen spektroskopischen Methoden nicht erhältlich sind.

Aufgaben

8.1 Nehmen Sie an, ein Molekül zeige strahlende Übergänge zwischen den beiden angeregten Zuständen a und b und dem Grundzustand. Die Lebensdauern der angeregten Zustände seien $\tau_a = 10\,\text{s}$ und $\tau_b = 1\,\text{ns}$. Berechnen Sie die Energieunschärfen der angeregten Zustände sowie die *Linienbreiten* der zugehörigen Übergange (in cm^{-1}).

8.2 Die Energiedifferenz zwischen zwei Rotationsniveaus eines Moleküls betrage $20{,}15\,\text{cm}^{-1}$. Ein Ensemble enthalte 10^5 Moleküle; wie groß ist die *thermische Besetzung* des höheren Zustands bei einer Temperatur von (a) 29 K, (b) 290 K, (c) 2900 K? Wie ändern sich die Besetzungen, wenn die Energiedifferenz mit $20\,150\,\text{cm}^{-1}$ im Bereich elektronischer Übergänge liegt?

9. Rotationsspektren

Die Rotationsenergien von Molekülen sind gequantelt, das heißt sie können sich nur durch Aufnahme oder Abgabe von Energiequanten ändern. Die Rotationsspektroskopie erlaubt deren Messung. Daraus erhält man Informationen über Struktur und Bindung von Molekülen. Die wesentlichen Grundbegriffe lassen sich an den einfachsten, nämlich den zweiatomigen Molekülen erklären und verstehen. Dem dienen die Abschn. 9.1–9.3. Die Vielfalt der Rotationsmöglichkeiten von größeren Molekülen kann hier nur angedeutet werden, dies geschieht in Abschn. 9.5.

9.1 Mikrowellen-Spektroskopie

Die Rotationsspektren von Molekülen werden fast ausschließlich in Absorption beobachtet, weil die spontane Übergangswahrscheinlichkeit für Emission wegen der geringen Übergangsfrequenz extrem klein ist, vergleiche dazu auch Kap. 16 sowie in I Abschn. 5.2.3. Da die Rotationsspektren im Frequenzbereich der Mikrowellen liegen, braucht man zu ihrer Messung ein Ferninfrarot-(Fourier)-Spektrometer oder ein Mikrowellen-Spektrometer.

Zur Mikrowellen-Erzeugung benutzt man häufig das Reflex-Klystron. Damit kann man Frequenzen zwischen 1 und 100 GHz erzeugen. Klystrons sind rauscharm. Sie lassen sich allerdings nur in engen Grenzen spektral abstimmen. Abstimmbar als Oszillator ist der Rückwärts-Wellen-Generator, auch Carcinotron genannt. Dies sind Elektronen-Laufzeit-Röhren, bei denen die Frequenz im GHz-Bereich durch Änderung der elektrischen Betriebsdaten über einen größeren Bereich geändert werden kann. Ein anderes abstimmbares Gerät ist das sogenannte Magnetron. Zunehmende Bedeutung als Mikrowellen-Generatoren gewinnen der Gunn-Oszillator (z. B. aus GaAs) und die Avalanche-Diode (aus InP), mit denen man ebenfalls Strahlung im Bereich zwischen 1 und 150 GHz erzeugen kann.

Der Nachweis erfolgt meistens mit einer Mikrowellen-Diode. Wegen der geringen Absorptionskoeffizienten und besonders wegen der Notwendigkeit, bei geringem Gasdruck und damit unter weitgehender Reduzierung von Druckverbreiterung zu arbeiten, verwendet man möglichst große Absorptions-Wege (Meter). Für Quantenenergien, die größer als einige $10\,\mathrm{cm}^{-1}$ sind, kann man auch Fourier-Infrarot-Spektrometer zur Ausmessung von Rotationsspektren benutzen.

Zur Verbesserung der Nachweis-Empfindlichkeit und zur genaueren Frequenzmessung wird im allgemeinen eine Effekt-Modulation verwendet. Darunter versteht man eine Modulation der zu untersuchenden Energieniveaus in der Weise, daß die Intensität der Absorption und damit das zu beobachtende Signal moduliert werden. So kann man das Signal-Rausch-Verhältnis und damit die Meßgenauigkeit verbessern. In der Mikrowellen-Spektroskopie läßt sich dies erreichen, indem man ein elektrisches Wechselfeld so auf die Moleküle einwirken läßt, daß die Energieniveaus eine periodische Verschiebung durch einen periodischen Stark-Effekt erfahren. Diese Modulation mit typischen Feldstärken von $100\,\mathrm{V\,cm^{-1}}$ und Frequenzen zwischen 50 Hz und 100 kHz nennt man deshalb Stark-Modulation. Im Nachweisteil der Apparatur werden nur die modulierten Signale verstärkt und nachgewiesen. Damit läßt sich Stör- und Untergrundstrahlung von der Strahlung abtrennen, die gemessen werden soll. Die Resonanz zwischen dem Licht und dem untersuchten Niveau wird also periodisch an- und abgeschaltet. So kann man die Frequenz der Mikrowellenstrahlung und damit der Rotationsübergänge mit einer relativen Genauigkeit von besser als 10^{-6} bestimmen.

Entsprechend den *Auswahlregeln* für die Wechselwirkung von Molekülen mit Licht können nur von Molekülen mit *permanentem elektrischen* Dipolmoment Rotationsspektren beobachtet werden. Diese Auswahlregel für elektrische Dipolstrahlung ist anschaulich verständlich: Ein polares Molekül scheint für einen ortsfesten Beobachter ein veränderliches Dipolmoment zu haben, wenn es rotiert. Deshalb ist die Rotation solcher Moleküle hinsichtlich der optischen Absorption aktiv, das heißt, ihre Rotation führt zur Absorption elektromagnetischer Strahlung, wenn beide Frequenzen übereinstimmen. Für homonukleare zweiatomige Moleküle wie H_2, N_2, O_2 gilt dies nicht, weil sie kein Dipolmoment besitzen. Sie zeigen deshalb kein Rotationsspektrum. Das gleiche gilt für alle größeren Moleküle ohne permanentes Dipolmoment, zum Beispiel CCl_4 – es sei denn die Rotation führt zu einer Verzerrung und damit zu einem rotationsinduzierten Dipolmoment, oder aber das Molekül führt gleichzeitig eine unsymmetrische Schwingung aus und besitzt dadurch ein Dipolmoment, an dem ein elektrisches Feld angreifen kann.

9.2 Zweiatomige Moleküle

9.2.1 Das Spektrum des starren Rotators (Hantel-Modell)

Als typisches Rotationsspektrum eines zweiatomigen Moleküls zeigt Abb. 9.1 das Spektrum von HCl. Abbildung 9.2 zeigt schematisch ein Rotationsspektrum eines anderen linearen Kreisel-Moleküls mit kleinerem Linienabstand zusammen mit dem zugehörigen Energietermschema, das wir jetzt ableiten wollen. Das Spektrum besteht aus einer größeren Anzahl fast äquidistanter Linien mit einer charakteristischen, temperaturabhängigen Intensitäts-Verteilung. Dieses Spektrum läßt sich als das Spektrum eines starren Rotators verstehen, das heißt als das Spektrum eines Systems, das rotiert und bei dem die beiden Atome starr miteinander verbunden sind. Dieses sogenannte *Hantel-Modell* ist das einfachste Modell für die Rotationsbewegung eines zweiatomigen Moleküls. In

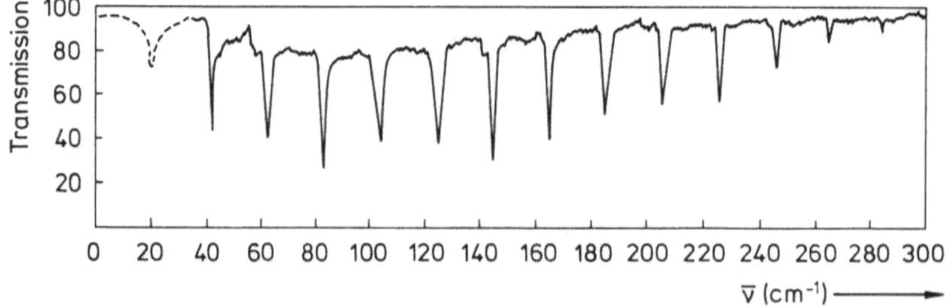

Abb. 9.1. Rotationsspektrum von HCl in der Gasphase. Absorptionsspektrum. Die Minima der Transmission entsprechen Maxima der Absorption

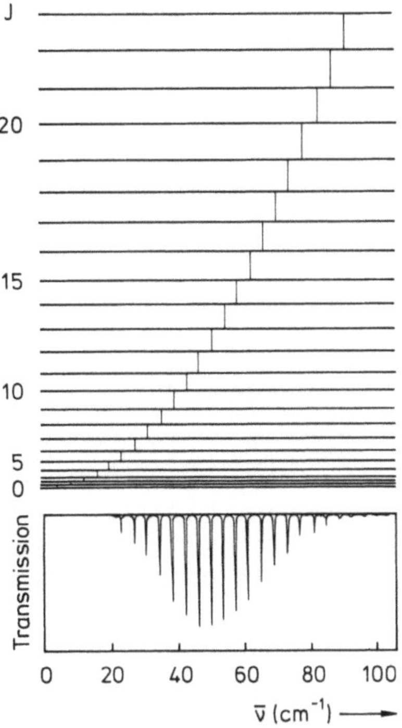

Abb. 9.2. Energieniveau-Schema für die Rotation eines zweiatomigen Moleküls (linearer Kreisel) und Transmissionsspektrum. Nach *oben* ist die mit J wachsende Energie aufgetragen, *unten* das Transmissionsspektrum. Die Auswahlregel für optische Übergänge lautet $\Delta J = \pm 1$, die Intensitäts-Verteilung im Spektrum wird im Text erklärt. Die ersten Linien im Spektrum sind so schwach, daß sie in dieser Auftragung nicht sichtbar sind

der klassischen Mechanik berechnet man die Rotationsenergie eines solchen Rotators nach der Gleichung

$$E_{\mathrm{rot}} = \frac{1}{2}\Theta\omega^2 \quad [\mathrm{Joule}]\,, \tag{9.1}$$

wo Θ das Trägheitsmoment um die Rotationsachse senkrecht zur Verbindungslinie der Massen m_1, m_2 und ω die Winkelgeschwindigkeit ist, vergleiche Abb. 9.3.

Das Trägheitsmoment Θ dieser Hantel bezüglich des Massenschwerpunktes S beträgt

$$\Theta = m_1 R_1^2 + m_2 R_2^2 = m_{\mathrm{r}} R^2\,, \tag{9.2}$$

wenn R_1 und R_2 die Abstände der Massen m_1, m_2 von S und $R = R_1 + R_2$ bedeuten. m_{r} ist die sogenannte reduzierte Masse

$$m_{\mathrm{r}} = \frac{m_1 m_2}{m_1 + m_2}\,. \tag{9.3}$$

Der Drehimpuls (in Richtung senkrecht zur Molekülachse) beträgt

$$|\boldsymbol{L}| = \Theta\omega\,, \tag{9.4}$$

wenn $\boldsymbol{L}$ als Abkürzung für den Drehimpuls und $|\boldsymbol{L}|$ oder einfach L für seinen Betrag verwendet werden.

Hier zunächst eine Abschätzung: Führt man versuchsweise als Quantenbedingung für den Drehimpuls

$$|\boldsymbol{L}| = n\hbar (n = 0, 1, 2 \ldots) \tag{9.5}$$

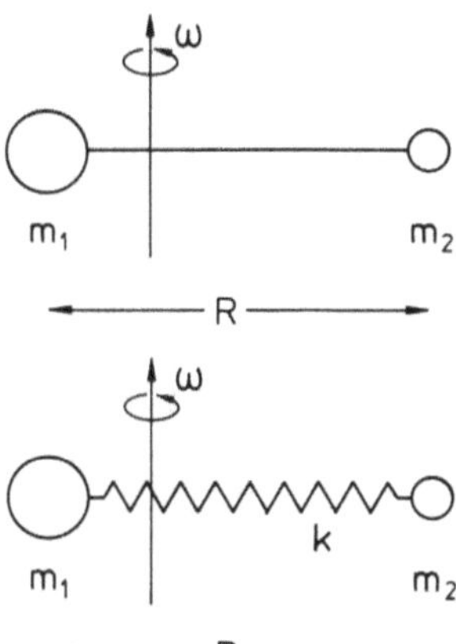

Abb. 9.3. Rotation eines zweiatomigen Moleküls um seinen Schwerpunkt. Beim nicht-starren Rotator (*unteres Teilbild*) können die beiden Atome mit der Federkonstante k gegeneinander schwingen

ein, so erhält man als kleinsten möglichen Wert für die Rotations-Frequenz $\omega = 2\pi\nu$ nach (9.4)

$$\omega_{n=1} = \frac{L}{\Theta} = \frac{\hbar}{m_r R^2} . \tag{9.6}$$

Setzt man für das HCl Molekül als Beispiel die bekannten Massen von H und Cl und als Abstand den aus gaskinetischen Messungen bekannten Wert $R = 1{,}28 \cdot 10^{-10}$ m ein, so ergibt sich

$$\nu_{n=1} = 6{,}28 \cdot 10^{11}\,\text{Hz} \mathrel{\widehat{=}} \lambda = 0{,}47\,\text{mm} .$$

Diese halbklassisch berechnete Rotationsfrequenz ist der kleinsten tatsächlich gemessenen Absorptions-Frequenz im Rotationsspektrum sehr nahe: Diese beträgt

$$\nu_{\text{Min beob.}} = 6{,}25 \cdot 10^{11}\,\text{Hz} \mathrel{\widehat{=}} \lambda = 0{,}48\,\text{mm} .$$

Diese einfache Überlegung gibt zwar die Größenordnung der Frequenz erstaunlich richtig wieder, sie ist allerdings zu einfach, wenn man das ganze Rotationsspektrum verstehen will. Für die Energiezustände des Rotators erhält man nämlich nach (9.1) und (9.4)

$$E_{\text{rot}} = \frac{L^2}{2\Theta} . \tag{9.7}$$

Mit $L = n\hbar$ wird daraus

$$E_{\text{rot}} = \frac{n^2\hbar^2}{2\Theta} . \tag{9.8}$$

Dieser Ausdruck liefert kein mit dem Experiment übereinstimmendes Ergebnis, wenn man annimmt, daß Rotationslinien im Spektrum durch Übergänge zwischen benachbarten Quantenniveaus zustande kommen. Man muß das Problem vielmehr quantenmechanisch behandeln und für die Rotation die zeitunabhängige Schrödinger-Gleichung lösen. Weil man den Bahn-Drehimpuls $\boldsymbol{L}$ eines Teilchens der Masse m_r, das im Abstand R um den Ursprung rotiert, genau so berechnen kann wie denjenigen eines Elektrons im Wasserstoff-Atom, können wir hier wieder die Berechnung der Drehimpuls-Eigenfunktionen des H-Atoms (siehe dazu in I Abschn. 10.2 sowie auch Kap. 11 in diesem Buch) heranziehen. Für den starren Rotator erhält man so die Energie-Eigenwerte

$$E_{\text{rot}} = \frac{\hbar^2}{2\Theta} n(n+1) , \tag{9.9}$$

das heißt, wir müssen für den Drehimpuls anstelle von (9.5) wieder die Quantenbedingung

$$|\boldsymbol{L}| = \hbar\sqrt{n(n+1)} \tag{9.10}$$

einführen.

Bei der Rotation ist es üblich, die Quantenzahl nicht n, sondern J zu nennen, es heißt also für die Rotationsniveaus des starren Rotators an Stelle von (9.8)

$$E_{\text{rot}} = \frac{\hbar^2}{2\Theta} J(J+1) \quad [\text{Joule}] \quad (J = 0, 1, 2, \dots) . \tag{9.11}$$

Wenn man statt dessen Termwerte $F(J)$ einführt, die man wie in der Spektroskopie üblich in der Einheit cm^{-1} mißt, so erhält man, indem man (9.11) durch hc teilt

$$F(J) = \frac{E_{\mathrm{rot}}}{hc} = BJ(J+1) \quad [\mathrm{cm}^{-1}] \tag{9.12}$$

mit der sogenannten Rotationskonstanten B

$$B = \frac{h}{8\pi^2 c\Theta} \quad [\mathrm{cm}^{-1}]\,. \tag{9.13}$$

Diese Konstante ist die wichtige für das betreffende Molekül charakteristische Meßgröße, die man aus den Spektren entnehmen kann. Sie ist dem Trägheitsmoment des Moleküls umgekehrt proportional. Ihre Messung liefert deshalb eine grundlegende Information über Aufbau und Struktur des untersuchten Moleküls.

Zu jedem der Rotations-Eigenwerte (9.11) und (9.12) gehören charakteristische Drehimpuls-Eigenfunktionen, deren Quadrate die Aufenthaltswahrscheinlichkeit angeben, das heißt hier die Wahrscheinlichkeit dafür, daß die Drehwinkel ϑ und φ im Winkelbereich $d\Omega = \sin\vartheta d\vartheta d\varphi$ angetroffen werden. Es sind dies die gleichen, die wir bereits in I bei der Lösung der Schrödinger-Gleichung für das Wasserstoff-Atom kennengelernt haben (vergleiche dazu Kap. 10 in I). Zu jeder Funktion mit der Quantenzahl J gehören $2J+1$ Funktionen mit der „magnetischen“ Quantenzahl $M = J, J-1 \ldots -J$, jeder durch die Quantenzahl J charakterisierte Zustand ist also $(2J+1)$fach entartet, wenn keine zusätzliche Wechselwirkung zur Aufhebung der Entartung einwirkt.

Die Quantenzahl M mißt die Komponente des Drehimpulses bezüglich einer Vorzugsrichtung, die zum Beispiel von außen durch ein elektrisches Feld gegeben wird. Damit wird dann – siehe beim Stark-Effekt, Abschn. 9.4 – die Entartung nach M bis auf das Vorzeichen aufgehoben.

Insgesamt erhalten wir also für den starren Rotator

- einen gequantelten Drehimpuls

  $$|\boldsymbol{L}| = \sqrt{J(J+1)}\hbar$$

  mit der gequantelten z-Komponente $L_z = M\hbar$
- Energie-Eigenwerte $E_{\mathrm{rot}} = BhcJ(J+1)$ mit der in (9.13) definierten Rotationskonstanten
- $$B = \frac{h}{8\pi^2 c\Theta} \quad [\mathrm{cm}^{-1}]\,.$$

Die Abstände zwischen zwei Energieniveaus mit um 1 unterschiedlicher Quantenzahl J, das heißt die Rotationsquanten $E(J+1) - E(J)$, nehmen mit J zu. Das bedeutet größere Rotationsenergie bei konstantem Abstand der Kerne, und damit ein Termschema wie in Abb. 9.2 und in Abb. 9.4 gezeigt.

Wenn wir jetzt noch als Auswahlregel für optische Übergänge (elektrische Dipolstrahlung) die Drehimpuls-Auswahlregel $\Delta J = \pm 1$ (und $\Delta M = 0, \pm 1$, mit unterschiedlicher Polarisation als σ- und π-Übergänge) einführen, erhalten wir für die Quantenenergie der Linien im Rotationsspektrum für einen Übergang zwischen einem Niveau mit der Quantenzahl J und einem solchen mit $J+1$, also nach (9.12) für die Termdifferenz $F_{J+1} - F_J$ die Bedingungs-Gleichung

$$h\nu = E_{J+1} - E_J\,. \tag{9.14}$$

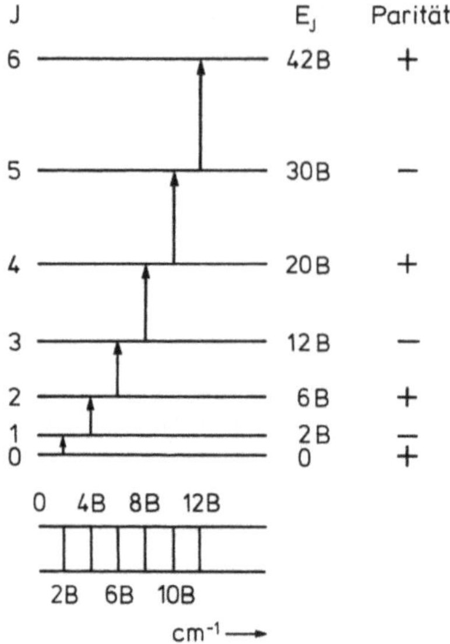

Abb. 9.4. Energieniveaus für die Rotation eines starren zweiatomigen Moleküls, mit Angabe der Parität. Mit der Auswahlregel $\Delta J = 1$ ergibt sich das angegebene Spektrum aus äquidistanten Linien. Die Parität wird in Abschn. 12.4 erklärt

Für die Wellenzahlen der Rotationslinien ergibt sich daraus

$$\bar{\nu}_{J\to J+1} = 2B(J+1) \quad [\mathrm{cm}^{-1}]\,. \tag{9.15}$$

Wir erhalten also wie beobachtet ein Spektrum äquidistanter Linien mit den Abständen $2B$, aus dem man die Rotationskonstante B entnehmen kann, vergleiche Abb. 9.2 und 9.4. Da das Trägheitsmoment des Moleküls im Nenner von B steht, haben schwerere Moleküle ein langwelligeres Spektrum mit energetisch kleineren Linienabständen als leichtere Moleküle mit kleinerem Trägheitsmoment.

Einige Beispiele für spektroskopisch bestimmte Rotationskonstanten gibt Tabelle 9.1.

Aus den B-Werten kann man, wie oben bereits gezeigt, den Abstand R der beiden Atom-Schwerpunkte im Molekül bestimmen. Für $^1H^{35}Cl$ erhält man aus dem in Tabelle 9.1 angegebenen Zahlenwert für B den Gleichgewichtsabstand

$$R_\mathrm{e} = \sqrt{\frac{\Theta}{m_\mathrm{r}}} = 1{,}287 \cdot 10^{-10}\,\mathrm{m}$$

(der Index e steht für equilibrium).

Die Rotation des Moleküls um seine Längsachse kann vernachlässigt werden. Das Trägheitsmoment hierfür ist nämlich sehr klein, und damit ergeben sich für die Energieniveaus nach (9.9) oder (9.11) extrem große Abstände. Für einen Übergang von $J = 0$ zu $J = 1$ benötigt man sehr viel Energie, und derartige Übergänge treten unter normalen spektroskopischen Bedingungen nicht auf. Hinzu kommt, daß, selbst wenn ein solcher Übergang erfolgen würde, dann wegen der fehlenden Dipolmoments-Änderung keine Spektrallinie beobachtbar wäre.

Tabelle 9.1. Rotationskonstanten einiger zweiatomiger Moleküle

$^1H_2^*$	$2B = 121{,}6\,\mathrm{cm}^{-1}$
$^1H^{35}Cl$	20,79
$^{12}C^{16}O$	3,84
$^1H^{79}Br$	14,9
$^{39}K^{35}Cl$	0,257

* Das Rotationsspektrum von H_2 ist nicht direkt beobachtbar, siehe dazu jedoch Kap. 12

9.2.2 Intensitäten

Die *Linienintensitäten* (siehe Abb. 9.2) ergeben sich bei konstantem quantenmechanischem Übergangsmoment aus dem Entartungsgrad der Terme F_J mit unterschiedlichem J, der thermischen Besetzung der Rotationsniveaus sowie aus den Auswahlregeln. Jedes Niveau mit der Quantenzahl J ist, wie bereits erwähnt, $(2J + 1)$fach entartet hinsichtlich der magnetischen Quantenzahl M. Der *Entartungsgrad* ist also $2J + 1$. Entsprechend groß ist das statistische Gewicht der Zustände, wenn die Entartung nicht aufgehoben ist. Die *Auswahlregeln* ergeben sich aus der Symmetrie der Wellenfunktion und mit Hilfe der zeitabhängigen Störungstheorie, vergleiche Kap. 16 in I sowie Kap. 16 in diesem Buch.

Anschaulich verständlich sind jedenfalls die beiden bereits oben verwendeten wichtigsten Auswahlregeln:

- Nur polare Moleküle, das heißt Moleküle mit einem permanenten Dipolmoment, haben ein spektroskopisch beobachtbares Rotationsspektrum.
- Optisch erlaubt sind Übergänge mit $\Delta J = \pm 1$ d. h. Übergänge, bei denen sich der Drehimpuls des Moleküls um $\Delta|\boldsymbol{L}|_{J \to J\pm 1} = \hbar|\sqrt{J(J+1)} - \sqrt{(J \pm 1)(J \pm 1 + 1)}|$ ändert. Für große J ist diese Änderung näherungsweise $\hbar$. Diese Drehimpuls-Änderung entspricht dem Drehimpuls des Lichtquants, das bei Absorption aufgenommen und bei Emission abgegeben wird, so daß hierdurch der Drehimpuls-Erhaltungssatz erfüllt wird.

Um schließlich die Intensitätsverteilung im Spektrum ganz zu verstehen, muß man wissen, welche Ausgangszustände für eine Absorption bei der betreffenden absoluten *Temperatur T* besetzt sind. Die thermische Energie bei Raumtemperatur entspricht ungefähr 1/40 eV oder 200 cm^{-1}, sie ist also im allgemeinen groß gegen die Rotationskonstante B und damit gegen den Abstand der untersten Rotationsterme. Im thermischen Gleichgewicht sind deshalb bei Raumtemperatur viele Rotationsniveaus besetzt. Quantitativ gilt für die Besetzungszahlen N_J der Niveaus mit der Rotationsquantenzahl J

$$\frac{N_j}{N_0} = \frac{g_J}{g_0} \mathrm{e}^{-(E_J - E_0)/kT} = \underset{\substack{\text{Entartungs-}\\\text{grad}}}{(2J+1)} \underset{\text{Thermische Besetzung}}{\mathrm{e}^{-BhcJ(J+1)/kT}} . \tag{9.16}$$

Darin bedeuten g_J und g_0 die Gewichtsfaktoren der Zustände mit der Quantenzahl J und sie entsprechen dem Entartungsgrad $2J + 1$ mit $g_0 = 1$. Das Intensitäts-Verhältnis der Linien in den Absorptionsspektren ist dem Verhältnis der Besetzungszahlen N_J geteilt durch N_0 proportional. Insgesamt ergibt sich deshalb aus Gl. (9.16) ein Absorptionsprofil wie in Abb. 9.1 und 9.2. Für kleinere J wächst im Absorptionsprofil die Linienintensität mit zunehmenden J wegen des anwachsenden Gewichtsfaktors, für größere J überwiegt die Abnahme der Exponentialfunktion in (9.16). Dazwischen liegt ein Intensitätsmaximum. Für die dem Maximum der Besetzung entsprechende Quantenzahl $J_{\max}$ gilt, wie sich leicht durch Differentiation von (9.16) ableiten läßt,

$$J_{\max} \approx \sqrt{\frac{kT}{2hcB}} - \frac{1}{2} , \tag{9.17}$$

wenn $J_{\max}$ diejenige ganze Zahl ist, die dem aus (9.17) berechneten Zahlenwert am nächsten liegt. Die Lage des intensivsten Überganges gibt (9.16) nur näherungsweise an, weil die Intensitätsverteilung nicht nur von der Besetzung alleine, sondern auch vom Quadrat des aus Ausgangs- und Endzustand zu berechnenden Übergangsmomentes abhängt. Dies hängt ebenfalls von J ab. Ein komplettes Rotationsspektrum, wie in Abb. 9.1 gezeigt, kann im allgemeinen wegen des zu großen Frequenzbereichs nicht mit einer einzigen Apparatur aufgenommen werden. Der Anschluß von Meßdaten verschiedener

Apparaturen ist hinsichtlich des Intensitätsvergleichs nicht immer einfach. Besser ist das Intensitätsverhältnis der Absorptionslinien mit verschiedenem J deshalb im Rotations-Schwingungsspektrum zu sehen, siehe dazu Abschn. 10.4.

9.2.3 Der nicht-starre Rotator

Wenn man die Spektrenanalyse mit größerer Genauigkeit vornimmt, stellt man fest, daß die Absorptionslinien nicht exakt äquidistant sind. Die Abstände werden vielmehr mit zunehmender Quantenzahl J kleiner. Um dies zu verstehen, muß man annehmen, daß sich die Abstände der Kerne im Molekül mit zunehmender Rotationsquantenzahl J ändern. Sie nehmen mit zunehmender Energie der Rotation, das heißt wachsender Quantenzahl J, wegen einer Zentrifugaldehnung der Moleküle zu. Das Trägheitsmoment wird bei dieser Verformung größer. So kommt man vom starren zum nicht-starren Rotator, bei dem die beiden Kerne mit einer elastischen Federkonstanten k aneinander gebunden sind. Er wird besonders wichtig bei der Analyse von Rotationsspektren, bei denen zusätzlich Schwingungen des Moleküls beteiligt sind, den sogenannten Rotations-Schwingungs-Spektren. Wenn das Molekül nicht nur rotiert, sondern auch schwingt, ist nämlich diese Abweichung von der Starrheit von der Art und von der Frequenz der Schwingung abhängig und häufig wesentlich größer als bei reiner Rotation.

Doch zunächst zur alleinigen Rotation des zweiatomigen Moleküls, das heißt zum Modell der *rotierenden nicht-starren Hantel*. Zur quantitativen Beschreibung muß man also annehmen, daß der Rotator nicht starr ist, das heißt daß zwischen den Atomen eine elastische Bindung mit der Federkonstanten k vorliegt (vergl. Abb. 9.3). Die Rotation und die damit verbundene Zentrifugalkraft führen deshalb zu einer Dehnung des Moleküls. Für den neuen Abstand R gilt klassisch

$$m_\mathrm{r} R\omega^2 = k(R - R_\mathrm{e}) \,, \tag{9.18}$$

wenn mit R_e der Gleichgewichtsabstand in Ruhe und mit ω die Kreisfrequenz bezeichnet wird.

Es herrscht also Gleichgewicht zwischen der das Molekül dehnenden Zentrifugalkraft und der elastischen Bindungskraft. Qualitativ ist einsichtig, daß die Dehnung den Abstand zwischen den beiden Massen m_1 und m_2 und damit das Trägheitsmoment vergrößert. Dadurch wird B kleiner und die Energiewerte E_J werden abgesenkt. Zur quantitativen Berechnung erweitert man (9.18) zu

$$\Delta R \equiv R - R_\mathrm{e} = \frac{m_\mathrm{r} R\omega^2}{k} = \frac{m_\mathrm{r}^2 R^4 \omega^2}{k m_\mathrm{r} R^3} = \frac{(\Theta\omega)^2}{k m_\mathrm{r} R^3} \,. \tag{9.19}$$

Daraus folgt

$$R - R_\mathrm{e} = \frac{L^2}{k m_\mathrm{r} R^3} \simeq \frac{L^2}{k m_\mathrm{r} R_\mathrm{e}^3} \,, \tag{9.20}$$

wobei wir wegen

$$R^3 = (R_\mathrm{e} + \Delta R)^3 = R_\mathrm{e}^3 \left(1 + \frac{3\Delta R}{R_\mathrm{e}} + \ldots\right) , \quad \frac{\Delta R}{R_\mathrm{e}} \ll 1 \tag{9.21}$$

R durch R_e ersetzen dürfen.

Für die Gesamtenergie

$$E_{\text{rot}} = \frac{L^2}{2m_{\text{r}}R_{\text{e}}^2} - \frac{1}{2}k(R - R_{\text{e}})^2$$

ergibt sich damit in dieser klassischen Modellrechnung

$$E_{\text{rot}} = \frac{L^2}{2m_{\text{r}}R_{\text{e}}^2} - \frac{L^4}{2km_{\text{r}}^2R_{\text{e}}^6} \tag{9.22}$$

nach einer einfachen Zwischenrechnung. Geht man nun von der klassischen Mechanik zur Quantenmechanik über und ersetzt wie oben L^2 durch $J(J+1)\hbar^2$, so erhält man für die Energie der Rotation

$$E_{\text{rot}} = \frac{\hbar^2}{2m_{\text{r}}R_{\text{e}}^2}J(J+1) - \frac{\hbar^4}{2km_{\text{r}}^2R_{\text{e}}^6}J^2(J+1)^2 \quad [\text{Joule}] \tag{9.23}$$

und für die Rotationsterme

$$F(J) = \frac{E_{\text{rot}}}{hc} = BJ(J+1) - DJ^2(J+1)^2 \quad [\text{cm}^{-1}]\,, \tag{9.24}$$

wenn man analog zur Rotationskonstante B die durch (9.23) definierte Zentrifugal-Dehnungskonstante einführt. Gleichung (9.24) gilt für ein einfaches harmonisches Kraftfeld. Bei anharmonischer Kraft sind noch Terme mit höheren Potenzen von J zu berücksichtigen. D ist viel kleiner als B. Aus (9.23) folgt nämlich

$$D = \frac{\hbar^3}{4\pi k\Theta^2R_{\text{e}}^2c} \quad [\text{cm}^{-1}]\,. \tag{9.25}$$

Durch Einsetzen der Zahlenwerte in (9.25) und Vergleich mit (9.13) erhält man für das Größenverhältnis von D/B den ungefähren Wert 10^{-3} bis 10^{-4}. Der Dehnungsterm $DJ^2(J+1)^2$ in (9.23) ist deshalb für kleine Werte von J fast zu vernachlässigen, für größere J-Werte kann er wichtig werden. – Aus einer Messung von D erhält man mit (9.25) auch die Kraftkonstante k der Bindung und daraus die Frequenz

$$\nu = \frac{1}{2\pi}\sqrt{\frac{k}{m_{\text{r}}}} \quad [\text{s}^{-1}] \quad \text{bzw.} \quad \bar{\nu} = \frac{1}{2\pi c}\sqrt{\frac{k}{m_{\text{r}}}} \quad [\text{cm}^{-1}] \tag{9.26}$$

der Valenzschwingung in Richtung der Kernverbindungslinie, wie wir in Abschn. 10.2 und 10.3 zeigen werden. Dort werden wir jedoch genauere Meßmethoden hierfür kennenlernen.

Aus dem Termschema des starren Rotators ergibt sich das Termschema des nicht-starren Rotators durch eine Verschiebung der Terme wie in Abb. 9.5 eingezeichnet. Dem entspricht ein leicht verändertes Spektrum, wie ebenfalls in Abb. 9.5 schematisch gezeigt. Für die Frequenzen der Linien im Rotationsspektrum des nicht-starren Rotators gilt nach (9.23) mit der Auswahlregel $\Delta J = \pm 1$ für einen strahlenden Übergang

$$\bar{\nu}_{J\to J+1} = F(J+1) - F(J) = 2B(J+1) - 4D(J+1)^3 \quad [\text{cm}^{-1}]\,. \tag{9.27}$$

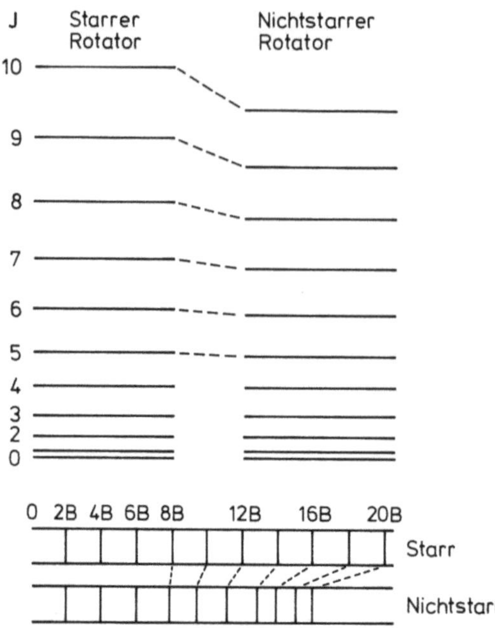

Abb. 9.5. Energieniveaus und Spektrum des nicht-starren Rotators im Vergleich zum starren Rotator. Für die Dehnungskonstante ist $D = 10^{-3}B$ angenommen. Die im Abstand $2B$ äquidistanten Linien des starren Rotators werden beim nicht-starren Rotator nach kleineren Energien verschoben, wobei die Verschiebung mit J zunimmt, hier übertrieben groß gezeichnet

Die Auswahlregeln bleiben ungeändert, weil die Symmetrien der Rotationszustände durch die Federkraft nicht geändert werden.

Zur Erläuterung noch einige Zahlenwerte. Dabei wählen wir als einfaches Molekül das HCl. Hierfür erhält man nach Tabelle 9.1 bei Annahme des starren Rotators $2B = 20{,}79\,\mathrm{cm}^{-1}$. Für den nichtstarren Rotator ergibt sich das Korrekturglied $4D = 0{,}0016\,\mathrm{cm}^{-1}$, siehe Tabelle 9.2.

Tabelle 9.2 vergleicht Meßwerte und berechnete Werte für das HCl-Molekül mit den genannten Zahlenwerten.

Tabelle 9.2. Vergleich experimenteller und berechneter Werte für Rotationslinien von HCl, in cm^{-1}

$J \to J+1$	experimentell	berechnet für starren	nicht-starren	Rotator
0–1	20,79	20,79	20,79	(nach (9.24)
3–4	83,03	83,16	83,06	und (9.27)
6–7	145,03	145,53	144,98	mit $2B = 20{,}79\,\mathrm{cm}^{-1}$
9–10	206,38	207,90	206,30	und $4D = 0{,}0016\,\mathrm{cm}^{-1}$)

9.3 Isotopie-Effekte

Die große Genauigkeit, mit der man die Trägheitsmomente von Molekülen aus der Messung der Rotationskonstanten B bestimmen kann, führt zu einer wichtigen Anwendung

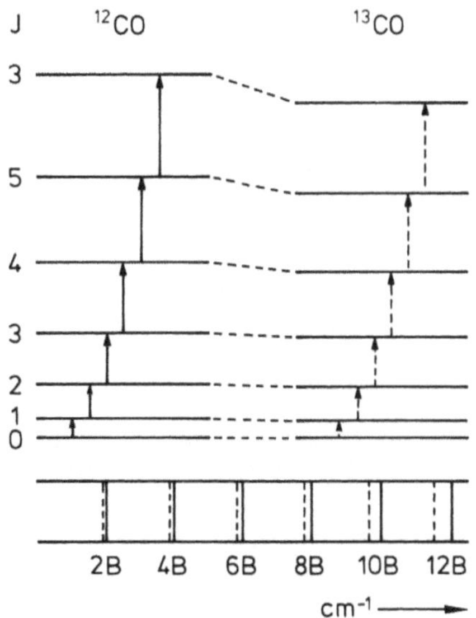

Abb. 9.6. Der Isotopieeffekt bei Rotationstermen und dem zugehörigen Rotationsspektrum des Moleküls CO. Die Rotationskonstante B des schwereren Moleküls ist kleiner als die von ^{12}CO, deshalb sind die Linien für ^{13}CO (*gestrichelt*) gegen diejenigen von ^{12}CO nach kleineren Energien verschoben. Die Verschiebung ist hier übertrieben groß gezeichnet

der Rotationsspektren. Man kann aus Linienverschiebungen die Isotopenmassen bestimmen, wenn Moleküle mit verschiedenen Isotopen desselben Elementes untersucht werden. Aus den Linienintensitäten kann man die Isotopenhäufigkeiten bestimmen. Da die Rotationskonstante dem Trägheitsmoment umgekehrt proportional ist, haben nämlich Moleküle mit schwereren Isotopen Rotationslinien mit geringerer Quantenenergie und kleinerem gegenseitigen Abstand. Naturgemäß ist der Isotopie-Effekt beim Wasserstoff besonders groß. Die Rotationskonstante $2B$ für Wasserstoff, H_2, beträgt $121{,}62\,\mathrm{cm}^{-1}$. Für den schweren Wasserstoff, $^2H_2$, ergibt sich im Experiment $2B = 60{,}86\,\mathrm{cm}^{-1}$, also ziemlich genau der halbe Wert wegen der doppelten Masse und dem doppelt so großen Trägheitsmoment. Übrigens folgt daraus auch, daß der Bindungsabstand im H_2-Molekül durch die schweren Isotope kaum geändert wird. Bei anderen Molekülen sind die Unterschiede wesentlich geringer. So mißt man für das Molekül ^{12}CO $2B = 3{,}842\,\mathrm{cm}^{-1}$, für das Molekül ^{13}CO mit dem schweren Isotop des Kohlenstoffs $2B = 3{,}673\,\mathrm{cm}^{-1}$. Abbildung 9.6 zeigt als Beispiel die Unterschiede im Rotationsspektrum von CO mit den Isotopen ^{12}C und ^{13}C.

Bei mehratomigen Molekülen kann man mit Hilfe des Isotopie-Effektes auch die Abstände der verschiedenen Atome im Molekül messen. Als Beispiel sei hier das lineare Molekül Kohlenstoffoxysulfid, OCS, angeführt. Wenn man wie besprochen die Rotationskonstante B eines linearen Moleküls mißt, so kann man daraus nur das Trägheitsmoment senkrecht zur Molekülachse, bestimmen, woraus sich nicht beide Bindungslängen vom zentralen C-Atom zu den Atomen O und S berechnen lassen. Durch Messung mit zwei verschieden isotop substituierten Molekülen wie zum Beispiel $CO^{32}S$ und $CO^{34}S$ kann man jedoch die Bindungslängen CO und CS aus den Trägheitsmomenten bestimmen, wenn sich der Abstand CS mit der Änderung der isotopischen Zusammensetzung nicht ändert. Dies läßt sich folgendermaßen zeigen.

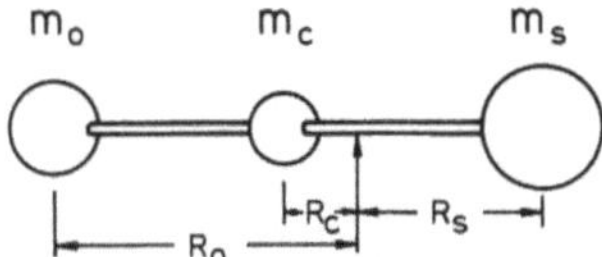

Abb. 9.7. Das Molekül Kohlenstoff-Oxysulfid, OCS, zur Definition der Bezeichnungen für die Massen und die Abstände der Atome O, C und S zum gemeinsamen Schwerpunkt

Wenn man den Schwerpunkt durch die Gleichung

$$m_O R_O + m_C R_C = m_S R_S\,; \tag{9.28}$$

(R_O, R_C und R_S sind die Abstände der Atome O, C und S zum Schwerpunkt), definiert (siehe dazu Abb. 9.7), so ergibt sich das Trägheitsmoment nach

$$\Theta = m_O R_O^2 + m_C R_C^2 = m_S R_S^2 , \tag{9.29}$$

außerdem gilt für die Abstände

$$R_O = R_{CO} + R_C \quad R_S = R_{CS} - R_C \tag{9.30}$$

R_{CO}, R_{CS} = Bindungsabstände zwischen O und S gegenüber dem zentralen C.

Gleichung (9.30) in (9.28) eingesetzt ergibt:

$$MR_C = m_S R_{CS} - m_O R_{CO} , \tag{9.31}$$

wenn $M = m_O + m_C + m_S$ die Gesamtmasse bedeutet.

Gleichung (9.30) in (9.29) eingesetzt ergibt:

$$\begin{aligned} \Theta &= m_O(R_{CO} + R_C)^2 + m_C R_C^2 + m_S(R_{CS} - R_C)^2 \\ &= MR_C^2 + 2R_C(m_O R_{CO} - m_S R_{CS}) + m_O R_{CO}^2 + m_S R_{CS}^2 . \end{aligned} \tag{9.32}$$

Mit Hilfe von (9.31) erhält man schließlich für das Trägheitsmoment den Ausdruck

$$\Theta = m_O R_{CO}^2 + m_S R_{CS}^2 - \frac{(m_O R_{CO} - m_S R_{CS})^2}{M} . \tag{9.33}$$

Für ein Molekül mit anderen Isotopen erhält man ein anderes Θ wegen der geänderten Masse.

Gleichung (9.33) verbindet eine Meßgröße, nämlich das Trägheitsmoment Θ mit zwei Unbekannten, nämlich mit den Abständen R_{CO} und R_{CS}. Wenn man diese beiden zunächst unbekannten Bindungsabstände bestimmen will, dann muß man das Trägheitsmoment Θ für zwei Moleküle mit unterschiedlicher Isotopenzusammensetzung messen. Man erhält dann zwei Meßgrößen Θ_1, Θ_2 mit zwei Unbekannten, nämlich den genannten Bindungsabständen. So hat man bei dem genannten Molekül durch Verwendung der Schwefelisotope 32 und 34 die Bindungsabstände R_{CO} und R_{CS} zu 1,16 bzw. 1,56 Å bestimmen können.

9.4 Stark-Effekt

Die Beeinflussung der Quantenenergie von Spektrallinien oder die Aufspaltung von Energieniveaus durch statische elektrische Felder kennen wir aus der Atomphysik unter dem Namen *Stark-Effekt*. In der Molekülphysik führt ein statisches elektrisches Feld zu einer Aufhebung der $(2J + 1)$fachen Entartung der Rotationsniveaus, da die unterschiedlichen Zustände mit gleichem J, aber mit verschiedenen magnetischen Quantenzahlen M verschiedenen Wahrscheinlichkeitsverteilungen der Ladungsdichte in bezug auf die Molekülachse und damit verschiedenen Polarisationen durch ein elektrisches Feld entsprechen. Für 2-atomige Moleküle ergibt sich die Energieverschiebung zu

$$\Delta E_{J,M} = \frac{p^2 E^2}{2hcB} \cdot \frac{J(J+1) - 3M^2}{J(J+1)(2J-1)(2J+3)} , \tag{9.34}$$

wobei jetzt die Richtung des $\boldsymbol{E}$-Feldes die Vorzugsrichtung für M ist.

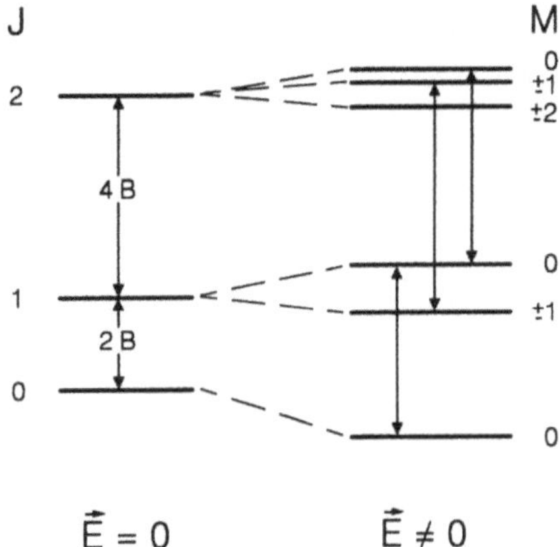

Abb. 9.8. Stark-Aufspaltung der Rotationsterme $J = 0, 1, 2$, schematisch. Der Stark-Effekt ist für positives und negatives Vorzeichen der Quantenzahl M gleich. Die Stark-Verschiebung beträgt beim Zustand mit $J = 0$, $\Delta E = -p^2E^2/6hB$. Ohne elektrisches Feld beobachtet man zwei Übergänge, bei $2B$ und $4B$. Mit elektrischem Feld wird die Übergangsfrequenz bei $2B$ verschoben, diejenige bei $4B$ spaltet in zwei Komponenten auf

Dabei ist p das elektrische Dipolmoment des Moleküls, E die elektrische Feldstärke. In (9.34) geht die Quantenzahl M nur quadratisch ein. Man erhält deshalb eine Aufspaltung in $(J + 1)$ Unter-Niveaus, wie in Abb. 9.8 gezeigt. Als Auswahlregel für optische Übergänge gilt ähnlich wie in der Atomphysik, daß es Übergänge mit $\Delta M = 0$, sogenannte π-Übergänge, und Übergänge mit $\Delta M = \pm 1$, sogenannte σ-Übergänge gibt. Im übrigen gilt die Auswahlregel für elektrische Dipolstrahlung $\Delta J = \pm 1$. Die Aufspaltung ist sehr klein. Typisch sind Werte von $\Delta\nu/\nu$ zwischen 10^{-4} und 10^{-3} bei einer elektrischen Feldstärke von 10^3 V/cm.

Der Stark-Effekt ist wichtig, weil man ihn verhältnismäßig leicht als Hilfsmittel zum Ausmessen von Spektren anwenden kann. Man bringt einfach in dem Hohlleiter, in dem die Mikrowellenabsorption des Gases stattfindet, eine Mittelelektrode an und legt die entsprechende elektrische Feldstärke an. Damit lassen sich die zu messenden Energieterme verschieben oder, bei Verwendung eines elektrischen Wechselfeldes, zeitlich modulieren. Einige wichtige Anwendungen des Stark-Effekts in der Molekülphysik sind folgende

- Bestimmung der Quantenzahl J aus dem Aufspaltungsbild einzelner Rotationslinien nach (9.34).
- Bestimmung von Molekül-Dipolmomenten $\boldsymbol{p}$ aus der Größe der Aufspaltung bzw. der Termverschiebung im E-Feld. Dies ist eine wichtige Methode zur Bestimmung der Dipolmomente von Molekülen. Sie ergänzt die sonst übliche, in Abschn. 3.3 behandelte Messung der Dielektrizitätskonstanten ε zur Messung von Dipolmomenten.
- Für die experimentelle Spektroskopie ist der Stark-Effekt deshalb sehr wichtig, weil man ihn zur Effekt-Modulation und entsprechend zur Erhöhung der Meßgenauigkeit beim Messen von Rotations-Absorptions-Spektren verwenden kann.

9.5 Mehratomige Moleküle

Zur Beschreibung der Rotation eines mehratomigen Moleküls braucht man, wie man in der Mechanik lernt, im allgemeinen Fall drei *Hauptträgheitsmomente* Θ_A, Θ_B und Θ_C um drei *Hauptachsen* A, B, C. Dies sind drei zueinander senkrechte Richtungen, um die das Trägheitsmoment maximale oder minimale Werte annimmt. Wenn ein Molekül eine

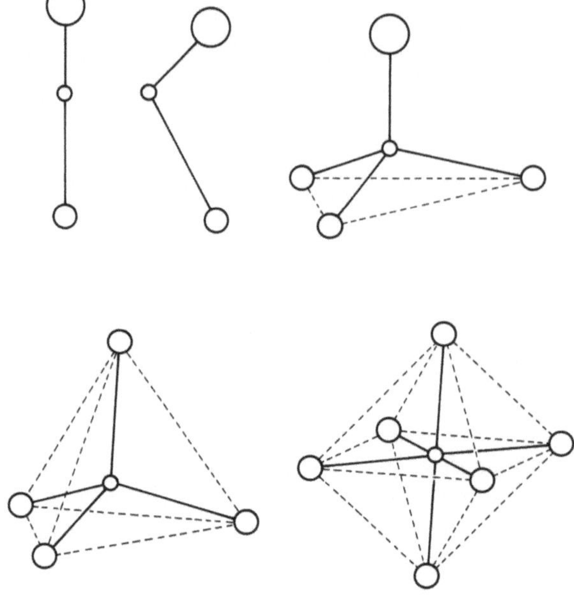

Abb. 9.9. Wichtige Molekülstrukturen kleiner mehratomiger Moleküle, in der Reihenfolge von *links nach rechts* und von *oben nach unten*: Linearer Kreisel, asymmetrischer Kreisel, symmetrischer Kreisel [deformierter Tetraeder (Beispiel CH_3Cl)], Kugelkreisel, tetraedrisch (Beispiel CCl_4) und oktaedrisch (Beispiel SF_6)

Symmetrieachse hat, dann ist diese eine Hauptträgheitsachse. Einige wichtige Typen von mehratomigen kleinen Molekülen zeigt Abb. 9.9.

Wenn wir das Molekül-feste Koordinatensystem x, y, z nennen, wird die kinetische Energie für die Rotation eines solchen Moleküls gegeben durch:

$$E_{\text{kin}} = \frac{L_x^2}{2\Theta_x} + \frac{L_y^2}{2\Theta_y} + \frac{L_z^2}{2\Theta_z}, \tag{9.35}$$

wobei L_x, L_y und L_z die Komponenten des Drehimpulses um die betreffenden Hauptachsen sind.

Wenn man die Rotationsniveaus eines mehratomigen Moleküls berechnen will, dann muß man die verschiedenen Achsen und Hauptträgheitsmomente berücksichtigen. Im allgemeinen Fall, dem sogenannten *unsymmetrischen Kreiselmolekül*, sind alle drei Hauptträgheitsmomente voneinander verschieden. Ein Beispiel ist das Molekül H_2O. Die Lösung der Schrödinger-Gleichung für ein solches Molekül ergibt $2J+1$ verschiedene Eigenfunktionen und Eigenwerte für jedes J. Es gibt jedoch keine allgemeine Formel für solche Moleküle, und jedes Molekül muß gesondert analysiert werden. Keine Richtung ist ausgezeichnet, und daher ist keine der Hauptdrehimpulsrichtungen L_x, L_y, L_z quantisiert. Wir werden auf dieses Problem in Abschn. 11.2 nochmals genauer eingehen. Der allgemeine Fall des unsymmetrischen Kreiselmoleküls wird deshalb hier noch nicht weiter behandelt.

Einfacher wird es beim *symmetrischen Kreiselmolekül*. Darunter versteht man ein Molekül, bei dem aus Symmetriegründen zwei der drei Hauptträgheitsmomente gleich sind. Beispiele hierfür sind NH_3, CH_3Cl, C_6H_6. Auch in diesem Fall ergibt die Lösung der Schrödinger-Gleichung wieder quantisierte Gesamt-Drehimpulse entsprechend

$$|\boldsymbol{L}| = \hbar\sqrt{J(J+1)}, \quad J = 0, 1, 2, \dots . \tag{9.36}$$

Es ist im Molekül jetzt aber aufgrund der Ladungsverteilung im Molekül eine Vorzugsrichtung festgelegt. Ist die Trägheitsachse x diejenige, deren Trägheitsmoment verschieden ist von dem um y und um z, so ist x die Vorzugsrichtung und es gilt als zweite Quantisierungsbedingung für die Komponente des Drehimpulses bezüglich der x-Achse des Moleküls

$$|\boldsymbol{L}_x| = K \cdot \hbar\,. \tag{9.37}$$

Die hier eingeführte Quantenzahl K kann die Werte $0, \pm 1 \ldots \pm J$ annehmen. Sie ist auf eine Molekülachse bezogen, die früher eingeführte Quantenzahl M dagegen auf eine von außen vorzugebende Vorzugsrichtung z.

Es gibt also jetzt eine zweite Quantenbedingung für den Drehimpuls relativ zur x-Achse. Vergleiche hierzu auch Abschn. 11.2. Für die Energie der Rotationsniveaus erhält man

$$E_{\text{rot}} = BhcJ(J+1) + ChcK^2 \quad \text{mit} \quad B = \frac{h}{8\pi^2 c\Theta_y}\,, \qquad C = \frac{h}{8\pi^2 c}\left(\frac{1}{\Theta_x} - \frac{1}{\Theta_y}\right). \tag{9.38}$$

Die $(2J+1)$fache Entartung ist aufgehoben. Jedoch bleibt für $K \neq 0$ noch die 2fache $\pm|K|$-Entartung übrig, da K in (9.38) quadratisch eingeht. Das bedeutet gleiche Rotationsenergie für $+K$ und $-K$, weil sich diese Zustände nur durch die Drehrichtung unterscheiden. Man kann nun weiter unterscheiden zwischen

- zigarrenförmigen Molekülen, $\Theta_x < \Theta_y = \Theta_z$. Ein Beispiel ist CH_3Cl, wo x die Richtung der 3zähligen Symmetrieachse von Cl zu C ist. Hier ist $C > 0$, die Niveaus sind mit wachsendem K nach größeren Energien verschoben
- diskusförmigen Molekülen, $\Theta_x > \Theta_y = \Theta_z$. Ein Beispiel ist das Benzolmolekül. Hier ist $C < 0$, die Niveaus sind mit wachsendem K zu kleineren Energien verschoben.

Mit den Auswahlregeln $\Delta J = \pm 1$, $\Delta K = 0$, erhält man als Spektrum des symmetrischen Kreiselmoleküls aus (9.38), sofern es starr ist, das gleiche Spektrum wie für den linearen Rotator. Dies ist anschaulich verständlich, weil Änderungen der Rotation um die Symmetrie-Achse nicht mit einem Dipolmoment verbunden sind. Die zweite Quantenzahl K führt erst dann zu einem geänderten Spektrum, wenn Zentrifugaldehnung zu berücksichtigen ist. Beim starren Rotator fällt nach (9.38) das Glied mit K bei der Bildung der Termdifferenzen zwischen J und $J+1$ heraus.

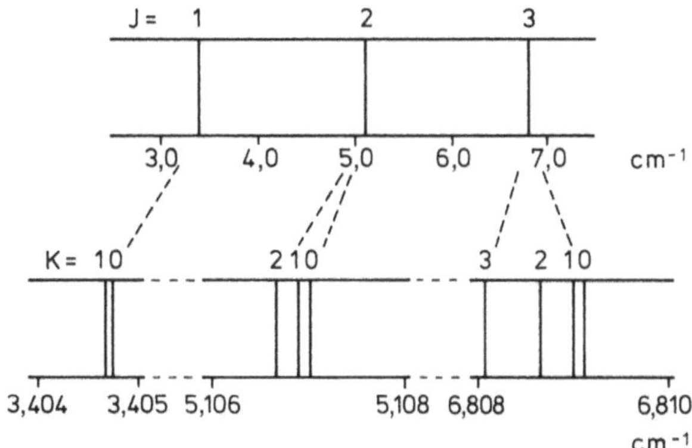

Abb. 9.10. Ausschnitt aus dem Rotationsspektrum des symmetrischen Kreisel-Moleküls CH_3F, schematisch. Die durch die Quantenzahl J gekennzeichneten Zustände (*oben*) spalten weiter auf nach der Quantenzahl K (*unten*). Nach Banwell

Für den nichtstarren symmetrischen Kreisel ergeben sich die Energieterme E_{rot} zu

$$E_{\mathrm{rot}} = BhcJ(J+1) - ChcK^2 - D_J hcJ^2(J+1)^2 - D_{JK} hcJ(J+1)K - D_K hcK^4 \tag{9.39}$$

mit den Dehnungskonstanten D. Die Auswahlregeln für Dipolstrahlung lauten $\Delta J = \pm 1$ und $\Delta K = 0$. Als Beispiel zeigt Abb. 9.10 einen Ausschnitt aus dem Rotationsspektrum von CH_3F. Es gelten die Auswahlregeln $\Delta J = \pm 1$, $\Delta K = 0$. Für CH_3F erhält man aus einer Anpassung an die Spektrallinien nach (9.39) die Zahlenwerte $B = 0{,}851204\,\mathrm{cm}^{-1}$, $D_J = 2{,}00 \cdot 10^{-6}\,\mathrm{cm}^{-1}$ und $D_{JK} = 1{,}47 \cdot 10^{5}\,\mathrm{cm}^{-1}$.

Wichtig für die Intensitäten ist der *Entartungsgrad* der Rotationsniveaus. Entsprechend den Quantenzahlen J und K, und weil K quadratisch in die Energie eingeht, sind alle Niveaus (außer $K = 0$) zweifach entartet. Dazu kommt jedoch noch die durch die Quantenzahl M gekennzeichnete Bedingung für die Orientierung des Drehimpulses bezüglich einer äußeren Achse, vgl. Abschn. 9.2.1 dieses Kapitels. Diese Quantenzahl benötigt man zwar nicht für die Berechnung der Rotationsenergie, zum Beispiel nach (9.38), jedoch zur Charakterisierung anderer Zustandseigenschaften, zum Beispiel Symmetrie und Entartungsgrad.

Beim linearen Kreisel mit $K = 0$ ist jedes Niveau nach M (vergleiche Abschn. 9.2.1) $(2J+1)$fach entartet. Beim sphärischen Kreisel dagegen kommt zur $(2J+1)$fachen Entartung bezüglich einer äußeren Vorzugsrichtung noch eine $(2J+1)$fache Entartung bezüglich der Orientierung des Drehimpulses zu einer der Molekülachsen hinzu. Jedes durch J gekennzeichnete Niveau ist also $(2J+1)^2$fach entartet. Bei Molekülen mit noch geringerer Symmetrie wird die Frage der Entartung noch komplizierter. Wie bereits in Abschn. 9.3 ausgeführt, kann die M-Entartung durch ein äußeres elektrisches Feld (Stark-Effekt) bis auf das Vorzeichen aufgehoben werden.

Natürlich gilt auch für die mehratomigen Moleküle, daß die Näherung eines starren Molekülgerüsts nur bedingt richtig ist. In Wirklichkeit muß man Verzerrungen der Moleküle mit berücksichtigen, die bei der Rotation, insbesondere aber bei Schwingungen der Moleküle auftreten können. Dem kann man, ähnlich wie beim Hantelmolekül, durch Korrekturterme Rechnung tragen. Zusätzlich zu dem Korrektur-Term, wie er bereits beim starren Hantelrotator erwähnt wurde, tritt beim symmetrischen Kreiselmolekül ein Korrektur-Term hinzu, der proportional zu K^2 ist, (9.38).

Eine Sonderstellung bei den mehratomigen Molekülen nehmen die symmetrischen Tetraeder-Moleküle ein, wie z. B. CH_4, CCl_4 (*Kugelkreisel*). Bei ihnen sind aus Symmetriegründen alle drei Trägheitsmomente um die Achsen x, y, z gleich. Für die Rotationsenergie gilt wieder

$$E_{\mathrm{rot}} = BhcJ(J+1) \quad \text{mit} \quad B = \frac{h}{8\pi^2 c\Theta}\,.$$

Für CCl_4 wurde gemessen $B = 5{,}24\,\mathrm{cm}^{-1}$. Das permanente Dipolmoment p ist gleich 0. Diese Moleküle besitzen deshalb kein infrarot-aktives Rotationsspektrum. Hier sei schon vorweggenommen, daß sie auch Raman-inaktiv sind, da auch die Polarisierbarkeit isotrop ist. Eine ausführlichere theoretische Behandlung der Rotationszustände vielatomiger Moleküle erfolgt in Abschn. 11.2.

Zum Schluß des Abschnittes über Molekülrotation muß noch kurz darauf hingewiesen werden, daß eine Rotation um die Längsachse des Moleküls bei linearen Molekülen (auch mehratomigen), also *gestreckten linearen Kreiseln* bisher gar nicht berücksichtigt

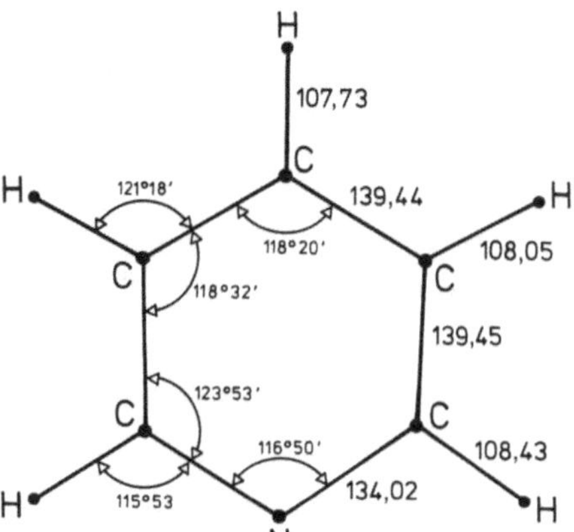

Abb. 9.11. Abstände in pm und Winkel im ebenen Molekül Pyridin, aus Rotationsspektren abgeleitet. Nach Labhart

wurde. Der Grund dafür ist, daß das Trägheitsmoment um diese Achse wegen der Massenverteilung praktisch gleich 0 ist. Die Rotationskonstante B wird deshalb sehr groß, größer als die Bindungsenergie des Moleküls, und diese Rotation tritt spektroskopisch nicht in Erscheinung. Die Quantenzahl K ist gleich Null.

Mit welch großer Genauigkeit man auch bei etwas größeren Molekülen Struktur-Daten aus der Analyse von Rotationsspektren bestimmen kann, soll schließlich noch in Abb. 9.11 am Beispiel des Pyridin-Moleküls gezeigt werden. Alle innermolekularen Abstände und die Winkel in nicht zu großen Molekülen sind mit spektroskopischen Methoden exakt meßbar. Mehr über Molekül-Rotationen folgt bei der Behandlung der Rotations-Schwingungs-Spektren in Abschn. 10.4 und beim Ramaneffekt (Kap. 12).

9.6 Einige Anwendungen der Rotationsspektroskopie

Eine Anwendung der Mikrowellenspektroskopie im täglichen Leben ist der Mikrowellen-Ofen in der Küche. Er benutzt die Absorption von Mikrowellen in Speisen, um diese zu erwärmen. Hierbei sind es in erster Linie die Wassermoleküle, die durch Absorption von Mikrowellen-Quanten in hohe Rotationszustände versetzt werden. Die überschüssige Rotationsenergie der Wasser-Moleküle wird als Wärme an die Umgebung der Moleküle abgegeben, und dadurch werden die Speisen erwärmt.

Eine ganz andere Anwendung erfährt die Rotationsspektroskopie von Molekülen in der Radio-Astrophysik. Anhand ihres Rotationsspektrums hat man im interstellaren Raum bereits mehr als 80 verschiedene Moleküle identifizieren können, so Wasser, Ammoniak, Formaldehyd. Diese Entdeckungen geben Anlaß zu detaillierten Spekulationen über den Ursprung biologischer Moleküle und damit des Lebens. Man beobachtet bei solchen Untersuchungen die Mikrowellenspektren in Emission. Aus der relativen Intensität verschiedener Rotationsübergänge eines Moleküls kann man Rückschlüsse auf die Temperaturen der interstellaren Materie ziehen.

Aufgaben

9.1 An welchen Molekülen beobachtet man ein reines *Mikrowellen-Rotationsspektrum*: H_2, H_2O, H_2O_2, CH_4, CH_3Cl, CH_2Cl_2, NH_3, NH_4Cl, HCl, Br_2, HBr, CS_2?

9.2 a) Ermitteln Sie die *Rotationskonstante* B sowie das Trägheitsmoment und die Bindungslänge von $^{79}Br^{19}F$, in dessen Rotationsspektrum eine Serie äquidistanter Linien im Abstand von jeweils $0{,}7143\,\mathrm{cm}^{-1}$ auftritt. Welche Linie besitzt bei Raumtemperatur die größte Intensität? Wie ist die spektrale Lage des Übergangs $J = 9 \rightarrow J = 10$ (in Wellenzahlen)?

b) Wieviel mal pro Sekunde rotiert das BrF-Molekül im Zustand (i) $J = 0$, (ii) $J = 1$, (iii) $J = 10$? (Beachten Sie: $E = \frac{1}{2}\Theta\omega^2$.)

9.3 Berechnen Sie die Rotationskonstanten der Moleküle $H^{37}Cl$ und $^{2}D^{35}Cl$, die sich durch die Beteiligung anderer *Isotope* von $H^{35}Cl$ mit $B = 10{,}5909\,\mathrm{cm}^{-1}$ unterscheiden.

9.4 Das Übergangsmoment zwischen zwei Rotationsniveaus eines linearen Moleküls hängt näherungsweise nur vom elektrischen Dipolmoment des Moleküls ab und kann somit für alle reinen Rotationsübergänge als konstant angesehen werden. Im reinen Rotationsspektrum von $H^{35}Cl$-Gas detektiert man gleiche Intensitäten für die beiden Linien bei $106{,}0\,\mathrm{cm}^{-1}$ und $233{,}2\,\mathrm{cm}^{-1}$. Wie hoch ist die Temperatur des Gases ($B = 10{,}6\,\mathrm{cm}^{-1}$)?

9.5 Das Mikrowellen-Rotationsspektrum von $H^{79}Br$ enthält bei $84{,}544\,\mathrm{cm}^{-1}$, $101{,}355\,\mathrm{cm}^{-1}$ und $118{,}112\,\mathrm{cm}^{-1}$ drei aufeinanderfolgende Linien. Zu welchen Übergängen $J'' \rightarrow J'$ gehören diese jeweils? Wie groß sind die *Rotationskonstante* B sowie die *Zentrifugal-Dehnungskonstante* D? Bestimmen Sie die Bindungslänge und näherungsweise die Schwingungsfrequenz des Moleküls.

9.6 Die Bindungslängen im *linearen dreiatomigen Molekül* H–C≡N sind $0{,}1063\,\mathrm{nm}$ für CH und $0{,}1155\,\mathrm{nm}$ für CN. Berechnen Sie das Trägheitsmoment Θ und die Rotationskonstante B unter Verwendung der relativen Atommassen H = 1, C = 12 und N = 14.

9.7 Die Geometrie eines Ammoniakmoleküls NH_3 entspricht einem *symmetrischen Kreisel* mit der Bindungslänge $101{,}2\,\mathrm{pm}$ und dem HNH-Winkel $106{,}7°$. Ermitteln Sie die rotatorischen Energieniveaus und die Übergangsfrequenzen.

Beachten Sie dabei, daß für die Hauptträgheitsmomente des symmetrischen Kreisels mit Bindungslänge R und Bindungswinkel ϑ parallel zur Symmetrieachse

$$\Theta_{||} = 2m_{\mathrm{H}}R^2(1 - \cos\vartheta)$$

gilt und senkrecht dazu

$$\Theta_{\perp} = m_{\mathrm{H}}R^2(1 - \cos\vartheta) + \frac{m_{\mathrm{H}}m_{\mathrm{N}}}{m_{\mathrm{H}} + m_{\mathrm{N}}}R^2(1 + 2\cos\vartheta)\,.$$

9.8 Berechnen Sie die Frequenz der *Valenzschwingung* von HCl parallel zur Molekülachse ($B = 10{,}591\,\mathrm{cm}^{-1}$, $D = 5{,}3 \cdot 10^{-4}\,\mathrm{cm}^{-1}$). Wie ist die Abweichung vom experimentellen Wert $2991\,\mathrm{cm}^{-1}$ zu begründen?

9.9 Im Rahmen eines Raumfahrtprogramms soll die Saturn-Atmosphäre auf CO untersucht werden. Dabei soll von der Umlaufbahn eines Satelliten mit einer Mikrowellenapparatur gearbeitet werden. Bei welchen Frequenzen liegen die ersten vier Rotationsübergänge für $^{12}C^{16}O$ bei einer Bindungslänge von $112{,}82\,\mathrm{pm}$? Um die relative Häufigkeit des ^{13}C-Isotops bestimmen zu können, muß der $1 \rightarrow 0$-Übergang der entsprechenden Moleküle noch aufgelöst werden können. Welche *Auflösung* muß die Apparatur besitzen?

9.10 Wie werden die Rotationsniveaus $J = 2$ und $J = 3$ in einem elektrischen Feld aufgespalten? Wie verändert sich aufgrund des *Stark-Effekts* das Spektrum der Absorptionslinie $J = 2 \rightarrow J = 3$ (Auswahlregeln $\Delta J = \pm 1$, $\Delta M_J = 0$)? Wie kann man das Ergebnis nutzen, um die Zuordnung der J-Werte in Rotationsspektren zu bestätigen?

9.11 Gemäß den Gesetzen der *klassischen Mechanik* hätte der starre Rotator das kontinuierliche Energiespektrum

$$W_{\text{rot, klass}} = \frac{1}{2}\Theta\omega^2$$

mit beliebigen Werten der Kreisfrequenz ω. Nach der Quantenmechanik kommt die Kreisfrequenz in den diskreten Energien

$$W_{\text{rot, QM}} = hcBJ(J+1)$$

nicht vor, da eine scharfe raumzeitliche Bahnbeschreibung hier nicht existiert. Berechnen Sie trotzdem zur groben Veranschaulichung $\omega(J)$ durch Gleichsetzen der klassischen mit der quantenmechanischen Energie. Vergleichen Sie die Wellenzahlen der Strahlung nach der klassischen Elektrodynamik mit denen, die sich aus der Quantentheorie ergeben.

10. Schwingungsspektren

Anders als Atome haben Moleküle innere Freiheitsgrade. Sie können zu Schwingungen angeregt werden. Die Spektroskopie dieser Schwingungen liefert Auskunft zur Struktur und zur Bindung in Molekülen. Auch hier lassen sich die grundlegenden Erscheinungen an zweiatomigen Molekülen am besten studieren, auch die Kopplung zwischen Schwingung und Rotation (Abschn. 10.1–10.4). Nach einem Ausblick auf das weite Feld der Schwingungen größerer Moleküle in Abschn. 10.5 wird in den Abschn. 10.6–10.8 noch auf Anwendungen in Lichtquellen und Lasern eingegangen.

10.1 Infrarot-Spektroskopie

In den Molekülen können die Atome *Schwingungen* um ihre Gleichgewichtslagen ausführen, in denen sie sich im bisher betrachteten elektronischen Grundzustand befinden. Diese Schwingungen können im optischen Spektrum in Erscheinung treten. Die Frequenzen dieser Schwingungen liegen im infraroten Spektralbereich. Die Messung von Spektren im Infraroten erfolgt heute entweder mit Gitter-Spektralphotometern oder in zunehmendem Maße mit Fourier-Spektrometern. Als Infrarot-Lichtquellen benutzt man meistens thermische Strahler wie den Nernst-Stift (85% ZrO_2, 15% Y_2O_3) oder das sogenannte Globar. Das ist ein Stab aus SiC, der durch Stromdurchgang auf etwa 1500 K aufgeheizt wird. Das spektrale Maximum seiner thermischen Strahlung liegt dann bei $3000\,\text{cm}^{-1}$. Im Bereich des fernen Infrarot sind Gasplasmen als Lichtquelle überlegen. Man verwendet zum Beispiel das Plasma einer Quecksilber- oder eine Xenon-Hochdrucklampe.

Zum Nachweis von Infrarot-Strahlung gibt es thermische Detektoren wie Bolometer oder die auf der Erwärmung eines Gasvolumens durch absorbiertes IR-Licht beruhende Golay-Zelle. Die leistungsfähigsten Strahlungsempfänger sind jedoch spezielle Infrarot-empfindliche Photoleitungs-Detektoren und Photodioden aus geeignetem Halbleiter-Material, das je nach Wellenlängenbereich, gewünschter Empfindlichkeit, Schnelligkeit und anderen Parametern ausgesucht werden kann. Schwingungsspektren werden meistens als Absorptionsspektren untersucht. Die Wahrscheinlichkeit für spontane Emission aus angeregten Schwingungszuständen ist sehr klein, so daß eine Schwingungsspektroskopie kaum in Emission möglich ist, wohl aber in induzierter Emission. Eine andere Methode zur Messung von Schwingungsspektren ist die Raman-Spektroskopie. Diese wird in Kap. 12 behandelt.

Man kann sich leicht und anschaulich klar machen, in welchem Spektralbereich Molekülschwingungen liegen. Das möge eine einfache Abschätzung für das HCl-Molekül zeigen. Wir nehmen an, im HCl-Molekül seien die Ionen H^+ und Cl^- durch ihre elektrische Anziehung nach dem Coulomb-Gesetz im Gleichgewichtsabstand R_e aneinander gebunden. Wenn wir den Abstand auf R dehnen, erzeugen wir eine rücktreibende Kraft F_R von der Größe

$$F_R = -k(R - R_\mathrm{e}) \,. \tag{10.1}$$

Der Index e steht hier für Gleichgewicht, englisch equilibrium.

Die Kraftkonstante k können wir für dieses Modell ausrechnen. Es gilt bei Annahme reiner Coulomb-Kraft

$$k = \frac{dF}{dr} = \frac{2e^2}{4\pi\varepsilon_0 R_\mathrm{e}^3} \,. \tag{10.2}$$

Mit dem gemessenen Gleichgewichtsabstand $R_\mathrm{e} = 1{,}28 \cdot 10^{-10}\,\mathrm{m}$ wird $k = 220\,\mathrm{N\,m^{-1}}$. Die Eigenfrequenz dieses Feder-Modells beträgt

$$\omega = 2\pi\nu = \sqrt{\frac{k}{m_\mathrm{r}}} \quad [\mathrm{s^{-1}}] \tag{10.3}$$

m_r = reduzierte Masse.

Dies ist die klassische Oszillatorfrequenz.

Daraus ergibt sich durch Einsetzen

$$\nu = \frac{\omega}{2\pi} = 5{,}85 \cdot 10^{13}\,\mathrm{Hz} \qquad \text{und} \qquad \lambda = 5{,}12\,\mu\mathrm{m} \,.$$

Die für HCl tatsächlich gemessenen Werte, nämlich $k = 516\,\mathrm{N\,m^{-1}}$ und $\lambda = 3{,}5\,\mu\mathrm{m}$ sind von der gleichen Größenordnung wie diejenigen unseres stark vereinfachten Modells. Daraus schließen wir, daß die Grund-Annahmen dieses Modells richtig sind, daß wir es jedoch weiter verfeinern müssen.

Schon hier seien einige typische Zahlenwerte für Kraftkonstanten von verschiedenartigen Bindungen angegeben:

Kovalente Bindung wie in H_2:	$5 \cdot 10^2\,\mathrm{N\,m^{-1}}$
Doppelbindung wie in O_2:	$12 \cdot 10^2\,\mathrm{N\,m^{-1}}$
Dreifachbindung wie in N_2:	$20 \cdot 10^2\,\mathrm{N\,m^{-1}}$
Ionenbindung wie in NaCl:	$1 \cdot 10^2\,\mathrm{N\,m^{-1}}$

10.2 Zweiatomige Moleküle, harmonische Näherung

Wir betrachten zuerst wieder die Schwingungen der einfachsten Moleküle, das sind die zweiatomigen. Das Schwingungsspektrum eines zweiatomigen Moleküls besteht, wenn man es mit geringer spektraler Auflösung mißt, aus einer Linie im Infraroten bei der Frequenz ν und aus einer Serie von „Obertönen“ mit stark abnehmender Intensität bei den Frequenzen $2\nu, 3\nu, 4\nu$, wie es in Abb. 10.1 am Beispiel des CO-Moleküls gezeigt ist. ν ist die Frequenz der Dehnungsschwingung des Moleküls. Bei dieser Schwingungsform ändert sich der Atomabstand im Molekül mit der Periode der Schwingung. Bei hinreichend guter spektraler Auflösung hat jede dieser Linien eine charakteristische Unterstruktur; diese besteht jeweils aus einer Vielzahl von fast äquidistanten Linien. Dies zeigt

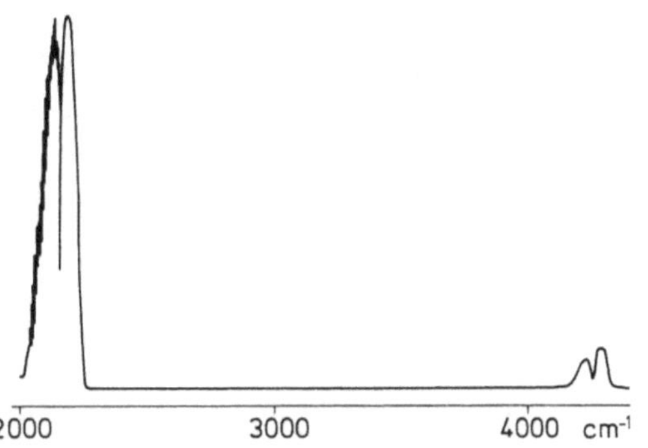

Abb. 10.1. Schwingungsspektrum von CO in der Gasphase, Grundschwingung bei $2143\,\mathrm{cm}^{-1}$ und erster Oberton bei $4260\,\mathrm{cm}^{-1}$, gemessen mit schlechter spektraler Auflösung. Nach Banwell

Abb. 10.2, ebenfalls für CO. Diese Struktur hat große Ähnlichkeit mit den in Kap. 9 behandelten Rotationsspektren und beruht darauf, daß die schwingenden Moleküle auch rotieren, und daß Schwingung und Rotation gekoppelt sind. Man nennt solche Spektren deshalb *Rotations-Schwingungs-Spektren* oder auch Bandenspektren, weil jeweils Gruppen von Linien auftreten, die eine „Bande" bilden. Schwingungsspektren freier Moleküle ohne Rotationsstruktur gibt es nicht. Allerdings tritt die Rotationsstruktur nicht in Erscheinung, wenn die spektrale Auflösung nicht ausreicht oder wenn, wie in kondensierter Phase, Wechselwirkung mit gleichen oder anderen Molekülen die Linien so stark verbreitern, daß inhomogen verbreiterte Schwingungsbanden ohne aufgelöste Rotations-Struktur entstehen.

Zunächst lassen wir die Rotationsstruktur bei der Diskussion einmal unberücksichtigt und behandeln nur die Schwingung. Die Energieniveaus der Schwingungen eines zweiatomigen Moleküls berechnen wir zunächst im Hantel-Modell wie oben als diejenigen eines harmonischen Oszillators mit der Federkonstanten k in Richtung der Verbindungslinie zwischen den Kernen. Wir nähern das Potential V der Bindung also als Parabelpotential mit

$$V = \frac{k}{2}(R - R_e)^2 \qquad \text{an}\,, \tag{10.4}$$

wenn R die Auslenkung aus dem Ruhe-Abstand R_e mißt. Die quantenmechanische Berechnung ergibt für die möglichen Energieniveaus, siehe dazu Abschn. 9.4 in I:

$$E_{\text{vib}} = \hbar\omega\left(v + \frac{1}{2}\right)\,, \quad v = 0, 1, 2 \ldots \quad [\text{Joule}]\,. \tag{10.5}$$

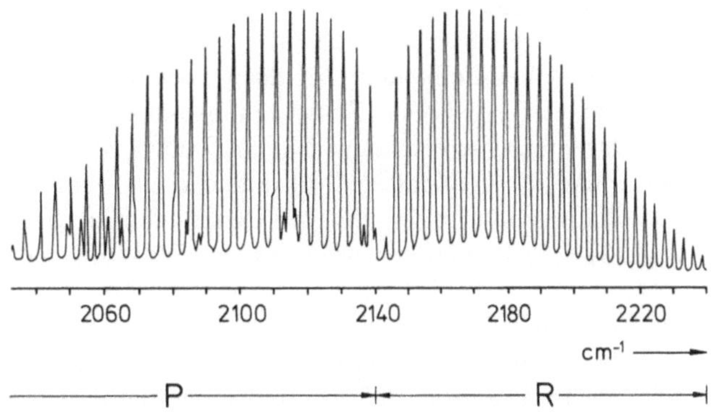

Abb. 10.2. Die Grundschwingung des Moleküls CO, gemessen mit guter Auflösung. *Links* und *rechts* des Zentrums mit $\bar{\nu} = 2143{,}28\,\mathrm{cm}^{-1}$ erstreckt sich der P- und der R-Zweig. Die Auswertung entsprechend (10.30), (10.31) und (10.32) ergibt $\bar{\nu}_e = 2169{,}7\,\mathrm{cm}^{-1}$, $x_e = 0{,}0061$, $B_e = 1{,}924\,\mathrm{cm}^{-1}$ und $\alpha = 0{,}0091\,\mathrm{cm}^{-1}$

Darin ist ω die klassische Oszillatorkreisfrequenz nach (10.3). Die tiefste Energie (für $v = 0$) ist die Nullpunktenergie $(E_{\text{vib}})_0 = \hbar\omega/2$.

Wenn man von den Energieniveaus zu Termen, gemessen in cm^{-1}, übergeht, muß man die Energie-Werte von E_{vib} aus (10.5) mit hc dividieren. In der Molekülspektroskopie ist es weiterhin üblich, diese Schwingungsterme mit G_v zu bezeichnen und zu schreiben

$$G_v = \frac{E_{\text{vib}}}{hc} = \omega_e \left(v + \frac{1}{2} \right) \quad [\text{cm}^{-1}] \,. \tag{10.6}$$

Die hier eingeführte und in der Molekülspektroskopie häufig so bezeichnete Schwingungskonstante

$$\omega_e = \frac{\hbar\omega}{hc} = \bar{\nu}_e \tag{10.7}$$

ist die Wellenzahl zur klassischen Schwingungsfrequenz, wie sie sich nach (10.3) ergibt.

Wir wollen im folgenden die Bezeichnung ω_e nicht übernehmen, um Verwechslungen mit der Bedeutung von ω als Kreisfrequenz zu vermeiden, sondern wir werden durchweg die Bezeichnung $\bar{\nu}$ für in Wellenzahlen gemessene Energiegrößen verwenden. Die Eigenfrequenz des harmonischen Oszillators nach (10.5) bezeichnen wir dementsprechend im folgenden mit ν_e, die zugehörige Wellenzahl mit $\bar{\nu}_e$.

Mit (10.5) ist eine neue Quantenzahl v eingeführt. Sie mißt die Quantisierung der Schwingungen. Mit zunehmender Quantenzahl $v = 2, 3 \ldots$ werden Schwingungszustände mit höherer Energie bezeichnet. Für $v = 0$ ergibt sich nach (10.5) die klassisch nicht verständliche Nullpunktsenergie $(E_{\text{vib}})_0 = \hbar\omega/2$. Ihre Existenz folgt aus der Unschärferelation für Ort und Impuls (vgl. I, Abschn. 7.3). Selbst im niedrigsten Schwingungsniveau $(v = 0)$ ist die Schwingungsenergie also nicht Null, sondern sie hat den Wert $\hbar\omega/2$. Die Schwingungsfrequenz $\omega = 2\pi\nu_e$ läßt sich wieder wie oben berechnen zu

$$\omega = \sqrt{\frac{k}{m_r}} \quad [\text{s}^{-1}] \,. \tag{10.8}$$

Hierbei ist wichtig, daß die Schwingungsfrequenzen von der *reduzierten Masse* des Moleküls abhängen. Bei Molekülen aus Partnern sehr ungleicher Masse $m_1 \gg m_2$ ist m_r nicht sehr verschieden von m_2. Das ist anschaulich verständlich, denn in einem solchen Molekül bewegt sich fast nur die leichte Masse m_2, indem sie fast wie gegen eine feste Wand schwingt.

Die Energieniveaus nach (10.5) im Parabelpotential und die zugehörigen Aufenthaltswahrscheinlichkeiten $|\psi|^2$ des Oszillators zeigt Abb. 10.3. Aus Abb. 10.3 wird auch deutlich, daß bei hohen Schwingungsquantenzahlen die quantenmechanisch berechneten Aufenthaltswahrscheinlichkeiten denen des klassischen Oszillators ähnlich werden. Wenn wir als Auswahlregel für optische Übergänge bereits vorwegnehmen, daß nur solche Übergänge erlaubt sind, bei denen sich die Schwingungsquantenzahl um 1 ändert, also $\Delta v = \pm 1$, dann erwarten wir im Spektrum wegen der Äquidistanz der Energieniveaus nur eine Linie mit der Quantenenergie $E_{v+1} - E_v = h\nu_e$ bzw. mit der Wellenzahl $\bar{\nu}_e$ (cm^{-1}).

Als allgemeine *Auswahlregel* für das Auftreten von Schwingungsspektren gilt wieder wie bei der Rotation, daß mit der Schwingung des Moleküls ein elektrisches Dipolmo-

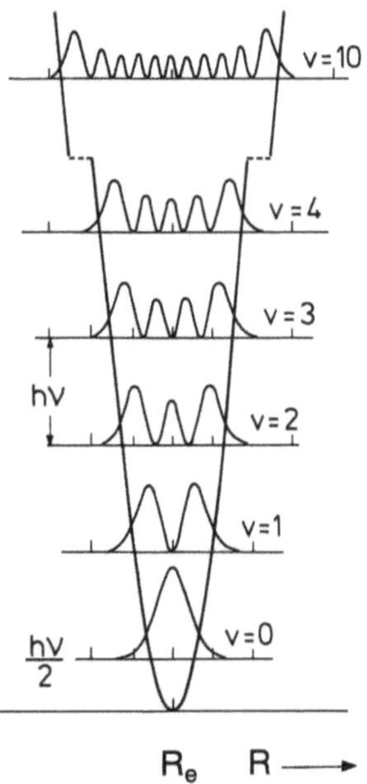

Abb. 10.3. Potentialkurve mit Energieniveaus und Aufenthaltswahrscheinlichkeiten $|\psi_v(R - R_e)|^2$ des harmonischen Oszillators. Nach Hellwege

ment verbunden sein muß, das sich bei dem entsprechenden Übergang ändert. Das ist die Auswahlregel für elektrische Dipolstrahlung.

Bei der Schwingung gleichartiger Atome gegeneinander, zum Beispiel in allen homonuklearen zweiatomigen Molekülen wie H_2, N_2, O_2 ist kein Dipolmoment vorhanden, und es ändert sich kein Dipolmoment. Für solche Moleküle sind deshalb Schwingungs- bzw. Rotations-Schwingungsübergänge im optischen Spektrum verboten. Die Schwingungsfrequenzen dieser Moleküle bezeichnet man deshalb als optisch inaktiv.

Trotzdem sind diese Frequenzen beobachtbar. Einerseits werden wir bei der Besprechung des Raman-Effektes in Kap. 12 und 17 sehen, daß sie wegen einer mit der Schwingung verbundenen Änderung der Polarisierbarkeit im Raman-Spektrum auftreten können. Andererseits lassen sich die Frequenzen auch im Infrarot-Spektrum – allerdings mit um mehrere Größenordnungen geringerer Intensität – beobachten, weil die Dipolfreien Moleküle doch im allgemeinen elektrische Momente höherer Ordnung besitzen. Man muß dann entsprechend größere Schichtdicken des absorbierenden Gases verwenden, weil die entsprechenden Übergänge eine erheblich kleinere Übergangswahrscheinlichkeit aufweisen.

10.3 Zweiatomige Moleküle. Der anharmonische Oszillator

In Wirklichkeit ist die Potentialkurve eines zweiatomigen Moleküls jedoch nicht, wie im vorigen Abschn. 10.2 angenommen, parabelförmig. Das wirkliche Potential muß, wie man sich leicht überlegt, unsymmetrisch bezüglich des Gleichgewichtsabstandes R_e sein. Verkleinerung des Abstandes der Atome im Molekül gegenüber R_e führt nämlich zu vermehrter Abstoßung, da zu dem anziehenden Coulomb-Potential ein abstoßendes Potential kurzer Reichweite hinzukommt, das ein gegenseitiges Durchdringen der Atome verhindert und einen stabilen Gleichgewichtsabstand bewirkt, siehe Abb. 1.2. Die Potentialkurve wird deshalb für $R < R_e$ steiler. Andererseits führt Vergrößerung des Ab-

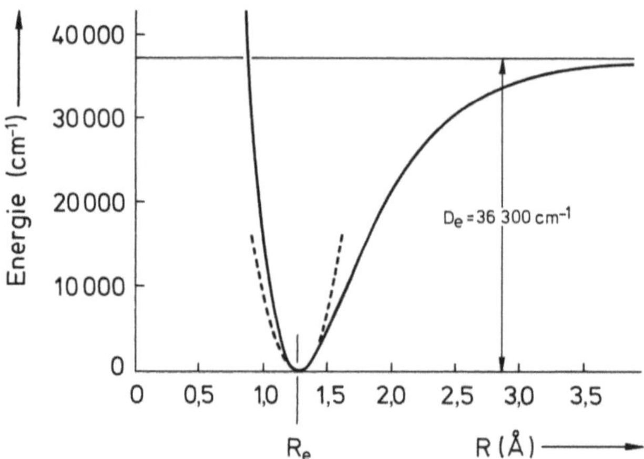

Abb. 10.4. Morse-Potentialkurve für das HCl-Molekül. *Gestrichelt eingetragen* ist zum Vergleich die Potentialkurve des harmonischen Oszillators. Die Dissoziationsenergie aus dem Minimum der Potentialkurve heißt D_e

standes zu Bindungslockerung und schließlich zu Dissoziation. In diesem Bereich, also für $R > R_e$, wird die Potentialkurve flacher. Eine realistischere Potentialkurve als diejenige des harmonischen Oszillators zeigt Abb. 10.4 für das HCl-Molekül als Beispiel.

Ein häufig verwendeter empirischer Ansatz, der mit der Erfahrung gut übereinstimmt, ist das sogenannte Morse-Potential

$$V = D_e[1 - e^{-a(R-R_e)}]^2 . \tag{10.9}$$

Hierin ist D_e die Dissoziationsenergie und a eine für das betreffende Molekül spezifische Größe

$$a = (m_r/2D_e)^{1/2}\omega_e \quad [\mathrm{cm}^{-1}] ,$$

in die die reduzierte Masse und die Schwingungsfrequenz des harmonischen Oszillators eingehen.

Die Größe a im Morse-Potential enthält also die Wellenzahl, die dem harmonischen Oszillator entspräche, ferner die Dissoziationsenergie und die reduzierte Masse als Molekül-spezifische Größen.

In der Nähe des Minimums ist die Abweichung der Morse-Kurve vom Parabelpotential tatsächlich klein, und der harmonische Oszillator ist in diesem Bereich eine gute Näherung. Für $R = R_e$ ist $V = 0$, für $R \to \infty$ wird $V = D_e$. Für kleine Kernabstände, $R \to 0$, stimmt der Ansatz (10.9) nicht mehr.

Für größere Auslenkungen $R > R_e$ muß man jedoch die Schrödinger-Gleichung mit dem Morse-Potential für die potentielle Energie lösen, wenn man den *anharmonischen Oszillator* berechnen will. Dies ist in geschlossener Form möglich.

Man kommt so zu den Energietermen des anharmonischen Oszillators, vgl. Abb. 10.5. Sie lauten in guter Näherung

$$E_v = \hbar\omega_e\left(v + \frac{1}{2}\right) - x_e\hbar\omega_e\left(v + \frac{1}{2}\right)^2 \tag{10.10}$$

beziehungsweise

$$G_v = \bar{\nu}_e\left(v + \frac{1}{2}\right) - x_e\bar{\nu}_e\left(v + \frac{1}{2}\right)^2 .$$

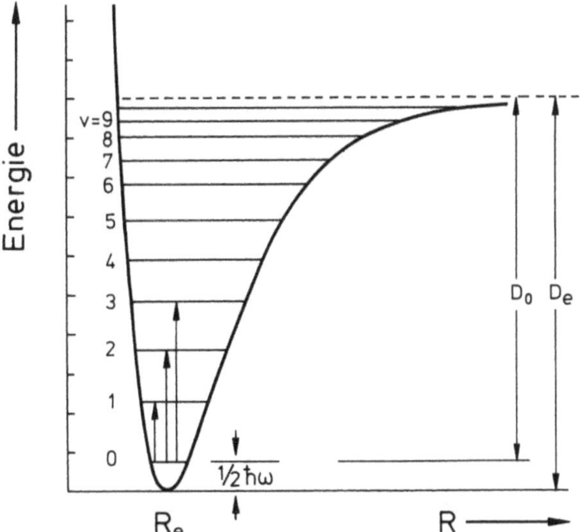

Abb. 10.5. Energieniveaus eines anharmonischen Oszillators. Die *drei Pfeile* entsprechen der Grundschwingung und den beiden ersten Obertönen im Schwingungsspektrum. Man erkennt den mit der Quantenzahl v zunehmenden mittleren Kernabstand

Tatsächlich verwendet man zur Auswertung der experimentellen Daten häufig eine Verallgemeinerung von (10.10), bei der man weitere Glieder mit höherer Potenz von $(v + 1/2)$ hinzufügt, insbesondere das Glied $+y_e\hbar\omega_e(v + 1/2)^3$.

Man beachte, daß hier das Symbol ω_e für die Kreisfrequenz $2\pi\nu_e$ verwendet wird, das nicht mit der in der Molekülspektroskopie häufig verwendeten Schwingungskonstante ω_e verwechselt werden darf, vergleiche (10.6) und (10.7).

In (10.10) ist $\omega_e = 2\pi\nu_e$ ein Wert für die Schwingungsfrequenz, den wir gleich noch näher definieren müssen, und x_e die sogenannte Anharmonizitätskonstante, die sich auch durch den Ausdruck

$$x_e = \frac{\hbar\omega_e}{4D_e} \tag{10.11}$$

definieren läßt. x_e ist also der Quotient aus der (klassischen) Schwingungsenergie und der vierfachen Dissoziations-Energie. x_e ist immer positiv und typischerweise von der Größenordnung 0,01.

Strenggenommen gehören, wie bereits erwähnt, zu (10.10) noch weitere Terme mit höheren Potenzen von $(v + 1/2)$. Dabei handelt es sich jedoch um sehr kleine Korrekturterme, die nur bei sehr großen Werten von v zu beachten sind und hier vernachlässigt werden.

Die Bedeutung von ω_e ergibt sich aus dem Vergleich von (10.10) mit den Termen des harmonischen Oszillators (10.5). Wir können (10.10) umschreiben in

$$E_v = \hbar\omega_e\left(v + \frac{1}{2}\right)\left[1 - x_e\left(v + \frac{1}{2}\right)\right] \tag{10.12}$$

und sehen durch Vergleich mit (10.5), daß wir die Schwingungsfrequenz ω in (10.5) durch

$$\omega_v = \omega_e\left[1 - x_e\left(v + \frac{1}{2}\right)\right] \tag{10.13}$$

ersetzen müssen, wenn wir vom harmonischen zum anharmonischen Oszillator übergehen. Beim anharmonischen Oszillator nimmt also die Schwingungsfrequenz nach (10.13) mit zunehmender Quantenzahl v ab. – In dem wegen der Nullpunktsenergie hypothetischen Fall $E_v = 0$, das heißt $v = -1/2$, das heißt, wenn sich das Molekül im schwingungslosen Gleichgewichtsabstand, in Ruhe, befinden würde, wäre

$$\omega = \omega_e \; . \tag{10.14}$$

Die Schwingungsfrequenz ω_e des harmonischen Oszillators ist als hypothetische Schwingungsfrequenz ohne Nullpunkt-Schwingung, das heißt mit unendlich kleiner Amplitude, beim anharmonischen Oszillator eine reine Rechengröße. Der Index e steht auch hier für equilibrium.

Die größte tatsächlich realisierte Schwingungsfrequenz ergibt sich für $v = 0$. Sie beträgt

$$\omega_{v=0} = \omega_e \left(1 - \frac{x_e}{2}\right) . \tag{10.15}$$

Die Nullpunktsenergie des anharmonischen Oszillators ist also geringfügig kleiner als diejenige des harmonischen.

Durch Gl. (10.10) wird also in mit der Erfahrung übereinstimmender Weise das Zusammenrücken der Energieniveaus mit wachsender Quantenzahl v beschrieben. Das höchste diskrete gebundene Niveau liegt bei der Energie D_e. Oberhalb von D_e gibt es nur noch ein Kontinuum nicht gebundener Zustände, das Molekül ist dissoziiert. Dieser Bereich heißt das Dissoziations-Kontinuum.

Der mittlere Kernabstand eines anharmonischen Oszillators nimmt wegen der unsymmetrischen Potentialkurve im Gegensatz zum harmonischen Oszillator mit zunehmender Schwingungs-Quantenzahl v zu. Aus Abb. 10.5 und 10.6 wird dies deutlich. Diese Abstandsänderung ist übrigens auch die Ursache für die Wärmeausdehnung fe-

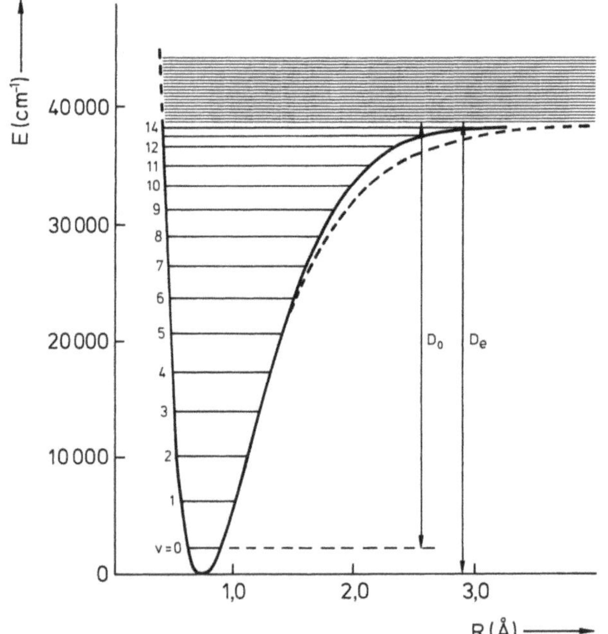

Abb. 10.6. Schwingungsniveaus des H_2-Moleküls und daraus abgeleitete Potentialkurve. Die *gestrichelte Kurve* ist die entsprechende Morse-Funktion. *Schraffiert* ist der kontinuierliche Bereich oberhalb der Dissoziationsgrenze. Nach Herzberg

ster Körper: Bei höherer Temperatur befinden sich die molekularen Oszillatoren im Zeitmittel in Schwingungszuständen mit größerer Quantenzahl v, das heißt mit größerem innermolekularem Abstand R.

Wie Abb. 10.5 schematisch zeigt, muß man auch bei der Dissoziationsenergie unterscheiden, ob man sie vom Minimum der Potentialkurve oder vom tiefsten möglichen Term mit $v = 0$ aus rechnet. Wir unterscheiden diese beiden Größen durch die Symbole D_e und D_0. Aus der experimentell bestimmten Abb. 10.6 sind die Zahlenwerte für das H_2-Molekül ersichtlich.

Zur Erläuterung einige Zahlen. Beim Molekül $^1H^{35}Cl$ mißt man als Wellenzahl für die Dehnungsschwingung $\bar{\nu} = 2900\,\text{cm}^{-1}$ und $x_e = 0{,}0174$. Daraus erhält man nach (10.10) $D_e = 5{,}3\,\text{eV}$. Dieser Wert sollte um die Nullpunktenergie (hier $0{,}2\,\text{eV}$) größer sein als die tatsächlich gemessene Dissoziationsenergie D_0, siehe dazu Abb. 10.5. Man mißt empirisch $D_0 = 4{,}43\,\text{eV}$. Die Übereinstimmung ist also nicht sehr exakt. Die Gesamtzahl von diskreten Schwingungsniveaus zwischen der Nullpunktsenergie und den Energiewert D_0 ergibt sich als größte mögliche Quantenzahl v_{max} hier mit

$$\hbar\omega_e\left[\left(v_{\text{max}} + \frac{1}{2}\right) - x_e\left(v_{\text{max}} + \frac{1}{2}\right)^2\right] = D_e \qquad \text{zu} \qquad v_{\text{max}} = 22\,, \tag{10.16}$$

gegenüber nur 14 bei Annahme eines harmonischen Oszillators, also $x_e = 0$.

Einige weitere Beispiele für Meßwerte an zweiatomigen Molekülen enthält Tabelle 10.1.

Tabelle 10.1. Grundschwingungskonstanten, Kraftkonstanten k und Dissoziationsenergien D_0 einiger zweiatomiger Moleküle. Nach Engelke

Molekül	$\bar{\nu}$ [cm^{-1}] ($v = 0 \rightarrow v = 1$ Überg.)	k [N m^{-1}]	D_0 [kcal/Mol]
H_2	4159,2	$5{,}2 \cdot 10^2$	104
D_2	2990,3	5,3	104
HF	3958,4	8,8	135
HCl	2885,6	4,8	103
HBr	2559,3	3,8	87
HI	2230,0	2,9	71
CO	2143,3	18,7	257
NO	1876,0	15,5	150
F_2	892,0	4,5	38
Cl_2	556,9	3,2	58
Br_2	321,0	2,4	46
I_2	231,4	1,7	36
O_2	1556,3	11,4	119
N_2	2330,7	22,6	227
Li_2	246,3	1,3	26
Na_2	157,8	1,7	18
NaCl	378,0	1,2	98
KCl	278,0	0,8	101

Da die experimentell gemessene Dissoziationsenergie D_0 eines Moleküls den Abstand zwischen Dissoziationsgrenze und *Nullpunktsenergie* des Moleküls mißt, sollten sich die Dissoziationsenergien D_0 von Molekülen mit verschiedener Isotopen-Zusammensetzung um die Differenz der Nullpunktenergien unterscheiden, wenn – was in guter Näherung zutrifft – die Energie der chemischen Bindung nur wenig oder unmeßbar von der Isotopen-Masse abhängt.

In diesem Zusammenhang sind die Meßwerte für das Wasserstoff-Molekül interessant. Der Zahlenwert der Dissoziationsenergie für schweren Wasserstoff, ${}^2H_2$, (4,55 eV) liegt um 0,077 eV = 621 cm^{-1} höher als der vom leichten Isotop ${}^1H_2$. Diese Differenz liegt nahe bei der Differenz der Nullpunktsenergien

$$\frac{1}{2}\bar{\nu}_0\left({}^1H_2\right) - \frac{1}{2}\bar{\nu}_0\left({}^2H_2\right) ,$$

wenn mit $\bar{\nu}_0$ die Quantenenergie der Valenzschwingung des Wasserstoff-Moleküls bezeichnet wird. Die Meßwerte für den tiefsten Schwingungsübergang, für den Übergang $v = 0 \to v = 1$ lauten für ${}^1H_2$ 4159 cm^{-1}, für ${}^2H_2$ 2990 cm^{-1}. Die Differenz dieser Schwingungsenergien sollte gleich der doppelten Differenz der Nullpunktsenergien sein. Tatsächlich liegt der so errechnete Zahlenwert von 584 cm^{-1} nahe bei dem oben genannten experimentellen Wert, 621 cm^{-1}. – Diese Übereinstimmung kann man übrigens als experimentellen Nachweis für die Existenz einer Nullpunkt-Schwingung betrachten, wenn man annimmt, daß die aus der Potentialkurve sich ergebende Dissoziationsenergie D_e für schweren und leichten Wasserstoff gleich groß ist. Beim schweren Wasserstoff muß man dann einen um die Differenz der Nullpunktsenergien höheren Energiebetrag D_0 bis zur Dissoziationsgrenze aufbringen als für leichten Wasserstoff, wenn der tiefste mögliche Grundzustand der Moleküle energetisch um jeweils $(1/2)h\nu_0$ über dem Minimum der Potentialkurve liegt.

Auf diesem, durch die Nullpunktsenergie bedingten, Unterschied im Energiebetrag, den man zur Dissoziation eines Moleküls aufwenden muß, je nachdem wie seine isotopische Zusammensetzung ist, beruht ein modernes Verfahren zur *Trennung* solcher Moleküle *im Isotopengemisch*: Man bestrahlt die Moleküle mit intensivem Laserlicht und wählt dessen Quantenenergie so, daß sie zur Dissoziation von einem der Bestandteile des Isotopengemisches ausreicht, nicht jedoch für den anderen oder die anderen, wenn es mehr als zwei sind.

Aus den Energietermen können wir nun das *Absorptions-Spektrum* eines anharmonischen Oszillators ableiten, wenn wir noch die Auswahlregeln kennen. Die Auswahlregel $\Delta v = \pm 1$ für den harmonischen Oszillator wird beim anharmonischen Oszillator etwas modifiziert. Mit geringerer Wahrscheinlichkeit können außer der einfach angeregten Schwingung auch Obertöne angeregt werden. Es gilt

$$\Delta v = \pm 1, \pm 2, \pm 3 \ldots , \tag{10.17}$$

wobei sich die relativen Intensitäten etwa wie $1 : x_e : x_e^2 : x_e^3 \ldots$ verhalten.

Da x_e eine kleine Zahl ist (vgl. die Zahlenwerte in Tabelle 10.1, aus denen sich nach (10.11) x_e errechnen läßt), nehmen die Intensitäten in der angeführten Reihenfolge rasch ab. Dies sind die vorne bereits erwähnten „*Obertöne*“, vgl. auch Abb. 10.1. Für ihr Auftreten ist also die Anharmonizität im Molekül verantwortlich.

Die Quantenenergien der Übergänge mit $\Delta v = \pm 1$ sind nicht mehr für alle Zahlenwerte von v, das heißt zwischen allen Schwingungstermen in der Potentialkurve gleich groß, sie nehmen vielmehr mit wachsendem v ab. Während sich bei der harmonischen Näherung für das Schwingungsspektrum (ohne Obertöne) nur eine einzige Linie mit $\bar{\nu}_e$ ergab, erhält man jetzt, mit der Erfahrung übereinstimmend, eine Folge von Linien abnehmender Intensität, die für großes v mehr oder weniger konvergieren.

Am weitaus wichtigsten sind die Übergänge aus dem Grundzustand mit $v = 0$, da – wie weiter unten noch erläutert wird – höhere Schwingungszustände im thermischen Gleichgewicht kaum besetzt sind und deshalb als Ausgangsniveaus für Absorptionsprozesse nicht in Frage kommen.

Für die Energie der intensivsten Schwingungslinie von $v = 0$ zu $v = 1$ gilt nach (10.10)

$$\Delta E = E_{v=1} - E_{v=0}$$

und für die Wellenzahl ergibt sich durch Einsetzen

$$\bar{\nu}_{v\leftarrow 0} = \frac{\Delta E}{hc} = v\bar{\nu}_e[1 - x_e(v+1)] \tag{10.18}$$

und damit

$$\bar{\nu}_{1\leftarrow 0} = \frac{\Delta E}{hc} = \bar{\nu}_e(1 - 2x_e)\ . \tag{10.19}$$

Für die als „Obertöne“ bezeichneten Absorptionsübergänge mit $\Delta v = 2$ und $\Delta v = 3$ erhalten wir entsprechend

$$\bar{\nu}_{2\leftarrow 0} = 2\bar{\nu}_e(1 - 3x_e)$$
$$\bar{\nu}_{3\leftarrow 0} = 3\bar{\nu}_e(1 - 4x_e)\ .$$

Hierzu gibt Tabelle 10.2 ein Zahlenbeispiel.

Tabelle 10.2. Schwingungsübergänge für $^{1}H^{35}Cl$, zu beschreiben nach (10.18) mit $\bar{\nu}_e = 2988{,}9\,cm^{-1}$ und $x_e = 0{,}0174\,cm^{-1}$

v	$\bar{\nu}$
$0 \to 1$	$\bar{\nu}_1 = 2885{,}9\,cm^{-1}$
$0 \to 2$	$\bar{\nu}_2 = 5668{,}0\,cm^{-1}$
$0 \to 3$	$\bar{\nu}_3 = 8347{,}0\,cm^{-1}$
$0 \to 4$	$\bar{\nu}_4 = 10\,923{,}5\,cm^{-1}$

Noch höhere Obertöne haben eine so kleine Übergangswahrscheinlichkeit, daß sie im allgemeinen nicht mehr zu beobachten sind.

Der Zahlenwert für den ersten Schwingungsübergang $\bar{\nu}_1 = \bar{\nu}_{1\leftarrow 0}$ ist also verschieden von der oben für den harmonischen Oszillator eingeführten Größe $\bar{\nu}_e$. Für H_2 findet man beispielsweise $\bar{\nu}_1 = 4159{,}2\,cm^{-1}$ und daraus die Rechengröße $\bar{\nu}_e = 4395\,cm^{-1}$ mit $x_e = 0{,}0168$.

Im folgenden wollen wir Zahlen als Index an dem Frequenzsymbol ν und dem Wellenzahl-Symbol $\bar{\nu}$ jedoch nur noch zur Unterscheidung verschiedener Schwingungen eines Moleküls verwenden, wie es bei mehratomigen Molekülen mit mehr als einer Schwingungs-Mode nötig wird. Übergänge zwischen verschiedenen Quantenzahlen v'' und v' einer Schwingung bezeichnen wir durch eine nachgestellte Klammer, also $\bar{\nu}(v', v'')$. Mit $\bar{\nu}_e$ wird wie bereits erwähnt beim anharmonischen Oszillator eine Rechengröße bezeichnet, die man nach (10.19) aus den beobachteten Schwingungsübergängen errechnet, jedoch nicht direkt beobachten kann.

Die Besetzung der Energieniveaus E_v mit verschiedenen Schwingungsquantenzahlen v ist im thermischen Gleichgewicht nach Boltzmann proportional zu dem Besetzungsfaktor $e^{-E_v/kT}$ von der Temperatur abhängig. Da Zimmertemperatur nach der Umrechnung kT/hc einem Energieäquivalent von $200\,cm^{-1}$ entspricht, ist der Besetzungsfaktor für HCl-Moleküle mit einer Schwingungsquanten-Energie von $2886\,cm^{-1}$ bei Zimmertemperatur sehr klein. Deshalb befinden sich bei Zimmertemperatur die meisten HCl-Moleküle im Grundzustand mit $v = 0$. Im Absorptionsspektrum sieht man deshalb, wie oben schon erwähnt, überwiegend den Übergang von $v = 0$ nach $v = 1$. Es ist üblich, einen solchen Übergang mit $1 \leftarrow 0$ zu bezeichnen, also den höheren Zustand zuerst zu nennen. Um die Absorptionsübergänge aus Niveaus mit höherer Schwingungsquantenzahl v zu beobachten, muß man die Moleküle entweder auf höhere Temperatur bringen, oder aber man muß sie durch gezielte Lichteinstrahlung oder durch eine chemische Reaktion in einen Zustand mit höherer Quantenzahl anregen. Dann kann man übrigens in manchen Fällen die Übergänge zwischen den Zuständen mit höherer Schwingungsquantenzahl v auch in Emission beobachten. Meistens wird das thermische Gleichgewicht jedoch durch strahlungslose Prozesse rasch wieder hergestellt.

10.4 Rotations-Schwingungs-Spektren zweiatomiger Moleküle. Der rotierende Oszillator und die Rotationsstruktur der Banden

Schwingungsspektren von Molekülen haben, wie bereits in Abschn. 10.1 erwähnt, eine ausgeprägte *Rotationsstruktur*, d. h. sie bestehen aus Banden mit vielen einzelnen Linien im Abstand von der Größenordnung von wenigen cm^{-1}, wenn man das Spektrum mit hinreichend hoher spektraler Auflösung in der Gasphase analysiert. Diese Rotationsstruktur beruht darauf, daß gleichzeitig mit dem Schwingungsübergang auch ein Rotationsübergang erfolgt. Nachdem wir in Abschn. 10.3 den (hypothetischen) nichtrotierenden Oszillator kennengelernt haben – eine recht gute Näherung bei schlechter spektraler Auflösung – behandeln wir in diesem Abschnitt den *rotierenden Oszillator*. Das entspricht dem tatsächlichen Verhalten eines Moleküls in der Gasphase. Die Grundtatsachen erläutern wir wieder am Beispiel des zweiatomigen Moleküls. Als typisches Spektrum ist in Abb. 10.7 dasjenige des Moleküls HBr gezeigt.

Daß die Schwingungs- mit der Rotationsbewegung eines Moleküls gekoppelt ist, ist auch klassisch verständlich. Wenn wir trotzdem zunächst einmal die Kopplung vernachlässigen und die Anregung eines zweiatomigen Moleküls in einer ersten Näherung als einfache Summe der Anregung des harmonischen Oszillators und des starren Rotators betrachten, so erhalten wir im einfachsten Falle die Energieniveaus

$$\begin{aligned} E(v, J) &= E_{\mathrm{vib}}(v) + E_{\mathrm{rot}}(J) \\ &= \hbar\omega\left(v + \frac{1}{2}\right) + BhcJ(J+1) \end{aligned} \tag{10.20}$$

mit den Auswahlregeln $\Delta v = \pm 1$, und $\Delta J = \pm 1$.

Im Rotationsschwingungsspektrum sind natürlich auch die Übergänge erlaubt, bei denen sich nur die Rotationsquantenzahl verändert, $\Delta v = 0$, $\Delta J = \pm 1$. Das sind die in Kap. 9 bereits behandelten reinen Rotations-Übergänge. Nicht erlaubt sind dagegen in den meisten Fällen (z. B. bei HBr, Abb. 10.7) Schwingungs-Übergänge ohne Änderung der Rotationsquantenzahl, $\Delta v = \pm 1$, $\Delta J = 0$, das heißt, meistens muß eine Änderung des Schwingungszustandes von einer Änderung des Rotationszustandes begleitet sein. Die Begründung soll hier nicht abgeleitet werden.

Dies kann man auch anschaulich verstehen: Ein Schwingungsübergang entspricht einer plötzlichen Änderung der Bindungslänge. Das klassische Analogen ist der Schlittschuhläufer, der beim Drehen einer Pirouette seine Umdrehungsgeschwindigkeit durch Anziehen und Ausstrecken seiner Arme erhöht oder erniedrigt. Ebenso kann man sich die Änderung der Rotation des Moleküls beim Schwingungsübergang vorstellen. – Die Auswahlregel $\Delta J = 0$ gilt dann, wenn der Drehimpuls des Moleküls in der Achse des Moleküls liegt.

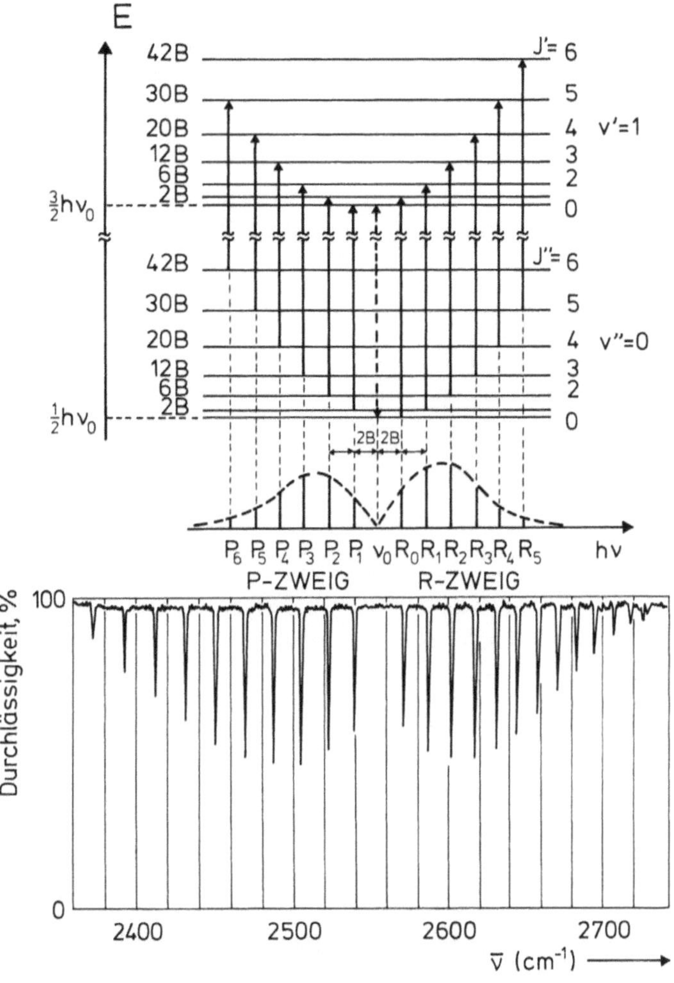

Abb. 10.7. Eine Bande aus dem Rotations-Schwingungsspektrum des Moleküls HBr, Termschema und Übergänge. Der Bandenursprung mit der Wellenzahl $\bar{\nu}$ ($v'' = 0$, $v' = 1$, $J' = J'' = 0$) ist hier mit ν_0 bezeichnet. Er wird auch „Nullinie" genannt. Diese Linie wird nicht beobachtet, weil hier der Q-Zweig nicht erlaubt ist. Man beobachtet die Spektren in Absorption. Im thermischen Gleichgewicht ist im allgemeinen nur der niedrigste Schwingungszustand mit $v'' = 0$ besetzt

Für ein Morse-Potential sind diese Rotations- und Schwingungsterme in Abb. 10.8 schematisch dargestellt. Die entsprechenden Übergänge sind bereits in Abb. 10.7 für einen Ausschnitt aus einem typischen Rotations-Schwingungsspektrum gezeigt. Man beobachtet verschiedene „Zweige" im Spektrum eines Schwingungsüberganges $(v + 1) \leftarrow v$, das heißt in einer Bande. Im vereinfachten Falle des harmonischen Oszillators sind dies

- der P-Zweig mit $J' - J'' = -1$. Mit ($J' = J$, $J'' = J + 1$) gilt für die Linien $\bar{\nu} = \bar{\nu}_{1\leftarrow 0} - 2B(J+1)$, wenn mit $\bar{\nu}_{1\leftarrow 0}$ der hier verbotene reine Schwingungsübergang ohne Rotation bezeichnet wird. Also gilt für die Linien des P-Zweiges $\bar{\nu} < \bar{\nu}_{1\leftarrow 0}$, die Linienabstände relativ zu $\bar{\nu}_{1\rightarrow 0}$ sind $2B$, $4B$, wie im Spektrum des starren Rotators
- der R-Zweig mit $J' - J'' = +1$. Mit ($J' = J+1$, $J'' = J$) gilt $\bar{\nu} = \bar{\nu}_{1\leftarrow 0} + 2B(J' + 1)$, also $\bar{\nu} > \bar{\nu}_{1\leftarrow 0}$, die Linienabstände relativ zu $\bar{\nu}_{1\leftarrow 0}$ sind ebenfalls $2B$, $4B$, ...
- unter Umständen (abhängig von der Molekülsymmetrie) der Q-Zweig mit $\Delta J = 0$. Wenn die Rotationskonstante B in den beiden am Übergang beteiligten Schwingungsniveaus gleich groß ist, besteht der Q-Zweig (falls erlaubt), aus nur einer Linie bei

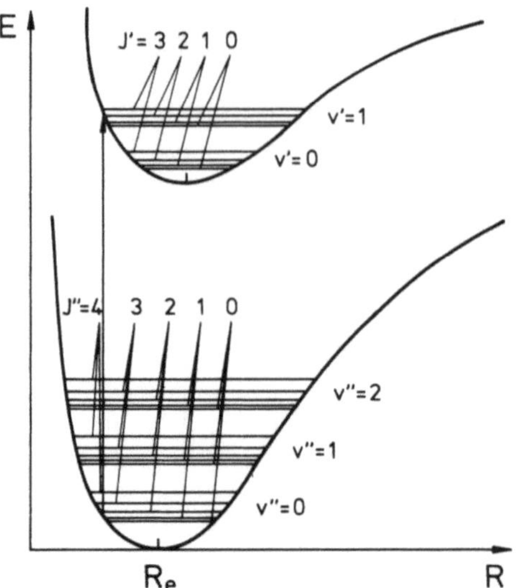

Abb. 10.8. Rotationsschwingungsniveaus im elektronischen Grundzustand und in einem elektronischen Anregungszustand. Nur die jeweils tiefsten Rotations- und Schwingungsterme sind eingezeichnet. Übergänge zwischen den Niveaus im Elektronengrundzustand ergeben das Rotationsschwingungsspektrum, Übergänge zwischen den Niveaus verschiedener Elektronenzustände das elektronische Bandenspektrum, siehe dazu Kap. 14

$\bar{\nu}_{1\leftarrow 0}$, dem sogenannten Bandenursprung, sonst aus einer Folge von dicht beieinander liegenden nahezu äquidistanten Linien. In vielen Fällen, so bei HBr (Abb. 10.7) ist der Q-Zweig nicht erlaubt.

Aus den Abständen der Linien im Rotations-Schwingungsspektrum erhält man wieder die Rotationskonstante B, die wir bereits im Kap. 9, Rotationsspektren, kennengelernt haben. Diese kann also auch im Infraroten ohne Anwendung der Mikrowellen-Spektroskopie bestimmt werden. Die Linienintensitäten innerhalb der verschiedenen Zweige sind in erster Linie durch die Besetzungszahlen der Rotationsniveaus bestimmt, siehe dazu Abschn. 9.3. Auch hier muß noch einmal daran erinnert werden, daß die Rotationsquanten meistens sehr klein gegen die thermische Energie kT sind und deshalb für die Besetzung der Rotationsniveaus eine Boltzmann-Verteilung entsprechend ihrem Entartungsgrad zu erwarten ist. Andererseits ist, wie bereits erwähnt, bei einem Absorptionsübergang von $v = 0$ zu $v = 1$ das obere Schwingungsniveau mit seinen Rotations-Subniveaus thermisch fast unbesetzt wegen der Größe der Schwingungsquanten. Die thermische Energie kT bei Raumtemperatur entspricht etwa $200\,\mathrm{cm}^{-1}$, während typische Schwingungsquanten die Größenordnung $1000\,\mathrm{cm}^{-1}$ haben. Der Boltzmann-Faktor $N_1/N = \mathrm{e}^{-\Delta E/kT}$ ist also klein gegen 1. Die Intensitäten im Absorptionsspektrum werden deshalb durch die mit wachsendem J zunehmende Entartung und die mit wachsendem J abnehmende thermische Besetzung der Rotations-Niveaus im Ausgangs-Zustand $v = 0$ bestimmt. Das gleiche gilt für die Übergänge nach $v = 2$, $v = 3$ usw. beim nharmonischen Oszillator.

Wenn man Rotationsschwingungs-Spektren mit hinreichender spektraler Auflösung mißt, stellt man fest, daß die Linien innerhalb der Zweige nicht genau äquidistant sind. Die Abstände werden mit zunehmendem Abstand vom Ursprung bei $\bar{\nu}_{1\leftarrow 0}$ kleiner. Dies beruht auf der *Kopplung zwischen Schwingung und Rotation*. Beide sind nämlich nicht voneinander unabhängig. Man darf die Energiewerte von Schwingung und Rotation nicht einfach addieren, sondern man muß die Wechselwirkung beider Kernbewegungen durch Einführung von gemischten, v und J enthaltenden Gliedern in die Energie- oder Termwerte berücksichtigen.

Wie wir bereits gesehen haben, erfolgen die Schwingungen der Moleküle viel schneller als deren Rotationen. Während einer einzigen Rotation schwingt ein Molekül einige 1000 mal. Der Rotator sieht deshalb einen über viele Schwingungen gemittelten Kernabstand $\langle R \rangle$. Beim anharmonischen Oszillator nimmt aber der mittlere Kernabstand $\langle R \rangle$ mit wachsender Quantenzahl v, d. h. mit zunehmender Schwingungsanregung zu (s. Abschn. 10.3), damit wächst das Trägheitsmoment und die Rotationskonstante B wird kleiner. Zu der bereits oben (Abschn. 10.3) behandelten Rotationsdehnung kommt also eine *Schwingungsdehnung* des Moleküls.

Dies führt dazu, daß auch für das zeitlich gemittelte Trägheitsmoment gilt

$$\langle \Theta(v+1) \rangle > \langle \Theta(v) \rangle > \Theta_e , \tag{10.21}$$

wenn Θ_e das Trägheitsmoment bei dem Gleichgewichtsabstand R_e ist. Dementsprechend wird die Rotationskonstante B vom Zustand v abhängig, so daß wir genauer B_v schreiben müssen. Wir müssen also die Rotationskonstanten B_e, B_0 und B_v unterscheiden. Dabei ist B_v für $v > 0$ kleiner als die Rotationskonstante B_0 für den Grundzustand mit $v = 0$.

Man beschreibt dieses Verhalten durch den Ansatz

$$B_v = B_e - \alpha \left(v + \frac{1}{2} \right) (+ \text{ Glieder höherer Ordnung}) \quad [\text{cm}^{-1}] . \tag{10.22}$$

Dabei bedeutet B_e die Rotationskonstante im (hypothetischen) schwingungslosen Zustand. α ist eine Molekül-spezifische positive Zahl, für die gilt $\alpha \ll B_e$. Wegen der Nullpunktsenergie gilt nach (10.22) für die Größe B im Zustand mit der Quantenzahl $v = 0$

$$B_0 = B_e - \frac{\alpha}{2} . \tag{10.23}$$

Ebenso ist die durch die Zentrifugalkraft bedingte Dehnung beim anharmonischen Oszillator von der Schwingungsquantenzahl v abhängig. Die in (9.24), (9.25) eingeführte Dehnungskonstante D im schwingungslosen Gleichgewichtszustand ist also zu ersetzen durch

$$D_v = D - \beta \left(v + \frac{1}{2} \right) , \tag{10.24}$$

mit einer Korrekturgröße $\beta \ll D$. Die Rotationsenergie-Terme werden also durch die Schwingung geändert. Es sei hier angemerkt, daß die Größe β nicht mit anderen durch β charakterisierten Größen verwechselt werden darf, zum Beispiel in Abschn. 3.2.

Unter Berücksichtigung der Anharmonizität, d. h. für das Morse-Potential, und unter Berücksichtigung von (10.22) und (10.23) erhalten wir nun den gegenüber (10.20) verbesserten Ausdruck für die Rotationsschwingungs-Energie

$$\begin{aligned} E_{v,J} = {} & \hbar\omega_e \left(v + \frac{1}{2} \right) - x_e \hbar\omega_e \left(v + \frac{1}{2} \right)^2 + hcB_v J(J+1) \\ & - hcD_v J^2 (J+1)^2 \end{aligned} \tag{10.25}$$

und für die in der Einheit cm^{-1} gemessenen Terme

$$
\begin{aligned}
T_{v,J} &= G_v + F_{v,J} \\
&= \bar{\nu}_e\left(v+\frac{1}{2}\right) - x_e\bar{\nu}_e\left(v+\frac{1}{2}\right)^2 + B_v J(J+1) - D_v[J(J+1)]^2 \qquad (10.26)\\
&= \bar{\nu}_e\left(v+\frac{1}{2}\right) - x_e\bar{\nu}_e\left(v+\frac{1}{2}\right)^2 + B_e J(J+1) - D_e[J(J+1)]^2 \\
&\quad - \alpha J(J+1)\left(v+\frac{1}{2}\right) - \beta[J(J+1)]^2\left(v+\frac{1}{2}\right) . \qquad (10.27)
\end{aligned}
$$

Bei diesen Ausdrücken haben wir Korrekturglieder $(v+1/2)^n$ mit Potenzen $n > 2$ weggelassen. Ein Spektrum, das die „Korrekturen" nach (10.26) und (10.27) enthält, und ein Termschema, in dem sie zur Vereinfachung fehlen, zeigt Abb. 10.7. Wegen $\beta \ll \alpha$ ist der letzte Term in (10.25) und entsprechend in (10.26) und (10.27) im allgemeinen zu vernachlässigen.

Das Rotationsschwingungsspektrum entspricht Übergängen zwischen den Termen $E_{v,J}$ bzw. $T_{v,J}$. Voraussetzung dafür, daß es beobachtbar ist, ist wieder, daß das Molekül polar ist. Dann gilt für die beobachtbaren Übergänge

$$
\bar{\nu} = \frac{1}{hc}[E(v', J') - E(v'', J'')] , \qquad \text{mit der Konvention} \qquad v' > v'' . \qquad (10.28)
$$

Unter Weglassung der Dehnungsglieder in (10.25) ergibt sich

$$
\begin{aligned}
\bar{\nu} &= \bar{\nu}_e(v' - v'') - x_e\bar{\nu}_e\left[\left(v'+\frac{1}{2}\right)^2 - \left(v''+\frac{1}{2}\right)^2\right] \\
&\quad + B_{v'}J'(J'+1) - B_{v''}J''(J''+1) . \qquad (10.29)
\end{aligned}
$$

Die Auswahlregeln für elektrische Dipolstrahlung lauten

$$
\Delta J = \pm 1 , \qquad \Delta v = 0, \pm 1, \pm 2 \ldots ,
$$

wobei für den harmonischen Oszillator $\Delta v > 1$ nicht erlaubt und $x_e = 0$ ist. Für $\Delta v = 0$ erhalten wir das reine Rotationsspektrum in einem Schwingungszustand mit der Quantenzahl $v' = v''$.

Wegen der Auswahlregel $\Delta J = \pm 1$ gibt es im Rotationsschwingungsspektrum zwei Zweige. Als P-Zweig bezeichnet man wie oben die Folge der Übergänge mit $\Delta J = -1$, als R-Zweig diejenige mit $\Delta J = +1$.

Die Spektrallinien im P-Zweig ($J' = J$, $J'' = J+1$) haben die Wellenzahlen

$$
\bar{\nu}_P = \bar{\nu}(v', v'') - 2B_{v''}(J+1) - (B_{v''} - B_{v'})J(J+1) \qquad (10.30)
$$

und im R-Zweig ($J' = J+1$, $J'' = J$)

$$
\bar{\nu}_R = \bar{\nu}(v', v'') + 2B_{v''}(J+1) - (B_{v''} - B_{v'})(J+1)(J+2) . \qquad (10.31)
$$

Die Spektrallinien einer Bande liegen also im P-Zweig auf der langwelligen, im R-Zweig auf der kurzwelligen Seite der reinen Schwingungslinie $\bar{\nu}(v', v'')$, der sogenannten Null-Linie, die selbst nicht beobachtet wird. Die Linien sind wegen der letzten Glieder in (10.30), (10.31) nicht mehr äquidistant. Die Linien im P-Zweig rücken mit zunehmendem J auseinander, die im R-Zweig konvergieren. Damit ist die Spektrenstruktur in Abb. 10.7 verständlich.

Die Null-Linie $\bar{\nu}(v, v'')$ entspricht dem in den meisten Fällen verbotenen Übergang $\Delta J = 0$, also dem reinen Schwingungsübergang. Sie ist also meistens direkt nicht beobachtbar, siehe dazu auch Abb. 10.7.

Hierfür (das heißt, wenn beobachtbar, für den Q-Zweig) gilt

$$\bar{\nu}(v', v'') = (\bar{\nu}_e - x_e\bar{\nu}_e)(v' - v'') - x_e\bar{\nu}_e\left(v'^2 - v''^2\right) . \tag{10.32}$$

Das erste Glied in (10.32) ergibt die Wellenzahlen der Grundschwingung und der durch die Anharmonizität bedingten Oberschwingungen $\Delta v > 1$ als Vielfache der Wellenzahl $(\bar{\nu}_e - x_e\bar{\nu}_e)$. Das zweite, weitaus kleinere Glied führt zu einem Zusammenrücken der Oberschwingungen, vgl. Abb. 10.5. Die Wellenzahlen der reinen Schwingungslinien müssen aus den Rotations-Schwingungs-Spektren nach (10.30), (10.31) abgeleitet werden.

Im Experiment kann man danach in erster Linie drei für das untersuchte Molekül charakteristische Größen bestimmen: Die reine Schwingung mit der Wellenzahl $\bar{\nu}(v', v'')$ und die Rotationskonstanten $B_{v'}$ und $B_{v''}$ (und daraus B_e und α). Man tut dies, indem man möglichst viele Linien im Spektrum ausmißt und beste Anpassung nach ((10.30) bis (10.31)) versucht. Dafür als Beispiele folgende Meßdaten für das Molekül CO:

$$B_e = 1{,}924\,\mathrm{cm}^{-1} , \quad x_e = 0{,}0061 , \quad \bar{\nu}_e = 2169{,}2\,\mathrm{cm}^{-1} , \quad \alpha = 0{,}0091\,\mathrm{cm}^{-1} ,$$

siehe dazu auch Abb. 10.2.

Als weiteres Beispiel für eine Spektrenauswertung mögen einige Meßdaten für HCl dienen. Hier wurden für die Schwingungsfrequenz $\bar{\nu}$ mit Obertönen gemessen

$$\begin{aligned} \bar{\nu}(1 \leftarrow 0) &= \bar{\nu}_e(1 - 2x_e) = 2885{,}9\,\mathrm{cm}^{-1} \\ \bar{\nu}(2 \leftarrow 0) &= 2\bar{\nu}_e(1 - 3x_e) = 5668{,}0\,\mathrm{cm}^{-1} \\ \bar{\nu}(3 \leftarrow 0) &= 3\bar{\nu}_e(1 - 4x_e) = 8347{,}0\,\mathrm{cm}^{-1} . \end{aligned}$$

Daraus folgt $x_e = 0{,}017$.

Aus den Meßwerten

$$\begin{aligned} B_0 &= B_e - \frac{\alpha}{2} = 10{,}440\,\mathrm{cm}^{-1} \qquad \text{und} \\ B_1 &= B_e - \frac{3\alpha}{2} = 10{,}137\,\mathrm{cm}^{-1} \end{aligned}$$

folgt $B_e = 10{,}591\,\mathrm{cm}^{-1}$ und $\alpha = 0{,}303\,\mathrm{cm}^{-1}$. Die Eigenfrequenz $\bar{\nu}_e$ beträgt $2989\,\mathrm{cm}^{-1}$.

Aus B_0 und B_e kann man weiter, wie bereits in Abschn. 9.2 gezeigt, den Kernabstand R bestimmen, aus $\bar{\nu}_e$ die Kraftkonstante und die Schwingungsfrequenz ν_e des Moleküls. Man erhält hier $R_0 = 1{,}2838 \cdot 10^{-8}$ cm als Kernabstand im Zustand $v = 0$ und die Rechengröße $R_e = 1{,}2746 \cdot 10^{-10}$ m im (hypothetischen) Zustand ohne Nullpunktsschwingung. Die Kraftkonstante k ergibt sich zu $4{,}8 \cdot 10^2\,\mathrm{N\,m}^{-1}$, die Schwingungsdauer $T_1 = \nu^1 = (c\bar{\nu}_e)^{-1} = 1{,}17 \cdot 10^{-14}$ s.

Dies sind die Meßgrößen, die uns die Molekülspektroskopie im Bereich des Infraroten über zweiatomige Moleküle liefert. Aus den *Kraftkonstanten* und den *Anharmo-*

nizitäten kann man den Verlauf der *Potentialkurve* bestimmen und daraus Rückschlüsse auf die *chemische Bindung* ziehen.

Strenggenommen müßten noch weitere Einflüsse auf die Energien der Niveaus und der Übergänge berücksichtigt werden: Der Einfluß der Zentrifugalstreckung auf die Rotationskonstante B, deren Rückwirkung auf das Schwingungs-Potential, die Coriolis-Kopplung. Diese Effekte sind bei der erreichbaren spektralen Auflösung jedoch häufig zu vernachlässigen. Ihre Erörterung soll der Spezialliteratur vorbehalten bleiben.

10.5 Schwingungsspektren vielatomiger Moleküle

Während zweiatomige Moleküle nur *einen* Freiheitsgrad der Schwingung haben und nur in Bindungsrichtung schwingen können – daher der Name Valenz- oder *Streckschwingung* –, gibt es bei Molekülen mit mehr als zwei Atomen mehrere Freiheitsgrade der Schwingung. Zu den Streckschwingungen können Schwingungen hinzukommen, bei denen sich die Bindungswinkel ändern, sogenannte *Deformationsschwingungen*. Um das Schwingungsverhalten zu beschreiben, verwenden wir den Begriff der *Normalschwingung*, den wir sogleich besprechen werden. Wir benötigen jedoch nur geringfügige Erweiterungen unserer bisherigen Erörterungen, um die Schwingungsspektren mehratomiger Moleküle zu verstehen.

Die Schwingungen eines Systems elastisch gekoppelter Massenpunkte lassen sich als lineare Überlagerungen der möglichen Normalschwingungen des Systems beschreiben, wie man es bereits in der Schwingungslehre der Mechanik lernt. Der einfachste Fall ist derjenige von zwei gleichen durch eine Feder gekoppelten Pendeln. Hier gibt es zwei Normalschwingungen ν_1 und ν_2, die symmetrische und die antisymmetrische (Abb. 10.9), und man findet die beiden Normalschwingungen als Spektrallinien des Systems durch eine Fourier-Analyse der Bewegung. Nichts anderes ist die Spektroskopie, nämlich die Frequenzanalyse in einem Zeit-Verhalten.

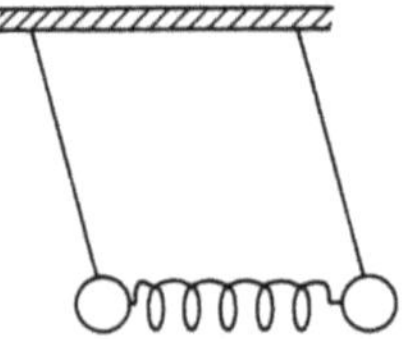

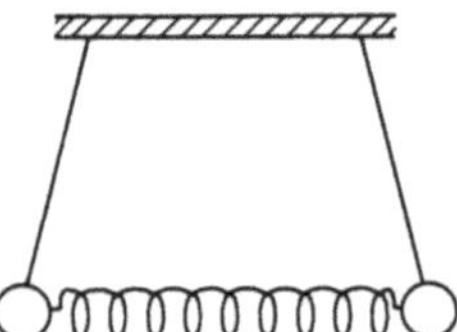

Abb. 10.9. Die Fundamentalschwingungen zweier gekoppelter Pendel: Symmetrische und Antisymmetrische Schwingung

Normalschwingungen sind dadurch definiert, daß alle Massenpunkte des Systems mit der gleichen Frequenz und mit fester Phasenbeziehung schwingen. Das Auslenkungsbild des Gesamtsystems führt eine rein harmonische Schwingung aus. Man kann eine Normalschwingung anregen, ohne daß zugleich auch eine andere Normalschwingung angeregt wird, d. h. man kann sie vollständig voneinander entkoppeln, solange man sich auf kleine Auslenkungen beschränkt und damit Nichtlinearitäten vermeidet.

Die Anzahl f der Normalschwingungen eines Systems ist die Zahl seiner *Freiheitsgrade*, die noch nicht für andere Bewegungen verbraucht sind. Ein System von N Massenpunkten hat zunächst $3N$ Freiheitsgrade. Sind die Massenpunkte als Atome in einem Molekül miteinander gekoppelt, so gibt es 3 Freiheitsgrade der Translation und 3 Freiheitsgrade der Rotation (bei einem linearen Molekül nur 2, weil die Rotation um die

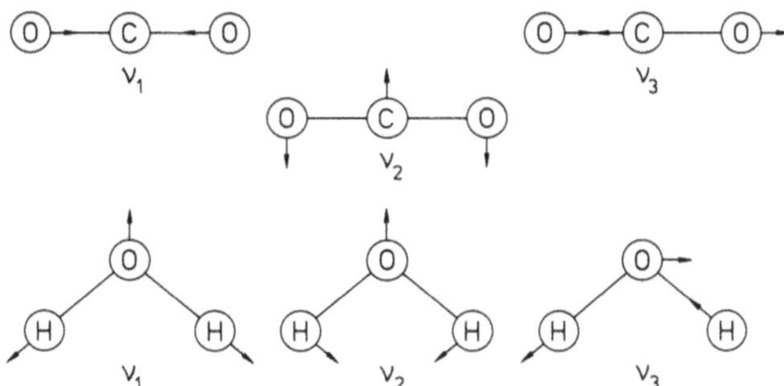

Abb. 10.10. Die Normalschwingungen der Moleküle CO_2 und H_2O. Zu den Schwingungen gehören folgende Wellenzahlen: CO_2 ν_1: $1337\,\mathrm{cm}^{-1}$, ν_2: $667\,\mathrm{cm}^{-1}$, ν_3: $2349\,\mathrm{cm}^{-1}$. H_2O ν_1: $3657\,\mathrm{cm}^{-1}$, ν_2: $1595\,\mathrm{cm}^{-1}$, ν_3: $3756\,\mathrm{cm}^{-1}$

Längsachse nicht zu zählen ist) des Gesamtmoleküls, und wir erhalten für die inneren Bewegungen des Moleküls als Rest

$$f = 3N - 6 \tag{10.33}$$

Freiheitsgrade der Schwingungen, bzw. beim linearen Molekül $f = 3N - 5$.

Bei einem zweiatomigen Molekül ist damit $f = 3{\cdot}2-5 = 1$, es gibt nur eine Normalschwingung, nämlich die Streckschwingung. Bei einem dreiatomigen linearen Molekül ist $f = 9 - 5 = 4$. Als Beispiel möge das lineare CO_2-Molekül dienen. Hier kann man das gesamte Schwingungsverhalten als eine Überlagerung der vier in Abb. 10.10 skizzierten Eigenschwingungen mit den Frequenzen ν_1, ν_2 und ν_3 beschreiben. Diese Eigenschwingungen werden auch beobachtet. Die Schwingungsbilder sind in Abb. 10.10 angegeben. Eine der Schwingungen, die Biegeschwingung, ist dabei zweifach entartet, also doppelt zu zählen, weil die Biegung in der Zeichenebene und senkrecht dazu zu berücksichtigen ist. – Die Frequenzen der Schwingungen lassen sich relativ zueinander abschätzen. Die höchste Frequenz, nämlich $\bar{\nu}_3 = 2349\,\mathrm{cm}^{-1}$, hat die asymmetrische Streckschwingung, weil hierbei die Federbeanspruchung am größten ist. Die symmetrische Streckschwingung hat eine Wellenzahl von $\bar{\nu}_1 = 1337\,\mathrm{cm}^{-1}$, die Biegeschwingung $\bar{\nu}_2 = 667\,\mathrm{cm}^{-1}$. Generell sind die Frequenzen von Streckschwingungen größer als diejenigen von Biegeschwingungen.

Allerdings läßt sich auch am CO_2-Molekül leicht einsehen, daß nicht alle Schwingungen im Infrarot-Spektrum auftreten, d. h. infrarot-aktiv sind. Zur Infrarot-Aktivität ist ja die periodische Änderung eines elektrischen Dipolmomentes nötig. Das symmetrisch gebaute CO_2-Molekül hat im Ruhezustand kein elektrisches Dipolmoment. Wenn es in der symmetrischen Streckschwingung ν_1 schwingt, bleibt seine Symmetrie erhalten und es ist ebenfalls kein Dipolmoment vorhanden. Im Gegensatz dazu sind die asymmetrische Streckschwingung ν_3 und die Biegeschwingung ν_2 infrarot-aktiv. Da das Dipolmoment bei der Schwingung ν_2 senkrecht zu dem bei der Schwingung ν_3 und damit auch senkrecht zur Figurenachse auftritt, bezeichnet man die entsprechenden Rotations-Schwingungs-Banden als Parallel-Bande (für ν_3) bzw. als Senkrecht-Bande (für ν_2).

Als Beispiel für ein nichtlineares drei-atomiges Molekül zeigt Abb. 10.10 auch die Normalschwingungen des Wasser-Moleküls, H_2O. Auch hier ist die Frequenz der Deformationsschwingung ν_2 wieder kleiner als diejenige der beiden anderen Schwingungen, bei denen die Federkonstanten stärker beansprucht werden. Bei den Schwingungen ν_1 und ν_2 geht durch die Schwingung die zweizählige Symmetrie-Achse des Moleküls nicht verloren. Diese Schwingungen heißen deshalb im Gegensatz zu ν_3 symmetrisch. – Man macht sich anhand von Abb. 10.10 leicht klar, daß sich bei allen drei Normalschwingungen von H_2O das Dipolmoment des Moleküls periodisch ändert. Sie sind

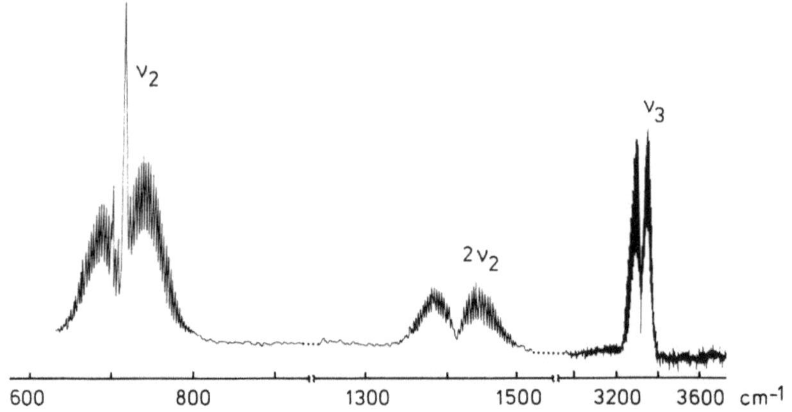

Abb. 10.11. Ausschnitt aus dem Rotationsschwingungsspektrum des Moleküls HCN. Die Schwingung ν_2 ist eine Biegeschwingung. Als sogenannte Senkrecht-Bande sind dabei *P*, *Q*- und *R*-Zweig erlaubt, bei der Oberton-Bande $2\nu_2$ und der Parallel-Bande ν_3 (Streckschwingung) sind aus Symmetrie-Gründen nur *P*- und *R*-Zweig erlaubt. Nach Steinfeld

deshalb alle drei infrarot-aktiv. Wegen der Gegenwart dieser Moleküle in der Zimmerluft beobachtet man H_2O- und CO_2-Infrarot-Linien in jedem Infrarot-Spektrum, sofern man den Strahlengang im Infrarot-Spektrometer nicht evakuiert.

Als weiteres Meßbeispiel zeigt Abb. 10.11 einen Ausschnitt aus dem Infrarot-Spektrum des HCN-Moleküls. Man sieht hier die zu zwei Normalschwingungen ν_2 und ν_3 gehörenden Rotationsschwingungs-Banden sowie eine Oberton-Bande $2\nu_2$. Als

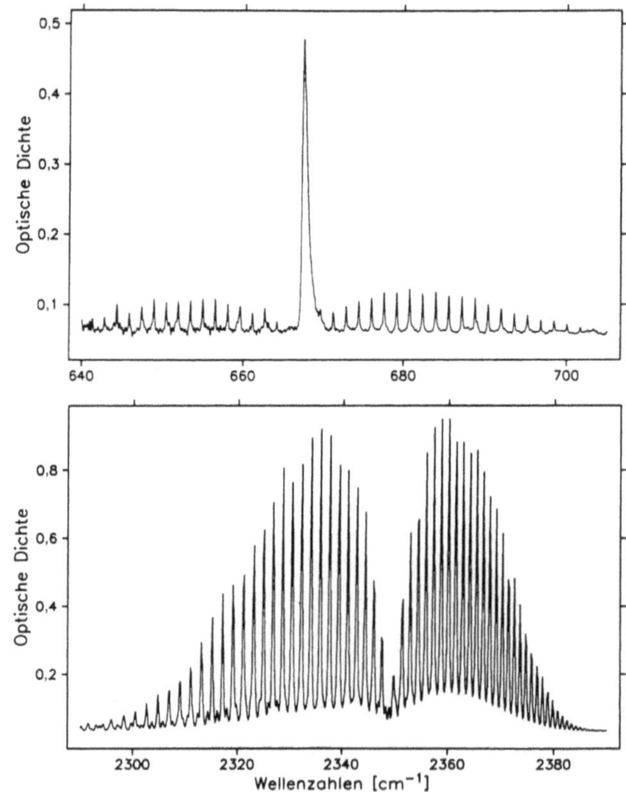

Abb. 10.12. Aus dem Rotationsschwingungsspektrum von CO_2. *Oben*: Bande der Biegeschwingung $\bar{\nu}_2$, *unten*: Bande der asymmetrischen Streckschwingung $\bar{\nu}_3$ als Beispiel für verschiedene Auswahlregeln: *Oben* gibt es *P*, *Q* und *R*-Zweig, *unten* ist der *Q*-Zweig verboten. Die Quantenzahlen *J* für die Rotationsniveaus sind hier nicht angegeben. Erst in Abschn. 12.4 wird nämlich erklärt, daß wegen der Inversions-Symmetrie des CO_2-Moleküls und des Kernspins I = 0 der O-Atome jedes zweite Rotations-Niveau nicht realisiert ist. Der Linien-Abstand beträgt deshalb anstatt $2B$ hier $4B$. Wenn man die Inversions-Symmetrie dadurch aufhebt, daß man eines der O-Atome durch das Isotop ^{18}O ersetzt (also beim Molekül $^{16}O{-}C{-}^{18}O$), beobachtet man einen halb so großen Abstand der Rotationslinien

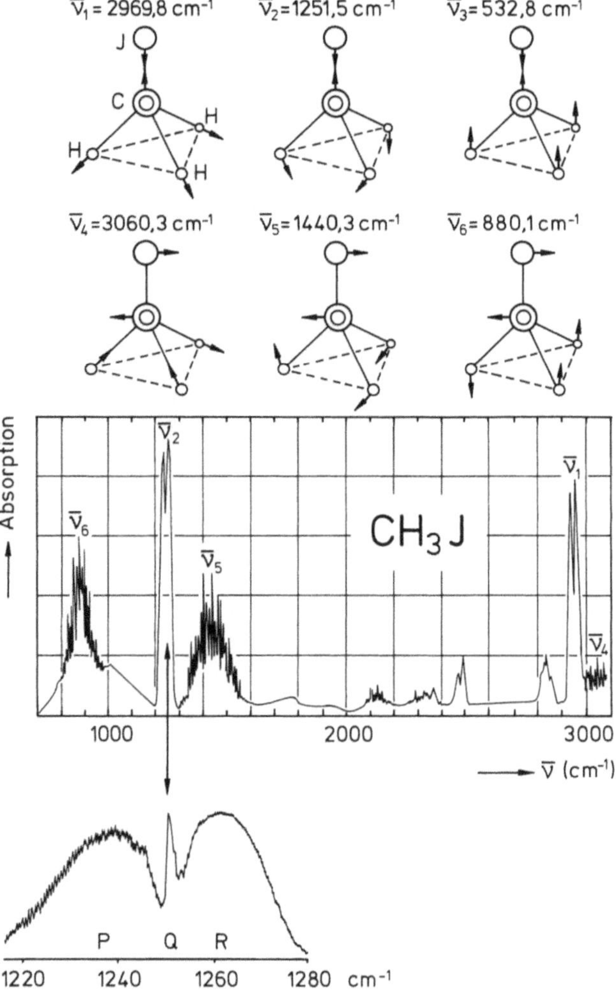

Abb. 10.13. Ausschnitt aus dem Rotationsschwingungsspektrum des Moleküls CH_3J. Außer den Grundschwingungen $\bar{\nu}_1$ bis $\bar{\nu}_6$ treten auch die Kombinationen bei 1770 cm^{-1} ($2\bar{\nu}_6$ und $\bar{\nu}_2+\bar{\nu}_3$), 2130 cm^{-1} ($\bar{\nu}_2+\bar{\nu}_6$), 2320 cm^{-1} ($\bar{\nu}_5+\bar{\nu}_6$) und 2480 cm^{-1} ($2\bar{\nu}_2$) auf

Auswahlregeln erhält man wieder $\Delta v = \pm 1$, und $\Delta J = \pm 1$ für die Streckschwingungen linearer Moleküle, jedoch $\Delta J = \pm 1$ und $\Delta J = 0$ für Biegeschwingungen linearer Moleküle sowie für die Schwingungsbanden symmetrischer Kreisel-Moleküle, wie etwa CH_3J, NH_3, C_6H_6.

Man kann sich anschaulich klar machen, daß bei diesen zuletzt genannten Schwingungsformen keine Änderung des Rotationszustandes des Moleküls auftreten muß. Hier gibt es also erlaubte Übergänge, bei denen sich nur die Schwingungs-Quantenzahl v ändert, d. h. im Spektrum beobachtet man außer dem P- und dem R-Zweig auch den (schmalen) Q-Zweig. Als Q-Zweig im Rotations-Schwingungs-Spektrum bezeichnet man, wie bereits in Abschn. 10.4 erwähnt, die Gesamtheit der Übergänge zwischen zwei Schwingungs-Zuständen v' und v'', bei denen sich die Rotationsquantenzahl J nicht ändert. Wenn der Abstand der Rotationsniveaus in beiden Schwingungszuständen gleich groß wäre, wäre dies nur eine Linie. Tatsächlich sind aber die Rotationskonstanten $B_{v'}$ und $B_{v''}$ und damit die Rotationsterm-Abstände etwas verschieden voneinander. Deshalb besteht der Q-Zweig meistens aus einer Anzahl eng benachbarter

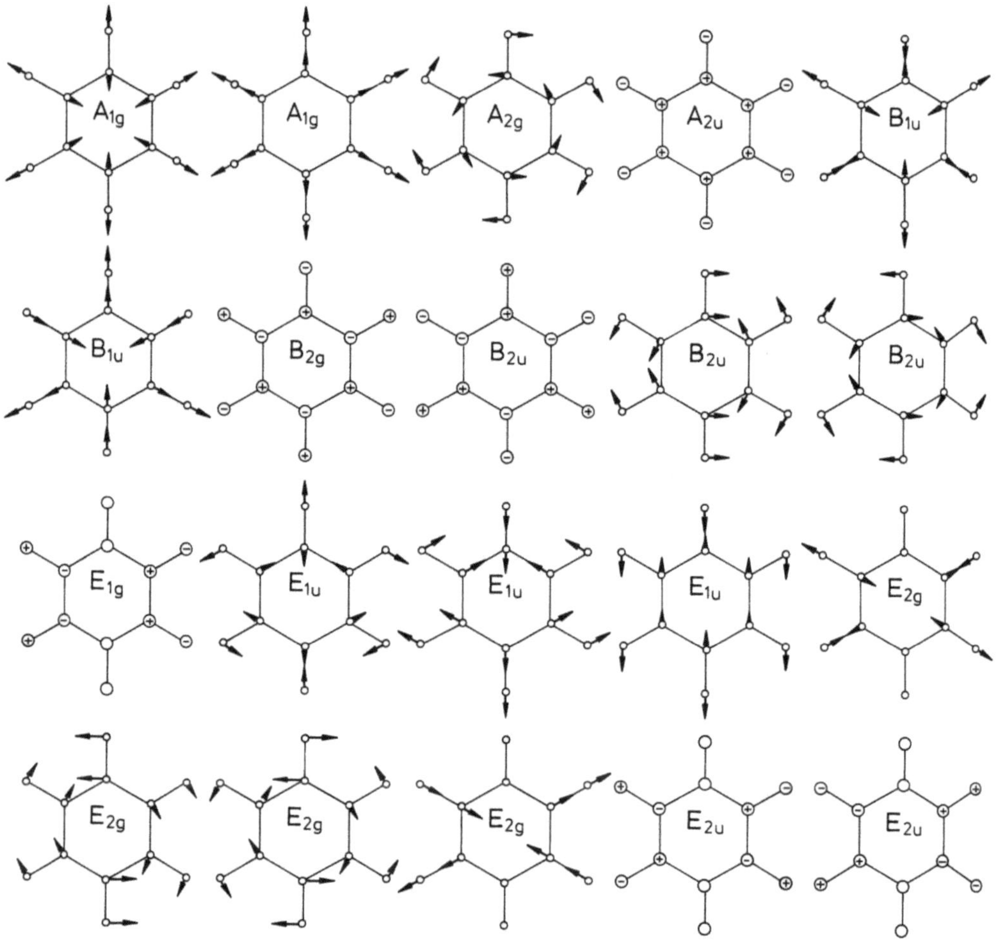

Abb. 10.14. Normalschwingungen des Benzol-Moleküls C_6H_6. Bei entarteten Schwingungen ist jeweils nur eine Komponente angegeben. Nach Herzberg

Linien. Abbildung 10.12 zeigt die Rotations-Schwingungsbande der Biegeschwingung ($\bar{\nu}_2 = 667\,\mathrm{cm}^{-1}$) von CO_2 als Beispiel für eine Bande mit Q-Zweig im Gegensatz zur Streckschwingung ($\bar{\nu}_3 = 2349\,\mathrm{cm}^{-1}$), wo der Q-Zweig mit $\Delta J = 0$ verboten ist.

Bei den symmetrischen Kreisel-Molekülen wird auch die Quantenzahl K wichtig, vergleiche Abschn. 11.2.2. Es gilt, wie hier ohne Ableitung erwähnt werden soll, $\Delta K = 0$ bei Parallel- und $\Delta K = \pm 1$ bei Senkrecht-Banden. Auch diese Auswahlregel kann man anschaulich verstehen: Bei Schwingungen parallel zur Figurenachse erfährt die Projektion des Drehimpulses auf diese bei einem Übergang keine Änderung, das heißt $\Delta K = 0$.

Selbstverständlich ist jeder Schwingungsübergang von den Rotationsbegleitern, der ganzen Bandenstruktur, umgeben, wie in Abb. 10.11 und 10.12 deutlich wird. Natürlich gibt es auch bei mehratomigen Molekülen Anharmonizität. Dementsprechend beobachtet man wie bei den zweiatomigen auch „*Obertöne*“ 2ν, 3ν mit stark abnehmender Intensität. Darüber hinaus führt die Abweichung vom harmonischen Verhalten aber auch zu *Kombinationsschwingungen*, also $\nu_1 + \nu_2, \nu_1 - \nu_2, 2\nu_1 + \nu_2$. Beispiele dazu zeigt Abb. 10.13 für das Molekül CH_3J. Bei Molekülen mit mehreren Normalschwingungen kann der Fall eintreten, daß eine Normalschwingung fast die gleiche Frequenz hat wie ein Oberton oder eine Kombinations-Schwingung von anderen Normalschwingungen. Eine solche sogenannte *Fermi-Resonanz* kann dazu führen, daß die Oberton-Bande oder die Bande der Kombinationsschwingung beträchtlich an Intensität gewinnt.

Je mehr Kerne ein Molekül enthält, um so mehr Normalschwingungen gibt es. Um sie aufzulösen und zu klassifizieren, braucht man Symmetrie-Überlegungen, die wir hier übergehen. Vergleiche hierzu jedoch Kap. 5 und 6. Abbildung 10.14 zeigt die Normalschwingungen des Benzol-Moleküls. Darunter sind auch Schwingungen, die nicht infrarot-aktiv sind. Darauf und auf die Möglichkeit, sie doch zu beobachten, werden wir im Kap. 12, Ramaneffekt, noch einmal zurückkommen. Wenn man nicht auf Isolierung der Moleküle, d. h. Messung im verdünnten Gaszustand, und hohe spektrale Auflösung achtet, dann beobachtet man auch bei mehratomigen Molekülen anstelle der Rotationsschwingungsbanden mit ihrer ausgeprägten Struktur für jeden Schwingungsübergang nur eine „Linie", die die gesamte Rotationsstruktur unaufgelöst enthält. Dies gilt besonders in kondensierter Phase.

10.6 Anwendung der Schwingungsspektroskopie

Aus einer genauen Analyse ihrer Schwingungsspektren erhält man wichtige Daten über Struktur und Bindungsverhalten von Molekülen. Man kann aus ihnen mit großer Genauigkeit Bindungswinkel, Abstände, Kraftkonstanten und den Potentialverlauf der Bindung herleiten. Aus der Messung der Schwingungsfrequenzen für viele Quantenzahlen v kann man auch die Dissoziationsenergie des Moleküls bestimmen (Extrapolation nach *Birge* und *Sponer*). Darauf soll hier nicht näher eingegangen werden. Bei vielatomigen Molekülen ist die Infrarot-Spektroskopie deshalb eine besonders wichtige Methode zur *Strukturaufklärung*. Die Infrarot-Spektroskopie ist darüber hinaus in der analytischen Chemie ein wichtiges Hilfsmittel zur *Identifizierung von Molekülen oder Molekülteilen*. Die Frequenzen, bei denen bestimmte Molekülgruppen absorbieren, sind für diese Gruppen charakteristisch. Auch ohne Auflösung der Rotationsstruktur, d. h. in kondensierter Phase, kann man aus der Messung solcher *charakteristischer Frequenzen* die Anwesenheit bestimmter Molekülgruppen in einer zu untersuchenden Probe feststellen. Tabelle 10.3 gibt charakteristische Zahlenwerte für die Quantenenergien von einigen wichtigen Schwingungen.

Tabelle 10.3. Wellenzahlen einiger typischer Gruppen-Schwingungen

C–H Valenz	2850–3000 cm^{-1}
C–H Deformation	1350–1460 cm^{-1}
C–C Valenz	700–1250 cm^{-1}
C=C Valenz	1600–1700 cm^{-1}

Wenn in einem Molekül zwei Gruppen vorhanden sind, die, wenn sie alleine vorkommen, ähnliche Schwingungsfrequenzen haben, kann *Resonanz* zwischen den Frequenzen auftreten mit der Folge von Frequenzverschiebungen ähnlich wie die Fermi-Resonanz, siehe Abschn. 10.5. Bekanntes Beispiel sind die Gruppenfrequenzen der Carbonyl-Gruppe C=O mit 1715 cm^{-1} und der Doppelbindung C=C mit 1650 cm^{-1}.

Im Keten-Radikal C=C=O, in dem diese beiden Frequenzen auftreten sollten, beobachtet man statt dessen die Wellenzahlen 2100 und $1100\,\mathrm{cm}^{-1}$, also Frequenzen, die gegenüber den Werten für die isolierten Gruppen stark verschieden sind.

Die charakteristischen Frequenzen werden auch durch die Umgebung des Moleküls beeinflußt, besonders durch den *Aggregatzustand.* Meistens gilt dabei $\nu_{\mathrm{Gas}} > \nu_{\mathrm{flüssig}} > \nu_{\mathrm{Festkörper}}$, d. h., die Frequenzen werden durch Wechselwirkung mit der Umgebung verkleinert. Die Streckschwingung von HCl nimmt um rund $100\,\mathrm{cm}^{-1}$ bei der Verflüssigung und um weitere $20\,\mathrm{cm}^{-1}$ bei der Verfestigung ab. Diese Änderung durch die Umgebung hängt allerdings stark vom Typ der Schwingung und vom Molekül ab.

10.7 Infrarot-Laser

Die Grundprinzipien des Lasers, einer Lichtquelle mit außergewöhnlichen und für viele Zwecke revolutionären Eigenschaften, wurden bereits in I, Kap. 21, behandelt. Auch in der experimentellen Molekülphysik hat der Laser viele neue Möglichkeiten eröffnet. Es gibt wichtige Laser, bei denen das Laser-aktive Material aus Molekülen besteht. Ein solches Gerät ist der CO_2-Laser. Während wir bisher nur von Absorption der Rotations-Schwingungs-Spektren gesprochen haben, machen wir jetzt davon Gebrauch, daß die Übergänge auch in Emission möglich sind, insbesondere in *induzierter Emission.*

Die Schwingungsspektren des CO_2-Moleküls werden im CO_2-Laser zur Erzeugung von infrarotem Laserlicht verwendet. Die Laser-Röhre enthält eine Mischung von N_2 und CO_2 Molekülen als aktives Material. In einer Gasentladung wird der Schwingungsübergang der Stickstoff-Moleküle bei $2360\,\mathrm{cm}^{-1}$ mit den zugehörigen Rotationsniveaus durch Stöße mit Elektronen und Ionen angeregt. Wie in Abb. 10.15 skizziert, können die N_2-Moleküle ihre Anregungsenergie an CO_2-Moleküle strahlungslos durch Stoß abgeben. Dies erfolgt mit großer Ausbeute, weil die asymmetrische Streckschwingung $\bar{\nu}_3$ von CO_2 bei $2349\,\mathrm{cm}^{-1}$ liegt. Es besteht deshalb Resonanz zwischen den Rotations-Schwingungsniveaus der Moleküle N_2 und CO_2. Außerdem handelt es sich beim Anregungszustand von N_2 um einen metastabilen und damit langlebigen Zustand, weil ein strahlender Übergang in den Grundzustand verboten ist.

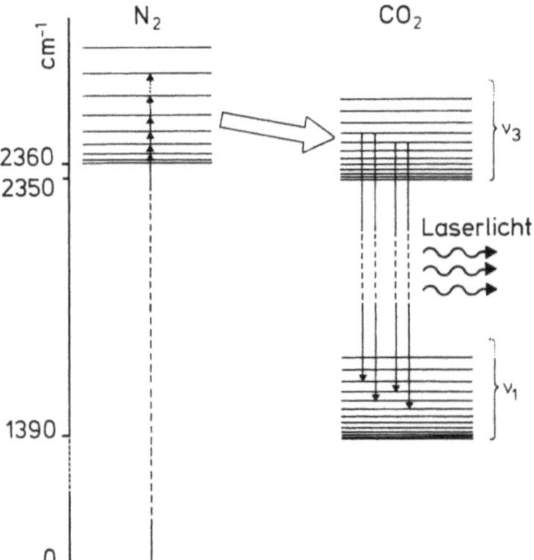

Abb. 10.15. Energieniveaus von Schwingungen und Rotationen der Moleküle N_2 und CO_2, die beim CO_2-Laser benützt werden. Nähere Erläuterung im Text

Von den Rotations-Schwingungsniveaus des CO_2 im Bereich um 2349 cm^{-1} ist induzierte Emission in die Rotations-Schwingungsniveaus der symmetrischen Streckschwingung $\bar{\nu}_1$ von CO_2 (1390 cm^{-1}) möglich. Alle Übergänge zwischen den in $\bar{\nu}_3$ angeregten CO_2-Molekülen in die Rotations-Niveaus von $\bar{\nu}_1$ unter Beachtung der Auswahlregel $\Delta J = \pm 1$ sind möglich und stehen für den Laser-Prozeß zur Verfügung. Es gibt deshalb viele (etwa 100) diskrete Laserfrequenzen in einem Bereich von ca. 1000 cm^{-1}, dem Abstand zwischen $\bar{\nu}_1$ und $\bar{\nu}_3$. Dies entspricht einer Infrarot-Strahlung mit einer Wellenlänge von ca. 10,6 µm. – Der CO_2-Laser ist besonders in der Material-Bearbeitung wichtig, weil man mit ihm verhältnismäßig einfach hohe Energiedichten erreichen kann.

10.8 Mikrowellen-Maser

Das Laserprinzip, nämlich die Erzeugung von kohärentem Licht durch induzierte Emission, wurde zuerst mit Mikrowellen unter Verwendung der Inversionsschwingung des NH_3-Moleküls verwirklicht. Im Jahre 1955 berichteten *Gordon*, *Zeiger* und *Townes* über den Ammoniak-Maser. Das Wort *Maser* ist die Abkürzung für *M*icrowave *A*mplification by *S*timulated *E*mission of *R*adiation. Als dann wenig später das Prinzip auch auf sichtbares Licht angewandt wurde, entstand das Wort *Laser*, das heißt Licht-Verstärker durch induzierte Strahlungsemission, light amplifier by stimulated emission of radiation.

Das NH_3-Molekül gehört zu den symmetrischen Kreiseln. Es ist eine Pyramide mit den drei H-Atomen als Basis und dem N-Atom als Spitze. Eine der Normalschwingungen dieses Moleküls, die Schwingung mit der Frequenz ν_2, ist diejenige Schwingung, bei der sich durch gegensinnige Bewegung der N-Spitze gegen die H_3-Basis die Höhe der Pyramide periodisch ändert. Die Frequenz ν_2 ist $1{,}22 \cdot 10^{13}\,\mathrm{s}^{-1}$ entsprechend 950 cm^{-1}. Der Potentialwall für den Weg des N-Atoms von einer Seite zur anderen Seite der Ebene der H-Atome ist so hoch, daß es in der klassischen Physik einer Anregung von $3h\nu_2 \mathrel{\widehat{=}} 0{,}3\,\mathrm{eV}$ bedarf, damit das N-Atom diesen Übergang machen kann. Man nennt diese Schwingung deshalb *Inversionsschwingung*, weil sie zu einer Inversion, das heißt einem Umklappen des Moleküls ähnlich dem Umklappen eines Regenschirmes im Wind führt. Abbildung 10.16 zeigt die Struktur des NH_3-Moleküls, das Doppelpotential und die Schwingungs-Niveaus.

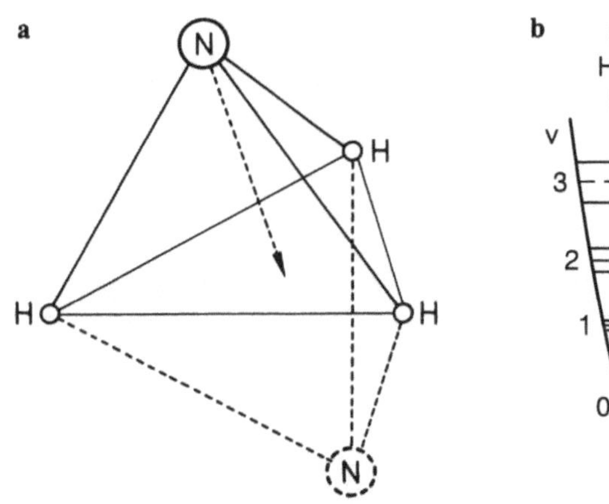

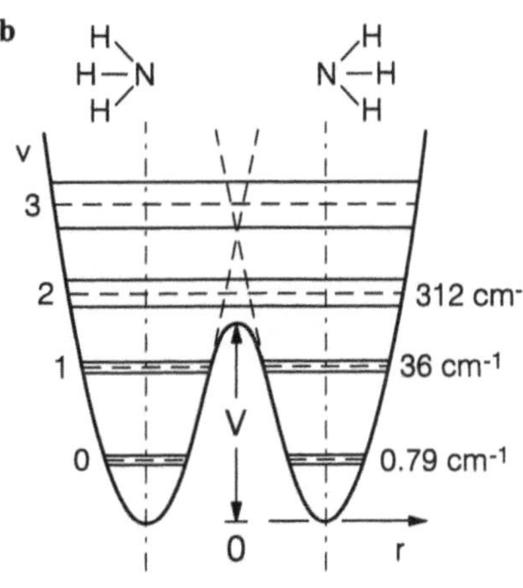

Abb. 10.16. (**a**) Struktur des NH_3-Moleküls. Das N-Atom kann sich oberhalb und unterhalb der aus den drei H-Atomen gebildeten Ebene aufhalten. Das führt zu Tunnelaufspaltung und der Inversions-Schwingung. (**b**) Potentialkurve für ein NH_3-Molekül. Mit r ist der Abstand des N-Atoms von der H_3-Ebene bezeichnet, nicht masstäblich. V ist die Potentialbarriere. Die *gestrichelten horizontalen Linien* sind die Schwingungsniveaus, die sich für die Schwingung im Ein zelpotential ergeben. – Die Inversionsaufspaltung wächst stark mit wachsender Quantenzahl v. Nach G. Herzberg

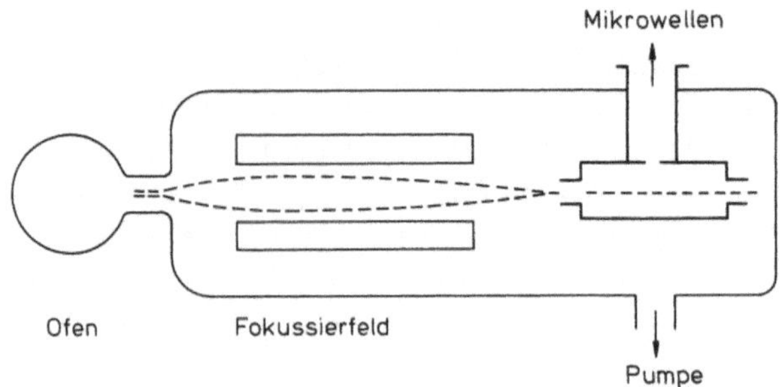

Abb. 10.17. NH_3-Maser. Die Moleküle werden mit Hilfe des Stark-Effektes selektiert und in einen Hohlraum-Resonator fokussiert. Dort baut sich ein resonantes Strahlungsfeld auf, das als Oszillator oder als Verstärker dienen kann

Eine solche Inversionsverdopplung gibt es bei allen Molekülen XY_3 mit der Struktur eines nicht-ebenen Kreisels. Die beiden Konfigurationen mit X über oder unter der Y_3-Ebene können nicht durch eine Rotation des ganzen Moleküls ineinander überführt werden. Sie sind energetisch in Resonanz. Daraus folgt die Aufspaltung in jeweils zwei Niveaus, die Inversionsverdopplung. Um diese zu verstehen braucht man allerdings die Quantenmechanik.

In der Quantenmechanik kann mit Hilfe des Tunneleffektes (vgl. I, Abschn. 23.3) erklärt werden, daß das N-Atom bereits mit kleinerer Anregungsenergie als 0,3 eV den Potentialwall der aus den drei Wasserstoff-Atomen gebildeten Ebene überwindet. Es kann also ständig zwischen den beiden Seiten der H_3-Ebene oszillieren. Wäre der Potentialwall unendlich hoch, so gäbe es zwei miteinander entartete Wellenfunktionen für das N-Atom auf der einen bzw. auf der anderen Seite der Ebene aus den H-Atomen. Diese Entartung heißt Inversions-Entartung. Bei nur endlicher Höhe des Potentialwalles wird die Entartung aufgehoben, wobei eine symmetrische oder antisymmetrische Wellenfunktion aus den vorherigen lokalisierten Wellenfunktionen entsteht. Die Schwingungsniveaus spalten in jeweils zwei neue Niveaus auf. Das nennt man Inversionsverdopplung. Dies ist völlig analog zur Bildung solcher Wellenfunktionen beim H_2^+-Molekülion aus den zuvor miteinander entarteten H_2-Wellenfunktionen, vergleiche I, Abschn. 23.4. Bildet man aus diesen neuen Wellenfunktionen zu einer Anfangszeit $t = 0$ ein Wellenpaket, so beschreibt dieses im Laufe der Zeit ein Hin- und Her-Schwingen des N-Atoms zwischen den beiden lokalisierten Zuständen, wobei die Oszillationsfrequenz durch $\omega = \Delta E/\hbar$ gegeben ist, wenn ΔE die in Abb. 10.16 ebenfalls eingezeichnete Aufspaltungsenergie ist. Diese Frequenz heißt Inversionsfrequenz. Beim NH_3-Molekül im Grundzustand hat diese Frequenz ν_i, (i steht für Inversion) den Zahlenwert 23 870 MHz, also $\bar{\nu}_i = 0{,}796\,\mathrm{cm}^{-1}$. Sie liegt also im Bereich der Mikrowellen. Zwischen dem symmetrischen und dem antisymmetrischen Zustand ist ein elektrischer Dipolübergang mit der genannten Frequenz erlaubt. Dies ist der im Maser verwendete Übergang.

Zur Verwirklichung des Masers (siehe Abb. 10.17) erzeugt man einen Strahl von NH_3-Molekülen und schickt ihn durch ein inhomogenes elektrisches Quadrupol-Feld. Das elektrische Feld induziert im an sich unpolaren Molekül ein elektrisches Dipolmoment und erzeugt einen quadratischen Starkeffekt. Der Quadrupolseparator unterscheidet und trennt dabei Moleküle im symmetrischen und im antisymmetrischen Zustand der Inversionsschwingung. Bei geeigneter Dimensionierung läßt sich erreichen, daß nur die letzteren durch das elektrische Quadrupolfeld hindurch fliegen können und in einen Resonator für die Frequenz 23 870 MHz gelangen.

In dem Resonator baut sich zunächst durch spontane und dann durch induzierte Emission von Mikrowellenquanten aus dem antisymmetrischen in den zunächst dort unbesetzten symmetrischen Zustand ein Strahlungsfeld auf, und man erhält einen selbsterregten Oszillator. Diese Anordnung kann man auch als sehr schmalbandigen Verstärker für die Inversions-Frequenz benutzen. Die Frequenzgenauigkeit $\nu/\Delta\nu$ eines solchen Molekularverstärkers ($\Delta\nu$ ist die Frequenzunschärfe) ist sehr hoch, größer als 10^{10}.

Aufgaben

10.1 Welche der folgenden Moleküle zeigen im Infrarot ein *Schwingungsabsorptionsspektrum*: H_2, HCl, CO_2, OCS, H_2O, CH_4, C_2H_4, C_2H_6, CH_3Cl, C_6H_6, N_2, N_3^-?

10.2 Wieviele *Schwingungsfreiheitsgrade* gibt es für (a) HBr, (b) OCS (linear), (c) SO_2 (nichtlinear), (d) H−O−O−H (nichtlinear), (e) H−C≡C−H (linear) und (f) C_6H_6?

10.3 Welche Wellenlänge besitzt ein Photon, das einen Übergang zwischen zwei benachbarten Niveaus eines *harmonischen Oszillators* mit folgenden Eigenschaften induziert: reduzierte Masse $m_\mathrm{r} = m_\mathrm{Proton}$, Kraftkonstante $k = 855\,\mathrm{N/m}$?

10.4 Die Energieniveaus allgemeiner *harmonischer Bewegungen* werden stets durch die Beziehung

$$E_v = \hbar\omega\left(v + \frac{1}{2}\right) \qquad v = 0, 1, 2, \ldots$$

gegeben. Berechnen Sie jeweils die minimale Anregungsenergie für die folgenden Oszillatoren:

a) ein 1 m langes Pendel unter dem Einfluß der Schwerkraft;
b) die Unruhe einer Uhr ($\nu = 5\,\mathrm{Hz}$);
c) der 33 kHz-Quarz einer Uhr;
d) die Bindung zwischen zwei Sauerstoffatomen ($k = 1177\,\mathrm{N/m}$).

10.5 Bei einer Messung an $^{14}N^{16}O$ findet man die Zentralfrequenzen der ersten beiden *Schwingungsübergänge* bei $1876{,}06\,\mathrm{cm}^{-1}$ („Grundschwingung“) und $3724{,}20\,\mathrm{cm}^{-1}$ („erster Oberton“). Bestimmen Sie die Schwingungskonstante $\bar{\nu}_\mathrm{e}$, die Anharmonizitätskonstante x_e, die Nullpunktsenergie sowie die Kraftkonstante der Bindung.

Das Maximum der Schwingungsenergie E_v kann analytisch berechnet werden, falls man die Schwingungsquantenzahl v als kontinuierliche Variable betrachtet. Bestimmen Sie daraus die Dissoziationsenergie von NO und bewerten Sie diese Methode.

10.6 Für die Moleküle HCl, DCl, HD und D_2 beobachtet man im Zustand $v = 0$ die folgenden Schwingungsfrequenzen: HCl: $2885\,\mathrm{cm}^{-1}$; DCl: $1990\,\mathrm{cm}^{-1}$; HD: $3627\,\mathrm{cm}^{-1}$; D_2: $2990\,\mathrm{cm}^{-1}$. Wie lautet die *Energiebilanz* (in kJ/mol) der Reaktion

$$\mathrm{HCl} + \mathrm{D_2} \rightarrow \mathrm{DCl} + \mathrm{HD}\ ,$$

wenn die Nullpunktsenergien der beteiligten Moleküle berücksichtigt werden? Handelt es sich also um eine exotherme oder um eine endotherme Reaktion?

10.7 Ermitteln Sie die Kraftkonstanten der *Halogen-Wasserstoff-Bindungen*, indem Sie die Frequenzen der Grundschwingungen von Wasserstoffhalogeniden verwenden:

	HF	$H^{35}Cl$	$H^{81}Br$	$H^{127}I$
$\bar{\nu}$ [cm^{-1}]	4141,3	2988,9	2649,7	2309,5

10.8 Für das Jodmolekül I_2 mißt man eine Schwingungskonstante von $\bar{\nu}_e = 215\,\text{cm}^{-1}$ und eine Anharmonizitätskonstante von $x_e = 0{,}003$. Welches Intensitätsverhältnis der „*heißen Bande*“ ($v = 1 \rightarrow 2$) zur Grundschwingungsbande ($v = 0 \rightarrow 1$) erwarten Sie bei einer Temperatur von 300 K?

10.9 Zahlreiche *funktionelle Gruppen* weisen charakteristische Schwingungsfrequenzen auf, die von der Art der chemischen Anknüpfung kaum beeinflußt werden. So liegt die Streckschwingung der O−H-Gruppe bei $3600\,\text{cm}^{-1}$, die der C−O-Einfachbindung bei $1150\,\text{cm}^{-1}$ und die der C=S-Doppelbindung bei $1100\,\text{cm}^{-1}$. Schätzen Sie daraus die Frequenzen der Streckschwingungen von O−D und C−S ab.

10.10 Die experimentell für das $^1H^{35}Cl$-Molekül gefundenen Strukturdaten sind

Bindungslänge: 127,5 pm
Kraftkonstante der Bindung: 516,3 N/m
Atommassen: ^{1}H: $1{,}673 \cdot 10^{-27}$ kg; ^{35}Cl: $58{,}066 \cdot 10^{-27}$ kg.

Ermitteln Sie daraus

a) die Nullpunktsenergie und die Energie ν_0 der Grundschwingung,
b) die Rotationskonstante B,
c) die spektralen Lagen (in cm^{-1}) der jeweils innersten drei Linien von P- und R-Zweig,
d) Können Sie die Unterschiede zwischen dem in (c) berechneten und dem tatsächlich gemessenen Spektrum begründen?

10.11 Die *Auswahlregeln für Rotations-Schwingungsübergänge* lauten $\Delta v = 0, \pm 1, \pm 2, \ldots$, $\Delta J = \pm 1$ und $\Delta M_J = 0, \pm 1$. Bestimmen Sie die Anzahl der in einem Übergang mit $J' - J'' = \pm 1$ enthaltenen „Teilübergänge“ als Funktion von J' oder J''.

Geben Sie die Intensitätsverteilung der Rotationslinien in einer Schwingungsbande unter der Annahme an, daß jeder „Teilübergang“ denselben Beitrag zur Intensität liefert.

10.12 Ermitteln Sie für die Grundschwingungsbande von $^1H^{35}Cl$ die Wellenzahl $\bar{\nu}_R(J_K)$ der *Bandenkante des R-Zweiges*. Dabei ist J_K derjenige Werte von J, bei dem mit wachsendem J die Rotationslinien anfangen, auf der Wellenzahlskala umzukehren.

Hinweis: Der Abstand der $J = 0$-Zustände der Schwingungsniveaus $v = 0$ und $v = 1$ von $^1H^{35}Cl$ beträgt $\bar{\nu}(1,0) = 2885{,}9\,\text{cm}^{-1}$; die Rotationskonstanten unterscheiden sich für $v = 0, 1$ aufgrund der Schwingungsdehnung: $B_0 = 10{,}440\,\text{cm}^{-1}$, $B_1 = 10{,}137\,\text{cm}^{-1}$.

10.13 Für RbH findet man experimentell $\bar{\nu}_e = 936{,}8\,\text{cm}^{-1}$ und $x_e\bar{\nu}_e = 14{,}15\,\text{cm}^{-1}$; die Länge der Bindung beträgt $R_e = 236{,}7$ pm. Skizzieren Sie das *Morse-Potential* $V(R)$ für den elektronischen Grundzustand.

Wenn das Molekül rotiert, kommt zur potentiellen Energie der Rotationsterm hinzu, so daß man ein effektives Potential $V_{\text{eff}}(R)$ erhält:

$$V_{\text{eff}}(R) = V(R) + B(R)J(J+1)$$

worin $B(R)$ die vom Kernabstand R abhängige Rotationskonstante bezeichnet. Skizzieren Sie V_{eff} für $J = 40$ und $J = 100$. Welchen Einfluß übt die Rotation auf die Stärke der Bindung und auf die Dissoziationsenergie aus?

10.14 a) Die ersten fünf Schwingungsniveaus von $^{1}H^{35}Cl$ liegen bei 1481,86, 4367,50, 7149,04, 9826,48 und 12 399,8 cm^{-1}. Wie groß ist die *Dissoziationsenergie* dieses Moleküls?

b) Das *Rotations-Schwingungsspektrum* von $^{1}H^{35}Cl$ wird im wesentlichen durch die in (a) bestimmten Werte für die Schwingungskonstante $\bar{\nu}_e$ und die Anharmonizitätskonstante x_e sowie durch die Rotationskonstante $B = 10{,}59\,\text{cm}^{-1}$ festgelegt. Berechnen Sie aus diesen Daten die entsprechenden Größen für $^{2}D^{35}Cl$. Wie ändert sich das Rotations-Schwingungsspektrum?

c) Wie groß ist die Dissoziationsenergie des schweren Isotops $^{2}D^{35}Cl$? Wie kann man den Unterschied zum Ergebnis in (a) nutzen?

Hinweis: Die Potentialkurven isotoper Moleküle sind identisch, da diese sich lediglich hinsichtlich der Masse der Atome, aus denen sie aufgebaut sind, unterscheiden.

10.15 Im elektronischen Grundzustand des SO_2-Moleküls besitzen die beiden S–O-Bindungen jeweils eine Länge von 1,43 Å und einen Bindungswinkel von 120°. Während im angeregten Zustand die Bindungslängen unverändert sind, beträgt der Bindungswinkel nun 110°. Beschreiben Sie qualitativ die *vibronische Struktur* der UV-Absorption von SO_2-Dampf bei Raumtemperatur.

11. Quantenmechanische Behandlung von Rotations- und Schwingungsspektren

Anhand des 2-atomigen Moleküls wird die Born-Oppenheimer-Näherung und damit die genäherte Auftrennung der Wellenfunktion in die der Elektronen und die der Kerne eingeführt, wobei bei den letzteren Rotations- und Schwingungsbewegungen auftreten. Sodann behandeln wir die Rotation drei- und mehratomiger Moleküle, wobei wir sowohl auf den symmetrischen als auch auf den asymmetrischen Kreisel näher eingehen. Bei der Behandlung der Schwingungen von Molekülen spielt das Konzept der Normalkoordinaten eine wesentliche Rolle; auch hierbei erweisen sich wieder Symmetriebetrachtungen als nützlich.

11.1 Das 2-atomige Molekül

11.1.1 Die Born-Oppenheimer-Näherung

Im vorangegangenen Kapitel beschäftigten wir uns mit den Rotations- und Schwingungsspektren von Molekülen und behandelten diese „halbklassisch". Dies bedeutet, daß wir die Bewegungen der Kerne des Moleküls zuerst mit Hilfe der klassischen Mechanik untersuchten und dann empirisch gewonnenen Quantisierungsvorschriften unterwarfen. In diesem Kapitel rechtfertigen wir die dortige Vorgehensweise, indem wir eine strenge quantenmechanische Rechnung, die sich von Anfang an auf die Schrödinger-Gleichung stützt, durchführen. Dabei werden auch die verschiedenen Näherungen nochmals deutlich gemacht.

Wir beginnen mit 2-atomigen Molekülen, wobei wir wichtige Konzepte kennenlernen werden, die wir dann später auf Moleküle mit mehr als zwei Atomen anwenden können. Im ersten Schritt zeigen wir, wie sich die Kernbewegung von der Elektronenbewegung trennen läßt. Wie sich zeigt, kommt auf dem Weg über die Elektronenbewegung, die der Quantenmechanik gehorcht, eine direkte Wechselwirkung zwischen den Kernen zustande. Deren Bewegung läßt sich in guter Näherung in die der Rotation und die der Schwingung auftrennen, wobei die Quantenmechanik auch die Kopplungsglieder zwischen diesen Bewegungen liefert.

Die einfachsten Beispiele für 2-atomige Moleküle sind das Wasserstoff-Molekülion H_2^+ und das Wasserstoffmolekül H_2. Denken wir an Isotope des Wasserstoffs, so können diese Atome auch verschiedene Massen m_1 und m_2 haben. Die Koordinaten der Atomkerne bezeichnen wir mit $\boldsymbol{R}_1$ und $\boldsymbol{R}_2$. Unsere folgenden Überlegungen lassen sich genauso gut auch auf Moleküle mit mehreren Elektronen, deren Koordinaten dann $\boldsymbol{r}_1, \boldsymbol{r}_2, \ldots, \boldsymbol{r}_n$ heißen, anwenden. Um aber das Verfahren so durchsichtig wie möglich und die Schreibweise so einfach wie möglich zu machen, wählen wir hier als explizites Beispiel das Wasserstoff-Molekülion mit einer einzigen Elektronenkoordinate $\boldsymbol{r}$. Die Wellenfunktion Ψ hängt dann von den entsprechenden Koordinaten ab,

d. h. $\boldsymbol{r}$, $\boldsymbol{R}_1$, $\boldsymbol{R}_2$, und genügt einer Schrödinger-Gleichung, die folgende Bestandteile enthält: Die kinetische Energie des Elektrons und der beiden Atomkerne, die Energie der Coulomb-Wechselwirkung des Elektrons mit den beiden Kernen, sowie die Coulomb-Wechselwirkungsenergie zwischen den beiden Atomkernen. Die Schrödinger-Gleichung lautet also

$$\left\{-\frac{\hbar^2}{2m_0}\Delta - \frac{\hbar^2}{2m_1}\Delta_1 - \frac{\hbar^2}{2m_2}\Delta_2 - \frac{e^2}{4\pi\varepsilon_0|\boldsymbol{r}-\boldsymbol{R}_1|} - \frac{e^2}{4\pi\varepsilon_0|\boldsymbol{r}-\boldsymbol{R}_2|} + \frac{e^2}{4\pi\varepsilon_0|\boldsymbol{R}_1-\boldsymbol{R}_2|}\right\}\Psi(\boldsymbol{r};\boldsymbol{R}_1,\boldsymbol{R}_2) = E\Psi(\boldsymbol{r};\boldsymbol{R}_1,\boldsymbol{R}_2)\,. \tag{11.1}$$

Der Laplace-Operator Δ bezieht sich auf das Elektron, während die beiden anderen Laplace-Operatoren durch die Indizes 1 und 2 bezüglich ihrer Wirkung auf die Kernkoordinaten unterschieden sind. Es handelt sich bei der Lösung um ein kompliziertes Mehrkörperproblem, das wir aber aufgrund physikalischer Überlegungen reduzieren können. Dazu benutzen wir, daß die Masse der Kerne viel größer als die des Elektrons ist. Dies läßt uns erwarten, daß die Kerne sich viel langsamer als das Elektron bewegen, oder mit anderen Worten, das Elektron kann der Kernbewegung praktisch unmittelbar folgen. Dies ist die Grundidee der *Born-Oppenheimer-Näherung*.

In einem ersten Schritt bestimmen wir die Wellenfunktion der Elektronenbewegung bei festgehaltenen Kernkoordinaten, die in der Elektronenwellenfunktion lediglich die Rolle von Parametern spielen. Wie wir wissen, kommt durch die Elektronen eine direkte Wechselwirkungsenergie zwischen den Kernen zustande, die zu deren Coulombscher Abstoßungsenergie hinzutritt. In einem zweiten Schritt bestimmen wir dann die Wellenfunktion der Kernbewegung im eben erwähnten Gesamtpotential.

Zur Durchführung dieses Programms benutzen wir einen Produktansatz für die Wellenfunktion Ψ, wobei der erste Faktor sich auf die Elektronenbewegung bei fest vorgegebenen Kernkoordinaten beziehen soll, während der zweite Faktor die Bewegung der Kerne selbst berücksichtigt. Dieser Ansatz lautet also

$$\Psi(\boldsymbol{r};\boldsymbol{R}_1,\boldsymbol{R}_2) = \psi(\boldsymbol{r};\boldsymbol{R}_1,\boldsymbol{R}_2)\Phi(\boldsymbol{R}_1,\boldsymbol{R}_2)\,. \tag{11.2}$$

Setzen wir ihn in die Schrödinger-Gleichung (11.1) ein, so müssen wir die Produktregel der Differentialrechnung benutzen, da ja die Kernkoordinaten auf der rechten Seite von (11.2) sowohl in ψ als auch in Φ vorkommen

$$\frac{\partial^2}{\partial X_1^2}(\psi\Phi) = \psi\frac{\partial^2}{\partial X_1^2}\Phi + 2\frac{\partial\psi}{\partial X_1}\frac{\partial\Phi}{\partial X_2} + \Phi\frac{\partial^2}{\partial X_1^2}\psi\,. \tag{11.3}$$

Wir erhalten dann anstelle von (11.1) die Schrödinger-Gleichung

$$\begin{aligned}&\Phi\left\{-\frac{\hbar^2}{2m_0}\Delta - \frac{e^2}{4\pi\varepsilon_0|\boldsymbol{r}-\boldsymbol{R}_1|} - \frac{e^2}{4\pi\varepsilon_0|\boldsymbol{r}-\boldsymbol{R}_2|}\right\}\psi \\ &+\psi\left\{-\frac{\hbar^2}{2m_1}\Delta_1 - \frac{\hbar^2}{2m_2}\Delta_2 + \frac{e^2}{4\pi\varepsilon_0|\boldsymbol{R}_1-\boldsymbol{R}_2|}\right\}\Phi \\ &-\frac{\hbar^2}{m_1}(\nabla_1\psi)\nabla_1\Phi - \frac{\hbar^2}{m_2}(\nabla_2\psi)\nabla_2\Phi - \frac{\hbar^2}{2m_1}\Phi\Delta_1\psi - \frac{\hbar^2}{2m_2}\Phi\Delta_2\psi = E\psi\Phi\,.\end{aligned} \tag{11.4}$$

Hierbei haben wir die einzelnen Glieder bereits in einer für uns physikalisch leicht zu interpretierenden Weise zusammengefaßt. Die geschweifte Klammer in der ersten Zeile ist ersichtlich der Hamilton-Operator eines Elektrons, das sich im Felde *fest vorgegebener* Kernkoordinaten $\boldsymbol{R}_1$ und $\boldsymbol{R}_2$ bewegt.

Wir wählen nun die Wellenfunktion des Elektrons ψ so, daß sie der entsprechenden Schrödinger-Gleichung

$$\left\{-\frac{\hbar^2}{2m_0}\Delta - \frac{e^2}{4\pi\varepsilon_0|\boldsymbol{r}-\boldsymbol{R}_1|} - \frac{e^2}{4\pi\varepsilon_0|\boldsymbol{r}-\boldsymbol{R}_2|}\right\}\psi = W\psi \tag{11.5}$$

genügt. Wie wir von der Theorie der Schrödinger-Gleichung her wissen, läßt eine solche Gleichung im allgemeinen eine ganze Reihe von Eigenwerten oder Energiewerten W zu, die wir dann durch die entsprechenden Quantenzahlen unterscheiden können. Ferner hängt die Energie W aber auch von den Kernkoordinaten $\boldsymbol{R}_1$ und $\boldsymbol{R}_2$ ab, die als feste Parameter in (11.5) eingehen. Wir schreiben daher

$$W = W(\boldsymbol{R}_1, \boldsymbol{R}_2)\,. \tag{11.6}$$

Nehmen wir in (11.5) eine Koordinatenverschiebung

$$\boldsymbol{r} \to \boldsymbol{r} + \boldsymbol{R}_1 \tag{11.7}$$

vor, die lediglich die Verschiebung des Nullpunkts des Koordinatensystems bedeutet, so erkennen wir, daß das ganze Problem, einschließlich der Bestimmung von W, nur von der Differenz der Kernkoordinaten

$$\boldsymbol{R}_1 - \boldsymbol{R}_2 \tag{11.8}$$

abhängt. Wir können daher W als Funktion dieser Kernkoordinatendifferenz auffassen

$$W = W(\boldsymbol{R}_1 - \boldsymbol{R}_2)\,. \tag{11.9}$$

Wie wir weiter unten näher zeigen werden, ist die letzte Zeile auf der linken Seite von Gl. (11.4) ein Störglied, das gegenüber dem ersten Glied um den Faktor m_0/m_1 bzw. m_0/m_2 kleiner ist. Wir werden daher zunächst dieses Glied vernachlässigen. Das hier geschilderte Vorgehen bezeichnet man, wie bereits oben erwähnt, als Born-Oppenheimer-Näherung.

Ersetzen wir nun in der ersten Zeile der Gl. (11.4) die linke Seite der Gl. (11.5) durch ihre rechte Seite, so erhalten wir eine Schrödinger-Gleichung, die sich auf die Kernkoordinaten alleine bezieht

$$\left\{-\frac{\hbar^2}{2m_1}\Delta_1 - \frac{\hbar^2}{2m_2}\Delta_2 + \frac{e^2}{4\pi\varepsilon_0|\boldsymbol{R}_1-\boldsymbol{R}_2|} W(\boldsymbol{R}_1 - \boldsymbol{R}_2)\right\}\Phi = E\Phi\,. \tag{11.10}$$

Wie wir sehen, kommt über die Elektronenenergie, die in (11.5) auftritt, eine direkte Wechselwirkungsenergie zwischen den Atomkernen zustande. Dies ist eigentlich nicht verwunderlich, da wir ja schon von der Theorie, z. B. der homöopolaren Bindung (vgl. Abschn. 4.3, 4.4), her wissen, daß durch den Elektronenaustausch zwischen den beiden Atomkernen eine direkte Kraft zwischen diesen Kernen hervorgerufen wird.

Die Schrödinger-Gleichung (11.10) weist eine formale Analogie zu dem Problem der Bewegung eines Elektrons um einen Atomkern mit endlicher Masse auf. Wie wir aus der Atomphysik wissen, können wir bei einem solchen Zweikörperproblem neue Koordinaten einführen, nämlich die Schwerpunktkoordinate

$$\boldsymbol{R}_\mathrm{S} = (m_1\boldsymbol{R}_1 + m_2\boldsymbol{R}_2)/(m_1 + m_2) \tag{11.11}$$

und die Relativkoordinate

$$\boldsymbol{R} = \boldsymbol{R}_1 - \boldsymbol{R}_2\,. \tag{11.12}$$

Zur Umrechnung der Schrödinger-Gleichung auf diese neuen Koordinaten brauchen wir ferner die Schwerpunktmasse m_S

$$m_\mathrm{S} = m_1 + m_2 \tag{11.13}$$

und die reduzierte Masse m_r

$$m_\mathrm{r} = \frac{m_1 m_2}{m_1 + m_2}\,. \tag{11.14}$$

Mit den entsprechenden Umrechnungsformeln können wir sofort die dann entstehende Schrödinger-Gleichung für die Wellenfunktion $\widetilde{\Phi}(\boldsymbol{R}_\mathrm{S}, \boldsymbol{R}) = \Phi(\boldsymbol{R}_1, \boldsymbol{R}_2)$ hinschreiben

$$\left\{-\frac{\hbar^2}{2m_\mathrm{S}}\Delta_\mathrm{S} - \frac{\hbar^2}{2m_\mathrm{r}}\Delta_\mathrm{r} + V(\boldsymbol{R})\right\}\widetilde{\Phi}(\boldsymbol{R}_\mathrm{S}, \boldsymbol{R}) E\widetilde{\Phi}(\boldsymbol{R}_\mathrm{S}, \boldsymbol{R})\,, \tag{11.15}$$

wobei der Operator der potentiellen Energie durch

$$V(\boldsymbol{R}) = \frac{e^2}{4\pi\varepsilon_0 R} + W(\boldsymbol{R}) \tag{11.16}$$

explizit gegeben ist. V setzt sich also aus der Energie des Elektrons im Felde der beiden Atomkerne und der Coulombschen Wechselwirkungsenergie der beiden Atomkerne zusammen.

Die Auftrennung der Koordinaten in Schwerpunkt- und Relativkoordinaten ermöglicht es uns, für die Wellenfunktion der Schrödinger-Gleichung (11.15) einen Separationsansatz im Hinblick auf die Schwerpunkt- bzw. Relativbewegung zu machen

$$\widetilde{\Phi}(\boldsymbol{R}_\mathrm{S}, \boldsymbol{R}) = \mathrm{e}^{\mathrm{i}\boldsymbol{K}\boldsymbol{R}_\mathrm{S}}\chi(\boldsymbol{R})\,. \tag{11.17}$$

Der Energieeigenwert von (11.15) nimmt dann die Gestalt

$$E = \widetilde{E}\frac{\hbar^2 K^2}{2m_\mathrm{S}} \tag{11.18}$$

an, wobei $\widetilde{E}$ von der Relativbewegung herrührt, während das danebenstehende zweite Glied die kinetische Energie der Schwerpunktbewegung darstellt.

Wir wenden uns nun der Diskussion der Relativbewegung zu. Wie wir von der Elektronentheorie 2-atomiger Moleküle wissen, hängt die potentielle Energie $V(\boldsymbol{R})$ nur vom Betrag des Abstandsvektors ab; mit anderen Worten, V ist kugelsymmetrisch. In Analogie zur Behandlung der Elektronenbewegung im Wasserstoffatom führen wir daher auch hier Polarkoordinaten R, ϑ, φ ein, wobei natürlich sich diese Polarkoordinaten auf die Relativbewegung der beiden Atomkerne beziehen, und wir hier lediglich eine formale Analogie mit dem Wasserstoffproblem ausnützen. Transformieren wir den Operator der kinetischen Energie auf diese Polarkoordinaten, und führen wir ferner sogleich den vom Wasserstoffproblem her bekannten Separationsansatz in Radial- und Winkelanteil durch

$$\chi(\boldsymbol{R}) = f(R)F(\vartheta, \varphi)\,, \tag{11.19}$$

so erhalten wir als Schrödinger-Gleichung

$$\left\{-\frac{\hbar^2}{2m_\mathrm{r}}\frac{1}{R^2}\frac{\partial}{\partial R}\left(R^2\frac{\partial}{\partial R}\right) + \frac{\boldsymbol{L}^2}{2m_\mathrm{r}R^2} + V(R)\right\} fF = \widetilde{E}Ff\,. \tag{11.20}$$

Darin ist $\boldsymbol{L}$ der Operator des Drehimpulses. Wie wir vom Wasserstoffproblem her wissen, können wir die von den Winkeln abhängige Funktion F so wählen, daß sie zugleich Eigenfunktion zum Quadrat des Drehimpulsoperators und einer seiner Komponenten, z. B. der z-Komponente, wird:

$$\boldsymbol{L}^2 F_{J,M} = \hbar^2 J(J+1)F_{J,M} \tag{11.20a}$$

$$L_z F_{J,M} = \hbar M F_{J,M}\,. \tag{11.20b}$$

Dabei haben wir die bei Molekülen üblichen Bezeichnungen für die Drehimpulsquantenzahl J und M benutzt, die an die Stelle von l bzw. m beim Wasserstoff-Elektron treten. Hier wie dort gilt dann:

$$J = 0, 1, 2, \ldots \tag{11.20c}$$

sowie

$$-J \le M \le J\,,\ M \text{ ganzzahlig}\,. \tag{11.20d}$$

Die Winkelabhängigkeit von F ist in I, Abb. 10.2, sowie hier in Abb. 4.1 für einige Fälle veranschaulicht. Wegen (11.20a) können wir in (11.20) $\boldsymbol{L}^2$ durch $\hbar^2 J(J+1)$ ersetzen und die dann resultierende Schrödinger-Gleichung durch F dividieren. Wir erhalten dann anstelle von (11.20) die Schrödinger-Gleichung

$$\left\{-\frac{\hbar^2}{2m_\mathrm{r}}\frac{\partial^2}{\partial R^2} - \frac{\hbar^2}{m_\mathrm{r}}\frac{1}{R}\frac{\partial}{\partial R} + \frac{\hbar^2 J(J+1)}{2m_\mathrm{r}R^2} + V(R)\right\} f = \widetilde{E}f\,, \tag{11.21}$$

die sich nur noch auf die Bewegung in radialer Richtung bezieht. Da die Quantenzahl M in (11.21) nicht vorkommt, es aber wegen (11.20d) zu einem festen Wert J $2J+1$ verschiedene M-Werte und damit Wellenfunktionen gibt, ist die Energie $\widetilde{E}$ $(2J+1)$fach entartet. In (11.21) haben wir gegenüber (11.20) den Operator der kinetischen Energie ein klein wenig umgeformt.

Die Schrödinger-Gleichung (11.21) ist eine lineare Differentialgleichung 2. Ordnung, die man nach Standardmethoden der Theorie der Differentialgleichungen numerisch aufintegrieren könnte. Hier liegt es uns aber mehr daran, den physikalischen Gehalt von (11.21) zu beleuchten, um gleichzeitig die Verbindung mit Kap. 9 und 10 herzustellen. Hierzu machen wir zwei Näherungen, die bei dem vorliegenden konkreten Problem gut gerechtfertigt sind. Zum einen sehen wir nämlich den Ausdruck

$$-\frac{\hbar^2}{m_\mathrm{r}}\frac{1}{R}\frac{\partial}{\partial R} \tag{11.22}$$

als eine kleine Störung an. Ferner suchen wir eine geeignete, explizite Darstellung für den Verlauf des Potentials $V(R)$. Diese wird uns in der Tat aus der Theorie der Molekülbindung geliefert. In einem solchen Falle hat das Potential den in Abb. 4.12 angegebenen Verlauf. Nachdem wir uns natürlich für stabile Bindungszustände der Kerne interessieren, haben wir nur solche Kernkoordinaten zu betrachten, deren Abstand in der Gegend des Minimums liegt. Den entsprechenden Gleichgewichts-Abstand bezeichnen wir mit R_e. Entwickeln wir die Potentialfunktion V nach der Abweichung $R - R_e$, so erhalten wir in der Umgebung des Minimums den Ausdruck

$$V(R) \approx V(R_e) + \frac{1}{2}k(R - R_e)^2 \,. \tag{11.23}$$

Betrachten wir zunächst den Fall für den Drehimpuls $J = 0$. Mit der Vernachlässigung von (11.22) und der Näherung (11.23) geht (11.21) in

$$\left\{-\frac{\hbar^2}{2m_r}\frac{\partial^2}{\partial R^2} + \frac{1}{2}k(R - R_e)^2\right\} f = E_v f \tag{11.24}$$

über, wobei wir $\widetilde{E} = E_v + V(R_e)$ gesetzt haben. Gleichung (11.24) ist aber nichts anderes als die uns bestents bekannte Schrödinger-Gleichung des harmonischen Oszillators, dessen Ruhelage um die Strecke R_e gegenüber dem Ursprung des Koordinatensystems verschoben ist. Die Grundzustandswellenfunktion lautet somit

$$f(R) = N \exp\left\{-\frac{1}{2}(R - R_e)^2/R_0^2\right\} , \tag{11.25}$$

wobei N ein Normierungsfaktor ist und R_0 durch

$$R_0 = \sqrt{\frac{\hbar}{m_r\omega}} \tag{11.26}$$

gegeben ist. Die Energiewerte für den Grundzustand und die angeregten Zustände sind dann durch die Quantenzahl $v = 0, 1, \ldots$ unterschieden; diese Energiewerte lauten

$$E_v = \left(v + \frac{1}{2}\right)\hbar\omega \,, \tag{11.27}$$

wobei die Frequenz durch

$$\omega = \sqrt{\frac{k}{m_r}} \tag{11.28}$$

gegeben ist. Wir sehen also, daß die beiden Atomkerne längs ihrer Verbindungsachse eine harmonische Schwingung ausführen können. Da die Amplitude dieser Schwingung, wie wir von Experimenten her wissen und auch aus der Theorie berechnen können, viel kleiner als der Kernabstand ist, ist es sicher eine gute Näherung, wenn wir den Beitrag, der von der Rotationsenergie herrührt und der proportional zu $1/R^2$ ist, dadurch annähern, daß wir R^2 durch R_e^2, ersetzen. Nehmen wir also auch Zustände mit $J \neq 0$ mit, so lautet die Energie

$$\widetilde{E} = V(R_e) + \left(v + \frac{1}{2}\right)\hbar\omega + \frac{\hbar^2 J(J+1)}{2m_r R_e^2} \,. \tag{11.29}$$

Dieser Energieausdruck ist bis auf den ersten Summanden identisch mit dem von (10.20), wobei die Konstanten sich sofort identifizieren lassen. Darin rühren der erste Beitrag von der Bindungsenergie der Kerne im Gleichgewichtsabstand (und unendlicher großer Massen) und der zweite Beitrag von der Oszillationsenergie her, während der dritte Beitrag von der Rotation stammt. Die Rotationsquantenzahl durchläuft dabei wie üblich die Werte $J = 0, 1, \ldots$

Führen wir noch das Trägheitsmoment Θ gemäß

$$\Theta = m_r R_e^2 \tag{11.30}$$

ein, so läßt sich (11.29) auch in der Form

$$\widetilde{E} = V(R_e) + \hbar\omega\left(v + \frac{1}{2}\right) + \frac{\hbar^2 J(J+1)}{2\Theta} \tag{11.31}$$

wiedergeben. Der letzte Ausdruck in (11.31) ist das quantenmechanische Analogon zu dem klassischen Ausdruck für die kinetische Energie einer rotierenden Hantel, die zwei Massen $m_r/2$ im Abstand $2R_e$ hat. Damit haben wir die Eigenschaften bei der Dynamik eines 2-atomigen Moleküls wiedergefunden, die in den vorangegangenen Kapiteln über die Experimente bereits modellmäßig erfaßt worden ist (vgl. 10.20). Hier haben wir aber gesehen, wie die systematische, quantentheoretische Behandlung zu den richtigen Ausdrücken für die Wellenfunktionen und Energien führen, wobei auch die Näherungen deutlich geworden sind. Diese können dann in einem nächsten Schritt, z. B. durch ein Störungsverfahren, verbessert werden. Hierbei ergeben sich dann Ausdrücke, die in Kap. 9 und 10 eingeführt und diskutiert worden sind und z. B. die Anharmonizität berücksichtigen. Im folgenden Abschnitt wollen wir lediglich zeigen, daß die im jetzigen Kapitel vernachlässigten Ausdrücke klein sind. Der eilige Leser kann diese Abschätzungen, ohne daß er an Verständnis für das Weitere verliert, überschlagen.

11.1.2 Rechtfertigung der Vernachlässigungen

Wir beginnen mit dem Ausdruck (11.22). Dieser Operator wird auf eine Wellenfunktion angewendet, so daß wir, um die Abschätzung vorzunehmen, jeweils den Gesamtausdruck, Operator angewendet auf Wellenfunktion, betrachten müssen. Wir vergleichen den sich dann ergebenden Beitrag, der von (11.22) herrührt, mit dem kinetischen Energiebeitrag von dem Hamilton-Operator (11.24). Wie wir aus der Oszillatortheorie her wissen, ist die kinetische Energie von der gleichen Größenordnung wie die gesamte Energie, so daß wir unmittelbar als Abschätzung für das erste Glied in (11.24)

$$-\frac{\hbar^2}{2m_r}\frac{\partial^2}{\partial R^2} f \approx \hbar\omega f \tag{11.32}$$

erhalten.

Für den entsprechenden Ausdruck, der aus (11.22) folgt, erhalten wir durch Verwendung der expliziten Form (11.25) die Abschätzung

$$-\frac{\hbar^2}{m_r}\frac{1}{R}\frac{\partial}{\partial R} f \approx \frac{\hbar^2}{m_r}\frac{1}{R_e}(R - R_e)\frac{m_r\omega}{\hbar} f\,, \tag{11.33}$$

die sich zu

$$= \hbar\omega \frac{(R - R_e)}{R_e} f \tag{11.34}$$

umformen läßt. Hierbei wird die Variable R mit der Verteilungsfunktion (11.25) gewichtet, wobei $R - R_e$ auf einer Strecke R_0 gemäß (11.26) quadratisch exponentiell abfällt. Wie man anhand numerischer Beispiele leicht sieht, gilt dann die Relation

$$R - R_e \ll R_e\,, \tag{11.35}$$

so daß wir schließlich anstelle von (11.34) die Abschätzung

$$(11.34) \ll \hbar\omega f \tag{11.36}$$

erhalten, womit gezeigt ist, daß dieses Glied wesentlich kleiner als das Glied (11.32) ist. Diese Art von Abschätzungen ermöglicht es uns auch zu rechtfertigen, daß wir in dem Ausdruck für die Rotationsenergie die Größe R^2 durch R_e^2 ersetzt haben. Wenden wir uns nun schließlich der *Rechtfertigung der Born-Oppenheimer-Näherung* zu.

Betrachten wir hierzu die Auswirkung des Laplace-Operators der Kernkoordinate $\boldsymbol{R}_1$ auf die Elektronenwellenfunktion

$$\Delta_1 \psi\,. \tag{11.37}$$

Hierbei wollen wir so explizit wie möglich vorgehen und benutzen dazu die aus der Theorie der Molekülbindung bekannte Wellenfunktion (vgl. Abschn. 4.3)

$$\psi = \varphi_1(\boldsymbol{r} - \boldsymbol{R}_1) + \varphi_2(\boldsymbol{r} - \boldsymbol{R}_2)\,, \tag{11.38}$$

wobei φ_1 und φ_2 die an den Atomen 1 und 2 lokalisierten Elektronenwellenfunktionen sind. Da φ_1 nur von der Relativkoordinate $\boldsymbol{r} - \boldsymbol{R}_1$ abhängt, erhalten wir unmittelbar

$$\Delta_1 \psi = \Delta \psi\,. \tag{11.39}$$

Wir erinnern uns nun daran, daß im Mittel die kinetische Energie von der Größenordnung der Gesamtenergie W ist

$$-\frac{\hbar^2}{2m_0} \Delta\varphi \sim W\varphi\,. \tag{11.40}$$

Da aber in der Gl. (11.4) das Störungsglied nicht den Faktor $1/m_0$, sondern $1/m_1$ enthält, multiplizieren wir (11.40) mit m_0/m_1 und erhalten somit (11.41)

$$-\frac{\hbar^2}{2m_1} \Delta\varphi \sim \frac{m_0}{m_1} W\varphi\,. \tag{11.41}$$

Daraus wird aber ersichtlich, daß der Energiebeitrag, der von dem Störglied herrührt, um einen Faktor m_0/m_1 kleiner ist als derjenige, der von der Energie des Elektrons gemäß (11.40) stammt. Wird m_1 hinreichend groß, so wird dieses Glied (11.41) beliebig klein. Hierbei haben wir noch zu berücksichtigen, daß W unabhängig von den Kernmassen m_1, m_2 ist. Da der Laplace-Operator Δ de facto größenordnungsmäßig Multiplikation der Wellenfunktion mit $1/\text{Länge}^2$ bedeutet, können wir formal aus der linken Seite die Wurzel ziehen. Wir erhalten dann eine Abschätzung für den Betrag von $\hbar\nabla\psi$, gemäß

$$\hbar|\nabla\psi| \approx \sqrt{m_0 W}|\psi|\,. \tag{11.42}$$

In genau der gleichen Weise erhalten wir für die Funktion der Kernkoordinaten eine Abschätzung von der Größenordnung

$$\hbar|\nabla_{R_1}\Phi| \approx \sqrt{m_1 E_\kappa}|\Phi| \qquad (E_\kappa\text{: Energie der Kernbewegung})\,. \tag{11.43}$$

Unter Verwendung von (11.42) und (11.43) können wir die linken und rechten Seiten wie folgt miteinander jeweils ausmultiplizieren

$$\frac{\hbar^2}{2m_1}|\nabla\psi||\nabla_{R_1}\Phi| \approx \sqrt{\frac{m_0}{m_1}}\sqrt{WE_\kappa}|\psi\Phi|\,. \tag{11.44}$$

Wir erinnern uns nun daran, daß die Kerne Schwingungen ausführen, deren Energie von der Masse gemäß

$$E_\kappa \sim \hbar\omega \sim \frac{1}{\sqrt{m_1}} \tag{11.45}$$

abhängt. Erinnern wir uns ferner an das Wasserstoffproblem, so wissen wir, daß die Elektronenenergie proportional zur Elektronenmasse m_0 ist

$$W \sim m_0\,. \tag{11.46}$$

Führen wir noch (11.45) und (11.46) in (11.44) ein, so erkennen wir, daß die linke Seite proportional zu $m_0/m_1^{3/4}$ ist, d. h., daß auch dieses Glied gegenüber den anderen Gliedern, die wir in der Gleichung (11.4) berücksichtigt haben, vernachlässigt werden kann, wenn nur die Masse der Kerne hinreichend groß ist, was ja schon für die Protonenmasse in guter Näherung der Fall ist.

Die Abschätzungen, die wir soeben vorgenommen haben, mögen dem präzise denkenden Leser vielleicht etwas zu oberflächlich erscheinen, da wir hier immer Operatoren angewendet auf Wellenfunktionen in ihrer Größe abgeschätzt haben. Man kann diese Abschätzung aber ganz exakt machen, indem man zu Erwartungswerten übergeht.

11.2 Die Rotation drei- und mehratomiger Moleküle

11.2.1 Der Ausdruck für die Rotationsenergie

Im vorangegangenen Abschnitt haben wir eine streng quantenmechanische Rechnung zum 2-atomigen Molekül durchgeführt. Dabei sahen wir, wie Annahmen, die uns von der klassischen Mechanik nahegelegt werden, im einzelnen gerechtfertigt werden können. Wir haben ferner gesehen, wo Näherungen gemacht werden und wie diese zu begründen sind. Die dort gewonnenen Einsichten ermöglichen es uns, auch 3- und mehratomige Moleküle zu behandeln, wobei wir uns von den Vorstellungen der klassischen Mechanik leiten lassen können, ohne daß wir die quantenmechanische Behandlung darüber vernachlässigen müssen.

Ausgangspunkt für unsere Überlegungen ist auch hier wieder die Schrödinger-Gleichung, die wir für das Beispiel eines 3-atomigen Moleküls anschreiben, wobei wir im vorliegenden Kapitel nur die Bewegung der Kernkoordinaten berücksichtigen. Die potentielle Energie hängt dabei nur von den Relativkoordinaten ab, die wir durch

$$\boldsymbol{R}_{1,3} \equiv \boldsymbol{R}_3 - \boldsymbol{R}_1\,, \quad \boldsymbol{R}_{2,3} \equiv \boldsymbol{R}_3 - \boldsymbol{R}_2 \tag{11.47}$$

abkürzen. Hierbei ist $\boldsymbol{R}_j$, $j = 1, 2, 3$, wie bisher auch, der Koordinatenvektor des Kerns mit dem Index j. Wie schon aus der klassischen Mechanik bekannt ist, gilt für ein derartiges System der Erhaltungssatz des Gesamtimpulses. Dies gilt auch für die Quantenmechanik; in ihr sind solche Größen bekanntlich gleichzeitig scharf meßbar, deren zugeordnete Operatoren miteinander vertauschbar sind. In unserem Falle ist der Impulsoperator $\boldsymbol{P}$, der durch

$$\boldsymbol{P} = \sum_j \boldsymbol{p}_j = \frac{\hbar}{\mathrm{i}} \sum_j \nabla_j \tag{11.48}$$

gegeben ist, mit dem Hamilton-Operator der Schrödinger-Gleichung

$$\left\{ -\frac{\hbar^2}{2m_1}\Delta_1 - \frac{\hbar^2}{2m_2}\Delta_2 - \frac{\hbar^2}{2m_3}\Delta_3 + V(\boldsymbol{R}_{1,3}, \boldsymbol{R}_{2,3}) \right\} \Phi = E\Phi \tag{11.49}$$

vertauschbar. Hiervon kann man sich leicht überzeugen, da jede Differentiation einer Koordinate mit einer weiteren Differentiation nach der gleichen oder einer anderen Koordinate vertauschbar ist. $\boldsymbol{P}$ ist also sicher mit dem Hamilton-Operator der kinetischen Energie in (11.49) vertauschbar. Darüber hinaus überzeugt man sich leicht, daß $\boldsymbol{P}$ auch mit der potentiellen Energie V vertauschbar ist, da wegen der Abhängigkeit von den Relativkoordinaten die Beziehung

$$\nabla_j V = -\nabla_k V\,, \quad j \neq k \tag{11.50}$$

gilt und sich somit die einzelnen Beiträge bei der Vertauschung von $\boldsymbol{P}$ mit V herausheben. Von der Wellenfunktion Φ läßt sich somit die Schwerpunktbewegung mit der Wellenfunktion $\mathrm{e}^{\mathrm{i}KR}$ abspalten, wobei $\hbar\boldsymbol{K}$ der gesamte Impuls des Moleküls ist.

Befassen wir uns nun mit dem Drehimpuls. Hier läßt sich leicht nachrechnen, daß der Drehimpulsoperator

$$L^2 = L_x^2 + L_y^2 + L_z^2 \tag{11.51}$$

mit dem Operator der kinetischen Energie in (11.49) vertauschbar ist. Genauso läßt sich zeigen, daß (11.51) auch mit der potentiellen Energie V vertauscht, sofern V invariant gegen die gleichzeitige Rotation der Relativkoordinaten $\boldsymbol{R}_{jk}$ ist. Dies wollen wir im folgenden immer annehmen. Untersuchen wir nun die noch übriggebliebenen Freiheitsgrade und betrachten hierzu weiterhin das 3-atomige Molekül! Insgesamt bringt jeder Kern 3 Freiheitsgrade mit, da ja die Kerne als punktförmig angenommen werden. Damit besitzt das gesamte Molekül 9 Freiheitsgrade, von denen 3 auf die Schwerpunktsbewegung und 3 auf die Rotationsbewegung entfallen. Die restlichen 3 Freiheitsgrade müssen dann auf die inneren Bewegungen entfallen, wobei es sich um Oszillationen in Analogie zum 2-atomigen Molekül handeln wird. Dies hatten wir in Abschn. 10.5 bereits gesehen.

Wir können uns diese Betrachtungen auch noch in anderer Weise veranschaulichen. Die Koordinaten der 3 Kerne spannen eine Ebene auf, in der sich der Schwerpunkt des

Moleküls befindet. Die Ebene kann selbst noch in zwei Richtungen rotieren, so daß wir 2 Freiheitsgrade haben; hinzu kommt noch eine Rotation der gesamten Kernkoordinaten in der Ebene. Es bleiben dann auch bei dieser Betrachtung 3 Oszillationen in der Ebene übrig.

Wenden wir uns der Untersuchung der Drehbewegung und der zugehörigen Energie zu. Dabei können wir an Abschn. 9.4 anknüpfen. Wie wir aus der klassischen Mechanik her wissen, spielt bei Drehbewegungen der sogenannte Trägheitstensor

$$\Theta = \begin{pmatrix} \Theta_{xx} & \Theta_{xy} & \Theta_{xz} \\ \Theta_{yx} & \Theta_{yy} & \Theta_{yz} \\ \Theta_{zx} & \Theta_{zy} & \Theta_{zz} \end{pmatrix} \tag{11.52}$$

eine grundlegende Rolle. Seine einzelnen Komponenten sind durch die Beziehungen

$$\begin{aligned} \Theta_{xx} &= \sum_i m_i \left(Y_i^2 + Z_i^2\right) \\ \Theta_{yy} &= \sum_i m_i \left(X_i^2 + Z_i^2\right) \\ \Theta_{zz} &= \sum_i m_i \left(X_i^2 + Y_i^2\right) \\ \Theta_{xy} &= -\sum_i m_i X_i Y_i \\ \Theta_{xz} &= -\sum_i m_i X_i Z_i \\ \Theta_{yz} &= -\sum_i m_i Y_i Z_i \end{aligned} \tag{11.53}$$

gegeben. Da die Kerne als punktförmig angenommen werden, erstreckt sich die Summe über die drei Kerne mit punktförmig verteilten Massen m_i. Hierbei nehmen wir in Analogie zum 2-atomigen Molekül an, daß die Kernkoordinaten in der hier betrachteten Näherung an den Minima des Potentials liegen und keine Oszillationen durchführen. (Diese untersuchen wir erst weiter unten.) Wählen wir im Falle des 3-atomigen Moleküls ein Koordinatensystem, so daß die xy-Ebene mit der Ebene des Moleküls zusammenfällt und die z-Achse darauf senkrecht steht, so sind alle Koordinaten $Z_i = 0$. Damit reduziert sich aufgrund der Definitionen (11.53) der Trägheitstensor auf

$$\Theta = \begin{pmatrix} \Theta_{xx} & \Theta_{xy} & 0 \\ \Theta_{xy} & \Theta_{yy} & 0 \\ 0 & 0 & \Theta_{zz} \end{pmatrix} . \tag{11.54}$$

Durch eine Drehung des Koordinatensystems um die z-Richtung können wir ferner erreichen, daß die Nichtdiagonalelemente in (11.54) verschwinden, so daß wir also auf diese Weise den Trägheitstensor auf seine Hauptachsen bringen können

$$\Theta = \begin{pmatrix} \Theta_x & 0 & 0 \\ 0 & \Theta_y & 0 \\ 0 & 0 & \Theta_z \end{pmatrix} . \tag{11.55}$$

(Diese Form des Trägheitstensors läßt sich auch für mehratomige Moleküle immer erreichen.)

In der klassischen Physik ist der Drehimpuls mit dem Vektor der Winkelgeschwindigkeit $\boldsymbol{\omega}$ durch die Beziehung

$$\boldsymbol{L} = \Theta\boldsymbol{\omega} \tag{11.56}$$

verknüpft. Dabei sind $\boldsymbol{L}$ und $\boldsymbol{\omega}$ Vektoren, während Θ eine Matrix ist. Die kinetische Energie läßt sich dann in der Form

$$E_{\text{rot}} = \frac{1}{2}\widetilde{\boldsymbol{\omega}}\Theta\boldsymbol{\omega} \tag{11.57}$$

schreiben, wobei $\widetilde{\boldsymbol{\omega}}$ der zu $\boldsymbol{\omega}$ transponierte Vektor ist. Falls Θ diagonal ist, gelten natürlich die Beziehungen

$$\begin{aligned} L_x &= \Theta_x\omega_x \\ L_y &= \Theta_y\omega_y \\ L_z &= \Theta_z\omega_z\,. \end{aligned} \tag{11.58}$$

Lösen wir diese nach den Komponenten von $\boldsymbol{\omega}$ auf und setzen das Resultat in (11.57) ein, so erhalten wir als Ausdruck für die kinetische Energie

$$E_{\text{rot}} = \frac{1}{2}\frac{L_x^2}{\Theta_x} + \frac{1}{2}\frac{L_y^2}{\Theta_y} + \frac{1}{2}\frac{L_z^2}{\Theta_z}\,. \tag{11.59}$$

Der Gesamtdrehimpuls $\boldsymbol{L}$ setzt sich in der klassischen Mechanik aus den Drehimpulsen der einzelnen Atome gemäß

$$\boldsymbol{L} = \sum_i \boldsymbol{L}_i \equiv \sum_i [\boldsymbol{R}_i, \boldsymbol{P}_i] \tag{11.60}$$

zusammen. In der Quantentheorie werden hierbei die Impulse $\boldsymbol{P}_i$ in bekannter Weise gemäß der Jordanschen Regel durch die Gradienten

$$\boldsymbol{P}_k \to \frac{\hbar}{\mathrm{i}}\nabla_k \tag{11.61}$$

ersetzt. Für die Drehimpulse der einzelnen Kerne gelten dann die bekannten Vertauschungsrelationen

$$L_{x,i}L_{y,i} - L_{y,i}L_{x,i} = \mathrm{i}\hbar L_{z,i} \tag{11.62}$$

sowie (11.62) mit zyklisch vertauschten Indizes x, y, z, während Drehimpulsoperatoren für verschiedene Kerne miteinander vertauschbar sind. Die Relationen (11.62) übertragen sich, wie man leicht nachrechnet, auch auf den gesamten Drehimpulsoperator $\boldsymbol{L}$ (11.60).

11.2.2 Der symmetrische Kreisel

Sehen wir uns an, was die Quantisierung des Drehimpulses für die Energie E_{rot} (11.59) bedeutet. Betrachten wir zunächst den Fall, daß für die Trägheitsmomente

$$\Theta_x = \Theta_y \tag{11.63}$$

gilt. Wegen der Beziehung

$$\boldsymbol{L}^2 = L_x^2 + L_y^2 + L_z^2 \,, \tag{11.64}$$

die auch für Operatoren gültig ist, können wir (11.59) auch in der Form

$$H_{\mathrm{rot}} = \frac{1}{2}\frac{1}{\Theta_x}\left(\boldsymbol{L}^2 - L_z^2\right) + \frac{1}{2}\frac{1}{\Theta_z}L_z^2 \tag{11.65}$$

schreiben, wobei wir gleichzeitig H (Hamilton-Operator) statt der Energie E geschrieben haben. Da die Operatoren $\boldsymbol{L}^2$ und L_z untereinander und mit dem Energie-Operator vertauschen, können wir die Wellenfunktion in der Schrödinger-Gleichung so wählen, daß diese gleichzeitig Eigenfunktion zu den genannten Operatoren wird. Wir gelangen so wieder zu den Gln. (11.20a, 11.20b), wobei wir, der Konvention folgend, die zu L_z gehörigen Quantenzahlen mit k bezeichnen, wobei wiederum gilt $-J \le k \le J$ und k ganzzahlig ist. Oft setzt man $K = |k|$. Die Größe $\hbar k$ kann als die Komponente des Gesamtdrehimpulses in Richtung der z-Richtung, die mit der z-Hauptachse des Moleküls gewählt wurde, aufgefaßt werden. Stellen wir uns also nun vor, daß der Operator E_{rot} schließlich auf die entsprechende Wellenfunktion $F_{J,k}$ wirkt, so können wir die Operatoren $\boldsymbol{L}^2$ und L_z^2 durch ihre zugehörigen Eigenwerte $\hbar^2[J(J+1)]$ und $\hbar^2 K^2$ ersetzen. Damit geht (11.65) in

$$E_{\mathrm{rot}} = \frac{1}{2}\frac{\hbar^2}{\Theta_x}\left[J(J+1) - K^2\right] + \frac{1}{2}\hbar^2\frac{K^2}{\Theta_z}\,,\quad 0 \le K \le J\,, \tag{11.66}$$

über, und es ist uns somit gelungen, die Rotationsenergie auszurechnen.

Da zu jedem Wert K die Quantenzahlen $k = K$ und $k = -K$ und damit die entsprechenden Wellenfunktionen gehören, ist die Energie für $K \neq 0$ zweifach entartet und nur für $K = 0$ nicht entartet. Während sich die Quantenzahl k auf die Projektion des Drehimpulses auf die molekülfeste z-Achse bezieht, bezog sich die Quantenzahl M, die uns in (11.20b) begegnete, auf die raumfeste Achse (die wir jetzt als z'-Achse bezeichnen wollen). Dies führt zu der Frage, ob es auch im vorliegenden Falle eine solche Quantenzahl M gibt. Betrachten wir hierzu diejenige Drehung des Koordinatensystems, die zwischen dem raumfesten System x', y', z' und dem molekülfesten System x, y, z vermittelt. Insbesondere gilt für die z'-Komponente $L_{z'}$ des Drehimpulses

$$L_{z'} = aL_x + bL_y + cL_z \,, \tag{11.66a}$$

wobei die Konstanten a, b, c von den Drehwinkeln abhängen. Die Relation (11.66a) gilt zunächst für die klassischen Vektoren, läßt sich dann aber sofort in die Quantentheorie übertragen, so daß sie nun für die Drehimpulsoperatoren gilt.

Wir fragen uns nun, ob wir neben dem Quadrat des Drehimpulses (mit dem Operator $\boldsymbol{L}^2$) auch seine Komponente in z'-Richtung (mit dem Operator $L_{z'}$) gleichzeitig scharf messen können. Wie wir von I, Abschn. 10.2, her wissen, vertauscht $\boldsymbol{L}^2$ nicht nur mit L_z, sondern auch mit L_x und L_y und somit auch mit der Linearkombination (11.66a). $\boldsymbol{L}^2$ und $L_{z'}$ sind also gleichzeitig scharf meßbar. Der Eigenwert zum Operator $\boldsymbol{L}^2$ ist natürlich wieder $\hbar^2 J(J+1)$, während wir die Eigenwerte zu $L_{z'}$ jetzt in Übereinstimmung mit früher $\hbar M$ nennen. Wie wir in I zeigten, folgt aus der Operatoralgebra für L_x, L_y, L_z (oder gleichwertig für $L_{x'}$, $L_{y'}$, $L_{z'}$) und aus Stetigkeitsbedingungen für die Wellenfunktion, daß $0 \leq J$ und ganzzahlig ist, während gilt: $-J \leq M \leq J$, wobei auch M ganzzahlig ist. Die Quantenzahl M kann gemessen werden, indem man das Molekül einem elektrischen oder magnetischen Feld in z'-Richtung aussetzt. Da aber $L_{z'}$ nicht mit L_z^2 vertauscht werden kann (sofern nicht $a = b = 0$), und der Energieoperator von L_z^2 abhängt, ist in diesem Falle die Energie (11.65) nicht mehr scharf meßbar.

11.2.3 Der asymmetrische Kreisel

Betrachten wir nun den Fall, daß alle Trägheitsmomente längs der Hauptachsen voneinander verschieden sind. Die kinetische Energie für die Rotationsbewegung läßt sich dann in der Form

$$H_{\mathrm{rot}} = A_x L_x^2 + A_y L_y^2 + A_z L_z^2 \tag{11.67}$$

schreiben, wobei wir die Abkürzung

$$A_j = \frac{1}{2}\Theta_j^{-1}\,, \quad j = x, y, z \tag{11.68}$$

benutzt haben. Wir führen Erzeugungs- und Vernichtungsoperatoren für die z-Komponente des Drehimpulses ein, die wir gemäß I, Abschn. 10.2 mit Hilfe von

$$L_{\pm} = L_x \pm \mathrm{i} L_y \tag{11.69}$$

definieren. Die Anwendung des Operators L_+ auf eine Wellenfunktion mit der Drehimpulsquantenzahl k führt diese in eine mit einer um 1 erhöhten Quantenzahl über, entsprechend verringert der Operator L_- diese Quantenzahl um 1. Die Gl. (11.69) läßt sich nach L_x und L_y gemäß

$$L_x = \frac{1}{2}(L_+ + \mathrm{i}L_-) \tag{11.70}$$

und

$$L_y = \frac{1}{2\mathrm{i}}(L_+ + \mathrm{i}L_-) \tag{11.71}$$

auflösen. Setzen wir L_x und L_y gemäß dieser Beziehungen in (11.67) ein, ordnen um und verwenden noch die Abkürzungen

$$\alpha = \frac{1}{4}(A_x - A_y)\,, \qquad \beta = \frac{1}{4}(A_x + A_y)\,, \tag{11.72}$$

so erhalten wir als Ausdruck für den Hamilton-Operator der Rotation

$$H_{\mathrm{rot}} = \alpha\left(L_+^2 + L_-^2\right) + \beta(L_+L_- + L_-L_+) + A_z L_z^2\,. \tag{11.73}$$

Wir benutzen nun die Eigenschaft, daß (11.69) die Quantenzahl k um 1 erhöht bzw. erniedrigt. Bei zweimaliger Anwendung der entsprechenden Operatoren auf die Eigenfunktionen $F_{J,k}$ des Drehimpulses erhalten wir dann

$$L_+^2 F_{J,k} = \hbar^2 a_{J,k} F_{J,k+2} \tag{11.74}$$

und

$$L_-^2 F_{J,k} = \hbar^2 b_{J,k} F_{J,k-2} \,. \tag{11.75}$$

Die Koeffizienten a und b sind dabei explizit durch

$$\begin{aligned} a_{J,k} &= \sqrt{J(J+1) - k(k+1)}\sqrt{J(J+1) - k(k+1)(k+2)} \\ b_{J,k} &= \sqrt{J(J+1) - k(k-1)}\sqrt{J(J+1) - k(k-1)(k-2)} \end{aligned} \tag{11.76}$$

gegeben, wie man anhand der Formeln von (10.36) und (10.37) von I nachrechnen kann.

Ferner gilt natürlich

$$L_z^2 F_{J,k} = \hbar^2 k^2 F_{J,k} \tag{11.77}$$

und wegen $\boldsymbol{L}^2 - L_z^2 = L_x^2 + L_y^2 = \frac{1}{2}(L_+L_- + L_-L_+)$ die Eigenwertgleichung

$$\frac{1}{2}(L_+L_- + L_-L_+)F_{J,k} = \hbar^2[J(J+1) - k^2]F_{J,k} \,. \tag{11.78}$$

Unsere Aufgabe ist es nun, die Eigenwerte und Eigenfunktionen des Operators (11.73) zu finden, d. h. wir haben die Schrödinger-Gleichung

$$H_{\text{rot}} f(\vartheta, \varphi) = \hbar^2 \lambda f(\vartheta, \varphi) \tag{11.79}$$

zu lösen. Hierbei haben wir den Eigenwert auf der rechten Seite in die spezielle Form $\hbar^2\lambda$ gebracht. Wegen des Auftretens der Erzeugungs- und Vernichtungsoperatoren in H_{rot} (11.73) können wir nicht mehr damit rechnen, daß k eine gute Quantenzahl ist. Vielmehr haben wir jetzt eine Linearkombination in der Form

$$f = \sum_{k=-J}^{+J} c_k F_{J,k} \tag{11.80}$$

anzusetzen. Dabei können wir uns aber auf Funktionen $F_{J,k}$ mit *festem* J beschränken, da $\boldsymbol{L}^2$ mit H_{rot} vertauscht. Setzen wir (11.80) in (11.79) ein, so erhalten wir unter Verwendung der Beziehungen (11.74)–(11.78) die Relation

$$\begin{aligned} \sum_{k=-J}^{+J} [&\alpha c_k a_{J,k} F_{J,k+2} + \alpha c_k b_{J,k} F_{J,k-2} \\ &+ (2\beta(J(J+1) - k^2) + A_z k^2 - \lambda) c_k F_{J,k}] = 0 \,, \end{aligned} \tag{11.81}$$

wobei wir den Eigenwert λ auf die linke Seite gebracht und die Gleichung durch den Faktor $\hbar^2$ dividiert haben. Die Koeffizienten α, β und A_z entstammen dem Hamilton-

Operator H_{rot}. $a_{J,k}$ und $b_{J,k}$ sind in (11.76) definiert. Im folgenden benützen wir noch die Abkürzung

$$g_{J,k} \equiv 2\beta J(J+1) + (A_z - 2\beta)k^2 \,. \tag{11.82}$$

Da wir die folgenden Gleichungen für eine feste Drehimpulsquantenzahl J behandeln können, lassen wir diese ganz weg, ersetzen also

$$\begin{aligned} a_{J,k} &\to a_k \\ b_{J,k} &\to b_k \\ g_{J,k} &\to g_k \,. \end{aligned} \tag{11.83}$$

Da die Eigenfunktionen F des Drehimpulses für verschiedene Quantenzahlen k voneinander linear unabhängig sind, kann eine Beziehung der Form (11.81) nur dann gelten, wenn die Koeffizienten von gleichen Drehimpulseigenfunktionen verschwinden. Numerieren wir die Indizes um, so erhalten wir die Gleichungen

$$\alpha c_{k-2} a_{k-2} + \alpha c_{k+2} b_{k+2} + (g - \lambda) c_k = 0 \,. \tag{11.84}$$

Hierbei ist zu beachten, daß wegen (11.76) Koeffizienten a_k, b_k gleich Null sein können. Um den Inhalt der Gl. (11.84) zu illustrieren, betrachten wir einige Spezialfälle, aus denen aber der Leser das allgemeine Vorgehen entnehmen kann.

Für die Drehimpulsquantenzahl $J = 0$ ergibt sich unmittelbar

$$J = 0 \quad (g_0 - \lambda) c_0 = 0 \,, \tag{11.85}$$

d. h. der Eigenwert ist direkt durch g_0 gegeben, wobei wegen (11.82) mit $J = k = 0$ $g_0 = 0$ ist. Es ergibt sich also für die Rotationsenergie $E_{\text{rot}} = 0$.

Für $J = 1$ erhalten wir zwei Möglichkeiten, nämlich je nachdem, ob k gerade oder ungerade ist. Ist k gerade, so bleibt nur die Möglichkeit $k = 0$ und die zugehörige Gleichung

$$J = 1 \quad (g_0 - \lambda) c_0 = 0 \,. \tag{11.86}$$

Dabei ist wegen (11.82) $g_0 \equiv g_{1,0} = 4\beta$, so daß sich nach den Ersetzungen (11.72), (11.68) ergibt

$$E_{\text{rot}} = \frac{\hbar^2}{2} \left(\frac{1}{\Theta_x} + \frac{1}{\Theta_y} \right) .$$

Ist hingegen k ungerade, so erhalten wir aus (11.84) zwei Gleichungen der Gestalt

$$\begin{aligned} (g_1 - \lambda) c_1 + 0 &= 0 \\ 0 + (g_{-1} - \lambda) c_{-1} &= 0 \,, \end{aligned} \tag{11.87}$$

wobei $g_1 \equiv g_{1,1}$, $g_{-1} \equiv g_{1,-1}$ sich zu $g_1 = g_{-1} = 2\beta + A_z$ ergeben. Die somit aus den beiden Gln. (11.87) folgenden Eigenwerte $\lambda = 2\beta + A_z$ stimmen also überein, d. h. die Energie $E_{\text{rot}} = \hbar^2 \lambda$ ist zweifach entartet und ergibt sich zu

$$E_{\text{rot}} = \frac{\hbar^2}{4} \left(\frac{1}{\Theta_x} + \frac{1}{\Theta_y} \right) + \frac{\hbar^2}{2} \frac{1}{\Theta_z} \,.$$

Betrachten wir $J = 2$. Die Gln. (11.84) zerfallen in solche für gerade k und solche für ungerade k. Für gerade k erhalten wir die drei miteinander gekoppelten Gleichungen

$$\begin{aligned} J = 2 \quad & (g_2 - \lambda)c_2 + \alpha c_0 a_0 = 0 \\ & \alpha b_2 c_2 + (g_0 - \lambda)c_0 + \alpha c_{-2} a_{-2} = 0 \\ & \alpha c_0 b_0 + (g_{-2} + \lambda)c_0 = 0 \,, \end{aligned} \tag{11.88}$$

wobei

$$\begin{aligned} & g_2 \equiv g_{2,2} = 4\beta + 4A_z \,, \quad && g_0 \equiv g_{2,0} = 12\beta \,, \quad && g_{-2} \equiv g_{2,-2} = 4\beta + 4A_z \,, \\ & a_0 \equiv a_{2,0} = 2\sqrt{6} \,, && a_{-2} \equiv a_{2,-2} = 2\sqrt{6} \,, \\ & b_0 \equiv b_{2,0} = 2\sqrt{6} \,, && b_2 \equiv b_{2,2} = 2\sqrt{6} \,. \end{aligned}$$

Diese sind nur dann nicht-trivial lösbar, wenn die Determinante

$$\begin{vmatrix} g_2 - \lambda & \alpha a_0 & 0 \\ \alpha b_2 & g_0 - \lambda & \alpha a_{-2} \\ 0 & \alpha b_0 & g_{-2} - \lambda \end{vmatrix} = 0 \tag{11.89}$$

verschwindet, was, wie immer, eine Säkulargleichung für die Eigenwerte λ bedeutet. Mit den bekannten Koeffizienten läßt sich die Gleichung 3. Grades für λ leicht lösen.

Im Falle, daß k ungerade ist, zerfallen die Gln. (11.84) in zwei ungekoppelte Gleichungen

$$(g_1 - \lambda)c_1 = 0 \tag{11.90}$$

und

$$(g_{-1} - \lambda)c_{-1} = 0 \,, \tag{11.91}$$

wobei

$$\begin{aligned} g_1 &\equiv g_{2,1} &&= 10\beta + A_z \\ g_{-1} &\equiv g_{2,-1} &&= 10\beta + A_z \,, \end{aligned}$$

aus denen wiederum die Eigenwerte λ sofort zu entnehmen sind. Im Falle $J = 3$ schließlich zerfällt das Gleichungssystem (11.84) in die geraden und ungeraden k's. Für die ungeraden k-Werte erhalten wir ein Gleichungssystem, dessen Koeffizientendeterminante die Gestalt

$$\begin{vmatrix} x - \lambda & x & 0 & 0 \\ x & x - \lambda & x & 0 \\ 0 & x & x - \lambda & x \\ 0 & 0 & x & x - \lambda \end{vmatrix} = 0 \tag{11.92}$$

hat. Die x-Zeichen sollen dabei andeuten, daß an den entsprechenden Stellen von 0 verschiedene Koeffizienten vorkommen. Aus dieser Form wird schon das allgemeine Bildungsgesetz für die Gleichungen und die zugehörige Säkulardeterminante ersichtlich. Es treten von 0 verschiedene Glieder nur in der Hauptdiagonalen und in den beiden links und rechts benachbarten Diagonalen auf. Dies ermöglicht es übrigens, das Gleichungssystem Schritt für Schritt zu lösen. Die letzte Gleichung stellt eine Selbstkonsistenzbedingung dar, die äquivalent mit dem Verschwinden der Determinante (11.92) ist. Auf diese Weise wird es möglich, die Energiewerte $\hbar^2\lambda$ sowie die zugehörigen Eigenfunktionen für jede gewünschte Quantenzahl J zu berechnen. Damit ist unsere Aufgabe, die Rotationsenergien des Moleküls zu berechnen, beendet.

Im nächsten Abschnitt wenden wir uns den Molekül-Schwingungen zu.

11.3 Die Schwingungen drei- und mehratomiger Moleküle

Bereits beim zweiatomigen Molekül hatten wir gesehen, daß seine Kerne *harmonische* Schwingungen um deren Gleichgewichtslagen, zumindest bei kleinen Auslenkungen, ausführen können. Das Molekül verhält sich also so, als wären die zwei Massenpunkte durch eine elastische Feder miteinander verknüpft. Betrachten wir nun ein Molekül aus drei oder mehr Atomen, wobei wir uns für die Kernbewegung interessieren. Unser Ziel ist es hierbei, den Hamilton-Operator für die Kernschwingungen herzuleiten. Es ist dabei einfacher, wenn wir die Kernbewegung zunächst nach der klassischen Mechanik behandeln. Wir gelangen so zu Gleichungen gekoppelter Oszillatoren. Durch Einführung von Normalkoordinaten lassen sich diese entkoppeln. Dies hat zur Folge, daß sich die Hamilton-Funktion als Summe einzelner Hamilton-Funktionen (für jede Normalkoordinate) darstellen und leicht quantisieren läßt.

Wie wir aus Experimenten wissen und wie sich auch aus der quantenmechanischen Rechnung der Bindungskräfte im Molekül ergibt, halten diese Atomkerne mittlere Abstände voneinander ein, die durch das Minimum der potentiellen Energie bestimmt sind. Um die entsprechenden Gleichgewichtslagen können sie (bei nicht zu großen Auslenkungen) *harmonische* Schwingungen ausführen. Die potentielle Energie V der M Kerne, die von deren Lage-Vektoren $\boldsymbol{R}_j$, $j = 1, \dots, M$ abhängt, entwickeln wir um deren Ruhelagen $\boldsymbol{R}_{j,0}$, wobei wir die Auslenkungen mit ξ_j bezeichnen

$$\boldsymbol{R}_j = \boldsymbol{R}_{j,0} + \xi_j\,, \quad j = 1, \dots, M\,. \tag{11.93}$$

Wir erhalten somit bis einschließlich Glieder 2. Ordnung in ξ_j

$$\begin{aligned} V(\boldsymbol{R}_1, \boldsymbol{R}_2, \dots, \boldsymbol{R}_M) =& V(\boldsymbol{R}_{1,0}, \boldsymbol{R}_{2,0}, \dots, \boldsymbol{R}_{M,0}) + \sum_{j=1}^{M} (\nabla_j V)\xi_j \\ &+ \frac{1}{2} \sum_{j,j',l,l'} \frac{\partial^2 V}{\partial \xi_{jl} \partial \xi_{j'l'}} \xi_{jl} \xi_{j'l'}\,. \end{aligned} \tag{11.94}$$

Die Ableitungen $\nabla_j V$ und $\partial^2 V/\partial\xi_{jl}\partial\xi_{j'l'}$ sind dabei natürlich an den Stellen $\boldsymbol{R}_j = \boldsymbol{R}_{j,0}$ zu nehmen. Da dies die Gleichgewichtslagen sind, gilt

$$\nabla_j V = 0\,, \tag{11.95}$$

so daß das 2. Glied auf der rechten Seite von (11.94) entfällt. Beim 3. Glied in (11.94) bezeichnen die Indizes l, l' die Koordinaten x, y, z; d. h. z. B. ξ_{jx} bedeutet die x-Komponente des Auslenkungsvektors ξ_j. Die Summe über j, j' läuft über $j = 1, \dots, M$ und $j' = 1, \dots, M$. Da $V(\boldsymbol{R}_{1,0}, \dots, \boldsymbol{R}_{M,0})$ eine von den ξ's unabhängige Konstante ist, bleibt als uns interessierende potentielle Energie der Kernbewegung

$$W(\xi_1, \dots, \xi_M) = \frac{1}{2} \sum_{j,j',l,l'} \frac{\partial^2 V}{\partial \xi_{jl} \partial \xi_{j'l'}} \xi_{jl} \xi_{j'l'} \tag{11.96}$$

übrig. Um W in einer einfachen Form schreiben zu können, führen wir neue Variable η gemäß

$$\begin{aligned} \xi_{j,x} &\rightarrow \eta_{3(j-1)+1} \\ \xi_{j,y} &\rightarrow \eta_{3(j-1)+2} \\ \xi_{l,z} &\rightarrow \eta_{3(j-1)+3} \end{aligned} \tag{11.97}$$

ein, wobei wir ersichtlich die Durchnumerierung ändern müssen, so daß der Index k von η_k gemäß

$$k = 1, \ldots, 3M = \widetilde{M} \tag{11.98}$$

läuft. Für W erhalten wir so einen Potentialausdruck in der Form

$$W = \frac{1}{2} \sum_{k,k'} \eta_k A_{kk'} \eta_{k'} , \tag{11.99}$$

wobei

$$A_{kk'} = \frac{\partial^2 V}{\partial \eta_k \partial \eta_{k'}} . \tag{11.100}$$

Daraus folgt unmittelbar, daß $A_{kk'}$ eine symmetrische Matrix ist. Um die Hamilton-Funktion zu erhalten, brauchen wir noch die kinetische Energie E_{kin}, die durch

$$E_{\text{kin}} = \frac{1}{2} \sum_j m_j \dot{\xi}_j^2 \tag{11.101}$$

gegeben ist. Es liegt nahe, auch hier die neuen Bezeichnungen (11.97) einzuführen, was mit Hilfe der Relation

$$\widetilde{m}_k = m_{[(k-1)/3+1]} \tag{11.102}$$

geschehen kann. Die eckige Klammer hierin bedeutet, daß man in ihr die größte ganze Zahl, die der Bruch $(k-1)/3$ darstellt, nehmen soll.

Für $k = 1$ gilt $\left[\dfrac{k-1}{3}\right] \equiv \left[\dfrac{0}{3}\right] = 0$,

für $k = 2$ gilt $\left[\dfrac{1}{3}\right] = 0$,

für $k = 3$ gilt $\left[\dfrac{2}{3}\right] = 0$ und erst

für $k = 4$ erhalten wir $\left[\dfrac{3}{3}\right] = 1$,

für $k = 5$ gilt $\left[\dfrac{4}{3}\right] = 1$ etc.

Mit Hilfe der durch (11.102) definierten Massen $\widetilde{m}_k$ läßt sich die kinetische Energie der Kernschwingungen in leicht ersichtlicher Weise in der Form

$$E_{\text{kin}} = \frac{1}{2} \sum_k \widetilde{m}_k \dot{\eta}_k^2 \tag{11.103}$$

schreiben. Mit Hilfe von (11.99) und (11.103) erhalten wir als erstes wichtiges Ergebnis die Hamilton-Funktion

$$H = E_{\text{kin}} + W = \frac{1}{2} \sum_k \widetilde{m}_k \dot{\eta}_k^2 + W \, , \tag{11.104}$$

wobei wir, im Sinne des Hamilton-Formalismus, die Geschwindigkeiten $\dot{\eta}_k$ noch durch die Impulse $p_k = \widetilde{m}_k \dot{\eta}_k$ auszudrücken haben. Da W quadratisch oder bilinear in den Auslenkungen η_k ist, stellt (11.104) die Energie gekoppelter Oszillatoren dar. Deren Bewegungsgleichungen lauten

$$\widetilde{m}_k \ddot{\eta}_k = -\frac{\partial W}{\partial \eta_k} \tag{11.105}$$

oder, wenn wir W (11.99) einsetzen

$$\widetilde{m}_k \ddot{\eta}_k = -\sum_{k'=1}^{3M} A_{kk'} \eta_{k'} \, , \tag{11.106}$$

wobei $A_{kk'}$ durch (11.100) gegeben ist.

Die Koeffizienten $A_{kk'}$ in (11.99) fassen wir gemäß

$$A = (A_{kk'}) \tag{11.107}$$

zu einer Matrix A zusammen und ebenso die Massen $\widetilde{m}$ in (11.103) zu der Diagonalmatrix $\widetilde{m}$:

$$\widetilde{m} = \begin{pmatrix} \widetilde{m}_1 & & \\ & \widetilde{m}_2 & \\ & & \ddots \end{pmatrix} . \tag{11.108}$$

W und E_{kin} nehmen dann die einfache Gestalt

$$W = \frac{1}{2} \boldsymbol{\eta}^{\mathrm{T}} A \boldsymbol{\eta} \tag{11.109}$$

bzw.

$$E_{\text{kin}} = \frac{1}{2} \dot{\boldsymbol{\eta}}^{\mathrm{T}} \widetilde{m} \dot{\boldsymbol{\eta}} \tag{11.110}$$

an.

Unser weiteres Ziel ist es, eine Transformation des Vektors $\boldsymbol{\eta}$ auf einen neuen Vektor durchzuführen, so daß sich W in einem Ausdruck darstellen läßt, der analog zu (11.109) ist, wobei aber dann auch A zu einer Diagonalmatrix gemacht wird. Die Schwierigkeit ist zunächst dabei, daß mit einer solchen Transformation von $\boldsymbol{\eta}$ zu neuen Koordinaten nicht ohne weiteres gewährleistet ist, daß E_{kin} in der Form (11.110) mit $\widetilde{m}$ als Diagonalmatrix erhalten bleibt. Um diese gleichzeitige Diagonalisierung von W und E_{kin} durchführen zu können, greifen wir zu einem Trick, indem wir die folgende Transformation zu dem neuen Vektor ζ vornehmen

$$\widetilde{m}^{1/2}\boldsymbol{\eta} = \zeta \,. \tag{11.111}$$

Die Wurzel aus der Diagonalmatrix $\widetilde{m}$ definieren wir dabei einfach als eine neue Diagonalmatrix, deren Elemente gerade die Wurzeln aus den ursprünglichen sind

$$\widetilde{m}^{1/2} = \begin{pmatrix} \widetilde{m}_1^{1/2} & & \\ & \widetilde{m}_2^{1/2} & \\ & & \ddots \end{pmatrix} . \tag{11.112}$$

Setzen wir (11.111) in (11.109) ein, so erhalten wir

$$W = \frac{1}{2}\zeta^{\mathrm{T}}\widetilde{m}^{-1/2}A\widetilde{m}^{-1/2}\zeta \,. \tag{11.113}$$

Im folgenden wollen wir das darin auftretende Matrixprodukt durch

$$\widetilde{m}^{-1/2}A\widetilde{m}^{-1/2} = B \tag{11.114}$$

abkürzen. Wie man leicht nachrechnet, ist mit A auch B eine symmetrische Matrix. Nach diesen Transformationen nehmen (11.109) und (11.110) die Gestalt

$$W = \frac{1}{2}\zeta^{\mathrm{T}}B\zeta \tag{11.115}$$

bzw.

$$E_{\mathrm{kin}} = \frac{1}{2}\dot{\zeta}^2 \tag{11.116}$$

an.

Bei all diesen Betrachtungen müssen wir berücksichtigen, daß $\boldsymbol{\eta}$ bzw. ζ nichts anderes sind als zeitabhängige Vektoren, wie sie uns früher in Form der ξ begegnet sind. Wie man leicht nachrechnet, gehen die Bewegungsgleichungen (11.106) für die η_k in die folgenden Gleichungen für ζ_k über:

$$\ddot{\zeta}_k = -\sum_{k'} B_{kk'}\zeta_{k'} \tag{11.117}$$

oder, in Matrixform zusammengefaßt,

$$\ddot{\zeta} = -B\zeta \,. \tag{11.118}$$

Zur Lösung dieser Differentialgleichungen machen wir den Ansatz

$$\zeta(t) = \mathrm{e}^{\mathrm{i}\omega t}\zeta(0) + \text{konj. komplex} \tag{11.119}$$

Da die Gln. (11.118) linear sind, genügt es, wenn wir den ersten Teil von (11.119) in (11.118) einsetzen, ω und $\zeta(0)$ bestimmen und erst dann die konjugiert komplexe Lösung in (11.119) hinzufügen, damit ζ reell wird. Wir setzen also $\zeta = \mathrm{e}^{\mathrm{i}\omega t}\zeta(0)$ in (11.118) ein, führen die Differentiation nach der Zeit aus und kürzen durch $\mathrm{e}^{\mathrm{i}\omega t}$ durch. Es verbleiben die linearen algebraischen Gleichungen

$$\omega^2\zeta(0) = B\zeta(0) \,. \tag{11.120}$$

Diese sind dann nicht trivial lösbar, wenn die zugehörige Determinante

$$\mathrm{Det}(B - \omega^2 \mathbb{1}) = 0 \tag{11.121}$$

verschwindet, $\mathbb{1}$ ist hierin die Einheitsmatrix. Eine eingehende mathematische Analyse zeigt, daß die Frequenzen ω tatsächlich reell sind. Das kann man natürlich auch von vornherein erwarten, da für unser System der Energieerhaltungssatz gelten muß und eine komplexe Größe ω bedeuten würde, daß das System gedämpft ist oder exponentiell in seiner Amplitude anwächst, was dem Energieerhaltungssatz ganz gewiß widerspricht.

Gleichungen der Form (11.120) führen bekanntlich zu einem ganzen Satz von Frequenzen, den sogenannten Eigenfrequenzen, die im allgemeinen voneinander verschieden sind. Zu jeder Eigenfrequenz ω gehört ein spezieller Eigenvektor, $\zeta(0)$, und damit gemäß (11.111) ein spezieller Vektor $\boldsymbol{\eta}(0)$, der bis auf einen konstanten Faktor eindeutig bestimmt ist (sofern nicht Entartungen auftreten). Diese so bestimmten Schwingungen sind die sogenannten Normalschwingungen. Zerlegt man den zeitabhängigen Vektor $\zeta(t)$ oder $\boldsymbol{\eta}(t)$ in seine Komponenten, so folgt aus (11.119), daß alle Komponenten mit derselben Frequenz schwingen: Eine für Normalschwingungen typische Eigenschaft. Bei der Bestimmung der Eigenvektoren und deren Symmetrieverhalten erweist sich wiederum die Gruppentheorie, die wir in Kap. 6 kennenlernten, als fundamental. Hierauf werden wir unten in Abschn. 11.4 näher eingehen.

Im folgenden unterscheiden wir die Frequenzen und Eigenvektoren durch den Index k, so daß wir anstelle von (11.119) genauer

$$\zeta_k(t) = \mathrm{e}^{\mathrm{i}\omega_k t} \zeta_k(0) + \text{konj. komplex} \tag{11.122}$$

schreiben. Wie eine genauere Analyse ergibt, verschwinden drei Eigenfrequenzen, was daher rührt, daß die Gleichungen Lösungen erlauben, die einer gleichförmigen Translationsbewegung aller Kerne entsprechen. Im folgenden wollen wir diese Frequenzen und zugehörigen Eigenfunktionen nicht mehr berücksichtigen, da dies ja schon bei der Behandlung der Schwerpunktbewegung erfolgt ist.

Wie wir schon bemerkten, sind A und damit auch B symmetrische Matrizen. Die Eigenfunktionen solcher symmetrischer Matrizen haben die Eigenschaft, daß für sie die Orthogonalitätsrelationen

$$\zeta_j^{\mathrm{T}} \cdot \zeta_k = \delta_{jk} = \begin{cases} 1 & \text{für } j = k \\ 0 & \text{für } j \neq k \end{cases} \tag{11.123}$$

gelten.

Wir entwickeln den allgemeinen Vektor $\zeta(t)$ in eine Überlagerung der Eigenvektoren $\zeta(0)$

$$\zeta(t) = \sum_j \beta_j(t) \zeta_j(0) \, . \tag{11.124}$$

Da mit einem positiven Wert von ω auch ein negativer Wert von ω Eigenwert zu (11.120) ist, müssen wir die Zeitfunktion β_j in der allgemeinen Form

$$\beta_j = a_j \mathrm{e}^{\mathrm{i}\omega_j t} + b_j \mathrm{e}^{-\mathrm{i}\omega_j t} \tag{11.125}$$

annehmen. Rechnen wir nun den Ausdruck für die kinetische Energie E_{kin} mit Hilfe der Entwicklung (11.124) auf die Variablen β_j um. Wir erhalten dann

$$E_{\text{kin}} = \frac{1}{2}\dot{\zeta}^2 = \frac{1}{2}\dot{\zeta}^{\mathrm{T}} \cdot \dot{\zeta} = \frac{1}{2}\sum_j \dot{\beta}_j \zeta_j^{\mathrm{T}}(0) \sum_k \dot{\beta}_k \zeta_k(0) \tag{11.126}$$

oder, wenn wir die Orthogonalitätsrelation (11.123) verwenden,

$$\frac{1}{2}\sum_j \dot{\beta}_j^2 \,. \tag{11.127}$$

In entsprechender Weise gehen wir bei W vor, indem wir auch hier (11.124) in (11.115) einsetzen und damit

$$W = \frac{1}{2}\sum_j \beta_j(t)\zeta_j^{\mathrm{T}}(0) B \sum_k \beta_k(t)\zeta_k(0) \tag{11.128}$$

erhalten. Wir berücksichtigen, daß für jeden Index k die Relationen (11.120), d. h.

$$B\zeta_k(0) = \omega_k^2 \zeta_k(0) \tag{11.129}$$

erfüllt sind und verwenden anschließend die Orthogonalitätsrelation (11.123). W läßt sich dann in die Form

$$W = \frac{1}{2}\sum_k \omega_k^2 \beta_k^2 \tag{11.130}$$

bringen.

Betrachten wir den Ausdruck für die Gesamtenergie, der sich aus der Summe von E_{kin} und W zusammensetzt, $H_{\text{vib}} = E_{\text{kin}} + W$, so erhalten wir mit Hilfe von (11.127) und (11.130) das Resultat

$$H_{\text{vib}} = \sum_k \frac{1}{2}\left(\dot{\beta}_k^2 + \omega_k^2 \beta_k^2\right) \,. \tag{11.131}$$

Dieser Ausdruck hat eine sehr einfache Bedeutung. Wir erkennen, daß die *Gesamtenergie sich als eine Summe von unabhängigen Oszillatoren schreiben läßt*. Dieser Zusammenhang wird besonders deutlich, wenn wir β_k mit der Koordinate Q_k eines Oszillators und $\dot{\beta}_k$ mit dem Impuls P_k dieses Oszillators identifizieren, wobei wir die Masse formal $m = 1$ zu setzen haben:

$$\left.\begin{array}{l} \beta_k \to Q_k \\ \dot{\beta}_k \to P_k \\ m = 1 \end{array}\right\} \,. \tag{11.132}$$

Fassen wir zusammen: Wir haben gesehen, daß sich im Falle elastischer Bindungen zwischen den Kernen die kinetische und potentielle Energie mit Hilfe einer Koordinatentransformation so schreiben läßt, daß sie als eine Summe ungekoppelter harmonischer Oszillatoren erscheint.

Jetzt können wir noch den letzten Schritt vollziehen. Wie wir wissen, können wir die Energie des harmonischen Oszillators sofort quantisieren. Die Schrödinger-Gleichung lautet damit

$$H_{\text{vib}}\Phi = E_{\text{vib}}\Phi ,$$

wobei H_{vib} durch

$$H_{\text{vib}} = \sum_k \frac{1}{2}\left(P_k^2 + \omega_k^2 Q_k^2\right)$$

gegeben ist. Oft is es noch eleganter, statt Q_k, P_k die Erzeugungs- und Vernichtungsoperatoren für Schwingungsquanten einzuführen:

$$\begin{aligned} B_k^+ &= (\omega_k Q_k - \mathrm{i}P_k)/\sqrt{2\hbar\omega_k} \\ B_k &= (\omega_k Q_k + \mathrm{i}P_k)/\sqrt{2\hbar\omega_k} . \end{aligned}$$

Damit geht H_{vib} über in

$$H_{\text{vib}} = \sum_k \hbar\omega_k \left(B_k^+ B_k + \frac{1}{2}\right) ,$$

wobei $\frac{1}{2}\sum_k \hbar\omega_k$ die Nullpunktsenergie der Schwingungen darstellt.

Einige Bemerkungen sind noch angebracht. Ganz ersichtlich sind wir bei der Behandlung von drei- und mehratomigen Molekülen nicht mehr ganz so konsequent wie beim zweiatomigen Molekül vorgegangen, wo wir von der Schrödinger-Gleichung ausgingen, die wir dann mit Hilfe geeigneter Koordinatentransformationen auf eine Form brachten, die deutlich zeigte, wie hier Translationsbewegung, Rotationsbewegung und innere Schwingung quantisiert sind. Genau den gleichen Weg hätten wir auch bei dem drei- oder mehratomigen Molekül gehen können, doch sind dann die einzelnen Schritte der Koordinatentransformationen sehr aufwendig in der Darstellung. Hier haben wir also einen etwas einfacheren Weg gewählt, bei dem wir uns von der klassischen Mechanik haben leiten lassen, und wo wir auch zu dem richtigen Resultat kommen. Natürlich haben wir bei einer genaueren Behandlung, wie schon beim zweiatomigen Molekül, weitere Effekte zu berücksichtigen, wie z. B. Anharmonizitäten in der potentiellen Energie bei größeren Auslenkungen der Kernkoordinaten aus ihren Ruhelagen, usw.

11.4 Symmetrie und Normalkoordinaten

In Kap. 5 hatten wir an einfachen Beispielen gesehen, wie die Berechnung von Elektronenwellenfunktionen vereinfacht werden kann, wenn wir die Molekülsymmetrien ausnutzen. In Kap. 6 hatten wir dann das hierbei zugrundeliegende Instrumentarium der Darstellungstheorie der Gruppen ausführlich dargestellt. Auch bei den Kernschwingungen läßt sich die Symmetrie benutzen, um die Normalkoordinaten in einfacher Weise zu bestimmen. Wir erläutern dies an einem ganz einfachen Beispiel, nämlich eines zweiatomigen Moleküls (vgl. Abb. 11.1). Für einen Großteil dieses Abschnitts ist die Kenntnis von Kap. 5 und 6 nicht notwendig, so daß auch der Leser, der diese Kapitel nicht kennt, den vorliegenden Abschnitt mit Gewinn lesen kann.

Ausgangspunkt ist die klassische Hamilton-Funktion der Kernschwingungen

$$H = E_{\text{kin}} + V\,, \tag{11.133}$$

wobei wir bemerken, daß alle Ausführungen genauso gut auch für einen Hamilton-*Operator* gemacht werden können. Anschaulicher ist es aber, die Hamilton-Funktion zu betrachten. Der Ausdruck für die kinetische Energie lautet

$$E_{\text{kin}} = \frac{m_1}{2}\dot{\xi}_1^2 + \frac{m_2}{2}\dot{\xi}_2^2\,; \tag{11.134}$$

die potentielle Energie schreiben wir in der Form

$$V(\boldsymbol{R}_1, \boldsymbol{R}_2) = \frac{K}{2}(\boldsymbol{R}_2 - \boldsymbol{R}_1 - \boldsymbol{a})^2\,. \tag{11.135}$$

Wir betrachten dabei ein eindimensionales Problem gemäß Abb. 11.1, so daß die Vektoren alle längs der x-Achse liegen. Wir führen wie in Abschn. 11.3 Ruhekoordinaten $\boldsymbol{R}_{j,0}$ ein, so daß sich (11.135) in der Form

$$V = \frac{k}{2}(\boldsymbol{R}_{2,0} - \boldsymbol{R}_{1,0} + \xi_2 - \xi_1 - \boldsymbol{a})^2 = \frac{K}{2}(\xi_2 - \xi_1)^2 \tag{11.136}$$

schreiben läßt.

Wir betrachten nun Symmetrieoperationen T, die die Hamilton-Funktion (11.133) invariant lassen, d. h. wir betrachten solche Transformationen, bei denen H in sich übergeht

$$TH = H\,. \tag{11.137}$$

Die Symmetrieoperation, die wir hier ins Auge fassen, ist die Spiegelung an der y-Achse, d. h. eine Transformation, die von jedem Vektor die x-Komponente in ihr Negatives überführt und die gleichzeitig die Indizes 1 und 2 vertauscht. Die Spiegelung bewirkt also eine Transformation sowohl der Gleichgewichtslagen $\boldsymbol{R}_0$ als auch der zusätzlichen Auslenkungen ξ gemäß

$$\begin{aligned} &\boldsymbol{R}_{1,0} \to \boldsymbol{R}_{2,0}\,, \quad \xi_{1,x} \to -\xi_{2,x} \\ &\boldsymbol{R}_{2,0} \to \boldsymbol{R}_{1,0}\,, \quad \xi_{2,x} \to -\xi_{1,x}\,. \end{aligned} \tag{11.138}$$

Betrachten wir zunächst die kinetische Energie (11.134). Da bei ξ_1 bzw. ξ_2 die Indizes vertauscht werden, bekommen wir einen Energieausdruck, bei dem die Massen m_1 und m_2 miteinander vertauscht sind, also einen, der nicht mehr die gleiche Form wie (11.134) hat. Die gleiche Form erhalten wir nur dann, wenn $m_1 = m_2$ ist. Damit erkennen wir eine erste Bedingung für die Erfüllung der Symmetrie bei einem Molekül, nämlich die Massenpunkte, die bei der Symmetrieoperation ineinander übergehen, müssen die gleichen Massen besitzen. Setzen wir das Ergebnis der Transformation (11.138)

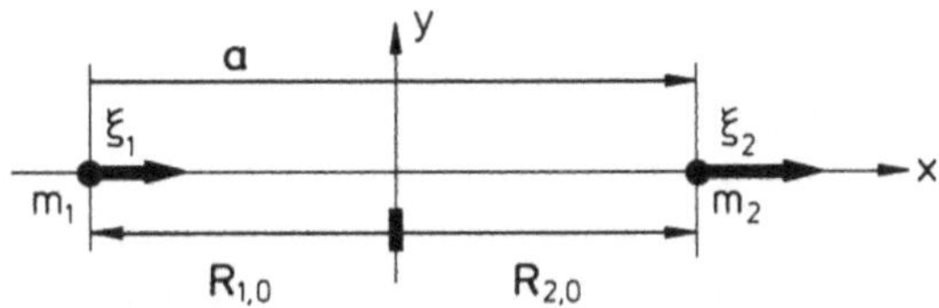

Abb. 11.1. Eindimensionale Bewegung zweier Massenpunkte mit $m_1 = m_2$, deren Ruhelagen einen Abstandsvektor $\boldsymbol{a}$ haben und symmetrisch zum Koordinatenursprung liegen, d. h. $\boldsymbol{R}_{2,0} = -\boldsymbol{R}_{1,0}$. Die Auslenkungen aus den Ruhelagen erfolgen in x-Richtung und sind mit ξ_1 und ξ_2 bezeichnet

in (11.136) ein, so erkennen wir sofort, daß die potentielle Energie V unverändert geblieben ist.

Wir prüfen nun nach, wie sich die Bewegungsgleichungen unter der genannten Spiegelung verhalten. Die zur Energie (11.133) gehörigen Bewegungsgleichungen lauten

$$m_1\ddot{\xi}_1 = K(\xi_2 - \xi_1)\,, \tag{11.139}$$

$$m_1\ddot{\xi}_2 = -K(\xi_2 - \xi_1)\,. \tag{11.140}$$

Nehmen wir hier die Transformation (11.138) vor, so geht (11.139) in

$$-m_1\ddot{\xi}_2 = K(-\xi_1 + \xi_2) \tag{11.141}$$

und (11.140) in

$$-m_1\ddot{\xi}_1 = -K(-\xi_1 + \xi_2) \tag{11.142}$$

über. Ersichtlich können wir aber (11.141) in der Form

$$m_1\ddot{\xi}_2 = -K(\xi_2 - \xi_1) \tag{11.143}$$

und (11.142) in der Form

$$m_1\ddot{\xi}_1 = K(\xi_2 - \xi_1) \tag{11.144}$$

schreiben. Bis auf die Reihenfolge der Gleichungen stimmen aber die Gln. (11.143) und (11.144) mit den Gln. (11.139) und (11.140) überein. Die Bewegungsgleichungen sind, wie unser Beispiel zeigt, also ebenfalls invariant unter dieser Symmetrieoperation.

Die Variablen ξ_1, und ξ_2 bilden die Basis der Darstellung der Symmetriegruppe. Diese besteht nur aus zwei Elementen, nämlich der Einheitsoperation E und der Spiegelung σ. Schauen wir uns an, wie diese Operationen auf die Basis ξ_1, ξ_2, die wir in Form eines Vektors schreiben, wirken. Für E ergibt sich

$$E\begin{pmatrix}\xi_{1,x}\\ \xi_{2,x}\end{pmatrix} = \begin{pmatrix}\xi_{1,x}\\ \xi_{2,x}\end{pmatrix} = \begin{pmatrix}1 & 0\\ 0 & 1\end{pmatrix}\begin{pmatrix}\xi_{1,x}\\ \xi_{2,x}\end{pmatrix}, \quad \chi = 2\,. \tag{11.145a}$$

Indem wir an die Transformationen (11.138) denken, erhalten wir

$$\sigma\begin{pmatrix}\xi_{1,x}\\ \xi_{2,x}\end{pmatrix} = \begin{pmatrix}\xi_{2,x}\\ \xi_{1,x}\end{pmatrix} = \begin{pmatrix}0 & -1\\ -1 & 0\end{pmatrix}\begin{pmatrix}\xi_{1,x}\\ \xi_{2,x}\end{pmatrix}, \quad \chi = 0\,. \tag{11.145b}$$

wobei wir in der dritten Spalte Matrizen hingeschrieben haben, die die gleiche Wirkung wie die entsprechenden Operationen E bzw. σ auf $\binom{\xi_{1,x}}{\xi_{2,x}}$ haben. Die Summen der Diagonalelemente, d. h. die Spur der Matrix, sind die Gruppencharaktere, die wir in der letzten Spalte für die beiden Operationen E und σ angegeben haben.

Tabelle 11.1. Gruppencharaktere: Obere Zeile für die reduzible Darstellung (11.145a) und (11.145b), mittlere und untere Zeile für die beiden irreduziblen Darstellungen

	E	σ
Γ	2	0
Γ_1	1	1
Γ_2	1	-1

Gemäß der Gruppentheorie gibt es für die durch E und σ dargestellte Gruppe zwei irreduzible Darstellungen, deren Charaktere in der zweiten und dritten Zeile von Tabelle 11.1 wiedergegeben sind.

Aus ihr lesen wir sofort ab, daß die erste Zeile sich darstellen läßt als die Summe von jeweils den Eintragungen der zweiten und dritten Zeile. Daraus ergibt sich (vgl. Kap. 6), daß die reduzible Darstellung, die durch (11.145a) und (11.145b) wiedergegeben wird, in die beiden irreduziblen Darstellungen, die wir hier Γ_1 und Γ_2 nennen, zerfällt. Die zu

Γ_1 bzw. Γ_2 gehörigen Darstellungen lassen sich mit Hilfe der Formel (6.58) sofort konstruieren, aber auch direkt – im vorliegenden Falle – einsehen. Wie wir nämlich schon in Kap. 5 bei der Besprechung der Parität gesehen haben, lassen sich die Funktionen durch gerade bzw. ungerade Parität beschreiben. Setzen wir

$$\xi_{2,x} = \xi_{1,x}\,, \tag{11.146}$$

so rechnen wir sofort nach, daß

$$\sigma\begin{pmatrix}\xi_{1,x}\\ \xi_{1,x}\end{pmatrix} = \begin{pmatrix}-\xi_{1,x}\\ -\xi_{1,x}\end{pmatrix} = (-1)\begin{pmatrix}\xi_{1,x}\\ \xi_{1,x}\end{pmatrix} \tag{11.147}$$

gilt. Das heißt, bei der Spiegelung geht der Basisvektor in sein Negatives über. Er hat also ungerade Parität. Im Falle

$$\xi_{2,x} = -\xi_{1,x} \tag{11.148}$$

hingegen, ergibt die Rechnung sofort

$$\sigma\begin{pmatrix}\xi_{1,x}\\ -\xi_{1,x}\end{pmatrix} = \begin{pmatrix}\xi_{1,x}\\ -\xi_{1,x}\end{pmatrix} = (+1)\begin{pmatrix}\xi_{1,x}\\ -\xi_{1,x}\end{pmatrix}, \tag{11.149}$$

das heißt, der hier eingesetzte Basisvektor hat gerade Parität. Benutzen wir Formel (6.58), die wir schon in Abschn. 6.8 verwendet haben, so erhalten wir automatisch die in (11.147) bzw. (11.149) links stehenden Spaltenvektoren; dieses sind bereits die Normalkoordinaten. Um uns davon zu überzeugen, benutzen wir die zu (11.147) gehörige Relation (11.146), bzw. die zu (11.149) gehörige Relation (11.148). Im ersteren Falle erhalten wir durch Einsetzen von (11.146) in die Gl. (11.139) die Gleichung

$$m_1\ddot{\xi}_1 = 0\,, \tag{11.150}$$

die die Lösung

$$\xi_2 = \xi_1 = a + bt \tag{11.151}$$

besitzt. Hier handelt es sich um eine Translationsbewegung beider Massenpunkte, also keine Schwingung. Benutzen wir hingegen die Lösung (11.148) und setzen diese in (11.139) ein, so ergibt sich

$$m_1\ddot{\xi}_1 = -2K\xi_1\,, \tag{11.152}$$

also die Gleichung eines harmonischen Oszillators. Die Lösung läßt sich sofort mit Hilfe des Exponentialansatzes $\xi_1(t) = \xi_1(0)\mathrm{e}^{\mathrm{i}\omega t}$ finden. Für die Frequenz ω ergibt sich die Gleichung

$$m_1\omega^2 = 2K\,, \quad \text{also } \omega = \pm\sqrt{\frac{2K}{m_1}}\,. \tag{11.153}$$

Die Lösung ξ_1, ξ_2 läßt sich dann direkt in der Form

$$\xi_1 = a\mathrm{e}^{\mathrm{i}\omega t} + a^*\mathrm{e}^{-\mathrm{i}\omega t} \tag{11.154}$$

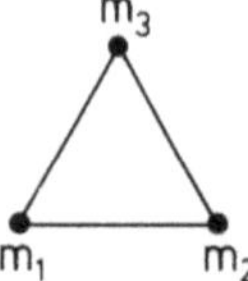

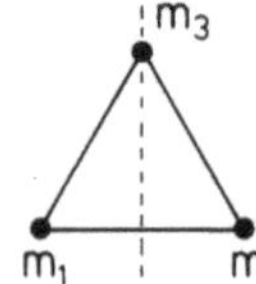

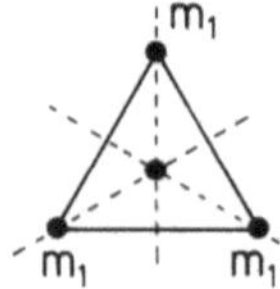

Abb. 11.2. *Links*: Drei Kerne eines Moleküls in der Ebene mit jeweils gleichem Abstand. Da die Massen m_1, m_2, m_3 verschieden sein sollen, gibt es hier keine Symmetrie. *Mitte*: Da hier $m_1 = m_2$ jedoch $m_1 = m_2 \neq m_3$ sein soll, ist nur die Symmetrieoperation der Spiegelung möglich. *Rechts*: Sind alle Massen gleich, so sind alle Symmetrieoperationen der Gruppe C_{3v} möglich. In allen Fällen wird vorausgesetzt, daß die Kernwechselwirkungen die genannten Symmetrieoperationen ebenfalls erlauben

und

$$\xi_2 = -\xi_1 = -a\mathrm{e}^{\mathrm{i}\omega t} - a^*\mathrm{e}^{-\mathrm{i}\omega t} \tag{11.155}$$

schreiben, wobei wir wieder die Beziehung (11.146) benützt haben. Gleichungen (11.154) und (11.155) lassen sich auch in Vektorform als

$$\begin{pmatrix} \xi_1 \\ \xi_2 \end{pmatrix} = \begin{pmatrix} a \\ -a \end{pmatrix} \mathrm{e}^{\mathrm{i}\omega t} + \begin{pmatrix} a^* \\ -a^* \end{pmatrix} \mathrm{e}^{-\mathrm{i}\omega t} \tag{11.156}$$

angeben. Darin ist ersichtlich

$$\begin{pmatrix} a \\ -a \end{pmatrix} \mathrm{e}^{\mathrm{i}\omega t} \tag{11.157}$$

die gesuchte Normalkoordinate, die durch Hinzufügen von dem konjugierten Komplexen gemäß (11.156) zur reellen Normalkoordinate wird.

An unserem einfachen Beispiel wird deutlich, daß durch Verwendung der Symmetrien und der Transformationseigenschaften der Normalkoordinaten der Rechenaufwand verringert wird. Statt nämlich die beiden gekoppelten Gln. (11.139) und (11.140) zu lösen, hatten wir nur noch die einfachen Gln. (11.150) bzw. (11.152) zu lösen.

Machen wir uns nun das allgemeine Verfahren anhand der Abb. 11.2 klar. Im Falle der Abb. 11.2 links, wo alle Massen voneinander verschieden sind, liefert schon die kinetische Energie keinerlei Symmetrie, so daß wir hier keine Symmetriebetrachtungen anstellen können. Im Falle von Abb. 11.2 Mitte herrscht eine Spiegel-Symmetrie bezüglich der durch den Massenpunkt 3 gehenden Senkrechten, sofern auch die Potentiale invariant unter der Spiegelung sind. Dies ist keineswegs selbstverständlich, da das Potential von den Wellenfunktionen der Elektronen abhängt und deren Verteilung zum Beispiel asymmetrisch sein könnte. Nehmen wir aber an, daß die Potentialsymmetrie erfüllt ist, so können wir die Spiegelungssymmetrie verwenden. Im Falle von Abb. 11.2 rechts können die Massenpunkte durch verschiedene Symmetrieoperationen ineinander übergeführt werden, so wie das in Abb. 6.2, 6.3 im einzelnen diskutiert worden ist. Wählen wir die Koordinaten der Ruhelagen, wie in Abb. 11.3 angegeben, so läßt sich die Wirkung der Symmetrieoperationen sehr einfach angeben. Betrachten wir zuerst die Ruhelagen für sich. Dann gehen bei der Spiegelung an der durch 3 gehenden Senkrechten die Vektoren $\boldsymbol{R}_{1,0}$ und $\boldsymbol{R}_{2,0}$ ineinander über, während der dritte Vektor $\boldsymbol{R}_{3,0}$ in sich übergeht. ξ_1 und ξ_2 vertauschen die Indizes, wobei die jeweilige x-Koordinate in ihr Negatives, die j-Koordinate in sich übergeht. Bei ξ_3 bleibt der Index erhalten, während die x-Koordinate in ihr Negatives und die y-Koordinate in sich übergeht. Bei einer Drehung des Moleküls um 60° vertauschen die Ruhelagen $\boldsymbol{R}_{j,0}$ ihre Indizes zyklisch, genauso auch die Auslenkungen ξ_j, wobei jeder Vektor ξ_j noch einer Drehung um 60° unterworfen wird. Mit Hilfe eines Modells, bei dem die einzelnen Massenpunkte paarweise durch gleich starke Federn verknüpft sind, kann man sich explizit davon überzeugen, daß die po-

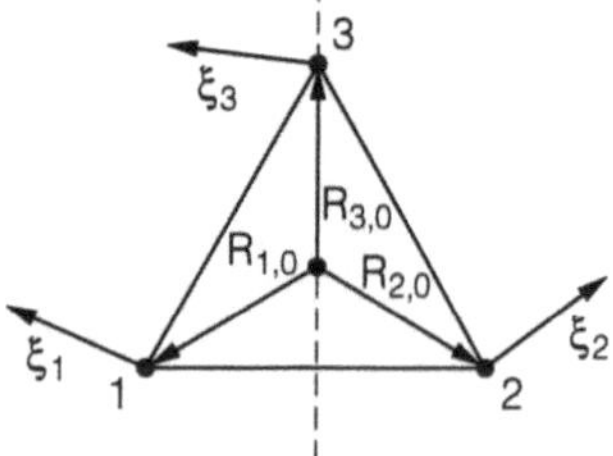

Abb. 11.3. Dreiatomiges Molekül mit C_{3v}-Symmetrie, den Ruhelagen $\boldsymbol{R}_{j,0}$ und Auslenkungen ξ_j der Kerne $j = 1, 2, 3$

Abb. 11.4. Normalschwingungen des Moleküls von Abb. 11.3. Daneben gibt es noch die drei „uneigentlichen" Normalschwingungen, nämlich 2 Translationen und 1 Rotation (in der Ebene)

tentielle Energie invariant gegenüber diesen Symmetrieoperationen ist. Wir überlassen dies dem Leser als eine Übungsaufgabe.

Die Basis der reduziblen Darstellung wird durch einen Vektor bestimmt, der aus den zwei Komponenten von ξ_1, des weiteren der zwei Komponenten von ξ_2 und des weiteren der zwei Komponenten von ξ_3 besteht. Dies ist also ein sechsdimensionaler Vektor, den wir mit Hilfe der in Abschn. 11.3 eingeführten Variablen η auch als

$$\eta = \begin{pmatrix} \eta_1 \\ \eta_2 \\ \vdots \\ \eta_6 \end{pmatrix}$$

schreiben können. Indem man diesen Vektor den verschiedenen Transformationen E, C_3, C_3^2, σ_v, $\sigma_{v'}$, $\sigma_{v''}$ der Gruppe C_{3v} unterwirft, d. h. den Spiegelungen und Drehungen gemäß Abb. 6.2, 6.3, lassen sich in Analogie zu den Beziehungen (11.145) die in der dortigen dritten Spalte stehenden Darstellungsmatrizen herleiten und hieraus die Charaktere. Mit Hilfe der Charakterentafel Tabelle 6.8 ist es dann möglich, die Zerlegung der reduziblen Darstellungen in die irreduziblen Darstellungen durchzuführen, ähnlich wie hier gemäß Tabelle 11.1 in (11.147) und (11.149), wobei nun Formel (6.58) zu benutzen ist. In Analogie zu (11.147) und (11.149) ergeben sich so feste Beziehungen zwischen den einzelnen Komponenten des Darstellungsvektors, das heißt aber, es ergeben sich hier direkt die *Normalkoordinaten*. Wir überlassen es dem Leser als eine Übungsaufgabe, diese Normalkoordinaten für den Fall der Abb. 11.4 herzuleiten.

11.5 Zusammenfassung

In diesem Kapitel haben wir die Kernbewegung mit Hilfe der Quantentheorie behandelt. Am Beispiel des 2-atomigen Moleküls sahen wir, wie sich die Bewegung in Translations-, Rotationsbewegung und Schwingungen aufspalten läßt. Während die Translationsbewegung keiner Quantisierungsbedingung unterliegt, konnten wir die quantisierten Energien für Rotation und Schwingung herleiten und erkannten auch die hier eingehenden Näherungen. Wir untersuchten dann die Rotationsbewegung bei mehratomigen Molekülen, wobei wir auch den unsymmetrischen Kreisel behandelten, d. h. ein Molekül, bei dem alle drei Hauptträgheitsmomente voneinander verschieden sind. Schließlich untersuchten wir die Kernschwingungen, wobei das Problem in zwei Teilprobleme aufgeteilt werden kann, nämlich ein klassisches Problem, bei dem man die Normalkoordinaten bestimmt und das Problem der Quantisierung. Wir erläuterten die Auffindung der Normalkoordinaten am Beispiel eines 2-atomigen Moleküls, das nur längs der x-Richtung Schwingungen ausführen kann, sowie in gewissem Umfange an einem 3-atomigen Molekül in der Ebene. Hierbei ist die Darstellungstheorie der Gruppen von wesentlichem Nutzen.

Nachdem die Normalkoordinaten klassisch bestimmt sind, kann nun der Hamilton-Operator in sehr einfacher Weise aufgebaut werden, indem er nämlich aus einer Summe einzelner Oszillator-Hamilton-Operatoren besteht, so daß das quantenmechanische Problem sofort lösbar wird. Die Wellenfunktion besteht aus einem Produkt von einzelnen Oszillator-Wellenfunktionen, von denen sich jede auf eine bestimmte Normalkoordinate bezieht. Bei der Bestimmung der Normalkoordinaten stellt sich heraus, daß hier einige Freiheitsgrade automatisch insofern herausfallen, als sie nicht zu Schwingungen Anlaß geben, sondern zu Translations- und Rotationsbewegungen. Da wir dies nicht explizit am allgemeinen Falle gezeigt haben, sei dies hier noch ergänzend angefügt.

Aufgaben

11.1 Gegeben sei ein M-atomiges Molekül, wobei die Atomkerne mit den Koordinaten $\boldsymbol{R}_j$ die Massen m_j haben. Die Massen der Kerne sind im allgemeinen wesentlich größer als die der Elektronen, d. h. die Elektronen können den Kernbewegungen unmittelbar folgen. Daher läßt sich in guter Näherung die Bewegung der Kerne unabhängig von der der Elektronen betrachten, wobei man in Analogie zur klassischen Mechanik zwischen Translations- und Rotationsbewegung unterscheidet. Sei im folgenden $\boldsymbol{L}$ der Gesamtdrehimpuls des Moleküls, d. h.

$$\boldsymbol{L} := \sum_j \boldsymbol{L}_j \,, \quad \boldsymbol{L}_j \text{ ist hier der Drehimpuls des Atomkerns } j.$$

Ferner sei der Hamiltonoperator wie folgt gegeben:

$$H = -\sum_j \frac{\hbar^2}{2m_j}\Delta_j + V(\boldsymbol{R}_{M,1}, \boldsymbol{R}_{M,2}, \dots, \boldsymbol{R}_{M,M-1})$$

$$\text{mit } \boldsymbol{R}_{M,J} := \boldsymbol{R}_J - \boldsymbol{R}_M \,.$$

Das Potential V sei dabei invariant gegenüber gleichzeitiger Rotation der Relativkoordinaten $\boldsymbol{R}_{M,J}$. Man zeige, daß das Quadrat des Drehimpulsoperators mit dem Hamiltonoperator vertauscht, also daß $[\boldsymbol{L}^2, H] = 0$ gilt. Es genügt, das Beispiel $M = 3$ zu untersuchen.

12. Raman-Spektren

Neben der Infrarot- und der Mikrowellen-Spektroskopie ist die Raman-Spektroskopie eine weitere wichtige Methode zur Untersuchung der Rotations- und Schwingungsspektren von Molekülen. Sie beruht auf der als Raman-Effekt bezeichneten unelastischen Streuung von Licht an Molekülen. Im Streuspektrum treten als Differenz zum elastisch gestreuten Primärlicht Rotations- und Schwingungsfrequenzen der streuenden Moleküle auf. Das Zustandekommen und die Eigenschaften dieses Streuspektrums sollen in diesem Kapitel erklärt werden (Abschn. 12.1–12.4). In Abschn. 12.4 wird schließlich noch auf die Statistik von Kernspin-Zuständen und ihren Einfluß auf die Rotationsstruktur von Spektren eingegangen. Dieser Abschnitt betrifft eigentlich nicht allein den Raman-Effekt, sondern auch die Rotationsspektren und ist deshalb auch als Ergänzung zu Kap. 9 anzusehen.

12.1 Der Raman-Effekt

Wie wir schon gesehen haben, kann Licht von Molekülen absorbiert oder emittiert werden, wenn die Resonanzbedingung $\Delta E = h\nu$ erfüllt ist. Daneben kann aber auch, wie wir bereits aus der klassischen Physik wissen, Licht aller Wellenlängen gestreut werden. Die aus der klassischen Optik bekannte elastische Rayleigh-Streuung wird damit erklärt, daß der $\boldsymbol{E}$-Vektor des Lichtfeldes an den Hüllenelektronen im Molekül angreift und ein induziertes Dipolmoment $\boldsymbol{p}_{\text{ind}} = \alpha \boldsymbol{E}$ erzeugt, das mit der Frequenz des Lichtes oszilliert und nun seinerseits als Hertzscher Oszillator eine Lichtwelle mit der gleichen Frequenz ausstrahlt. Diese Streustrahlung ist mit dem erzeugenden Lichtfeld kohärent.

Im Jahre 1928 beobachtete *Raman* im gestreuten Licht auch spektral verschobene Linien. Der Frequenzabstand zum Primärlicht entsprach Schwingungs- bzw. Rotationsfrequenzen der streuenden Moleküle. Dieser theoretisch bereits 1925 von *Smekal* vorausgesagte Prozeß heißt Raman-Effekt und bildet die Grundlage der Raman-Spektroskopie. Das Raman-gestreute Licht ist im Gegensatz zur Rayleigh-Streuung mit dem Primärlicht nicht kohärent. Man beobachtet Frequenz-Verschiebungen nach kleineren Energien (Stokes-Linien) und solche nach höheren Energien (Antistokes-Linien). Die Frequenzverschiebung ist dabei unabhängig von der Frequenz des Primärlichtes alleine eine Eigenschaft des streuenden Moleküls. Schematisch ist das ganze Raman-Spektrum eines Moleküls in Abb. 12.1 dargestellt. Die Struktur dieses Spektrums gilt es zu verstehen.

Zur Messung von Raman-Spektren benötigt man wegen der Kleinheit der Raman-Verschiebungen ein hohes spektrales Auflösungsvermögen. Die Größenordnung dieser Verschiebungen beträgt beim Rotations-Raman-Effekt $1\,\text{cm}^{-1}$. Bei Primärlicht im sichtbaren Bereich mit der Wellenzahl $\bar{\nu}_{\text{p}}$ (p für primär) von der Größenordnung $20\,000\,\text{cm}^{-1}$ benötigt man zur Messung dieser kleinen Verschiebungen ferner eine Unterdrückung des in der Frequenz unverschobenen und vielfach intensiveren Streulichtes – deshalb

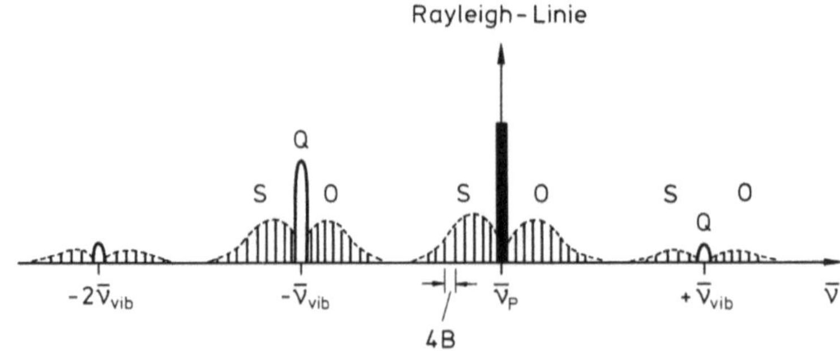

Abb. 12.1. Gesamtes Raman-Spektrum eines zweiatomigen Moleküls, schematisch. Die Rayleigh-Linie bei der Frequenz des Primärlichtes $\bar{\nu}_p$ ist unmittelbar von den Rotations-Raman-Linien umgeben. Im Abstand der Molekülschwingung $\bar{\nu}_{vib}$ liegen die Rotations-Schwingungs-Raman-Linien, Q-, S- und O-Zweig. Die entsprechenden Antistokes-Linien bei $\bar{\nu}_p + \bar{\nu}_{vib}$ sind viel schwächer und meistens nicht beobachtbar. Ähnliches gilt für die Obertöne bei $2\bar{\nu}_{vib}$

verwendet man im Nachweis-Strahlengang einen Doppel- oder sogar einen Tripelmonochromator – und eine möglichst geringe Linienbreite des Primärlichtes. Sonst kann man die schwachen Raman-Streulinien nicht von der um mehrere Größenordnungen intensiveren Rayleigh-Linie trennen. Man verwendet deshalb heute als Primärlicht für Raman-Messungen meistens Laser-Licht. Mit dem Laser kann man ja bekanntlich sehr intensives monochromatisches Licht erzeugen, dessen Linienbreite sehr viel kleiner ist als die zu erwartenden Raman-Verschiebungen. Eine schematische Meßanordnung zeigt Abb. 12.2.

12.2 Schwingungs-Raman-Spektren

Zunächst berücksichtigen wir einmal keine Molekülrotationen und nehmen an, daß das Molekül nur schwingt. Bei freien Molekülen müssen wir diese Annahme natürlich später fallen lassen.

Die *klassische* Erklärung des *Schwingungs-Raman-Effektes* geht von der Erklärung der Rayleigh-Streuung aus. Bei dieser wird angenommen, daß das streuende Molekül keine Schwingungen oder Rotationsbewegungen ausführt. Trifft nun Primärlicht mit der Frequenz ν_p (oder auch mit ν_0 bezeichnet) und der Feldstärke $E = E_0 \cos(2\pi\nu_p t)$ auf das Molekül, so wird in der Elektronenhülle des Moleküls ein Dipolmoment induziert, das mit der gleichen Frequenz ν_p wie der $\boldsymbol{E}$-Vektor des Primärlichtes schwingt. Es gilt also

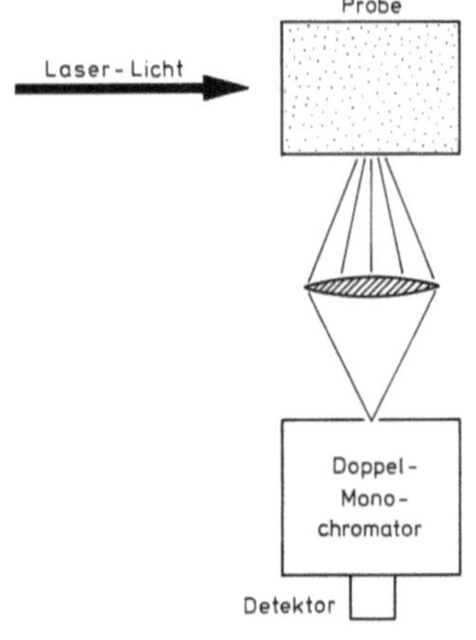

Abb. 12.2. Meßanordnung zur Beobachtung des Raman-Effektes. Die Beobachtung erfolgt vorzugsweise senkrecht zur Einstrahl-Richtung, um die Intensität des Primärlichtes möglichst klein zu halten

$$p(t) = \alpha E_0 \cos(2\pi\nu_p t) . \tag{12.1}$$

Wenn das Molekül dagegen bereits in einer seiner Eigenschwingungen schwingt, dann wird das induzierte Moment zusätzlich mit der Frequenz ν_{vib} der Schwingung Amplituden-moduliert, sofern sich die Polarisierbarkeit α des Moleküls mit dem Abstand R der schwingenden Atomkerne ändert. Man kann die Polarisierbarkeit als Funktion des Kernabstandes R in eine Reihe entwickeln,

$$\alpha(R) = \alpha(R_0) + \frac{d\alpha}{dR}(R - R_0) + \text{Glieder höherer Ordnung} . \tag{12.2}$$

Durch die Schwingung wird R zeitabhängig. Es gilt

$$R = R_0 + q \cos(2\pi\nu_{vib} t) . \tag{12.3}$$

Damit und mit (12.2) wird

$$p(t) = \alpha E = \left[\alpha(R_0) + \frac{d\alpha}{dR} q \cos(2\pi\nu_{\mathrm{vib}}t)\right] E_0 \cos(2\pi\nu_{\mathrm{p}}t) \tag{12.4}$$

oder umgeformt mit $\cos\alpha\cos\beta = \frac{1}{2}[\cos(\alpha+\beta) + \cos(\alpha-\beta)]$

$$p(t) = \alpha(R_0)E_0\cos(2\pi\nu_{\mathrm{p}}t) + \frac{1}{2}\frac{d\alpha}{dR}E_0 q[\cos(2\pi(\nu_{\mathrm{p}} + \nu_{\mathrm{vib}})t) + \cos(2\pi(\nu_{\mathrm{p}} - \nu_{\mathrm{vib}})t)]\,. \tag{12.5}$$

Dadurch entstehen also im Streulicht Seitenbänder mit den Frequenzen $\nu_{\mathrm{p}} \pm \nu_{\mathrm{vib}}$.

Dies ist der Schwingungs-Raman-Effekt 1. Ordnung. Mit abnehmender Intensität gibt es auch Raman-Linien mit $\nu_{\mathrm{p}} \pm 2\nu_{\mathrm{vib}}$, $\nu_{\mathrm{p}} \pm 3\nu_{\mathrm{vib}}$ wegen der immer vorhandenen Anharmonizität, das heißt der Glieder höherer Ordnung bei der Reihenentwicklung von $\alpha(R)$ nach (12.2). Dies nennt man Raman-Effekt zweiter, dritter, ... Ordnung.

Eine Schwingung ist also Raman-aktiv, wenn gilt $d\alpha/dR \neq 0$, das heißt, die Polarisierbarkeit α des Moleküls muß sich mit dem Abstand R der Kerne im Molekül bei der Schwingung ändern. Dies ist bei zweiatomigen Molekülen immer der Fall. Deshalb sind auch homonukleare und damit unpolare Moleküle wie H_2 oder N_2 Raman-aktiv. Mit dem Raman-Effekt kann man ihre Rotations- und Rotations-Schwingungs-Spektren messen, die mit der Infrarot- bzw. Mikrowellen-Spektroskopie wegen des Symmetrie-Verbotes nicht zugänglich sind.

Bei mehratomigen Molekülen mit Inversionszentrum ergänzen sich Infrarot- und Raman-Spektroskopie, wenn man die Schwingungen der Moleküle analysieren will. Bei diesen Molekülen sind Infrarot-aktive Normalschwingungen Raman-inaktiv und umgekehrt sind Infrarot-verbotene Normalschwingungen Raman-erlaubt. Das läßt sich am Beispiel des CO_2 zeigen. Die symmetrische Streckschwingung ν_1 (vgl. Abb. 10.10) ist zwar Infrarot-inaktiv, da auch bei der Schwingung die Schwerpunkte von positiver und negativer Ladung im Molekül zusammenfallen. Sie ist jedoch Raman-aktiv, da sich die Polarisierbarkeit durch die Streckschwingung periodisch ändert. Die asymmetrische Streckschwingung ν_2 dagegen ist Infrarot-aktiv, da hier ein elektrisches Dipolmoment vorhanden ist. Sie ist jedoch Raman-inaktiv, da sich die Änderungen der Polarisierbarkeit durch die Verkürzung und Verlängerung der beiden C–O-Abstände im Molekül gegenseitig zu Null kompensieren. Ebenso läßt sich leicht einsehen, daß die Biegeschwingung Raman-inaktiv ist. Dieses gegenseitige sich Ausschließen von Infrarot- und Raman-Aktivität gilt nur für Moleküle mit Inversionszentrum.

Die hier skizzierte klassische Theorie des Raman-Effektes erklärt viele der Beobachtungen gut. Falsch wird die klassische Erklärung, wenn die Intensitäten zu diskutieren sind. Im klassischen Bild würde man für die gegenüber dem Primärlicht nach kleineren Energien verschobenen Linien und für die nach größeren Energien verschobenen Linien, also für Stokes- und Antistokes-Linien, die gleiche Intensität erwarten. Tatsächlich sind die Stokes-Linien viel stärker.

Dies wird in der *quantentheoretischen Behandlung* des Raman-Effektes verständlich, die ausführlich in Abschn. 17.2 dargelegt wird. Danach handelt es sich beim Raman-Effekt um eine unelastische Photonenstreuung, die bei den Stokes-Linien in einem Niveau mit kleiner Schwingungs-Quantenzahl v (insbesondere $v = 0$) beginnt und in einem Schwingungs-Niveau mit höherer Quantenzahl v' (zum Beispiel $v' = 1$) endet, während im Anti-Stokes-Effekt der Streuprozeß umgekehrt in einem angeregten

Schwingungszustand beginnt und in einem Zustand mit kleineren v, zum Beispiel dem Grundzustand endet, siehe hierzu Abb. 12.3. Es gilt also für Stokes-Linien ohne Berücksichtigung von Rotationen für die Wellenzahl des gestreuten Lichtes

$$\bar{\nu} = \bar{\nu}_{\mathrm{p}} - \bar{\nu}_{\mathrm{vib}} \quad (\text{oder } 2\bar{\nu}_{\mathrm{vib}} \text{ etc.}) \tag{12.6}$$

und für Antistokes-Linien

$$\bar{\nu} = \bar{\nu}_{\mathrm{p}} + \bar{\nu}_{\mathrm{vib}} \quad (\text{oder } 2\bar{\nu}_{\mathrm{vib}} \text{ etc.})\ .$$

Als Raman-Verschiebung bezeichnet man die Differenz $\bar{\nu}_{\mathrm{p}} - \bar{\nu}$. $\bar{\nu}_{\mathrm{p}}$ ist, wie bereits vorne eingeführt, die Wellenzahl des anregenden Primärlichtes, mit $\bar{\nu}_{\mathrm{vib}}$ wird die Wellenzahl der Schwingung des Moleküls bezeichnet.

Bei der Stokes-Raman-Streuung hat das Molekül Energie vom Photon aufgenommen, bei der Antistokes-Streuung gibt das Molekül Energie ab. Die Intensitätsverhältnisse zwischen Stokes- und Antistokes-Linien ergeben sich danach aus den Besetzungswahrscheinlichkeiten n der Ausgangszustände, und diese kann man im thermischen Gleichgewicht nach Boltzmann ausrechnen. Sie sind jedenfalls für Stokes- und Antistokes-Übergänge verschieden groß. Natürlich muß bei sinkender Temperatur die Intensität der Anti-Stokes-Linien abnehmen, weil ja der Anti-Stokes-Prozeß ein Molekül im Anregungszustand voraussetzt, und mit sinkender Temperatur nimmt die Anzahl angeregter Moleküle ab.

Es muß dann für die Intensitäten I gelten

$$\frac{I_{\mathrm{Antistokes}}}{I_{\mathrm{Stokes}}} = \frac{n(v=1)}{n(v=0)} = \mathrm{e}^{-h\nu_{\mathrm{vib}}/kT}\ . \tag{12.7}$$

Setzen wir hier für $\bar{\nu}_{\mathrm{vib}}$ den Wert $1000\,\mathrm{cm}^{-1}$ und für T 300 K ein, so erhalten wir in (12.7) den Zahlenwert e^{-5}, das heißt 7 ‰.

Quantentheoretisch gilt auch beim Schwingungs-Raman-Effekt die Auswahlregel $\Delta v = \pm 1$, (und ± 2, ± 3, mit viel kleinerer Wahrscheinlichkeit, weil hierfür die nichtlinearen Beiträge zur Polarisierbarkeit verantwortlich sind). Näheres hierzu wird in Abschn. 17.2 abgeleitet werden.

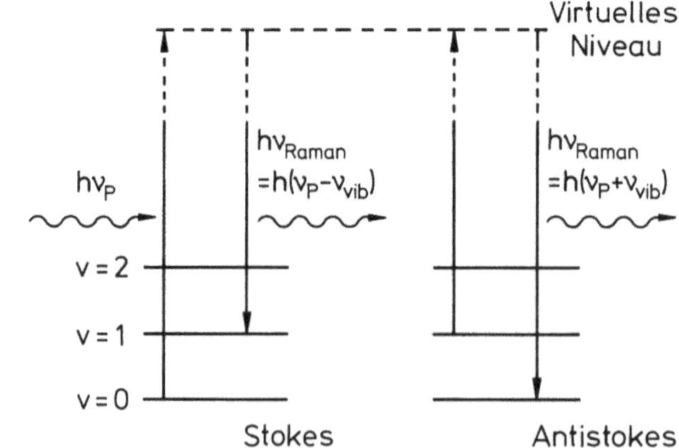

Abb. 12.3. Schematische Darstellung der Schwingungs-Raman-Streuung. Zur Erklärung der Stokes- und Antistokes-Streuung. Das Primärlicht $\bar{\nu}_{\mathrm{p}}$ verbindet ein reelles Ausgangsniveau des Moleküls mit einem virtuellen Niveau. Das Raman-Streulicht ist energieärmer (Stokes-Linien) oder energiereicher (Antistokes-Linien) als das Primärlicht

12.3 Rotations-Raman-Spektrum

Nun zum *Rotations-Raman-Effekt* (Abb. 12.4 und 12.5). Auch hier sieht man zu beiden Seiten der Rayleigh- (also Primär-)Linie eine Folge von Streulinien, jedoch mit Nun zum *Rotations-Raman-Effekt* (Abb. 12.4 und 12.5). Auch hier sieht man zu beiden Seiten der Rayleigh- (also Primär-)Linie eine Folge von Streulinien, jedoch mit Abständen, die Rotationsquanten entsprechen. Auch hier kann man den Effekt in vielen Aspekten klassisch verstehen. Die Polarisierbarkeit eines nicht-kugelsymmetrischen Moleküls ist, wie wir bereits in Abschn. 3.2 gesehen haben, anisotrop und muß als Tensor mit den Haupt-Polarisierbarkeiten $\alpha_{||}$ und $\alpha_{\perp}$ behandelt werden, wenn parallel und senkrecht die lange und die kurze Achse des Polarisierbarkeits-Tensors, das heißt meistens die Figurenachse und eine Richtung senkrecht dazu bedeuten. Die Rotation eines Moleküls führt deshalb ebenfalls zu einer periodischen Modulation des im $\boldsymbol{E}$-Feld des Primärlichtes induzierten Dipolmomentes und damit zu einer Modulation der Frequenz der Streustrahlung. Die Frequenzmodulation erfolgt jedoch mit $2\nu_{\text{rot}}$, weil bereits nach einer Drehung des Moleküls um 180° die gleiche Polarisierbarkeit vorliegt wie zu Beginn, wegen der Tensor-Symmetrie. Man erhält also Begleiter der Linie des Primärlichtes bei der doppelten Rotationsfrequenz.

Dies kann ein einfacher Schauversuch verdeutlichen, der in Abb. 12.6 veranschaulicht wird. Das Licht einer mit 50 Hz betriebenen Lampe wird an einem Hantelmodell von zwei weißen Kugeln reflektiert, die um eine Achse senkrecht zu ihrer Verbindungsachse drehbar angeordnet sind und das lineare Hantel-Molekül darstellen. Das reflek-

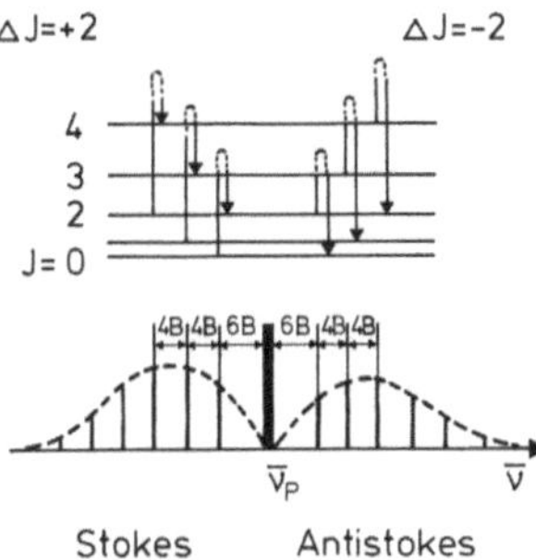

Abb. 12.4. Schema zum Zustandekommen des Rotations-Raman-Spektrums. *Links* und *rechts* der Rayleigh-Linie ($\bar{\nu}_P$) liegen die Stokes- und die Antistokes-Linien des Raman-Spektrums

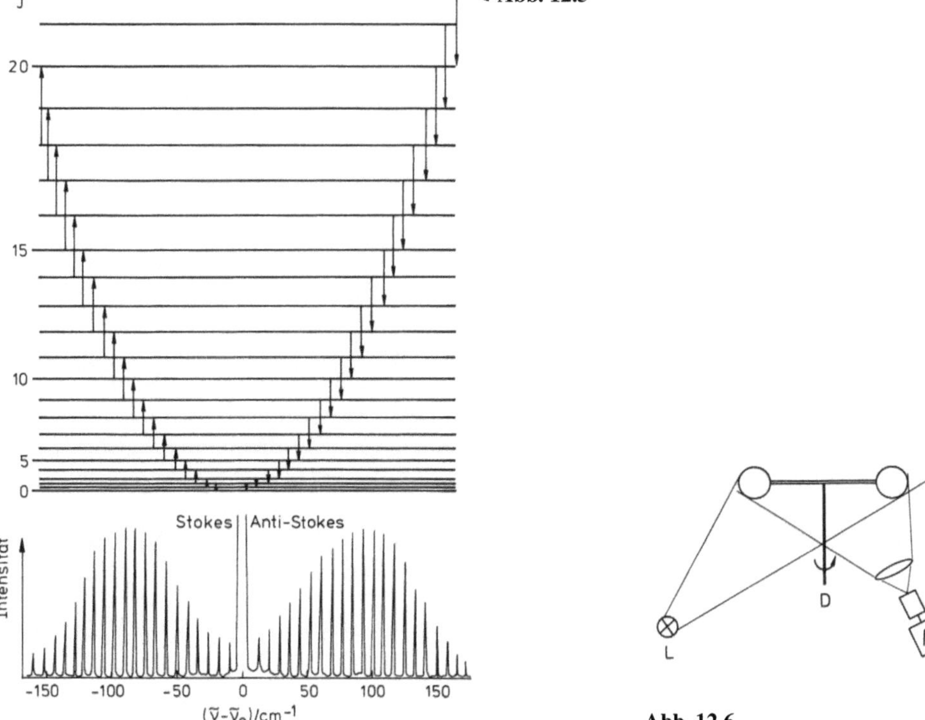

◄ **Abb. 12.5**

Abb. 12.6

Abb. 12.5. Das komplette Rotations-Raman-Spektrum eines zweiatomigen Moleküls besteht aus vielen fast äquidistanten Linien im Abstand $4B$. Termschema und Intensitätsverteilung sind im Text erläutert. Die Auswahlregel lautet $\Delta J = \pm 2$. Die Raman-Verschiebung $\bar{\nu} - \bar{\nu}_P$ ist negativ für Stokes-Linien, positiv für Antistokes-Linien

Abb. 12.6. Modellversuch zum Raman-Effekt nach Auer. Das Licht einer Lampe L wird an zwei Kugeln reflektiert, die um eine Achse D rotieren. Ein Zungenfrequenzmesser Z zeigt die Drehfrequenz als Begleiter der Frequenz des Lichtes L (50 Hz) an. Nähere Erläuterung im Text

tierte Licht enthält dann außer der unverschobenen Komponente mit 50 Hz zwei Seitenbänder bei den Wechselfrequenzen $(50 \pm 2\nu_{\mathrm{rot}})$ Hz. Dies kann mit einem einfachen Frequenzmesser gezeigt werden.

Mit diesem klassischen Modell erhält man eine zumindest qualitativ weitgehend befriedigende Erklärung des Rotations-Raman-Effektes. Er ist bestimmt durch die Differenz $\alpha_{||} - \alpha_{\perp}$, das heißt durch die Anisotropie der Polarisierbarkeit des Moleküls, und tritt nur auf, wenn die Differenz $\alpha_{||} - \alpha_{\perp} \neq 0$ ist. Diese Bedingung ist für alle zweiatomigen Moleküle erfüllt, auch für die unpolaren wie H_2, N_2, sowie für CO_2. Bei symmetrischen Tetraedermolekülen wie CH_4 oder CCl_4 ist dagegen $\alpha_{||} = \alpha_{\perp}$, es gibt deshalb keinen Rotations-Raman-Effekt. Die klassische Erklärung für das Auftreten der *doppelten* Rotationsfrequenz im Abstand der Raman-Linien von der Primärfrequenz findet sich quantenmechanisch wieder in veränderten Auswahlregeln, die einem Zweiphotonen-Prozeß entsprechen.

Die quantentheoretische Behandlung des Rotations-Raman-Effektes als unelastische Photonenstreuung unter Aufnahme oder Abgabe von Rotationsquanten führt beim linearen Rotator zur Auswahlregel $\Delta J = \pm 2$. Für den starren Rotator mit den Energieniveaus $F(J) = hcBJ(J+1)$ erhält man damit für die Verschiebung der Rotations-Raman-Linien gegenüber dem Primärlicht

$$\bar{\nu}_{\mathrm{rot}} = \pm B[(J+2)(J+3) - J(J+1)] = \pm B[4J+6] \quad [\mathrm{cm}^{-1}] , \tag{12.8}$$

wobei das Vorzeichen sich auf die Primärfrequenz des anregenden Lichtes bezieht.

Für die Wellenzahl des Raman-gestreuten Lichtes gilt

$$\bar{\nu} = \bar{\nu}_{\mathrm{p}} + \bar{\nu}_{\mathrm{rot}} .$$

Bei einem Übergang mit $\Delta J = +2$ wird das Molekül durch den Streuprozeß in einen höheren Rotationszustand gebracht. Die Wellenzahl des gestreuten Lichtes ist deshalb kleiner als die des Primärlichtes $\bar{\nu}_{\mathrm{p}}$. Die Stokes-Linien des Spektrums erscheinen also auf der niederfrequenten Seite des Primärlichtes. Für die Antistokes-Linien mit $\Delta J = -2$ gilt entsprechend das umgekehrte.

Das Rotations-Raman-Spektrum eines linearen Moleküls hat dann die in Abb. 12.4 gezeigte Struktur. Die erste Raman-Linie mit $J = 0$ befindet sich im Abstand $6B$ von $\bar{\nu}_{\mathrm{p}}$, der Primärlinie, dann folgen weitere Linien im Abstand von jeweils $4B$. – Die Intensitätsverteilung im Rotations-Raman-Spektrum ist wie beim früher behandelten Rotationsspektrum durch die thermische Besetzung und durch die Multiplizität der J-Terme gegeben. Sie wird in Abb. 12.5 verdeutlicht. Abbildung 12.5 soll ferner deutlich machen, daß wegen der Kleinheit der Rotationsquanten die Anzahl der Rotationsbegleiter im Raman-Spektrum recht groß sein kann. Der Besetzungsunterschied benachbarter Niveaus ist wegen der Kleinheit der Rotationsquanten im Vergleich zu kT gering, deshalb ist auch der Intensitätsunterschied zwischen Stokes- und Antistokes-Linien klein.

Die Auswahlregeln hängen von der Symmetrie der Moleküle ab. Beim symmetrischen Kreisel, z. B. CH_3Cl, gilt $\Delta J = 0, \pm 1, \pm 2$ und $\Delta K = 0$. Das Rotations-Raman-Spektrum wird linienreicher als das des linearen Rotators, soll hier jedoch nicht weiter erörtert werden. Im Falle $K = 0$ gilt $\Delta J = \pm 2$.

Nun können wir auch die *Rotations-Struktur im Schwingungs-Raman-Spektrum* verstehen. Jede Schwingungs-Raman-Linie ist von Rotationsbegleitern umgeben, die man unter Berücksichtigung der geänderten Auswahlregeln wie die Rotationsstruktur im Rotations-Schwingungsspektrum der Moleküle verstehen kann. Abbildung 12.7

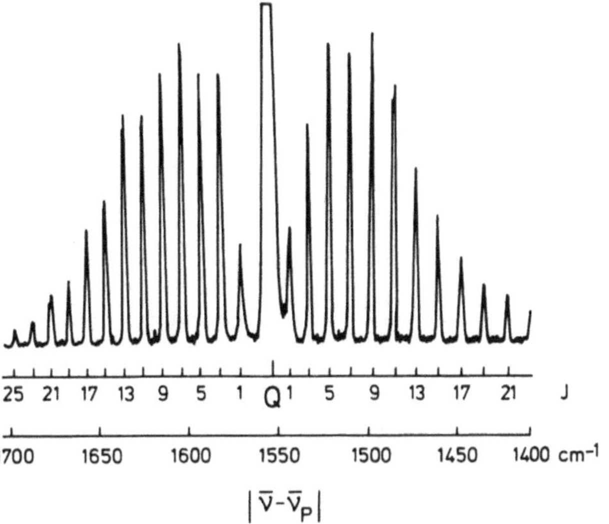

Abb. 12.7. Ausschnitt aus dem Rotations-Schwingungs-Raman-Spektrum von Sauerstoff, $^{16}O_2$. Es handelt sich um eine Schwingungslinie (Stokes-Linie) mit den Rotationsbegleitern. Im Zentrum am Ort der Schwingungswellenzahl $\bar{\nu}_e = 1556\,\text{cm}^{-1}$ erscheint der Q-Zweig ($\Delta J = 0$) als eine *breite Linie*. Bei $^{16}O_2$ ($I = 0$) fehlen die Linien mit geradem J, siehe Abschn. 12.4. Nach Hellwege

zeigt als Beispiel für eine Meßkurve einen Ausschnitt aus dem Raman-Spektrum von $^{16}O_2$, nämlich die Schwingungslinie für $\bar{\nu}_e = 1556\,\text{cm}^{-1}$ und die Rotationsbegleiter. Die Struktur dieses Raman-Spektrums entspricht der Rotationsstruktur im Infrarot-Schwingungsspektrum, jedoch gelten jetzt die Auswahlregeln $\Delta v = \pm 1(\pm 2, \dots)$, $\Delta J = 0, \pm 2$. Daraus ergeben sich im Vergleich die Unterschiede eines Rotations-Schwingungsspektrums mit einem Rotations-Schwingungs-Raman-Spektrum. Dies ist in Abb. 12.8 schematisch erläutert.

Vergleichen wir nun anhand von Abb. 12.8 das Rotations-Schwingungsspektrum (ohne Raman-Effekt!) mit dem entsprechenden Raman-Spektrum.

Im *Rotations-Schwingungsspektrum* eines zweiatomigen Moleküls gibt es für $\Delta v = 1$

$$\text{den } R\text{-Zweig}\,, \quad \bar{\nu}_{\text{vib}} + \bar{\nu}_{\text{rot}}\,, \quad \Delta J = 1\,,\ \bar{\nu}_{\text{rot}} = 2B(J+1)$$

$$\text{den } P\text{-Zweig}\,, \quad \bar{\nu}_{\text{vib}} - \bar{\nu}_{\text{rot}}\,, \quad \Delta J = -1\,,\ \bar{\nu}_{\text{rot}} = 2BJ$$

Schwingungsspektrum

$\Delta J = +1$ (R-Zweig) $\bar{\nu}_{\text{vib}} + \bar{\nu}_{\text{rot}}$

$\Delta J = -1$ (P-Zweig) $\bar{\nu}_{\text{vib}} - \bar{\nu}_{\text{rot}}$

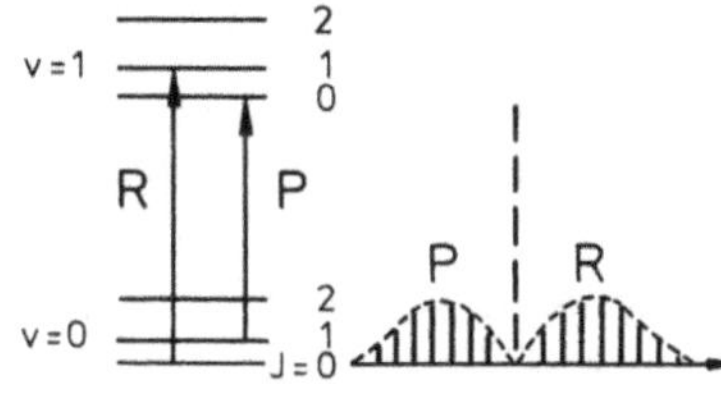

Schwingungs-Raman-Spektrum

$\Delta J = 2$ (S-Zweig) $\bar{\nu}_P - (\bar{\nu}_{\text{vib}} + \bar{\nu}_{\text{rot}})$

$\Delta J = 0$ (Q-Zweig) $\bar{\nu}_P - \bar{\nu}_{\text{vib}}$

$\Delta J = -2$ (O-Zweig) $\bar{\nu}_P - (\bar{\nu}_{\text{vib}} - \bar{\nu}_{\text{rot}})$

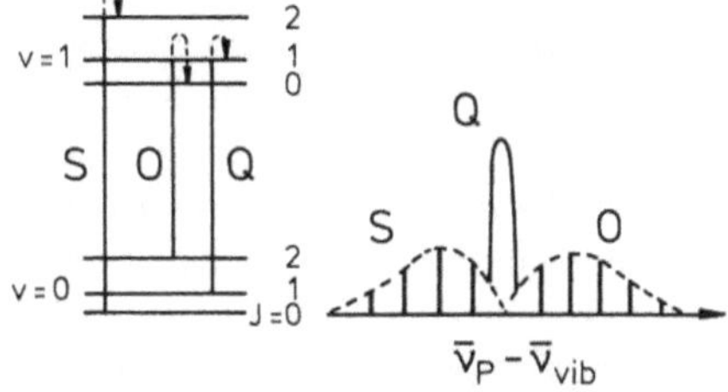

Abb. 12.8. Schwingungs-Raman-Spektrum (*rechtes Teilbild*) im Vergleich zum Rotations-Schwingungs-Spektrum (*linkes Teilbild*), schematisch. Es ist jeweils nur ein Ausschnitt aus dem Spektrum gezeichnet. Die Auswahlregeln und damit die Rotations-Struktur der Spektren sind unterschiedlich. Hier sind nur Stokes-Linien des Raman-Spektrums dargestellt, also Linien mit kleinerer Frequenz als das Primärlicht. Die Raman-Verschiebung beträgt $\bar{\nu}_P - \bar{\nu}_{\text{vib}}$, wenn mit $\bar{\nu}_P$ das Primärlicht und mit $\bar{\nu}_{\text{vib}}$ eine Schwingungswellenzahl bezeichnet wird

und evtl.

$$\text{den } Q\text{-Zweig}\,, \quad \bar{\nu}_{\text{vib}}\,, \qquad \Delta J = 0\,.$$

Im *Raman-Spektrum* hingegen gibt es im Stokes-Fall für $\Delta v = +1$

$$\begin{aligned} &\text{den } S\text{-Zweig}\,, && \bar{\nu}_{\text{p}} - \bar{\nu}_{\text{vib}} + \bar{\nu}_{\text{rot}}\,, && \Delta J = 2 \\ &\text{den } Q\text{-Zweig}\,, && \bar{\nu}_{\text{p}} - \bar{\nu}_{\text{vib}}\,, && \Delta J = 0 \\ &\text{den } O\text{-Zweig}\,, && \bar{\nu}_{\text{p}} - \bar{\nu}_{\text{vib}} - \bar{\nu}_{\text{rot}}\,, && \Delta J = -2\,. \end{aligned} \tag{12.9}$$

Hierbei steht $\bar{\nu}_{\text{rot}}$ als Abkürzung für die Rotationsenergie $B(4J+6)$, siehe dazu (12.8).

Hier wurde durchweg die Anharmonizität und die Kopplung weggelassen, siehe dazu Kap. 9. Beides führt zu geringfügigen Verschiebungen in den Spektren, wie wir sie bereits vorne in den Abschn. 9.2.3 und 9.5 kennengelernt haben, und wie sie im Raman-Spektrum meistens weniger genau gemessen werden können. Bei größeren Molekülen ist die Rotations-Feinstruktur der Raman-Spektren kaum auflösbar.

Das gesamte Raman-Spektrum eines Moleküls ist bereits schematisch in Abb. 12.1 gezeigt und wird jetzt verständlich. Unmittelbar neben der Rayleigh-Linie, der Linie des primären anregenden Lichtes, sieht man die Rotationslinien. Im Abstand der Schwingungslinie $\bar{\nu}_{\text{vib}}$ beobachtet man den Stokes- und mit kleinerer Intensität auf der anderen Seite den Antistokes-Bereich der Rotationsschwingungslinien. Dies wiederholt sich mit abnehmender Intensität als „Obertöne" im Bereich $\pm 2\bar{\nu}_{\text{vib}}$.

Die Raman-Spektroskopie ist also eine zweite Methode zur Messung von molekularen Rotations- und Schwingungsquanten. Worin liegen nun die Vorteile oder wenigstens die Unterschiede?

- Man kann durch die Wahl des Primärlichtes die Untersuchung von Rotations- und Schwingungsspektren aus dem Bereich der Mikrowellen oder des Infraroten in *bequemer zugängliche Spektralbereiche* verlegen, nämlich in den Bereich des Sichtbaren.
- Es gibt Schwingungen und Rotationen von Molekülen, die im Raman-Spektrum auftreten, im Infrarot- oder Mikrowellen-Spektrum dagegen nicht. So können zweiatomige homonukleare Modelle wie H_2, N_2, O_2 *nur im Raman-Spektrum* untersucht werden, da ihre Rotationen und Schwingungen Infrarot-inaktiv sind.
- Aus dem Polarisationsverhalten der Raman-Spektren erhält man Auskunft über den *Polarisierbarkeits-Tensor* der Moleküle. Aus einer Depolarisation des Raman-Spektrums gegenüber dem Anregungslicht lassen sich Bewegungen der Moleküle in einem umgebenden Medium, besonders in Flüssigkeiten während des Streuprozesses studieren, wobei die Moleküle nicht nur ihre Lage, sondern auch ihre Orientierung ändern. Wenn sich nämlich das streuende Molekül während des Streuprozesses bewegt, kann das Polarisationsdiagramm der Streustrahlung sich wegbewegen von demjenigen, das man für ein unbewegtes Molekül erwartet.
- Beim Raman-Effekt bleibt im Gegensatz zur üblichen Einphotonen-Spektroskopie die *Parität* des Zustandes erhalten. Der Grund dafür ist die Beteiligung von zwei Photonen am Gesamtprozeß. Bei Einphotonen-Dipolprozessen ändert sich die Parität, bei Zweiphotonenprozessen ändert sie sich zweimal, d. h. sie behält ihren Ausgangswert.
- Die Intensität des Raman-Effektes ist von der Frequenz des Primärlichtes weitgehend unabhängig, sofern seine Quantenenergie sich von der Anregungsenergie eines elektronischen Überganges hinreichend stark unterscheidet. Das Lichtquant der Anregung des Raman-Effektes $h\nu_{\text{p}}$ endet in einem sogenannten virtuellen Niveau, vgl.

Abb. 12.3. Wenn man sich mit der Quantenenergie des Primärlichtes der Anregungsenergie eines elektronischen Überganges, das heißt einem reellen Anregungs-Niveau nähert, wird die Raman-Streuwahrscheinlichkeit größer. Eine solche Verstärkung des Raman-Spektrums bezeichnet man als *Resonanz-Raman-Effekt.*

Mit dem Resonanz-Raman-Effekt kann man z. B. bei komplizierten größeren Molekülen gezielt bestimmte schwingungsfähige Teile des Moleküls untersuchen, indem man das Raman-Spektrum mit Primärlicht anregt, dessen Frequenz in der Nähe eines reellen Anregungs-Niveaus dieser Molekülteile liegt. Dann ist das Teil-Raman-Spektrum, das zu diesen Gruppen gehört und ihre charakteristischen Rotationen oder Schwingungen enthält, wesentlich intensiver als die Raman-Spektren anderer Molekülteile.

12.4 Kernspin-Einflüsse auf die Rotationsstruktur

Im Rotationsspektrum und im Rotations-Schwingungsspektrum homonuklearer zweiatomiger Moleküle wie H_2, N_2, O_2, und allgemein in den Spektren von Molekülen mit einem Inversionszentrum, wie CO_2, beobachtet man charakteristische Intensitätsunterschiede der Linien, die zu Niveaus mit geraden Rotationszahlen J gehören, verglichen mit den Linien, bei denen die Rotationsquantenzahl J ungerade ist. Beispiele zeigen die Abb. 12.7 und 12.11. Da man solche Spektren vorzugsweise (aber nicht ausschließlich – siehe zum Beispiel das Rotationsschwingungsspektrum von CO_2 in Abb. 10.12) als Raman-Spektren untersucht, wollen wir auf diese wichtige und interessante Eigenschaft von Molekülspektren an dieser Stelle eingehen. Es handelt sich hier um einen Einfluß der *Kernspins* auf die Spektren.

Natürlich treten Kernspin und magnetisches Kernmoment auch mit der Elektronenhülle des Moleküls in eine Wechselwirkung, deren Einfluß auf die elektronischen Spektren jedoch vergleichsweise gering ist. Die dadurch hervorgerufene Hyperfeinstruktur von Molekültermen und Spektrallinien beruht auf den gleichen Wechselwirkungsmechanismen wie bei Atomen. Sie läßt sich mit hochauflösender Spektroskopie untersuchen, soll hier aber nicht näher erörtert werden. Mehr dazu auch in I, Kap. 20.

Bei den beobachteten Intensitätswechseln im Raman-Spektrum handelt es sich jedoch um einen neuartigen Befund von prinzipieller Bedeutung, nämlich um Einflüsse der Kernspins auf die *Statistik*, also auf die Häufigkeit, mit der bestimmte molekulare Zustände verwirklicht werden können. Bei Molekülen mit zwei gleichen Kernen ergibt sich der beobachtbare Intensitätswechsel im Spektrum aus dem Einfluß der Kernspins auf die Symmetrie der Gesamtwellenfunktion des molekularen Zustandes. Er ist eine Folge des Pauli-Prinzips, wonach die Gesamt-Wellenfunktion von Fermionen, das sind Teilchen mit halbzahligem Spin, antisymmetrisch gegen Vertauschung der Teilchen sein muß, bei Bosonen mit geradzahligem Spin dagegen symmetrisch. Hier handelt es sich um Kern-Fermionen (z. B. ^{1}H mit $I = 1/2$) und Kern-Bosonen (^{16}O mit $I = 0$).

Betrachten wir zur Erklärung das H_2-Molekül, Abb. 12.9. Die beiden Protonen im Molekül sind Fermionen mit dem Spin 1/2. Die Spins der beiden Protonen können parallel stehen. Dann hat das Molekül die Gesamt-Kernspin-Quantenzahl $I = 1$. Die Spin-Wellenfunktion ist in diesem Falle symmetrisch gegen Vertauschung der Teilchen, die sich bei parallelen Spins ja in nichts unterscheiden. Diesen Wasserstoff nennt man Ortho-Wasserstoff, o-H_2. Die beiden Kernspins können aber auch antiparallel stehen, die Gesamt-Kernspin-Quantenzahl I ist dann 0. Hier ist die Spin-Wellenfunktion an-

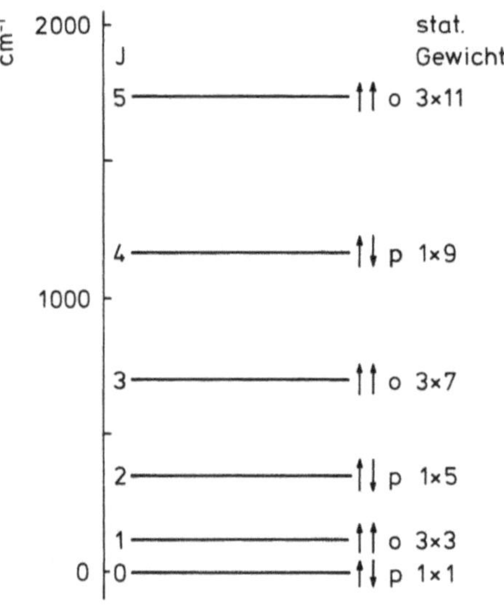

Abb. 12.9. Rotations-Niveaus des Moleküls H_2 im Grundzustand mit Spin-Orientierung der Kerne (ortho- und para-H_2) und Angabe der statistischen Gewichte der Konfigurationen. Zu Ortho-Wasserstoff gehören Rotationsniveaus mit ungeradem J, zu Para-Wasserstoff mit geradem J

tisymmetrisch gegen Vertauschung. Man spricht dann von Para-Wasserstoff, p-H_2. Das statistische Gewicht beider Konfigurationen verhält sich wie 3:1, wie Tabelle 12.1 zeigt.

Die Gesamtwellenfunktion des Moleküls ist das Produkt aus Ortsfunktion (einschließlich Rotation) und Spinfunktion. Vertauschung der Kerne bedeutet beim Hantelmolekül ein Umdrehen der Hantel, also eine Inversion im Ortsraum. Dabei ändern die Rotationseigenfunktionen (vgl. Abschn. 11.1) für $J = 1, 3, 5, \ldots$ ihr Vorzeichen, sie haben negative Parität, sind antisymmetrisch gegen Vertauschung. Die Rotationsfunktionen mit $J = 0, 2, 4, \ldots$ bleiben unverändert, ihre Parität ist positiv, sie sind symmetrisch.

Die Gesamtparität ergibt sich als Produkt der Paritäten der am Gesamtsystem beteiligten Funktionen. Für Teilchen mit halbzahligem Spin muß sie negativ sein. Zu o-H_2, also Wasserstoff-Molekülen mit $I = 1$, und damit positiver Parität der Spinfunktion, gehören also Rotationszustände mit negativer Parität, das heißt $J = 1, 3, 5 \ldots$ mit dem statistischen Gewicht 3, wenn die restliche Ortsfunktion positive Parität hat, wie dies im Grundzustand von H_2 verwirklicht ist. Wir werden in Abschn. 13.3 und 13.4 sehen, daß dies bei der mit dem Quantensymbol ${}^1\Sigma_g^+$ bezeichneten Grundzustandsfunktion des Wasserstoff-Moleküls der Fall ist. Der Para-Wasserstoff mit $I = 0$ und negativer Parität

Tabelle 12.1. o- und p-Wasserstoff

	I	M_I	Wellenfunktion	Charakter
o-H_2	1	1	$\uparrow\uparrow$	
		0	$\frac{1}{\sqrt{2}}(\uparrow\downarrow + \downarrow\uparrow)$	Triplett
		−1	$\downarrow\downarrow$	
p-H_2	0	0	$\frac{1}{\sqrt{2}}(\uparrow\downarrow - \downarrow\uparrow)$	Singulett

der Spinfunktion muß demgegenüber Rotationsfunktionen mit $J = 0, 2, 4 \ldots$ besitzen, damit insgesamt als Produkt sich für die Gesamt-Wellenfunktion negative Parität ergibt.

Zwischen diesen beiden Wasserstoff-Sorten, die sich übrigens auch makroskopisch voneinander trennen lassen, gilt ein ziemlich strenges Übergangsverbot. Es sind nur Übergänge innerhalb des Termsystems mit geradem J und innerhalb des Termsystems mit ungeradem J möglich, wenn die Kerne streng entkoppelt sind. Die schwache Kopplung zwischen Kernspins und Elektronenhülle ermöglicht jedoch mit sehr kleiner Übergangswahrscheinlichkeit Übergänge zwischen den beiden Systemen.

Bei tiefsten Temperaturen ist nur p-H_2 stabil, o-H_2 ist wegen $J = 1$, d. h. weil ein Rotationsquant angeregt ist, metastabil. Die spontane Umwandlung von o-H_2 in p-H_2 durch Umklappen eines Kernspins erfolgt extrem langsam, in Jahren. Man kann den Prozeß durch paramagnetische Beimischungen oder andere Katalysatoren beschleunigen und so bei tiefen Temperaturen reinen p-H_2 herstellen. Dieser bleibt auch beim Aufwärmen und beim Verdampfen als p-H_2 für einige Zeit erhalten. Übrigens ist es bei schwerem Wasserstoff, ^2H, gerade umgekehrt. Der Kernspin von ^2H ist $I = 1$, der Kern ist ein Boson, und bei tiefsten Temperaturen ist Ortho-$^2H_2$ stabil, und Para-$^2H_2$ metastabil.

Normalerweise stellt sich ein thermisches Gleichgewicht zwischen beiden H_2-Modifikationen ein. Wasserstoff ist dann eine Mischung aus p-H_2 und o-H_2 im Verhältnis 1:3. Für die Rotations-Raman-Spektren hat das folgende Konsequenz (siehe dazu Abb. 12.10):

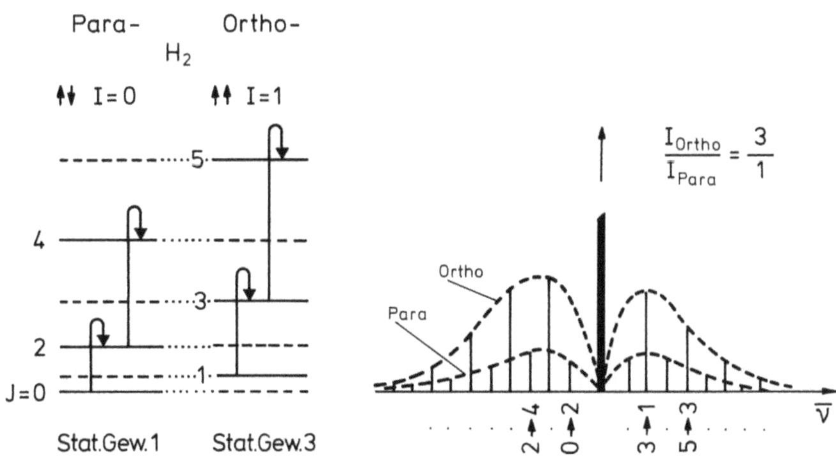

Abb. 12.10. Rotations-Raman-Spektrum des Moleküls H_2. Das Gesamtspektrum ist eine Überlagerung der Spektren von Ortho- und Para-Wasserstoff im Intensitätsverhältnis 3:1. Die direkte Linie im Zentrum des Spektrums ist die Rayleigh-Linie

- Es kann im Rotationsspektrum keine Übergänge mit $\Delta J = \pm 1$ und damit überhaupt keine erlaubten Übergänge geben. Diese sind allerdings ohnedies wegen des fehlenden Dipolmomentes von H_2 Infrarot-inaktiv.
- Rotations-Raman-Linien mit $\Delta J = \pm 2$ sind dagegen erlaubt. Sie gehören abwechselnd zu o- und p-H_2. Deshalb beobachtet man im Raman-Spektrum alternierende Intensitäten, wie in Abb. 12.10 ersichtlich.

Bei anderen homonuklearen Molekülen kann man die beobachteten Intensitätswechsel im Spektrum in analoger Weise verstehen. So gilt für $^{16}O_2$ mit $I = 0$, daß alle Niveaus mit gerader Quantenzahl J fehlen. Hier hat die elektronische Wellenfunktion des Grundzustandes negative Parität (Termsymbol $^3\Sigma_g^-$). Damit die Gesamtwellenfunktion symmetrisch gegen Vertauschung wird (^{16}O ist ein Boson), muß dann die Rotationsfunktion ebenfalls negative Parität haben. Deshalb fehlen im Spektrum die Rotations-Linien mit geradem J, vgl. Abb. 12.7. – Für ^{14}N mit $J = 1$ beobachtet man im Spektrum des Moleküls N_2 alle Linien in den Raman-Rotationszweigen, aber mit dem Intensitätswechsel im Verhältnis 1:2, wie er sich aus dem Häufigkeitsverhältnis der beiden möglichen Spineinstellungen im Molekül, nämlich parallel, $I_{ges} = 2$ und antiparallel, $I_{ges} = 0$, ergibt, vgl. Abb. 12.11. Bei N_2-Molekülen mit zwei unterschiedlichen Isotopen, also $^{14}N^{15}N$, fehlt dieser Intensitätswechsel im Raman-Rotationsspektrum.

Hierzu noch eine historische Anmerkung. Der beobachtete Intensitätswechsel im Rotations-Ramanspektrum von ^{14}N wurde bereits 1929 von *Heitler* und *Herzberg* damit erklärt, daß der ^{14}N-Kern ein Boson sein muß und nicht ein Fermion, wie es bis dahin nach den Vorstellungen über den Aufbau der Kerne aus Protonen und Elektronen angenommen wurde. Das Neutron war noch nicht bekannt, ebenso wie der Kernspin $I = 1$ von ^{14}N.

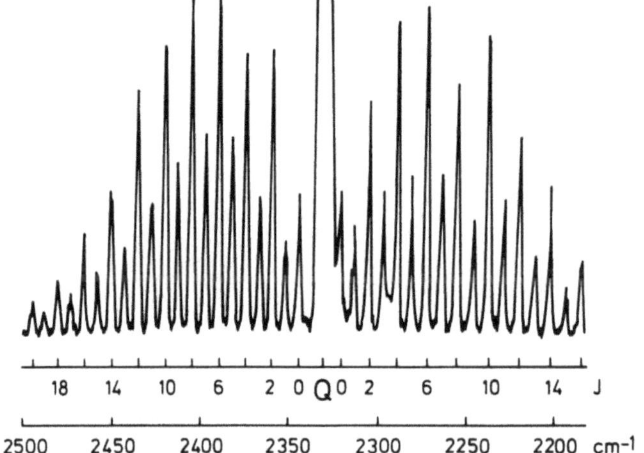

Abb. 12.11. Rotations-Schwingungs-Raman-Spektrum von Stickstoff, $^{14}N_2$. Im Zentrum am Ort der Schwingungswellenzahl $\bar{\nu}_e = 2330\,\mathrm{cm}^{-1}$ erscheint der Q-Zweig ($\Delta J = 0$) als *breite Linie*. Bei $^{14}N_2$ ($I = 1$) beobachtet man einen Intensitätswechsel aufeinanderfolgender Rotationslinien im Verhältnis 1:2. Nach Hellwege

Allgemein gilt hier ohne detaillierte Ableitung:

Das Verhältnis der statistischen Gewichte von antisymmetrischen und symmetrischen Zuständen der Kernspins in einem zweiatomigen Molekül mit zwei gleichen Atomkernen mit der Kernspin-Quantenzahl I oder in einem mehratomigen Molekül mit Inversionszentrum (wie CO_2) ist

$$\frac{g_a}{g_s} = \frac{I}{I+1} \,. \tag{12.10}$$

Dies sind dann die Intensitätsverhältnisse alternierender Linien im Rotationsspektrum: Für H_2 mit $I = 1/2$ ergibt sich 3:1, für N_2 mit $I = 1$ findet man 2:1 und für O_2 mit $I = 0$ fällt eine der beiden Komponenten ganz weg, also 1:0.

Besonders illustrativ ist auch das Molekül $C^{16}O_2$. Dies Molekül ist linear und hat deshalb ein Inversionszentrum. Hier sind nur Rotationsniveaus mit gerader Quantenzahl J erlaubt, weil der elektronische Grundzustand positive Parität besitzt ($^1\Sigma_g^+$). Darauf wurde – ohne daß es dort schon erklärt werden konnte – bereits bei den in

Abb. 10.12 gezeigten Rotations-Schwingungs-Spektren des CO_2-Moleküls hingewiesen. Wenn man dagegen Moleküle mit zwei verschiedenen Sauerstoff-Isotopen, zum Beispiel $^{16}O\,C^{18}O$, untersucht, so ist die Symmetrie vermindert, da die beiden O-Kerne nun verschieden sind. Man beobachtet bei diesem Molekül Übergänge mit *allen* Rotationstermen, also ein Spektrum mit doppelt so vielen Linien.

Die beschriebenen Einflüsse der Kernspins auf die Statistik möglicher Molekül-Zustände sind im Rahmen der klassischen Physik nicht zu erklären und ein eindrucksvoller Beleg für die Richtigkeit quantenmechanischer Konzepte und des Pauli-Prinzips. Allein aus dem Intensitätswechsel im Rotationsspektrum eines Moleküls ist auch eine Bestimmung der Kernspin-Quantenzahl I nach (12.10) möglich.

Aufgaben

12.1 Berechnen Sie den Linienabstand im reinen *Rotationsspektrum* von H_2, dessen Bindungslänge 74,14 pm beträgt. Welchen Meßverfahrens würden Sie sich zur Beobachtung des Spektrums bedienen?

12.2 Für welches der Moleküle H_2, H_2O, HCl, CH_4, CH_3Cl, CH_2Cl_2, CH_3CH_3, SF_6 kann man ein reines Rotations-Ramanspektrum erwarten?

12.3 Welche der folgenden Moleküle zeigen *Infrarot-aktive* und welche *Raman-aktive Schwingungsmoden*: N_2, C_2H_4, CH_3OH, HD, CCl_4, CS_2, SO_2, NH_3, $BeCl_2$, CH_3COCH_3 (Aceton), $(CO)_5Re–Re(CO)_5$ (anorganischer Komplex)?

12.4 Die Trägheitsmomente des Ammoniakmoleküls NH_3 sind $\Theta_\perp = 2{,}86 \cdot 10^{-47}$ kg m^2 und $\Theta_{||} = 4{,}38 \cdot 10^{-47}$ kg m^2. Beschreiben Sie sein *Rotations-Ramanspektrum* bei Anregung mit der 366,732 nm-Linie eines Stickstofflasers.

12.5 a) Im *Infrarot-Absorptionsspektrum* und im *Raman-Spektrum* eines Moleküls A_2B_2 findet man die folgenden Linienintensitäten:

cm^{-1}	IR	Raman
3374	–	stark
3287	sehr stark; PR-Struktur	–
1973	–	sehr stark
729	sehr stark; PQR-Struktur	–
612	–	schwach

Auf welche Molekülstruktur schließen Sie aus diesen Daten? Weisen Sie die beobachteten Spektrallinien den einzelnen Schwingungsmoden zu, und berücksichtigen Sie die bekannten Schwingungsfrequenzen häufig vorkommender Bindungen, um das Molekül A_2B_2 zu identifizieren.

b) Die IR- und Ramanspektren eines Moleküls AB_2 weisen folgende Spektrallinien auf:

cm^{-1}	IR	Raman
3756	sehr stark	–
3652	stark	stark; polarisiert
1595	sehr stark	–

Die Rotationsstruktur sämtlicher IR-Schwingungsbanden ist kompliziert und zeigt weder PR- noch PQR-Struktur.

Klären Sie anhand dieser Daten die Molekülstruktur, und ordnen sie die Linien den Normalschwingungen zu. Um welches Molekül handelt es sich?

12.6 Unter den Normalschwingungen von Distickstoffoxid N_2O und Stickstoffdioxid NO_2 gibt es jeweils solche, die man sowohl in den Infrarot-Absorptionsspektren als auch in den Ramanspektren beobachtet. Während die Schwingungsbanden von N_2O durchweg PR-Struktur (ohne Q-Zweig) aufweisen, erkennt man bei NO_2 eine sehr viel kompliziertere Rotationsstruktur.

Welche Aussagen über die *Strukturen* der beiden Moleküle lassen sich aus diesen Angaben ableiten?

12.7 Die Elektronenterme verschiedener Zustände *zweiatomiger homonuklearer Moleküle* seien ${}^1\Sigma_g^+$, ${}^1\Sigma_u^+$, ${}^1\Sigma_g^-$, ${}^1\Sigma_u^-$, ${}^3\Sigma_g^-$, ${}^1\Pi_g$, ${}^1\Pi_u$.

a) Zu welchen Werten der Rotationsquantenzahl J gehören die existierenden bzw. verbotenen Terme, wenn die Kernspins $I_A = I_B = 0$ sind?

b) Zu welchen Werten der Rotationsquantenzahl J gehören die häufiger bzw. seltener vorkommenden Terme, wenn die Kernspins $I_A = I_B = 1$ sind?

12.8 a) Stellen Sie die *symmetrischen und antisymmetrischen Kernspinzustände* eines homonuklearen zweiatomigen Moleküls mit den Kernspins $I_A = I_B = 1$ (z. B. D_2, N_2) auf, und geben sie das Häufigkeitsverhältnis an.

b) Zeigen Sie, daß die zu den Gesamtkernspins $I_{ges} = 2$ und $I_{ges} = 0$ gehörenden Kernspinzustände symmetrisch, die zu $I_{ges} = 1$ gehörenden antisymmetrisch sind.

12.9 Rotationszustände, die aufgrund der Kernspineinflüsse statistisch häufiger auftreten, heißen *Ortho-Zustände*, die selteneren *Para-Zustände*. Geben Sie die Rotationsniveaus J an, die zu Ortho- bzw. Para-Fluor ${}^{19}F_2$ gehören. Wie sind die statistischen Gewichte der beiden Molekülsorten?

Hinweis: elektronischer Grundzustand ${}^1\Sigma_g^+$; Kernspin $I = \frac{1}{2}$.

12.10 Der gesamte Kernspin I_{ges} eines zweiatomigen homonuklearen Moleküls mit $I_A = I_B = I$ ergibt sich durch Vektoraddition zu

$$I_{ges} = 2I, 2I - 1, \dots, 0 .$$

Für ganzzahlige I sind die Kernspinzustände mit

$$I_{ges} = 2I, 2I - 2, \dots, 0$$

symmetrisch gegen Kernaustausch, die anderen antisymmetrisch. Bei halbzahligen I dagegen sind die symmetrischen Zustände

$$I_{\mathrm{ges}} = 2I, 2I - 2, \ldots, 1 ,$$

alle übrigen sind wiederum antisymmetrisch. Zeigen Sie, daß man aus der $(2I_{\mathrm{ges}} + 1)$-fachen Entartung jedes Kernspinzustandes für das Verhältnis der *statistischen Gewichte* von antisymmetrischen zu symmetrischen Zuständen die allgemeine Formel

$$\frac{g_{\mathrm{a}}}{g_{\mathrm{s}}} = \frac{I}{I+1}$$

gewinnt.

13. Elektronen-Zustände

Nach der Behandlung der im Spektralbereich der Mikrowellen bzw. des Infraroten gelegenen Rotations- und Rotationsschwingungsspektren von Molekülen in den Kap. 9 und 10 wollen wir uns in diesem und im folgenden Kapitel den elektronischen Übergängen in Molekülen und damit den Bandenspektren im weiteren Sinne zuwenden. Hierbei handelt es sich um Spektren im Nahinfrarot sowie im sichtbaren und ultravioletten Spektralbereich, die aus einer sehr großen Anzahl von Linien mit häufig sehr schwer zu analysierender Struktur und Ordnung bestehen. Sie erscheinen bei geringerer Auflösung des verwendeten Spektralapparates auch als strukturlose bandartige Spektren, daher der Name Bandenspektren. In diesem Kapitel werden die Grundlagen zum Verständnis der Molekülquantenzahlen behandelt. Auch hier folgt einer ausführlicheren Diskussion der zweiatomigen Moleküle in Abschn. 13.3 ein Ausblick auf größere Moleküle in Abschn. 13.4.

13.1 Der Aufbau von Bandenspektren

Ein Bandenspektrum weist, wie bereits in Kap. 8 gezeigt, im allgemeinen eine dreifache Struktur auf. Es besteht aus einer Anzahl von häufig deutlich voneinander getrennten Gruppen von Banden, den sogenannten *Bandensystemen*. Jedes Bandensystem besteht aus einer Anzahl von *Banden*, und jede Bande besteht aus einer größeren Anzahl gesetzmäßig angeordneter *Bandenlinien*.

Diese dreifache Struktur eines Bandenspektrums entspricht den drei Beiträgen zur Gesamtenergie eines Moleküls, nämlich der Elektronenanregung, der Schwingungsanregung und der Anregung der Rotationsenergie des Moleküls.

Die Elektronenanregung bestimmt die Lage eines Bandensystems im Spektrum. Alle Banden eines Bandensystems gehören zum gleichen Elektronenübergang. Die Lage einer Bande im Bandensystem ist durch die Änderung der Schwingungsenergie im Anfangs- und Endzustand gegeben. Die Änderung der elektronischen Quantenzahl und die Änderung der Schwingungsquantenzahl sind also für alle Linien einer Bande konstant. Die Bandenlinien unterscheiden sich noch untereinander durch die Änderung der Rotationsquantenzahl.

Das vollständige Spektrum eines Moleküls besteht also aus Rotations-Schwingungs- und Elektronen-Übergängen. Die Terme für die möglichen Anregungszustände eines Moleküls können wir in der Form

$$T = T^{\text{el}} + G_v + F_{v,J} \tag{13.1}$$

darstellen. Für die Wellenzahlen der Linien im Bandenspektrum gilt entsprechend

$$\begin{aligned}\bar{\nu} &= \Delta T^{\text{el}} + \Delta G + \Delta F \\ &= T'^{\text{el}} - T''^{\text{el}} + G'_{v'} - G''_{v''} + F'_{v'J'} - F''_{v''J''} \,.\end{aligned} \tag{13.2}$$

Die Elektronenübergänge finden zwischen den verschiedenen möglichen elektronischen Anregungszuständen eines oder mehrerer Elektronen bzw. dem Grundzustand statt. Eine Analyse der Elektronenübergänge brauchen wir, wenn wir elektronische Struktur, Bindungsverhältnisse, Anregungszustände, Reaktionsverhalten, Dissoziationsenergien und weitere physikalische Eigenschaften von Molekülen verstehen wollen. Den Grundzustand und die Anregungszustände können wir durch Eigenfunktionen und Quantenzahlen charakterisieren, welche für Moleküle in Anlehnung an die bei Atomen bewährten Verfahren neu abgeleitet und definiert werden müssen.

13.2 Bindungstypen

Wegen der großen Vielfalt der Moleküle und der großen Unterschiede in ihrem Aufbau aus den im Molekül gebundenen Atomen ist es zweckmäßig, drei Grenzfälle der chemischen Bindung und damit drei Typen von Molekülen zu unterscheiden:

- *Ionenmoleküle* wie zum Beispiel die Alkalihalogenide NaCl oder LiF sind stark polar, das heißt, ein Elektron geht mehr oder weniger ganz von einem Partner der Bindung zum anderen über. Die Moleküle sind hinsichtlich ihrer elektronischen Anregungszustände den Atomen oder Ionen, aus denen sie aufgebaut sind, ähnlich. In Lösung dissoziieren sie leicht in Ionen, also zum Beispiel NaCl zu $Na^+ + Cl^-$.
- *Van der Waals-Moleküle* wie Hg_2 oder Cd_2 entstehen bevorzugt durch Bindung zwischen neutralen Atomen, die nur abgeschlossene Elektronenschalen besitzen und deshalb nur schwache Bindungen, durch induzierte Dipolmomente, mit anderen Atomen eingehen können. Die Bindung erfolgt durch sogenannte Van der Waals-Kräfte, die rasch mit der Entfernung abnehmen. Die Atomzustände bleiben noch stärker als bei den Ionenmolekülen erhalten. Die Moleküle dissoziieren in die neutralen Atome.
- Am wichtigsten und physikalisch interessantesten sind schließlich die *Atommoleküle* wie H_2, N_2, O_2 oder AlH als Beispiele für zweiatomige Moleküle. Bei ihnen findet die Bindung als sogenannte homöopolare oder kovalente Bindung dadurch statt, daß Elektronen in nichtabgeschlossenen Elektronenschalen der Partner-Atome aus ihren Atom-Orbitalen neue, beiden Atomen gemeinsame Orbitale bilden, die Molekülorbitale. Sie können aus dem Grundzustand in neutrale Atome dissoziieren. Zu dieser Gruppe gehört eine Vielzahl von Molekülen aus dem Bereich der Organischen Chemie.

13.3 Einelektronenzustände zweiatomiger Moleküle

Wir befassen uns zunächst mit dem zuletzt genannten Typ von Molekülen und versuchen, einen Zusammenhang zwischen Atom- und Molekülorbitalen herzustellen und zu verstehen. Hier ist es wie bei der Theorie der chemischen Bindung, die wir in den Kap. 4 bis 7 behandelt haben, zweckmäßig, vom Wasserstoff-Molekülion H_2^+ oder vom Wasserstoffmolekül H_2 auszugehen. Wie wir gerade dort, vgl. Abschn. 4.3, gesehen haben, können wir in guter Näherung die Elektronenwellenfunktion, die sich auf alle Elektronen des Moleküls bezieht, aus symmetrisierten oder antisymmetrisierten Produkten von Einzelwellenfunktionen aufbauen. Wir werden uns daher mit solchen Einzelwellenfunktionen befassen. Andererseits bringen Atome wie N, O, usw. aber mehrere Elektronen von ihren ganz- oder teilweise aufgefüllten Schalen mit in das Molekül ein. Wir müssen uns daher überlegen, wie diese verschiedenen atomaren Orbitale sich ändern oder zu Linearkombinationen zusammenfügen, wenn wir die Atome einander nähern.

Folgendes Vorgehen wird eingeschlagen:

- Aus Linearkombinationen von Atomorbitalen bilden wir Molekülorbitale.
- Die verfügbaren Elektronen werden in die Molekülorbitale so eingebaut, daß diese ihrer energetischen Reihenfolge nach aufgefüllt werden, und daß jedes Orbital höchstens zwei Elektronen enthält Pauli-Verbot).
- Bei der Besetzung energetisch entarteter Orbitale wird zunächst jedes Molekülorbital einfach besetzt, bevor eine Zweifachbesetzung erfolgt. Dabei ist eine Anordnung mit parallelen Spins bevorzugt Hundsche Regel).

Um nun die Molekülorbitale zu verstehen, sehen wir wie schon in den Kap. 4–7 zunächst einmal von Schwingungen und Rotationen ab und betrachten ein festes Kerngerüst. Während wir uns dort vorwiegend mit dem Aufbau der Molekülorbitale aus atomaren Wellenfunktionen befaßten, wollen wir hier vornehmlich die Definition und Herleitung der hier maßgeblichen Quantenzahlen kennenlernen. Als einfaches Molekül bauen wir ein homonukleares zweiatomiges Molekül AB aus den beiden Atomen A und B nach dem Schema $A + B \rightarrow AB$ auf. In jedem der beiden Atome sind die Elektronen bestimmten Atomorbitalen A, B zugeordnet. Aus den getrennten Atomen im Abstand $R = \infty$ machen wir durch gegenseitige Annäherung der Atome zunächst das Molekül mit dem Gleichgewichtsabstand R_e. In dieser Konfiguration sind die Elektronen zusätzlich zu dem jeweiligen Coulombpotential des ihnen ursprünglich zugeordneten Kerns dem elektrischen Feld des anderen Kerns ausgesetzt. Dieses ist bezüglich der Kernverbindungslinie rotationssymmetrisch. Wenn wir in Gedanken den Kernabstand weiter bis zum Zusammenfallen der Kerne verkleinern, also nach dem Schema $AB \rightarrow (AB)$, dann müssen die Elektronenzustände des Moleküls in diejenigen eines Atoms übergehen, dessen Kernladung gleich der Summe der Ladungen der das Molekül aufbauenden Atomkerne ist. So kommt man durch gegenseitige Annäherung zum *Vereinigten-Kerne-Atom* mit Molekülorbitalen (AB).

Das einfachste Beispiel für ein „Molekül" ist das H_2^+-Ion bestehend aus zwei Protonen und einem Elektron. Das zugehörige Vereinigte-Kerne-Atom wäre das He^+-Ion, die Trennung bei $R = \infty$ ergibt das Atom H und das Ion H^+. Potentialkurven für die Moleküle H_2 und H_2^+ sind in Abb. 13.1 dargestellt.

Die energetische Reihenfolge der Elektronenterme von normalen, stark gebundenen Molekülen mit kleinem Kernabstand kann man auch verstehen, indem man vom vereinigten Kerne-Atom ausgeht. Wenn man die Kerne etwas trennt, also vom He^+ zum H_2^+ übergeht, herrscht zwischen ihnen ein starkes elektrisches Feld in Richtung der Kernverbindungslinie. Dieses wirkt auf die elektronischen Terme wie vom Stark-Effekt bei Atomen her bekannt. Bei schwächer gebundenen Molekülen mit großem Kernabstand ist die bessere Näherung diejenige, die von den getrennten Atomen ausgeht. Diese beiden Grenzfälle können als Orientierung und Hilfsmittel beim Verständnis der Termschemata von Molekülen und der Bildung von Molekülorbitalen aus Atomorbitalen dienen.

Wir beginnen mit der Vorstellung, daß wir durch Annäherung der Atome A und B das Molekül AB realisieren, wobei gleichzeitig die Atomorbitale A, B in Molekülorbitale AB überführt werden. Dadurch ergeben sich für die Atome folgende Änderungen (vgl. Kap. 4):

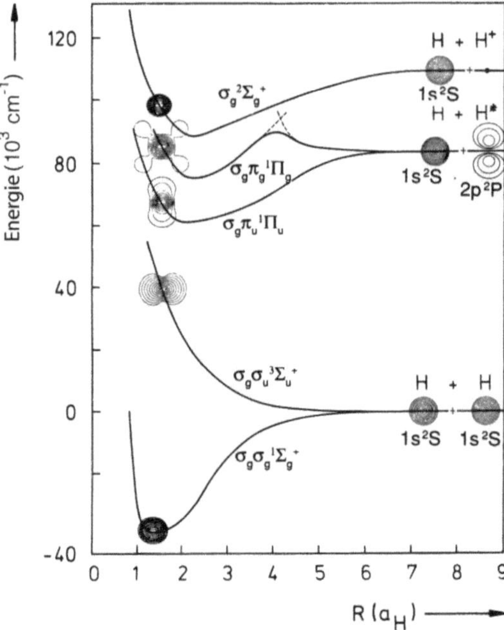

Abb. 13.1. Potentialkurven und Elektronendichteverteilungen für Grund- und Anregungszustände von H_2 und H_2^+. Berechnet mit der Molekülorbital-Näherung nach Hund und Mulliken. Als Abstandseinheit ist der Bohrsche Radius $a_H = 0{,}529 \cdot 10^{-8}$ cm verwendet. Nach Hellwege

- Die Zentralsymmetrie des Coulombpotentials wird aufgehoben. Es wirkt auf die Elektronen zusätzlich ein elektrisches Feld in Achsen (z)-Richtung.
- Die Elektronen gehören gleichzeitig zu beiden Atomen.
- Die ursprünglich miteinander entarteten Terme spalten auf.

Dies hat die folgenden Konsequenzen. Zunächst einmal zu den Quantenzahlen, die die Zustände charakterisieren: Während bei unendlichem Abstand der Atome die Atomelektronen durch Eigenfunktionen mit den 4 Quantenzahlen n (Hauptquantenzahl), l (Drehimpuls), m_l (magnetische Quantenzahl) und m_s (Spinquantenzahl) charakterisiert werden können, ist nun wegen der Abweichung von der Zentralsymmetrie des Coulombfeldes die Drehimpulsquantenzahl l keine gute Quantenzahl mehr, hingegen jedoch noch die magnetische Quantenzahl m_l, bezogen auf die Kernverbindungslinie als Vorzugsrichtung. Der Bahndrehimpuls $\boldsymbol{l}$ der Elektronen präzediert um die Kernverbindungslinie z mit einer gequantelten z-Komponente. Für diese gilt

$$l_z = m_l \hbar \,, \quad \text{mit} \quad m_l = l \,, \quad l-1, \ldots -l \,. \tag{13.3}$$

Die Energie dieser Zustände ist im axialsymmetrischen elektrischen Feld der Kerne im Gegensatz zum Verhalten im Magnetfeld gleich groß für die Orientierungen von l_z in Feldrichtung und gegen die Feldrichtung, weil die Wirkung eines elektrischen Feldes auf ein präzedierendes Elektron unabhängig von dessen Umlaufsinn ist. Diese Entartung kann allerdings durch eine Störung wie die Rotation des Moleküls aufgehoben werden. Sonst gilt also für die Energie, daß sie nur geraden Potenzen von m proportional sein kann, das heißt es geht nur der Betrag von m_l ein.

Deshalb führt man in der Molekülphysik als weitere Quantenbedingung die Größe λ ein:

$$\lambda = |m_l| = l, l-1, \ldots 0 \,. \tag{13.4}$$

Obwohl die Bahndrehimpuls-Quantenzahl l keine gute Quantenzahl mehr ist, hat sie dennoch ihre Bedeutung. Einmal nämlich bei den inneren, ohnehin abgeschirmten Schalen wird sie noch annähernd gültig sein, aber auch in dem Falle, wo es zu einer stärkeren Wechselwirkung kommt, wird sie uns noch Auskunft darüber geben können, woher das spezielle Atomorbital, das in das Molekülorbital eingeht, herrührt. Deshalb behält man in der Molekülphysik diese Bahndrehimpuls-Quantenzahl l bei. Wir besprechen nun die Bezeichnungen der Elektronenzustände mit Quantenzahlen näher.

Bahnwellenfunktionen von Elektronenzuständen mit $\lambda = 0, 1, 2, \ldots$ nennt man $\sigma, \pi, \delta \ldots$ Orbitale in Analogie zur Bezeichnung s, p, d, f, die für Elektronen in Atomen mit $l = 0, 1, 2, 3$ gilt. Molekülorbitale mit $\lambda \neq 0$ sind zweifach entartet entsprechend den Quantenzahlen $\pm m$. Die Entartung kann durch eine weitere Störung wie die Rotation des gesamten Moleküls aufgehoben werden. Wie bei den Atomelektronen gelten die Beziehungen $l \leq n - 1$ und $\lambda \leq l$. Die verschiedenen Drehimpulszustände bezeichnet man also nach folgendem Schema:

$$\begin{array}{rcccc} m_l: & 0 & \pm 1 & \pm 2 & \pm 3 \\ \lambda: & 0 & 1 & 2 & 3 \\ \text{Symbol}: & \sigma & \pi & \delta & \varphi\,. \end{array}$$

Mit Ausnahme der σ-Zustände sind alle Drehimpulszustände zweifach entartet, außerdem gibt es für jeden dieser Zustände noch zwei Einstellungsmöglichkeiten des Spins relativ zur Vorzugsachse, $m_s = \pm\frac{1}{2}$. σ-Zustände können also 2 Elektronen aufnehmen, die übrigen Zustände je 4 Elektronen.

Zur weiteren Kennzeichnung von Orbitalen mit gleichem λ benutzt man die Quantenzahlen, die in den völlig getrennten Atomen gelten. Sie stellt man dem Symbol für λ nach, und man bezeichnet den Herkunftsterm mit einem Index, also zum Beispiel $\sigma 1s_A, \sigma 2p_B$, um damit auszudrücken, daß es sich um Elektronen mit der Quantenzahl $\lambda = 0$ handelt, die ursprünglich, d. h. vor der Molekülbildung, zu den Atomen A und B als $1s$- bzw. $2p$-Elektronen gehört haben. Wir kennzeichnen also die molekularen Elektronenzustände durch die Symbolik λnl.

Man kann die Orbitale mit gleichem λ auch dadurch unterscheiden, daß man die ursprünglichen Quantenzahlen n und l, aus dem der Elektronenzustand des Moleküls hervorgeht, dem Molekülorbitalsymbol mit kleinen griechischen Buchstaben voranstellt, also z. B. $1s\sigma, 2s\sigma, 2p\sigma, 2p\pi$. Diese Bezeichnungsweise ist besonders dann üblich, wenn man vom Vereinigten-Kerne-Atom (AB) ausgeht. n und l sind dann die Quantenzahlen von (AB). Zum Beispiel ist ein $3d\pi$-Elektron eines Moleküls ein Elektron mit den Quantenzahlen $n = 3, l = 2, \lambda = 1$. Nähert man sich dem realen Molekül von den beiden Grenzfällen, unendlicher Kernabstand bzw. Kernabstand $= 0$, so sind die Quantenzahlen n, l, die zu einer bestimmten Elektronenfunktion des Moleküls führen, für das Vereinigte-Kerne-Atom in vielen Fällen verschieden von denen der ursprünglich weit getrennten Atome. Die Quantenzahl λ ist dagegen im gesamten Bereich von sehr kleinen bis zu sehr großen Kernabständen eine „gute" Quantenzahl. Während der Drehimpuls um die als Vorzugsrichtung dienende Kernverbindungslinie präzediert, bleibt seine Projektion auf diese Richtung erhalten.

Schließlich kennzeichnet man noch die Symmetrie. Als „gerade", Index g, oder „ungerade", Index u, bezeichnet man Orbitalwellenfunktionen, je nachdem ob sie symmetrisch oder antisymmetrisch relativ zu einem Symmetriezentrum des Moleküls, also zu einer Inversion sind. σ_g ist also eine gerade, σ_u eine ungerade Funktion mit $\lambda = 0$. Das ist besonders bei homonuklearen Molekülen wichtig.

Wenn man etwa aus zwei $1s$-Orbitalen der getrennten Atome A und B durch Linearkombination Molekülorbitale bildet, so gibt es die symmetrische und die antimetrische Kombination, also

$$\sigma_g 1s = \frac{1}{\sqrt{2}}(\sigma 1s_A + \sigma 1s_B)$$
$$\sigma_u 1s = \frac{1}{\sqrt{2}}(\sigma 1s_A - \sigma 1s_B) \;. \tag{13.5}$$

Die Funktion σ_u entspricht einem antibindenden Zustand, wie in Abschn. 4.4 und 6.7 gezeigt. Solche nichtbindende Zustände bezeichnet man auch mit einem Stern, also σ_u^*. In (13.5) ist der Faktor $1/\sqrt{2}$ ein Normierungsfaktor, wie bereits in Kap. 4 eingeführt, wobei wir das Überlappungsintegral S vernachlässigen. Für das Wasserstoff-Molekül sind diese beiden Elektronen-Konfigurationen in Abb. 13.2 dargestellt. Jedes dieser Molekülorbitale kann mit maximal zwei Elektronen besetzt werden, die sich in ihrer magnetischen Spinquantenzahl $m_s = \pm 1/2$ unterscheiden. Die beiden Elektronen des H_2-Moleküls können beide im bindenden Orbital σ untergebracht werden. Damit hat das Molekül H_2 einen stabilen Grundzustand mit der Konfigurationsbezeichnung $1s\sigma^2$. (σ^2 bedeutet, daß es sich um 2σ-Elektronen handelt.) Anders ist es beim Molekül He_2, wie in Abb. 13.3 gezeigt. Von den 4 Elektronen müssen zwei im antibindenden Orbital σ^* sitzen, die Elektronenkonfiguration lautet also $1s\sigma^2 1s\sigma^{*2}$. Weil die nichtbindende Wirkung der beiden σ^*-Elektronen die bindende der beiden σ-Elektronen überwiegt, ist der Grundzustand insgesamt nicht stabil. Wenn dagegen eines der Elektronen aus dem antibindenden Zustand $1\sigma^*$ in einen bindenden Zustand 2σ angeregt wird, dann überwiegt insgesamt wieder der bindende Beitrag. Das im Grundzustand nicht stabile Molekül He_2 hat deshalb einen bindenden Anregungszustand. Ein solches Molekül bezeichnet man als *Excimer* (für excited dimer). Die Elektronenkonfiguration lautet dann $1s\sigma^2 1s\sigma^* 2s\sigma$.

Wenn man zweiatomige Moleküle mit mehr Elektronen betrachtet, so muß man die möglichen Orbitale unter Beachtung des Pauli-Prinzips der energetischen Reihen-

Abb. 13.2

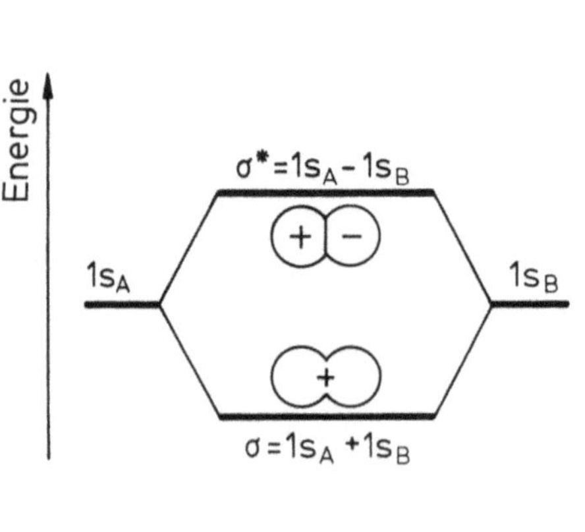

Abb. 13.3

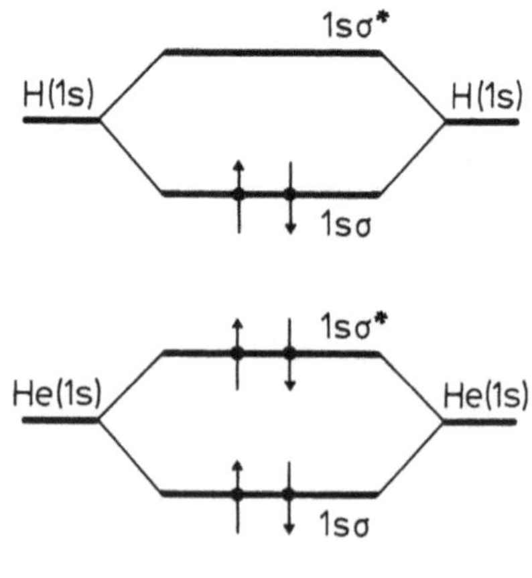

Abb. 13.2. Molekülorbital-Energieschema für das H_2-Molekül. Aus der Linearkombination der beiden S-Elektronen $1s_A$ und $1s_B$ erhält man ein bindendes Orbital σ und ein antibindendes Orbital σ^*

Abb. 13.3. *Oben:* Im H_2-Molekül können die beiden Elektronen das unterste, bindende Orbital besetzen. *Unten:* Im He_2-Molekül sind zwei Elektronen bindend, zwei nichtbindend. Der Zustand ist insgesamt antibindend, das stabile Molekül He_2 existiert im Grundzustand nicht. Siehe dazu auch Abschn. 15.4

folge nach mit Elektronen besetzen. Je zwei Elektronen in einem Molekül müssen sich nach dem Pauli-Prinzip in mindestens einer der vier Quantenzahlen (n, l, λ und m_s) unterscheiden. Alle Elektronen mit gleichem n, l und λ werden zu einer Elektronenschale zusammengefaßt. Abgeschlossene Elektronenschalen besitzen keinen Spin- oder Bahndrehimpuls. Tabelle 13.1 gibt eine Übersicht über die möglichen Elektronenzustände und -schalen für $n = 1$ und 2.

Tabelle 13.1. Mögliche Elektronenzustände in Molekülen. Aus den Atomorbitalen (AO) werden Molekülorbitale (MO). Deren räumliche Erstreckung ist schematisch angegeben, außerdem die Multiplizität von Bahn und Spin

AO	MO $nl\lambda$			Multiplizität Bahn	Spin
2p	$2p\sigma_u^*$	⊖⊕	⊖⊕	1	2
	$2p\pi_g^*$	⊕/⊖	⊖/⊕	2	2
	$2p\pi_u$	⊕/⊖	⊕/⊖	2	2
	$2p\sigma_g$	⊖⊕	⊕⊖	1	2
2s	$2s\sigma_u^*$	⊕	⊖	1	2
	$2s\sigma_g$	⊕	⊕	1	2
1s	$1s\sigma_u^*$	⊕	⊖	1	2
	$1s\sigma_g$	⊕	⊕	1	2

Abbildung 13.4 zeigt als weiteres Beispiel die niedersten möglichen Elektronenkonfigurationen für das Stickstoff-Molekül, N_2, im MO-(Molekülorbital)-Diagramm. Die möglichen Elektronenzustände werden sukzessive mit den 14 Elektronen besetzt, die zur Verfügung stehen. Man beachte hierbei jedoch, daß die Reihenfolge der vier obersten Orbitale in Abb. 13.4 nicht mit derjenigen in Tabelle 13.1 übereinstimmt. Während in Tabelle 13.1 die Term-Reihenfolge nach dem Modell der getrennten Atome eingetragen ist, ist bei dem N_2-Molekül eine etwas andere Reihenfolge der Molekülorbitale aus den $2p$-Atomorbitalen realisiert. Diese ist durch bisher nicht berücksichtigte Einflüsse der übrigen (inneren) Elektronen bedingt. Mehr dazu noch im Korrelationsdiagramm, Abb. 13.5.

Je zwei Elektronen in Abb. 13.4 besetzen die Orbitale $1s\sigma$ und $1s\sigma^*$, $2s\sigma$ und $2s\sigma^*$. Von den übrig bleibenden sechs Elektronen besetzen vier das Orbital $2p\pi$, die beiden letzten das Orbital $2p\sigma$. Die sechs obersten Elektronen im Energiediagramm sind für die Bindung verantwortlich. Sie besetzen 3 bindende Molekülorbitale. Dem entspricht in der Chemie das Symbol der Dreifachbindung N≡N.

Wenn wir vom N_2-Molekül zum O_2-Molekül weitergehen (ebenfalls in Abb. 13.4 dargestellt), sind zwei weitere Elektronen unterzubringen. Für sie steht das Orbital $2p\pi^*$

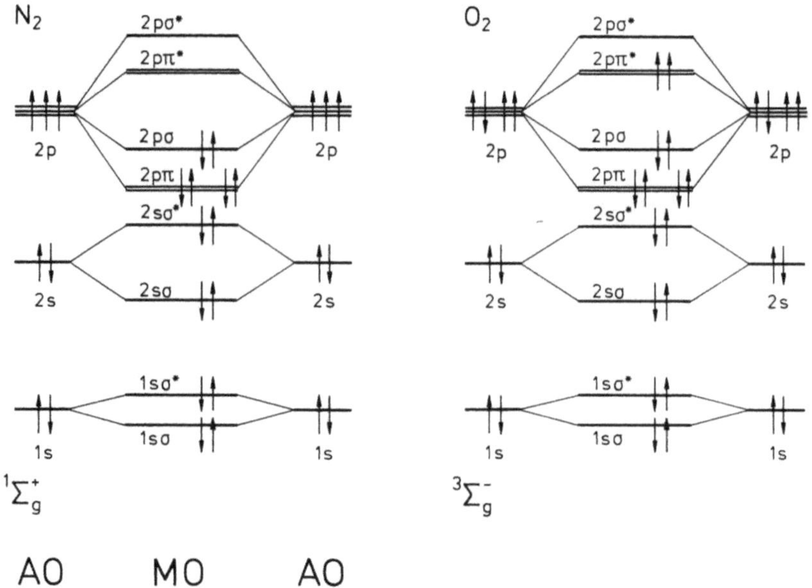

Abb. 13.4. *Linkes Teilbild*: Molekülorbitale von N_2, ihre Herkunft aus Atomorbitalen, und ihre Besetzung mit Elektronen im Grundzustand, nach dem Molekülorbital-Schema. Die energetische Reihenfolge der aus den Atomorbitalen $2p$ entstehenden Molekülorbitale ergibt sich aus dem Experiment und ins Detail gehenden Rechnungen über die Wechselwirkung zwischen den Elektronen. Die hier eingezeichnete Reihenfolge ist bei den Molekülen H_2 bis N_2 realisiert. In einer einfachen ersten Näherung würde man erwarten, daß die Aufspaltungen $2p\sigma/2p\sigma^*$ und $2p\pi/2p\pi^*$ je symmetrisch zur Ausgangslage, das heißt zu den Atomorbitalen, sind, wie in Tabelle 13.1. *Rechtes Teilbild*: Das selbe für das Molekül O_2. Diese Reihenfolge gilt auch für F_2

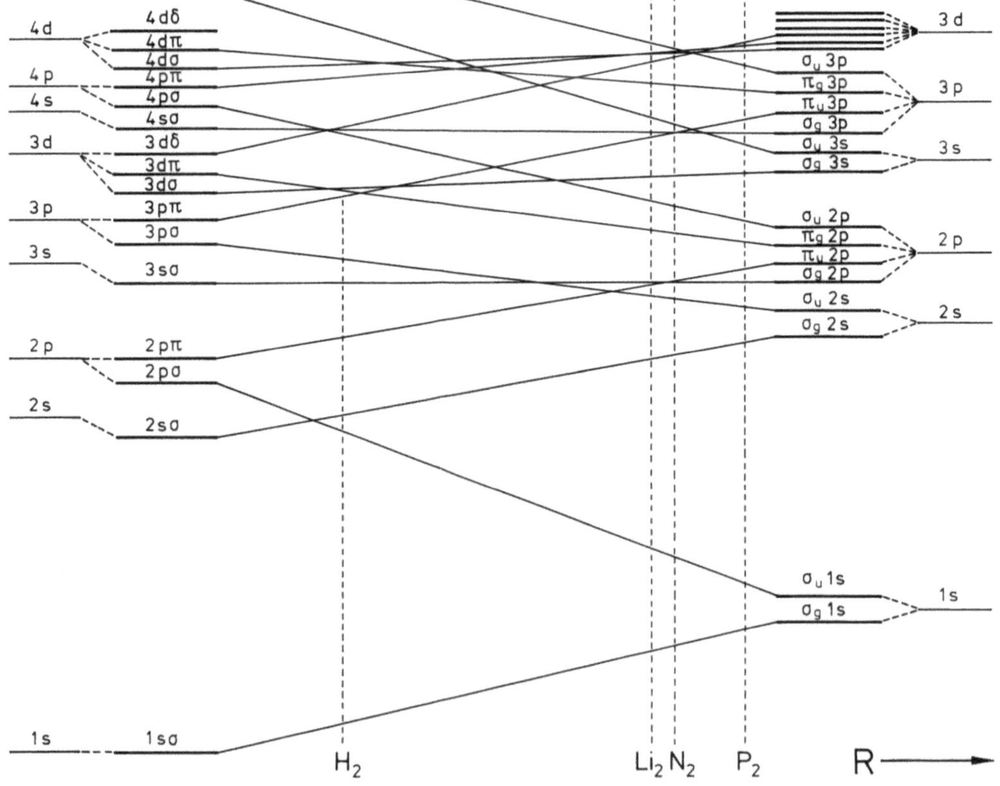

Abb. 13.5. Zuordnung der Molekülorbitale in einem zweiatomigen homonuklearen System. *Links* die Termbezeichnung im Vereinigten-Kerne-Atom, *rechts* für die getrennten Atome in der *Mitte* für das Molekül. Die Verbindung zwischen *rechts* und *links* erfolgt in Wirklichkeit nicht auf Geraden, wie hier vereinfachend angenommen. Sie muß berechnet werden. Die Lage einiger Moleküle im Diagramm ist angedeutet. Nach Herzberg

zur Verfügung. Dessen antibindender Charakter reduziert gegenüber N_2 den Bindungscharakter zur Doppelbindung, O=O.

Übrigens erwartet man nach den Hundschen Regeln, daß die Spins der beiden $2p\pi^*$-Elektronen parallel stehen, weil das $2p\pi^*$-Orbital mit zwei Elektronen nur halb besetzt ist. Das stimmt mit der Beobachtung überein, daß O_2 paramagnetisch ist, also die Spinquantenzahl $S = 1$ besitzt.

Insgesamt kann man die Elektronenkonfiguration des N_2-Moleküls mit $\sigma_g 1s^2 \sigma_u^* 1s^2 \sigma_g 2s^2 \sigma_u^* 2s^2 \sigma_g 2p^2 \pi_u 2p^4$ beschreiben, hervorgegangen aus den Atom-Elektronen $1s^2 2s^2 2p^3$ des N-Atoms. Beim O_2-Molekül kommt $\pi_g^* 2p^2$ hinzu.

In Abb. 13.5 ist schließlich in einem sogenannten *Korrelations-Diagramm* gezeigt, wie man die Beziehung zwischen Orbitalen bei großem Kernabstand – wo die Reihenfolge sich direkt aus den getrennten Atomen ergibt – und Orbitalen bei kleinem Kernabstand – wo sie durch das Vereinigte-Kerne-Atom bestimmt sind – herstellt. Jedes Orbital auf der linken Seite geht in eines auf der rechten Seite über. Dabei kann sich die Reihenfolge von Orbitalen verschiedenen Typs, also etwa von π und σ-Orbitalen, als Funktion des Kernabstandes ändern, indem Elektronen in solchen Orbitalen bindungslockernd oder bindend wirken. Auf Details des Korrelations-Diagramms soll hier nicht eingegangen werden. Dieses Korrelationsdiagramm enthält die Niveaufolge für die Moleküle. Ganz leichte Moleküle wie H_2 liegen links, nahe bei dem Vereinigten Kerne-Atom. Schwere Moleküle wie etwa P_2 liegen rechts, nahe bei den getrennten Atomen. N_2 liegt dazwischen.

13.4 Mehrelektronenzustände und elektronische Gesamtzustände von zweiatomigen Molekülen

Für ein Molekül mit mehreren äußeren Elektronen muß man die gegenseitige Kopplung der Elektronen betrachten, um zu einer Charakterisierung des *Gesamtzustandes* zu kommen. Wie beim Atom kompensieren sich die Drehimpulse der inneren Elektronen in abgeschlossenen Schalen gegenseitig zu Null. Es bleiben einige wenige äußere Elektronen. Für deren Kopplung gilt als Vorzugsrichtung die Molekülachse. Die Kopplung der Einzeldrehimpulse $\boldsymbol{l}_i$, wobei sich der Index auf das Elektron i bezieht, zum gesamten Bahndrehimpuls $\boldsymbol{L}$ mit dem Betrag $\sqrt{L(L+1)}\hbar$ wird durch Einführung einer neuen Quantenzahl Λ berücksichtigt, die die Komponente von $\boldsymbol{L}$ auf die Kernverbindungslinie (also m_L) mißt. Es gilt $\boldsymbol{L}_z = \Lambda\hbar$, und Λ ist im Gegensatz zu L auch im nichtzentralsymmetrischen Potential eine gute Quantenzahl.

Dabei ist zu beachten, daß die Kopplung der $\boldsymbol{l}_i$ untereinander zur Resultierenden $\boldsymbol{L}$ beim Molekül meistens schwächer ist als die Kopplung jedes einzelnen Elektrons an das axiale Feld der Kerne. Die Vektoren $\boldsymbol{l}_i$ der äußersten Elektronen in unabgesättigten Schalen präzedieren deshalb je für sich um die Kernverbindungslinie mit einer gequantelten Komponente $\pm\lambda_i$, wobei hier $\lambda = m_l$ (und nicht $|m_l|$ wie in (13.4)) ist. Für den resultierenden gesamten Bahndrehimpuls um die Kernverbindungslinie gilt als Quantenbedingung für die axiale oder z-Komponente

$$\boldsymbol{L}_z = \pm\Lambda\hbar \,, \quad \text{mit} \quad \Lambda = |\Sigma\lambda_i| \,, \tag{13.6}$$

siehe Abb. 13.6.

Hierbei ist algebraisch zu addieren, da ja die Komponenten λ_i der Einzeldrehimpulse alle in der Richtung der Molekülachse liegen. Wegen der Stärke des axialsymmetrischen elektrischen Feldes haben demnach die Kopplungsverhältnisse der Bahndrehimpulse in der Elektronenhülle eines Moleküls eine gewisse Ähnlichkeit mit dem Paschen-Back-Effekt bei Atomen in einem starken Magnetfeld. Man erhält so im allgemeinen für eine gegebene Elektronenkonfiguration mehrere verschiedene Gesamtzustände. Man bezeichnet die Zustände mit den Werten

$$\Lambda = 0, 1, 2, \ldots \tag{13.7}$$

mit den Symbolen Σ, Π, Δ, ... in Anlehnung an die Bezeichnungen $\sigma, \pi, \delta \ldots$ bei Einzelelektronenzuständen.

Ein Σ-Term mit $\Lambda = 0$ ist einfach, die anderen Terme sind jedoch zweifach entartet, weil zu einem Wert von Λ zwei entgegengesetzte Umlauf-Richtungen der Elektronen nach (13.6) gehören. Auch hier sind Zustände verschiedener Parität, gerade und ungerade Zustände Σ_g, Σ_u, Π_g, Π_u möglich.

Schließlich sind noch die Spins der Elektronen, das heißt, die vierte Quantenzahl m_s, zu berücksichtigen. Die Spins werden durch das elektrische Feld in Richtung der Kernverbindungslinie nur wenig beeinflußt. Sie koppeln vielmehr vektoriell zu einem Gesamtspin $\boldsymbol{S}$ mit der Quantenzahl $S = \Sigma m_{s_i}$. Von diesem ist nur die Projektion Σ auf die Vorzugsrichtung von Bedeutung. Die Elektronenbewegung erzeugt nämlich für $\Lambda > 0$ ein Magnetfeld in Achsenrichtung, um das der Vektor $\boldsymbol{S}$ mit der gequantelten Komponente $\Sigma\hbar$ präzediert, so daß seine Komponente in dieser Richtung alle um ganze Zahlen sich unterscheidende Werte zwischen $+S$ und $-S$ annehmen kann. Es gilt also

$$S_z = \hbar\Sigma \quad \text{mit} \quad \Sigma = S, S-1 \ldots -S \tag{13.8}$$

(siehe dazu Abb. 13.6).

Je nach der Elektronenzahl ist Σ ganz- oder halbzahlig.

Σ darf nicht mit der Termbezeichnung Σ (siehe oben) und nicht mit einem Summenzeichen verwechselt werden.

Die zugehörige Quantenzahl S bestimmt die Multiplizität $(2S + 1)$, die zu jedem durch Λ bestimmten Zustand gehört. Bei zwei Elektronen kann S die Werte $S = 1$ und $S = 0$ annehmen, d. h. es gibt die Multiplizitäten 3 und 1, also Triplett- und Singulett-Zustände.

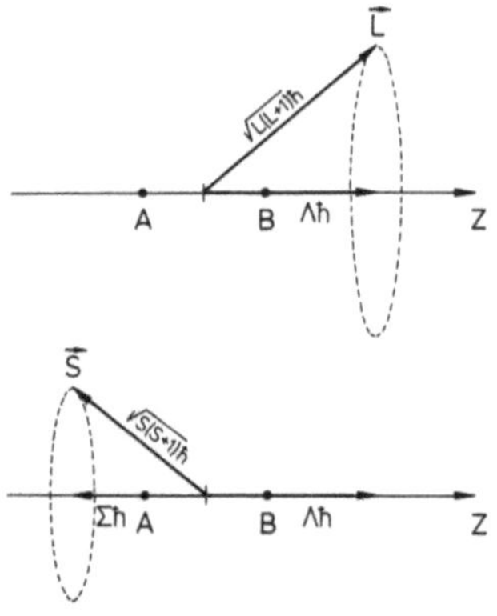

Abb. 13.6. Zur Definition der Molekül-Drehimpuls-Quantenzahlen. *Oben*: Bahndrehimpuls $\Lambda\hbar$ als Komponente von $\boldsymbol{L}$ auf die Kernverbindungs-Linie des Moleküls AB. *Unten*: Spin $\Sigma\hbar$ als Komponente von $\boldsymbol{S}$ im von $\Lambda\hbar$ erzeugten Magnetfeld

Infolge der magnetischen Spin-Bahn-Kopplung zwischen $\boldsymbol{L}$ und $\boldsymbol{S}$ spaltet also jeder zu einem bestimmten Wert von Λ gehörende Term in ein Multiplett von $2S + 1$ Termen auf. Diese unterscheiden sich durch die Quantenzahl des resultierenden elektronischen Drehimpulses $\Omega \leq |\Lambda + \Sigma|$ der Elektronenhülle in Richtung der Kernverbindung, Abb. 13.7. Wegen der starken Kopplung der Bahn- und Spin-Drehimpulse an die Achse ist die axiale Komponente Ω des gesamten elektronischen Drehimpulses im allgemeinen wichtiger als dieser selbst. Λ und Σ können jedoch relativ zur Kernverbindungslinie gleich- oder entgegengesetzt gerichtet sein. So ergibt sich etwa bei $\Lambda = 1$, $\Sigma = 1$ für Ω der Wert 2 oder 0. Die Größe der Aufspaltung läßt sich als Spin-Bahn-Wechselwirkungsenergie $W_{LS} = A\boldsymbol{LS}$ berechnen. Dies soll hier nicht ausgeführt werden. Diese Art der Kopplung der Einzeldrehimpulse ist nicht die einzig mögliche. Sie entspricht derjenigen, die wir bei Atomen als Russell-Saunders Kopplung kennengelernt haben. Je nach der Stärke der Wechselwirkungen zwischen den verschiedenen Spin- und Bahndrehimpulsen sind auch andere Kopplungsfälle möglich.

Man beachte, daß Ω nicht etwa wie bei Atomen $\boldsymbol{J} = \boldsymbol{L} + \boldsymbol{S}$ den totalen Gesamtdrehimpuls des Moleküls mißt, sondern nur den von den Elektronen herrührenden Teil. Für den Gesamt-Drehimpuls liefert die Rotation des Moleküls, also der Hantel-

Drehimpuls $\boldsymbol{N}$, noch einen zusätzlichen und entscheidenden Beitrag. Hierauf kommen wir später noch einmal zurück. Vergleiche dazu Abb. 13.8.

Die Quantenzahlen einer Molekül-Wellenfunktion werden analog wie bei den Atomen in der Anordnung $^{2S+1}\Lambda_{\Omega}$ geschrieben, das heißt, man schreibt die Multiplizität oben links und die Quantenzahl des resultierenden Drehimpulses um die Kernverbindungslinie Ω unten rechts an das Λ-Termsymbol. Ω wird häufig auch weggelassen. Hinzu kommen noch – siehe oben – die Symmetrie-Symbole u und g. Bei homonuklearen Molekülen sind die Eigenfunktionen gerade oder ungerade, je nachdem ob sie eine gerade oder ungerade Anzahl von ungeraden Orbitalen der Elektronen aufweisen. Hierzu ein Beispiel: Ein Zustand sei durch die Konfigurationssymbole $(2p\pi)(3s\sigma)(3d\pi)^4\Delta_{3/2}$ bezeichnet. Dies bedeutet: Es gibt 3 Valenzelektronen mit

$$n=2\,, \quad l=1\,, \quad \lambda=1$$
$$n=3\,, \quad l=0\,, \quad \lambda=0$$
$$n=3\,, \quad l=2\,, \quad \lambda=1\,.$$

Für den Bahndrehimpuls gilt

$$\Lambda = 1+1=2\,, \quad \text{daher} \quad \Delta\,.$$

Für den resultierenden Spin gilt

$$S=\frac{1}{2}+\frac{1}{2}+\frac{1}{2}=\frac{3}{2} \quad \text{also} \quad 2S+1=4\,.$$

Spin und Bahndrehimpuls sind antiparallel, also

$$\Omega = 2-\frac{3}{2}=\frac{1}{2}\,.$$

Wegen der Multiplizität 4 sind auch die Konfigurationen

$$^4\Delta_{7/2}\,,\,^4\Delta_{5/2}\,,\,^4\Delta_{3/2}$$

möglich.

Weiter wird noch in der Termsymbolik berücksichtigt, ob eine Molekülfunktion symmetrisch oder antisymmetrisch gegenüber einer Spiegelung an einer Ebene durch die Kernverbindungslinie ist. Σ^+ und Σ^- bedeutet in diesem Sinne symmetrisch oder antisymmetrisch. Die Symbole g und u schließlich bezeichnen die Parität, das heißt, die

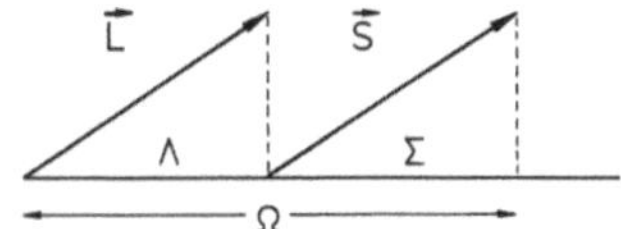

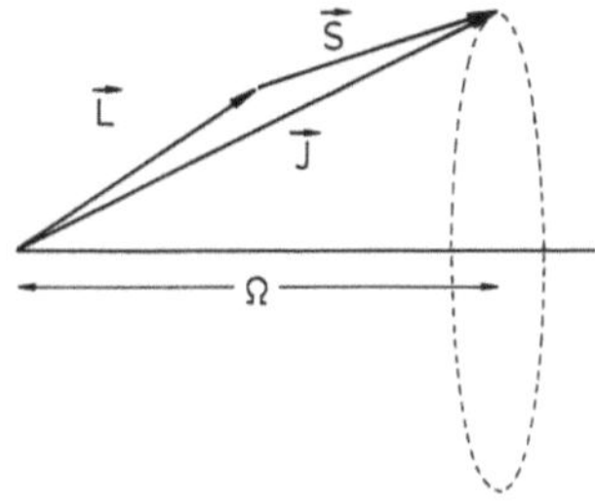

Abb. 13.7. Bahndrehimpuls und Gesamtspin ergeben die Quantenzahl Ω als Summe von Λ und Σ, das heißt als Summe der Quantenzahlen und damit die Projektion auf die Kernverbindungslinie. Der zu Ω gehörende elektronische Drehimpulsvektor $\boldsymbol{J}$ ist im *unteren Teilbild* gezeigt. Er müßte zur Unterscheidung von $\boldsymbol{J}$ in Abb. 13.8 eigentlich als $\boldsymbol{J}'$ bezeichnet werden

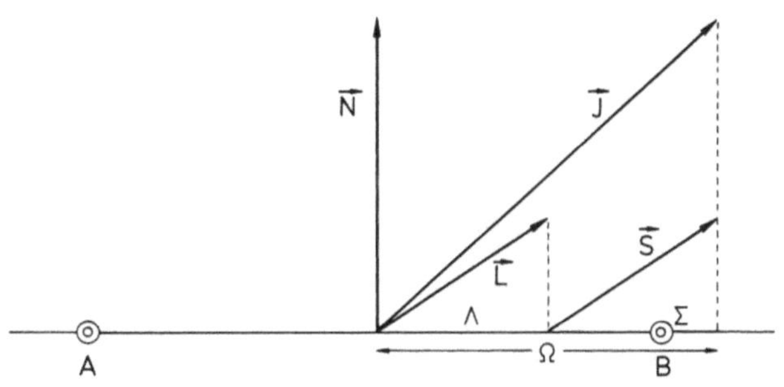

Abb. 13.8. Zur Kopplung von Drehimpulsen in Molekülen. Bahndrehimpulse und Spins ergeben den Elektronen-Drehimpuls mit der Komponente Ω in der Kernverbindungslinie. Mit $\boldsymbol{N}$ ist der Hantel-Drehimpuls der Molekül-Rotation bezeichnet. $\boldsymbol{N}$ und $\boldsymbol{\Omega}$ ergeben den Gesamt-Drehimpuls $\boldsymbol{J}$ als Vektorsumme. Dies ist der Kopplungsfall A nach Hund

Wellenfunktion behält oder ändert ihr Vorzeichen bei Inversion an einem Symmetriezentrum des Moleküls.

Als weiteres Beispiel betrachten wir ein System von zwei Elektronen, von denen eines ein σ_g, das andere ein π_u Orbital besetzt. Für Λ erhalten wir 1, es muß sich also ein Π-Zustand ergeben. Da zwei Spins vorhanden sind, ist ein Triplett-Zustand mit $S = 1$ oder ein Singulett-Zustand mit $S = 0$ möglich. Da eines der Elektronen mit dem Index gerade, das andere mit ungerade gekennzeichnet ist, muß die Gesamtwellenfunktion ungerade sein, wir erhalten also die Zustände ${}^3\Pi_u$ und ${}^1\Pi_u$ als mögliche Zustände für die Elektronenkonfiguration $\sigma_g\pi_u$. In gleicher Weise kann man zum Beispiel ableiten, daß zu einer Konfiguration π^2, das heißt zwei π-Elektronen, die Quantenzahlen $\Lambda = 2$ und 0 und die Gesamtzustände ${}^1\Sigma^+$, ${}^1\Sigma^-$, ${}^1\Delta$, ${}^3\Sigma^+$, ${}^3\Sigma^-$ und ${}^3\Delta$ gehören können. Wenn wir weiter das Pauli-Prinzip berücksichtigen, ergeben sich etwa für die Konfiguration $(2p\pi_u)^2$ nur noch die drei Möglichkeiten ${}^3\Sigma_g^-$, ${}^1\Delta_g$ und ${}^1\Sigma_g^+$. Dies ist in Tabelle 13.2 und in Abb. 13.9 am Beispiel der Elektronenkonfiguration des O_2-Moleküls verdeutlicht. Für das H_2-Molekül zeigt Abb. 13.10 einige mögliche angeregte Elektronenkonfigurationen und dazu das tatsächlich beobachtete (vereinfachte) Termschema der niedersten Anregungszustände. Ein vollständiges Termschema für das Singulett- und das Triplett-System von H_2 zeigt Abb. 13.11.

Um einen Molekülterm vollständig zu charakterisieren, setzt man schließlich noch die Quantensymbole der Einzelelektronen vor diejenigen des Gesamtterms.

Den Grundzustand des H_2-Moleküls, das aus zwei Elektronen mit den Molekül-Quantenzahlen $1s\sigma$ aufgebaut ist, können wir also mit den Symbolen $(\sigma_g 1s)^2\,{}^1\Sigma_g^+$ kennzeichnen. Andere Elektronenkonfigurationen der Grundzustände homonuklearer zweiatomiger Moleküle zeigt Tabelle 13.3. Hierbei fällt auf, daß viele, aber nicht alle Grundzustände von Molekülen Singulett-Zustände mit $S = 0$ sind. In Tabelle 13.3 sind B_2 und O_2 dagegen mit der Gesamtspin-Quantenzahl $S = 1$ paramagnetisch.

Tabelle 13.2. Mögliche Kombinationen und Quantenzahlen bei der Elektronen-Konfiguration $(\pi 2p)^2$. Entspricht der Konfiguration von O_2 im Grundzustand. 5 weitere Pauli-verbotene Konfigurationen sind nicht eingetragen

λ_1	λ_2	s_1	s_2	Λ	Σ	Zustand
1	1	+	+	Pauli	verboten	–
1	1	+	−	2	0	${}^1\Delta$
1	1	−	+			
−1	−1	+	−	−2	0	
−1	−1	−	+			
1	−1	+	+	0	1	${}^3\Sigma^-$
−1	1	+	+			
1	−1	−	−	0	−1	
−1	1	−	−			
1	−1	+	−	0	0	${}^1\Sigma^+$
1	−1	−	+	0	0	

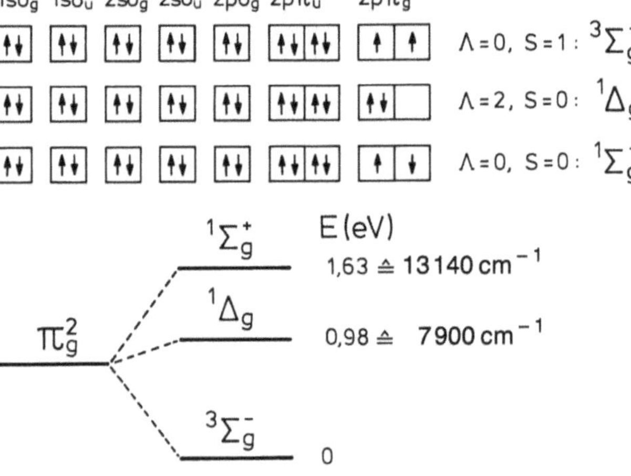

Abb. 13.9. Mögliche Konfigurationen der beiden äußersten Elektronen im O_2-Molekül als Beispiel für die Konfiguration π_g^2, und Energien der entsprechenden Terme

Wenn im Molekül äquivalente Elektronen vorhanden sind, d. h. Elektronen mit denselben Quantenzahlen n, l und m bzw. λ, dann benötigen wir wie erwähnt das Pauli-Prinzip, um zu entscheiden, welche Elektronenzustände erlaubt sind. Dabei denken wir uns die einzelnen Elektronen wieder entkoppelt, wie wir das auch bei den Atomen getan haben, und nehmen einen kleinen Kernabstand R im Molekül an, also ein starkes Feld mit Vorzugsrichtung. Dann müssen je zwei Elektronen des Moleküls sich in mindestens einer der vier Quantenzahlen $n, l, m_l = \pm\lambda$ und $m_s = \pm\frac{1}{2}$ unterscheiden.

So kommt man zu Elektronenschalen der Moleküle, d. h. zu Gesamtheiten von Elektronen mit gleichem n, l und $\lambda = |m_l|$. Einen kleinen Überblick dazu haben wir schon in Tabelle 13.1 gezeigt. Zum Beispiel wird so klar, daß in einem gegebenen σ-Orbital höchstens zwei Elektronen, und zwar mit entgegengesetztem Spin, sein dürfen, in einem π, δ oder höheren Orbital jedoch vier Elektronen mit $m_l = \pm\lambda$ und $m_s = \pm\frac{1}{2}$. Eine Elektronenkonfiguration $(1s\sigma_g)^2$ ergibt deshalb als Molekülzustand nur ${}^1\Sigma_g^+$, eine Konfiguration $(2p\pi_u)^2$ dagegen drei Zustände, nämlich ${}^3\Sigma_g^-$, ${}^1\Delta_g$ und ${}^1\Sigma_g^+$. Die Indizes g und u beziehen sich nur auf ein homonukleares Molekül. Um nun für ein bestimmtes derartiges Molekül die tatsächlich vorkommenden Elektronenzustände zu kennzeich-

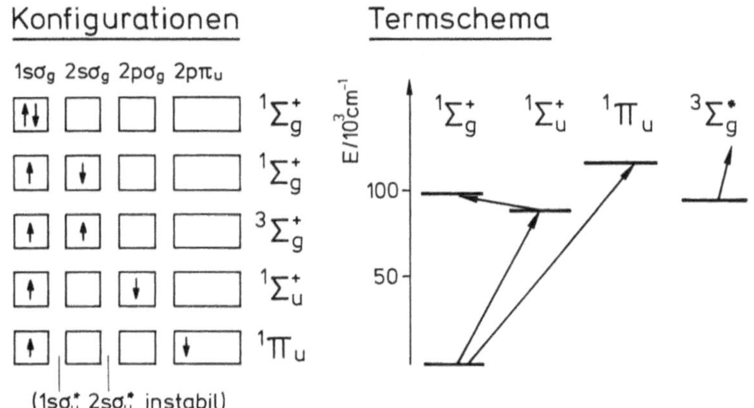

Abb. 13.10. Grundzustand und tiefste elektronische Anregungszustände des H_2-Moleküls. Elektronenkonfigurationen und vereinfachtes Termschema

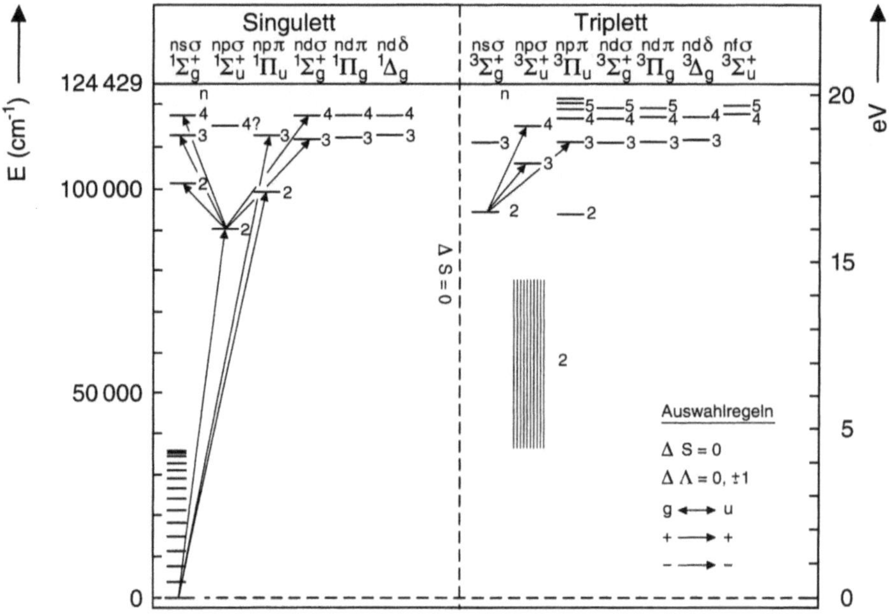

Abb. 13.11. Elektronische Terme des H_2-Moleküls. Die vibronischen Terme sind nur für den Grundzustand angedeutet. Der tiefste Triplett-Zustand $np_\sigma{}^3\Sigma_u^+ (n = 2)$ ist instabil. Deshalb ist hier nur das Dissoziationskontinuum angedeutet. Nach Herzberg

nen, müssen wir überlegen, wie wir die Elektronen auf die möglichen Orbitale zu verteilen haben. Wenn wir alle vorhandenen Elektronen der energetischen Reihenfolge nach und unter Berücksichtigung des Pauli-Prinzips in die Orbitale verteilen, erhalten wir den Grundzustand des Moleküls. Für das H_2-Molekül ist das der Zustand ${}^1\Sigma_g^+$, bei dem beide Elektronen in $1s\sigma$-Orbitalen sitzen. Der Grundzustand des O_2-Moleküls ist in Übereinstimmung mit den aus der Atomphysik bereits bekannten Hundschen Re-

Tabelle 13.3. Elektronenkonfiguration homonuklearer zweiatomiger Moleküle (die eingeklammerten Moleküle sind nicht stabil)

Molekül	Konfiguration								Grundzustand
	$\sigma_g 1s$	$\sigma_u^* 1s$	$\sigma_g 2s$	$\sigma_u^* 2s$	$\pi_u 2p$	$\sigma_g 2p$	$\pi_g^* 2p$	$\sigma_u^* 2p$	
H_2^+	↑								${}^2\Sigma_g$
H_2	↑↓								${}^1\Sigma_g$
He_2^+	↑↓	↑							${}^2\Sigma_u$
(He_2)	↑↓	↑↓							${}^1\Sigma_g$
Li_2	↑↓	↑↓	↑↓						${}^1\Sigma_g$
(Be_2)	↑↓	↑↓	↑↓	↑↓					${}^1\Sigma_g$
B_2	↑↓	↑↓	↑↓	↑↓	↑↑				${}^3\Sigma_g$
C_2	↑↓	↑↓	↑↓	↑↓	↑↑↓↓				${}^1\Sigma_g$
N_2	↑↓	↑↓	↑↓	↑↓	↑↑↓↓	↑↓			${}^1\Sigma_g$
O_2	↑↓	↑↓	↑↓	↑↓	↑↑↓↓	↑↓	↑↑		${}^3\Sigma_g$
F_2	↑↓	↑↓	↑↓	↑↓	↑↑↓↓	↑↓	↑↑↓↓		${}^1\Sigma_g$
(Ne_2)	↑↓	↑↓	↑↓	↑↓	↑↑↓↓	↑↓	↑↑↓↓	↑↓	${}^1\Sigma_g$

geln über die sukzessive Auffüllung von Schalen mit Elektronen jedoch paramagnetisch, ${}^3\Sigma_g^+$. Siehe hierzu auch Abb. 13.9.

Um die energetische Reihenfolge der Molekülorbitale zu erhalten, gehen wir von den Atomorbitalen in den beiden Grenzfällen des Vereinigten-Kerne-Atoms und der getrennten Atome aus und stellen die Verbindung zu den Molekülorbitalen her. Das ist in Abb. 13.5 für homonukleare zweiatomige Moleküle gezeigt. Bei kontinuierlicher Vergrößerung des Kernabstandes müssen die Orbitale am linken Rand von Abb. 13.5 in diejenigen rechts übergehen. Bei der (qualitativ gemeinten) Einzeichnung der Korrelationslinien zwischen den beiden Grenzfällen muß man darauf achten, daß Orbitale gleicher Symmetrie zusammengehören. Linien zwischen Zuständen gleicher Symmetrie dürfen sich nicht schneiden, das wird in der Quantentheorie gezeigt (Aufhebung der Entartung!). In Abb. 13.5 sind auch die ungefähren Lagen einiger Moleküle in diesem Diagramm eingezeichnet. H_2 liegt nahe bei dem Vereinigten-Kerne-Atom, N_2 dagegen viel näher beim Grenzfall der getrennten Atome. Die in Tabelle 13.3 angegebenen Elektronen-Konfigurationen einer Anzahl homonuklearer Moleküle können wir jetzt noch besser verstehen.

Natürlich ergeben sich aus den hier beschriebenen Elektronenkonfigurationen außer den Grundzuständen der betrachteten Moleküle auch deren mögliche Anregungszustände. Für das H_2-Molekül zeigt Abb. 13.11 ein so abgeleitetes Termschema mit Singulett- und Triplett-Systemen. Es enthält auch die Bezeichnungen der Terme und der Elektronen-Konfigurationen.

Da die Elektronenanordnung auch die Bindungsverhältnisse zwischen den Atomkernen maßgeblich beeinflußt, ist es leicht verständlich, daß zu jeder verschiedenen Elektronenanordnung, das heißt zu jedem angeregten Elektronenzustand des Moleküls, eine eigene Potentialkurve gehört. Meistens ist das äußerste, das sogenannte Leuchtelektron, an der Bindung beteiligt. Seine Anregung wirkt meistens bindungslockernd. Deshalb wird der Gleichgewichtsabstand R_e der angeregten Zustände meistens größer, die Dissoziationsenergie D kleiner als die entsprechenden Werte des Grundzustandes. Abbildung 13.12 zeigt als Beispiel Potentialkurven des angeregten H_2-Moleküls. Solche Kurven berechnet man aus den Meßwerten für Dissoziationsenergie und Schwingungsquanten.

Ohne nähere Begründung seien hier noch die Auswahlregeln für elektrische Dipolübergänge genannt: Es muß gelten $\Delta\Lambda = 0, \pm 1$, $\Delta S = 0$, d. h. es gilt ein Interkombinationsverbot zwischen Zuständen verschiedener Multiplizität, das allerdings wie bei Atomen mit schweren Kernen durch Spin-Bahn-Kopplung gelockert wird. Ein Beispiel für solche Interkombinationsbanden sind die in der Atmosphäre beobachteten Sauerstoff-Banden des Überganges ${}^3\Sigma \to {}^1\Sigma$ des Moleküls O_2, siehe auch Abb. 13.9. Weiterhin sind nur Übergänge mit Paritätswechsel u $\to$ g oder g $\to$ u erlaubt.

Die Elektronenzustände größerer Moleküle werden nach den gleichen Prinzipien klassifiziert wie die der hier behandelten kleinen. Darauf wollen wir hier nicht im einzelnen eingehen.

Bei der Behandlung der Drehimpuls-Kopplung nach dem Schema

$$\Lambda + \Sigma \to \Omega\,,$$

wobei der Vektor $\boldsymbol{L}$ um die Kernverbindungsachse und $\boldsymbol{S}$ um das durch Λ gegebene Magnetfeld präzedieren, haben wir, wie bereits weiter oben erwähnt, allerdings noch nicht den Drehimpuls $\boldsymbol{N}$ der Molekül-Rotation berücksichtigt. Tatsächlich ergibt sich der gesamte Drehimpuls des Moleküls aus der Wechselwirkung von $\boldsymbol{N}$ mit dem gesam-

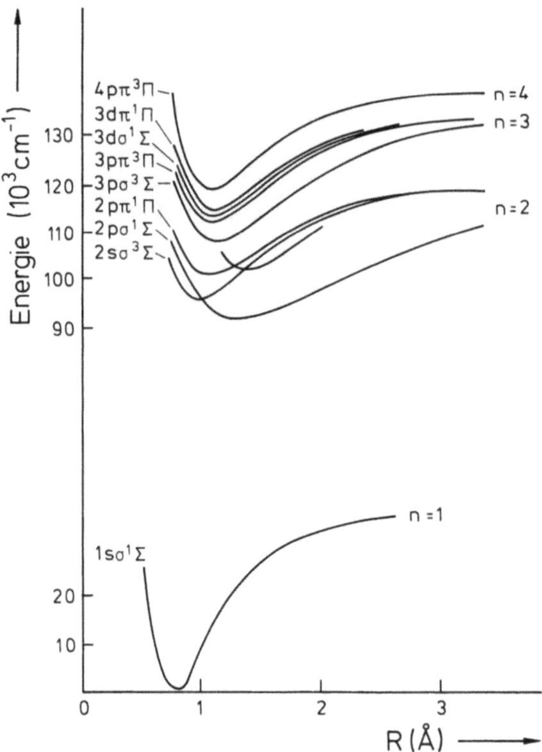

Abb. 13.12. Berechnete Potentialkurven für verschiedene Anregungszustände des H_2-Moleküls. Nach Finkelnburg

ten Hüllendrehimpuls $\boldsymbol{\Omega}$. Es gilt also $\boldsymbol{\Omega} + \boldsymbol{N} = \boldsymbol{J}$, wenn mit $\boldsymbol{J}$ der gesamte (Raumfeste) Drehimpuls des Moleküls bezeichnet wird, siehe dazu Abb. 13.8. Weil die Rotation des Moleküls als Ganzes ein weiteres Magnetfeld erzeugt, werden die Kopplungsmöglichkeiten zwischen den verschiedenen Drehimpulsen vielfältiger. Durch die Konkurrenz der Magnetfelder, die die Kopplung zwischen den Vektoren der Molekülrotation, der Bahndrehimpulse und der Spins hervorrufen, können eine Anzahl verschiedener Kopplungsfälle zwischen den Drehimpulsen auftreten, ähnlich wie wir es auch in der Atomphysik kennengelernt haben, mit Zeeman- und Paschen-Back-Effekt als Grenzfällen.

Diese verschiedenen bei der Wechselwirkung von Elektronenbewegung und Molekülrotation möglichen Kopplungsfälle wurden von *Hund* aufgeklärt und klassifiziert. Sie unterscheiden sich durch die unterschiedliche Bedeutung der Molekülachse als Vorzugsrichtung. Wir haben uns hier (in Abb. 13.8) auf den Kopplungsfall A der fünf von *Hund* unterschiedenen Fälle A, B, C, D, E beschränkt, bei dem die Molekülachse als Vorzugsrichtung überwiegt. Die anderen Fälle und ihren Einfluß auf Molekülterme und Spektren, zum Beispiel das Analogon zur jj-Kopplung in der Atomphysik, wollen wir hier nicht behandeln, da dies den Rahmen einer Einführung sprengen würde. Ihre genaue Analyse gestattet jedoch eine vollständige Analyse der die Elektronenkonfigurationen in den beiden durch ein Bandensystem verknüpften Zuständen kennzeichnenden Quantenzahlen Λ, Σ und Ω. Sie erlaubt damit eine Aufklärung aller Aussagen, die über ein Molekül aus spektroskopischen Untersuchungen möglich sind.

13.5 Als Beispiel: Elektronenzustände von H_2

Zusammenfassend und als Beispiel wollen wir noch einmal die Elektronenkonfigurationen und Molekül-Orbitale des einfachsten Moleküls, H_2, erläutern. Dabei beziehen wir uns auf Abb. 13.11.

Das Molekül enthält 2 Elektronen, es gibt also Singulett- und Triplett-Zustände. Im Grundzustand sind beide σ-Elektronen mit $\lambda = 0$, es ist also ein $^1\Sigma$-Zustand. Die Symmetrie ist gerade, deshalb schreibt man $^1\Sigma_g$. Schließlich berücksichtigt man noch das Symmetrieverhalten gegenüber einer Spiegelung an Ebenen, die man durch beide Kerne legen kann. Dies ist hier symmetrisch, die Wellenfunktionen werden dabei nicht geändert. Das komplette Termsymbol ist deshalb $1s\sigma_g^2\,{}^1\Sigma_g^+$.

Die tiefsten angeregten Zustände sind solche, bei denen eines der beiden $1s$ Elektronen in ein bindendes $2s$- oder 2π-Orbital (Tabelle 13.1) gehoben wird, also $(1s\sigma_g 2s\sigma_g)$, $(1s\sigma_g 2p\sigma_g)$, $(1s\sigma_g 2p\pi_u)$. Bei der ersten dieser Konfigurationen gilt dasselbe wie für den Grundzustand, also lautet das Termsymbol $^1\Sigma_g^+$. Für die zweite Konfiguration müssen wir schreiben $^1\Sigma_u^+$, weil eines der Elektronen aus einem ungeraden $2p$-Zustand stammt. Ungerade ist auch der dritte Term, aber nun mit $\Lambda = \lambda_1 + \lambda_2 = 1$ ergibt sich das Symbol $^1\Pi_u$. Die energetische Reihenfolge dieser 3 Terme ergibt sich nach Tabelle 13.1, wie in Abb. 13.11 gezeigt: $^1\Sigma_u^+ < {}^1\Pi_u < {}^1\Sigma_g^+$.

Weitere mögliche Zustände ergeben sich, wenn man eines der beiden Elektronen in die Quantenzustände 3, 4 oder höher anregt. Hat man beispielsweise die Elektronenkonfiguration $(1s\sigma\; nd)$, so findet man die möglichen Terme $(1s\sigma\; nd\,\sigma)\; {}^1\Sigma_g^+$, $(1s\sigma\; nd\,\pi)\; {}^1\Pi_g$, $(1s\sigma\; nd\,\delta)\; {}^1\Delta_g$, in dieser energetischen Reihenfolge.

Für optische Übergänge gelten die Auswahlregeln $\Delta\Lambda = 0, \pm 1$ (also $\Sigma \to \Sigma$ oder $\Sigma \to \Pi$), $\Delta S = 0$, damit auch $\Delta\Omega = 0, \pm 1$. Schließlich gilt für die Symmetrie-Eigenschaften, daß sich das Vorzeichen (+ oder −) nicht ändern darf, dagegen muß sich der g-Charakter in u und umgekehrt ändern.

Nun noch zu den Triplett-Zuständen mit $S = 1$. Nach Pauli sind die tiefsten möglichen Elektronen-Konfigurationen $(1s\sigma_g 2s\sigma_g)$, $(1s\sigma_g 2p\sigma_g)$ und $(1s\sigma_g 2p\pi_u)$. Dazu gehören, in dieser energetischen Reihenfolge, die Termsymbole $^3\Sigma_u^+$, $^3\Pi$ und $^3\Sigma_g^-$. Der Zustand, der zu $^3\Sigma_u^+$ gehört, ist nicht bindend, das Molekül dissoziiert bei entsprechender Anregung. Er ist in Abb. 13.11 deshalb als Kontinuum eingezeichnet.

Aufgaben

13.1 Welche Informationen sind in den *Termsymbolen* $^1\Sigma^+$, $^1\Sigma_u^+$, $^3\Phi_3$, $^3\Phi_3^-$ und $^3\Phi_{g3}^-$ enthalten?

13.2 Zwei unterschiedliche Atome A und B mit den Elektronenkonfigurationen $1s$ und $1s^2 2s^2 2p$ bilden das Molekül AB. Ermitteln Sie für AB die möglichen *Elektronenterme*.

13.3 a) Wie lauten die *Elektronenkonfigurationen* der Moleküle O_2^+, O_2, O_2^- und O_2^{2-}?

b) Bestimmen Sie die Termsymbole $^{2S+1}\Lambda_{g,u}^{\pm}$ der Grundzustände für die Moleküle aus (a). Begründen Sie gegebenenfalls Ihre Wahl des Grundzustands.

c) Wie ändern sich die Elektronenkonfiguration und das Termsymbol beim energetisch tiefsten erlaubten Übergang von O_2?

13.4 Der *angeregte Zustand* $^3\Pi_u$ des Wasserstoffmoleküls H_2 ist stabil gegenüber den beiden H-Atomen, die bei der Dissoziation aus diesem Zustand entstehen. Von den beiden neutralen Dissoziationsprodukten befindet sich eines in einem angeregten, das andere im Grundzustand.

Welche Elektronenkonfiguration hat das Molekül in dem beschriebenen Zustand?

14. Elektronenspektren von Molekülen

Elektronische Übergänge in Molekülen führen zu außerordentlich linienreichen Spektren, weil sich beim Übergang außer dem elektronischen Zustand auch Schwingungs und Rotationszustände ändern. Die Analyse der entstehenden Bandenspektren kann deshalb sehr unübersichtlich und mühsam werden. In den Abschn. 14.1 bis 14.4 werden die wichtigsten Konzepte zum Verständnis und zur Analyse erörtert. Abschnitt 14.6 enthält wieder einen Ausblick auf größere Moleküle.

14.1 Schwingungsstruktur der Bandensysteme kleiner Moleküle, Franck-Condon-Prinzip

Wir haben im vorigen Kapitel nur die Elektronenkonfigurationen bei einem starren Kerngerüst betrachtet. Jetzt wollen wir auch die Schwingungen der Atomkerne in die Betrachtungen mit einbeziehen. Dabei erinnern wir uns an die in Abschn. 11.1 behandelte Born-Oppenheimer-Näherung, die es uns erlaubt, Elektronenbewegung und Schwingung gedanklich und praktisch in gewissem Umfang voneinander zu trennen.

In diesem Abschnitt beschäftigen wir uns mit den elektronischen Bandenspektren von Molekülen, das heißt mit elektronischen Übergängen, die von Änderungen des molekularen Schwingungszustandes begleitet werden. Das ist gewissermaßen deren Grobstruktur. Die gesamte Struktur ergibt sich erst, wenn wir zusätzlich noch den Einfluß der Molekül-Rotation auf die Spektren mit einbeziehen. Das wird im nächsten Abschnitt geschehen.

Bei jedem Elektronenzustand werden wir eine spezifische Potentialkurve für die potentielle Energie der Kern-Konfiguration als Funktion einer Abstands-Koordinate zu erwarten haben, wie wir sie bereits in Kap. 10 kennengelernt haben. Außer der Energie E_0 und E_1 für Grund- und Anregungszustand des Elektrons sind die Gleichgewichtsabstände R_e der Atome im Molekül in den verschiedenen Elektronenzuständen und die Dissoziationsenergien die wichtigsten Größen, die wir kennen und verstehen wollen, siehe dazu Abb. 13.1 und 13.12. Die Gleichgewichtsabstände R_e sind meistens in den angeregten Elektronenzuständen größer als im Grundzustand, da die Bindung bei Elektronenanregung meistens schwächer wird. Es kommt jedoch auch der umgekehrte Fall vor, z. B. wenn die Anregung ein antibindendes Elektron in ein bindendes Orbital hebt. Einige weitere Beispiele für Potentialkurven von angeregten Zuständen zeigt Abb. 14.1. Wir haben hier als Beispiel das O_2-Molekül gewählt. Die Potentialkurven gehören zu Zuständen aus dem Termschema von Abb. 13.9. Zu jeder dieser Potentialkurven gehören Schwingungszustände, wie wir sie in Kap. 10 und 11 bereits kennengelernt haben. Die Frequenz und damit die Quantenenergie einer bestimmten Normalschwingung des Moleküls ändert sich im allgemeinen von elektronischem Anregungszustand zu elektronischem Anregungszustand des Moleküls. Das ist bei einem zweiatomigen Molekül

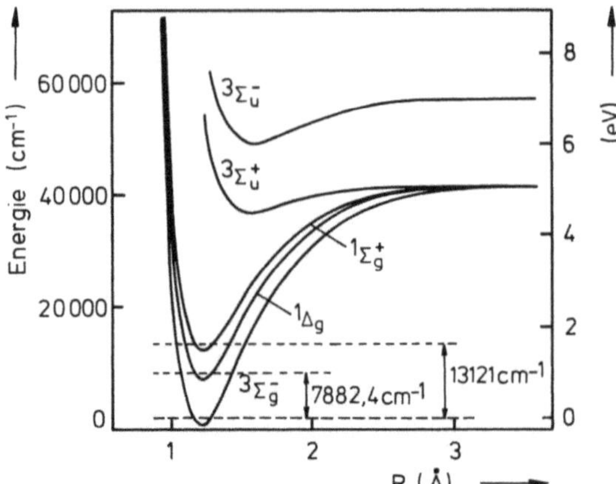

Abb. 14.1. Potentialkurven der niedersten Elektronenzustände von O_2, vergleiche dazu Abb. 13.9. Nach Herzberg

besonders leicht verständlich. Die Frequenz der Dehnungsschwingung wird ja durch die Bindungskraft zwischen den beiden Kernen bestimmt, und diese ändert sich bei elektronischer Anregung. Die Schwingungsquantenzahl v wird bei der Kennzeichnung von Übergängen mit v'' im tieferen Zustand und mit v' im höheren Zustand bezeichnet.

Betrachten wir zunächst die Licht-*Absorption*. Elektronenübergänge aus dem Grundzustand des Moleküls mit der elektronischen Energie E''_{el} und der Schwingungsquantenzahl $v'' = 0$ in einen elektronischen Anregungszustand führen im allgemeinen nicht zu nur einer Absorptionslinie, sondern zu einer Vielzahl von Linien, einer Bande oder einem Bandensystem. Die Bandenstruktur rührt daher, daß, wie in Abb. 14.2 erläutert, die elektronischen Übergänge von Änderungen der Schwingungsquantenzahl begleitet sind, das heißt, es handelt sich um Übergänge $E''_{\mathrm{el}}(v'') \to E'_{\mathrm{el}}(v')$. Ferner ist diesen Schwingungsübergängen zusätzlich noch eine Rotationsstruktur überlagert, mehr dazu siehe im nächsten Abschnitt. Die Intensität derartiger elektronisch-vibronischer Übergänge wird durch die sogenannten Übergangs-Matrixelemente (und die elektronischen Auswahlregeln) bestimmt, die wir insbesondere in Abschn. 16.4 näher kennenlernen werden. Hierbei ergibt sich, daß der rein elektronische Anteil zu diesen Matrixelementen von

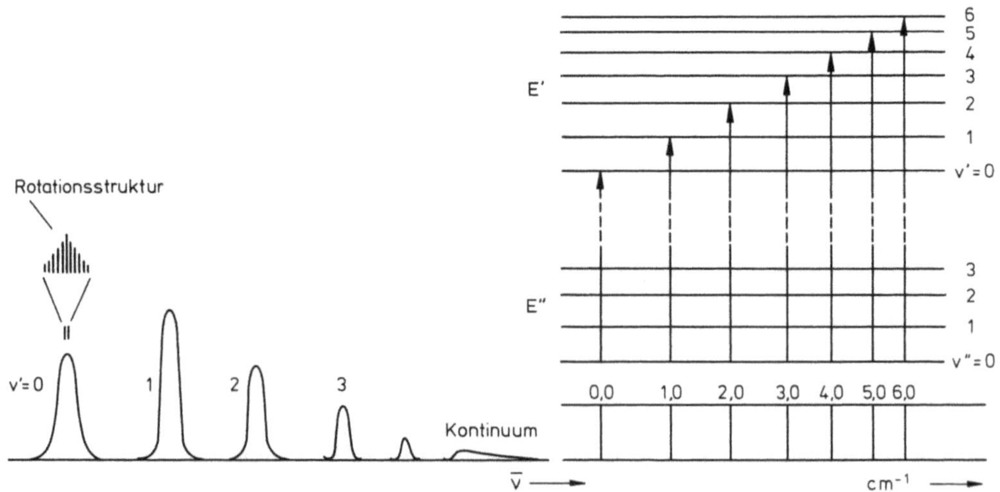

Abb. 14.2. *Linkes Teilbild*: Schema eines Bandensystems: Aus einem Grundzustand ($v'' = 0$) erfolgen Übergänge in verschiedene Schwingungsniveaus mit den Quantenzahlen $v' = 0, 1, 2 \ldots$ mit unterschiedlicher Intensität. Dazu kommt die Rotationsstruktur. *Rechtes Teilbild*: Die Schwingungsstruktur bei der Absorption aus dem elektronischen Grundzustand E'' vom Niveau $v'' = 0$ in einen elektronischen Anregungszustand E' mit den Schwingungsniveaus $v' = 0, 1, \ldots, 6$, wie im Spektrum zu beobachten, schematisch

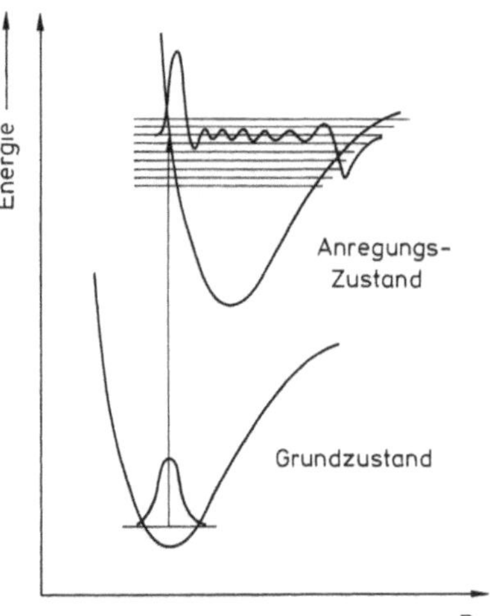

Abb. 14.3. Zur Erläuterung des Franck-Condon-Prinzips. Die Absorption vom Schwingungsgrundzustand ist für denjenigen Übergang in einen Schwingungsterm eines höheren elektronischen Zustandes am stärksten, der in der Potentialdarstellung mit dem Maximum seiner Wellenfunktion senkrecht darüber liegt. Übergänge zu anderen Schwingungstermen sind ebenfalls möglich, aber mit geringerer Wahrscheinlichkeit. Aufgetragen sind die Gesamtenergie und zwei Potentialkurven für die Kernkoordinaten. Die Nullpunkte der beiden Kurven sind wegen der elektronischen Anregung gegeneinander verschoben. In jedem der beiden Potentiale gibt es Kernschwingungen. Die Wellenfunktion ist hier als Beispiel für $v'' = 0$ und für $v' = 6$ eingezeichnet

der Schwingungsquantenzahl in erster Näherung unabhängig ist. Für den vibronischen Anteil an diesen Übergangs-Matrixelementen zwischen Zuständen mit den Quantenzahlen v' und v'' gibt es keine strengen Auswahlgesetze. Es gibt vielmehr nur Regeln, die durch das wichtige und sehr anschauliche *Franck-Condon-Prinzip* formuliert werden. Dieses macht Aussagen über Wahrscheinlichkeiten der einzelnen vibronischen Übergänge und damit über die Intensitäten im Bandenspektrum und über die Grobstruktur dieses Spektrums.

Dieses Franck-Condon-Prinzip wird anhand von Abb. 14.3 erläutert, wobei wir die Rotationsterme zunächst noch weglassen und nur die Schwingungen berücksichtigen. Es macht in sehr anschaulicher Weise von der Tatsache Gebrauch, daß die Elektronenbewegung schnell im Vergleich mit der Kernbewegung erfolgt. Während eines elektronischen Überganges werden sich deshalb Lage und Geschwindigkeit der Kern-Koordinaten nicht merklich ändern. Elektronenübergänge erfolgen dementsprechend überwiegend senkrecht im Diagramm der Abb. 14.3 unter Erhaltung des Kernabstandes R und mit größter Wahrscheinlichkeit zwischen den Bereichen der Schwingungsfunktion, in denen die Amplitude der Funktion und damit die Aufenthaltswahrscheinlichkeit der Kerne am größten ist.

Im klassischen Bild halten sich die Kerne in den Umkehrpunkten, d. h. auf den Schnittpunkten zwischen Schwingungsniveau und Potentialkurve, am längsten auf (mit Ausnahme des tiefsten Schwingungsniveaus $v = 0$ gilt dies auch quantentheoretisch, dort ist die Aufenthaltswahrscheinlichkeit in der Mitte am größten). Die Übergänge erfolgen also mit der größten Wahrscheinlichkeit von und zu diesen Schnittpunkten (bzw. dem Zentrum des tiefsten Schwingungsniveaus $v = 0$). Wegen der endlichen Breite der Wahrscheinlichkeitsbereiche gibt es jedoch nicht einen scharfen Übergang mit definierter Schwingungs-Anregung, sondern man erhält mit unterschiedlicher Wahrscheinlichkeit Übergänge zu benachbarten Schwingungsniveaus. Die quantenmechanische Formulierung (siehe Abschn. 16.4) besagt, daß die Übergangswahrscheinlichkeit durch das *Franck-Condon-Integral* bestimmt wird:

$$\int \chi_{v'}(\boldsymbol{R})\chi_{v''}dV_{\text{Kerne}} \tag{14.1}$$

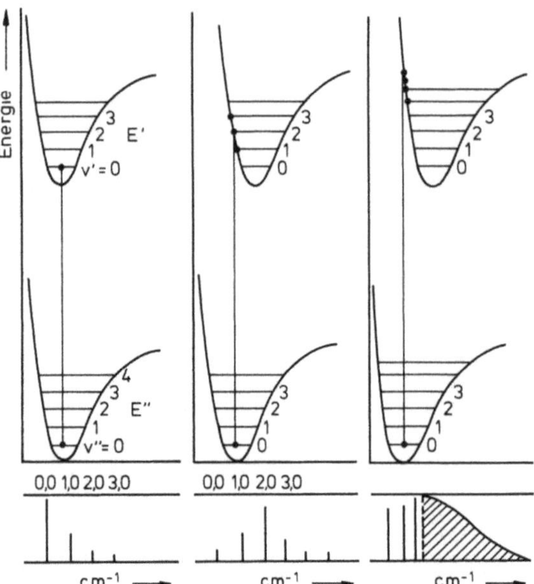

Abb. 14.4. Zum Franck-Condon-Prinzip. Je nachdem, ob der Kernabstand im Molekül bei elektronischer Anregung gleich bleibt (*links*), etwas zunimmt (*Mitte*) oder stark zunimmt (*rechts*), ergeben sich unterschiedliche Intensitätsverhältnisse für die verschiedenen vibronischen Banden, die zu einem elektronischen Übergang gehören. Es ist jeweils nur derjenige Übergang eingezeichnet, der im Bereich größter Aufenthaltswahrscheinlichkeit im Zustand $v'' = 0$ beginnt. Im Spektrum bedeutet das maximale Intensität für den 0,0-Übergang (*links*), für einen höheren Schwingungszustand (*Mitte*), und fast für die Dissoziation (*rechts*)

d. h. das Überlappungsintegral der Kernschwingungs-Funktion $\chi_{v''}$, die mit dem elektronischen Grundzustand E'' verknüpft ist, mit der Funktion $\chi_{v'}$, die zum elektronischen Anregungszustand E' gehört, bei der Auslenkung $\boldsymbol{R}$, integriert über das gesamte Molekül-Volumen, vergleiche hierzu Abschn. 16.4.

Im Sonderfall, daß sich bei der Elektronen-Anregung der Kernabstand nicht ändert, $R''_e = R'_e$, liegen die beiden Potentialkurven mit ihren Minima senkrecht übereinander. Der senkrechte Übergang von $v'' = 0$ zu $v' = 0$ ist dann am stärksten, alle anderen vibronischen Übergänge sind schwächer, wenn wir annehmen, daß das Molekül sich anfänglich im elektronischen Grundzustand mit $v'' = 0$ befindet. Siehe dazu Abb. 14.4, linkes Teilbild.

Meistens ist jedoch der Gleichgewichtsabstand im angeregten Zustand größer, $R''_e < R'_e$, das heißt, die Anregung wirkt Bindungs-lockernd. Wenn im elektronischen Grundzustand nur der Ausgangszustand $v'' = 0$, also der Zustand der Nullpunktschwingung thermisch besetzt ist, erhält man Übergänge von $v'' = 0$ in mehrere v'-Niveaus des elektronischen Anregungszustandes entsprechend den Franck-Condon-Integralen. Die Energiedifferenzen zwischen Ausgangs- und Endzustand, also die Quantenenergie der vibronischen Linien im Bandenspektrum, lauten

$$\begin{aligned}\Delta E = h\nu = E'_{\mathrm{el}} + h\nu'_{\mathrm{e}}\left[\left(v' + \frac{1}{2}\right) - x'_{\mathrm{e}}\left(v' + \frac{1}{2}\right)^2\right] \\ - \left\{E''_{\mathrm{el}} + h\nu''_{\mathrm{e}}\left[\left(v'' + \frac{1}{2}\right) - x''_{\mathrm{e}}\left(v'' + \frac{1}{2}\right)^2\right]\right\} . \qquad (14.2)\end{aligned}$$

Hierbei ist E'_{el}, E'_{el} die elektronische Energie im Grundzustand ($''$) und im elektronischen Anregungszustand ($'$), $h\nu'_{\mathrm{e}}$ und $h\nu''_{\mathrm{e}}$ das nach Abschn. 10.3 auf den Gleichgewichtsabstand extrapolierte Schwingungsquant in Grund- und Anregungszustand. Da wir bisher die Rotation der Moleküle gar nicht berücksichtigt haben, gilt (14.2) nur für die sogenannten Nullinien der Banden. Sie kann auch zur Darstellung der Bandkanten (siehe Abschn. 14.2) verwendet werden.

Insgesamt kann man die verschiedenen möglichen Intensitätsverteilungen in Bandenspektren nach Abb. 14.4 verstehen. Wenn der Gleichgewichts-Kernabstand R_e in beiden Elektronenzuständen gleich groß ist, dann sind die Banden mit $v'' \to v' = 0 \to 0$, $1 \to 1$, $2 \to 2$ am intensivsten. Wenn der elektronische Anregungszustand einen etwas größeren Bindungsabstand ($R_e' > R_e''$) besitzt, dann kann zum Beispiel der senkrechte Übergang von $v'' = 0$ in den oberen Schwingungszustand $v' = 2$ erfolgen, und dies wird die intensivste Linie im Absorptionsspektrum (Abb. 14.4, Mitte). Übergänge zu höheren und kleineren Werten von v' sind weniger wahrscheinlich und man erhält die angegebene Intensitätsverteilung im Spektrum. Ist die Abstandsänderung bei der elektronischen Anregung jedoch groß, Abb. 14.4 rechts, dann werden senkrechte Übergänge in Zuständen mit noch größeren Werten von v' und sogar im Bereich des Dissoziationskontinuums enden.

Wenn mit der Absorption eine Bindungsverfestigung verbunden ist, dann ergibt sich ein Bandenspektrum mit geänderter Intensitätsverteilung. Die Linie mit der kleinsten Quantenenergie hat nicht mehr die größte Intensität. Die Intensitätsverteilung ist ähnlich wie diejenige in Abb. 14.4, Mitte. Man erhält auch hier neben der Linie beziehungsweise Bande $v'' = 0 \to v' = 0$ (0,0-Linie), Linien mit $v' = 1$, $v' = 2$ usw., die jedoch intensiver sind als die 0,0-Linie.

Diese nach dem Franck-Condon-Prinzip verständliche Intensitätsverteilung in den Bandensystemen kann man mit einem zweidimensionalen Schema deutlich machen, indem man die Übergänge zwischen zwei Schwingungstermsystemen in ein Koordinatensystem v', v'' aufträgt. In diesem sogenannten *Kantenschema*, Abb. 14.5, wird als Abszisse die Quantenzahl v'' der Schwingung im unteren elektronischen Zustand, als Ordinate die Quantenzahl v' des oberen Zustandes aufgetragen. In diesem Koordinatensystem trägt man die Intensität der zu den Übergängen $v'' \to v'$ oder $v' \to v''$ gehörenden Banden auf. Wenn die Potentialkurven im oberen und unteren Zustand senkrecht übereinanderliegen (Abb. 14.4, links), liegen die intensivsten Banden auf der Diagonalen des Kantenschemas, sonst (Abb. 14.4, Mitte und rechts) auf einer Parabel, die mehr oder weniger gekrümmt ist, wobei der in Abb. 14.5 linke Ast der Parabel bevorzugt zur Absorption, der rechte Ast zur Emission gehört. In ein solches Kantenschema kann man statt der Intensität der beobachteten Übergänge auch ihre Quantenenergien eintragen. So kann man in übersichtlicher Weise die Termdifferenzen der Schwingungsterme auftragen und bestimmen.

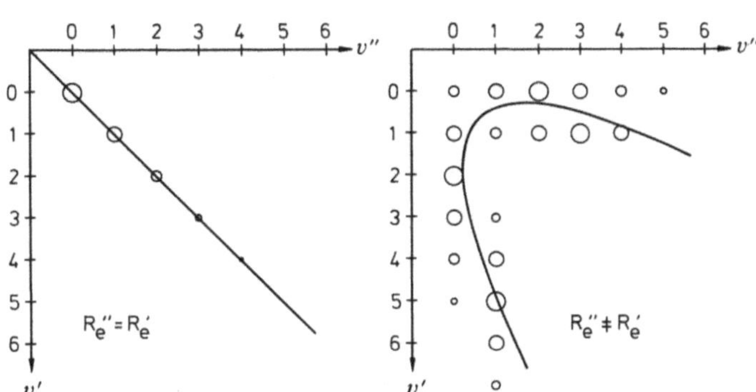

Abb. 14.5. Kantenschema von Bandenspektren für den Fall einer Änderung des Kernabstandes bei der Anregung (*Parabel-Bögen*), sowie bei gleichbleibendem Abstand (*Diagonale*). Der *obere Ast* gilt für Emission ($v' =$ const, $v'' = 2, 3, 4 \ldots$), der *untere* für Absorption ($v'' =$ const, $v' = 2, 3, 4 \ldots$)

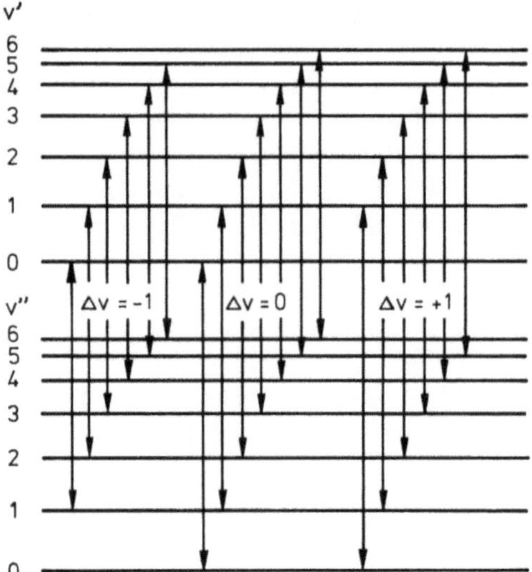

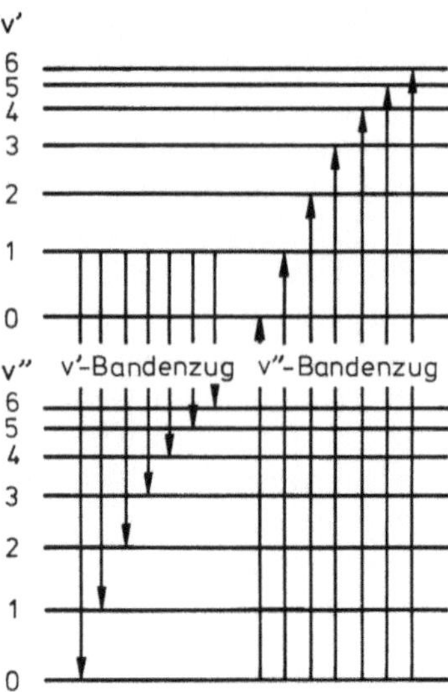

Abb. 14.6. Die intensivsten Schwingungsbanden in einem „Gruppenspektrum", *links* (Kernabstände in beiden elektronischen Zuständen annähernd gleich) und in einem „Reihenspektrum", *rechts*, bei großer Änderung des Kernabstandes vergleiche auch Abb. 14.4 und 14.5

Aus dem Franck-Condon-Prinzip folgt ein ganz verschiedenes Aussehen des Bandensystems, je nachdem wie sich der Kernabstand bei der Anregung ändert. Besonders wichtig sind die beiden Extremfälle, nämlich Kernabstandsänderung bei Anregung gleich Null oder groß. Diese beiden als *Gruppenspektrum* und als *Reihenspektrum* bezeichneten Grenzfälle werden mit Abb. 14.6 erklärt.

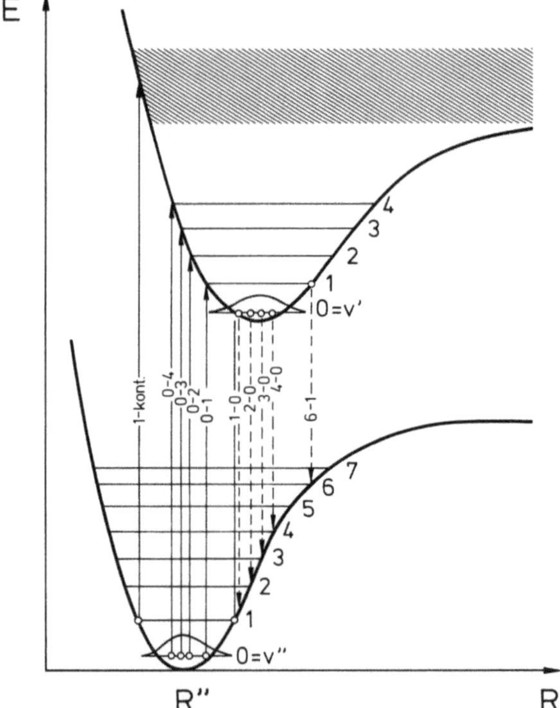

Abb. 14.7. Absorption und Fluoreszenz (*gestrichelt*) nach dem Franck-Condon-Prinzip. Wenn die Potentialkurven von Grund- und Anregungszustand gegeneinander verschoben sind, dann liegen die Absorptionsübergänge bei größeren Quantenenergien als die Emissionsübergänge. Dabei ist berücksichtigt, daß die Emission nach Relaxation im Anregungszustand aus dem tiefsten Schwingungsniveau heraus erfolgt

Im Falle $R'_e = R''_e$ erhält man ein in Abb. 14.6 links gezeigtes Gruppenspektrum: Es besteht aus den Übergängen $\Delta v = 0$ (das heißt die Diagonale im Kantenschema) und (mit geringerer Intensität) aus den Nebendiagonalen mit $\Delta v = \pm 1$. Das Spektrum besteht dann aus wenigen Gruppen eng beieinander liegender Banden. So ist es zum Beispiel in Bandenspektren von CN und C_2 (im Kohlelichtbogen zu beobachten). – Im Falle $R'_e > R''_e$ erhält man dagegen (vergleiche Abb. 14.4) in Absorption bevorzugt einen Bandenzug mit gleichem unteren Zustand, in Emission einen dagegen spektral verschobenen mit gleichem oberen Zustand. Ein solches zum Beispiel beim J_2-Molekül zu beobachtendes Reihenspektrum ist schematisch in Abb. 14.6 rechts erklärt. Die Abstände zwischen den Banden ergeben direkt die Größe der Schwingungsquanten in den verschiedenen elektronischen Zuständen.

Man kann so aus der Intensitätsverteilung innerhalb der vibronischen Komponenten des Spektrums, also innerhalb eines Bandensystems, Rückschlüsse darauf ziehen, ob und wie sich der Gleichgewichtsabstand R_e der Kerne im Molekül zwischen Grund- und Anregungszustand ändert. Dies wird mit dem Franck-Condon-Prinzip leicht verständlich.

In *Emission* beobachtet man im Prinzip die gleichen Bandenspektren wie in Absorption. Tatsächlich werden viele Moleküluntersuchungen in Emission vorgenommen, weil sich diese in Gasentladungen leicht anregen läßt. Auch hier gilt das Franck-Condon-Prinzip und man erhält „senkrechte" Übergänge von der höheren Potentialkurve zu derjenigen des Grundzustandes wie in Abb. 14.7 gezeigt. Allerdings ist der Ausgangspunkt der Emission nicht notwendigerweise identisch mit dem Endpunkt eines Absorptionsprozesses. Die Ankopplung des durch Absorption erreichten angeregten Zustandes an das Strahlungsfeld ist häufig relativ schwach, so daß durch Stöße mit anderen Molekülen zwischen Anregung und Emission eine Relaxation innerhalb des angeregten Moleküls, verbunden mit einer Einstellung auf den neuen Gleichgewichtsabstand, stattfinden kann.

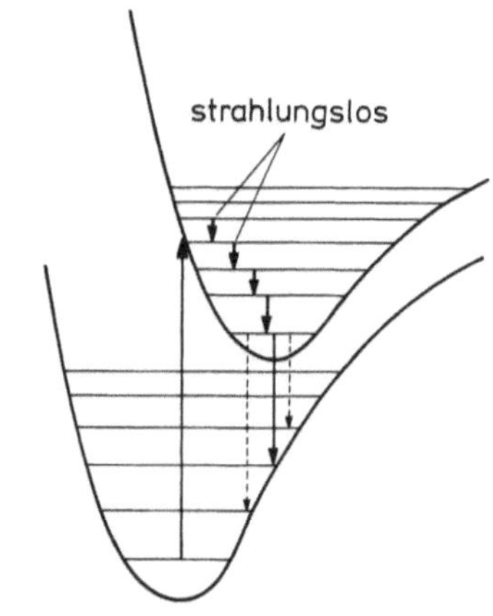

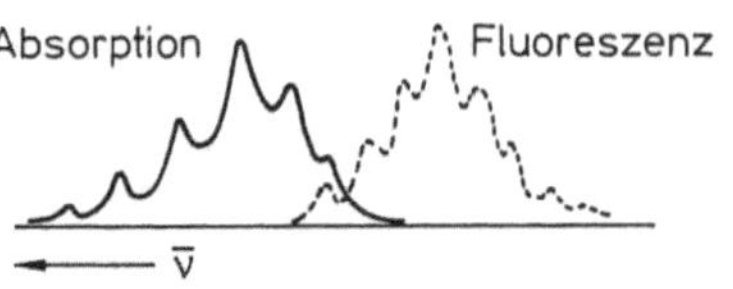

Abb. 14.8. Absorption und Fluoreszenz eines Moleküls. Im Absorptionsspektrum beobachtet man die Schwingungsstruktur des elektronischen Anregungszustandes, im Fluoreszenzspektrum diejenige im Grundzustand. Das Fluoreszenzspektrum ist gegenüber dem Absorptionsspektrum nach kleineren Energien verschoben. Der schwingungslose 0,0-Übergang ($v' = v'' = 0$) kann bei geringer Verschiebung beider Spektren gemeinsam sein, im übrigen sind sie spiegelbildlich zueinander. Die hier aufgetragene Linienbreite ist für ein Spektrum in kondensierter Phase (Lösung) typisch. Rotationsstruktur wird nicht aufgelöst

Wie schnell eine solche Relaxation im Anregungszustand und eine erneute Thermalisierung abläuft, hängt entscheidend von der Wechselwirkungs-Möglichkeit mit der Umgebung, d. h. in Gasen vom Druck ab. Ein isoliertes Molekül im Weltraum hat nur sehr wenig Möglichkeit, seine Überschußenergie an Schwingung gegenüber der Umgebung abzugeben, weil die Wahrscheinlichkeit für die Abgabe von Schwingungsquanten durch Strahlung mit der Frequenz der Schwingung klein ist, und weil Stöße mit anderen Molekülen und dadurch möglicher Energieaustausch nicht stattfinden. Bei einem Molekül in kondensierter Phase geschieht die Thermalisierung, das heißt die Rückführung der Schwingungsenergie des Moleküls auf einen mittleren Wert kT, wenn T die Temperatur ist, jedoch im Zeitraum von Picosekunden. Das Emissionsspektrum eines Moleküls hängt also nicht nur von der Temperatur ab, sondern auch von der Möglichkeit des Moleküls, Schwingungsquanten mit $v' \neq 0$ abzugeben, bevor eine Emission – dann bevorzugt aus dem Zustand $v' = 0$ – erfolgt. In Abb. 14.8 ist dies schematisch gezeigt. Es wird dabei auch deutlich, daß sich auf diese Weise eine Art von Spiegelbildlichkeit zwischen Absorptionsspektrum und Emissionsspektrum mit dem 0,0-Übergang ($v' = v'' = 0$) als Mitte ergibt.

14.2 Rotationsstruktur von elektronischen Bandenspektren kleiner Moleküle, Übersicht und Auswahlregeln

Herausragendes Merkmal von molekularen Bandenspektren im Vergleich zu atomaren Linienspektren ist die ungeheuer große Zahl von Linien, wenn man mit hinreichend hoher Auflösung beobachtet. Man braucht nicht nur apparativ eine hohe spektrale Auflösung, sondern man muß auch Druckverbreiterung und Verbreiterung der Linien durch den Doppler-Effekt (vgl. I, Abschn. 16.2) so weit wie möglich ausschließen. Dann beobachtet man eine sehr ausgeprägte und linienreiche „Feinstruktur" der im vorigen Abschnitt behandelten elektronisch-vibronischen Übergänge. Dies ist in erster Linie die Rotationsstruktur. Das Spektrum des Jod-Moleküls weist beispielsweise im sichtbaren Spektralbereich mehr als 20 000 Linien auf! Einen kleinen Teil des Linienreichtums haben wir als Schwingungsstruktur bereits erklärt. In Abb. 14.9 (links) wird dies noch einmal verdeutlicht. Den ganzen Linienreichtum versteht man jedoch erst, wenn man berücksichtigt, daß jedes der bisher behandelten Schwingungsniveaus noch eine Rotationsstruktur aufweist (Abb. 14.9, rechts). Ohne hinreichende spektrale Auflösung dieser Struktur beobachtet man nur „Bandenkanten" mit einer Abschattierung, d. h. einen kontinuierlichen Abfall der Emissions- oder Absorptionsstärke nach einer Seite hin.

Wir beschränken uns zunächst auf den einfachsten Fall eines zweiatomigen Hantel-Moleküls. Für die Wellenzahl eines Überganges zwischen zwei Termen

$$T = T^{\mathrm{el}} + G_v + F_{v,J} \tag{14.3}$$

gilt

$$\begin{aligned}\bar{\nu} = T' - T'' &= T'^{\mathrm{el}} - T''^{\mathrm{el}} + G'_{v'} - G''_{v''} + F'_{v',J'} - F''_{v'',J''} \\ &= \Delta T^{\mathrm{el}} + \Delta G + \Delta F \ .\end{aligned} \tag{14.4}$$

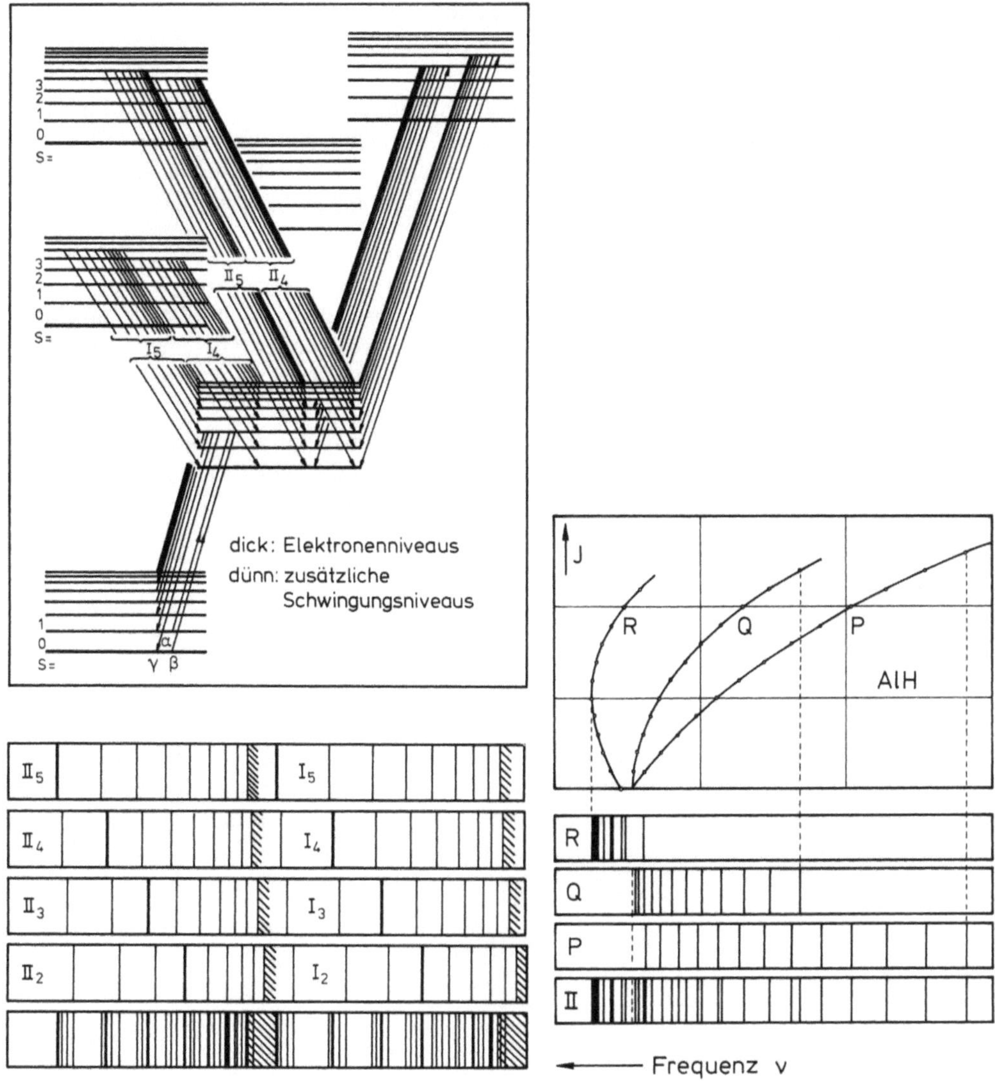

Abb. 14.9. *Linkes Teilbild*: Zur Erläuterung des Linienreichtums in Bandenspektren. Jeder *Übergangspfeil* im *linken Teilbild* bedeutet nicht eine Spektrallinie, sondern die Kanten- oder die Nullinie einer ganzen Bande, siehe dazu das *rechte Teilbild*. Im *unteren Teilbild* sind schematisch einige Bandensysteme aus dem Termschema aufgetragen, wobei jede Linie eine ganze Bande bedeutet. Das beobachtete Spektrum ist eine Überlagerung von Bandensystemen. Man faßt sie auch zu Bandensystem-Serien zusammen. Nach *R. W. Pohl*. Die Schwingungsquantenzahlen sind hier mit s bezeichnet, die Symbole für die Teilspektren sind historisch. Die Übergänge sind hier als Emission eingezeichnet, zur Vereinfachung aus nur jeweils 2 Schwingungsniveaus, I_5 bedeutet Übergänge aus dem Schwingungsniveau $s = 5$ im elektrischen Zustand I. Das *rechte Teilbild* zeigt eine nach langen Wellenlängen abschattierte Bande des Moleküls AlH mit der Kantenlinie $\lambda = 435$ nm mit aufgelöster Rotationsstruktur. Das beobachtete Spektrum (II) ist eine Überlagerung von drei Zweigen (P, Q, R). Diese sind im *rechten Teilbild* in Form eines Fortrat-Diagramms aufgetragen. Man beachte: Die *Frequenzskala* ist im *rechten Teilbild* gegenüber *links* stark gedehnt, so daß aus jeder „Linie“ jetzt eine Bande mit aufgelöster Linienstruktur wird

Das Spektrum, das man bei einer Änderung der Elektronenenergie ΔT^{el} erhält, enthält alle Schwingungsbanden ΔG_v mit ihrer Rotationsstruktur ΔF. Die Bandensysteme liegen vorzugsweise im sichtbaren und ultravioletten Spektralbereich und bilden für alle Elektronenübergänge zusammen das *Bandenspektrum* des Moleküls.

Wenn wir nun vorzugsweise den Rotations-Anteil betrachten, gelten für elektrische Dipolübergänge als wichtigste Auswahlregeln

$$\Delta J = J' - J'' = 0, \pm 1 \quad (\text{außer} \quad J' = J'' = 0)\,, \qquad \text{außerdem} \tag{14.5}$$

$$\Delta \Lambda = \pm 1 \qquad \text{und} \qquad \Delta \Sigma = 0 \tag{14.6}$$

(sofern die Spin-Bahn-Kopplung nicht sehr stark ist), ferner die Paritätsauswahlregeln, wonach nur Übergänge zwischen Gesamtzuständen verschiedener Parität erlaubt sind.

14.3 Die Rotationsstruktur der Bandenspektren kleiner Moleküle, Fortrat-Diagramme

Die typische Struktur in einem Bandenspektrum unter Einschluß der Rotationsstruktur zeigt Abb. 14.10. Man kann es in 3 „Zweige" zerlegen, die wie bereits früher in Abschn. 10.4 P, Q und R genannt werden. Eine empirische Beschreibung der Linien eines Bandenspektrums gibt bereits die mehr als 100 Jahre alte Formel von *Deslandres* (1885)

$$\bar{\nu} = A \pm 2Bm + Cm^2 \, . \tag{14.7}$$

Dabei wird die Laufzahl $m = 1/2, 3/2, 5/2, \ldots$ von einer als Nullstelle ausgezeichneten Lücke in der Linienfolge gezählt, die beiden Vorzeichen vor dem zweiten Glied bezeichnen den R-Zweig (+) und den P-Zweig (−). Für $B = 0$ erhält man den Q-Zweig.

Die Erklärung für die Rotationsstruktur der Bandenspektren ist nach dem, was weiter vorne über Rotationsspektren bereits ausgeführt wurde, naheliegend und soll anhand von Abb. 14.10 erläutert werden. Zu jedem Schwingungsniveau mit den Quantenzahlen v'' oder v' gehören Rotations-Niveaus

$$E_{J''} = B''hcJ''(J''+1)$$

und

$$E_{J'} = B'hcJ'(J'+1) \, ,$$

wenn wir uns auf die Näherung des starren Rotators beschränken. Dabei ist aber zu berücksichtigen, daß die Rotationskonstante B'' in der unteren Potentialkurve verschieden vom Wert B' in der oberen Potentialkurve ist. Die Linien im Bandenspektrum entsprechen dann Übergängen zwischen Potentialkurven, die zu den elektronischen Energien

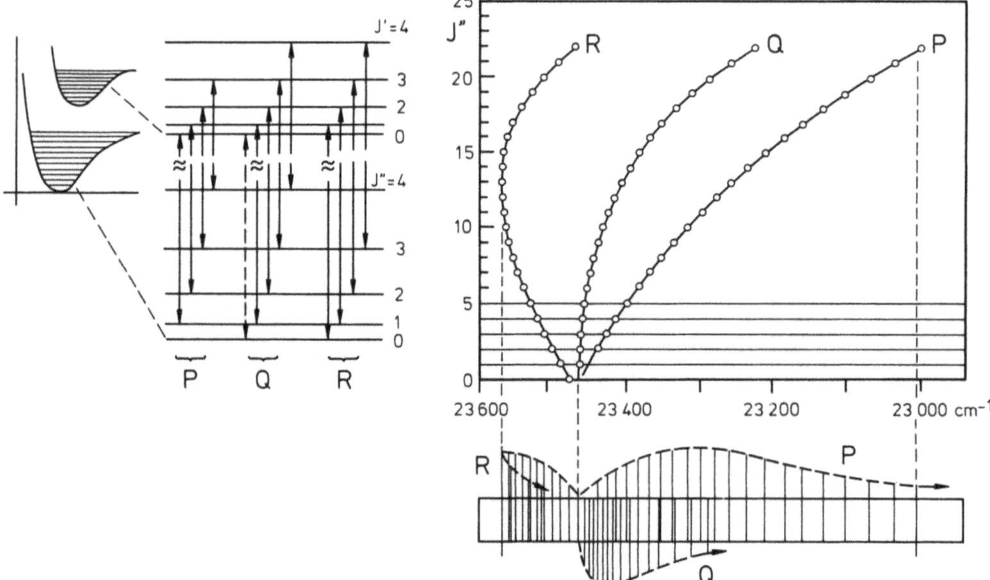

Abb. 14.10. Zur Erklärung der Rotationsstruktur von Banden. Im *linken Teilbild* ist schematisch gezeigt, wie die drei Bandenzweige P, Q, R im Termschema einzuordnen sind. Zur Spektrenanalyse trägt man im Fortrat-Diagramm die Wellenzahlen der Linien gegen eine Laufzahl, das ist hier die Quantenzahl J'', auf. Das beobachtete Gesamtspektrum läßt sich so in die drei Zweige P, Q und R zerlegen. Aus den Linienabständen kann man die Rotationskonstanten B' und B'' bestimmen. Das *rechte Teilbild* ist ein Spektrum von AlH wie Abb. 14.9. Man beachte die Richtung der Frequenzachse

E'' und E' und Zuständen mit den Quantenzahlen v'', J'' in der unteren und v', J' in der oberen Potentialkurve gehören.

Die Gesamtenergie eines Molekül-Zustandes lautet also

$$E_{\text{ges}} = E_{\text{el}} + E_{\text{vib}} + BhcJ(J+1) \,, \tag{14.8}$$

wenn mit E_{el} die elektronische und mit E_{vib} die vibronische Energie bezeichnet werden. Für einen Übergang zwischen zwei Zuständen gilt dann, vereinfacht ausgedrückt,

$$\Delta E_{\text{ges}} = \Delta(E_{\text{el}} + E_{\text{vib}}) + \Delta\{BhcJ(J+1)\} \tag{14.9}$$

und für die zu beobachtenden Spektrallinien gilt

$$\bar{\nu} = \bar{\nu}_{(v',v'')} + \Delta\{BJ(J+1)\} \,, \tag{14.10}$$

wobei $\bar{\nu}_{(v',v'')}$ den elektronisch-vibronischen Übergang ohne Rotation, $J' = J'' = 0$ zwischen den Zuständen (E'', v'') und (E', v') bezeichnet. Dieser 0,0-Übergang mit $J' = J'' = 0$ ist also der Bezugspunkt der Rotationsstruktur. Man bezeichnet ihn auch als die Nullinie einer Bande, siehe Abschn. 14.1. Die Auswahlregeln für J hängen von der Art des elektronischen Überganges ab.

Wenn beide, der obere und der untere, der beteiligten elektronischen Zustände keinen resultierenden Drehimpuls relativ zur Molekülachse haben, also für Zustände $^1\Sigma$, gilt die Auswahlregel

$$\Delta J = \pm 1 \,,$$

sonst jedoch

$$\Delta J = 0 \quad \text{oder} \quad \pm 1 \,, \quad \text{jedoch nicht von} \quad J'' = 0 \quad \text{zu} \quad J' = 0 \,.$$

Wir erhalten aus (14.10)

$$\bar{\nu} = \bar{\nu}_{(v',v'')} + B'J'(J'+1) - B''J''(J''+1) \,. \tag{14.11}$$

Im Gegensatz zu den früher (Abschn. 10.4 und 10.5) behandelten Rotationsschwingungsspektren gehören die Rotationskonstanten B' und B'' nun nicht nur zu verschiedenen Schwingungsniveaus des gleichen elektronischen Zustandes, wo ihr Unterschied meistens klein ist, sondern zu zwei verschiedenen elektronischen Zuständen. Da sich bei der elektronischen Anregung der Kernabstand R im Molekül und damit auch das Trägheitsmoment erheblich ändern können, sind nun B' und B'' häufig stark verschieden voneinander. Im Gegensatz zu den Rotationsschwingungsspektren sind damit die quadratischen Glieder in (14.11) nicht nur eine kleine Korrektur, sondern sie können für größere Werte von J gegenüber den linearen Gliedern überwiegen.

Wenn wir nun wie in Kap. 10 die Übergänge mit $\Delta J = -1$ als P-Zweig, die mit $\Delta J = +1$ als R-Zweig und die mit $\Delta J = 0$ als Q-Zweig bezeichnen, erhalten wir für diese 3 Zweige folgende Spektrallinien:

$$P\text{-Zweig}\,,\quad \Delta J = -1\,,\quad J'' = J' + 1$$
$$\bar{\nu}_P = \bar{\nu}_{(v',v'')} - (B' + B'')(J' + 1) + (B' - B'')(J' + 1)^2$$
$$\text{mit}\qquad J' = 0, 1, 2 \ldots \tag{14.12}$$

$$R\text{-Zweig}\,,\quad \Delta J = +1\,,\quad J' = J'' + 1$$
$$\bar{\nu}_R = \bar{\nu}_{(v',v'')} + (B' + B'')(J'' + 1) + (B' - B'')(J'' + 1)^2$$
$$\text{mit}\qquad J'' = 0, 1, 2 \ldots \tag{14.13}$$

$$Q\text{-Zweig}\,,\quad \Delta J = 0\,,\quad J' = J''$$
$$\bar{\nu}_Q = \bar{\nu}_{(v',v'')} + (B' - B'')J'' + (B' - B'')J''^2$$
$$\text{mit}\qquad J'' = 1, 2, 3 \ldots\,. \tag{14.14}$$

Anzumerken ist noch besonders, daß keine Linie am Banden-Ursprung $\bar{\nu}(v', v'')$ erlaubt ist.

Die Ausdrücke für die möglichen Rotationsübergänge (14.12)–(14.14) haben also die Form der empirischen Gl. (14.7) und erklären die dort eingeführten Parameter A–C. Wir erkennen damit die alte Deslandres-Formel (14.7) wieder, wenn wir m durch J ersetzen.

Die graphische Darstellung von (14.12)–(14.14) ergibt bei einer Auftragung im $\bar{\nu}/J$-Diagramm Parabeln, die sogenannten *Fortrat-Parabeln*, Abb. 14.11, weil $\bar{\nu}$ eine quadratische Funktion von J ist. Das Fortrat-Diagramm erleichtert den Überblick über ein Bandenspektrum, weil es die im Spektrum beobachteten und zum Teil durcheinander liegenden Linien der verschiedenen Zweige und Rotationsquantenzahlen räumlich getrennt darstellt. Umgekehrt erhält man aus dem Fortrat-Diagramm das beobachtete Spektrum der Bande, indem man die Diagrammpunkte auf die $\bar{\nu}$-Achse projiziert, siehe dazu Abb. 14.9 und 14.10.

Der Banden-Ursprung $\bar{\nu}_{(v',v'')}$ (auch Nullinie genannt) fehlt in allen drei Zweigen. Wenn $B' < B''$ gilt, das heißt $R'_e > R''_e$ und damit $\Theta' > \Theta''$, dann liegen die Linien des P-Zweiges auf der niederenergetischen Seite des Bandenursprungs, wobei der Linienabstand mit zunehmendem J zunimmt, der R-Zweig liegt auf der anderen Seite mit rasch abnehmendem Linienabstand. Dabei kann gemäß Abb. 14.11 die Linienfolge mit zunehmendem J sogar zu niederen Energien umkehren. Man bezeichnet solche Bandenfolgen als Rot-abschattiert. Die Linien des Q-Zweiges liegen ebenfalls auf der niederenergetischen Seite des Ursprungs, wobei der Linienabstand mit J ebenfalls zunimmt. Im selteneren Falle, $B' > B''$, also $R'_e < R''_e$ und $\Theta' < \Theta''$, das heißt, wenn die elektronische Anregung die Bindung verfestigt, ist der Verlauf umgekehrt, die Banden sind Violett-abschattiert. Das Gesamtspektrum einer Bande ist die Überlagerung der drei (oder zwei) Zweige.

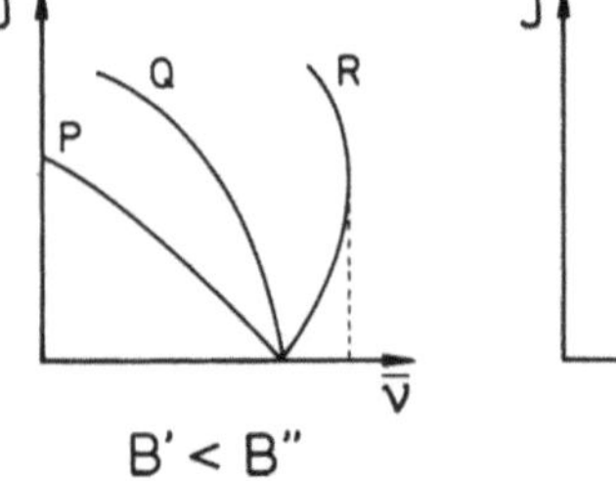

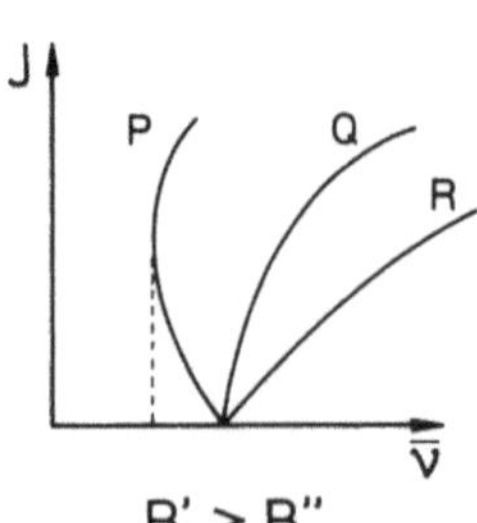

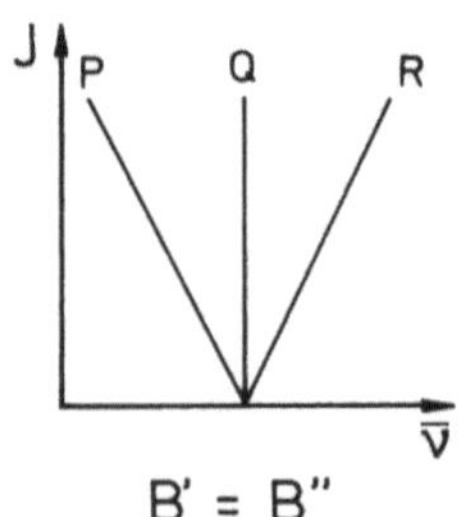

Abb. 14.11. Auftragung der Bandenlinien im Fortrat-Diagramm (vgl. Abb. 14.10) ergibt charakteristische Kurven, je nachdem ob die Rotationskonstante B im oberen Zustand kleiner, größer oder ungeändert gegenüber dem niederen Zustand ist

Für den Sonderfall, daß sich bei der elektronischen Anregung der Kernabstand nicht ändert und damit $B' = B''$ ist, sieht man aus (14.14), daß die Fortrat-Parabeln zu Geraden entarten. Der Q-Zweig besteht dann nur aus einer Linie, P- und R-Zweig sind Linienfolgen im Abstand $2B$, wie wir das bei den reinen Rotationsschwingungsspektren bereits gesehen haben. Mit erheblich geringerer Intensität gibt es auch Übergänge mit $\Delta J = \pm 2$. Diese bilden im Spektrum die mit O und S bezeichneten Zweige.

Aus der „Abschattierung" eines Bandenspektrums kann man also direkt erkennen, ob die Rotationskonstante im Molekül bei Elektronenanregung größer oder kleiner wird, d. h. beim Hantelmodell, ob der Kernabstand bei Anregung abnimmt oder zunimmt.

Die komplette Analyse der zahlreichen Linien eines Bandenspektrums ist sowohl hinsichtlich der Messung wie auch hinsichtlich der Auswertung eine mühsame und ohne moderne Rechner in vielen Fällen fast unlösbare Aufgabe. Man erhält jedoch, wie gezeigt, bereits aus einer groben Analyse Aufschluß über die Frage, wie die Gestalt des Moleküls sich bei elektronischer Anregung ändert. Alleine die Rotationsstruktur nur *einer* Bande genügt zur spektralanalytischen Identifizierung eines Moleküls. Sie ist so etwas wie ein Fingerabdruck des Moleküls. Auf diese Weise konnte z. B. bei astrophysikalischen Messungen das Molekül CO in der Atmosphäre des Planeten Venus durch die Identifizierung seiner Absorptionsbanden nachgewiesen werden.

Wenn Moleküle komplizierter werden, das heißt mehr als zwei Atome besitzen und nicht mehr linear sind, wird eine komplette Auswertung von Bandenspektren mit der gesamten Rotationsstruktur noch viel komplizierter. Man erhält dann viele sich durchdringende und überlagernde Zweige von Bandensystemen, so daß eine Analyse aller Linien oft zu einer fast unlösbaren Aufgabe wird.

Wenn eine quantitative Analyse der Rotationsstrukturen aller Banden eines Bandensystems möglich ist, dann liefert sie Zahlenwerte für viele Kenngrößen des untersuchten Moleküls:

- Die Rotationskonstanten B' und B'' für alle Schwingungsniveaus v' und v'' und daraus die Trägheitsmomente der Molekülrotation bei den Gleichgewichtsabständen R_e in den beiden am Übergang beteiligten elektronischen Zuständen sowie die Schwingungsdehnung α (vgl. Abschn. 10.4), schließlich die Kernabstände R'_e und R''_e für diese Zustände,
- die Schwingungswellenzahlen für die Molekülschwingungen in den beiden beteiligten elektronischen Zuständen einschließlich ihrer Anharmonizitäten, das heißt auch die Rechengrößen $\bar{\nu}'_e$ und $\bar{\nu}''_e$ sowie x'_e und x''_e,
- den Abstand $\bar{\nu}(v' = 0, v'' = 0)$ für die tiefsten Niveaus beider beteiligter Potentialkurven, daraus rechnerisch auch den Abstand ohne jede Schwingung,
- bei Analyse der Drehimpuls-Kopplung, wie wir sie nicht im einzelnen diskutiert haben, auch die Quantenzahlen Ω' und Ω''.

Wenn man Übergänge zu und zwischen einer Vielzahl von elektronischen Anregungszuständen untersuchen kann, dann lassen sich damit eine Vielzahl möglicher Potentialkurven eines Moleküls und damit dessen Anregungszustände analysieren.

Übrigens können Elektronen-Bandenspektren mit der vollständigen Rotations- und Schwingungsstruktur natürlich auch bei symmetrischen Molekülen wie H_2, N_2 und O_2 beobachtet werden, bei denen wegen des fehlenden elektrischen Dipolmomentes reine Rotations- und Rotations-Schwingungs-Spektren nicht oder nur mit geringer Intensität zu beobachten sind. Im Zusammenhang mit erlaubten elektronischen Übergängen wird auch die Rotations- und Schwingungsstruktur beobachtbar.

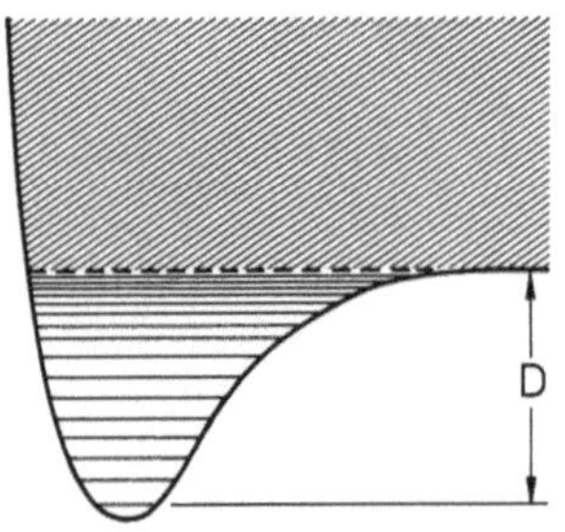

Abb. 14.12. Potentialkurve eines kleinen Moleküls. An den Bereich diskreter Schwingungs-Niveaus schließt sich oberhalb der Dissoziationsenergie D ein kontinuierlicher Energiebereich an

Schließlich soll noch erwähnt (aber nicht näher ausgeführt) werden, daß die Intensitätsverteilung zwischen den Linien eines Bandenspektrums zur bandenspektroskopischen Messung der Temperatur des untersuchten Gases dienen kann. Die Besetzung der Rotations- und Schwingungszustände ist im thermischen Gleichgewicht ja durch die Temperatur bestimmt und ist gleichzeitig bestimmend für die relative Intensität der Übergänge im Spektrum.

14.4 Dissoziation, Prädissoziation

Wie in Abb. 14.12 nochmals gezeigt, schließt sich an die Dissoziationsgrenze des Moleküls mit horizontaler Potentialkurve für große Werte von R ein Kontinuum von Zuständen an. Wenn ein Molekül so stark angeregt wird, daß seine Gesamt-Energie in den Bereich des Dissoziations-Kontinuums irgendeines Elektronenzustandes zu liegen kommt, dann kann es dissoziieren. Eine solche Anregung kann bei hinreichend hoher Temperatur durch thermische Stöße erfolgen. Hier wollen wir jedoch die Möglichkeit der Dissoziation und der Bestimmung der Dissoziationsenergie durch Lichtabsorption betrachten.

Eine direkte Photodissoziation eines Moleküls nach dem Schema $AB + h\nu \to A + B$ alleine durch *Rotations-Schwingungs-Anregung* ohne elektronische Anregung ist fast immer unmöglich. Als Einquanten-Prozeß verbietet dies die Auswahlregel für Schwingungsübergänge, wonach nur Übergänge mit geringer Änderung der Quantenzahl v erlaubt sind, sowie das Franck-Condon-Prinzip, vgl. hierzu Abb. 14.13. Seitdem es Infrarot-Laser mit sehr großem Photonenfluß gibt – z. B. den CO_2-Laser –, ist allerdings eine Photodissoziation durch Mehrquantenabsorption von Schwingungsquanten $h\nu_{\text{vib}}$ nach dem Schema $AB + nh\nu_{\text{vib}} \to A + B$, oder $A^* + B^*$, möglich und wird tatsächlich in der Molekülphysik zur Herstellung von Molekülbruchstücken verwendet. Der Stern bei A^* und B^* bedeutet, daß die Bruchstücke sich in einem elektronisch angeregten Zustand befinden. Allerdings muß hier beachtet werden, daß ein solcher Mehrquantenprozeß nicht als Kaskade von nacheinander erfolgenden vielfachen Absorptionen eines Schwingungsquants $h\nu_{\text{vib}}$ verstanden werden darf, sondern über sogenannte virtuelle Zustände verläuft. Zum Begriff der virtuellen Zustände vergleiche Abschn. 17.2. Die Abstände der Schwingungsniveaus, das heißt die Größe der Schwingungsquanten werden nämlich, wie in Abschn. 10.3 gezeigt, immer kleiner, wenn man sich in der

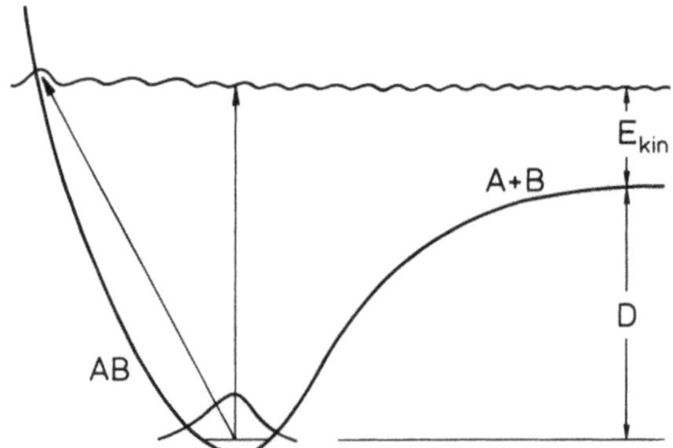

Abb. 14.13. Eine optische Moleküldissoziation ohne gleichzeitige elektronische Anregung ist nach Franck-Condon sehr unwahrscheinlich und praktisch kaum möglich. Der *schräg* eingezeichnete Übergang ist wegen der damit verbundenen Änderung des Kernabstandes verboten, der *senkrechte* Übergang, weil damit eine große Änderung der Geschwindigkeit der schwingenden Kerne verbunden wäre, außerdem wäre Δv groß

Potentialkurve der Dissoziationsgrenze nähert. Ein Dissoziationsprozeß für ein Molekül AB nach dem Schema

$$AB + nh\nu_{\text{vib}} = A + B^{*}(+E_{\text{kin}}) \tag{14.15}$$

ist deshalb als Kaskadenprozeß nicht möglich.

Lichtabsorption kann jedoch leicht zur Dissoziation führen, wenn dabei eine *elektronische Anregung* in einen höheren elektronischen Zustand und zusätzlich eine höhere Schwingungsanregung erfolgt und wenn die beiden beteiligten Potentialkurven genügend weit gegeneinander verschoben sind. Nach dem Franck-Condon-Prinzip kann man dann ja Übergänge aus dem Grundzustand des unteren elektronischen Zustandes, zum Beispiel $v'' = 0$, in Zustände der konvergierenden Bandenserie $v' = 1, 2 \ldots$ des anderen elektronischen Zustandes bis zur Konvergenzstelle K beobachten. Für die Konvergenzstelle $\bar{\nu}_K$ gilt, wie anhand von Abb. 14.14 erläutert wird,

$$hc\bar{\nu}_K = D'' + E_{At}\ . \tag{14.16}$$

Dabei werden mit D'' die Dissoziationsenergie im unteren elektronischen Anregungszustand und mit E_{At} die Anregungsenergie der atomaren Bruchstücke A und B der Dissoziation bezeichnet. Wenn diese alleine im Bruchstück B, also B^* steckt und dieses seine Anregungsenergie als Lichtquant abgibt, ist die Bestimmung von E_{At} leicht, sonst häufig problematisch. Je nachdem welche der molekularen oder atomaren Anregungsenergien in Abb. 14.14 man kennt, kann man aus der Ausmessung der Konvergenzstelle K die Größen D'' oder D', das heißt die Dissoziationsenergie im Grund- oder im Anregungszustand bestimmen. Dabei ist zu beachten, daß man zwischen der rechnerischen Dissoziationsenergie, die vom Minimum der Potentialkurve ausgeht, und der tatsächlichen Energie D unterscheiden muß, die im Schwingungszustand $v = 0$ beginnt, siehe dazu Abschn. 10.3. Jedenfalls wurden auf diesem Wege die Dissoziationsenergien zahlreicher zweiatomiger Moleküle wie H_2, O_2, J_2 bestimmt. – Die molekulare Anregungsenergie E_{Mol} in Abb. 14.14 findet man direkt aus dem Übergang von $v'' = 0$ zu $v' = 0$ im Bandensystem. Daraus folgt dann die Dissoziationsenergie im angeregten Zustand

$$D' = hc\bar{\nu}_K - E_{\text{Mol}}\ . \tag{14.17}$$

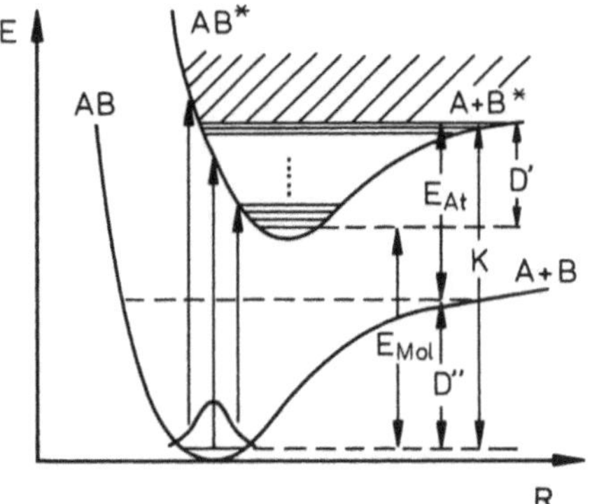

Abb. 14.14. Zur Bestimmung der Dissoziationsenergie eines kleinen Moleküls im Grundzustand (D'') und in einem elektronischen Anregungszustand (D'). E_{At} ist die Anregungsenergie des bei der Dissoziation entstehenden angeregten Atoms, E_{Mol} die des Moleküls, K ist die experimentell aus dem Spektrum zu bestimmende Konvergenzstelle der Banden. Nach Finkelnburg

Beim J_2-Molekül mit seinem linienreichen Spektrum im sichtbaren Spektralbereich kann man die Dissoziationsenergie nach diesem Verfahren relativ leicht sogar im Praktikumsversuch bestimmen. Man findet für die Konvergenzstelle des Grenzkontinuums den Wert $K = 2{,}48\,\mathrm{eV}$, indem man den Abstand benachbarter Bandenkanten auf hohe Quantenzahlen v', d. h. kleine Schwingungsquanten extrapoliert. Mit $E_{At} = 0{,}94\,\mathrm{eV}$ folgt für die Dissoziationsenergie von J_2 der Wert $D'' = 1{,}54\,\mathrm{eV}$.

Wenn man die Konvergenzstelle nicht direkt oder nicht genau messen kann, trägt man den Abstand $\Delta\bar{\nu}$ benachbarter Bandkanten als Funktion von v' für die Übergänge aus $v'' = 0$ auf und extrapoliert gegen $\Delta\bar{\nu} = 0$. Aus der Kantenformel (14.2)

$$\bar{\nu} = C_0 + C_1 v' - C_2 v'^2 \tag{14.18}$$

folgt für die Differenzen zwischen Zuständen v und $v+1$

$$\Delta\bar{\nu} = (C_1 - C_2) - 2C_2 v' , \tag{14.19}$$

also ein linearer Abfall von $\Delta\bar{\nu}$ mit wachsendem v. Die Extrapolation zu $\Delta\bar{\nu} = 0$ liefert die Quantenzahl v_k für den der Kante entsprechenden Schwingungsterm und daraus nach der Kantenformel

$$\frac{K}{hc} = C_0 + C_1 v_k - C_2 v_k^2 . \tag{14.20}$$

Erfolgt die Anregung mit einem Energiebetrag $E > K$, so kann der überschüssige Energiebetrag als kinetische Energie der Bruchstücke nach der Beziehung

$$E_{\mathrm{kin}} = E - K \qquad \text{oder} \qquad AB + E \to A + B^* + E_{\mathrm{kin}} \tag{14.21}$$

in Erscheinung treten.

Bisweilen beobachtet man Bandenzüge, die schon in einiger Entfernung von der Dissoziationsgrenze, d. h. in dem Bereich, der unterhalb der Konvergenzstelle der Schwingungsquanten liegt, verwaschen sind und keine Rotationsstruktur mehr aufweisen. Man kann chemisch nachweisen, daß durch Lichteinstrahlung in diese verwaschenen Banden Dissoziationsprodukte entstehen. Diese Möglichkeit einer Dissoziation durch Licht, das

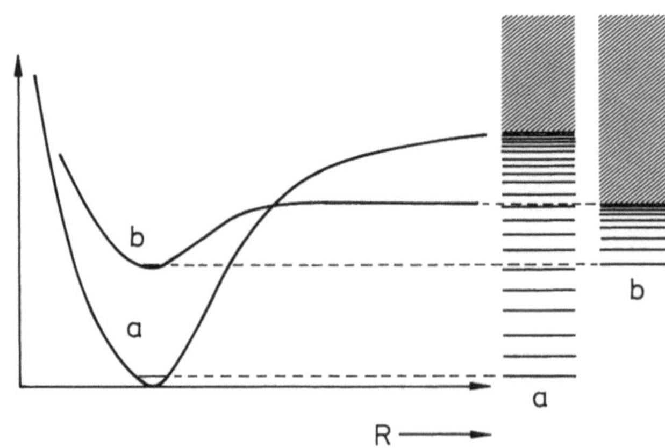

Abb. 14.15. Zur Erklärung der Prädissoziation: Zwei sich kreuzende Potentialkurven a und b eines kleinen Moleküls mit Schwingungstermen und Dissoziationskontinua. Im Kreuzungspunkt der beiden Kurven ist ein strahlungsloser Übergang des Moleküls vom Zustand a in den elektronischen Anregungszustand b möglich, der bei geringerer Energie dissoziiert. Das führt zu einer Verkürzung der Lebensdauer vibronischer Zustände in a und damit zu Linienverbreiterung im Spektrum. Wenn zum Beispiel Lichtabsorption aus einem (nicht gezeichneten) tieferen Zustand a' nach a erfolgt, würde man bei geeigneter Lage der Potentialkurven eine Folge von vibronischen Banden bis zum Dissoziationskontinuum von a erwarten. Am Schnittpunkt mit der Potentialkurve b ist eine Dissoziation bei einer Anregungsenergie von a' nach a möglich, die kleiner ist, als sie der Potentialkurve a entspricht. Das ist das Phänomen der Prädissoziation

langwelliger ist als das des Dissoziationskontinuums, bezeichnet man als *Prädissoziation*. Unter Prädissoziation versteht man einen strahlungslosen Übergang eines Moleküls aus einem diskreten Rotations-Schwingungszustand (v'', J'') eines bindenden Elektronenzustandes in das Dissoziationskontinuum eines anderen Elektronenzustandes.

Dies wird anhand von Abb. 14.15 erklärt. Für das untersuchte Molekül gelte die Potentialkurve a in Abb. 14.15. Durch Lichtanregung kann man diskrete Zustände unterhalb der Dissoziationsgrenze und kontinuierliche Zustände darüber erreichen. Wenn es nun für das Molekül die Potentialkurve eines angeregten Zustandes gibt, die wie b verläuft, d. h. daß das Molekül im Zustand b bei geringerer Energie dissoziiert, als wenn es sich im Zustand a befindet, dann gibt es für das angeregte Molekül im Zustand a in der Nähe des Überschneidungspunktes beider Potentialkurven die Möglichkeit eines *strahlungslosen* Überganges in den Zustand b und damit die Möglichkeit einer Dissoziation bei geringerer Anregungsenergie als im Zustand a. Die Wahrscheinlichkeit für diesen Übergang ist bei der Überschneidungsstelle besonders groß, weil auch für solche strahlungslose Prozesse das Franck-Condon-Prinzip gilt und die beiden Molekül-Zustände sowohl hinsichtlich ihrer Gesamtenergien wie auch hinsichtlich der Kern-Koordinaten gleich sind. Die zum Zustand a gehörenden Banden werden wegen der Unschärfe-Relation für Energie und Lebensdauer diffus, weil durch die Möglichkeit eines Überganges von a nach b die Lebensdauer der Rotations-Schwingungs-Zustände in a verkürzt wird. Das führt zu einer Vergrößerung der Linienbreite, so daß die verschiedenen Rotationslinien einer Bande und benachbarte Banden ineinanderlaufen.

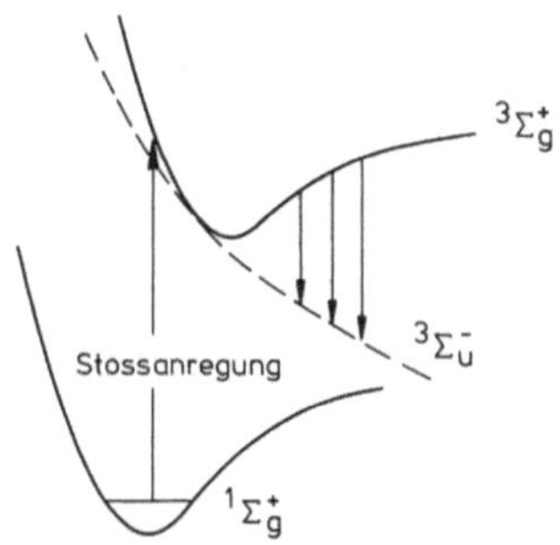

Abb. 14.16. Zum Zustandekommen eines Kontinuums im Spektrum einer Wasserstoff-Lampe. Durch Stoß in einer Gasentladung erfolgt Anregung in das Triplettsystem. Der tiefste Zustand dieses Systems ist nichtbindend, vergleiche dazu das Termschema in Abb. 13.10. Das Emissionsspektrum ist deshalb kontinuierlich, weil es in nichtbindenden Zuständen keine Schwingungsterme gibt

Im Kreuzungspunkt der beiden Potentialkurven nach Abb. 14.15 erfolgt ein Übergang typischerweise in einer Zeit, die für Rotation oder Schwingung typisch ist, also zwischen 10^{-10} und 10^{-13} s. Die Lebensdauer des vibronischen Zustandes ohne Möglichkeit einer strahlungslosen Desaktivierung beträgt typischerweise 10^{-8} s. Aus dem Verhältnis dieser Zeiten folgt die Verkürzung der Lebenszeit und die Verbreiterung im Spektrum. Eine weitere Möglichkeit zur Prädissoziation ergibt sich in solchen Fällen, wo der kreuzende elektronische Zustand ein nichtbindender Anregungszustand ist, der keine diskreten Schwingungs- und Rotationszustände, sondern nur ein Dissoziationskontinuum aufweist. Ein solcher Zustand ist beispielsweise in Abb. 14.16 zu sehen.

14.5 Anwendung von Bandenspektren kleinerer Moleküle

Bandenspektren von Molekülen erfahren viele *Anwendungen*. Zunächst sind sie natürlich ein unentbehrliches Hilfsmittel bei der Untersuchung und Aufklärung von Molekül-Struktur und chemischer Bindung. Man erhält aus ihrer Analyse wichtige Hinweise auf Form und Lage der Potentialkurven in Grund- und Anregungszuständen der Moleküle, und man kann die Analyse der Molekülschwingungen und, wie wir gesehen haben, der Rotationen, im Gebiet des sichtbaren Lichtes oder des UV anstatt mit Mikrowellen- und Infrarot-Spektroskopie durchführen. Außerdem kann man Schwingungen und Rotationen auch in Emission untersuchen. Das ist ja wegen der kleinen Übergangswahrscheinlichkeiten für spontane Emission bei reinen Rotations- und Schwingungsspektren im Mikrowellengebiet oder im Infraroten im allgemeinen kaum möglich.

Man verwendet Bandenspektren von Molekülen aber auch als *Lichtquellen*. So benutzt man als kontinuierliche Lichtquelle im Ultravioletten gerne die *Wasserstoff-Lampe*. In ihr werden Wasserstoff-Moleküle durch Stoß-Anregung in einer Gasentladung aus

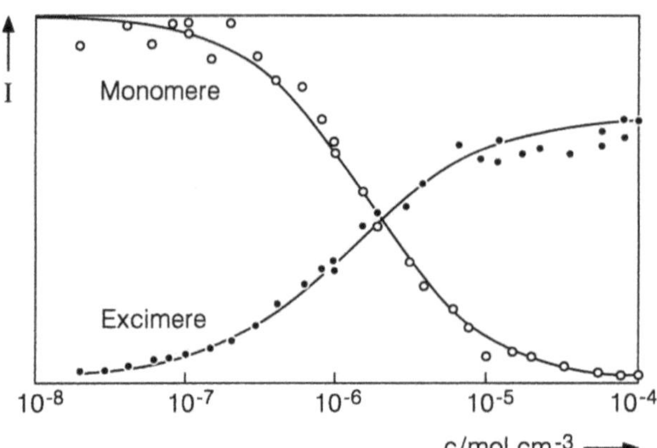

Abb. 14.17. Relative Intensität der Fluoreszenz von Pyren in Benzol-Lösung als Funktion der Konzentration c, nach Th. Förster und K. Kasper, Z. Elektrochemie **59**, 976, 1955. Mit zunehmender Konzentration nimmt die Wahrscheinlichkeit dafür zu, daß sich ein angeregtes und ein unangeregtes Molekül unter Bildung eines angeregten Dimers treffen. Im Pyren-Kristall sind die Moleküle paarweise eingebaut. Seine Fluoreszenz ist deshalb reine Excimer-Emission

dem Grundzustand ${}^1\Sigma_g^+$ in verschiedene Anregungszustände versetzt, auch in solche, deren Anregung durch Lichtabsorption aus dem Grundzustand verboten ist. Ein solcher ist der zweittiefste Triplett-Zustand ${}^3\Sigma_g^+$. Von dort ist strahlende Emission in den Grundzustand nicht erlaubt, wohl aber in den Zustand ${}^3\Sigma_u^+$. Dies ist ein nicht-bindender Zustand. Die Potentialkurve ist also keine Parabel mit Bindungs-Minimum, sondern eine kontinuierlich mit zunehmendem R nach kleinen Energiewerten abnehmende Kurve (siehe Abb. 14.16). Deshalb ergeben die Übergänge in diesen Zustand ein Kontinuum, wie es in Abb. 14.16 gezeigt ist.

Mehrere Anwendungen der elektronischen Bandenspektren von Molekülen zur Lichterzeugung gibt es beim Laser. Beim *N_2-Laser* benutzt man zur Erzeugung von Laser-Licht Übergänge aus dem Bandenspektrum von N_2-Molekülen. Bei den *Excimer-Lasern* macht man von der bereits in Abschn. 13.3 erwähnten Tatsache Gebrauch, daß es Moleküle gibt, die zwar einen bindenden elektronischen Anregungszustand, jedoch einen nichtbindenden Grundzustand besitzen, das heißt einen Grundzustand, in dem keine Schwingungen möglich sind. Übergänge aus einem solchen metastabilen angeregten Dimerzustand in den Grundzustand liegen dann nicht bei diskreten Frequenzen, sondern sie können kontinuierlich erfolgen. Solche Moleküle nennt man Excimere (excited dimer), wenn es sich um Dimere aus 2 Molekülen (MM)* oder Atomen (AA)* handelt. Beispiele für letzteres sind Edelgas-Fluoride, die als aktives Material in Excimer-Lasern verwendet werden. So erhält man eine „kontinuierliche" Emission über einen gewissen Wellenlängenbereich und damit die Möglichkeit, einen Laser mit variabel abstimmbarer Wellenlänge zu bauen.

Excimere sind als aktive Substanz in Lasern auch deshalb interessant, weil der emittierende Zustand als Zustand eines Dimers ein anderer ist als der absorbierende Monomer-Zustand. Die Emission ist deshalb nach geringeren Quantenenergien verschoben, und die für den Laserbetrieb nötige Besetzungs-Inversion ist leichter zu erzeugen. – Im Bereich der organischen Moleküle wurden Excimere zuerst an Pyren in Lösung beobachtet. Abbildung 14.17 zeigt, wie mit zunehmender Konzentration der Pyren-Moleküle in der Lösung die blaue Emission der Monomeren ab- und die grüne Excimer-Fluoreszenz zunimmt, weil sich Molekülkomplexe entsprechend $M + M^* \rightarrow (MM)^*$ bilden. Das letzte Beispiel leitet schon über zum nächsten Abschnitt, in dem große Moleküle besprochen werden.

14.6 Elektronische Spektren größerer Moleküle

Die für kleine, besonders zweiatomige Moleküle gewonnenen Erkenntnisse über ihre Spektren und die daraus ableitbaren Einsichten in Struktur und Bindungsverhältnisse lassen sich prinzipiell auch auf größere Moleküle, die aus mehr Atomen aufgebaut sind, erweitern. Nur wird es dort wesentlich schwieriger, zu einem auch nur einigermaßen vollständigen Bild zu kommen, weil die Anregungsmöglichkeiten, die Schwingungen und Rotationen, die Möglichkeiten für Umordnungen und Dissoziation innerhalb der Moleküle und allgemein die möglichen Energie- und Bindungszustände der Elektronen mit zunehmender Größe und Kompliziertheit der Moleküle stark zunehmen. Bei den meisten mehratomigen Molekülen ist deshalb eine vollständige Kenntnis aller molekularen Daten nicht möglich. Man muß sich mit dem Verständnis wichtiger Teilaspekte der Spektren und der Bindungsverhältnisse und der Untersuchung der Elektronen in gewissen chemischen Bindungen zufriedengeben. Im folgenden soll deshalb nur versucht werden, einen Überblick über einige besonders wichtige und charakteristische Erkenntnisse über große Moleküle zu geben, besonders aus dem fast unendlich großen Bereich der organischen Verbindungen.

Wichtigstes gemeinsames Charakteristikum der Elektronenterme mehratomiger Moleküle ist die Tatsache, daß die Anregung ganz verschiedener Elektronen im Molekül möglich ist. Dabei kann man drei charakteristische Grenzfälle von Anregungsmöglichkeiten unterscheiden:

- Absorption durch am Zusammenhalt des Moleküls nicht beteiligte nicht-bindende Elektronen, die zu einer *lokalisierten* Gruppe im Molekül gehören, einer sogenannten chromophoren Gruppe
- Lichtabsorption durch *bindende* Elektronen, bei denen die Anregung zu einer Dissoziation des Moleküls führen kann
- Absorption durch nicht-bindende, aber stärker über das ganze Molekül oder größere Molekülteile *delokalisierte* Elektronen

Zunächst einmal gibt es die Absorption durch nicht-bindende, also nicht für den Zusammenhalt des Moleküls entscheidend wichtige Gruppen im Molekül, die an einen mehr oder weniger großen Molekülkomplex angehängt oder dort eingebaut sind. Man spricht von *chromophoren* (griechisch: Farb-Träger) *Gruppen* mit lokalisierten, also sich nur über wenige Kerne erstreckenden Elektronenorbitalen, wenn diese Gruppen eine charakteristische Lichtabsorption aufweisen, die durch den Rest des Moleküls nur vergleichsweise wenig geändert wird und dem Molekül zu einer charakteristischen Farbe verhelfen kann.

Beispiele hierfür gibt es im Bereich der anorganischen Moleküle bei Komplexen von Übergangsmetallen wie Fe, Ti, Co, wo die Anregungsmöglichkeit von Atom-Elektronen auch im Molekül erhalten bleibt. Diese Atomelektronen-Spektren können allerdings in charakteristischer Weise verändert werden durch die anderen Elektronen des Moleküls mit ihren typischen Symmetrie-Eigenschaften. Bei Molekülen mit Atomen, deren Lichtabsorption durch Elektronen innerer Schalen, nicht durch Valenzelektronen, erfolgt wie bei den Salzen der seltenen Erden, beobachtet man elektronische Spektren, die man als durch chemische Bindung wenig gestörte Spektren dieser Atome oder Ionen verstehen kann.

Im Bereich der organischen Moleküle gibt es ebenfalls viele gruppenspezifische Absorptionsspektren von Chromophoren. So ist die Carbonyl-Gruppe C=O, zum Beispiel im Molekül

$$\begin{array}{c} CH_3-\underset{\underset{\displaystyle O}{\|}}{C}-CH_3\ , \end{array}$$

durch eine Absorption bei ungefähr 290 nm gekennzeichnet, weitgehend unabhängig davon, an welchen größeren Molekülkomplex die C=O-Gruppe angehängt ist. Dabei handelt es sich um eine Anregung eines Elektrons vom Sauerstoff in ein vorher leeres π-Orbital der Carbonylbindung. Man nennt eine solche Anregung einen ($\pi^* \leftarrow n$)-Übergang, das heißt einen Übergang von einem nicht-bindenden in ein π-Orbital. Eine C=C Doppelbindung läßt sich durch einen ($\pi^* \leftarrow \pi$)-Übergang (im Bereich um 180 nm) anregen. Das Symbol n steht für nichtbindend, π^* bedeutet ein angeregtes π-Orbital.

Weiter gibt es auch Lichtabsorption durch *bindende Elektronen*, die entscheidend am inneren Zusammenhalt der Moleküle beteiligt sind. Solche Anregungen können zur Dissoziation der Moleküle führen. Die Absorption gesättigter Kohlenwasserstoffe wie

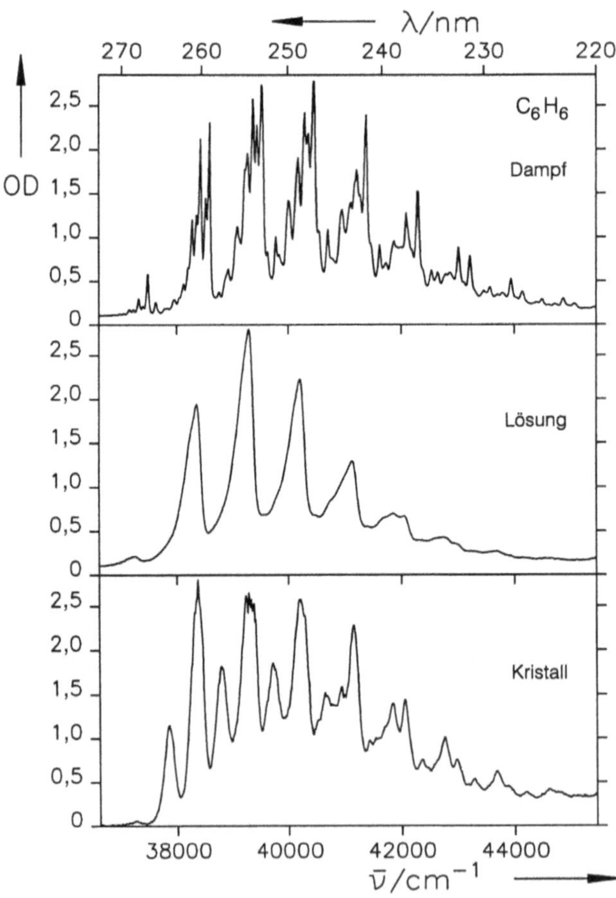

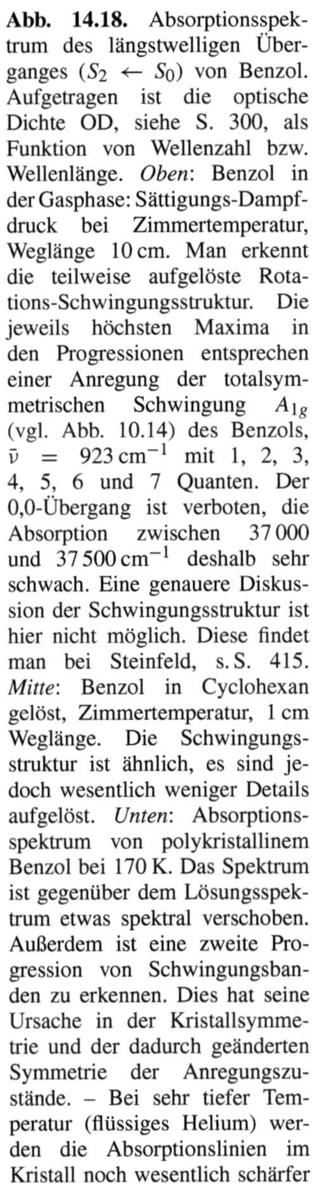
Abb. 14.18. Absorptionsspektrum des längstwelligen Überganges ($S_2 \leftarrow S_0$) von Benzol. Aufgetragen ist die optische Dichte OD, siehe S. 300, als Funktion von Wellenzahl bzw. Wellenlänge. *Oben*: Benzol in der Gasphase: Sättigungs-Dampfdruck bei Zimmertemperatur, Weglänge 10 cm. Man erkennt die teilweise aufgelöste Rotations-Schwingungsstruktur. Die jeweils höchsten Maxima in den Progressionen entsprechen einer Anregung der totalsymmetrischen Schwingung A_{1g} (vgl. Abb. 10.14) des Benzols, $\bar{\nu} = 923\,\mathrm{cm}^{-1}$ mit 1, 2, 3, 4, 5, 6 und 7 Quanten. Der 0,0-Übergang ist verboten, die Absorption zwischen 37 000 und 37 500 cm^{-1} deshalb sehr schwach. Eine genauere Diskussion der Schwingungsstruktur ist hier nicht möglich. Diese findet man bei Steinfeld, s. S. 415. *Mitte*: Benzol in Cyclohexan gelöst, Zimmertemperatur, 1 cm Weglänge. Die Schwingungsstruktur ist ähnlich, es sind jedoch wesentlich weniger Details aufgelöst. *Unten*: Absorptionsspektrum von polykristallinem Benzol bei 170 K. Das Spektrum ist gegenüber dem Lösungsspektrum etwas spektral verschoben. Außerdem ist eine zweite Progression von Schwingungsbanden zu erkennen. Dies hat seine Ursache in der Kristallsymmetrie und der dadurch geänderten Symmetrie der Anregungszustände. – Bei sehr tiefer Temperatur (flüssiges Helium) werden die Absorptionslinien im Kristall noch wesentlich schärfer

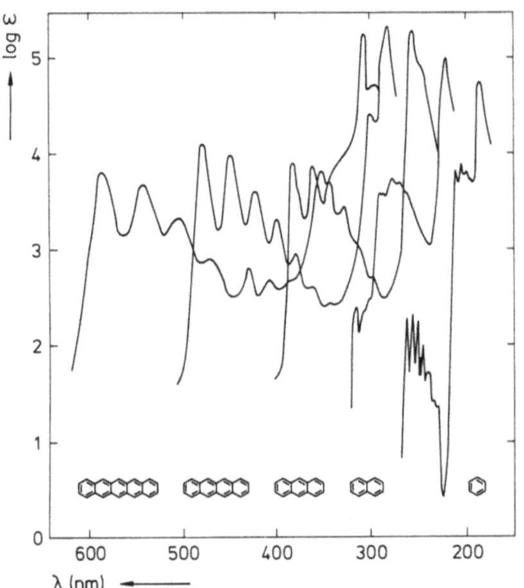

Abb. 14.19.

Molekül		Absorption
Benzol		2550 Å
Naphthalin		3150 Å
Anthracen		3800 Å
Tetracen		4800 Å
Pentacen		5800 Å

Abb. 14.20.

Abb. 14.19. Absorptionsspektren der in Abb. 14.20 gezeigten aromatischen Ringmoleküle im sichtbaren und ultravioletten Spektralbereich, in Lösung. Man erkennt die kontinuierliche Verschiebung der Spektren nach kleineren Quantenenergien, also größeren Wellenlängen, mit zunehmender Molekülgröße

Abb. 14.20. Aromatische Moleküle, sogenannte Polyacene, deren Absorptionsspektren in Abb. 14.19 gezeigt sind, mit dem Wellenlängenbereich der jeweils längstwelligen Absorption

Methan oder Ethan mit σ-Bindungen erfolgt in σ^*-Orbitale, es handelt sich also um $(\sigma^* \leftarrow \sigma)$-Übergänge. Man benötigt dazu relativ viel Energie. Die Absorption liegt typischerweise im kurzwelligen Ultraviolett bei etwa 120 nm.

Besonders interessant ist schließlich die Absorption durch Elektronen in *nichtlokalisierten Orbitalen*, die aber *nicht* für den Zusammenhalt des Moleküls maßgeblich sind.

Hier ist ein bekanntes und wichtiges Beispiel das Benzol, vergleiche hierzu auch Kap. 5. Beim Benzol läßt sich nicht mehr jedes Elektronenpaar eindeutig einer bestimmten Bindung zwischen zwei Atomen zuordnen. Da im Benzolring jedes C-Atom ein H-Atom bindet, bleiben 3 Elektronen pro C-Atom für weitere Bindungen übrig. Zwei davon bilden als sp^2-Hybride mit den jeweils benachbarten C-Atomen lokalisierte sogenannte σ-Bindungen. Hybridisierung bedeutet, daß mit der chemischen Bindung eine Umordnung der Elektronen des Kohlenstoffs von $2s^2 2p^2$ zu $2s2p^3$ verbunden ist. Der dazu nötige Energieaufwand von 4,2 eV wird bei der chemischen Bindung wieder gewonnen. Die dann im Benzol noch übrigen insgesamt 6 Valenzelektronen der 6 C-Atome könnten 3 lokalisierte Doppelbindungen herstellen. Aus dem empirischen Befund, daß im Benzol alle sechs Bindungen zwischen den C-Atomen gleichwertig sind, wurde die Erkenntnis abgeleitet, daß diese Elektronen als $2p_z$-Elektronen sogenannte π-Bindungen eingehen, d. h. Bindungen, bei denen die Elektronen mit einem Knoten der Aufenthaltswahrscheinlichkeit in der Molekülebene über das ganze Molekül delokalisiert sind. π-Bindungen sind weniger stark als die σ-Bindungen und werden schon mit geringerer Quantenenergie angeregt als σ-Bindungen. Als $(\pi^* \leftarrow \pi)$-Übergänge bezeichnet man solche Anregungen, bei denen ein π-Elektron durch Licht in ein π^*-Orbital angehoben wird. Sie sind die tiefsten elektronischen Anregungen aromatischer Moleküle. Solche Übergänge zeigen eine ausgeprägte Schwingungsstruktur, weil die Anregung zwischen

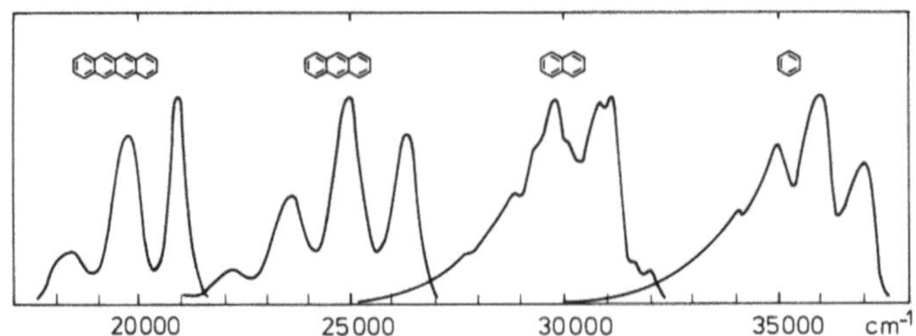

Abb. 14.21. Fluoreszenzspektren einiger Polyacene (in Lösung bei Zimmertemperatur). Die Spektren sind in der ersten Näherung spiegelbildlich zum jeweils längstwelligen Teil der Absorptionsspektren in Abb. 14.19

gebundenen Zuständen des Moleküls erfolgt, bei der die Bindung als solche und damit die Möglichkeit der Schwingung erhalten bleibt.

Die Absorptionsspektren des Benzols (Abb. 14.18) weisen deshalb in verschiedenen elektronischen Anregungsstufen eine für das Molekül charakteristische Schwingungsstruktur auf. Diese bleibt auch erhalten, wenn das Molekül nicht in der Gasphase, sondern in Lösung oder im Festkörper angeregt wird. Allerdings werden die Spektrallinien in kondensierter Phase verbreitert. Insbesondere ist auch keine Rotationsstruktur mehr vorhanden, da die gesamte Rotationsstruktur, sofern die Moleküle noch rotieren können, in der Linien- bzw. Bandenbreite verschmiert oder verborgen ist. In Abb. 14.18 ist der langwelligste Absorptionsbereich des Benzols im festen Zustand (Kristall) mit

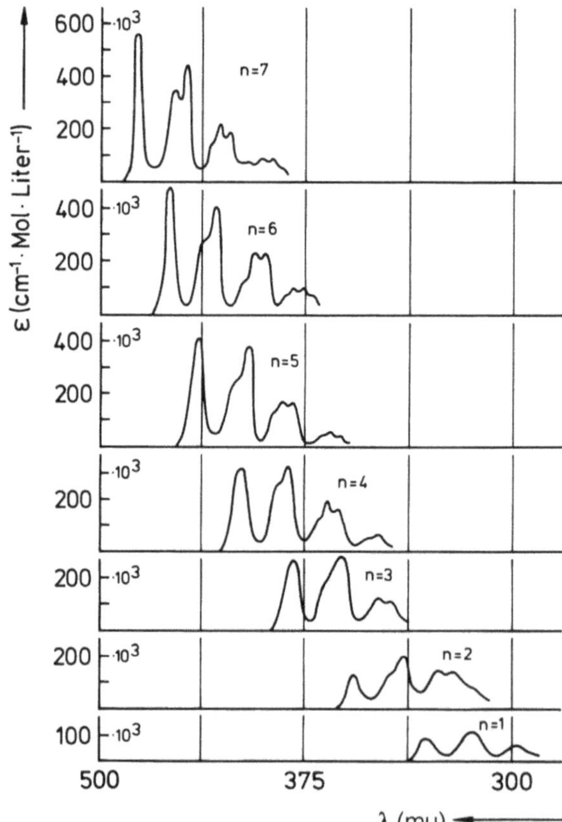

Abb. 14.22. Absorptionsspektren (langwelliger Teil, tiefster elektronischer Übergang), von linearen Diphenyl-Polyenen, $C_6H_5-(CH=CH)_n-C_6H_5$ in Lösung bei $-196\,°C$, mit $n = 1$ bis 7. Die Absorption gehört zur Polyen-Kette $-(CH=CH)_n$ und kann in guter erster Näherung mit dem Modell des frei längs der Kette beweglichen Elektronengases verstanden werden. (Nach K.W. Hausser, R. Kühn, A. Smakula, Z. phys. Chem. **B29**, 371 (1935))

dem gleichen Spektrum in Lösung und in der Gasphase verglichen – beides allerdings mit schlechter spektraler Auflösung gemessen. Die Ähnlichkeit der Spektren ist offensichtlich.

In Abb. 14.19 sind zum Vergleich auch noch die Absorptionsspektren der in Abb. 14.20 gezeigten größeren *Aromaten-Moleküle* wie Naphthalin, Anthracen, Tetracen gezeigt. Sie verschieben sich mit zunehmender Ausdehnung des π-Elektronensystems, das heißt mit zunehmender Größe des aromatischen Ringes, nach längeren Wellenlängen. Das gleiche gilt für die Emissionsspektren (Abb. 14.21), die spiegelbildlich zum längstwelligen Absorptionsübergang sind. Anhand der Abb. 14.19 soll hier noch darauf hingewiesen werden, daß auch die Übergangs-Wahrscheinlichkeiten für verschiedene elektronische Übergänge unterschiedlich groß, das heißt die mit der Absorptionskonstante ε gemessenen Absorptionsstärken für das gleiche Molekül in verschiedenen Spektralbereichen unterschiedlich groß sind. Darauf soll hier nicht näher eingegangen werden.

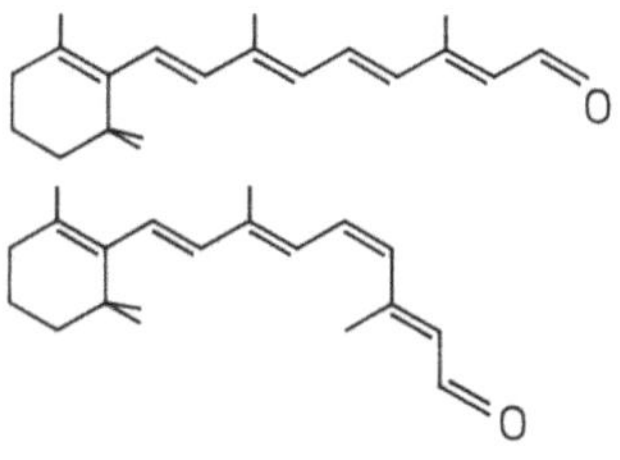

Abb. 14.23. Das Retinal-Molekül kann durch Lichtabsorption von der all-trans-Konfiguration (*oben*) in cis-Retinal (*unten*) übergehen. Dies ist der erste Schritt des Sehvorganges im Auge. Zur Vereinfachung sind CH_3-Gruppen durch *Striche* gekennzeichnet, die H-Atome am konjugierten System sind nicht eingezeichnet

Der Benzolring ist ein besonders gut bekanntes und untersuchtes Beispiel für die im Bereich der organischen Chemie wichtige und häufige konjugierte Doppelbindung. Hier sind aufeinanderfolgende C-Atome in einem Ring oder in einer Kette abwechselnd durch Einfach- und Doppelbindungen verknüpft, wobei Resonanz zwischen diesen Bindungen besteht, so daß die Doppelbindungen im Effekt delokalisiert sind. Eine isolierte, also nicht konjugierte C=C-Doppelbindung absorbiert Licht im Ultravioletten bei ca. 7 eV. Doppelbindungen in konjugierten Ketten absorbieren bei längeren Wellenlängen.

Wichtige Vertreter dieser Gruppe von Molekülen, mit mehr oder weniger delokalisierten Molekülorbitalen, die man auch „konjugiert" nennt, sind in der organischen Chemie die *linearen Polyene*. Das sind lineare Systeme von n konjugierten Doppelbindungen $-$C=C$-$C=, und zwei abschließenden Endgruppen. Abbildung 14.22 zeigt die Absorptionsspektren der Polyene mit $n = 1$ bis 7 und zwei Phenyl-Gruppen an den Enden. Man erkennt die stetige Verschiebung der Absorption nach langen Wellenlängen mit zunehmender Konjugationszahl n. Dies kann man mit dem Modell des frei längs der Kette beweglichen Elektrons erklären, wie wir gleich zeigen werden.

Ein prominenter Vertreter dieser Klasse von Verbindungen ist das *Retinal*, Abb. 14.23. Dieser Farbstoff, an ein bestimmtes Protein gebunden, bildet das Rhodopsin, das für den Elementarprozeß des Seh-Vorganges im Auge verantwortlich ist. Während Retinal in Lösung bei 380 nm absorbiert, ist das Absorptionsspektrum des am Protein gebundenen Retinals nach längeren Wellenlängen mit Maximum bei 500 nm verschoben. Das Absorptionsspektrum erstreckt sich über den gesamten sichtbaren Spektralbereich. Absorption des Photons im Auge durch das Retinal (als ($\pi^* \leftarrow \pi$) oder ($\pi^* \leftarrow n$)-Übergang) führt zu einer Isomerisierung des Moleküls von der cis- in die all-trans-Konfiguration (siehe Abb. 14.23). Diese Isomerisierung führt letztlich zu dem Nervenpuls, der als Sehvorgang empfunden wird. Mehr dazu in Abschn. 20.4.

Ein anderes Molekül aus der Gruppe der Polyene, das große Bedeutung in der Biologie hat, ist das *β-Carotin*, Abb. 14.24, mit 11 konjugierten Doppelbindungen, von dem die Karotten ihre Farbe haben. Dieses und ähnliche Moleküle, die Carotinoide, spielen beispielsweise bei der Photosynthese, das heißt bei der Umsetzung von Sonnenenergie in Biomasse, eine wichtige Rolle.

Die elektronischen Anregungszustände der Polyene und ähnlich strukturierter Moleküle können in einer anschaulichen ersten Näherung mit dem Modell von Elektronen im Kasten oder im eindimensionalen Potentialtopf verstanden werden, siehe dazu auch

Kap. 9 in I. – Für die Energieeigenwerte eines Elektrons (Masse m_0) im eindimensionalen Potentialtopf der Länge a gilt, wie in I, Abschn. 9.1, Gl. (9.14) gezeigt

$$E_n = \frac{n^2 h^2}{8 m_0 a^2}\,, \qquad \text{mit} \qquad n = 1, 2, 3 \ldots . \tag{14.22}$$

Wenn wir ein solches Potential-Schema mit den 22 Elektronen aus der konjugierten Kette des β-Carotins mit den 11 Doppelbindungen besetzen und berücksichtigen, daß in jedes Niveau n nur zwei Elektronen (mit entgegengesetztem Spin) passen, dann sind die Niveaus $n = 1$ bis $n = 11$ im Grundzustand besetzt. Die beobachtete längstwellige Absorption des Moleküls bei 450 nm würde dann einem Übergang von $n = 11$ nach $n = 12$, das heißt in den tiefsten nicht besetzten Zustand entsprechen. Dies bedeutet einen Energieunterschied von

$$\Delta E = (E_{12} - E_{11}) = \left(12^2 - 11^2\right) \frac{h^2}{8 m_0 a^2}\,. \tag{14.23}$$

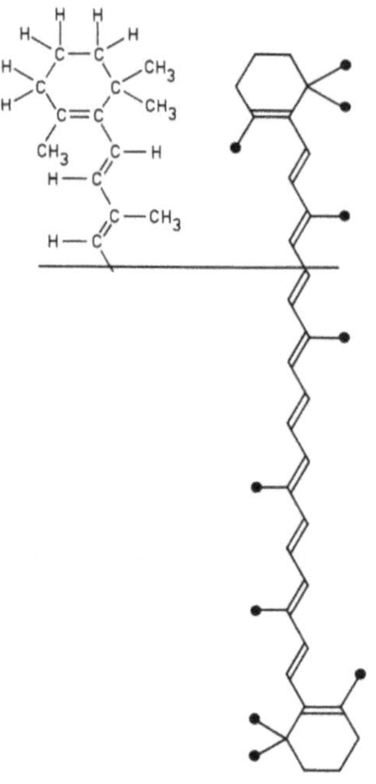

Abb. 14.24. Struktur des Carotin-Moleküls. Im *linken Teilbild* ist angedeutet, wie die Molekül struktur mit C- und H-Atomen sowie CH_3-Gruppen vollständig aussieht. In der *Struktur-Skizze* des Moleküls werden diese Symbole zur Vereinfachung weggelassen

Mit der beobachteten Absorption bei $\Delta E = 450$ nm errechnet man daraus als Länge des Potentialtopfs, also als Länge der konjugierten Kette, $a = 17{,}7$ Å. Dies ist die richtige Größenordnung für die mit anderen Methoden genauer meßbare Moleküllänge. Diese Übereinstimmung weist darauf hin, daß das Modell des über die ganze Länge delokalisierten Elektrons eine gute Näherung darstellt.

Die Delokalisation oder freie Beweglichkeit der π-Elektronen längs konjugierter Doppelbindungen ist mit der metallischen Leitfähigkeit in festen Stoffen verwandt. Sie führt zu großer und stark anisotroper elektrischer Polarisierbarkeit der Moleküle, ferner auch zu stark anisotropem Diamagnetismus. Die den Diamagnetismus charakterisierenden Induktionsströme bei Anlegen eines magnetischen Feldes sind beispielsweise in der Ebene eines aromatischen Moleküls sehr viel stärker als senkrecht dazu. Dementsprechend ist die diamagnetische Suszeptibilität aromatischer Moleküle für ein Magnetfeld senkrecht zur Ringebene mindestens dreimal so groß wie in der Ringebene, vergleiche dazu Abschn. 3.7.

Wir können hier nicht auf die vielerlei Spektren und Anregungszustände im einzelnen eingehen, die es bei großen Molekülen gibt. Wichtig und besonders auch für den Physiker interessant ist noch die Gruppe der als Ladungsübertragungs-, Donator-Akzeptor- oder Charge-Transfer-Übergänge bezeichneten Anregungen. Dabei wird durch Lichtanregung ein Elektron ganz oder teilweise (im Sinne der Quantenmechanik) von einem Teil des Moleküls auf einen anderen übertragen. Dadurch ändert sich die gesamte Ladungsverteilung im Molekül, sein Dipolmoment und damit im allgemeinen auch seine Struktur und seine Ankopplung an die Umgebung. Die Spektren sind wenigstens in kondensierter Phase häufig sehr breit und unstrukturiert wegen dieser Kopplung. Aus dem Bereich der anorganischen Moleküle sei als Beispiel das bekannte tief violette MnO_4^--Ion (die Permanganat-Gruppe) mit Absorption zwischen 430 nm und 700 nm genannt. Hier erfolgt der Übergang eines Elektrons zwischen den Liganden, das heißt den das Mn-Ion umgebenden O-Atomen und den inneren d-Orbitalen des Zentralatoms. Beispiele aus dem Bereich der organischen Chemie sind die Komplexe zwischen Aromaten wie Anthracen und dem als Elektronen-Akzeptor dienenden Molekül Tetracyano-Benzol. Dies ist ein Benzol-Molekül, bei dem vier der sechs H-Atome durch CN-Gruppen ersetzt sind.

Aufgaben

14.1 a) Wieviele Schwingungsniveaus gibt es unterhalb der Dissoziationsgrenze des elektronischen Grundzustands ($^3\Pi_u$) und des angeregten Zustands ($^3\Pi_g$) im C_2-Molekül? Berechnen Sie daraus die *Dissoziationsenergien.*

Hinweis: Die Schwingungskonstanten $\bar{\nu}_e$ und die Anharmonizitätskonstanten x_e des Moleküls in den beiden Zuständen sind

	$\bar{\nu}_e$	x_e
Grundzustand	$1641{,}4\,\mathrm{cm}^{-1}$	0,00711
angeregeter Zustand	$1788{,}2\,\mathrm{cm}^{-1}$	0,00919

b) Der 0-0-Übergang der Absorption vom Grundzustand in den angeregten Zustand liegt bei $19\,378\,\mathrm{cm}^{-1}$, die Konvergenzstelle des Grenzkontinuums bei $39\,231\,\mathrm{cm}^{-1}$. Als Dissoziationsprodukte findet man ein C-Atom im Grundzustand und eines im angeregten Zustand mit einer Anregungsenergie von $10\,308\,\mathrm{cm}^{-1}$. Wie groß sind die Dissoziationsenergien der beiden Zustände? Die Ergebnisse in (a) und (b) sind nicht identisch; welchen Wert halten Sie für den genaueren?

14.2 Im *Birge-Sponer-Diagramm* trägt man die energetischen Abstände ΔE benachbarter Schwingungsniveaus v und $v+1$ über der Quantenzahl v auf und extrapoliert nach $\Delta E = 0$, um die Konvergenzstelle des Grenzkontinuums zu finden. Wenden Sie dieses Verfahren an, um aus den folgenden Daten die Dissoziationsenergie des Moleküls I_2 zu bestimmen:

v	0	5	10	30	50	70	75	80
ΔE [cm^{-1}]	213,3	207,2	200,7	172,1	134,7	82,3	67,0	52,3

14.3 a) Ein wichtiger Übergang im O_2-Molekül erzeugt die sogenannte *Schumann-Runge-Bande* im UV-Spektrum des Sauerstoffs. Die Wellenzahlen der Übergänge vom Grundzustand in die Schwingungsniveaus des elektronisch angeregten Zustands $^3\Sigma_u^-$ lauten in cm^{-1}:

50 062,6; 50 725,4; 51 369,0; 51 988,6; 52 579,0; 53 143,4; 53 679,6; 54 177,0; 54 641,8; 55 078,2; 55 460,0; 55 803,1; 56 107,3; 56 360,3; 56 570,6.

Ermitteln Sie mit Hilfe eines Birge-Sponer-Plots (vgl. Aufgabe 14.2) die Dissoziationsenergie des angeregten elektronischen Zustands.

b) Der angeregte elektronische Zustand dissoziiert in ein O-Atom im Grundzustand und ein O-Atom im angeregten Zustand, dessen Anregungsenergie aus dem atomaren

Absorptionsspektrum zu 15 875 cm^{-1} bestimmt wird. (Dieses energiereiche Sauerstoffatom ist unter anderem für die Ozonbildung in der Atmosphäre verantwortlich.) Dagegen entstehen bei der Dissoziation aus dem Grundzustand zwei Atome im Grundzustand. Berechnen Sie mit Hilfe dieser Angaben die Dissoziationsenergie des Grundzustands von Sauerstoff.

14.4 Die Schwingungsfrequenz des Kohlenmonoxids CO im Grundzustand beobachtet man im Infrarotspektrum bei 2140 cm^{-1}. Das *Bandensystem* des ersten starken elektronischen Übergangs erscheint im Absorptionsspektrum bei Zimmertemperatur bei 155 nm und weist eine Schwingungsprogression mit einem Bandenabstand von 1480 cm^{-1} auf. Jede Schwingungsbande besteht aus Rot-abschattierten P-, Q- und R-Zweigen, aus deren Analyse man die Rotationskonstanten $B' = 1{,}61\,cm^{-1}$ im angeregten und $B'' = 1{,}93\,cm^{-1}$ im Grundzustand gewinnt. Die Bandenursprünge der drei Zweige sind $P(2)$, $Q(1)$ und $R(0)$.

a) Welche Informationen über die beiden beteiligten elektronischen Zustände können Sie den gegebenen Daten entnehmen?

b) Ermitteln Sie mit Hilfe des Franck-Condon-Prinzips die stärksten vibronischen Übergänge des Spektrums, indem Sie die beiden Potentialkurven maßstabsgetreu skizzieren; verwenden Sie dazu das harmonische Oszillator-Potential $U(R) = \frac{1}{2}k(R - R_e)^2$.

c) Welche Elektronenkonfigurationen gehören zu den Termen der beiden Zustände?

14.5 Warum sind die Absorptionsspektren *mehratomiger Moleküle* bei $\lambda < 200$ nm oftmals kontinuierlich oder diffus?

14.6 In einem linearen Polyen befindet sich ein Elektron in einem *delokalisierten Molekülorbital*, das sich über 10 Å erstreckt. Wie groß ist die minimale Anregungsenergie des Elektrons aus dem Grundzustand? Mit welcher Wahrscheinlichkeit hält sich das Elektron im Bereich zwischen 0 und 2 Å vom äußeren Ende des konjugierten Systems auf?

15. Weiteres zur Methodik der Molekülspektroskopie

In der Molekülspektroskopie untersucht man Energieniveaus von Molekülen, die durch Absorption, durch strahlungslose Prozesse, oder durch Emission von Licht miteinander verbunden sind (Abschn. 15.1 bis 15.3). Die Technik der Spektroskopie mit Lasern am Molekularstrahl aus kalten Molekülen (Ultraschalldüse) hat der Molekülspektroskopie entscheidende Fortschritte gebracht (Abschn. 15.4). Man kann damit auch kurzlebige und schwach gebundene Komplexe und Cluster untersuchen. Die neue Modifikation des Kohlenstoffs, die Fullerene, wurden damit entdeckt (Abschn. 15.4). Wichtiges experimentelles Hilfsmittel ist der durchstimmbare Farbstoff-Laser (Abschn. 15.5). Mit einer Kombination dieser modernen Hilfsmittel gelingt in der Zweiphotonen-Absorptions- oder Anregungsspektroskopie sogar eine Auflösung der Rotationsstruktur in vibronischen Banden größerer Moleküle (Abschn. 15.6). Mit modernen Puls-Lasern lassen sich dynamische Prozesse in und an Molekülen bis in den Bereich der Femtosekunden ausmessen (Abschn. 15.7).

Eine andere experimentelle Technik, die in rascher Entwicklung begriffen ist, ist die Photoelektronenspektroskopie. Mit dieser in Abschn. 15.8 behandelten Methode ist auch eine Spektroskopie innerer Elektronen möglich. Als ZEKE-Spektroskopie gelingt damit sogar auch die Auflösung von Rotationslinien im Spektrum von Molekül-Ionen (Abschn. 15.9).

15.1 Absorption von Licht

Außer der Energiedifferenz zwischen zwei Zuständen eines Moleküls, die durch Spektrallinien miteinander verbunden sind, ist auch die Wahrscheinlichkeit, mit der ein solcher Übergang erfolgt, eine wichtige Meßgröße. Anders als bei Atomen, wo man weithin nur von „erlaubten" und „verbotenen" Übergängen spricht, gibt es bei Molekülen alle Zwischenstufen zwischen stark erlaubten und stark verbotenen Übergängen. Die Übergangswahrscheinlichkeiten werden durch die elektronische Struktur von Ausgangs- und Endzustand bestimmt. Mit der quantentheoretischen Herleitung der Übergangswahrscheinlichkeiten werden wir uns ausführlich im folgenden Kap. 16 befassen. Experimentell kann man diese aus der Stärke der Absorption oder aus der Lebensdauer und Quantenausbeute der Emission als Fluoreszenz oder Phosphoreszenz bestimmen.

Für die *Lichtabsorption* von Molekülen, die sich in der Konzentration C in einer homogenen Probe der Dicke x befinden, gilt das Lambert-Beersche-Gesetz

$$I = I_0 \, \mathrm{e}^{-\alpha C x} \; . \tag{15.1}$$

(Hier bezeichnen wir die Konzentration mit C, um eine Verwechslung mit der Lichtgeschwindigkeit c zu vermeiden.) Dabei bedeuten I_0 die einfallende, I die von der Probe durchgelassene Intensität, und α den so definierten und für die betroffenen Moleküle charakteristischen Absorptionskoeffizienten. Dieses Gesetz haben wir bereits in allgemeiner Form bei der Definition des Wirkungsquerschnitts in I, Abschn. 2.4.2 kennengelernt und abgeleitet. Es beschreibt den Wirkungsquerschnitt für die Absorption von Licht durch Moleküle. Die Molekül-spezifische Größe ε, der molare Absorptionskoeffizient, ist durch die Gl. (15.2) definiert:

$$\log\left(\frac{I_0}{I}\right) = \varepsilon C x \, . \tag{15.2}$$

ε hängt also mit α zusammen durch die Beziehung $\varepsilon = \alpha/\ln 10 = \alpha/2{,}303$. Die Dimension von ε ist 1/(Konzentration·Länge) oder üblicherweise $\mathrm{M}^{-1}\ \mathrm{cm}^{-1}$. M ist die Abkürzung für mol dm^{-3}, 1 M bedeutet also 1 Mol einer Substanz in einem Liter Lösungsmittel. Man nennt ε deshalb auch den molaren dekadischen Absorptionskoeffizienten oder Extinktionskoeffizienten. Aus der Definition von M als Mol je Volumen ergibt sich auch eine andere Maßeinheit für ε, nämlich $\mathrm{cm}^2\ \mathrm{mol}^{-1}$ oder $\mathrm{cm}^2\ \mathrm{mmol}^{-1}$, mmol für 10^{-3} Mol. Es ist $1\ \mathrm{M}^{-1}\ \mathrm{cm}^{-1} \mathrel{\widehat{=}} 1\ \mathrm{cm}^2\ \mathrm{mmol}^{-1}$. Mit dieser Maßeinheit kommt besser zum Ausdruck, daß ε einen molaren Wirkungsquerschnitt für die Lichtabsorption mißt. Als „Optische Dichte" OD bezeichnet man das Produkt $\varepsilon C x$ und als „Durchlässigkeit" das Verhältnis $T = I/I_0$.

Der Extinktionskoeffizient ε ist für das absorbierende Molekül spezifisch und von der Frequenz des absorbierten Lichtes abhängig. Ein Übergang zwischen zwei elektronischen Zuständen eines Moleküls erstreckt sich, wie in Kap. 14 gezeigt, immer über eine ganze Anzahl von Schwingungs- und Rotationszuständen, die zu den durch den Übergang verbundenen Potentialkurven des Moleküls gehören, also über einen Frequenzbereich $\Delta\nu$. Die Gesamtintensität eines elektronischen Überganges mißt man deshalb durch das Integral

$$A = \int \varepsilon(\nu) d\nu \, , \quad [\mathrm{M}^{-1}\,\mathrm{cm}^{-1}\,\mathrm{s}^{-1}] \quad \text{oder} \quad [\mathrm{cm}^2\,\mathrm{mmol}^{-1}\,\mathrm{s}^{-1}] \, , \tag{15.3}$$

den integralen Absorptionskoeffizienten. Er hängt mit der (dimensionslosen) Oszillatorenstärke f zusammen nach

$$f = \frac{4 m_0 c \varepsilon_0}{N_\mathrm{A} e^2 n} \frac{\ln 10}{10} A \tag{15.4}$$

(m_0 die Masse, e die Ladung des Elektrons, n Brechungsindex des Mediums).

Einsetzen der Zahlenwerte ergibt

$$f = \frac{1{,}44 \cdot 10^{-19}}{n} A \tag{15.5}$$

wenn A in $\mathrm{cm}^2\ \mathrm{mmol}^{-1}\ \mathrm{s}^{-1}$ gemessen wird.

Sehr starke elektronische Übergänge haben $f \simeq 1$, und ε liegt zwischen 10^4 und 10^5 $[\mathrm{M}^{-1}\ \mathrm{cm}^{-1}]$. Die Oszillatorenstärke f hängt direkt mit den in Abschn. 16.3.6 definierten Übergangs-Matrixelementen Θ_{21}, das heißt mit den Wellenfunktionen von Ausgangs- und Endzustand, zusammen. Für einen elektrischen Dipolübergang zwischen zwei Zuständen 1 und 2 mit dem Übergangsdipolmoment

$$\Theta_{21} = \int \psi_2^* e \boldsymbol{r} \psi_1 dV \tag{15.6}$$

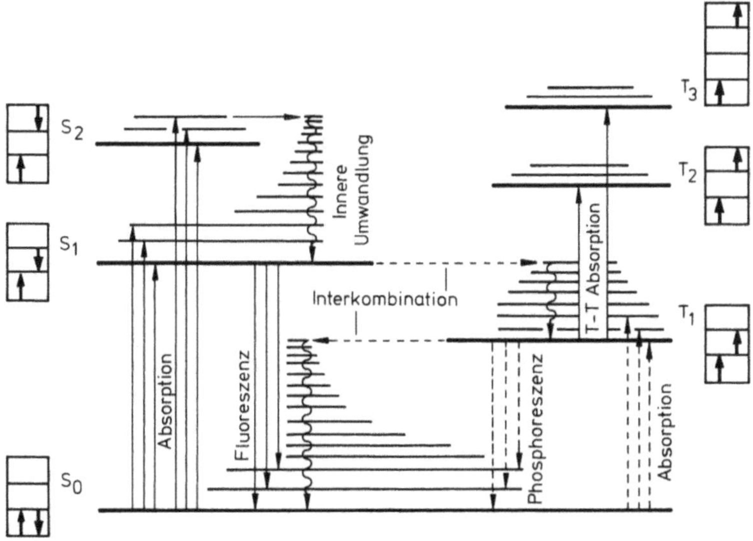

Abb. 15.1. Typisches Termschema eines Moleküls mit Singulett- und Triplett-System, Jablonski-Diagramm, zur Erläuterung der wichtigsten strahlenden und strahlungslosen Prozesse. Die Interkombination sowie der strahlende Übergang zwischen den beiden Systemen (Phosphoreszenz, Absorption) sind mehr oder weniger stark verboten. Innere Umwandlung, d. h. Vibrationsrelaxation, und Interkombination sind strahlungslose Prozesse

(ψ_1, ψ_2 Wellenfunktionen der Zustände, ***er*** Elektronenladung und Abstand der Ladungsschwerpunkte, V Volumen) gilt

$$f = \frac{8\pi^2}{3}\frac{m_0\nu_{21}}{he^2}|\Theta_{21}|^2 \,. \tag{15.7}$$

Die Oszillatorenstärke kann also bei Kenntnis der Wellenfunktionen berechnet werden. Sie ist im Spektrum auf eine mehr oder weniger große Zahl von vibronischen und rotatorischen Übergängen verteilt. Vergleiche hierzu Kap. 16, insbesondere Abschn. 16.3.6. Das Übergangsdipolmoment $\Theta_{21} \equiv \mu = e \cdot r$ ist ein Maß für die Ladungsverschiebung, die zu dem Elektronenübergang 2-1 gehört. Aus (15.7) folgt, in Einheiten Debye,

$$\Theta_{21} = 0{,}25249 \cdot 10^9 \sqrt{\frac{f}{\nu_{21}}}[D] \,.$$

Dabei ist ν_{21} die gemittelte Frequenz des Übergangs.

Aus (15.7) läßt sich leicht ausrechnen, daß für die Frequenz $\nu = 6 \cdot 10^{14}\,s^{-1}$ ($\lambda = 500\,\text{nm}$) die Oszillatorenstärke $f = 1$ mit einem Übergangs-Dipolmoment $\Theta = 3{,}4 \cdot 10^{-29}\,\text{Cm}$ erreicht wird. Dies entspricht einem Dipol aus 2 Elementarladungen im Abstand 2,1 Å.

Das Lambert-Beersche Gesetz ist im allgemeinen sehr gut erfüllt. Abweichungen sind möglich bei Wechselwirkungen der Moleküle untereinander, aber auch wenn durch sehr intensive Lichteinstrahlung das thermische Gleichgewicht gestört wird, oder wenn ein langlebiger Zustand besetzt wird und dadurch eine Verarmung des absorbierenden Grundzustandes während der Bestrahlung erfolgt.

Die von einem Molekül absorbierte Energie kann auf sehr verschiedene Weise wieder abgegeben werden. Wenn wir photochemische Prozesse, bei denen das Molekül geändert oder zerstört wird, zunächst einmal nicht berücksichtigen, dann kann die Energie strahlungslos, oder aber als Fluoreszenz oder Phosphoreszenz abgegeben werden. Wir werden die Begriffe Fluoreszenz und Phosphoreszenz weiter unten erläutern. Eine

Übersicht über die wichtigsten strahlenden und strahlungslosen Übergangs-Prozesse in Molekülen zeigt Abb. 15.1.

15.2 Strahlungslose Prozesse

Strahlungslose Prozesse sind besonders solche Prozesse, bei denen elektronische Anregungsenergie in Schwingungen, Rotationen und Translationen von Molekülen in der Umgebung ungewandelt wird. Solche Prozesse sind in kondensierter Phase, das heißt bei Molekülen in Flüssigkeiten und Festkörpern, sehr wichtig und zum Beispiel dafür verantwortlich, daß Moleküle unabhängig von der Wellenlänge, mit der man sie anregt, im allgemeinen nur aus dem tiefsten elektronischen Anregungszustand heraus Licht emittieren, und auch das nur dann mit hoher Ausbeute, wenn der Abstand zum Grundzustand groß genug ist – größer als ein Vielfaches der charakteristischen Schwingungsenergie-Quanten des Moleküls im elektronischen Grundzustand. Wenn das Molekül angeregt wurde, dann kann die Anregungsenergie durch den Prozeß der „*inneren Umwandlung*“ (siehe dazu auch Abb. 15.1 und 15.2) in kleinere Schwingungs- und Rotations-Quanten umgesetzt und an die Umgebung abgegeben werden. Nur durch Ausschluß einer Wechselwirkungs-Möglichkeit mit der Umgebung, wie es beispielsweise für isolierte Moleküle im Weltraum realisiert ist, läßt sich dieser strahlungslose Prozeß vermeiden. Ein anderer wichtiger strahlungsloser Prozeß ist die durch Spin-Bahn-Kopplung begünstigte Interkombination zwischen Singulett- und Triplett-System, ebenfalls in Abb. 15.2 gezeigt.

Auf dem Prozeß der inneren Umwandlung beruht auch die sogenannte Kasha-Regel. Sie besagt, daß ein Molekül in kondensierter Phase im allgemeinen nur aus dem tiefsten elektronischen Anregungszustand heraus emittiert. Dies ist der schwingungsfreie Zustand S_1 oder – bei hinreichend starker Interkombination durch Spin-Bahn-Kopplung – T_1.

Von der Tatsache, daß die Spektralverteilung im Fluoreszenzspektrum von Molekülen wegen der inneren Umwandlung meistens von der Anregungswellenlänge unabhängig ist, die Intensität der Fluoreszenz dagegen nicht, macht man bei der Methode der *Anregungsspektroskopie* Gebrauch. Hierbei mißt man die Intensität der Fluoreszenz-Emission in einem festen Wellenlängenbereich als Funktion der Wellenlänge bzw. Quantenenergie des anregenden Lichtes. Die Intensität der Fluoreszenz ist dann um so größer, je mehr Quanten absorbiert wurden. Auf diese Weise kann man Absorptionsspektren auch in solchen Fällen messen, wo eine Durchstrahlung der Probe nicht möglich ist,

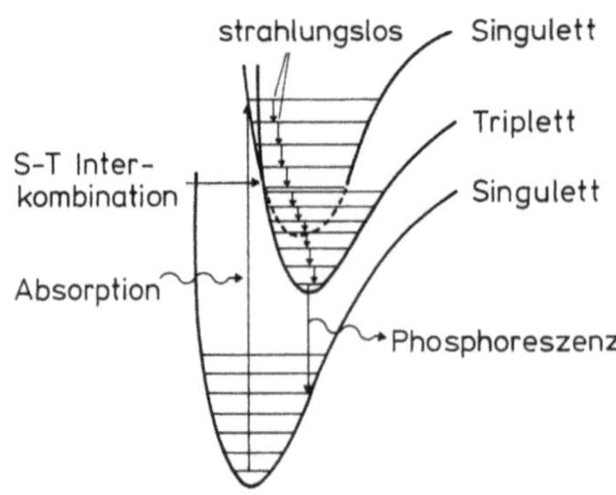

Abb. 15.2. Zur Erläuterung der strahlungslosen Prozesse. Eine Interkombination zwischen Singulett- und Triplett-System wird durch Spin-Bahn-Kopplung ermöglicht und findet deshalb um so leichter statt, je mehr Atome mit hoher Kernladungszahl zum Molekül gehören. Die Phosphoreszenz als strahlende Triplett-Singulett-Interkombination ist eine Emission mit großer Abklingdauer

also bei sehr starker Absorption. Allerdings ist eine quantitative Messung von Absorptionskoeffizienten in dieser Weise im allgemeinen nicht möglich, weil eine quantitative Beziehung zwischen absorbierten und emittierten Quanten nur dann leicht herzustellen ist, wenn Störeffekte wie Sättigung der Absorption und Reabsorption des Fluoreszenzlichtes ausgeschlossen sind.

Besondere Bedeutung hat die Anregungsspektroskopie als eine sehr empfindliche Methode zur Messung schwacher Absorptionen. In solchen Fällen muß man in der Absorptionsspektroskopie das Verhältnis zweier wenig voneinander verschiedener Werte messen, nämlich von einfallender und durchgelassener Intensität. Demgegenüber mißt man im Anregungsspektrum den emittierten Quantenstrom. Bei schwacher Absorption ist das mit erheblich höherer Genauigkeit möglich. Ein Beispiel für ein Anregungsspektrum folgt später, Abb. 21.8.

15.3 Emission von Licht

Als *Fluoreszenz* bezeichnet man strahlende Übergänge aus den vibronischen Niveaus (gewöhnlich dem niedersten) eines (gewöhnlich des ersten) elektronischen Anregungszustandes in die vibronischen Niveaus des Grundzustandes, siehe dazu auch Abb. 15.1 und Abschn. 14.1. Für diese Übergänge gilt ebenfalls wie für die Absorption das Franck-Condon-Prinzip, d. h., die Übergänge erfolgen bevorzugt zwischen Zuständen, die in Abb. 15.2 senkrecht übereinander liegen. Die Fluoreszenz erfolgt bei Quantenenergien, die kleiner oder höchstens gleich sind wie diejenigen der Absorption – dies wird unmittelbar aus Abb. 15.1 verständlich. Beiden Spektren, dem der Absorption und dem der Fluoreszenz, ist meistens, wenigstens bei hinreichend tiefen Temperaturen, nur die 0,0-Linie gemeinsam, d. h. der Übergang zwischen den Zuständen mit $v'' = 0$ und $v' = 0$. Relativ dazu erstrecken sich die Absorptions- und die Fluoreszenzspektren spiegelbildlich nach höheren und nach niedrigeren Frequenzen, siehe auch Abb. 14.8, 14.19 und 14.21. Wenn bei höherer Temperatur auch vibronische Niveaus des elektronischen Grundzustandes mit $v'' > 0$ thermisch besetzt sind, so daß aus ihnen heraus Absorption möglich ist, dann wird der Bereich der spektralen Überlagerung zwischen Absorption und Fluoreszenz größer.

Die *Abklingdauer* der Fluoreszenz nach einer Anregung durch einen kurzen Lichtpuls mißt die strahlende Lebensdauer des emittierenden Zustandes. Um sie zu messen, muß man die Fluoreszenz mit einem Lichtpuls anregen, der kurz ist gegen die Abklingdauer und diese aus der Zeit-Abhängigkeit der Emissionsintensität bestimmen. Für erlaubte Übergänge sind Zeiten im Bereich von Nanosekunden typisch. Die *Quantenausbeute* η ist definiert durch

$$\eta = \frac{\text{Zahl der emittierten Quanten}}{\text{Zahl der absorbierten Quanten}} \, . \tag{15.8}$$

Wenn es keine strahlungslosen Konkurrenz-Prozesse gibt, beträgt die Quantenausbeute 1. Solche Werte werden z. B. bei bekannten und häufig verwendeten Fluoreszenz-Farbstoffen wie Rhodamin oder Anthracen tatsächlich gemessen. Durch alle strahlungslosen Konkurrenz-Prozesse wird die Quantenausbeute verkleinert und die strahlende Lebensdauer verkürzt.

Neben der Fluoreszenz beobachtet man besonders bei organischen Molekülen häufig eine als *Phosphoreszenz* bezeichnete Emission mit sehr viel längerer Abklingdauer.

Hierunter versteht man in der Molekülphysik die Emission aus einem angeregten Triplett-Zustand, das heißt aus einem Zustand mit der Gesamt-Spinquantenzahl $S = 1$, während man früher – und so auch heute noch manchmal in der Festkörperphysik – mit Phosphoreszenz allgemein Lichtemission langer Abklingdauer bezeichnet. Die längere Abklingdauer ist eine Folge des Interkombinationsverbotes für einen Übergang vom angeregten Triplett- in den Singulett-Grundzustand, also des Verbotes von Spin-Umklappvorgängen bei optischen Übergängen. Die Triplett-Natur dieser Zustände wird durch Elektronen-Spinresonanz nachgewiesen, siehe dazu Kap. 18.

Wir diskutieren nun, wie es trotz des Übergangsverbotes zu strahlenden Übergängen zwischen den Termen T_1 und S_0 kommen kann. Die meisten Moleküle sind im Grundzustand diamagnetisch, weil alle Elektronen mit ihren Spins paarweise abgesättigt sind. Dies gilt auch für viele Anregungszustände, und die bisher besprochene Fluoreszenz entspricht deshalb Singulett-Singulett-Übergängen, das heißt Übergängen zwischen Zuständen mit $S = 0$. – Wie wir bereits in der Atomphysik gesehen haben, werden die verbotenen Singulett-Triplett-Übergänge, bei denen mit der Lichtanregung das Umklappen eines Elektronenspins verbunden ist, jedoch durch Spin-Bahn-Kopplung möglich. Das nennt man in der Atomphysik *Interkombination* oder in der Molekülphysik, wenn der Prozeß strahlungslos erfolgt, häufig *intersystem crossing*. Deshalb gibt es eine gewisse – meist sehr kleine – Wahrscheinlichkeit für die Anregung von Molekülen durch Licht aus dem Singulettzustand S_0 in den Triplett-Zustand T_1 oder umgekehrt für die Emission aus dem Triplett- in den Singulettzustand. Diese Wahrscheinlichkeit wird – wie wir es in der Atomphysik (siehe I. Abschn. 12.8) gelernt haben – durch die Gegenwart von Atomen mit hoher Kernladungszahl Z im Molekül oder in der Umgebung erhöht. In der Molekülphysik nennt man dies den innermolekularen oder – wenn auf Wechselwirkung mit der Umgebung beruhend – zwischenmolekularen *Schweratomeffekt*. Er ist dafür verantwortlich, daß beispielsweise das Molekül Dibrom-Naphthalin, also ein Naphthalin-Molekül, bei dem zwei Protonen durch Brom-Atome ersetzt sind, eine um mehrere Zehnerpotenzen stärkere $S_0 - T_1$ Absorption besitzt als das Naphthalin-Molekül ohne Brom-Substituenten. Dementsprechend ist auch die Lebensdauer des metastabilen T_1-Zustandes, soweit sie durch strahlende Desaktivierung begrenzt ist, im Br-substituierten Naphthalin-Molekül verkürzt.

Ein in einem höheren Triplett-Zustand angeregtes Molekül gibt nun wenn möglich seine vibronische und rotatorische Energie schnell strahlungslos an die Umgebung ab. Wenn es sich dann schließlich in seinem tiefsten elektronischen Triplett-Zustand T_1 befindet, kann es seine Energie nach Maßgabe der Spin-Bahn-Kopplung durch einen verbotenen, also langsamen strahlenden Übergang abgeben wie in Abb. 15.2 gezeigt. Der Triplett-Zustand ist also metastabil, die Lebensdauer und damit die Abklingdauer für die Phosphoreszenz-Emission kann Minuten betragen.

Eine weitere spektroskopische Meßgröße für die Untersuchung von Molekülen ist die Messung der *Polarisation* von Absorption, Fluoreszenz und Phosphoreszenz. Die Polarisation jedes Überganges zwischen zwei verschiedenen elektronischen Zuständen läßt sich ausrechnen, wenn man die Symmetrien der Zustände kennt. Sie läßt sich messen, wenn man die Moleküle räumlich fixiert oder wenn man mit polarisiertem Licht Relativmessungen zu Übergängen bekannter Polarisation ausführt. Ein Verlust des Polarisationsgrades zwischen Absorption und Emission – eine sogenannte *Depolarisation* – kann zum Beispiel durch eine Bewegung des Moleküls oder eines Molekülteils zwischen diesen beiden Prozessen verursacht werden. So kann man Polarisationsmessungen zum Studium molekularer Bewegungen verwenden.

15.4 Kalte Moleküle

Während in kondensierter Phase die Spektren von Molekülen aus relativ breiten inhomogenen Linien oder Banden mit nichtaufgelöster Rotationsstruktur bestehen und deshalb keine Ausmessung der feinen spektralen Eigenschaften von Molekülen erlauben, ist die Analyse der ungeheuer linienreichen Spektren von Molekülen in der Gasphase besonders bei etwas komplexeren Molekülen wegen der großen Linienzahl und der gegenseitigen Überlagerung zahlreicher Teilspektren aus vielen Rotations- und Schwingungszuständen fast unmöglich. Ein einfaches Abkühlen auf tiefe Temperaturen, um zu erreichen, daß die Anzahl besetzter rotatorischer und vibronischer Energieniveaus abnimmt, ist nur begrenzt möglich, weil die Untersuchungen ja in der Gasphase erfolgen müssen. Hier wurde im letzten Jahrzehnt ein erheblicher Fortschritt durch das Abkühlen von Molekülen im *Überschall-Strahl* erzielt.

Wenn man ein Gas von einem Bereich höheren Druckes (einige Atmosphären) durch eine geeignete Düse mit hoher Geschwindigkeit (Überschall) in das Vakuum expandieren läßt, erfolgt eine adiabatische Abkühlung mit Umsetzung thermischer Energie der Moleküle in kinetische Energie der Expansion. Dies ist in Abb. 15.3 ausführlich erläutert.

Im Düsenbereich erfolgt zwischen den Molekülen durch Stöße Austausch von Energie mit dem Ergebnis einer Abkühlung der Translationsenergie (d. h. der Breite der Geschwindigkeitsverteilung), der Rotations- und der Schwingungsenergie der Moleküle zugunsten der Geschwindigkeitskomponente in Strahlrichtung. Die Breite dieser Geschwindigkeitsverteilung (Abb. 15.3) ist ein Maß für die Temperatur.

Um ein molekulares Gas zur spektroskopischen Untersuchung abzukühlen, mischt man eine kleine Menge dieses Gases mit einer großen Menge eines einatomigen Trägergases, z. B. Helium. Bei der Expansion dieser Mischung durch die Düse werden zunächst die Atome des Trägergases translationsmäßig abgekühlt. Die Moleküle geben

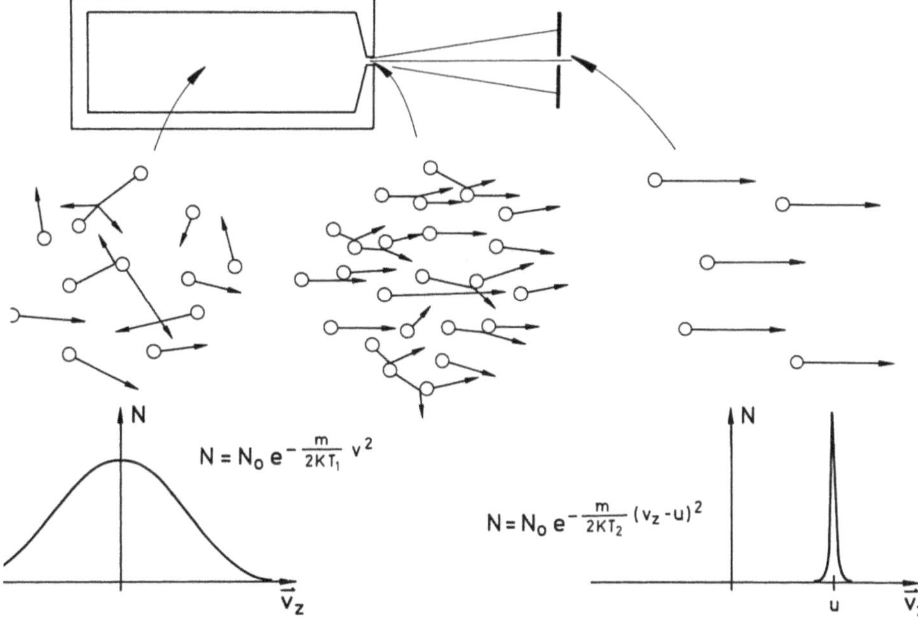

Abb. 15.3. Zur Molekülspektroskopie im Überschall-Düsenstrahl, Herstellung kalter Moleküle. Durch Ausströmen der Moleküle aus einer Düse (*oben*) wird ihre ungeordnete thermische Bewegung in gerichtete Bewegung mit hoher einheitlicher Translations-Geschwindigkeit u umgesetzt (*Mitte*). Dadurch wird aus der breiten thermischen Geschwindigkeitsverteilung mit der Temperatur T_1 (*unten links*) eine schmale Verteilung mit entsprechend verringerter effektiver Temperatur T_2 für Rotation und Schwingung der Moleküle. Nach R. Levy

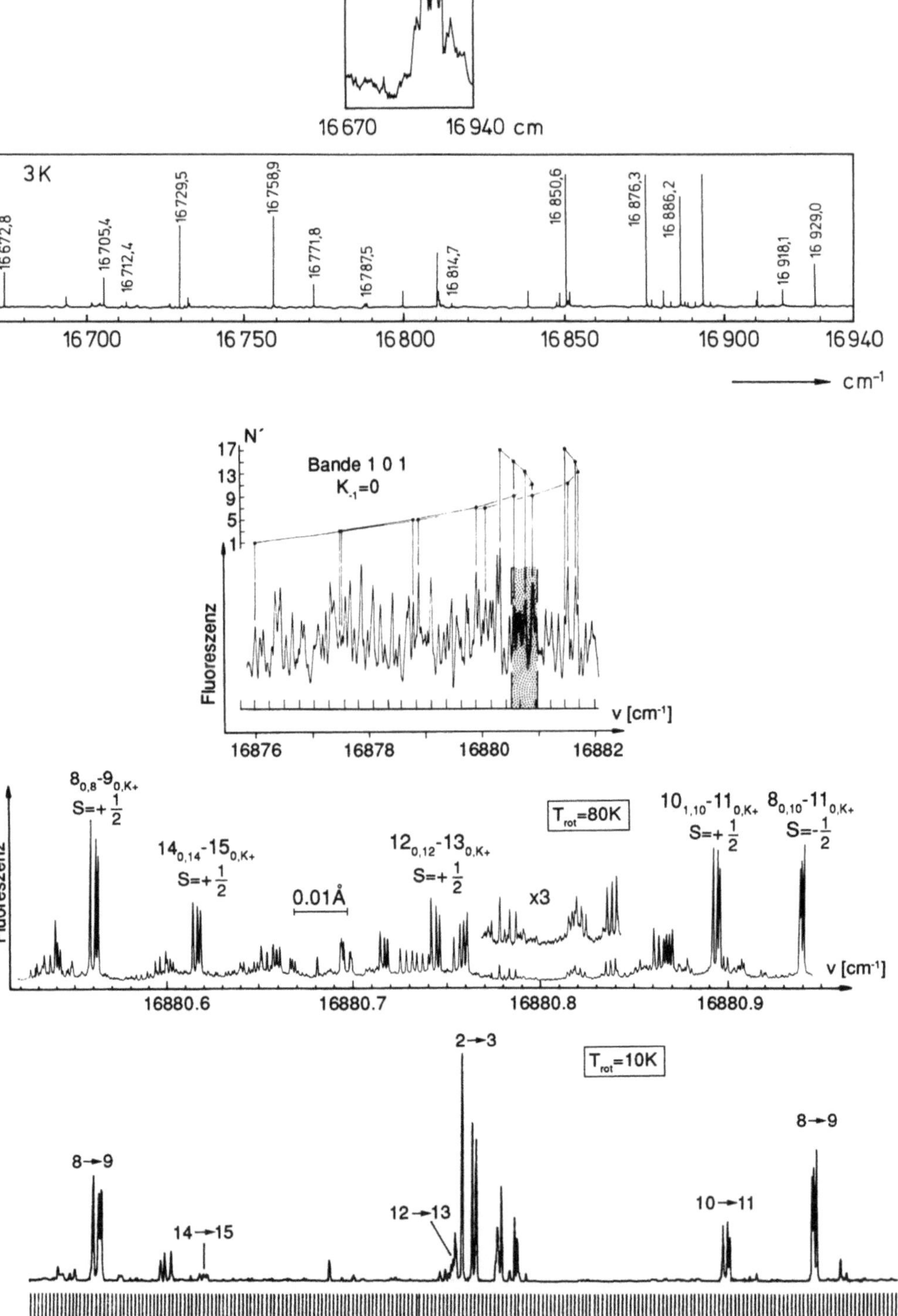

Abb. 15.4. Die spektrale Auflösung des Spektrums von NO_2 wird entscheidend verbessert, wenn man das NO_2-Gas einem Helium-Überschallstrahl beimischt. *Oberes Teilbild:* Ausschnitt aus dem Absorptionsspektrum von NO_2 im Gaszustand, in konventioneller Weise bei 300 K aufgenommen. *Unteres Teilbild:* NO_2 im He-Überschallstrahl, Anregungsspektrum, *gedehnte Skala*. Nach R. Levy

Abb. 15.5. Ausschnitt aus dem NO_2-Anregungsspektrum, aufgenommen mit einem schmalbandigen Farbstoff-Laser. *Oben:* Doppler-limitiertes Spektrum: NO_2 in einer Absorptionszelle, $T = 300\,\text{K}$, $p = 0{,}3\,\text{mbar}$. *Mitte:* Doppler-reduziertes Spektrum des im oberen Teilbild punktierten Bereiches: kollimierter Molekülstrahl aus reinem NO_2. *Unten:* wie mittleres Teilbild, jedoch sehr kalter Molekülstrahl durch 1 bar Argon als Treibgas und eine Beimischung von 5% NO_2. Deutlich zu erkennen ist, wie bei der niedrigen Strahlentemperatur Rotationslinien mit größeren Rotationsquantenzahlen kleiner werden. Der Übergang $2 \rightarrow 3$ gehört zu einem anderen Bandensystem. Die Frequenzmarken haben einen Abstand von 63 MHz. Zur Nomenklatur: $8_{0,8} \rightarrow 9_{0,K'_c}$, $s = +1/2$ bedeutet einen Übergang vom Zustand mit $N'' = 8$, $K_a = 0$, $K_c = 8$ in den Zustand mit $N' = 9$, $K'_a = 0$, K'_c variabel und $J = N + 1/2$, wobei N die Quantenzahl des Rotationsdrehimpulses N des Moleküls ist und K_a und K_c die Projektionen von N auf die Molekülachsen a bzw. c sind. (Von *W. Demtröder* zur Verfügung gestellt)

beim Stoß mit den kalten Atomen ihre Rotations- und Schwingungsbewegung ab in das „kalte Bad“ des einatomigen Gases.

Die erreichbare Abkühlung hängt vom Wirkungsquerschnitt für Stöße mit Rotations- und mit Schwingungs-Energieaustausch ab und führt dazu, daß die Temperaturen T_t, T_r und T_v für Translation, Rotation und Schwingung drastisch gegenüber der Umgebungstemperatur gesenkt werden können. Man erreicht $T_t = 0{,}5$ bis 20 K, $T_r = 2$ bis 50 K und $T_v = 10$ bis 100 K. Das heißt, die Freiheitsgrade für Translation, Rotation und Schwingung der zu untersuchenden Moleküle sind so stark „abgekühlt“, wie es der genannten jeweiligen Temperatur im thermischen Gleichgewicht entsprechen würde. Zur Ausmessung der linienreichen Spektren benutzt man die Anregungsspektroskopie. Dabei wird die Absorption des Lichtes eines durchstimmbaren schmalbandigen Lasers als Intensität der Emission der Moleküle nachgewiesen.

Bei derart kleinen Rotations- und Schwingungs-Temperaturen sind nur noch die niedersten Rotations-Schwingungs-Zustände im elektronischen Grundzustand besetzt. Damit reduziert sich die Zahl möglicher Ausgangszustände für Absorptionsübergänge und damit die Anzahl der Linien im Spektrum beträchtlich, und das Spektrum ist zwar immer noch sehr linienreich, wird aber leichter analysierbar. Eindrucksvolle Beispiele für die Erhöhung des Auflösungsvermögens in der Molekülspektroskopie durch diese Technik zeigen die Abb. 15.4 und 15.5. In Abb. 15.4 ist ein Ausschnitt aus dem NO_2-Absorptionsspektrum mit konventioneller Meßtechnik, und darunter das hochaufgelöste Spektrum im Überschallstrahl, als Anregungsspektrum gemessen. Abbildung 15.5 zeigt eine weitere Verfeinerung der Meßtechnik und die daraus resultierende ungeheuer große Anzahl meßbarer Linien.

Übrigens ist diese Überschalldüsen-Spektroskopie noch aus einem anderen Grund sehr interessant: man kann im Strahl auch schwach gebundene molekulare Komplexe, sogenannte Van der Waals-Moleküle oder *Cluster* beobachten, die bei höherer Temperatur (z. B. Raumtemperatur) sofort dissoziieren würden. Dies sind Zusammenlagerungen von wenigen Molekülen zu schwach gebundenen Komplexen. Man hat auch schon Cluster mit 10^5 Atomen oder Molekülen als Bausteine gefunden. Damit wurde eine neue Möglichkeit zur Untersuchung von Wechselwirkungspotentialen zwischen Molekülen und zum Übergangsbereich zwischen Molekül- und Festkörperphysik eröffnet.

Die Physik der Cluster ist alt. Früher sprach man von Kolloiden. So weiß man zum Beispiel schon lange, daß fein verteiltes, kolloidales Gold Glas rubinrot färbt. Durch Änderung der Größe von fein verteilten Metall-Clustern in Gläsern kann man diese sehr unterschiedlich färben. Diese Phänomene wurden bereits 1908 durch *Mie* mit der größenabhängigen Plasma-Resonanz der Metallelektronen erklärt. Seit etwa 1980 nimmt das Interesse am Studium solcher Cluster stark zu. Man kann damit in vielen Gebieten, so bei der Katalyse, der Photographie, der Struktur amorpher Substanzen, der Bildung großer Moleküle im Weltall wichtige Erkenntnisse gewinnen.

Heute ist der Überschall-Düsenstrahl eine wichtige Quelle besonders für molekulare Cluster. Eine experimentelle Anordnung zur Untersuchung von Clustern zeigt Abb. 15.6.

Man kann im kalten Düsenstrahl sehr ungewöhnliche Moleküle entdecken. So gelang es bei einer Strahltemperatur von 0,3 mK, das Helium-Dimer He_2 (siehe Abb. 13.3) zu identifizieren. Seine Bindungsenergie entspricht einer Temperatur von 1 mK (J. Chem. Phys. **98**, 3564 (1993)). Dieses Molekül hat erstaunliche Eigenschaften: Wegen seiner geringen Bindungsenergie beträgt der mittlere Kernabstand 55 Å, und es kann nur im Grundzustand ohne Schwingungs- und Rotationsanregung existieren. Eine direkte Messung der Größe dieses ungewöhnlichen Moleküls gelang mit einer Anordnung, bei der

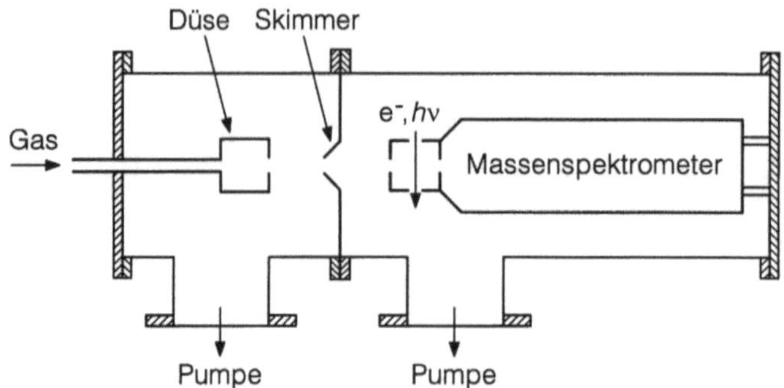

Abb. 15.6. Apparatur zur Herstellung und Untersuchung von Clustern. Aus der Düse gelangen diese durch eine Blende (Skimmer) in die Nachweiskammer. Dort werden sie durch Elektronenbeschuß oder mit Licht ionisiert. Die Analyse erfolgt in einem Massenspektrometer. Dort werden auch die Bruchstücke gemessen, die häufig beim Ionisieren von Clustern entstehen

die Durchlässigkeit von Nanoporen für Helium-Dimere (und Monomere) eines kalten Düsenstrahls gemessen wurde (J. Chem. Phys. **104**, 1151 (1996)). Damit ergab sich der mittlere Kernabstand zu 62 ± 10 Å.

Es gibt auch stabile Cluster und große Moleküle, die in solchen Düsenstrahlen entstehen. Ein besonders bemerkenswertes in dieser Weise entdecktes Molekül ist das aus 60 C-Atomen bestehende Molekül C_{60}, Buckminsterfulleren, das wie ein Fußball aussieht und Ikosaeder-Symmetrie hat (siehe dazu Abb. 4.18). Inzwischen kann man dieses Molekül auch anders herstellen, nämlich durch Verdampfen von Graphit in einer Helium-Atmosphäre. Besonders aufsehenerregend war die Entdeckung, daß das Molekül C_{60} im festen Zustand bei Dotierung mit Alkalimetall-Ionen supraleitend wird, und zwar bei überraschend hohen Sprungtemperaturen. Inzwischen kennt man auch noch größere Moleküle, so C_{70}.

In den wenigen Jahren seit der Entdeckung der Fullerene wurden in diesem neuen Gebiet der Molekülphysik eine Vielzahl interessanter neuer Entdeckungen gemacht. Man hat gefunden, daß es außer C_{60} und C_{70} noch andere, verwandte und kompliziertere Strukturen gibt. Man hat mit allen spektroskopischen Methoden die Struktur und die Bindungsverhältnisse in den Molekülen untersucht. Insbesondere hat man auch zeigen können, daß sich in die C_{60}- oder C_{70}-Bälle auch kleinere Atome oder Moleküle einschließen lassen. Damit wurde ein neues Kapitel der chemischen Physik von Molekülen eröffnet.

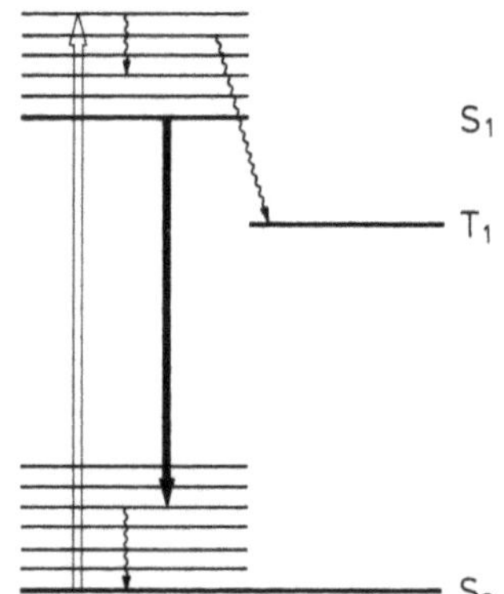

Abb. 15.7. Termschema eines organischen Farbstoffes für einen Farbstoff-Laser. Der Emissionsbereich aus den vibronischen Zuständen des elektronischen Anregungszustandes S_1 in die vibronischen Zustände des Grundzustandes S_0 liegt je nach Farbstoff bei einigen $1000\,\mathrm{cm}^{-1}$. Interkombination in den Triplett-Zustand T_1, vermindert die Laserleistung. Weitere Erklärung im Text

15.5 Farbstoff-Laser

Zur hochauflösenden Molekülspektroskopie an kalten Molekülen mit sehr scharfen Energietermen braucht man hochauflösende Spektrographen, oder aber spektral durchstimmbare extrem schmalbandige Lichtquellen. Damit kann man die Absorption der Moleküle als Anregungsspektren messen, indem man etwa die Emission als Funktion der Anregungs-Wellenlänge mißt. Wenn deren spektrale Breite nicht größer ist als die energetische Term-Breite der Moleküle, dann kann man diese spektral auflösen.

Die wichtigste kontinuierlich über einen größeren Frequenzbereich spektral durchstimmbare Lichtquelle ist der Farbstoff-Laser, siehe I, Abschn. 21.1. Hier benutzt man als Laser-Medium geeignete organische Farbstoff-Moleküle in Lösung. Das zugehörige Termschema zeigt Abb. 15.7.

Der Farbstoff wird optisch vom Grundzustand S_0 in höhere vibronische Zustände des elektronischen Anregungszustandes S_1 gepumpt. In Lösung liegen diese, gekoppelt mit

Rotations- und Schwingungs-Zuständen von Molekülen und Lösungsmitteln, praktisch kontinuierlich. Nach rascher strahlungsloser Relaxation in die niedersten vibronischen Zustände von S_1, erfolgt von dort Emission in die Vielzahl – ebenfalls fast kontinuierlich – der vibronischen Zustände vom elektronischen Grundzustand S_0. Da diese thermisch nicht besetzt sind und ihre Überschuß-Energie rasch strahlungslos abgeben, ist die für Laser-Betrieb nötige Besetzungs-Inversion leicht gegeben. Aus dem spektralen Emissionsbereich des Farbstoffes, der sich über mehrere $1000\,\mathrm{cm}^{-1}$ erstrecken kann, wird im Laser-Resonator durchstimmbar die gewünschte Laserfrequenz selektiert.

15.6 Hochauflösende Zweiphotonen-Spektroskopie

Bei größeren Molekülen liegen die einzelnen Rotationslinien im elektronischen oder im Vibrations-Elektronen-Übergang (vibronischer Übergang) so dicht, daß sie mit der konventionellen Spektroskopie nicht mehr aufgelöst werden können. Große Moleküle zeigen deshalb kein Linienspektrum mehr, sondern breite Banden, weil die Dopplerverbreiterung infolge der thermischen Bewegung in der Gasphase eine Auflösung der Linien und damit eine exakte Messung von Rotations- und Schwingungsenergien im angeregten Zustand verhindert. Für das Molekül Benzol, C_6H_6, beträgt die Dopplerbreite bei Raumtemperatur $1{,}7\,\mathrm{GHz} = 0{,}05\,\mathrm{cm}^{-1}$, während die Energie des $S_1 \leftarrow S_0$ Übergangs im Bereich von $40\,000\,\mathrm{cm}^{-1}$ liegt.

Hier kommt man mit der Methode der *Doppler-freien Zweiphotonen-Absorptionsspektroskopie* weiter, die zuerst in der Atomspektroskopie angewandt wurde und in I, Abschn. 22.4 beschrieben ist. Das Licht eines äußerst frequenzscharfen abstimmbaren Lasers fällt in zwei gegenläufigen Strahlen auf die zu untersuchenden Moleküle. Wenn ein Molekül von zwei entgegengesetzt laufenden Photonen getroffen wird, subtrahieren sich die Dopplerverschiebungen und kompensieren sich zu Null, wenn beide Strahlen exakt die gleiche Frequenz haben. Es tritt damit keine Dopplerverbreiterung mehr auf, und eine Bestimmung der Übergangsfrequenz ist mit vielfach höherer Genauigkeit möglich. Meßgenauigkeiten von 1 MHz sind erreichbar.

Hierbei wird das Molekül in einen Zustand gebracht, dessen Energie der Summe der beiden Photonenenergien entspricht. Die im Ultravioletten liegenden Absorptionsbanden können also mit blauem Licht angeregt werden. Allerdings sind die Auswahlregeln für Zweiphotonen-Absorption unterschiedlich von denen für die konventionelle Einphotonen-Absorption (Abschn. 17.3). Man weist die Zweiphotonen-Absorption als Anregungsspektrum der UV-Fluoreszenz nach, siehe Abb. 15.8.

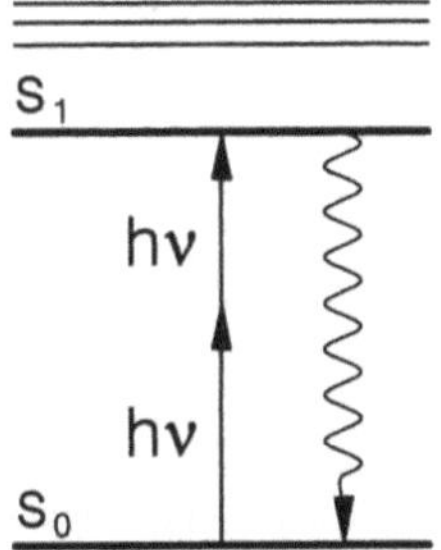

Abb. 15.8. Zum Prinzip der Zweiphotonen-Absorptions-Spektroskopie mit Fluoreszenz-Nachweis. Aus dem Grundzustand S_0 wird das Molekül durch einen Zweiphotonen-Übergang angeregt, hier in den Zustand S_1. Die Absorption wird durch die Fluoreszenz nachgewiesen

Die Leistungsfähigkeit dieses Verfahrens wird in Abb. 15.9 an einem Teil des $S_1 \leftarrow S_0$ Absorption-Spektrums des Benzol-Moleküls in der Gasphase aufgezeigt, wie man es bei Messung mit verschiedener spektraler Auflösung erhält. Hierbei beträgt die spektrale Auflösung im oberen Teil $1\,\mathrm{cm}^{-1}$, im mittleren Teil ist die Auflösung mit $0{,}06\,\mathrm{cm}^{-1}$ Doppler-limitiert. Erst im untersten Teil, bei dem die Doppler-Verbreiterung aufgehoben und mit einer Auflösung von $0{,}003\,\mathrm{cm}^{-1}$ gemessen wurde, sind die einzelnen Rotationslinien im Spektrum aufgelöst.

Unter der Doppler-verbreiterten Schwingungsbande sind also zahlreiche Rotationslinien verborgen, die erst ausgemessen werden können, wenn die Dopplerverbreiterung überwunden wird. Mit dieser hochauflösenden Spektroskopie ist es möglich, Rotationskonstanten und Zentrifugal-Dehnungskonstanten des Moleküls im elektronischen

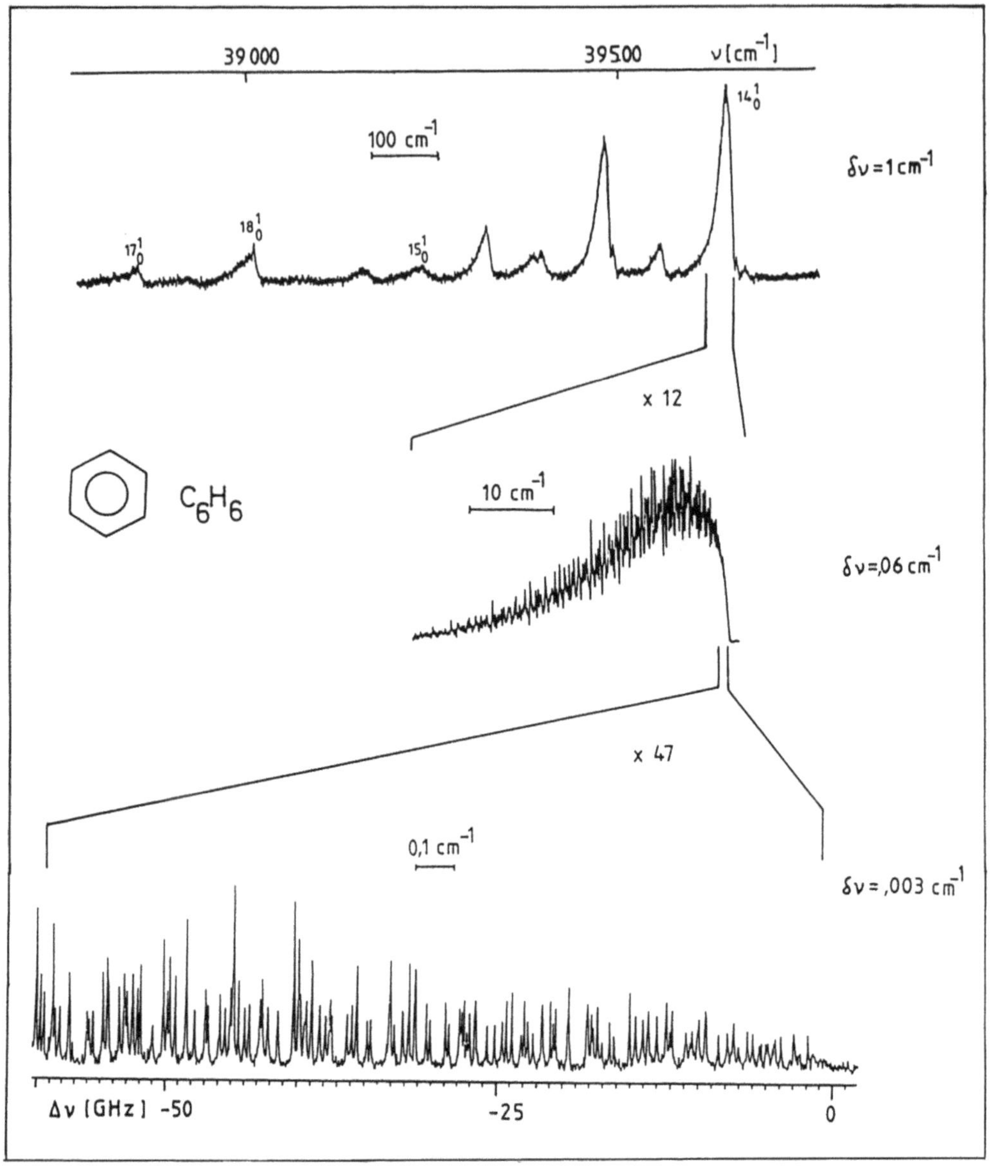

Abb. 15.9. Zweiphotonen-Absorptionsspektrum von Benzol, aus dem elektronischen $S_1 \leftarrow S_0$-Übergang, gemessen mit unterschiedlicher spektraler Auflösung. Im *oberen Teilbild*, gemessen mit einer spektralen Auflösung von $1\,\mathrm{cm}^{-1}$, erkennt man die Schwingungsstruktur des elektronischen Überganges. Das *mittlere Teilbild* ist mit einer durch die Dopplerverbreiterung begrenzten Auflösung von $0{,}06\,\mathrm{cm}^{-1}$ gemessen. Es zeigt den Q-Zweig der stärksten Schwingungsbande. Im *unteren Teilbild* beträgt bei Dopplerfreier Meßtechnik die Auflösung $0{,}003\,\mathrm{cm}^{-1}$. Man kann jetzt die einzelnen Rotationslinien auflösen. – Zur Bezeichnung der Schwingungsbanden, z. B. 14^1_0: Es handelt sich um die Normalschwingung 14, die im Endzustand (hier S_1) mit 1 Quant, im Grundzustand (S_0) mit 0 Quanten angeregt ist. – Aus H. J. Neusser u. E. W. Schlag, Angew. Chem. **104**, 269 (1992) nach E. Riedle, Dissertation TU München 1985

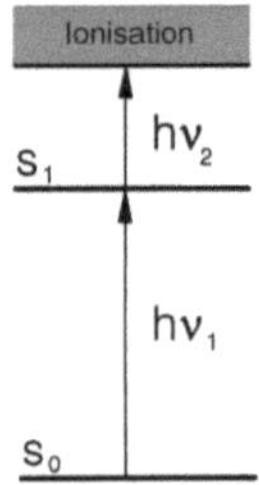

Abb. 15.10. Energieschema zur resonant verstärkten Zweiphotonen-Ionisation: Ein erstes Lichtquant $h\nu_1$ ist auf ein reelles, rovibronisches Anregungs-Niveau des zu untersuchenden Moleküls abgestimmt, ein zweites Lichtquant $h\nu_2$ ionisiert das Molekül. Der Nachweis dieses Prozesses und damit der Absorption des frequenzscharfen Lichtquantes $h\nu_1$, kann mit Hilfe eines Massenspektrometers erfolgen. Die Messung kann auch Dopplerfrei erfolgen. Siehe dazu auch H. J. Neusser u. E. W. Schlag, Angew. Chem. **104**, 269 (1992)

Grundzustand S_0 wie im Anregungszustand S_1 mit einer Genauigkeit von 10^{-6} cm^{-1} zu messen. Daraus folgen genaue Strukturaussagen über die Moleküle.

Ein anderes, verwandtes Verfahren zur optischen Spektroskopie größerer Moleküle mit hoher Auflösung ist die *Resonanzverstärkte Zweiphotonen-Ionisation.* Man verwendet es besonders zur Untersuchung von schwach gebundenen Van der Waals-Komplexen aus Molekülen, die sich im Überschall-Strahl bilden.

Hierbei wird das Molekül oder der Komplex, wie in Abb. 15.10 gezeigt, mit einem ersten Lichtquant $h\nu_1$ in einen Anregungszustand im Bereich der $S_1 \leftarrow S_0$ Absorption angeregt. Dieses erste Lichtquant stammt aus einem durchstimmbaren Farbstoff-Laser mit großer Frequenzschärfe. Mit einem zweiten Lichtquant $h\nu_2$, das aus einem zweiten

Farbstoff-Laser mit relativ großer Frequenzbreite stammt, wird das angeregte Molekül ionisiert. Daher der Name Resonanzverstärkte Zweiphotonen-Ionisation. Die entstehenden Ionen werden in einem Massenspektrometer nach ihrer Masse selektiert und nachgewiesen. Als Meßbeispiel zeigt Abb. 15.11 die Struktur des Van der Waals-Komplexes zwischen Benzol und Argon, C_6H_6-Ar_2, wie sie aus einer Analyse der Schwingungs- und Rotationsstruktur dieses nur im Überschall-Strahl untersuchbaren Komplexes abgeleitet werden konnte.

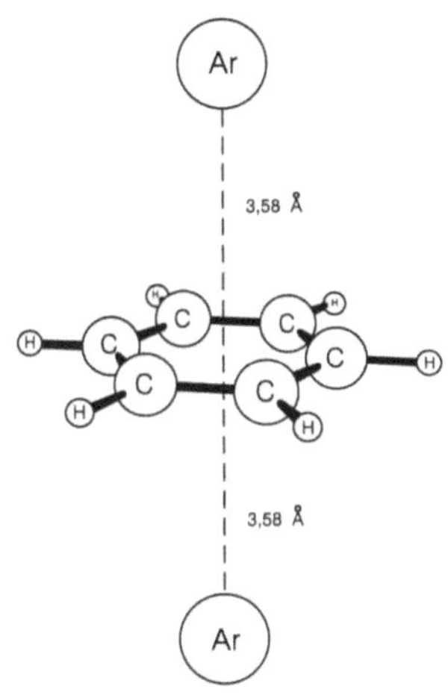

Abb. 15.11. Experimentell ermittelte Struktur des Van der Waals-Komplexes C_6H_6–Ar_2 – als Beispiel für die Leistungsfähigkeit dopplerfreier Molekülspektroskopie. Der (kurzlebige) Komplex entsteht im Düsenstrahl. Der Nachweis erfolgt mit Hilfe des Massenspektrometers. Siehe dazu auch H. J. Neusser u. E. W. Schlag, Angew. Chem. **104**, 269 (1992)

15.7 Ultra-Kurzzeit-Spektroskopie

Die Untersuchung der Geschwindigkeit molekularer Vorgänge oder Reaktionen hat sich in den letzten Jahrzehnten enorm entwickelt. Vor mehr als 40 Jahren wurden erstmals mit Blitzlicht-Pulsen im Mikrosekunden-Bereich chemische Umlagerungen und Reaktionen mit optischer Spektroskopie untersucht, wofür der Nobelpreis an *Norrish* und *Porter* sowie an *Eigen* ging.

Die Zeitskala, auf der die schnellsten molekularen Bewegungen ablaufen, kann über die Periode der höchsten beobachteten Schwingungsfrequenzen in Molekülen (ca. $3000\,\mathrm{cm}^{-1}$) zu 10 fs abgeschätzt werden. Experimentelle Methoden mit einer Auflösung in diesem Zeitbereich sind daher in der Lage die Dynamik von molekularen Systemen im Detail aufzuklären. Bisher ist es nur mit optischen Techniken möglich eine derart hohe Zeitauflösung zu erzielen. Mit solchen Methoden konnten in den letzten Jahren grundlegende Reaktionstypen untersucht werden, wie z. B. intra- und intermolekularer Energie- und Elektron-Transfer, Schwingungs-Relaxation oder photochemische Reaktionen von kleinen Molekülen bis hin zu komplexen biologischen Systemen wie dem Reaktionszentrum der bakteriellen Photosynthese., vgl. Abschn. 20.7.

Die dabei überwiegend verwendete Technik ist die Anreg-Abfrage-Spektroskopie (*engl. excite-probe* oder *pump-probe spectroscopy*). Die grundlegende Idee dabei ist es, in den untersuchten molekularen Systemen mit einem ersten kurzen Licht-Impuls, dem Anreg-Impuls, einen kurzlebigen Nicht-Gleichgewichts-Zustand zu präparieren, z. B. eine chemische Reaktion auszulösen. Die Moleküle haben nun in diesem elektronisch angeregten Zustand im allgemeinen veränderte optische Eigenschaften. Daher kann die weitere zeitliche Entwicklung der Probe hin zu einem neuen Gleichgewichts-Zustand über die Messung der Absorption eines zweiten Licht-Impulses, dem Abfrage-Impuls, verfolgt werden. Die Dauer von Anreg- und Abfrage-Impuls bestimmt dabei die Zeitauflösung des Experiments. Die im sichtbaren Spektralbereich gegenwärtig erreichte Kurzzeit-Grenze solcher Untersuchungen liegt bei ca. 5 fs. Ein Licht-Impuls dieser Dauer entspricht einem Wellenzug von unter 2 Wellenlängen.

Kurze, sehr intensive Licht-Impulse ($< 10\,\mathrm{fs}$) werden zur Zeit von speziellen breitbandigen Lasersystemen meist im nahen infraroten Spektralbereich erzeugt. Diese Licht-Impulse (siehe Abb. 15.12) werden über einen teildurchlässigen Spiegel in einen Anreg- und Abfrage-Impuls aufgespalten und erreichen nach unterschiedlich langen Wegstrecken die Probe. Je nach der Wegstreckendifferenz zwischen Anreg- und Abfrage-Impuls ergibt sich somit eine definiert einstellbare Verzögerungszeit der beiden Licht-Impulse am Ort der Probe. Dadurch kann die Absorption der Probe zu einem bestimmten Zeitpunkt nach der optischen Anregung gemessen werden. Wiederholt man dieses Experiment mehrmals für unterschiedliche Wegstreckendifferenzen kann somit die zeitliche Entwicklung der Transmissionsänderung der molekularen Probe bestimmt werden.

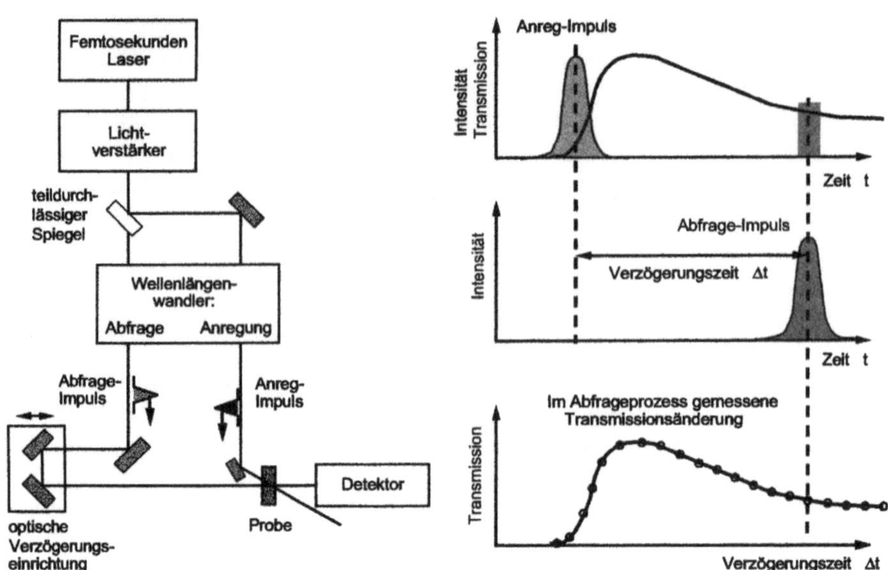

Abb. 15.12. (*linke Seite*) Schematischer Aufbau eines Anreg-Abfrage-Spektrometers. Verstärkte Lichtimpulse werden von einem teildurchlässigen Spiegel in Anreg- und Abfrage-Impuls aufgeteilt. Durch nicht-linear optische Effekte (z. B. parametrische Frequenz-Konversion) wird die Wellenlänge beider Impulse unabhängig voneinander eingestellt. Der Anreg-Impuls löst in der Probe die zu untersuchende Reaktion aus. Der Abfrage-Impuls mißt die dadurch induzierte Transmissionsänderung der Probe nach einer definierten Verzögerungszeit (*rechte Seite*) *Oben:* Der Anreg-Impuls löst in der Probe eine Reaktion aus und erzeugt damit eine Transmissionsänderung. Die zeitliche Entwicklung der Transmission (*durchgezogene Linie*) gibt somit die Dynamik des Reaktionsverlaufes wieder. *Mitte:* Nach einer bestimmten Verzögerungszeit Δt erreicht der Abfrage-Impuls die Probe. Somit kann für diesen Zeitpunkt die Transmissionsänderung bestimmt werden. *Unten:* Durch mehrere Messungen für unterschiedliche Verzögerungszeiten Δt wird der zeitliche Verlauf der ausgelösten Reaktion in der Probe aufgenommen

Die Veränderung des Lichtweges wird im allgemeinen rechnergesteuert über verfahrbare Spiegelpaare realisiert. Beispielsweise entspricht eine Verzögerungszeit Δt von 1 ps einer Wegstreckendifferenz $\Delta x = c\Delta t$ von 0,3 mm.

Meistens ist es auch notwendig, die Wellenlängen (Farben) von Anreg- und Abfrage-Impulsen individuell auf das untersuchte molekulare System abzustimmen. Dies wird häufig über eine parametrische Frequenz-Konversion in nicht-linear optischen Medien realisiert (Wellenlängenwandler). Dabei kann oftmals durch nachfolgende Impuls-Kompressionstechniken sogar noch eine weitere Verkürzung der erzeugten Licht-Impulse und damit eine erhöhte zeitliche Auflösung des Experiments erreicht werden.

Die neuesten Weiterentwicklungen der verschiedenen Techniken zur Frequenz-Konversion ermöglichen es heute auch ultrakurze Lichtimpulse in einem Spektralbereich von wenigen Tera-Hertz bis hin zu harter Röntgenstrahlung zu erzeugen. Dies erlaubt nun Experimente mit höchster Zeitauflösung in einem weiten Spektralbereich. Je nach Wahl der Experimentführung ist es mit der Anreg-Abfrage-Spektroskopie möglich zeitaufgelöste Messungen von Absorption, Emission, Streuung und Beugung durchzuführen. Mit der verfügbaren Lasertechnik lassen sich Pulsdauern und Pulsintervalle bis herunter zu einigen fs erzeugen und damit dynamische Prozesse bis herunter zu etwa 10 fs messen.

Ein eindrucksvolles Beispiel ist die Photodissoziation des Moleküls NaJ, Abb. 15.13. Mit dem Anregungspuls mit einer Wellenlänge von 310 nm wird das Molekül NaJ in einen Zustand [NaJ]* angeregt. Es kann in diesem Zustand dissoziieren in Na + J, es kann aber auch mit einer gewissen Wahrscheinlichkeit im Zustand [NaJ]* oszillieren und erst nach einer oder nach wenigen Schwingungsperioden dissoziieren. Dieses zeitliche Verhalten wird mit dem zweiten, dem Abfragepuls, beobachtet. Wenn man mit diesem bei der Wellenlänge 589 nm die Absorption des freien Na-Atoms mißt – obere Kurve in Abb. 15.13 – dann mißt man damit den zeitlichen Verlauf der Dissoziation. Diese nimmt mit der Periode der Schwingung des Komplexes [NaJ]*, 1,25 ps $\equiv$ 27 cm^{-1} zu. Mit dieser Periode kann der Übergang vom gebundenen in den dissoziierten Zustand erfolgen. Nach rund zehn Oszillationen ist die Dissoziation vollständig.

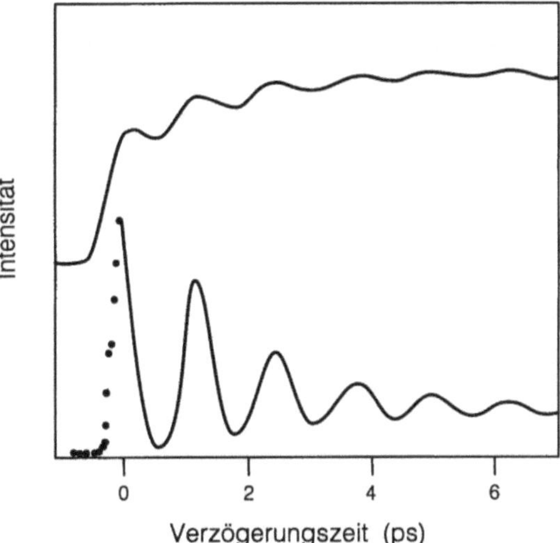

Abb. 15.13. Femtosekunden-spektroskopische Untersuchung der Dissoziationsreaktion NaJ → [NaJ]* → Na + J. Aufgetragen ist die Absorption als Funktion der Verzögerungszeit zwischen Anregungs-Lichtpuls und Abfrage-Lichtpuls. Die Absorption wird hier als Intensität der Laserinduzierten Fluoreszenz, also als Anregungsspektrum, gemessen. *Obere Kurve:* Absorption des freien Na-Atoms bei der Resonanzfrequenz 589 nm (Na-D-Linie). *Untere Kurve:* Absorption des Komplexes, das heißt Absorption von Na außerhalb der Resonanz. Weitere Erläuterungen im Text. Aus A. H. Zewail, Science **242**, 1645 (1988)

Wenn man dagegen mit dem Abfrage-Impuls außerhalb der Na-Resonanzabsorption mißt, mißt man die Absorption von Na, das noch dem Komplex [NaJ]* angehört. Hier hängt die Absorptionsfrequenz vom jeweiligen Abstand zwischen Na und J ab. Absorbiert wird also jedesmal dann, wenn die Schwingung des Komplexes diesen Abstand der Partner erreicht. Das Meßresultat zeigt die untere Kurve in Abb. 15.13. Man erkennt das oszillatorische Abnehmen dieser Absorption mit der Schwingungsperiode des Komplexes. Bei jeder Schwingungsperiode beträgt die Dissoziationswahrscheinlichkeit etwa 0,1.

Mit der Kurzzeit-Spektroskopie im Zeitbereich von Pico- bis Femtosekunden kann man, wie besonders *Zewail* gezeigt hat, also den zeitlichen Verlauf chemischer Reaktionen verfolgen. Hierfür wurde der Begriff Femtochemie vorgeschlagen.

Auch bei der Untersuchung biologischer molekularer Prozesse ist die Ultrakurzzeit-Spektroskopie, besonders als sogenannte *Korrelations-Spektroskopie*, eine wichtige Messmethode geworden. Hierzu muss auf Spezialliteratur verwiesen werden.

15.8 Photoelektronen-Spektroskopie

Mit der Spektroskopie im infraroten, sichtbaren und nahen ultravioletten Spektralbereich, wie wir sie bisher besprochen haben, untersucht man mehr oder weniger ausschließlich die äußeren, schwach gebundenen Elektronen der Moleküle. Bei der Untersuchung der inneren Elektronenschalen von Molekülen wurden mit den Methoden der *Photoelektronen-Spektroskopie* in den letzten Jahren große Fortschritte erzielt. Hierbei verwendet man den Photoeffekt, d. h. die Tatsache, daß durch Bestrahlung mit Licht hinreichend großer Quantenenergie Elektronen aus ihrer Bindung freigesetzt werden können, siehe I, Abschn. 5.3. Man bestrahlt die Probe mit monochromatischem UV- oder Röntgenlicht und mißt die kinetische Energie E_{kin} der freigesetzten Photoelektronen in einem Geschwindigkeits-Analysator für Elektronen. Im einfachsten Falle gilt für diese die Grundgleichung des Photoeffektes

$$E_{\mathrm{kin}} = h\nu - E_{\mathrm{B}} \,, \tag{15.9}$$

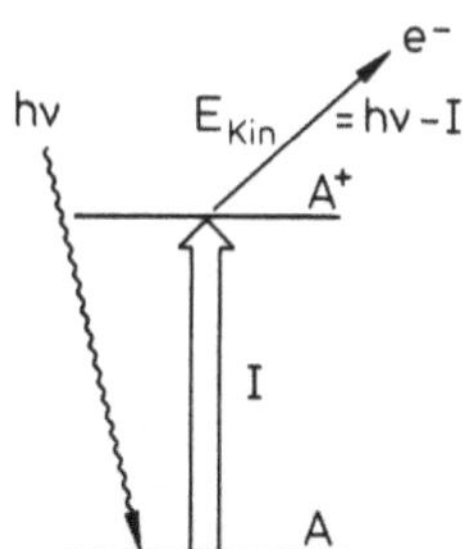

Abb. 15.14. Grundlage der Photoelektronen-Spektroskopie ist der Photoeffekt. Ein ankommendes Photon mit der Energie $h\nu$ ionisiert ein Atom oder Molekül (Ionisierungsenergie I). Die restliche Energie erscheint als kinetische Energie des freigesetzten Elektrons

wenn $h\nu$ die Quantenenergie des anregenden Lichtes und E_B die Bindungsenergie der Elektronen ist, siehe dazu auch Abb. 15.14.

Zur Anregung braucht man intensives monochromatisches Licht. Da schon für die äußeren Valenzelektronen die Ionisierungsenergien einige eV betragen, muß es Licht im ultravioletten oder Röntgenbereich sein. Man arbeitet entweder mit dem Linienspektrum einer Gasentladung (z. B. mit der He(I)-Linie $1s2p \rightarrow 1s^2$ bei 58,43 nm $\hat{=}$ 21,22 eV) oder, wenn man noch fester gebundene Elektronen untersuchen will, mit charakteristischen Röntgen-Linien. Besonders gut als Lichtquelle für dieses Verfahren eignet sich die Synchroton-Strahlung (I, Abschn. 5.1), die in einem weiten Frequenzbereich durchstimmbar ist.

Zur Energiemessung der Elektronen benutzt man die Ablenkung der Elektronen in einem elektrostatischen oder magnetischen Analysator, wie wir sie bei der e/m_0–Bestimmung des Elektrons und bei der Massenspektroskopie in I, Abschn. 3.2 und 6.4 bereits kennengelernt haben. Mit solchen Energieanalysatoren kann man heute Energie-Spektren der Photoelektronen mit einer Auflösung von besser als 2 meV, d. h. $10\,\mathrm{cm}^{-1}$ messen. Eine schematische Versuchsanordnung zeigt Abb. 15.15.

Man spricht von UPS (UV-Photoelektronen-Spektroskopie), wenn die Anregung mit UV-Licht, von XPS (X für Röntgenlicht), wenn sie mit Röntgenstrahlung erfolgt. Bei der Freisetzung innerer Elektronen mit Röntgenlicht beobachtet man natürlich in erster Näherung auch bei Molekülen die atomaren Bindungsenergien der Elektronen in den inneren Schalen, weil für die Atome in ihrem jeweiligen Ionisierungszustand diese durch die chemische Bindung nur wenig beeinflußt werden. Die charakteristischen Elektronen-Bindungsenergien der Atom-Elektronen können damit zur Analyse der atomaren Zusammensetzung einer Probe dienen – daher der Name „ESCA" = „electron spectroscopy for chemical analysis" für diese Methode. Es gibt jedoch auch Einflüsse der chemischen Bindung, besonders auf die äußeren Elektronen.

Als Beispiel zeigt Abb. 15.16 das Photoelektronenspektrum des N_2-Moleküls und zum Vergleich dazu das bereits früher (Abschn. 13.3) besprochene Molekülorbital-Schema. Hier kann man – allerdings mit unterschiedlich guter Energieauflösung – Photoelektronen der Reaktion $N_2 + h\nu \rightarrow N_2^+ + e^- + E_{kin}$ aus allen Orbitalen der 14 Elektronen des Moleküls analysieren. Damit werden auch alle inneren Orbitale – nicht nur die Valenzelektronen – der Untersuchung zugänglich. Abbildung 15.17 verdeutlicht am Beispiel des O_2-Moleküls, daß das durch Photoionisation erzeugte Ion bei

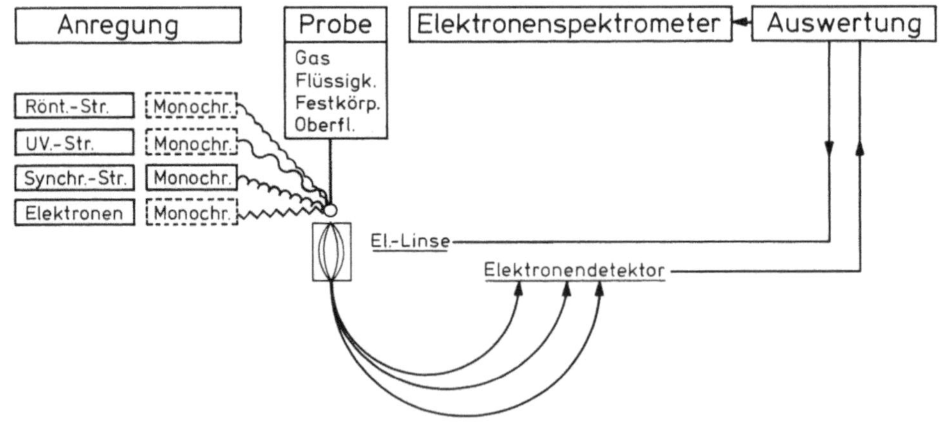

Abb. 15.15. Schema der Elektronenspektroskopie von Atomen, Molekülen oder Festkörpern. Die Anregung erfolgt mit Strahlung verschiedenen Typs, die möglichst gut monochromatisiert wird. Die herausgeschlagenen Elektronen werden fokussiert und in einem Elektronenspektrometer hinsichtlich ihrer kinetischen Energie analysiert, verstärkt und nachgewiesen. (Nach *K. Siegbahn*, Phys. Bl. **42**, 1 (1986))

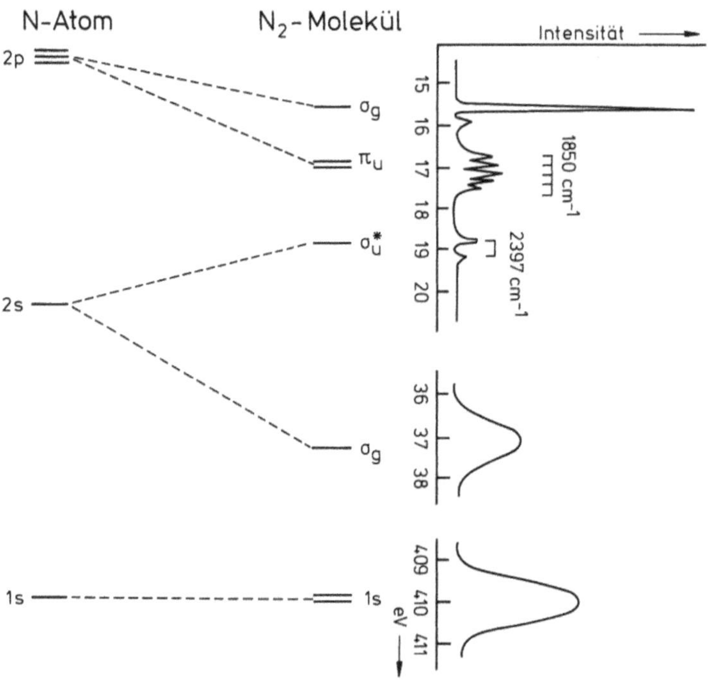

Abb. 15.16. Photoelektronenspektrum des N_2-Moleküls. Die Bindungsenergie der Photoelektronen wird aus der kinetischen Energie berechnet und in eV aufgetragen. Der Vergleich mit dem berechneten Molekülorbital-Schema (siehe dazu auch Abb. 13.4) zeigt, daß man mit der Photoelektronen-Spektroskopie die Termlagen der inneren Elektronen eines Moleküls bestimmen kann

diesem Prozeß auch in einen Schwingungszustand entsprechend dem Franck-Condon-Prinzip angeregt werden kann. So lassen sich mit der Photoelektronen-Spektroskopie auch Schwingungsquanten der Ionisationsprodukte messen. Auch in Abb. 15.16 ist bei Übergängen aus antibindenden u-Orbitalen Schwingungsstruktur aufgelöst. Aus der Struktur des Photoelektronenspektrums läßt sich auch ablesen, ob bindende oder antibindende Elektronen angeregt werden: die Schwingungsstruktur ist unterschiedlich stark ausgeprägt. Schließlich zeigt Abb. 15.18 noch ein Beispiel für ein Photoelektronenspektrum eines größeren Moleküls, nämlich des Benzols, mit Photoelektronen aus vielen Orbitalen.

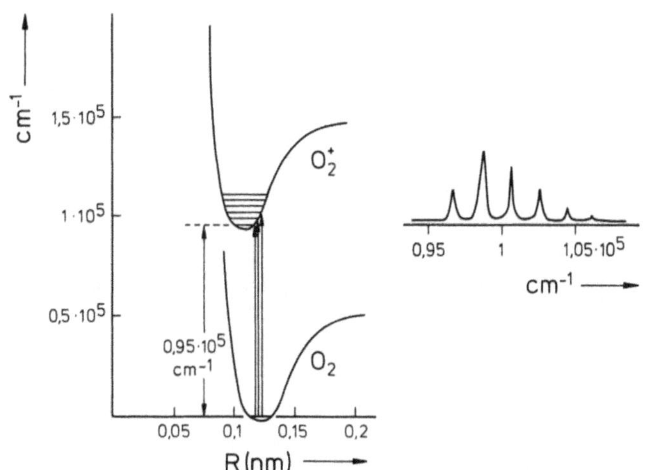

Abb. 15.17. Photoelektronenspektrum (*rechts*) und Termschema für das O_2-Molekül. Das O_2^+-Ion kann nicht nur im Schwingungs-Grundzustand, sondern auch in angeregten Schwingungszuständen bei der Photoionisation gebildet werden. Dann beobachtet man im Photoelektronenspektrum die Schwingungsstruktur des Moleküls O_2^+, hier in cm^{-1} relativ zur schwingungslosen Anregung bei $0{,}95 \cdot 10^5$ cm^{-1}

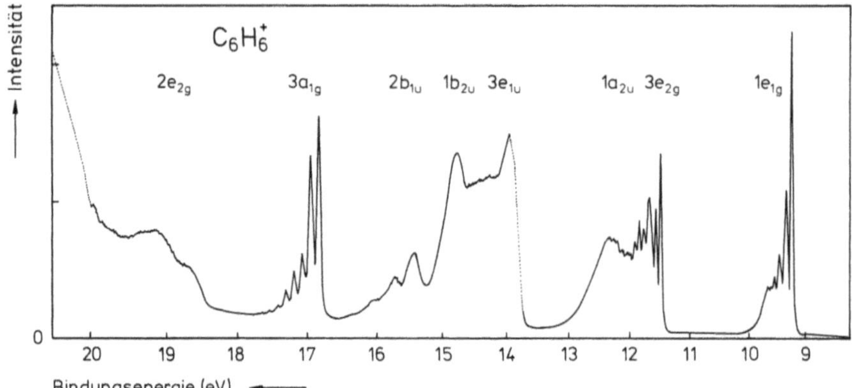

Abb. 15.18. Photoelektronenspektrum der Valenzelektronen von Benzol, C_6H_6, bei Anregung mit der Linie He I, $h\nu = 21{,}22\,\text{eV}$ des Helium-Gasspektrums. Die Zuordnung der gemessenen Bindungsenergien zu Molekülorbitalen gelingt eindeutig, soll hier aber nicht im einzelnen erläutert werden. Auch vibronische Struktur ist erkennbar. (Mehr bei *L. Karlsson, L. Mattson, R. Jadrny, T. Bergmark* und *K. Siegbahn*, Physica Scripta **14**, 230 (1976))

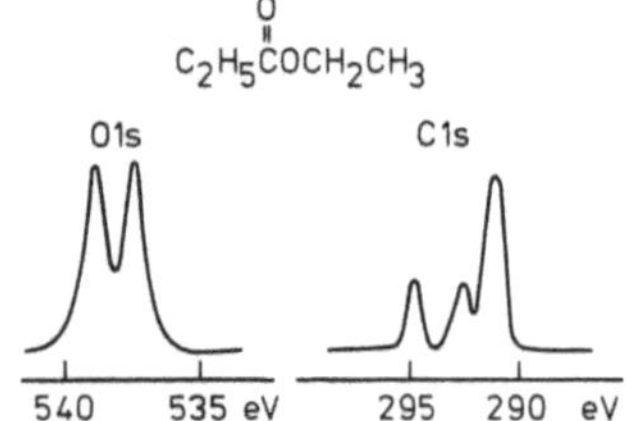

Abb. 15.19. Photoelektronenspektrum von Ethylproprionat als Gas. Es handelt sich um Rumpfelektronen $1s$ von Kohlenstoff (Bindungsenergie um 293 eV) und Sauerstoff (um 538 eV). Die Aufspaltung der beiden Elementlinien entspricht der unterschiedlichen chemischen Verschiebung der Atome je nach ihrer Bindung im Molekül. Sauerstoff ist als C=O Gruppe und in der Kette vorhanden, Kohlenstoff als C=O, CH_2 und CH_3

Eine wichtige Anwendung der Photoelektronen-Spektroskopie ist ferner die Untersuchung des Einflusses der chemischen Bindung auf die Bindungsenergie innerer Elektronen in komplizierteren Molekülen. Das kann man sich am Beispiel des Ethyl-Proprionats,

$$CH_3CH_2\underset{\displaystyle \overset{\|}{O}}{C}OCH_2CH_3$$

verdeutlichen. Hier gibt es O in zwei und C in vier unterschiedlichen Bindungszuständen, wovon bei C zwei sehr ähnlich sind. Tatsächlich kann man im Photoelektronenspektrum der $1s$-Elektronen zwei Gruppen von Elektronen aus dem O-Atom und 3 Gruppen aus dem C-Atom unterscheiden, die man den verschiedenen Gruppen im Molekül zuordnen kann, siehe dazu Abb.15.19. Auch in der Photoelektronen-Spektroskopie gibt es den Begriff der Chemischen Verschiebung, der in der Kernspin-Resonanz (siehe Kap. 18) und in der Mössbauerspektroskopie wichtig ist. Ein weiteres Beispiel dafür zeigt Abb. 15.20.

Die Photoelektronen-Spektroskopie ist also eine wichtige Ergänzung der optischen Spektroskopie zur Erforschung von Struktur und Bindungsverhältnissen der Moleküle.

15.9 Hochauflösende Photoelektronen-Spektroskopie

Wenn man die Photoelektronen-Spektroskopie zur spektroskopischen Analyse von Molekülen verwenden will, erweist sich die geringe spektrale Auflösung als Hindernis. Mit der konventionellen Photoelektronen-Spektroskopie erreicht man bestenfalls ein Auflösungsvermögen von etwa 1 meV oder $10\,\text{cm}^{-1}$. Bei der Erzeugung der Photoelektronen mit einem schmalbandigen Farbstofflaser am Molekül im Überschallstrahl ist das Auflösungsvermögen durch die Genauigkeit begrenzt, mit der die kinetische Energie der Photoelektronen gemessen werden kann. Mit konventioneller Photoelektronen-Spektroskopie ist die Auflösung der Rotationsstruktur im Spektrum größerer Moleküle natürlich nicht möglich. Wie kann man das verbessern?

Eine um zwei Größenordnungen höhere spektrale Auflösung (etwa $25\,\mu\text{eV}$, d. h. $0{,}2\,\text{cm}^{-1}$) läßt sich mit einer neueren Entwicklung, der *Z*ero-*K*inetic-*E*nergy Photoelektronen-Spektroskopie (ZEKE-PES), erzielen. Damit ist die Untersuchung nieder-

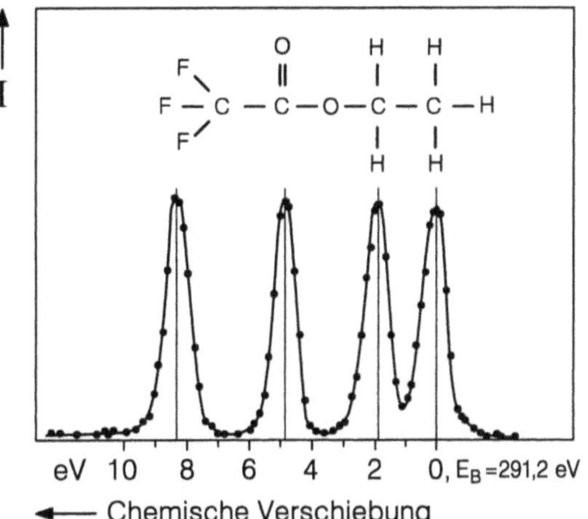

Abb. 15.20. $1s$-Elektronen-Linien von Kohlenstoff in Ethyltrifluor-Azetat, zur Erläuterung der chemischen Verschiebung bei der Photoelektronen-Spektroskopie. Man erkennt vier Linien gleicher Intensität, die zu den vier C-Atomen mit jeweils unterschiedlicher chemischer Umgebung im Molekül gehören. Nach K. Siegbahn, J. Pure Appl. Chem. **48**, 77 (1976)

energetischer Schwingungen in Clusterionen, wie z. B. von Phenol-Wasser, oder die rotationsaufgelöste Spektroskopie größerer Molekülionen, wie etwa des Benzol-Kations, möglich.

Bei der ZEKE-Methode wird nicht, wie im Falle der konventionellen Photoelektronen-Spektroskopie, Licht fester Wellenlänge eingestrahlt und aus der gemessenen kinetischen Energie der emittierten Elektronen auf die Zustände des Moleküls geschlossen, sondern die Wellenlänge des Lichts wird verändert und es werden nur solche Elektronen

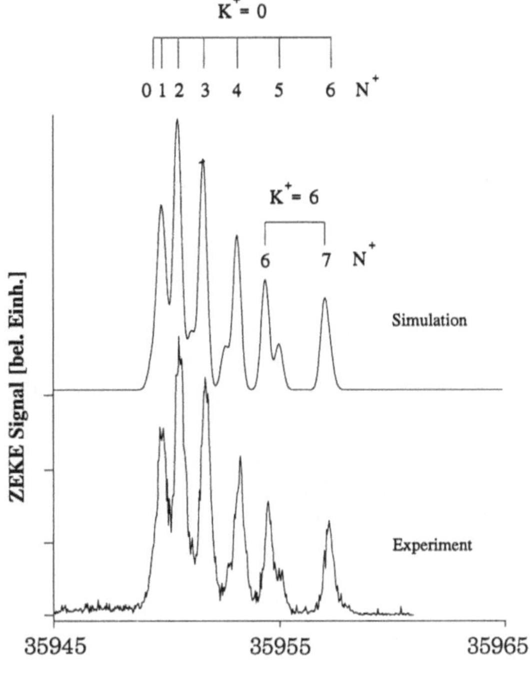

Abb. 15.21. Vollständig rotationsaufgelöstes ZEKE-Spektrum des Benzol-Kations über den rovibronischen Zustand $S_1 6^1$ ($J' = 2$, $K' = 2, +1$) als resonanten Zwischenzustand. Für den hier vorliegenden Fall eines symmetrischen Rotors bezeichnen die Quantenzahlen J bzw. N den Gesamtdrehimpuls (N ohne Elektronenspin) und K dessen Projektion auf die Symmetrieachse. Das dargestellte Spektrum und ähnliche Spektren über andere Zwischenzustände zeigen klar, daß das Benzol-Kation die Symmetrie D_{6h} hat. (Näheres siehe R. Lindner, H. Sekiya, B. Beyl und K. Müller-Dethlefs, Angewandte Chemie **105**, 631 (1993) sowie K. Müller-Dethlefs u. E. W. Schlag, Ann. Rev. Phys. Chem. **42**, 109 (1992)

detektiert, die mit keiner oder nur sehr geringer kinetischer Energie das Molekül verlassen. Diese sehr niederenergetischen Elektronen (ZEKE-Elektronen) entstehen dann, wenn die Energie des Photons gerade einem Übergang zwischen dem Anfangszustand des neutralen Moleküls und dem Endzustand des Ions entspricht, d. h. keine Überschußenergie auf das emittierte Elektron übertragen wird.

Die Unterscheidung zwischen unerwünschten Elektronen mit kinetischer Energie und „echten" ZEKE-Elektronen erfolgt durch einen zeitlich verzögerten Abzug der freigesetzten Elektronen mit Hilfe eines elektrischen Feldpulses. Während der feldfreien Wartezeit entfernen sich die kinetischen Elektronen vom Entstehungsort und können so von den ZEKE-Elektronen diskriminiert werden, da beide Gruppen zu unterschiedlichen Zeiten am Detektor eintreffen. Eine zweite Variante, die Feldionisation hochliegender Rydbergzustände, die zu (ro)vibronischen Zuständen des Molekülions konvergieren (*P*ulsed *F*ield *I*onization, PFI), ist im allgemeinen noch einfacher zu handhaben und ermöglicht eine höhere Auflösung. Während die ZEKE-Technik jedoch allgemein auf neutrale Moleküle und Anionen angewandt werden kann, steht die PFI-Technik für letztere nicht zur Verfügung, da dort keine Rydbergzustände existieren. Als Beispiel für das exzellente Auflösungsvermögen der ZEKE-Photoelektronen-Spektroskopie zeigt Abb. 15.21 ein vollständig rotationsaufgelöstes Spektrum des Benzol-Kations $C_6H_6^-$.

Aufgaben

15.1 a) Die Transmissionsmessung einer 0,005-molaren Benzollösung in einer handelsüblichen Quarzglasküvette mit 1 cm Weglänge ergibt bei 256 nm eine Transmission von 16%. Berechnen Sie die *Optische Dichte* und den *Extinktionskoeffizienten* ε von gelöstem Benzol bei der genannten Wellenlänge. Welche Transmission derselben Lösung mißt man in einer 1 mm-Küvette?

b) Die Absorptionsbande der Benzollösung bei 256 nm weist eine Breite von $4000\,\text{cm}^{-1}$ auf. Wie groß ist die *Oszillatorenstärke* des Übergangs. Welches *Übergangsdipolmoment* berechnet man daraus?

15.2 Mit zunehmender Tiefe nimmt der Pflanzenbewuchs des Meeresbodens stark ab. In welcher Tiefe stehen den Unterwasserpflanzen 50% bzw. 10% der Lichtintensität an der Wasseroberfläche zur Verfügung, wenn der Extinktionskoeffizient des Seewassers im sichtbaren Wllenlängenbereich $6{,}2 \cdot 10^5$ 1/mol cm beträgt?

15.3 Die *Oszillatorenstärke* eines elektronischen Übergangs kann aus den Molekülorbitalen der beiden miteinander verknüpften Zustände berechnet werden. Betrachten Sie ein Elektron in einem eindimensionalen Potentialtopf der Länge L und berechnen Sie die Oszillatorenstärke der Übergänge $n \rightarrow n+1$ und $n \rightarrow n+2$.

Schätzen Sie durch Verwendung des Potentialtopfmodells die Anregungsenergie von β-Carotin ab. Dabei kann eine mittlere Bindungslänge in der Polyenkette von $R = 140\,\text{pm}$ angenommen werden. Der Chromophor sei auf die konjugierten π-Bindungen beschränkt. Siehe dazu Abb. 20.16. Bewerten Sie Ihr Ergebnis.

15.4 a) Um die Zahl der Linien im *Absorptionsspektrum von gasförmigem* H_2 zu verringern, kühlt man dieses ab. Bei welchen Temperaturen frieren die Rotations- und Schwingungsfreiheitsgrade ein?

b) Wie lauten die Ergebnisse für HCl?

c) Welche Methode würden Sie jeweils anwenden, um die Gase auf die erforderliche Temperatur abzukühlen? (*Hinweis:* Kondensationspunkt für H_2: $T_K = 20{,}3\,K$; für HCl: $T_K = 188{,}2\,K$)

15.5 Aus dem optischen Spektrum von Sternen kann man Informationen über ihre *Oberflächentemperatur* und *Fluchtgeschwindigkeit* gewinnen. Berechnen Sie diese beiden Daten für ein Objekt, bei dessen Beobachtung Sie eine Verschiebung der Spektrallinie des Ions $^{48}Ti^{8+}$ von 654,2 nm nach 706,5 nm bei einer Linienbreite von 0,618 Å feststellen.

15.6 a) Im Absorptionsspektrum eines organischen Moleküls erkennt man den S_0-S_1- und den S_0-S_2-Übergang. Für welche der beiden Absorptionslinien erwarten Sie eine größere *Linienbreite*, wenn Sie vibronische und rotatorische Unterstrukturen im Spektrum abtrennen (Idealisierung)?

b) Warum sind Triplett-Absorptionslinien (z. B. S_0-T_1) im allgemeinen schmaler als Singulett-Absorptionslinien (z. B. S_0-S_1)?

15.7 Im *Photoelektronenspektrum* von CO beobachtet man bei Bestrahlung mit der He-Linie bei 58,4 nm die folgenden Maxima (angegeben ist jeweils die kinetische Energie der Photoelektronen):

7,2 eV
4,9 eV (mit Schwingungsprogression, Abstand 0,2 eV)
1,7 eV (mit Schwingungsprogression, Abstand 0,3 eV) .

Skizzieren Sie das Spektrum und ordnen Sie die Linien den konkreten Ionisierungsprozessen zu. Aus welchen Orbitalen stammen die ausgelösten Elektronen? Welche Informationen gewinnt man aus der Schwingungsstruktur der Banden?

15.8 Das Photoelektronenspektrum von Wasser enthält bei Verwendung der 21,21 eV-He-Linie Banden bei 9,0 eV und bei 7,0 eV; es existieren jeweils Schwingungsbegleiter mit Linienabständen von 0,41 eV für die hochenergetische und 0,125 eV für die niederenergetische Bande.

Welche Auswirkung hat jeweils das Auslösen eines Photoelektrons auf die Vibrationen des Moleküls? Welchen *Bindungscharakter* haben die Orbitale, aus denen die Elektronen stammen? (*Hinweis:* Schwingungskonstanten von nicht-ionisiertem H_2O: $\bar{\nu}_1 = 3657\,cm^{-1}$ für symmetrische Streckschwingung; $\bar{\nu}_2 = 1595\,cm^{-1}$ für Biegeschwingung).

16. Wechselwirkung von Molekülen mit Licht: Quantentheoretische Behandlung

Nach einem Abriß der zeitabhängigen Störungstheorie behandeln wir im Detail die spontane und induzierte Emission sowie die Absorption von Licht durch Moleküle. Hierbei leiten wir insbesondere die Übergangswahrscheinlichkeiten und die Einstein-Koeffizienten her. Eine wichtige Rolle spielt weiterhin die Herleitung des Franck-Condon-Prinzips und die Diskussion von Auswahlregeln.

16.1 Eine Übersicht

In den vorangegangenen Kapiteln haben wir uns einen Überblick über viele spektroskopische Eigenschaften von Molekülen verschafft. Im vorliegenden Kapitel kommt es uns nun darauf an, die Grundlagen für die streng quantentheoretische Behandlung dieser Prozesse zu bringen. Wie schon in Atomen können auch in Molekülen Elektronen Übergänge durchführen, wenn sie Licht absorbieren oder Licht spontan oder induziert emittieren. Genauso können auch Moleküle Licht streuen. Bei hoher Lichtintensität, wie sie durch Laser erzeugt werden kann, kommen auch Prozesse der nichtlinearen Optik vor, wo z. B. ein Molekül zwei oder mehrere Photonen absorbieren kann. Bei Molekülen kommen aber noch weitere wichtige Eigenschaften hinzu, die durch die zusätzlichen Freiheitsgrade der Molekülschwingungen und Rotationen bedingt sind. Auch durch diese Molekülbewegungen kann Licht absorbiert, spontan oder induziert emittiert werden. Darüber hinaus werden auch Übergänge möglich, bei denen die Änderung des Elektronenzustandes mit einer Änderung der Molekülschwingung und Molekülrotation verknüpft ist. Bei diesen elektronischen Übergängen können also Quanten der Molekülschwingung bzw. -rotation erzeugt oder vernichtet werden. Ein gegenüber Atomen neuartiger Effekt bei Molekülen stellt die Raman-Streuung dar, wobei die Energie eines einfallenden Lichtquants aufgespalten wird in ein Quant der Molekülschwingung und in ein wieder ausgesandtes Lichtquant. Dasselbe läßt sich auch für Rotationsquanten feststellen. Neben diesen Prozessen, wo ein Lichtquant zuerst absorbiert und dann ein anderes emittiert wird, wo also zwei Lichtquanten beteiligt sind, gibt es weitere Prozesse, an denen zwei oder mehrere Photonen beteiligt sind. Ein Beispiel hierfür stellt die 2-Photonen-Emission oder Absorption dar.

Das wichtigste Ziel der quantentheoretischen Behandlung, die wir in diesem Kapitel durchführen werden, ist die Berechnung der Übergangswahrscheinlichkeit pro Sekunde, d. h. der mittleren Zahl der Übergänge, die ein Molekül pro Sekunde durchführt unter der Einwirkung von Licht oder bei Emission von Lichtquanten. Wie wir sehen werden, ist diese Übergangswahrscheinlichkeit maßgeblich durch das sogenannte optische Übergangs-Matrixelement bestimmt. Wie aus der quantentheoretischen Behandlung folgt, gilt für alle Prozesse der Energiesatz, wobei die Gesamtenergie Molekül plus Licht vor und nach dem entsprechenden Absorptions- oder Emissionsakt erhalten bleibt.

Aus dem optischen Matrixelement, d. h. dem eben erwähnten Übergangselement, folgen die Auswahlregeln. In diese Matrixelemente gehen die Wellenfunktionen der gekoppelten Bewegung von Elektronen und Molekülschwingungen bzw. Rotationen ein. Eine wichtige Methodik wird darin bestehen, diese Matrixelemente auszuwerten, indem die Elektronen- und Kernkoordinaten in geeigneter Weise getrennt werden. Es handelt sich hierbei um die sogenannte *Born-Oppenheimer-Näherung* und das *Franck-Condon-Prinzip* (vgl. hierzu auch Abschn. 14.1).

Im einzelnen werden wir in diesem Kapitel wie folgt vorgehen: Unter der Annahme, daß die Lichtfeldstärke nicht zu groß ist, entwickeln wir die zeitabhängige Störungstheorie der ersten Ordnung für die Berechnung von Absorption und spontaner und induzierter Emission. Sodann stellen wir den Hamilton-Operator auf, der die Wechselwirkung zwischen dem Lichtfeld einerseits und den Freiheitsgraden des Moleküls mit der Elektronen- und Kernbewegung andererseits beschreibt. Sodann wenden wir die zunächst noch allgemein gültigen Formeln der Störungstheorie auf diese spezielle Wechselwirkung Licht – Molekül an, besprechen die verschiedenen Absorptions- und Emissionsarten, leiten die Einstein-Koeffizienten für diese Prozesse her, um uns dann dem Franck-Condon-Prinzip zu widmen. Anschließend besprechen wir noch die Methodik, mit Hilfe derer man zu Auswahlregeln gelangt.

16.2 Zeitabhängige Störungstheorie

In I, Abschn. 15.2, hatten wir die *zeitunabhängige Störungstheorie* ausführlich behandelt. Für die Zwecke der Lichtabsorption ist es aber nötig, zur sogenannten *zeitabhängigen* Störungstheorie überzugehen, wobei wir uns eine Reihe von Gedanken, die wir damals schon benutzt haben, zu eigen machen.

Die dem Problem zugrundeliegende Schrödinger-Gleichung schreiben wir in der Form

$$\mathrm{i}\hbar\dot{\Psi} = \left(H_0 + H^{\mathrm{S}}\right)\Psi\,, \tag{16.1}$$

wobei H_0 der ungestörte Hamilton-Operator ist, während H^{S} den Störoperator darstellt. Die Bedeutung von H_0 und H^{S} werden wir weiter unten spezifizieren. Hier genügen zunächst einige sehr allgemeine Eigenschaften von H_0 und H^{S} als Voraussetzung. Betrachten wir als erstes die Schrödinger-Gleichung mit dem ungestörten Operator H_0, also

$$H_0\psi_\nu^0 = \mathrm{i}\hbar\dot{\psi}_\nu^0\,. \tag{16.2}$$

Hierbei soll der Hamilton-Operator H_0 zeitunabhängig sein, so daß wir die Lösung von (16.2) in der Form

$$\psi_\nu^0(t) = \exp\left(-\frac{\mathrm{i}}{\hbar}E_\nu t\right)\varphi_\nu\,, \tag{16.3}$$

schreiben können. Die Energiewerte E_ν und die ungestörten Wellenfunktionen φ_ν, die zeitunabhängig sind, sind durch die zeitunabhängige Schrödinger-Gleichung

$$H_0\varphi_\nu = E_\nu\varphi_\nu\,, \quad \nu = 1, 2, \ldots\,, \tag{16.4}$$

festgelegt. Die Indizes ν sind natürlich die Quantenzahlen. Wir nehmen im folgenden an, daß die Wellenfunktionen φ_ν und zugehörigen Energiewerte E_ν bereits bekannt sind.

Wir stellen die gesuchte Lösung von (16.1) als eine Überlagerung von ungestörten Wellenfunktionen in der Form

$$\Psi(t) = \sum_{\nu=1}^{\infty} c_\nu(t)\psi_\nu^0 \tag{16.5}$$

dar, wobei die Koeffizienten $c_\nu(t)$ von der Zeit abhängen und noch zu bestimmen sind. Da die Wellenfunktionen φ_ν einen vollständigen Satz bilden, ist der Ansatz (16.5) im Sinne der Mathematik exakt. Es kommt nun darauf an, die Koeffizienten c_ν zu berechnen. Dazu setzen wir (16.5) in (16.1) ein und erhalten unter Berücksichtigung von (16.3) das Resultat

$$\mathrm{i}\hbar\sum_\nu \dot{c}_\nu\psi_\nu^0 + \sum_\nu c_\nu E_\nu\psi_\nu^0 = \sum_\nu c_\nu H_0\psi_\nu^0 + \sum_\nu c_\nu H^{\mathrm{S}}\psi_\nu^0 . \tag{16.6}$$

Wegen (16.2) und (16.4) heben sich aus (16.6) das zweite Glied auf der linken Seite und das erste Glied auf der rechten Seite gegenseitig heraus. Um zu Gleichungen für die Koeffizienten c_ν zu gelangen, multiplizieren wir in völliger Analogie zur zeitunabhängigen Störungstheorie die Gl. (16.6) mit ψ_μ^{0*} und integrieren über die in φ_ν stehenden Koordinaten. Diese können im allgemeinen sowohl Elektronen- als auch Kernkoordinaten der Moleküle sein. Wir erhalten damit

$$\dot{c}_\mu(t) = \frac{1}{\mathrm{i}\hbar}\sum_\nu c_\nu(t)H_{\mu\nu}^{\mathrm{S}} , \tag{16.7}$$

wobei wir die Abkürzung

$$H_{\mu\nu}^{\mathrm{S}} = \int \psi_\mu^{0*}H^{\mathrm{S}}\psi_\nu^0 dV \tag{16.8}$$

verwendet haben. Das Integral $\int \ldots dV$ symbolisiert dabei eine Integration über alle Koordinaten, von denen φ_ν abhängt. Die Lösung des Gleichungssystems (16.7) ist völlig gleichbedeutend mit der Lösung der ursprünglichen Gl. (16.1) und damit im allgemeinen auch gleich schwierig.

Wir betrachten eine Situation, in der das System anfänglich, zur Zeit $t = 0$, in dem ungestörten Quantenzustand κ ist, also $\psi(0) = \varphi_\kappa$. Damit gilt als Anfangsbedingung für die Koeffizienten

$$c_\mu(0) = \delta_{\mu\kappa} , \tag{16.9}$$

wobei

$$\delta_{\mu\kappa} = 1 \quad \text{für} \quad \mu = \kappa , \qquad \delta_{\mu\kappa} = 0 \quad \text{für} \quad \mu \neq \kappa .$$

Wir nehmen nun an, daß die Störung klein ist. Wir werden dann erwarten, daß sich für nicht zu große Zeiten die Koeffizienten $c_\mu(t)$ nur wenig von dem Ausgangswert (16.9) unterscheiden. In erster Näherung dürfen wir somit annehmen, daß wir auf der rechten Seite von (16.7) die dortigen Koeffizienten $c_\nu(t)$ durch (16.9) annähern können. Damit gelangen wir sofort von (16.7) zu dem Gleichungssystem

$$\dot{c}_\mu(t) = \frac{1}{\mathrm{i}\hbar}H_{\mu\kappa}^{\mathrm{S}} . \tag{16.10}$$

Da $H^{\mathrm{S}}_{\mu\nu}$ gemäß (16.8) die zeitabhängigen Wellenfunktionen ψ^{0*}_{μ}, ψ^{0}_{ν} enthält, hängt dieses Matrixelement selbst von der Zeit ab. Integrieren wir (16.10) auf beiden Seiten über die Zeit, so erhalten wir unter Berücksichtigung der Anfangsbedingung (16.9)

$$c_\mu(t) = \frac{1}{\mathrm{i}\hbar} \int_0^t H^{\mathrm{S}}_{\mu\kappa}(\tau) d\tau + \delta_{\mu\kappa} \,. \tag{16.11}$$

Um zu Resultaten zu gelangen, die wir mit dem Experiment vergleichen können, ist es zweckmäßig, die rechte Seite von (16.11) weiter zu spezifizieren. Setzen wir auf der rechten Seite von (16.8) die Wellenfunktionen (16.3) ein und nehmen an, daß H^{S} zeitunabhängig ist, so läßt sich (16.8) in der Form

$$H^{\mathrm{S}}_{\mu\kappa} = \exp\left\{\mathrm{i}\omega_{\mu\kappa} t\right\} H^{\mathrm{S}}_{\mu\kappa}(0) \tag{16.12}$$

schreiben, wobei wir die Abkürzungen

$$\omega_{\mu\kappa} = \frac{1}{\hbar}\left(E_\mu - E_\kappa\right) \tag{16.13}$$

und

$$H^{\mathrm{S}}_{\mu\kappa}(0) = \int \varphi^*_\mu H^{\mathrm{S}} \varphi_\kappa dV \tag{16.14}$$

verwendet haben. Da es uns interessiert, welche Zustände infolge der Störung neu besetzt werden, betrachten wir den Fall $\mu \neq \kappa$, also einen vom Anfangszustand κ verschiedenen Endzustand μ. Unter dieser Annahme können wir das Zeitintegral in (16.11) mit Hilfe von (16.12)–(16.14) sofort berechnen und erhalten

$$c_\mu(t) = \frac{-1}{\hbar\omega_{\mu\kappa}} \left(\exp\left(\mathrm{i}\omega_{\mu\kappa} t\right) - 1\right) H^{\mathrm{S}}_{\mu\kappa}(0) \quad \text{für} \quad \mu \neq \kappa \,. \tag{16.15}$$

Ein genaues Maß, wie stark der Zustand $\mu \neq \kappa$ aufgrund der Störung bevölkert wird, ist durch das Quadrat der Wahrscheinlichkeitsamplitude $c_\mu(t)$, d. h.

$$\left|c_\mu(t)\right|^2 \tag{16.16}$$

gegeben. Einsetzen von (16.15) in (16.16) liefert nach einer kleinen Umformung der Exponentialfunktion in eine Sinusfunktion das Resultat

$$\left|c_\mu(t)\right|^2 = \frac{4\sin^2(\omega_{\mu\kappa} t/2)}{\hbar^2(\omega_{\mu\kappa})^2} \left|H^{\mathrm{S}}_{\mu\kappa}(0)\right|^2 . \tag{16.17}$$

Statt die Besetzungswahrscheinlichkeit (16.16) zu berechnen, ist es oft zweckmäßiger, die Übergangswahrscheinlichkeit pro Sekunde, d. h. die Zahl der Übergänge pro Sekunde, zu bestimmen. Die Übergangswahrscheinlichkeit pro Sekunde ist durch die Zeitableitung von (16.16) bzw. (16.17) gegeben:

$$w_{\mu\kappa} = \frac{d|c_\mu(t)|^2}{dt} , \tag{16.18}$$

oder expliziter:

$$w_{\mu\kappa} = \frac{2}{\hbar^2\omega_{\mu\kappa}} \sin(\omega_{\mu\kappa} t) \left|H^{\mathrm{S}}_{\mu\kappa}(0)\right|^2 . \tag{16.19}$$

Wenn wir diese Formel auf die Lichtabsorption von Molekülen anwenden, so tritt eine eigentümliche Schwierigkeit auf: Wie wir von der Absorption von Licht durch Moleküle wissen, wird pro Sekunde eine bestimmte Zahl von Molekülen aus dem Ausgangszustand κ in den Zustand μ gebracht, wobei die durch (16.18) gegebene Übergangsrate experimentell *von der Zeit unabhängig* ist. Trägt man aber die berechnete Übergangswahrscheinlichkeit (16.19) gegenüber der Zeit auf, so erhalten wir eine periodisch oszillierende Funktion der Zeit, die also keineswegs zeitunabhängig ist. Hier scheint ein Widerspruch zwischen Experiment und Theorie vorzuliegen. Dieser löst sich aber, wenn wir an die genauen experimentellen Bedingungen denken. Tatsächlich findet man ein derartiges periodisches Hin- und Hergehen, wenn die eingestrahlte Welle sehr monochromatisch, d. h. kohärent, ist. Dies kann oft bei der Kernspin-Resonanz angenommen werden, aber auch bei einigen Experimenten mit Laserlicht. Bei unseren jetzigen Überlegungen wollen wir aber die Eigenschaften des Lichts herkömmlicher Lampen (d. h. thermischer Lichtquellen) zugrundelegen, das eine endliche Frequenzbreite besitzt. Auch sind oft die Zustände der Moleküle, z. B. durch die endliche Lebensdauer angeregter Niveaus, verbreitert. Die Annahme, daß die Übergangsfrequenz $\omega_{\mu\kappa}$ unendlich scharf ist, ist also nicht gerechtfertigt. Wir müssen vielmehr annehmen, daß der Anfangs- oder der Endzustand, oder beide, einem kontinuierlichen Spektrum angehören.

Betrachten wir zuerst den Fall, daß die *Endzustände* einem kontinuierlichen Spektrum angehören. Hierbei gehen wir in zwei Schritten vor. Im ersten denken wir uns das *kontinuierliche* Energiespektrum durch eine Folge eng beieinanderliegender, *diskreter* Energiewerte angenähert. Wir nennen dies ein *Quasikontinuum.* Im zweiten Schritt machen wir dann den Grenzübergang zum Kontinuum. Wir bilden also zunächst die Summe $w_{\mu\kappa}$ der Übergangswahrscheinlichkeiten über Endzustände aus einem Quasikontinuum, d. h. wir ersetzen (16.19) durch

$$W = \sum_{\mu \in \Omega} w_{\mu\kappa} . \tag{16.20}$$

Die Summe erstreckt sich also über alle Quantenzahlen μ von Zuständen, die einem Intervall Ω aus diesem Quasikontinuum angehören. Hierbei ist es oft günstig, wenn wir die Quantenzahl μ, die im allgemeinen für einen ganzen Satz einzelner Quantenzahlen steht, durch die Energie E und einen weiteren Satz von Quantenzahlen q ersetzen

$$\mu \to E, q . \tag{16.21}$$

Wir betrachten nun die Zahl der Zustände $\mu \in \Omega$. Insbesondere sollen diese Zustände einem Energiekontinuum

$$E \dots E + dE \tag{16.22}$$

angehören. Die Zahl Z der Zustände in diesem Intervall (16.22) schreiben wir in der Form

$$Z = \varrho(E) dE . \tag{16.23}$$

Dabei berücksichtigen wir, daß die sogenannte Zustandsdichte $\varrho(E)$ noch von den übrigen Quantenzahlen q abhängen kann

$$\varrho(E) = \varrho_q(E) . \tag{16.24}$$

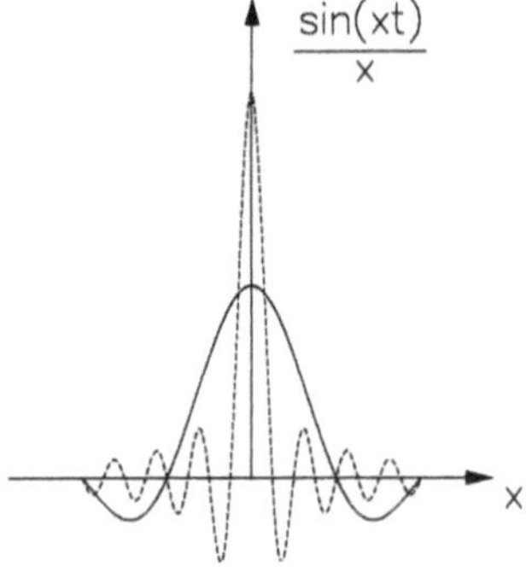

Abb. 16.1. Die Funktion $\sin(xt)/x$ ist für zwei Parameterwerte von t (*ausgezogen* bzw. *gestrichelt*) gegenüber x aufgetragen. Sie wird für wachsende t-Werte immer mehr um $x = 0$ konzentriert

Mit derartigen Überlegungen erhalten wir anstelle von (16.20) den Ausdruck

$$W = \sum_q \int \varrho_q(E) \frac{2}{\hbar} \frac{\sin\left[(E - E_\kappa)\, t/\hbar\right]}{E - E_\kappa} \left| H^{\mathrm{S}}_{q\kappa}(0) \right|^2 dE\,, \qquad (16.25)$$

wobei wir die Abkürzung

$$E_\kappa = \hbar\omega_\kappa \qquad (16.26)$$

verwendet haben.

Betrachten wir den Integranden etwas genauer, wobei wir $(E - E_\kappa)/\hbar$ mit x abkürzen. Tragen wir die unter dem Integral stehende Funktion $\sin(xt)/x$ gegenüber x auf, so erhalten wir den in Abb. 16.1 dargestellten Verlauf. Dieser zeigt uns, daß in dem $\lim_{t\to\infty}$ die Funktion $\sin(xt)/x$ in ihrer Abhängigkeit von x praktisch unendlich scharf um die Stelle $x = 0$ konzentriert ist. Sie verhält sich also wie die δ-Funktion, was auch mathematisch exakt bewiesen werden kann. Da aber

$$\int_{-\infty}^{+\infty} \frac{\sin(xt)}{x} dx = \pi \qquad (16.27)$$

und andererseits

$$\int_{-\infty}^{+\infty} \delta(x) dx = 1\,, \qquad (16.27\text{a})$$

müssen wir, um zu einer quantitativen Übereinstimmung zwischen der Funktion $\lim_{t\to\infty} \sin(xt)/x$ und der δ-Funktion zu gelangen, zu der letzteren noch den Faktor π hinzufügen. Damit können wir also für genügend große Zeiten die $\sin(xt)/x$-Funktion durch $\pi\delta(x)$ ersetzen. Wir erhalten so statt (16.25) das endgültige Resultat

$$W = \sum_q \int \varrho_q(E) \frac{2\pi}{\hbar} \delta\left(E - E_\kappa\right) \left| H^{\mathrm{S}}_{q\kappa}(0) \right|^2 dE\,. \qquad (16.28)$$

Die δ-Funktion in (16.28) sorgt dafür, daß die Energie E des Endzustands gleich der des Anfangszustands E_κ ist. Sie garantiert also den Energie-Erhaltungssatz. Nach Ausführung der Integration über E ergibt sich

$$W = \sum_q \varrho_q(E_\kappa) \frac{2\pi}{\hbar} \left| H^{\mathrm{S}}_{q\kappa}(0) \right|^2 , \qquad (16.29)$$

wobei die Funktion $\varrho_q(E)$ an der Stelle $E = E_\kappa$ zu nehmen ist. Das Resultat (16.29) wird in der Literatur oft als Fermis Goldene Regel bezeichnet. Am Beispiel der Lichtemission von Molekülen werden wir in Abschn. 16.3 sehen, wie die Zustandsdichte $\varrho_q(E)$ explizit berechnet werden kann.

Für manche Anwendungen ist es praktischer, die Quantenzahlen μ der Endzustände nicht explizit durch E, q gemäß (16.21) zu ersetzen, sondern formal die Summe über μ in (16.20) stehenzulassen, wobei wir uns im klaren sein müssen, daß die Summe schließlich durch ein Integral über kontinuierlich verteilte Quantenzahlen aufzufassen ist. Wir erhalten dann die sehr einfache Formel

$$W = \frac{2\pi}{\hbar} \sum_{\mu\in\Omega} \delta\left(E_\mu - E_\kappa\right) \left| H^{\mathrm{S}}_{\mu\kappa}(0) \right|^2 . \qquad (16.30)$$

Ähnliche Überlegungen lassen sich anstellen, wenn die Anfangszustände kontinuierlich sind. In diesem Falle wird nicht über die Endzustände aufsummiert, sondern es wird über die Anfangszustände gemittelt. Damit erhalten wir statt (16.28) die folgende Beziehung für die Gesamt-Übergangswahrscheinlichkeit pro Sekunde

$$W = \frac{1}{Z} \sum_{\mu \in \Omega} w_{\mu\kappa} \tag{16.31}$$

mit

$$Z = \sum_{q} \sum_{\Delta E} \varrho_q(E) dE \,, \tag{16.32}$$

wobei Z als Zahl der Anfangszustände gedeutet werden kann.

Für die weiteren Ausführungen dieses Kapitels wird sich der Ausdruck (16.30) für die Übergangswahrscheinlichkeit pro Sekunde als fundamental erweisen, wobei wir explizit sehen werden, wie er zu handhaben ist.

16.3 Die spontane und induzierte Emission sowie die Absorption von Licht durch Moleküle

16.3.1 Die Form des Hamilton-Operators

In diesem Abschnitt kommt es darauf an, die Ausdrücke für die Übergangswahrscheinlichkeit pro Sekunde (16.29) und (16.30) des vorigen Abschnitts mit physikalischem Inhalt zu erfüllen. Dabei richten wir unser Augenmerk zuerst auf die Auswertung des Matrixelements $H^{\mathrm{S}}_{\mu\kappa}(0)$. Zu seiner Berechnung brauchen wir die Wellenfunktionen des Anfangs- und Endzustandes und die explizite Form des Störoperators. Ausgangspunkt unserer Überlegung ist die Schrödinger-Gleichung (16.1), die wir zunächst in der allgemeinen Form

$$\mathrm{i}\hbar\dot{\Psi} = H\Psi \,, \tag{16.33}$$

schreiben, wobei wir den Hamilton-Operator und die Wellenfunktionen genauer zu spezifizieren haben. Wir betrachten ein Molekül, das N Elektronen mit den Koordinaten $\boldsymbol{r}_1 \dots \boldsymbol{r}_N$ besitzt. Falls nötig können wir hierbei auch die Spinvariablen mit einbeziehen, was wir im folgenden aber nicht explizit tun wollen. Des weiteren hängt die Wellenfunktion von den M Kernkoordinaten ab, die wir mit $\boldsymbol{R}_1 \dots \boldsymbol{R}_M$ bezeichnen. Ferner soll die Wellenfunktion auch das Lichtfeld enthalten, das wir durch die Zahl der Photonen $n_{\boldsymbol{k},\boldsymbol{e}}$ beschreiben, die zu einer Welle mit dem Ausbreitungsvektor $\boldsymbol{k}$ und der Polarisationsrichtung $\boldsymbol{e}$ gehören. Im folgenden wollen wir $\boldsymbol{k}, \boldsymbol{e}$ zu einem Index λ zusammenfassen und n_λ statt $n_{\boldsymbol{k},\boldsymbol{e}}$ schreiben. Schließlich hängt Ψ noch von der Zeit t ab, so daß wir allgemein zu schreiben haben

$$\Psi = \Psi(\boldsymbol{r}_1, \boldsymbol{r}_2, \dots, \boldsymbol{r}_N; \boldsymbol{R}_1, \boldsymbol{R}_2, \dots, \boldsymbol{R}_M; n_\lambda; t) \,. \tag{16.34}$$

Der Hamilton-Operator H in (16.33) ist durch

$$H = H_{\mathrm{El-K}} + H_{\mathrm{L}} + H^{\mathrm{S}} \tag{16.35}$$

gegeben. Darin ist $H_{\mathrm{El-K}}$ der Hamilton-Operator, der die kinetische Energie der Elektronen und Kerne enthält, sowie alle in Frage kommenden Coulombschen Wechselwirkungen zwischen diesen Teilchen. Eventuell kann man hier auch noch die Spinbahnkopplung einbeziehen, was wir aber nicht explizit tun wollen. H_{L} ist der Hamilton-Operator des Lichtfeldes und H^{S} die Störung, die aus der Wechselwirkung zwischen dem Lichtfeld einerseits und dem Molekül mit seinen Elektronen und Kernen andererseits besteht.

Als H_0, d. h. als ungestörten Hamilton-Operator, fassen wir denjenigen Anteil in (16.35) auf, der sich auf die Elektronen und Kerne und deren Wechselwirkung untereinander bezieht und additiv den Energie-Operator des Lichtfelds enthält, d. h.

$$H_0 = H_{\mathrm{El-K}} + H_{\mathrm{L}} \,. \tag{16.36}$$

Der Hamilton-Operator $H_{\mathrm{El-K}}$ ist uns in Kap. 11 begegnet. Wir brauchen ihn hier nicht zu wiederholen. Den Hamilton-Operator des quantisierten Lichtfelds haben wir in I, Abschn. 15.5, hergeleitet. Wir erinnern hier den Leser an die wichtigsten Schritte. Hierzu gehen wir vom elektromagnetischen Feld aus, wobei die klassische elektrische Feldstärke $\boldsymbol{E}(\boldsymbol{r}, t)$ zu einem Operator $\boldsymbol{E}(\boldsymbol{r})$ gemäß

$$\boldsymbol{E}(r, t) \Rightarrow \boldsymbol{E}(\boldsymbol{r}) \tag{16.37}$$

wird. Um dessen Eigenschaften zu erkennen, zerlegen wir die ortsabhängige Feldstärke in eine Reihe nach Wellen mit der Polarisationsrichtung $\boldsymbol{e}_\lambda$ und dem Ausbreitungsvektor $\boldsymbol{k}_\lambda$:

$$\boldsymbol{E}(\boldsymbol{r}) = \sum_\lambda \boldsymbol{e}_\lambda N_\lambda \left[\mathrm{i} b_\lambda \exp(\mathrm{i}\boldsymbol{k}_\lambda \cdot \boldsymbol{r}) - \mathrm{i} b_\lambda^+ \exp(-\mathrm{i}\boldsymbol{k}_\lambda \cdot \boldsymbol{r})\right] . \tag{16.38}$$

Die einzelnen Ausdrücke haben dabei die folgende Bedeutung:

- λ ist ein Index, der die individuellen ebenen Wellen mit Wellenvektor $\boldsymbol{k}_\lambda$ und Polarisationsvektor $\boldsymbol{e}_\lambda$ unterscheidet
- ω_λ ist die Kreisfrequenz der Lichtwelle λ
- N_λ ist ein Normierungsfaktor, wobei

$$N_\lambda = \sqrt{\frac{\hbar\omega_\lambda}{2\varepsilon_0 V}} \tag{16.39}$$

- ε_0 ist die Dielektrizitätskonstante und V das Normierungsvolumen, in dem sich die Wellen ausbreiten, wobei periodische Randbedingungen vorausgesetzt werden
- b_λ, b_λ^+ sind Vernichtungs- und Erzeugungsoperatoren von Lichtquanten mit dem Index λ.

Das Vektorpotential erscheint in der Form

$$\boldsymbol{A}(\boldsymbol{r}) = \sum_\lambda \boldsymbol{e}_\lambda \frac{1}{\omega_\lambda} N_\lambda \left[b_\lambda \exp(\mathrm{i}\,\boldsymbol{k}_\lambda \cdot \boldsymbol{r}) + b_\lambda^+ \exp(-\mathrm{i}\,\boldsymbol{k}_\lambda \cdot \boldsymbol{r})\right] . \tag{16.40}$$

In einer klassischen Betrachtung sind b_λ und b_λ^+ zeitabhängige Amplituden, die hier in der Quantisierung aber zu Operatoren werden, wobei b_λ und b_λ^+ den folgenden Vertauschungsrelationen genügen

$$
\begin{aligned}
&b_\lambda b^+_{\lambda'} - b^+_{\lambda'} b_\lambda = \delta_{\lambda\lambda'}\\
&b_\lambda b_{\lambda'} - b_{\lambda'} b_\lambda = 0\\
&b^+_\lambda b^+_{\lambda'} - b^+_{\lambda'} b^+_\lambda = 0\,,
\end{aligned}
\tag{16.41}
$$

die uns, lediglich mit anderen Indizes, schon in (7.47)–(7.49) begegnet sind. Sie sind in Anlehnung an die Vertauschungsrelation des uns wohlbekannten quantenmechanischen harmonischen Oszillators gebildet. In diesem Formalismus stellt sich die Energie des elektromagnetischen Feldes als eine Summe über die Energien ungekoppelter harmonischer Oszillatoren dar:

$$
H_{\mathrm{L}} = \sum_\lambda \hbar\omega_\lambda b^+_\lambda b_\lambda\,. \tag{16.42}
$$

Gleichung (16.42) kann aufgefaßt werden als eine Summe über Anzahloperatoren $b^+_\lambda b_\lambda$, die jeweils mit der Energie eines Lichtquants $\hbar\omega_\lambda$ multipliziert sind.

Wir müssen uns nun näher mit der Form des Störoperators H^{S} auseinandersetzen. Haben wir es nur mit einem Elektron zu tun, das sich in einem Atom bewegt, so genügt oft die Dipolnäherung

$$
H^{\mathrm{S}} = e\boldsymbol{r}\cdot\boldsymbol{E}(\boldsymbol{r}_0)\,, \tag{16.43}
$$

bei der e die elektrische Ladung, $\boldsymbol{r}$ die Koordinate des Elektrons und $\boldsymbol{E}(\boldsymbol{r}_0)$ die Feldstärke des Lichtfeldes am Orte des Atoms ist. Diese Dipolnäherung muß aber bei großen Molekülen nicht unbedingt gültig sein, weshalb wir hier die exakte Behandlung zugrundelegen, die auf der Verwendung des Vektorpotentials beruht. Betrachten wir hierzu als Beispiel den Hamilton-Operator eines einzelnen Elektrons, das sich im Potentialfeld V der Atomkerne des Moleküls und im Feld des Vektorpotentials $\boldsymbol{A}$ des Lichts bewegt. Nach I, Kap. 14, ist dieser Hamilton-Operator durch

$$
H_{\mathrm{El}} = \frac{1}{2m_0}(\boldsymbol{p} - e\boldsymbol{A})^2 + V \tag{16.44}
$$

gegeben, wobei V und $\boldsymbol{A}$ Funktionen der Elektronenkoordinate sind. Im folgenden nehmen wir an, daß, wie das beim elektromagnetischen Feld immer gemacht werden kann, die Divergenz verschwindet

$$
\operatorname{div}\boldsymbol{A} = 0\,. \tag{16.45}
$$

Multiplizieren wir die Klammer in (16.44) aus, so erhalten wir

$$
H_{\mathrm{El}} = \frac{1}{2m_0}\boldsymbol{p}^2 + V - \frac{e}{m_0}\boldsymbol{A}\cdot\boldsymbol{p} + \frac{e^2}{2m_0}\boldsymbol{A}^2\,, \tag{16.46}
$$

wobei wir wegen (16.45) nicht auf die Reihenfolge der Operatoren $\boldsymbol{A}$ und $\boldsymbol{p}$ zu achten hatten. Die ersten beiden Glieder in (16.46) stellen die Operatoren der kinetischen und potentiellen Energie dar, das dritte und vierte Glied geben die Wechselwirkung des Lichtfeldes mit dem Elektron wieder. Ist die Lichtfeldstärke nicht zu groß, so können wir das quadratische Glied in $\boldsymbol{A}$ vernachlässigen, so daß wir als Wechselwirkungsoperator zwischen Lichtfeld und Elektron den Ausdruck

$$
H^{\mathrm{S}} = -\frac{e}{m_0}\boldsymbol{A}(\boldsymbol{r})\cdot\boldsymbol{p} \tag{16.47}
$$

erhalten. In all diesen Ausdrücken ist natürlich der Impulsoperator $\boldsymbol{p}$ durch die Vorschrift

$$\boldsymbol{p} = \frac{\hbar}{\mathrm{i}}\nabla \tag{16.48}$$

gegeben.

Bisher haben wir nur die Wechselwirkung eines einzelnen Elektrons mit dem Lichtfeld betrachtet. Bei einem Molekül wirkt das elektromagnetische Feld sowohl auf den Satz der Elektronen als auch auf den der Kerne ein. Aus diesem Grunde müssen wir den Störoperator (16.47) durch eine Summe über die Elektronen-Indizes und die Kern-Indizes ersetzen. Wir erhalten somit z. B. für die Elektronen die Ersetzung $\boldsymbol{r} \to \boldsymbol{r}_j$, $\boldsymbol{p} \to \boldsymbol{p}_j$. Als Störoperator haben wir daher die Summen über die Elektronen-Indizes und die Kern-Indizes einzuführen, so daß der Störoperator

$$H^{\mathrm{S}} = \sum_{j=1}^{N}\left(-\frac{e}{m_0}\boldsymbol{A}(\boldsymbol{r}_j)\cdot\boldsymbol{p}_j\right) + \sum_{K=1}^{M}\left(\frac{eZ_K}{M_K}\boldsymbol{A}(\boldsymbol{R}_K)\cdot\boldsymbol{P}_K\right) \tag{16.49}$$

lautet. Z_K ist hierin die Kernladungszahl des Kerns mit dem Index K. Damit haben wir alle Bestandteile des Hamilton-Operators für das Molekül (d. h. Elektronen- und Kernbewegung), das Lichtfeld und deren Wechselwirkung bestimmt.

16.3.2 Die Form der Wellenfunktionen der Anfangs- und Endzustände

Bevor wir die Störungstheorie von Abschn. 16.1 anwenden, müssen wir uns über die Art der Anfangs- und Endzustände, die wir betrachten wollen, verständigen. Diese brauchen wir zur Auswertung der Matrixelemente und zur Bestimmung der zugehörigen Energien. Als Anfangszustand benutzen wir einen, in dem das Lichtfeld und das Molekül noch nicht in Wechselwirkung getreten sind. Da der ungestörte Hamilton-Operator H_0 (16.36) aus einer Summe besteht, läßt sich der gesamte Anfangszustand φ_κ (gemäß den Bezeichnungen von Abschn. 16.1) als ein Produkt aus dem Anfangszustand des Moleküls $\varphi_{Q_\mathrm{a}}(\boldsymbol{r};\boldsymbol{R})$ und dem Anfangszustand des Lichtfeldes Φ_a wiedergeben:

$$\varphi_\kappa = \varphi_{Q_\mathrm{a}}(\boldsymbol{r};\boldsymbol{R})\Phi_\mathrm{a}\,. \tag{16.50}$$

Der Index Q_a faßt dabei alle Quantenzahlen, die den Anfangszustand des Moleküls beschreiben, zusammen, wobei sich diese Quantenzahlen sowohl auf die Elektronen als auch auf die Kerne beziehen. Mit $\boldsymbol{r}$ haben wir die Gesamtheit der Elektronenkoordinaten, mit $\boldsymbol{R}$ die der Kernkoordinaten abgekürzt. Den Endzustand φ_μ können wir in einer zu (16.50) analogen Weise schreiben:

$$\varphi_\mu = \varphi_{Q_\mathrm{e}}(\boldsymbol{r};\boldsymbol{R})\Phi_\mathrm{e}\,. \tag{16.51}$$

16.3.3 Die allgemeine Form der Matrixelemente

Unsere Aufgabe besteht darin, die Matrixelemente $H^{\mathrm{S}}_{\mu\kappa}(0)$ (vgl. (16.14)) zu berechnen. Dazu betrachten wir den Wechselwirkungsoperator H^{S} (16.49) genauer, indem wir (16.40) in (16.49) einsetzen und die Definition von N_λ (16.39) verwenden. Gemäß der

Aufspaltung von (16.49) in die beiden Summen ergeben sich für H^{S} zwei Anteile, $H^{\mathrm{S}} = H^{\mathrm{S}}_{\mathrm{El}} + H^{\mathrm{S}}_{\mathrm{K}}$, von denen wir beispielhaft den ersten Teil explizit angeben

$$H^{\mathrm{S}}_{\mathrm{El}} = \sum_{\lambda} b_{\lambda} \frac{1}{\sqrt{V}} O_{\lambda}(\boldsymbol{k}_{\lambda}) + \sum_{\lambda} b^{+}_{\lambda} \frac{1}{\sqrt{V}} O_{\lambda}(-\boldsymbol{k}_{\lambda}) \,. \tag{16.52}$$

Hierin haben wir die Abkürzung

$$O_{\lambda}(k_{\lambda}) = \sum_{j=1}^{N} \left(-\frac{\mathrm{e}}{m_0} \sqrt{\frac{\hbar}{2\varepsilon_0 \omega_{\lambda}}} \exp\left(\mathrm{i}\boldsymbol{k}_{\lambda} \cdot \boldsymbol{r}_j\right) \boldsymbol{e}_{\lambda} \cdot \boldsymbol{p}_j \right) \tag{16.53}$$

benutzt. Statt $O_{\lambda}(-\boldsymbol{k}_{\lambda})$ werden wir auch $O^{+}_{\lambda}(\boldsymbol{k}_{\lambda})$ schreiben.

O_{λ} hängt von den Koordinaten $\boldsymbol{r}_j$ und Impulsoperatoren $\boldsymbol{p}_j$ aller Elektronen des Moleküls ab, nicht jedoch von den Lichtfeldoperatoren $b_{\lambda}, b^{+}_{\lambda}$. Ersichtlich besteht (16.52) aus einer Summe über die folgenden einzelnen Ausdrücke

$$b_{\lambda} \frac{1}{\sqrt{V}} O_{\lambda}(\boldsymbol{k}_{\lambda}) \tag{16.54}$$

$$b^{+}_{\lambda} \frac{1}{\sqrt{V}} O^{+}_{\lambda}(\boldsymbol{k}_{\lambda}) \,. \tag{16.55}$$

In analoger Weise setzt sich der Störoperator $H^{\mathrm{S}}_{\mathrm{K}}$ für die Kerne zusammen.

Wie wir weiter unten sehen werden, beschreiben die Ausdrücke (16.54) die Vernichtung eines Photons, (16.55) hingegen dessen Erzeugung. Wir betrachten im folgenden diejenigen Teile des Störoperators, die auf die Elektronenkoordinaten einwirken, d. h. (16.54) und (16.55). Wie wir wissen, gilt gemäß (16.28) der Energiesatz. Strahlen wir also mit Licht entsprechend hoher Frequenz ein, bei dem Elektronenübergänge auftreten, oder beobachten wir nur solches Licht bei der Emission, so kommen diese Teile des Störoperators zum Tragen. Setzen wir die Wellenfunktionen (16.50) und (16.51) sowie die Teile des Störoperators (16.54) oder (16.55) in das Matrixelement (16.14) ein! Da sowohl die Wellenfunktionen als auch der Störoperator jeweils aus einem Produkt von Funktionen bzw. Operatoren bestehen, die sich entweder auf das Licht oder die Molekülkoordinaten (d. h. Elektronen- oder Kernkoordinaten) beziehen, läßt sich das Matrixelement (16.14) bezüglich der einzelnen Teile (16.54) bzw. (16.55) ebenfalls in ein Produkt aufspalten. Bezüglich (16.54) gilt dann

$$\int \varphi^{*}_{\mu} b_{\lambda} \frac{1}{\sqrt{V}} O_{\lambda}(\boldsymbol{k}_{\lambda}) \varphi_{\kappa} dV = M_{\mathrm{Molekül}} M_{\mathrm{Licht}} \,. \tag{16.56}$$

Hierbei ist $M_{\mathrm{Molekül}}$ durch

$$M_{\mathrm{Molekül}} = \int \varphi^{*}_{Q_{\mathrm{e}}} \frac{1}{\sqrt{V}} O_{\lambda}(\boldsymbol{k}_{\lambda}) \varphi_{Q_{\mathrm{a}}} dV_{\mathrm{El}} dV_{\mathrm{Kerne}} \tag{16.57}$$

gegeben.

Die Integration, die durch $dV_{\mathrm{El}} dV_{\mathrm{Kerne}}$ angedeutet wird, bezieht sich dabei auf alle Koordinaten der Elektronen und Kerne des Moleküls. Mit der Auswertung dieses Matrixelements werden wir uns in Abschn. 16.4 befassen.

Zunächst wenden wir uns aber dem zweiten Faktor in (16.56), nämlich M_{Licht}, zu. Hierbei verwenden wir die bra- und ket-Bezeichnung, wie sie uns vom harmonischen Oszillator her geläufig ist (vgl. I, Abschn. 9.4, Übungen). Diese lautet:

$$M_{\text{Licht}} = \langle \Phi_{\text{e}} b_\lambda \Phi_{\text{a}} \rangle \ , \tag{16.58}$$

falls der Störoperator (16.54) verwendet wird, und

$$M_{\text{Licht}} = \left\langle \Phi_{\text{e}} b_\lambda^+ \Phi_{\text{a}} \right\rangle \ , \tag{16.59}$$

falls der Störoperator (16.55) verwendet wird.

Um diese Matrixelemente auszuwerten, erinnern wir uns daran, daß die Wellenfunktionen Φ_{a} und Φ_{e} Eigenzustände des ungestörten Hamilton-Operators, d. h. von (16.42), sein müssen. Im einfachsten Falle liegt der Vakuum-Zustand vor, in dem kein Photon vorhanden ist, $\Phi_{\text{a}} = \Phi_0$. Im Matrixelement (16.58) wirkt der Vernichtungsoperator b_λ auf den Vakuumzustand, was bekanntlich Null ergibt, so daß (16.58) verschwindet. Im Matrixelement (16.59) wird hingegen ein Photon im Zustand λ (mit dem Ausbreitungsvektor $\boldsymbol{k}_\lambda$ und der Polarisationsrichtung $\boldsymbol{e}_\lambda$) erzeugt. Wie wir vom quantenmechanischen harmonischen Oszillator her wissen, verschwindet das Matrixelement (16.59) genau dann nicht, wenn der Endzustand Φ_{e} dieses eine Photon enthält:

$$\Phi_{\text{e}} = b_\lambda^+ \Phi_0 \, . \tag{16.60}$$

Diese Resultate lassen sich auf allgemeine Anfangs- und Endzustände ausdehnen, wobei es für unsere Zwecke genügt, einen bestimmten Photonenzustand λ zu betrachten, der mit n_λ Photonen (n_λ: ganzzahlig) besetzt ist. Φ_{a} oder Φ_{e} haben dann die allgemeine Form

$$\Phi = \frac{1}{\sqrt{n_\lambda!}} \left(b_\lambda^+\right)^{n_\lambda} \Phi_0 \, . \tag{16.61}$$

Wir erhalten dann das folgende Schema:

Absorption. Die Zahl

$$n_\lambda \quad \text{in} \quad \Phi_{\text{a}} = \frac{1}{\sqrt{n_\lambda!}} \left(b_\lambda^+\right)^{n_\lambda} \Phi_0 \tag{16.62}$$

erniedrigt sich um eins:

$$\Phi_{\text{e}} = \frac{1}{\sqrt{(n_\lambda - 1)!}} \left(b_\lambda^+\right)^{n_\lambda - 1} \Phi_0 \, . \tag{16.63}$$

Wie aus der Theorie des quantenmechanischen harmonischen Oszillators bekannt ist, ist das für die Absorption zuständige Matrixelement (16.58) durch

$$M_{\text{Licht}} = \sqrt{n_\lambda} \tag{16.64}$$

gegeben.

Emission. Die Zahl n_λ in (16.60) erhöht sich um eins:

$$\Phi_{\text{e}} = \frac{1}{\sqrt{(n_\lambda + 1)!}} \left(b_\lambda^+\right)^{n_\lambda + 1} \Phi_0 \, . \tag{16.65}$$

Das für die Emission zuständige Matrixelement (16.59) ist durch

$$M_{\text{Licht}} = \sqrt{n_\lambda + 1} \tag{16.66}$$

gegeben.

Nach diesen Vorbereitungen können wir uns der Berechnung des Matrixelements (16.14), das den gesamten Störoperator (16.49) enthält, zuwenden. Hierbei wollen wir aber nach wie vor nur den elektronischen Anteil, d. h. die erste Summe in (16.49), also (16.52), berücksichtigen. Mit diesem gesamten Störoperator ist nun das Matrixelement (16.14) zu berechnen. Es ergibt sich so eine Summe über die Matrixelemente mit dem Index λ (16.56), die wir schon oben berechnet haben. Dies wird es uns sogleich ermöglichen, die Übergangswahrscheinlichkeiten für die Emission und Absorption von Licht zu bestimmen.

16.3.4 Übergangswahrscheinlichkeiten und Einstein-Koeffizienten

Untersuchen wir hierzu als erstes die *spontane Emission.*

In diesem Fall sind anfänglich keine Lichtquanten vorhanden, d. h. $\Phi_\text{a} = \Phi_0$, und das Molekül ist in einem angeregten elektronischen Zustand. Wie wir bereits gesehen haben, wird durch den Störoperator (16.55) ein Lichtquant der Sorte λ erzeugt. Über dieses λ wird nun gemäß (16.52) aufsummiert. Schließlich ist aber das Matrixelement zu bilden, indem ein bestimmter Endzustand $\Phi_\text{e} = b^+_{\lambda_0}\Phi_0$ mit einem bestimmten Index λ_0 eingesetzt wird. Da aber

$$\left\langle \left(b^+_{\lambda_0}\Phi_0\right) \middle| b^+_\lambda \Phi_0 \right\rangle = \delta_{\lambda\lambda_0} \tag{16.67}$$

ist, bleibt von der ganzen Summe über λ nur das Glied mit $\lambda = \lambda_0$ übrig. Erinnern wir uns ferner daran, daß $b_\lambda\Phi_0 = 0$ ist, so fällt der Teil des Matrixelements, der von der ersten Summe in (16.52) herrührt, ganz weg.

Fassen wir diese Ergebnisse zusammen, so läßt sich das Matrixelement (16.14) für den Störoperator (16.52) in der folgenden Form schreiben

$$H^\text{S}_{\mu\kappa}(0) = \frac{1}{\sqrt{V}} \int \varphi^*_{Q_\text{e}}(\boldsymbol{r}, \boldsymbol{R}) O^+_{\lambda_0} \varphi_{Q_\text{a}}(\boldsymbol{r}, \boldsymbol{R}) dV_{\text{El}} dV_{\text{Kerne}} \,. \tag{16.68}$$

Auf der linken Seite sind die Indizes μ, κ Abkürzungen für die Quantenzahlen des End- bzw. Anfangszustandes von Molekül und Lichtfeld. Wir haben daher die folgende Zuordnung:

	Molekül	Licht	Energie
Anfangszustand	$\mu = Q_\text{a}$,	Vakuum, 0	$E_\mu = E_{Q_\text{a},\text{Mol.}}$
Endzustand	$\kappa = Q_\text{e}$,	Photon λ_0	$E_\kappa = E_{Q_\text{e},\text{Mol.}} + \hbar\omega_{\lambda_0}$.

(16.69)

$E_{Q_\text{a},\text{Mol.}}$, $E_{Q_\text{e},\text{Mol.}}$ sind die Energie-Werte des Moleküls in den betreffenden Quantenzuständen. Wir bezeichnen wegen (16.69) das Matrixelement (16.68) expliziter als

$$H^\text{S}_{Q_\text{e},\lambda_0;\, Q_\text{a},0} = \frac{1}{\sqrt{V}} \int \varphi^*_{Q_\text{e}}(\boldsymbol{r}, \boldsymbol{R}) O^+_{\lambda_0} \varphi_{Q_\text{a}}(\boldsymbol{r}, \boldsymbol{R}) dV_{\text{El}} dV_{\text{Kerne}} \,. \tag{16.70}$$

Wir wenden uns nun der Berechnung der Übergangswahrscheinlichkeit pro Sekunde, W, (16.30) zu. Da die Quantenzahlen Q_a, Q_e des Moleküls festgelegt sind, brauchen wir nur noch über die Endzustände des Lichtfeldes aufzusummieren und in (16.70) den Index λ_0 durch λ ersetzen. Schreiben wir noch $\Delta E = E_{Q_a,\mathrm{Mol.}} - E_{Q_e,\mathrm{Mol.}}$, so erhalten wir

$$W = \frac{2\pi}{\hbar} \sum_{\lambda} \left| H^{\mathrm{S}}_{Q_e,\lambda;\, Q_a,0} \right|^2 \delta\left(\hbar\omega_\lambda - \Delta E\right) . \tag{16.71}$$

Wir müssen nun die Summe über λ mit Hilfe der darin stehenden δ-Funktion auswerten (wobei wir aber die Polarisationsrichtung $\boldsymbol{e}$ der ausgestrahlten Lichtquanten festhalten). In der Tat gehören die Wellenzahlvektoren $\boldsymbol{k}_\lambda$ der Lichtquanten einem Kontinuum an. Die Vektoren $\boldsymbol{k}_\lambda$ variieren bezüglich Länge und Richtung kontinuierlich. Wie wir in Abschn. 16.1 sahen, gilt der Energiesatz. Besitzen Anfangs- und Endzustand des Moleküls diskrete Energiewerte, so ist die Lichtquantenenergie ebenfalls auf einen diskreten Energiewert $\hbar\omega$ festgelegt. Da aber $\omega = ck$, liegt auch der Betrag von $\boldsymbol{k}$ fest. Hingegen ist die *Richtung* von $\boldsymbol{k}$ noch kontinuierlich veränderlich.

Wie wir im Anhang A2 explizit ausführen, können wir bei der Berechnung der Übergangswahrscheinlichkeit pro Sekunde, W, folgendermaßen vorgehen. Wir gehen zunächst von Lichtwellen $u_\lambda(\boldsymbol{r}) \propto \exp(\mathrm{i}\boldsymbol{k}_\lambda \cdot \boldsymbol{r})$ aus, die in einem endlichen Volumen V mit Hilfe des Vorfaktors $1/\sqrt{V}$ auf 1 normiert sind, d. h.

$$\int_V |u_\lambda|^2 dV = 1 . \tag{16.72}$$

Das Volumen V soll die Form eines Würfels mit der Kantenlänge L haben. Die Wellen werden einer periodischen Randbedingung unterworfen, d. h. z. B. in x-Richtung soll gelten:

$$\mathrm{e}^{\mathrm{i}k_{\lambda,x}(x+L)} = \mathrm{e}^{\mathrm{i}k_{\lambda,x}x} . \tag{16.73}$$

Diese Bedingung und die entsprechenden für die y- und z-Richtung erfordern

$$k_x = \frac{2\pi n_x}{L} , \quad k_y = \frac{2\pi n_y}{L} , \quad k_z = \frac{2\pi n_z}{L} , \tag{16.74}$$

wobei n_x, n_y, n_z ganze Zahlen sind (und nicht mit den Lichtquantenzahlen n_λ zu verwechseln sind). Wir betrachten nun gemäß (16.20) die Summe über die Endzustände der Lichtquanten, die durch die diskreten Zahlen n_x, n_y, n_z gekennzeichnet sind und deren $\boldsymbol{k}$-Vektoren in einen Raumwinkelbereich $d\Omega$ (vgl. Abb. 16.2) fallen. Sodann nehmen wir den Grenzübergang $V \to \infty$ (d. h. $L \to \infty$) vor, wobei die $\boldsymbol{k}$-Vektoren kontinuierlich werden und die Summe $\sum_{n_x,n_y,n_z \in d\Omega}$ in ein Integral übergeht. Gemäß Anhang A2 gilt die Beziehung

$$\sum_{\lambda} \ldots \to \frac{V}{(2\pi)^3} \int \ldots k^2 dk d\Omega . \tag{16.75}$$

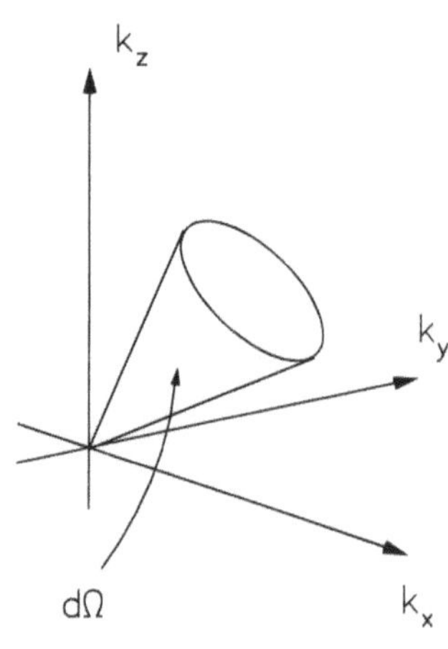

Abb. 16.2. Veranschaulichung des Raumwinkels $d\Omega$

Dieser Übergang ist ein Spezialfall des in (16.25)–(16.30) dargestellten Übergangs. In der Tat können wir bei Lichtquanten die Wellenzahl k durch die Energie E mit Hilfe von

$$E = \hbar\omega = \hbar ck$$

ausdrücken, d. h.

$$k = \frac{E}{\hbar c},$$

so daß die rechte Seite von (16.75) in

$$\frac{V}{(2\pi)^3} \frac{1}{(\hbar c)^3} \int \ldots E^2 dE d\Omega \tag{16.76}$$

übergeht.

Unter dem Integral in (16.30) bzw. (16.76) steht aber die δ-Funktion, die gerade die Lichtquantenenergie $\hbar\omega$ aussondert, die durch den Energie-Erhaltungssatz

$$E_{Q_\mathrm{a}} = E_{Q_\mathrm{e}} + \hbar\omega \tag{16.77}$$

festgelegt wird.

Damit erhalten wir

$$W = \frac{2\pi}{\hbar} \frac{V}{(2\pi)^3} \frac{1}{(\hbar c)^3} (\hbar\omega)^2 \left| H_{Q_\mathrm{e},\lambda_0;\,Q_\mathrm{a},0} \right|^2 d\Omega\,. \tag{16.78}$$

Um zum endgültigen Resultat vorzustoßen, setzen wir (16.68) und (16.70) mit (16.53) in (16.78) ein. Dies ergibt

$$W = \frac{1}{\hbar} \frac{1}{8\pi^2} \frac{1}{c^3} \frac{e^2}{m_0^2} \frac{\omega}{\varepsilon_0} \left| \int \varphi^*_{Q_\mathrm{e}}(\boldsymbol{r}, \boldsymbol{R}) \sum_j \exp(\mathrm{i}\boldsymbol{k}_\lambda \boldsymbol{r}_j) \boldsymbol{e} \cdot \boldsymbol{p}_j \varphi_{Q_\mathrm{a}}(\boldsymbol{r}, \boldsymbol{R}) dV_{\mathrm{El}} dV_{\mathrm{Kerne}} \right|^2 d\Omega\,. \tag{16.79}$$

W gibt die Zahl der pro Sekunde spontan in den Raumwinkelbereich $d\Omega$ und mit der Polarisationsrichtung $\boldsymbol{e}$ emittierten Photonen an. Dies ist aber genau die Größe, die Einstein bei seiner Herleitung der Planckschen Formel über die spontane Emission phänomenologisch einführte.

Der Einstein-Koeffizient $a^1_{2,\boldsymbol{e}}$ *für die spontane Emission* (Polarisationsrichtung $\boldsymbol{e}$) ergibt sich durch Vergleich von

$$W = a^1_{2,\boldsymbol{e}} d\Omega \tag{16.80}$$

mit (16.78) und (16.79).

In Abschn. 16.3.6 werden wir die Einstein-Koeffizienten noch in der sogenannten Dipolnäherung angeben, sowie eine räumliche Mittelung über alle Polarisationsrichtungen durchführen.

Hier betrachten wir noch die optische Lebensdauer eines angeregten Zustands mit der Quantenzahl Q_a. Die Übergangswahrscheinlichkeit pro Sekunde W für den Übergang eines Moleküls aus dem angeregten Zustand mit der Quantenzahl Q_a in den Endzustand Q_e unter Aussendung eines Photons der Polarisationsrichtung $\boldsymbol{e}$ in den Raumwinkelbereich $d\Omega$ hatten wir in (16.78) und (16.79) angegeben. Wir bezeichnen diese nun genauer mit $W(\mathrm{a} \to \mathrm{e}, \boldsymbol{e}, d\Omega)$. Die optische Lebensdauer τ des hier betrachteten (angeregten) Anfangszustands a ist dann mit Hilfe der Summe über die Übergangswahrscheinlichkeiten in alle energetisch tieferliegenden Molekülzustände wie folgt gegeben:

$$\frac{1}{\tau} = \sum W(\mathrm{a} \to \mathrm{e}, \boldsymbol{e}, d\Omega)\,.$$

Die Summe erstreckt sich über alle eben genannten Endzustände des Moleküls, über den gesamten Raumwinkel und die jeweils 2 Polarisationsausrichtungen der Photonen. Mit der optischen Lebensdauer ist eine endliche Linienbreite verknüpft (vgl. I, Abschn. 16.2).

Wir behandeln nun die *induzierte Emission.*

Wir nehmen zuerst an, daß eine bestimmte Zahl n von Lichtquanten, die zu einer bestimmten Lichtwelle mit dem Index λ_0 (d. h. Wellenzahlvektor $\boldsymbol{k}_{\lambda_0}$ und Polarisationsrichtung $\boldsymbol{e}_{\lambda_0}$) gehören, vorhanden sind. Der normierte Anfangszustand des Lichtfeldes, Φ_a, ist dann durch

$$\Phi_\mathrm{a} = \frac{1}{\sqrt{n!}} \left(b^+_{\lambda_0}\right)^n \Phi_0 \tag{16.81}$$

gegeben.

Lassen wir den Störoperator (16.52) auf (16.81) in dem Matrixelement $H^\mathrm{S}_{\mu\kappa}(0)$ (16.14) wirken und berücksichtigen wir nur solche Störungen, bei denen sich die Lichtquantenzahl erhöht, so erkennen wir, daß es zwei Arten von Endzuständen gibt: Nämlich abhängig davon, ob der Index λ in der Summe in (16.52) gleich λ_0 ist oder nicht, erhalten wir

$$(\alpha)\ \lambda = \lambda_0\colon\ \Phi_\mathrm{e} \propto \left(b^+_{\lambda_0}\right)^{n+1} \Phi_0 \tag{16.82}$$

oder

$$(\beta)\ \lambda \neq \lambda_0\colon\ \Phi_\mathrm{e} \propto b^+_\lambda \left(b^+_{\lambda_0}\right)^n \Phi_0\,. \tag{16.83}$$

Im Falle (α) wird ein Lichtquant von der gleichen Sorte wie die des Anfangszustands dem Lichtfeld hinzugefügt. Im Falle (β) wird ein Lichtquant einer anderen Sorte spontan emittiert. Um die gesamte Übergangswahrscheinlichkeit in alle diese Endzustände zu berechnen, müssen wir die Matrixelemente $H^\mathrm{S}_{\mu\kappa}(0)$ bezüglich (16.82) und (16.83) gemeinsam mit den Wellenfunktionen φ_{Q_a} bzw. φ_{Q_e} des Moleküls bilden, das Absolutquadrat der Matrixelemente nehmen und über alle Endzustände gemäß (16.30) aufsummieren. Dabei haben wir die Bedeutung von $E_\mu - E_\kappa$, das in der δ-Funktion auftritt, zu klären.

Im Falle (α) ist E_κ als Energie des Anfangszustandes durch die Summe aus der Energie des Anfangszustandes des Moleküls $E_\mathrm{a,Mol.}$ und der Energie der n Lichtquanten, d. h. $n\hbar\omega_{\lambda_0}$ gegeben:

$$E_\kappa = E_\mathrm{a,Mol.} + n\hbar\omega_{\lambda_0}\,. \tag{16.84}$$

Die Energie E_μ des Endzustands lautet in entsprechender Weise

$$E_\mu = E_\mathrm{e,Mol.} + (n+1)\hbar\omega_{\lambda_0}\,. \tag{16.85}$$

Wir erhalten damit

$$E_\mu - E_\kappa = E_\mathrm{e,Mol.} - E_\mathrm{a,Mol.} + \hbar\omega_{\lambda_0}\,. \tag{16.86}$$

Die δ-Funktion garantiert den Energie-Erhaltungssatz:

$$\hbar\omega_{\lambda_0} = E_{\text{a,Mol.}} - E_{\text{e,Mol.}} \equiv \Delta E\,, \tag{16.87}$$

wobei die rechte Seite positiv ist, da das Molekül aus einem angeregten Zustand in einen energetisch tieferen übergeht. (Umgekehrt kann man sagen, daß dies Voraussetzung für die Emission eines Lichtquants ist.)

Im Falle (β) erhalten wir:

$$E_\kappa = E_{\text{a,Mol.}} + n\hbar\omega_{\lambda_0}\,, \tag{16.88}$$

$$E_\mu = E_{\text{e,Mol.}} + n\hbar\omega_{\lambda_0} + \hbar\omega_\lambda \tag{16.89}$$

und damit

$$E_\mu - E_\kappa = \hbar\omega_\lambda - \Delta E\,. \tag{16.90}$$

Gemäß den Fällen (α) und (β) enthält die Übergangswahrscheinlichkeit pro Sekunde W (16.30) zwei Anteile:

$$\begin{aligned} W =& \frac{2\pi}{\hbar}\delta\left(\hbar\omega_{\lambda_0} - \Delta E\right)(n+1)\left|H^{\text{S}}_{Q_{\text{e}},\lambda_0;\,Q_{\text{a}},0}\right|^2 \\ &+ \frac{2\pi}{\hbar}\sum_{\lambda\neq\lambda_0}\left|H^{\text{S}}_{Q_{\text{e}},\lambda_0;\,Q_{\text{a}},0}\right|^2\delta\left(\hbar\omega_\lambda - \Delta E\right)\,. \end{aligned} \tag{16.91}$$

Der Faktor $(n+1)$ im ersten Summanden rührt von (16.66) her, da das Matrixelement quadriert auftritt. Wir zerlegen den Faktor $(n+1)$ in n und 1 und schlagen den bei der 1 in (16.91) als Faktor stehenden Ausdruck der in (16.91) stehenden Summe zu. Damit ergibt sich aber genau die Summe (16.71), die wir für die spontane Emission erhalten hatten. Der dann in (16.91) übrigbleibende Ausdruck

$$W_{\text{in}} = \frac{2\pi}{\hbar}\left|H^{\text{S}}_{Q_{\text{e}},\lambda_0;\,Q_{\text{a}},0}\right|^2 n\delta\left(\hbar\omega_{\lambda_0} - \Delta E\right) \tag{16.92}$$

ist die *induzierte Emissionsrate.*

In (16.92) erscheint keine Summation über λ. Andererseits ist es nötig, über ein Kontinuum zu integrieren, so daß die δ-Funktion ausgewertet werden kann. Auf diese Weise zwingt uns der Formalismus, mit einem realistischeren Anfangszustand zu beginnen, der aus einem Wellenpaket besteht. Wir nehmen an, daß dieses von ebenen Wellen gebildet wird innerhalb einer Region Δk_x, Δk_y, Δk_z mit einer entsprechenden Frequenzbreite $\Delta\omega = c\Delta k$. Wenn M Moden vorhanden sind, lautet die normierte Wellenfunktion

$$\Phi_{\text{a}} = \frac{1}{\sqrt{M}}\frac{1}{\sqrt{n!}}\sum_{\Delta\boldsymbol{k}}\left(b^+_{\boldsymbol{k}}\right)^n\Phi_0\,. \tag{16.93}$$

Um ganz explizit zu sein, benutzen wir in (16.93) den Index $\boldsymbol{k}$ anstelle von λ. Die in (16.93) auftretende Summation über $\boldsymbol{k}$ überträgt sich auf eine Summation über λ_0 in (16.92):

$$W_{\text{in}} = \frac{2\pi}{\hbar}\frac{1}{M}\sum_{\Delta\boldsymbol{k}}\left|H^{\text{S}}_{Q_{\text{e}},\lambda_0;\,Q_{\text{a}},0}\right|^2 n\delta\left(\hbar\omega_{\boldsymbol{k}} - \Delta E\right)\,. \tag{16.94}$$

Mit

$$M = m_x m_y m_z\,, \quad \Delta k_i = \frac{2\pi m_i}{L}\,, \quad i = x, y, z\,, \tag{16.95}$$

wobei L die Kantenlänge des Normierungswürfels ist, finden wir

$$M = \frac{L^3}{(2\pi)^3}\Delta k_x \Delta k_y \Delta k_z = \frac{V}{(2\pi)^3}k^2 \Delta k d\Omega\,, \tag{16.96}$$

wobei wir im 2. Schritt von kartesischen Koordinaten zu sphärischen Polarkoordinaten mit dem Raumwinkelbereich $d\Omega$ übergegangen sind. Indem wir die Gln. (16.95) und (16.96) und $\Delta E = \hbar\omega$ benutzen, erhalten wir für die Übergangswahrscheinlichkeit für die induzierte Emission von Photonen in einem Raumwinkelbereich $d\Omega$

$$W_{\text{in}} = n\frac{2\pi}{\hbar^2 \Delta\omega}\left|H^{\text{S}}_{Q_{\text{e}},\lambda_0;\,Q_{\text{a}},0}\right|^2 . \tag{16.97}$$

Wegen (16.53) und (16.68) läßt sich (16.97) auch in der Form

$$W_{\text{in}} = \frac{n\pi e^2}{m_0^2 \varepsilon_0 \Delta\omega \hbar\omega V}\left|\left(\sum_{j=1}^{N}\left(\exp(\text{i}\boldsymbol{k}\boldsymbol{r}_j)\boldsymbol{e}\boldsymbol{P}_j\right)_{Q_{\text{e}},Q_{\text{a}}}\right)\right|^2 \tag{16.97a}$$

schreiben, wobei das Matrixelement $(\ldots)_{Q_{\text{e}},Q_{\text{a}}}$ bzgl. $\varphi^*_{Q_{\text{e}}}$ und $\varphi_{Q_{\text{a}}}$ auszuwerten ist (vgl. (16.97)).

Wir schreiben W_{in} in der Form

$$W_{\text{in}}(d\Omega) = \varrho_{\boldsymbol{e}}(\omega, d\Omega) b^1_{2,\boldsymbol{e}} d\Omega\,, \tag{16.98}$$

wobei

$$b^1_{2,\boldsymbol{e}} = \frac{\pi e^2}{(\hbar\omega)^2 \varepsilon_0 m_0^2}\left|\sum_{j=1}^{N}\left(\exp(\text{i}\boldsymbol{k}\boldsymbol{r}_j)\boldsymbol{e}\boldsymbol{P}_j\right)_{Q_{\text{e}},Q_{\text{a}}}\right|^2 \tag{16.99}$$

der *Einstein-Koeffizient für die induzierte Emission von Photonen mit der Polarisation* $\boldsymbol{e}$ *in* $d\Omega$ ist.

$$\varrho_{\boldsymbol{e}}(\omega, d\Omega) = \frac{n\hbar\omega}{\Delta\omega d\Omega V} \tag{16.100}$$

ist die gesamte Energie der n Photonen geteilt durch die Frequenzbreite, den Raumwinkel und das Volumen, oder in anderen Worten, $\varrho_{\boldsymbol{e}}$ ist die Energiedichte pro Einheitsfrequenzintervall, Einheitsraumwinkel und Einheitsvolumen. Ein Vergleich zwischen den Gln. (16.78)–(16.80) und (16.99) ergibt die wichtige *Einstein-Relation* für das Verhältnis zwischen spontaner und induzierter Emissionswahrscheinlichkeit als Funktion der Frequenz (Vergleiche auch (5.22) in I. Man beachte hierbei, daß wir für die Einstein-Koeffizienten in I große Buchstaben, hier jedoch kleine verwenden.)

$$\frac{a^1_{2,\boldsymbol{e}}}{b^1_{2,\boldsymbol{e}}} = \frac{\hbar\omega^3}{(2\pi)^3 c^3}\,. \tag{16.101}$$

Ein weiterer *Vergleich zwischen spontaner und induzierter Emissionsrate* ergibt sich wie folgt: Die Beziehung (16.92) kann auch anders ausgedrückt werden. Wir bestimmen die pontane Emissionsrate $\boldsymbol{P}$ pro Zahl von Moden (nicht Photonen!) (vgl. Anhang A2), in dem Volumen V, dem Winkelbereich $d\Omega$ und dem Frequenzbereich $\Delta\omega(\bar{\omega}, \bar{\omega} + \Delta\omega)$, welche wir bis jetzt betrachtet haben. Indem wir (16.78) durch diese Zahl

$$N_m = \frac{k^2 \Delta k V d\Omega}{8\pi^3} = \frac{\omega^2 \Delta\omega V d\Omega}{8\pi^3 c^3} \tag{16.102}$$

dividieren, finden wir

$$\widetilde{W} = \frac{W}{N_m} = \frac{1}{n} W_{\text{in}} , \tag{16.103}$$

so daß das Verhältnis zwischen induzierter Emissionsrate zu spontaner Emissionsrate gleich n, also der Gesamtzahl der Photonen in diesem Bereich ist.

Absorption. Die Berechnung der Übergangswahrscheinlichkeit W_{abs} für Moleküle, die von ihrem Grundzustand zu dem angeregten Zustand durch Absorption übergehen, indem sie ein Quant aus einem Wellenpaket, dessen Wellenzahlvektoren innerhalb eines Raumwinkelbereichs $d\Omega$ liegen, absorbieren, kann in Analogie zu der induzierten Emission durchgeführt werden. Der wesentliche Unterschied besteht darin, daß wir nun mit einem Molekül in seinem Grundzustand anstelle im angeregten Zustand beginnen, und daß aus der Welle mit dem Index λ_0 ein Photon entfernt wird. Die explizite Form von E_μ und E_κ ändert sich entsprechend:

$$E_\mu - E_\kappa = E_{\text{e,Mol.}} - E_{\text{a,Mol.}} - \hbar\omega_{\lambda_0} . \tag{16.104}$$

Ferner ist im ersten Glied in (16.91) der Faktor $(n+1)$ gemäß (16.64) (anstelle von (16.66)) durch n zu ersetzen, während die zweite Summe in (16.91) ganz wegfällt. Wiederum müssen wir über den Anfangszustand des Lichtfelds mitteln. Wir erhalten dann für die Übergangswahrscheinlichkeit pro Sekunde für die Absorption

$$W_{\text{abs}} = \varrho_{\text{e}}(\bar{\omega}, d\Omega) b_{1,e}^2 d\Omega , \tag{16.105}$$

wobei $b_{1,e}^2 = b_{2,e}^1$ ist, so daß der Einstein-Koeffizient für Absorption gleich dem für induzierte Emission ist (vgl. Abschn. 5.18 in I). Die Absorptionsrate ist proportional zu der in (16.100) definierten Energiedichte ϱ_e des einfallenden Lichts.

16.3.5 Berechnung des Absorptionskoeffizienten

Um den Absorptionskoeffizienten α zu berechnen, führen wir die Energieflußdichte $I(\omega) = \varrho_{\text{e}}(\omega, d\Omega) c d\Omega$ (Energiefluß pro s pro Einheitsfläche) in Gl. (16.105) ein, so daß

$$W_{\text{abs}} = I(\omega) \frac{b_{1,e}^2}{c} \tag{16.106}$$

gilt. Die Abnahme der Photonenzahl n pro s ist gleich W_{abs} für ein einzelnes Molekül. Gibt es N Moleküle, so finden wir

$$\frac{dn}{dt} = -W_{\text{abs}} N . \tag{16.107}$$

Indem wir

$$I(\omega) = \frac{\bar{n}\hbar\omega c}{\Delta\omega} \tag{16.108}$$

einführen ($\bar{n} = n/V$: Photonendichte) und dies in Gl. (16.107) einsetzen, erhalten wir

$$\frac{dI(\omega)}{c\,dt} = -I(\omega)\frac{b_{1,e}^2}{c}\frac{N\hbar\omega}{V\Delta\omega}\,. \tag{16.109}$$

Indem wir $dx = c\,dt$ schreiben, erhalten wir als Gleichung für die räumliche Absorption

$$\frac{dI(\omega)}{dx} = -I(\omega)\alpha C\,, \tag{16.110}$$

wobei $C = (N/V)$ die Konzentration der Moleküle bedeutet und der Absorptionskoeffizient α durch

$$\alpha = \frac{b_{1,e}^2\hbar\omega}{c\Delta\omega} \tag{16.111}$$

gegeben ist. Damit haben wir den in Abschn. 15.1 eingeführten Absorptionskoeffizienten durch den Einstein-Koeffizienten $b_{1,e}^2$ ausgedrückt. Gleichzeitig erkennen wir, daß die Formel des Lambert-Beerschen Gesetzes (15.1) gerade die Lösung der Differentialgleichung (16.110) darstellt.

Da W_{abs} und W_{in} eine vollständig symmetrische Rolle spielen, finden wir ganz allgemein für ein System von nicht wechselwirkenden, teilweise invertierten Molekülen

$$\frac{dI}{c\,dt} = I\frac{N_2 - N_1}{N}\alpha C\,, \tag{16.112}$$

wobei N_2 die Zahl der Moleküle im angeregten Zustand, N_1 die der Moleküle im Grundzustand ist. Die Beziehung (16.112) ist übrigens grundlegend für die Lasertätigkeit von Molekülen. Wenn nämlich $N_2 - N_1 > 0$ ist, so findet eine *Verstärkung* der Intensität I statt und Licht wird erzeugt statt absorbiert.

16.3.6 Übergangsmomente, Oszillatorenstärke und räumliche Mittelung

a) Übergangsmomente und Dipolnäherung Wir erläutern noch den Begriff des Übergangsmoments, der in dem Ausdruck für die optische Übergangswahrscheinlichkeit pro Sekunde auftritt. Wie wir gesehen haben, ist die Übergangswahrscheinlichkeit pro Sekunde durch das Matrixelement (16.70) bestimmt, wobei der Operator O_λ durch (16.53) gegeben ist. Da sich alles für das folgende Wesentliche bereits für ein einzelnes Elektron herleiten läßt, betrachten wir nur ein Glied der Summe über j und lassen dann den Index j weg. Wir nehmen an, daß die Lichtwellenlänge groß gegenüber der Erstreckung des Moleküls ist. Der Faktor $\exp(\mathrm{i}\boldsymbol{k}_\lambda \cdot \boldsymbol{r})$ ändert sich dann nur wenig in diesem Bereich. Legen wir das Koordinatensystem mit dem Ursprung in den Schwerpunkt des Moleküls, so dürfen wir die Exponentialfunktion durch 1 ersetzen. Dies ist die sogenannte Dipolnäherung, die wir nun näher betrachten wollen. (Entwickeln wir statt dessen die Exponentialfunktion in eine Potenzreihe nach $(\boldsymbol{k}_\lambda \cdot \boldsymbol{r})$, so ergeben sich Matrixelemente für die sog. Multipolstrahlung, wobei sowohl elektrische als auch magnetische Multipole auftreten können.)

Wie betrachten also Matrixelemente der Form

$$\boldsymbol{p}_{\mu\kappa} = \int \psi_\mu^* \boldsymbol{p} \psi_\kappa dV\,, \tag{16.113}$$

wobei die Wellenfunktionen und die Integration dV sich auch auf mehrere Teilchen beziehen dürfen. Gleichung (16.113) ist also ein Integral, das zwischen dem Anfangs- und Endzustand zu nehmen ist, wobei als Operator der Impuls $\boldsymbol{p}$ auftritt. Matrixelemente des Impulsoperators lassen sich, wie wir nun zeigen wollen, in solche des Ortsoperators $\boldsymbol{r}$ oder des DipolDipolmomentenoperators

$$\boldsymbol{\Theta} = e\boldsymbol{r} \tag{16.114}$$

umrechnen. Hierbei ist e die elektrische Ladung und $\boldsymbol{r}$ die Koordinate des Teilchens. Um die Beziehung zwischen $\boldsymbol{r}$ und $\boldsymbol{p}$ klarzumachen, erinnern wir uns an die klassische Relation zwischen Impuls und Geschwindigkeit, die durch

$$\boldsymbol{p} = m_0 \dot{\boldsymbol{r}} \tag{16.115}$$

gegeben ist. Hierbei ist m_0 die Masse des Teilchens. Die von der klassischen Mechanik geläufige Beziehung (16.115) läßt sich in der Quantenmechanik als eine Beziehung zwischen Matrixelementen in der folgenden Weise interpretieren:

$$p_{\mu\kappa} \equiv \int \psi_\mu^* \frac{\hbar}{\mathrm{i}} \nabla \psi_\kappa dV = m_0 \frac{d}{dt} \int \psi_\mu^* \boldsymbol{r} \psi_\kappa dV\,. \tag{16.116}$$

(Die Integrale können sich dabei, wie eben bemerkt, auch über mehrere Teilchenkoordinaten erstrecken.) Wir nehmen dabei an, daß in dem Matrixelement die Zeitabhängigkeit der Wellenfunktionen explizit auftritt, d. h. daß

$$\psi_\lambda(\boldsymbol{r}, t) = \mathrm{e}^{-\mathrm{i}E_\lambda t/\hbar} \varphi_\lambda(\boldsymbol{r})\,, \quad \lambda = \mu, \kappa\,. \tag{16.117}$$

Wir können dann sofort die Differentiation nach der Zeit ausführen und erhalten damit

$$\boldsymbol{p}_{\mu\kappa} = m_0 (\dot{\boldsymbol{r}})_{\mu\kappa} = m_0 \mathrm{i} \omega_{\mu\kappa} \boldsymbol{r}_{\mu\kappa}\,, \tag{16.118}$$

wobei

$$\omega_{\mu\kappa} = \frac{1}{\hbar}(E_\mu - E_\kappa)\,.$$

Das Matrixelement $\boldsymbol{r}_{\mu\kappa}$ ist dabei natürlich durch

$$\boldsymbol{r}_{\mu\kappa} = \int \varphi_\mu^* \boldsymbol{r} \varphi_\kappa dV \tag{16.119}$$

definiert. Multiplizieren wir $\boldsymbol{r}_{\mu\kappa}$ mit der elektrischen Ladung e, so erhalten wir das Dipolmoment $\boldsymbol{\Theta}$ (16.114). Wegen der Beziehung (16.116) können wir überall das Matrixelement bezüglich $\boldsymbol{p}$ durch eines bezüglich des Dipolmoments $\boldsymbol{\Theta}$ ersetzen, wobei also gilt

$$e\boldsymbol{p}_{\mu\kappa} = m_0 \mathrm{i} \omega_{\mu\kappa} \boldsymbol{\Theta}_{\mu\kappa}\,. \tag{16.120}$$

$\boldsymbol{\Theta}_{\mu\kappa} = \int \varphi_\mu^* e\boldsymbol{r} \varphi_\kappa dV$ wird als *Übergangsmoment* oder auch als *Übergangsdipolmoment* bezeichnet.

In den Einsteinkoeffizienten dürfen wir also in der Dipolnäherung statt der Impulsmatrixelemente die Übergangsmomente verwenden, wobei in (16.120) wegen des Energie-Erhaltungssatzes $\omega_{\mu\kappa} = \omega$ gilt.

b) Oszillatorenstärke Neben den Einstein-Koeffizienten wird zur Beschreibung optischer Übergänge auch der Begriff „Oszillatorenstärke" verwendet. Dieser Begriff wurde schon vor Entstehen der Quantentheorie eingeführt, als die Dispersion von Licht mit Hilfe von Oszillatormodellen behandelt wurde. Die Dispersionstheorie läßt sich auch quantenmechanisch durchführen, worauf wir nicht näher eingehen wollen. Wie sich dabei ergibt, hat der quantenmechanische Ausdruck für die atomare Polarisierbarkeit in Abhängigkeit von der Frequenz eine ganz analoge Form wie der klassische, wobei aber die Oszillatorenstärken $f_{Q_\mathrm{a}\to Q_\mathrm{e}}$ nunmehr durch die Matrixelemente des Übergangs $Q_\mathrm{a} \to Q_\mathrm{e}$ gegeben sind, und zwar in der Form

$$f_{Q_\mathrm{a}\to Q_\mathrm{e}} = \frac{8\pi^2 m_0}{3he^2}\nu\left|\Theta_{Q_\mathrm{a},Q_\mathrm{e}}\right|^2 . \tag{16.121}$$

Aus (16.121) läßt sich (15.4) wie folgt herleiten. Wir gehen dazu von dem integralen Absorptionskoeffizienten A (15.3) aus, der sich aus $\varepsilon(\nu) = C\alpha(\omega)/(\ln 10)$ (vgl. (15.3)) durch Integration über das ganze Absorptionsband ergibt:

$$A = \int \varepsilon(\omega)d\nu . \tag{16.121a}$$

Drücken wir in (15.3) α gemäß (16.111) durch den Einsteinkoeffizienten $b^2_{1,\mathrm{e}} = b^1_{2,\mathrm{e}}$ aus und führen die Integration über das Intervall $\Delta\nu \equiv \Delta\omega/2\pi$ durch, so erhalten wir

$$A = C\hbar\omega b^2_{1,\mathrm{e}}/(2\pi c \ln 10) . \tag{16.121b}$$

Mit Hilfe von (16.99) drücken wir den Einsteinkoeffizienten durch das Absolutquadrat des Dipolmatrixelements, d. h. $|\Theta_{Q_\mathrm{a},Q_\mathrm{e}}|^2$, aus, wobei wir die Dipolnäherung und (16.120) verwenden und die Mittelung über die räumliche Molekülorientierung durchführen (s. w. u. (16.126)), was zu einem Faktor 1/3 vor $|\Theta_{Q_\mathrm{e},Q_\mathrm{a}}|^2$ führt. Damit erhalten wir

$$A = C\frac{\omega}{6c\hbar\varepsilon_0 \ln 10}\left|\Theta_{Q_\mathrm{e},Q_\mathrm{a}}\right|^2 . \tag{16.121c}$$

Lösen wir diese Gleichung nach $|\Theta_{Q_\mathrm{e},Q_\alpha}|^2$ auf und setzen das Resultat in (16.121) ein, so erhalten wir nach Wegheben von Faktoren

$$f = \frac{4m_0 c\varepsilon_0 \ln 10}{Ce^2}A , \tag{16.121d}$$

d. h. die gewünschte Gl. (15.4). Unter den gleichen Näherungen ergibt sich eine direkte Beziehung zwischen der Oszillatorenstärke f und dem Einstein-Koeffizienten b^2_1 (bei räumlicher Mittelung) in der Form

$$f_{Q_\mathrm{a}\to Q_\mathrm{e}} = \frac{2\varepsilon_0\omega m_0\hbar}{\pi e^2}b^2_1 . \tag{16.122}$$

c) Räumliche Mittelung über die Polarisationsrichtungen bei der spontanen Emission Der in (16.79) und (16.80) angegebene Einstein-Koeffizient bezieht sich auf die Emission von Photonen einer festen Polarisationsrichtung $\boldsymbol{e}$. Oft wird der Einstein-Koeffizient angegeben, wenn über alle Polarisationsrichtungen des emittierten Lichts gemittelt wird. Dazu benutzen wir die Dipolnäherung und betrachten den Ausdruck

$$\overline{|\boldsymbol{e}\cdot\boldsymbol{r}_{\mu\kappa}|^2}\,, \tag{16.123}$$

wobei der Mittelstrich die räumliche Mittelung bedeutet. Um diese auszuführen, denken wir uns ein Koordinatensystem, bei dem die z-Richtung mit der Richtung des Vektors $\boldsymbol{r}_{\mu\kappa}$ zusammenfällt. (Die Tatsache, daß es sich bei dem Matrixelement $\boldsymbol{r}_{\mu\kappa}$ um einen komplexen Vektor handelt, spielt dabei keine Rolle, da dann einfach die Komponenten komplexe Zahlen sind.) Der zunächst beliebig gewählte Polarisationsvektor $\boldsymbol{e}$ bildet dann gemäß Abb. 16.3 den Winkel ϑ mit $\boldsymbol{r}_{\mu\kappa}$, d. h. gegenüber der z-Achse. Die räumliche Mittelung können wir nun nach elementaren Überlegungen der Geometrie durchführen, indem wir über das Raumwinkelelement $d\Omega$ mitteln. Dies läßt sich durch

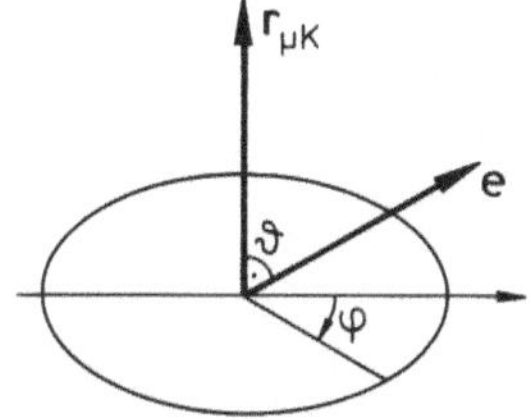

Abb. 16.3. Die relative Lage von $\boldsymbol{e}$ und $\boldsymbol{r}_{\mu\kappa}$

$$d\Omega = \sin\vartheta d\vartheta d\varphi \tag{16.124}$$

ausdrücken. Die Mittelung (16.123) lautet dann explizit

$$\overline{|\boldsymbol{e}\cdot\boldsymbol{r}_{\mu\kappa}|^2} = \frac{\int\limits_0^{2\pi} d\varphi \int\limits_0^{\pi} |\boldsymbol{r}_{\mu\kappa}|^2 \cos^2\vartheta \sin\vartheta d\vartheta}{\int\limits_0^{2\pi}\int\limits_0^{\pi} \sin\vartheta d\varphi d\vartheta}\,. \tag{16.125}$$

Das Absolutquadrat von $\boldsymbol{r}_{\mu\kappa}$ hängt nicht mehr von den Winkeln ab und kann vor das Integral gezogen werden. Die Integrale lassen sich elementar auswerten, und wir erhalten als Endresultat

$$\overline{|\boldsymbol{e}\cdot\boldsymbol{r}_{\mu\kappa}|^2} = \frac{1}{3}|\boldsymbol{r}_{\mu\kappa}|^2\,. \tag{16.126}$$

Um den Einstein-Koeffizienten für die spontane Emission bei einer Mittelung über die Polarisationsrichtung zu erhalten, müssen wir also lediglich (16.79) und (16.80) mit dem Faktor $1/3$ multiplizieren.

16.4 Das Franck-Condon-Prinzip

Unsere bisherigen Ausführungen gelten für ganz allgemeine Elektronen- und Kernbewegungen im Molekül. Um bei der Berechnung der entsprechenden Matrixelemente (16.68) weiterzukommen, bedarf es einiger Näherungen, die aber zugleich den physikalischen Inhalt deutlich hervortreten lassen. Ziel dieses Abschnitts soll es dabei sein, die Darstellung des Franck-Condon-Prinzips in Abschn. 14.1 quantenmechanisch zu vertiefen.

Als erstes kommt es darauf an, die Elektronenbewegung von der Kernbewegung zu trennen. Dazu stützen wir uns auf die in Abschn. 11.1 besprochene Born-Oppenheimer-Näherung. Wir schreiben also die Wellenfunktion, die sich auf die Elektronen und Kerne bezieht, in der Produktform

$$\varphi_{Q_\mathrm{a}}(\boldsymbol{r},\boldsymbol{R}) = \Psi_{q_\mathrm{a}}(\boldsymbol{r},\boldsymbol{R})\chi_{q_\mathrm{a},K_\mathrm{a}}(\boldsymbol{R})\,, \tag{16.127}$$

wobei wir also die Annahme zugrundelegen, daß die Elektronen der Kernbewegung unmittelbar folgen können. Die Quantenzahl des Gesamtsystems, Elektronen und Kerne, im Anfangszustand haben wir dabei durch Q_a gekennzeichnet, die des elektronischen Systems durch q_a und des Kernsystems durch K_a. Die Elektronenkoordinaten und Kernkoordinaten haben wir dabei gemäß

$$\begin{aligned} \boldsymbol{r} &= \boldsymbol{r}_1, \boldsymbol{r}_2, \ldots, \boldsymbol{r}_N \\ \boldsymbol{R} &= \boldsymbol{R}_1, \boldsymbol{R}_2, \ldots, \boldsymbol{R}_M \end{aligned} \tag{16.128}$$

abgekürzt. In entsprechender Weise kennzeichnen wir die Quantenzahlen des jeweiligen Endzustands durch Q_e, etc. Wegen der Aufspaltung (16.127) nimmt das Matrixelement (16.70) (bis auf konstante Faktoren) die Form

$$\propto \int \Psi^*_{q_e}(\boldsymbol{r}, \boldsymbol{R}) \left(\sum_j \mathrm{e}^{\mathrm{i}\boldsymbol{k}_\lambda \cdot \boldsymbol{r}_j} \boldsymbol{e}_\lambda \cdot \boldsymbol{p}_j \right) \Psi_{q_a}(\boldsymbol{r}, \boldsymbol{R}) \int \chi^*_{q_e, K_e}(\boldsymbol{R}) \chi_{q_a, K_a}(\boldsymbol{R}) dV_{\text{Kerne}} dV_{\text{El}} \tag{16.129}$$

an, das uns als Ausgangspunkt (16.129) dient. Unter dem Integral treten zwei verschiedene Typen von Wellenfunktionen auf, nämlich die Elektronenwellenfunktionen $\Psi(\boldsymbol{r}, \boldsymbol{R})$, die die Kernkoordinaten als Parameter enthalten, und die Wellenfunktionen $\chi(\boldsymbol{R})$ der Kernbewegung. Wir wollen nun verständlich machen, daß die räumliche Änderung von $\Psi(\boldsymbol{r}, \boldsymbol{R})$ als Funktion von $\boldsymbol{R}$ viel langsamer als die von $\chi(\boldsymbol{R})$ erfolgt. Dazu erinnern wir uns an die konkrete Form von Ψ, wie sie uns in Kap. 4 bei der Behandlung des H_2^+ und H_2 entgegentrat. Dort hingen die Elektronenwellenfunktionen von den Abstandsvektoren $\boldsymbol{r} - \boldsymbol{R}_j$ ab, wobei $\boldsymbol{R}_j$ die Lagekoordinate des Kerns j ist. Die in der LCAO (vgl. Kap. 4) auftretenden Atomorbitale variieren auf der Größe der Erstreckung r_0 der entsprechenden Wellenfunktion. Diese Erstreckung r_0 ist aber viel größer als die in der Kernwellenfunktion $\chi(\boldsymbol{R})$ beschriebene Schwingungsamplitude.

Das in (16.129) auftretende Integral über dV_{Kerne} enthält also in der Tat ein Produkt aus einer räumlich langsam veränderlichen Funktion, nämlich dem unter dem ersten Integral in (16.129) stehenden Ausdruck, und einer räumlich rasch veränderlichen Funktion, nämlich dem in dem zweiten Integral stehenden Ausdruck. Dies gestattet es uns, den ersten Integranden an einer festen Stelle $\boldsymbol{R} = \boldsymbol{R}_0$ zu nehmen, wo der zweite Integrand $\chi^*\chi$ sein Maximum hat. Damit können wir (16.129) durch

$$\begin{aligned} &\int \Psi^*_{q_e}(\boldsymbol{r}, \boldsymbol{R}_0) \left(\sum_j \mathrm{e}^{\mathrm{i}\boldsymbol{k}_\lambda \cdot \boldsymbol{r}_j} \boldsymbol{e}_\lambda \cdot \boldsymbol{p}_j \right) \Psi_{q_a}(\boldsymbol{r}, \boldsymbol{R}_0) dV_{\text{El}} \\ &\quad \cdot \int \chi^*_{q_e, K_e}(\boldsymbol{R}) \chi_{q_a, K_a}(\boldsymbol{R}) dV_{\text{Kerne}} \end{aligned} \tag{16.129a}$$

ersetzen. Wir können also die Integration, die sich über die Kern- und Elektronenkoordinaten erstreckt, in eine, die sich auf die Elektronen alleine, und eine, die sich auf die Kerne alleine erstreckt, ersetzen. Der Übergang von (16.129) zu (16.129a) läßt sich übrigens mit Hilfe des Mittelwertsatzes der Integralrechnung mathematisch streng rechtfertigen.

Untersuchen wir als erstes das sich auf die Kernbewegung beziehende Integral

$$\int \chi^*_{K_e q_e}(\boldsymbol{R}) \chi_{K_a q_a}(\boldsymbol{R}) dV_{\text{Kerne}} \, . \tag{16.130}$$

Hierbei müssen wir uns an ein Resultat bei der Born-Oppenheimer-Näherung erinnern, das sich auf die Kerne bezog. Die Kraft zwischen den Kernen besteht demnach nicht nur aus der direkten Coulombschen Abstoßungskraft zwischen den Kernen, sondern kommt auch über die Elektronen zustande. Die hierfür maßgebende Elektronenenergie W (11.9) hängt dabei von den Elektronenwellenfunktionen, die gerade besetzt sind, ab. Dies impliziert insbesondere, daß die Kernkoordinaten vor und nach dem optischen Übergang nicht die gleichen Ruhelagen haben müssen, sondern sich gegenseitig verschoben haben können, je nachdem welcher Elektronenzustand jeweils vorliegt. Diese Verschiebung der Ruhelage der Kerne wird anschaulich durch eine sog. Konfigurationskoordinate erfaßt (vgl. Abb. 16.4 sowie 14.3 und 14.4). Selbst wenn die Oszillatorwellenfunktionen der Kerne vor und nach dem optischen Übergang z. B. im Grundzustand sind, ist dennoch das Integral (16.130) im allgemeinen kleiner als 1, da die Ruhelagen verschoben sind und nur eine endliche Überlappung zustandekommt. Aufgrund der Verschiebung der Kernruhelagen sind selbst bei verschiedenen Quantenzahlen K_e und K_a die Wellenfunktionen in (16.130) nicht mehr aufeinander orthogonal. Verschiedene Quantenzahlen bedeuten aber, daß im Anfangs- und Endzustand die Zahl der Quanten der jeweiligen Schwingungen voneinander verschieden sind. Dies besagt, daß bei einem derartigen Übergang Schwingungsquanten entstehen oder vernichtet werden können. Es gibt also keine strengen Auswahlregeln für die Änderung der Schwingungsquantenzahl beim elektronischen Übergang, wie schon in Kap. 14 bemerkt.

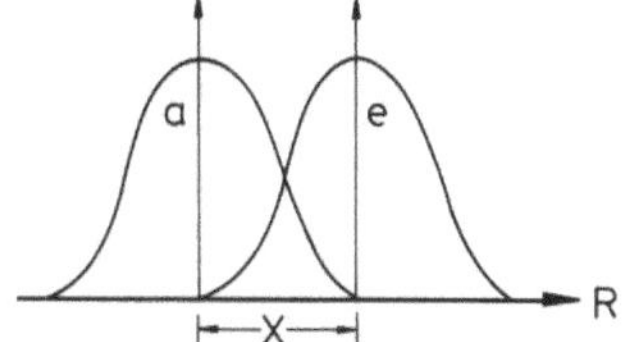

Abb. 16.4. Verschiebung der Ruhelagen der Kerne (und der Wellenfunktionen) vor und nach dem optischen Übergang des Elektrons, veranschaulicht durch die Konfigurationskoordinate X

Betrachten wir nun den sich auf die Elektronenkoordinaten beziehenden Anteil des Matrixelementes (16.129a), d. h.

$$\int \Psi_{q_e}^*(\boldsymbol{r}, \boldsymbol{R}_0) \sum_j \mathrm{e}^{\mathrm{i}\boldsymbol{k}_\lambda \cdot \boldsymbol{r}_j} \boldsymbol{e}_\lambda \cdot \boldsymbol{p}_j \Psi_{q_a}(\boldsymbol{r}, \boldsymbol{R}_0) dV_{\mathrm{El}} . \tag{16.131}$$

Wir nehmen an, daß die Wellenlänge des Lichts groß gegenüber der Erstreckung der Molekülorbitale ist, so daß wir von der räumlichen Variation der Exponentialfunktion $\exp(\mathrm{i}\boldsymbol{k} \cdot \boldsymbol{r})$ absehen und diese durch $\exp(\mathrm{i}\boldsymbol{k} \cdot \boldsymbol{r}_0)$ ersetzen können, wobei r_0 sich auf eine mittlere Koordinate im Molekül bezieht. (Dies ist die uns schon bekannte Dipolnäherung.) Diesen konstanten Faktor können wir vor das Integral in (16.131) ziehen und dann im folgenden weglassen, da er bei der Bildung der Absolutquadrate der Matrixelemente herausfällt. Der also noch zu untersuchende Teil des Matrixelements (16.131) lautet

$$\int \Psi_{q_e}^*(\boldsymbol{r}, \boldsymbol{R}_0) \sum_j \boldsymbol{e} \cdot \boldsymbol{p}_j \Psi_{q_a}(\boldsymbol{r}, \boldsymbol{R}_0) dV_{\mathrm{El}} . \tag{16.132}$$

Ersichtlich hängt dieses Matrixelement nicht von den Schwingungsquantenzahlen ab, sondern nur von der einer mittleren Kernkoordinate $\boldsymbol{R}_0$ (vgl. Abschn. 14.1).

Das Matrixelement (16.132) ist immer noch sehr schwierig auszuwerten, da sich ja die Wellenfunktionen Ψ^* und Ψ auf alle Elektronen des Moleküls beziehen. Um hier weiterzukommen, legen wir die Hartree-Fock-Näherung zugrunde, nach der die Wellenfunktion des Anfangszustandes (und entsprechend die des Endzustandes) in der Form

$$\psi_{q_a} = \frac{1}{\sqrt{N!}} \begin{vmatrix} \psi_{q_1}(\boldsymbol{r}_1) & \psi_{q_2}(\boldsymbol{r}_1) & \dots & \psi_{q_N}(\boldsymbol{r}_1) \\ \psi_{q_1}(\boldsymbol{r}_2) & \psi_{q_2}(\boldsymbol{r}_2) & \dots & \\ \vdots & & & \\ \psi_{q_1}(\boldsymbol{r}_N) & \psi_{q_2}(\boldsymbol{r}_N) & \dots & \psi_{q_N}(\boldsymbol{r}_N) \end{vmatrix} \tag{16.133}$$

geschrieben werden kann. Der Einfachheit halber haben wir die Slater-Determinante für Ortswellenfunktionen ohne Spin-Anteil geschrieben. Gemäß Abschn. 7.1.2 können wir aber auch sehr leicht die Spinabhängigkeit berücksichtigen. Hierbei haben wir die Gesamtquantenzahl der Elektronen q_{a} in die einzelnen Quantenzahlen $q_1, q_2, \ldots$ der Zustände, in denen die *einzelnen* Elektronen sich befinden, aufgeteilt. Die Quantenzahlen des Endzustandes unterscheiden wir von denen des Anfangszustandes, indem wir einen Strich daran hängen:

$$\begin{aligned} q_{\mathrm{a}} &= (q_1, q_2, \ldots, q_N) \\ q_{\mathrm{e}} &= \left(q_1', q_2', \ldots, q_N'\right) . \end{aligned} \tag{16.134}$$

Wie wir wissen (vgl. auch den Anhang), wird eine Determinante durch eine Summe über Produkte über alle möglichen Kombinationen der Indizes dargestellt, wobei noch der Faktor + oder − auftritt, je nachdem ob es sich um eine gerade oder ungerade Permutation handelt. Gemäß (16.133) und dem entsprechenden Ausdruck für $\Psi_{q_{\mathrm{e}}}$ treten in (16.132) zwei Determinanten auf, die dann miteinander zu multiplizieren sind. Sodann sind die Integrationen über die Elektronenkoordinaten auszuführen. Da die ins einzelne gehende Auswertung nur wenig physikalische Einblicke gewährt, geben wir gleich das Resultat an und verweisen den an den Details interessierten Leser auf den Anhang. Es ergibt sich: Der Satz q_{a} der Quantenzahlen (16.134) muß mit dem Satz q_{e} übereinstimmen bis auf ein Paar, wo $q_l \neq q_l'$ ist, und l eine Zahl aus $1 \ldots N$ ist (N: Anzahl der Elektronen). Anders ausgedrückt bedeutet dies, daß beim optischen Übergang nur ein Elektron seinen Zustand ändert, alle anderen bleiben in ihrem jeweiligen Anfangszustand. Wegen der Ununterscheidbarkeit der Elektronen kann es sich bei dem einen um ein beliebiges Elektron handeln. Damit reduziert sich das Matrixelement (16.132) auf den Ausdruck

$$(16.132) = \boldsymbol{e}_\lambda \cdot \boldsymbol{p}_{q_l', q_l} = \boldsymbol{e} \cdot \int \psi^*_{q_l'}(\boldsymbol{r}) \boldsymbol{p} \psi_{q_l}(\boldsymbol{r}) dV . \tag{16.135}$$

Auf (16.135) lassen sich nun gruppentheoretische Überlegungen anwenden, die dann zeigen, ob das Matrixelement prinzipiell von Null verschieden sein kann oder ob es aufgrund von Symmetrien verschwinden muß. Lassen wir das Hartree-Fock-Verfahren fallen, so kann es beim optischen Übergang eventuell auch Anregungen von mehreren Elektronen geben, und die Energie kann in komplizierterer Weise auf Anregungszustände der Elektronen verteilt werden.

16.5 Auswahlregeln

Ob ein optischer Übergang erfolgen kann oder nicht, darüber entscheiden die optischen Matrixelemente. Mit Hilfe der Gruppentheorie läßt sich feststellen, welche Matrixelemente verschwinden, d. h. welche Übergänge verboten sind, bzw. welche Matrixelemente von Null verschieden sein können (aber nicht müssen!). Über die Größe der Matrixelemente macht die Gruppentheorie allerdings keine Aussage.

Um diese Methodik kennenzulernen, betrachten wir als erstes das sog. *direkte Produkt*. In Kap. 6 hatten wir die Wellenfunktionen Ψ_j als Basis für die Darstellung einer Transformationsgruppe eingeführt. Wir betrachten jetzt neben einer solchen Basis, die wir $\Psi_j^{(1)}$ nennen, noch eine zweite, $\Psi_j^{(2)}$. Dabei können wir auch zulassen, daß der

Satz der $\Psi_j^{(2)}$ mit dem Satz $\Psi_j^{(1)}$ identisch ist. Aus $\Psi_j^{(1)}$, $\Psi_j^{(2)}$ bilden wir einen neuen Satz von Basisfunktionen mit Hilfe der Produkte $\Psi_j^{(1)}\Psi_k^{(2)}$, die direkten Produkte. Wenden wir auf ein solches Produkt eine Symmetrie-Operation an, so geht jeder der beiden Faktoren jeweils in eine Linearkombination der Funktionen seines Satzes über, das Produkt damit in eine Linearkombination von den Produkten $\Psi_j^{(1)}\Psi_k^{(2)}$. Es läßt sich dann im einzelnen zeigen, daß $\Psi_j^{(1)}\Psi_k^{(2)}$ ebenfalls einen Satz von Basisfunktionen für die Darstellung der Gruppe liefert. Insbesondere läßt sich mit Hilfe der Matrizenregeln zeigen, daß *die Charaktere der Darstellung eines direkten Produkts gleich den Produkten der Charaktere der Darstellungen der ursprünglichen Funktionen* sind. Das direkte Produkt zweier irreduzibler Darstellungen ist, wie gesagt, eine neue Darstellung, die selbst irreduzibel ist oder zu irreduziblen Darstellungen reduziert werden kann. Beispiele zeigen die Tabellen 16.1 und 16.2.

In der gleichen Weise lassen sich auch Produkte aus drei (oder noch mehr) Funktionen, d. h.

$$\Psi_i^{(1)}\Psi_j^{(2)}\Psi_k^{(3)} \tag{16.136}$$

als Basis verwenden. Bei diesen Funktionen braucht es sich nicht nur um Wellenfunktionen zu handeln, sondern es kann sich auch um die Variablen x, y, z handeln, die z. B. im Dipolmatrixelement (16.135) auftreten. Schließlich transformieren sich auch Operatoren, wie der Impulsoperator $p_x = (\hbar/\mathrm{i})\partial/\partial x$, $p_y = (\hbar/\mathrm{i})\partial/\partial y$, $p_z = (\hbar/\mathrm{i})\partial/\partial z$ linear unter den Symmetrie-Operationen und bilden somit auch eine Basis für eine Darstellung. In (16.136) können wir also z. B. $\Psi_j^{(2)}$ durch die Komponenten des Impulsoperators ersetzen.

Die *optischen Matrixelemente* lassen sich als Integrale der Gestalt

$$\int \Psi_i^{(1)}\Psi_j^{(2)}\Psi_k^{(3)}dV \tag{16.137}$$

auffassen, wobei die Integration sich über alle in den Ψ's vorkommenden Variablen erstreckt, z. B. also über die Koordinaten eines oder auch mehrerer Elektronen. Wir können nun die Basis (16.136) bezüglich der Symmetrie-Operationen des jeweiligen Mole-

Tabelle 16.1. Beispiele für irreduzible Darstellungen direkter Produkte der Gruppe C_{2v}

C_{2v}	E	C_2	σ_v	σ_v'	
A_1	1	1	1	1	
A_2	1	1	−1	−1	
B_1	1	−1	1	−1	
B_2	1	−1	−1	1	
A_1A_1	1	1	1	1	$= A_1$
A_1A_2	1	1	−1	−1	$= A_2$
A_2B_1	1	−1	−1	1	$= B_2$
A_2B_2	1	−1	1	−1	$= B_1$
B_1B_2	1	1	−1	−1	$= A_2$

Tabelle 16.2. Beispiele für irreduzible Darstellungen direkter Produkte der Gruppe C_{3v}

C_{3v}	E	$2C_3$	$3\sigma_v$	
A_1	1	1	1	
A_2	1	1	−1	
E	2	−1	0	
A_2A_2	1	1	1	$= A_1$
A_2E	2	−1	0	$= E$
EE	4	1	0	$= A_1 + A_2 + E$

küls in ihre irreduziblen Darstellungen zerlegen. Bezüglich eines jeden solchen Anteils wird in der Mathematik gezeigt, daß das entsprechende Integral (16.137) verschwindet, sofern nicht der Integrand invariant unter allen Symmetrie-Operationen der Punktgruppe ist. Wir erläutern dies an zwei einfachen Beispielen:

(1) In dem eindimensionalen Integral

$$\int_{-a}^{+a} f(x)dx \tag{16.138}$$

sei $f(x)$ nicht invariant gegenüber der Spiegelung $x \to -x$, sondern es gelte $f(-x) = -f(x)$. Wir ersetzen x durch $(-x)$ in (16.138), was den Wert des Integrals nicht ändert, und erhalten

$$\int_{-a}^{+a} f(x)dx = \int_{-a}^{a} f(-x)dx = -\int_{-a}^{a} f(x)dx\,,$$

woraus folgt

$$2\int_{-a}^{a} f(x)dx = 0\,,$$

also das Verschwinden des Integrals.

(2) In den beiden zweidimensionalen Integralen (Grenzen $\pm\infty$)

$$I_j = \iint f_j(x, y)dxdy\,, \quad j = 1, 2 \tag{16.139}$$

transformieren sich bei einer Drehoperation

$$\begin{pmatrix} f_1 \\ f_2 \end{pmatrix} \quad \text{gemäß} \quad \begin{pmatrix} \cos\alpha & \sin\alpha \\ -\sin\alpha & \cos\alpha \end{pmatrix} \begin{pmatrix} f_1 \\ f_2 \end{pmatrix}.$$

Dann bleiben einerseits die Werte der Integrale (16.139) erhalten, andererseits gilt

$$\begin{pmatrix} I_1 \\ I_2 \end{pmatrix} = \begin{pmatrix} \cos\alpha & \sin\alpha \\ -\sin\alpha & \cos\alpha \end{pmatrix} \begin{pmatrix} I_1 \\ I_2 \end{pmatrix}.$$

Da die Determinante

$$\begin{vmatrix} \cos\alpha - 1 & \sin\alpha \\ -\sin\alpha & \cos\alpha - 1 \end{vmatrix}$$

nicht verschwindet, folgt unmittelbar $I_1 = I_2 = 0$.

Um zu prüfen, ob Integrale der Form (16.137) für gegebene Basisfunktionen (und Operatoren) von Null verschieden sein können, können wir wie folgt vorgehen: Wir zerlegen das Produkt (16.136) in seine irreduziblen Darstellungen. Dann können Integrale nur dann von Null verschieden sein, wenn unter den irreduziblen Darstellungen sich die identische Darstellung befindet. Folgende mathematische Sätze sind nützlich:

Satz. Die Darstellung eines direkten Produkts (von 2 Basissätzen) enthält die vollständig symmetrische Darstellung nur, wenn die ursprünglichen Basisfunktionen zu der gleichen irreduziblen Darstellung der Punktgruppe gehören. Bei einem dreifachen Produkt kann das Integral nur dann nicht verschwinden, wenn die Darstellung des Produkts von zwei Funktionen gleich der Darstellung der dritten Funktion ist oder die Darstellung der dritten Funktion enthält. Hierbei können die Funktionen bzw. Operatoren passend geschickt zusammengefaßt werden. Zum Beispiel kann man die Darstellungen von $\Psi_j^{(1)} \cdot$ Operator $\cdot \Psi_k^{(2)}$ zuerst bezüglich $\Psi_j^{(1)}\Psi_k^{(2)}$ bestimmen und dann nachsehen, ob in ihr die Darstellung vom Operator (z. B. p_x, p_y, p_z) enthalten ist.

Erläutern wir die Anwendungen dieser Sätze an dem Beispiel der Punktgruppe C_{2v}, die uns beim H_2O, Abschn. 6.7, begegnet sind, und betrachten wir das Dipolmatrixelement

$$\int \Psi_\mu^*(\boldsymbol{r})\boldsymbol{r}\Psi_\kappa(\boldsymbol{r})dV\,. \tag{16.140}$$

Dabei identifizieren wir also Ψ_μ^* mit $\Psi_i^{(1)}$ in (16.137), $\boldsymbol{r}$ mit $\Psi_j^{(2)}$ und Ψ_κ mit $\Psi_k^{(3)}$ in (16.137). Wir nehmen dabei an, daß Ψ_μ^* und Ψ_κ bereits zu einer irreduziblen Darstellung gehört, deren Symmetrieeigenschaften in Tabelle 16.1 aufgeführt sind. Nun brauchen wir noch die irreduziblen Darstellungen von $\boldsymbol{r} = (x, y, z)$, die wir hier als kleine

Tabelle 16.3.

E	$\begin{pmatrix} x \\ y \\ z \end{pmatrix} = \begin{pmatrix} x \\ y \\ z \end{pmatrix} = \begin{pmatrix} 1 & 0 & 0 \\ 0 & 1 & 0 \\ 0 & 0 & 1 \end{pmatrix} \begin{pmatrix} x \\ y \\ z \end{pmatrix}, \quad \chi = 3$
C_2	$\begin{pmatrix} x \\ y \\ z \end{pmatrix} = \begin{pmatrix} -x \\ -y \\ z \end{pmatrix} = \begin{pmatrix} -1 & 0 & 0 \\ 0 & -1 & 0 \\ 0 & 0 & 1 \end{pmatrix} \begin{pmatrix} x \\ y \\ z \end{pmatrix}, \quad \chi = -1$
σ_v	$\begin{pmatrix} x \\ y \\ z \end{pmatrix} = \begin{pmatrix} -x \\ y \\ z \end{pmatrix} = \begin{pmatrix} -1 & 0 & 0 \\ 0 & 1 & 0 \\ 0 & 0 & 1 \end{pmatrix} \begin{pmatrix} x \\ y \\ z \end{pmatrix}, \quad \chi = 1$
σ_v'	$\begin{pmatrix} x \\ y \\ z \end{pmatrix} = \begin{pmatrix} x \\ -y \\ z \end{pmatrix} = \begin{pmatrix} 1 & 0 & 0 \\ 0 & -1 & 0 \\ 0 & 0 & 1 \end{pmatrix} \begin{pmatrix} x \\ y \\ z \end{pmatrix}, \quad \chi = 1$

Tabelle 16.4. *Obere Reihe:* Charaktere zur Darstellung von $\boldsymbol{r}$, *untere Reihen:* Charaktere der irreduziblen Darstellungen, die zu Γ beitragen

	E	C_2	σ_v	σ_v'
Γ	3	−1	1	1
A_1	1	1	1	1
B_1	1	−1	1	−1
B_2	1	−1	−1	1

Tabelle 16.5. *Linke Spalte:* $\boldsymbol{r}$ und seine irreduziblen Darstellungen. *Rechte Spalte:* $\Psi_\mu^*\Psi_\kappa$ und deren Darstellungsprodukte, die A_1, B_1, B_2 ergeben

$\boldsymbol{r}$	$\Psi_\mu^*\Psi_\kappa$
A_1	A_1A_1
B_1	A_2B_2
B_2	A_2B_1 (oder B_1A_2)

Zwischenübung bestimmen (aber auch aus Tabelle 6.13 direkt entnehmen können). Wie man sich anhand von Abb. 6.15 leicht klarmacht, gelten die folgenden Transformationsregeln für die Symmetrie-Operationen (s. Tabelle 16.3).

In der letzten Spalte sind die jeweiligen Charaktere, die als Spur der Darstellungsmatrizen aus diesen direkt zu entnehmen sind, angegeben. Wie diese Darstellung Γ in die irreduziblen Darstellungen zerfällt, läßt sich mit Hilfe dieser Charaktere χ und durch Anwendung von Formel (6.47) oder Probieren leicht angeben. Letzteres läßt sich mit Hilfe von Tabelle 16.3 und den eben angegebenen χ's leicht nachvollziehen, wie aus Tabelle 16.4 sofort abzulesen ist. Wir erhalten damit

$$\Gamma = A_1 + B_1 + B_2 \,. \tag{16.141}$$

Kehren wir nun zu unserer eigentlichen Aufgabe zurück und wenden den obigen mathematischen Satz auf (16.140) an. Fassen wir Ψ_μ^*, Ψ_κ als erstes zusammen, so können wir Tabelle 16.1 anwenden und suchen, welche Produkte der unteren linken Spalte eine der irreduziblen Darstellungen in (16.141), d. h. A_1, B_1 oder B_2, ergeben. Wir erhalten so Tabelle 16.5.

Die zweite Spalte gibt also an, zwischen welchen Wellenfunktionen ein optischer Dipolübergang möglich, d. h. erlaubt, ist. Alle anderen Übergänge sind verboten. In Abschn. 6.7 können wir dann Beispiele für LCAO Wellenfunktionen finden, die die entsprechenden Symmetrieeigenschaften haben.

Mit Hilfe von Tabelle 6.14 können wir ablesen, daß z zur Darstellung A_1, x zur Darstellung B_1 und y zur Darstellung B_2 gehören. Damit wird es möglich sogar anzugeben, in welcher Polarisationsrichtung des Lichts ein optischer Dipolübergang jeweils erlaubt (oder verboten) ist. So ist z. B. nur in der Polarisationsrichtung x der Übergang $A_2 \rightarrow B_2$ erlaubt. Wir überlassen es dem Leser als eine kleine Übungsaufgabe, sich davon zu überzeugen, daß x, y, z jedes für sich schon eine Basis für die jeweiligen irreduziblen Darstellungen A_1, B_1, B_2 sind.

16.6 Zusammenfassung von Kapitel 16

In diesem ziemlich umfangreichen Kapitel haben wir mit Hilfe der Störungsrechnung erster Ordnung die spontane und induzierte Emission sowie Absorption von Licht behandelt, wobei jeweils nur ein Photon erzeugt oder vernichtet wurde. Aus den Übergangswahrscheinlichkeiten (pro Sekunde) gewannen wir die Einstein-Koeffizienten für Emission und Absorption. Diese sind maßgeblich durch die optischen Matrixelemente bestimmt. Diese ließen sich zu solchen für die Dipolmatrixelemente, auch Übergangsmomente genannt, vereinfachen und mit den Oszillatorenstärken in Verbindung bringen. Die Born-Oppenheimer-Näherung und das Franck-Condon-Prinzip gestatten es, die optischen Matrixelemente in ein Produkt aus einem Matrixelement für den elektronischen Übergang bei festgehaltener Kernkoordinate und einem für Kernschwingungsübergänge aufzuspalten. Schließlich zeigten wir, wie es mit Hilfe der Gruppentheorie gelingt, Auswahlregeln für die optischen Übergänge herzuleiten.

17. Theoretische Behandlung des Raman-Effektes und Elemente der nichtlinearen Optik

Wir stellen als erstes die zeitabhängige Störungstheorie höherer Ordnung dar und wenden dann diese auf eine quantentheoretische Behandlung des Raman-Effekts und der Zwei-Photonen-Absorption an.

17.1 Zeitabhängige Störungstheorie höherer Ordnung

Die im vorangegangenen Kap. 16 entwickelte Methodik setzt uns in den Stand, nunmehr auch den Raman-Effekt quantentheoretisch zu behandeln, nachdem wir ihn in Kap. 12 bereits vom Standpunkt des Experiments aus diskutiert haben. Darüber hinaus können wir jetzt z. B. auch Zwei-Photonen-Prozesse der nichtlinearen Optik behandeln. Bei der mathematischen Formulierung wird es sich im folgenden als zweckmäßig erweisen, wenn wir uns zunächst nicht auf spezielle Wechselwirkungen beschränken, sondern den Formalismus allgemein entwickeln. Zur Veranschaulichung können wir uns jedoch folgendes Problem vorstellen. Wir denken uns ein Elektron, das sich in einem vorgegebenen Potentialfeld, z. B. eines Atomkerns oder aber auch eines ganzen Moleküls, bewegt. Dieses Elektron wird einem Lichtfeld ausgesetzt. Ist das Lichtfeld schwach, so kann es als eine kleine Störung betrachtet werden. Damit läßt sich, wie wir in Abschn. 16.3 zeigten, die Emission und Absorption eines Moleküls behandeln.

In der Kernspin-Resonanz war es schon lange möglich, auch Mehrquantenübergänge zu beobachten. Durch den Laser ist es möglich geworden, auch im sichtbaren oder UV-Spektralbereich so hohe Lichtintensität zu erzeugen, daß Mehrquantenübergänge beobachtbar werden. Bei Mehrquantenprozessen, die auch bei der Lichtstreuung vorliegen, genügt es nicht mehr, nur die erste Näherung der zeitabhängigen Störungstheorie (vgl. 16.2) zu betrachten. Man muß vielmehr systematisch auch Glieder höherer Ordnung in dieser Störung berücksichtigen. Wie dies ganz allgemein geschehen kann legen wir nunmehr dar, wobei wir an Abschn. 16.2 anknüpfen und auch die dortige Bezeichnung verwenden. Ausgangspunkt ist die Schrödinger-Gleichung (16.1). Die gesuchte Lösung entwickeln wir nach denen der ungestörten Schrödinger-Gleichung (16.2) in der Form (16.5), d. h.

$$\Psi(t) = \sum_{\nu=1}^{\infty} c_\nu(t)\Psi_\nu^0 \,. \tag{17.1}$$

Für die Koeffizienten ergaben sich die Gln. (16.7), die wir nochmals angeben:

$$\dot{c}_\mu(t) = \frac{1}{\mathrm{i}\hbar}\sum_\nu c_\nu(t) H_{\mu\nu}^{\mathrm{S}} \tag{17.2}$$

mit den in (16.8) definierten Matrixelementen $H^S_{\mu\nu}$. Zur Anfangszeit $t = t_0$ sei nur der Zustand mit der Quantenzahl κ besetzt, d. h.

$$c_\nu(t_0) = \begin{Bmatrix} 1 & \text{für} & \nu = \kappa \\ 0 & \text{für} & \nu \neq \kappa \end{Bmatrix} = \delta_{\nu\kappa} \,. \tag{17.3}$$

Gleichung (17.3) definiert zugleich die nullte Näherung für unser Störungsverfahren. Den Koeffizienten in dieser Näherung kennzeichnen wir durch eine hochgesetzte Null, d. h. wir definieren

$$c_\nu^{(0)} \equiv c_\nu(t_0) \,. \tag{17.4}$$

Die Idee der Störungstheorie ist folgende: da die Störung H^S als relativ klein angenommen wird, wird für nicht zu lange Zeiten c_ν sich nur wenig von der nullten Näherung (17.4) unterscheiden. Daher liegt es nahe, auf der rechten Seite von (17.2) für c_ν den Ansatz (17.4) zu verwenden, um sodann mit Hilfe der Gl. (17.2) auf der linken Seite ein verbessertes $c_\nu^{(1)}$ zu erhalten. Wir gelangen unter Benutzung dieser Überlegung sowie des Ansatzes ((17.3), (17.4)) für die c_ν's auf der rechten Seite zu der Beziehung

$$\dot{c}_\mu^{(1)}(t) = (-\mathrm{i}/\hbar) H^S_{\mu\kappa}(t) \,. \tag{17.5}$$

Durch Aufintegration erhalten wir sofort einen expliziten Ausdruck für die c_μ's in der ersten Näherung:

$$c_\mu^{(1)}(t) = (-\mathrm{i}/\hbar) \int_{t_0}^{t} H^S_{\mu\kappa}(\tau) d\tau + \delta_{\mu\kappa} \,. \tag{17.6}$$

Hierbei haben wir noch die allgemeine Anfangszeit t_0 geschrieben. Das Kronecker-Symbol $\delta_{\mu\kappa}$ sorgt dafür, daß die Anfangsbedingung (17.3) realisiert wird. Bei der Auswertung des Integrals (17.6) haben wir zu berücksichtigen, daß $H^S_{\mu\kappa}$ (vgl. (16.8) mit (16.3)) zeitabhängig ist. Die Koeffizienten (17.6) geben uns eine Verbesserung gegenüber den Koeffizienten (17.4).

Es liegt nahe, das eben begonnene Verfahren fortzusetzen, indem wir den nunmehr verbesserten Ausdruck für $c_\nu^{(1)}$ rechts in (17.2) einsetzen, um dadurch auf der linken Seite einen nochmals verbesserten Koeffizienten $c_\mu^{(2)}$ zu gewinnen. Indem wir uns dieses Verfahren fortgesetzt denken, gelangen wir bei dem $l+$ ersten Schritt zu der Beziehung

$$c_\mu^{(l+1)}(t) = c_\mu^{(0)}(-\mathrm{i}/\hbar) \sum_\mu \int_{t_0}^{t} H^S_{\mu\kappa}(\tau) c_\nu^{(l)}(\tau) d\tau \,. \tag{17.7}$$

(Zu dieser Relation können wir auch in einer mathematisch wohldefinierten Weise gelangen, indem wir die Störung H^S mit einem „Kleinheitsparameter“ ε ausstatten, c_μ in eine Reihe nach ε entwickeln, d. h.

$$c_\mu = \sum_{l=0}^{\infty} \varepsilon^l c_\mu^{(l)}$$

setzen, dies in (17.2) einsetzen, einen Koeffizientenvergleich durchführen und das Resultat über die Zeit von t_0 bis t integrieren.) Die Beziehung (17.7) hat die Bedeutung einer Rekursionsformel. Mit ihrer Hilfe können wir $c_\mu^{(l+1)}$ berechnen, sofern wir in einem vorangegangenen Schritt $c_\nu^{(l)}$ bestimmt haben.

Viele der hierbei wichtigen Gesichtspunkte können wir bereits am Fall $l = 1$ kennenlernen. In diesem Fall haben wir statt (17.7) natürlich

$$c_\mu^{(2)}(t) = \frac{-\mathrm{i}}{\hbar} \sum_{\mu_1} \int_{t_0}^{t} H^{\mathrm{S}}_{\mu\mu_1}(\tau) c^{(1)}_{\mu_1}(\tau) d\tau + \delta_{\mu\kappa} \,. \tag{17.8}$$

Für $l = 0$ kommen wir auf den bereits behandelten Fall (17.6) in einer leicht verallgemeinerten Schreibweise zurück (vgl. ((17.3), (17.4))!)

$$c_{\mu_1}^{(1)}(t) = \frac{-\mathrm{i}}{\hbar} \sum_{\mu_2} \int_{t_0}^{t} H^{\mathrm{S}}_{\mu_1\mu_2}(\tau) d\tau c^{(0)}_{\mu_2} + c^{(0)}_{\mu_1} \,. \tag{17.9}$$

Wie wir bereits sahen, müssen wir uns $c_\mu^{(0)}$ als zur Zeit $t = t_0$ vorgegeben denken, so daß diese Größen als bekannt angesehen werden können. Es ergibt sich somit die Aufgabe, den Koeffizienten in 2. Näherung $c_\mu^{(2)}$ durch $c_\mu^{(0)}$ auszudrücken. Dies ist dadurch möglich, daß wir die in (17.8) auftretenden Koeffizienten $c_{\mu_1}^{(1)}$ mit Hilfe von (17.9) durch $c_\mu^{(0)}$ ausdrücken. Wir setzen dementsprechend (17.9) in (17.8) ein und erhalten damit

$$\begin{aligned} c_\mu^{(2)}(t) = c_\mu^{(0)} &+ \frac{-\mathrm{i}}{\hbar} \sum_{\mu_1} \int_{t_0}^{t} H^{\mathrm{S}}_{\mu\mu_1}(\tau) d\tau c^{(0)}_{\mu_1} \\ &+ \left(\frac{-\mathrm{i}}{\hbar}\right)^2 \sum_{\mu_1\mu_2} \int_{t_0}^{t} d\tau_1 H^{\mathrm{S}}_{\mu\mu_1}(\tau_1) \int_{t_0}^{\tau} d\tau_2 H^{\mathrm{S}}_{\mu_1\mu_2}(\tau_2) c^{(0)}_{\mu_2} \,. \end{aligned} \tag{17.10}$$

In ganz entsprechender Weise können wir mit dem allgemeinen Ausdruck (17.7) verfahren, indem wir sukzessive alle Zwischenresultate $c_\mu^{(l)}$ eliminieren.

In $(l+1)$-Näherung ist $c_\mu^{(l+1)}$ gegeben durch

$$\begin{aligned} c_\mu^{(l+1)}(t) = c_\mu^{(0)} &+ \frac{-\mathrm{i}}{\hbar} \sum_{\mu_1} \int_{t_0}^{t} H^{\mathrm{S}}_{\mu\mu_1}(\tau) d\tau c^{(0)}_{\mu_1} \\ &+ \left(\frac{-\mathrm{i}}{\hbar}\right)^2 \sum_{\mu_1\mu_2} \int_{t_0}^{t} \int_{t_0}^{\tau_2} d\tau_1 d\tau_2 H^{\mathrm{S}}_{\mu\mu_2}(\tau_2) H^{\mathrm{S}}_{\mu_2\mu_1}(\tau_1) c^{(0)}_{\mu_1} \\ &+ \ldots + \ldots + \ldots \\ &+ \left(\frac{-\mathrm{i}}{\hbar}\right)^{l+1} \sum_{\mu_1\mu_2\ldots,\mu_{l+1}} \int_{t_0}^{t} \int_{t_0}^{\tau_{l+1}} \int_{t_0}^{\tau_l} \ldots \int_{t_0}^{\tau_2} d\tau_1 \\ &\ldots d\tau_{l+1} H^{\mathrm{S}}_{\mu\mu_{l+1}} H^{\mathrm{S}}_{\mu_{l+1}\mu_l} \ldots H^{\mathrm{S}}_{\mu_2\mu_1} c^{(0)}_{\mu_1} \,. \end{aligned} \tag{17.11}$$

Die ursprünglich gesuchten Koeffizienten $c_\mu(t)$ erhalten wir, indem wir die Störungstheorie zu unendlich hoher Ordnung treiben:

$$c_\mu(t) = \lim_{l\to\infty} c_\mu^{(l)}(t)\,. \tag{17.12}$$

17.2 Theoretische Behandlung des Raman-Effektes

Den Raman-Effekt hatten wir, überwiegend vom experimentellen Standpunkt her, in Kap. 12 besprochen. Wie wir dort sahen, wird Licht, das mit einer Frequenz ν_0 einfällt, an Molekülen gestreut, wobei die Lichtfrequenz in eine neue, nämlich ν_1 übergeht. In Kap. 12 war ν_0 auch als ν_p (p für „primär") und ν_1, mit $\nu_\mathrm{p} \pm \nu_\mathrm{vib}$ oder $\nu_\mathrm{p} \pm \nu_\mathrm{rot}$ bezeichnet. Im folgenden behandeln wir den vibronischen Raman-Effekt; die Behandlung des rotatorischen kann ganz ähnlich erfolgen.

Dieser Effekt kann vom Standpunkt der Quantenmechanik wie folgt gedeutet werden: Ein Photon der Frequenz ν_0 erzeugt im Molekül einen Übergang aus einem elektronischen Grundzustand mit der Quantenzahl q_a in einen angeregten Zwischenzustand q_z, wobei sich gleichzeitig der vibronische Zustand, der z. B. mit v Quanten besetzt ist, in einen mit v'' Quanten ändert. Hierbei handelt es sich um einen sog. virtuellen Übergang, bei dem der Energiesatz nicht erfüllt ist. Von diesem virtuellen Zwischenzustand geht nun das Molekül in einen Endzustand über, wobei der elektronische Zustand mit dem Anfangszustand übereinstimmt, dagegen sich die vibronische Quantenzahl geändert hat, so daß jetzt v' Quanten vorhanden sind (Abb. 17.1). Ist die Energie im vibronischen Zustand nun größer als vorher, so muß die entsprechende Energiedifferenz von dem ausgesandten Photon aufgebracht werden. Dieses hat also jetzt eine geringere Quantenenergie $\hbar\omega$, d. h. eine geringere Frequenz als das zunächst eingestrahlte, d. h. $\nu_1 < \nu_0$. Man spricht hier von der Stokes-Verschiebung. Insbesondere durch die Laserphysik ist es aber auch möglich geworden, Antistokes-Raman-Linien zu erzeugen, wo also $\nu_1 > \nu_0$.

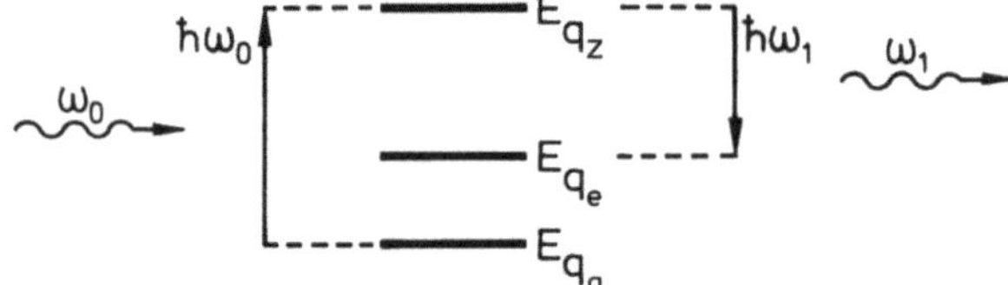

Abb. 17.1. Raman-Effekt: Absorption des Lichtquants mit der Energie $\hbar\omega_0$, Emission eines anderen Lichtquants der Energie $\hbar\omega_1$

Um den Raman-Effekt theoretisch erfassen zu können, knüpfen wir an die zeitabhängige Störungstheorie höherer Ordnung, die wir im vorigen Abschnitt entwickelt haben, an. Hierzu betrachten wir einen Prozeß zweiter Ordnung und werden in einem ersten Schritt die in (17.10) auftretenden Zeitintegrale berechnen. In der dortigen Bezeichnungsweise setzen wir

$$\omega_{\mu\nu} = \frac{1}{\hbar}(E_\mu - E_\nu)\,. \tag{17.13}$$

Wegen der Form der ungestörten Wellenfunktion gemäß (16.3) können wir das Matrixelement (16.8) in der Form

$$H^\mathrm{S}_{\mu\nu}(t) = H^\mathrm{S}_{\mu\nu}(0)\exp(\mathrm{i}\omega_{\mu\nu}t) \tag{17.14}$$

wiedergeben. Der Einfachheit halber nehmen wir die Anfangszeit $t_0 = 0$. Wir interessieren uns nun für denjenigen Koeffizienten, der einen Übergang zweiter Ordnung beschreibt, d. h. etwa die Absorption eines Photons und die Aussendung eines anderen. In der Bezeichnungsweise (17.13), (17.14) ist dieser Koeffizient durch den dritten Teil auf der rechten Seite von (17.10) gegeben, wobei wir diesen Teil mit $c_\mu^{(2)'}$ bezeichnen:

$$c_\mu^{(2)'} = -\frac{1}{\hbar^2}\sum_{\mu_1}\int_0^t \exp(\mathrm{i}\omega_{\mu\mu_1}\tau_1)d\tau_1 \int_0^{\tau_1} \exp(\mathrm{i}\omega_{\mu_1\kappa}\tau_2)d\tau_2 H_{\mu\mu_1}^{\mathrm{S}}(0) H_{\mu_1\kappa}^{\mathrm{S}}(0) . \qquad (17.15)$$

Die Zeitintegrale lassen sich sofort auswerten und ergeben

$$\int_0^t \int_0^{\tau_1} \ldots d\tau_1 d\tau_2 = -\frac{\exp(\mathrm{i}\omega_{\mu\kappa}t) - 1}{\omega_{\mu\kappa}\omega_{\mu_1\kappa}} + \frac{\exp(\mathrm{i}\omega_{\mu\mu_1}t) - 1}{\omega_{\mu\mu_1}\omega_{\mu_1\kappa}} . \qquad (17.16)$$

Die beiden in (17.16) auftretenden Summanden haben eine ganz verschiedene Bedeutung und Größenordnung. Der Faktor $(\mathrm{e}^{\mathrm{i}\omega_{\mu\kappa}t} - 1)/\omega_{\mu\kappa}$ im ersten Summanden in (17.16) ist uns bereits in (16.15) begegnet. Wie wir dort sahen, führt dieser Ausdruck schließlich zur δ-Funktion, die den Energiesatz garantiert. In der Umgebung von $\omega_{\mu\kappa} \approx 0$ tritt hier eine Singularität auf, die, wenn wir nicht über ein Frequenzspektrum integrieren, dazu führt, daß der Koeffizient $c_\mu^{(2)'}$ proportional zur Zeit anwächst. Im Faktor $1/\omega_{\mu_1,\kappa}$ bleibt der Nenner bei den von uns betrachteten Prozessen von Null verschieden. Der zweite Summand in (17.16) enthält Übergangsfrequenzen zwischen virtuellen Zwischenzuständen μ_1 und dem Endzustand μ, wo der Energiesatz sicher nicht erfüllt ist. Der Ausdruck in (17.16) zeigt also oszillatorisches Verhalten, wächst aber auf keinen Fall im Laufe der Zeit an und kann daher vernachlässigt werden. Mit dem sich so ergebenden Resultat (17.16) erhalten wir für (17.15) den folgenden Ausdruck

$$c_\mu^{(2)'} = \frac{1}{\hbar}\frac{\exp(\mathrm{i}\omega_{\mu\kappa}t) - 1}{\omega_{\mu\kappa}} H_{\mu\kappa}^{\mathrm{S,eff}} , \qquad (17.17)$$

wobei wir noch die Abkürzung

$$H_{\mu\kappa}^{\mathrm{S,eff}} = \sum_{\mu_1} \frac{H_{\mu\mu_1}^{\mathrm{S}}(0) H_{\mu_1\kappa}^{\mathrm{S}}(0)}{E_{\mu_1} - E_\kappa} \qquad (17.18)$$

eingeführt haben. Die Abkürzung (17.18) gestattet es uns, einen direkten Vergleich zwischen dem Koeffizienten (17.17) und dem uns früher begegneten Koeffizienten (16.15) durchzuführen. Ersichtlich ist das damalige Matrixelement nun durch (17.18) zu ersetzen, alle anderen Betrachtungen bleiben aber gleich. Damit können wir sofort die Übergangswahrscheinlichkeit pro Sekunde in der Form

$$W = \frac{2\pi}{\hbar}\sum_{\mu\in\Omega} \delta(E_\mu - E_\kappa) \left| H_{\mu\kappa}^{\mathrm{S,eff}} \right|^2 \qquad (17.19)$$

angeben, wobei die Quantenzahlen μ des Endzustandes (oder die Quantenzahlen κ des Anfangszustandes) sich über ein Kontinuum Ω erstrecken.

Um diese allgemeine Formel auf den Raman-Effekt anzuwenden, müssen wir die einzelnen hier auftretenden Zustände und deren Energien näher betrachten, wobei wir zunächst unser Augenmerk auf die Zustände des Lichtfeldes richten. Die Wellenfunktion des Anfangszustandes mit dem Index κ schreiben wir wie schon in Kap. 16 in der Form eines Produkts aus der Wellenfunktion φ_{Q_a} des Moleküls (d. h. Elektronen und Kerne) und der des Lichtfelds Φ_a im Anfangszustand:

$$\kappa : \varphi_{Q_\mathrm{a}} \Phi_\mathrm{a} \,. \tag{17.20}$$

Der Index Q_a faßt dabei alle Quantenzahlen von Elektronen und Kernen des Moleküls im Anfangszustand zusammen. Der Anfangszustand des Lichtfeldes soll im allgemeinen Fall mit n Photonen der Sorte λ_0 besetzt sein

$$\Phi_\mathrm{a} = \frac{1}{\sqrt{n!}} \left(b^+_{\lambda_0} \right)^n \Phi_0 \,. \tag{17.21}$$

Die zu (17.20) gehörige Energie können wir in leicht ersichtlicher Weise in der Form

$$E_\kappa = E_{Q_\mathrm{a,Mol.}} + n\hbar\omega_{\lambda_0} \tag{17.22}$$

wiedergeben, wobei $\omega_{\lambda_0} \equiv 2\pi\nu_0$.

Um die Matrixelemente auszuwerten, brauchen wir den Störoperator, der uns in (16.52) begegnet war und den wir hier nochmals kurz angeben:

$$H^\mathrm{S} = \sum_\lambda b_\lambda \frac{1}{\sqrt{V}} O_\lambda + \sum_\lambda b^+_\lambda \frac{1}{\sqrt{V}} O^+_\lambda \,. \tag{17.23}$$

Darin ist V das Normierungsvolumen der Wellen des Lichtfeldes, während O_λ in (16.53) definiert wurde und ein Operator ist, der sich auf die Elektronenbewegung bezieht. Den Endzustand mit dem Index μ schreiben wir in der Form

$$\mu : \varphi_{Q_\mathrm{e}} \Phi_\mathrm{e} \,, \tag{17.24}$$

wobei der Endzustand des Lichtfeldes sich von dem von (17.21) dadurch unterscheidet, daß nun ein Photon der Sorte λ_0 weniger vorhanden ist, hingegen ein Photon der Sorte λ_1 erzeugt worden ist. Das ist ja gerade die Aussage des Raman-Effekts. Der Störoperator H^S enthält sowohl die Erzeugung bzw. Vernichtung von Photonen. Da der Störoperator aber zweimal in (17.18) eingeht, können nun zwei verschiedene Prozesse stattfinden, die sich durch die Reihenfolge der Photonenemission und -absorption unterscheiden.

Diese beiden Wege lassen sich am besten durch die sogenannten Feynman-Diagramme (Abb. 17.2 und 17.3) veranschaulichen, und wir empfehlen dem Leser, den folgenden Text mit den entsprechenden Abbildungen zu vergleichen. Der erste Weg (Abb. 17.2) geht folgendermaßen: Im ersten Schritt wird ein Photon der Sorte λ_0 absorbiert. Dies führt zu einem Zwischenzustand mit dem Index μ_1, der die Form

$$\mu_1 : \varphi_{Q_\mathrm{z}} \Phi_\mathrm{z} \tag{17.25}$$

hat, wobei Q_z die Quantenzahlen des Moleküls im Zwischenzustand zusammenfaßt, während die Wellenfunktion des Lichtfeldes sich von dem Anfangszustand dadurch unterscheidet, daß ein Photon der Sorte λ_0 weniger vorhanden ist

$$\Phi_\mathrm{z} = \frac{1}{\sqrt{(n-1)!}} \left(b^+_{\lambda_0} \right)^{n-1} \Phi_0 \,. \tag{17.26}$$

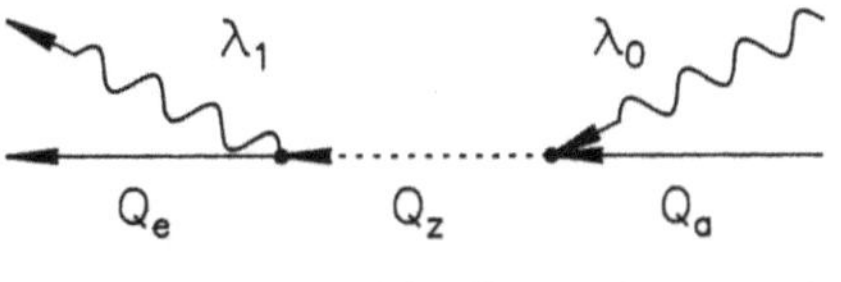

Abb. 17.2. Feynman-Diagramm (von *rechts* nach *links* zu lesen!) für Absorption und Emission je eines Lichtquants. Das Molekül befindet sich anfänglich im Zustand mit den durch Q_a gekennzeichneten Quantenzahlen, wo es das durch λ_0 gekennzeichnete Photon absorbiert. Dadurch geht es in den Zwischenzustand Q_z über. Schließlich emittiert es ein Photon λ_1 und geht dabei in den Endzustand Q_e über

(War ursprünglich nur ein Photon vorhanden, so liegt jetzt natürlich der Vakuumzustand vor.)

Für diesen Prozeß lautet das zugehörige Matrixelement

$$H^{\mathrm{S}}_{\mu_1\kappa}(0) = \sqrt{n}\int \varphi^*_{Q_\mathrm{z}}\frac{1}{\sqrt{V}}O_{\lambda_0}\varphi_{Q_\mathrm{a}}dV_\mathrm{El}dV_\mathrm{Kerne} \equiv \sqrt{n}\frac{1}{\sqrt{V}}H^{\mathrm{S}}_{Q_\mathrm{z},\lambda_0;\,Q_\mathrm{a},0}\,. \tag{17.27}$$

Hierbei haben wir wieder die Abkürzung ((16.68), (16.70)) verwendet. Lesen wir die Indizes, die in (17.15) bzw. (17.18) auftreten, von rechts nach links, so steht das Matrixelement, das sich auf diesen Prozeß bezieht, an erster Stelle. An zweiter Stelle steht dann das Matrixelement, das sich auf den zweiten Schritt dieses Prozesses bezieht, nämlich die Emission eines Photons der Sorte λ_1, wobei $\lambda_1 \neq$ der Sorte λ_0 sein soll. Das hier auftretende Matrixelement lautet dann

$$H^{\mathrm{S}}_{\mu\mu_1}(0) \equiv \frac{1}{\sqrt{V}}\int \varphi^*_{Q_\mathrm{e}}O^+_{\lambda_1}\varphi_{Q_\mathrm{z}}dV_\mathrm{El}dV_\mathrm{Kerne} = \frac{1}{\sqrt{V}}H^{\mathrm{S}}_{Q_\mathrm{e},\lambda_1;\,Q_\mathrm{z},0}\,. \tag{17.28}$$

Fassen wir diese Resultate zusammen, so ergibt sich als Beitrag zu dem effektiven Matrixelement (17.18) bei dem ersten Weg der folgende Ausdruck

$$H^{\mathrm{S,eff}}_{Q_\mathrm{e},\lambda_1;\,Q_\mathrm{a},\lambda_0} = \sum_{Q_\mathrm{z}}\frac{H^{\mathrm{S}}_{Q_\mathrm{e},\lambda_1;\,Q_\mathrm{z},0}H^{\mathrm{S}}_{Q_\mathrm{z},\lambda_0;\,Q_\mathrm{a},0}}{E_{Q_\mathrm{z},\mathrm{Mol.}} - E_{Q_\mathrm{a},\mathrm{Mol.}} - \hbar\omega_{\lambda_0}}\sqrt{n}\,. \tag{17.29}$$

Die Struktur von (17.18) beinhaltet aber auch einen zweiten Weg (vgl. Abb. 17.3), da ja der Operator, der in die Matrixelemente $H^{\mathrm{S}}_{\mu\kappa}$ eingeht, sowohl Photonen erzeugen als auch vernichten kann. Hier wird in einem ersten Schritt zuerst ein Photon der Sorte λ_1 erzeugt, das dann im Endzustand vorhanden ist, wodurch der Zwischenzustand mit dem Index μ_1 gegeben ist durch

$$\mu_1 : \varphi_{Q_\mathrm{z}}\Phi_\mathrm{z}\,. \tag{17.30}$$

Dabei ist der Zwischenzustand des Lichtfeldes jetzt durch

$$\Phi_\mathrm{z} = b^+_{\lambda_1}\frac{1}{\sqrt{n!}}\left(b^+_{\lambda_0}\right)^n\Phi_0 \tag{17.31}$$

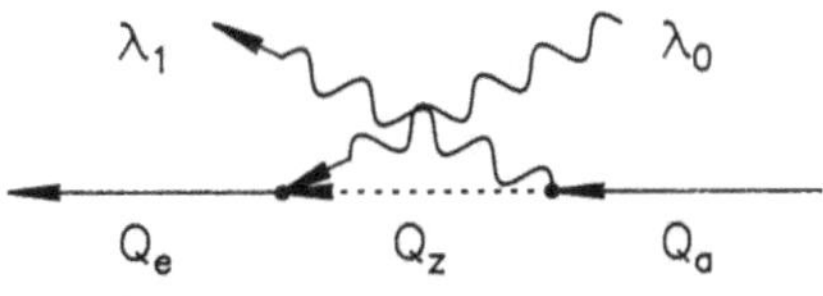

Abb. 17.3. Wie Abb. 17.2, aber die Emission des einen Quants erfolgt vor der Absorption des anderen

dargestellt. Das zugehörige Matrixelement lautet dann

$$H^{\mathrm{S}}_{\mu_1\kappa}(0) = H^{\mathrm{S}}_{Q_\mathrm{z},\lambda_1;\,Q_\mathrm{a},0}\,. \tag{17.32}$$

Nun wird in einem zweiten Schritt eines der zunächst vorhandenen Photonen der Sorte λ_0 vernichtet. Dies gibt Anlaß zu dem Matrixelement

$$H^{\mathrm{S}}_{\mu\mu_1}(0) = H^{\mathrm{S}}_{Q_\mathrm{e},\lambda_0;\,Q_\mathrm{z},0}\sqrt{n}\,. \tag{17.33}$$

Für den Energienenner ergibt sich

$$\begin{aligned} E_{\mu_1} - E_\kappa &= E_{Q_\mathrm{z},\mathrm{Mol.}} + n\hbar\omega_{\lambda_0} + \hbar\omega_{\lambda_1} - E_{Q_\mathrm{a},\mathrm{Mol.}} - n\hbar\omega_{\lambda_0} \\ &= E_{Q_\mathrm{z},\mathrm{Mol.}} - E_{Q_\mathrm{a},\mathrm{Mol.}} + \hbar\omega_{\lambda_1}\,. \end{aligned} \tag{17.34}$$

Beide Wege müssen in dem Gesamtausdruck (17.18) berücksichtigt werden, so daß wir als Ergebnis

$$\begin{aligned} \left|H^{\mathrm{S,eff}}_{\mu\kappa}\right|^2 = n\,\Bigg|&\sum_\mathrm{z} \frac{H^{\mathrm{S}}_{Q_\mathrm{e},\lambda_1;\,Q_\mathrm{z},0}H^{\mathrm{S}}_{Q_\mathrm{z},\lambda_0;\,Q_\mathrm{a},0}}{E_{Q_\mathrm{z},\mathrm{Mol.}} - E_{Q_\mathrm{a},\mathrm{Mol.}} - \hbar\omega_{\lambda_0}} \\ &+\sum_\mathrm{z} \frac{H^{\mathrm{S}}_{Q_\mathrm{e},\lambda_0;\,Q_\mathrm{z},0}H^{\mathrm{S}}_{Q_\mathrm{z},\lambda_1;\,Q_\mathrm{a},0}}{E_{Q_\mathrm{z},\mathrm{Mol.}} - E_{Q_\mathrm{a},\mathrm{Mol.}} + \hbar\omega_{\lambda_1}}\Bigg|^2 \end{aligned} \tag{17.35}$$

erhalten. Die Summen in (17.35) laufen über alle Zwischenzustände des Moleküls. Dieses Ergebnis ist dann in (17.19) einzusetzen, wobei über die Endzustände zu summieren und über die Anfangszustände zu mitteln ist. Die Summation über die Endzustände kann dann wieder genau wie bei der spontanen Emission, die wir in Abschn. 16.3.4 behandelt haben, über Wellenzahlvektoren, die in einem Raumwinkelbereich $d\Omega$ liegen, ausgeführt werden. Die Mittelung (oder Summation) über die Anfangszustände entspricht genau derjenigen, die wir bei der Absorption von Licht in Abschn. 16.3.4 durchgeführt haben.

Bis jetzt sind unsere Betrachtungen noch sehr allgemein, da sie nichts über die innere Struktur der Elektronen- und Kernzustände des Moleküls annehmen. Wir müssen aber, um zu mit dem Experiment vergleichbaren Resultaten vorzustoßen, uns nun näher mit der Bedeutung dieser Zustände und der sie beschreibenden Quantenzahlen Q_a, Q_e, Q_z auseinandersetzen. Um dies tun zu können, stützen wir uns auf die Born-Oppenheimer-Näherung, die wir in Abschn. 16.4 kennengelernt hatten. Hierbei wird die Wellenfunktion des Moleküls, die ja von allen Koordinaten der Elektronen und allen Koordinaten der Kerne abhängt, in einer speziellen Weise aufgespalten, nämlich gemäß

$$\varphi_{Q_\mathrm{a}}(\boldsymbol{r},\boldsymbol{R}) = \psi_{q_\mathrm{a}}(\boldsymbol{r},\boldsymbol{R})\chi_{q_\mathrm{a},v}(\boldsymbol{R})\,, \tag{17.36}$$

$$\varphi_{Q_\mathrm{z}}(\boldsymbol{r},\boldsymbol{R}) = \psi_{q_\mathrm{z}}(\boldsymbol{r},\boldsymbol{R})\chi_{q_\mathrm{z},v''}(\boldsymbol{R})\,, \tag{17.37}$$

$$\varphi_{Q_\mathrm{e}}(\boldsymbol{r},\boldsymbol{R}) = \psi_{q_\mathrm{a}}(\boldsymbol{r},\boldsymbol{R})\chi_{q_\mathrm{a},v'}(\boldsymbol{R})\,. \tag{17.38}$$

Hierbei bezieht sich jeweils der erste Faktor ψ auf die Bewegung der Elektronen bei festgehaltenen Kernkoordinaten $\boldsymbol{R}$ während die Funktionen χ sich auf die Bewegung der Kerne mit den Koordinaten $\boldsymbol{R}$ beziehen. Wie erinnerlich, sind die Wellenfunktionen χ und die zugehörigen Energien sowohl von dem Elektronenzustand abhängig, der durch die Quantenzahl q_a, etc. gekennzeichnet wird, als auch von der Quantenzahl v der vibronischen Anregung. Die zu ((17.36)–(17.38)) gehörigen Energien können wir in der Form

$$E_{Q_a,\mathrm{Mol.}} = E_{q_a,\mathrm{El}} + E_{q_a,v} \tag{17.39}$$

$$E_{Q_z,\mathrm{Mol.}} = E_{q_z,\mathrm{El}} + E_{q_z,v''} \tag{17.40}$$

$$E_{Q_e,\mathrm{Mol.}} = E_{q_e,\mathrm{El}} + E_{q_e,v'} \tag{17.41}$$

schreiben. Dabei haben wir die Quantenzahl Q wie schon in ((17.36)–(17.38)) in die des Elektronenzustandes q und die des vibronischen Zustandes v aufgespalten, v, v'', v' sind hierbei, wie schon zu Beginn dieses Abschnitts eingeführt, die Schwingungsquantenzahlen im Anfangs- bzw. Zwischen- oder Endzustand. $E_{\mathrm{Mol.}}$ ist die Energie des Moleküls, E_{El} die seiner Elektronen und E_v die seiner Schwingungen. Mit den Spezialisierungen ((17.36)–(17.41)) läßt sich das effektive Matrixelement (17.35) in der Form

$$\begin{aligned} H^{\mathrm{S,eff}}_{Q_e,Q_a} &= \sqrt{n}\sum_{q_z,v''}\frac{\left(\boldsymbol{e}_1\cdot\int\chi^*_{q_e,v'}\boldsymbol{\Theta}_{q_aq_z}\chi_{q_z,v''}dV_{\mathrm{K}}\right)\left(\int\chi^*_{q_z,v''}\boldsymbol{\Theta}_{q_zq_a}\chi_{q_a,v}dV_{\mathrm{K}}\boldsymbol{e}_0\right)}{E_{q_z,\mathrm{El}}-E_{q_a,\mathrm{El}}+E_{q_z,v''}-E_{q_a,v}-\hbar\omega_{\lambda_0}} \\ &+ \sqrt{n}\sum_{q_z,v''}\frac{\left(\boldsymbol{e}_0\cdot\int\chi^*_{q_e,v'}\boldsymbol{\Theta}_{q_aq_z}\chi_{q_z,v''}dV_{\mathrm{K}}\right)\left(\int\chi^*_{q_z,v''}\boldsymbol{\Theta}_{q_zq_a}\chi_{q_a,v}dV_{\mathrm{K}}\boldsymbol{e}_1\right)}{E_{q_z,\mathrm{El}}-E_{q_a,\mathrm{El}}+E_{q_z,v''}-E_{q_a,v}+\hbar\omega_{\lambda_1}} \end{aligned} \tag{17.42}$$

wiedergeben. Dabei ist $dV_{\mathrm{K}} \equiv dV_{\mathrm{Kerne}}$. $\boldsymbol{e}_0$ und $\boldsymbol{e}_1$ sind die Polarisationsvektoren der eingestrahlten bzw. gestreuten Lichtwelle. Mit $\boldsymbol{\Theta}_{q_zq_a} = \boldsymbol{\Theta}^*_{q_aq_z}$ haben wir das uns schon aus Abschn. 16.3.4 geläufige Matrixelement

$$\boldsymbol{\Theta}_{q_zq_a} = -\frac{e}{m_0}\sqrt{\frac{\hbar}{2\varepsilon_0\omega}}\int\varphi^*_{q_z}(\boldsymbol{r},\boldsymbol{R})\sum_j\boldsymbol{p}_j\varphi_{q_a}(\boldsymbol{r},\boldsymbol{R})dV_{\mathrm{El}} \tag{17.43}$$

abgekürzt, wobei wir

$$2\pi\nu_0 \approx 2\pi\nu_1 = \omega \tag{17.44}$$

gesetzt und die Exponentialfunktion im Operator O_λ durch 1 approximiert haben, was, wie wir schon früher sahen, eine gute Näherung ist, wenn die Ausdehnung des Moleküls klein gegenüber der Wellenlänge ist. In dieser Näherung läßt sich (17.43) gemäß Abschn. 16.3.6 auch durch das Übergangsmoment (16.118) ausdrücken.

Um zu handlichen *Auswahlregeln* vorzustoßen, können wir oft eine Näherung durchführen. Die Änderung der Energie der vibronischen Zustände ist nämlich im allgemeinen viel kleiner als die Energiedifferenz zwischen elektronischen Zuständen. Aus diesem Grunde können wir

$$E_{q_z,v''} - E_{q_a,v} \approx 0 \tag{17.45}$$

verwenden und ferner nochmals auf die Näherung (17.44) zurückgreifen. Wegen (17.45) tritt die Quantenzahl v'', über die in der Summe in (17.42) summiert wird, nicht mehr auf.

Dies ermöglicht uns, eine sehr schöne Vereinfachung durchzuführen. Wie nämlich in der Mathematik gezeigt wird, gilt für einen vollständigen Satz von Wellenfunktionen eine sog. Vollständigkeitsbeziehung, die in unserem Falle lautet:

$$\sum_{v''} \chi_{q_z,v''}(\boldsymbol{R})\chi^*_{q_z,v''}(\boldsymbol{R}') = \delta(\boldsymbol{R}-\boldsymbol{R}')\,. \tag{17.46}$$

Die δ-Funktion auf der rechten Seite ist hier genauer durch

$$\delta\left(\boldsymbol{R}-\boldsymbol{R}'\right) = \delta\left(\boldsymbol{R}_1-\boldsymbol{R}'_1\right)\delta\left(\boldsymbol{R}_2-\boldsymbol{R}'_2\right)\ldots\delta\left(\boldsymbol{R}_M-\boldsymbol{R}'_M\right) \tag{17.47}$$

zu ersetzen, wobei $\boldsymbol{R}_j$, $\boldsymbol{R}'_j$ die Koordinaten der Kerne sind. Dabei können wir diese Koordinaten auch von vornherein als Normalkoordinaten wählen, wie wir sie im folgenden auch benutzen werden.

Mit Hilfe von (17.46) geht das doppelte Integral, das in der ersten bzw. zweiten Summe in (17.42) auftritt, in ein einfaches über, so daß wir (17.42) in die sehr einfache Form

$$H^{\mathrm{S,eff}}_{Q_\mathrm{e},Q_\mathrm{a}} = \boldsymbol{e}_1 \cdot \int \chi^*_{q_\mathrm{a},v'}\alpha\chi_{q_\mathrm{a},v} dV_\mathrm{K}\boldsymbol{e}_0 \tag{17.48}$$

bringen können. Dabei haben wir den sog. Polarisierbarkeits-Tensor α eingeführt, der, wie ein Vergleich mit (17.42) zeigt, die folgenden Komponenten hat:

$$\alpha_{ij} = \sum_{q_z}\left(\frac{(\boldsymbol{\Theta}_{q_\mathrm{a}q_z})_i(\boldsymbol{\Theta}_{q_zq_\mathrm{a}})_j}{E_{q_z,\mathrm{El}}-E_{q_\mathrm{a},\mathrm{El}}-\hbar\omega} + \frac{(\boldsymbol{\Theta}_{q_\mathrm{a}q_z})_j(\boldsymbol{\Theta}_{q_zq_\mathrm{a}})_i}{E_{q_z,\mathrm{El}}-E_{q_\mathrm{a},\mathrm{El}}+\hbar\omega}\right), \tag{17.49}$$

wobei i, j die Bedeutung von x, y, z haben.

Zu diesem Polarisierbarkeits-Tensor gelangt man bereits in der Theorie der Dispersion, an die wir hier kurz erinnern. Läßt man ein statisches oder Wechselfeld $\boldsymbol{E}$ auf ein Atom oder Molekül wirken, so werden die Ladungswolken der Elektronen (und evtl. Kerne) verschoben und somit ein Dipolmoment $\boldsymbol{p}$ induziert. Bei nicht zu starken Feldern ist die Verknüpfung zwischen $\boldsymbol{p}$ und $\boldsymbol{E}$ linear, d. h.

$$\boldsymbol{p} = \alpha\boldsymbol{E}\,.$$

Da die Richtung von $\boldsymbol{p}$ von der von $\boldsymbol{E}$ verschieden sein kann, ist α im allgemeinen ein Tensor. Wie die ausführliche quantenmechanische Berechnung von α in der Dispersionstheorie mit Hilfe der Störungstheorie zeigt, ergibt sich für α gerade der Ausdruck (17.49). Da die Wellenfunktionen der Elektronen, die in die Berechnung von α eingehen, von den Kernkoordinaten $\boldsymbol{R}$ abhängen, d. h. $\varphi_Q = \varphi_Q(\boldsymbol{r},\boldsymbol{R})$, hängt natürlich auch α von diesen ab.

Um zu Auswahlregeln für Schwingungs-Raman-Übergänge zu gelangen, entwickeln wir den Polarisierbarkeits-Tensor nach den Normalkoordinaten R_i der Kerne um deren Gleichgewichtslagen im Molekül. Dies ergibt

$$\alpha = \alpha_0 + \sum\left(\frac{\partial\alpha}{\partial R_i}\right)_0 R_i + \frac{1}{2}\sum_{ij}\left(\frac{\partial^2\alpha}{\partial R_i\partial R_j}\right)_0 R_iR_j + \ldots\,. \tag{17.50}$$

Setzen wir dies in (17.48) ein, so sind die Auswahlregeln durch das Verschwinden bzw. Nichtverschwinden des Ausdrucks

$$\int \chi^*_{q_\mathrm{a},v'} \alpha \chi_{q_\mathrm{a},v} dV_\mathrm{Kerne} = \alpha_0 \delta_{vv'} + \sum_i \int \chi^*_{q_\mathrm{a},v'} \left(\frac{\partial \alpha}{\partial R_i} \right)_0 R_i \chi_{q_\mathrm{a},v} dV_\mathrm{Kerne} + \ldots \tag{17.51}$$

gegeben. Das Kronecker-Symbol $\delta_{vv'}$ auf der rechten Seite rührt von der Orthogonalität der Wellenfunktionen $\chi_{q_\mathrm{a},v}$, $\chi_{q_\mathrm{a},v'}$ her.

Diskutieren wir die einzelnen Glieder auf der rechten Seite von (17.51). Gemäß dem ersten Glied, $\alpha_0 \delta_{vv'}$, bleibt die Schwingungsquantenzahl erhalten, d. h. es liegt gar kein Raman-Effekt vor, sondern eine elastische Streuung. Beschäftigen wir uns daher mit dem nächsten Glied in (17.51) und betrachten einen typischen Summanden, den wir in der Form

$$\left(\frac{\partial \alpha}{\partial R_i} \right)_0 \int \chi^*_{q_\mathrm{a},v'} R_i \chi_{q_\mathrm{a},v} dV_\mathrm{Kerne} \tag{17.52}$$

schreiben können, da der erste Faktor nicht von den Kernkoordinaten abhängt und somit vor das Integral gezogen werden konnte. Die Funktionen $\chi_{q_\mathrm{a},v}$, $\chi_{q_\mathrm{a},v'}$ hängen von allen Normalkoordinaten der Kerne ab. Wie wir in Abschn. 11.3 sahen, gestatten die Normalkoordinaten, den Hamilton-Operator für die Kernschwingungen als eine Summe über Hamilton-Operatoren für einzelne harmonische Oszillatoren (der jeweiligen Normalschwingungen) darzustellen. Als Konsequenz hiervon läßt sich z. B. $\chi_{q_\mathrm{a},v}(\boldsymbol{R})$ in der Form eines Produkts wiedergeben (wobei wir den Index q_a überall weglassen)

$$\chi_v = \chi_{v_1}(R_1)\chi_{v_2}(R_2)\ldots\chi_{v_M}(R_M)\,, \tag{17.53}$$

wobei M die Zahl der Schwingungsfreiheitsgrade des Moleküls ist. Entsprechend gilt

$$\chi'_v = \chi_{v'_1}(R_1)\chi_{v'_2}(R_2)\ldots\chi_{v'_M}(R_M)\,. \tag{17.54}$$

Setzen wir (17.53), (17.54) in (17.52) ein und spalten das Mehrfachintegral in (17.52) auf, so erhalten wir

$$\int \chi^*_{v'_1}(R_1)\chi_{v_1}(R_1)dV_1 \ldots \int \chi^*_{v'_i}(R_i) R_i \chi_{v_i}(R_i)dV_i \\ \ldots \int \chi^*_{v'_M}(R_M)\chi_{v_M}(R_M)dV_M\,. \tag{17.55}$$

Bis auf das Integral mit dem Index i handelt es sich um Orthogonalitätsintegrale, so daß

$$v'_j = v_j\,, \quad j \neq i$$

gilt, d. h. diese vibronischen Quantenzahlen bleiben erhalten. Setzen wir in das verbleibende Integral

$$\int \chi^*_{v'_i}(R_i) R_i \chi_{v_i}(R_i)dV_i \tag{17.56}$$

für χ die üblichen Oszillatorwellenfunktionen ein, so erhalten wir nach der Theorie des quantenmechanischen harmonischen Oszillators die Auswahlregel

$$v'_i = v_i \pm 1\,.$$

Diese Übergänge bezeichnet man als Fundamentalübergänge.

Das nächste Glied, das in (17.51) von dem dritten Glied auf der rechten Seite von (17.50) stammt, kann in ähnlicher Weise diskutiert werden. Entweder ist in der Doppelsumme $i \neq j$ oder $i = j$. Im Falle $i \neq j$ treten nun zwei Integrale der Gestalt (17.56) auf, was zu den Auswahlregeln

$$v'_k = v_k\,, \quad k \neq i, j$$

und

$$v'_i = v_i \pm 1\,,$$
$$v'_j = v_j \pm 1$$

führt.

Im Falle $i = j$ kommt in Verallgemeinerung von (17.56) das Integral

$$\int \chi^*_{v'_i}(R_i) R_i^2 \chi_{v_i}(R_i) dV_i$$

vor. Für die Oszillatorwellenfunktionen χ ergibt sich dann die Auswahlregel

$$v'_i = v_i \pm 2\,,$$

also die Erzeugung oder Vernichtung von zwei Schwingungsquanten, oder

$$v'_i = 0\,,$$

d. h. kein Raman-Effekt.

In dieser Weise kann man zu immer höheren Entwicklungsgliedern in ((17.50), (17.51)) fortschreiten, wobei natürlich die relative Größe zu diskutieren ist. Wie eine längere Betrachtung ergibt, gehen die Glieder ihrer Größe nach mit $(\xi/r_0)^n$, wobei ξ eine mittlere Schwingungsamplitude der Kerne ist, während r_0 ein Maß für die Erstreckung der Elektronenwellenfunktion darstellt. Wegen $\xi \ll r_0$ nimmt die Intensität höherer Schwingungsquantenübergänge rasch ab.

Neben den hier untersuchten Auswahlregeln können noch weitere durch Symmetriebetrachtungen hergeleitet werden. Genauso wie es bei Wellenfunktionen der *Elektronen* irreduzible Darstellungen gibt, können solche auch für Kernschwingungen gefunden werden und die Ergebnisse des Kap. 6 auf diese übertragen werden. Dies gilt insbesondere für Symmetrieauswahlregeln (vgl. Abschn. 16.5). Dabei können wir berücksichtigen, daß Größen wie $(\partial\alpha/\partial R_i)R_i$ und $(\partial^2\alpha/\partial R_i \partial R_k)R_i R_k$ sich unter den Symmetrieoperationen von Punktgruppen wie α selbst transformieren. Jede Komponente α_{ij} von α transformiert sich wie $x_i x_j$. Dies hat zur Folge, daß die Fundamentalübergänge beim Raman-Effekt im allgemeinen nur von Normalschwingungen R_i herrühren, die sich unter Punktgruppentransformationen wie Linearkombinationen von $x_i x_j$, wie z. B. $x^2 - y^2, z^2, xy$, transformieren. Solche Schwingungs-Ramanübergänge beziehen sich aber nur auf solche Schwingungsmoden, die die molekulare Polarisierbarkeit ändern, sonst würde sich die rechte Seite von Gl. (17.51) auf eine Größe proportional zum Kronecker-Symbol $\delta_{v'v}$ reduzieren, also kein Raman-Effekt vorliegen. Mit geringer Wahrscheinlichkeit gibt es auch Übergänge, bei denen sich die Schwingungsquantenzahl um $\pm 2, \pm 3$ ändert. Daher gehören die Schwingungsmoden, die Infrarot- und Raman-Fundamentale aufweisen, zu gegenseitig sich ausschließenden Sätzen, wenn das Molekül ein Symmetriezentrum hat. Diese Tatsache wird als Nachweis für spezielle Molekülgeometrie benutzt.

Eine spezielle Situation, die *resonante Raman-Streuung* genannt wird, kommt vor, wenn die Frequenz des einfallenden Laserlichts ν_0 nahe der Resonanz von einer der molekularen Eigenzustände (d. h. elektronisch und vibronisch) ist. Der Energienenner in (17.42) wird dann sehr klein verglichen mit seinem Wert in normaler Raman-Streuung und die Übergangswahrscheinlichkeit wird enorm groß. In dieser Grenze können die Vibrationsenergiedifferenzen (17.45) im Vergleich zu den anderen Ausdrücken in dem Energienenner nicht mehr vernachlässigt werden, so daß die Übergangsamplitude (17.42) sich nicht länger auf die symmetrische Form ((17.48), (17.49)) zurückführen läßt. Dies hat zur Folge, daß die gewöhnlichen Raman-Auswahlregeln nicht mehr für Resonanz-Raman-Übergänge gelten. Es stellt sich heraus, daß einige Übergänge, die im normalen Raman-Effekt verboten sind, im resonanten Raman-Effekt erlaubt werden. Die Zeitaufgelöste Resonanz-Raman-Streuung wurde zu einer nützlichen Technik entwickelt, um die Populationen von großen Molekülen in elektronisch angeregten Zuständen zu beobachten.

17.3 Zwei-Photonen-Absorption

Betrachten wir die Störungen zweiter Ordnung, die von der Wechselwirkung zwischen Licht und Molekülen hervorgebracht werden, so gehören hierzu nicht nur der im vorangegangenen Abschnitt behandelte Raman-Effekt, bei dem ein Photon vernichtet und ein anderes erzeugt wird, sondern auch die Prozesse der Zwei-Photonen-Absorption und -Emission (vgl. die Feynman-Diagramme von Abb. 17.4a,b). Wir behandeln hier als Beispiel die Zwei-Photonen-Absorption, wobei wir uns auf die Behandlung der Absorption zweier Photonen der gleichen Lichtwelle beschränken. In diesem Falle wird also durch den Störoperator (17.23) ein Photon vernichtet und dann in einem zweiten Schritt nochmals ein weiteres.

Die Berechnungen können wir ganz in Analogie zum vorigen Abschnitt durchführen, so daß wir hier nur die entscheidenden Änderungen anzugeben haben. Der Anfangszustand κ besteht wieder aus einem Produkt aus dem Molekülzustand φ_{Q_a} und dem des Lichtfeldes Φ_a

$$\kappa : \varphi_{Q_\mathrm{a}} \Phi_\mathrm{a} \,. \tag{17.57}$$

Im Lichtfeld sollen sich n Photonen befinden

$$\Phi_\mathrm{a} = \frac{1}{\sqrt{n}} \left(b^+_{\lambda_0} \right)^n \Phi_0 \,. \tag{17.58}$$

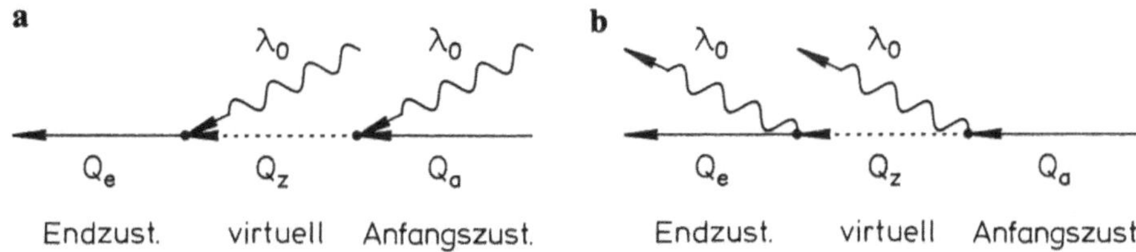

Abb. 17.4. Feynman-Diagramme. (**a**) Zwei-Photonenabsorption; (**b**) Zwei-Photonenemission

Die Energie des Anfangszustandes ist also durch

$$E_\kappa = E_{Q_\mathrm{a},\mathrm{Mol.}} + n\hbar\omega_0 \tag{17.59}$$

gegeben. Im ersten Schritt ruft der Störoperator (17.23) die Vernichtung eines Photons hervor, so daß wir vom Anfangszustand (17.57) zum Zwischenzustand der Form

$$\varphi_{Q_\mathrm{z}} \Phi_\mathrm{z} \tag{17.60}$$

gelangen, wobei der Zwischenzustand des Lichtfeldes durch

$$\Phi_\mathrm{z} = \frac{1}{\sqrt{(n-1)!}} \left(b^+_{\lambda_0}\right)^{n-1} \Phi_0 \tag{17.61}$$

gegeben ist. Die Energie des Zwischenzustandes lautet dann

$$E_{\mu_1} = E_{Q_\mathrm{z},\mathrm{Mol.}} + \hbar\omega_{\lambda_0}(n-1)\,. \tag{17.62}$$

Die Auswertung des Matrixelements ist identisch mit der des vorigen Abschnitts, so daß wir das Resultat nur zu wiederholen brauchen

$$H^\mathrm{S}_{\mu_1\kappa}(0) = \sqrt{n}\frac{1}{\sqrt{V}} H^\mathrm{S}_{Q_\mathrm{z},\lambda_0;\,Q_\mathrm{a},0}\,. \tag{17.63}$$

Im zweiten Schritt wird ein Endzustand hergestellt, in dem nochmals der Vernichtungsoperator b_{λ_0} aus dem Störoperator auf den nunmehrigen Zwischenzustand wirkt und damit den Endzustand

$$\varphi_{Q_\mathrm{e}} \Phi_\mathrm{e} \tag{17.64}$$

herstellt, der nur noch $n-2$ Photonen enthält

$$\Phi_\mathrm{e} = \frac{1}{\sqrt{(n-2)!}} \left(b^+_{\lambda_0}\right)^{n-2} \Phi_0\,. \tag{17.65}$$

Das Matrixelement kann entsprechend zu (17.63) ausgewertet werden und lautet

$$H^\mathrm{S}_{\mu\mu_1}(0) = \frac{1}{\sqrt{V}}\sqrt{n-1}\, H^\mathrm{S}_{Q_\mathrm{e},\lambda_0;\,Q_\mathrm{z},0}\,. \tag{17.66}$$

Setzen wir alle diese Ergebnisse in (17.18) ein, so ergibt sich

$$H^\mathrm{S,eff}_{Q_\mathrm{e},\lambda_0;\,Q_\mathrm{a},\lambda_0} = \sqrt{n}\sqrt{n-1} \sum_{Q_\mathrm{z}} \frac{H^\mathrm{S}_{Q_\mathrm{e},\lambda_0;\,Q_\mathrm{z},0} H^\mathrm{S}_{Q_\mathrm{z},\lambda_0;\,Q_\mathrm{a},0}}{E_{Q_\mathrm{z},\mathrm{Mol.}} - E_{Q_\mathrm{a},\mathrm{Mol.}} + \hbar\omega_0}\,. \tag{17.67}$$

Da die Übergangswahrscheinlichkeit W pro Sekunde proportional zum *Absolutquadrat* von (17.67) ist, erhalten wir das vor allen Dingen wichtige Resultat

$$W \propto n(n-1) \propto I^2\,. \tag{17.68}$$

Der letzte Teil rührt daher, daß die Intensität I des eingestrahlten Lichtfeldes proportional zur Zahl der in ihm enthaltenen Photonen ist, und daß wir für genügend große n die 1 gegenüber n vernachlässigen können. Die Relation (17.68) besagt, daß die Zahl der Übergänge pro Sekunde, die ein Molekül unter Absorption von zwei Photonen macht, proportional zum *Quadrat* der eingestrahlten Intensität ist. Dies wurde von *Kaiser* und *Garrett* verwendet, um die Dauern ultrakurzer Laserimpulse zu messen. Daneben ist wichtig, daß für die Zwei-Photonen-Absorption andere Auswahlregeln als für die normale Ein-Photonen-Absorption gelten. Während sich bei letzteren bei den Dipolmatrixelementen („Übergangsmomenten") in den Wellenfunktionen von Anfangs- und Endzustand die Parität ändert (gerade → ungerade oder ungerade → gerade), bleibt bei Zwei-Photonen-Übergängen die Parität erhalten. Dies wird sofort aus (17.67) ersichtlich, wo sich vom Anfangs- zum Zwischenzustand die Parität ändert und dann nochmals vom Zwischenzustand zum Endzustand. Insgesamt bleibt sie also erhalten.

18. Magnetische Kernresonanz

In diesem und im folgenden Kapitel soll gezeigt werden, welchen Beitrag zur Physik der Moleküle die Methoden der *magnetischen Resonanz-Spektroskopie* leisten können. Wir begeben uns dazu in der Energieskala (vgl. Abb. 8.1) an das unterste Ende der spektroskopischen Methoden. Mit den Methoden der magnetischen Resonanz-Spektroskopie benutzen wir die Spins und magnetischen Momente von Kernen und von Elektronen als Sonden zum Studium von elektronischer Struktur, Dynamik und Reaktivität von Molekülen. Die Untersuchungen erfolgen überwiegend in kondensierter Phase, das heißt in Lösung oder im Festkörper.

In der magnetischen Kernresonanz benutzt man den Kernspin als Sonde, um Struktur und Dynamik von Elektronenwolke um ihn herum und von anderen Kernen in seiner Nachbarschaft zu erforschen. Seit ihrer Entdeckung im Jahre 1946 hat sich diese Methode der Spektroskopie zu der vielleicht wichtigsten und aussagekräftigsten unter allen Molekül-Spektroskopien entwickelt. Hier können nur die Grundlagen des Verfahrens (Abschn. 18.1) und die wichtigsten Grundtatsachen der Resonanz des Wasserstoffkerns (Protonen-Resonanz) in Molekülen behandelt werden (Abschn. 18.2). Untersuchung dynamischer Prozesse (Abschn. 18.3), anderer Kerne als H (Abschn. 18.4) sowie Anwendungen für zweidimensionale und ortsauflösende Spektroskopien (Abschn. 18.5 und 18.6) zeigen die weitreichenden Möglichkeiten dieser *spektroskopischen Methode*.

18.1 Grundlagen der Kernspin-Resonanz

Zunächst behandeln wir in diesem Kapitel die Kernspin-Resonanz. Die Grundlagen dieser Spektroskopie sind bereits in I, Kap. 20, ausführlich dargestellt. Um hier die Bedeutung der Methode für die Strukturaufklärung von Molekülen zu erläutern, erinnern wir noch einmal an die Grundtatsachen.

18.1.1 Kernspins im Magnetfeld

Atomkerne haben ein magnetisches Moment

$$\boldsymbol{\mu}_I = \gamma \boldsymbol{I}\,, \tag{18.1}$$

wobei $\boldsymbol{I}$ den Drehimpuls (Spin) des Kerns und γ das gyromagnetische Verhältnis bedeuten. Wenn man als Einheit für das Kernmoment das Kernmagneton μ_{K} einführt, das sich vom Bohrschen Magneton μ_{B} um das Verhältnis von Elektronen- zu Protonenmasse unterscheidet, erhält man

$$\boldsymbol{\mu}_I = \frac{g_I \mu_{\mathrm{K}}}{\hbar}\boldsymbol{I}\,, \quad \text{mit} \quad \mu_{\mathrm{K}} = 0{,}505 \cdot 10^{-26}\,\mathrm{A\,m^2}\,. \tag{18.2}$$

Hiermit ist der Kern-g-Faktor $g_I = (\gamma\hbar/\mu_K)$ definiert, eine dimensionslose Zahl, mit der man ebenfalls die magnetischen Eigenschaften von Kernen beschreiben kann. Der Faktor g_I kann im Gegensatz zum Landé-g_J-Faktor der Elektronenschalen nicht aus anderen Quantenzahlen berechnet werden, sondern er ist eine empirische, für jedes Nuklid mit von Null verschiedenen Spin I charakteristische Meßgröße.

Für den Drehimpuls des Kerns gilt

$$|\boldsymbol{I}| = \sqrt{I(I+1)}\hbar \ . \tag{18.3}$$

Die hier definierte Kernspinquantenzahl I – kurz auch „Kernspin" genannt – ist ganz- oder halbzahlig. Sie ist eine charakteristische Nuklid-Eigenschaft und kann je nach Nuklid Werte zwischen 0 und bis zu 8 (für das metastabile Nuklid $^{178}_{72}\mathrm{Hf}$) annehmen.

Beobachtbar ist von Spin und magnetischem Moment nur die Komponente in einer Vorzugsrichtung, die sogenannte z-Komponente. Die Vorzugsrichtung kann insbesondere die Richtung eines angelegten Magnetfeldes $\boldsymbol{B}_0$ sein. Es gilt

$$(\boldsymbol{I})_z = m_I\hbar \quad \text{mit} \quad m_I = I, I-1, \ldots - I \tag{18.4}$$

und

$$(\boldsymbol{\mu})_z = \gamma\hbar m_I = g_I\mu_K m_I \ . \tag{18.5}$$

Für die magnetische Quantenzahl m_I und damit für die Einstellung von Drehimpuls und Kernmoment relativ zur Vorzugsrichtung gibt es also $2I+1$ Möglichkeiten. Als Kernmoment μ_I bezeichnet man vereinfachend häufig den größten möglichen Wert von $(\boldsymbol{\mu})_z$, also $\mu_I = g_I I \mu_K$.

Das Magnetische Moment $\boldsymbol{\mu}_I$ und der g_I-Faktor können positives oder negatives Vorzeichen haben. Positives Vorzeichen bedeutet, daß $\boldsymbol{\mu}_I$ und $\boldsymbol{I}$ gleiche Richtung haben, wie es nach der klassischen Elektrodynamik für eine rotierende positive Ladung gilt. Bei negativem Vorzeichen sind die Vektoren einander entgegengerichtet. Die Werte für I, g_I und μ_I für einige in der Resonanz-Spektroskopie wichtige Nuklide gibt Tabelle 18.1.

In einem äußeren Magnetfeld $\boldsymbol{B}_0$ hat ein Kern wegen seines magnetischen Momentes die magnetische Wechselwirkungsenergie

$$V = -\boldsymbol{\mu}_I \boldsymbol{B}_0 = -g_I\mu_K B_0 m_I \ , \tag{18.6}$$

mit der magnetischen Quantenzahl $m_I = I, I-1 \ldots - I$, siehe Schema 18.1.

Tabelle 18.1. Eigenschaften einiger Atomkerne, die in der Kernspin-Resonanz von Molekülen wichtig sind

Kern	I	g_I	μ_I (in μ_K)
^{1}H	1/2	5,5856912	2,7928456
^{2}H	1	0,8574376	0,8574376
^{13}C	1/2	1,40482	0,70241
^{14}C	0	0	0
^{14}N	1	0,4037607	0,4037607
^{17}O	5/2	−0,757516	−1,89379
^{19}F	1/2	5,257732	2,628866
^{31}P	1/2	2,26320	1,1316

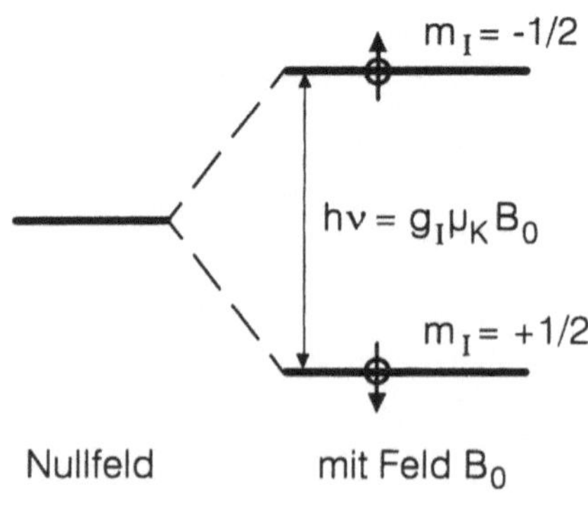

Schema 18.1. Energiezustände eines Protons im Magnetfeld $\boldsymbol{B}_0$

Die Energiedifferenz zwischen zwei benachbarten Einstellmöglichkeiten des magnetischen Momentes im Felde $\boldsymbol{B}_0$, das heißt für Übergänge mit $\Delta m_I = \pm 1$, beträgt

$$\Delta E = g_I \mu_K B_0 \ . \tag{18.7}$$

Strahlt man auf eine Probe, die die entsprechenden Kerne enthält, senkrecht zur Richtung von $\boldsymbol{B}_0$ elektromagnetische Wellen mit der Frequenz

$$\nu = \frac{\Delta E}{h} = \frac{g_I \mu_K}{h} B_0 \tag{18.8}$$

ein, so kann diese Strahlung von der Probe absorbiert werden und magnetische Dipolübergänge zwischen den nach (18.6) möglichen Kernspin-Orientierungen erzeugen. Diesen Prozeß nennt man Kernspin-Resonanz. Wie in I, Kap. 20 ausführlich gezeigt, bedeutet Resonanz ein Übereinstimmen der Frequenz der eingestrahlten Strahlung mit der Larmor-Präzessionsfrequenz der Kernspins im Felde B_0.

Gleichung (18.8) ist für Protonen in einem Felde von 1 T (= 10 kG) bei der Frequenz $\nu = 42{,}578$ MHz erfüllt. Das ist Strahlung mit einer Wellenlänge λ von etwa 7 m, die Energiequanten ΔE betragen etwa $1{,}8 \cdot 10^{-7}$ eV.

Allgemein kann man die Resonanzbedingung auch in der handlichen Form

$$\nu = 762{,}3 \frac{\mu_I}{I} B_0 \frac{[\mathrm{Hz}]}{[\mathrm{Gauss}]}$$

schreiben, wenn ν in s^{-1} und B_0 in Gauss gemessen wird. Das bedeutet für Protonen: Für $B_0 = 1\,\mathrm{T} = 10\,\mathrm{kG}$ ist $\nu = 42{,}576$ MHz. Das entspricht einer Wellenlänge $\lambda = 7$ m oder einem Energie-Unterschied $\Delta E = 1{,}8 \cdot 10^{-7}$ eV.

Kernspin-Resonanz kürzt man häufig mit NMR (für nuclear magnetic resonance) ab.

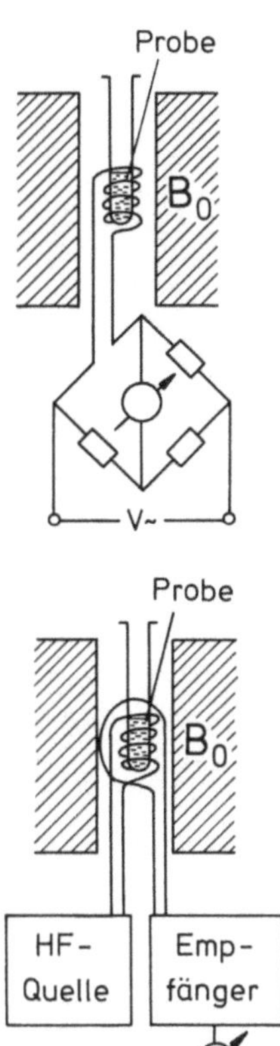

Abb. 18.1. Prinzip-Schema einer Kernspin-Resonanz-Meßanordnung zur Messung der Absorption. Man kann die Resonanz bei festem Magnetfeld und variabler Frequenz, oder bei fester Frequenz und variablem Magnetfeld messen. *Oberes Teilbild*: Im Resonanzfall ändert sich der Widerstand der Meßspule, weil Energie aus dem Wechselfeld in das Kernspin-System übertragen wird. Dies kann durch eine Brückenschaltung nachgewiesen werden. Das *untere Teilbild* zeigt die sogenannte Induktionsmethode: Im Resonanzzustand erzeugt die um $\boldsymbol{B}_0$ präzedierende Magnetisierung der Kerne ein magnetisches Wechselfeld senkrecht zur Richtung von $\boldsymbol{B}_0$ und senkrecht zum eingestrahlten Wechselfeld. Der Nachweis erfolgt durch Induktion in einer Empfängerspule. Andere Meßverfahren werden in I, Abschn. 20.6 beschrieben

18.1.2 Messung von Kernspin-Resonanz

Das Prinzip einer Kernresonanz-Messung in einfachster Form zeigt Abb. 18.1. Mehr dazu siehe in I, Abschn. 20.6. Heute stehen zur Messung von Kernresonanz-Spektren auch supraleitende Magnete mit B zwischen 10 und 20 T und höher zur Verfügung. An hohen Feldern und dementsprechend hohen Meßfrequenzen ist man zur Erreichung höherer Empfindlichkeit sehr interessiert. Für das Kernspin-Resonanz-Signal ist im thermischen Gleichgewicht nämlich nur der kleine Bruchteil von Übergängen verantwortlich, um den sich die Besetzungen von energetisch höherem Zustand, N_2, und niederem Zustand, N_1, unterscheiden. Im Resonanzfall induziert die elektromagnetische Strahlung Übergänge in beiden Richtungen. Als Netto-Absorption wird nur der Überschuß von Absorptions- zu induzierten Emissions-Übergängen gemessen. Die Differenz der Besetzungszahlen, bezogen auf die Gesamtzahl der vorhandenen Kerne, beträgt

$$\frac{N_1 - N_2}{N_1 + N_2} = \frac{1 - \mathrm{e}^{-g_I \mu_K B_0/kT}}{1 + \mathrm{e}^{-g_I \mu_K B_0/kT}} \simeq g_I \mu_K B_0 / 2kT \ . \tag{18.9}$$

Für Protonen ergibt das bei Zimmertemperatur und $B_0 = 1{,}4$ T, das heißt nach (18.8) $\nu \simeq 60$ MHz, den Wert $2{,}6 \cdot 10^{-6}$. Es gibt also nur einen kleinen Bruchteil der Spins mehr im unteren als im oberen Zustand, und nur diese sind für ein beobachtbares Absorptions-Signal verantwortlich. Der andere Bruchteil der Kernspins macht unter der Wirkung des Strahlungsfeldes die gleiche Anzahl Übergänge in Absorption wie in induzierter Emission, also ohne Netto-Effekt für die Messung. Erhöhung des äußeren Magnetfeldes und damit der Resonanzfrequenz um einen Faktor 10 erhöht deshalb die Nachweisempfindlichkeit der Apparatur um diesen Faktor.

Die experimentelle Realisierung eines Kern-Resonanz-Spektrometers ist in I, Kap. 20 ausführlicher beschrieben. Dort wird auch darauf eingegangen, daß und warum man in der Kernspin-Resonanz heute meistens mit gepulstem Hochfrequenzfeld und anschließender Fourier-Transformation der Signale aus dem Zeit- in den Frequenzraum arbeitet. Dies soll hier nicht wiederholt werden.

Die Kernresonanz-Spektroskopie unterscheidet sich von der optischen Spektroskopie in einigen charakteristischen Punkten:

- Die Energiequanten sind sehr klein (10^{-4}–10^{-8} eV)
- man beobachtet magnetische und nicht elektrische Dipolübergänge
- die Wellenlänge der verwendeten Strahlung ist groß gegen die Probendimensionen. Das führt auch dazu, daß alle Kerne in der Probe kohärent angeregt werden können.

Besonders wichtig ist die Kernspin-Resonanz von Protonen, das heißt an den vom Wasserstoff-Atom H in die Moleküle eingebrachten Kernen, und ihre Anwendung zur Untersuchung der ungeheuren Vielzahl von Molekülen aus dem Bereich der Organischen Chemie. Man kann mit ihrer Hilfe die Kernspins als Sonden zur Untersuchung von Struktur und Bindungsverhältnissen in Molekülen verwenden. Dabei sind zwei Meßgrößen besonders wichtig: die chemische Verschiebung und die Kopplungskonstanten. Diese werden wir im folgenden Abschnitt am Beispiel der Protonenresonanz besprechen.

18.2 Protonenresonanz in Molekülen

18.2.1 Die chemische Verschiebung

Die herausragende Bedeutung der Kernspin-Resonanz für die Molekülphysik liegt darin, daß man mit ihrer Hilfe sehr detaillierte Strukturdaten von Molekülen erhalten kann. Dies soll hier am Beispiel des Ethylalkohols oder Ethanol, CH_3CH_2OH, erläutert werden. Wir werden im folgenden sehen, daß man an diesem Spektrum viele der wichtigsten Eigenschaften der Kernresonanz an Molekülen und den Wert der Methode für die Molekülphysik erläutern und verstehen kann. Abbildung 18.2 zeigt ein Protonen-Resonanzspektrum von dieser Verbindung. Die 3 Gruppen von Protonen in den Molekülteilen CH_3, CH_2 und OH geben Anlaß zu 3 Gruppen von Signalen mit den relativen Intensitäten (das heißt Fläche der Absorptionskurve) 3:2:1 bei etwas unterschiedlicher Resonanzfrequenz beziehungsweise, wenn die Meßfrequenz fest ist, bei etwas unterschiedlichem Magnetfeld. Das beruht auf der *Chemischen Verschiebung*. Darunter versteht man folgendes:

Für die Resonanz nach Gl. (18.8) ist in Wirklichkeit nicht das angelegte Magnetfeld B_0 allein maßgeblich, sondern das lokale Feld am Ort des untersuchten Kerns. Dieses ist nicht gleich B_0, weil durch das Anlegen eines äußeren Feldes B_0 im Atom oder Molekül ein Strom und damit ein magnetisches Moment der Elektronen induziert wird, das nach der Lenzschen Regel dem angelegten Feld entgegengerichtet ist. Man spricht

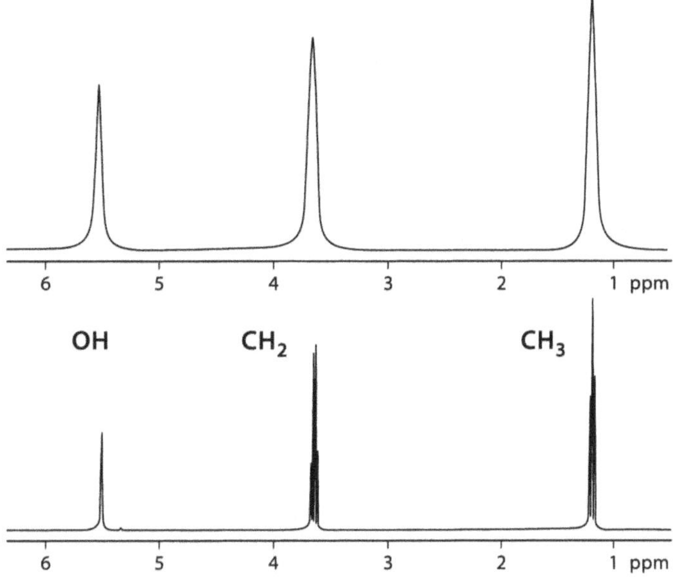

Abb. 18.2. Kernspin-Resonanz von Ethylalkohol, C_2H_5OH. Aufgetragen ist die Signalintensität am Empfänger als Funktion der Übergangsfrequenz beziehungsweise der Resonanzfeldstärken. Diese ist in ppm (parts per million) relativ zu einem geeigneten Standard gemessen. Man sieht im *oberen Teilbild* 3 Signale mit dem Flächenverhältnis 1:2:3. Sie gehören zu den Protonenspins in der OH-, der CH_2- und der CH_3-Gruppe mit 1, 2 und 3 Protonen. Wegen der unterschiedlichen chemischen Bindung unterscheiden sich die Resonanzfrequenzen bzw. die Resonanzfeldstärken der Protonen in den verschiedenen Bindungen um einige ppm. – Im *unteren Teilbild* ist dasselbe Spektrum mit höherer Auflösung gemessen. Das CH_2-Signal ist jetzt durch indirekte Kernspin-Wechselwirkung mit den Protonen der CH_3-Gruppe in ein Quartett aufgespalten, das CH_3-Signal durch indirekte Wechselwirkung mit den CH_2-Protonen in ein Triplett, siehe auch Abb. 18.11. – Die Protonen der OH-Gruppe werden rasch zwischen verschiedenen Molekülen ausgetauscht. Dadurch wird indirekte Wechselwirkung ausgemittelt und die Linie bleibt einfach

deshalb auch von *diamagnetischer Abschirmung*, vergleiche dazu Abb. 18.3. Für das lokale oder effektive Feld, das der Kern sieht, gilt

$$B_{\text{eff}} = B_0 - B_{\text{induziert}} ,$$

und da die Stärke des induzierten Feldes der des angelegten Feldes proportional ist

$$B_{\text{eff}} = B_0 - \sigma B_0 . \tag{18.10}$$

Die Größe dieser diamagnetischen Abschirmung hängt von Dichte und Bindungszustand der Elektronen in der Nähe des betrachteten Kerns ab. Protonen in verschiedenen Molekülgruppen haben wegen ihrer unterschiedlichen elektronischen Umgebung deshalb etwas unterschiedliche Abschirmkonstanten σ. Für die Kernspin-Resonanz-Frequenz gilt dann

$$h\nu = g_I \mu_K B_{\text{lokal}} = g_I \mu_K B_0 (1 - \sigma) , \tag{18.11}$$

das heißt, Kerne in verschiedener chemischer Umgebung und damit verschiedener Abschirmung σ haben verschiedene Resonanz-Frequenzen ν im Felde B_0. Abbildung 18.4 zeigt für den Alkohol Methanol, CH_3OH, wie durch die unterschiedliche Abschirmung für die OH- und die CH_3-Protonen ein unterschiedliches Resonanzfeld bei gegebener Frequenz resultiert. Das Produkt σB_0 mißt die *chemische Verschiebung* und wird häufig mit δ bezeichnet. Damit ist erklärt, warum man in Abb. 18.2 für den Alkohol CH_3CH_2OH drei Gruppen von Linien sieht, übrigens mit dem Intensitätsverhältnis 1:2:3 entsprechend der Anzahl von Protonen in den Gruppen OH, CH_2 und CH_3. Es handelt sich um das Resonanzsignal der Protonen in den Gruppen CH_3, CH_2 und OH. Die Fläche der jeweiligen Absorptionskurve ist der Anzahl der an der Resonanz beteiligten Kerne proportional.

Die Bedeutung der chemischen Verschiebung für das Verständnis der chemischen Bindung kann man am Unterschied zwischen der CH- und der OH-Bindung erläutern.

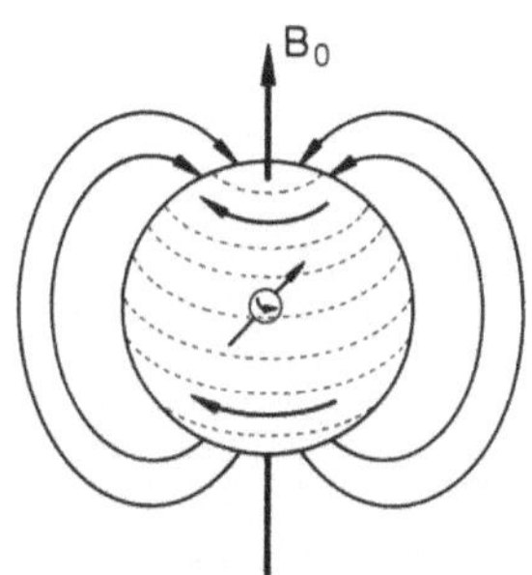

Abb. 18.3. Diamagnetische Abschirmung als Ursache der Chemischen Verschiebung. Die diamagnetische Elektronenwolke in der Umgebung des Kerns erzeugt ein Magnetfeld, das dem angelegten Feld B_0 am Ort des Kernes entgegen gerichtet ist

Das O-Atom ist ein besserer Elektronen-Akzeptor als das C-Atom. Deshalb ist die Elektronendichte am H-Atom in der O–H-Bindung kleiner als an der C–H-Bindung. Das führt zu einer größeren diamagnetischen Abschirmung und damit zu einer größeren chemischen Verschiebung für die C–H-Protonen. Es gilt für die lokalen Felder

$$B_{\mathrm{CH}} = B_0(1 - \sigma_{\mathrm{CH}}) < B_{\mathrm{OH}} = B_0(1 - \sigma_{\mathrm{OH}}) \,.$$

Bei fester Frequenz des hochfrequenten B_1-Feldes erfolgt deshalb die Resonanz der CH-Protonen in einem etwas größeren angelegten Feld B_0 als die der OH-Protonen, siehe dazu Abb. 18.4.

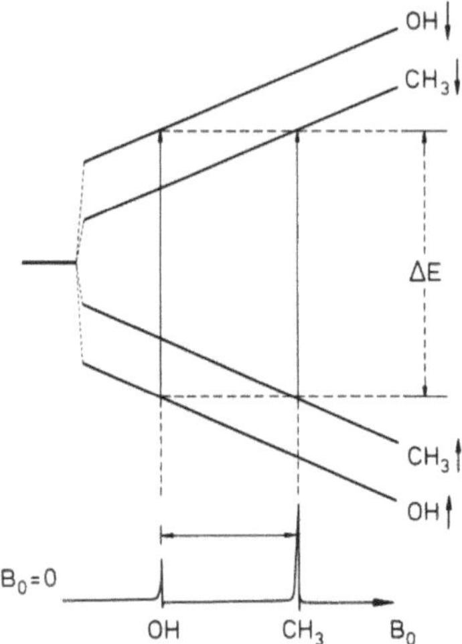

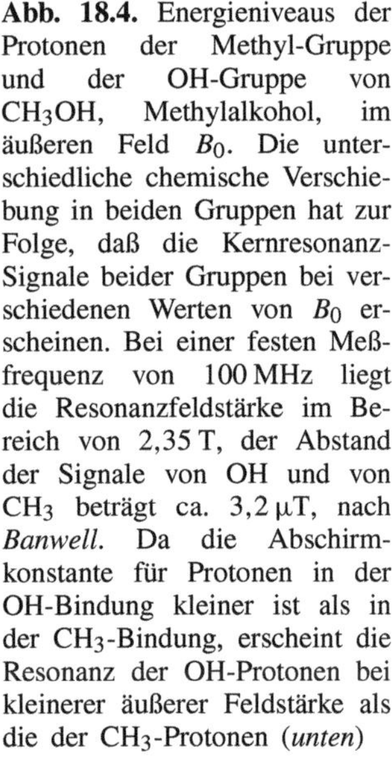

Abb. 18.4. Energieniveaus der Protonen der Methyl-Gruppe und der OH-Gruppe von CH_3OH, Methylalkohol, im äußeren Feld B_0. Die unterschiedliche chemische Verschiebung in beiden Gruppen hat zur Folge, daß die Kernresonanz-Signale beider Gruppen bei verschiedenen Werten von B_0 erscheinen. Bei einer festen Meßfrequenz von 100 MHz liegt die Resonanzfeldstärke im Bereich von 2,35 T, der Abstand der Signale von OH und von CH_3 beträgt ca. 3,2 µT, nach *Banwell*. Da die Abschirmkonstante für Protonen in der OH-Bindung kleiner ist als in der CH_3-Bindung, erscheint die Resonanz der OH-Protonen bei kleinerer äußerer Feldstärke als die der CH_3-Protonen (*unten*)

Eine diamagnetische Abschirmung und chemische Verschiebung kann nicht nur, wie in unserem Beispiel, durch die unmittelbaren Bindungselektronen hervorgerufen werden, sondern sie kann auch durch andere Elektronen in der Nachbarschaft des untersuchten Kernes erfolgen. Dabei kann das induzierte Magnetfeld am Ort des Kerns dem angelegten Feld B_0 nicht nur entgegengesetzt, sondern es kann auch gleichgerichtet sein und dieses damit verstärken. Beispiele zeigt Abb. 18.5. Im Acetylen (Ethin)-Molekül erfahren die Protonen durch die Elektronen der C≡C-Dreifachbindung eine Abschirmung, im Benzol-Molekül dagegen induzieren die in der Ringebene delokalisierten π-Elektronen am Ort der Protonen ein Feld, das dem Felde B_0 gleichgerichtet ist, es also verstärkt.

Während die Abschirmkonstante σ eine für das Molekül charakteristische Größe ist und nicht vom angelegten Feld abhängt, ist die Verschiebung dem Feld proportional. Auch das ist ein Grund für die Wahl hoher Felder in der Kernresonanz: man erhöht so das spektrale Auflösungsvermögen, indem man durch höhere Magnetfeldstärke den Linienabstand zwischen den Resonanzen verschiedener Gruppen mit verschiedener chemischer Verschiebung vergrößert.

Nach ihrer Definition bezieht sich die chemische Verschiebung auf die Resonanzfrequenz eines gänzlich freien, unabgeschirmten Protons ohne Elektronenumgebung als Standard. Für dieses wäre $\sigma = 0$. Da sich ein solches Proton meßtechnisch jedoch nicht leicht realisieren läßt, bezieht man die chemische Verschiebung auf die Resonanzfrequenz der Protonen in einem leicht reproduzierbaren Standard. Man mißt sie als Ver-

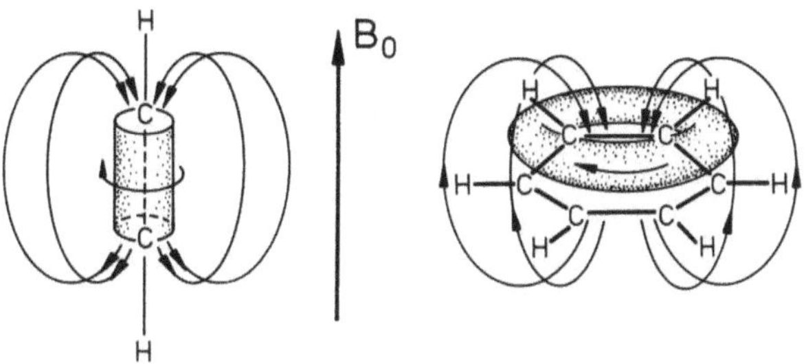

Abb. 18.5. Zur diamagnetischen Abschirmung. Im Ethin-Molekül C_2H_2 (*links*) erfahren die Protonen eine Abschirmung des angelegten Feldes B_0 durch die Feldinduzierte elektronische Zirkulation, im Benzol-Molekül C_6H_6 kann diese dagegen zu einem magnetischen Zusatzfeld in der gleichen Richtung wie von B_0 am Ort der Protonen führen. Hier wird B_0 also nicht abgeschirmt, sondern verstärkt. – Im Bild ist zur besseren Übersichtlichkeit nur der obere Ring der π-Elektronen gezeigt. Unterhalb der Molekülebene zirkuliert ein identischer Ring in der gleichen Richtung

hältnis der Frequenzverschiebung $\Delta\nu$ einer Protonen-Gruppe gegen die Resonanzfrequenz ν_0 des Standards und verwendet für diese sehr kleine Größe die Einheit ppm (das heißt 10^{-6}, nämlich parts per million). Meist arbeitet man mit fester Meßfrequenz. Dann mißt man entsprechend die Resonanzfeldstärke und deren Verschiebung. Wenn das Resonanzfeld der betreffenden Kerne im untersuchten Molekül B_{Probe} und das Resonanzfeld der gleichen Kerne im Standard B_{Standard} ist, dann wird δ definiert durch

$$\delta = \frac{B_{\text{Standard}} - B_{\text{Probe}}}{B_{\text{Standard}}} \cdot 10^6 \,[\text{ppm}] \,. \tag{18.12}$$

δ ist also nach (18.12) mit dieser Definition eine dimensionslose Zahl. Als Standard benutzt man Tetramethylsilan, $Si(CH_3)_4$ (kurz TMS), eine in vielen Lösungsmitteln (allerdings nicht in Wasser) leicht lösliche Verbindung mit 12 äquivalenten Protonen. Man ist weniger am Absolutwert von σ interessiert, den man im Prinzip zwar ausrechnen kann, wenn man die Elektronendichteverteilung um den betrachteten Kern herum kennt. Genaue Rechnungen gibt es jedoch kaum.

Wichtiger für analytische Zwecke und zur Bestimmung von Molekülstrukturen sind Relativ-Messungen gegen eine Standard-Substanz, weil die Werte der Verschiebung für Gruppen und Bindungen spezifisch und zumeist wenigstens empirisch bekannt sind. Wenn man in einer Probe unbekannter Zusammensetzung Protonen mit einer bestimmten Chemischen Verschiebung beobachtet, kann man daraus Rückschlüsse auf in der Probe vorhandene Molekülbindungen oder -Gruppen ziehen. Werte für die chemische Verschiebung von Protonen, die mit verschiedenen in der organischen Chemie wichtigen Gruppen verbunden sind, zeigt Abb. 18.6. Auch andere Bindungen wie NH_3, SiH_4, H_2 haben ihre charakteristischen δ-Werte der Chemischen Verschiebung.

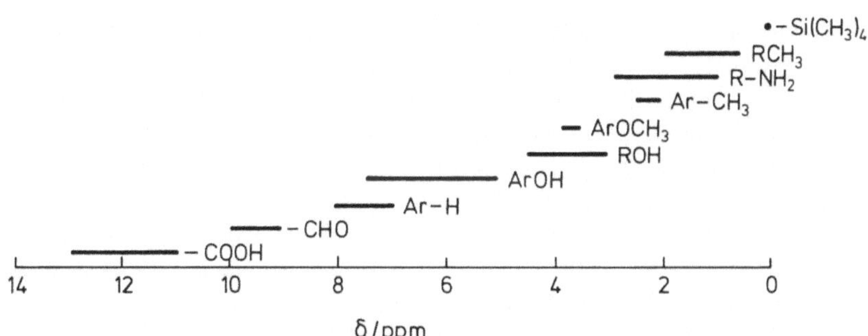

Abb. 18.6. Bereiche der Chemischen Verschiebung für Resonanz von Protonen in verschiedenen Bindungen. Hier steht *Ar* für Aromat und *R* für nicht-aromatische Restgruppe. Die Verschiebung δ ist auf $Si(CH_3)_4$, TMS, mit $\delta = 0$ bezogen

18.2.2 Feinstruktur, direkte Kernspin-Kernspin-Kopplung

Die in Abb. 18.2, unten sichtbare weitere Aufspaltung innerhalb der durch chemische Verschiebung unterschiedenen Liniengruppen im Spektrum von Ethanol nennt man Feinstruktur – nicht zu verwechseln mit der „Feinstruktur" in den optischen Spektren von Atomen. Während es sich dort, bei den optischen Spektren von Atomen, um die magnetische Spin-Wechselwirkung von Elektronen handelt, beruht die Feinstruktur der Kernspin-Resonanz-Spektren auf der magnetischen Wechselwirkung zwischen den Momenten der Atomkerne. Dabei kann es sich um eine direkte Dipol-Dipol-Wechselwirkung zwischen den magnetischen Momenten von je zwei Atomkernen oder um eine durch Polarisation der Elektronenhülle verursachte indirekte Wechselwirkung handeln. Man nennt diese Wechselwirkung auch vereinfachend Spin-Spin-Kopplung.

Die *direkte magnetische Dipol-Dipol-Wechselwirkung* zwischen den Momenten von zwei Kernen A und B läßt sich leicht berechnen. Das Feld B_A, das der Kern A mit der Orientierung m_I im Abstand r am Ort des Kernes B erzeugt, hängt von der Richtung ϑ der Kern-Verbindungslinie zur Feldrichtung $\boldsymbol{B}_0$ ab (zur Erläuterung siehe Abb. 18.7). Seine z-Komponente hat den Wert

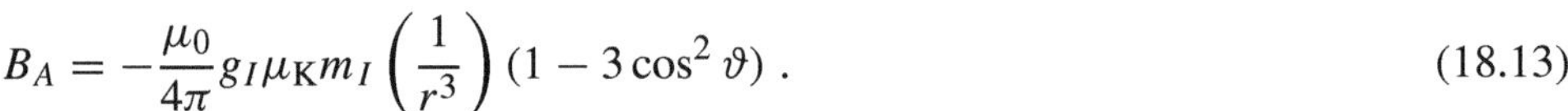

$$B_A = -\frac{\mu_0}{4\pi} g_I \mu_K m_I \left(\frac{1}{r^3}\right)(1 - 3\cos^2\vartheta) \,. \tag{18.13}$$

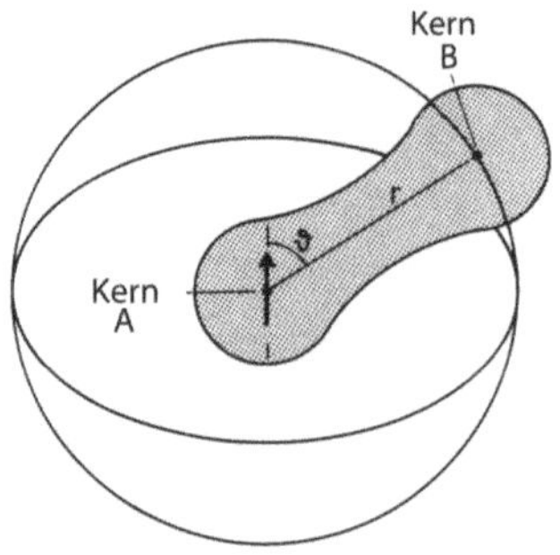

Abb. 18.7. 2 Kerne A und B in einem sphärischen Polarkoordinatensystem zur Erklärung der magnetischen Dipol-Dipol-Wechselwirkung. Das Magnetfeld, das das magnetische Moment eines Kernes A am Ort des Kernes B erzeugt, hängt nach (18.13) vom Winkel ϑ zwischen Kernverbindungslinie und Richtung des äußeren Feldes B_0 ab. Wenn das Molekül rotiert, durchläuft ϑ alle möglichen Werte, und der Orientierungsfaktor $(1 - \cos^2\vartheta)$ ergibt im zeitlichen Mittel den Wert 0. Damit mittelt sich diese Wechselwirkung zu 0 heraus

Die magnetische Wechselwirkungsenergie zwischen 2 gleichen Kernen beträgt dann

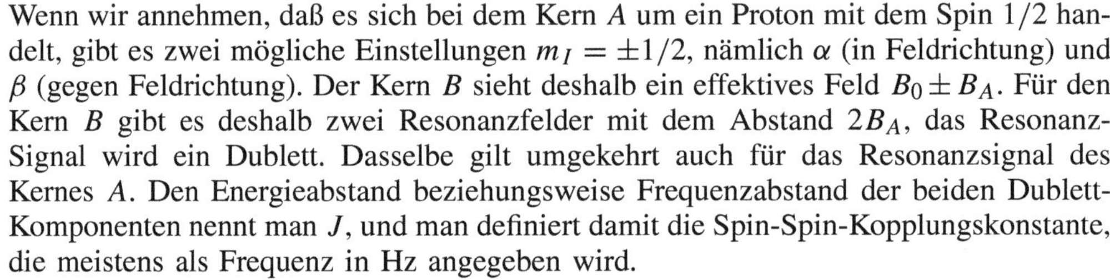

$$E_{\text{magn}} = \frac{\mu_0}{4\pi} g_I^2 \mu_K^2 m_I \left(\frac{1}{r^3}\right)[1 - 3\cos^2\vartheta] \quad \text{[Joule]} \,.$$

Wenn wir annehmen, daß es sich bei dem Kern A um ein Proton mit dem Spin $1/2$ handelt, gibt es zwei mögliche Einstellungen $m_I = \pm 1/2$, nämlich α (in Feldrichtung) und β (gegen Feldrichtung). Der Kern B sieht deshalb ein effektives Feld $B_0 \pm B_A$. Für den Kern B gibt es deshalb zwei Resonanzfelder mit dem Abstand $2B_A$, das Resonanz-Signal wird ein Dublett. Dasselbe gilt umgekehrt auch für das Resonanzsignal des Kernes A. Den Energieabstand beziehungsweise Frequenzabstand der beiden Dublett-Komponenten nennt man J, und man definiert damit die Spin-Spin-Kopplungskonstante, die meistens als Frequenz in Hz angegeben wird.

Wenn man Zahlen für typische Kernmomente einsetzt, erhält man für B_A Werte von 10^{-4} T im Abstand von 0,2 nm der Kerne. Solch große Spin-Spin-Wechselwirkungswerte J werden in fester Phase tatsächlich beobachtet. In Festkörpern kann man die direkte Spin-Spin-Wechselwirkung von Kernen sogar zur Messung des Abstandes zwischen den Kernen nach (18.13) verwenden.

In flüssiger Phase ändert sich jedoch normalerweise der Winkel ϑ zwischen den wechselwirkenden Kernen relativ zu $\boldsymbol{B}_0$ rasch im Vergleich zur Kernresonanzfrequenz oder zur Larmorfrequenz des Kernes. Dadurch ergibt sich für $(1 - 3\cos^2\vartheta)$ und damit für das Feld B_{Kern} am Ort eines anderen Kerns im Zeitmittel der Wert 0, die direkte Dipol-Dipol-Wechselwirkung wird dann also ausgemittelt. Die räumliche Mittelung über $\cos^2\vartheta$ ergibt, wie wir in Kap. 16 sahen, gerade den Wert $1/3$. Anders kann es allerdings bei Molekülen sein, die sich nur hinreichend langsam bewegen, zum Beispiel bei großen biologisch wichtigen Molekülen.

18.2.3 Feinstruktur, indirekte Kernspin-Kernspin-Kopplung zwischen 2 Kernen

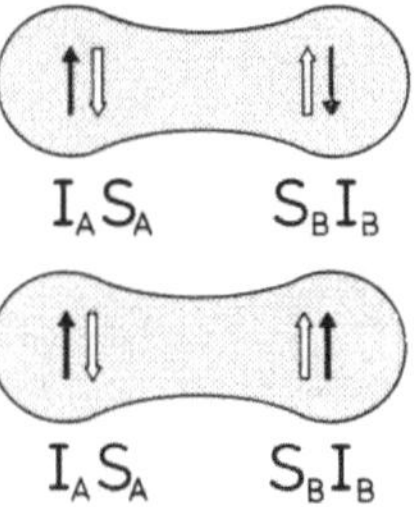

Abb. 18.8. Zur indirekten magnetischen Spin-Spin-Kopplung, zum Beispiel im H_2-Molekül, oder bei der Bindung ^{13}C–^1H. Das Proton mit dem Spin I_A polarisiert den Spin S_A von einem Bindungselektron in seiner Nähe. Nach dem Pauli-Prinzip ist dann die Spineinstellung des zweiten Elektrons der Bindung S_B entgegengesetzt zu S_A, und damit ist wieder die Einstellung des zweiten Kernspins I_B entgegengesetzt zu I_A energetisch günstiger als die parallele Einstellung der Kernspins, *oberes* und *unteres Teilbild*. Der Energieabstand zwischen beiden Einstellungen wird mit der Kopplungskonstanten J gemessen, die in diesem Falle positiv ist

Dagegen wird die durch Bindungselektronen zwischen den Kernen vermittelte *indirekte magnetische Spin-Spin-Kopplung* der Kerne durch deren Bewegung nicht ausgemittelt. Grundlage hierfür ist die bereits in I, Abschn. 20.3 besprochene *Fermi-Kontakt-Wechselwirkung* zwischen Elektron und Kern. Die daraus resultierende indirekte Spin-Spin-Kopplung der Kerne ist 10^2 bis 10^4 mal kleiner als die direkte Wechselwirkung und isotrop.

Diese Kopplung läßt sich an einem System von zwei Kernen mit Spin $1/2$ und zwei Bindungselektronen mit einander entgegengesetztem Spin am einfachsten erläutern. Zur Erläuterung dient Abb. 18.8. Die beiden Kerne A und B mit den Spins I_A und I_B können verschiedene Kerne sein – zum Beispiel ^{13}C und ^1H in der CH-Bindung – oder aber gleiche Kerne mit unterschiedlicher chemischer Verschiebung, so daß man ohne Kopplung im Spektrum zwei Resonanz-Linien erhält, Abb. 18.9. Nehmen wir als Beispiel die Bindung ^{13}C–^1H. Ohne Kopplung erhält man eine Resonanzlinie für das Proton und eine andere, bei einer anderen Resonanzfeldstärke, für ^{13}C. Für das dem ^{13}C-Kern nächste Bindungselektron S_A ist die zum ^{13}C-Spin entgegengesetzte Spineinstellung energetisch die günstigere. Damit ist nach dem Pauli-Prinzip die Spineinstellung des zweiten Bindungselektrons S_B festgelegt, nämlich entgegengesetzt zur Richtung von S_A, und von den beiden möglichen Spineinstellungen des Protons I_B ist diejenige antiparallel zum zweiten Elektron S_B, damit also auch antiparallel zum ^{13}C-Kern, energetisch günstiger als die parallele Einstellung.

Der Energieabstand zwischen beiden Einstellungen der Kern-Spins wird mit der Spin-Spin-Kopplungskonstante J in Hz gemessen. Während es für die Kerne ^{13}C und ^1H ohne Kopplung jeweils eine NMR-Linie gibt, spaltet jede dieser Linien bei Vorliegen der durch die Bindungselektronen vermittelten Spin-Spin-Kopplung in ein Linienpaar mit dem Abstand J auf, nach dem in Abb. 18.9 erläuterten Schema. Im Gegensatz zur chemischen Verschiebung ist diese auf einem Molekül-eigenen Zusatzfeld beruhende Aufspaltung unabhängig von der angelegten Feldstärke B_0. Diese indirekte Spin-Spin-Kopplung liegt auch beim H_2-Molekül vor, wo die Spins der beiden Protonen über die beiden Bindungselektronen gekoppelt sind.

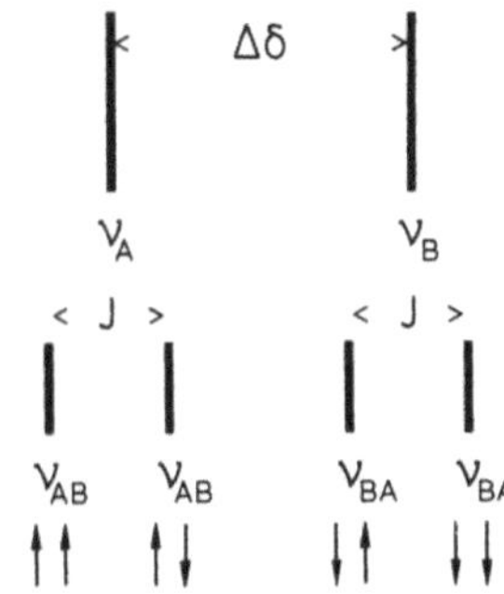

Abb. 18.9. Zur magnetischen Kopplung zweier Kerne A und B. Die durch unterschiedliche chemische Verschiebung $\Delta\delta$ unterschiedenen Resonanzlinien (*oberes Teilbild*) spalten bei einer gegenseitigen Kopplung in je zwei Resonanzlinien auf. Aus dem Aufspaltungs-Wert erhält man die Kopplungskonstante J. Hier ist der Fall $J < \Delta\delta$ angenommen

Man beachte hierbei jedoch, daß die gegenseitige Einstellung der Spins I_A und I_B infolge der indirekten Spinkopplung nicht etwa in der Form ↑↓ fixiert ist. Die Kopplung sorgt lediglich dafür, daß die beiden in Abb. 18.8 skizzierten Kernspinorientierungen antiparallel, ↑↓, und parallel, ↑↑, sich um einen sehr kleinen Energiebetrag unterscheiden. Beide Konfigurationen kommen deshalb gleich häufig vor, man erhält jedoch eine kleine Aufspaltungsenergie und damit eine Meßmöglichkeit für die indirekte Spin-Spin-Kopplung.

Wenn wie in der CH_2-Gruppe von Ethanol zwei Protonen an das gleiche C-Atom gebunden sind, findet ebenfalls eine Kopplung der beiden Protonenspins über das C-Atom statt. Dieses spielt dabei aber nur indirekt durch die beteiligten Elektronen eine Rolle. Zur Erläuterung vergleiche Abb. 18.10. Das eine Proton richtet den Elektronenspin des ihm näheren Elektrons der CH-Bindung so aus, daß dessen Spin dem Protonenspin entgegengerichtet ist. Das zweite, C-nahe Elektron der ersten CH-Bindung hat seinen Spin entgegengesetzt. Es ist nun seinerseits dafür verantwortlich, daß das C-nahe Elektron der zweiten CH-Bindung die Tendenz hat, seinen Spin dem des ersten C-nahen Elektrons parallel zu stellen. Dafür ist die Hundsche Regel verantwortlich. Sie besagt, daß die Parallel-Anordnung der Spins für zwei sonst äquivalente Elektronen am glei-

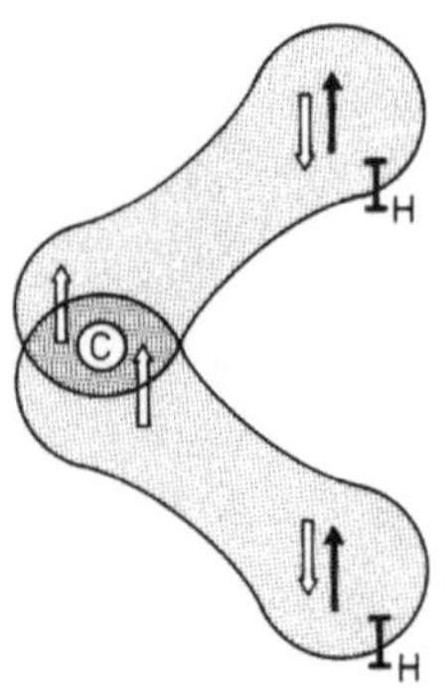

Abb. 18.10. Zur Spin-Spin-Kopplung mit negativer Kopplungskonstante zwischen zwei Protonen, die an dasselbe C-Atom gebunden sind, beispielsweise in einer CH_2-Gruppe. Die Einstellung der beiden Protonenspins I_H parallel zueinander (*schwarze Pfeile*) ist energetisch gegenüber einer antiparallelen Einstellung bevorzugt. Diese Kopplung wird über die Bindungselektronen vermittelt, der Kern des C-Atoms ist nicht direkt beteiligt. Nach der Hundschen Regel ist die Parallelstellung der beiden am C-Atom gezeichneten Elektronen energetisch günstiger als die antiparallele. So kommt eine Umkehr der Kernspin-Kopplung gegenüber Abb. 18.8 zustande

chen Atom energetisch günstiger ist. Damit ist nun wieder über die Spin-Spin-Kopplung eine Vorzugsrichtung für die Einstellung des zweiten Protonenspins vorgegeben, wie in Abb. 18.10 ersichtlich. Insgesamt führt diese indirekte Spin-Spin-Kopplung dazu, daß für die beiden Protonen eine Einstellung mit parallelen Spins energetisch bevorzugt und verschieden von der antiparallelen Einstellung ist. Für diese Spin-Spin-Kopplung ist deshalb die Konstante J negativ. Im übrigen gilt das gleiche, was bereits im vorigen Absatz über die tatsächliche Realisierung der beiden möglichen Kernspin-Einstellungen ausgeführt wurde.

Die über Bindungselektronen vermittelte Wechselwirkung zwischen zwei Protonen kann auch noch über mehrere Bindungen hinweg meßbar sein. So gilt für die Proton-Proton-Kopplung in der Konfiguration H–C–H für die Protonen-Kopplungs-Konstante $J = -10$ bis -15 Hz, bei H–C–C–H hingegen $J = +5$ bis $+8$ Hz. Für die Konfiguration H–C–C–C–H, also über drei C-Atome hinweg, wird die Spin-Spin-Kopplung der Protonen jedoch unmeßbar klein.

Einige Zahlenwerte für Kopplungskonstanten J gibt Tabelle 18.2.

Tabelle 18.2. Kopplungskonstanten J in Hz für einige Kerne in Molekülen bzw. Bindungen

Kerne	Molekül	J [s^{-1}]
H–H	H_2	276
H–C	CH_4	125
H–O	H_2O	73
H–Si	SiH_4	−202
C–C	CH_3CH_3	35
C–F	CF_4	−259
H...H	H–C–H	−(10–15)
	H–C–C–H	5–8
	H–C–C–C–H	~ 0

18.2.4 Indirekte Spin-Spin-Wechselwirkung zwischen mehreren Kernen

Wir haben bisher angenommen, daß die beiden koppelnden Kerne A und B sich durch eine chemische Verschiebung unterscheiden, die groß ist gegen die Kopplung J. Das Spektrum von zwei gekoppelten Kernen A und B mit Spin $1/2$, von denen wir einfachheitshalber einmal annehmen, daß beides Protonen sind, besteht also wie in Abb. 18.9 gezeigt aus zwei Dubletts mit gleicher Intensität, wobei der Linienabstand innerhalb der Dubletts gerade der Kopplungskonstante J entspricht und die Mitten der Dubletts durch die unterschiedliche chemische Verschiebung δ getrennt sind. Wenn der Unterschied der chemischen Verschiebungen für beide Kerne (typischerweise einige 100 Hz bei H in verschiedener Bindung) nicht mehr groß ist gegen die Kopplungskonstante (typischerweise einige Hz), dann kommt es zu Überlagerungen der Störfelder mit dem Ergebnis, daß insbesondere die Intensitäten, aber auch die Abstände zur ungestörten Linienlage für die beiden Linien eines Dubletts nicht mehr gleich sind. Wenn schließlich $\Delta\delta$ gegen 0 geht, treffen die beiden inneren Linien des Dubletts sich und ergeben eine Linie, die äußeren Linien verschwinden. Trotz Kopplung sieht man im Spektrum nur noch eine Linie. Solche Kerne nennt man äquivalent.

Das Verhalten *äquivalenter* Kerne bei NMR ist besonders einfach. Von chemischer Äquivalenz spricht man dann, wenn gleiche Kerne auch die gleiche chemische Verschiebung haben, von magnetischer Äquivalenz, wenn auch die durch die direkte Kern-Kern-Wechselwirkung hervorgerufene Winkelabhängigkeit der Energieterme im Magnetfeld dieselbe ist. Die beiden Protonen in der CH_2-Gruppe oder die drei Protonen in der CH_3-Gruppe von CH_3CH_2OH (Abb. 18.2) sind jeweils chemisch äquivalent. Für die magnetische Äquivalenz gilt das bei hinreichender Drehbarkeit der Gruppen, zum Beispiel in flüssiger Phase, so daß sich die Anisotropie herausmitteln kann.

Hier beobachtet man – jedenfalls bei mäßiger spektraler Auflösung – nur jeweils eine Linie für die beiden Protonen-Gruppen. Eine isolierte CH_3-Gruppe, oder eine isolierte CH_2-Gruppe, hat deshalb jeweils nur eine Protonen-Resonanzlinie. Die Kopplung innerhalb einer Gruppe magnetisch und chemisch äquivalenter Kerne hat keinen Einfluß auf das Spektrum und führt deshalb nicht zu einer Aufspaltung wie oben (Abschn. 18.2.3). Hier erfolgt auch ein rascher Austausch zwischen den Kernen durch sogenannte Spindiffusion oder flip-flop-Prozesse, bei denen nicht die ganzen Teilchen, sondern nur die Spin-Einstellung ausgetauscht werden. Dadurch wird eine an sich mögliche Aufspaltung ausgemittelt und nicht beobachtbar. Eine isolierte CH_3-Gruppe oder eine isolierte CH_2-Gruppe gibt also jeweils nur Anlaß zu einer Resonanzlinie.

Anders ist es dagegen, wenn es im Molekül mehrere zueinander inäquivalente Gruppen gibt, z. B. im Ethanol die untereinander äquivalenten CH_2-Protonen einerseits und die untereinander äquivalenten CH_3-Protonen andererseits. Die Gruppen sind dann nicht mehr isoliert, sondern treten miteinander in Wechselwirkung. Die Protonen in der CH_2-Bindung unterscheiden sich, wie oben gezeigt, durch die chemische Verschiebung energetisch etwas von den Protonen in der CH_3-Gruppe. Die beiden Gruppen von Protonen sind also untereinander nicht äquivalent. Die CH_3-Resonanz in Abb. 18.2 ist in 3 Linien mit dem Intensitätsverhältnis 1:2:1 durch die Spin-Spin-Kopplung mit den CH_2-Protonen aufgespalten. Die Kopplung mit einem der CH_2-Protonen spaltet nämlich die

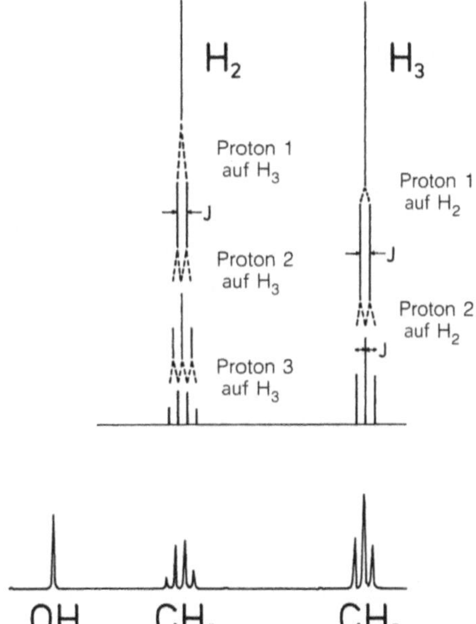

Abb. 18.11. Zum Aufspaltungsbild bei Wechselwirkung mit mehreren äquivalenten Kernen. Das Kernresonanzsignal der äquivalenten zwei Protonen in der CH_2-Gruppe wird durch die drei CH_3-Protonen in vier Komponenten aufgespalten, umgekehrt das CH_3-Signal durch die beiden CH_2-Protonen in drei Linien. – Warum das OH-Signal unter Umständen nicht aufgespalten wird und keinen Beitrag zu den anderen Aufspaltungen gibt, wird im Text erläutert

N	Pascalsches Dreieck
0	1
1	1 1
2	1 2 1
3	1 3 3 1
4	1 4 6 4 1
5	1 5 10 10 5 1
6	1 6 15 20 15 6 1

Abb. 18.12. Das Pascalsche Dreieck. N äquivalente Protonen spalten die Resonanz einer benachbarten Gruppe in $N+1$ Linien auf. Ihre Intensitätsverhältnisse können dem Pascalschen Dreieck entnommen werden. Die Zahlen in einer Zeile ergeben sich durch Addition der beiden benachbarten Zahlen in der darüber stehenden Zeile

Linie der CH_3-Protonen in zwei Linien auf, die Kopplung mit dem anderen CH_2-Proton mit der gleichen Kopplungskonstante nochmal in zwei, die mittleren Linien fallen zusammen. So ergibt sich das Aufspaltungsbild der CH_3-Protonen, siehe dazu Abb. 18.11. Man kann das auch so ausdrücken: Es gibt für die beiden CH_2-Protonen bei ihrer Wechselwirkung mit den CH_3-Protonen die Spineinstellungen ↑↑, ↑↓ ↓↑, ↓↓. Dabei sind die beiden mittleren Konfigurationen energetisch äquivalent.

Um nun die Aufspaltung der Gruppe der CH_2-Protonen zu verstehen, muß man umgekehrt die verschiedenen Einstellungsmöglichkeiten der 3 Protonen der CH_3-Gruppe untersuchen. Hier gibt es 8 Möglichkeiten, von denen nur 4 energetisch verschieden sind: ↑↑↑; ↑↑↓ ↑↓↑ ↓↑↑; ↑↓↓ ↓↑↓ ↓↓↑; ↓↓↓. So erklärt sich das Intensitätsverhältnis 1:3:3:1 der vier Komponenten der CH_2-Resonanz in Abb. 18.2 gemäß dem in Abb. 18.11 erläuterten Schema. Allgemein gilt, daß N äquivalente Protonen die Resonanz einer benachbarten Gruppe in $N+1$ Linien aufspalten. Die Intensitätsverhältnisse ergeben sich nach der Anzahl der Realisierungsmöglichkeiten der einzelnen energetisch unterschiedlichen Konfigurationen aus den Binomialkoeffizienten, die sich mit Hilfe des Pascalschen Dreiecks, Abb. 18.12, darstellen lassen. Dies ist eine Zahlenanordnung, bei der man die Zahlen einer Zeile durch Addition der beiden nächstbenachbarten Zahlen in der darüber stehenden Reihe erhält.

Schließlich fehlt noch die Resonanz der Protonen der OH-Gruppe in Abb. 18.2 und Abb. 18.11. Eigentlich müßten wir nach den bisherigen Erklärungen erwarten, daß dieses Proton wegen möglicher Parallel- und Antiparallel-Stellung seines Spins zu einer Zweifach-Aufspaltung aller Linien von CH_2 und CH_3 führt, und daß die eigene Resonanzlinie der OH-Gruppe durch die CH_2-Protonen in ein Triplett und diese Linien dann wieder durch die CH_3-Protonen in ein Quartett aufgespalten wird. Diese Aufspaltungen sind im allgemeinen, auch in Abb. 18.2, nicht sichtbar, weil Ethanol meistens geringe Beimengungen von Wasser enthält.

Für das Verschwinden der eigentlich zu erwartenden Aufspaltung ist chemischer *Austausch* der Hydroxyl-Protonen mit den Protonen von Wasser als Lösungsmittel verantwortlich. Wenn die Protonen zwischen Molekülen ausgetauscht werden, ist durch die Austauschbarkeit die Lebensdauer einer Konfiguration begrenzt. Die vom Lösungsmittel Wasser gelieferten Protonen, die mit den Protonen der OH-Gruppe von Ethanol in raschem chemischen Austausch stehen, haben zufällige Spin-Orientierungen und können so die Lebensdauer einer bestimmten Spin-Orientierung der OH-Protonen verkürzen. Da die besprochenen Feinstrukturaufspaltungen von der Größenordnung $J = 1\,\mathrm{Hz}$ sind, genügt eine Austauschfrequenz von $J/2\pi \simeq 0{,}1\,\mathrm{s}^{-1}$, um durch Lebensdauerverbreiterung nach der Gleichung $J_{\mathrm{Austausch}} < 1/2\pi\delta\nu$ die Aufspaltung $\delta\nu$ unbeobachtbar zu machen. Unter Austausch ist hier der chemische Austausch verstanden. Nur wenn das Proton länger als diese Zeit $\tau = 1/2\pi\delta\nu$ unausgetauscht am Molekül verbleibt, kann es zu einer Aufspaltung der anderen Linien von Protonen-Gruppen im Molekül Anlaß geben. In Wasser als Lösungsmittel für Ethanol erfolgt der Austausch aber wesentlich schneller. Nur in extrem Wasser-freiem Alkohol CH_3CH_2OH ist der Austausch so langsam, daß die Aufspaltung der OH-Resonanz und die durch die OH-Protonen bewirkte Aufspaltung der beiden anderen Liniengruppen in Abb. 18.2 beobachtbar werden. Das Auftreten oder Nichtauftreten von Linien-Aufspaltungen, beziehungsweise allgemeiner eine Verbreiterung von Linien kann also zur Kenntnis einer Protonen-Austauschfrequenz beitragen. Dies ist zugleich ein Beispiel dafür, daß Kernspin-Resonanzen auch zur Messung dynamischer Prozesse und von deren Geschwindigkeit geeignet sind.

Während die chemische Verschiebung wie in Abschn. 18.2.1 gezeigt der äußeren Magnetfeldstärke B_0 proportional ist, ist die auf indirekter oder direkter Dipol-Dipol-Wechselwirkung der Kernmomente beruhende Feinstruktur-Aufspaltung vom Feld unabhängig. Das erleichtert eine Analyse von Kernresonanz-Spektren, indem man bei mehreren unterschiedlichen Feldstärken mißt und so die beiden Effekte unterscheiden kann. Auch ist dies ein weiterer Grund für die Bevorzugung großer Feldstärken in der Kernresonanz-Spektroskopie. Man kann so die verschiedenen Mechanismen, die für die Frequenzen der Linien in einem mit hoher Auflösung gemessenem Spektrum verantwortlich sind, besser voneinander trennen und analysieren, indem man bei verschiedenen äußeren Feldstärken B_0 und damit in verschiedenen Frequenzbereichen mißt. Häufig sind allerdings chemische Verschiebung und Spin-Spin-Kopplung von gleicher Größenordnung. Dann wird wie oben ausgeführt eine Analyse schwieriger.

18.3 Dynamische Prozesse, Relaxationszeiten

Wir haben im vorausgehenden Kapitel bereits gesehen, daß Linienbreiten in Kernresonanz-Spektren Informationen über Geschwindigkeiten von Prozessen liefern können, die im untersuchten Molekül oder in der Probe ablaufen. Wie bereits erwähnt, hängt die auflösbare Struktur eines Kernresonanz-Spektrums auch davon ab, ob und wie rasch die Moleküle sich bewegen. Wenn wir etwa ein System gleicher Moleküle in einer Matrix völlig ungeordnet fixieren, dann wird die anisotrope direkte Dipol-Dipol-Wechselwirkung nach (18.12) für jedes Molekül von der Orientierung und dem Abstand zu den Nachbarkernen abhängig verschieden sein und die Kernresonanz-Linie hat dementsprechend eine (inhomogene) Linienbreite, die bei hinreichend kleinen Abständen der Moleküle 1 mT betragen kann. Die kleinere isotrope indirekte Spin-Spin-Wechselwirkung wird dann im allgemeinen unter dieser Linienbreite verborgen und damit nicht beobachtbar sein. Wenn wir nun die starre Matrix in eine Flüssigkeit verwandeln und damit den Molekülen die Möglichkeit, sich zu bewegen und ihre Orientierung rasch zu ändern, geben, dann wird für jedes Molekül die Resonanzfrequenz durch die anisotrope Spin-Spin-Wechselwirkung zeitabhängig. Das kann zu einer Ausmittelung dieser Wechselwirkung und damit zu einer kleineren Linienbreite im Spektrum führen.

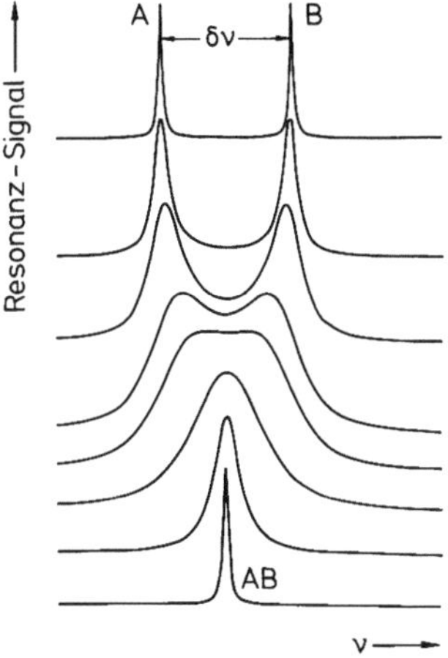

Abb. 18.13. Zur Austausch-Verschmälerung von Magnetischen Resonanzlinien. Zwei Kerne A und B mögen sich in ihrer Resonanzfrequenz um $\delta\nu$ unterscheiden. Die *oberste Kurve* zeigt schematisch das Resonanzsignal ohne Austausch. Von *oben* nach *unten* nimmt die Austauschfrequenz zu. Zunächst erfolgt eine Verbreiterung der Linien wegen Verkürzung der Lebensdauer der Zustände, dann verschmelzen die Linien und schließlich ergibt sich bei schnellem Austausch eine scharfe Linie in der *Mitte* zwischen den beiden ursprünglichen Linien (von *oben* nach *unten*). Zahlenbeispiel: $\delta\nu = 30\,\text{Hz}$, Austauschrate $A \rightleftarrows B = 1\,\text{s}^{-1}$ in der *obersten*, $10^2\,\text{s}^{-1}$ in der *mittleren* und $10^4\,\text{s}^{-1}$ in der *untersten Kurve*

Man kann dies in folgender Weise verstehen. Wenn die Frequenz des Austausches ν klein ist gegen die als Frequenzdifferenz $\delta\nu$ gegebene Aufspaltung, entspricht diese zwei getrennten Zuständen A und B. Wenn ν von derselben Größenordnung wie $\delta\nu$ wird, verkürzen sich die Lebensdauern der getrennten Zustände und man erhält eine größere Linienbreite (Lebensdauer-Verbreiterung von A und B). Wenn jedoch ν groß gegen $\delta\nu$ wird, sind die beiden vorher getrennten Zustände nicht mehr unterscheidbar. Man erhält statt dessen einen neuen Zustand AB, bei dem durch die Häufigkeit des Austausches über die unterschiedlichen Felder bzw. Frequenzen gemittelt wird. Dadurch erscheint nun eine Linie wie in einem einheitlichen Feld. Dies nennt man je nach der Ursache der Ausmittelung *Austausch-* oder *Bewegungs-Verschmälerung*. Dies wird in Abb. 18.13 an einem gerechneten Beispiel veranschaulicht.

Die Zeit-Frequenz-Unschärfe gilt auch klassisch. Um nämlich eine Resonanzfrequenz $\nu + \Delta\nu$ von einer Frequenz ν unterscheiden zu können, muß sich die Anzahl n der in der Meßzeit τ gemessenen Schwingungen um mindestens 1 unterscheiden. τ muß also mindestens so groß sein, daß gilt

$$n = \tau\nu \quad \text{und} \quad n + 1 = \tau(\nu + \Delta\nu) \tag{18.14}$$

also

$$\tau = \frac{1}{\Delta\nu} \,. \tag{18.15}$$

Wenn sich nun die Resonanzfrequenz in kürzeren Zeiten als $1/\Delta\nu$ ändert, das heißt, sich das Molekül schneller bewegt, dann kann man die Variation der Resonanzfrequenz nicht mehr feststellen. Man mißt vielmehr einen zeitlichen Mittelwert der Frequenz. Die breite Resonanzlinie wird dadurch scharf. Das nennt man *Bewegungs-Verschmälerung*. Für Protonen gilt bei $\Delta B = 1\,\mathrm{mT}$

$$\Delta\nu = \frac{\gamma}{2\pi}\Delta B \simeq 4{,}3 \cdot 10^4\,\mathrm{s}^{-1} \tag{18.16a}$$

und

$$(\Delta\nu)^{-1} \simeq 2{,}5 \cdot 10^{-5}\,\mathrm{s} \,. \tag{18.16b}$$

Die Umorientierungszeiten von Molekülen in Flüssigkeiten niederer Viskosität sind viel kürzer, typischerweise 10^{-10} s. Dadurch wird die anisotrope Spin-Spin-Kopplung ausgemittelt, und man erhält im Kernresonanzspektrum scharfe Linien wie im unteren Teilbild von Abb. 18.2.

In gleicher Weise kann eine anisotrope Wechselwirkung auch durch raschen Austausch von Kernen zwischen den Molekülen ausgemittelt werden, z. B. zwischen den Protonen von Wasser und der OH-Gruppe von Alkoholen im Beispiel von Abschn. 18.2.3. Wenn dieser Austausch rasch genug erfolgt, d. h. rascher als es der auszumittelnden Frequenzbreite entspricht, führt das bei zunehmender Austauschfrequenz zunächst zu einer Lebensdauer-Verbreiterung und bei hinreichend raschem Austausch zu einer *Austausch-Verschmälerung* der Signale. Geschwindigkeiten von Konfigurationsänderungen in Molekülen, das heißt von Umlagerungen von Gruppen innerhalb eines Moleküls, können in analoger Weise gemessen werden, wenn durch diese Änderungen die unterschiedliche chemische Verschiebung der verschiedenen Konfigurationen ausgemittelt wird, vgl. Abb. 18.13.

Allgemein eröffnet die Linienbreite der Kern-Resonanz-Signale einen Zugang zur Messung von Bewegungs- oder Austauschprozessen im molekularen Bereich. Auf solchen Prozessen beruhen auch viele Temperatur-Abhängigkeiten in Resonanzspektren. In vielen Fällen ist beispielsweise bei Tieftemperatur eine Ausmittelung von Anisotropien durch Bewegung noch nicht möglich, kann aber mit steigender Temperatur möglich werden und so zu einer Linienverschmälerung im Spektrum führen.

Im Festkörper, wo wegen der starren gegenseitigen Orientierung der Kerne diese Bewegungs-Ausmittelung nicht möglich ist, kann eine dynamische Ausmittelung der anisotropen Wechselwirkung durch *Mehrfach-Resonanz* und *Pulsmethoden* möglich sein. Bei Mehrfach-Resonanzverfahren mit zwei oder mehr etwas unterschiedlichen Frequenzen oder Feldern kann man zum Beispiel die Spins einer Sorte von Kernen direkt gezielt ansteuern und sie rasch zwischen ihren verschiedenen Einstellungen hin- und herklappen. Dadurch können sie von einer zweiten Sorte von Kernen entkoppelt werden. So kann man mit speziellen Pulsprogrammen die anisotrope Wechselwirkung mit anderen Kernen und die darauf beruhende Linienverbreiterung unterdrücken.

Darauf beruht die *Spin-Entkopplung* als Methode der hochauflösenden Kernresonanz. So kann man z. B. die Kopplung der CH_3-Protonen mit den CH_2-Protonen in Ethanol im Spektrum (vgl. Abb. 18.2 und 18.11) aufheben, indem man durch intensive Einstrahlung einer zweiten Radiofrequenz die eine der beiden Protonen-Gruppen so häufig und rasch umklappt, daß die andere Gruppe nur noch eine mittlere Orientierung spürt. Das Quartett oder das Triplett in Abb. 18.11 kollabiert dann zu einer einzigen Linie. Solche Spin-Entkopplungsmethoden finden in vielen Varianten Anwendung in der hochauflösenden Kernresonanz-Spektroskopie.

Linienbreiten in Resonanzspektren können häufig durch die beiden *Relaxationszeiten* T_1 und T_2 beschrieben werden. Diese Zeiten sind bereits in I, Abschn. 14.5 definiert und eingeführt worden. T_1 mißt die Zeit, in der ein angeregter Spinzustand durch Wechselwirkung mit der Umgebung (Erzeugung von Wärme) oder mit anderen Spins wieder in den Gleichgewichtszustand zurückkehrt. T_2 mißt die Zeit, in der Phasenbeziehungen zwischen den Spins in einem bestimmten Spinsystem verlorengehen. Man kann Relaxationszeiten sehr direkt mit Puls-Verfahren wie dem ebenfalls in I beschriebenen Spin-Echo-Verfahren messen, indem man die zeitliche Entwicklung der Magnetisierung nach einer raschen Störung der thermischen Gleichgewichts-Magnetisierung mißt.

Die longitudinale oder Spin-Gitter-Relaxation mit der Zeitkonstante T_1 kommt vorzugsweise durch Fluktuationen der von Nachbar-Molekülen oder von paramagnetischen Verunreinigungen erzeugten lokalen zeitlich fluktuierenden Magnetfelder am Ort der untersuchten Kerne zustande. Sie mißt das Umklappen der Kerne relativ zur Feldrichtung z von B_0 und damit ihre Energieabgabe an die Umgebung. Typische Zeiten in der Kernresonanz liegen zwischen 10^{-4} und 10 s in Flüssigkeiten und 10^{-2} und 10^3 s im Festkörper.

Die transversale Spin-Spin-Relaxation mit der Zeitkonstante T_2 ist ein Maß für die Änderung der Phasenbeziehung zwischen den Spins im übrigen äquivalenter Kerne in der xy-Ebene senkrecht zur Feldrichtung z. Das kann durch etwas unterschiedliche lokale magnetische Felder verursacht werden. Oder aber der Phasen-Austausch erfolgt durch Spin-Spin-Wechselwirkung äquivalenter Kerne. Beide Prozesse tragen zu der T_2' genannten Zeitkonstanten bei. Da natürlich auch die longitudinale Relaxation die Phasenbeziehungen zerstört, gilt für die gesamte transversale Relaxation einer einzelnen Kernsorte mit Spin 1/2

$$\frac{1}{T_2} = \frac{1}{T_2'} + \frac{1}{2T_1} \,. \tag{18.17}$$

Typische Werte für T_2 liegen im Festkörper bei 10^{-4} s. In Flüssigkeiten ist T_2 ähnlich groß wie T_1, siehe oben.

Wenn man mit so hoher Resonanzfrequenz-Leistung einstrahlt, daß die T_1-Relaxationsprozesse den durch die thermische Energie kT gegebenen Besetzungsunterschied zwischen den Resonanz-Niveaus nicht mehr aufrechterhalten können, nimmt die Signalintensität nicht mehr proportional zur eingestrahlten Leistung zu und die Resonanzlinien werden verbreitert. Außerhalb dieser Sättigungsverbreiterung wird die Linienbreite durch T_2 bestimmt, sofern nicht zusätzliche Mechanismen zu einer inhomogenen Verbreiterung der Linien führen. Es gilt nach der Unschärfe-Relation für die durch T_2 bestimmte Energieunschärfe einer Resonanzlinie $\Delta E = \hbar/T_2$. Daraus folgt für die Frequenzbreite einer homogenen Linie

$$\delta\nu = \frac{1}{2\pi T_2} \,. \tag{18.18}$$

Bei einem Wert von 1 s für T_2 ergibt sich für die Linienbreite also die Größenordnung $0{,}1\,\mathrm{s}^{-1}$.

Durch Messung von Relaxationszeiten eröffnet sich ein weites Feld der Untersuchung dyamischer Prozesse von Spins und damit von den Molekülen, zu denen sie gehören.

18.4 Kernspin-Resonanz anderer Kerne

Natürlich ist die Kernspin-Resonanz an Molekülen nicht auf Protonen beschränkt, von denen bisher die Rede war. Alle Kerne mit nicht-verschwindendem Spin können mit Hilfe der magnetischen Kernresonanz spektroskopiert werden. Dabei gibt es die gleichen Wechselwirkungsmechanismen wie bei Protonen, nämlich chemische Verschiebung und Spin-Spin-Kopplung.

Allerdings sind beide Meßgrößen bei anderen Kernen meistens erheblich größer und damit leichter meßbar als bei Protonen. Dies beruht darauf, daß es in größeren Atomen mehr Elektronen gibt, und daß diese räumlich weiter ausgedehnt sind. Dadurch wächst die Möglichkeit für diamagnetische Abschirmung und Spin-Polarisation.

Im Bereich der Untersuchung organischer Moleküle ist das Nuklid ^{13}C wichtig (natürliche Häufigkeit 1%), bei biologisch interessanten Molekülen ^{31}P (Häufigkeit 100%).

Andere Kerne mit $I > 1/2$ wie ^{14}N ($I = 1$), Cl und Br ($I = 3/2$) spalten die Resonanz-Linien benachbarter Kerne, mit denen sie wechselwirken, in $(2I+1)$ Komponenten gleicher Intensität auf, da es für diese Kerne $2I+1$ mögliche Spin-Orientierungen in einem angelegten Feld gibt.

Außerdem haben Kerne mit nicht-kugelsymmetrischer Ladungsverteilung, insbesondere alle Kerne mit $I > 1/2$ ein *elektrisches Quadrupolmoment*. Dieses erfährt eine starke ausrichtende Wechselwirkung in einem elektrischen Feldgradienten. Solche Feldgradienten gibt es wegen der chemischen Bindung in Molekülen. Die ausrichtende Wirkung des Feldgradienten tritt in Konkurrenz zur magnetischen Ausrichtung der Spins im angelegten Magnetfeld und führt dadurch zu einem zusätzlichen Relaxations-Mechanismus, kürzeren Relaxationszeiten, und damit Linien-Verbreiterungen im Spektrum.

Bei bekanntem Wert des Kernquadrupol-Momentes kann man mit Hilfe der *Kernquadrupol-Resonanz* (NQR) elektrische Feldgradienten in Molekülen oder Festkörpern messen, siehe dazu auch I, Abschn. 20.8.

18.5 Zwei-dimensionale Kernspinresonanzspektroskopie

18.5.1 Die grundlegenden Ideen

Das Ziel dieser experimentell und theoretisch sehr anspruchsvollen Methode ist die Strukturaufklärung großer Moleküle, z. B. von Proteinen. Hierbei dienen die Kernspins als Sonden, die ja bei dem geringen Durchmesser der Kerne von ca. 10^{-15} m sehr gut lokalisiert sind. In ihrer Wechselwirkung sind sie sehr empfindlich gegenüber der lokalen Umgebung. Andererseits sind aber ihre Wechselwirkungsenergien sehr klein, nämlich kleiner als $0{,}2\,\mathrm{J\,mol^{-1}}$, was einer thermischen Energie von 30 mK entspricht. Die Information über die Struktur der Moleküle wird aus den Wechselwirkungen zwischen Paaren von Kernen gewonnen. Die hierbei wichtigen Wechselwirkungen sind die magnetische Dipol-Dipol-Wechselwirkung, mit deren Hilfe sich die Abstände zwischen den entsprechenden Kernen bestimmen lassen, als auch die skalaren J-Kopplungen, aus denen sich diedrische Winkel ableiten lassen. Schließlich resultiert aus der Wechselwirkung der Kernspins mit der Umgebung die chemische Verschiebung. Bislang konnten chemische Verschiebungen von hunderten von Spins in einem Molekül mit einer Genauigkeit von 16–18 bits bestimmt werden, d. h. mit einer Genauigkeit von ca. $1/300\,000$. Von tausenden von Protonenpaaren können die Abstände mit einer Genauigkeit von ca. 0,1 Å bestimmt werden. Ferner wurden mehrere Hundert diedrische Winkel mit Ungenauigkeit $< 10^0$ bestimmt (jeweils bezogen auf ein Molekül). Die Schwierigkeit der Methode besteht in der Schwäche der Kernspin-Wechselwirkung, so daß ca. 10^{-14}–10^{15} Spins bei einer Meßzeit von ca. einer Stunde nötig sind. Zugleich hat man gegen ein niedriges Signal-Rausch-Verhältnis zu kämpfen. Es ergeben sich so zwei Aufgaben, nämlich

1) die Optimierung des Signal-Rausch-Verhältnisses und
2) die Erschließung der ungeheueren Informationsmenge über ein Molekül.

Die herkömmliche Lösung zur Bestimmung der Wechselwirkungen besteht in der 1-dimensionalen Fourier-transformierten Spektroskopie, die wir schon in I, Abschn. 20.6 besprachen, und an die wir hier kurz erinnern. Eine Probe wird in einem starken zeitunabhängigen magnetischen Feld, das parallel zur z-Achse angelegt wird, polarisiert. Sodann wird ein rf-Puls (Radiofrequenzpuls) in einer bestimmten Richtung, etwa der y-Richtung, eingestrahlt, und zwar während einer wohldefinierten Zeit, so daß ein $\pi/2$-Puls, den wir durch

$$M_{kz} \xrightarrow{(\pi/2)_Y} M_{kx} \tag{18.19}$$

darstellen, ermöglicht wird. Die M's sind die Komponenten der Magnetisierung des k-ten Kerns. Nach diesem Impuls kommt es zum sogenannten freien Induktionszerfall. Dieser resultiert daher, daß je nach lokalen Feldern verschiedene Umlaufsfrequenzen der Kernspins auftreten. Diese verschiedenen Umlaufsfrequenzen können z. B. auf chemischen Verschiebungen beruhen. Um die Signale zu messen, sind die Magnetisierungen in x- und y-Richtung, die von den Spins herrühren, zu messen.

$$M_x = \sum_k M_{kx} \,, \quad M_y = \sum_k M_{ky} \,, \quad M_{kx} \propto I_{kx} \,. \tag{18.20}$$

Hierbei ist M_{kx} proportional zu I_{kx}, wobei I_{kx} der Spin des Kerns k in x-Richtung ist. Bei einer quantentheoretischen Behandlung werden M_x, M_y, M_z sowie $I = (I_x, I_y, I_z)$ zu Operatoren, worauf wir weiter unten noch weiter eingehen werden. Die Magnetisierungen in x, y-Richtung können zu einer komplexen Magnetisierung

$$F^+ = M_x + \mathrm{i} M_y \tag{18.21}$$

zusammengefaßt werden.

Betrachten wir ein einfaches Beispiel, wo keine Relaxationsprozesse stattfinden, keine Wechselwirkung unter den Spins vorhanden ist und lediglich chemische Verschiebungen auftreten. Dann kann F^+, hier noch als klassische Größe aufgefaßt, dargestellt werden als eine Überlagerung

$$F^+ = \sum_k a_k \mathrm{e}^{\mathrm{i}\Omega_k t} \,, \tag{18.22}$$

wobei die Frequenzen Ω_k die Präzessionsfrequenzen der einzelnen Spins sind. Um zu einem Frequenzspektrum zu gelangen, d. h. letztlich zu Energiewerten, nimmt man die Fourier-Transformierte von (18.22) in der Form

$$F^+(\omega) = \frac{1}{T} \int_0^T \mathrm{e}^{-\mathrm{i}\omega t} F^+(t) dt \; . \tag{18.23}$$

Die Möglichkeit der Fourier-Transformation besteht auch für Spins die in Wechselwirkung stehen. Der Grund hierfür ist, daß die Schrödinger-Gleichung linear ist. Diese Methode ist gut geeignet für die Messung von chemischen Verschiebungen. Sie gibt aber keine Information über räumliche Beziehungen. Deshalb wenden wir uns nun der 2-dimensionalen Fourier-transformierten Spektroskopie zu. Die zugrundeliegenden Paar-Wechselwirkungen sind

1) die J-Kopplung

$$H_{kl} = 2\pi J_{kl} \boldsymbol{I}_k \boldsymbol{I}_l \; , \tag{18.24}$$

die zu Multiplett-Aufspaltungen bei hoch-aufgelösten Spektren in Flüssigkeiten führt. Hier tritt ein oszillatorischer Transfer von Spin-Ordnung zwischen 2 Spins $\boldsymbol{I}_k$ und $\boldsymbol{I}_l$ auf, d. h. die Richtungen der beiden Spins klappen hin und her, wie wir noch weiter unten sehen werden;

2) die magnetische Dipol-Dipol-Wechselwirkung, die durch einen Tensor D_{mn} beschrieben wird. Seine zeitliche Modulation, etwa durch die Bewegung der Kerne, verursacht Relaxationsprozesse (auch in isotropen Lösungen). Hieraus resultiert ein multi-exponentielles Streben ins thermische Gleichgewicht, was Anlaß zu einer Kreuzrelaxation zwischen Spins gibt, wie wir ebenfalls weiter unten sehen werden. Dies ermöglicht dann die Rekonstruktion einer 3-dimensionalen Molekülstruktur.

Diese Wechselwirkungen beeinflussen zwar 1D-Spektren, aber es ist *unmöglich* zwischen 2 unabhängigen Signalen und einem Dublett zu unterscheiden, das von der Spin-Spin-Wechselwirkung herrührt. Eine erste Antwort gibt die 2-dimensionale Spektroskopie mit Hilfe von Doppelresonanz-Experimenten.

Wir wollen uns hier hingegen der wichtigen zweiten Antwort zuwenden, nämlich einer Methode, die unter dem Schlagwort COSY bekanntgeworden ist. Der Vorschlag stammt ursprünglich von Jean Jeener (1971) und wurde von R. R. Ernst 1974 experimentell realisiert. Die Computerverfahren zur Bestimmung von Molekül-Strukturen wurden insbesondere von K. Wütherich (1986) entwickelt. Das folgende Diagramm zeigt den grundsätzlichen Verlauf einer Messung:

$$\left(\frac{\pi}{2}\right) \underset{t_1}{\rightarrow} \left(\frac{\pi}{2}\right) \underset{t_2}{\rightarrow} \; .$$

Zunächst wird, wie schon oben besprochen, ein $\pi/2$-Puls angewendet, wodurch die Spins aus der z-Richtung in die x,y-Ebene klappen und hier ihre Präzessionsbewegung durchführen. Nach einer bestimmten Zeit t_1 wird ein weiterer $\pi/2$-Puls angewendet und nach dem Verlauf einer weiteren Meßzeit t_2 das ausgestrahlte Signal bestimmt. Offensichtlich hängt das ausgestrahlte Signal s sowohl von der Zeit t_1 als auch von der Zeit t_2 ab. Bei der Messung müssen also sowohl t_1 und t_2 variiert werden. Indem man die

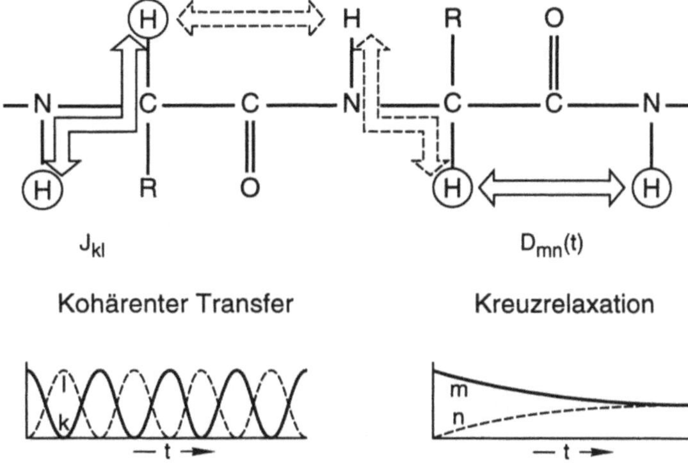

Abb. 18.14. Schema der beiden für die NMR-Spektroskopie relevanten Paarwechselwirkungen. Die durch die Bindungen vermittelte skalare Wechselwirkung J_{kl} trägt zum Hamilton-Operator bei und führt zu einem kohärenten Transfer der Spin-Ordnungen zwischen den Spins I_k und I_l. Die zeitlich modulierte Dipol-Dipol-Wechselwirkung D_{mn} führt zu einer multiexponentiellen Kreuzrelaxation zwischen den Spins I_m und I_n. Die beiden Wechselwirkungen gestatten eine sequentielle Zuordnung der Resonanzen von benachbarten Spins in dem gezeigten Peptid-Fragment und die Bestimmung von Strukturparametern. Die durch drei Bindungen vermittelte J-Wechselwirkung ist ein Maß für den dihedrischen Winkel um die zentrale Bindung, die Dipol-Dipol-Wechselwirkung ein solches für die Abstände zwischen den Kernen. (Nach R. Ernst et al., vgl. Literaturverzeichnis)

Funktion $s = s(t_1, t_2)$ bezüglich der beiden Argumente Fourier-transformiert, erhalten wir eine Funktion $S(\omega_1, \omega_2)$. Dieses Signal, in die Form einer Intensität gebracht, kann nun über der 2-dimensionalen ω_1, ω_2-Ebene aufgetragen werden. Es resultiert also ein 2D-Spektrum, in dem, wie wir sehen werden, die Präzessionsfrequenzen während der Evolutionsperiode 1 mit den Präzessionsfrequenzen während der Meßperiode 2 korreliert sind. Wie wir weiter sehen werden, sind die diagonalen und Kreuzpeaks ein Maß für die Elemente der Transfermatrix.

Besprechen wir nun die wichtigsten Transfer-Prozesse (Abb. 18.14 schematisch):

1) die skalare Kopplung liegt insbesondere der homonuklearen 2D Korrelationsspektroskopie zugrunde und wird durch die schon erwähnte COSY-Methode bestimmt;
2) die Zwischenkernkreuzrelaxation beruht auf dem nuklearen Overhauser-Effekt (s. weiter unten) und wird durch die Methode NOESY bestimmt;
3) schließlich sei hier noch der chemische Austausch erwähnt, dessen Messung durch die Methode EXSY erfolgt.

Erläutern wir den Grundgedanken dieser Experimente an einem Beispiel. Greifen wir hierzu ein Summenglied aus (18.22) heraus und betrachten wir also nur einen Spin. Ordnen wir der x,y-Ebene die komplexe Ebene mit $z = x+\mathrm{i}y$ zu, so kann die Bewegung des Spins in dieser Ebene durch die Exponentialfunktion $\mathrm{e}^{\mathrm{i}\Omega_1 t}$ beschrieben werden. Hat die Präzession nach Anwendung des $\pi/2$-Pulses die Zeit t_1 gedauert, so ist also die Richtung durch die Funktion $z = \mathrm{e}^{\mathrm{i}\Omega_1 t_1}$ gegeben. Nun wird eine bestimmte Manipulation mit dem System, das gemessen werden soll, vorgenommen; zum Beispiel werden Wechselwirkungen zwischen den Spins in bestimmter Weise geändert. Der betrachtete Spin wird dann unter diesen neuen Bedingungen mit einer anderen Frequenz Ω_2 weiter präzedieren. Diese Präzessionsbewegung wird über eine Zeit t_2 verfolgt und die Position des Spins in der z-Ebene gemessen. Das Signal wird also, wie schon oben besprochen, von den Zeiten t_1, t_2 abhängen.

$$\left| \xrightarrow[t_1]{\mathrm{e}^{\mathrm{i}\Omega_1 t_1}} \right| R \left| \xrightarrow[t_2]{\mathrm{e}^{\mathrm{i}\Omega_2 t_2}} \right| \tag{18.25}$$

und damit

$$F^+ \propto e^{i\Omega_2 t_2} R e^{i\Omega_1 t_1} . \tag{18.26}$$

Wird die Fourier-Transformation durchgeführt, so erhalten wir wieder eine 2-dimensionale Darstellung.

18.5.2 Quantenmechanische Theorie von COSY

Ausgangspunkt ist die Schrödinger-Gleichung

$$\hbar \left\{ \underbrace{\Omega_k I_{kz} + \Omega_l I_{lz}}_{H_0} + \underbrace{2\pi J_{kl} I_{kz} I_{lz}}_{H_1} \right\} \Psi = \mathrm{i}\hbar \frac{d\Psi}{dt} , \tag{18.27}$$

die sich auf die beiden Spins mit den Indizes k und l bezieht. Die Ω sind die Präzessionsfrequenzen, die auch die chemische Verschiebung beinhalten und zu dem Hamiltonoperator H_0 Anlaß geben, während das Wechselwirkungsglied uns schon oben begegnet ist und hier als zweiter Teil des Hamiltonoperators, nämlich als H_1, auftritt. Diese Schrödinger-Gleichung stellt insofern ein Modell dar, als die Wechselwirkung zwischen den Spins, genauer durch

$$\boldsymbol{J}_{kl} \boldsymbol{I}_k \boldsymbol{I}_l , \tag{18.28}$$

beschrieben werden müßte. Wie man aber mit Hilfe des Übergangs zu einem rotierenden Koordinatensystem zeigen kann, heben sich die Wechselwirkungsglieder, die sich auf die x- und y-Richtung beziehen, weitgehend weg, so daß (18.27) zumindest eine gute Näherung darstellt. Hierbei sind die $\boldsymbol{I}$ die Spinoperatoren, wobei wir aber der Einfachheit halber den Faktor $\hbar$ weglassen, um die folgenden Formeln nicht übermäßig kompliziert zu machen. Die Operatoren H_0 und H_1 vertauschen miteinander. Die Spins entwickeln sich zwar unter der Gesamtwirkung von H_0 und H_1, aber die Reihenfolge dieser Einflußnahme auf die Spins ist gleichgültig, so daß wir im folgenden zuerst die eine Einwirkung und dann die andere behandeln können. H_0 bewirkt, wie wir wissen, die Präzession, wir müssen uns also insbesondere mit H_1 befassen.

Im folgenden nehmen wir an, daß wir bereits einen Übergang zu einem rotierenden Koordinatensystem gemacht haben, so daß Ω_k, Ω_l nur noch die chemischen Verschiebungen sind. Zu einer Anfangszeit wird nun ein Puls

$$H_{\text{Puls}} = \text{const. } B_x (I_{kx} + I_{lx}) \tag{18.29}$$

angewendet, wobei im rotierenden System B_x zeitunabhängig ist. Die Behandlung der verschiedenen Effekte ist nun in der hier gewählten Darstellung der Schrödinger-Gleichung zwar nicht sehr schwierig, führt aber doch zu sehr länglichen Formeln, die man insbesondere auch nicht sehr gut physikalisch deuten kann. Wir führen deshalb statt dem hier benutzten Schrödingerbild das Heisenbergbild ein, das wir in den Aufgaben am Schluß des Kapitels näher besprechen werden. Hier genügt es, die wichtigsten Eigenschaften des Schrödingerbilds bzw. des Heisenbergbilds darzustellen. Im Schrödingerbild wird die zeitabhängige Lösung Ψ der Schrödinger-Gleichung bestimmt, und die Verbindung mit gemessenen Werten wird mit Hilfe von Erwartungswerten dargestellt, z. B. in den Schreibweisen

$$\int \Psi^*(x,t) ex \Psi(x,t) dx \quad \text{oder} \quad \langle \Psi(t)(|D|\Psi(t)\rangle \; . \tag{18.30}$$

Im Heisenbergbild wird die zeitliche Entwicklung, die in der Wellenfunktion Ψ steckt, in bestimmter Weise auf den Operator D, etwa auf den Dipol-Operator abgewälzt, so daß nun Erwartungswerte von der Form

$$\langle \psi(0)|D(t)|\Psi(0)\rangle \tag{18.31}$$

zu bestimmen sind. Wie wir sogleich sehen werden, hat die Benutzung des Heisenbergbilds den großen Vorteil, daß wir die zeitliche Entwicklung der Operatoren direkt bestimmen und sie unmittelbar interpretieren können.

Betrachten wir nun die Einwirkung von H_1 auf einen Spin gemäß einer klassischen Interpretation. Hier können wir das Wechselwirkungsglied H_1 in der Form

$$(2\pi J_{kl} I_{lz}) I_{kz} \tag{18.32}$$

schreiben, wobei wir den in Klammer stehenden Teil als ein effektives Feld auffassen, das auf den Spin mit dem Index k, mit dem es magnetisch verknüpft ist, einwirkt. Dieses effektive Feld wirkt offensichtlich analog zu Ω_k und führt zu einer Präzession des Spins, d. h. zu einer Drehung um die z-Achse. Wir erhalten damit die zeitliche Entwicklung des Spins in der Form

$$I_{kz} \to I_{kx} \cos \Omega' t + I_{ky} \sin \Omega' t \; , \tag{18.33}$$

wobei die Winkelgeschwindigkeit Ω' durch

$$\Omega' = 2\pi J_{kl} \langle I_{lz} \rangle = \pi J_{kl} \tag{18.34}$$

gegeben ist. Wie wir sogleich sehen werden, bringt erst die quantenmechanische Behandlung einen neuen wichtigen Term herein, der dann Anlaß zu dem hier betrachteten 2-dimensionalen Kernspinresonanz-Experiment gibt. Die Durchführbarkeit dieses Experiments ist übrigens ein indirekter Hinweis auf die Gültigkeit der Quantenmechanik, die nicht durch die klassische Physik ersetzt werden kann.

Betrachten wir also nun nochmals quantenmechanisch die Einwirkung des Operators H_1 auf die x-Komponente des Kernspins k, was wir in der Form

$$I_{kx} \xrightarrow{2\pi J_{kl} I_{kz} I_{lz} t_1} I_{kx} \cos(\pi J_{kl} t_1) + 2 I_{ky} I_{lz} \sin(\pi J_{kl} t_1) \tag{18.35}$$

schreiben. Wie wir in den Aufgaben am Schluß des Kapitels zeigen werden, tritt bei der quantenmechanischen Behandlung im Heisenbergbild gegenüber (18.33) ein neuer Faktor im zweiten Glied auf, nämlich I_{lz}. Dieser Faktor wird sich sogleich als fundamental erweisen. Wirken nun gleichzeitig noch die beiden Glieder des Operators

$$H_0 = \Omega_k I_{kz} + \Omega_l I_{lz} \tag{18.36}$$

auf den Spin ein, so führt dies lediglich zu einer Präzessionsbewegung

$$\begin{aligned} I_{kx}(0) &\to I_{kx}(t_1) = I_{kx}(0) \cos(\Omega_k t_1) + I_{ky}(0) \sin(\Omega_k t_1) \\ I_{ky}(0) &\to I_{ky}(t_1) = -I_{kx}(0) \sin(\Omega_k t_1) + I_{ky}(0) \cos(\Omega_k t_1) \; , \end{aligned} \tag{18.37}$$

die zusätzlich zur Bewegung (18.35) auftritt. Setzen wir also (18.37) in (18.35) ein, so erhalten wir das Resultat

$$I_{kx} \xrightarrow{Ht_1} \underbrace{\left[I_{kx}\cos(\Omega_k t_1) + I_{ky}\sin(\Omega_k t_1)\right]}_{1}\cos(\pi J_{kl}t_1)$$
$$+\, 2\Big[\underbrace{I_{ky}\cos(\Omega_k t_1)}_{2} - \underbrace{I_{kx}\sin(\Omega_k t_1)}_{2}\Big] I_{lz}\sin(\pi J_{kl}t_1)\ . \tag{18.38}$$

Hierin beziehen sich die Komponenten der Spins auf die Anfangszeit, $t = 0$

$$\boldsymbol{I}_k = \boldsymbol{I}_k(0)\ , \quad \boldsymbol{I}_l = \boldsymbol{I}_l(0)\ . \tag{18.39}$$

Da nur die Transversalkomponente des Spins an das elektromagnetische Wechselfeld koppelt, nicht aber die z-Komponente, würde bei einer Messung die Präzessionsfrequenz Ω_1 des Spins k „aufleuchten".

$$\langle I_{kx}\rangle \neq 0\ , \tag{18.40}$$
$$\langle I_{lz}\rangle = 0\ . \tag{18.41}$$

Jetzt kommt aber die entscheidende Einwirkung. Wir wenden noch einmal einen $\pi/2$-Puls an, wobei das Magnetfeld in die x-Richtung zeigt. Wir präparieren also damit einen neuen quantenmechanischen Anfangszustand im rotierenden Koordinatensystem. Die Anwendung des $\pi/2$-Pulses führt, wie wir wissen, wiederum zu einer Drehung um die x-Achse gemäß den Regeln

$$\begin{aligned} I_{kx} &\to I_{kx} \\ I_{ky} &\to I_{kz} \\ I_{lz} &\to I_{ly}\ . \end{aligned} \tag{18.42}$$

(Vgl. hierzu auch die Aufgaben.) Die Regel (18.42) gibt insbesondere Anlaß zur Ersetzung

$$I_{ky}I_{lz} \to -I_{kz}I_{ly}\ , \tag{18.43}$$

die wir nun in (18.38) durchzuführen haben.

Betrachten wir was jetzt weiter mit der Zeitentwicklung von I_{kx} geschieht. Der Beitrag 1 in (18.38) enthält keine Kopplung zwischen l und k und ist im Zusammenhang mit unserer Behandlung uninteressant. Das Glied 2 bringt nach dem $\pi/2$-Puls einen neuen Anfangszustand für die weitere Zeitentwicklung. Dieser Anfangszustand lautet

$$-2I_{kz}I_{ly}\cos(\Omega_k t_1)\sin(\pi J_{kl}t_1)\ . \tag{18.44}$$

Er entwickelt sich unter der hemischen Verschiebung und

$$H_1 = 2\pi J_{kl}I_{kz}I_{lz} \tag{18.45}$$

weiter, wobei wir

$$I_{kz}I_{ly} \xrightarrow{2\pi J_{kl}I_{kz}I_{lz}t_2} I_{kz}I_{ly}\cos(\pi J_{kl}t_2) \tag{18.46}$$

und das Zusatzglied

$$-\frac{1}{2} I_{lx} \sin(\pi J_{kl} t_2) \tag{18.47}$$

finden. Setzen wir (18.47) in (18.44) ein und beachten die Präzession, so erhalten wir für die Entwicklung von I_{kx} insbesondere den Anteil

$$[I_{lx} \cos(\Omega_l t_2) + I_{ly} \sin(\Omega_l t_2)] \cdot \sin(\pi J_{kl} t_2) \cdot \cos(\Omega_k t_1) \sin(\pi J_{kl} t_1) \ . \tag{18.48}$$

Wie wir sehen, enthält der Operator I_{kx}, der sich also auf den Spin k bezieht, nun Anteile, die von der Präzessionsbewegung des Spins mit dem Index l herrühren. Der Ausdruck (18.48) vermittelt somit eine Kopplung zwischen den Spins k und l, wobei der Spin k im Signal von der Zeit t_1 herrührt, während der Beitrag des Spins l durch die Meßzeit t_2 wiedergegeben wird. Messen wir jetzt den Übergang des Spins l mit der x-Komponente, so ist das entsprechende Matrixelement von 0 verschieden

$$\langle I_{lx} \rangle \neq 0 \tag{18.49}$$

und ebenso auch

$$\langle I_{ly} \rangle \neq 0 \ . \tag{18.50}$$

Für das Signal M_x erhalten wir also

$$M_x \propto \cos(\Omega_l t_2) \sin(\pi J_{kl} t_2) \cdot \cos(\Omega_k t_1) \cdot \sin(\pi J_{kl} t_1) \ . \tag{18.51}$$

Zerlegen wir die cos- und sin-Funktionen in die einzelnen Exponentialfunktionen, so erkennen wir, daß hier in t_1 zwei Komponenten auftreten, nämlich $\Omega_k \pm \pi J_{kl}$ und in t_2 entsprechend $\Omega_2 \pm \pi J_{kl}$. Tragen wir daher, wenn wir uns eine Fourier-Transformation durchgeführt denken, das Signal über der ω_1, ω_2-Ebene auf, so erhalten wir die Abb. 18.15.

Offensichtlich können aus dieser Abbildung die Größe der Wechselwirkungsenergie J zwischen den Spins und die chemischen Verschiebungen Ω_k, Ω_l, direkt abgelesen werden.

Fassen wir unsere Resultate zusammen. Wegen des Wechselwirkungsgliedes

$$J_{kl} I_{kz} I_{lz} \tag{18.52}$$

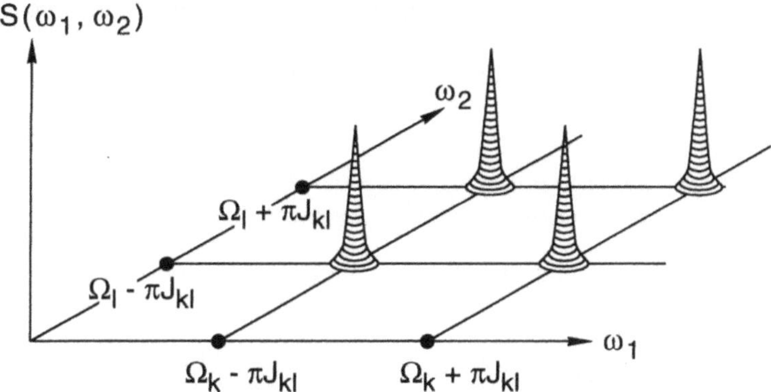

Abb. 18.15. Beispiel für die Information, die über die Frequenzen Ω_k, Ω_l und J_{kl} aus dem zwei-dimensionalen Spektrum gezogen werden können. Bei einem realen Molekül tritt eine Fülle derartiger Peaks auf, die es dann im einzelnen zu analysieren gilt

erhält die Drehimpulskomponente in x-Richtung ein Zusatzglied von der Form (vgl. (18.35))

$$I_{ky}I_{lz}\cdot f(\Omega_k t_1)\ , \tag{18.53}$$

das also, grob gesprochen, die Präzession des Spins k mit der Frequenz Ω_k im ersten Zeitabschnitt wiedergibt. Wenden wir dann den zweiten $\pi/2$-Puls an, so wird die Rolle zwischen k und l vertauscht (vgl. (18.43)). Die Ausstrahlung, die auf der y-Komponente des Spins l beruht, wird nun sichtbar und damit auch die mit der Präzessionsbewegung verknüpfte Frequenz Ω_l (vgl. (18.48))

$$\sim g(\Omega_l t_2)\ . \tag{18.54}$$

In beiden Fällen treten aufgrund der Spin-Spin-Wechselwirkung noch zusätzliche Oszillationen mit der Kreisfrequenz πJ_{kl} auf. Das Gesamtsignal ist also

$$\propto f[(\Omega_k \pm \pi J_{kl})t_1]g[(\Omega_l \pm \pi J_{kl})t_2] \tag{18.55}$$

und stellt die gesuchte Verknüpfung zwischen den Spins dar.

Der Vollständigkeit halber diskutieren wir noch die weiteren Glieder. Das Glied

$$-2I_{kz}I_{ly}(t_2)\cos(\Omega_k t_1)\sin(\pi J_{kl}t_1)\cdot\cos(\pi J_{kl}t_2) \tag{18.56}$$

kann ebenso wie das eben diskutierte Glied behandelt werden. Das noch in der obigen Formel (18.38) auftretende Glied

$$2I_{kx}I_{ly}\sin(\Omega_k t_1)\sin(\pi J_{kl}t_1) \tag{18.57}$$

ist in unserem Zusammenhang uninteressant. Es bleibt gegenüber

$$2\pi J_{kl}I_{kz}I_{lz} \tag{18.58}$$

invariant und beschreibt nur noch eine Präzession in der Zeit t_2. Dies wird bei einer 2D-Fourier-Transformation nicht beobachtet, da die zugehörigen Frequenzen entweder nahe bei Null oder doppelt so groß sind, nicht aber bei Ω liegen, wobei Ω die gesamte Präzessionsfrequenz, d. h. also im nichtrotierenden System, ist.

Bei unseren vorangehenden Ableitungen hatten wir Beziehungen zwischen *Spin-Operatoren* hergeleitet. Diese Relationen können wir zum einen sehr anschaulich deuten, sie aber auch in solche zwischen klassischen Größen „übersetzen“, indem wir Erwartungswerte mit Hilfe von Wellenfunktionen bilden, die dem Problem angepaßt sind, nämlich kohärenten Spinfunktionen (vgl. die Aufgaben am Schluß dieses Kapitels).

In diesem Abschnitt haben wir die *kohärente*, durch die J-Kopplung vermittelte, Wechselwirkung besprochen. Daher rührt auch der Name COSY (coherent spectroscopy). Im nächsten Abschnitt wenden wir uns der inkohärenten Wechselwirkung zu, wobei insbesondere die Relaxationsprozesse berücksichtigt werden, die wir in diesem Abschnitt außer Acht gelassen haben.

18.5.3 Untersuchung dynamischer Prozesse mit Hilfe der 2-dimensionalen Austausch-Spektroskopie, insbesondere NOESY[1]

Die Untersuchung dynamischer Vorgänge, wie des chemischen Austausches, der Kreuzrelaxation, des nuklearen Overhauser-Effekts, der Spin-Diffusion und der Kreuzpolari-

---

[1] Wir folgen hier weitgehend dem Kap. 9 von Ernst, Bodenhausen, Wokaun (siehe Literaturverzeichnis)

sation mit Hilfe der 2D-Spektroskopie hat, wie wir schon besprochen haben, eine Anzahl von Vorteilen gegenüber der 1D-Technik, insbesondere dann, wenn das System ein ausgedehntes Netzwerk von Austauschprozessen enthält, die gleichzeitig vorkommen. Der nukleare Overhauser-Effekt besteht im Transfer der Magnetisierung zwischen Kernspins. Die Kreuzrelaxation führt zu einem Übertrag der Magnetisierung zwischen den Spins und zu Intensitätsänderungen. Die Kreuzrelaxation hängt sowohl von dem Charakter des Bewegungsprozesses als auch von der Entfernung der miteinander wechselwirkenden Spins ab. Die 2D-Methoden sind besonders nützlich für das Studium langsamer dynamischer Vorgänge mit Raten, die zu langsam sind, um die Linienformen zu beeinflussen. Die 2-dimensionale Austausch-Spektroskopie ist daher besonders gut geeignet für das Studium von Kreuzrelaxationen, dem transienten Overhauser-Effekt und der Spindiffusion in Festkörpern. Bei Anwendung auf den hemischen Austausch ist der Informationsgehalt der 2D-Austausch-Spektren am größten, wenn die Temperatur so gewählt wird, daß die Austauschrate groß gegenüber der longitudinalen Relaxation und klein ist verglichen mit den Spektralparametern, die durch den Austausch beeinflußt werden. Die grundlegende Idee der 2D-Austausch-Spektroskopie besteht in der Frequenzmarkierung der longitudinalen Magnetisierung der verschiedenen Plätze bevor der Austausch stattfindet, so daß nach dem Austausch die Wege der Magnetisierung zurück zu ihrem Ursprung verfolgt werden können. Während die Magnetisierung in einen Nichtgleichgewichtszustand versetzt wird, bleiben die Konzentrationen der chemischen Spezies im dynamischen Gleichgewicht während des ganzen Experiments konstant.

Betrachten wir die grundlegende Sequenz in Abb. 18.16. Dabei wird ein Paar von nichtselektiven $\pi/2$-Pulsen benutzt. Nichtselektiv bedeutet dabei, daß diese Pulse in gleicher Weise auf alle hier betrachteten Spins wirken. Ein Paar solcher nichtselektiver $\pi/2$-Pulse, die durch die Evolutionsperiode t_1 getrennt sind, wird benutzt, um die Nichtgleichgewichts-Bevölkerung zu dem Beginn der Mixing-Zeit τ_m vorzubereiten. Der Einfachheit halber betrachten wir einen symmetrischen chemischen Austausch zwischen zwei Stellen mit gleichen Konzentrationen ($k_{AB} = k_{BA} = k$), gleichen Spingitterrelaxations-Raten ($R_1^A = R_1^B = R_1$) und gleichen transversalen Relaxationszeiten ($T_2^A = T_2^B = T_2$). Die transversale Magnetisierung, die durch den ursprünglichen $\pi/2$-Puls in y-Richtung angeregt wird, präzediert frei in dem t_1-Intervall. Wenn der Austausch langsam ist, können wir seine Wirkung auf die Linienbreite während dieser Periode vernachlässigen, und wir erhalten zwei komplexe Komponenten der Magnetisierung, die als klassische Größe aufgefaßt wird:

$$M_A^+(t_1) = M_{A0}\,\mathrm{e}^{(\mathrm{i}\Omega_A t_1 - t_1/T_2)}\,, \tag{18.59}$$

$$M_B^+(t_1) = M_{B0}\,\mathrm{e}^{(\mathrm{i}\Omega_B t_1 - t_1/T_2)}\,. \tag{18.60}$$

Wenn der zweite Puls entlang der y-Achse angewendet wird, werden die reellen Komponenten der transversalen Magnetisierung in solche der longitudinalen Magnetisierung

$$M_{Az}(\tau_\mathrm{m} = 0) = -M_{A0}\cos\Omega_A t_1\,\mathrm{e}^{-t_1/T_2}\,, \tag{18.61}$$

$$M_{Bz}(\tau_\mathrm{m} = 0) = -M_{B0}\cos\Omega_B t_1\,\mathrm{e}^{-t_1/T_2} \tag{18.62}$$

verwandelt. Die y-Komponente bleibt bei dem Puls unverändert und wird üblicherweise durch ein inhomogenes magnetisches Feld zerstört. Im Falle, daß der zweite Puls nicht

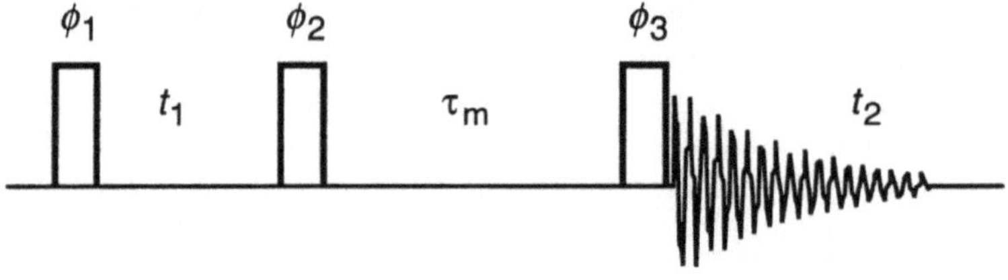

Abb. 18.16. Das grundlegende Schema für die 2D-Austauschspektroskopie, wobei t_1 und t_2 die Evolutions- und Nachweisperioden darstellen. Die Austauschzeit τ_m ist üblicherweise in einem 2D-Experiment konstant gehalten, kann aber auch variiert werden, so daß es dann zu einer 3D-Spektroskopie kommt. (Nach Ernst et al.)

exakt $\pi/2$ ist, ist es ratsam, daß die Beiträge von der Magnetisierung, die gegen M_{A0} und M_{B0} in der Zeit t_1 tendiert, durch Phasenänderungen ausgelöscht werden. Die t_1-modulierten longitudinalen Komponenten in den Gleichungen (18.61), (18.62) wandern wegen des *chemischen Austausches* oder der *Kreuzrelaxation* von einer Stelle zur anderen, während die Spin-Gitter-Relaxation das Gedächtnis der ursprünglichen Markierung auslöscht, so daß wir

$$\begin{aligned} M_{Az}(\tau_m) = M_{Az}(\tau_m = 0)\frac{1}{2}\left(1 + e^{-2k\tau_m}\right) e^{-\tau_m/T_1} \\ + M_{Bz}(\tau_m = 0)\frac{1}{2}\left(1 - e^{-2k\tau_m}\right) e^{-\tau_m/T_1} \end{aligned} \tag{18.63}$$

und

$$\begin{aligned} M_{Bz}(\tau_m) = M_{Az}(\tau_m = 0)\frac{1}{2}\left(1 - e^{-2k\tau_m}\right) e^{-\tau_m/T_1} \\ + M_{Bz}(\tau_m = 0)\frac{1}{2}\left(1 + e^{-2k\tau_m}\right) e^{-\tau_m/T_1} \end{aligned} \tag{18.64}$$

erhalten, wobei k die Ratenkonstante des Austauschprozesses ist. Der endgültige $\pi/2$-Puls in y-Richtung verwandelt diese longitudinalen Komponenten in eine beobachtbare transversale Magnetisierung. Nach einer 2D-Fourier-Transformation erscheint ein Kreuzpeak an der Stelle $(\omega_1, \omega_2) = (\Omega_A, \Omega_B)$ einer integrierten Amplitude $I_{BA}(\tau_m)$ wenn eine Magnetisierungskomponente, die mit der Frequenz Ω_A in der Zeit t_1 präzediert, ihre Präzession bei der Frequenz Ω_B in der Zeit t_2 aufnimmt. Die Amplituden $I_{kl}(\tau_m)$ der diagonalen und Kreuzpeaks hängen von der Gleichgewichts-Magnetisierung M_{l0} und von Mixing-Koeffizienten a ab, so daß allgemein gilt

$$I_{AA}(\tau_m) = a_{AA}(\tau_m)M_{A0} , \tag{18.65}$$

$$I_{BB}(\tau_m) = a_{BB}(\tau_m)M_{B0} , \tag{18.66}$$

$$I_{AB}(\tau_m) = a_{AB}(\tau_m)M_{B0} , \tag{18.67}$$

$$I_{BA}(\tau_m) = a_{BA}(\tau_m)M_{B0} . \tag{18.68}$$

Die Mixing-Koeffizienten entsprechen dabei den Faktoren in den Gleichungen (18.63), (18.64) und lauten

$$a_{AA} = a_{BB} = \frac{1}{2}\left(1 + e^{-2k\tau_m}\right) e^{-\tau_m/T_1} \tag{18.69}$$

und

$$a_{AB} = a_{BA} = \frac{1}{2}\left(1 - e^{-2k\tau_m}\right) e^{-\tau_m/T_1} . \tag{18.70}$$

Die Wege, die zu den diagonalen und Kreuzpeaks führen, sind schematisch in Abb. 18.17 dargestellt. Man beachte, daß für Systeme ohne aufgelöste Kopplungen die Erscheinung eines Kreuzpeaks genügend Beweis dafür ist, daß ein Austausch stattfindet. In dem Fall, wo die beiden Plätze symmetrisch sind und der hier diskutiert wird, d. h. für $M_{A0} = M_{B0}$, kann die Austauschrate von dem Verhältnis der Gipfelintensitäten oder Peakintensitäten bestimmt werden

$$\frac{I_{AA}}{I_{AB}} = \frac{a_{AA}}{a_{AB}} = \frac{1 + \mathrm{e}^{-2k\tau_\mathrm{m}}}{1 - \mathrm{e}^{-2k\tau_\mathrm{m}}} \approx \frac{1 - k\tau_\mathrm{m}}{k\tau_\mathrm{m}} . \tag{18.71}$$

Diese Ausdrücke können zu dem Fall, wo Austauschprobleme mit M-Plätzen auftreten, wobei gleichzeitig chemischer Austausch und Kreuzrelaxation vorkommen, verallgemeinert werden. Der große Vorteil des 2D-Schemas liegt in der Möglichkeit, Netzwerke mit einer großen Zahl von Plätzen zu studieren. Obgleich eine große Zahl von Experimenten mit verschiedenen t_1-Werten in der 2D-Methode nötig sind, resultiert eine bedeutende Empfindlichkeit aus der Tatsache, daß alle Prozesse gleichzeitig untersucht werden, was bei der 1D-Methode nicht der Fall ist.

Der hier besprochene nukleare Overhauser-Effekt liefert eine einzigartige Information über molekulare Strukturen in Lösung, die nicht mit irgendeiner anderen bekannten Technik erhalten werden kann. Solche Messungen sind von zentraler Wichtigkeit in der Molekularbiologie geworden, wo sie die vollständige Bestimmung der 3D-Struktur großer Biomoleküle gestatten. Die auf dem nuklearen Overhauser-Effekt beruhende 2-dimensionale Spektroskopie wird auch mit NOESY abgekürzt.

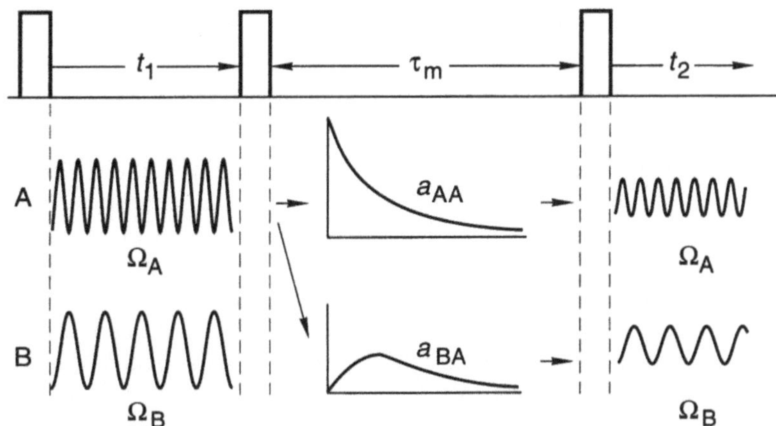

Abb. 18.17. Die Übertragung der frequenzmarkierten longitudinalen Polarisation in der 2D-Austauschspektroskopie eines symmetrischen 2-Platz-Systems. Die Amplituden der diagonalen Peaks, die proportional zu $a_{AA}(\tau_\mathrm{m}) = a_{BB}(\tau_\mathrm{m})$ sind, zerfallen bi-exponentiell, während die Kreuzpeak-Amplituden, die proportional zu $a_{BA}(\tau_\mathrm{m}) = a_{AB}(\tau_\mathrm{m})$ sind, erst wegen des Austausches anwachsen, bevor sie wegen der Spin-Gitter-Relaxation wieder abnehmen. (Nach Ernst et al.)

18.6 Anwendungen der Kernspin-Resonanz

Die Kernspin-Resonanz-Spektroskopie ist in den letzten Jahrzehnten mit einer hochentwickelten Meßtechnik zu einer Methode entwickelt worden, mit der man die *Strukturen* und die *Bindungsverhältnisse* in Molekülen detaillierter als mit allen anderen Methoden der Physiker und Chemiker analysieren kann. Das gilt für kleine Moleküle, das gilt aber auch für Polymere und für große biochemisch und biophysikalisch wichtige Funktionseinheiten in der Biologie. Sowohl für Analytik wie für Strukturaufklärung ist die Methode durch keine andere zu ersetzen, und sie gehört zu den unentbehrlichen spektroskopischen Hilfsmitteln des Chemikers.

Man kann sie weiter zum Studium von dynamischen Prozessen, von *Bewegungen* von Molekülen oder Molekülteilen, und von molekularen Reaktionen verwenden. In den letzten Jahren gewinnt die ortsauflösende Kernspin-Resonanz, die *Kernspin-Tomographie*, und allgemein die *in vivo-Resonanz* zunehmend Bedeutung in Biologie und Medizin. Wie in I, Abschn. 20.7 näher aufgeführt, wird bei der Tomographie in einem räumlich inhomogenen Magnetfeld die Lage der Spins durch ihre Aufspaltung und damit Resonanzfrequenz markiert. So gelingt es, Moleküle und ihre Reaktionen auch in Innern von Lebewesen zu untersuchen, ohne diese zu beschädigen. Als wichtige Anwendungen seien die Untersuchung von Stoffwechselvorgängen und vom Wirkmechanismus von Medikamenten genannt.

Außer Protonen werden, wie bereits in Abschn. 18.4 erwähnt, besonders die Kerne ^{13}C, ^{19}F, ^{31}P als Sonden verwendet. Die Methode der Kernresonanz erlaubt jedoch eine Untersuchung aller Kerne, die einen Spin besitzen. Zusätzliche Informationen bekommt man aus Kernquadrupol-Resonanzen bei Kernen mit $I \geq 1$ im elektrischen Feldgradienten der chemischen Bindung.

Aufgaben

18.1 a) Obwohl der *Kernspin* eine rein quantenmechanische Größe ist, läßt er sich auf klassische Weise als Drehimpuls beschreiben. Stellen Sie seine Bewegungsgleichung im Magnetfeld $\boldsymbol{B}$ auf, und leiten Sie daraus die Larmorfrequenz seiner Präzessionsbewegung ab.

b) Das Erdmagnetfeld besitzt am Äquator eine Stärke von $1{,}3 \cdot 10^{-5}$ T. Wie groß ist die *Larmorfrequenz*, mit der der Spin eines Protons um die Feldrichtung präzediert?

18.2 a) Für ein NMR-Labor an der Uni Stuttgart soll ein Gerät beschafft werden, mit dem Experimente zur *Protonenspinresonanz* durchgeführt werden können. Der Vertreter einer Herstellerfirma schlägt ein Spektrometer mit einem festen Magnetfeld von 2,166 T und durchstimmbarer Frequenz vor. Ein Diplomand denkt kurz nach und rät dann vom Kauf ab. Warum?

b) Man folgt dem Rat des Diplomanden und kauft ein anderes Spektrometer, das bei einer Festfrequenz von 30,256 MHz arbeitet. Bei welchen Magnetfeldern kommt es zur Resonanz von Protonen bzw. ^{13}C-Kernen?

18.3 Im *NMR-Spektrum* eines Moleküls AB beobachtet man vier Linien bei $\delta = 5{,}8, 5{,}7, 1{,}1$ und $1{,}0$ ppm. Dabei wurde ein 100 MHz-Spektrometer verwendet und TMS als Standard. Bestimmen Sie die chemischen Verschiebungen der Kerne A und B (in δ) sowie die Kopplungskonstante J zwischen ihnen (in Hz) für den Fall $J \ll \delta$.

18.4 Die Elektronendichte an einem Atom wird durch den induktiven Effekt eines benachbarten Atoms X beeinflußt. Ordnen Sie die so verursachten *chemischen Verschiebungen* der X-Methylgruppen N–CH_3, O–CH_3 und C–CH_3 nach ihrer Größe.

18.5 Beschreiben Sie das NMR-Spektrum des Fluor-Kerns im Vinylfluorid $H_2C{=}CHF$. Das Molekül enthält drei nicht äquivalente Protonen H_a, H_b und H_c; die Differenzen der chemischen Verschiebungen der einzelnen Protonen sind wesentlich größer als ihre *Kopplungskonstanten* mit den angegebenen Werten.

$$\begin{array}{c} \mathrm{H}_b \quad\quad \mathrm{H}_a \\ \mathrm{C}=\mathrm{C} \\ \mathrm{H}_c \quad\quad \mathrm{F} \end{array} \qquad \begin{aligned} J_{\mathrm{H}_a\mathrm{H}_b} &= 5\,\mathrm{Hz} \qquad & J_{\mathrm{H}_a F} &= 85\,\mathrm{Hz} \\ J_{\mathrm{H}_b\mathrm{H}_c} &= -3\,\mathrm{Hz} \qquad & J_{\mathrm{H}_b F} &= 50\,\mathrm{Hz} \\ J_{\mathrm{H}_c\mathrm{H}_a} &= 13\,\mathrm{Hz} \qquad & J_{\mathrm{H}_c F} &= 20\,\mathrm{Hz} \end{aligned}$$

18.6 Wie sieht das *Protonenresonanzspektrum* von 1,1,2-Trichlorethan CH_2Cl–$CHCl_2$ in Deuterochloroform $CDCl_3$ aus (qualitativ)?

18.7 Im Molekül 1-Nitropropan H_3^aC–CH_2^b–CH_2^c–NO_2 liegen drei Sorten *inäquivalenter Protonen* vor (H^a, H^b, H^c). Im NMR-Spektrum erkennt man Tripletts bei 1,03 ppm und 4,38 ppm sowie ein Sextett bei 2,07 ppm (relative Intensitäten 1:5:10:10:5:1). Bestimmen Sie die chemischen Verschiebungen δ_a, δ_b und δ_c. Welche Aussagen über die Kopplungskonstanten J_{ab}, J_{ac} und J_{bc} können Sie machen?

18.8 a) Welches Protonenresonanzspektrum erwarten Sie für Acetaldehyd CH_3CHO ($J_{HH} = 2{,}9\,\mathrm{Hz}$), wenn die chemischen Verschiebungen der Protonen 2,20 und 9,80 ppm betragen?

b) Es wird ein äußeres Feld von 1,5 T bzw. 7,0 T angelegt. Wie stark unterscheiden sich jeweils die *lokalen Magnetfelder* zwischen den beiden Bereichen des Moleküls?

18.9 Beschreiben Sie das Protonenresonanzspektrum von CD_3COCD_2H, das oftmals als Verunreinigung im vollständig deuterierten *Lösungsmittel* Aceton CD_3COCD_3 enthalten ist. Nehmen Sie dabei an, daß keine Kopplung zwischen CD_3 und CD_2H besteht.

18.10 Mit Hilfe eines einfachen Modells gelangt man zu einem Ausdruck für die *Bewegungsverschmälerung* von NMR-Linien.

Am Ort eines magnetischen Dipols (Spins) fluktuiere das B-Feld statistisch zwischen den beiden Zuständen $B_0 + B_i$ und $B_0 - B_i$ (z. B. durch eine Änderung der anisotropen Dipol-Dipol-Wechselwirkung). Dies gibt Anlaß zu einer Phasenverschiebung des Spins gegenüber seinen Nachbarn und somit zur transversalen Relaxation in der Zeit T_2.

Wie hängt T_2 von der mittleren Fluktuationszeit τ ab? Benutzen Sie dazu die Analogie zwischen der Phasenverschiebung ϕ und dem Weg L, der bei einem „random walk" in n Schritten der Schrittweite 5 zurückgelegt wird: $\langle L^2 \rangle = ns^2$ (mittl. quadrat. Weglänge). Bedenken Sie, daß Spins mit einer Phasenverschiebung von $\phi > 1$ nicht mehr zum Resonanzsignal beitragen.

Wie lautet der Zusammenhang zwischen der Linienbreite $\Delta\nu$ und der Breite $\Delta\nu_0 = (1/2\pi)\gamma B_i$ in einem starren Gitter?

18.11 Warum weisen NMR-Spektren von Festkörpern im allgemeinen größere *Linienbreiten* auf als Spektren von Flüssigkeiten?

18.12 a) Bei einer NMR-Messung mit einem 60 MHz-Spektrometer liegen die Resonanzen der beiden Methylgruppen von N,N-Dimethylnitrosamin $(CH_3)_2N$–NO in einem Abstand von 39 Hz. Die Rotation der NO-Gruppe führt zu schnellen Änderungen der magnetischen Umgebung und damit zu einer *Austauschverschmälerung* dieser Resonanz. Bestimmen Sie die Austauschfrequenz, ab der man nur noch eine Linie findet.

b) Im Protonenresonanzspektrum von Methyl-Cyclohexan sieht man bei niedriger Temperatur zwei Gruppen von Linien, die sich den Methylprotonen zuordnen lassen. Erklären Sie, warum diese beiden Gruppen bei höheren Temperaturen zusammenfallen.

18.13 Die *zweidimensionale (n-dimensionale) Fouriertransformations*-NMR hilft, komplizierte Spektren zu „entwirren", indem sie die Wechselwirkungen sortiert. Der Trick ist dabei, daß man im Verlauf einer Pulsmessung durch Manipulation des Hamiltonoperators von außen bestimmte Wechselwirkungen ein- oder ausschaltet. Solange der Hamiltonoperator Nr. n wirksam ist, zählt man die Zeit auf der Achse $t_n (n = 1, 2, \dots)$.

a) Wieviel Zeit hat man maximal für die Manipulationen des Einzelexperiments?
b) Welche Wechselwirkung schalten Sie durch eine $\frac{\pi}{2} - \tau - \pi - \tau$-Folge, welche durch Einstrahlung einer zweiten Hochfrequenz aus?

18.14 Was ist eine *Carr-Purcell-Pulsfolge*? Wie arbeitet sie anschaulich?

18.15 Zeigen Sie, wie aus dem Schrödingerbild das Heisenbergbild folgt.

Hinweis: Gehen Sie von der formalen Lösung

$$\Psi(x, t) = \mathrm{e}^{-\mathrm{i}Ht/\hbar}\Psi(x, 0) \tag{1}$$

der zeitabhängigen Schrödingergleichung aus (Beweis für (1)?) und drücken Sie den Erwartungswert $\int \Psi^* D\Psi dx$ mit Hilfe von (1) aus. Dieser läßt sich auch durch $\int \Psi^*(x, 0)\widetilde{D}(t)\Psi(x, 0)dx$ ausdrücken. (Beweis? H ist hermitesch!) Wie lautet $\widetilde{D}(t)$? Warum genügt $\widetilde{D}$ der Gleichung

$$\frac{d}{dt}\widetilde{D} = \frac{\mathrm{i}}{\hbar}[H, \widetilde{D}] \equiv \frac{\mathrm{i}}{\hbar}(H\widetilde{D} - \widetilde{D}H)\ ? \tag{2}$$

Lassen sich die Resultate auf $\int \Psi_j^* D\Psi_k dx$ verallgemeinern?

18.16 Inwiefern kann man beim Spin von Kohärenz sprechen?

Hinweis: Bilden Sie das Wellenpaket $a|\uparrow\rangle + b|\downarrow\rangle$ aus den Spinwellenfunktionen $|\uparrow\rangle$ und $|\downarrow\rangle$ in der bra-ket Bezeichnung nach Dirac und berechnen Sie den Erwartungswert von I_x.

Wie ändert sich dieser im Laufe der Zeit, wenn der Spin einem zeitlich konstanten Magnetfeld in z-Richtung ausgesetzt ist?

18.17 Bestimmen Sie die „Bewegung" der Spin-Komponente I_{kx} sowie für $I_{ky}I_{lz}$ gemäß der Heisenbergschen Bewegungsgleichung (2) von Aufgabe 18.15, wobei im rotierenden System von der Form

$$H = 2\pi J_{kl} I_{kz} I_{lz}$$

ist. Wie lauten die zeitabhängigen Lösungen der sich ergebenden Gleichungen?

18.18 Zeigen Sie, daß sich die Operator-Beziehung im Heisenbergbild

$$I_\pm(t) = I_\pm(0)\,\mathrm{e}^{\mathrm{i}\Omega t}\ , \quad I_\pm = I_x + \mathrm{i}I_y$$

als Präzesionsbewegung deuten läßt, indem Sie zu Erwartungswerten

$$\langle\Psi|I_\pm(t)|\Psi\rangle$$

übergehen, wobei $\Psi = \Psi(0)$ eine kohärente Spin-Funktion

$$\Psi(0) = \alpha|\uparrow\rangle + \beta|\downarrow\rangle\ , \quad |\alpha|^2 + |\beta|^2 = 1$$

ist.

18.19 Zerlegen Sie das elektromagnetische Feld in seine Moden $\propto \mathrm{e}^{ikx}$ und zeigen Sie, daß der Wechselwirkungsoperator zwischen einem Spin $\frac{1}{2}$ und einer Mode von der Form

$$H_{\mathrm{ww}} = \hbar g b^+ I_- + \hbar g^* b I_+ \tag{3}$$

ist, wobei g eine Kopplungskonstante ist. Wie lautet diese? In (3) sind nur resonante Glieder berücksichtigt („rotating wave approximation"). Diskutieren Sie diese Näherung.

Hinweis: Gehen Sie von der Wechselwirkungsenergie eines Spins $\frac{1}{2}$ mit einem Magnetfeld aus, drücken dieses durch das Vektorpotential aus, das gemäß (16.40) in seine Moden zerlegt wird.

18.20 Der Hamiltonoperator für einen Spin $\frac{1}{2}$ in einem konstanten Magnetfeld, der mit einer Mode des elektromagnetischen Feldes in Wechselwirkung steht, lautet

$$\hbar\Omega I_z + \hbar\omega b^+ b + \hbar g(b^+ I_- + b I_+) \, .$$

Wie lautet die Heisenberg-Gleichung für b^+? Fügen Sie dieser ein Dämpfungsglied $-\kappa b^+$ hinzu und lösen Sie diese für einen präzedierenden Spin, indem Sie zu Erwartungswerten für einen präzedierenden Spin mit einer kohärenten Spinfunktion übergehen. Was folgt hieraus für die Operatorgleichungen von Abschn. 18.5.2?

19. Elektronenspin-Resonanz

Die Verwendung des Elektronenspins in der Resonanz-Spektroskopie ermöglicht wichtige Einblicke in Struktur und Dynamik von paramagnetischen Molekülen (Abschn. 19.1 bis 19.4). Dies gilt besonders auch für Moleküle in Triplettzuständen, also mit einer Gesamtspin-Quantenzahl $S = 1$ (Abschn. 19.5). Besonders interessant sind auch wegen ihrer großen Nachweis- und Auflösungs-Empfindlichkeit verschiedene Verfahren der Mehrfach-Resonanz (Abschn. 19.6 bis 19.8), die teilweise an molekülphysikalischen Problemen entwickelt wurden und auch für andere Gebiete der Physik, zum Beispiel die Festkörperphysik, wichtig geworden sind.

19.1 Grundlagen

Die Elektronenspin-Resonanz-Spektroskopie (ESR) ist in der Molekülphysik zwar weniger wichtig als die Kernspin-Resonanz, weil Moleküle im allgemeinen diamagnetisch sind und somit keinen Anlaß zur Elektronenspin-Resonanz geben. Es gibt dagegen nur wenige Moleküle, die nicht wenigstens einen Kern mit von Null verschiedenem Spin enthalten und somit der Untersuchung mit der Kernspin-Resonanz zugänglich sind. Die ESR-Spektroskopie ist in der Molekülphysik andererseits auf die relativ wenigen Moleküle beschränkt, die ein ungepaartes Elektron enthalten und damit paramagnetisch sind. Dort ist sie allerdings eine wichtige Untersuchungsmethode, mit der man viel über Struktur, Bindungsverhältnisse und Dynamik von Molekülen lernen kann.

Welche Moleküle sind paramagnetisch? Die wichtigsten Gruppen sind

- Moleküle mit paramagnetischen Atomen als Bausteinen, insbesondere dann, wenn wie etwa bei den Seltenen Erden oder wie bei den Übergangs-Elementen der Paramagnetismus durch innere Elektronen zustande kommt, zum Beispiel die Ionen Fe^{3+} oder $[Fe(CN_6)]^{3-}$. Die äußeren Valenzelektronen können trotzdem paarweise abgesättigt, also diagmagnetisch sein.
- Moleküle mit einem ungepaarten äußeren Elektron, sogenannte Radikale. Es gibt stabile Radikale, z. B. das als Standard zur Magnetfeld-Eichung mit gut bekanntem und genau meßbarem g-Faktor (siehe unten) oft verwendete DPPH (Diphenyl-Picryl-Hydrazyl). Es gibt aber auch Radikale, die durch Lösungsmittel-Einfluß, durch chemische Reaktionen oder durch Bestrahlung aus einem diamagnetischen Molekül entstehen und durch Rekombination mit dem abgespaltenen Bruchstück wieder verschwinden können.
- Moleküle im Triplett-Zustand, sei es – wie bei O_2, NO, NO_2 – der Grundzustand, sei es, wie bei Naphthalin, ein metastabiler Triplett-Anregungszustand, vgl. dazu auch Abschn. 13.4. Bei Lebensdauern von ca. 10^{-6} s oder länger lassen sich auch diese Anregungszustände mit stationärer ESR untersuchen.

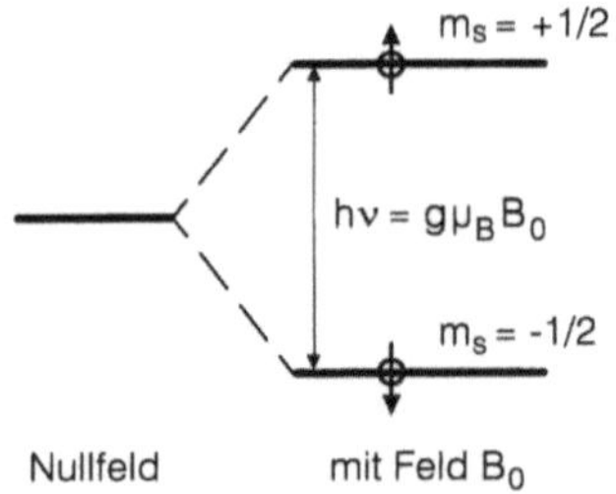

Schema 19.1. Energiezustände eines Elektrons im Magnetfeld $\boldsymbol{B}_0$. Das magnetische Moment des Elektrons ist negativ, sein Vektor dem Spin (*Pfeil*) entgegengerichtet. Im Zustand $m_s = -1/2$ ist das magnetische Moment parallel zu $\boldsymbol{B}_0$ ausgerichtet, dies ist der tiefere Zustand.

Für die Kernspin-Resonanz, Abschn. 18.1, gilt das gleiche Schema, wenn man m_s durch m_t ersetzt. Jedoch ist beim Proton das magnetische Moment positiv, deshalb liegt der Zustand $m_I = +1/2$ energetisch tiefer als $m_I = -1/2$. Man muß also die Richtungen der beiden Pfeile umkehren

Die Grundlagen der ESR-Spektroskopie und ihrer experimentellen Realisierung wurden bereits in I, Kap. 13 besprochen. Ein Elektron mit dem magnetischen Moment $\mu_s = \sqrt{s(s+1)}\mu_B g_s$ (s = Spinquantenzahl, also 1/2, μ_B = Bohrsches Magneton, $g_s = g$-Faktor = 2,0023 für das freie Elektron) hat in einem Magnetfeld $\boldsymbol{B}_0$ zwei mögliche Orientierungen $m_s = \pm 1/2$ mit dem Energieunterschied $\Delta E = g_s \mu_B \boldsymbol{B}_0$, wenn mit m_s die magnetische Spinquantenzahl bezeichnet wird, vgl. Schema 19.1. Die Gleichung

$$h\nu = \Delta E = g_s \mu_B \boldsymbol{B}_0 \tag{19.1}$$

ist die Grundgleichung der ESR. Strahlt man nämlich senkrecht zur Richtung von $\boldsymbol{B}_0$ elektromagnetische Strahlung mit dieser Frequenz ν ein, so ist für ein freies Elektron die Resonanzbedingung erfüllt, und man kann Übergänge zwischen den beiden Einstellungen des Elektronspins, also ESR beobachten. In Zahlen gilt

$$\nu = 2{,}8026 \cdot 10^{10}\, \boldsymbol{B}_0 \, \frac{\text{Hz}}{\text{T}} \tag{19.2}$$

für die Frequenz der erlaubten magnetischen Dipolübergänge mit $\Delta m_s = \pm 1$. Man wählt für $\boldsymbol{B}_0$ häufig Felder in der Größenordnung 0,1 bis 1 T und kommt so mit der Frequenz in den Bereich der Mikrowellen, d. h. zu Frequenzen im Bereich von GHz.

Die Intensität der Signale in ESR-Spektren ist, wenn man Sättigungseffekte vermeidet (das heißt bei nicht zu langen Relaxationszeiten T_1 und nicht zu hoher Mikrowellenleistung) proportional zur Anzahl der in der Meßprobe vorhandenen ungepaarten Spins. Dabei trägt zum Signal wie bei der Kern-Resonanz nur der temperaturabhängige Besetzungsunterschied zwischen den Einstellungen parallel und antiparallel zum Feld B_0 bei. Die Nachweisbarkeits-Grenze ist der Linienbreite umgekehrt proportional und liegt bei Verwendung konventioneller ESR-Spektrometer bei 10^{10} Spins, wenn man eine Linienbreite von 1 G = 10^4 T annimmt.

Die Spin-Gitter-Relaxation wird wie bei den Kernen durch zeitlich variable magnetische Störfelder mit einer Korrelationszeit von der Größenordnung der Larmorfrequenz bestimmt. Solche Störfelder können durch die Bewegung benachbarter magnetischer Momente in der Lösung oder im Festkörper hervorgerufen werden. $T_1 \simeq 10^{-7}$ s bei Zimmertemperatur ist ein typischer Wert für Moleküle in Lösung, bei abnehmender Temperatur wird T_1 länger. Für T_2 beobachtet man ähnliche oder kürzere Zeiten.

19.2 Der g-Faktor

Die einfachste Meßgröße, die die ESR liefert, ist der g-Faktor des paramagnetischen Elektrons nach Gl. (19.1). Dies ist bei einem Molekül zwar meistens eine anisotrope Größe. Durch Bewegung in Lösung oder durch Einbau in ungeordnete Matrix wird die Anisotropie jedoch verdeckt. Erstaunlicherweise haben fast alle Radikale, ebenso wie die Triplett-Zustände organischer Moleküle und sogar die paramagnetischen Elektronenzustände in manchen Ionenkristallen g-Faktoren, die sich nur wenig, nämlich um nicht mehr als einige Promille, von dem des freien Elektrons unterscheiden. Daraus kann man schließen, daß sich diese Elektronen weitgehend wie Elektronen ohne Bahndrehimpuls, also mit $\boldsymbol{l} = 0$, verhalten. Dies kann daher rühren, daß es sich um s-Elektronen handelt, oder aber daß sie sich auf Orbitalen aufhalten, die dem ganzen Molekül angehören und sich nichtlokalisierten Orbitalen am Ort eines Atoms im Molekül zuordnen lassen, die ebenfalls keinen Bahndrehimpuls besitzen.

In Molekülen, die Atome mit paramagnetischen Elektronen auf inneren Schalen enthalten, ebenso auch in Ionenkristallen, gibt es jedoch auch g-Faktoren, die sich aus Spin- und Bahndrehimpuls-Quantenzahlen ergeben und sehr viel größer als 2 sein können. Hier gehört das paramagnetische Elektron tatsächlich noch als lokalisiertes Elektron zu einem Atom, und man muß die Kopplung zwischen Spin und Bahnmoment berücksichtigen. Wie sich Spin- und Bahnmoment zu einem Gesamtmoment zusammensetzen, und wie der entsprechende g_J-Faktor definiert ist, haben wir bereits in I, Abschn. 12.7 und 12.8 sowie 13.3.5 erläutert. Es gibt jedoch auch bei solchen Molekülen Elektronenzustände mit $g = 2$, das heißt mit praktisch reinem Spin-Magnetismus. Das kann daran liegen, daß das Atom oder Ion eine Elektronenkonfiguration mit $L = 0$ hat, wie z. B. Fe^{3+} mit 5 ungepaarten d-Elektronen und $S = 5/2$, $L = 0$, also der Konfiguration $^6S_{5/2}$. Oder aber es erfolgt eine Aufhebung der Russell-Saunders-Kopplung durch das starke innere elektrische Feld der Bindung im Molekül oder Kristall, und die Quantenzahl L ist nicht mehr definiert.

Übrigens enthält der g-Faktor, wie er hier durch Gl. (19.1) definiert wird, auch die „chemische Verschiebung" durch lokale Ströme, die durch das angelegte Feld am Ort des magnetischen Momentes induziert werden.

19.3 Hyperfeinstruktur

Weiterhin mißt man in der ESR die Wechselwirkung zwischen dem mit dem Spin verbundenen magnetischen Moment des paramagnetischen Elektrons und den Spins bzw. Momenten von Kernen mit nicht verschwindendem Spin $\boldsymbol{I}$. Die Energieterme und die Resonanzlinie des Elektrons werden durch *Hyperfein-Wechselwirkung* mit dem Spin I eines Atomkerns in ein Multiplett von $2I + 1$ Hyperfeintermen oder eine dementsprechende Anzahl von Linien aufgespalten. Die Hyperfeinwechselwirkung ist der wichtigste Beitrag der Elektronenspin-Resonanz zur Molekülphysik. Man kann sie in folgender Weise verstehen. Der Spin bzw. das magnetische Moment des Kerns erzeugt ein Magnetfeld, das zu dem angelegten Feld $\boldsymbol{B}_0$ je nach Orientierung zu addieren oder von ihm zu subtrahieren ist. Ein dipolarer Anteil der Wechselwirkung wird, wenn die Moleküle sich in Lösung befinden oder sonst in allen Richtungen beweglich sind, durch die Bewegung der Moleküle ausgemittelt. Es bleibt aber die skalare oder Kontakt-Wechselwirkung erhalten. Diese magnetische Wechselwirkung mit kugelsymmetrisch um den Kern verteilten s-Elektronen läßt sich nicht als Dipol-Dipol-Wechselwirkung beschreiben. Sie ist isotrop und wird durch Bewegung nicht ausgemittelt. Das Feld am Ort des Elektrons lautet dann

$$\boldsymbol{B}_{\mathrm{loc}} = \boldsymbol{B}_0 + a m_I \,, \tag{19.3}$$

wenn m_I die magnetische Spinquantenzahl des Kerns, also $m_I = I, I-1 \ldots -I$, und a die hier in der Einheit des Magnetfeldes gemessene Hyperfein-Kopplungskonstante für die spezielle Konfiguration Kern/Elektron ist.

Dies ist in Abb. 19.1 für ein Proton mit $I = 1/2$ und $m_I = 1/2$ gezeigt. Resonanz tritt jetzt bei zwei Feldern auf, und die Resonanzbedingung lautet

$$h\nu = g\mu_{\mathrm{B}} \left(B_0 \pm \frac{a}{2} \right) \,. \tag{19.4}$$

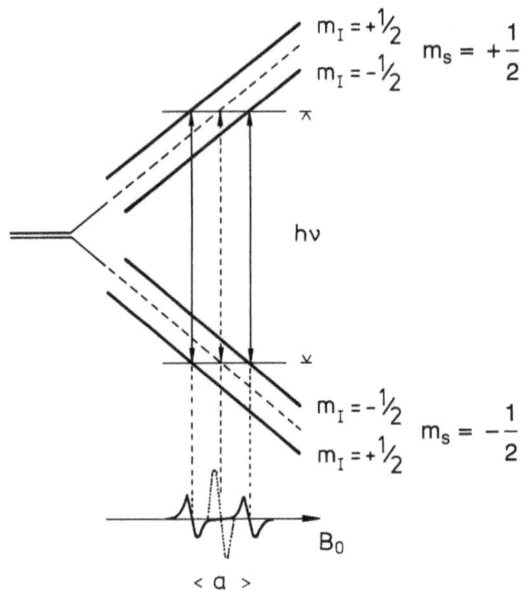

Abb. 19.1. Die Hyperfein-Wechselwirkung zwischen einem Elektron und einem Kern mit dem Spin $I = 1/2$ ergibt vier Niveaus mit zwei ESR-Linien gleicher Intensität. Die Hyperfeinaufspaltung wird mit a bezeichnet. Die zweifache Entartung der magnetischen Zustände eines Elektrons ohne Magnetfeld wird im Feld B_0 in zwei Zustände $m_s = \pm 1/2$ aufgespalten. Es gibt eine ESR-Linie (*unterbrochene Linien*). Ein Proton hat dazu zwei mögliche Einstellungen $m_I = +1/2$, das führt zu einer Verschiebung der Terme nach (19.3) und zu zwei ESR-Linien mit der halben Intensität im Abstand a

Wegen der Auswahlregel $\Delta m_s = \pm 1$, $\Delta m_I = 0$ spaltet ein Proton die ESR-Linie eines Elektrons also in zwei Linien auf, wie wir es bereits für das H-Atom in I, Kap. 20, behandelt haben. Die Energieaufspaltung beträgt

$$\Delta E_{\text{Hfs}} = a\,, \qquad (19.5)$$

wenn wir die Hyperfein-Kopplung als Energie ebenfalls mit a bezeichnen. Die Umrechnung erfolgt nach (19.1) (1 Gauss $\widehat{=}$ 2,8 MHz). Jeder Term des Elektrons verschiebt sich um den Betrag

$$\Delta E_{\text{Hfs}} = a m_I\,. \qquad (19.6)$$

Bei der Wechselwirkung des paramagnetischen Molekül-Elektrons mit einem Kern mit Spin I beträgt die Anzahl der Hyperfeinstruktur-Niveaus $2I + 1$ mit gleichem statistischem Gewicht, da ein solcher Kern $2I + 1$ mögliche Einstellungen relativ zum magnetischen Moment des Elektrons bzw. zum angelegten Feld hat. Die typische Größenordnung für diese Hyperfein-Wechselwirkung ist 10^{-3}–10^{-4} T, wenn wir sie als Magnetfeld messen. Abbildung 19.2a zeigt dies für einen Kern mit $I = 3/2$.

Wenn der paramagnetische Elektronenzustand mit mehreren äquivalenten Kernen in Wechselwirkung steht, dann muß man zur Erklärung der zu beobachtenden Hyperfeinstruktur die Anzahl und die Häufigkeit der Spineinstellungen dieser Kerne berücksichtigen. Bei N äquivalenten Protonen erhält man $N + 1$ Hyperfeinstruktur-Linien. Ihre Intensitätsverteilung erhält man wieder, wie schon bei der früher behandelten Kern-Kern-Kopplung, aus dem Pascalschen Dreieck, siehe Abb. 18.12. Unter Äquivalenz versteht man hier, daß ihre magnetische Wechselwirkung mit dem Elektron gleich groß ist. Dies wird anhand des ESR-Spektrums des Methyl-Radikals CH_3^- erläutert, Abb. 19.2b. Das Spektrum besteht aus 4 äquidistanten Linien mit dem Intensitätsverhältnis 1:3:3:1. Dieses ergibt sich, wie in Abb. 19.2b gezeigt, aus dem statistischen Gewicht mit der die m_s-Werte von $+3/2$ bis $-3/2$ für die 3 äquivalenten Protonen möglich sind.

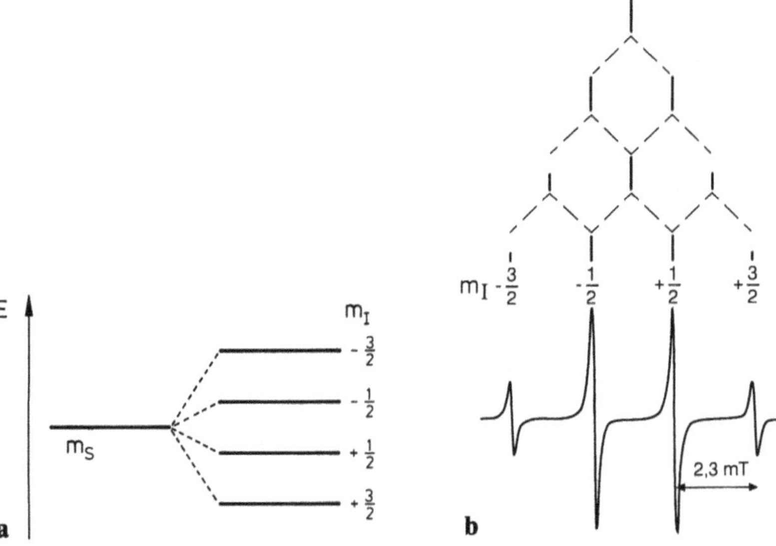

Abb. 19.2. (**a**) Hyperfein-Aufspaltung des Terms m_s eines Elektrons durch einen Kern mit $I = 3/2$ in 4 Komponenten, mit $m_I = 3/2, 1/2, -1/2, -3/2$. (**b**) Die Hyperfeinstruktur durch 3 äquivalente Kerne mit $I = 1/2$ ergibt 4 Linien mit dem angegebenen Intensitätsverhältnis. Der Zahlenwert gilt für das Methyl-Radikal CH_3^-

Als weiteres Beispiel zeigt Abb. 19.3 das ESR-Spektrum eines Benzol-Radikal-Anions $(C_6H_6)^-$, wie man es durch Elektronenübertragung von Alkaliatomen auf neutrales Benzol in Lösung leicht erzeugen kann. Das ungepaarte Elektron ist, wie man aus dem hier besprochenen Hyperfein-Aufspaltungsbild der ESR ableiten kann, gleichmäßig über den Benzol-Ring verteilt. Seine Hyperfein-Wechselwirkung mit den 6 Protonen führt zu 7 Linien mit dem Intensitätsverhältnis 1:6:15:20:15:6:1 (Abb. 19.4). Daraus folgt, daß alle 6 Protonen äquivalent sind. Übrigens kann man auch Benzol-Radikal-Kationen $(C_6H_6)^+$ elektrolytisch oder durch Elektronen-Entzug mit konzentrierter Schwefelsäure erzeugen. Das ESR-Spektrum des Kations ist dem des Radikal-Anions sehr ähnlich. Ein überschüssiges Elektron ist im Benzol-Ring also ähnlich verteilt wie ein fehlendes.

Beim Naphthalin-Radikal-Anion (Abb. 19.5) ist die Spin-Verteilung des freien Elektrons über die C-Atome und damit die Hyperfein-Wechselwirkungsenergie mit den 8 Protonen nicht mehr gleichmäßig. Wären alle 8 Protonen äquivalent, dann würde man ein ESR-Spektrum mit $2I + 1 = 9$ Linien mit einem aus dem Pascal-Dreieck ablesbaren Intensitätsverhältnis 1:8:28:56:70:56:28:16:1 beobachten. Das tatsächlich beobachtete Spektrum ist folgendermaßen zu verstehen: Die C-Atome in α-Stellung, d. h. in den

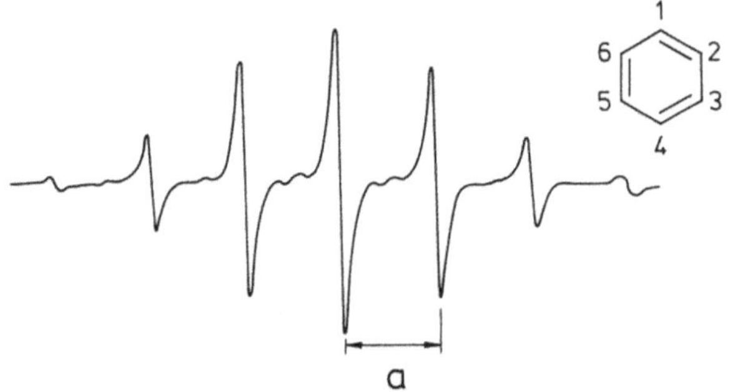

Abb. 19.3. ESR-Spektrum des Benzol-Radikal-Anions $C_6H_6^-$ in Lösung. Aufgetragen ist die ESR-Absorption, aus Meßgründen deren Ableitung, als Funktion des Magnetfeldes B. Man beobachtet 7 Hyperfein-Linien mit der Aufspaltung $a = 0{,}375\,\mathrm{mT}$

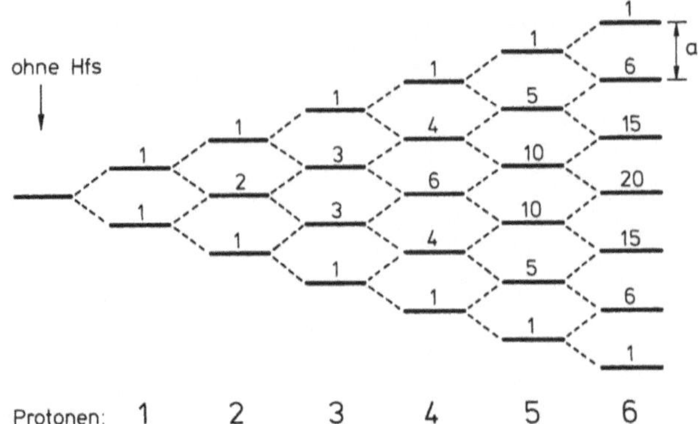

Abb. 19.4. Pascal-Dreieck – zur Erklärung der Anzahl und relativen Häufigkeit der Hyperfein-Komponenten bei der Wechselwirkung von einem Elektron mit 6 äquivalenten Protonen, das heißt im Benzol-Radikal. Die Wechselwirkung mit N äquivalenten Protonen führt zu $N + 1$ äquivalenten Linien mit den angegebenen Intensitätsverhältnissen. Siehe dazu auch Abb. 18.12

Positionen 1, 4, 5, 8 sind in sich äquivalent, die β-C-Atome 2, 3, 6, 7 ebenfalls, aber die Aufenthaltswahrscheinlichkeit des Elektrons an den α-Positionen ist größer als die an den β-Positionen. Die Protonen an den 4 äquivalenten α-C-Atomen führen deshalb zu einer Aufspaltung in 5 Linien mit dem Intensitätsverhältnis 1:4:6:4:1. Jede dieser Linien wird durch die (kleinere) Hyperfein-Wechselwirkung mit den unter sich äquivalenten β-Protonen wieder in 5 Linien aufgespalten. Das Resultat zeigt Abb. 19.5. Die Kopplungskonstanten a_α und a_β sind ein Maß für die Aufenthaltswahrscheinlichkeit des ungepaarten Elektrons an diesen Positionen.

Diese Beispiele zeigen bereits, daß es mit Hilfe der ESR-Hyperfeinstruktur möglich ist, die Verteilung der Elektronendichte oder genauer gesagt der Spindichte auf einem Molekül auszumessen und damit Molekülorbitale näher zu charakterisieren.

Noch mehr Information erhält man aus einer quantitativen Auswertung der Größe der Hyperfein-Aufspaltung. Die Hyperfein-Wechselwirkung zwischen Elektron und Kern hat im allgemeinen Fall, wie bereits erwähnt, einen anisotropen und einen isotropen An-

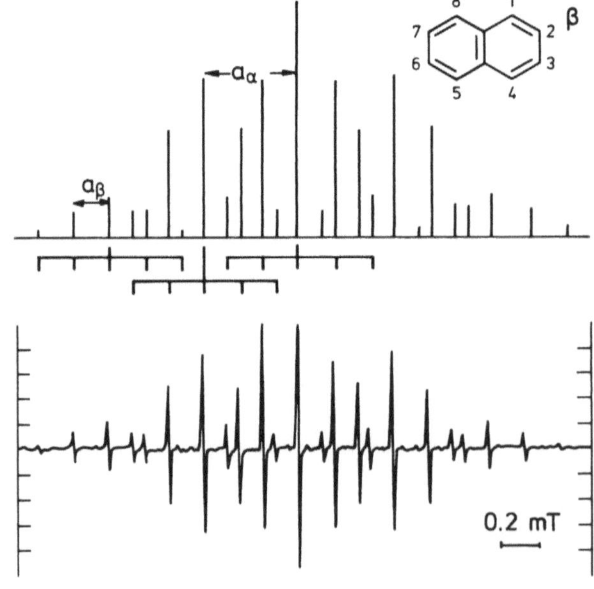

Abb. 19.5. ESR-Spektrum des Naphthalin-Radikal-Anions in Lösung, wie in Abb. 19.3. Hier gibt es zwei Gruppen von Protonen mit unterschiedlicher Hyperfeinkonstante, da die Aufenthaltswahrscheinlichkeit des ungepaarten Elektrons in den α-Positionen (1, 4, 5, 8) größer ist als in den β-Positionen (2, 3, 6, 7). Die Meßwerte für die Hyperfein-Aufspaltung betragen $a_\alpha = 0{,}495\,\mathrm{mT}$, $a_\beta = 0{,}186\,\mathrm{mT}$. Nach (19.8) kann man daraus die Spindichte des ungepaarten Elektrons ausrechnen. Sie beträgt in den α-Positionen 0,22, in den β-Positionen 0,08

teil. Der *anisotrope* Teil kann als magnetische *Dipol-Dipol-Wechselwirkung* zwischen dem magnetischen Moment des Kerns und dem des Elektrons verstanden werden und hat die für Dipol-Wechselwirkung bekannte Winkelabhängigkeit [vgl. Gl. (18.13)]. Er gilt zum Beispiel für Elektronen in p-Orbitalen. In diesen hat das Elektron einen endlichen Abstand vom Kern. Es sieht deshalb vom Kern ein Magnetfeld, das dem eines quasi-punktförmigen Dipols gleicht. Betrag und Vorzeichen hängen von der Orientierung des Moleküls zum angelegten Feld ab. Wenn Moleküle in Lösung sich schnell bewegen können, wird diese Wechselwirkung im Zeitmittel zu Null gemittelt und wird nicht gemessen. Deshalb sind die ESR-Linien paramagnetischer Moleküle bei Messung in flüssiger Lösung meistens viel schärfer als bei Messung im Festkörper. Wenn es nur diese anisotrope Hyperfein-Wechselwirkung geben würde, würde man in flüssiger Lösung keine Hyperfeinstruktur messen können.

In der Molekülphysik wichtiger ist der zweite, isotrope Teil der Hyperfein-Wechselwirkung. Die bereits in I, Abschn. 20.3 eingeführte *isotrope* oder *Fermi-Kontakt-Wechselwirkung* ist die magnetische Wechselwirkung zwischen den magnetischen Momenten von Elektronen am Kernort und dem Kernmoment. Sie ist von der Orientierung des Radikals oder Moleküls unabhängig und tritt deshalb auch bei Molekülen auf, die sich – wie das in Lösung der Fall ist – schnell und ungeordnet bewegen. Sie ist nur für Elektronen in solchen Orbitalen von Null verschieden, die nicht am Kernort einen Knoten der Aufenthaltswahrscheinlichkeit haben, also in erster Linie für s-Elektronen, die ja kugelsymmetrisch um den Kern verteilt sind. Diese Wechselwirkungsenergie zwischen einem Proton und einem Elektron hat die Größe (siehe Gl. (20.11) in I)

$$E = \frac{2\mu_0}{3} g_I \mu_K g_e \mu_B |\psi(0)|^2 = a \,, \tag{19.7}$$

wobei $|\psi(0)|^2$ die Elektronendichte am Kernort und a die meßbare Hyperfeinaufspaltungsenergie ist.

Für den Grundzustand des H-Atoms ergibt sich ein Meßwert von 50 mT für die Hyperfeinaufspaltung, wenn wir a wieder in der Einheit des Magnetfeldes messen. Das heißt, ein s-Elektron des H-Atoms erfährt vom Proton ein Feld von 50 mT. Dies ist übrigens der größte bekannte Hyperfeinaufspaltungs-Wert für Protonen. Wir wählen die Aufenthaltswahrscheinlichkeit oder Elektronendichte am Kernort für das 1s-Elektron im Wasserstoff-Atom zur Normierung als 1 und können damit nach der allgemeinen Beziehung

$$a = \varrho R \,, \quad R = 50\,\mathrm{mT} \tag{19.8}$$

aus gemessenen Hyperfein-Aufspaltungen a von Protonen Elektronendichten ϱ an Kernorten im Molekül bestimmen. Streng genommen ist ϱ keine Elektronen- oder Spindichte, sondern eine Aufenthaltswahrscheinlichkeit des Elektrons, also dimensionslos.

Dies wollen wir am CH_3-Radikal CH_3^-, vgl. Abb. 19.2b, erläutern. Das ESR-Spektrum dieses Radikals besteht aus 4 Linien mit dem Intensitätsverhältnis 1:3:3:1 und dem Abstand 2,3 mT. Wir schließen daraus, daß das Radikal-Elektron Hyperfein-Wechselwirkung mit 3 äquivalenten Protonen hat. Die Spindichte an jedem der Protonen beträgt gemäß (19.8)

$$\varrho = \frac{2{,}3}{50} = 0{,}046 \,, \qquad \text{das heißt etwa } 5\% .$$

Das Elektron hält sich also zu etwa 5% an jedem der Protonen als $1s$-Elektron auf, zu 85% im Bereich des zugehörigen C-Atoms.

Die gemessene Kopplungskonstante a ist nach (19.8) der Spindichte und damit der Elektronendichte am Ort des betrachteten Kerns proportional. Je größer die Aufenthaltswahrscheinlichkeit des Elektrons am Ort eines Kerns, das heißt die Elektronendichte, ist, um so größer ist die mit a gemessene Aufspaltung. Aus der Messung an Benzol entnimmt man zum Beispiel mit der Annahme einer gleichmäßigen Verteilung des ungepaarten Elektrons über den Ring mit seinen sechs C-Atomen, daß $1/6$ Elektron zu einer Kopplungskonstante $-0{,}375\,\mathrm{mT}$ führt. Ein ganzes Elektron als π-Elektron in der Nähe eines C-Atoms führt dann beim daran gebundenen Proton zu $a = 6(-0{,}375)\,\mathrm{mT} = -2{,}25\,\mathrm{mT}$. Nach (19.8) bedeutet dies, daß seine Aufenthaltswahrscheinlichkeit an allen 6 Protonen 5% beträgt, die restlichen 95% befinden sich gleichmäßig an den C-Atomen. Für solche CH-Bindungen gilt die *McConnell-Beziehung*. Diese besagt, daß die isotrope Hyperfeinstruktur-Kopplungskonstante a_i des Protons in einer CH-Bindung und die zugehörige Spindichte ϱ_i des ungepaarten π-Elektrons an den jeweils benachbarten Kohlenstoff-Atomen einander proportional sind und daß gilt

$$a_i = Q\varrho_i\,, \quad Q = -2{,}25\,\mathrm{mT} \tag{19.9}$$

$$\varrho_i = \text{Spindichte, normiert auf 1 für ein ganzes Elektron, d.h.}$$

$$\sum \varrho_i = 1\,, \quad \text{wenn über alle } i \text{ beteiligten Kerne summiert wird.}$$

Mit Hilfe dieser wichtigen Beziehung kann man aus gemessenen Hyperfein-Aufspaltungen von Protonen die Elektronendichte am Ort der verschiedenen C-Atome in einem Molekül berechnen, wenn man Spindichte und Elektronendichte gleichsetzt. Die C-Atome treten selber im Resonanzspektrum als Hyperfeinstruktur nicht in Erscheinung, wenn es sich um das bei weitem häufigste Kohlenstoff-Isotop ^{12}C handelt. Dieses hat die Spinquantenzahl $I = 0$. Das mit der natürlichen Häufigkeit 1% vorhandene stabile Isotop ^{13}C mit $I = 1/2$ gibt jedoch selbst Anlaß zu entsprechender Linien-Aufspaltung. Seine Hyperfein-Wechselwirkung mit dem paramagnetischen Elektron des Radikals ist in Abb. 19.3 und 19.5 wegen der geringen natürlichen Häufigkeit von ^{13}C nicht zu sehen.

Hier muß allerdings noch auf einen weiteren wichtigen Wechselwirkungs-Mechanismus hingewiesen werden, der die in den vorhergehenden Abschnitten behandelte Hyperfein-Aufspaltung in den C–H-Bindungen erst möglich macht. Bei den nicht gepaarten Elektronen, wie wir sie im CH_3-Radikal und im Benzol-Radikal betrachtet haben, handelt es sich ja um Elektronen aus p-Orbitalen des C-Atoms, vergleiche dazu Abb. 19.6. Elektronen in p-Orbitalen sollten aber keine isotrope Hyperfein-Wechselwirkung mit den C-Atomen oder den in einer Ebene senkrecht zum p-Orbital liegenden H-Atomen haben, da ihre Spindichte am Kernort verschwindet. Die in

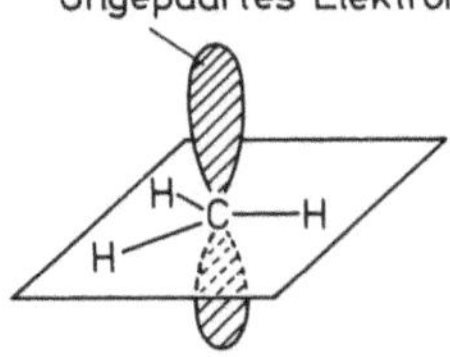

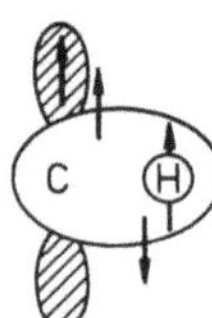

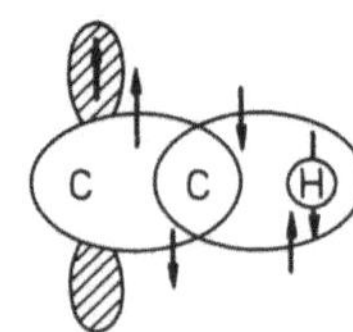

Abb. 19.6. Indirekte Kopplung zwischen dem Spin eines ungepaarten Elektrons und einem Kernspin in der Nachbarschaft am Beispiel des CH_3-Radikals. Das ungepaarte Elektron im p_z-Orbital polarisiert den Spin eines der beiden σ-Elektronen der CH-Bindung und damit auch das andere, da deren Spins antiparallel zueinander sind. Dies führt zu einer Kopplung mit dem Protonen-Spin. In der *Mitte* ist der Fall der „positiven", *rechts* derjenige der „negativen" Kopplung über zwei C-Atome dargestellt. Bei negativer Kopplung spricht man auch von negativer Spindichte

Abb. 19.3 und 19.5 gezeigte Hyperfeinstruktur aromatischer Radikale kommt jedoch trotzdem, und zwar indirekt durch *Spin-Polarisation* zustande.

Diese wollen wir nach Abb. 19.6 am Beispiel des Methyl-Radikals erläutern. Das ungepaarte Elektron befindet sich in einem p_z-Orbital des C-Atoms und hat deshalb am Ort des H-Atoms die Spindichte 0. Man erwartet in diesem Falle keine Hyperfeinstruktur. Da man jedoch eine solche beobachtet, muß es eine indirekte Kopplung zwischen den Spins von Elektron und Protonen geben. Eine solche haben wir bereits in Abschn. 18.2.3 und 18.2.4 kennengelernt. Das ungepaarte Elektron im p_z-Orbital hat die Tendenz, den Spin des einen der beiden σ-Elektronen des C-Atoms in der C–H-Bindung vorzugsweise parallel zu seiner eigenen Einstellung zu stellen – das folgt aus der Hundschen Regel. Das bedeutet für das jeweils zweite σ-Elektron in den drei C–H-Bindungen entgegengesetzte Spin-Einstellung, nach dem Pauli-Prinzip. Die Kernspins der Protonen werden nun ihrerseits bevorzugt antiparallel zu den ihnen benachbarten Elektronenspins eingestellt, und damit letzten Endes parallel zu dem ungepaarten Spin im p_z-Orbital. Diese indirekte Wechselwirkung kann also dadurch beschrieben werden, daß man annimmt, daß das Elektron mit einer gewissen Wahrscheinlichkeit Kontakt-Wechselwirkung mit dem H-Atom erfährt. Dies bezeichnet man mit dem Begriff einer Spindichte des ungepaarten Elektrons am Ort des Kohlenstoffs oder des Protons nach (19.9). Man muß also zwischen Elektronendichte und Spindichte unterscheiden. Die entsprechende Hyperfein-Wechselwirkung wird so also beobachtbar.

Auch hier gilt wieder wie schon bei der Kernspin-Kernspin-Wechselwirkung in Kap. 18, daß die zur gegenseitigen Ausrichtung der Spins führenden Wechselwirkungsenergien klein sind gegen die Quantenenergien der Elektronenspin-Resonanz. Wenn wir also sagen, die Spins „haben die Tendenz, sich parallel oder antiparallel zu stellen“ (was man auch Spinpolarisierung nennt), dann heißt das, daß beide Einstellungen realisiert sind, aber mit einer (kleinen) Energiedifferenz.

Mit diesen Beispielen soll aufgezeigt werden, wie die Elektronenspin-Resonanz zur Aufklärung der Elektronenverteilung auf einem Molekül und damit zum besseren Verständnis von Molekülstruktur und chemischer Bindung beitragen kann. Die Größe ϱ in Gl. (19.8) und (19.9) ist wie erwähnt strenggenommen eine Spin- und keine Elektronendichte. Durch den indirekten Mechanismus der Wechselwirkung wird übrigens auch verständlich, daß die Spindichte auch negative Werte annehmen kann. Wenn nämlich, wie in Abb. 19.6 rechts gezeigt, die Kopplung über ein weiteres C-Atom läuft, führt die abermalige Anwendung der Hundschen Regel zu einer antiparallelen Einstellung zwischen Spin des Protons und Spin des ungepaarten Elektrons. Offensichtlich ist dieser Spin-Polarisations-Mechanismus demjenigen sehr verwandt, den wir früher in Abschn. 18.2.3 für die indirekte Kernspin-Kopplung kennengelernt haben.

Jedenfalls eröffnet die Beobachtung der Hyperfeinstruktur in ESR-Spektren von Molekülen einen Weg zur experimentellen Bestimmung der Verteilung von Elektronen in Molekülen, und damit zur Ausmessung der räumlichen Erstreckung von Molekülorbitalen.

19.4 Feinstruktur

Als Feinstruktur bezeichnet man in der ESR-Spektroskopie eine magnetische Wechselwirkung zwischen den Spins und Momenten verschiedener Elektronen. Es gibt sie also nur in Molekülen oder Molekülzuständen mit mehr als einem ungepaarten Elektronenspin.

Der paramagnetische Zustand des Moleküls kann – wie bisher angenommen – auf der Existenz eines Elektrons mit ungepaarten Spin $s = 1/2$ im Molekül beruhen. Dies ist ein Dublett-Zustand, da das Elektron zwei Einstellungsmöglichkeiten im Felde $\boldsymbol{B}_0$ hat. Es gibt, wie bereits erwähnt, aber auch molekulare Zustände, bei denen zwei Elektronen parallele Spins haben. Solche *Triplett-Zustände* mit der Spinquantenzahl $s = 1$ treten zum Beispiel als metastabile Anregungszustände organischer Moleküle auf, vgl. dazu Abb. 15.1.

Für die ESR kann dieser Triplett-Zustand wie ein Teilchen mit Spin $S = 1$, d. h. $|\boldsymbol{S}| = \sqrt{S(S+1)}\hbar$ mit $S = 1$, behandelt werden. Im äußeren Feld $\boldsymbol{B}_0$ spaltet ein solcher Zustand in 3 Zustände mit $m_s = 0$ und ± 1 auf. Die Aufspaltung ist äquidistant, und man würde nur eine Resonanzlinie für Übergänge $\Delta m = \pm 1$ erwarten. Nun kommt aber zur Aufspaltung im Felde $\boldsymbol{B}_0$ noch die Dipol-Dipol-Wechselwirkung der beiden magnetischen Momente der Elektronen hinzu, die den Zustand mit $S = 1$ bilden. Diese führt in einer vereinfachten Darstellung dazu, daß jedes der beiden Elektronen ein zusätzliches Magnetfeld D vom jeweils anderen Elektron spürt, wie in Abb. 19.7 gezeigt. Eine genauere Darstellung folgt in Abschn. 19.5.

Im Zustand $S_z = m_s = +1$, das heißt beide Einzelspins in Feldrichtung, verstärkt dieses zusätzliche Feld das Feld B_0, im Zustand $S_z = m_s = -1$ wird das Feld um den gleichen Betrag geschwächt, vergleiche Abb. 19.7. Dadurch wird die Energie beider Zustände um den gleichen Betrag relativ zu $m_s = 0$ angehoben. Der mittlere Term bleibt ungeändert, weil für $m_s = 0$ das dipolare Zusatzfeld senkrecht zu $\boldsymbol{B}_0$ orientiert ist.

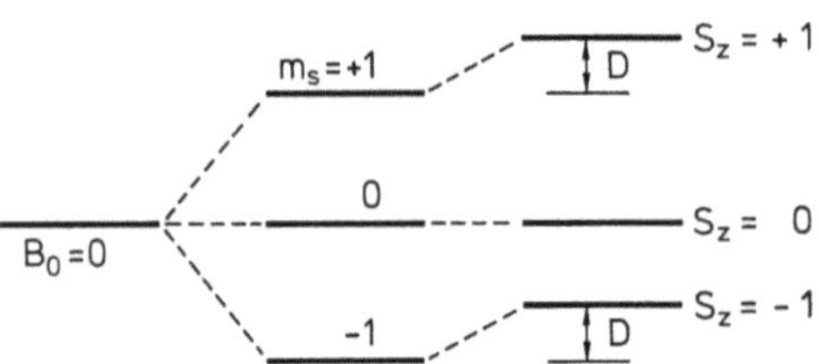

Abb. 19.7. Für einen Zustand mit der Gesamtspin-Quantenzahl $S = 1$, das heißt zwei parallelen Elektronen-Spins, gibt es im Magnetfeld (*Mitte* und *rechts*) 3 Einstell-Möglichkeiten $m_s = +1, 0, -1$. Im angelegten Feld gibt das drei Terme. Die Terme $S_z = m_s = \pm 1$ erfahren eine Verschiebung durch die Dipol-Dipol-Wechselwirkung D, der Term $S_z = 0$ bleibt unverschoben. Mit dem gleichen Buchstaben D wird im allgemeinen auch die Feinstruktur-Energie bezeichnet

Wenn das angelegte Feld B_0 kleiner als das Wechselwirkungsfeld D ist und im Grenzfall gegen 0 geht, bleibt der Energieunterschied zwischen den Zuständen $S_z = \pm 1$ und $S_z = 0$ erhalten, und man erhält ein Termschema wie in Abb. 19.8 im linken Bereich des Diagramms gezeigt. Die Entartung im Zustand $B_0 = 0$ ist durch die Dipol-Dipol-Wechselwirkung aufgehoben. Für den Fall $B_0 \neq 0$ erwartet und beobachtet man im Spektrum 2 Resonanzlinien mit $\Delta m_s = \pm 1$. Ihr Abstand erlaubt die Bestimmung des Wechselwirkungsfeldes D und damit der Wechselwirkungsenergie. Wenn es sich um lokalisierte Elektronen handelt, läßt sich die Wechselwirkungsenergie der beiden Elektronen-Momente im Abstand r als Dipol-Dipol-Wechselwirkung zweier Punkt-Dipole in guter Näherung nach (19.10) ausrechnen. Für das Magnetfeld, das die beiden Elektronen im Abstand r aufeinander ausüben, erhält man in der Hochfeldnäherung und für $\vartheta = 90°$

$$D = \frac{\mu_0}{4\pi}\frac{3}{2}g_e\mu_B\frac{1}{r^3} \quad [\mathrm{V\,s\,m^{-2}}] = [\mathrm{Tesla}]\,. \tag{19.10}$$

Aus einer Messung von D erhält man damit den Abstand r der beiden Elektronen, die den Triplett-Zustand bilden, im Rahmen des Modells der lokalisierten Elektronen, dem sogenannten Punkt-Dipol-Modell.

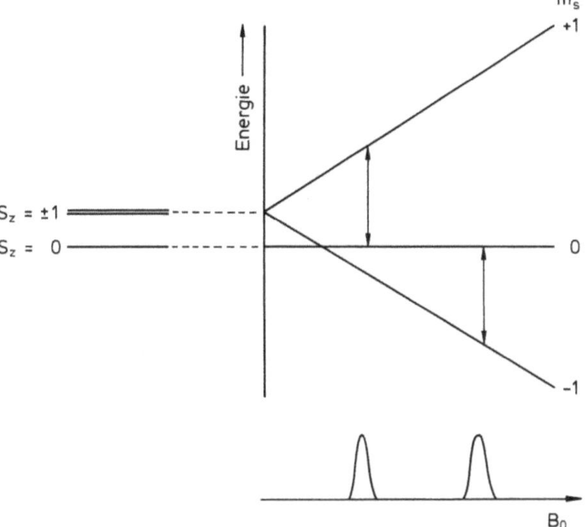

Abb. 19.8. Nullfeld-Aufspaltung eines Triplett-Zustandes (*links*) zwischen $S_z(= m_s) = \pm 1$ und 0 und Aufspaltung sowie erlaubte Übergänge im angelegten Feld B_0. Man beobachtet im Feld $B_0 \neq 0$ zwei ESR-Übergänge. Ohne Magnetfeld B_0 ist eine Vorzugsrichtung z nicht definiert. Statt S_z und m_s benutzt man zur Charakterisierung der Zustände deshalb besser die Symbole X, Y, Z wie in Abb. 19.10

Die Feinstruktur führt also dazu, daß es bereits ohne äußeres Feld eine Aufspaltung des Triplett-Elektronenzustandes gibt, die sogenannte *Nullfeld-Aufspaltung* mit drei erlaubten Übergängen. Im Hochfeld erhält man, wie in Abb. 19.8 gezeigt, zwei Übergänge. Das im vorigen und in diesem Abschnitt diskutierte Modell zweier lokalisierter Elektronen mit festem Abstand r ist insofern zu einfach, als die Elektronen über einen größeren Bereich im Molekül verteilt oder delokalisiert sind. Die exakte Berechnung der Feinstruktur-Wechselwirkung erfolgt deshalb ausführlich in Abschn. 19.5.

19.5 Berechnung von Feinstrukturtensor und Spinwellenfunktionen von Triplettzuständen

Im folgenden wollen wir uns ausführlich mit den Energien der Triplettzustände befassen. Grundlage hierfür ist natürlich wieder der Hamilton-Operator, der sich auf die Bahnbewegung der Elektronen mit den Koordinaten $\boldsymbol{r}_1, \boldsymbol{r}_2$, die Energie der Spins im Magnetfeld und die Dipolwechselwirkung zwischen den Spins bezieht. Der Hamilton-Operator hat also die Gestalt

$$H(\boldsymbol{r}_1, \boldsymbol{r}_2, 1, 2) = H_{0,\text{Ort}} + H_{0,\text{Spin}} + H^{\text{S}} , \tag{19.11}$$

wobei auf der rechten Seite der erste Teil sich auf die Ortsbewegung bezieht und $H_{0,\text{Spin}}$ explizit durch

$$H_{0,\text{Spin}} = \frac{1}{\hbar} g_e \mu_B \boldsymbol{B}_0 \cdot \hat{\boldsymbol{S}} \tag{19.12}$$

gegeben ist. Hierin ist $\boldsymbol{B}_0$ das äußere Magnetfeld, während der Spinoperator $\hat{\boldsymbol{S}}$ sich aus den Spinoperatoren der beiden Elektronen zusammensetzt, $\hat{\boldsymbol{S}} = \hat{\boldsymbol{S}}_1 + \hat{\boldsymbol{S}}_2$, und wie üblich die drei Komponenten gemäß

$$\hat{\boldsymbol{S}} = \left(\hat{S}_x, \hat{S}_y, \hat{S}_z\right) \tag{19.13}$$

hat. Das Dach über $\boldsymbol{S}$ soll dabei andeuten, daß es sich hier um Operatoren handelt. Dabei gilt, wie auch in Band I, $\langle\hat{S}^2\rangle = \hbar^2 \boldsymbol{S}(\boldsymbol{S}+1)$. Der Dipolwechselwirkungsoperator in (19.11) ist explizit durch

$$H^{\mathrm{S}} = \frac{1}{\hbar^2} \cdot \frac{\mu_0}{4\pi} g_{\mathrm{e}}^2 \mu_{\mathrm{B}}^2 \left\{ \frac{\hat{\boldsymbol{S}}_1 \cdot \hat{\boldsymbol{S}}_2}{r_{12}^3} - \frac{3\left(\hat{\boldsymbol{S}}_1 \cdot \boldsymbol{r}_{12}\right)\left(\hat{\boldsymbol{S}}_2 \cdot \boldsymbol{r}_{12}\right)}{r_{12}^5} \right\} \tag{19.14}$$

gegeben. Er wird einfach aus der klassischen Wechselwirkungsenergie zweier magnetischer Dipole gewonnen, indem die magnetischen Momente durch die Spinoperatoren multipliziert mit $g_{\mathrm{e}}\mu_{\mathrm{B}}/\hbar$ ersetzt werden. Ohne den Wechselwirkungsoperator (19.14) in (19.11) lassen sich die Eigenfunktionen zum Hamilton-Operator H leicht angeben. Sie haben dann die Produktform

$$\Psi(\boldsymbol{r}_1, \boldsymbol{r}_2, 1, 2) = {}^3\boldsymbol{\Psi}(\boldsymbol{r}_1, \boldsymbol{r}_2)\sigma(1, 2) ,$$

wobei sich der erste Faktor auf die Bahnbewegung des Triplett-Zustandes alleine bezieht, während der zweite Faktor σ sich auf die Spins 1 und 2 bezieht.

Unser Ziel soll es sein, einen Hamilton-Operator herzuleiten, der sich auf die Spinwellenfunktion alleine bezieht, nicht aber auf die Bahnwellenfunktion der Elektronen. Da, wie sich im einzelnen zeigen läßt, die Bahnbewegung durch die Spinwechselwirkung nur wenig beeinflußt wird, ist der obige Ansatz nach wie vor eine gute Näherung, und es genügt, die Wechselwirkungsenergie H^{S} (19.14) durch den quantenmechanischen Mittelwert

$$\overline{H^{\mathrm{S}}} = \int {}^3\boldsymbol{\Psi}^*(\boldsymbol{r}_1, \boldsymbol{r}_2) H^{\mathrm{S}}\, {}^3\boldsymbol{\Psi}(\boldsymbol{r}_1, \boldsymbol{r}_2)\, dV_1\, dV_2 \tag{19.15}$$

zu ersetzen. Gleichung (19.15) bedeutet also, daß der Abstand $\boldsymbol{r}_{12}$ zwischen den beiden Elektronen mit Hilfe der Wahrscheinlichkeitsverteilung ${}^3\boldsymbol{\Psi}^{*3}\boldsymbol{\Psi}$ gemittelt wird. Betrachten wir die Ausdrücke, die sich durch Einsetzen von (19.14) in (19.15) ergeben, etwas genauer und schauen uns denjenigen Ausdruck an, der von dem ersten Ausdruck unter der Klammer in (19.14) herrührt. Da das Integral eine skalare Größe ist, können wir es auch zwischen das Skalarprodukt aus $\hat{\boldsymbol{S}}_1$ und $\hat{\boldsymbol{S}}_2$ schreiben, so daß wir erhalten

$$\frac{1}{\hbar^2} \cdot \frac{\mu_0}{4\pi} g_{\mathrm{e}}^2 \mu_{\mathrm{B}}^2 \hat{\boldsymbol{S}}_1 \hat{\boldsymbol{S}}_2 \int {}^3\boldsymbol{\Psi}^* \frac{1}{r_{12}^3}\, {}^3\boldsymbol{\Psi}\, dV_1\, dV_2 = \hat{\boldsymbol{S}}_1 \cdot \int \ldots\, dV_1\, dV_2 \hat{\boldsymbol{S}}_2 . \tag{19.16}$$

Damit wir auch in dem zweiten Ausdruck, der in der geschweiften Klammer in (19.14) steht, die Spinoperatoren nach links und rechts herausziehen können, schreiben wir den entsprechenden Anteil von (19.15) in der Form

$$-3\frac{1}{\hbar^2} \cdot \frac{\mu_0}{4\pi} \underbrace{g_{\mathrm{e}}^2 \mu_{\mathrm{B}}^2 \hat{\boldsymbol{S}}_1 \cdot \int {}^3\boldsymbol{\Psi}^*}_{\hat{\boldsymbol{S}}_1 \cdot \hat{\boldsymbol{r}}_{12}} \frac{\boldsymbol{r}_{12} \cdot \boldsymbol{r}_{12}}{r_{12}^5} \underbrace{{}^3\boldsymbol{\Psi}^*\, dV_1\, dV_2 \hat{\boldsymbol{S}}_2}_{\hat{\boldsymbol{r}}_{12} \cdot \hat{\boldsymbol{S}}_2} . \tag{19.17}$$

Darunter ist noch einmal durch geschweifte Klammern angedeutet, wie dieser Ausdruck zu interpretieren ist. Zuerst ist das Skalarprodukt zwischen $\hat{\boldsymbol{S}}_1$ und $\boldsymbol{r}_{12}$ zu nehmen, ebenso dann das entsprechende zwischen $\boldsymbol{r}_{12}$ und $\hat{\boldsymbol{S}}_2$. Der in der Mitte stehende Ausdruck $\boldsymbol{r}_{12} \cdot \boldsymbol{r}_{12}$ hat, wie aus der Mathematik bekannt ist, die Eigenschaften eines Tensors, der sich explizit in der Form

$$\boldsymbol{r}_{12} \cdot \boldsymbol{r}_{12} = \begin{bmatrix} x_{12} \cdot x_{12} & x_{12} \cdot y_{12} & x_{12} \cdot z_{12} \\ y_{12} \cdot x_{12} & y_{12} \cdot y_{12} & y_{12} \cdot z_{12} \\ z_{12} \cdot x_{12} & z_{12} \cdot y_{12} & z_{12} \cdot z_{12} \end{bmatrix} \tag{19.18}$$

schreiben läßt. Mit Hilfe dieser formalen Tricks können wir (19.15) in der einfachen Weise

$$\overline{H^{\mathrm{S}}} = \hat{\boldsymbol{S}}_1 \cdot \underbrace{\frac{1}{\hbar^2} \frac{\mu_0}{4\pi} g_{\mathrm{e}}^2 \mu_{\mathrm{B}}^2 \int {}^3\boldsymbol{\Psi}^* \left(\frac{1}{r_{12}^3} - \frac{3\boldsymbol{r}_{12} \cdot \boldsymbol{r}_{12}}{r_{12}^5} \right) {}^3\boldsymbol{\Psi}\, dV_1\, dV_2}_{2F} \hat{\boldsymbol{S}}_2 \tag{19.19}$$

schreiben, wobei also die Spinoperatoren bezüglich der Elektronen 1 und 2 nach links bzw. rechts herausgezogen sind. Das in der Mitte stehende Integral hat die Eigenschaften eines Tensors, den wir mit $2F$ abgekürzt haben. Der Deutlichkeit halber schreiben wir diesen Tensor nochmals mit seinen Komponenten hin

$$F_{ij} = \frac{1}{2\hbar^2} \frac{\mu_0}{4\pi} g_{\mathrm{e}}^2 \mu_{\mathrm{B}}^2 \int {}^3\boldsymbol{\Psi}^* \left(\frac{\delta_{ij}}{r_{12}^3} - \frac{3\boldsymbol{r}_{12,i} \cdot \boldsymbol{r}_{12,j}}{r_{12}^5} \right) {}^3\boldsymbol{\Psi}\, dV_1\, dV_2 \,, \tag{19.20}$$

wobei gilt

$$i, j = x, y, z \tag{19.21}$$

und

$$r_{12,x} = X_{12} \,, \quad r_{12,y} = y_{12} \,, \quad \dots \,. \tag{19.22}$$

Wie man anhand dieser expliziten Darstellung sieht, ist F_{ij} symmetrisch. Ein solcher Tensor kann durch eine geeignete Wahl des Koordinatensystems auf Diagonalform gebracht werden, so daß die nichtdiagonalen Elemente verschwinden

$$F_{ij} = 0 \qquad \text{für} \qquad i \neq j \,. \tag{19.23}$$

Im folgenden wollen wir somit immer annehmen, daß F_{ij} schon diagonalisiert ist. In diesem Koordinatensystem haben dann die Diagonalelemente von F die folgende Gestalt:

$$F_{xx} = \frac{1}{2\hbar^2} \frac{\mu_0}{4\pi} g_{\mathrm{e}}^2 \mu_{\mathrm{B}}^2 \int {}^3\boldsymbol{\Psi}^* \left(\frac{r_{12}^2 - 3x_{12}^2}{r_{12}^5} \right) {}^3\boldsymbol{\Psi}\, dV_1\, dV_2 \tag{19.24}$$

$$F_{yy} = \frac{1}{2\hbar^2} \frac{\mu_0}{4\pi} g_{\mathrm{e}}^2 \mu_{\mathrm{B}}^2 \int {}^3\boldsymbol{\Psi}^* \left(\frac{r_{12}^2 - 3y_{12}^2}{r_{12}^5} \right) {}^3\boldsymbol{\Psi}\, dV_1\, dV_2 \tag{19.25}$$

$$F_{zz} = \frac{1}{2\hbar^2} \frac{\mu_0}{4\pi} g_{\mathrm{e}}^2 \mu_{\mathrm{B}}^2 \int {}^3\boldsymbol{\Psi}^* \left(\frac{r_{12}^2 - 3z_{12}^2}{r_{12}^5} \right) {}^3\boldsymbol{\Psi}\, dV_1\, dV_2 \,. \tag{19.26}$$

Wie man durch Einsetzen direkt nachprüft, ist die Spur, d. h. die Summe der Diagonalelemente $= 0$

$$F_{xx} + F_{yy} + F_{zz} = 0\,. \tag{19.27}$$

Für den Wechselwirkungs-Operator des Spins (19.15) erhalten wir so abschließend die Form

$$\overline{H^{\mathrm{S}}} = 2\hat{\boldsymbol{S}}_1 F \hat{\boldsymbol{S}}_2 = 2F_{xx}\hat{\boldsymbol{S}}_{1x}\hat{\boldsymbol{S}}_{2x} + 2F_{yy}\hat{\boldsymbol{S}}_{1y}\hat{\boldsymbol{S}}_{2y} + 2F_{zz}\hat{\boldsymbol{S}}_{1z}\hat{\boldsymbol{S}}_{2z}\,. \tag{19.28}$$

Wir wollen nun zeigen, daß sich (19.28) auch direkt durch den Gesamtspin

$$\hat{\boldsymbol{S}} = \boldsymbol{S}_1 + \hat{\boldsymbol{S}}_2 \tag{19.29}$$

ausdrücken läßt, d. h. daß gilt

$$\overline{H^{\mathrm{S}}} = \hat{\boldsymbol{S}} F \hat{\boldsymbol{S}}\,. \tag{19.30}$$

Dazu setzen wir (19.29) in (19.30) ein und multiplizieren die Summe in (19.29) aus, was uns unmittelbar auf

$$\overline{H^{\mathrm{S}}} = \hat{S}_1 F \hat{S}_1 + \hat{S}_2 F \hat{S}_2 + \hat{S}_1 F \hat{S}_2 + \hat{S}_2 F \hat{S}_1 \tag{19.31}$$

führt. Betrachten wir den ersten Summanden auf der rechten Seite, so läßt sich dieser in der Form

$$\hat{S}_1 F \hat{S}_1 = F_{xx}\hat{S}_{1x}^2 + F_{yy}\hat{S}_{1y}^2 + F_{zz}\hat{S}_{1z}^2 \tag{19.32}$$

schreiben. Wie aber von den Spinmatrizen bekannt ist, gilt

$$\hat{S}_{1x}^2 = \hat{S}_{1y}^2 = \hat{S}_{1z}^2 = \frac{\hbar^2}{4}\,. \tag{19.33}$$

Gleichung (19.32) geht damit in

$$(F_{xx} + F_{yy} + F_{zz})\frac{\hbar^2}{4} = 0 \tag{19.34}$$

über, was aber wie schon hingeschrieben $= 0$ ist, da die Spur von F verschwindet. Ebenso kann man zeigen, daß das zweite Glied auf der rechten Seite von (19.31) verschwindet. Wegen der Symmetrie des Tensors F stimmen die letzten beiden Glieder aber überein und ergeben gerade den Ausdruck (19.28). Damit ist unsere kleine Nebenrechnung, die zeigte, daß wir (19.28) durch (19.30) ersetzen können, beendet.

Wir kommen nun zu dem wichtigen Begriff der *Feinstrukturkonstanten*. Da die Spur des Tensors verschwindet, können wir den Tensor durch zwei Konstanten kennzeichnen. Aus Gründen, die uns später erst näher einleuchten werden, wählen wir als Konstanten die Größen

$$D = \hbar^2\left(F_{zz} - \frac{1}{2}(F_{xx} + F_{yy})\right) \tag{19.35}$$

und

$$E = \frac{1}{2}\hbar^2(F_{xx} - F_{yy})\,. \tag{19.36}$$

Setzen wir für die Hauptdiagonalkomponenten von F die Größen (19.24)–(19.26) ein, so lassen sich D und E explizit in der Form

$$D = \frac{3}{4}\frac{\mu_0}{4\pi} g_e^2 \mu_B^2 \int {}^3\Psi^* \left(\frac{r_{12}^2 - 3z_{12}^2}{r_{12}^5} \right) {}^3\Psi \, dV_1 \, dV_2 \tag{19.37}$$

und

$$E = \frac{3}{4}\frac{\mu_0}{4\pi} g_e^2 \mu_B^2 \int {}^3\Psi^* \left(\frac{y_{12}^2 - x_{12}^2}{r_{12}^5} \right) {}^3\Psi \, dV_1 \, dV_2 \tag{19.38}$$

schreiben.

Wie sich aus der Definition von D und E ableiten läßt, entspricht die Größenordnung der Feinstruktur-Wechselwirkung der Dipol-Wechselwirkungsenergie zweier Elektronen, also zweier Bohr-Magnetonen in einem Abstand, der der Dimension des betreffenden Moleküls entspricht. Für den Naphthalin-Triplett-Zustand ergeben Messungen $D = 0{,}1012\,\mathrm{cm}^{-1}$, $E = 0{,}0141\,\mathrm{cm}^{-1}$. Wie man ferner für D aus der Klammer in (19.37) entnimmt, tritt hier ein Maß für die *Abweichung von der Kugelsymmetrie* auf, während in E in der Klammer ein Maß für die *Abweichung der Erstreckung der Wellenfunktion in der y-Richtung von der in der x-Richtung* auftritt. Offensichtlich haben (19.37) und (19.38) etwas mit der Erstreckung der Wellenfunktionen und damit mit der Form des Moleküls zu tun.

Die Feinstrukturkonstanten D und E, die man aus den ESR-Spektren erhält, liefern also Informationen über die Mittelwerte von quadratischen Abständen der Elektronen, die durch die Ortswellenfunktionen beschrieben werden, siehe auch (19.10). Die Hauptachsen x, y, z des Feinstrukturtensors sind bei symmetrischen Molekülen identisch mit den Hauptachsen x, y, z der Moleküle. x, y, z werden durch die Wellenfunktionen bestimmt, die ihrerseits an das Molekülgerüst gebunden sind. Mit $\langle \Omega \rangle$ kürzen wir das Integral $\int {}^3\Psi^* \Omega {}^3\Psi \, dV_1 \, dV_2$ ab, wobei $\Omega = x^2, y^2, z^2$, und können damit Tabelle 19.1 leicht verstehen.

Tabelle 19.1. Zusammenhang zwischen den Feinstrukturkonstanten D und E und Symmetrie und Erstreckung von Wellenfunktionen

Feinstrukturkonstanten	Wellenfunktion	Beispiele
$D = 0,\ E = 0$	kugelsymmetrisch $\langle x^2 \rangle = \langle y^2 \rangle = \langle z^2 \rangle$	alle Atome
$D \neq 0,\ E = 0$	drei- oder mehrzählige Symmetrieachse $\langle x^2 \rangle = \langle y^2 \rangle$	Triphenyl Coronen
$E > 0$	in y-Richtung gestreckt $\langle y^2 \rangle > \langle x^2 \rangle$	Carbene (BPG)
$E < 0$	in x-Richtung gestreckt $\langle y^2 \rangle < \langle x^2 \rangle$	Naphthalin, Anthrazen
$D > 0$	scheibenförmig diskusförmig	Carbene $-\dot{\underset{\bullet}{C}}$
$D < 0$	keulenförmig hantelförmig	Biradikale z. B. $-\dot{C}{=}C{=}\dot{C}-$

Wir können uns nun nach diesen Vorbereitungen unserer weiteren Aufgabe zuwenden, nämlich die Spinwellenfunktionen und die zugehörigen Energien zu berechnen, wenn die Dipolwechselwirkung und ein äußeres Magnetfeld vorliegen. Der grundlegende Hamilton-Operator für die Spins hat dann die Form

$$H_{\text{spin}} = \frac{1}{\hbar} g_{\text{e}} \mu_{\text{B}} \boldsymbol{B}_0 \cdot \hat{\boldsymbol{S}} + \frac{1}{\hbar^2} \left(D\hat{S}_z^2 + E \left(\hat{S}_x^2 - \hat{S}_y^2 \right) \right) , \tag{19.39}$$

wobei $\hat{\boldsymbol{S}}$ der Spinoperator für den Gesamtspin der beiden Elektronen ist. In (19.39) ist angenommen, daß die Koordinaten sich auf die Hauptachsen des Feinstrukturtensors beziehen. Gegenüber dem Hamilton-Operator (19.30) haben wir dabei das Glied

$$-\frac{D}{3} \hat{\boldsymbol{S}}^2 / \hbar^2 \tag{19.40}$$

weggelassen, da dieses für den Triplett-Zustand lediglich eine Konstante ist. Unsere Aufgabe ist es nun, die Schrödinger-Gleichung für die Spinwellenfunktion σ zu lösen. Diese lautet

$$H_{\text{Spin}} \sigma = \varepsilon \sigma . \tag{19.41}$$

Um dieses Problem zu lösen, benutzen wir die sogenannten Nullfeldfunktionen, die den Hauptachsen des Feinstrukturtensors entsprechen. Wir geben diese Wellenfunktionen zunächst an und prüfen dann anhand einzelner Beispiele deren Eigenschaften nach, woran wir deren geeignete Wahl erkennen. Wir benutzen die Bezeichnung der Spinwellenfunktionen für die einzelnen Elektronen α, β, so wie wir sie schon in Kap. 4 benutzt hatten. Wir führen die folgenden Funktionen ein:

$$\tau_x = \frac{1}{\sqrt{2}} (\beta(1)\beta(2) - \alpha(1)\alpha(2)) \tag{19.42}$$

$$\tau_y = \frac{\mathrm{i}}{\sqrt{2}} (\beta(1)\beta(2) + \alpha(1)\alpha(2)) \tag{19.43}$$

$$\tau_z = \frac{1}{\sqrt{2}} (\alpha(1)\beta(2) + \beta(1)\alpha(2)) . \tag{19.44}$$

Wie man im einzelnen mit Hilfe von Relationen, wie wir sie in I kennengelernt haben, nachrechnet, gelten die folgenden Beziehungen

$$\begin{aligned} \hat{S}_x \tau_y &= \mathrm{i}\hbar \tau_z \\ \hat{S}_y \tau_z &= \mathrm{i}\hbar \tau_x \\ \hat{S}_z \tau_x &= \mathrm{i}\hbar \tau_y \end{aligned} \tag{19.45}$$

$$\begin{aligned} \hat{S}_y \tau_x &= -\mathrm{i}\hbar \tau_z \\ \hat{S}_z \tau_z &= -\mathrm{i}\hbar \tau_x \\ \hat{S}_x \tau_z &= -\mathrm{i}\hbar \tau_y \end{aligned} \tag{19.46}$$

sowie

$$\hat{S}_x\tau_x = 0\,, \quad \hat{S}_y\tau_y = 0\,, \quad \hat{S}_z\tau_z = 0\,. \tag{19.47}$$

Ersichtlich bewirkt die Anwendung einer Komponente des Spinoperators auf eine der Spinwellenfunktionen eine Transformation dieser in eine andere.

Betrachten wir zunächst den Fall, daß das äußere Magnetfeld $\boldsymbol{B}_0 = 0$ ist. Wir behaupten, daß dann die in (19.42)–(19.44) eingeführten Wellenfunktionen bereits die Eigenfunktionen zu dem Hamilton-Operator (19.39), der in der Schrödinger-Gleichung (19.41) auftritt, sind. Dazu sehen wir nach, wie die Operatoren $\hat{S}_x^2, \ldots$ auf die einzelnen Spinwellenfunktionen wirken. Wie man anhand der Relationen (19.45), (19.46) leicht nachrechnet, findet man

$$\hat{S}_z^2\tau_x = \hat{S}_z\left(\hat{S}_z\tau_x\right) = \hat{S}_z\mathrm{i}\hbar\tau_y = \hbar^2\tau_x\,, \tag{19.48}$$

$$\hat{S}_y^2\tau_x = \hat{S}_y\left(\hat{S}_y\tau_x\right) = \hat{S}_y\left(-\mathrm{i}\hbar\tau_z\right) = \hbar^2\tau_x\,, \tag{19.49}$$

oder unter zusätzlicher Benutzung von (19.47) das Resultat

$$H_{\mathrm{Spin}}\tau_x = (D - E)\tau_x\,. \tag{19.50}$$

Aus ihm kann man sofort ablesen, daß der Spinoperator angewendet auf τ_x die Wellenfunktion reproduziert, d. h. daß diese eine Eigenfunktion zum Spinoperator ist, und daß ferner der Energiewert durch

$$\varepsilon = (D - E) \tag{19.51}$$

gegeben ist. In ähnlicher Weise findet man für die Wellenfunktionen τ_y und τ_z die entsprechenden Eigenwerte

$$\tau_y : \varepsilon = D + E\,, \tag{19.52}$$

$$\tau_z : \varepsilon = 0\,. \tag{19.53}$$

Das resultierende Termschema für die Nullfeld-Zustände ist in Abb. 19.9 angegeben.

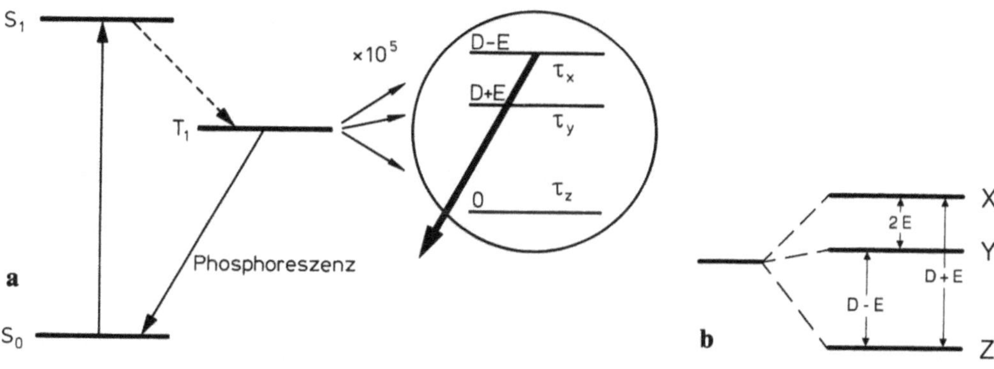

Abb. 19.9. (**a**) Zur Erläuterung der Nullfeld-Spinfunktionen und der optisch nachgewiesenen magnetischen Resonanz, ODMR. Die drei Triplett-Unterzustände τ_x, τ_y, τ_z eines Moleküls haben die Energie-Abstände $D + E$, $D - E$ und $2E$. Sie unterscheiden sich aus Symmetriegründen im allgemeinen durch ihre Be- und Entvölkerungswahrscheinlichkeiten. Die Spin-Bahn-Wechselwirkung, durch die das Interkombinationsverbot zwischen Triplett- und Singulett-System gelockert wird, ist für sie unterschiedlich groß. Im Beispiel ist angenommen, daß der Zustand τ_x die größte strahlende Übergangswahrscheinlichkeit besitzt. – Durch Induzierung von im Spektralbereich der Mikrowellen liegenden Übergängen, die Bevölkerung von τ_y oder τ_z nach τ_x pumpen, wird die Phosphoreszenz-Intensität erhöht. So läßt sich besonders auch die Nullfeld-Resonanz nachweisen. – Der Energiemaßstab innerhalb des Kreises ist ca. 10^5-fach gegenüber dem *linken Teilbild* vergrößert, (**b**) Nullfeld-Aufspaltung und Nullfeld-Übergänge eines Triplett-Zustandes

Wenden wir uns nun dem allgemeinen Fall zu, in dem ein von 0 verschiedenes Magnetfeld mit den Komponenten

$$\boldsymbol{B}_0 \neq 0 \quad B_0 = (B_{0x}, B_{0y}, B_{0z}) \tag{19.54}$$

angelegt wird. Wie man sich durch Einsetzen der Wellenfunktionen τ_x, τ_y, τ_z überzeugt, sind diese nun nicht mehr Eigenfunktionen zu dem Spinoperator. Wir müssen deshalb Linearkombinationen aus diesen Wellenfunktionen bilden, d. h.

$$\sigma = c_x\tau_x + c_y\tau_y + c_z\tau_z \; . \tag{19.55}$$

Hierin sind c_x, c_y und c_z Konstanten, die noch bestimmt werden müssen. Setzt man nun (19.55) in die Spin-Schrödinger-Gleichung (19.41) mit (19.39) ein und multipliziert die Gleichung jeweils mit τ_x, bzw. τ_y, bzw. τ_z und bildet die Matrixelemente bezüglich der Spins, so erhält man, wie wir das aus der Störungstheorie gewohnt sind, ein Säkulargleichungssystem, das wir in der Form

$$\begin{bmatrix} D-E-\varepsilon & -\mathrm{i}g_\mathrm{e}\mu_\mathrm{B}B_{0z} & \mathrm{i}g_\mathrm{e}\mu_\mathrm{B}B_{0y} \\ \mathrm{i}g_\mathrm{e}\mu_\mathrm{B}B_{0z} & D+E-\varepsilon & -\mathrm{i}g_\mathrm{e}\mu_\mathrm{B}B_{0x} \\ -\mathrm{i}g_\mathrm{e}\mu_\mathrm{B}B_{0y} & \mathrm{i}g_\mathrm{e}\mu_\mathrm{B}B_{0x} & -\varepsilon \end{bmatrix} \begin{bmatrix} c_x \\ c_y \\ c_z \end{bmatrix} = 0 \tag{19.56}$$

schreiben können. Durch Nullsetzen der Determinante, die sich aus der Matrix aus der linken Seite direkt ergibt, können wir die Eigenwerte ε bestimmen. In dem Spezialfall, daß das äußere angelegte Magnetfeld $\boldsymbol{B}_0$ mit einer der Hauptachsen übereinstimmt, lassen sich die Gln. (19.56) leicht lösen, da dann die Säkulardeterminante zu einer Gleichung zweiten Grades in ε führt. Die Resultate sind in Tabelle 19.2 und Abb. 19.10 für

$$\boldsymbol{B}_0 \parallel x \, , \quad \boldsymbol{B}_0 \parallel y \, , \quad \boldsymbol{B}_0 \parallel z \tag{19.57}$$

dargestellt.

Man erhält ein Termschema wie in Abb. 19.10 am Beispiel des Naphthalin-Triplett-Zustandes gezeigt. Es wird deutlich, daß es wegen der Nullfeld-Aufspaltung für einen Triplett-Zustand zwei ESR-Linien bei unterschiedlichen Resonanzfeldstärken gibt. Messung dieses ESR-Spektrums als Funktion des Winkels zwischen dem angelegten Magnetfeld und den molekularen Hauptachsen erlaubt die Bestimmung des Feinstruktur-Tensors und damit eine Untersuchung der Verteilung der beiden Triplett-Elektronen auf dem Molekül.

Es muß schließlich noch erwähnt werden, daß eine Ausmessung des Feinstruktur-Tensors nur möglich ist, wenn die Moleküle ausgerichtet sind – das heißt in fester Matrix.

Tabelle 19.2. Die Energie-Eigenwerte ε der Schrödinger-Gleichung (19.41) mit (19.39) für $\boldsymbol{B}_0 \parallel x$, $\boldsymbol{B}_0 \parallel y$, $\boldsymbol{B}_0 \parallel z$

	$\boldsymbol{B}_0 \parallel x$	$\boldsymbol{B}_0 \parallel y$	$\boldsymbol{B}_0 \parallel z$
ε_{+1}	$(D+E)/2+\sqrt{(D+E)^2/4+(g_\mathrm{e}\,\mu_\mathrm{B}\,B_0)^2}$	$(D-E)/2+\sqrt{(D-E)^2/4+(g_\mathrm{e}\,\mu_\mathrm{B}\,B_0)^2}$	$D+\sqrt{E^2+(g_\mathrm{e}\,\mu_\mathrm{B}\,B_0)^2}$
ε_0	$D-E$	$D+E$	0
ε_{-1}	$(D+E)/2-\sqrt{(D+E)^2/4+(g_\mathrm{e}\,\mu_\mathrm{B}\,B_0)^2}$	$(D-E)/2-\sqrt{(D-E)^2/4+(g_\mathrm{e}\,\mu_\mathrm{B}\,B_0)^2}$	$D-\sqrt{E^2+(g_\mathrm{e}\,\mu_\mathrm{B}\,B_0)^2}$

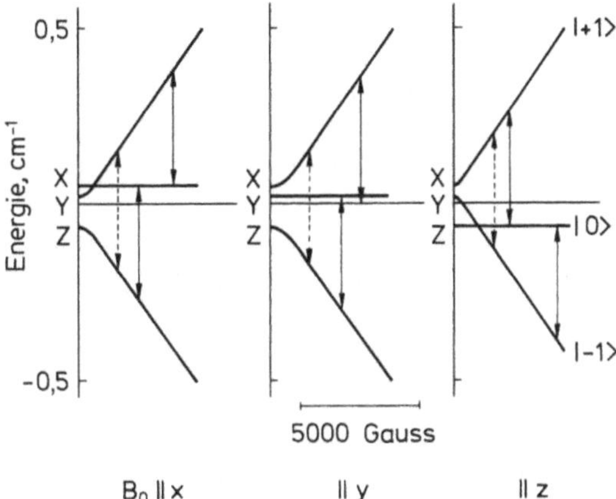

Abb. 19.10. Termschema für die Triplett-Terme von Naphthalin als Funktion der angelegten Feldstärke B_0. Die Richtung von B_0 liegt – von *links* nach *rechts* – in *x*, *y* und *z*-Richtung des Moleküls, *x* ist die *lange*, *y* die *kurze Achse* und *z* die *Richtung senkrecht* zur Molekülebene. Man erhält anisotrop zwei ESR-Übergänge mit $\Delta m_s = \pm 1$. *Gestrichelt* ist auch der (verbotene) Übergang mit $\Delta m_s = 2$ eingezeichnet

19.6 Doppelresonanzverfahren: ENDOR

In der experimentellen Molekülphysik haben verschiedene Doppel- und Mehrfach-Resonanz-Verfahren große Bedeutung, und zwar besonders zur Erhöhung der Empfindlichkeit und des spektralen Auflösungsvermögens. Hier wollen wir nur zwei davon kurz erwähnen, nämlich ENDOR und ODMR.

Das Verfahren der *Elektronen-Kern-Doppel-Resonanz* (kurz ENDOR) können wir am Beispiel des H-Atoms (ein Elektron und ein Proton) erläutern, vergleiche Abb. 19.11. In der Molekülphysik kann es sich genau so gut um ein ungepaartes Elektron in einem Radikal handeln, das mit einem Proton gekoppelt ist. Dieses System hat in einem angelegten Magnetfeld vier Zustände, die wir mit den Symbolen ↓↑ ↓↓ ↑↑ ↑↓ (in der Reihenfolge zunehmender Energie) charakterisieren können. Dabei bedeutet der jeweils erste Pfeil die Richtung des Elektronenspins, der zweite die des Kernspins. Das Energiediagramm in Abb. 19.11 zeigt von links nach rechts die Energie des Elektronenmomentes im Feld B_0, diejenige des Kernmomentes und die Energie der Hyperfein-Wechselwirkung. Im ESR-Spektrum sind Übergänge mit $\Delta m_s = \pm 1$ erlaubt, also die beiden in Abb. 19.11 eingezeichneten Übergänge 1/3 und 2/4. Deren Messung und da-

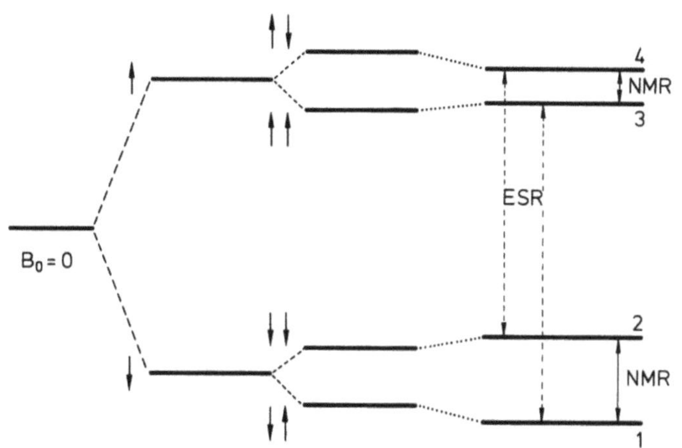

Abb. 19.11. Energieniveau-Schema zur Erläuterung der Kopplung zwischen Elektronen- und Kernspins (Spin $I = 1/2$) mit ESR- und NMR-Übergängen. Der Elektronenspin kann parallel und antiparallel zur Feldrichtung stehen (*links*). Für den Kernspin (*rechte Pfeile*) gilt das gleiche (*Mitte*). Hinzu kommt noch die Hyperfein-Wechselwirkung, die hier kleiner als die Kern-Zeeman-Energie angenommen ist (*rechts*). Bei der energetischen Reihenfolge der Terme muß man daran denken, daß das gyromagnetische Verhältnis von Elektronen und von Protonen sich im Vorzeichen unterscheiden. Weitere Erläuterungen zum ENDOR-Verfahren siehe Text. Vgl. hierzu auch Abschn. 20.5 und Abb. 20.14 in I

mit aus ihrem Unterschied die Messung der Hyperfein-Wechselwirkung mit dem Proton ist jedoch in vielen Fällen nicht mit hinreichender Genauigkeit möglich, beispielsweise dann, wenn durch Wechselwirkung mit weiteren Kernen die ESR-Linien inhomogen verbreitert sind, also eine Überlagerung mehrerer Übergänge mit verschiedener Hyperfein-Wechselwirkung sind, so daß eine Auflösung der einzelnen ESR-Linien nicht mehr möglich ist.

Auch die direkte Messung der Kernresonanz-Übergänge $\Delta m_I = \pm 1$, also der Übergänge von 1 nach 2 oder von 3 nach 4 in Abb. 19.11, die die gleiche Information liefern würde, ist oft schwer oder unmöglich. Man braucht dazu aus Gründen der geringeren Nachweisempfindlichkeit der Kernspin-Resonanz viel mehr Spins als zur ESR-Messung, und die Resonanzlinien können wegen der Kernspin-Relaxation unter dem Einfluß der Elektronenmomente stark verbreitert sein.

ENDOR besteht nun darin, daß man die Intensität des ESR-Signals zum Nachweis der Kernresonanz benutzt. Dazu strahlt man resonante Mikrowellen so hoher Leistung ein, daß eine ESR-Linie, zum Beispiel der Übergang 1–3, teilweise gesättigt, das heißt in ihrer Intensität vermindert ist, weil der Bevölkerungsunterschied zwischen den Termen 1 und 3 vermindert wird. Wenn man nun gleichzeitig resonante Strahlung für einen der beiden Protonen-Resonanzübergänge, zum Beispiel 3–4 einstrahlt, erreicht man eine Änderung in der Besetzung der beiden beteiligten Kern-Niveaus und eine Verminderung der Besetzung von 3. Dies führt zu einer Entsättigung des ESR-Signals, da nun der Besetzungsunterschied zwischen den Niveaus 1 und 3 wieder größer ist. Das heißt, die Intensität des ESR-Absorptionssignals für den Übergang 1–3 nimmt bei gleichzeitiger Einstrahlung der Kernresonanz-Frequenz 3–4 zu.

Bei der ENDOR-Spektroskopie beobachtet man also die Kernresonanz – hier den Übergang 3–4 –, indem man die Intensität des ESR-Signals – hier 1–3 – als Nachweis verwendet. Damit kann man die Nachweisempfindlichkeit für Kernresonanz um viele Zehnerpotenzen erhöhen, und man kann die Hyperfein-Wechselwirkungen des Elektrons mit verschiedenen Kernen einzeln durch Einstrahlen ihrer jeweiligen Kern-Resonanzfrequenz messen, die im ESR-Spektrum in einer inhomogen verbreiterten Resonanzlinie verborgen sind.

ENDOR-Spektroskopie wird mit großem Erfolg zur Aufklärung von Hyperfeinstrukturen und damit zur Strukturaufklärung in der Molekülphysik und in der Festkörperphysik eingesetzt.

19.7 Optischer Nachweis magnetischer Resonanz, ODMR

Bei einer anderen wichtigen Doppelresonanz-Methode, dem *optischen Nachweis der magnetischen Resonanz* (üblicherweise abgekürzt als ODMR für *o*ptically *d*etected *m*agnetic *r*esonance), benutzt man die Intensität eines im optischen Spektralbereich liegenden Elektronenübergangs, um Elektronen- (oder auch Kern-)Resonanz nachzuweisen, die man durch gleichzeitiges Einstrahlen von Strahlung der passenden Mikrowellen-Frequenz bewirkt. Diese Methode wurde in I, Abschn. 13.5 bereits an einem Beispiel aus der Atomphysik erläutert.

Die Methode soll hier an einem Beispiel aus der Molekülphysik, nämlich an der Untersuchung des metastabilen Triplett-Zustandes T_1 von organischen Molekülen (Abschn. 15.3), erläutert werden. Das Aufspaltungsschema für einen elektronischen Molekülterm nach Abb. 19.9 gehört zu einem metastabilen Anregungszustand T_1, der etwa $20\,000\,\mathrm{cm}^{-1}$ über dem Grundzustand liegt und von dem aus eine Emission großer

Lebensdauer – das heißt die Phosphoreszenz – in den Grundzustand S_0 erfolgt. Nun ist aber aus Symmetriegründen, die hier nicht erläutert werden sollen, die Übergangswahrscheinlichkeit für die Emission von T_1 in den Grundzustand S_0 verschieden für die drei auf der Feinstruktur beruhenden magnetischen Unterzustände, die mit τ_x, τ_y und τ_z bezeichnet werden und in Abb. 19.9 gezeigt sind. Wenn man nun während der Beobachtung der optischen Emission durch gleichzeitige Induzierung von Übergängen zwischen zwei der drei Spin-Niveaus τ_x, τ_y, τ_z Bevölkerung von einem Unterzustand mit kleinerer in einen solchen mit größerer Übergangswahrscheinlichkeit pumpt, erhöht dies die Intensität der gleichzeitig gemessenen Phosphoreszenz. Diese ist die im allgemeinen im optischen Spektrum nicht aufgelöste Überlagerung der Emissionen aus den drei Unterniveaus. So kann Elektronen-Resonanz durch Änderung der Intensität einer im Sichtbaren oder im UV gelegenen Emission optisch nachgewiesen werden. Ein Beispiel für eine Meßanordnung im Nullfeld zeigt Abb. 19.12. Wenn hier das beobachtete Emissions-Spektrum als Überlagerung zu zwei verschiedenen Sorten von Molekülen gehört, dann beobachtet man eine Änderung der Phosphoreszenz-Intensität bei einer bestimmten Wellenlänge im Spektrum nur dann, wenn die Frequenz der eingestrahlten Hochfrequenz-Strahlung einem Nullfeld-Übergang im Triplett-Zustand T_1 desjenigen Moleküls entspricht, zu dem die Emissionslinie gehört. Beobachtet man die Emissionsintensität bei einer Emissionslinie des anderen Moleküls, so ändert sich deren Intensität bei den für dieses andere Molekül charakteristischen Nullfeld-Frequenzen.

Abbildung 19.13 zeigt als Meßbeispiel die drei Nullfeld-Resonanzlinien des Anthracen-Moleküls mit optischem Nachweis. Aus den gemessenen Frequenzen (ODMR-Frequenzen im Nullfeld) erhält man direkt die Größe der Feinstrukturparameter D und E des zugehörigen Moleküls. Die drei eingezeichneten Nullfeld-Resonanzübergänge sind als magnetische Dipolübergänge erlaubt.

Es gibt zahlreiche Varianten dieser Methode, siehe unten. Allen gemeinsam ist eine Erhöhung der Nachweisempfindlichkeit für kleine Konzentrationen von Spins. Ferner kann man mit diesen Methoden bei optischen Spektren, die aus einer Überlagerung der mitunter relativ breiten Banden mehrerer verschiedener Moleküle bestehen, die verschie-

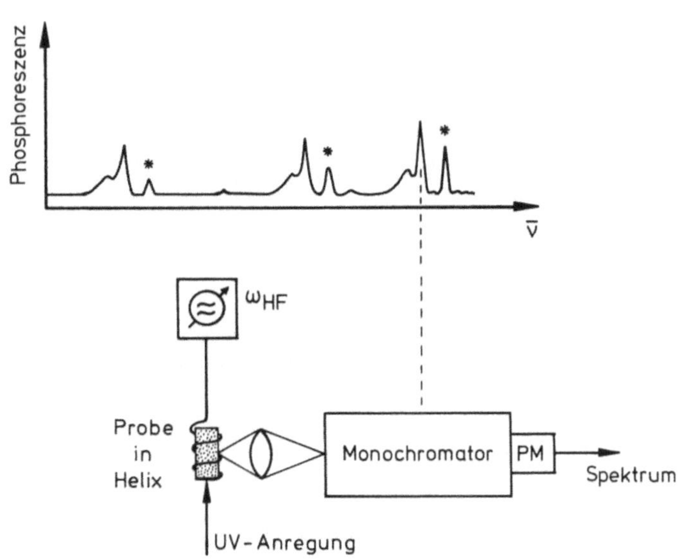

Abb. 19.12. Schema einer Meßanordnung für ODMR. Das Phosphoreszenz-Spektrum sei eine Überlagerung der Spektren von zwei verschiedenen Molekülen, *mit* und *ohne Stern* in der Abbildung. In der ODMR-Apparatur kann man selektiv für beide Komponenten durch Hochfrequenz-Einstrahlung die Intensität der Phosphoreszenz ändern und so eine Korrelation zwischen optischem Spektrum und Hochfrequenz-Resonanz-Frequenzen herstellen, indem man die Intensitätsänderung einzelner Phosphoreszenz-Linien bei Mikrowellen-Einstrahlung von elektromagnetischer Strahlung mit der Frequenz der Resonanzübergänge im Triplett-Zustand mißt

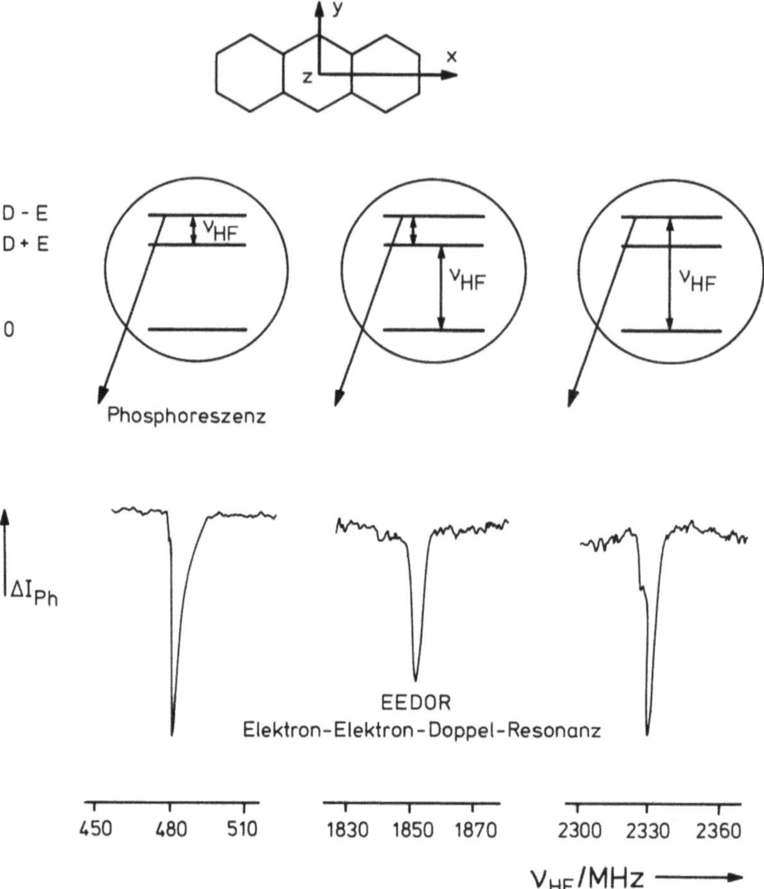

Abb. 19.13. ODMR im Nullfeld am Anthracen-Molekül. *Oben*: Die Molekül-Hauptachsen x, y, z. *Mitte*: Die Nullfeldaufspaltung des Triplett-Zustandes T_1 in die Zustände mit den relativen Energien 0, $D + E$ und $D - E$ mit den 3 möglichen Resonanz-Übergängen. Die optische Emission erfolgt hier jeweils bevorzugt aus dem obersten Niveau. Deshalb wird durch Hochfrequenz-Übergänge zwischen diesem Niveau und den beiden anderen die Emissionswahrscheinlichkeit und damit die Phosphoreszenz-Intensität erhöht. Diese Intensitätsänderung dient zum Nachweis der Resonanz bei Einstrahlung der entsprechenden Hochfrequenz-Strahlung. *Unten*: Beobachtete ODMR-Übergänge bei Einstrahlung von Hochfrequenzstrahlung der Quantenenergie $2E$, $D + E$ und $D - E$. Der Übergang $D + E$ wird als Elektron-Elektron-Doppelresonanz bei gleichzeitiger Einstrahlung von $2E$-Quanten beobachtet. (Nach J.-U. von Schütz, F. Gückel, W. Steudle u. H.C. Wolf, Chem. Phys. **53**, 365 (1980))

denen Spektrallinien den verschiedenen Molekülen zuordnen, vergleiche Abb. 19.12. Die Mikrowellenfrequenzen, bei denen man ODMR-Signale als Änderung der optischen Emissionsintensität beobachtet, sind nämlich spezifische Moleküleigenschaften und damit eine Art Fingerabdruck des jeweiligen Moleküls. Man erhält also eine Verbesserung der Auflösung bei überlagerten optischen Spektren sowie die Herstellung einer klaren Zuordnung von optischem und Resonanz-Spektrum zu einem bestimmten Molekül. Ein besonders demonstratives Meßbeispiel dafür, daß man mit Hilfe der ODMR auch in einem wenig strukturierten Fluoreszenzspektrum, das aus der Überlagerung der Spektren vieler verschiedener Moleküle besteht, diese einzeln analysieren kann, zeigt Abb. 19.14. Hier ist das Fluoreszenzspektrum von photosynthetisierenden Bakterien gezeigt. Es besteht aus relativ breiten, sich gegenseitig überlappenden Banden. Wenn man bei diskreten Wellenlängen die ODMR-Spektren beobachtet, kann man zeigen, daß dieses Spektrum eine Überlagerung der Emission zahlreicher verschiedener Moleküle ist. Von diesen sind in Abb. 19.14 elf verschiedene nachgewiesen. Aufgrund der gemessenen und für jedes Molekül charakteristischen Feinstrukturparameter lassen sie sich analysieren. Es handelt sich überwiegend um Chlorophylle und um Vorstufen dieser Moleküle, die bei der Biosynthese durchlaufen werden und in den Bakterien alle gleichzeitig vorhanden sind.

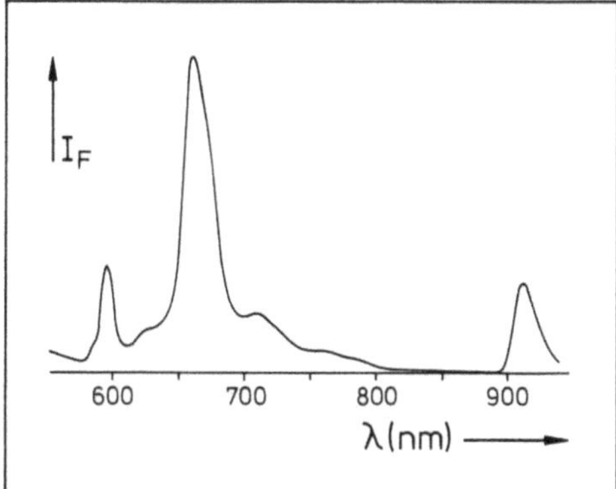

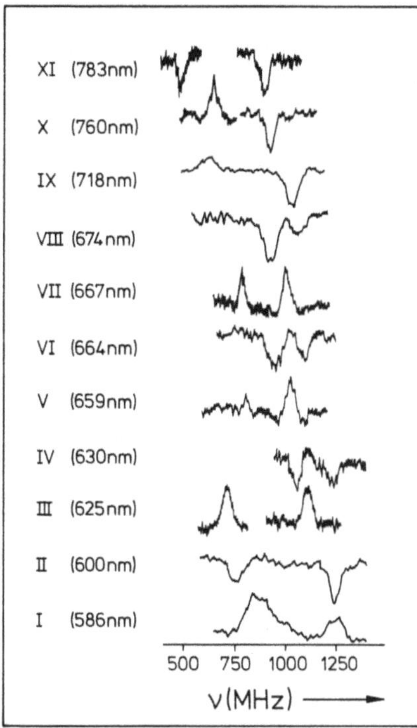

Abb. 19.14. Beispiel für die Leistungsfähigkeit der ODMR-Methode zum Analysieren komplexer Spektren. – Im Fluoreszenzspektrum photosynthetisierender Bakterien (*linkes Teilbild*) lassen sich alleine zwischen den Wellenlängen 586 und 783 nm mit Hilfe der ODMR 11 verschiedene fluoreszierende Moleküle nachweisen. Im *rechten Teilbild* sind die entsprechenden ODMR-Spektren aufgetragen, das heißt Intensität der optischen Emission bei der jeweils angegebenen Wellenlänge als Funktion der Frequenz der eingestrahlten Radiofrequenzstrahlung. Aus den so gemessenen Feinstrukturparametern D und E ist eine Identifizierung der einzelnen Moleküle möglich. Es handelt sich um verschiedene Protoporphyrine, Phaeophorbide und Chlorophyllide. (Nach J. Beck, J.-U. von Schütz und H. C. Wolf, *Photochemistry and Photobiology*, ed. A. Zewail, Harwood Acad. Publ. (1983))

Bei den bisher behandelten Beispielen der optisch nachgewiesenen Resonanz, ODMR, erfolgte der Nachweis der Resonanz über die Messung der Triplett-Singulett-Emission, also der Phosphoreszenz. Man sieht leicht ein, anhand von Abb. 19.9, daß eine Änderung der Niveau-Besetzung und damit der effektiven Lebensdauer im Triplettzustand T_1 auch zu einer Änderung der stationären Besetzung des Singulett-Grundzustandes S_0 und des Anregungszustandes S_1 führt, weil diese drei Zustände ja im stationären Verhalten fest untereinander gekoppelt sind, so daß jede Änderung in der Besetzung eines Niveaus auch die beiden anderen beeinflußt. Darauf beruht der *Nachweis der magnetischen Resonanz über die Fluoreszenz* $S_1 \rightarrow S_0$ (FDMR, *f*luorescence *d*etected *m*agnetic *r*esonance) oder *über die Absorption* $S_1 \leftarrow S_0$ (ADMR, *a*bsorption *d*etected *m*agnetic *r*esonance). Diese Methoden werden besonders dann wichtig, wenn die Intensität der Phosphoreszenz $T_1 \rightarrow S_0$ zu schwach zum Nachweis wird.

Schließlich kann man dieses Doppelresonanz-Verfahren auch umkehren, indem man das Absorptionsspektrum $S_1 \leftarrow S_0$ oder das Phosphoreszenzspektrum $T_1 \rightarrow S_0$ bei gleichzeitiger Einstrahlung eines der Mikrowellenübergänge zwischen τ_x, τ_y und τ_z in Abb. 19.9 oder den Zuständen $|+1\rangle$, $|0\rangle$ und $|-1\rangle$ in Abb. 19.10 mißt. Wenn man dabei das Nachweisgerät mit dieser Mikrowellenfrequenz moduliert, erfaßt man nur das Absorptions- oder Phosphoreszenzspektrum desjenigen Moleküls, zu dem der eingestrahlte Mikrowellen-Übergang gehört. Die Überlagerung der Absorptions- oder Phosphoreszenzspektren mehrerer verschiedener Moleküle kann damit in deren Einzelspektren aufgelöst werden, wenn man jeweils eine für die verschiedenen Moleküle charakteristische Mikrowellenfrequenz bei der Messung des optischen Spektrums einstrahlt und nur die dadurch erzeugte Änderung des optischen Spektrums registriert. So erhält man eine Zuordnung zwischen der Mikrowellenfrequenz und dem dazu gehörigen Mo-

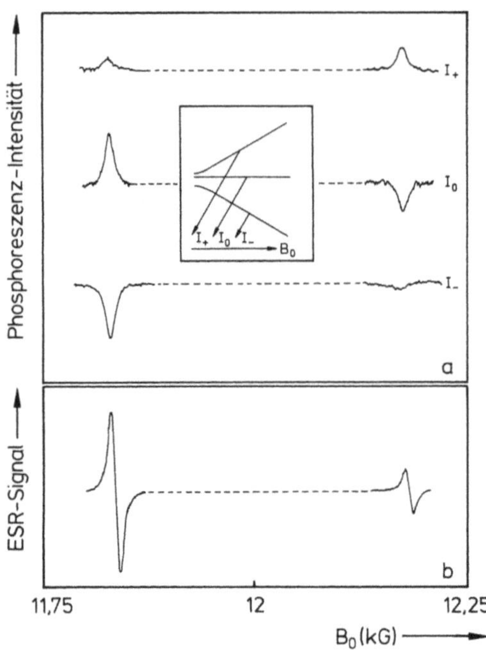

Abb. 19.15. ODMR-Spektrum im Hochfeld, gemessen bei 35 GHz, von Triplett-Excitonen in einem 1,4-Dibrom-Naphthalin-Kristall. Im *oberen Teilbild* ist das ODMR-Spektrum der drei Triplett-Terme $m_s = +1$, 0, -1 aufgetragen, im *unteren Teilbild* zum Vergleich das ESR-Spektrum mit konventionellem Mikrowellen-Nachweis. Im ODMR-Spektrum wird die spektral getrennte Phosphoreszenz-Emission aus den drei Triplett-Unterniveaus $+$, 0 und $-$ als Funktion des Magnetfeldes bei gleichzeitiger Einstrahlung der Mikrowellen-Resonanzfrequenz 35 GHz beobachtet. Durch ESR-Übergänge wird die Bevölkerung der drei Unterniveaus und damit die Intensität der drei Phosphoreszenz-Komponenten geändert. Man kann so die Feinstrukturkonstanten sowie die relativen Be- und Entvölkerungsraten der Niveaus messen. (Nach R. Schmidberger u. H. C. Wolf, Chem. Phys. Lett. **16**, 402 (1972))

lekül. Diese Verfahren werden als *Mikrowellen-induzierte Absorption* (MIA) oder als *Phosphoreszenz-Mikrowellen-Doppelresonanz* (PDMR) bezeichnet.

Übrigens läßt sich die Methode der ODMR nicht nur im Nullfeld, sondern auch im angelegten Feld B_0 mit Erfolg anwenden. Als Meßbeispiel für diese Hochfeld-ODMR zeigt Abb. 19.15 Messungen am Triplett-Zustand T_1 von 1,4-Dibromnaphthalin, aufgenommen bei einer Mikrowellenfrequenz von ca. 35 GHz mit einer ESR-Apparatur und einem Monochromator zum optischen Nachweis.

Die ODMR in ihren verschiedenen Formen ist eine wichtige Untersuchungs-Methode in der Molekülphysik und auch in der Festkörperphysik, bei der Struktur-Aufklärung von Farb-, Dotierungs- und Defektzentren, geworden. Ihre besondere Bedeutung liegt in der Erhöhung der ESR-Nachweisempfindlichkeit, durch eine Quantentransformation von Mikrowellen, in den optischen Bereich, und auf ihrer Selektivität. Diese ermöglicht eine gegenseitige Zuordnung von ESR- und optischen Spektren.

19.8 Anwendungen der ESR

Zusammenfassend läßt sich sagen, daß die Elektronen-Spinresonanz eine wichtige Methode zur Bestimmung der elektronischen und der geometrischen Struktur paramagnetischer Moleküle, allgemeiner gesagt paramagnetischer Zustände und damit eine wichtige Methode der Molekülphysik ist. Dazu dient vor allem die Untersuchung von Hyperfeinstruktur und Feinstruktur. Aus Linienbreiten und Relaxationszeiten erhält man Informationen über Bewegungsvorgänge von Spins, von Molekülgruppen und von ganzen Molekülen, sowie von Reaktionen der Moleküle. Schließlich eignet sich die Methode besonders zu einer einfachen und genauen Konzentrationsbestimmung ungepaarter Spins und damit auch zur Messung von Suszeptibilitäten. Darauf wurde bereits in Abschn. 3.6 hingewiesen.

Bein hinreichend tiefen Temperaturen kann man damit auch die Ausbildung magnetischer Ordnung in kondensierter Phase beobachten. Die ungepaarten Spins in vielen organischen Radikalen haben bei tiefer Temperatur und hinreichend kleinem gegenseitigem Abstand die Tendenz zu antiferromagnetischer Kopplung.

Aufgaben

19.1 Wieviele Linien findet man in den ESR-Spektren der Radikale $[^{12}CF_2H]^\bullet$, $[^{13}CF_2H]^\bullet$, $[^{12}CF_2D]^\bullet$ und $[^{12}CClH_2]^\bullet$?

19.2 a) Ordnen Sie die *Hyperfeinstruktur-Linien* des ESR-Spektrums des Naphthalin-Radikals (siehe Abbildung) den möglichen Einstellungen der Protonenspins zu ($a_\alpha = 0{,}495\,\text{mT}$, $a_\beta = 0{,}186\,\text{mT}$).

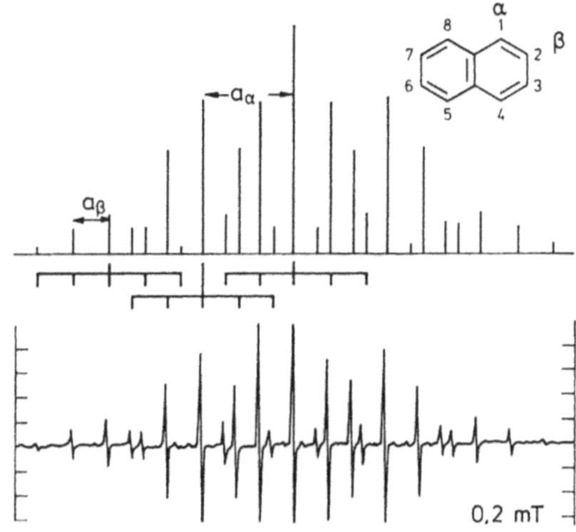

b) Beschreiben Sie das ESR-Spektrum von 1-Iodo-Naphthalin und 2-Iodo-Naphthalin. Nehmen Sie dazu an, daß sich die Elektronendichten und damit auch die Kopplungskonstanten dieser beiden an verschiedenen Positionen einfach substituierten Moleküle nicht von denen des unsubstituierten Naphthalins unterscheiden.

c) Wie ändert sich das Spektrum, wenn das Naphthalinmolekül statt mit einem Jodatom mit einer Methylgruppe CH_3 substituiert wird?

19.3 a) Skizzieren Sie das ESR-Spektrum des Aminoradikals $[NH_2]^\bullet$, das einen ^{14}N-Kern (Kernspin $I = 1$) und zwei äquivalente Protonen ($I = 1/2$) enthält; die *Hyperfeinstruktur*-Konstanten sind $1{,}03\,\text{mT}$ für N und $0{,}35\,\text{mT}$ für H.

b) Welche Hyperfeinstruktur zeigt das Azidradikal $[^{14}N_3]^\bullet$? Die drei Stickstoffatome sind äquivalent.

19.4 Aus der Hyperfeinaufspaltung im ESR-Spektrum eines einfach negativ geladenen Benzolmoleküls leitet man eine einfache Regel zur Bestimmung der *Spindichte* in aromatischen Radikalionen ab. Dies ermöglicht die Skizzierung von Molekülorbitalen ungepaarter Elektronen.

Bezeichnet man mit ϱ_i die auf 1 normierte Spindichte (d. h. $\sum \varrho_i = 1$) des freien π-Elektrons am i-ten C-Atom (C_i), so gilt für die isotrope Hyperfeinstruktur-Kopplungskonstante a_i des Elektronenspins mit dem Kernspin des Protons der $C_i{-}H$-Bindung die *McConnell-Gleichung*

$$a_i = Q\varrho_i \qquad \text{mit} \qquad Q = (-)\,2{,}25\,\mathrm{mT}\,.$$

a) Ermitteln Sie mit Hilfe der Angaben in Aufgabe 19.2 die Spindichte des ungepaarten Elektrons im Naphthalin-Radikalion.

b) Die Spindichten an den drei inäquivalenten Kohlenstoffpositionen des einfach negativ geladenen Anthracenmoleküls sind 0,193, 0,097 und 0,048. Wie sieht das zugehörige ESR-Spektrum aus?

19.5 In einem ESR-Spektrometer, das bei einer festen Frequenz von 8,5002 GHz arbeitet, findet man das Resonanzsignal für atomaren Wasserstoff in Form eines Dubletts bei 277,97 mT und 328,67 mT. Berechnen Sie daraus den *g-Faktor* des Elektrons im Wasserstoffatom. Wie groß ist die Hyperfeinstruktur-Kopplungskonstante?

19.6 Welche relativen *Intensitäten* besitzen die Hyperfeinstrukturlinien im ESR-Spektrum der Radikale $[CH_3]^\bullet$ und $[CD_3]^\bullet$?

19.7 Führt die Rotation des Benzol-Radikalanions um seine senkrecht zur Molekülebene stehende Symmetrieachse zu einer *Ausmittelung der Hyperfeinstruktur* im ESR-Spektrum? Wenn ja: bei welcher Rotationsfrequenz ist dies der Fall? Welchem Rotationszustand (Quantenzahlen J, K) entspricht dies? (*Hinweis*: Hauptträgheitsmomente $\Theta_\parallel = 2{,}96 \cdot 10^{-45}\,\mathrm{kg\,m^2}$, $\Theta_\perp = 1{,}47 \cdot 10^{-45}\,\mathrm{kg\,m^2}$.)

19.8 Im ESR-Spektrum von Natriumnitrit $NaNO_2$ erwartet man eigentlich eine Hyperfeinstruktur aufgrund der Wechselwirkung des Triplett-Elektronenspins mit dem Kernspin des Stickstoffs. Erklären Sie, warum man diese Hyperfeinstruktur im *Einkristall* nicht beobachtet. (*Hinweis*: was sind Exzitonen?)

19.9 Der Spin-Hamiltonian eines Moleküls im *Triplettzustand* enthält einen Ausdruck für die Dipol-Dipol-Wechselwirkung der beiden Elektronenspins. Er läßt sich mit Hilfe der beiden Feinstrukturparameter D und E darstellen mit

$$D = \frac{3}{4} g_e^2 \mu_B^2 \int {}^3\Psi^* \left(\frac{r_{12}^2 - 3z_{12}^2}{r_{12}^5} \right) {}^3\Psi \, dV_1 \, dV_2$$

$$E = \frac{3}{4} g_e^2 \mu_B^2 \int {}^3\Psi^* \left(\frac{y_{12}^2 - x_{12}^2}{r_{12}^5} \right) {}^3\Psi \, dV_1 \, dV_2 \,.$$

Dabei ist ${}^3\Psi$ die Triplett-Wellenfunktion und r_{12} der Abstand der beiden Elektronen mit $r_{12}^2 = x_{12}^2 + y_{12}^2 + z_{12}^2$; die Integration erfolgt über den gesamten Ortsraum. Durch Messung der Aufspaltung des Triplettzustands im Nullfeld ($B_0 = 0$) können D und E experimentell bestimmt werden.

Für das planare Pyrazin-Molekül findet man $D = 0{,}3\,\mathrm{cm^{-1}}$. Berechnen Sie daraus den mittleren Abstand r der beiden Elektronen im Triplettzustand.

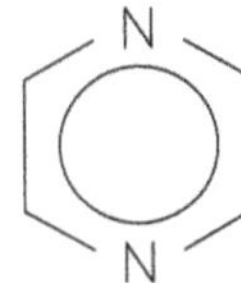

(*Hinweis*: die Ausdrücke für D und E sind hier wie üblich in cgs-Einheiten gegeben; um zum SI-System überzugehen, müssen Sie die rechten Seiten mit dem Faktor $\mu_0/4\pi$ multiplizieren. Beachten Sie auch, daß im allgemeinen Zahlenwerte für D/hc und E/hc angegeben werden.)

19.10 In der Literatur erscheinen die Ausdrücke für D (19.37) und E (19.38) oft in etwas anderer Form. Wie lauten diese Ausdrücke im cgs-System?

19.11 Leiten Sie das Gleichungssystem (19.56) her, sowie die Tabelle 19.2.

19.12 Aus ODMR-Messungen an Benzol, Naphthalin, Anthracen und Tetracen kennt man die jeweiligen Werte für die *Feinstrukturkonstanten* D und E der Triplettzustände.

a) Ordnen Sie die vier genannten Moleküle jeweils nach der Größe ihrer D- und E-Werte. Wie groß ist E für Benzol?

b) Für D mißt man Werte zwischen $0{,}06\,\text{cm}^{-1}$ und $0{,}15\,\text{cm}^{-1}$. Wie groß ist der mittlere Abstand der beiden Triplettelektronen in diesen beiden Extremfällen?

19.13 Bei der Meßmethode der ADMR (absorption detected magnetic resonance) weist man Mikrowellenübergänge zwischen den einzelnen Triplett-Subniveaus durch eine Änderung der optischen Absorption des Singulett-Grundzustands nach. Dies beruht auf einer Umbesetzung zwischen Triplettunterzuständen mit unterschiedlichen Zerfallskonstanten (Spinpolarisation): wird durch die Einstrahlung von Mikrowellen zum Beispiel Besetzung von einem kurzlebigen in ein langlebiges Subniveau gepumpt, so erhöht sich die gesamte Triplettbesetzung, während sich die Bevölkerung des Singulettzustands verringert.

a) Skizzieren Sie ein ADMR-Spektrum, bei dem die Änderung $\Delta I/I$ der Transmission einer Probe bei fester Beobachtungsfrequenz über der eingestrahlten Mikrowellenfrequenz aufgetragen ist. Nehmen Sie dabei an, daß stets eine Umverteilung zu einem schneller zerfallenden Subniveau stattfindet.

b) Leiten Sie einen linearen Zusammenhang her zwischen der relativen Transmissionsänderung $\Delta I/I$ und der Änderung des Anteils S_0 der Moleküle im S_0-Zustand.

c) Für eine Probe des photosynthetisierenden Bakteriums Rhodobacter sphaeroides *GA* mißt man bei 894 nm eine Optische Dichte von 0,23. Im ADMR-Spektrum bei 10 K findet man bei Einstrahlung der Mikrowellenfrequenz 659 MHz ($D+E$-Übergang) eine relative Transmissionsänderung von -440 ppm. Berechnen Sie daraus die Änderung ΔS_0 der Besetzung des S_0-Zustands.

20. Große Moleküle, Biomoleküle, Übermoleküle

Dieses Kapitel soll dem Physiker den Blick öffnen für die ungeheure Vielfalt der großen Moleküle, für ihre Bedeutung in Physik, Chemie, Biologie (Abschn. 20.1) und dafür, was der Molekülphysiker als Forscher hier beigetragen hat und beitragen kann. Dieser Einblick muß hier naturgemäß sehr oberflächlich bleiben. Er wendet sich in erster Linie auch an den Physik-Studenten, in dem beim Studium eines Lehrbuches der Molekülphysik der Gedanke aufkommen könnte, zweiatomige Moleküle seien die wichtigsten Moleküle. Daß dies nicht so ist, und daß das Studium komplexer molekularer Funktionseinheiten (Abschn. 20.5 bis 20.7) dem Molekülphysiker viele faszinierende ungelöste Fragen bietet, soll dieses Kapitel deutlich machen.

20.1 Bedeutung für Physik, Chemie und Biologie

In der Molekülphysik stehen aus guten Gründen zunächst die kleinen Moleküle im Vordergrund. Als Physiker möchte man die physikalischen Eigenschaften der untersuchten Objekte möglichst genau und möglichst vollständig messen, verstehen und berechnen können. Das ist bei einem kleinen zweiatomigen Molekül wie z. B. bei HCl ungleich leichter als bei einem großen Molekül wie beim Chlorophyll oder gar bei einem Makromolekül aus dem Bereich der Proteine.

Die Vielfalt der Moleküle ist jedoch ungeheuer groß, und sie wird um so größer, je größer die Moleküle werden. Hierzu trägt wesentlich die Bindungs-Hybridisierung am Kohlenstoffatom und die daraus resultierende Möglichkeit zum Eingehen vielfältiger kovalenter Bindungen bei. Makromoleküle gibt es überall, sie sind die stoffliche Basis aller biologischen Strukturen und Prozesse. Das Leben und alle biologischen Prozesse, die Vorgänge in der Zelle, im Organismus und die Wechselwirkungen mit der Umwelt sind zu einem großen Teil eine Chemie der Makromoleküle. Neben den natürlichen Makromolekülen wie den Proteinen, der DNS, der Zellulose, gibt es in unserem heutigen Leben eine Fülle von synthetischen Makromolekülen wie Polyethylen, Polystyrol oder Teflon. Diese Stoffe sind aus unserem täglichen Leben kaum mehr wegzudenken.

Wenn Makromoleküle durch Bindung zwischen vielen – meist gleichen – kleinen Einheiten, den Monomeren gebildet werden, dann spricht man von *Polymeren*. Makromoleküle können aber auch dadurch entstehen, daß gleiche oder verschiedene Moleküle durch zwischenmolekulare Kräfte, vornehmlich Van der Waals-Kräfte, neue Einheiten bilden. Dann erhält man *Übermoleküle*, *Cluster* und *Einschlußverbindungen*. Moleküle können sich auch durch kovalente Bindungen zu größeren Einheiten, zu *Supermolekülen*, zusammenschließen. Wenn ihre Funktion z. B. in biologischen Systemen nur in Form dieser spezifisch organisierten Supermoleküle möglich ist, nennt man das Gebilde eine *Molekulare Funktionseinheit*.

Die Erforschung und das Verständnis solcher Molekularer Funktionseinheiten steckt noch in den Anfängen. Der Beitrag des Physikers besteht zuerst einmal in der Strukturaufklärung mit den von ihm entwickelten Methoden der Röntgen- oder Neutronenbeugung oder mit magnetischen Resonanzmethoden. Er kann die geeigneten spektroskopischen Methoden entwickeln und anwenden, um das statische, das dynamische und das reaktive Verhalten dieser Einheiten zu verstehen. Die Physik muß einen wichtigen Beitrag liefern, wenn man die Funktion der Moleküle und wie sie durch deren Organisation bedingt ist, verstehen will, wenn man Konformation und Konfiguration, das heißt den Aufbau der Moleküle aus atomaren Einheiten und deren räumliche Anordnung, sowie die möglichen Reaktionen der Moleküle untereinander und mit anderen Molekülen im Zusammenhang erforscht. Es läßt sich unschwer voraussagen, daß hier die interdisziplinäre Arbeit von Physikern, Chemikern und Biologen eine große Zukunft hat. In diesem Abschnitt soll an einer kleinen und subjektiven Auswahl von Makromolekülen, Übermolekülen und Funktionseinheiten der Beitrag aufgezeigt werden, den hier die Physik erbringen kann.

20.2 Polymere

Zu den größten künstlich hergestellten „Molekülen" zählen die sogenannten Polymere. Ein typisches und aus dem täglichen Leben gut bekanntes Polymer ist das *Polyethylen*, ein gesättigter Kohlenwasserstoff, mit der Formel $(CH_2)_n$ (Abb. 20.1 oben), wobei n zwischen 5000 und 50 000 liegt. Das Polymer-Molekül besteht aus langen gesättigten Kohlenwasserstoff-Ketten mit uneinheitlicher Kettenlänge. Im Polymer-Material gibt es zwischen diesen Ketten keine strenge gegenseitige Ordnung, jedenfalls nicht über kleinere Bereiche parallel orientierter Moleküle hinaus.

Für den Physiker ist das Polymer *Polydiacetylen* von besonderem Interesse (Abb. 20.1 unten), da die Polymerisierungsreaktion im Einkristall der Untereinhei-

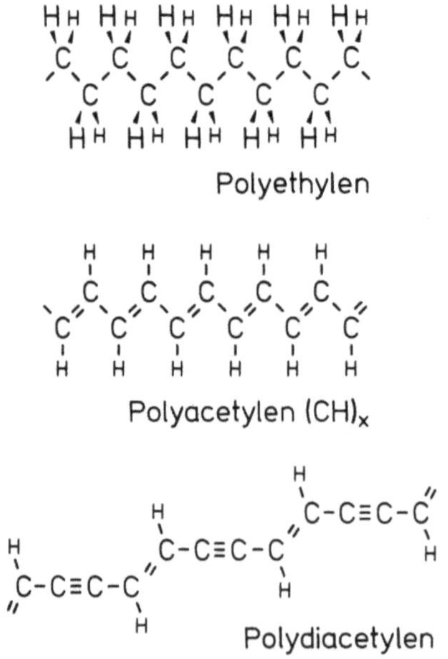

Abb. 20.1. Molekülstruktur von 3 wichtigen Klassen von Polymeren

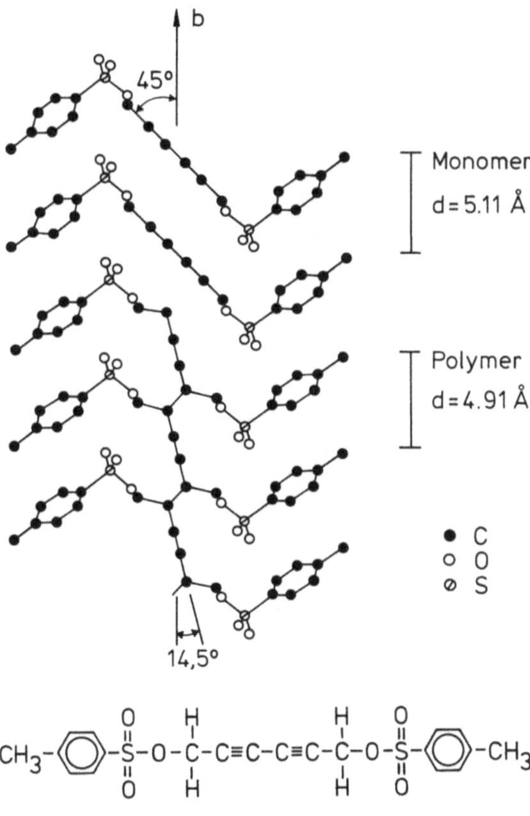

Abb. 20.2. Zur Polymerisation des Polydiacetylens. Im *oberen Teilbild* sieht man die aus der Röntgenbeugung ermittelte Molekülstruktur des monomeren Diacetylens TS 6, (Bezeichnung für die spezielle Seitengruppe, allgemein mit *R* bezeichnet), im *unteren Teilbild* diejenige des polymerisierten Kristalls. Die Protonen im Molekül sind nicht dargestellt. Die vollständige Formel des Moleküls TS 6 ist *unten* angegeben

ten stattfinden kann. Es entsteht aus der Monomer-Einheit $R{-}C{\equiv}C{-}C{\equiv}C{-}R'$ nach dem in Abb. 20.2 schematisch dargestellten Mechanismus. Dabei steht R und R' für zwei von vielen möglichen Substituentengruppen, für die Abb. 20.2 ein Beispiel zeigt. R und R' können auch gleich sein.

Bei der Polymerisation verbinden sich die in Stapeln angeordneten benachbarten Monomere im Kristall unter Bildung unterschiedlicher Reaktionszwischenprodukte in einer sogenannten 1,4-Addition (mit 1 bis 4 werden die 4 zentralen C-Atome im Monomer numeriert) zu Ketten. Zur Einleitung und zum Fortschreiten der Polymerisation benötigt man Licht und/oder thermische Energie. Unter Umlagerung der Moleküle und Knüpfen neuer Bindungen entstehen nacheinander das Dimer, Trimer, Tetramer (Abb. 20.3), bis hin zum Polymer mit großer Zahl n. Das Besondere hierbei ist, daß diese Polymerisations-Reaktion als Festkörperreaktion im Einkristall unter Erhaltung der Einkristallinität abläuft. Man wandelt also einen Einkristall aus monomeren molekularen Bausteinen in einen Polymer-Einkristall um. Die einheitliche Orientierung der Moleküle in der kristallinen Ordnung ermöglicht eine Untersuchung der Vor- und Zwischenstufen der Polymerisation mit spektroskopischen Methoden, wie es bei polymeren Molekülen sonst nicht möglich ist. Solche Zwischenprodukte der Polymerisation sind Diradikale, das sind Moleküle mit je einem ungepaarten Elektron an jedem Ende, sowie Carbene, das sind reaktionsfähige End-Gruppen mit einem C-Atom und zwei nicht-abgesättigten Elektronen. Lichtanregung ist zum Initiieren der Umwandlungsschritte nötig, thermische Energie zu Additionsreaktionen, das heißt zur fortschreiten-

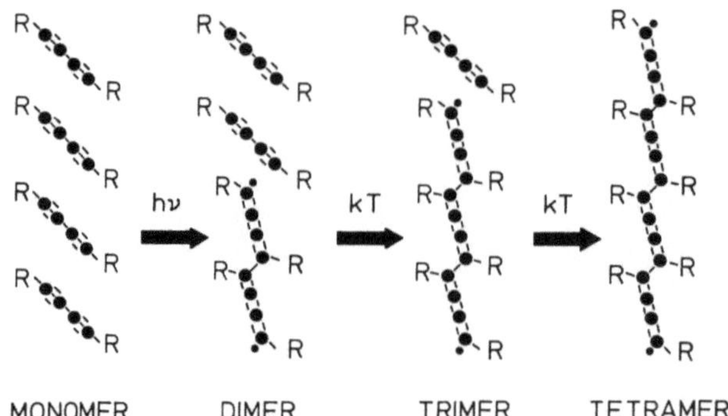

Abb. 20.3. Zum Mechanismus der Festkörper-Polymerisation von Diacetylen. Durch Licht wird die Dimer-Bildung initiiert, die weitere Polymerisation erfolgt thermisch durch Additions-Reaktionen. An den Enden der Oligomere sind jeweils durch einen Punkt die reaktionsfähigen Radikal-Elektronen der bei der Polymerisation entstehenden Diradikale bezeichnet. Nach H. Sixl

den Polymerisierung. Diese Prozesse können mit den Methoden der optischen und der ESR-Spektroskopie Schritt für Schritt messend verfolgt und aufgeklärt werden. Abbildung 20.4 zeigt als Beispiel Absorptionsspektren der Oligomeren bei fortschreitender Polymerisierung. Oligomere Moleküle, das heißt Moleküle, die nur aus wenigen Einheiten aufgebaut sind, werden so der Untersuchung zugänglich und können zugleich als Sonden für die Aufklärung des Polymerisationsprozesses dienen.

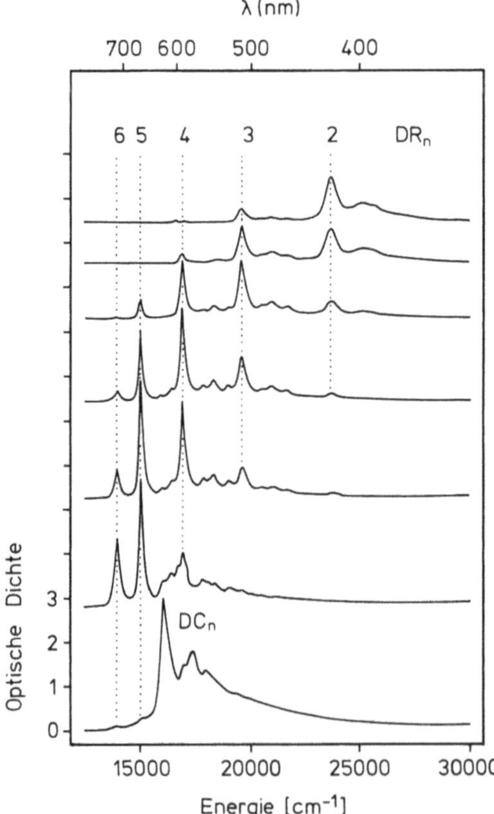

Abb. 20.4. Absorptionsspektren eines Diacetylen-Kristalls nach der Initiierung der Polymerisierung durch Licht (*oberste Meßkurve*) und nach verschiedener Dauer der thermischen Folgereaktion. Die Temperdauer bei 100 K beträgt (*von oben nach unten*) 0, 15, 35, 65, 90, 150, 240 min. Mit 2, 3, 4, 5, 6 sind die Diradikal-Zwischenstufen DR_n des Dimer bis Hexamer bezeichnet, für $n \geq 6$ sieht man im wesentlichen die Dicarbene DC_n. Das sind Moleküle mit carbenartiger (−C−) reaktiver Kopfgruppe an beiden Enden. Nach H. Sixl

Die Festkörper-Polymerisation des Diacetylens ist übrigens ein gutes Beispiel für das „topochemische Prinzip". Es besagt, daß Festkörper-Reaktionen von Molekülen mit einem Minimum an molekularer Bewegung ablaufen. Die Monomer-Moleküle müssen innerhalb des Kristalls so angeordnet sein, daß sie durch eine nur geringe Verdrehung eine chemische Bindung mit ihrem Nachbarn eingehen können. Das wird im Diacetylen durch geeignete Seitengruppen erreicht. Bei der Reaktion dürfen sich die Gitterparameter des Kristalls nur geringfügig ändern. Nur so ist es möglich, daß der Einkristall bei der Festkörper-Polymerisation erhalten bleibt.

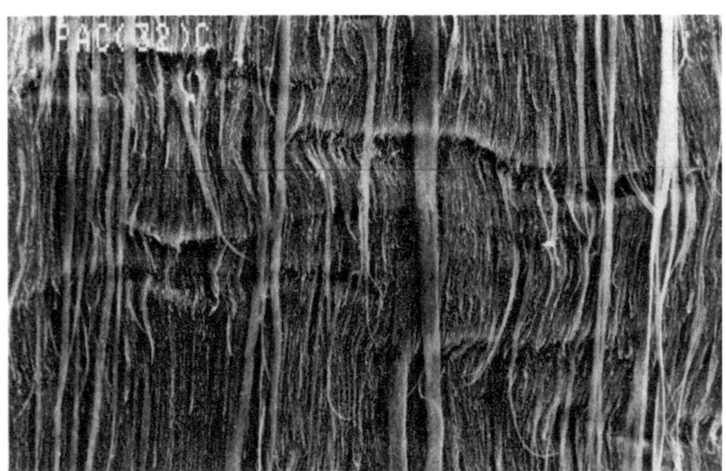

Abb. 20.5. Rasterelektronenmikroskopische Aufnahme einer Polyacetylen-Folie. Die Folie besteht aus mehr oder weniger ungeordneten Strängen von polymeren Molekülen. Eine gewisse Vorzugsorientierung wurde durch Strecken der Folie erreicht. Länge des Bildes entspricht 125 μm. (Von M. Schwoerer zur Verfügung gestellt)

Ein anderes für die Molekülphysik interessant gewordenes Molekül ist das Polyacetylen, $(CH)_n$, Abb. 20.1 Mitte. Dieses Polyen großer Kettenlänge mit alternierenden Doppel- und Einfach-Bindungen läßt sich wie fast alle Polymere nur in un- oder teilweise geordneter Form herstellen. Das wird aus Abb. 20.5 deutlich. Polyacetylen ist ein Polymer, das sich durch „Dotieren" elektrisch leitfähig machen läßt: Zusatz von Oxidationsmitteln wie AsF_5, $FeCl_3$ oder Reduktionsmitteln wie Alkalimetallen, das heißt Herstellung eines Überschusses oder eines Mangels an Elektronen, erhöht die elektrische Leitfähigkeit um viele Zehnerpotenzen auf Werte der Größenordnung $10^5\,\mathrm{S\,cm^{-1}}$. Der „Rekord" liegt heute bei $800\,000\,\mathrm{S\,cm^{-1}}$. So kommt man zu leitfähigen Polymeren.

Zum Verständnis des Leitungsverhaltens in Polyacetylen wurde ein Konzept entwickelt, bei dem die Leitfähigkeit durch einen Defekt entsteht, der in der theoretischen Physik als Soliton bezeichnet wird. Dabei sind sogenannte Bindungs-Alternierungs-Defekte wichtig, wie sie in Molekülen vom Typ des Polyacetylens vorhanden sind, oder wie sie bei Aufbrechen einer Doppelbindung und damit verbundener Bildung eines Elektron-Loch-Paares entstehen können. Abbildung 20.6 zeigt als Beispiel die Abspaltung eines eingebrachten Elektrons durch die Dotierung und ein fehlendes Elektron, ein Loch, an einem solchen Defekt. Dieses ist über mehrere Kohlenstoff-Atome im Molekül verteilt und kann sich wegen der energetischen Äquivalenz gemäß der Quantenmechanik längs der Molekülkette als Welle ausbreiten. Auch ein Austausch mit benachbarten Ketten ist möglich. So kann man die Leitfähigkeit in solchen molekularen Systemen verstehen. – Die Suche nach den Bedingungen, unter denen man leitfähige Polymere und allgemein molekulare Systeme mit einer hohen elektrischen Leitfähigkeit finden kann, ist eines der aktuellen Forschungsprobleme der Molekularen Physik.

Abb. 20.6. Neutraler und geladener „Soliton"-Defekt in der konjugierten Kette der π-Elektronen von Polyacetylen. Im *oberen Teilbild* ist ein neutrales Soliton dargestellt. Es besteht aus Bindungs-Alternierungs-Defekt und einem ungepaarten Elektron (freies Radikal), das sich längs der konjugierten π-Elektronenkette bewegen kann. – Im *unteren Teilbild* ist vom neutralen Soliton durch Oxidation ein Elektron entfernt worden. Das zurückbleibende positiv geladene Soliton ist ebenso längs der Kette delokalisiert und beweglich

20.3 Molekulare Erkennung, Molekularer Einschluß

Kann ein Molekül ein anderes „erkennen“? Kann es ein spezifisches Molekül aus anderen herauslesen, identifizieren und festhalten? Mit dieser Frage beschäftigt sich ein moderner Zweig der Chemie, für den auch der Name Supramolekulare Chemie verwendet wird. Molekulare Wechselwirkungen sind in der Biologie ja die Grundlage vieler hochselektiver Erkennungs-, Transport- und Regulationsprozesse. Erwähnt seien als Beispiel die Bindung eines biologisch wichtigen Moleküls an einen Proteinkomplex, enzymatisch gesteuerte Reaktionen, Antigen-Antikörper Assoziation oder am spektakulär sten die Replikation und Transkription des genetischen Codes bei der Vermehrung und Vererbung im Bereich der belebten Natur.

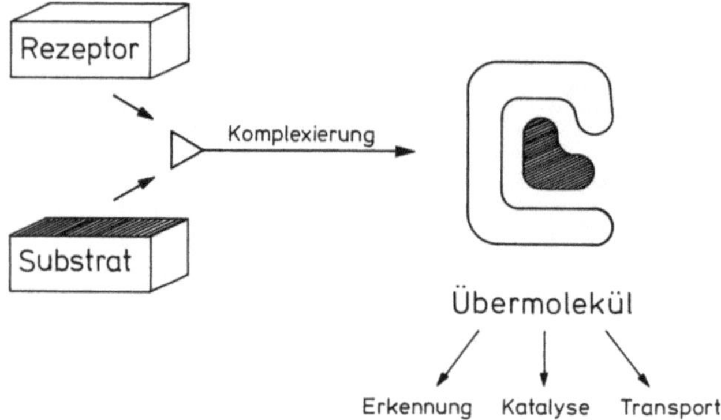

Abb. 20.7. „Rezeptor“ und „Substrat“ verbinden sich zu einem Übermolekül. Die Grundlage für das Konzept der „Molekularen Erkennung“, wichtig für Katalyse und Transportvorgänge molekularer Einheiten. Nach J. M. Lehn

Für molekulare Erkennung können *Übermoleküle* verantwortlich sein. Das sind nach *K. L. Wolf* Moleküle, die hinsichtlich ihrer kovalenten Bindungsmöglichkeiten abgesättigt sind und durch zwischenmolekulare Kräfte zusammengehalten werden. Hierbei bezeichnet man die kleinere Komponente als „Substrat“, die größere als „Rezeptor“. Man kommt so zu „Übermolekülen“, wie in Abb. 20.7 skizziert. – Die Bindung zwischen Substrat und Rezeptor muß selektiv und spezifisch sein. Molekulare Erkennung beruht dann auf Speicherung und Auslesen von Information mit Hilfe von Übermolekülen, die aus selektiver Wechselwirkung von geeigneten Molekülen hervorgehen. Dabei muß/kann das Zusammenpassen von Substrat und Rezeptor elektronisch wie auch geometrisch bedingt sein – entsprechend der berühmten Vorstellung von *E. Fischer*, 1894, wonach die Moleküle wie Schlüssel und Schloß zusammenpassen müssen.

Als Beispiel sei ein Molekül aus der Reihe der in diesem Gebiet der Molekülphysik sehr wichtigen Kronenether gezeigt, Abb. 20.8. Hier bildet der Ring der sechs O-Atome und der 12 C-Atome einen Hohlraum, der so groß ist, daß gerade ein K^+-Ion optimal

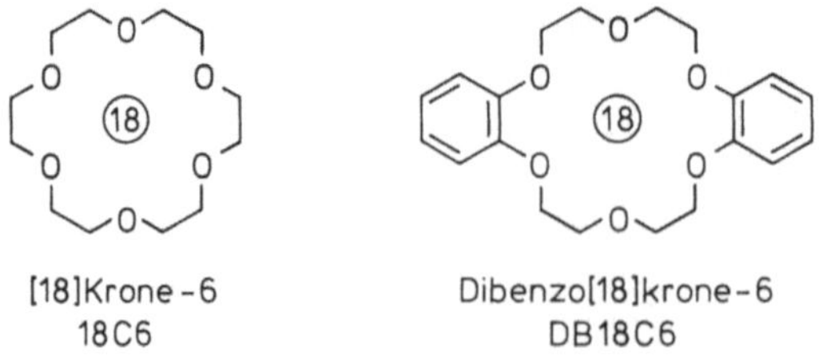

Abb. 20.8. Zwei Kronenether-Moleküle. C-Atome sind nicht bezeichnet, H-Atome nicht eingetragen. Zur Bezeichnung: Die Ringgröße, das heißt die Zahl der Bindungen im Ring, wird in eckigen Klammern angegeben, dann folgt „Krone“ oder C für die Molekülklasse, zum Schluß die Anzahl der Donorstellen. Das sind hier jeweils 6 Sauerstoff-Atome

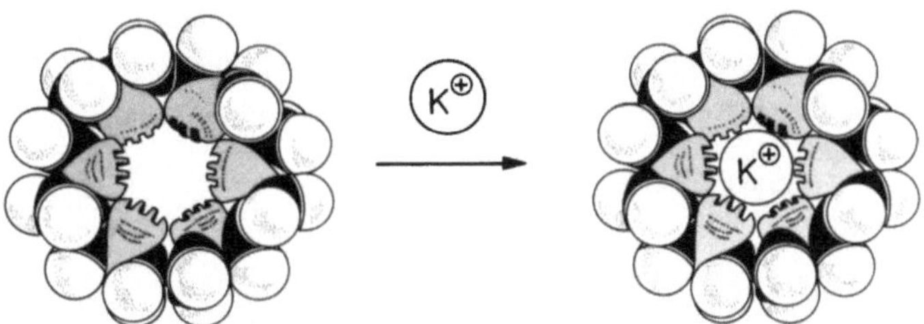

Abb. 20.9. Im Kalottenmodell wird deutlich, daß in die Öffnung des Kronenethers [18] Krone 6 gerade ein K^+-Ion paßt und dieses dort komplexiert wird. Nach Vögtle

hineinpaßt (Abb. 20.9). Ein größeres Alkali-Ion paßt nicht mehr hinein, ein kleineres ist weniger fest gebunden. Will man ein Übermolekül mit einem anderen Alkali-Ion in der Mitte herstellen, dann gibt es andere Kronenether mit spezifisch geeigneter Hohlraumgröße, Tabelle 20.1.

Tabelle 20.1. Vergleich des Durchmessers verschiedener Alkalimetall-Kationen und Kronenverbindungen*

Kation	Durchmesser [pm]	Krone	Durchmesser [pm]
Li^+	136	12C4 (9)	120–150
Na^+	190	15C5 (10)	170–220
K^+	266	18C6 (7)	260–320
Cs^+	338	21C7 (11)	340–430

* nach Vögtle

In den letzten Jahren sind viele Moleküle hergestellt worden, die zur selektiven Bindung von Substraten mit ganz unterschiedlicher Form, Größe und Struktur geeignet sind. Sie sind für Reaktionen, für Katalyse, für Transportvorgänge und besonders als Modelle für Bioprozesse von eminentem Wert. Diese neue supramolekulare Chemie muß von Molekülphysikern gemeinsam mit Chemikern bearbeitet werden, wenn man das große Potential ausschöpfen will, das sich hier für die Forschung eröffnet.

Als *Einschlußverbindungen* oder Chlathrate sind Übermoleküle oder molekulare Strukturen aus zwei oder mehr verschiedenen Molekülen schon lange bekannt. Solche Verbindungen können andere Moleküle geeigneter Größe in Hohlräume der eigenen Struktur oder des eigenen Gitters aufnehmen und darin festhalten, wobei nicht nur Bindungskräfte entscheidend sind, sondern in erster Linie der räumliche Einschluß. Dabei kann es sich um einen molekularen Einschluß wie bei den Kronenethern oder

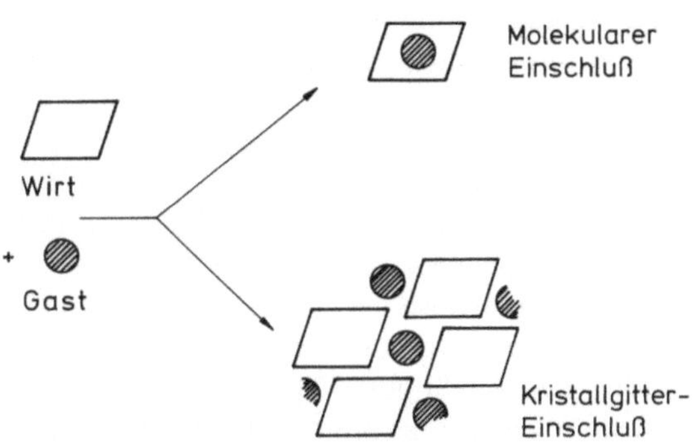

Abb. 20.10. Einschluß-Verbindungen können durch molekularen Einschluß eines Gastes in einem Wirtmolekül oder durch Gittereinschluß im Gitter der Wirtmoleküle entstehen. Nach Vögtle

um einen Einschluß in das Kristallgitter handeln, Abb. 20.10. Als Beispiel für einen Gitter-Einschluß zeigt Abb. 20.11 die Gitterstruktur des Harnstoffes, eines Moleküls mit der Formel

$$H_2N-\underset{\underset{\displaystyle O}{\|}}{C}-NH_2$$

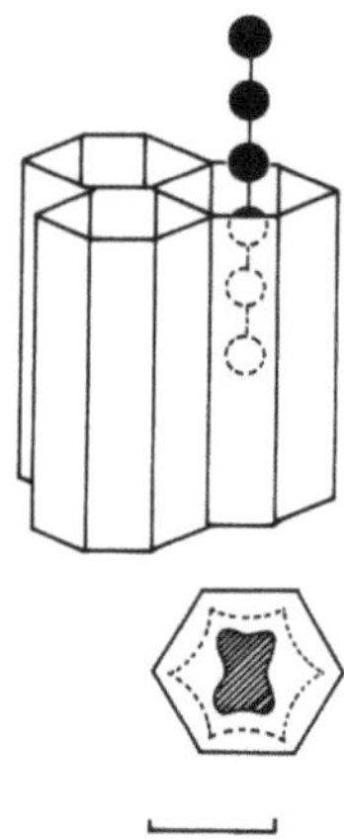

Abb. 20.11. Das Gitter der Harnstoff-Moleküle ermöglicht den Einschluß von Paraffin-Molekülen. Nach Vögtle

In den Hohlräumen des Gitters lassen sich z. B. *n*-Paraffine, *n*-Fettsäuren und halogenierte Kohlenwasserstoffe, ja sogar Benzol-Moleküle unterbringen. Die kanalartigen Hohlräume im Gitter des Harnstoffes haben einen Durchmesser von 520 pm. Dadurch ist der Durchmesser der einzubauenden Moleküle begrenzt.

Man kennt eine Vielzahl von Wirtsubstanzen für Chlathrate mit einer Fülle von anderen Molekülen. Solche molekularen Strukturen sind von großem praktischem wie theoretischem Interesse. Wenn der Einschluß durch die spezifische Gitterstruktur möglich wird, dann schlagen diese molekularen Strukturen auch eine Brücke zur Festkörperphysik.

Der Begriff des Übermoleküls wurde insbesondere durch die Arbeiten von *J. M. Lehn*, erweitert zu dem des Supermoleküls und zu dem Gebiet der *supramolekularen Chemie*. Von einem Supermolekül oder einer molekularen Funktionseinheit spricht man allgemein, wenn sich verschiedene Moleküle so miteinander verbinden, daß sie eine neue Funktion erfüllen. Im engeren Sinne versteht man darunter Verbindungen infolge von zwischenmolekularen Kräften, also auch Wirt-Gast-Komplexe, selbstorganisierte Assoziate und molekulare Filme. Im weiteren Sinne sind dies jedoch auch kovalent zu neuen Einheiten verbundene Molekülverbände. Die Bedeutung solcher Systeme in Chemie, Biologie und Physik ist immens. Man braucht nur an die vielfältigen Anwendungsmöglichkeiten als Katalysatoren, als Sensoren oder für neuartige Werkstoffe zu denken. Mehr dazu auch Abschn. 20.7 und in Kap. 21.

20.4 Energieübertragung, Sensibilisierung

Molekulare Systeme können auch zur Licht-Umwandlung führen durch die Reaktionsfolge: Absorption von Licht durch einen Partner des Systems, Übertragung der Anregungsenergie auf den anderen Partner und Emission von Licht durch diesen. Ein Beispiel aus der Supramolekularen Chemie ist das in Abb. 20.12 dargestellte Europium (III)-Cryptat des makrobizyklischen Liganden Polypyridin. Als Cryptate bezeichnet man derartige molekulare Komplexe, bei denen ein Partner (das Eu-Ion) von einem anderen Partner weitgehend eingeschlossen ist. Während das freie Europium-Ion in Lösung nicht fluoresziert, zeigen die Komplexe eine starke Lumineszenz. Wie das Anregungsspektrum (Abb. 20.13) zeigt, wird diese Lumineszenz durch Absorption von Licht im organischen Liganden angeregt und auf das dann emittierende Eu-Ion übertragen. Dieser Ligand ist dadurch, daß er das Metallion in seinem Hohlraum einschließt, gleichzeitig dafür verantwortlich, daß die Emission des Eu-Ions nicht durch strahlungslose Desaktivierungsprozesse über die Moleküle des Lösungsmittels unterdrückt wird.

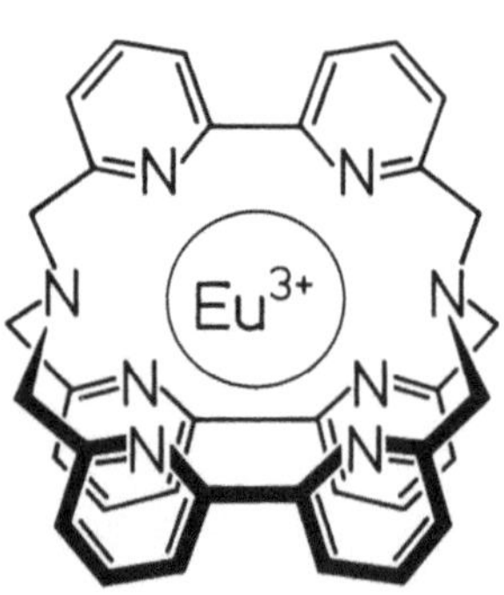

Abb. 20.12. Molekülstruktur eines Europium(III)-Cryptats mit einem makrobizyklischen Polypyridinliganden, der das Eu^{3+}-Ion einschließt. (Nach J. M. Lehn, Angew. Chem. **100**, 92 (1988))

Strahlungslose Übertragung von elektronischer Anregungsenergie zwischen Molekülen über etwas größere Entfernungen bis etwa 100 Å ist ein in vielen molekularen Systemen wichtiger Prozeß. Verantwortlich für die Energieübertragung ist die resonante Wechselwirkung eines elektronisch angeregten Moleküls D (für Donator, siehe

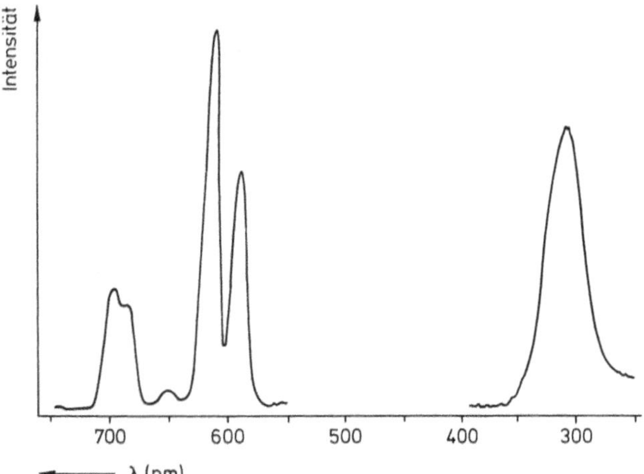

Abb. 20.13. *Rechts:* Anregungsspektrum, das heißt Spektrum desjenigen Lichtes, durch die eine Emission bei 700 nm angeregt wird, also der Eu-Fluoreszenz im Molekül von Abb. 20.12. *Links:* Emissionsspektrum. Dieses gehört zu Eu^{3+}, während die Absorption durch den organischen Liganden erfolgt. Dies folgt aus der Übereinstimmung des gezeigten Anregungsspektrums mit einer Absorptionsbande des organischen Makrozyklus. Beispiel für intramolekulare Energieübertragung von angeregten Zuständen des Liganden in angeregte Zustände des Eu^{3+}-Ions. Dieses emittiert wegen seiner Abschirmung durch den organischen Partner mit hoher Ausbeute. Messung in 10^{-6} molarer Lösung bei Raumtemperatur

Abb. 20.14) mit einem im elektronischen Grundzustand befindlichen Molekül A (für Akzeptor). Bedingung für die Resonanz ist eine Überlappung zwischen Emissionsspektrum des Donators und Absorptionsspektrum des Akzeptors und eine hinreichend kleine Entfernung zwischen D und A.

Als Wechselwirkungsmechanismen können sowohl Austausch- als auch Coulomb-Wechselwirkung auftreten. Die Coulomb-Wechselwirkung kann bekanntlich in einer Multipolreihe entwickelt werden, wobei der Term mit der größten Reichweite den Dipol-Dipol-Term darstellt. Die Energieübertragung über diesen Mechanismus wurde zuerst von *Förster* berechnet und daher Förster-Prozeß genannt.

Für die Energietransferrate $\kappa_{\mathrm{D}\to\mathrm{A}}$ vom Molekül D zum Molekül A im Abstand r (Abb. 20.14) ergibt sich

$$k_{\mathrm{D}\to\mathrm{A}} = \frac{1}{\tau_{\mathrm{D}}^{r}}\left(\frac{R_0}{r}\right)^6 , \quad \text{also} \quad \sim r^{-6} ,$$

wobei $(\tau_{\mathrm{D}}^{r})^{-1}$ die strahlende Zerfallsrate des Donators angibt und der sogenannte Förster-Radius R_0 denjenigen Abstand bezeichnet, bei dem die Wahrscheinlichkeiten für direkte Ausstrahlung von Licht durch D und für strahlungslose Energieübertragung von Molekül D auf Molekül A gleich groß sind.

Beim Förster-Mechanismus fällt die Energietransferrate $k_{\mathrm{D}\to\mathrm{A}}$ mit der sechsten Potenz des Abstandes r zwischen den beteiligten Molekülen ab. Im Fall höherer Multipolterme ergibt sich ebenfalls ein Potenzgesetz für $k_{\mathrm{D}\to\mathrm{A}}$ jedoch deutlich geringerer Reichweite: $k_{\mathrm{D}\to\mathrm{A}} \sim r^{-x}$ mit $x \geq 8$. Für die Austauschwechselwirkung ergibt sich gar eine exponentielle Abstandsabhängigkeit, so daß eine Energieübertragung durch diesen Wechselwirkungsmechanismus nur über kleine Abstände (wenige Å) wirksam ist.

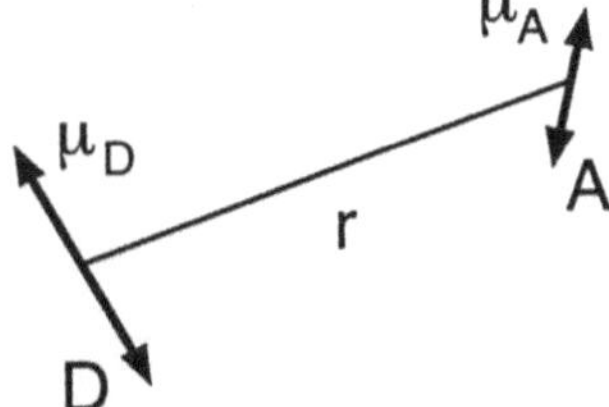

Abb. 20.14. Zur Energieübertragung nach *Förster*. Die vom Molekül 1, dem Donator D absorbierte Energie kann strahlungslos auf das Molekül 2, den Akzeptor A, im Abstand r übertragen werden. Die relative Orientierung der Moleküldipole μ_{D} und μ_{A} (vgl. Abschn. 15.1) zueinander wird durch den Orientierungsfaktor κ^2 berücksichtigt

Förster erhielt für den Fall der Dipol-Dipol-Wechselwirkung für R_0 folgenden Ausdruck

$$R_0^6 = 7{,}096393 \cdot 10^5 \cdot \frac{\kappa^2}{n^4} \cdot \int_0^\infty f_{\mathrm{D}}(\nu) \cdot \varepsilon_{\mathrm{A}}(\nu) \frac{d\nu}{\nu^4}\,[\mathrm{m}^6] , \tag{20.1}$$

wobei κ^2 ein Zahlenfaktor von der Größenordnung 1 ist, der die relative Orientierung beider Moleküle enthält, n den Brechungsindex bezeichnet, und das Integral die Überlappung zwischen Fluoreszenz f_D des Donators und Absorption ε_A (in $[1 \cdot \text{mol}^{-1} \cdot \text{cm}^{-1}]$) des Akzeptors beinhaltet. Das Fluoreszenzspektrum ist hierbei normiert:

$$\int_0^\infty f_D(\nu) d\nu = 1 .$$

Typische Zahlenwerte für Förster-Radien R_0, d. h. für Abstände, über die diese Energieübertragung wichtig ist, liegen für organische Moleküle bei 50 Å.

Eine wichtige Anwendung für Energieübertragung in der Photophysik ist die *sensibilisierte Fluoreszenz*. Sie ist dafür verantwortlich, daß festes Anthracen (vergleiche Abb. 14.21) nicht blauviolett wie reines Anthracen, sondern grüngelb fluoresziert, wenn es nur 10^{-5} Teile des Moleküls Tetracen als Beimischung oder „Gast" enthält. Die vom Anthracen absorbierte Energie wird mit hoher Ausbeute auf die Verunreinigung Tetracen übertragen und von dieser emittiert, Abb. 20.15.

Man kann das auch so ausdrücken: Durch Lösen in Anthracen wird die Wahrscheinlichkeit der Lichtanregung von Tetracen um viele Zehnerpotenzen erhöht. Man kann durch geeignete Energieübertragungs-Systeme also dafür sorgen, daß man Energie bevorzugt auf bestimmte Moleküle lenkt, zum Beispiel auf Moleküle, an denen eine photochemische Reaktion stattfinden soll.

Solche Prozesse spielen bei biologischen Systemen, zum Beispiel bei den sogenannten Antennenkomplexen zum Lichtsammeln für die Photosynthese (vergleiche Abschn. 20.6) und in der Technik, zum Beispiel bei der Photographie, eine wichtige Rolle.

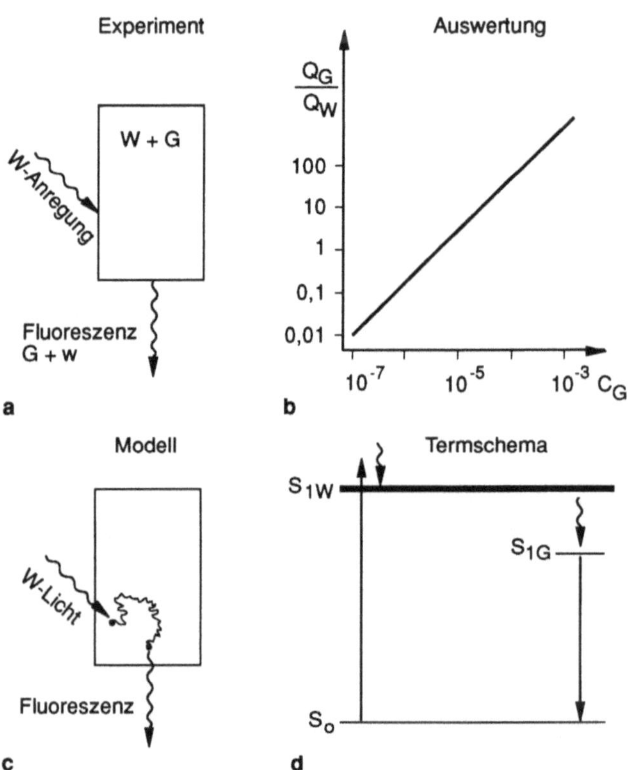

Abb. 20.15a–d. Sensibilisierte Fluoreszenz, schematisch. (**a**) Der Wirt-Kristall W enthält eine geringe Konzentration von Gastmolekülen G. Der Kristall wird mit Licht angeregt, das überwiegend vom Wirt absorbiert wird. Die Fluoreszenz enthält überwiegend Gast-Licht. (**b**) Die emittierten Fluoreszenz-Lichtquanten von Wirt und Gast, Q_W und Q_G unterscheiden sich spektral, in ihrer Farbe, und lassen sich deshalb voneinander getrennt messen. Das Quantenverhältnis Q_G/Q_W wird über die Gast-Konzentration C_G aufgetragen, (**c**) Das Anregungslicht wird im Kristall vom Wirt absorbiert. Die Anregungsenergie diffundiert als S_1-Exziton im Kristall. Wenn das Exziton während seiner Lebensdauer zu einem Gast-Molekül G gelangt, wird es dort eingefangen und G-Licht wird emittiert, (**d**) Anregungsenergie aus dem Exzitonenband S_{1W} des Wirtes wird auf das im Gitter isolierte Gastmolekül übertragen. Emission erfolgt aus dem Anregungszustand S_{1G} des Gastes. (Nach H.C. Wolf, *Die feste Materie*, Umschau Verlag, Frankfurt (1973))

20.5 Moleküle für Photoreaktionen in der Biologie

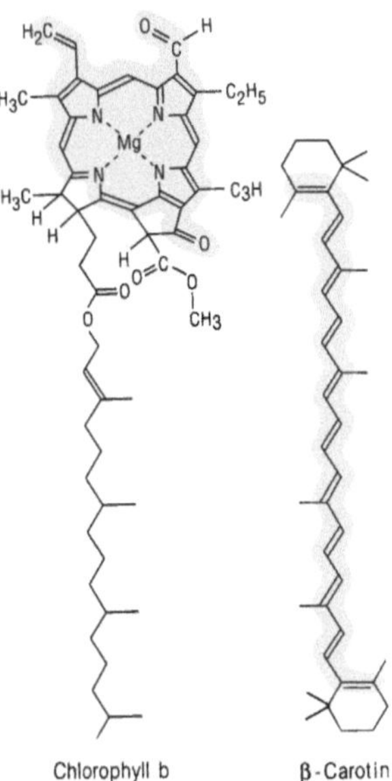

Abb. 20.16. Molekülstruktur von Chlorophyll *b* und *β*-Carotin. Der Bereich konjugierter Doppelbindungen, der für die Lichtabsorption maßgeblich ist, ist *schraffiert*. Die C-Atome sind in den Ketten und Ringen nicht bezeichnet, die H-Atome nicht eingezeichnet. *Striche* ohne Atom-Bezeichnung führen zu (nicht eingezeichneten) CH_3-Gruppen. Nach Dickerson und Geis

Das Leben auf der Erde braucht das Sonnenlicht. Ohne dieses wäre die belebte Natur, wie sie uns umgibt, nicht möglich. Die Sonne liefert die Energie für die Photosynthese, das heißt für den Prozeß, der zum stofflichen Aufbau und zur Funktion der uns umgebenden Natur unerläßlich ist. Viele andere lebenswichtige Prozesse verwenden Licht – genannt seien nur das durch Licht gesteuerte gerichtete Wachsen von Pflanzen, der sogenannte Phototropismus, und im Bereich der Tiere und beim Menschen der Sehprozeß.

All diese chemischen Grundprozesse der Biologie verlaufen über Photo-Rezeptoren. In ihnen enthaltene Moleküle sind für die Primärprozesse der Photochemie und Photophysik der Lebewesen verantwortlich. Sie absorbieren das Licht und transportieren die absorbierte Energie an die Stelle, an der die chemischen Primärprozesse einsetzen. Um sie in ihrer Funktion zu verstehen, bedarf es der Methoden der Molekülphysiker. Mehr dazu in Abschn. 20.7.

Das wichtigste dieser Moleküle ist wohl das *Chlorophyll*, Abb. 20.16. Es besteht aus einem großen Ring, dem Makrozyklus des Porphyrin-Ringes mit delokalisierten Elektronen, d. h. konjugierten Doppelbindungen, der für die charakteristische Lichtabsorption verantwortlich ist, und einem sogenannten Phytolschwanz, der nicht der Lichtabsorption, sondern der Löslichkeit in der Membran und dem richtigen Einbau in das zugehörige Protein dient. Die Absorptionsspektren von zwei etwas unterschiedlichen Chlorophyll-Molekülen und von Carotin, also von der Lichtaufnahme dienenden Molekülen, zeigt Abb. 20.17. – Durch leichte Modifikationen am Molekül sowie durch unterschiedlichen Einbau in die sie tragenden Proteine kann man die Absorptionsspektren spektral etwas verschieben. Davon machen Lebewesen Gebrauch, die unter Bedingungen leben, bei denen sie Licht anderer spektraler Zusammensetzung ausnützen müssen, als sie das normale Sonnenlicht bietet – beispielsweise in sumpfigem Wasser. Im Prozeß der Photosynthese haben Chlorphyllmoleküle mindestens zwei Funktionen: als Antennen dienen sie der Lichtabsorption, und im Reaktionszentrum sind sie für den Primärprozeß der Photosynthese, nämlich die primäre Ladungstrennung, also die Abspaltung eines Elektrons zuständig, siehe auch Abschn. 20.7.

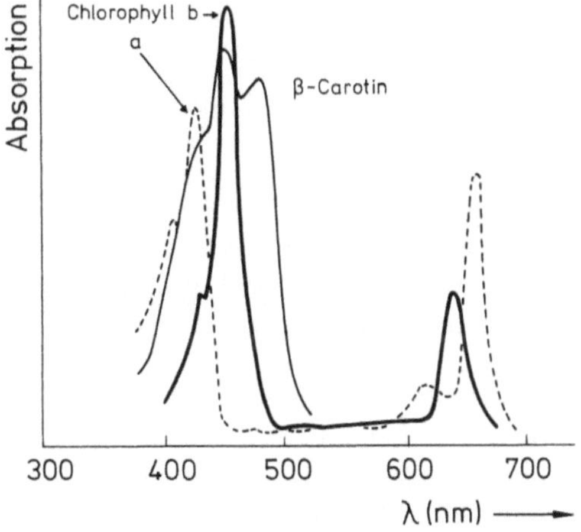

Abb. 20.17. Absorptionsspektren (sichtbarer Bereich) der beiden Chlorophyll-Moleküle Chlorophyll *a* und *b* sowie von *β*-Carotin

Eine andere Gruppe von Pigment-Molekülen, die bei der Photosynthese in Pflanzen und Tieren wichtig sind, sind die *Carotinoide*. Ein Vertreter dieser Gruppe, das β-Carotin, ist ebenfalls in Abb. 20.16 und 20.17 gezeigt. Hier ist die für die Photo-Reaktion verantwortliche elektronische Struktur eine lineare Kette alternierender Doppelbindungen, eine Polyen-Struktur, siehe Abschn. 14.6. Carotinoide, das heißt Moleküle mit einer ähnlichen Grundstruktur wie das β-Carotin, sind im Photosyntheseapparat vieler photosynthetisierender Pflanzen und Bakterien enthalten.

Das Absorptionsspektrum von Carotinoiden (Abb. 20.17) ergänzt die Chlorophyll-Absorption spektral und ermöglicht damit eine bessere Ausnutzung des Sonnenlichtspektrums in den für die Lichtaufnahme verantwortlichen „Antennen" des Photosyntheseapparates. Darüber hinaus ist der im Infraroten bei ca. $8000\,\mathrm{cm}^{-1}$ liegende tiefste angeregte Triplett-Zustand dieses Moleküls wichtig. Er sorgt für eine strahlungslose Abfuhr überschüssiger Energie, wenn mehr Lichtquanten vom Chlorophyll absorbiert werden, als vom Photosynthese-Apparat verarbeitet werden können. Er schützt damit das Lebewesen vor Schaden, wenn zu viel Licht einfällt, insbesondere vor Bildung des sehr reaktionsfreudigen angeregten Singulett-Zustandes von Sauerstoff, ${}^1\mathrm{O}_2^*$, vgl. Abb. 13.9 und 14.1.

Dieser kann nämlich durch strahlungslose Umwandlung aus dem Triplett-Grundzustand ${}^3\mathrm{O}_2$ entstehen, nach dem Schema

$$ {}^3\mathrm{O}_2 + {}^3\mathrm{Chlorophyll}^* \to {}^1\mathrm{O}_2^* + {}^1\mathrm{Chlorophyll}\,, $$

wenn der Abbau der Anregung des Chlorophyll-Moleküls in seinem Triplett-Grundzustand ^{3}Chlorophyll wegen zu starker Lichteinstrahlung nicht vollständig erfolgt. Nach dem Schema

$$ {}^3\mathrm{Chlorophyll}^* + {}^1\mathrm{CAR} \to {}^1\mathrm{Chlorophyll} + {}^3\mathrm{CAR}^* $$

eröffnet das Carotinoid einen zusätzlichen Kanal für die Entvölkerung des angeregten Chlorophyll-Moleküls und verhindert damit die oben erwähnte Konkurrenz-Reaktion, bei der ${}^1\mathrm{O}_2^*$ entsteht. So ermöglichen die Carotinoide einen schnelleren Abbau von zu starker Anregung des Zustandes ^{3}Chlorophyll*. (Mit Stern sind hier elektronisch angeregte Zustände bezeichnet.) Gebildeter Singulett-Sauerstoff wird nach dem Schema

$$ {}^1\mathrm{O}_2^* + {}^1\mathrm{CAR} \to {}^3\mathrm{O}_2 + {}^3\mathrm{CAR}^* $$

in unschädlichen Sauerstoff ${}^3\mathrm{O}_2$ überführt. – Der entstandene Triplett-Zustand ${}^3\mathrm{CAR}^*$ gibt seine Energie nach dem Schema

$$ {}^3\mathrm{CAR}^* \to {}^1\mathrm{CAR} + \mathrm{Phononen} $$

rasch ab. Darauf beruht die Schutzwirkung von Carotinoiden gegen Lichtsensibilisierte Reaktionen.

Das von den Pigment-Molekülen, das heißt Chlorophyll und Carotinoid, im Antennen-System absorbierte Licht wird innerhalb der molekularen Strukturen des Photosyntheseapparates zu dem Reaktionszentrum geleitet. Dort beginnt dann die photochemische Reaktion.

Für den Sehvorgang im Auge ist ein Molekül verantwortlich, das wie das Carotin als absorbierende Struktur eine Kette konjugierter Doppelbindungen enthält, das *Retinal*, Abb. 20.18, das mit dem Protein Opsin zusammen Rhodopsin heißt. Bei diesem Molekül bewirkt absorbiertes Licht eine cis-trans-Isomerisierung, das heißt das

Abb. 20.18. Retinal kann durch Absorption von sichtbarem Licht aus der cis-Konfiguration in die trans-Konfiguration isomerisiert werden. Zusammen mit dem Protein Opsin, woran das Retinal gebunden ist, wird diese Isomerisierung als lichtempfindlicher Mechanismus im Auge ausgenutzt. Vor Absorption von Licht ist das Retinal in cis-Konformation an Opsin gebunden. In der trans-Konformation ist dieser Komplex mit dem Namen Rhodopsin instabil, er zerfällt in Opsin und Retinal. Dieser Prozeß ist reversibel

räumliche Umklappen einer Bindung wie in Abb. 20.18 gezeigt. Diese molekulare Umlagerung als Primärprozeß des Sehens wird in den molekularen Funktionseinheiten, in die das Molekül eingebaut ist, schließlich in eine Reizung der Sehzellen umgewandelt. – Solche molekularen Umlagerungen spielen auch an vielen anderen Stellen der Photobiologie eine wichtige Rolle, z. B. bei der Licht-Regulierung des pflanzlichen Wachstums durch sogenannte Phytochrom-Moleküle, die dem Retinal verwandt sind und bei denen ebenfalls eine cis-trans-Isomerisierung der primäre Schritt der Photoreaktion ist.

Mit den modernen Methoden der Laserspektroskopie kann man sogar die Geschwindigkeit solcher Isomerisierungsprozesse messen. Abbildung 20.19 zeigt schematisch den Photoprozeß in Rhodopsin, das aus Rinder-Augen gewonnen wurde. Die Photo-Isomerisierung ist nach 200 Femtosekunden beendet.

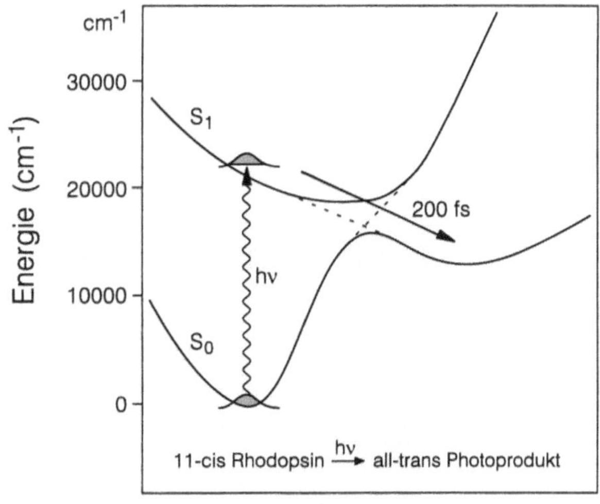

Abb. 20.19. Schema für die Photoisomerisierung von 11-cis Rhodopsin. Licht wird vom Grundzustand S_0 in den Anregungszustand S_1 absorbiert. Die Farbe ist blau-grün, die Pulsdauer beträgt 10 fs. Dort erfolgt strahlungslos die Umlagerung in die all-trans Form. Nach C. V. Shank u. a., Science **254**, 412 (1991)

20.6 Moleküle als Grundbausteine des Lebens

Wichtigste molekulare Komponenten des Lebens sind die Proteine und die Nukleinsäuren. Sie stellen die Bausteine molekularer Strukturen dar, aus denen die belebte Welt aufgebaut ist. Proteine sind die Grundbausteine lebender Organismen, Nukleinsäuren die Träger und Überträger von Information.

Proteine sind Polymere aus Aminosäuren. Dies sind bifunktionelle Moleküle, das heißt Moleküle mit zwei reaktiven Enden, einer Aminogruppe, $-NH_2$, an einem Ende des Moleküls und einer Carboxyl-Gruppe, $-COOH$, am anderen Ende. Die allgemeine Formel für eine Aminosäure ist:

$$\begin{array}{c} R \\ | \\ H_2N-C-COOH\,. \\ | \\ H \end{array}$$

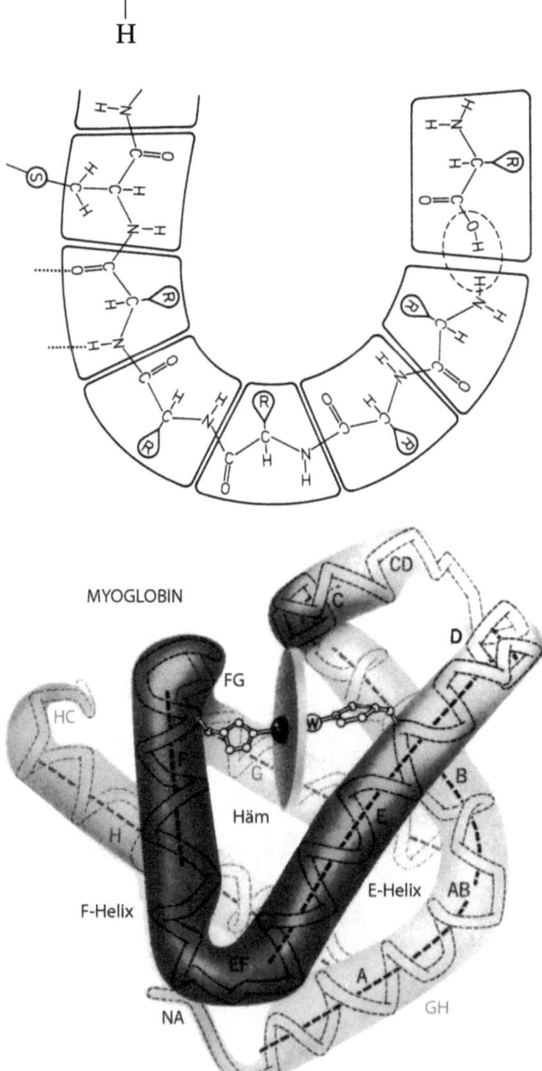

Abb. 20.20. Schema einer Polypeptidkette. Durch Abspaltung eines Wassermoleküls verbinden sich Aminosäuren in der sogenannten Peptidbindung. Das Rückgrat besteht aus identischen Einheiten. Die variablen Seitenketten *R* geben jeder Proteinkette ihre charakteristischen Eigenschaften. Mit *S* ist die Quervernetzung zu einem anderen Teil der Kette als Disulfidbrücke angedeutet. Eine andere Form der Quervernetzung erfolgt über Wasserstoffbrücken (*gepunktet*). Nach Dickerson und Geis

Abb. 20.21. Stark schematische Abbildung des Myoglobins. Es besitzt 153 Aminosäuren in einer Kette und eine Molekülmasse von 17 000, ist also ein verhältnismäßig kleines Protein. Die Kette ist in 8 Segmente *A* bis *H* zur zylindrischen α-Helix gefaltet. Die Knickpunkte zwischen je zwei Segmenten werden mit beiden entsprechenden Buchstaben bezeichnet, z. B. *AB*. – In der aus *E* und *F* gebildeten Tasche liegt die Häm-Gruppe, das ist ein Fe-Atom im Zentrum eines Porphyrin-Rings. An dieses zentrale Fe kann ein O_2-Molekül gebunden werden, wenn Myoglobin Sauerstoff speichert (Bindungsstelle *W*). Nach Dickerson und Geis

Dabei ist R eine von vielen möglichen Seitengruppen, die etwas unterschiedliche chemische Eigenschaften haben können. Ist R einfach ein H-Atom, so heißt die Aminosäure beispielweise Glycin, mit der Seitengruppe

$$-CH\begin{matrix} \diagup CH_3 \\ \diagdown CH_3 \end{matrix}$$

heißt sie Valin. Aminosäuren können über ihre reaktiven Enden unter Abspaltung von H_2O zu sogenannten Polypeptiden polymerisieren (Abb. 20.20). Dabei ist die Sequenz (Reihenfolge) der hinsichtlich ihrer Seitengruppen R unterschiedenen Aminosäuren für die biologischen Eigenschaften der Polypeptide entscheidend. Diese Ketten bilden schließlich bei typischen Längen von 60 bis 600 Aminosäuren durch Schraubung und Faltung eine dreidimensionale Protein-Struktur, Abb. 20.21. Die Molekülmassen liegen bei solchen Molekülen zwischen 10 000 bis 200 000. In der Natur kommen 20 verschiedene Aminosäuren mit unterschiedlichen Seitengruppen vor. Die Reihenfolge (Sequenz) dieser Seitengruppen längs der Polypeptidkette ist durch den sogenannten genetischen Code festgelegt, das heißt durch eine Bauvorschrift, die bei der Duplizierung von Zellen weitergegeben wird. Sie bestimmt zunächst einmal, um welches Protein es sich handelt und wie die molekulare Struktur dieses Proteins, die Primärstruktur, aussieht. Weiterhin falten sich Bereiche der Polypeptidkette zunächst zu einer Schraubenstruktur (Helix), und diese Helices falten sich ihrerseits wieder zu einem dreidimensionalen Molekül. Man spricht von Sekundär- und Tertiärstruktur. Ein Beispiel hierfür zeigt Abb. 20.21. Hier wird gleichzeitig deutlich, wie ein solches Protein einen geometrisch und elektronisch genau definierten Platz für ein anderes Molekül – z. B. eine Eisen enthaltende Verbindung Häm in Abb. 20.21 – schaffen kann.

Ein Protein ist also ein gefaltetes Polymer aus Aminosäuren mit spezifischer Sequenz dieser Molekülgruppen. Es gibt viele Möglichkeiten für die Tertiärstruktur und für die Funktion von Proteinen. Sie können zum Beispiel als Träger für Metall-Atome oder kleine organische Moleküle fungieren. Solche globulären Proteine mit einem Durchmesser von 2 bis 20 nm können vielfache Funktionen in der Biochemie erfüllen: als katalytisch wirkende Enzyme, als Sauerstoffüberträger (Hämoglobin), als Elektronenüberträger (Cytochrom) und viele andere mehr. Proteine können aber auch aus Polypeptidketten bestehen, die sich in Form von Kabeln oder Strängen umeinander winden. Sie werden dann als Struktur- und Stützelemente wichtig und heißen Faserproteine und bilden Haare, Haut, Muskeln.

Der wichtigste Informationsträger im Leben aber sind die *Nukleinsäuren*, speziell die DNS, die Desoxyribonukleinsäuren. Sie bilden den zentralen Informationsspeicher im Zellkern, von dem aus mit Hilfe von Ribonukleinsäuren (RNS) die gespeicherten Informationen weitergegeben und bei der Biosynthese von Proteinen benutzt werden.

Die Aufklärung der Strukturen und die Erklärung der zwischenmolekularen Bindungen ist der primäre Beitrag, den die Molekülphysik bei der Aufklärung dieser Grundelemente des Lebens leistet.

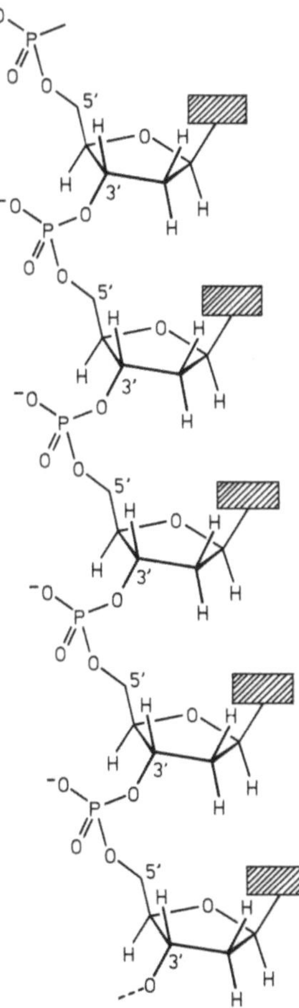

Abb. 20.22. Das Rückgrat der Desoxyribonukleinsäure, kurz DNS, ist ein langes Polymeres, das abwechselnd aus Phosphat- und Desoxyribose-Molekülen aufgebaut ist. Diese sind in den mit 3′ und 5′ bezeichneten Positionen des Zuckers miteinander durch eine Ester-Bindung verknüpft. Die *schraffierten Kästchen* bedeuten jeweils eine der vier möglichen Basen. Nach Dickerson und Geis

DNS, Desoxyribonukleinsäure, Abb. 20.22 und 20.23, ist die wichtigste Nukleinsäure, weil sie in der Regel die genetische Information enthält und weitergibt. Sie ist ein langkettiges Polymer aus dem Zuckermolekül Desoxyribose (allgemeine Summenformel von Zucker-Molekülen $C_x(H_2O)_y$, mit x und y 5 bzw. 6) und Phosphat-Gruppen, die abwechselnd miteinander zu einer Kette verbunden sind, siehe Abb. 20.22. Jedes der

Adenin Thymin Guanin Cytosin

Abb. 20.23. Die vier Basen der DNS, jeweils paarweise verbunden

Einzelmoleküle ist kovalent mit einer von 4 Purin- oder Pyrimidin-Basen verbunden, die mit A (Adenin), C (Cytosin), G (Guanin) bzw. T (Thymin) bezeichnet werden, und in Abb. 20.23 einzeln gezeigt sind. Längs der Polymerkette sind also in regelmäßigem Abstand diese Seitengruppen angeordnet.

Die genetische Information wird durch die Reihenfolge der Basen im DNS-Strang codiert. Drei aufeinanderfolgende Basen – ein Codon – charakterisieren eine Aminosäure, geben also für die Anordnung der Aminosäuren in den Proteinen die Bauvorschrift. Es gibt für die Codierung der 20 verschiedenen Aminosäuren, aus denen Proteine bestehen, $4^3 = 64$ verschiedene Codons, weil in jeder Position vier verschiedene Basen angeordnet sein können. Ein zweiter Strang, der mit dem ersten Strang zu einer Doppelhelix vereinigt ist (über Wasserstoffbrücken zwischen den Basen) enthält ebenfalls die gleiche Information, vergleiche Abb. 20.24. Sie kann durch die ähnlich aufgebaute sogenannte Boten-RNS (Ribonukleinsäure) abgefragt und als Bauvorschrift für zu synthetisierende Proteine weitergegeben werden. Dabei bedeutet, wie erwähnt, immer eine Dreiergruppe von Basen, ein Codon, die Vorschrift, eine bestimmte Aminosäure im Proteinstrang anzubringen. Die Boten-Ribonukleinsäure ist ähnlich wie die DNS auf-

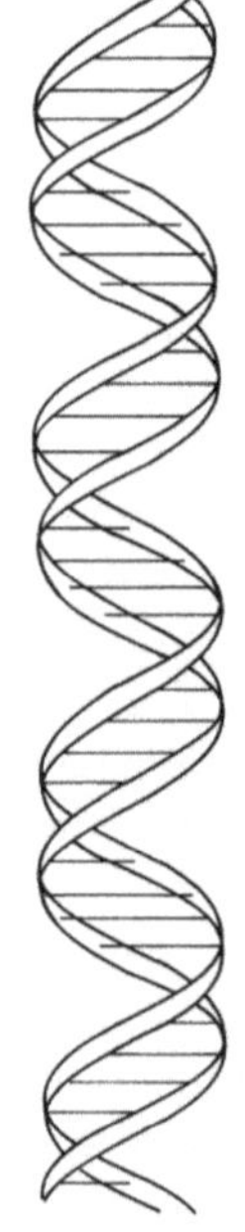

Phosphat			Phosphat
Zucker	Guanin	Cytosin	Zucker
Phosphat			Phosphat
Zucker	Thymin	Adenin	Zucker
Phosphat			Phosphat
Zucker	Adenin	Thymin	Zucker
Phosphat			Phosphat
Zucker	Cytosin	Guanin	Zucker

Abb. 20.24. Schematische Darstellung der DNS. *Links:* Modell der Struktur des Desoxyribonukleinsäure-Moleküls (DNS). *Rechts:* Einige Glieder des DNS-Moleküls, in einer Ebene ausgebreitet dargestellt. Durch die verschiedenen Begrenzungsformen in der *Mitte* ist angedeutet, daß sich nur bestimmte Nukleotide miteinander verbinden können

gebaut. Die in der Basensequenz der DNS, den Codons, gespeicherte Information kann also auf die Boten-RNS übertragen und zum Ort der Proteinsynthese transportiert werden. – In Abb. 20.24 ist die Struktur der DNS noch einmal sehr schematisch dargestellt. Der Beitrag der Physiker zur Erforschung dieser Gesetzmäßigkeiten war bedeutend. Am wichtigsten war dabei die Strukturaufklärung der Doppelhelix von DNS mit Hilfe der Röntgeninterferenz-Technik durch *Crick* und *Watson* im Jahre 1960. Wichtige Beiträge der Physiker sind weiter Messungen und Rechnungen über innere Bewegungen der Biomoleküle, über Faltungen, Schwingungen, ferner über die Dynamik beim Einbau und Umbau in lebenden Systemen. Hier gibt es auch wichtige Beiträge von seiten der Infrarot- und der Kernspin-Resonanz-Spektroskopie.

20.7 Molekulare Funktionseinheiten

Die Vielzahl sehr spezifischer Reaktionen, die Moleküle besonders in biologischen Systemen ausführen oder in Gang setzen müssen, wird dadurch möglich gemacht, daß sie in bestimmtem Abstand, mit bestimmter Orientierung und mit spezifischer elektronischer Wechselwirkung untereinander oder mit anderen Molekülen angeordnet, festgehalten oder kontrolliert bewegt werden. Man spricht von molekularen Funktionseinheiten und meint damit Strukturen aus mehreren Molekülen, die so komplexe Prozesse wie molekulare Erkennung, Informationsspeicherung oder -übertragung, Katalyse oder spezifische Reaktionswege ermöglichen. Die Aufklärung von Struktur und Funktion solcher Einheiten ist ein aktuelles interdisziplinäres Objekt der Forschung und eine faszinierende Anwendung der Möglichkeiten und Methoden der molekularen Physik. Wir haben bereits in Abschn. 20.5 die Proteine als Rezeptor-Substrat-Einheit für Transport- und Reaktionsprozesse in der belebten Welt kennengelernt.

Viele biologisch wichtige stoffliche Prozesse können nur mit Hilfe molekularer *Membranen* ablaufen. Diese sind aus langkettigen Molekülen mit verschiedenen Endgruppen an beiden Kettenenden – etwa hydrophil und hydrophob – aufgebaut. Als hydrophil und hydrophob bezeichnet man Endgruppen, die wasserlöslich sind wie OH, und unlöslich wie CH_3. Diese Membranen wirken als Trennwand zwischen verschiedenen Bereichen,

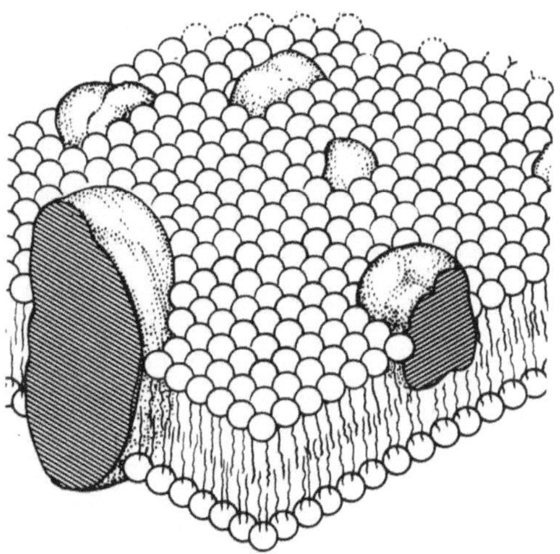

Abb. 20.25. Modelle einer Membran, Lipid-Doppelschicht, mit eingelagerten Protein-Komplexen. Diese können teilweise zwischen Bereichen der Membran diffundieren und sich auch durch die Membran hindurch erstrecken. (Nach S. J. Singer und G. L. Nicolson, Science **175**, 723 (1972))

z. B. in der Zelle oder als Matrix für aktive molekulare Einheiten wie Proteine, und ermöglichen so gerichtete und räumlich getrennte Reaktionen und Transportprozesse, s. Abb. 20.25.

Man kann solche Membranen künstlich herstellen, indem man sogenannte amphiphile langkettige Moleküle auf eine Flüssigkeitsoberfläche (Abb. 2.6) bringt. Darunter versteht man Moleküle, deren beide Enden in unterschiedlichen Lösungsmitteln lösbar sind. Eine häufig verwendete Molekülgruppe sind Fettsäure-Moleküle, beispielsweise die Stearinsäure, chemische Formel $C_{17}H_{35}COOH$. Sie bestehen aus einer langen Zick-Zack-Kette von CH_2-Gruppen und einer Endgruppe von COOH an einem Ende und einer CH_3-Gruppe am anderen Ende. Die COOH-Endgruppe ist wasserlöslich, das übrige Molekül nicht. Bereits 1891 beobachtete die Amateur-Forscherin *Agnes Pockels*, daß sich diese Moleküle auf einer Wasseroberfläche zweidimensional lösen, ohne in das Volumen aufgenommen zu werden. Die polaren Köpfe der Moleküle zeigen nach unten und tauchen ins Wasser. Die Kohlenwasserstoff-Schwänze zeigen nach oben in die Luft. Wenn man mit einem Schieber auf der Wasseroberfläche den Bereich, auf dem die

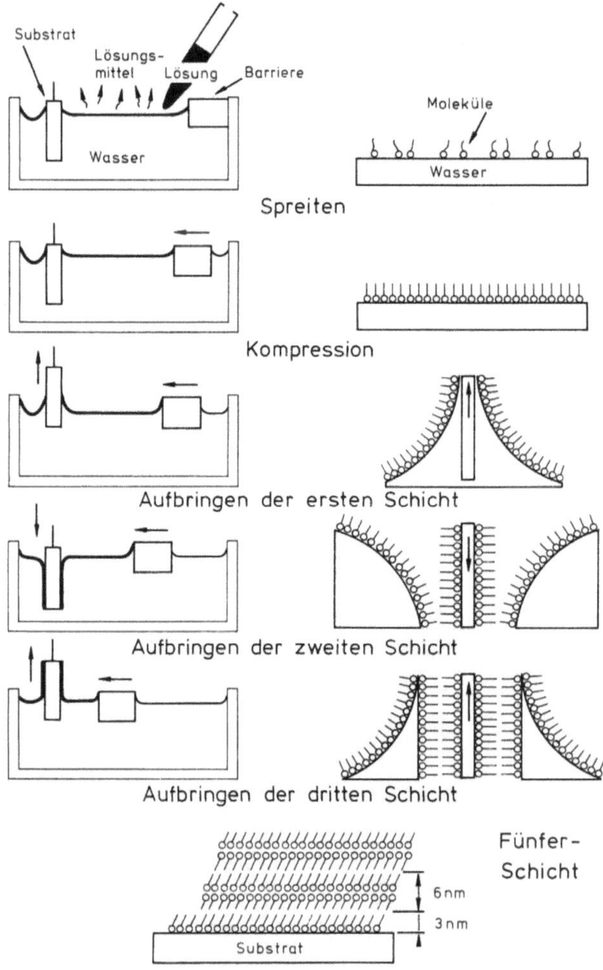

Abb. 20.26. Zur Herstellung von Langmuir-Blodgett-Schichten. Amphiphile Moleküle, das heißt Moleküle mit einem wasserlöslichen und einem unlöslichen Ende, lösen sich auf einer Wasseroberfläche zweidimensional (sogenanntes Spreiten). Sie lassen sich zu einer zweidimensionalen Monoschicht komprimieren und durch Eintauchen und Herausziehen auf einen Träger aufbringen. Dieser Vorgang läßt sich vielfach wiederholen. So kann man geordnete dünne Schichten in vorgegebener Dicke erzeugen. (Siehe auch Nachr. Chem. Techn. **36**, Nr. 10 (1988))

Moleküle zweidimensional gelöst sind, einengt, kann man eine geschlossene monomolekulare Schicht von Fettsäure-Molekülen auf der Wasseroberfläche herstellen.

Solche Filme kann man durch Eintauchen und wieder Herausziehen einer Glas- oder Metallplatte, wie in Abb. 20.26 gezeigt, auf diese Platte als monomolekulare Schicht aufziehen. Durch Wiederholung des Vorganges und geeignete Versuchsführung kann man mehrere solcher Schichten in gleicher oder in entgegengesetzter Orientierung der Moleküle aufeinanderpacken und damit Mono- oder Multischichten auf fester Unterlage erzeugen. So erhält man *sogenannte Langmuir-Blodgett-Schichten*, die als molekulare Membran-Modelle dienen können. Übrigens kann man so auch wie vorne (Abschn. 2.1) gezeigt die Größe der Moleküle messen. Man kann gezielt Moleküle in die Membranen einbauen und hat so Moleküle mit bekanntem Abstand und in bekannter Orientierung zueinander für Experimente zur Verfügung. Die Technik der Langmuir-Blodgett-Schichten eröffnet viele Möglichkeiten zur physikalischen Untersuchung großer Moleküle und zum Aufbau molekularer Architekturen. Den Physiker interessieren zum Beispiel Fragen nach der Ordnung und nach den Möglichkeiten der Differenzierung in solchen Strukturen.

Eine andere sehr erfolgreiche Methode zur Herstellung geordneter monomolekularer oder oligomolekularer Schichten ist die Methode der Selbst-Organisation, self assembly. Sie beruht auf der Chemisorption von Molekülen aus einer Lösung an der Oberfläche eines Substrates, das in diese Lösung eingetaucht wird. Bringt man beispielsweise eine Goldoberfläche Au(111) in Kontakt mit der Lösung eines n-Alkanthiols $CH_3-(CH_2)_{n-1}-SH$ (allgemein R$-$SH, R steht für organischer „Rest") in Hexan, dann bilden sich unter Abspaltung von Wasserstoff kovalente Gold-Thiolat-Bindungen R-S-Au, so daß die Alkylketten über die Schwefelatome an die Goldoberfläche angeknüpft sind. Im thermodynamischen Gleichgewicht entsteht dadurch nach einer gewissen Zeit eine geordnete Monoschicht von Alkylketten auf der Goldoberfläche, die mit ihrer Bedeckung aus der Lösung herausgenommen werden kann. Mit Silanen auf Silicium kann man ebenfalls solche Schichten herstellen.

Mehr über die Herstellung monomolekularer geordneter Schichten aus organischen Molekülen findet man in M. Schwoerer und H. C. Wolf, Organische molekulare Festkörper, Wiley-VCH 2005, Kap. 2.

Eine der wichtigsten molekularen Funktions-Einheiten, ohne die Photosynthese und damit viele Arten von Leben nicht möglich wäre, ist das bereits in Abschn. 20.5 erwähnte *Reaktionszentrum* photosynthetisierender Systeme. Die Struktur desjenigen von photosynthetisierenden Bakterien konnte in den letzten Jahren durch Röntgenbeugungs-Messungen an Reaktionszentren-Einkristallen aufgeklärt werden. Abbildung 20.27 zeigt, wie die Reaktionszentren-Komplexe in Membranen im Inneren von Bakterien angeordnet sind. In eine Proteinumgebung eingelagert sind in genau bestimmter Orientierung und wohl definiertem Abstand eine kleine Anzahl von Molekülen. Ihre Aufgabe ist es, das absorbierte Licht der Sonne im primären Schritt der Photosynthese in eine Ladungstrennung über die Membran hinweg, d. h. in ein räumlich getrenntes Elektron-Loch-Paar umzusetzen. Die chemische Natur der Moleküle und ihre Orientierung zueinander muß dabei so beschaffen sein, daß eine Ladungstrennung rasch und mit hoher Quantenausbeute erfolgt, daß eine Rekombination der getrennten Ladungen unterbleibt, damit die Photosynthese möglich ist, und daß diese Prozesse derart in der Membran erfolgen, daß die getrennten Ladungen als Ausgangspunkt für die chemischen Prozesse der Photosynthese zur Verfügung stehen. Dies wird im folgenden anhand von Abb. 20.27 erläutert.

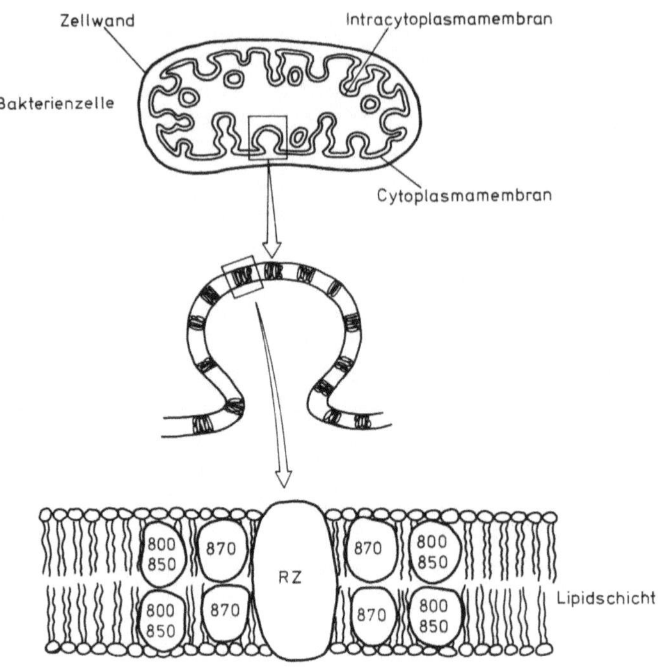

Abb. 20.27. Das Reaktionszentrum der bakteriellen Photosynthese ist als Protein-Komplex RZ in Membranstrukturen innerhalb der Intracytoplasmamembran von Bakterien eingelagert. Andere Komplexe, hier entsprechend der Wellenlänge ihrer optischen Absorption mit 800, 850 und 870 bezeichnet, enthalten die der Lichtabsorption dienenden Antennen-Chlorophyll-Moleküle. Diese übertragen die absorbierte Energie auf das Reaktionszentrum RZ

Ausgangspunkt der Lichtreaktion im Reaktionszentrum ist ein Paar von Chlorophyll-Molekülen, der sogenannte primäre Donor. Gemeint ist dabei der Donator des Elektrons für die Ladungstrennung. Übrigens wurde bereits vor der Röntgen-Strukturanalyse durch ESR- und ENDOR-Messungen gezeigt, daß der Ausgangspunkt der photosynthetischen Ladungstrennung im Reaktionszentrum ein Chlorophyll-Dimer ist. Das Licht, das von anderen Chlorophyll-Molekülen in der Umgebung, den sogenannten Antennen, absorbiert und dessen Energie durch Energieübertragungs-Prozesse zum primären Donor geleitet wurde, spaltet hier ein Elektron ab. Dieses wird über die beiden benachbarten Moleküle, ein Chlorophyll-Monomer und das ähnlich gebaute Phaeophytin-Monomer, zu einem Chinon-Molekül übertragen, dem sogenannten primären Akzeptor. An diesem Prozeß ist offenbar noch neben dem Chinon ein Eisen-Komplex beteiligt. Am primären Akzeptor beginnt dann der sehr komplexe chemische Teil der Photosynthese. Das dem primären Donor genommene Elektron erhält er wieder zurück durch Vermittlung eines anderen Pigment-Protein-Komplexes, des Cytochroms. Der gesamte Prozeß der gerichteten Ladungstrennung dauert 200 ps und ist in mehrere Teilschritte über die zwischengelagerten Moleküle unterteilt. Dadurch wird offenbar eine Rekombination der getrennten Ladungen unterbunden. In Abb. 20.28 ist der gesamte Reaktionszentrums-Komplex schematisch gezeigt, wobei die Orientierungen, nicht jedoch die Abstände maßstabsgerecht gezeichnet sind. Der linke Teil des Reaktionszentrums, Abb. 20.28, ist fast eine Kopie des rechten. Seine Funktion ist noch unklar. Die Gesamtreaktion, die schließlich abläuft, läßt sich zusammenfassen in die Bilanzgleichung

$$6\,CO_2 + 6\,H_2O \stackrel{h\nu}{\rightarrow} C_6H_{12}O_6 + 6\,O_2$$

mit einem Energiegewinn von 2870 kJ pro Mol Glukose, $C_6H_{12}O_6$.

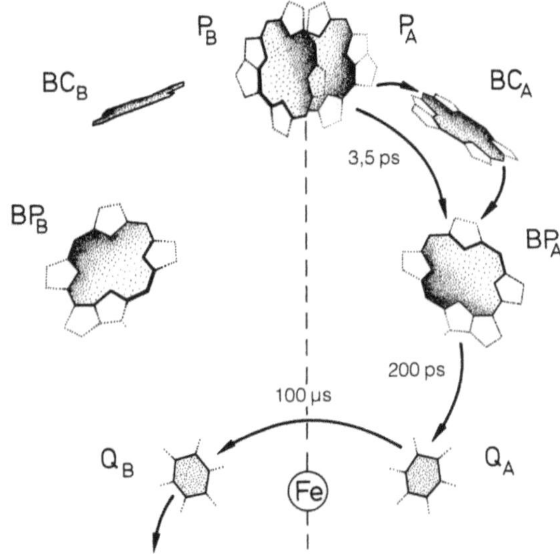

Abb. 20.28. Molekularer Aufbau des Reaktionszentrums der bakteriellen Photosynthese, nach der Röntgenstruktur-Analyse von *Michel*, *Deisenhofer* und *Huber*. Die Abbildung zeigt die relative räumliche Lage der Moleküle, aber etwas vergrößerte Abstände. Die Ladungstrennung, das heißt die Abspaltung eines Elektrons als Folge des absorbierten Lichtes, beginnt am primären Donor P. Dies ist ein Chlorophyll-Dimer. Das Elektron wird sehr schnell über ein Bakteriochlorophyll-Molekül BC_A und ein Bakteriophaeophytin-Molekül BP_A auf das Chinon-Molekül Q_A übertragen. Dieser Prozeß erfolgt in weniger als 200 ps. Nun beginnt der chemische Teil der Dunkelreaktion. Die Funktion des linken mit B bezeichneten Zweiges ist erst teilweise aufgeklärt. Bakteriochlorophyll unterscheidet sich von Bakteriophaeophytin durch ein zentral sitzendes Mg-Atom. Die eingetragenen Zeiten wurden laserspektroskopisch gemessen. Der erste Schritt von P_A nach BP_A (3,5 ps) konnte mit verbesserter Zeitauflösung in zwei Teilschritte über das Molekül BC_A hinweg aufgeteilt werden. (W. Holzapfel, U. Finkele, W. Kaiser, D. Oesterhelt, H. Scheer, H. U. Stilz, W. Zinth, Chem. Phys. Lett. **160**, 1 (1989))

Vom Standpunkt der Photophysik ist das Reaktionszentrum eine Funktionseinheit, die das Problem einer Licht-induzierten Ladungstrennung in einer effizienten und kontrollierten Weise löst, wie es im Labor mit anderen Molekülen noch nicht möglich ist. Man wird sich das Reaktionszentrum zum Vorbild nehmen, wenn man künstliche molekulare Einheiten mit vergleichbaren Funktionen anstrebt.

Die Aufklärung von Struktur und Ladungstrennungs-Dynamik des Reaktionszentrums ist ein großer Erfolg der Anwendung molekülphysikalischer Methoden zur Lösung von Problemen der biologischen Physik.

Nur mit einer Vielzahl hochentwickelter moderner Untersuchungsmethoden ist die Aufklärung von Struktur und Dynamik dieses komplexen Funktionssystems möglich. Dazu gehören Strukturaufklärung mit Röntgenbeugung, Spektroskopie in allen Wellenlängenbereichen, besonders auch magnetische Einfach- und Mehrfach-Resonanzmethoden und die Laser-Spektroskopie, mit der Zeitauflösung bis in den Bereich von Femtosekunden möglich ist. Hier bieten sich faszinierende Forschungsobjekte für Physiker und Chemiker.

Aufgaben

20.1 Fluoreszierende Moleküle können ihre Anregungsenergie nicht nur über das Strahlungsfeld, d. h. durch Emission und Reabsorption, auf benachbarte Moleküle übertragen, sondern auch über direkte Coulomb-Wechselwirkung ihrer Übergangsdipolmomente. Diesen strahlungslosen Prozeß nennt man auch *Förster-Mechanismus*.

Die Wahrscheinlichkeit eines Energietransfers vom angeregten Donator D* zum Akzeptor A, der sich im Grundzustand befindet, also für den Prozeß $D^* + A \to D + A^*$ ist nach Förster gegeben durch

$$k_{\mathrm{ET}} = \frac{9 \ln 10 \kappa^2 c^4}{128 \pi^5 n^4 N_{\mathrm{A}} \tau_{\mathrm{e}} r^6} \int_0^\infty f_{\mathrm{D}}(\bar{\nu}) \varepsilon_{\mathrm{A}}(\bar{\nu}) \frac{d\bar{\nu}}{\bar{\nu}^4} \, .$$

Dabei ist

k_{ET}: Rate für strahlungslosen Energietransfer;
κ: von der Orientierung der Moleküle abhängige Konstante; statistischer Mittelwert in Lösung: $\bar{\kappa}^2 = 2/3$;
c: Vakuum-Lichtgeschwindigkeit;
n: Brechungsindex des Mediums;
N_{A}: Avogadrozahl;
τ_{e}: mittlere natürliche Fluoreszenzabklingdauer;
r: Abstand zwischen D und A;
$\varepsilon_{\mathrm{A}}(\bar{\nu})$: Extinktionskoeffizient von A (Absorptionsspektrum);
$f_{\mathrm{D}}(\bar{\nu})$: Fluoreszenzspektrum von D.

a) Erklären Sie das Auftreten der Terme κ^2, $1/r^6$ und $\int f_{\mathrm{D}}(\bar{\nu})\varepsilon_{\mathrm{A}}(\bar{\nu})$.

b) Man definiert einen kritischen Abstand R_0 („Förster-Radius“), bei dem die Wahrscheinlichkeiten für Förster-Transfer und Fluoreszenz von D* gleich groß sind:

$$R_0^6 = \frac{9(\ln 10)^2 \bar{\kappa}^2 c\tau J_{\bar{\nu}}}{16\pi^4 n^2 N_{\mathrm{A}}^2 \bar{\nu}_0^2} .$$

Weil Absorptions- und Emissionsspektrum des Donators D symmetrisch zur Wellenzahl $\bar{\nu}_0$ sind, wird $f_{\mathrm{D}}(\bar{\nu})$ mit Hilfe von $\varepsilon_{\mathrm{D}}(2\bar{\nu}_0 - \bar{\nu})$ ausgedrückt; man erhält dann für das Überlappungsintegral

$$J_{\bar{\nu}} = \int_0^\infty \varepsilon_{\mathrm{A}}(\bar{\nu})\varepsilon_{\mathrm{D}}(2\bar{\nu}_0 - \bar{\nu})d\bar{\nu} .$$

Berechnen Sie den Abstand R_0 für eine wässrige Lösung von Fluorescein ($J_{\bar{\nu}} = 1{,}3 \cdot 10^{18}\,\mathrm{cm^3/mol^2}$, $\bar{\nu}_0 = 19\,700\,\mathrm{cm^{-1}}$; $n = 1{,}34$; $\tau = 5{,}1 \cdot 10^{-9}\,\mathrm{s}$; $\bar{\kappa}^2 = \frac{2}{3}$).

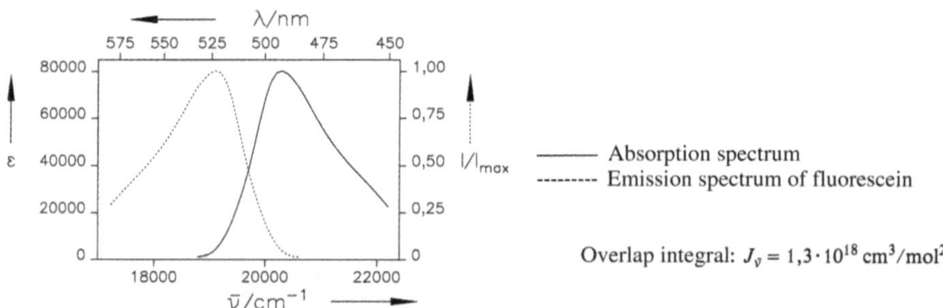

c) Bei einer Konzentration von $c_0 = 3{,}1 \cdot 10^{-3}$ mol/l ist die Wahrscheinlichkeit, daß sich zwei Fluoresceinmoleküle im Abstand $r \le r_0$ befinden, etwa 64%. Wie hängt die Ausbeute ϕ des Energietransfers von der Konzentration c ab für $c \gg c_0$ und für $c \ll c_0$?

20.2 Man kann die Förster-Theorie zur strahlungslosen Energieübertragung durch Coulomb-Wechselwirkung überprüfen, indem man ein System Donator-Polymerkette-

Akzeptor ($D-K_n-A$) aufbaut, so daß der Abstand r zwischen D und A durch die Anzahl n der Kettenglieder gegeben ist:

$$r = n \cdot a + b \quad \text{mit} \quad a = 3{,}1\,\text{Å} \quad \text{und} \quad b = 8{,}9\,\text{Å}\,.$$

Für ein Molekül, das zwölf Kettenglieder enthält, findet man eine Effizienz des Förster-Transfers von $\phi = 15\%$ (d. h. $k_{\text{ET}}/(k_{\text{ET}} + k_{\text{Emission}}) = 0{,}15$). Wie groß ist demnach der Förster-Radius R_0? Wie lang ist die zugehörige Polymerkette?

20.3 Eine Methode zur Herstellung geordneter organischer Schichten ist die sogenannte *Self-Assembly*-Technik. Darunter versteht man die Chemisorption von gelösten Molekülen an der Oberfläche eines Substrats, das in die Lösung eingetaucht ist. Bringt man beispielsweise eine Goldoberfläche Au(111) in Kontakt mit der Lösung eines n-Alkanthiols $CH_3-(CH_2)_{n-1}-SH$ (allg. R$-$S$-$H) in Hexan, dann bilden sich unter Abspaltung von Wasserstoff kovalente Gold-Thiolat-Bindungen Au$-$S$-$R, so daß die Alkylketten über die Schwefelatome an die Oberfläche geknüpft werden. Im thermodynamischen Gleichgewicht entsteht dadurch nach einer gewissen Zeit eine geordnete Monoschicht von Alkylketten auf dem Goldsubstrat.

a) Man kann den Prozeß der Schichtbildung „in situ" mitverfolgen. Im oben beschriebenen Experiment [M. Grunze: Physics Scripta **T49**, 711 (1993)] mißt man mit der oberflächensensitiven Methode der Second Harmonic Generation eine Dauer von 10 min für die Schichtbildung, während Ellipsometriemessungen eine Zeit von 40 min ergeben. Können Sie, auch ohne die beiden Meßmethoden genauer zu kennen, diese Diskrepanz erklären?

b) Aus systematischen NEXAFS-Messungen (near edge X-ray absorption fine structure) schließt man, daß die Alkanthiole erst ab einer bestimmten Länge ($n \geq 12$) wohlgeordnete Schichten bilden, in denen alle Alkylketten gestreckt sind und (für $n = 22$) in einem Winkel von 35° zur Oberflächennormalen stehen. Versuchen Sie, diesen Effekt zu begründen.

c) Bei einer Untersuchung der Schicht mit dem Rastertunnelmikroskop erkennt man Löcher von 20–60 Å Durchmesser und 2,5 Å Tiefe. Worauf sind sie zurückzuführen?

21. Experimente an und mit einzelnen Molekülen

Bei der experimentellen Untersuchung der physikalischen Eigenschaften von Molekülen besteht das Untersuchungsobjekt im allgemeinen aus einer sehr großen Anzahl von Molekülen, die sich gemeinsam im untersuchten Volumen befinden. Sie tragen alle zum Meßergebnis bei, und man kann nur aus dem Mittelwert vieler Moleküle auf die Eigenschaften und das Verhalten des einzelnen Moleküls schließen.

Schon in einigen früheren Kapiteln dieses Buches (besonders Kap. 2) wurde gezeigt, daß es auch Experimente gibt, bei denen Moleküle einzeln beobachtet werden können. Dabei handelt es sich besonders um Moleküle auf Oberflächen oder isoliert in einer festen Matrix. Hieraus hat sich in den letzten rund 15 Jahren ein neuer, überaus fruchtbarer Zweig der Molekülphysik entwickelt. Wir verdanken ihm viele neue Einsichten über Eigenschaften und Anwendungsmöglichkeiten von Molekülen in Physik, Chemie und Biologie. Man erstrebt und erreicht mit den modernen physikalischen Meßmethoden die Untersuchung immer kleinerer Dimensionen. Man gelangt so bis zu molekularer und manchmal sogar submolekularer Auflösung und kann damit das einzelne Molekül zum Gegenstand der Untersuchungen machen.

Dieses Kapitel handelt ebenso wie Kap. 22, Molekulare Elektronik, von ganz aktueller Forschung. Deshalb wird hier auch anders als in den meisten Kapiteln dieses Buches verstärkt auf die Originalarbeiten als Referenzen hingewiesen. Es sei auch auf die zusammenfassenden Darstellungen [1–4][1], S. 515 verwiesen.

21.1 Einleitung: Warum?

Gegenstand dieses Kapitels sind Einzelmolekül-Experimente in *kondensierter Phase*: im Kristall, in fester Matrix oder in einer Flüssigkeit, nicht jedoch in der Gasphase. Das faszinierende Gebiet der Spektroskopie einzelner Teilchen wie Elektronen, Atome und Ionen in elektromagnetischen Fallen (z. B. *Paul-Falle*, siehe in Atomphysik, Kap. 2) hat für Moleküle bisher noch keine große Bedeutung: Abgesehen davon, daß man hierzu im Hochvakuum und mit extrem kalten Molekülen arbeiten muss, ist die Mikrobewegung der Moleküle bei den bisher erreichten Temperaturen meistens noch zu groß, um eine stabile Fixierung in der Falle zu ermöglichen.

Hier sollen 3 Forschungsbereiche ausführlicher behandelt werden:

- die Abbildung einzelner Moleküle mit Elektronenmikroskop, Röntgenbeugung und den verschiedenen Rastersonden-Mikroskopen, besonders mit dem Rastertunnel- (STM) und dem Rasterkraft-Mikroskop (AFM)
- die optische Spektroskopie einzelner Moleküle
- die Messung der elektrischen Leitung durch einzelne Moleküle.

---

[1] Die Zahlen in eckigen Klammern beziehen sich auf das Literaturverzeichnis auf S. 515 f. zu Kap. 21

Warum ist es so interessant, einzelne Moleküle zu untersuchen?

Diese Frage kann in dieser Einleitung zunächst nur recht allgemein beantwortet werden:

- Man gewinnt neue und detailliertere Erkenntnisse über Struktur und physikalische Eigenschaften von Molekülen, wenn man sie einzeln untersuchen kann und sich nicht bei der Messung auf die Mittelung über viele Teilchen beschränken muss.
- Die Quantenphysik der Wechselwirkung von Molekülen mit elektromagnetischen Wellen kann vertieft untersucht werden.
- Man kann die Moleküle als Sonden zur Untersuchung von Eigenschaften des Trägers, des Wirtes oder der Matrix verwenden, in die sie eingebaut sind. Man kann die lokale Umgebung eines Moleküls sowie deren zeitliche Fluktuation untersuchen. Damit lassen sich wichtige und interessante Erkenntnisse in der Materialphysik, bei chemischen und bei biologischen Prozessen gewinnen.

Mehr dazu soll in den folgenden Abschnitten besprochen werden.

21.2 Abbildung einzelner Moleküle mit Röntgen- und Elektronenstrahl-Methoden

Bereits in Abschn. 2.1 haben wir uns mit der Frage nach der Größe von Molekülen beschäftigt, und wie weit eine Abbildung und eine Aufklärung der geometrischen Struktur von Molekülen mithilfe der Röntgen- oder Elektronenbeugung und mit Hilfe des Transmissions-Elektronenmikroskops möglich ist.

Mit dem *Transmissions-Elektronenmikroskop* kann man ein Auflösungsvermögen von besser als 1,5 Å erreichen. Damit ist eine Abbildung von Molekülen möglich (vgl. dazu Abb. 1.4 und 2.3). Doch läßt sich diese Auflösung im allgemeinen nur mithilfe einer speziellen Auswertetechnik erreichen, bei der über viele gleiche Moleküle gemittelt und so der notwendige Bild-Kontrast erreicht wird. Für dieses Verfahren benötigt man ein Ensemble von vielen Molekülen, die regelmäßig im Untersuchungsobjekt angeordnet sind, also eine kristalline oder kristallähnliche Ordnung.

Einzelne Makromoleküle lassen sich mit dem *Raster-Elektronenmikroskop* mit einer Auflösung von einigen Å abbilden, so daß sich auch Einzelheiten der Struktur erkennen lassen. Allerdings müssen die Proben so präpariert werden, daß dabei Veränderungen in Kauf genommen werden müssen: Man muß einen Abdruck herstellen – das geschieht meistens durch Aufdampfen von Metall-Atomen. Die Metallschicht wird mit dem Punkt-Fokus eines Elektronenstrahls abgetastet. Die dabei aufgezeichnete Intensitätsverteilung der rückgestreuten Elektronen liefert das Bild.

Mehr Information gewinnt man aus *Beugungsmethoden*, mit Röntgen- oder mit Elektronenstrahlen. Es sei hier nochmals daran erinnert, daß einer Beschleunigungsspannung von 10 keV eine Elektronen-Wellenlänge von 12 pm entspricht. Diese Wellenlänge ist also kleiner als molekulare Dimensionen.

Insbesondere mit den Methoden der Röntgenbeugung können wir auch in größeren Molekülen die genaue Lage fast aller Atome bestimmen. Allerdings müssen, wenn man eine so hohe Auflösung erreichen will, die Moleküle als Einkristall vorliegen. Aus der ausgemessenen räumlichen Intensitätsverteilung der gestreuten Strahlung erhält man durch eine Fourier-Synthese nicht nur die Schwerpunkte, sondern auch die räumliche Dichte-Verteilung der streuenden Elektronen. Damit werden die räumliche Erstreckung und die gegenseitige Anordnung der Moleküle bzw. der Molekül-Bausteine, also Größe, Form und Aufbau abgebildet. Diese Methode gestattet es insbesondere auch, große biomolekulare Funktionseinheiten mit einer Auflösung von bis zu 1 Å darzustellen. Beispiele hierfür zeigen die Abb. 1.3 und 20.28.

21.3 Raster-Tunnel- und Raster-Kraft-Mikroskop

Das von Binning und Rohrer 1981 ursprünglich zur Oberflächen-Analytik entwickelte *Raster-Tunnel-Mikroskop* (STM für Scanning Tunneling Microscope ist die gebräuchliche Abkürzung) hat ganz neue Möglichkeiten zur Abbildung von Molekülen mit atomarer Auflösung eröffnet. Das Prinzip dieses Gerätes ist bereits in Kap. 2 und in Abb. 2.4 erläutert worden: Man benutzt die starke Abhängigkeit des Tunnelstromes zwischen einer im Idealfall atomar dünnen Metall-Spitze, z. B. aus Platin-Rhodium oder aus Wolfram und der in geringem Abstand befindlichen Unterlage, um das Höhenprofil dieser Unterlage abzutasten. Man erhält so Bilder, bei denen die Höhenkoordinate z über den Flächen-Koordinaten x und y aufgetragen wird. Die Verschiebung der Probe in den 3 Raumkoordinaten erfolgt durch einen piezoelektrischen Zylinder, der sich bei angelegter elektrischer Spannung kontrahieren oder expandieren läßt. Beim Tunnel-Mikroskop muß das Substrat elektrisch leitfähig sein. Will man einzelne Moleküle beobachten, dann müssen diese auf der Unterlage immobilisiert sein. Das kann durch Einbau in eine geschlossene Schicht dieser Moleküle erfolgen, oder durch eine starke Wechselwirkung mit dem Substrat, wodurch vorzugsweise bei Tieftemperatur eine Bewegung der Moleküle behindert wird.

Die Abbildung von Molekülen beruht hier auf dem Tunneln von Elektronen zwischen der Spitze und der minimal entfernten leitenden Oberfläche. Die Größe des Tunnelstroms hängt exponentiell vom Abstand ab. Die Messung dieses Stromes ermöglicht dadurch zunächst eine Abbildung der Oberflächen-Topographie der Probe und der elek-

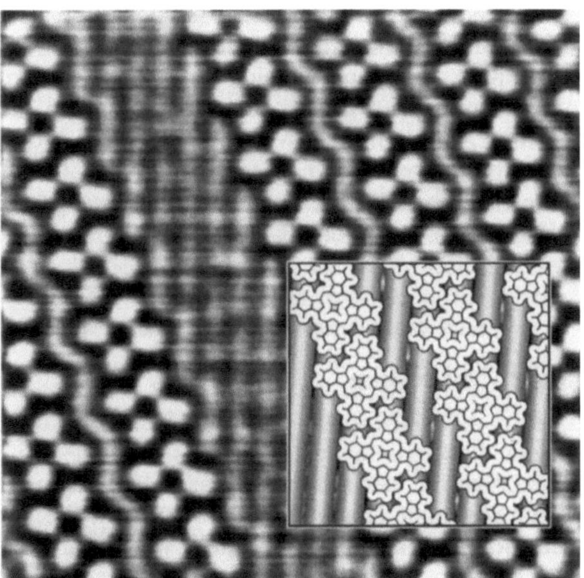

Abb. 21.1. Rastertunnel-Mikroskop-Aufnahme von *Cu-Phthalo-cyanin-Molekülen* auf einer $MoSe_2$-Oberfläche. Der Bildausschnitt hat die Dimensionen 10 nm × 10 nm. Das Bildfenster zeigt die Molekülstruktur im gleichen Maßstab. Aus C. Ludwig et al.: J. Vac. Sei. Technol. **B12**, 1963 (1994), siehe auch C. Ludwig et al.: Z. Phys. **B86**, 397 (1992)

tronischen Zustandsdichte mit einer räumlichen Auflösung, die durch die Schärfe der Spitze begrenzt ist. Er hängt aber auch von der lokalen Zustandsdichte der Elektronen auf der untersuchten Oberfläche ab. Hierzu tragen in unterschiedlichem Umfang die Orbitale der Moleküle in der untersuchten Schicht oder in den adsorbierten Molekülen, diejenigen der Unterlage und die Wechselwirkung zwischen beiden bei. Insofern ist die Tunnelspektroskopie eigentlich eine spektroskopische Technik. – Man muß allerdings beachten, daß die eigentlich interessierenden molekularen Zustände der untersuchten Probe bei den extrem kleinen Abständen auch von der Spitze sowie von den elektronischen Zuständen der Unterlage beeinflußt werden. Man mißt das elektronische Gesamtsystem Spitze/Adsorbat/Unterlage und muß daraus die gesuchten molekularen Informationen ableiten.

Abbildung 21.1 zeigt zur Erläuterung der Möglichkeiten der STM-Technik für die Molekülphysik Moleküle von Kupfer-Phthalocyanin auf einer MoS_2-Unterlage. Man kann deutlich erkennen, wie die „aktive“ Elektronendichte innerhalb des Moleküls verteilt ist. Die Auflösung ist atomar, d. h. die unterschiedlichen Atome oder Gruppen in einem Molekül lassen sich unterscheiden. Ein weiteres Beispiel für eine Molekülabbildung mit dem Raster-Mikroskop wurde bereits vorne in Abschn. 2.1 besprochen (siehe Abb. 2.5).

Inzwischen wurden große Fortschritte im Experiment erzielt bei dem Bestreben, aus dem Gesamtsystem Unterlage/Adsorbat/Spitze die elektronischen Eigenschaften des Adsorbates herauszupräparieren. Ein eindrucksvolles Beispiel zeigt Abb. 21.2. Hier gelang die getrennte Abbildung der HOMO- und der LUMO-Orbitale eines Pentacen-Moleküls auf einer Kupferunterlage. Durch eine Zwischenlage von zwei atomaren Schichten NaCl gelang es, die elektronischen Zustände des Moleküls von denen des

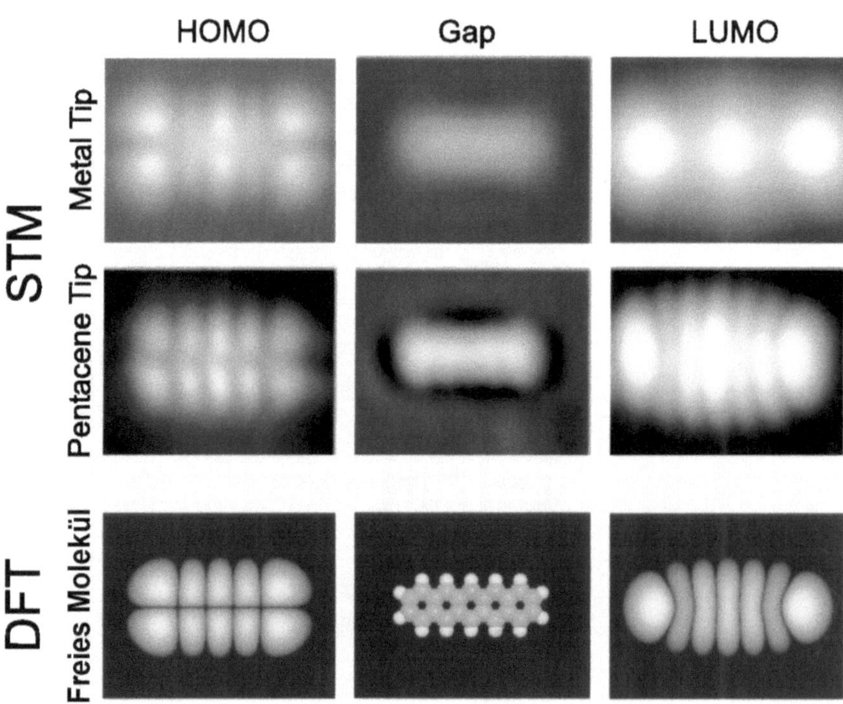

Abb. 21.2. Von *oben* nach *unten* sieht man die Raster-Tunnel-Mikroskop (STM)-Bilder vom Pentacen-Molekül aufgenommen mit einer Metall- und mit einer Pentacen-Spitze sowie die gerechneten Konturen konstanter Orbital-Wahrscheinlichkeits-Verteilung ($|\psi|^2 = 5 \cdot 10^{-4}\,\text{Å}^{-3}$) des freien Moleküls. Bei einer Tunnel-Vorspannung (bias) innerhalb des HOMO-LUMO Gap (*Mitte*) sind die Bilder ziemlich strukturlos. Bei Vorspannungen außerhalb der Lücke erkennt man die Elektronenverteilung von HOMO und LUMO (*links* und *rechts*), wie man sie auch mit der Dichtefunktional-Theorie (DFT) berechnen kann, *unten*. *Unten* in der *Mitte* ist die Geometrie des freien Pentacen-Moleküls gezeichnet. (Aus J. Repp et al., Phys. Rev. Lett. **94**, 026803 (2005). Mit freundlicher Genehmigung)

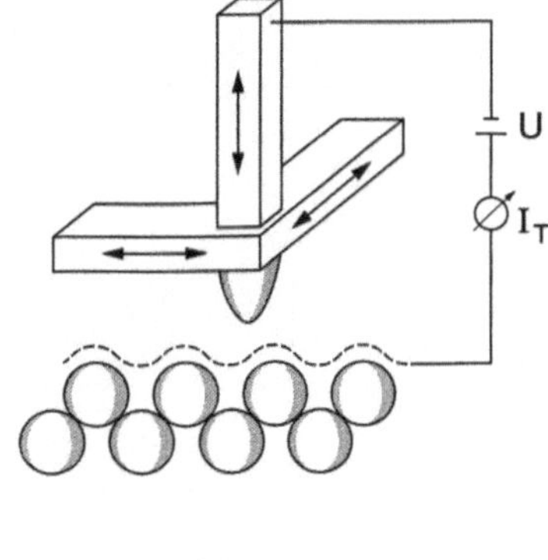

Abb. 21.3. Mit dem Rasterkraft-Mikroskop (*unterer Bildteil*) wird im Gegensatz zum Tunnel-Mikroskop (*oben*) die Wechselwirkungskraft zwischen Meßspitze und Unterlage als Funktion des Ortes gemessen. Die Spitze ist an einem biegsamen Ausleger (cantilever) befestigt. Dessen Verbiegung wird optisch (mit reflektiertem Licht) oder kapazitiv gemessen

Metalls zu entkoppeln. Im Effekt konnten so die ungestörten Pentacen-Moleküle beobachtet werden.

Wenn man an der Spitze aus Wolfram ein Pentacen-Molekül anbringt, erhöht das die räumliche Auflösung. Je nach Vorspannung (bias) für das Tunneln beobachtet man unterhalb $-2{,}4\,\mathrm{V}$ die HOMO-Orbitale, oberhalb $1{,}7\,\mathrm{V}$ die LUMO-Orbitale. Dazwischen, in der Lücke, sind keine Orbitale sichtbar.

Ein anderes wichtiges Rastersonden-Mikroskop ist das *Raster-Kraft-Mikroskop* (AFM, Atomic Force Microscope) (Abb. 21.3). Das AFM mißt nicht den Tunnelstrom, sondern die von Ort zu Ort wechselnde anziehende oder abstoßende Wechselwirkungskraft, die bei hinreichend kleinem Abstand zwischen Spitze und Unterlage meßbar wird. Diese hängt ebenfalls von der Elektronenverteilung auf der Oberfläche ab. Sie ist jedoch unabhängig von der elektrischen Leitfähigkeit von Probe und Unterlage. Das AFM kann deshalb auch bei und mit isolierender Unterlage angewandt werden. Meßgröße ist hier die Auslenkung des biegsamen Auslegers (cantilever), an dem die Meßspitze befestigt ist. Man kann die Auslenkung beispielsweise mit einem am Ausleger reflektierten Lichtzeiger, oder aber kapazitiv messen.

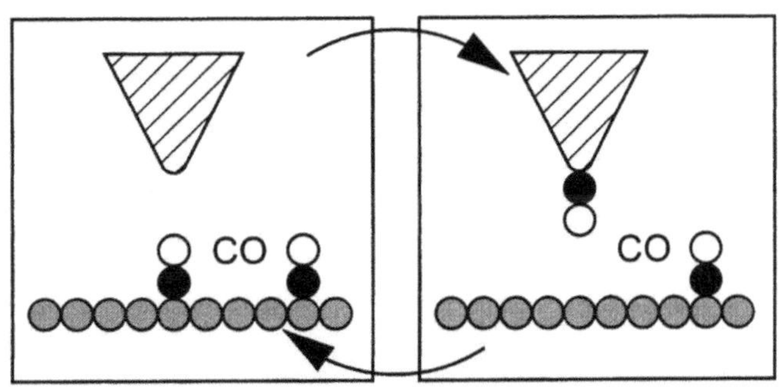

Abb. 21.4. Schematische Darstellung der Aufnahme eines CO-Moleküls von einer Cu-Oberfläche und der Absetzung eines CO-Moleküls auf diese Fläche. Nach L. Bartels, G. Meyer, K. H. Rieder: Appl. Phys. Lett. **71**, 213 (1997)

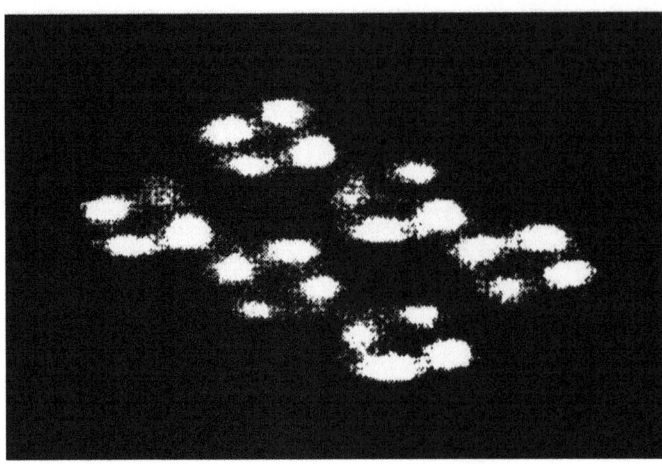
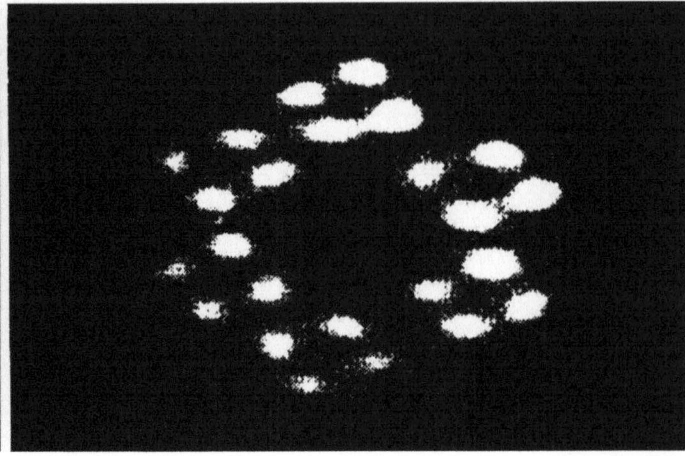

Abb. 21.5. 6 Moleküle von Cu-DTBPP (Kupfer-tetra-butyl-phenyl-porphyrin) auf einer Cu(100)-Oberfläche vor (*links*) und nach einer Sequenz von lateralen Verschiebungen mit Hilfe der STM-Spitze, Bildgröße 26 × 26 nm. Nach J. K. Gimzewski, C. Joachim: Science **283**, 1683 (1999)

Der Mechanismus der Bild-Entstehung im AFM ist komplex. Er hängt von spezifischen Eigenschaften der Oberfläche und der physikalischen Natur der Wechselwirkungspotentiale ab. Van der Waals-Kräfte, ionische, magnetische und elektrostatische Kräfte können zur Abbildung beitragen. Da die meisten makromolekularen Systeme elektrische Isolatoren sind, ist das AFM besonders gut geeignet zur Abbildung von Polymeren und von Biomolekülen. Die Rastersondenmikroskope STM und AFM sind in vieler Hinsicht komplementär und ergänzen sich gegenseitig bei der Untersuchung molekularer Strukturen.

Mit dem STM oder dem AFM lassen sich unter Umständen auch einzelne Moleküle auf geeigneten Unterlagen bewegen. Beispiele, nämlich die Bewegung des kleinen Moleküls CO und eines größeren organischen Moleküls zeigen die Abb. 21.4 und 21.5. Man kann so auch die Kristallisation von Molekülen auf Substraten im zeitlichen Verlauf verfolgen.

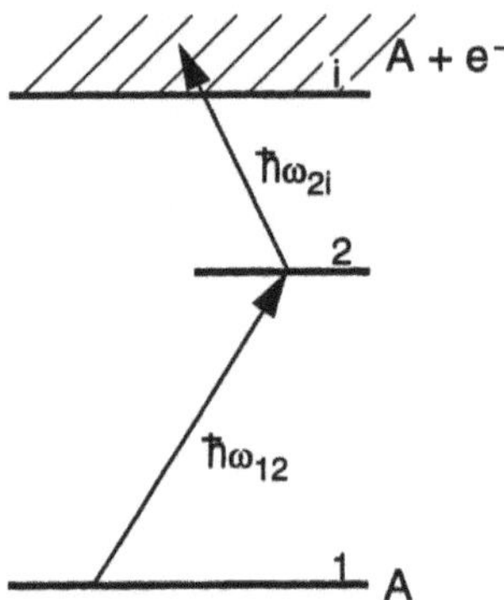

Abb. 21.6. Photoionisations-Spektroskopie zum Nachweis einzelner Moleküle (oder Atome) in der Gasphase. Der Nachweis der Ionisation des Moleküls aus dem mit Licht der Quantenenergie $\hbar\omega_{12}$ angeregten Zustand 2 mit Licht der Quantenenergie $\hbar\omega_{2i}$ erfolgt über einzeln nachweisbare Photoelektronen. Siehe dazu V. Letokhov: Laser Photoionisation Spectroscopy (Academic Press 1987)

21.4 Optische Spektroskopie einzelner Moleküle

21.4.1 Übersicht

Die optische Spektroskopie einzelner Moleküle (oder Atome) gelang zuerst in der *Gasphase* mit der Methode der Photoionisations-Spektroskopie.

Hierbei wird – vgl. Abb. 21.6 – das Molekül zuerst mit Laserlicht der Frequenz ω_{12} aus dem Grundzustand 1 in einen reellen Anregungszustand 2 gebracht. Dies ist ein resonantes Niveau, der Wirkungsquerschnitt also groß. Von dort führt ein zweites Lichtquant der Frequenz ω_{2i} in den Ionisationsbereich. Zum Nachweis der zweistufigen resonanten Anregung und darauf folgenden Ionisierung des Moleküls dient das emittierte Photoelektron, das sich mit den üblichen Zählverfahren einzeln nachweisen läßt. So können auch in sehr verdünnter Atmosphäre einzelne Moleküle spektroskopisch untersucht werden. Mehr dazu findet man bei V. Letokhov, Laser Photoionisation Spectroscopy, Acad. Press 1987.

Der Nachweis und die *spektroskopische Untersuchung einzelner Moleküle in kondensierter Phase*, besonders als Gast in einer Matrix, ist mit den modernen experimentellen Methoden der Laserspektroskopie ebenfalls möglich [2, 3]. Dabei stand zunächst der Wunsch im Vordergrund, daß man die Eigenschaften eines Moleküls nicht nur aus einer Mittelung über viele Moleküle gewinnen möchte, wie das bei einer gleichzeitigen Messung an vielen Molekülen der Fall ist. Man kann dann nämlich die dazu nötige Annahme, daß zum Beobachtungssignal alle Moleküle gleichmäßig beitragen, überprüfen und vielleicht korrigieren. Es hat sich darüber hinaus gezeigt, daß einzelne Moleküle als spektroskopische Sonden zur Untersuchung von Prozessen in der jeweiligen Matrix wertvolle Dienste leisten können. In gewisser Weise ist die Einzelmolekül-Spektroskopie ein eigener Zweig der Spektroskopie geworden. Mit ihr kann man Linienlagen, Linienform, Linienbreite, deren Änderung durch Temperatur oder durch äußere elektrische und magnetische Felder studieren und so Informationen über die Moleküle oder über die Matrix erhalten, in die sie eingelagert sind. Eine gute Übersicht über Möglichkeiten und Ergebnisse findet man in [2–4]. Aber auch für Bemühungen um eine molekulare Elektronik, Kap. 22, ist es sehr wichtig, gezielt einzelne Moleküle anzusprechen.

Um ein einzelnes Molekül spektroskopisch auf dem Hintergrund der Wirtsubstanz, in der es sich befindet, isolieren zu können, muß man experimentelle Bedingungen herstellen, bei denen jeweils ein und nur ein Molekül im beobachteten Volumen in Resonanz mit der untersuchenden Strahlung ist. Besonders geeignet hierzu ist die Methode der *Anregungsspektroskopie*, bei der die Lichtanregung des untersuchten Moleküls zur Fluoreszenz mit Hilfe eines durchstimmbaren Lasers sehr schmalbandig, also sehr selektiv erfolgen kann. Zudem läßt sich das in der Probe gestreute oder nicht absorbierte Anregungslicht spektral leicht vom Fluoreszenzlicht trennen. Wenn man das Laser-induzierte Fluoreszenzlicht aus dem kleinen angeregten Volumen mit Linsen oder Spiegeln sammelt und auf den Empfänger konzentriert, kann man ein Signal beobachten, das nur von einem Molekül stammt.

Zur Spektroskopie von einzelnen Molekülen benötigt man also

- ein kleines Untersuchungs-Volumen, das nur wenige der zu untersuchenden Moleküle enthält,
- eine geringe Konzentration der „Verunreinigung“ oder „Gäste“ in der Matrix,
- hohe spektrale Selektivität um sicherzustellen, daß jeweils nur eine „Sorte“ von Molekülen vom Laserstrahl angeregt wird,
- eine experimentelle Anordnung mit hoher Empfindlichkeit, um das optische Signal (z. B. die Fluoreszenz) eines einzelnen Moleküls mit hinreichend gutem Signal/Rausch-Verhältnis nachzuweisen und zwar getrennt von Untergrund-Signalen, die z. B. von gestreutem Anregungslicht herrühren. In Abwesenheit von Untergrundstrahlung ist Einzelmolekül-Fluoreszenz in geeigneten Systemen so intensiv, daß man leicht 1000 Photonen pro Sekunde erhält. Ein solches Signal läßt sich ohne große Schwierigkeit nachweisen.

Das untersuchte Probenvolumen ist durch Brennfleck-Größe des Lasers (einige μm^2) und Probendicke limitiert. Meistens ist es nicht größer als 10 bis $100\,\mu m^3$, also wenige pico-liter. Bei einer 1 molaren Lösung befinden sich in diesem Volumen noch ca. 10^{12} Moleküle. Will man nur 1 Molekül im Probenvolumen vorfinden, benötigt man deshalb sehr kleine Konzentrationen von ca. 10^{-12} mol/mol. Die Matrix muß im übrigen frei von anderen Molekülen sein, die unerwünschte Untergrund-Signale geben können. – Dies sind die Verhältnisse, unter denen die Einzelmolekül-Spektroskopie mit *räumlicher Selektion*, d. h. insbesondere jede Einzelmolekülspektroskopie bei Raumtemperatur, arbeitet.

Weniger kleine Konzentrationen, im Bereich von 10^{-7}–10^{-9} mol/mol, sind ausreichend, wenn man zur räumlichen auch noch die *spektrale Selektion* hinzunimmt. Wenn – wie später gezeigt – die dann im Probenvolumen befindlichen 10^4 an sich gleichen Moleküle sich spektral auch nur minimal unterscheiden, kann mit Hilfe eines sehr schmalbandigen Lasers jeweils nur eines dieser 10^4 Moleküle angeregt werden. Hierzu müssen die Spektralterme der Moleküle jedoch sehr scharf sein, und deshalb ist diese Untersuchungsmethode nur bei tiefer Temperatur erfolgreich anwendbar.

Mehr hierzu findet man auch in [5].

21.4.2 Experimentelle Methoden

Zur spektroskopischen Untersuchung einzelner Gast-Moleküle in einer transparenten Matrix regt man also deren Fluoreszenz mit einem Laser an. Man mißt die Fluoreszenz-Intensität als Funktion der Photonenenergie des anregenden Lasers. So erhält man das Anregungsspektrum als indirektes Absorptionsspektrum der untersuchten Substanz. Diese Methode ist, wie bereits erwähnt, besonders empfindlich, weil die emittierten Photonen einzeln gezählt werden können und weil sich das emittierte Licht wegen seiner unterschiedlichen Photonenenergie leicht vom gestreuten Anregungslicht trennen läßt.

Die möglichst effektive Sammlung der Photonen kann in verschiedener Weise erfolgen. Besonders bewährt hat sich die *Konfokale Mikroskopie* (vgl. Abb. 21.7a). Hier wird durch ein Mikroskop-Objektiv mit kurzer Brennweite das anregende Laserlicht auf die Probe fokussiert, und das gleiche Objektiv sammelt die Fluoreszenz-Strahlung für den Nachweis. – Eine andere Möglichkeit ergibt sich bei Nahfeld-Anregung oder *Nahfeld-Mikroskopie*. Dabei erfolgt die Anregung über eine zu einer dünnen Spitze ausgezogene optische Faser im Nahfeld-Bereich der Probe, d. h. der Abstand zur Probe ist deutlich kleiner als die Licht-Wellenlänge. Siehe hierzu Abb. 21.7b. Bei der wohl ältesten und immer noch nützlichen Methode entsprechend Abb. 21.7c ist die Probe direkt auf das

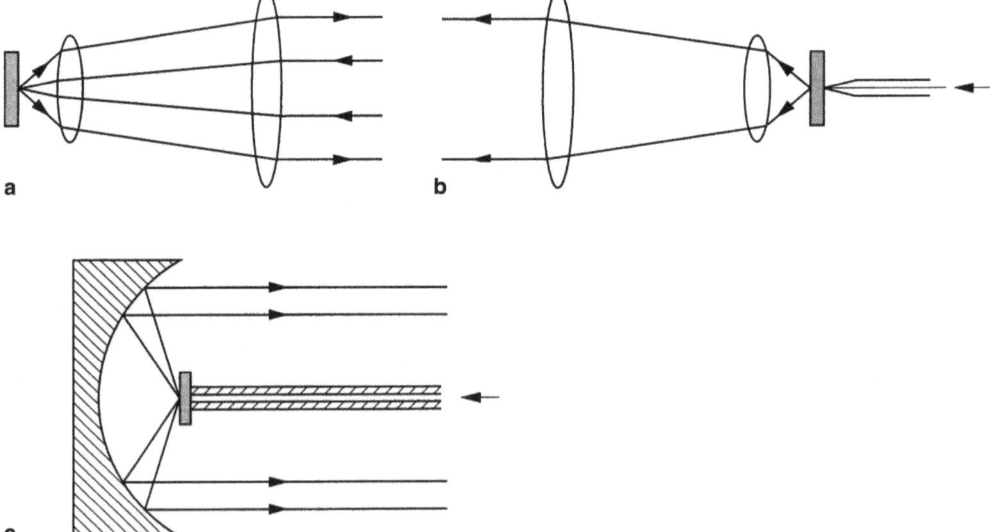

Abb. 21.7. Einige Meßanordnungen für Einzelmolekülspektroskopie, (**a**) *Konfokale Anordnung* mit einem Mikroskop-Objektiv, (**b**) *Nahfeld-Anregung* über eine extrem dünn gezogene Lichtfaser und Lichtsammlung mit einem Mikroskop-Objektiv, (**c**) Anregung über eine *Einmoden-Faser* und Sammlung über einen Parabolspiegel (siehe dazu auch [10])

Ende einer Monomode-optischen Faser aufgesetzt. Diese Anordnung sitzt im Brennfleck eines Parabolspiegels mit großer numerischer Apertur zur Sammlung des emittierten Lichtes. Wenn zur räumlichen Einengung auch noch die spektrale Selektion hinzukommen soll, dann muß die spektrale Breite des (durchstimmbaren) Anregungslaser-Lichtes kleiner sein als die individuelle Breite der Absorptionslinie eines Moleküls. Mehr dazu wird in Abschn. 4.4 erläutert.

21.4.3 Einzelmolekülspektroskopie mit relativ geringer spektraler Auflösung, räumliche Selektion

Die Einzelmolekül-Spektroskopie bei Raumtemperatur wird – wie oben ausgeführt – durch Proben mit sehr kleinen Molekül-Konzentrationen meistens in dünnen Filmen und durch sehr starke Fokussierung des Anregungslichtes möglich. Man kann damit auch Fluoreszenz-Signale aus stark verdünnten Proben, die einzelne absorbierende und fluoreszierende Moleküle in größerem gegenseitigen Abstand ($\geq 1\,\mu$m) enthalten, mit räumlicher Auflösung untersuchen. Wenn man die experimentelle Anordnung noch durch ein von Rastersonden-Mikroskopen her bekanntes Rasterverfahren erweitert, erhält man zwei- oder dreidimensionale Bilder der Molekül-Verteilung in der Probe. Ein Meßbeispiel hierzu zeigt Abb. 21.8.

Gemessen werden so spektroskopische Signale einzelner Moleküle oder Fluorophore. Als Fluorophor bezeichnet man kleinere Moleküle mit hoher Fluoreszenz-Quantenausbeute, die man zur Markierung an größere, selbst nicht fluoreszierende Moleküle anbindet. Solche Fluorophore können dazu dienen, dynamische Prozesse einzelner biologischer Makromoleküle in Lösung oder in Adsorbaten zu verfolgen und markierte biologische Makromoleküle von anderen zu unterscheiden. Eines der ältesten Meßbeispiele findet sich in [5].

Mit dieser Methode konnten einzelne Moleküle auf Oberflächen, in Matrizen, in Lösung und in Membranen untersucht werden. Man kann unterschiedliche Fluoreszenz-Lebensdauern von Anregungszuständen in unterschiedlicher Nano-Umgebung oder das individuelle Ausbleichen von Farbstoff-Molekülen bei längerer Bestrahlung beobachten. Es lassen sich Diffusions- und Umlagerungsprozesse sowie Konformationsänderungen einzelner Moleküle oder von Fluorophor-markierten Makromolekülen wie Proteinen messend verfolgen [6, 7].

Mit der Einzelmolekül-Spektroskopie ist es auch gelungen, den Infektionsweg eines einzelnen Virus in eine lebende Zelle hinein zu verfolgen, siehe dazu das Frontispiz ganz

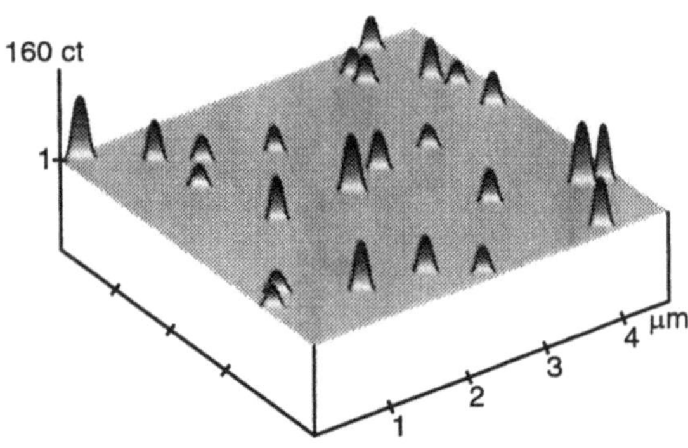

Abb. 21.8. Nahfeld-Fluoreszenzbild ($4{,}5 \times 4{,}5\,\mu$m) von einzelnen Oxazin-Molekülen auf einer Oberfläche aus PMMA. Jedes Maximum gehört zu einem einzelnen Molekül. Nach W. E. Moerner, M. Orrit: Science **283**, 1670 (1999) Fig. 3

vorne in diesem Buch. Die Viren sind dabei jeweils mit einem einzigen Farbstoffmolekül markiert, dessen Fluoreszenz wie eine molekulare Lampe den Infektionsweg des Virus in allen Details zeigt, von der ersten Berührung an der Zelloberfläche bis zur Ablegung der Virus-DNA im Zellkern. C. Bräuchle und Mitarbeitern gelang es, diese Prozesse in Echtzeit mit hoher Empfindlichkeit und hoher Orts- (40 nm) und Zeitauflösung (10 ms) zu verfolgen und so die Bahn des Virus im Detail zu beobachten. Mehr Einzelheiten gibt die Abbildungsunterschrift zum Frontispiz.

Eine interessante Anwendungsmöglichkeit der Einzelmolekül-Spektroskopie besonders bei Bio-Makromolekülen macht Gebrauch von der Förster-Energieübertragung (s. Abschn. 20.4) zwischen Donor D und Akzeptor A. Mit der Methode des Fluoreszenz-Resonanz-Energie-Transfers (FRET) kann man Abstände zwischen Donor und Akzeptor und zwar innermolekular oder zwischenmolekular, im Bereich von 1,5 bis 8 nm messen: aus der Effizienz der resonanten Energieübertragung zwischen dem absorbierenden Fluorophor D und dem emittierenden Fluorophor A kann man nach (20.1) Information über Abstand und relative Orientierung von D und A erhalten. Wenn man D und A als Einzelmoleküle beobachtet, kann man Konformationen und Wechselwirkungen in großen Molekülen, z. B. in Proteinen, ausmessen, wenn sie mit diesen Fluorophoren markiert sind. Mehr dazu findet man in [1,2] und [9].

Auch in der analytischen Chemie lassen sich mit Fluorophoren markierte Moleküle oder Molekülteile (beispielsweise DNA-Stücke) mit einer bisher unbekannten Empfindlichkeit, nämlich als Einzelmoleküle nachweisen. Die ultimative analytische Nachweisgrenze von *einem* Molekül wird so erreichbar.

Eine ausführlichere Darstellung von Methoden und Ergebnissen findet man in [1] und [2], Anwendungen auf biologische Systeme besonders in [8] und [9].

21.4.4 Messungen mit hoher spektraler Auflösung bei Tieftemperatur, spektrale Selektion

Hohe spektrale Auflösung, d. h. sehr schmalbandige Anregung, ist in der Einzelmolekül-Spektroskopie besonders dann nötig, wenn die Konzentration der zu untersuchenden Gastmoleküle in der Matrix so groß ist, daß die räumliche Selektion alleine nicht ausreicht. Man benötigt dann vielmehr eine *spektrale Selektion*. Um diese zu verstehen, müssen wir die Linienbreite im elektronischen Spektrum eines Moleküls diskutieren.

Die 0.-0-Absorptionslinie, d. h. der Übergang vom schwingungslosen Grundzustand mit der Schwingungsquantenzahl $v = 0$ in den ebenfalls schwingungslosen Anregungszustand S_1 mit $v = 0$ eines einzelnen ungestörten Moleküls (siehe Abb. 21.9) kann sehr scharf sein. Im Grenzfall der natürlichen Linienbreite liegt die Breite für einen erlaubten Dipol-Übergang im Bereich von $\gamma_H = 10$ bis 100 MHz. In kondensierter Materie würde man eine so scharfe homogene Linie für alle chemisch gleichen Moleküle beobachten, wenn wie etwa in einem idealen Kristall die lokalen Umgebungen aller im Probenvolumen vorhandenen Moleküle identisch wären.

In realen Proben ist dies jedoch nicht der Fall. Jedes Molekül hat eine etwas andere Nanoumgebung, also eine etwas andere Lösungsmittel-Verschiebung. Die Verteilung der Resonanzfrequenzen kann beispielsweise durch lokale Inhomogenitäten, innere elektrische oder mechanische Felder oder Feldgradienten verursacht sein. Dadurch hat jedes Molekül seine eigene, um die ideale Mittenfrequenz geringfügig verschobene 0.-0-Absorption. Aus der ungefähr Gauß-förmigen Verteilung der Mittenfrequenzen der individuellen Absorber ergibt sich ein etwa Gauß-förmiges Bandenprofil, dessen Breite

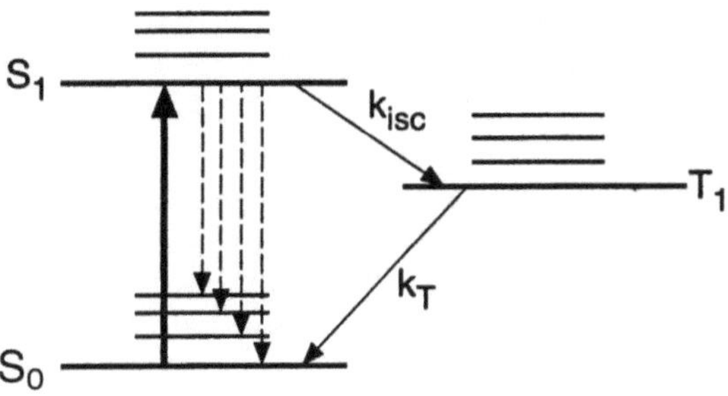

Abb. 21.9. Schematische Darstellung einiger elektronischer Energie-Niveaus eines Moleküls mit Singulett-Grundzustand S_0, erstem Anregungszustand S_1, tiefstem Triplett-Zustand T_1. Zu jedem elektronischen Niveau gehören vibronische Zustände. Anregung mit der Energie des 0.-0-Übergangs führt zu Singulett-Emission (Fluoreszenz) bzw. zur Bevölkerung von T_1 durch intersystem crossing mit der Rate k_{isc}. Der Triplett-Zustand zerfällt mit der Rate k_{T}. Vgl. auch Abschn. 15.1

vielfach größer ist als das (Lorentz-förmige) homogene Linienprofil eines einzelnen Absorbers. Das resultierende mehr oder weniger stark verbreiterte Absorptionsprofil nennt man inhomogen verbreiterte Linie oder Bande. Die mit der üblichen Spektroskopie beobachtete inhomogene Spektral-„Linie" ist also die Einhüllende zahlreicher homogener Linien, weil die Zahl der an der Absorption teilnehmenden Moleküle sehr groß ist. Abbildung 21.10 zeigt zur Erläuterung das simulierte Absorptionsspektrum einer Probe mit 10 000, 1000, 100 und 10 Molekülen. Während bei 10 000 Molekülen kaum mehr eine Substruktur der einzelnen Komponenten erkennbar ist, lassen sich bei 10 Molekülen deren homogene Absorptionslinien unschwer unterscheiden.

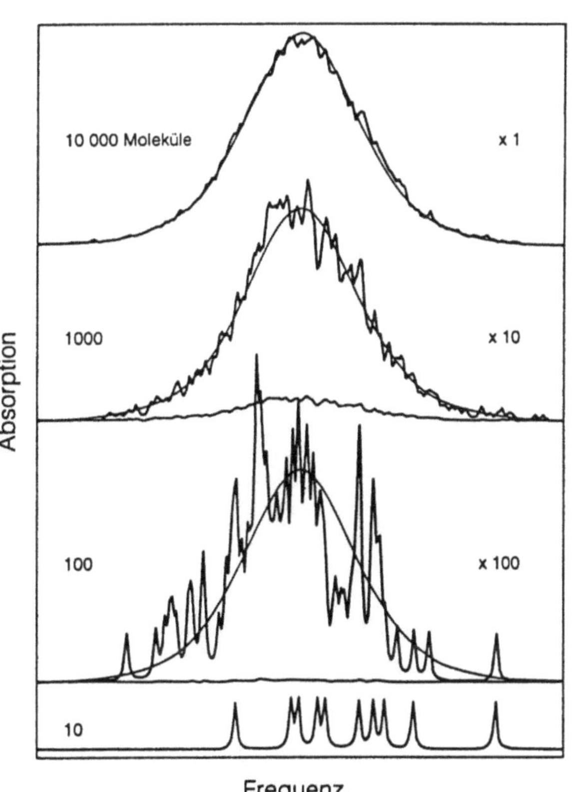

Abb. 21.10. Simuliertes Absorptionsspektrum von N Molekülen in ungeordneter Matrix. Wenn N von 10 000 auf 10 abnimmt, nimmt die integrale Absorption ab – deshalb die *rechts* eingetragenen Verstärkungsfaktoren. Das Verhältnis von homogener zu inhomogener Linienbreite ist hier mit etwa 1:40 angenommen. In Wirklichkeit beträgt es in Gläsern $1{:}10^4$ bis $1{:}10^6$, bei homogenen Linienbreiten von 10^{-1} bis $10^{-3}\,\text{cm}^{-1}$ und einer inhomogenen Breite von $10^3\,\text{cm}^{-1}$

Hierauf beruht auch die Methode des spektralen Lochbrennens. Mehr darüber wird in Abschn. 22.5, Molekulare Speicher, besprochen. Schon hier sei zur weiteren Erläuterung auf Abb. 22.32 und 22.33 verwiesen.

Die inhomogene Verbreiterung ermöglicht nun die spektrale Selektion einzelner Moleküle. Da nämlich verschiedene Gast-Moleküle in der Matrix etwas unterschiedliche Resonanz-Frequenzen aufweisen, kann man bei hinreichend geringer Gesamt-Konzentration die Durchstimmbarkeit eines schmalbandigen Laser benutzen, um die verschiedenen Moleküle im Meßvolumen einzeln und getrennt voneinander anzuregen. Dies ist die spektrale Selektion. Man muß lediglich dafür sorgen, daß die Anzahl der Moleküle je Frequenzbreite γ_H im Anregungslicht des Lasers nicht größer als 1 ist – d. h. man arbeitet am besten bei niedriger Dotierung oder in den Ausläufern des Frequenzspektrums der inhomogenen Verbreitung. Abbildung 21.11 zeigt als Beispiel die Einzelmolekülspektren von 3 Molekülen in einer Kristall-Matrix. Hier wird deutlich, mit welch gutem Signal/Rausch-Verhältnis sich einzelne Moleküle getrennt voneinander beobachten lassen und wie eine optische Ansprechbarkeit einzelner Moleküle auch bei größeren Konzentrationen möglich ist.

Für diese Art der Einzelmolekülspektroskopie benötigt man Moleküle und Matrizen mit sehr spezifischen Eigenschaften. Deshalb ist die Anwendung bisher auf eine verhältnismäßig kleine Anzahl von Systemen beschränkt. Insbesondere müssen die untersuchten Gast-Moleküle einen intensiven optischen Übergang mit starker O-Phononen-Linie und eine hohe Fluoreszenz-Quantenausbeute haben. Die extrem scharfen Linien ergeben Absorptionsquerschnitte, die um ein Vielfaches größer sein können als die physikalische Größe des Moleküls. Der maximale Absorptionsquerschnitt σ_p eines Moleküls ist definiert durch die Wahrscheinlichkeit, daß ein einzelnes Molekül ein einfallendes Photon aus dem Pumplaserstrahl absorbiert. Sie beträgt σ_p/A, wenn A die Querschnittsfläche des fokussierten Laserstrahls ist. Deren Grenze beträgt λ^2.

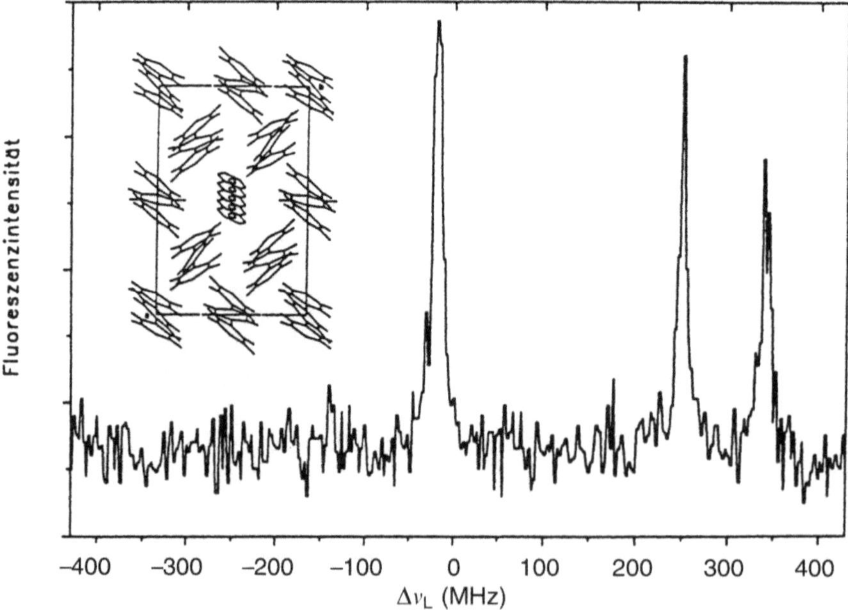

Abb. 21.11. Fluoreszenz-Anregungsspektrum von drei einzelnen Pentacen-Molekülen in p-Terphenyl, mit der Kristallstruktur p-Terphenyl. Die Abszisse 0 MHz entspricht der Wellenlänge 592,362 nm. Aufgetragen ist die Fluoreszenz-Intensität als Funktion der Wellenlänge des extrem schmalbandigen Anregungslichtes. Von C. Bräuchle und Th. Basche zur Verfügung gestellt

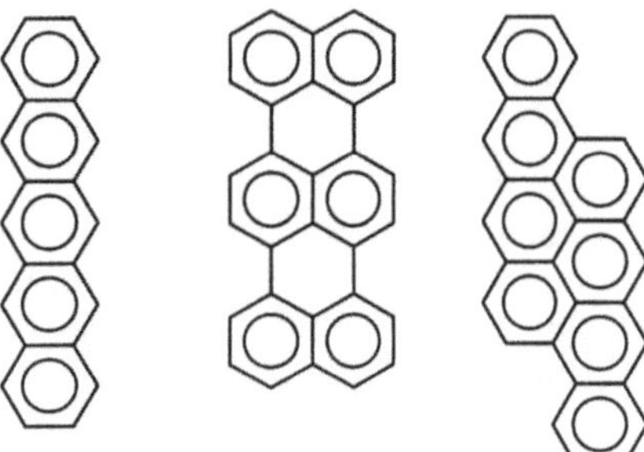

Abb. 21.12. Moleküle, die für Einzelmolekülspektroskopie mit hoher spektraler Selektivität geeignet sind: Pentacen, Terrylen, Dibenzanthracen

Wie Moerner in [3] zeigt, erhält man bei Molekülen mit stark erlaubter 0,0 Linie im niedersten elektronischen Übergang und bei tiefer Temperatur Werte für den maximalen Absorptionsquerschnitt σ_p von bis zu $10^{-11}\,\mathrm{cm}^2$, das heißt das 4000fache der Van der Waals-Fläche eines Moleküls. Diese Zahlen gelten zum Beispiel für Pentacen.

Die Messungen mit spektraler Selektion sind auf tiefe Temperaturen, unterhalb ca. 50 K, beschränkt, weil die zum Nachweis benutzten O-Phononen-Linien nur bei tiefer Temperatur scharf und beobachtbar sind. Polycyclische aromatische Kohlenwasserstoffe wie Pentacen sind gut geeignet (Abb. 21.12). Als Matrizen kommen organische Kristalle, wie *p*-Terphenyl, sog. Schpolski-Matrizen oder Polymere wie Polyethylen in Frage. Abbildung 21.13 zeigt eine Meßanordnung für Einzelmolekülspektroskopie.

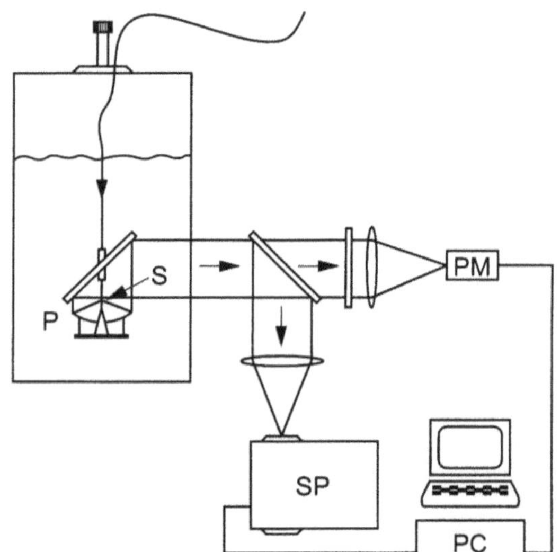

Abb. 21.13. Versuchsanordnung zur Messung von Einzelmolekül-Spektren (nach [3]). Die Probe S befindet sich am Ende einer optischen Glasfaser (zur Anregung) im Brennpunkt eines Parabolspiegels P. Das Fluoreszenz-Licht gelangt über einen Spiegel durch Linsen und Filter zum Spektrographen SP bzw. zum Photomultiplier PM und schließlich zum Rechner PC

21.4.5 Einige Meßergebnisse

Was kann man mit der Einzelmolekül-Spektroskopie lernen? Es gibt viele interessante Anwendungen in der Molekülphysik, in der Materialphysik, aber auch zu grundlegenden Fragen der Quantenoptik. Hier tritt die Einzelmolekül-Spektroskopie gleichwertig neben die ebenfalls in rascher Entwicklung stehende Spektroskopie einzelner Atome in der Gasphase. Schließlich läßt sich auch die magnetische Spinresonanz auf Einzelmoleküle anwenden.

Für die *Molekülphysik* interessant ist die Möglichkeit der Messung der natürlichen Linienbreite, die im Grenzfall durch die natürliche Lebensdauer des angeregten Zustandes bestimmt ist. So wurde für Pentacen-Moleküle bei 1,6 K und geringer Anregungsintensität eine homogene Linienbreite von $\Delta\nu = 7{,}8 \pm 0{,}2\,\text{MHz}$ gemessen (siehe Abb. 21.14). Dieser Wert entspricht nach der Beziehung $\Delta\nu = 1/(2\pi \cdot t)$ einer Lebensdauer von $t = 20{,}4\,\text{ns}$. Messungen der Lebensdauer mit Hilfe von Photonen-Echo-Experimenten an Proben mit einer Vielzahl von Pentacen-Molekülen ergaben in guter Übereinstimmung damit den Wert $t = 21{,}7\,\text{ns}$.

Mit zunehmender Anregungsintensität beobachtet man – genau wie in der magnetischen Resonanz – eine Sättigungs-Verbreiterung (siehe Abb. 21.15). Hieraus kann man die von den Blochschen Gleichungen (vgl. Abschn. 14.5 in Atomphysik) her bekannte Relaxationszeit T_2 ableiten. Sie mißt die Zeit, in der die Phasenkohärenz zwischen resonantem Anregungslicht und dem molekularen Zweiniveau-System (S_0/S_1) verloren geht, also die Phasenrelaxation.

Man kann mit sehr hoher spektraler Auflösung auch die vibronische Struktur des molekularen Übergangs auflösen, und damit die Frequenzen der intramolekularen Schwingungen im elektronischen Grundzustand (siehe Abb. 21.16). Dabei mißt man nicht, wie in der Anregungsspektroskopie meistens üblich, die spektral nicht aufgelöste Gesamt-Fluoreszenz als Funktion der schmalbandigen Anregung. Man mißt vielmehr die spektral aufgelöste Fluoreszenz nach dieser Anregung. Diese besteht im Falle schwacher Elektron-Phonon-Kupplung für ein einzelnes Molekül ebenfalls aus sehr schmalen Linien und erlaubt eine genaue Schwingungs-Analyse des untersuchten Moleküls in seiner spezifischen Umgebung.

Weitere Anwendung findet die Einzelmolekül-Spektroskopie in der *Materialforschung*. Man kann die extrem scharfen Spektrallinien der Gastmoleküle als Sonden für die unmittelbare Umgebung, die Nanoumgebung der Moleküle im Wirt bzw. der Matrix und für die interne Dynamik der Matrix benutzen. Auch bei tiefsten Temperaturen gibt

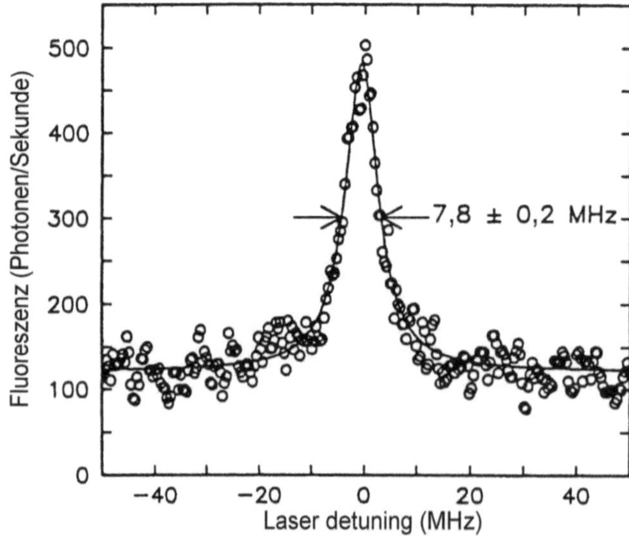

Abb. 21.14. Fluoreszenz-Anregungsspektrum eines einzelnen Pentacen-Moleküls in einem dünnen *p*-Terphenylkristall bei 1,5 K, Konzentration $8 \cdot 10^{-9}$ mol/mol $= 1{,}7 \cdot 10^{13}\,\text{cm}^{-3}$. Die *Mitte* bei 0 MHz entspricht einer Absorptionswellenlänge von 592,407 nm. Aus W. P. Amrose, Th. Basche, W. E. Moerner: J. Chem. Phys. **95**, 7150 (1991). Siehe dazu auch W. E. Moerner u. Th. Basche: Angew. Chem. 105, 537 (1993)

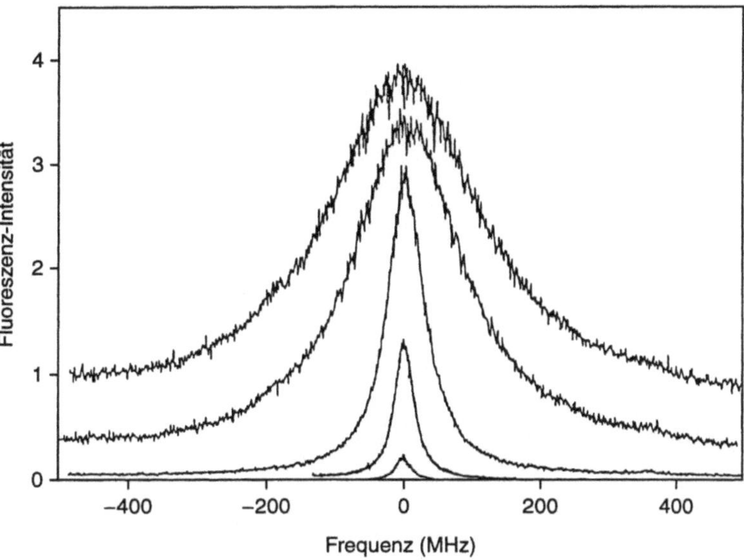

Abb. 21.15. Sättigungsverbreiterung: Die Einzelmolekül-Linie von Dibenzanthracen im Naphthalinkristall verbreitert sich mit zunehmender Anregungsintensität. Nach [10]. Die Frequenz der ungesättigten Linie dient als Nullpunkt

es besonders in Gläsern und in Polymeren noch dynamische Umlagerungs-Prozesse, die einschließlich ihrer Temperaturabhängigkeiten mit den Einzelmolekül-Sonden untersucht werden können. Auch Unordnungsphänomene, Fehlordnungen und Phasenübergänge in den Wirt-Systemen werden so meßbar. Ferner kann man beispielsweise die Fluoreszenz-Signale von Terrylen-Einzelmolekülen in einer Einkristall-Matrix aus *p*-Terphenyl zwischen zwei definierten Frequenzen hin- und herschalten [12] und so einen Molekularen Lichtschalter realisieren.

Ferner ermöglicht die Einzelmolekül-Spektroskopie auch grundlegende Untersuchungen zur Wechselwirkung von Licht mit Materie, also zu Problemen der *Quantenoptik*. Dabei ist die Einzelmolekül-Spektroskopie mit zeitlicher Auflösung von besonderem Interesse.

Das gemessene Emissions-Signal eines einzelnen Moleküls kommt ja dadurch zustande, daß das Molekül nacheinander viele Photonen emittiert, die alle im Detektor

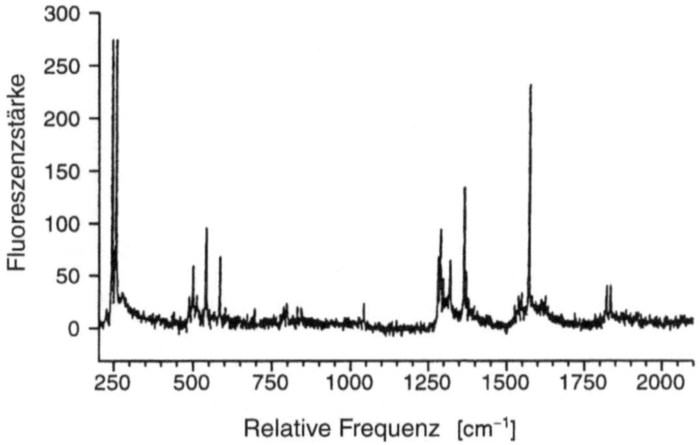

Abb. 21.16. Fluoreszenzspektrum eines einzelnen Terrylen-Moleküls in *p*-Terphenyl mit vibronischer Struktur. Nach [11]

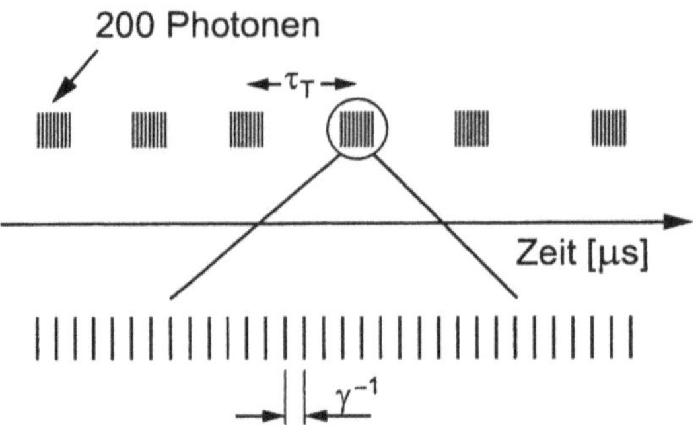

Abb. 21.17. Schematische Darstellung des zeitlichen Verlaufs der Photonen-Emission eines einzelnen Moleküls. Die Triplett-Lebensdauer τ_{T} bestimmt die Bündel-Abstände (Bunching), die inverse Rabifrequenz γ^{-1} die Photonenabstände innerhalb der Bündel (Antibunching). Die Zahlen gelten für Pentacen. Nach [3]

gesammelt werden. Man kann auch die zeitliche Abfolge dieser einzelnen Emissionsprozesse verfolgen. Dabei findet man die charakteristischen Eigenschaften der *Bündelung* und der *Antibündelung*, die jetzt erklärt werden sollen.

Die photophysikalische Dynamik eines typischen Moleküls bei kontinuierlicher kohärenter Anregung mit fester Laserfrequenz ist schematisch in Abb. 21.17 dargestellt. Die Photonen werden nicht in statistischer Zeitfolge emittiert, man beobachtet vielmehr ein charakteristisches Zeitverhalten, das man als *Bündelung* (bunching) und *Anti-Bündelung* (antibunching) bezeichnet. Aus diesem Zeitverhalten erhält man weitere Informationen über das emittierende System.

Zunächst zur *Anti-Bündelung*, d. h. zum Auftreten von charakteristischen Zeit-Intervallen zwischen den emittierten Photonen im Zeitbereich der Lebensdauer des Anregungszustandes (typisch $\tau_{S_1} = 10\,\mathrm{ns}$) bzw. bei der inversen Rabi-Frequenz. Dies ist ein typisch *quantenoptischer Effekt* bei der Wechselwirkung von Licht mit elektronischen 2-Niveau-Systemen. Er wurde ursprünglich in der Resonanzfluoreszenz einzelner Na-Atome entdeckt. Er bedeutet, daß die Wahrscheinlichkeit für das gleichzeitige Eintreffen von zwei Photonen am Detektor verschwindend klein ist und läßt sich leicht verstehen:

Unmittelbar nach der Emission eines Photons zur Zeit t befindet sich das Quantensystem im Grundzustand und die Wahrscheinlichkeit für die Emission eines zweiten Photons zu diesem Zeitpunkt ist Null. Im Mittel muß bei kontinuierlicher Anregung die Zeit einer halben Rabi-Periode vergehen, bis das Molekül wieder mit endlicher Wahrscheinlichkeit ein Photon emittieren kann. Die Fluoreszenz-Photonen erscheinen daher mehr oder weniger in geordneter Folge eines nach dem anderen wie Wassertropfen – und nicht in zufälligen Abständen, wie man es bei einer klassischen Lichtquelle oder bei schwacher Anregungsintensität erwarten würde.

Bei hinreichend hoher Laserintensität können also Rabi-Oszillationen beobachtet werden während der Laser das Einzelmolekül zwischen Grund- und Anregungszustand hin- und herpumpt. Unter kohärenter Anregung führt der „Pseudospin" zwischen den beiden Zuständen des Zweiniveau-Systems eine Rabi-Oszillation aus. Deren Frequenz beträgt $\Omega = |\boldsymbol{\mu}_{12}\boldsymbol{E}_{\mathrm{L}}|/\hbar$, wobei $\boldsymbol{\mu}_{12}$ das Übergangsdipolmoment und $\boldsymbol{E}_{\mathrm{L}}$ die elektrische Feldstärke des Laserlichtes ist. Zur Erklärung der Begriffe Rabi-Oszillation und Rabi-Periode vgl. Abschn. 22.6 in Haken, Wolf: Atom und Quantenphysik. Inkohärente Übergänge beispielsweise zu intramolekularen vibronischen Moden bestimmen die Relaxationszeit T.

Das Auftreten der Anti-Bündelung mit der Rabifrequenz wird natürlich überdeckt, wenn mehr als ein Molekül zum emittierten Licht beitragen. Erst die Einzelmolekülspektroskopie ermöglicht die Untersuchung dieses fundamentalen Phänomenes der Quantenoptik.

Wir kehren zurück zu Abb. 21.17 und zum Effekt der *Bündelung*. Hierunter versteht man die Beobachtung, daß die Photonenströme mit den Rabi-Intervallen unterbrochen werden von längeren Dunkelperioden mit der charakteristischen Länge τ_T, dem Bündelabstand. Diese Bündelung kommt dadurch zustande, daß das Molekül, z. B. Pentacen, in Wirklichkeit nicht ein 2-Niveau-, sondern ein 3-Niveau-System ist: Es gibt noch einen Triplett-Zustand T_1 (Abb. 21.9, siehe auch Abschn. 15.2), den wir hier als nichtemittierend betrachten dürfen. Er desaktiviert vielmehr das angeregte Molekül strahlungslos. Die Wahrscheinlichkeit für einen Interkombinationsübergang von S_1 nach T_1 ist für Pentacen 0,5%, d. h. im Mittel nach 200 emittierten Singulett-Photonen erfolgt ein strahlungsloser Übergang $S_1 \rightarrow T_1$ in den Triplettzustand. Das Molekül hört damit auf zu emittieren. Die Dauer der Dunkelperiode entspricht der Lebensdauer τ_T des Triplett-Zustandes. Diese liegt hier im Bereich von ms, und der Abstand der Bündel ergibt im Mittel τ_T.

Aus dem zeitlichen Verlauf der Einzelmolekül-Emission lassen sich damit Lebensdauer, Ausbeute und Interkombinationsraten für den Triplettzustand bestimmen. Auf die experimentellen Probleme der Zeitauflösung mit Autokorrelationsmethoden soll hier nicht eingegangen werden. Mehr dazu findet man bei [11].

Eine Erweiterung der Einzelmolekülspektroskopie ist möglich, wenn man nach dem Vorbild der *ODMR* (Abschn. 19.7) zusätzlich Mikrowellen einstrahlt und damit Übergänge zwischen den 3 Subniveaus des Triplettzustandes T_1 erzeugt, deren Lebensdauern im allgemeinen unterschiedlich groß sind. Im Resonanzfall ändern die eingestrahlten Mikrowellen die Lebensdauer des angeregten Triplett-Zustandes und damit auch die Intensität und das Bündelungs-Verhalten der Fluoreszenz-Emission. Man kann damit also optisch nachgewiesene *magnetische Resonanz* von einzelnen Molekülen, von einzelnen elektronischen Spins (siehe [13]), und sogar bei passender zusätzlicher Hochfrequenz-Einstrahlung auch von einzelnen Protonen (siehe [14]), beobachten.

21.5 Elektrische Leitfähigkeit von Molekülen

21.5.1 Der molekulare Draht

Die Frage, wie gut einzelne Moleküle einen elektrischen Strom leiten können, oder noch einfacher: „Wie fließt Strom durch ein Molekül“, wurde spätestens dann interessant, als man sich mit dem Konzept einer Molekularen Elektronik (Kap. 22) zu beschäftigen begann. Wenn man von der makroskopischen zur molekularen Welt übergeht, dann lautet die Frage: Was heißt hier Leitfähigkeit? Wie leicht gelangen Ladungsträger von einer Elektrode, etwa aus Metall, zu einer Gegenelektrode, wenn die beiden Elektroden nur durch ein einzelnes Molekül verbunden sind? – Und weiterhin: Wie hängt dieser Ladungsträgertransport von den elektronischen und strukturellen Eigenschaften des Moleküls ab, besonders von seiner Länge? Wichtige Fragen sind beispielsweise noch der Einfluß des Elektrodenmaterials, der Temperatur, der Feldstärke.

Ein Molekül, das als „molekularer Draht“ Elektronen zwischen zwei molekularen Systemen oder einfacher zwischen zwei Elektroden transportieren soll, ist jedenfalls ein Quanten-Objekt. Seine Leitfähigkeit ist eng mit der physikalischen Natur seiner Umgebung, besonders der Elektroden, verbunden. Wir wollen hier drei Grenzfälle unterscheiden [15]:

Am interessantesten ist der Grenzfall des *kohärenten resonanten Tunnelns* der Ladungsträger durch die Brücke. Dieser Prozeß ist dann möglich, wenn die Leitungsbänder oder vielmehr das Fermi-Niveau dieser Bänder für beide Elektroden isoenergetisch mit einem Molekülorbital des Brückenmoleküls sind. Dabei wird angenommen, daß sich in dem Orbital Elektronen (oder Löcher) bewegen können, daß es also eine Art von „Leitungsband" des Moleküls ist. Dies gilt insbesondere für ein LUMO, das tiefste unbesetzte Orbital (vgl. Abschn. 5.3 und 13.3). Man erwartet eine „Leitfähigkeit", die unabhängig von der Länge der Brücke – also von der Moleküllänge – ist. Einen „Widerstand" gibt es nur an den Kontakten zwischen Elektroden und Molekül.

Als Leitungselektronen aus den Metall-Elektroden stehen, wie man aus der Festkörperphysik weiß, die Elektronen an der Fermigrenze des Metalles zur Verfügung. Sie haben eine Fermigeschwindigkeit v_F und eine zugehörige Wellenlänge λ_F. Diese liegt bei typischen Metallen im Bereich von atomaren Dimensionen, ist also ähnlich groß wie die relevanten Molekül-Abmessungen. Im Molekül stehen für die Elektronen die Molekülorbitale als Leiterbahnen zur Verfügung, jedes Orbital ist ein Leitungs-Kanal. Den Leitwert (d. h. den reziproken Widerstand) eines Kanals berechnet man nach Landauer [16] quantenmechanisch aus der Streuung des Elektrons am Kanal zu $G = G_0 \cdot T$, wobei $G_0 = 2e^2/h$ ($\widehat{=}$ 12 900 Ω^{-1}) das Leitwert-Quantum und T der Transmissionskoeffizient ist. T kann zwischen 1, d. h. vollständige Transmission mit dem Leitwert $2e^2/h$, und 0, d. h. vollständige Rückstreuung, liegen. Die Transmission mißt die Effizienz, mit der das Molekül die metallischen Wellenfunktionen der Elektroden ausdehnt.

Der gesamte Leitwert ergibt sich als die Summe der Einzel-Leitwerte $G = G_0 \Sigma T_n$, wenn N die Anzahl der aktiven Kanäle und T_n die Transmissions-Wahrscheinlichkeit des n-ten Kanals ist. Die Anzahl der aktiven Kanäle ergibt sich aus der Anzahl der Molekülorbitale, die bei gegebener angelegter Spannung in Resonanz mit der Fermi-Energie des Metalls sind. Wichtig ist also: wie liegen die HOMO- und LUMO-Niveaus des Moleküls relativ zum Fermi-Niveau des Elektroden-Metalls. Durch Ändern der angelegten Vorspannung (bias) lassen sich diese Niveaus relativ zueinander verschieben. Dadurch ändert sich die Transmission.

Wenn die Energiezustände der für ein Tunneln verfügbaren Elektronen in den Elektroden (also im allgemeinen deren Fermi-Niveaus) weit entfernt sind von denen der Molekülorbitale, dann ist hauptsächlich eine *nichtresonante*, aber kohärente, Bewegung der Elektronen durch Austausch über die Orbitale im Molekül möglich. Abbildung 21.18 zeigt den Fall eines Moleküls mit großer Lücke zwischen HOMO und LUMO mit Elektroden, deren Fermi-Niveau in der Mitte der Energielücke liegt. Dies trifft z. B. für kurze

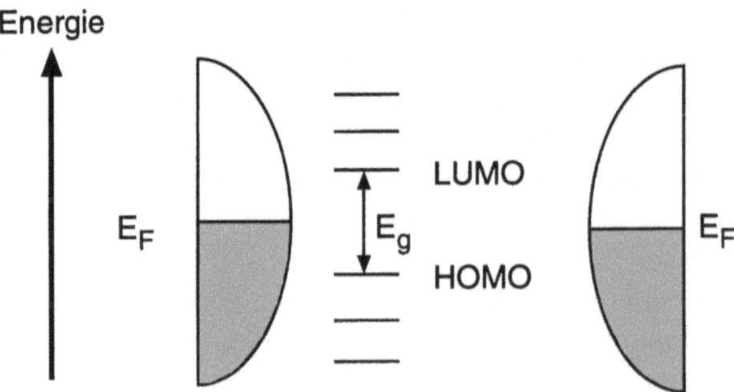

Abb. 21.18. Energie-Niveaus, schematisch, für ein Molekül in der Lücke zwischen zwei Metall-Elektroden. *Schraffiert* sind die besetzten Elektronenzustände im Metall bis zur Fermienergie E_F. Wenn die Lücke E_g zwischen HOMO und LUMO des Moleküls so liegt wie in dieser Skizze, dann gibt es keinen nennenswerten Elektronen-Fluß zwischen Molekül und Elektrode

organische Moleküle mit konjugierten Doppelbindungen zwischen Metall-Elektroden zu. – Die Leitfähigkeit sollte hier exponentiell mit der Länge der Brücke abnehmen. Wenn man durch Anlegen einer äußeren Spannung die Ferminiveaus der Elektroden relativ zur Energie der Molekülorbitale verschiebt, kann man damit unter geeigneten Umständen von einem der beiden Grenzfälle zum anderen gelangen.

Wenn man also untersuchen will, ob ein bestimmtes organisches Molekül mit konjugierten Doppelbindungen und damit delokalisierten π-Elektronen als molekularer Draht geeignet ist, dann sind zwei Systemeigenschaften von besonderem Interesse:

- Wie liegen die HOMO- und LUMO-Niveaus des Moleküls relativ zum Fermi-Niveau des Elektroden-Metalls? Die Energie-Unterschiede zwischen diesen Niveaus bestimmen die Transmission von Elektronen durch den Draht als Funktion der angelegten Vorspannung (bias). Durch Ändern dieser Vorspannung läßt sich die Transmission ändern, indem andere Molekülorbitale zur Leitung beitragen.
- Wie ist das organische Molekül elektronisch an die Elektroden angekoppelt und wie erfolgt die Ladungsinjektion in den Draht?

Der Transport von Ladungsträgern durch das Brückenmolekül kann schließlich auch *inkohärent* oder dissipativ werden, wenn eine unelastische Streuung der Ladungsträger in der Brücke stattfindet. Streuzentren können etwa innere Schwingungen des Moleküls sein, falls diese mit den elektronischen Zuständen im „Draht" hinreichend stark gekoppelt sind. Nur in diesem Falle gleicht der molekulare Draht dem, was man üblicherweise unter einem elektrischen Draht versteht. Die Leitfähigkeit gehorcht dann dem Ohmschen Gesetz und der Leitwert ist umgekehrt proportional zur Länge der Brücke. Abbildung 21.19 erläutert die Grenzfälle der kohärenten und der dissipativen Leitung.

Der dissipative Mechanismus der Leitfähigkeit ist sicher dann bevorzugt zu erwarten, wenn die Moleküle länger und die Temperaturen höher werden.

Jedenfalls kann man die Leitfähigkeit eines Moleküls zwischen zwei Elektroden nur verstehen, wenn man beachtet, daß sie durch die Fermi-Niveaus beider Elektroden, durch die Kontakte und durch die „Durchlässigkeit" des Moleküls selbst bestimmt sind. Bei allen Messungen muß man beachten, daß man immer eine Kombination aus Elektroden- und aus Molekül-Eigenschaften mißt.

Die Auswertung realer Messungen ist schwieriger als diese einfachen Modelle. Ungleiche Elektroden-Materialien, mangelnde Homogenität des angelegten elektrischen Feldes und die Vielfalt möglicher Orbitale bei größeren Molekülen machen eine eindeutige Auswertung selbst dann schwierig, wenn die experimentellen Probleme, insbesondere das Anbringen der Elektroden, befriedigend beherrschbar sind. Dies gelingt

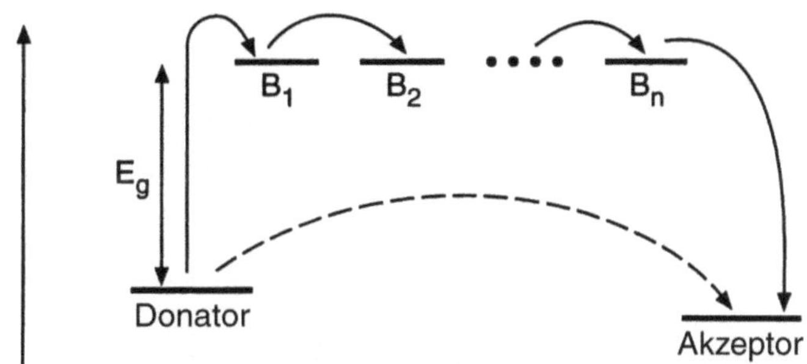

Abb. 21.19. Grenzfälle für den Elektronenfluß durch ein Molekül von einem Donator zu einem Akzeptor über eine Brücke B (D-Brücke-A-Triade). *Unten*: Die Ladungsträger tunneln ohne eine Lokalisierung auf der Brücke. Die Geschwindigkeit ist abstandsabhängig. *Oben*: Hüpftransport durch die Brücke, Geschwindigkeit weniger abstandsabhängig

meistens nur teilweise, und es gibt deshalb kaum wirklich befriedigende, das heißt vollständig verstandene Leitwert-Messungen einzelner Moleküle.

21.5.2 Meßergebnisse

Zur Messung der elektrischen Leitfähigkeit eines einzelnen Moleküls liegen erst wenige Ergebnisse vor. Das zentrale Problem ist es, an einem Molekül beidseitig elektrische Kontakte anzubringen. Wie läßt sich ein Einzelmolekül kontaktieren? Und weiterhin: „Wie läßt sich ein einzelnes Molekül zwischen zwei Kontakten platzieren?"

Man kann dieses Problem dadurch lösen, daß man das Molekül mit Endgruppen, z. B. Thiol-Gruppen, versieht, die mit einer Metalloberfläche, z. B. Au, leicht eine chemische Bindung eingehen, so daß das Molekül sich zunächst einseitig mit der Metall-Elektrode verbindet. Der wesentliche Schritt im Experiment besteht dann darin, daß man eine saubere Gold-Oberfläche mit einer Lösung in Kontakt bringt, in der sich die zu untersuchenden Moleküle mit einer Thiol-Endgruppe (SH) befinden. Die Moleküle ordnen sich selbständig als Monoschicht (sog. *self-assembly*-Verfahren) auf der Gold-Oberfläche an, indem der Wasserstoff von der SH-Gruppe durch eine kovalente Bindung zwischen S und Au ersetzt wird, (Abb. 21.20). Damit hat man den Gold-Kontakt als Elektrode gewonnen.

Der zweite Kontakt für eine Widerstandsmessung kann die Spitze eines Rastersondenmikroskops sein. An diese sind die Moleküle nur schwach angekoppelt, man kann aber verschiedene Moleküle auf der Gegenelektrode ansteuern. Ein anderer eleganter Weg, der zudem den Vorteil hat, daß er eine symmetrische Anordnung ergibt, ist der Bruch-Kontakt (break-junction) (Abb. 21.20). Darunter versteht man eine durch Nanomanipulation erzeugte Lücke in einem extrem dünn ausgezogenen Draht. Der Draht wird kontrolliert bis zum Zerreißen gedehnt. Man kann so Lücken kontrolliert erzeugen, deren Breite kleiner als 10 Å ist. – In eine solche Lücke in einem Au-Draht passt z. B. ein 1,4-Dithiol-Benzol-Molekül, das an beiden Enden mit den Au-Elektroden verbunden ist. In dem in Abb. 21.20 gezeigten Beispiel ist die gemessene Breite der Lücke, 8,5 Å, so groß, daß dieses Molekül gerade hineinpasst [17].

Aus einer Strom-Spannungskurve an einem solchen Molekül zwischen zwei Au-Kontakten läßt sich (stark vereinfacht) ein Widerstand der Größenordnung 25 MΩ errechnen [16]. Andere Messungen ergeben 900 MΩ [18]. Hierbei ist jedoch große Vorsicht geboten. Man mißt, wie oben ausgeführt, das Gesamtsystem Elektrodenkontakt-Molekül-Elektrodenkontakt, und man kann nicht mit Sicherheit sagen, zu welchem Teil des Systems der Widerstand gehört. Darüber hinaus ist die Strom-Spannungskurve nicht einfach – wie bei einem Ohmschen Widerstand – eine Gerade. Offenbar spielt hier die Quantisierung der Ladung und die Quantisierung der Transportwege in Gestalt der Molekülorbitale, also die Leitwert-Quantisierung, eine Rolle. Hierauf kann hier nicht näher eingegangen werden. Es sollte in erster Linie gezeigt werden, daß elektrische Messungen auch an einzelnen relativ kleinen Molekülen möglich sind.

Es ist sogar gelungen, den Leitwert G eines H_2-Moleküls zwischen zwei Platin-Elektroden zu messen. Hier ergibt sich, wie nach [16] zu erwarten, recht genau als Leitwert $G = G_0 = 2e^2/h$, also eine Quanteneinheit [19].

Eine andere Meßanordnung ist in Abb. 21.21 gezeigt: Ein Fulleren-Molekül C_{60} befindet sich zwischen einer planaren Gold-Elektrode und der Spitze eines Rastersonden-

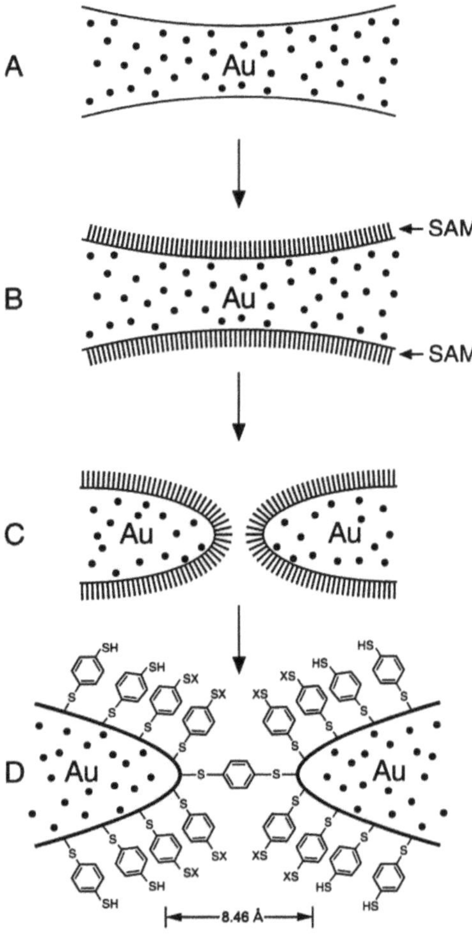

Abb. 21.20. Bruchkontakt zur Messung der Leitfähigkeit eines einzelnen Benzol-1,4-Dithiolat-Moleküls. Der dünne Au-Draht (**A**) wird in der Lösung mit einer monomolekularen Schicht bedeckt (**B**, Selbst-Ausrichtung, self assembly, SAM). Bei weiterer Dehnung bricht der Draht (**C**), die beiden Au-Elektroden sind mit den SAM-Schichten bedeckt. Man verkleinert den Elektrodenabstand, bis der erste leitende Kontakt hergestellt ist (**D**). Nach [17]

mikroskops als Gegenelektrode. Man erhält einen linearen Strom-Spannungs-Verlauf, aus dem sich zumindest formal ein Widerstand berechnen läßt.

Bei größeren Molekülen ist zwar die Herstellung der Elektroden einfacher, weil nicht so kleine Abstände erforderlich sind. Das Problem der Kontaktierung bleibt jedoch. Es gibt bisher nur wenige klar auswertbare Messungen. Auf besonders großes Interesse ist die Frage gestoßen, ob das in der Vererbung entscheidende Molekül DNS, englisch DNA (vgl. Abschn. 20.6), ein elektrischer Leiter ist [20]. Hier konnte man an einzelnen Strängen mit Längen von ca. 600 nm Strom-Spannungs-Messungen machen. Diese und andere Messungen deuten jedoch darauf hin, daß das Molekül als Isolator zu betrachten ist.

Ein schönes Beispiel dafür, wie man die elektrische Leitfähigkeit größerer Moleküle messen kann, zeigt zum Abschluß dieses Abschnittes Abb. 21.22. Hier ist ein Carotin-Molekül innerhalb einer selbstorganisierten Monoschicht des gesättigten Kohlenwasserstoffs Dodekan (12 C-Gruppen) auf einer Gold-Oberfläche aufgebracht. Die Bindung von beiden Molekülsorten an die Unterlage gelingt auch hier durch Thiol-Gruppen an den Molekülenden. Als Gegenelektrode dient die Pt-Spitze eines leitenden Kraftmikroskops, mit dem gleichzeitig die am Molekül angreifende mechanische Kraft eingestellt werden kann.

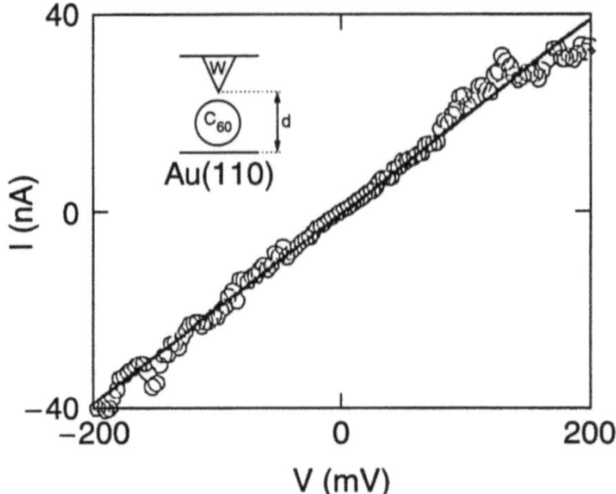

Abb. 21.21. Leitfähigkeitsmessung eines C_{60}-Moleküls zwischen einer Au-Elektrode und einer W-Spitze. Bei einem Abstand von 11,4 Å ergibt sich als Widerstand des Kontaktes Spitze-C_{60}-Oberfläche $R = 5{,}5\,\mathrm{M\Omega}$. Nach J. J. Joachim, J. K. Gimzewski: Europhys. Lett. **30**, 409 (1995)

Man erhält hier ein Ohmsches Verhalten mit einem Widerstand von $4{,}2 \pm 0{,}7\,\mathrm{G\Omega}$. Die Leitfähigkeit des Carotin-Moleküls mit seinen konjugierten Doppelbindungen (vgl. Abschn. 14.6) ist dabei mehr als 10^6 mal besser als diejenige der Alkan-Ketten gleicher Länge. Man kann das Carotin-Molekül deshalb als molekularen Draht in einer isolierenden Matrix betrachten. Mehr dazu folgt in Abschn. 22.3.

Auch hier ist jedoch Vorsicht geboten. Es ist noch ganz unklar, was der Mechanismus der elektrischen Leitung ist, ob hier ein Widerstand in der Einheit Ohm überhaupt definiert ist, ob andere Prozesse den Ladungstransport bestimmen, und auch bei den experimentellen Ergebnissen gibt es noch große Kontroversen. Eine Einführung in die Problematik findet sich in [15].

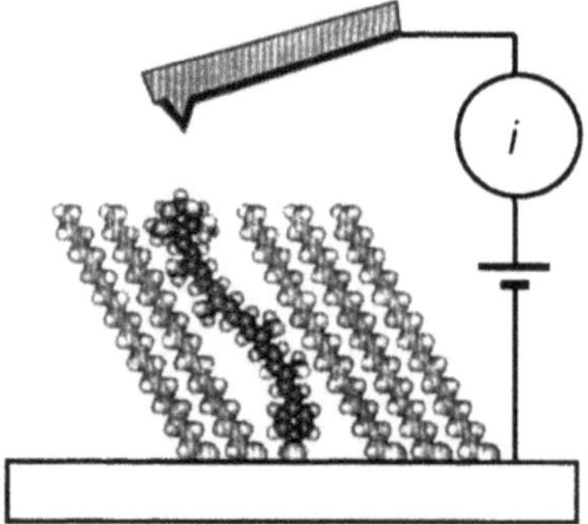

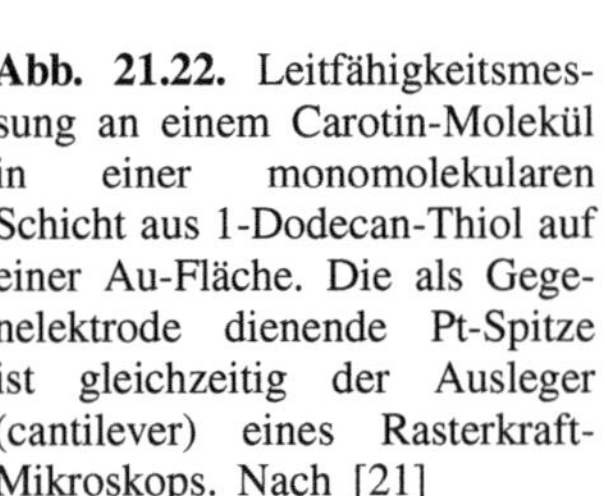

Abb. 21.22. Leitfähigkeitsmessung an einem Carotin-Molekül in einer monomolekularen Schicht aus 1-Dodecan-Thiol auf einer Au-Fläche. Die als Gegenelektrode dienende Pt-Spitze ist gleichzeitig der Ausleger (cantilever) eines Rasterkraft-Mikroskops. Nach [21]

22. Molekulare Elektronik und andere Anwendungen

Zum Abschluß dieses Buches sei noch ein Ausblick auf ein Gebiet gestattet, das in seinen Zielen ebenso faszinierend wie in seinen Möglichkeiten und Grenzen noch unklar ist.

Es geht hier um die Frage der Anwendbarkeit organischer Halbleiter in der elektronischen Technik. Attraktive Eigenschaften sind neben der Löslichkeit in organischen Lösungsmitteln beispielsweise die Farbe der Licht-Emission, die mit Hilfe chemischer Synthese in weiten Grenzen variiert werden kann, ferner die Möglichkeiten der Verarbeitung. Man kann polymere Schichten leicht über größere Flächen verteilen, auch über solche, die mechanisch flexibel sind. Das eröffnet auch die Aussicht auf vergleichsweise billige Produktion von selbst großflächigen Funktionseinheiten oder Bildschirmen. Die Anzahl verschiedener organischer Moleküle ist praktisch unbegrenzt.

22.1 Was ist Organische oder Molekulare Elektronik?

Seit einigen Jahren wird die Phantasie der Molekül- und Festkörperphysiker durch eine neue Idee oder ein neues Schlagwort zu neuen Überlegungen angeregt: *Molekulare Elektronik*. Was ist das? Molekulare Elektronik ist die gemeinsame Überschrift für Bemühungen oder Spekulationen, unsere auf Silizium und verwandten anorganischen Halbleiter-Materialien beruhende moderne Elektronik, speziell die Mikroelektronik, in einer vielleicht nicht zu fernen Zukunft durch eine Elektronik zu erweitern, die mit Molekülen und molekularen Funktionseinheiten unter Ausnutzung der spezifischen Eigenschaften molekularer Substanzen arbeitet. Faszinierend an solchen Ideen ist die Aussicht auf eine weitere Miniaturisierung gegenüber dem Silizium, auf die große Vielfalt der Moleküle, d. h. die mögliche ungeheuer große Variabilität, wie sie die organische Chemie bietet, und vielleicht auf die leichte Zugänglichkeit und Herstellbarkeit solcher Materialien.

Wenn man daran denkt, elektronische Bauteile aus Molekülen aufzubauen, dann braucht man

- Moleküle oder molekulare Funktionseinheiten als *Schalter*: Molekulare Systeme, die bistabil sind gegenüber Licht oder Feldern,
- Moleküle oder molekulare Funktionseinheiten als *Drähte*: Seit einigen Jahren gibt es schon organische Metalle (das sind molekulare Festkörper mit einer metallähnlichen Leitfähigkeit) und sogar organische Supraleiter,
- Moleküle oder molekulare Funktionseinheiten als *logische Elemente*: durch Zusammenwirken von Schaltern und Leitern müssen sich solche Bauelemente herstellen lassen,

– Moleküle oder molekulare Funktionseinheiten als *Speicher* von Informationen, die man durch Licht, durch elektrische oder magnetische Impulse oder sonstwie eingibt und auslesen kann.

Was ist also molekulare Elektronik? Man kann den Begriff vielleicht so definieren: Zu molekularer Elektronik gehören Phänomene und Prozesse, bei denen organische molekulare Materialien eine aktive Rolle beim Verarbeiten, Weiterleiten und Speichern von Informationen spielen. Man kann auch Molekularelektronik noch enger definieren: als die Kunst, einzelne Moleküle herzustellen, die sich ähnlich verhalten wie herkömmliche Transistoren, Dioden, Leitungsdrähte und andere wesentliche Komponenten heutiger integrierter Schaltkreise.

Wenn man sie so definiert, dann gibt es molekulare Elektronik im eigentlichen Sinne noch kaum. Ob es sie einmal geben wird und wie sie dann aussehen wird, wissen wir heute noch nicht. Man kann sich aber mit Vorarbeiten als Grundlagenforschung beschäftigen, mit Arbeiten, bei denen mögliche Anwendungen in einer ferneren Zukunft in die Fragestellung eingehen und im Hintergrund stehen. Hier sind der Festkörperphysiker, der Molekülphysiker und der Chemiker angesprochen, und so kann der Begriff Molekulare Elektronik zu einem Stimulans für vielfältige interdisziplinäre Forschungsarbeit werden. Es gibt auch schon bemerkenswerte Ergebnisse. Man hat Moleküle gefunden, die elektrischen Strom leiten, die als Schalter fungieren und die Information speichern können.

Doch mit der Herstellung einzelner Bauelemente ist es nicht getan. Für einen funktionsfähigen Rechner müssen viele Millionen molekularelektronische Bauteile verschiedenster Art auf einer Oberfläche befestigt und geeignet verschaltet werden. Dies ist eine Aufgabe, von der man noch nicht weiß, ob man sie jemals wird bewältigen können. Überblicke und neue Ergebnisse hierzu findet man in den Referenzen [1–5][1].

22.2 Moleküle als Schalter

Die Möglichkeit, eine bestimmte physikalische Eigenschaft eines molekularen Systems mit Hilfe einer äußeren Anregung, z. B. mit Licht oder mit einem elektrischen Feld, zu modulieren ist von zentraler Bedeutung, wenn man molekulare oder supramolekulare Bauelemente herstellen möchte. Deshalb gibt es erhebliche Anstrengungen, dynamische molekulare Systeme zu finden, die reversibel zwischen verschiedenen Zuständen geändert werden können, so daß sie eine Funktion als molekulare Schalter ausüben können. Sie müssen erlauben, durch eine gezielte (kurzzeitige) Einwirkung, etwa mit einem Lichtpuls, eine andere physikalische Eigenschaft des Supermoleküls oder Gesamtsystems reversibel abzuändern. Wenn die Moleküle nur sich selber und nicht eine andere Eigenschaft oder einen anderen Teil des Gesamtsystems schalten, dann sind sie zwar als optische Speicher interessant. Als Schalter sollen sie hier jedoch nicht verstanden werden.

Ein solches aktives System soll hier als *molekularer Schalter*, speziell mit Licht als *Photoschalter*, bezeichnet werden. In diesem Zusammenhang sind photochrome organische Verbindungen von besonderem Interesse. Sie lassen sich zum Ausgangspunkt bistabiler Supermoleküle machen, deren physikalisches Verhalten durch Licht gesteuert werden kann.

---

[1] Die Zahlen in eckigen Klammern beziehen sich auf das Literaturverzeichnis auf S. 516 ff. zu Kap. 22

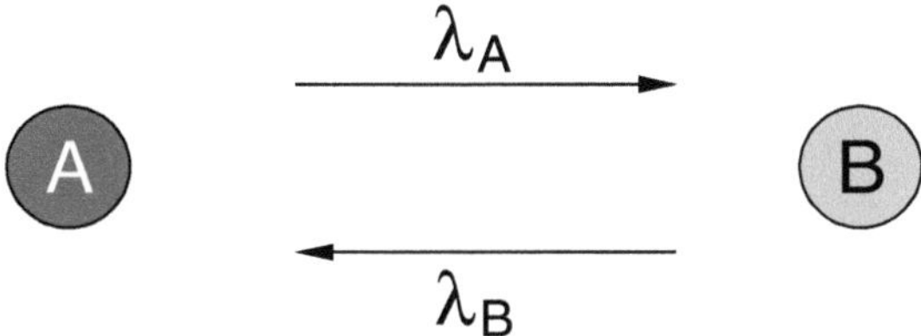

Abb. 22.1. Photochromie: Ein Molekül der Konfiguration A wird durch Licht der Wellenlänge λ_A in eine Konfiguration B umgewandelt. Licht der Wellenlänge λ_B bringt das Molekül wieder in den Ausgangszustand A

Wenn man Moleküle als mit Licht betriebene Schalter benutzen will, dann braucht man also ein Molekül A, das durch Licht der Wellenlänge λ_A in eine Konfiguration B umgewandelt wird (Abb. 22.1), und der Prozeß soll durch Licht der Wellenlänge λ_B reversibel sein. Ein solches Verhalten heißt *Photochromie*. Man braucht dazu bistabile Moleküle. Die Konfigurationen A und B müssen ohne das entsprechende Licht stabil sein, der Prozeß muß schnell sein, und er muß ohne photochemischen Abbau der Moleküle vielfach wiederholbar sein.

Ein Beispiel hierfür sind die *Fulgide*, bei denen die Photochromie auf einer Valenzisomerisierung beruht: Eine π-Bindung wird unter Ringschluß in eine σ-Bindung umgewandelt (Abb. 22.2). Solche Moleküle sind als Schalter beispielsweise deshalb interessant, weil man bei ihnen nur in einem der beiden Schaltzustände, nämlich in der geschlossenen „C"-Konfiguration, eine Kette konjugierter Doppelbindungen durch das Molekül senkrecht zu seiner Längsachse hindurchführen kann. Dies kann dann das physikalische Verhalten von Substituenten beeinflussen, die an beiden Enden des Fulgid-Moleküls angebunden sein können. Durch Substitution mit unterschiedlichen Seitengruppen kann man die spektrale Lage der Fulgid-Absorption, die Stabilität des Moleküls und seine Anbindbarkeit an andere Systeme in weiten Grenzen variieren.

Abb. 22.2. Moleküle als Schalter: Das Molekül Thiophenfulgid ist photochrom und läßt sich durch Licht zwischen den beiden gezeigten Valenz-isomeren Konfigurationen reversibel hin- und herschalten. Die *Einzelstriche* an den Molekülen bedeuten CH_3-Gruppen, die aus Platzgründen nicht eingezeichnet wurden

Wie ein solches Verfärben und Ausbleichen spektral aussieht, zeigt die in Abb. 22.3 dargestellte Messung am Thiophenfulgid. Man erkennt beim Verfärben mit UV-Licht eine Abnahme der UV-Absorption und, wegen des Ringschlusses und der verlängerten Kette konjugierter Doppelbindungen, ein Auftauchen einer neuen Absorption im Sichtbaren bei etwa 600 nm. Die vorher fast farblose Substanz wird dadurch farbig. Das Ausbleichen, d. h. das Bestrahlen mit Licht dieser Wellenlänge, stellt den alten Zustand wieder her. Der Prozeß kann viele Male wiederholt werden. Die Quantenausbeute liegt bei etwa 20% bei Raumtemperatur. Sie wird für die Verfärbungsreaktion nur wenig kleiner wenn man zu tiefen Temperaturen übergeht. Der Ausbleichprozeß bedeutet Ringöffnung und Übergang des Moleküls in einen nicht-planaren Zustand. Wegen des geänderten Raumbedarfes ist er allerdings thermisch aktiviert. Die Quantenausbeute hierfür sinkt deshalb mit sinkender Temperatur, und wird bei tiefer Temperatur sehr klein.

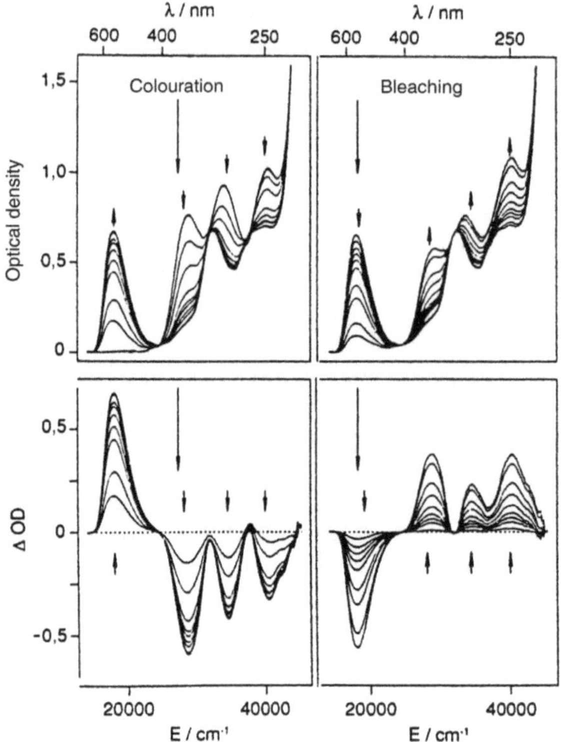

Abb. 22.3. Verfärben und Ausbleichen des Moleküls Thiophenfulgid (in Lösung) von Abb. 22.2. *Oberes Teilbild*: Optische Dichte. *Unteres Teilbild*: Veränderung der optischen Dichte durch Licht der mit *Pfeil* bezeichneten Wellenlänge. Aus [4]

Die reversible Photochromie bleibt auch erhalten, wenn die Fulgid-Moleküle sich in einer festen Matrix, z. B. Plexiglas PMMA, gelöst befinden. Auch amorphe Schichten sind reversibel schaltbar. Im geordneten Kristall ist die reversible Photochromie jedoch, offenbar wegen der sterischen Probleme bei dem Isomerisierungs-Prozeß, jedenfalls bei den Fulgiden, auf Oberflächenbereiche beschränkt.

Die Geschwindigkeit für den Einzelschritt liegt im Picosekunden-Bereich [6]. Fulgide erscheinen also als Lichtschalt-Moleküle gut geeignet.

Einen so realisierten *molekularen Licht-betriebenen Schalter*, mit dem man den gerichteten Transport von Anregungsenergie zwischen einem „Donator“ D und einem „Akzeptor“ A reversibel unterbrechen kann, zeigt Abb. 22.4. Dabei kann in der E-Konfiguration eine optische Anregung von D auf A übertragen werden, da der niederste Anregungszustand S_1 des E-Isomers zwischen denjenigen von D und A liegt. In der Konfiguration C wirkt das Fulgidmolekül dagegen als Falle für die Anregungsenergie, weil sein Zustand S_1 jetzt der tiefste Anregungszustand des gesamten Systems ist. Das Ein- und Ausschalten der Energieübertragung zwischen D und A wird durch das Auftreten bzw. das Verschwinden der Akzeptor-Fluoreszenz, nach Donator-Anregung, gemessen. Die Energieübertragung erfolgt sehr schnell. Es wurde hierfür ca. 1 ps gemessen [7].

Eine andere Gruppe photochromer Moleküle, die sich als molekulare Schalter eignen, sind die *Diaryl-Ethene*, *Dithienyl-Ethene* und ähnliche Moleküle, bei denen der photochrome Prozeß ebenfalls eine Isomerisierung mit Öffnen und Schließen eines Ringes bedeutet (Abb. 22.5). Auch hier schaltet Licht geeigneter Wellenlänge eine Ringschluß-Reaktion zwischen zwei Isomeren, bei denen die Heterozyklen entweder

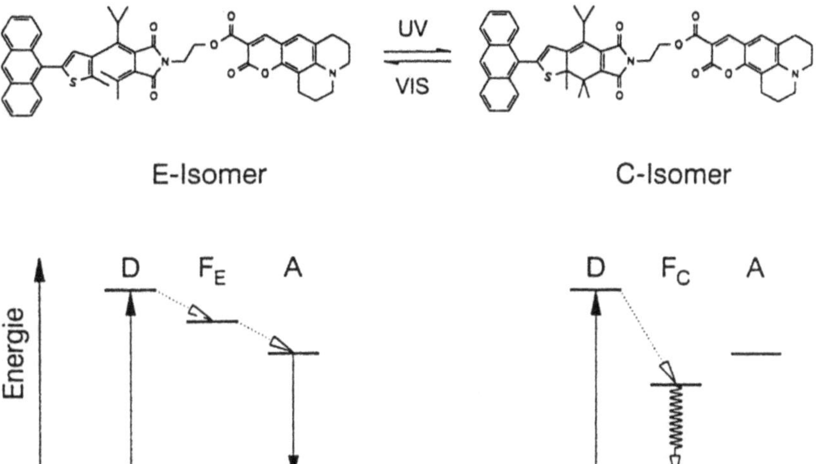

Abb. 22.4. Molekularer Schalter: Als E-Isomer überträgt das Fulgid-Molekül Anregungsenergie vom Donator (einer Anthryl-Gruppe) auf den Akzeptor (eine Rhodamin-Gruppe). Deren Fluoreszenz wird beobachtet, wenn D optisch angeregt wird. – Wenn das Fulgid durch Licht geeigneter Wellenlänge in seinen C-Zustand versetzt wird, wirkt der S_1-Zustand des Fulgids als Falle und der Akzeptor wird nicht angeregt. Dieser Prozeß läßt sich vielfach wiederholen. Aus [8]

konjugiert (geschlossener Ring, farbig, Absorption im Sichtbaren) oder nicht-konjugiert (offener Ring, farblos, UV-Absorption) sind. Dadurch entsteht bzw. verschwindet eine Absorption im sichtbaren Spektralbereich zu Gunsten einer solchen im UV (Abb. 22.5). Auch bei dieser Verbindungsgruppe lassen sich die physikalischen und auch die chemischen Eigenschaften in weiten Grenzen variieren durch Variation der möglichen Substituenten an den beiden Aryl-, Thienyl- oder sonstigen Gruppen. So ist z. B. im Molekül von Abb. 22.5 das Ausbleichen mit Licht um 800 nm, d. h. mit einem Diodenlaser möglich.

Trotz der auch beim Diarylethen vorhandenen sterischen Probleme bei der Isomerisierung wurde hier auch schon von photochromer Reaktion in einem Diarylethen-Einkristall berichtet [11]. Andere wichtige Fragen betreffen die Möglichkeit eines Lesens der Schalterstellung, ohne daß sie dabei geändert wird. Das gelingt bei man-

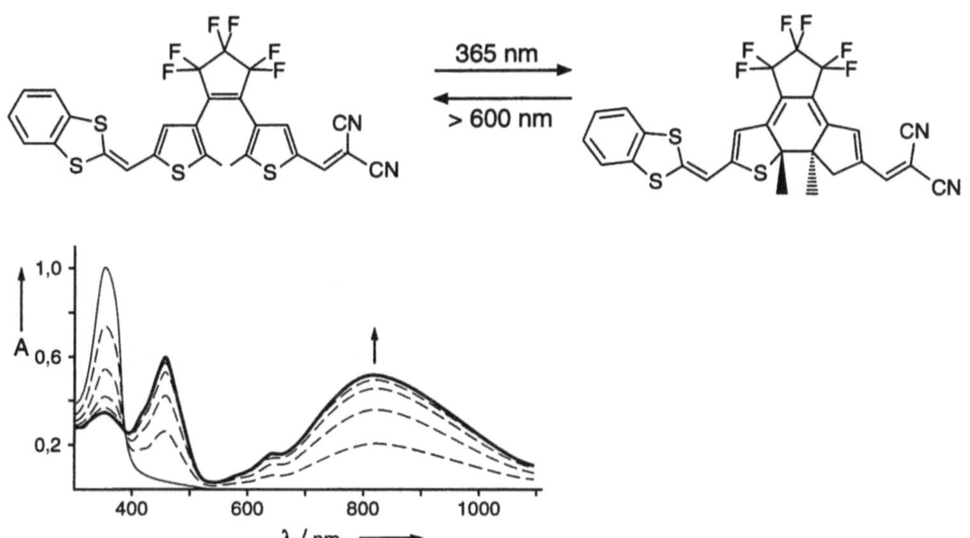

Abb. 22.5. (*Oben*) Beispiel für ein Dithienyl-Ethen-Molekül. *Links* die offene, *rechts* die geschlossene Konfiguration. Die geschlossene Konfiguration enthält intramolekular eine längere Kette konjugierter Doppelbindungen. Daraus resultiert die neue Absorption bei 800 nm. Das *untere Teilbild* zeigt die Änderung der Absorption A durch Bestrahlung der offenen Konfiguration mit Licht bei 365 nm. Nach [9, 10]

chen Molekülen dadurch, daß sie auch Absorptionsbanden ohne photochrome Reaktion besitzen. Im übrigen ist dies jedoch im allgemeinen anhand charakteristischer Molekülschwingungen mit der Infrarotspektroskopie möglich.

Es gibt zahlreiche Systeme und Phänomene, die mit photochromen Molekülen moduliert werden können. Wenn man etwa ein geeignetes Molekül aus der Gruppe der Diarylethene in eine längere Polyenkette einbaut, dann kann man alle Eigenschaften modulieren, d. h. aus- und einschalten, die auf einer durch die Polyenkette vermittelten Wechselwirkung zwischen Donator- und Akzeptorgruppen an den Kettenenden beruhen [9]. Eine solche Eigenschaft ist z. B. ein durch Licht oder durch elektrochemisches Schalten induzierter Elektronenfluß entlang der als „molekularer Draht" dienenden Polyenkette.

Einen anderen Lichtschalter, bei dem der Elektronenfluß durch das Molekül hindurch kontrolliert werden kann, zeigt das Diarylethen in Abb. 22.6. Die beiden Pyridinium-Ringe am linken und am rechten Ende des Moleküls sind in der Offen-Ring-Form voneinander isoliert, und es gibt keine nennenswerte Wechselwirkung zwischen ihnen. Wenn jedoch durch einen Lichtpuls geeigneter Wellenlänge (UV) der zentrale Ring geschlossen wird, verbindet das delokalisierte π-Elektronensystem beide Enden des Moleküls. Das Maximum der optischen Absorption ändert sich dabei von 352 zu 662 nm. Nur in diesem „geschlossenen" Zustand ist ein Elektronenfluß möglich.

Von besonderer Bedeutung können schließlich photochrome Moleküle bei biologischen Prozessen werden. Ein Einbau photoisomerisierbarer Moleküle in Biomakromoleküle ermöglicht es, deren Funktion wie Biokatalyse, Elektronentransfer oder spezifische Substrat-Bindung ein- und ausschaltbar zu machen [12]. Darauf kann hier nicht näher eingegangen werden. Es sei aber an die Wirkung der cis-trans-Reaktion des Retinals im Bakteriorhodopsin und beim Sehprozeß erinnert (Abschn. 20.5).

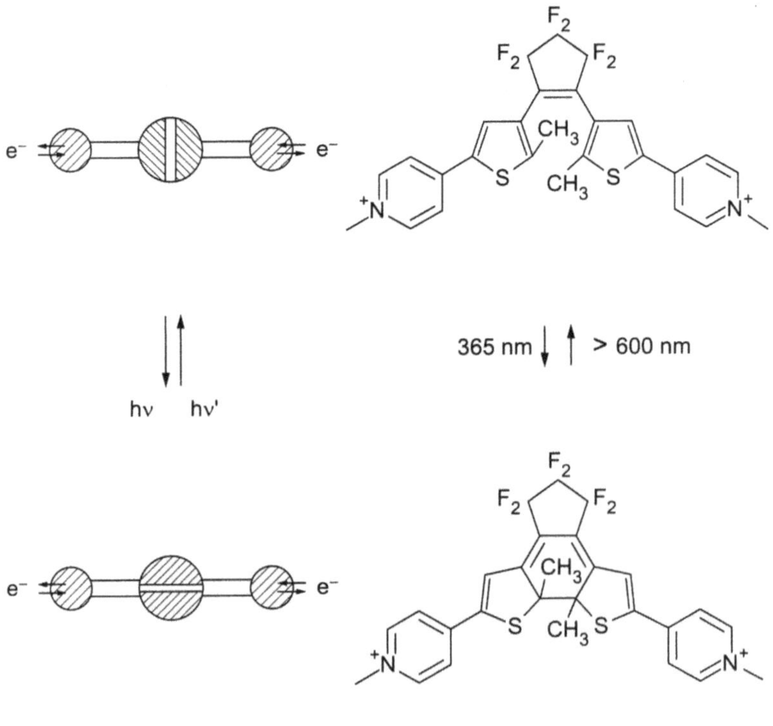

Abb. 22.6. Schematische Darstellung des Aus- und Einschaltens eines Elektronenflusses durch das gezeigte Molekül aus der Gruppe der Dithienyl-Ethene. Nach [19]

Es gibt eine ganze Anzahl weiterer Moleküle, die man als mit Licht betriebenen Schalter in supramolekulare Systeme einbauen kann. Die Schaltung von molekularen Systemen kann auch durch andere Eingriffe erfolgen, etwa durch elektrische Felder. Man spricht dann von Elektrochromie. Dieses Gebiet ist sicher noch sehr zukunftsträchtig.

22.3 Molekulare elektrische Leiter

Gibt es organische Verbindungen, die als elektronische Leiter zur leitfähigen Verknüpfung anderer Moleküle oder Substrate geeignet sind? Dabei kann man an Molekulare Drähte denken, die wir in Abschn. 22.4 behandeln. Oder aber man denkt an die sogenannten *Organischen Metalle*.

Das sind kristalline Verbindungen, die im allgemeinen aus zwei Partnern aufgebaut sind, von denen einer als Elektronen-Donator und der andere als Elektronen-Akzeptor wirkt. Die organischen Partner sind häufig in Stapeln angeordnet, so daß sich eine eindimensionale oder niederdimensionale Leitfähigkeit ergibt, wenn die Leitung durch Überlappung der π-Orbitale benachbarter Moleküle zustande kommt (Abb. 22.7).

Als Beispiel nehmen wir die Radikalanionensalze des Dicyanochinondiimins (DCNQI). Das Strukturbild (Abb. 22.7) zeigt die Stapelanordnung der organischen Bausteine. Dabei gibt es aber, außer der für die elektrische Leitfähigkeit in erster Linie verantwortlichen Wechselwirkung längs der Stapel, auch die Möglichkeit einer elektronischen Verbindung zwischen den Stapeln über die zentralen Metallionen, d. h. zwischen dem zentralen Metall und dem Stickstoff der CN-Gruppe des DCNQI. Eine solche Brückenfunktion zwischen den DCNQI-Stapeln kann insbesondere das Cu^+-Ion mit seinen d-Elektronen ausüben. Dadurch kann die eindimensionale Leitfähigkeit zu einer dreidimensionalen werden. Man kann die Metall-Ionen im Salz (Cu, Ag, Li und andere) und die Seitengruppen im DCNQI-Molekül (z. B. CH_3, Cl, Br, J) in weiten Grenzen variieren, ohne daß sich die Kristallstruktur wesentlich ändert.

Die extrem hohe Leitfähigkeit und der metallische Charakter auch bei tiefsten Temperaturen von einer dieser Verbindungen, dem in Abb. 22.7 und Abb. 22.8 in der obersten Kurve gezeigten Kupfersalz mit 2 Methylgruppen am DCNQI, zeigt, warum man von organischen Metallen spricht. Die Leitfähigkeit dieses Salzes ist bei tiefer Temperatur so hoch wie die von Kupfer bei Zimmertemperatur, und sie nimmt mit abnehmender Temperatur stetig zu, wie das für Metalle typisch ist. Wenn man nun die Frage nach der Natur des Leitungsmechanismus stellt und warum man einen metallischen Charakter beobachtet, dann muß man zur Beantwortung eine ganze Reihe verschiedener Meßmethoden der Molekülphysik und Festkörperphysik zu Hilfe nehmen. Eine davon ist die Methode der magnetischen Resonanz-Spektroskopie. Durch sie weiß man z. B., daß die hohe Leitfähigkeit überwiegend entlang der Stapel, und zwar denen der organischen Bausteine, erfolgt. Dies erkennt man insbesondere am Einfluß der beweglichen Ladungsträger-Spins auf das Relaxationsverhalten der Protonenspins in den DCNQI-Molekülen.

Es ist interessant, das Leitfähigkeitsverhalten verschiedener Salze dieser Gruppe miteinander zu vergleichen, die sich entweder hinsichtlich des Metall-Ions oder hinsichtlich der Seitengruppen am DCNQI-Molekül voneinander unterscheiden. Dabei ist wichtig, daß die verschiedenen Salze prinzipiell die gleiche Kristallstruktur besitzen, lediglich etwas unterschiedliche Abstände zwischen den Molekülen und geringfügig geänderte

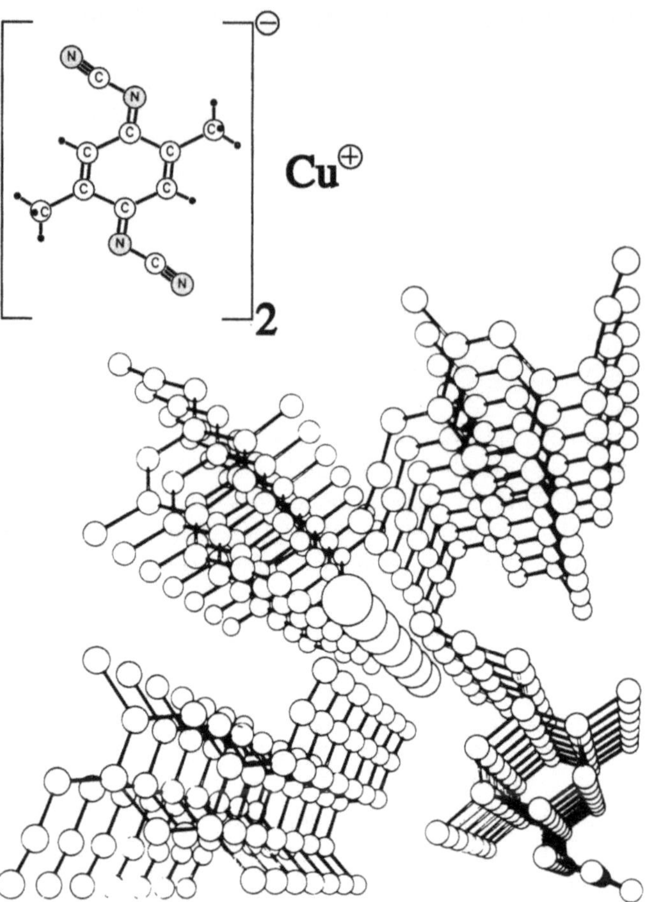

Abb. 22.7. Kristallstruktur des Radikal-Anionen-Salzes 2,5-Di-methyl-Dicyanochinondiimin (DCNQI) mit Kupfer als anorganischem Partner. Man erkennt in der *Mitte* eine Kette von Cu-Ionen, die jedoch nicht für die Metall-ähnliche Leitfähigkeit verantwortlich sind, sowie vier Stapel des organischen Partners. Längs dieser Stapel erfolgt die elektrische Leitung. Über CN-Gruppen zum zentralen Cu sind die Stapel miteinander verbunden, so daß die Eindimensionalität nicht mehr gegeben ist (nach P. Erk, S. Hünig, J. U. v. Schütz, H. P. Werner, H. C. Wolf: Angew. Chem. **100**, 286 (1988)). Im Molekülschema *links oben* sind die H-Atome nur als Punkte gezeichnet

Orientierungen. Aber kleine Änderungen dieser Strukturgrößen können zu großen Änderungen in den physikalischen Eigenschaften führen.

Die meisten der Salze zeigen ein Verhalten ähnlich dem der beiden untersten Kurven in Abb. 22.8. Auf eine recht gute Leitfähigkeit bei Zimmertemperatur folgt mit abnehmender Temperatur zunächst noch eine geringfügige Zunahme, dann aber eine starke Abnahme in den halbleitenden oder isolierenden Bereich hinein zu tiefen Temperaturen hin. Dieses Verhalten eines „metallischen Halbleiters“ ist typisch für eindimensionale Leiter, bei denen ein Phasenübergang bei tieferer Temperatur („*Peierls-Übergang*“) den Metall-ähnlichen Zustand beendet. Als „molekulare Drähte“ kommen diese Verbindungen jedenfalls bei tiefer Temperatur kaum in Frage.

Die demgegenüber leicht geänderte geometrische und elektronische Konfiguration der in der obersten Kurve von Abb. 22.8 gezeigten Kupfer-Verbindung reicht offenbar zu einer teilweisen Aufhebung der Eindimensionalität durch vermehrte Interstapelwechselwirkung über die Bindungen zwischen zentralem Cu und den CN-Gruppen des DCNQI aus. Dadurch wird der Peierls-Phasenübergang unterdrückt, und die hohe metallähnliche Leitfähigkeit bleibt bis zu tiefen Temperaturen erhalten. Es genügt also eine geringfügige Änderung im Aufbau der molekularen Bausteine, um entscheidende Änderungen im physikalischen Verhalten zu erwirken [13].

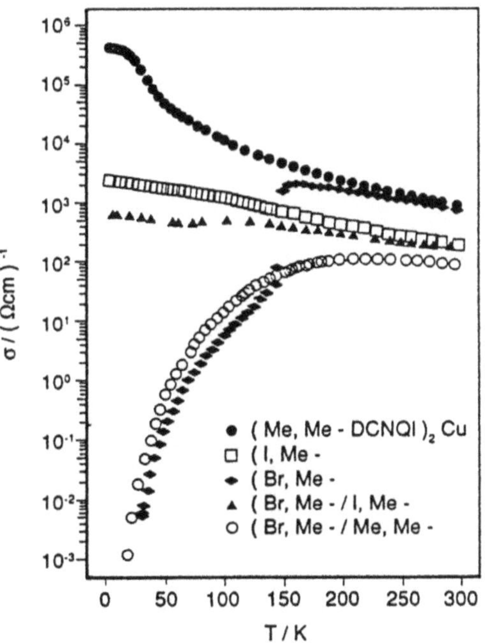

Abb. 22.8. Temperaturabhängige Leitfähigkeit einiger Cu-Verbindungen von DCNQI. Die Verbindungen unterscheiden sich durch die Substituenten am DCNQI-Molekül (vgl. Abb. 22.7). Me bedeutet eine CH_3-Gruppe (Methyl), I und Br ein I- oder Br-Atom als Substituent an Stelle der CH_3-Gruppen (siehe dazu das Molekülbild in Abb. 22.7). Die Kristallstruktur ist in allen Fällen sehr ähnlich. Das Leitungsverhalten reicht vom organischen Metall auch hinab zu tiefsten Temperaturen (*oberste Kurve*) bis zum Metall-ähnlichen Halbleiter (die *beiden untersten Kurven*, eine davon gehört zu einer Legierung). Aus [4]

Dies Beispiel zeigt deutlich, wie vorsichtig mit Begriffen wie „molekularer Draht" umgegangen werden muß. Es ist gerade die Abweichung von der Eindimensionalität, die hier wichtig ist. Für eine molekulare Elektronik bedeutet dies, daß man bei derartigen molekularen Drähten die laterale Ausdehnung nicht zu klein machen darf. Man braucht für eine Metall-ähnliche elektrische Leitfähigkeit also nicht nur einen Molekül-Stapel, sondern mehrere, die untereinander verbunden sind. Man muß weiterhin aus der Vielzahl der chemisch möglichen Substanzen die wenigen heraussuchen, bei denen die strukturellen und durch sie bestimmt die elektronischen Eigenschaften zu dem zu entwerfenden Konzept passen. Man kennt seit einigen Jahren eine ganze Anzahl von organischen Metallen, ja sogar von organischen Supraleitern. Eine reizvolle Aufgabe der Molekülphysik und der Quantenchemie ist es, Bauprinzipien für Moleküle zu finden, die solche Eigenschaften aufweisen.

Der Einfluß der Dimensionalität auf das Leitungsverhalten von „molekularen Leitern" läßt sich an den Cu-Salzen des DCNQI sehr schön im einzelnen verfolgen.

Der Peierls-Übergang tritt bei tieferen Temperaturen bei den meisten DCNQI-Kristallen auf. Dabei wird die äquidistante Anordnung der DCNQI-Moleküle in den Stapeln durch eine Dimerisierung (oder auch Trimerisierung) aufgehoben, so daß jeweils zwei Moleküle als Paar von den benachbarten Paaren durch etwas größere Abstände getrennt sind. Diese Strukturänderung macht aus dem metallisch leitenden Kristall einen Isolator (oder einen Halbleiter mit größerer Bandlücke), der Widerstand ändert sich bei einer kritischen Temperatur um viele Größenordnungen, und zwar reversibel. Dabei kann eine Hysterese auftreten. Ein Beispiel zeigt Abb. 22.9. Ein solcher Peierls-Übergang kann nur bei eindimensionalen Leitern auftreten.

Wenn bei einem Cu-Salz des DCNQI ein Peierls-Übergang auftritt, bedeutet dies, daß die zentralen Cu-Atome nicht mehr für eine hinreichende Interstapel-Wechselwirkung über die CN-Gruppen und damit für eine Mehr-Dimensionalität sorgen

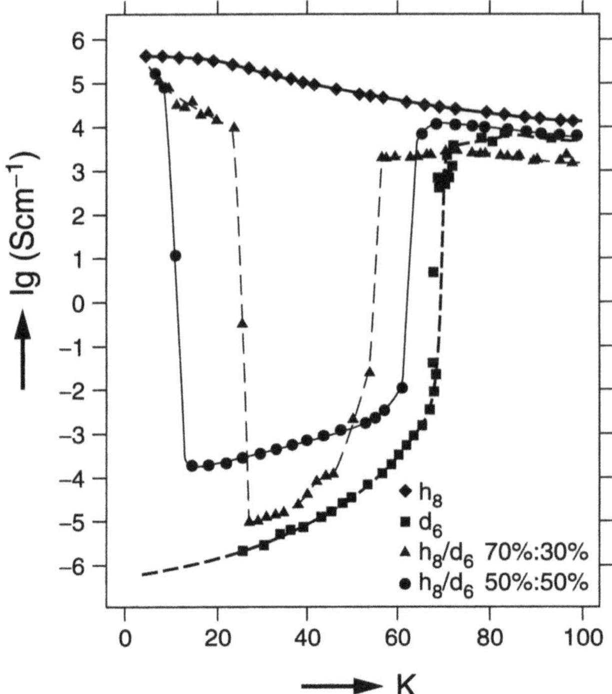

Abb. 22.9. Leitfähigkeit als Funktion der Temperatur für Kristalle des (Me-Me-DCNQI)$_2$Cu. h_8 bedeutet undeuteriert, d_6 bedeutet die beiden CH_3-Gruppen sind voll deuteriert, weiterhin zwei Legierungen. Man erkennt den Phasenübergang bei den deuterierten Substanzen, eine Hysterese und den Wiedereintritt in die leitende Phase bei tiefsten Temperaturen (Reentry). Aus [14]

können. Dieser Fall kann bei Temperatur-Erniedrigung und der dabei stattfindenden geringfügigen Verzerrung der Kristallstruktur eintreten [13]. Für eine hinreichende Interstapel-Wechselwirkung ist eine sehr subtile geometrische und energetische Überlappung der Orbitale des Cu-Ions und der CN-Gruppen nötig. Diese kann bei Temperaturerniedrigung reduziert werden. Übrigens kann sie bei noch tieferer Temperatur unter Umständen wieder auftreten, sogenanntes reentry-Verhalten, weil diese Überlappungen sich bei weiter abnehmender Temperatur mit der Kontraktion des Kristalls weiter ändern können. Ein Beispiel hierfür zeigt Abb. 22.9. Ein sehr guter Überblick über Strukturen und Eigenschaften von DCNQI-Salzen wird in [15] gegeben.

Eine interessante Frage ist, ob die Änderung der molekularen Wellenfunktionen bei optischer Anregung der Moleküle einen beobachtbaren Einfluß auf die kritische Überlappung der Molekülfunktionen mit den Cu-Orbitalen haben kann. Mit anderen Worten: Kann man einen Peierls-Übergang aufheben, indem man die Moleküle im Kristall in einen optisch angeregten Zustand versetzt? Oder noch anders ausgedrückt: Kann man den Peierls-Übergang durch Licht-Anregung ein- und ausschalten und damit den Kristall zwischen einem metallisch leitenden und einem isolierenden Zustand hin- und herschalten?

Um einen solchen *inversen Peierls-Übergang* nachzuweisen, muß man die elektrische Leitfähigkeit des Kristalls im optisch angeregten Zustand messen. Der Anregungszustand lebt nur kurz, wenige Nanosekunden. In diesem Zeitraum muß man eine Änderung der Leitfähigkeit messen können.

Das geschieht mit der in Abb. 22.10 skizzierten Methode der *Optisch Induzierten Transienten Elektrischen Leitfähigkeit (OITEL)*. Ein Meßbeispiel zeigt Abb. 22.11. Nach Anregung mit einem kurzen Lichtpuls im Temperatur-Bereich des Phasenüberganges erhält man eine Änderung der Leitfähigkeit vom isolierenden in den hochleitfähigen Be-

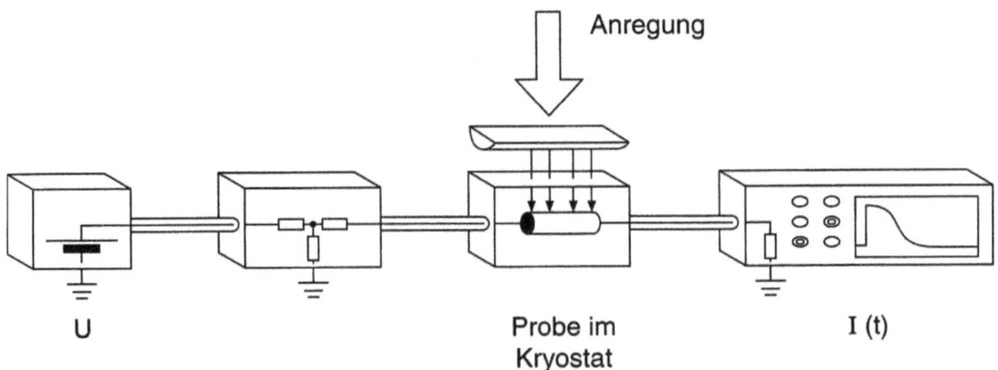

Abb. 22.10. Schematische Anordnung zur Messung der optisch induzierten transienten elektrischen Leitung (OITEL) in einem Legierungskristall aus nicht- und aus 6fach deuteriertem (Me-Me-DCNQI)$_2$Cu. Die optische Anregung erfolgt mit einem ps-Lichtblitz, die Änderung der Leitfähigkeit wird zeitaufgelöst gemessen. Nach [16]

reich. Diese geänderte hohe Leitfähigkeit bleibt für einen Zeitraum von vielen Nanosekunden bestehen. Das ist die Zeit, in der Kristall wieder in den Zustand relaxiert, in dem er sich ohne Lichtanregung befand.

Natürlich muß man sich experimentell versichern, daß es sich nicht nur um einen rein thermischen Effekt, d. h. um eine Erwärmung des Kristalls durch den Lichtpuls handelt. Man muß weiter den (sehr viel kürzer lebenden und sehr viel kleineren) Effekt einer normalen Photoleitung abtrennen, bei dem neue Ladungsträger im Kristall erzeugt werden. Deshalb zeigt Abb. 22.11 auch zum Vergleich die transiente Leitfähigkeit bei

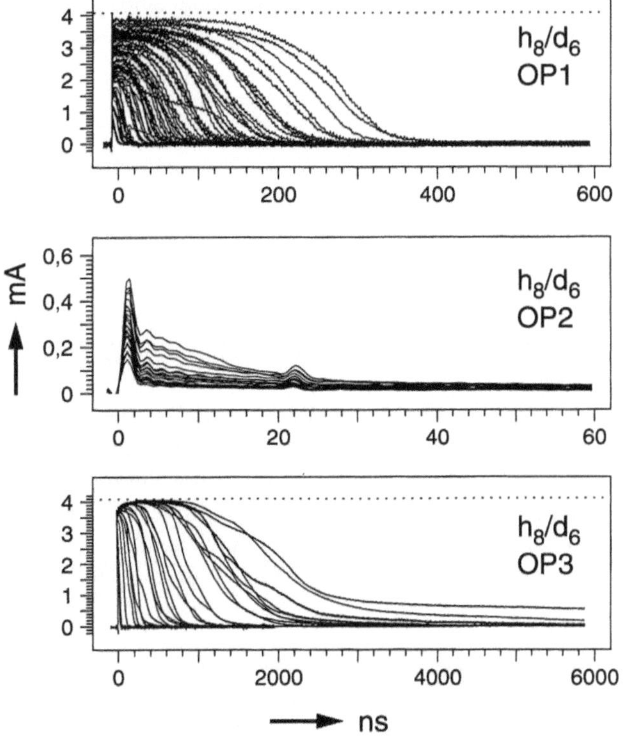

Abb. 22.11. Transiente Leitfähigkeit, d. h. Leitfähigkeit als Funktion der Zeit nach einem Lichtblitz, in Kristallen von (Me-Me-DCNQI)$_2$Cu, legiert aus h_6 und d_6, (siehe dazu Abb. 22.9) nach optischer Anregung mit einem ps-Lichtblitz. Die Messung erfolgt bei drei verschiedenen Temperaturen. Arbeitspunkte OP_1 und OP_3 liegen im Bereich der Phasenübergänge bei höherer Temperatur bzw. bei niederer Temperatur (Reentry, vgl. Abb. 22.9). OP_2 ist eine Messung im nichtleitenden Bereich zwischen den beiden Phasenübergängen. Während bei OP_1 und OP_3 die hohe metallähnliche Leitfähigkeit während einer Zeitdauer von ns bis ms wiederhergestellt ist, werden im Bereich OP_2 nur kurzlebige Ladungsträger erzeugt, die zu einer wesentlich kürzeren und kleineren Leitfähigkeit Anlaß geben. Nach [16]

Anregung in einem isolierenden Zustand außerhalb des Bereiches der Phasenübergänge. Wegen dieser Fragen sei auf die Originalliteratur verwiesen [16].

Jedenfalls zeigen die Experimente, daß die hier vorgestellten organischen Metalle auch als *Schalter* dienen können, bei denen durch einen Lichtpuls die elektrische Leitfähigkeit rasch und reversibel um viele Größenordnungen geändert werden kann. Hier beruht das Schalten auf einem Licht-induzierten Phasenübergang.

22.4 Molekulare Drähte

Vielleicht das einfachste Element eines integrierten elektronischen Systems ist die Verbindung der Komponenten untereinander und mit der Außenwelt – ein „Draht". Üblicherweise ist seine Aufgabe, Ladung oder Anregungsenergie von einem Teilbereich der Funktionseinheit zu einem anderen zu transportieren. Man kennt *Photonische Molekulare Drähte* zum Transport von Anregungsenergie, und *Elektronische Molekulare Drähte* zum Transport von elektrischer Ladung.

Wenden wir uns zunächst den Drähten für elektrische Ladung zu. Die Grundlagen dazu haben wir bereits vorne in Abschn. 21.5 und 22.3 behandelt. Die Leitfähigkeit in einem als „Draht" wirkenden Molekül ist danach das kombinierte Ergebnis von drei Faktoren: dem Fermi-Niveau und der Zustandsdichte beider Elektroden und der Transmissions-Fähigkeit des Moleküls.

Es gibt viele langgestreckte Moleküle, in denen Elektronen, insbesondere π-Elektronen in konjugierten Systemen von Doppelbindungen über einen größeren Bereich und über viele Bindungen delokalisiert sind. Diese delokalisierten Elektronen können prinzipiell Ladung von einem Ende einer molekularen Funktionseinheit zum anderen Ende transportieren, haben also die Funktion von molekularen Drähten. Solche Moleküle sind beispielsweise Polyene, Polythiophene, Polypyrrole und andere Polymere. Will man das elektrische Leitungsvermögen von molekularen Drähten quantitativ verstehen, dann trifft man auf die Probleme, die wir bereits weiter vorne in Abschn. 21.5 erwähnt haben: Die Leitung hängt wesentlich von den Kontakten ab, d. h., man muß wissen wie man die Ladungsträger in das leitende Molekül bringen kann, und man muß wissen, um welche Art der Leitung es sich handelt. Inkohärentes Hüpfen von Atom zu Atom im Molekül oder kohärentes Tunneln unter Verwendung der Molekülorbitale sind, wie oben ausgeführt, die beiden Grenzfälle für den Leitungsmechanismus in einem molekularen Draht. Man weiß, daß man zum Verständnis realer Systeme diese Modelle modifizieren und verfeinern muß. Darauf kann hier nicht näher eingegangen werden.

Die quantitative Messung und Analyse der Leitfähigkeit molekularer Drähte ist besonders wegen der Nano-Dimensionen schwierig und erst in wenigen Fällen möglich gewesen. Die einfachste Anordnung (Abb. 22.12), nämlich das Molekül als lange dünne Verbindung zwischen den zwei Elektroden eines Metall/Molekül/Metall-Nanokontaktes, ist schwer zu realisieren.

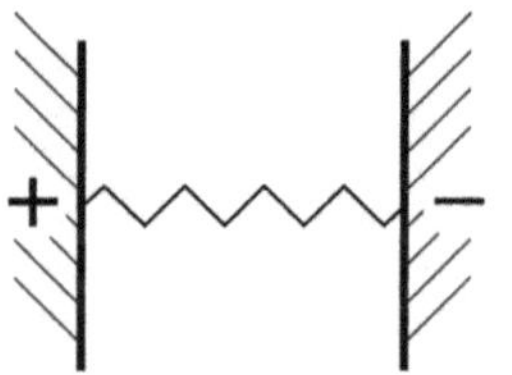

Abb. 22.12. Einfachstes Schema für einen molekularen Draht zwischen zwei Elektroden

Wir wollen uns deshalb hier auf die Diskussion einiger charakteristischer Experimente beschränken.

Man kann einen Ladungsfluß im „Draht" elektrisch durch eine *Strom-Spannungsmessung* nachweisen. Ein sehr einfaches Beispiel, bei dem der Draht nur aus einem Molekül besteht, zeigt Abb. 21.20. Der Strom durch ein C_{60}-Molekül zwischen einer Gold-Elektrode und einer RTM-Spitze aus Wolfram steigt linear mit der angelegten

Spannung. Bei einem Elektrodenabstand von 11,4 Å errechnet man hier einen Widerstand von 5,5 MΩ. Dieser hohe Widerstand entspricht jedoch immer noch einer Anzahl von ca. 10^{11} Elektronen, die pro Sekunde über das Molekül fließen. Eine noch größere Anzahl, nämlich 10^{12} Elektronen fließen pro Sekunde durch das Benzol-Dithiolat Molekül im Bruchkontakt (siehe Abschn. 21.5).

Der Leitungsmechanismus durch ein einzelnes Molekül kann, wie vorne (Abschn. 21.5.1) bereits erläutert, sehr verschiedene Ursachen haben. Man spricht deshalb auch allgemein von der „elektronischen Transparenz" des Moleküls. Wenn diese Durchlässigkeit auf einem Elektronen-Austausch über die Orbitale im Molekül beruht, dann nimmt die Transparenz mit der Länge des Moleküls exponentiell ab. Wie stark diese Abnahme ist, hängt von der Energielücke zwischen dem LUMO und dem HOMO der Moleküle ab. Darüber hinaus ist die elektronische Wechselwirkung zwischen Molekül und Elektrode wichtig. Es wurde abgeschätzt, daß durch ein 10 nm langes Polyen, also $C_{90}H_{92}$, ein Stromfluß von 100 pA bei einer Spannung von 100 mV möglich sein sollte. Das würde einem Widerstand von $10^{10}\,\Omega$ entsprechen. Messungen an ähnlichen Molekülen stützen diese Abschätzung (vgl. [2] sowie [17] in Kap. 21).

Man kann einen Elektronenfluß durch molekulare Drähte auch *chemisch* nachweisen. Dies gelang beispielsweise mit der in Abb. 22.13 gezeigten Anordnung. Hier dienen Carioviologene als Draht. Das sind langkettige Moleküle vom Carotin-Typ, die an den Enden substituiert sind mit einer Pyridinium-Gruppe, die Elektronen aufnehmen oder abgeben kann. Diese Carioviologen-Moleküle werden in die Membranen eines Vesikels aus Phospholipid-Molekülen eingelagert. Der Nachweis eines Elektronentransfers zwischen einer äußeren reduzierenden und einer inneren oxidierenden Phase durch das eingelagerte Carioviologen wurde durch die Beobachtung einer Reduktion von internem Hexacyanoferrat (III) zu Hexacyanoferrat (II) nachgewiesen. Die Carioviologene sind also funktionierende molekulare Drähte in einem supermolekularen System.

Ein weiteres interessantes und weites Gebiet der Forschung ist die *Licht-induzierte Ladungstrennung* in Molekülen und Molekülketten. Wenn durch Lichtabsorption an einem Ende der molekularen Einheit, dem Donor D, ein Elektron freigesetzt wird, dann kann dieses durch den als Brücke dienenden molekularen Draht zum anderen Ende des Moleküls gelangen, wenn dieses ein Elektron aufnehmen, also als Akzeptor A wirken kann, Abb. 22.14. Man erreicht einen Ladungs-getrennten Zustand, d. h. das Molekül

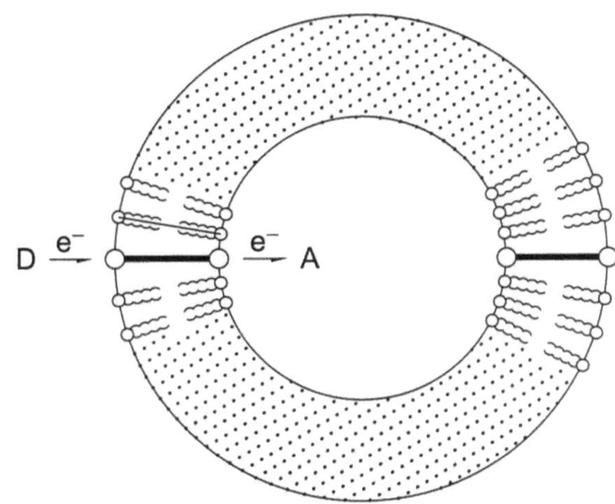

Abb. 22.13. Carioviologen-Moleküle als molekulare Drähte in einer zum Vesikel geformten Membran. Nach [18]

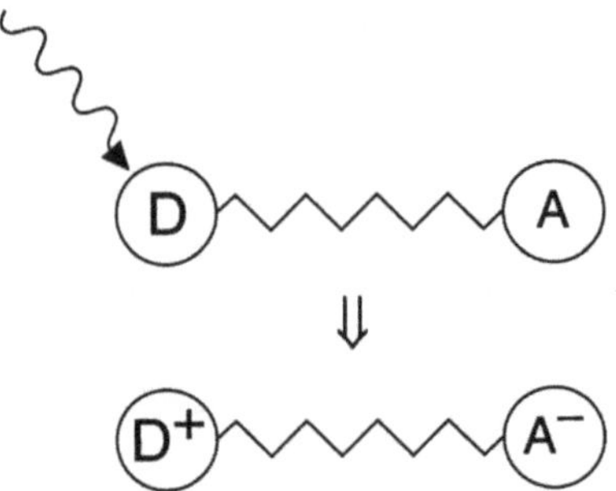

Abb. 22.14. Schema einer Licht-induzierten Ladungstrennung in einer Triade aus Donator-Brücke-Akzeptor

trägt an einem Ende ein ungepaartes Elektron, am anderen Ende das zugehörige Loch. Das Supermolekül D-Draht-A besitzt während der Lebensdauer der Ladungstrennung ein großes Dipolmoment. Die Messung dieses Dipolmoments kann zum Nachweis der Ladungstrennung dienen.

Eine andere Möglichkeit zur Messung der Ladungstrennung ist die Messung der transienten Absorption des ionisierten Donators D^+ oder des Elektronen-aufnehmenden Akzeptors A^-. Nach einem sehr kurzen Lichtpuls zur Bildung von D^+ mißt man mit einem Weißlichtpuls, der meßbar geringfügig gegenüber dem ersten Lichtpuls verzögert ist, die Absorption von D^+ und möglichst auch von A^-. Wegen der kurzen Lebensdauer dieser Zustände ist dazu allerdings eine sehr hohe Zeitauflösung nötig. – Solche Messungen wurden an Molekülen in Lösung durchgeführt. Für eine molekulare Elektronik besonders interessant wird diese Ladungstrennung, wenn die Moleküle als Langmuir-Blodgett-Schicht einheitlich orientiert auf einem Substrat angeordnet sind. Auch dies konnte im Experiment bereits realisiert werden [17].

22.5 Moleküle als Energieleiter

Ein weiteres Problem aus der Molekülphysik mit Blick auf molekulare Elektronik ist die Möglichkeit einer gerichteten Weiterleitung von *Anregungsenergie* in Molekülen. Hierbei geht es um den Wunsch, Moleküle zu finden, in denen Energie, die an einem Ende absorbiert wurde, intramolekular gerichtet an eine Endgruppe transportiert wird, die am anderen Ende des Moleküls sitzt (siehe dazu Abb. 22.15). In einem solchen Supermolekül wirkt der mittlere Teil also wie ein Draht, allerdings kein Draht für elektrische Leitung, sondern ein Draht für Leitung von elektronischer Anregungsenergie ohne Stromtransport. Da die Anregung durch Photonen erfolgt, kann man auch von einem *photonischen Draht* sprechen.

Messungen an Polyen-Molekülen, die an einem Ende mit einer Anregungsgruppe wie Anthryl (A) und am anderen Ende mit einer Nachweisgruppe wie Tetraphenyl-Porphyrin (TPP) substituiert sind (Abb. 22.16), scheinen zu zeigen, daß so etwas möglich ist. Messungen der Absorptions-, Fluoreszenz- und Anregungsspektren dieser Moleküle (Abb. 22.17 und 22.18) ergeben folgendes:

– Die verschiedenen miteinander verbundenen molekularen Partner behalten auch nach der Verknüpfung zum Supermolekül in einem hohen Grade ihre Identität: die elektronischen Zustände und die vibronische Struktur bleiben für die Bausteine des Supermoleküls spezifisch. Eine lokalisierte Anregung der aromatischen Endgruppen ist

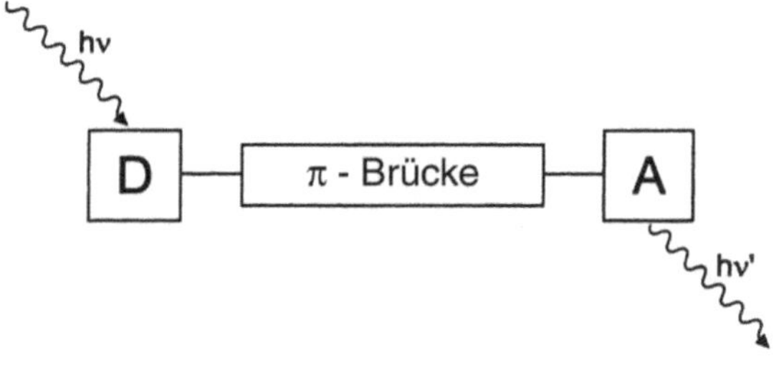

Abb. 22.15. Schema eines molekularen Photonendrahtes. Lichtanregung eines Donators kann bei Energieübertragung durch eine Brücke zu Photonen-Emission des Akzeptors führen. Als Brücke ist hier ein Molekül mit konjugierten Doppelbindungen, z. B. Polyen, gewählt. Das anregende Licht wird in Fluoreszenzlicht des Akzeptors konvertiert

möglich. In Abb. 22.17 sieht man z. B. im Absorptionsspektrum eine Anregungsbande, die charakteristisch für die Anthryl-Endgruppe ist (im Bereich um 250 mm), man sieht Absorptionsbanden, die für den anderen Substituenten, das Tetraphenyl-Porphyrin (TPP), charakteristisch sind (am auffälligsten die starke Absorptionsbande bei ca. 430 mm, die sogenannte Soret-Bande), sowie die Absorptionsbanden der Polyene, die sich in charakteristischer Weise mit zunehmender Kettenlänge der Moleküle nach langen Wellenlängen hin verschieben.

- Es gibt allerdings auch deutliche Änderungen von Absorptions-Intensität und elektronischen Energien der Teil-Moleküle, abhängig von der Art der Substitution und Länge des Polyens. Diese Änderungen zeigen, daß durch die Bindung auch eine wechselseitige Beeinflussung der elektronischen Orbitale, eine teilweise Amalgamierung, erfolgt, ohne daß aber die Identität der Partner ganz verloren geht.
- Es gibt einen intramolekularen gerichteten Energietransport von einem Ende, dem Anthryl, zum anderen Ende, dem TPP. Dieser Energietransport wird als Beispiel augenfällig in Abb. 22.18. Hier ist das Anregungsspektrum der TPP-Emission gezeigt. Man sieht, daß die TPP-Emission im Absorptionsbereich der Anthryl-Gruppe, im Bereich des TPP und eventuell auch im Polyen-Bereich angeregt werden kann.

Abb. 22.16. Moleküle als Energieleiter. An Polyen-Molekülen unterschiedlicher Kettenlänge, hier mit 5 bzw. 9 Doppelbindungen, werden als R bzw. R_1 Molekülgruppen gebunden, die als Donator bzw. Akzeptor für elektronische Anregungsenergie dienen. Donatoren sind hier die Anthryl-Gruppe A, die in verschiedenen Positionen substituiert werden kann, oder die Naphthyl-Gruppe N. Akzeptor ist Tetraphenyl-Porphyrin (TPP). Im *obersten Teilbild* ist ein nur einseitig substituiertes Molekül gezeigt, den Abschluß am anderen Ende bildet eine CHO-Gruppe. Die CH_3-Gruppe dient einer Stabilisierung der Ketten

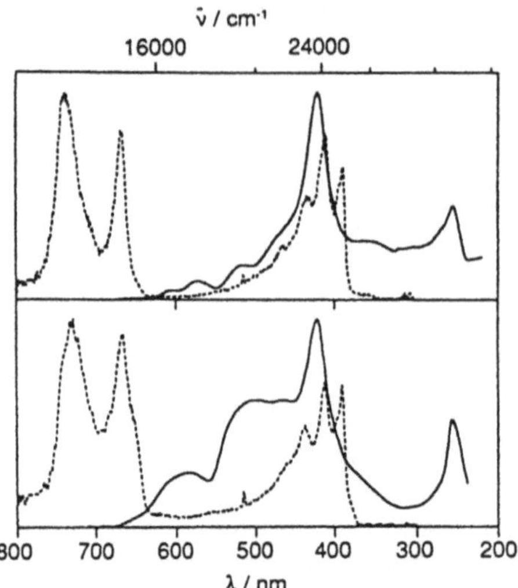

Abb. 22.17. Absorptionsspektrum (—) und Emissionsspektrum (....) der Moleküle 9-Anthryl-P_n-Tetraphenyl-Porphyrin in Lösung bei 180 K. P_n bedeutet n Doppelbindungen in der Polyen-Kette. *Oben* $n = 5$, *unten* $n = 9$. 9-Anthryl bedeutet, daß die Anthryl-Gruppe in 9-Stellung substituiert ist (vgl. Abb. 22.16). Die Anregung der Fluoreszenz erfolgte bei 257 nm. (Aus F. Effenberger, H. Schlosser, P. Bäuerle, S. Maier, H. Port, H.C. Wolf: Angew. Chem. **100**, 274 (1988))

– Der gerichtete Energietransport kann in diesen Molekülen wohl mit dem Förster-Mechanismus (vgl. Abschn. 20.4) verstanden werden. Es bleibt aber eine interessante Frage, ob hier auch elektronische Zustände zum Energietransport beitragen, die dem gesamten Supermolekül angehören und deshalb durch innere Umwandlung (Abschn. 15.2) vom Absorber über die Brücke zum Emitter zur Bevölkerung des tiefsten S_1-Zustandes im Gesamtmolekül führen (siehe Abb. 22.19, vgl. auch [18]).

Damit sind diese Moleküle wie Polyene oder Polythiophene interessante Kandidaten oder wenigstens Modelle für ein weiteres Studium von Molekülen und Funktionseinheiten, die für Zwecke der molekularen Elektronik wichtig sein können. Insbesondere kann man beispielsweise daran denken, daß man durch Einbau von molekularen Schaltern in die Ketten den Energietransport beeinflussen kann [17]. Man kann auch daran denken, die Polyen-Ketten in monomolekulare Schichten oder in Membranen einzubauen und sie für einen Transport von elektronischer Anregungsenergie durch die Schicht oder Membran hindurch zu verwenden.

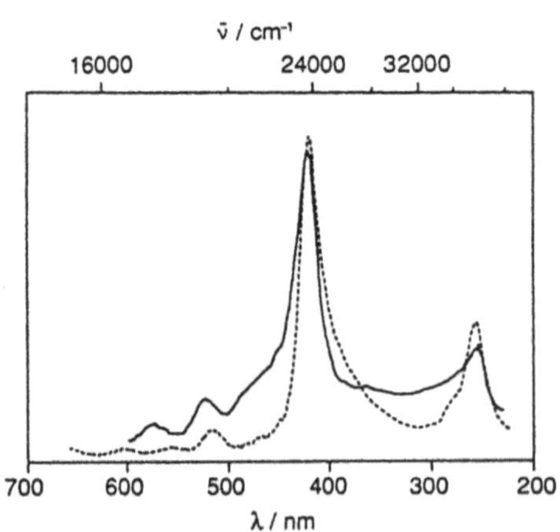

Abb. 22.18. Anregungsspektren von 9-Anthryl-P_n-Tetraphenyl-Porphyrin bei 180 K in Lösung, $n = 5$ (....), $n = 9$ (—). Aufgetragen ist die Intensität der TPP-Emission bei 665 nm als Funktion der Wellenlänge des Anregungslichtes. Das Maximum bei ca. 250 nm entspricht einer Absorption durch die Anthryl-Gruppe (S_3-Anregung) und weist besonders augenfällig auf einen Energietransport zum TPP hin. (Aus S. Maier, H. Port, H.C. Wolf, F. Effenberger, H. Schlosser: Synth. Met. **29**, E 517 (1989))

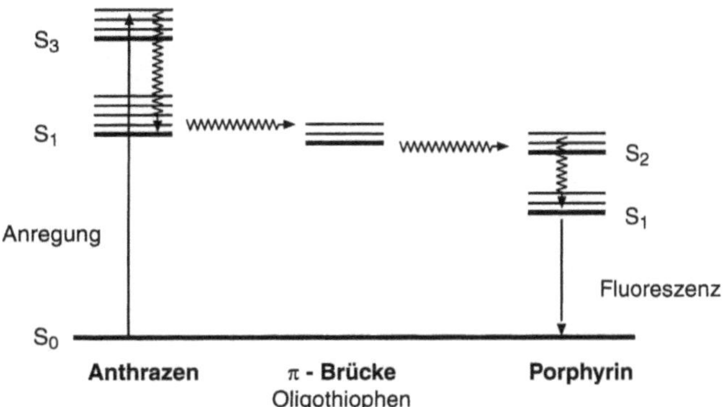

Abb. 22.19. In einer Triade Anthracen-Oligothiophen-Porphyrin kann die Anregung vom Donator über die Brücke zum Akzeptor auch durch eine Mitwirkung der Anregungszustände des Oligothiophens und nachfolgende innere Umwandlung erfolgen. Dies ist ein mögliches Schema für gerichteten innermolekularen Energietransport. Die relative Lage der Oligothiophen-Anregungszustände hängt von der Kettenlänge n ab. Nach [21]

Ein sehr schönes Beispiel für gerichteten Energietransport zeigt Abb. 22.20 [21]. Hier sind 4 Anthracengruppen über Thiophen-Moleküle mit einem zentralen Porphyrin verbunden. Das von den 4 Anthracenen absorbierte Licht gelangt zu dem als Lichtsammler dienenden zentralen Porphyrin und regt dieses zur Lichtemission an. Beim quantitativen Vergleich der Anregungsspektren von Anthryl-Thiophen-Porphyrin-Supermolekülen mit 1, 2, 3 und 4 Anthryl-Thiopen-Ketten (Abb. 22.21) wird deutlich, daß die Anregungswahrscheinlichkeit der Porphyrin-Emission proportional mit der Anzahl absorbierender Anthryl-Gruppen zunimmt, wie man dies beim Energietransfer-Modell erwartet.

Die Anthryl-Gruppen wirken gewissermaßen als Antennen zur Anregung der Porphyrin-Gruppe im Molekül. Das spektakulärste Beispiel für eine Antennen-Funktion

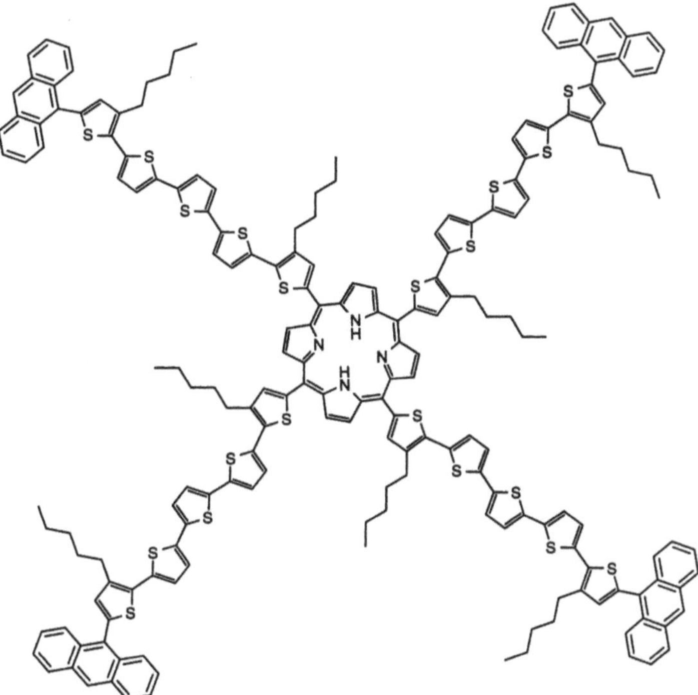

Abb. 22.20. Lichtsammel-Molekül aus einer zentralen Porphyrin-Einheit, die emittiert, wenn das von den vier Anthrylgruppen absorbierte Anregungslicht über die Quinquethiophen-Ketten in das Zentrum des Moleküls übertragen wurde. Nach [21]

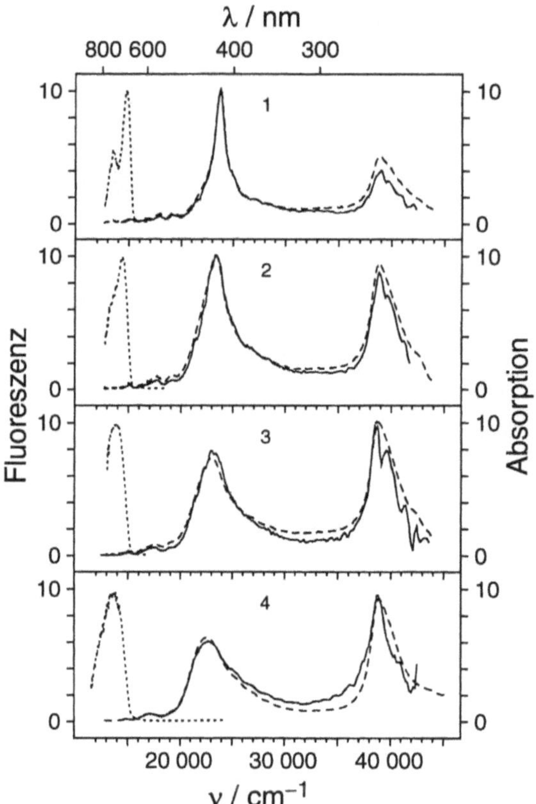

Abb. 22.21. Absorptions (—)-, Anregungs (—)- und Fluoreszenz-Spektren von Porphyrin-Molekülen mit 1,2,3,4 Anthryl-Quinquethiophen-Seitengruppen. Das Material mit 4 Gruppen ist in Abb. 22.20 gezeigt. Der Nachweis des Anregungsspektrums erfolgt auf dem Maximum der Fluoreszenz. Die relative Höhe der Anthryl-Absorption (bei 40 000 cm^{-1}) zur Porphyrin-Absorption (bei 23 000 cm^{-1}) nimmt in der Folge von 1 bis 4 Anthryl-Absorbern um den Faktor 4 zu. Nach [21]

von Molekülen mit gerichtetem Energietransport zum Reaktionszentrum stellen die Antennenkomplexe der pflanzlichen oder bakteriellen Photosynthese dar (Abb. 22.22). Bei ihnen wird das von zahlreichen Chlorophyll-Molekülen absorbierte Licht mit hoher Effizienz zum zentralen Ort geleitet, an dem dann mit der primären Ladungstrennung die Photosynthese beginnt (siehe dazu Abschn. 20.7).

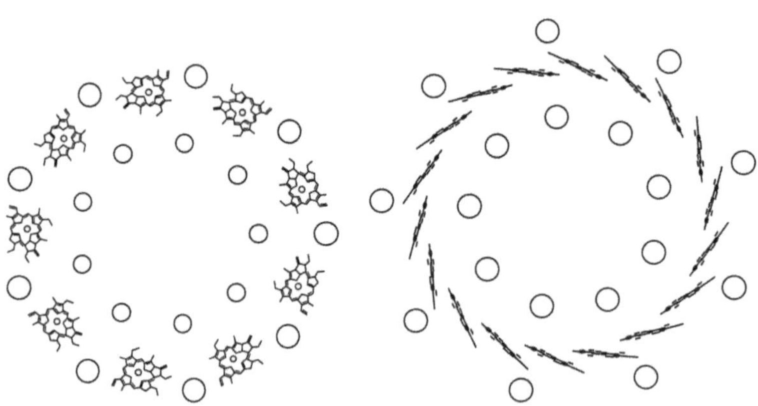

Abb. 22.22. Schema der zur Lichtsammlung dienenden Antennenkomplexe im Reaktionszentrum der bakteriellen Photosynthese. Man sieht hier die molekulare Anordnung im Antennen-Protein LH_2 der Purpurbakterie R. acidophila. Man sieht *links* den Ring der bei 800 nm absorbierenden Bakteriochlorophyll α-Moleküle, *rechts* die Lage der bei 850 nm absorbierenden BChl α-Moleküle zwischen den Protein-Helices, die das Grundgerüst für die Licht-sammelnden Moleküle aufbauen. W. Kühlbrandt: Nature **374**, 497 (1995) und G. McDermott et al.: Nature **374**, 517 (1995)

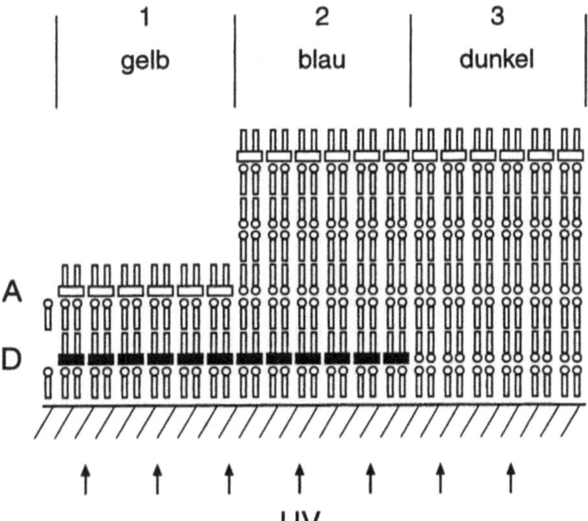

Abb. 22.23. Querschnitt durch ein System von LB-Schichten. Das System wird mit UV-Licht bestrahlt, das nur von den Donatoren D absorbiert wird. In der ersten Zone sind die Akzeptoren A 50 Å entfernt. Es erfolgt gerichteter Energietransport und gelbe Fluoreszenz. Wenn die A-Moleküle 150 Å weit entfernt sind, können sie die von D absorbierte Energie nicht mehr erhalten. Man sieht die blaue Fluoreszenz der „Donatoren", die jetzt einen Abnehmer für ihre Anregungsenergie haben. – Im Bereich 3 gibt es gar keine Fluoreszenz, da die Akzeptoren das Anregungslicht nicht absorbieren. Nach [22]

Übrigens wurde der gerichtete Transport von Anregungsenergie von einem Donator- oder Sensibilisator-Molekül über eine in der Länge variierbare Brücke aus Fettsäurenmolekülen zu einem Akzeptor-Molekül bereits 1971 von *Kuhn* und *Möbius* [22] (vgl. Abb. 22.23) untersucht. Die Moleküle waren in Langmuir-Blodgett-Schichten orientiert, der Nachweis der Energieübertragung (nach *Förster*) erfolgte über die Akzeptor-Fluoreszenz. Die Richtung der Energieleitung wird hierbei durch die geometrische Anordnung der Moleküle bestimmt. Die Fettsäure-Moleküle dienen nur der Fixierung von A und D zueinander und relativ zur Unterlage.

22.6 Molekulare elektronische Funktionseinheiten

Es ist eine hochinteressante und sehr aktuelle Herausforderung für die Forschung, die Grundidee der molekularen Elektronik in die Praxis umzusetzen und elektronische Funktionseinheiten zu bauen, die als Elemente in praktischen elektronischen oder optoelektronischen Anordnungen genutzt werden können. Solche Funktionseinheiten sind supramolekulare Strukturen, die zum Erreichen spezifischer Funktionen entworfen werden. Als größtes Hindernis erweist sich dabei die mangelnde Stabilität von Anordnungen, in denen organische Moleküle das aktive Element sind. Organische Moleküle sind ungleich empfindlicher gegen Umwelteinflüsse wie Sauerstoff oder andere Gase, Feuchtigkeit, Temperatur und weniger photostabil als die anorganischen Materialien, die man in der modernen Elektronik und Optoelektronik mit so großem Erfolg benutzt. Deshalb sind die Fortschritte beim Entwickeln elektronischer molekularer Funktionseinheiten trotz großer Bemühungen zahlreicher Forschergruppen sehr langsam, siehe hierzu auch [3] und [5].

Zur Herstellung einer elektronischen Funktionseinheit aus Molekülen bedarf es mehrerer Schritte. Zuerst muß man die Vorstellung von geeigneten Molekülen haben, diese synthetisieren und ihre Eigenschaften untersuchen. Der zweite Schritt besteht darin, daß man diese Moleküle in supramolekulare Architekturen einbaut, auch in Membranen oder dünne Schichten und daß man untersucht, ob die entstandene Einheit die gewünschten Eigenschaften besitzt. Schließlich geht es darum, mit dem dritten Schritt die erhaltene Grund-Einheit (basic unit) mit anderen Komponenten eines elektronischen Systems zu verbinden, um die Ansprechbarkeit durch andere Moleküle oder durch ein äußeres physikalisches Signal zu ermöglichen.

Ein altes und wichtiges Ziel der molekularen Elektronik ist die Realisierung eines unimolekularen *molekularen Gleichrichters*. Darunter versteht man ein Molekül, durch das ein elektrischer Strom sehr asymmetrisch fließt – bei dem also die elektrische Leitfähigkeit etwa von der linken Seite zur rechten Seite erheblich größer ist als in umgekehrter Richtung.

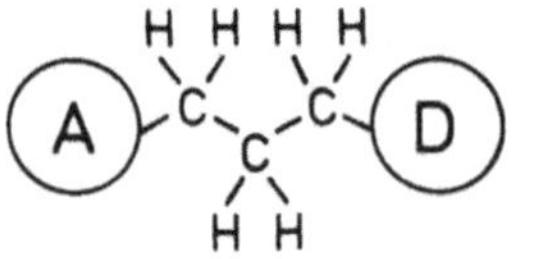

Eine derartige molekulare Funktionseinheit ist schematisch in Abb. 22.24 gezeigt. Sie enthält an einem Ende ein Molekülteil A, das als Elektronen-Akzeptor dient – beispielsweise ein Molekül mit CN-Gruppen als Substituenten. Auf der anderen Seite befindet sich ein Molekülteil D mit Donator-Eigenschaften, das also Elektronen leicht abgibt. Das kann z. B. eine Amino-Gruppe sein. Der mittlere Teil, die Brücke zwischen A und D, ist isolierend. Diese kann jedoch wegen ihrer geringen Ausdehnung von den auf den beiden Enden befindlichen Ladungsträgern durchtunnelt werden. Da die A-Einheit die Tendenz hat, Elektronen aufzunehmen, wird ein auf die D-Einheit aufgebrachtes oder von ihr freigesetztes Elektron die Tendenz haben, von D nach A zu gelangen. Im Endeffekt wird die gesamte Funktionseinheit einen polaren Charakter haben.

H H H H
A C C C D
H H

Abb. 22.24. Strukturformel einer molekularen Funktionseinheit, die als „Molekularer Gleichrichter" wirken soll. A ist eine Elektronen-Akzeptor-Gruppe, D eine Donator-Gruppe. Siehe dazu auch D. Haarer. Informationstechnik **34**, 4 (1992)

Man hat seit dem Beginn der Beschäftigung mit molekularer Elektronik versucht, diese vergleichsweise einfache Idee in die Praxis umzusetzen und damit molekulare Gleichrichter herzustellen. Als schwierig zu überwindende Hindernisse bei der Realisierung dieses Gedankens erwiesen sich insbesondere die Anbindung des Moleküls an eine Metall- oder Halbleiter-Grenzfläche als Elektrode, aber auch die irreversible Änderung von Molekülteilen durch Oxidation oder Reduktion, d. h. durch Aufnahme oder Abgabe eines Elektrons.

Erfolgreich war man nach vielen Bemühungen offenbar mit dem Molekül HDQ-3CNQ (Hexadecyl-Chinolinium-Tricianochinondimethanid) [23] (Abb. 22.25). Schematisch kann man es mit T-D^+-π-A^- beschreiben. Dabei ist D^+ Chinolinium, der Elektronen-Donator, π eine pi-Elektronenbrücke und A^- Tricyanochinondimethanid, der Elektronen-Akzeptor. T steht für die Hexadecyl-Gruppe. Sie ist an das eigentliche Gleichrichtermolekül angehängt, damit man mit Hilfe der Langmuir-Blodgett-Technik monomolekulare Filme herstellen kann, in denen die Moleküle einheitlich orientiert sind.

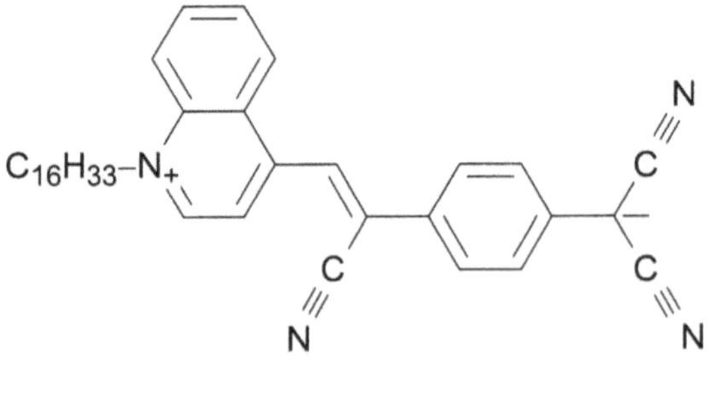

$C_{16}H_{33}$–N_+ C N C N C N

$C_{16}H_{33}$Q–3CNQ

Abb. 22.25. Struktur des Moleküls HDQ-3CNQ, das als molekularer Gleichrichter wirken kann [23]

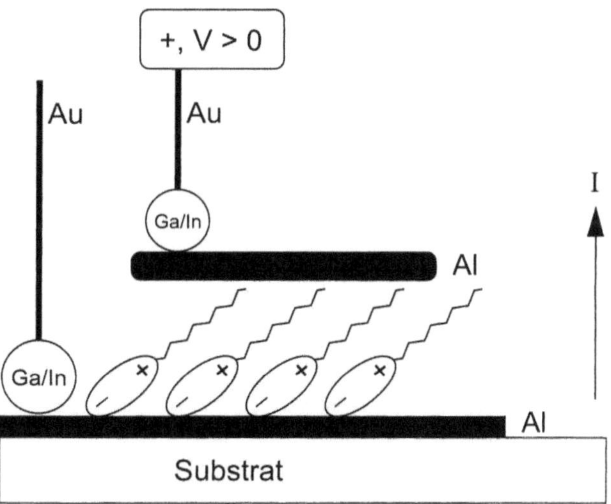

Abb. 22.26. Meßanordnung für molekulare Gleichrichtung durch HDQ-3CNQ [23]. Die elektrische Ankopplung erfolgt über eine Ga/In-Legierung, um gleiche elektrische Verhältnisse an beiden Elektroden zu erreichen. Nach [23]

Die Moleküle wurden als Langmuir-Blodgett-Schicht in einer oder in wenigen Lagen auf eine Al-Elektrode aufgebracht. Die Gegenelektrode, ebenfalls aus Al, wurde aufgedampft (Abb. 22.26). Mit dieser Anordnung wurden Strom-Spannungskurven nach Abb. 22.27 gemessen, die Gleichrichter-Charakteristik aufweisen. Aus den Meßdaten errechnet man eine Elektronen-Transfer Rate von etwa $k_{\mathrm{ET}} = 0{,}5$ Elektronen pro Molekül und Sekunde.

Hiermit ist die Möglichkeit der Realisierung einer unimolekularen Gleichrichtung wohl aufgezeigt. Eine Anwendung ist aber in weiter Ferne, alleine schon wegen der geringen Stabilität der molekularen Filme.

Eine andere Funktionseinheit, die man auch mit organischen Molekülen zu realisieren sucht, ist der *Transistor*. In einem Feldeffekt-Transistor (Abb. 22.28), kann man den Strom, der in einem dünnen Halbleiter oder einer halbleitenden Schicht zwischen zwei Elektroden (Quelle (source) und Senke (drain)) fließt, durch ein elektrisches Feld steu-

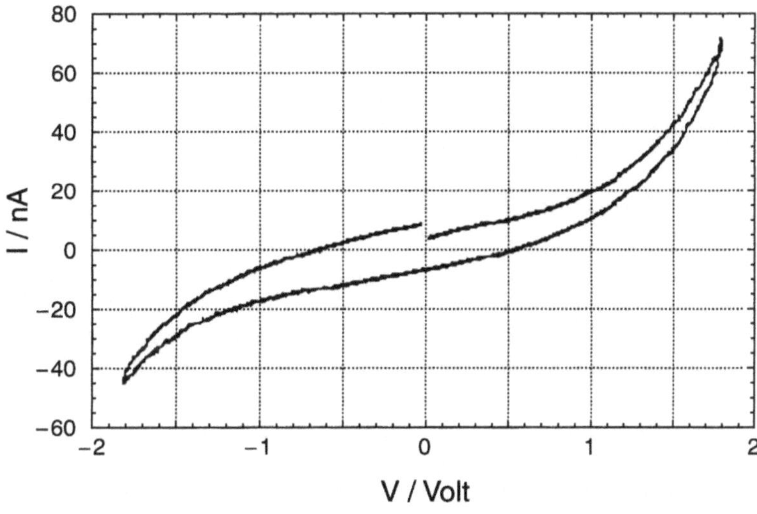

Abb. 22.27. Strom-Spannungs-Kennlinie für einen molekularen Gleichrichter entsprechend Abb. 22.26. Nach [23]

ern, das als Spannung an einer dritten Elektrode (Gatter oder gate) angelegt wird. Die gate-Elektrode ist vom Halbleiter isoliert, sie wirkt durch den Feld-Effekt und regelt den Elektronenstrom im leitenden Kanal des Transistors. Der Transistor, besonders der Dünnfilm-Feld-Effekt Transistor (TFT), ist das wichtigste Bauelement in der Mikro- und Nanoelektronik. Von organischen Feldeffekt-Transistoren (OFET) spricht man, wenn zumindest die aktive Halbleiterschicht aus organischem Material besteht.

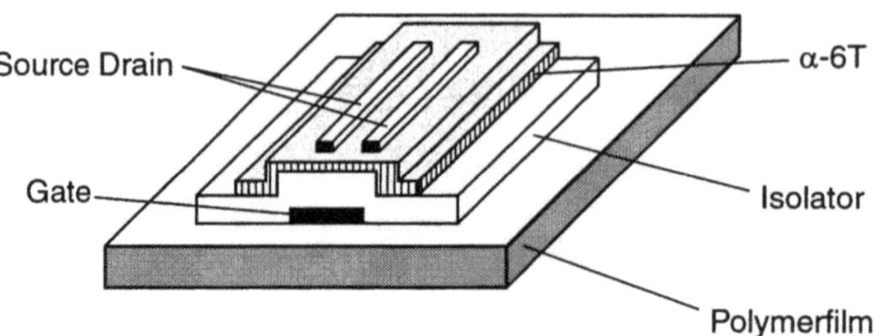

Abb. 22.28. Feldeffekt-Transistor aus organischen Dünnfilmen, mit metallischen Kontakten. Das organische Halbleitermaterial ist das Oligothiophen α-6T. Nach Garnier et al.: Adv. Mat. **2**, 592 (1990) und [24]

Die Funktion des Transistors ist ein interessantes Problem der Festkörperphysik, und es soll hier nicht näher darauf eingegangen werden. Dazu müßten wir uns auch mehr mit den Eigenschaften organischer Moleküle im festen Zustand, besonders ihrer Leitfähigkeit, auseinandersetzen. Hier sei nur erwähnt, daß organische Transistoren insbesondere auf der Basis von Oligothiophen-Molekülen bereits hergestellt werden konnten, und die Aussichten für eine praktische Anwendung sind gut. Man kann als Elektroden auch leitfähige Polymere verwenden und damit vollorganische Transistoren herstellen, die biegsam, robust und klein (einige μm) sind [24]. Allerdings sind sie im Vergleich zu Transistoren aus anorganischen Halbleitern langsam, besonders wegen der kleineren Ladungsträger-Beweglichkeit in den organischen Schichten. Auch über Einzelmolekül-Transistoren (mit einem zentralen Co-Atom) wurde berichtet: J. Park et al., Nature **417**, 722 (2002). Die aktuelle Forschung betrifft das Auffinden weiterer geeigneter organischer Materialien sowie die Präparationstechnik zur Herstellung möglichst guter und definierter dünner Schichten aus diesen Materialien. Mehr dazu siehe in [3].

Es gibt zahlreiche weitere mögliche Anwendungsgebiete, bei denen die *physikalischen* und besonders die *photophysikalischen* Eigenschaften organischer Moleküle interessant erscheinen. Hier soll insbesondere auf die auf Elektrolumineszenz beruhenden Leuchtdioden verwiesen werden. Auf diese wird in Abschn. 22.9 näher eingegangen.

22.7 Nanoröhrchen

Bei der Herstellung und Untersuchung von Fullerenen (vgl. Abschn. 4.5 und 15.4) wurde eine weitere interessante Phase des Kohlenstoffes entdeckt, zylindrische Fullerene oder *Nanoröhrchen*. Man kann sie als aufgerollte Graphitebenen verstehen, die als konzentrische Zylinder ineinander gestellt sind. Ein bis zehn oder mehr dieser Zylinder bilden ein Röhrchen. Die Außendurchmesser der Röhrchen liegen zwischen 1,5 und 40 nm. Sie können mehrere Mikrometer lang werden [25, 26].

Es gelingt auch, gezielt *einwandige Röhrchen* herzustellen. Ihre Struktur ist diejenige von aufgerollten Graphitebenen, die mit fullerenartig abgerundeten Kohlenstoffnetzen an den Enden verschlossen sind (Abb. 22.29). Man kann Graphitebenen unter verschiedenem Winkel zu einem Zylinder aufrollen. Dementsprechend kann man auch mit dem Raster-Kraftmikroskop die beiden in Abb. 22.29 gezeigten Strukturen unterscheiden, die Sessel- und die Zickzack-Struktur.

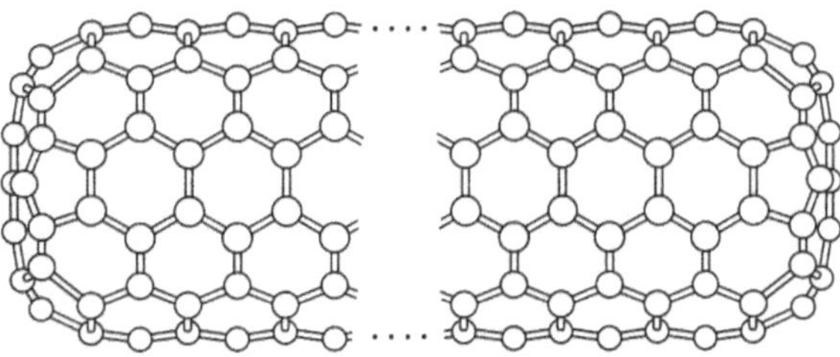

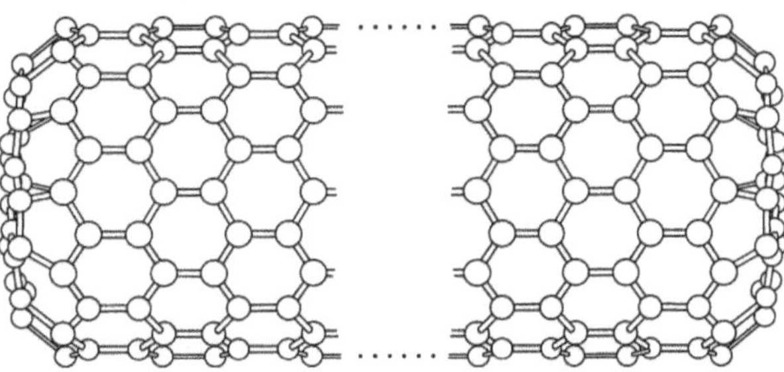

Abb. 22.29. Schema einer Nanoröhre aus C in den beiden möglichen Konformationen, die metallisch bzw. halbleitend sind. Nach [25]

Bei einem Durchmesser von beispielsweise 1,4 nm kann die Länge bis zu einigen µm betragen. Bei der Herstellung sind die Röhrchen im allgemeinen in Bündeln oder weniger geordnet wie Spaghetti zusammengelagert. Mit den modernen Methoden der Nanomanipulation gelingt es jedoch, einzelne einwandige Röhrchen herauszupräparieren. Diese sind besonders wegen ihrer elektrischen Eigenschaften hochinteressant: Es sind lange *molekulare Drähte*, wenn man ein Röhrchen als ein Makromolekül betrachtet [27].

Die beiden Konfigurationen unterscheiden sich stark in ihrer Leitfähigkeit: Nanoröhrchen in der Sessel-Konfiguration sind metallische Leiter, die Zickzack-Konfiguration erweist sich als halbleitend. Man kann also alleine durch Ändern des Aufrollwinkels Metalle oder Halbleiter aus demselben Material herstellen.

Diese eindimensionalen Leiter erleiden wegen der rigiden Struktur auch bei Abkühlung keinen Peierls-Übergang. Wie bei den kleinen Strukturen zu erwarten, sind die zur Leitung längs der Achse beitragenden elektronischen Zustände im Röhrchen quantisiert. Man erhält deshalb (siehe Abb. 22.30), diskrete Stufen in Strom-Spannungskurven. Sie beruhen darauf, daß die Anzahl diskreter elektronischer Zustände für den Ladungstransport bei Erhöhung der Spannung zunimmt. Mit diesem resonanten Tunneln durch diskrete Elektronenzustände kann man die diskreten elektronischen Zustände im Röhrchen ausmessen. Es ergeben sich in guter Näherung die Zustände eines Kastenpotentials mit der Fermi-Wellenlänge der Elektronen (z. B. $\lambda_F = 0{,}35$ nm) und Energiestufen von 0,06 eV.

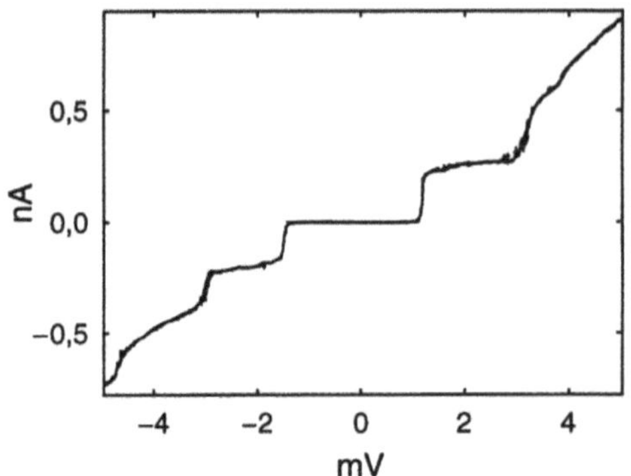

Abb. 22.30. Strom-Spannungs-Kennlinie für ein C-Nanoröhrchen, aufgenommen bei 5 mK. Nach [26]

Abbildung 22.31 zeigt eine Meßanordnung für die Leitfähigkeit von Nanoröhrchen. Die photolithographisch hergestellten Pt-Elektroden haben hier einen Abstand von 140 nm. Mit einer Gatter-Spannung V_G an einer dritten Elektrode ohne Kontakt zum Nanoröhrchen kann man das elektrostatische Potential des Röhrchens relativ zum Fermi-Niveau der Pt-Elektroden verschieben und damit die resonanten Zustände für Elektronen im Röhrchen ausmessen. Resonantes Tunneln erfolgt dann, wenn die diskreten Zustände der Elektronen im Kastenpotential des Röhrchens isoenergetisch mit der Fermi-Energie der Elektroden sind. Mit Nanoröhrchen kann man auch einen Einzel-Elektronen Feld-Effekt *Transistor* realisieren [28].

Nanoröhrchen erweisen sich also als molekulare Drähte mit faszinierenden elektronischen Eigenschaften, auch für eine Molekulare Elektronik.

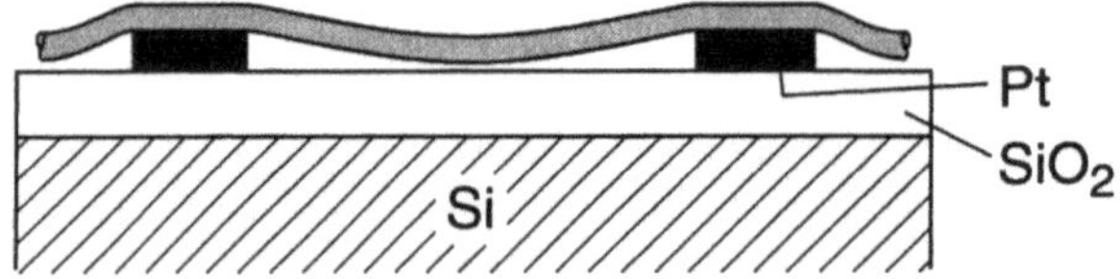

Abb. 22.31. Zur Leitfähigkeitsmessung an C-Nanoröhrchen mit zwei Pt-Elektroden. Diese Anordnung läßt sich auch als molekularer Transistor verwenden. Nach [28]

22.8 Molekulare Speicher, Lochbrennen

Kann man Moleküle auch als Speicher von Informationen benutzen? Kann man z. B. molekulare Systeme durch Licht in einen gegenüber dem Ausgangszustand messbar veränderten, aber stabilen Zustand versetzen und diese gespeicherte Information durch ein zweites Lichtquant auslesen oder löschen? Kann man so eine Funktionseinheit mit einer hohen Speicherdichte erreichen, d. h. mit vielen voneinander unterscheidbaren Informationen auf engem Raum?

Ein interessanter Ansatz hierzu beruht auf dem Prozeß des photochemischen oder photophysikalischen Lochbrennens (Abb. 22.32). Während ein isoliertes Molekül häufig sehr scharf definierte Absorptionslinien aufweist, besteht das Emissions- und Absorptionsspektrum von Molekülen in fester Matrix, z. B. in einem anorganischen oder organischen Glas, im allgemeinen aus breiten Banden. Die Einzelmolekül-Linien werden dadurch inhomogen verbreitert, daß es in der Matrix für die Moleküle eine Vielzahl

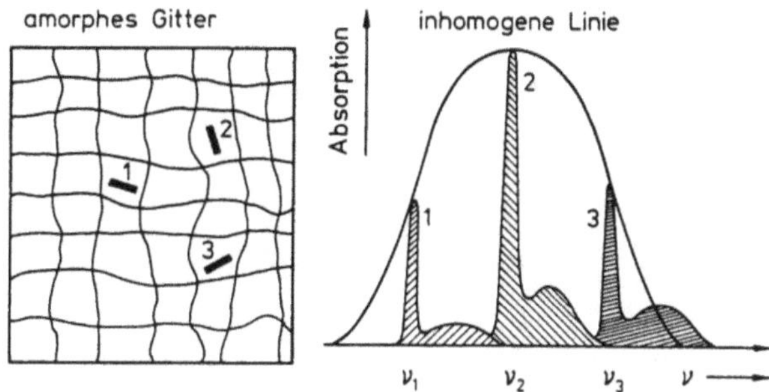

Abb. 22.32. Inhomogene Verbreiterung von molekularen Spektrallinien in einer Matrix als Grundlage für den Prozeß des Lochbrennens. In einem amorphen oder ungeordneten Gitter sind die elektronischen Anregungsterme und damit die Übergangsfrequenzen eines Moleküls über einen größeren Energiebereich verteilt, weil die Moleküle unterschiedliche lokale Umgebung haben (*linkes Teilbild*). Jede Einzel-Konfiguration hat ein bestimmtes Absorptionsspektrum, bestehend aus Null-Phononenlinie und Phononen-Seitenbande. Die Gesamtabsorption ergibt sich als Überlagerung der Einzelabsorptionen (*rechtes Teilbild*). (Nach J. Friedrich u. D. Haarer: Angew. Chem. **96**, 96 (1994))

unterschiedlicher lokaler Umgebungen gibt. Diese individuellen lokalen Umgebungen verschieben die Energieniveaus der Moleküle um individuelle Beträge (Lösungsmittel-Verschiebung). Das beobachtete Spektrum ist dann eine Überlagerung vieler individueller scharfer Linien, die sich spektral nicht auflösen und unterscheiden lassen.

Wenn man durch Absorption eines Lichtquants ein Molekül in seiner Struktur oder in seiner Wechselwirkung mit der Umgebung so verändern kann, daß es ein Lichtquant gleicher Energie nicht noch einmal zu einem späteren Zeitpunkt absorbieren kann, so scheidet dieses Molekül aus der Gesamtheit der die inhomogene Absorptionslinie ergebenden Moleküle aus. In der breiten Absorptionslinie erscheint ein „Loch" an der Stelle der individuellen Absorption der gebleichten Moleküle. Darauf beruht die Methode des Lochbrennens (vgl. Abb. 22.33). Diese Umlagerung (Tautomerie) kann zum Lochbrennen führen, wenn man die molekulare Umgebung berücksichtigt, in die die Moleküle eingelagert sind. Relativ zu dieser können die beiden tautomeren Konfigurationen inäquivalent sein und sich durch unterschiedliche Lösungsmittelverschiebung mehr oder weniger spektral unterscheiden. Das erste organische Molekül, an dem dieses Verfahren mit Erfolg untersucht wurde, war das Porphin. Hier erfolgt durch Lichteinstrahlung eine Umlagerung der zentralen H-Atome (Abb. 22.34). Dadurch wird die Absorption an der zur Ausgangskonfiguration des Gesamtspektrums gehörenden Stelle vermindert (das ist das Lochbrennen), an einer anderen Stelle des Spektrums außerhalb der hier betrachteten

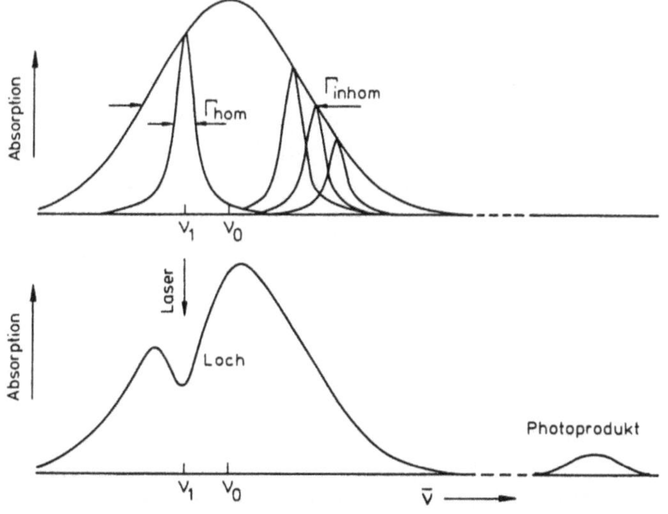

Abb. 22.33. Zum photochemischen Lochbrennen. In eine inhomogene verbreiterte Spektrallinie wird mit Laserlicht schmalbandig eingestrahlt. In die Absorptionslinie wird mit der spektralen Breite des Laserlichtes oder mit der homogenen Linienbreite Γ_{hom} ein Loch gebrannt. Dafür erscheint an anderer Stelle im Spektrum die Absorption des Photoproduktes. (Nach S. Völker: Ann. Rev. Phys. Chem. **40**, 499 (1989))

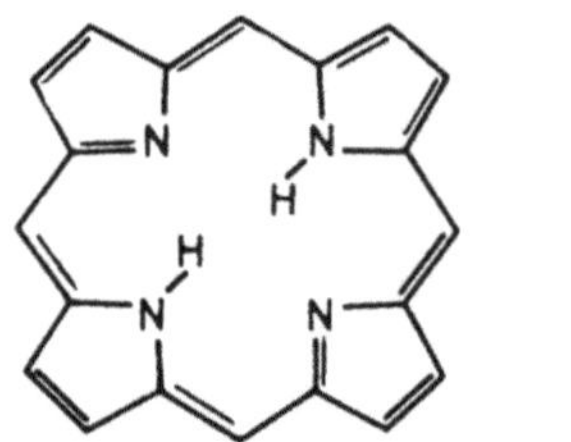

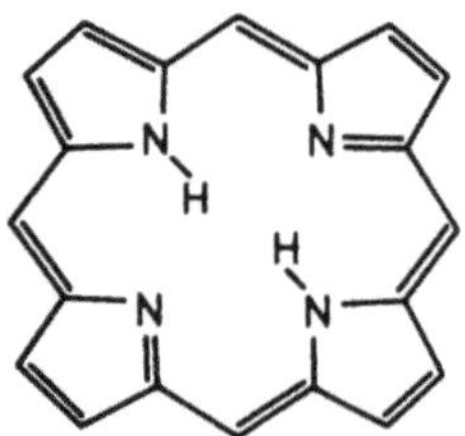

Abb. 22.34. Im Molekül Porphin (freie Base) können die beiden zentralen H-Atome durch Licht zwischen zwei Konfigurationen hin- und hergeschaltet werden (Photo-Isomerisierung). Das führt in fester Lösung zu einem „Loch" im Absorptions-Spektrum. An diesem Molekül wurde das optische Lochbrennen mit organischen Molekülen erstmals untersucht. Nur bei Tieftemperatur erfolgt die Isomerisierung durch Licht. Bei Raumtemperatur sind die zentralen Protonen zwischen beiden Konfigurationen beweglich. Das kann mit Protonenspin-Resonanz nachgewiesen werden

inhomogen verbreiterten Linie entsprechend erhöht. Je nachdem, ob das Lochbrennen auf einer Umlagerung im Molekül oder in seiner Umgebung beruht, unterscheidet man zwischen photochemischem oder nicht photochemischem Lochbrennen.

Auch in Gläsern oder in fester Matrix mit stark inhomogen verbreiterten Absorptionslinien von gelösten Molekülen kann man so mit schmalbandigem Laserlicht scharfe Molekül-Absorptionslinien erhalten. Wenn man die Quantenenergie des Laserlichtes in kleinen Schritten ändert, kann man in eine breite Absorptionslinie viele Löcher nebeneinander brennen. Damit kann man auch versuchen, Informationsspeicherung mit molekularen Systemen zu erreichen. Ein wichtiges Problem der Molekülphysik ist es, solche Speicher zu finden, die unempfindlich gegen Alterung und Strahlenschädigung sind. Entscheidend wichtig für eine mögliche Anwendung sind die Stabilität und die Reversibilität solcher Speicher.

In diesem Zusammenhang ist auch das natürlich vorkommende und aus Bakterien zu gewinnende Bakteriorhodopsin sehr interessant. Es eignet sich für stabile und reversible Speicherung von optischer Information, damit auch zur Holographie. Dies haben *Oesterhelt*, *Bräuchle* und *Hampp* [29] in eindrucksvollen Experimenten gezeigt.

Man kann die Methode des Lochbrennens aber nicht nur zur Informationsspeicherung, sondern auch zur molekularen Spektroskopie verwenden. Wenn es gelingt, in eine inhomogene Absorptionslinie ein scharfes Loch zu brennen, dessen Breite in der Grenze der homogenen Linienbreite des betreffenden Überganges entspricht, dann kann man diesen mit viel größerer Genauigkeit als mit konventioneller Absorptions-Spektroskopie energetisch bestimmen. Moleküle können mit ihren scharfen Absorptionslinien dann auch als Sonden dienen, mit denen man ihre lokale Umgebung in Gläsern oder auch in biologischer Matrix analysieren kann. Die Lochbreite ist im Grenzfall durch die Lebensdauer des Anregungszustandes bestimmt, die so meßbar ist. Mehr dazu wurde bereits weiter vorne (in Abschn. 21.4.5) behandelt.

Man hat auch zeigen können, daß man das spektrale Lochbrennen in Systemen mit inhomogen verbreiterten Absorptionslinien zur optischen Holographie und für molekulare Computer verwenden kann. Dabei werden die Eigenschaften des Lichtes in photochemische Veränderungen im bestrahlten Material umgesetzt. Die gespeicherten Muster können dann durch logische Operationen nach Wunsch weiterverarbeitet werden. Äußere elektrische Felder stehen als weitere Parameter für die Dynamik solcher Systeme zur Verfügung (siehe dazu [30]).

22.9 Elektrolumineszenz, Leuchtdioden, Photovoltaik

Als *Elektrolumineszenz* bezeichnet man eine Lichtemission von Materialien, die nicht wie die Photolumineszenz durch Licht angeregt wird, sondern durch Anlegen eines elektrischen Feldes. Dieses Feld kann bei Anwendung von geeigneten Elektroden zur Injektion von Elektronen und Löchern in das elektrolumineszierende Material führen. Die Rekombination dieser Ladungsträger erzeugt angeregte Zustände im Material, die unter Lichtaussendung wieder in ihren Grundzustand zurückkehren.

Als *Leuchtdioden* (LED) kommt elektrolumineszierenden Anordnungen große praktische Bedeutung zu. Insbesondere in der integrierten Optoelektronik sind sie das wichtigste Bauelement zur Umwandlung von elektrischen in optische Signale.

Auch organische Moleküle und Polymere lassen sich hierfür verwenden. Man spricht dann von OLEDs, Organischen Licht-emittierenden Dioden. Wenn man an praktische Anwendungen denkt, ist die Langzeit-Stabilität solcher Anordnungen entscheidend wichtig. Hier erscheint das Polymer Polyparaphenylen (PPV) als ein interessanter Kandidat, wie zuerst in der Arbeitsgruppe von R.H. *Friend* gezeigt wurde (Abb. 22.35).

Abbildung 22.35 zeigt eine Anordnung, mit der diese Elektrolumineszenz beobachtet und untersucht werden kann. Die lichtemittierende PPV-Schicht befindet sich zwischen einer Elektrode, die Elektronen injiziert – hier Calcium – und einer Löcher-injizierenden Elektrode – hier eine dünne, lichtdurchlässige Schicht von Indium-Zinn-Oxid (ITO) auf Glas. In der Halbleitertechnik kennt man solche Anordnungen als Schottky-Kontakte. Ein elektrischer Strom durch einen solchen Kontakt, also von der metallisierten Glasfläche zur Deckschicht aus Calcium (oder Aluminium), regt das PPV zur Emission von Licht an. Die injizierten Löcher und Elektronen gehen als Excitonen eine schwache Bindung ein und zerfallen unter Ausstrahlung von Licht. Dieses wird durch den Glasträger nach unten abgestrahlt. Hierzu genügt eine Spannung von wenigen Volt.

Um hohe Lichtausbeuten und gute Stabilität zu erzielen, sind an der einfachen Prinzip-Anordnung von Abb. 22.35 zahlreiche Verbesserungen vorgenommen worden, über die zu berichten hier zu weit führen würde. Alternativ zu dem Polymer werden auch andere kleine organische Moleküle in einer geeigneten Matrix mit Erfolg zur Herstellung von Leuchtdioden verwendet.

Polymere als aktive Materialien für Elektrolumineszenz sind deshalb so vielversprechend, weil ihre Lumineszenzfarbe durch geringe Veränderung der chemischen Zusammensetzung in weiten Grenzen variierbar ist und weil sich diese Materialien auch großflächig herstellen und verwenden lassen. Es gibt bereits kommerzielle Anwendungen von OLEDs, und es ist absehbar, daß solche Anwendungen in naher Zukunft rasch zunehmen werden. – Hier öffnet sich ein interessantes Anwendungsgebiet von molekularen Systemen und Polymeren in vielen Gebieten der Technik, der Elektronik und der Nachrichtenübertragung. Mehr über Elektronenlumineszenz und OLEDs findet man in [3].

Der zur Elektrolumineszenz inverse Prozeß heißt **Photovoltaik**. Hierbei wird das Halbleitermaterial, das sich zwischen zwei Elektroden mit unterschiedlicher Ladungsträger-Affinität befindet, mit Licht geeigneter Wellenlänge optisch angeregt. Bei geeigneter Wahl der Materialen zerfallen die primär erzeugten Excitonen in Elektronen und Löcher. Diese entstehen an oder wandern zu den jeweiligen Elektroden. So wird eine Spannung erzeugt. Organische Photovoltaik-Anordnungen haben bisher nur relativ geringe Ausbeuten (maximal 3%) und recht begrenzte Lebensdauern. Eine

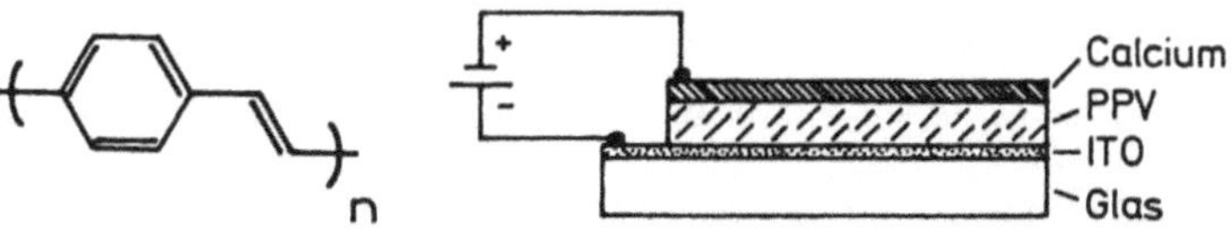

Abb. 22.35. *Rechtes Teilbild*: Prinzip-Anordnung zur Erzeugung von Elektrolumineszenz. Zwischen zwei Elektroden mit unterschiedlicher Austrittsarbeit für Elektronen bzw. Löcher (hier Ca bzw. ITO, d.h. mit Indium-Zinnoxid beschichtetes Glas) befindet sich das Polymer PPV. Durch Rekombination der injizierten Ladungsträger im PPV entsteht Licht, das durch das als Träger dienende Glas austreten kann. *Linkes Teilbild*: Einzelbaustein des Polymeren PPV. Siehe dazu: R.H. Friend et al.: Nature **347**, 539 (1990) und P.L. Burn et al.: Nature **356** (1992)

Anwendung in Konkurrenz zu anorganischen Photovoltaik-Materialien erscheint noch recht schwierig.

22.10 Ausblick: Intelligente molekulare Materialien

Die wenigen Beispiele sollen zeigen, wie man die Photophysik und Photochemie organischer molekularer Systeme bei der Suche nach einem Weg zu einer molekularen Elektronik nutzbar machen kann. Es wird deutlich, daß hier ein weites und faszinierendes Feld für subtile Grundlagenforschung offen liegt. Es wird weiter deutlich, daß man nicht nur das einzelne Molekül untersuchen muß, sondern das Molekül in seinem Verbund mit anderen Molekülen oder Funktionseinheiten. Es zeigt sich deshalb, daß nur aus einer engen *Zusammenarbeit zwischen Organischen Chemikern, Molekülphysikern und Festkörperphysikern* nützliche und interessante Ergebnisse hervorgehen können und daß eine solche Zusammenarbeit deshalb sehr notwendig ist. Eine mögliche Anwendung ist ein schönes, aber noch fernes Ziel. Man spricht heute auch schon von „Intelligenten Materialien", „Intelligenten Funktionseinheiten", „Intelligenten Übermolekülen". Man meint damit molekulare Systeme mit Eigenschaften, wie wir sie aus biologischen Systemen kennen. Die Selbst-Reproduzierung, die eigenständige Behebung von Defekten, selbständige Justierung und Kontrolle, selbständige Anpassung an unterschiedliche externe Situationen gehören zu dem, was eine Funktionseinheit „intelligent" macht, was molekulare Systeme in der belebten Natur können und was Molekülphysikern und Quantenchemikern im Labor für die Zukunft vorschwebt.

Aufgaben

22.1 Wenn man das Prinzip des *photochemischen Lochbrennens* auf einen optischen Datenspeicher anwendet, kann man dessen Funktionalität um eine Dimension erweitern: zu den beiden räumlichen Dimensionen kommt der Frequenzraum hinzu.

Im Absorptionsspektrum von Chinizarin in glasartiger Matrix (Ethanol/Methanol) bei 1,3 K beträgt die inhomogene Linienbreite der 0,0-Bande $700\,\text{cm}^{-1}$ ($\lambda_{max} \approx 515\,\text{nm}$). Mit einem extrem schmalbandigen Laser kann man darin Löcher von $0{,}55\,\text{cm}^{-1}$ Breite brennen. Wie viele „optische Bits" kann man also theoretisch in die inhomogen verbreiterte Linie schreiben?

Die beugungsbegrenzte optische Informationsdichte liegt bei $\lambda = 500\,\text{nm}$ in der Größenordnung von $10^8\,\text{bits/cm}^2$. Welchen Wert kann man durch Anwendung des spektralen Lochbrennens maximal erreichen? Wo sehen Sie die praktischen Probleme dieses Verfahrens? Wie könnte man die optische Datenspeicherung auf eine vierte Dimension ausweiten?

22.2 Unter *Photochromie* versteht man die Änderung des Absorptionsspektrums eines bestimmten Moleküls unter Bestrahlung mit sichtbarem oder UV-Licht. Die Ursache für dieses intramolekulare Phänomen ist eine photochemische Reaktion, bei der das Molekül vom Zustand A in den Zustand B übergeführt wird.

a) Solche bistabilen Moleküle können als optische Datenspeichermedien verwendet werden. Das Schreiben der Daten geschieht durch die Photoreaktion $A \rightarrow B$, das Lesen durch die Rückreaktion $B \rightarrow A$. Formulieren Sie Kriterien, die die Substanzen, die für solche Datenspeicher in Frage kommen, erfüllen müssen.

b) Fulgide zeigen photochromes Verhalten, das auf einer photoinduzierten Ringschluß-/Ringöffnungsreaktion zwischen *E*- und *C*-Isomer beruht (Abb. 22.36). Man kann z. B. die Zyklisierung des Furanfulgids unter Bestrahlung mit UV-Licht mitverfolgen, wenn man zwischen je zwei Bestrahlungsintervallen ein Absorptionsspektrum der Probe aufnimmt (Bild rechts). Das Anwachsen der Absorptionsbande bei $20\,000\,\mathrm{cm}^{-1}$ signalisiert das Entstehen des zyklisierten *C*-Isomers.

Als isosbestische Punkte bezeichnet man solche Punkte eines Bestrahlungsverlaufs, in denen sich alle Spektren schneiden. Begründen Sie ihre Existenz. Im dargestellten Bestrahlungsverlauf gibt es, zumindest bei genauer Betrachtung, keine wohl definierten isosbestischen Punkte. Was schließen Sie daraus?

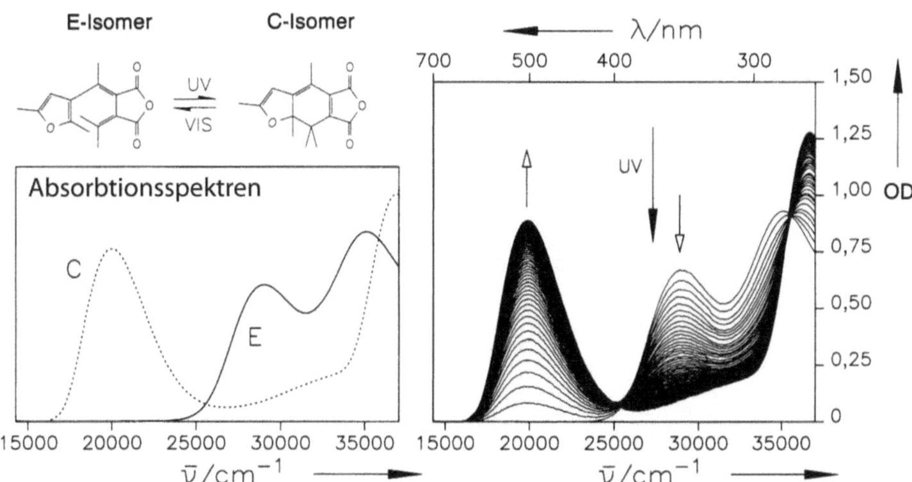

Abb. 22.36. *Links*: Strukturen und Absorptionsspektren zweier Isomere des Furanfulgids. *Rechts*: Furanfulgid in Toluol; Änderung der Absorption unter Bestrahlung mit UV-Licht ($\lambda = 366\,\mathrm{nm}$; Ausgangszustand *E*-Isomer)

Anhang

A1 Die Berechnung von Erwartungswerten für Wellenfunktionen, die durch Determinanten dargestellt sind

A1.1 Berechnung von Determinanten

Wir erinnern zunächst kurz an die aus der Theorie der linearen Gleichungen bekannte Definition einer Determinante, die zu der Matrix

$$A = (a_{jk}) \tag{A1.1}$$

gehört. Die Indizes j und k durchlaufen dabei die Zahlen $1, 2, \dots, N$. Diese Determinante bezeichnen wir mit Det A und stellen sie in der üblichen Form dar:

$$\text{Det}\, A = \begin{vmatrix} a_{11} & a_{12} & \cdots & a_{1N} \\ a_{21} & a_{22} & \cdots & a_{2N} \\ \vdots & & & \\ a_{N1} & \cdots & \cdots & a_{NN} \end{vmatrix} . \tag{A1.2}$$

Wir befassen uns als erstes mit der Berechnung einer solchen Determinante. Dazu betrachten wir eine Permutation, die aus dem N-Tupel

$$(1, 2, \dots, N) \tag{A1.3}$$

hervorgeht und bezeichnen diese mit

$$(k_1, k_2, \dots, k_N) . \tag{A1.4}$$

Insgesamt gibt es $N! = 1 \cdot 2 \cdot 3 \cdot \ldots \cdot (N-1)N$ solcher Permutationen. Ist $N = 5$, so gibt es also $5! = 1 \cdot 2 \cdot 3 \cdot 4 \cdot 5 = 120$ Permutationen der Zahlen $(1, 2, 3, 4, 5)$. Einige Beispiele sind in (A1.5) angegeben:

$$\left.\begin{array}{l} (1, 2, 3, 4, 5) \\ (2, 1, 3, 4, 5) \\ (1, 2, 5, 4, 3) \end{array}\right\} . \tag{A1.5}$$

Die Determinante (A1.2) besteht nun aus einer Summe von Produkten der Form

$$a_{1k_1} a_{2k_2} \dots a_{Nk_N} . \tag{A1.6}$$

Je nachdem, ob die Anzahl der Schritte, die von (A1.3) nach (A1.4) führen, gerade oder ungerade ist, spricht man von einer geraden oder ungeraden Permutation. Diese Zahl der Schritte bezeichnen wir mit P. In der Determinantenberechnung sind die einzelnen Produkte (A1.6) mit dem Faktor

$$(-1)^P \tag{A1.7}$$

zu multiplizieren, also mit $(+1)$, falls P gerade, und mit (-1), falls P ungerade ist. Sodann ist über alle Permutationen (A1.4), einschließlich der ursprünglichen Form (A1.3), aufzusummieren. Wir erhalten damit als Vorschrift zur Berechnung der Determinante

$$\operatorname{Det} A = \sum_{P(k)} (-1)^P a_{1k_1} a_{2k_2} \dots a_{Nk_N} \,. \tag{A1.8}$$

$P(k)$ unter dem Summenzeichen heißt, daß über alle Permutationen von k aufzusummieren ist.

A1.2 Berechnung von Erwartungswerten

Wir wenden uns der Berechnung von quantenmechanischen Erwartungswerten zu, wobei die Wellenfunktion eines Moleküls mit mehreren Elektronen durch eine Determinante von Wellenfunktionen der einzelnen Elektronen dargestellt wird. Wir ersetzen dabei die Matrixelemente a_{jk} durch Wellenfunktionen, wobei der Index j sich auf den Index des Elektrons bezieht und der Index an der Wellenfunktion k auf die Quantenzahl: $a_{jk} \to \chi_k(\boldsymbol{r}_j)$. Der Einfachheit halber nehmen wir an, daß die Quantenzahlen von $1 - N$ durchnumeriert sind. Natürlich läßt sich das ganze Verfahren auch auf beliebige Quantenzahlen anwenden. Um Formel (A1.8) anzuwenden, betrachten wir Permutationen von den Quantenzahlen k und benutzen dann die Ersetzung

$$a_{jk} \to \chi_{k_j}(j) \,, \tag{A1.9}$$

wobei wir der Kürze halber $\chi(j)$ statt $\chi(\boldsymbol{r}_j)$ schreiben.

Wir schreiben also die Determinante der Gesamtwellenfunktion $\Psi = 1/\sqrt{N!}$ der Form

$$\operatorname{Det} \chi = \sum_{P(k)} (-1)^P \chi_{k_1}(1) \chi_{k_2}(2) \dots \chi_{k_N}(N) \,. \tag{A1.10}$$

Den Normierungsfaktor wollen wir erst später noch berücksichtigen. Es geht uns nun darum, Erwartungswerte der Wellenfunktion bezüglich eines Operators Ω auszurechnen.

$$\left\langle \int \operatorname{Det}(\chi^*) \Omega \operatorname{Det}(\chi)\, dV_1 \dots dV_N \right\rangle \,, \tag{A1.11}$$

wobei die eckigen Klammern die Erwartungswerte bezüglich der Spinvariablen angeben. Ω werden wir im folgenden näher spezifizieren. Wir setzen als erstes

$$1)\ \Omega = 1 \tag{A1.12}$$

ein. Durch die Berechnung von (A1.11) mit $\Omega = 1$ erhalten wir den Normierungsfaktor. Setzen wir die Determinante für Ψ und für Ψ^* in (A1.11) mit (A1.12) ein und multiplizieren die in (A1.10) stehenden Summen aus, so müssen wir zunächst Ausdrücke der Form

$$\left\langle \int \chi_{k_1'}^*(1)\chi_{k_1}(1)\,dV_1 \right\rangle \left\langle \int \chi_{k_2'}^*(2)\chi_{k_2}(2)\,dV_2 \right\rangle \ldots \left\langle \int \chi_{k_N'}^*(N)\chi_{k_N}(N)\,dV_N \right\rangle \tag{A1.13}$$

berechnen. Dabei haben wir das Integral über die *Koordinationen* aller Elektronen in ein Produkt von Integralen über die Koordinaten der einzelnen Elektronen aufgespalten. Die von der linken Determinante in (A1.11) stammenden Quantenzahlen haben wir mit einem Strich versehen. Da die Wellenfunktionen der einzelnen Elektronen aufeinander orthogonal und normiert sind, geben nur solche Ausdrücke in (A1.13) einen nichtversch windenden Beitrag, und zwar den Beitrag $= 1$, bei denen die Quantenzahlen jeweils übereinstimmen, d. h. wenn

$$k_1' = k_1, k_2' = k_2, \ldots, k_N' = k_N \tag{A1.14}$$

gilt. Da es aber $N!$ Permutationen der Quantenzahlen $k = 1, \ldots, N$ gibt, erhalten wir sofort das Resultat

$$\left\langle \int \mathrm{Det}\,\chi^*\,\mathrm{Det}\,\chi\,dV_1 \ldots dV_N \right\rangle = N!\,. \tag{A1.15}$$

Wir wenden uns nun dem Fall zu, wo der Operator Ω sich nur auf ein einzelnes Elektron, und zwar mit dem Index j_0 bezieht.

$$2)\ \Omega = H(j_0)\,. \tag{A1.16}$$

j_0 ist dabei eine Zahl aus dem Satz der Indizes $j = 1, 2, \ldots, N$, die die Elektronen numerieren. Führen wir die Abkürzung

$$\left\langle \int \chi_{k'}^*\chi_k\,dV \right\rangle = \langle k'|k\rangle \tag{A1.17}$$

ein, so läßt sich das dem früheren Ausdruck (A1.13) entsprechende Glied in der Form

$$\langle k_1'|k_1\rangle\langle k_2'|k_2\rangle \ldots \langle k_{j_0}'|H(j_0)|k_{j_0}\rangle \ldots \langle k_N'|k_N\rangle \tag{A1.18}$$

schreiben. Wegen der Orthogonalität der Wellenfunktionen müssen hier für alle Quantenzahlen mit Ausnahme derjenigen, die sich auf den Index j_0 bezieht, die Relationen

$$k_1' = k_1, k_2' = k_2, \ldots, j_0, \ldots k_N' = k_N \tag{A1.19}$$

gelten. Da aber die gestrichenen Quantenzahlen sich von den ungestrichenen Quantenzahlen nur durch eine Permutation unterscheiden, aber alle Quantenzahlen bis auf die mit dem Index j_0 übereinstimmen müssen, folgt automatisch, daß auch das letzte Paar von Quantenzahlen noch übereinstimmen muß. Damit reduziert sich in dem Falle, wo (A1.19) erfüllt ist, (A1.18) auf

$$\langle k_{j_0}|H(j_0)|k_{j_0}\rangle \equiv \left\langle \int \chi_{j_0}^* H(r)\chi_{j_0}\,dV \right\rangle\,. \tag{A1.20}$$

Halten wir den Index j_0 fest, so gibt es noch $(N-1)!$ Permutationen der Quantenzahlen. Damit reduziert sich der Ausdruck (A1.11) mit (A1.16) auf

$$(\mathrm{A1.11}) = (N-1)!\sum_{k=1}^{N}\langle k|H(j_0)k\rangle\,. \tag{A1.21}$$

Bei späteren Anwendungen ist Ω oft eine Summe aus den Beiträgen $H(j_0)$, wobei die $H(j)$ sich nur bezüglich der Elektronenkoordinate, nicht aber in der Form voneinander unterscheiden:

$$\sum_{j=1}^{N} H(j) = H \ . \tag{A1.22}$$

Wir betrachten als nächsten Fall denjenigen, in dem der Operator Ω durch

$$3) \ \Omega = \sum_{j} H(j) \tag{A1.23}$$

dargestellt ist. Da die Indizierung der Elektronenkoordinaten aber keinerlei Einfluß auf den Wert des sich ergebenden Erwartungswertes hat, bedeutet die Ersetzung von $H(j)$ durch (A1.22), daß das Resultat (A1.21) lediglich mit der Zahl der Summanden in (A1.22), d. h. N, zu multiplizieren ist. Wir erhalten damit als endgültiges Resultat

$$\left\langle \int \mathrm{Det}(\chi^*)\Omega\,\mathrm{Det}(\chi)\,dV_1 \ldots dV_N \right\rangle = N! \sum_{k} \langle k|H|k\rangle \ . \tag{A1.24}$$

Nehmen wir an, daß die Wellenfunktionen Ψ aus der von χ durch den Normierungsfaktor $1/\sqrt{N}!$ hervorgeht, so erhalten wir als abschließendes Resultat

$$\left\langle \int \Psi^* \Omega \Psi \, dV_1 \ldots dV_N \right\rangle = \sum_{k} \langle k|H|k\rangle \ . \tag{A1.25}$$

Wir wenden uns nun der Berechnung von Erwartungswerten zu, wenn der Operator Ω eine Wechselwirkung zwischen einem Elektron mit der Koordinate $\boldsymbol{r}_l$ und einem Elektron mit der Koordinate $\boldsymbol{r}_m$ beschreibt

$$4) \ \Omega = V(l, m) \ . \tag{A1.26}$$

Als explizites Beispiel nennen wir die Coulombsche Wechselwirkung in der Form

$$V(l, m) = \frac{e^2}{4\pi\varepsilon_0 r_{lm}} \ . \tag{A1.27}$$

Wegen der Symmetrie der Wechselwirkung dürfen wir annehmen, daß

$$l < m \tag{A1.28}$$

gilt. Wir greifen in Analogie zu (A1.13) wieder ein einzelnes Element, das sich bei der Ausmultiplikation der beiden Determinanten ergibt, heraus, und schreiben in Erweiterung von (A1.18) dieses Element in der Form

$$\langle k_1'|k_1\rangle\langle k_2'|k_2\rangle \ldots (l) \ldots (m) \ldots \langle k_N'|k_N\rangle \ , \tag{A1.29}$$

wobei an den mit (l), (m) bezeichneten Stellen die Faktoren $\langle k_l'|k_l\rangle$, $\langle k_m'|k_m\rangle$ wegzulassen sind. An deren Stelle tritt das folgende Matrixelement

$$\left\langle \iint \chi_{k_l'}^*(l)\chi_{k_m'}^*(m)V(l, m)\chi_{k_l}(l)\chi_{k_m}(m)\,dV_l\,dV_m \right\rangle \ . \tag{A1.30}$$

Mit Ausnahme der Indizes l und m müssen die Orthogonalitätsrelationen erfüllt sein, was unmittelbar zu den Beziehungen

$$k'_1 = k_1, \ldots, (l), \ldots, (m), \ldots k'_N = k_N \tag{A1.31}$$

führt, wobei lediglich die Stellen mit den Indizes l und m ausgespart sind. Da die gestrichenen Quantenzahlen sich von den ungestrichenen nur um eine Permutation unterscheiden, führen die Relationen (A1.31) zu der Aussage, daß entweder die Beziehungen

$$1)\ k'_l = k_l, k'_m = k_m \tag{A1.32}$$

oder

$$2)\ k'_l = k_m, k'_m = k_l \tag{A1.33}$$

gelten müssen. Eine zwar einfache aber etwas langwierige Überlegung zeigt nun, daß (A1.33) durch eine ungerade Permutation aus (A1.32) hervorgeht. Da es bei festgehaltenen l und m $(N-2)!$ Permutationen gibt, erhalten wir für den Erwartungswert der Gesamtdeterminante das Resultat

$$\left\langle \int \operatorname{Det}(\chi^*) V(l,m) \operatorname{Det}(\chi)\, dV_1 \ldots dV_N \right\rangle = (N-2)! \sum_{k \neq k'} (V_{kk',kk'} - V_{kk',k'k}) \,, \tag{A1.34}$$

wobei wir die Abkürzungen

$$V_{kk',kk'} = \left\langle \iint \chi_k^*(1)\chi_{k'}^*(2) V(1,2) \chi_k(1) \chi_{k'}(2)\, dV_1\, dV_2 \right\rangle \tag{A1.35}$$

und

$$V_{kk',k'k} = \left\langle \iint \chi_k^*(1)\chi_{k'}^*(2) V(1,2) \chi_{k'}(1) \chi_k(2)\, dV_1\, dV_2 \right\rangle \tag{A1.36}$$

in leicht ersichtlicher Weise verwendet haben. Das Minuszeichen im zweiten Glied der Summe rührt dabei von der obengenannten ungeraden Permutation her. Im Hamilton-Operator (7.6) kommt die Coulombsche Wechselwirkung aller Elektronen (7.5) vor. Wir berechnen daher noch

$$\left\langle \int \operatorname{Det}(\chi^*) \frac{1}{2} \sum_{l \neq m} V(l,m) \operatorname{Det}(\chi)\, dV_1 \ldots dV_N \right\rangle . \tag{A1.37}$$

Da die Integrale in (A1.36) und (A1.37) von den Indizes l, m der Elektronenkoordinaten unabhängig sind, können wir $\sum_{l \neq m}$ durch den Faktor $N \cdot N - N = N(N-1)$ ersetzen, wobei der Abzug $-N$ von der Bedingung $l \neq m$ herrührt. Damit erhalten wir endgültig

$$(\text{A1.37}) = \frac{1}{2} N! \sum_{k \neq k'} (V_{kk',kk'} - V_{kk',k'k}) \,. \tag{A1.38}$$

Das Resultat (7.15) entsteht aus der Summe von (A1.24) mit (A1.23) und (A1.38) nach Division durch den Normierungsfaktor $N!$ (vgl. (A1.15)).

A2 Berechnung der Dichte von Lichtwellen

Wir bestimmen zunächst die Zahl der Moden dN in dem Volumen V und in dem Wellenzahl- oder Frequenzintervall $dk(d\nu)$. Dabei gehen wir von einem endlichen Normierungsvolumen V aus. Wir beginnen mit dem eindimensionalen Fall als Beispiel und nehmen die Feldstärke in der Form

$$E = E_0 \sin(kx) \tag{A2.1}$$

an. Wir legen die Werte von k fest, indem wir verlangen, daß E an den Grenzen $x = 0$ und $x = L$ (L = Länge des Normierungsvolumens) verschwindet. Dies wird erreicht, indem wir

$$k = \frac{n\pi}{L}\,, \quad n = 1, 2, 3, \ldots \tag{A2.2}$$

wählen. Die Wellenzahl der elektromagnetischen Welle ist mit ihrer Frequenz über die Lichtgeschwindigkeit gemäß

$$\omega = ck \tag{A2.3}$$

verknüpft. Andererseits gilt natürlich

$$\omega = 2\pi\nu\,. \tag{A2.4}$$

Von diesen Relationen erhalten wir

$$\nu = \frac{cn}{2L}\,. \tag{A2.5}$$

Da n eine ganze Zahl ist, können wir die Wellen numerieren. Mit Hilfe von (A2.5) erhalten wir so als Zahl der erlaubten Wellen im Intervall $d\nu$

$$dn = \frac{2L}{c}\,d\nu\,. \tag{A2.6}$$

Auf diese Weise haben wir unsere Aufgabe gelöst, die Zahl der Wellen in dem Frequenzintervall $d\nu$ zu bestimmen, zumindest in einer Dimension. In Wirklichkeit haben wir es natürlich mit drei Dimensionen zu tun. Hier sind dann die Wellenzahlen k_i durch

$$k_i = \frac{\pi n_i}{L}\,, \quad n_i = 1, 2, 3, \ldots\,, \quad i = x, y, z \tag{A2.7}$$

gegeben. Wir definieren $k = \sqrt{k_x^2 + k_y^2 + k_z^2}$ und $n = \sqrt{n_x^2 + n_y^2 + n_z^2}$. In vollständiger Analogie zu (A2.5) erhalten wir die Beziehung

$$\nu = \frac{cn}{2L}\,. \tag{A2.8}$$

Um die Zahl der möglichen Wellen zu bestimmen, die zu dem Frequenzbereich $\nu, \nu + d\nu$ gehören, betrachten wir ein Koordinatensystem, in dem die Achsen den Zahlen n_x, n_y, n_z entsprechen. Jeder Punkt in diesem Raum mit ganzzahligen Koordinaten stellt einen möglichen Zustand der Schwingungen des elektromagnetischen Feldes dar. Wenn wir das Frequenzintervall genügend groß wählen, dürfen wir annehmen, daß die Punkte berechnet werden können, indem man sie als kontinuierlich verteilt betrachtet.

Die Zahl der Punkte in einer sphärischen Schale der Dicke dn ist durch $4\pi n^2\,dn$ gegeben. Da alle Zahlen n_j positiv sein müssen, muß das Resultat durch die Zahl der Oktanten, das ist 8, geteilt werden. Und da wir zwei Polarisationsrichtungen haben, die getrennt gezählt werden müssen, müssen wir unser Resultat mit 2 multiplizieren. Wir erhalten so als Zahl der möglichen Zustände in einer räumlichen Schale

$$dN = \pi n^2\,dn\ . \tag{A2.9}$$

Indem wir in dieser Formel n gemäß (A2.8) ausdrücken, erhalten wir die Zahl der möglichen Wellen in dem Frequenzintervall ν, $\nu + d\nu$

$$dN = \frac{8\pi L^3}{c^3}\nu^2\,d\nu\ . \tag{A2.10}$$

Indem wir ähnliche Argumente auf ebene, laufende Wellen anwenden, deren Wellenzahlvektoren in dem Raumwinkel $d\Omega$ liegen, erhalten wir

$$dN = \frac{V}{(2\pi)^3}k^2\,dk\,d\Omega \tag{A2.11}$$

und daher

$$\sum_\lambda \ldots = \frac{V}{(2\pi)^3}\int \ldots k^2\,dk\,d\Omega\ . \tag{A2.12}$$

Literaturverzeichnis zur Ergänzung und Vertiefung

1. Lehrbücher der Physik und Physikalischen Chemie

Alonso, M., Finn, E. J.: *Fundamental University Physics* (Addison-Wesley, Reading 1992). Deutsche Ausgabe: *Physik*, Inter European Editions, Amsterdam 1990, 2. Aufl.

Atkins, P. W.: *Physikalische Chemie*, 3. Aufl. (VCH Verlags-GmbH, Weinheim 2002)

Atkins, P. W.: *Physical Chemistry*, 5. Ed (Oxford Univ. Press, Oxford 1994)

Barrow, G. M.: *Physikalische Chemie*, 6. Aufl. (Vieweg, Braunschweig 1984)

Bergmann, L., Schäfer, C.: *Lehrbuch der Experimentalphysik*, Bd. 4: *Teilchen*, Bd. 5: *Vielteilchensysteme* (de Gruyter, Berlin 1992)

Kuhn, H., Försterling, H. D.: *Principles of Physical Chemistry* (Wiley, Chichester 1999)

2. Lehrbücher der Atom- und Molekülphysik

Atkins, P. W.: *Molecular Quantum Mechanics*, 2. Aufl. (Oxford Univ. Press, Oxford 1983)

Haken, H., Wolf, H. C.: *Atom- und Quantenphysik*, 8. Aufl. (Springer, Berlin, Heidelberg, New York 2003)

Eisberg, R., Resnick, R.: *Quantum Physics of Atoms, Molecules, Solids, and Particles*, 2. Aufl. (Wiley, New York 1985)

Levine, R. D., Bernstein, R. B.: *Molekulare Reaktionsdynamik* (Teubner, Stuttgart 1991)

Banwell, C. N., McCash, E. M.: *Molekülspektroskopie* (Oldenbourg, München 1999)

March, N. H., Mucci, J. F.: *Chemical Physics of Free Molecules* (Plenum, New York 1993)

Svanberg, S.: *Atomic and Molecular Spectroscopy*, 2nd Ed. (Springer, Berlin, Heidelberg 1992)

Weissbluth, M.: *Atoms and Molecules* (Academic Press, New York 1980)

3. Lehrbücher der Quantentheorie und Quantenchemie

Blochinzew, D. I.: *Grundlagen der Quantenmechanik*, 9. Aufl. (H. Deutsch, Frankfurt/Main 1988)

Cohen-Tannoudji, C., Diu, B., Laloë, F.: *Quantenmechanik*, 2 Bände (de Gruyter, Berlin, New York 1997)

Fick, E.: *Einführung in die Grundlagen der Quantentheorie*, 6. Aufl. (AULA Verlag GmbH, Wiesbaden 1988)

Flügge, S.: *Lehrbuch der theoretischen Physik*, Bd. 4: *Quantentheorie* (Springer, Berlin, Heidelberg, New York 1964)

Flügge, S.: *Rechenmethoden der Quantentheorie* (Springer, Berlin, Heidelberg 1993)
Franz, W.: *Quantentheorie*, Heidelberger Taschenbücher, Bd. 102 (Springer, Berlin, Heidelberg, New York 1971)
Grawert, G.: *Quantenmechanik*, 5. Aufl. (AULA GmbH, Wiesbaden 1989)
Greiner, W.: *Theoretische Physik*, 10 Bände, Bd. 4: *Quantenmechanik*, Teil 1: *Einführung*, 5. Aufl. (1992); Bd. 4a: *Quantentheorie, Spezielle Kapitel*, 3. Aufl. (1988); Bd. 5: *Quantenmechanik*, Teil 2: *Symmetrien*, 3. Aufl. (1990) (Verlag H. Deutsch, Frankfurt/Main)
Landau, L., Lifschitz, E.: *Lehrbuch der theoretischen Physik*, Bd. 3: *Quantenmechanik*, 9. Aufl. (Akademie Verlag, Berlin 1991)
Messiah, A.: *Quantenmechanik*, Bd. 1: 2. verb. Aufl. (1991); Bd. 2: 3. verb. Aufl. (1990) (de Gruyter, Berlin)
Mitter, H.: *Quantentheorie, BI-Hochschultaschenbücher*, 2. Aufl. (Bibliographisches Institut, Mannheim 1979)
Schwabl, F.: *Quantenmechanik*, 5. Aufl. (Springer, Berlin, Heidelberg 1998)

4. Spezielle Literatur, soweit nicht bereits erwähnt:

Kapitel 1

Hund, F.: *Geschichte der physikalischen Begriffe*, Teil I und Teil II, BI-Hochschultaschenbücher (Bibliographisches Institut, Mannheim 1978)
Laue, M. v.: *Geschichte der Physik*, Bonn 1950

Kapitel 2

Bergmann-Schaefer: *Lehrbuch der Experimentalphysik*, Bd. 4: *Teilchen* (de Gruyter, Berlin 1992)
Robertson, J. M.: *Organic Crystals and Molecules* (Cornell University Press, Ithaca 1953)

Kapitel 3

Kopitzki, K.: *Einführung in die Festkörperphysik*, 3. Aufl. (Teubner, Stuttgart 1993)
Pohl, R. W.: *Elektrizitätslehre*, 20. Aufl. (Springer, Berlin, Heidelberg 1967)

Kapitel 4

Flygare, W. H.: *Molecular Structure and Dynamics* (Prentice-Hall, Inc., Englewood Cliffs, N. J. 1978)
Lorenz, I: *Gruppentheorie und Molekülsymmetrie* (Attempto, Tübingen 1992)
Naaman, R., Vager, Z.: *The Structure of Small Molecules and Ions* (Plenum Press, New York 1988)

Kapitel 5

Wagniere, G.: *Lecture Notes in Chemistry* (Springer, Berlin, Heidelberg, New York 1976)

Kapitel 6

Hamermesh, M.: *Group Theory and Its Application to Physical Problems* (Dover, New York 1989)

Hargittai, L., Hargittai, M.: *Symmetry through the Eyes of a Chemist* (VCH Verlagsgesellschaft mbH, Weinheim 1986)

Hollas, J. M.: *Die Symmetrie von Molekülen* (Walter de Gruyter, Berlin, New York 1975)

Weyl, H.: *Gruppentheorie und Quantenmechanik* (1931) Ein klassisches Werk, leider vergriffen. Jedoch englische Übersetzung:

Weyl, H.: *The Theory of Groups and Quantum Mechanics* (Dover, New York 1950)

Kapitel 7

Atkins, P. W.: *Solution Manual for Molecular Quantum Mechanics* (Oxford University Press 1983)

Christofferson, R. E.: *Basic Principles and Techniques of Molecular Quantum Mechanics* (Springer, Berlin, Heidelberg, New York 1989)

Haken, H.: *Quantenfeldtheorie des Festkörpers*, 2. Aufl. (B. C. Teubner, Stuttgart 1993)

Koch, W., Holthausen, M. C.: *A Chemist's Guide to Density Functional Theory* (Wiley-VHC, Weinheim 2000)

Kryachko, E. S., Ludeña, E. V.: *Energy Density Functional Theory of Many-Electron Systems* (Kluwer Academic Press, Dordrecht 1990)

McWeeny, R.: *Methods of Molecular Quantum Mechanics*, 2nd ed. (Academic Press Limited 1978)

Szabo, A., Ostlund, N. S.: *Modern Quantum Chemistry* (McGraw-Hill, Inc., New York 1989)

Wagnière, G.: *Lecture Notes in Chemistry* (Springer, Berlin, Heidelberg, New York 1976)

Wilson, S.: *Electron Correlation in Molecules* (Clarendon Press, Oxford 1984)

Kapitel 8

Hollas, J. M.: *Moderne Methoden in der Spektroskopie* (Vieweg, Braunschweig 1995) englisch: *Modern Spectroscopy* (Wiley & Sons, Chichester)

Kapitel 9 und 10

Banwell, C. N., McCash, E. M.: *Molekülspektroskopie* (Oldenbourg, München 1999)

Demtröder, W: *Laser Spectroscopy*, 2. Aufl. (Springer, Berlin, Heidelberg, New York 1996) Deutsche Ausgabe: *Laserspektroskopie*, 3. Aufl. (1993)

Flygare, W. H.: *Molecular Structure and Dynamics* (Prentice Hall, USA 1978)

Graybeal, J.: *Molecular Spectroscopy* (McGraw-Hill 1988)

Herzberg, G.: *Molecular Spectra and Molecular Structure*, 3 Bände (D. van Nostrand, Princeton, New York 1964–1966); *Einführung in die Molekülspektroskopie* (Steinkopff, Darmstadt 1973)

Hollas, J. M.: *High Resolution Spectroscopy* (Butterworths, London 1982)

Steinfeld, J. I.: *Molecules and Radiation* (Harper & Row, New York, London 1974)

Townes, C. H., Schawlow, A. L.: *Microwave Spectroscopy* (McGraw-Hill, New York 1975)

Wilson, E. B., Decius, J. C., Cross, P. C.: *Molecular Vibrations* (Dover, New York 1980)

Kapitel 12

Atkins, P. W.: *Physikalische Chemie*, 3. Aufl. (VCH Verlags-GmbH, Weinheim 2002)
Banwell, C. N., McCash, E. M.: *Molekülspektroskopie* (Oldenbourg, München 1999)
Barrow, G. M.: *Physikalische Chemie*, 6. Aufl. (Vieweg, Braunschweig 1984)
Demtröder, W.: *Laser Spectroscopy*, 2. Aufl. (Springer, Berlin, Heidelberg, New York 1996) Deutsche Ausgabe: *Laserspektroskopie*, 3. Aufl. (1993)
Herzberg, G.: *Molecular Spectra and Molecular Structure*, 3 Bände (D. van Nostrand, Princeton, New York 1964–1966)
Hollas, J. M.: *High Resolution Spectroscopy* (Butterworths, London 1982)
Steinfeld, J. I: *Molecules and Radiation* (Harper & Row, New York, London 1974)
Struve, W. S.: *Fundamentals of Molecular Spectroscopy* (Wiley, London)

Kapitel 13, 14 und 15

Atkins, P. W: *Physikalische Chemie*, 3. Aufl. (VCH Verlags-GmbH, Weinheim 2002)
Barrow, G. M.: *Physikalische Chemie*, 6. Aufl. (Vieweg, Braunschweig 1984)
Demtröder, W: *Laser Spectroscopy*, 2. Aufl. (Springer, Berlin, Heidelberg, New York 1996) Deutsche Ausgabe: *Laserspektroskopie*, 3. Aufl. (1993)
Herzberg, G.: *Molecular Spectra and Molecular Structure*, 3 Bände (D. van Nostrand, Princeton, New York 1964–1966); *Einführung in die Molekülspektroskopie* (Steinkopff, Darmstadt 1973)
Klessinger, M., Michl, J.: *Lichtabsorption und Photochemie organischer Moleküle* (Verlag Chemie, Weinheim 1989)
Klessinger, M.: *Elektronenstruktur organischer Moleküle* (Verlag Chemie, Weinheim 1982)
Steinfeld, J. I: *Molecules and Radiation* (Harper & Row, New York, London 1974)
Struve, W. S.: *Fundamentals of Molecular Spectroscopy* (Wiley, London)
Turner, D. W., Baker, C., Baker, A. D., Brundle, C. R.: *Molecular Photoelectron Spectroscopy* (Wiley, London 1970)

Kapitel 16

Haken, H.: *Licht und Materie I, Elemente der Quantenoptik*, 2. Aufl. (BI Wissenschaftsverlag, Mannheim, Wien, Zürich 1989) Haken, H.: *Quantenfeldtheorie des Festkörpers*, 2. Aufl. (B. G. Teubner, Stuttgart 1993)

Kapitel 18 und 19

Abragam, A.: *The Principles of Nuclear Magnetism* (Oxford University Press, Oxford 1989)
Carrington, A., McLachlan, A. D.: *Introduction to Magnetic Resonance* (Harper & Row, New York, London 1969)
Ernst, R. R., Bodenhausen, G., Wokaun, A.: *Principles of Nuclear Magnetic Resonance in one and two Dimensions* (Clarendon Press, Oxford 1988)
Freyman, R.: *A Handbook of Nuclear Magnetic Resonance* (Longman, Sci. and Techn. 1988)
Sanders, J. K. M., Hunter, B. K.: *Modern NMR Spectroscopy* (Oxford University Press, Oxford 1993)

Slichter, C. P.: *Principles of Magnetic Resonance*, Springer Ser. Solid-State Sci., Vol. 1, 3. Aufl. (Springer, Berlin, Heidelberg 1990)

Weil, J. A., Bolton, J., Wertz, J. E.: *Electron Paramagnetic Resonance* (Wiley, New York 1994)

Kapitel 20

Dickerson, R. E., Geis, I: *Chemie* (VCH Verlags-GmbH, Weinheim 1986)

Hoppe, W., Lohmann, W., Markl, H., Ziegler, H. (Eds.): *Biophysik*, 2. Aufl. (Springer, Berlin, Heidelberg, New York 1982)

Lehn, J. M.: *Supramolecular Chemistry* (VCH Weinheim 1995)

Vögtle, F.: *Supramolekulare Chemie*, 2. Aufl. (Teubner, Stuttgart 1992)

Kapitel 21

(Da in den Kapiteln 21 und 22 überwiegend aktuelle Forschung im Vordergrund steht erfolgt hier die Auflistung der wichtigen Literatur durch Einzelreferenzen.)

1. Basché, T., Moerner, W. E., Orrit, M., Wild, U. P. (eds.): *Single-Molecule Optical Detection, Imaging and Spectroscopy* (VCH Weinheim 1997)
2. Rigler, R., Orrit, M., Basché, T. (eds.): *Single Molecule Spectroscopy*, Springer. Ser. Chem. Phys. Vol. 67 (Springer, Berlin, Heidelberg 2001) Single Molecule Spectroscopy: Science **283** (Sonderheft März 1999)
3. Moerner, W. E.: *Physical Principles and Methods of Single Molecular Spectroscopy in Solids*, in [1] p. 1
4. Tamarat, Ph., Maoli, A., Lounis, B., Orrit, M.: *Ten Years of Single Molecule Spectroscopy*. J. Phys., Chem. **A 104**, 1 (2000)
5. Nie, S., Chiu, D. T., Zare, R. N.: *Probing individual Molecules with Confocal Fluorescence Microscopy Science* **266**, 1018 (1994)
6. Ha, T., Enderle, Th., Chemla, D. S., Selvin, P. R., Weiss, S.: *Single Molecule Dynamics studied by Polarisation Modulation*, Phys. Rev. Lett. **77**, 3979 (1996)
7. Ha, T., Enderle, Th., Chemla, D. S.: *Dual-Molecule Spectroscopy: Molecular Rulers for the Study of Biological Macromolecules*, IEEE J. Quantum Electr. **2**, 1115 (1996)
8. Weiss, S.: *Fluorescence Spectroscopy of Single Biomolecules*, Science **283**, 1676 (1999)
9. Tinnefeld, P. Sauer, M.: *Neue Wege in der Einzelmolekül-Fluoreszenzspektrometrie*, Angew. Ch. **117**, 2698 (2005)
10. Brown, R., Lounis, B., Orrit, M.: *Optical Detection and Spectroscopy of Single Molecules*, Europhys. News, p. 174 (1997)
11. Basché, T., Kummer, S., Bräuchle, C.: *Excitation and Emission Spectroscopy and Quantum Optical Measurements*, in [1], p. 31
12. Kummer, S., Matzke, R., Bräuchle, C., Basché Th.: *Single Molecule Optical Switching of Terrylene in p-Terphenyl*, Nature **387**, 688 (1997)
13. Wrachtrup, J., Borczyskowski, C. v., Köhler, J., Schmidt, J.: *Magnetic Resonance of Single Molecular Spins*, in [1], p. 159
14. Wrachtrup, J., Gruber, A., Fleury, L., Borczyskowski, C. v.: Chem. Phys. Lett. **267**, 179 (1997)

15. Ratner, M. A. et al.: in *Molecular Electronics*, ed. by Aviram, A., Ratner, M., Acad. Sci., New York 1998; sowie in *Molecular Electronics*, ed. by Jortner, J., Ratner, M. (Blackwell, Oxford 1997) p. 5
16. Landauer, R.: *Electrical Resistance of disordered one-dimensional Lattices*, Phil. Mag. **21**, 863 (1970)
17. Reed, M. A., Zhou, C., Deshpande, M. R., Miller, C. J., Burgin, T. P, Jones, L., Tour, J. M.: *The Electrical Measurement of Molecular Junctions*, in [15] p. 133 and p. 197
18. Cui, X. D. et al.: *Reproducible Measurement of Single-Molecule Conductivity*, Science **294**, 571 (2001)
19. Smit, R. H. M., Noat, Y., Untiedt, C., Lang, N. D., van Hemert, M. C., van Ruitenbeek, J. M., Nature **419**, 906 (2002)
20. Fink, H. W., Schönenberger, Ch.: *Electrical Conduction through DNA Molecules*, Nature **398**, 407 (1999)
21. Leatherman, G. et al.: *Conducting Atomic Force Microscopy*, J. Phys. Chem. **B103**, 4006 (1999)

Kapitel 22

1. Jortner, J., Ratner, M. (eds.): *Molecular Electronics* (Blackwell Sci., Oxford 1997)
2. Aviram, A., Ratner, M. (eds.): *Molecular Electronics* (New York Acad. Sci. 1998)
3. Schwoerer, M., Wolf, H. C.: *Organische Molekulare Halbleiter* (Wiley-VHC, Weinheim 2005)
4. Wolf, H. C.: *Organische Moleküle als Leiter und Schalter*, Nachr. Chem. Techn. Lab. **37**, 350 (1989)
5. Malliaras, G., Friend, R.: *An Organic Electronics Primer*. Physics Today, (May 2005) 53
6. Port, H. et al.: *Ultrafast Photochromic Reactions of Fulgide Photoswitches*. Mol. Cryst. Liqu. Cryst. **430**, 15 (2005)
7. Handschuh, M., Seibold, M., Port, H., Wolf, H. C.: *Dynamics of the Cyclization Reaction in Photochromic Fulgides*, J. Phys. Chem. **A101**, 502 (1997)
8. Walz, J., Ulrich, K., Port, H., Wolf, H. C., Effenberger, F.: *Fulgides as Switches for Intramolecular Energy Transfer*, Chem. Phys. Lett. **213**, 321 (1993)
9. Gilat, S. L., Kawai, St. H., Lehn, J.-M.: *Light-Triggered Molecules*, Chem. Eur. J. **1**, 275 (1995)
10. Kawai, St. H., Gilat, S. L., Ponsinet, R., Lehn, J.-M.: *A Dual Mode Molecular Switching Device*, Chem. Eur. J. **1**, 285 (1995)
11. Irie, M., Lifka, Th., Uchida, K.: *Photochromism of Single Crystalline Diarylethenes*, Mol. Cryst. Liqu. Cryst. **297**, 81 (1997); Irie, M.: *Photochromism of Diarylethene Single Crystals + Single Molecules*, Mol. Cryst. Liqu. Cryst. **430**, 1 (2005)
12. Willner, L, Rubin, Sh.: *Steuerung der Struktur und Funktion von Biomakromolekülen durch Licht*, Angew. Ch. **108**, 419 (1996)
13. Schütz, J. U. von, Bauer, D., Sinzger, K., Wolf, H. C.: *Copper (2+) States as Mediators for Metallic Conductivity in DCNQI Radical Anion Salts*, J. Phys. Chem. **97**, 12030 (1993); Sinzger, K. et al.: J. Am. Chem. Soc. **115**, 7696 (1993)
14. Goméz, D., Schmitt, H., Schütz, J. U. von, Wachtel, H., Wolf, H. C.: *Pressure and Light Effects on the Phase Transition of deuterated Cu(DCNQI)$_2$*, J. Chem. Phys. **104**, 4198 (1996)
15. Hünig, S., Herberth, E.: *N,N′-Dicyanoguinone Diimines (DCNQI)s*. Chem. Rev. **104** 5535 (2004)

16. Karutz, F. O., Schütz, J. U. von, Wachtel, H., Wolf, H. C.: *Optically Reversed Peierls Transition in Crystals of Cu(DCNQI)$_2$*, Phys. Rev. Lett. **81**, 140 (1998)
17. Kuhn, H., Möbius, D.: *Investigations of Surfaces and Interfaces*, Part B. Rossiter, B., Baetzold, R. C. (eds.) *Physical Methods of Chemistry Series*, 2nd ed. Vol. IX B (Wiley 1993)
18. Blanchard-Desce, M. et al.: Chem. Phys. Lett. **243**, 526 (1995)
19. Tsivgoulis, G. M., Lehn, J. M.: *Photoswitched Sexithiophenes: Towards Switchable Molecular Wires*, Advanced Mat. **9**, 39 (1997)
20. Effenberger, F., Wolf, H. C.: *Terminally Substituted Conjugated Polyenes: Synthesis and Energy Transfer Properties*, New J. Chem. **15**, 117 (1991)
21. Vollmer, M., Würthner, F., Effenberger, F., Emele, P., Meyer, D. U., Stümpfig, Th., Port, H., Wolf, H. C.: Chem. Eur. J. **4**, 259 (1998)
22. Kuhn, H., Möbius, J.: Angew. Chem. internat. Ed. **10**, 621 (1971)
23. Metzger, R. M., Cava, M. P.: *Rectification by a Single Molecule ...* in [2] p. 95; Metzger, R. M. et al.: J. Am. Chem. Soc. **119**, 10460 (1997)
24. Horowitz, G.: *Organic Field Effect Transistors*, Advanced Mat. **10**, 365 (1998)
25. Wildoer, J. W. G., Venema, L. C., Rinzler, A. G., Smalley, R. E., Dekker, C.: *Electronic Structure of atomically resolved carbon nanotubes*, Nature **391**, 59 (1998)
26. Dekker, C.: *Carbon Nanotubes as Molecular Quantum Wires*, Physics Today (1999)
27. Tans, S. J., Devoret, M. H., Gerlings, L. J., Dai, H., Thess, A., Smalley, R. E., Dekker, C.: *Individual single-wall carbon nanotubes as quantum wires*, Nature **386**, 474 (1997)
28. Tans, S. J., Verschueren, A. R. M., Dekker, C.: *Single nanotube molecule transistor at room temperature*, Nature **393**, 49 (1998)
29. Bräuchle, C., Hampp, N., Oesterhelt, D.: in *Molecular Electronics* ed. by M. Schneider, Decker-Verlag (1996)
30. Wild, U. P. et al.: Pure and Appl. Chem. **64**, 1335 (1992)

Sachverzeichnis

Energie-Umrechnungstabelle

	J	eV	cm^{-1}	K
1 Joule (J) $\widehat{=}$	1	$6{,}24146 \cdot 10^{18}$	$5{,}03404 \cdot 10^{22}$	$7{,}24290 \cdot 10^{22}$
1 eVolt (eV) $\widehat{=}$	$1{,}60219 \cdot 10^{-19}$	1	$8{,}06548 \cdot 10^{3}$	$1{,}16045 \cdot 10^{4}$
1 cm^{-1} $\widehat{=}$	$1{,}98648 \cdot 10^{-23}$	$1{,}23985 \cdot 10^{-4}$	1	1,43879
1 K $\widehat{=}$	$1{,}38066 \cdot 10^{-23}$	$8{,}61735 \cdot 10^{-5}$	$6{,}95030 \cdot 10^{-1}$	1

Erläuterung

Die Energie E wird in Joule (J) oder Wattsekunden (W s) angegeben

$$1\,\mathrm{J} = 1\,\mathrm{W\,s}\,.$$

In der Spektroskopie gibt man häufig die Termwerte in Wellenzahlen $\bar{\nu} = E/hc$ an.

Der Umrechnungsfaktor ist

$$\frac{E}{\bar{\nu}} = hc = 1{,}98648 \cdot 10^{-23}\,\frac{\mathrm{J}}{\mathrm{cm}^{-1}}\,.$$

Ein anderes Energiemaß, besonders bei Stoßversuchen, ist das Elektronenvolt (eV). Man gibt dabei die Spannung U in Volt an und erhält aus $E = eU$ den Umrechnungsfaktor

$$\frac{E}{U} = e = 1{,}60219 \cdot 10^{-19}\,\frac{\mathrm{J}}{\mathrm{V}}\,.$$

Bei thermischer Anregung mit der Wärmeenergie kT gibt man die absolute Temperatur T (K) an. Aus $E = kT$ erhält man den Umrechnungsfaktor

$$\frac{E}{T} = k = 1{,}38066 \cdot 10^{-23}\,\frac{\mathrm{J}}{\mathrm{K}}\,.$$

MIX
Papier aus verantwortungsvollen Quellen
Paper from responsible sources
FSC® C105338

If you have any concerns about our products,
you can contact us on
ProductSafety@springernature.com

In case Publisher is established outside the EU,
the EU authorized representative is:
Springer Nature Customer Service Center GmbH
Europaplatz 3, 69115 Heidelberg, Germany

Printed by Libri Plureos GmbH
in Hamburg, Germany